Fachtechnologie

Holz

Dr. Thomas Heyn, Zeulenroda

Wolfgang Keidel, Stuttgart

Hubert Lämmerzahl, Stuttgart

Wolfgang Müller, Dresden

Klaus Roland, Wiederitzsch

Ernst Klett Verlag für Wissen und Bildung

Stuttgart · Dresden

Vorwort

Dieses Lehrbuch enthält das technologische Grund- und Fachwissen der Ausbildungsberufe Tischler/in (Schreiner/in), Holzmechaniker/in und Glaser/in (Fachrichtung: Fensterbau). Es entspricht den Lehrplänen der Bundesländer und der Kultusministerkonferenz im Fach Technologie.

Die Arbeitsmittel und Verfahren des Berufsfeldes Holztechnik sind auf drei aufeinander aufbauenden Ebenen in enger Verzahnung dargestellt:
1. naturwissenschaftliche und technische Grundlagen sowie Werkstoffe, Werkzeuge und Maschinen,
2. Fertigungsverfahren und Verbindungstechniken,
3. Möbelbau, Innenausbau, Türenbau und Fensterbau.

Diese besondere didaktische Aufbereitung fördert die Entwicklung der für die Berufspraxis notwendigen Schlüsselqualifikationen.

Den Erfordernissen der modernen Berufspraxis entsprechend ist die Computertechnik grundlegend und umfassend dargestellt. Besonders berücksichtigt sind auch die Betriebs- und Arbeitsorganisation sowie der Gesundheits- und Umweltschutz.

Merkmale dieses Buches sind sachlogische Strukturierung, einprägsame sprachliche Darstellung und Übersichtlichkeit in Aufbau und Text. In Tabellen vergleichend aufbereitete Stoffinhalte fördern die Fähigkeit, Zusammenhänge zu erkennen, Erkenntnisse zu vertiefen und Wesentliches zu speichern. Beispiele zeigen den Gebrauch von Formeln oder Diagrammen. Nach größeren Abschnitten ermöglichen Aufgaben, das Gelernte zu wiederholen und zu festigen.

Ein ausführliches Sachregister und Randsymbole erleichtern das Arbeiten mit diesem Buch:

 Querverweise führen zu Textstellen, die Sachverhalte ausführlich erläutern.

 Der Schutzhelm verweist auf Unfallverhütungsvorschriften der Holz-BG.

 Der Baum macht auf Bezüge und Verordnungen zum Umweltschutz aufmerksam.

Dieses Buch wendet sich an Auszubildende an gewerblichen Schulen (Grund- und Fachstufen) und an ein- und zweijährigen Berufsfachschulen. Es eignet sich ebenso für die betriebliche und überbetriebliche Ausbildung sowie für das Studium an Meister- und Technikerschulen. Auch zur Vorbereitung auf Zwischen- und Abschlußprüfungen und zum Selbststudium kann es eingesetzt werden.

Hinweise zu den Inhalten und zur Arbeit mit diesem Buch nehmen wir dankend entgegen.

Autoren und Verlag

Gedruckt auf chlorfrei hergestelltem Papier, säurefrei und ohne optische Aufheller

1. Auflage   1 5 4 3 2 1   1998 97 96 95 94

Alle Drucke dieser Auflage können im Unterricht nebeneinander benutzt werden, sie sind untereinander unverändert. Die letzte Zahl bezeichnet das Jahr dieses Druckes.
© Ernst Klett Verlag für Wissen und Bildung GmbH, Stuttgart und Dresden 1994.
Alle Rechte vorbehalten.
Umschlaggestaltung: BSS, Bietigheim
Grafische Zeichnungen: Jürgen Neumann, Rimpar
Druck: Partenaires Fabrication, Malesherbes. Printed in France
ISBN 3-12-823300-4

Inhaltsverzeichnis

1	**Mensch und Arbeit**	7
1.1	Berufsbildung	7
1.1.1	Berufliche Erstausbildung	7
1.1.2	Berufliche Fortbildung	8
1.1.3	Berufliche Umschulung	8
1.2	Arbeitsumwelt	9
1.2.1	Gestaltung der Arbeitsumwelt	9
1.2.2	Umgang mit Gefahrstoffen	10
1.2.3	Arbeitssicherheit und Arbeitsschutz	10
2	**Werkstoffe**	14
2.1	Naturwissenschaftliche Grundlagen	9
2.1.1	Physikalische Grundlagen	14
2.1.2	Chemische Grundlagen	18
2.2	Rohstoff Holz	34
2.2.1	Der Wald	34
2.2.2	Der Baum	35
2.2.3	Aufbau des Holzes	38
2.2.4	Technologische Eigenschaften des Holzes	40
2.2.5	Holzfehler und Äste im Schnittholz	46
2.2.6	Holzzerstörende Organismen	50
2.2.7	Holzarten	53
2.3	Rohholz - Schnittholz	62
2.3.1	Holzfällung - Ausformung	62
2.3.2	Rohholzsortierung	63
2.3.3	Holzeinschnitt	65
2.3.4	Lagerung von Schnittholz	74
2.4	Furniere	76
2.4.1	Herstellung von Furnieren	76
2.4.2	Bearbeitung von Furnieren	80
2.4.3	Verwendung von Furnieren	81
2.5	Holzwerkstoffe	83
2.5.1	Bedeutung der Holzwerkstoffe	83
2.5.2	Lagenhölzer	83
2.5.3	Verbundplatten	84
2.5.4	Spanwerkstoffe	86
2.5.5	Holzfaserplatten	91
2.6	Kunststoffe	92
2.6.1	Bedeutung	92
2.6.2	Herstellungsverfahren	92
2.6.3	Aufbau und Eigenschaften	95
2.6.4	Schaum- und Füllstoffe	99
2.6.5	Lieferformen und Herstellungsverfahren von Kunststoffen	99
2.6.6	Verarbeiten von Kunststoffen	101
2.6.7	Arbeitssicherheit beim Verarbeiten von Kunststoffen	103
2.6.8	Bestimmung von Kunststoffen	105
2.6.9	Entsorgung von Kunststoffen - Umweltschutz	105
2.7	Klebstoffe und Montageschäume	106
2.7.1	Grundlagen des Klebvorganges	106
2.7.2	Verarbeitung von Klebstoffen	108
2.7.3	Klebstoffarten	111
2.7.4	Montageschäume	114
2.8	Holz- und Feuerschutzmittel	115
2.8.1	Chemische Holzschutzmittel	115
2.8.2	Feuerschutzmittel	117
2.8.3	Gesundheits- und Umweltschutz	119
2.9	Stoffe zur Oberflächenbehandlung	120
2.9.1	Vorbehandlungsmittel	120
2.9.2	Beizen	121
2.9.3	Lacke	122
2.9.4	Lasuren	124
2.9.5	Öle und Wachse	124
2.10	Glas	125
2.10.1	Herstellung	125
2.10.2	Eigenschaften	127
2.10.3	Arten und Einsatz	128
2.10.4	Bearbeiten	131
2.10.5	Lagerung, Transport und Entsorgung	132
2.11	Metalle	134
2.11.1	Aufbau und Eigenschaften	134
2.11.2	Roheisengewinnung	134
2.11.3	Herstellung von Eisengußwerkstoffen und Stahl	135
2.11.4	Legierungen und Stahlarten	136
2.11.5	Nichteisenmetalle	137
2.11.6	Korrosion	137
2.11.7	Schneidstoffe	138
2.11.8	Metallbearbeitung	138
2.12	Mineralische Baustoffe, Dämmstoffe, Dicht- und Sperrstoffe	143
2.12.1	Mineralische Baustoffe	143
2.12.2	Dämmstoffe	143
2.12.3	Sperrstoffe und Dichtungsmittel	144
3	**Computertechnik und Informationsverarbeitung**	149
3.1	Elektronische Datenverarbeitung	149
3.2	Arbeitsweise eines Computers	150
3.3	Funktionsteile eines Computers	153
3.4	Peripheriegeräte	153
3.4.1	Eingabegeräte	153
3.4.2	Externe Speicher	160
3.4.3	Ausgabegeräte	163
3.5	Betriebssystem	166
3.6	Anwendersoftware	169
3.6.1	Arten	170
3.6.2	Textverarbeitung	170
3.6.3	Datenbanksystem	171
3.6.4	Tabellenkalkulation	171
3.6.5	Zeichenprogramm	172
3.7	Gefahren und Schutzmaßnahmen der EDV	174
3.8	Programmierung	175
3.8.1	Programmiersprachen	175
3.8.2	Programme in Basic	176
3.9	CNC-Maschinen	179
3.9.1	Funktionsweise und Begriffe	179
3.9.2	Steuerungsmöglichkeiten	179
3.9.3	Programmieren von CNC-Maschinen	180
3.9.4	Übungsstück	183
4	**Werkzeuge und Maschinen**	185
4.1	Fachphysikalische Grundlagen	185
4.1.1	Mechanik	185
4.1.2	Elektrische Grundlagen	193
4.2	Technische Grundlagen	202
4.2.1	Maschinentechnische Grundlagen	202
4.2.1.1	Elektromotoren	203
4.2.1.2	Antriebstechnik	208
4.2.1.3	Hydraulik und Pneumatik	212
4.2.1.4	Fördertechnik	216
4.2.2	Spanungstechnische Grundlagen	218
4.3	Hobelbank und Handwerkszeuge	227
4.3.1	Hobelbank und Zubehör	227
4.3.2	Meßzeuge, Lehren und Anreißwerkzeuge	229
4.3.3	Spanabhebende Handwerkszeuge	233
4.3.4	Furnierwerkzeuge	244

4.3.5	Schlag-, Greif- und Schraubwerkzeuge 245	5.4	**Hobeln** 331
4.4	**Spanende Holzbearbeitungsmaschinen** 247	5.4.1	Manuelle Hobelarbeiten 331
4.4.1	Sägemaschinen 248	5.4.2	Maschinelles Abrichten 333
4.4.2	Hobelmaschinen 353	5.4.3	Dickenhobeln 334
4.4.3	Fräsmaschinen 356	**5.5**	**Aufbringen von Furnier und Folie** 334
4.4.4	Bohrmaschinen 261	5.5.1	Vorbereiten der Platten, Furniere und Folien 334
4.4.5	Schleifmaschinen 263	5.5.2	Vorbereiten und Auftragen der Klebstoffe 336
4.4.6	Handgeführte Holzbearbeitungsmaschinen ... 265	5.5.3	Bekleben von Breitflächen 337
4.4.7	Computergesteuerte Holzbearbeitungsmaschinen 268	5.5.4	Bekleben von Schmalflächen 342
4.5	**Maschinen zum Furnieren und Aufbringen von Folie** 271	**5.6**	**Fräsen und Bohren** 345
		5.6.1	Fräsen von Profilen 345
4.5.1	Maschinen zum Vorbereiten von Furnieren und Folien 271	5.6.2	Fräsen von Ausschnitten und Profilen mit Oberfräsmaschinen 349
4.5.2	Klebstoffauftragsmaschinen 273	5.6.3	Fräsen und Bohren von Langlöchern 350
4.5.3	Preßanlagen 274	5.6.4	Bohrarbeiten 350
4.5.4	Maschinen für die Schmalflächenbeklebung ... 275	**5.7**	**Schleifen** 351
4.6	**Vorrichtungen** 278	5.7.1	Schleifarbeiten im Überblick 351
4.6.1	Führungsvorrichtungen 278	5.7.2	Schleifen von Breitflächen 351
4.6.2	Spannvorrichtungen 279	5.7.3	Schleifen von geraden Schmalflächen 352
4.6.3	Preßvorrichtungen und -werkzeuge 281	5.7.4	Schleifen mit Handschleifmaschinen 353
4.7	**Ausrüstungen zur Oberflächenbehandlung** ... 284	5.7.5	Holzstaubverordnung 353
4.7.1	Spritzanlagen 284	5.7.6	Putzen und Handschleifen 353
4.7.2	Einrichtungen zum elektrostatischen Beschichten .. 287	**5.8**	**Behandeln von Oberflächen** 354
4.7.3	Walzenauftragsmaschinen 288	5.8.1	Vorbereitende Arbeiten 354
4.7.4	Gießmaschinen 288	5.8.2	Überzugsarbeiten mit Ölen und Wachsen 357
4.7.5	Lack-Trocknungsanlagen 289	5.8.3	Lackauftragsverfahren 357
4.7.6	Oberflächenstraßen 291	5.8.4	Erzielen mattglänzender Oberflächen (Mattieren) ... 359
4.8	**Pneumatische Anlagen** 292	5.8.5	Erzielen hochglänzender Oberflächen (Polieren) ... 359
4.8.1	Druckluftanlagen 292	5.8.6	Vorbeugende Maßnahmen zum Gesundheits-, Arbeits-, Brand- und Umweltschutz 359
4.8.2	Anlagen zur Staub- und Spänebeseitigung 296		
4.9	**Maschinenverkettung** 299	**5.9**	**Auftragen und Einbringen von Holz- und Feuerschutzmitteln** 360
4.9.1	Fließreihen - Ausrüstung und Arbeitsweise 299		
4.9.2	Beispiele der Maschinenverkettung 301	5.9.1	Einflußfaktoren 360
4.10	**Warten, Pflegen und Instandhalten von Werkzeugen und Maschinen** 302	5.9.2	Verfahren 361
		5.9.3	Bekämpfende Maßnahmen gegen Holzschädiger .. 362
4.10.1	Pflegliche Behandlung von Werkzeugen und Maschinen 303	5.9.4	Verarbeitung von Schutzmitteln 363
		6	**Verbindungstechnik** 364
4.10.2	Warten und Pflegen von Holzbearbeitungsmaschinen 303	**6.1**	**Verbindungsmittel** 364
		6.1.1	Dübel 364
4.10.3	Instandhalten von Werkzeugen 304	6.1.2	Federn 365
5	**Fertigungsverfahren** 310	6.1.3	Schrauben 366
5.1	**Übersicht** 310	6.1.4	Nägel und Klammern 368
5.1.1	Begriffe 310	6.1.5	Sonstige Verbindungsmittel 369
5.1.2	Fertigungsverfahren und Fertigungshauptgruppen 310	**6.2**	**Verbindungsarten** 370
		6.2.1	Breitenverbindungen 370
5.2	**Trocknen von Holz** 311	6.2.2	Längenverbindungen 372
5.2.1	Zweck und Bedeutung 311	6.2.3	Eckverbindungen 373
5.2.2	Grundlagen der Holztrocknung 311	**7**	**Betriebs- und Arbeitsorganisation** ... 382
5.2.3	Trocknungsvorgang und -möglichkeiten 316	**7.1**	**Betriebsorganisation** 382
5.2.3.1	Trocknungsvorgang 316	7.1.1	Betriebsräume 382
5.2.3.2	Methoden der Schnittholztrocknung 316	7.1.2	Arbeitsplatzgestaltung 384
5.2.4	Trocknungsarten und -anlagen 317	**7.2**	**Arbeitsorganisation** 385
5.2.4.1	Konvektionstrocknung 317	7.2.1	Fertigungsorganisation 385
5.2.4.2	Vakuumtrocknung 320	7.2.2	Vorbereitung der Fertigung 386
5.2.4.3	Hochfrequenztrocknung 321	**8**	**Möbelbau** 389
5.2.5	Trocknungsschäden 321	**8.1**	**Möbelbauarten** 389
5.3	**Sägen** 324	8.1.1	Einteilung und Bezeichnung 389
5.3.1	Grobsägen von Vollholz 324	8.1.2	Brettbauweise 389
5.3.2	Feinsägen von Vollholz 328	8.1.3	Rahmenbauweise 390
5.3.3	Zuschnitt und Feinschnitt von Platten 329		

8.1.4	Stollenbauweise	390	10.3.3	Türaußenrahmen	478
8.1.5	Plattenbauweise	390	10.3.4	Beschläge	479
8.1.6	Gestellbauweise	390	**10.4**	**Spezialtüren**	**480**
8.2	**Korpusmöbel**	**391**	10.4.1	Einbruchhemmende Türen	480
8.2.1	Arten und Teile	391	10.4.2	Luftschalldämmende Türen	480
8.2.2	Korpusbaugruppen	391	10.4.3	Feuerschutztüren	481
8.2.3	Sockel- und Fußkonstruktionen	394	10.4.4	Strahlenschutztüren	481
8.2.4	Türen, Klappen und Rolladen	395	**11**	**Fensterbau**	**481**
8.2.5	Schubkästen und Auszüge	402	**11.1**	**Aufgaben und Begriffe**	**481**
8.2.6	Schließbeschläge	404	11.1.1	Aufgaben	481
8.3	**Gestellmöbel**	**407**	11.1.2	Begriffe	481
8.3.1	Tische	407	**11.2**	**Gebrauchstauglichkeit von Fenstern**	**484**
8.3.2	Sitzmöbel	410	11.2.1	Lichteinfall	484
8.3.3	Liegemöbel	410	11.2.2	Lüftung	484
8.4	**Entwerfen von Möbeln**	**411**	11.2.3	Fugendurchlässigkeit	484
8.5	**Historische Entwicklung des Möbelbaus**	**415**	11.2.4	Schlagregensicherheit	484
8.5.1	Einflüsse und Abhängigkeiten	415	11.2.5	Windbelastung	485
8.5.2	Bau- und Möbelstile im deutschsprachigen Raum - Übersicht	415	11.2.6	Wärmeschutz	485
			11.2.7	Luftschallschutz	486
9	**Innenausbau**	**424**	11.2.8	Brandschutz	487
9.1	**Maßordnung und Maßnehmen am Bau**	**424**	11.2.9	Einbruchhemmung	487
9.1.1	Maßordnung im Hochbau	424	**11.3**	**Werkstoffe, Profilquerschnitte und Eckverbindungen von Fenstern und Fenstertüren**	**488**
9.1.2	Geräte zum Bestimmen von Waagerechten und Senkrechten	425	11.3.1	Holzfenster	489
9.1.3	Maßnehmen am Bau	425	11.3.2	Holz-Aluminiumfenster	492
9.2	**Bauphysikalische Grundlagen**	**427**	11.3.3	Aluminiumfenster	492
9.2.1	Wärmeschutz	427	11.3.4	Kunststoffenster	493
9.2.2	Klimabedingter Feuchteschutz	432	**11.4**	**Dichtungsmittel und Dichtungsebenen**	**494**
9.2.3	Schallschutz	434	11.4.1	Dichtungsmittel	494
9.2.4	Brandschutz	437	11.4.2	Dichtungsebenen	495
9.3	**Wand- und Deckenbekleidungen**	**439**	**11.5**	**Fensterarten und ihre Beschläge**	**503**
9.3.1	Aufgaben und bauliche Voraussetzungen	439	11.5.1	Fensterbeschläge - Grundausführungen	503
9.3.2	Wandbekleidungen	439	11.5.2	Fensterarten und Öffnungsbeschläge	504
9.3.3	Deckenbekleidungen	446	11.5.3	Lüftungssysteme	507
9.4	**Einbauten**	**451**	**11.6**	**Fensterfertigung und Oberflächenschutz**	**508**
9.4.1	Einbauschränke und Raumteiler	451	11.6.1	Fensterfertigung	508
9.4.2	Heizkörperbekleidungen	453	11.6.2	Oberflächenbehandlung von Holzfenstern und -fenstertüren	508
9.4.3	Nichttragende Trennwände	455	**Sachregister**		**510**
9.5	**Treppen**	**459**			
9.5.1	Bezeichnungen und Maßbezüge	459			
9.5.2	Werkstoffe und Konstruktionen	461			
9.6	**Holzfußböden**	**464**			
9.6.1	Dielenböden	464			
9.6.2	Parkettböden	464			
9.6.3	Parkettklebstoffe	466			
9.6.4	Unterkonstruktionen bei Holzfußböden	466			
9.6.5	Befestigung bei Holzfußböden	467			
9.6.6	Oberflächenbehandlung von Parkett	467			
10	**Türenbau**	**468**			
10.1	**Aufgaben und Bezeichnungen**	**468**			
10.1.1	Aufgaben	468			
10.1.2	Bezeichnungen	468			
10.2	**Innentüren**	**468**			
10.2.1	Drehtüren	468			
10.2.2	Sonstige Innentüren	474			
10.3	**Außentüren**	**476**			
10.3.1	Anforderungen und Maße	476			
10.3.2	Türblätter	476			

Bildquellenverzeichnis

Wilhelm Altendorf GmbH & Co. KG Maschinenbau, Minden: B 4.4-1 b), B 4.4-5, B 4.4-7, B 5.3-13, B 5.3-14, B 5.3-15,   Anthon GmbH & Co. Maschinenfabrik, Flensburg: B 4.4-42,   Apple Computer GmbH, Ismaning: B 3.6-6,   Arbeitsgemeinschaft Deutsche Kunststoffindustrie, Frankfurt: B 2.6-26, B 2.6-27,   Arbeitsgemeinschaft Holz E. V., Düsseldorf: B 2.2-23, B 2.2-24, B 2.2-25,   Babcock-BSH AG, Bad Hersfeld: B 4.4-12, B 4.4-14, B 4.4-19,   Bäuerle Maschinenfabrik GmbH & Co., Böbingen: B 4.4-25, B 4.4-28, B 4.4-35,   R. Beck Maschinenbau, Krauchenwies: B 4.6-10,   BHSU Luft- und Umwelttechnik GmbH, Uslar: B 4.7-5, B 4.8-11,   BM Bau- und Möbelschreiner, Frank Herrmann, Konradin Verlag, Leinfelden: B 7.2-3, B 8.4-7,   BM-Stilkunde von Jürgen Kluge, Konradin Verlag, Leinfelden: B 8.5-33, B 8.5-34,   Heinrich Brandt Maschinenbau GmbH, Lemgo: B 4.5-13,   Breuer und Schmitz KG, Solingen: B 11.5-3,   Robert Bürkle GmbH & Co., Freudenstadt: B 4.7-9 b),   Building Research Establishment, Watford, England: T 2.2/ 20, T 2.2/21,   Charvo Maschinenbau GmbH, Hochheim: B 4.7-12,   Chiron-Werke GmbH & Co. KG, Tuttlingen: B 4.8-2,   Commodore Büromaschinen GmbH, Frankfurt: T 3.2/4,   Desowag Materialschutz GmbH, Düsseldorf: B 2.8-1, B 2.2-23, B 2.2.-24, B 2.2-25, T 2.2/18, T 2.2/19,   Max Doser GmbH & Co. KG, Füssen: B 5.2-3,   Ernst Dünnemann GmbH & Co. KG, Wagenfeld: B 5.5-10,   Eisenmann Maschinenbau KG, Böblingen: B 4.7-14, B 4.7-15, B 4.7-16 b),   Elu International, Idstein: B 4.4-47,   Fachhochschule für Technik Stuttgart, Studiengang Innenarchitektur, Entwurf von Martin Brenner 1990: B 8.3-12,   Felder Maschinenbau, Hall, Österreich: B 4.4-19, B 4.4-38, B 4.4-40,   Ferber, „Ullstein Möbelbuch", Ullstein Verlag, Berlin: B 8.5-12, B 8.5-20, B 8.5-21, B 8.5-27,   Festo KG, Esslingen: B 4.2-23, B 4.4-43, B 4.4-44, B 4.4-45, B 4.4-46, B 4.4-48, B 4.4-49, B 4.8-12,   Fischerwerke, Waldachtal: T 9.3/1,   Friz Maschinenbau GmbH, Weinsberg: B 4.5-12, B 4.5-14, B 5.5-6,   Gustav Göckel Maschinenfabrik GmbH, Darmstadt: B 4.10-18,   Gretsch-Unitas GmbH Baubeschläge, Ditzingen: B 11.5-5, B 11.5-22,   Guhdo-Werk Herbert Dörken GmbH & Co. KG, Wermelskirchen: B 5.6-2,   Häfele GmbH & Co., Nagold: B 4.3-4, B 8.2-5, B 8.2-7, B 8.2-8, B 8.2-11, B 8.2-19, B 8.2-20, B 8.2-21, B 8.2-22, B 8.2-23, B 8.2-24, B 8.2-25, B 8.2-28, B 8.2-34, B 8.2-40, B 8.2-47, B 8.2-50, T 8.2/2, B 8.3-2, B 8.3-7, B 8.3-13, B 8.3-14, B 8.4-9,   W. Hautau GmbH, Helpsen: B 11.5-11, B 11.5-16,   Hesse GmbH, Hamm: B 2.9-1, B 4.7-10 b),   Ing. Gerhardt Höfer & Co., Taiskirchen, Österreich: B 4.5-1,   Holzberufsgenossenschaft, München: B 1.2-1, B 1.2-2, B 1.2-3, B 1.2-4, B 4.4-23, B 5.3-7, B 5.6-3, B 5.6-5,   Homag Maschinenbau AG, Schopfloch: B 4.5-15, B 4.5-16, B 4.5-17,   Iomega GmbH, Freiburg: B 3.4-15,   Maschinenbau Jonsdorf GmbH, Jonsdorf: B 4.4-36, B 4.4-37,   Gottfried Joos Maschinenfabrik GmbH & Co., Pfalzgrafenweiler: B 4.5-9,   G. Josting Maschinenfabrik, Enger: B 4.5-2,   Kaesz, „Möbelstile", Gondolat Könyvkiado, Budapest, Ungarn: B 8.5-2, B 8.5-3, B 8.5-5, B 8.5-22, B 8.5-24, B 8.5-30,   Klebchemie GmbH & Co., Weingarten: B 2.7-9, B 2.7-10,   Ernst Klett Verlag für Wissen und Bildung GmbH, Stuttgart: T 1.2/1, B 2.2-38, B 2.2-39, T 2.2/18, T 2.2/19, B 3.1-1, B 3.3-2, B 4.8-2, B 8.4-4, B 8.5-32, T 9.3/2, B 9.3-9 a) u. b), B 9.3-11, B 9.3-14, T 9.3/7, T 9.3/8, B 9.3-19, B 9.3-20, B 9.3-21, B 10.2-1, B 10.2-2, B 10.2-5, B 11.1-6, T 11.1/1, B 11.2-4,   Wilfried Koch, Rietberg: B 8.5-1,   Kölle Maschinenbau GmbH, Esslingen: B 4.4-10, B 4.4-11, B 4.4-17, B 4.4-27, B 4.4-31, B 4.4-33,   Kürth/Kutschmar: Baustilfibel. Zeichnungen von Ruth und Rudolf Peschel, Verlag Volk und Wissen, Berlin 1978: B 8.5-8, B 8.5-10, B 8.5-11, B 8.5-13, B 8.5-16, B 8.5-23,   Kuhlmann Werkzeugmaschinen GmbH & Co. KG, Bad Lauterberg: B 4.10-13, B 4.10-17, B 4.10-20,   Kuhnle Computer-Software, Wiernsheim: B 3.6-1,   Kunstsammlungen zu Weimar: B 8.5-29,   Heinrich Kuper GmbH & Co. KG, Rietberg: B 4.5-4, B 4.5-5, B 4.5-7,   Steiner Lamello AG, Bubendorf, Schweiz: B 6.1-2,   Lauber-Apparatebau GmbH, Alfdorf: B 5.2-10, B 5.2-11, B 5.2-13,   Gebr. Leitz GmbH & Co., Oberkochen: T 4.4/5, B 4.4-32,   Lignal GmbH, Hamm: B 2.9-4,   Logi GmbH, München: B 3.4-5,   Mafell-Maschinenfabrik Rudolf Mey GmbH & Co. KG, Oberndorf: B 4.4-50, B 5.7-4, B 5.7-5,   „Maschinen der Holzverarbeitung", Fachbuchverlag Leipzig: B 4.2-39,   Robert Hildebrand Maweg Maschinenbau-Anlagen GmbH, Oberboihingen: B 4.6-12, B 4.6-13,   Medien Beratung Ausführung mbH, Horb-Betra: B 3.9-10,   Metabowerke GmbH & Co., Nürtingen: B 4.4-34, B 5.6-8, B 5.6-12, B 5.7-3,   Microsoft GmbH, Unterschleißheim: B 3.6-2,   Müller, Minden: B 5.6-11,   Nordenfjeldske Kunstindustrimuseum, Trondheim, Norwegen: B 8.5-26,   Norgren Martonair GmbH, Alpen: B 4.8-6,   Opel Holzimport GmbH + Trockentechnik, Unterensingen: B 5.2-21,   Georg Ott Werkzeug- und Maschinenfabrik GmbH & Co., Ulm: B 4.3-1, B 4.3-2, B 4.3-11, B 4.3-14, B 4.3-15, B 4.3-16, B 4.3-17, B 4.3-18, B 4.3-19, B 4.3-20, B 4.3-22, B 4.3-24, B 4.3-25, B 4.3-26, B 4.3-28, B 4.3-42, B 4.3-43, B 4.3-44, T 4.3/6, B 4.10-10,   Anton Panhans GmbH, Sigmaringen: B 4.4-15, B 4.4-21,   Ilse Parkmann, Westerkappeln: B 3.3-6, B 3.3-7, B 3.4-4, B 3.4-6, B 3.4-7, B 3.4-18, B 3.4-19, B 3.4-20, B 3.4-21, B 3.4-22,   Karl M. Reich Maschinenfabrik GmbH, Nürtingen: B 4.4-9, B 4.5-16 b), B 4.6-2, B 4.6-3, B 6.1-12,   Maschinenfabrik Reichenbacher GmbH, Dörfles-Esbach: B 4.4-51, B 4.4-53, B 4.4-54,   Robo-com, Brackenheim: B 3.6-8, B 3.6-9,   Röhm GmbH Chemische Fabrik, Darmstadt: B 5.3-16,   Roland, „Bauelemente und Möbel - Konstruktion und Gestaltung", Fachbuchverlag Leipzig: B 8.5-4, B 8.5-6, B 8.5-7, B 8.5-9, B 8.5-14, B 8.5-15, B 8.5-17,   S.A.M. GmbH, Soest: B 3.3-8,   C. F. Scheer & Cie. GmbH + Co., Stuttgart: T 4.4/9,   Josef Scheppach Maschinenfabrik GmbH & Co., Ichenhausen: B 4.4-1 a), B 4.10-7,   SCM, Rimini, Italien: B 4.4-29,   Franz Schneider Brakel GmbH, Brakel: B 11.5-23,   Siegenia-Frank KG, Siegen: B 11.5-7, B 11.5-18,   Simonswerk GmbH, Rheda-Wiedenbrück: B 11.5-1,   Staatliche Kunstsammlungen Dresden - Kunstgewerbemuseum Schloß Pillnitz: B 8.3-11, B 8.5-31,   Staatliche Museen zu Berlin - Preußischer Kulturbesitz, Kunstgewerbemuseum Schloß Köpenick: B 8.5-4, B 8.5-5, B 8.5-6, B 8.5-8, B 8.5-18,   Stark GmbH & Co., Aalen: B 4.4-21 a), T 4.4/4,   Dr. Hans Peter Sutter, Buchs, Schweiz: B 2.2-13, B 2.2-15, B 2.2-16,   Toshiba Europa GmbH, Neuss: B 3.4-16,   Vollmer-Werke Maschinenfabrik GmbH, Biberach: B 4.10-14, B 4.10-15, B 4.10-16,   J. Wagner GmbH, Friedrichshafen: B 4.7-2, B 4.7-3 a) u. c),   Michael Weinig Aktiengesellschaft, Tauberbischofsheim: B 4.4-52, B 4.4-55, B 4.10-22,   Heinrich Wemhöner GmbH & Co. KG Maschinenfabrik, Herford: B 4.5-11

Trotz intensiver Bemühungen ist es uns nicht gelungen, die Urheber einiger Abbildungen zu ermitteln; die Rechte dieser Urheber werden selbstverständlich vom Verlag gewahrt. Die Urheber oder deren Erben werden gebeten, sich mit dem Verlag in Verbindung zu setzen.

1 Mensch und Arbeit

1.1 Berufsbildung

Das Berufsbildungsgesetz vom 14. August 1969 regelt in der Bundesrepublik Deutschland die Berufsausbildung als Erstausbildung, die berufliche Fortbildung und die berufliche Umschulung.

1.1.1 Berufliche Erstausbildung

Berufsausbildung

Die berufliche Erstausbildung erfolgt in geordneten Ausbildungsgängen. Sie vermittelt die notwendigen beruflichen Fertigkeiten und Kenntnisse. Die erforderlichen Berufserfahrungen werden in praktischer und theoretischer Tätigkeit erworben. Die berufliche Erstausbildung wird von den:
- Betrieben der Wirtschaft oder überbetrieblichen Ausbildungswerkstätten und
- beruflichen Schulen oder sonstigen Bildungseinrichtungen partnerschaftlich im dualen System durchgeführt.

Ausbildungsordnungen gewährleisten eine einheitliche Berufsausbildung für jeden staatlich anerkannten Ausbildungsberuf. Sie werden vom Bundeswirtschaftsminister erlassen. In ihnen ist festgelegt:
- die Bezeichnung des Ausbildungsberufs,
- die Ausbildungsdauer,
- das Ausbildungsberufsbild mit den zu vermittelnden Fertigkeiten und Kenntnissen,
- der Ausbildungsrahmenplan mit einer sachlichen und zeitlichen Gliederung für die Vermittlung der Fertigkeiten und Kenntnisse,
- die Prüfungsanforderungen.

Rahmenlehrpläne. Die Ausbildungsordnungen der verschiedenen Berufe sind seit 1974 mit den ländereinheitlichen Rahmenlehrplänen für den Berufsschulunterricht inhaltlich und zeitlich abgestimmt.

Grund- und Fachausbildung. Die berufliche Erstausbildung umfaßt eine breit angelegte Grund- und eine anschließende Fachausbildung.

Die Grundausbildung erfolgt im ersten Ausbildungsjahr entweder:
- dual in betrieblicher Ausbildung mit berufsbegleitendem Berufsschulunterricht oder
- durch Vollzeitunterricht im Berufsgrundbildungsjahr bzw. in der einjährigen Berufsfachschule.

Nach erfolgreichem Besuch des Berufsgrundbildungsjahrs bzw. der Berufsfachschule kann mindestens ein halbes Jahr auf die Ausbildungszeit angerechnet werden. Dazu muß der gewählte Ausbildungsberuf zum jeweiligen Berufsfeld gehören.

Die Fachausbildung umfaßt mit den Fachstufen I und II das zweite und dritte Ausbildungsjahr.

Ausbildungsziele. Die berufliche Erstausbildung soll den arbeitenden Menschen befähigen, als Persönlichkeit in Beruf und Gesellschaft zu bestehen. Wer gut ausgebildet ist, soll:
- die beruflichen Fertigkeiten und Kenntnisse bei der Herstellung von Produkten und der Übernahme von Dienstleistungen sicher beherrschen und anwenden,
- Arbeitsabläufe so planen, daß mit geringstem Aufwand größter Nutzen erreicht wird,
- zielgerichtet arbeiten und bereit sein, gestellte Aufgaben gewissenhaft und verantwortungsvoll durchzuführen,
- Kritiken annehmen und sich darüber mit anderen austauschen können. Die berufliche Tätigkeit im Team setzt gegenseitige Achtung, Anerkennung und das Lösen von Konflikten voraus.

Berufsbildungsabschlüsse. Die berufliche Erstausbildung endet im Handwerk mit der Gesellenprüfung, in der Industrie mit der Facharbeiterprüfung.

Berufsausbildung im Berufsfeld Holztechnik

Artverwandte Ausbildungsberufe sind in Berufsfeldern zusammengefaßt. Damit ist im jeweiligen Berufsfeld eine gemeinsame Grundausbildung möglich.

Mensch und Arbeit – Berufsbildung

T 1.1/1 *Ausbildungsberufe im Berufsfeld Holztechnik*

Ausbildungsberuf	Handwerk	Industrie
Tischler/in	x	
Holzmechaniker/in		x
Holzbearbeitungsmechaniker/in		x
Böttcher/in	x	
Fahrzeugstellmacher/in		x
Holzflugzeugbauer/in		x
Modellbauer/in	x	
Modelltischler/in		x
Schiffszimmerer/in	x	
Wagner/in	x	
Drechsler/in	x	
Holzbildhauer/in	x	x
Borstpinselmacher/in		x
Bürsten- und Pinselmacher/in	x	
Schirmmacher/in	x	
Korbmacher/in	x	x
Technische Zeichnerin/ Technischer Zeichner Holz	x	x
Glaser/in (Fensterbauer/in)	x	

Der Ausbildungsberuf Glaser ist bundesweit keinem Berufsfeld zugeordnet. Mit der Fachrichtung Fensterbau hat er Ausbildungsinhalte, die mit denen des Tischler- und Holzmechanikerberufs teilweise übereinstimmen. Einige Bundesländer führen ihn deshalb im Berufsfeld Holztechnik.

Ausbildungsinhalte. Die Ausbildungsberufe Tischler/in (Schreiner/in), Holzmechaniker/in und Glaser/in der Fachrichtung Fensterbau stellen im Berufsfeld Holztechnik die meisten Lehrlinge. Die Ausbildungsordnungen und Rahmenlehrpläne orientieren sich an diesen Berufen.

Gemeinsame Ausbildungsinhalte sind:
- Arbeitsschutz, Unfallverhütung, Umweltschutz,
- Arbeits- und Betriebsorganisation,
- Lesen und Anfertigen von Zeichnungen,
- Holz und Holzwerkstoffe,
- Werkzeuge und Maschinen, Anlagen, Vorrichtungen,
- Holzverbindungen,
- Kunststoffe, Klebstoffe, Metalle, Glas,
- Oberflächenbehandlung von Holz, Holzschutz,
- Herstellen und Einbauen von Erzeugnissen.

Spezielle Ausbildungsinhalte werden berufsbezogen während der Fachausbildung vermittelt bei der Ausbildung zum/zur:
- Glaser/in ab dem zweiten,
- Holzmechaniker/in im dritten,
- Holzbearbeitungsmechaniker/in im dritten Ausbildungsjahr.

Die Änderung und Erweiterung von Ausbildungsinhalten wird durch steigende und sich ändernde berufliche Anforderungen notwendig. Mit der ständigen technischen Weiterentwicklung verändern sich Herstellungsverfahren, Werkstoffe und Erzeugnisse. Neben der manuellen und maschinellen Fertigung mit Werkzeugen und Maschinen gehört heute auch die Informations- und Steuerungstechnik zu den Inhalten beruflicher Tätigkeit. Der Umweltschutz verlangt in vielen Bereichen ein neues Denken und Handeln.

1.1.2 Berufliche Fortbildung

Die berufliche Fortbildung baut auf der Erstausbildung auf und ermöglicht den beruflichen Aufstieg. Sie soll Fertigkeiten und Kenntnisse festigen, vertiefen, erweitern und den technischen Entwicklungen anpassen.
Nach mindestens zwei bis fünf Jahren Gesellen- oder Facharbeitertätigkeit können je nach Ausbildungsgang weiterführende Schulen besucht und entsprechende Qualifikationen und Abschlüsse erworben werden.

1.1.3 Berufliche Umschulung

Technische bzw. wirtschaftliche Entwicklungen oder regionale Strukturveränderungen können zur Folge haben, daß Menschen in ihrem erlernten Beruf keine Arbeit mehr finden. Das Berufsbildungsgesetz ermöglicht durch berufliche Umschulung die Wiederein-

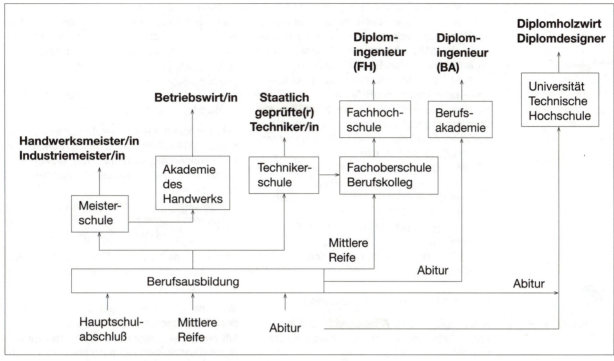

B 1.1-1 *Aufstiegsmöglichkeiten, vereinfachte Darstellung.*

gliederung in den Arbeitsprozeß. Die zweijährige Umschulung wird gemäß der Ausbildungsordnung durchgeführt und endet mit der Gesellen- oder Facharbeiterprüfung.

1.2 Arbeitsumwelt

1.2.1 Gestaltung der Arbeitsumwelt

Ergonomie

Arbeitsräume 7.1.1

Die Ergonomie (ergos griech. Werk, Arbeit) ist die Lehre von den Leistungsmöglichkeiten des arbeitenden Menschen. Sie erforscht Eigenarten und Fähigkeiten des menschlichen Organismus und sucht nach günstigen Lösungen für die menschengerechte Gestaltung der Arbeit. Mensch und Arbeit sollen wechselseitig angepaßt sein.

Die Ergonomie umfaßt Maßnahmen, die die menschliche Arbeit erleichtern, verbessern und sicherer machen. Sie hilft, die Arbeitsbedingungen und die Arbeitsumwelt zu humanisieren. Dadurch wird die Leistungsbereitschaft erhöht. Es kann wirtschaftlicher produziert und die Qualität der Produkte verbessert werden.

Ergonomische Maßnahmen sind Bestandteile von Gesetzen, Verordnungen und Vorschriften, z.B.:

- Arbeitsstättenverordnung,
- Arbeitssicherheitsgesetz,
- Betriebsverfassungsgesetz,
- Gewerbeordnung,
- Unfallverhütungsvorschriften der Holzberufsgenossenschaft.

Arbeitsräume und Arbeitsplatz

Arbeitsräume. Für bestimmte Tätigkeiten, z.B. für Maschinen-, Bank- oder Oberflächenarbeiten, gibt es spezielle Arbeitsräume. Sie müssen menschengerecht eingerichtet und ausgerüstet sein, da sie Wohlbefinden, Arbeitsfreude und Leistungsbereitschaft beeinflussen.

Ebenso wichtig sind die Umweltbedingungen in den Arbeitsbereichen, besonders:

- das der Tätigkeit angepaßte Raumklima (Temperatur, Luftfeuchte, Frischluftzufuhr),
- ausreichende Belichtung und Beleuchtung,
- geringe Staub- und Lärmbelastungen.

Sie müssen durch bauliche Maßnahmen, wie Heizungs- und Lüftungseinrichtungen, Absauganlagen, geeignete Lichtquellen, schallabsorbierende Wände und Decken, gewährleistet werden.

Lärm kann je nach Zeitdauer und Intensität Kreislauf-, Herz- oder Gehörerkrankungen hervorrufen. Die Unfallgefahren erhöhen sich,

Schallschutz 9.2.3

auch weil akustische Warnsignale nicht mehr wahrgenommen werden und die sprachliche Verständigung erschwert wird. Können betriebliche Maßnahmen zur Lärmminderung im Arbeitsraum den Beurteilungsschallpegel entsprechend der Unfallverhütungsvorschrift Lärm nicht unter 85 dB(A) senken, muß der Beschäftigte persönliche ==Gehörschutzmittel== vom Arbeitgeber zur Verfügung gestellt bekommen. Ab 90 dB(A) muß er diese benutzen. Geeignete Gehörschutzmittel sind:
- Gehörschutzwatte oder verformbare Stöpsel im Gehörgang bis 105 dB(A),
- Kunststoff-Gehörschutzstöpsel im Gehörgang bis 110 dB(A),
- Kapselgehörschutz über dem Ohr bis 120 dB(A),
- Schallschutzhelm mit Kopfschutz über 120 dB(A).

Lärmschwerhörigkeit ist unheilbar!

Arbeitsplatzgestaltung 7.1.2

Arbeitsplatz. Am ==Arbeitsplatz== werden mit Werkzeugen und Maschinen Erzeugnisse hergestellt.

Der menschengerecht gestaltete Arbeitsplatz soll die Gesundheit des Beschäftigten erhalten und ihm ermöglichen, eine bestimmte Arbeitsleistung zu erbringen.

Deshalb muß der Arbeitsplatz körper- und griffgerecht eingerichtet sein. Dazu gehören:
- anpaßbare Arbeitshöhen für sitzende oder stehende Tätigkeiten,
- zweckmäßig und übersichtlich angeordnete Ablagemöglichkeiten für Zulieferteile und Werkzeuge sowie
- günstige Transport- und Lagerflächen in Arbeitsplatznähe.

1.2.2 Umgang mit ==Gefahrstoffen==

Gefahrstoffe sind Stoffe und Zubereitungen, die besondere Vorsichtsmaßnahmen beim Umgang, bei Lagerung und Entsorgung erfordern.

Die Gefahrstoffverordnung von 1986 legt für etwa 1100 gefährliche Stoffe und Zubereitungen Kennbuchstaben, Symbole, Gefahrenhinweise und Sicherheitsratschläge fest.

Krebserzeugende Stoffe werden als sehr giftig und mit dem Gefahrenhinweis „kann Krebs erzeugen" gekennzeichnet. Dazu gehören:
- Asbestfeinstaub,
- Benzol,
- Hydrazin,
- Nickel (beim Schleifen und Schweißen) und
- Chromate (in Holzschutzmitteln).

Buchen- und Eichenstäube gelten ebenfalls als krebserzeugend. Ob die Inhaltsstoffe von Buchen- und Eichenholz allein oder aber auch auf Hölzer aufgetragene Beizen oder Holzschutzmittel den selten vorkommenden Nasenkrebs erzeugen, ist noch unklar. Wird Nasenkrebs bei Früherkennungsuntersuchungen rechtzeitig erkannt, ist er heilbar.

Die „Technische Regel Gefahrstoffe 553 Holzstaub" (TRGS 553) und die „Technischen Richtkonzentrationen für krebserzeugende Stoffe" von 1990 (TRK-Werte) legen fest, daß in:
- Neuanlagen höchstens 2 mg/m^3,
- in älteren Anlagen noch bis 1995 höchstens 5 mg/m^3 Staub vorhanden sein darf.

Liegt in einem Betrieb der Eichen- und Buchenholzanteil unter 10% der Fertigmenge, gelten diese Werte nicht.

Maximale Arbeitsplatz-Konzentration (MAK). Schadstoffe dürfen in der Umgebungsluft am Arbeitsplatz nur in einer bestimmten Höchstkonzentration auftreten, um nicht gesundheitsgefährdend zu wirken. Die Grenzwerte für die **m**aximal zulässige **K**onzentration am **A**rbeitsplatz (MAK-Werte) werden experimentell ermittelt und ständig überprüft. Die MAK-Werte gelten für eine täglich 8-stündige Arbeitszeit bei einer 40-stündigen Arbeitswoche. Sie werden in mg/m^3 Raumluft angegeben.

1.2.3 Arbeitssicherheit und Arbeitsschutz

Arbeitsunfälle werden meist weniger durch technische Mängel als durch menschliches Versagen (Unvorsichtigkeit, Unachtsamkeit, Leichtsinn oder Übermüdung) verursacht. Die Folgen können für den Einzelnen Tod, vorübergehende oder dauernde Berufs- oder Erwerbsunfähigkeit oder Minderung des Lebensstandards sein. Sie bedeuten aber auch hohe betriebliche und volkswirtschaftliche Verluste.

Jeder Beschäftigte muß deshalb nach den Unfallverhütungsvorschriften (VBG) der Holzberufsgenossenschaft handeln und ist verpflichtet, Weisungen des Unternehmers zum Zweck der Unfallverhütung zu befolgen. In diesem Buch sind die entsprechenden VBG-Nummern unter dem Sicherheitssymbol Helm in der Randspalte angegeben. Sicherheitswidrige Weisungen dürfen weder erteilt noch befolgt werden.

T 1.2/1 *Gefahrstoffe - Kennzeichnung, Arten, Sicherheitsratschläge*

Gefahrensymbole	Gefährlichkeitsmerkmal	Beispiele für Stoffe, Zubereitungen	Sicherheitsratschläge
explosionsgefährlich	Explosion unter bestimmten Bedingungen	Peroxide (in Bleichmitteln), Acetylen (Ethin) beim Schweißen	Informationen befolgen, Stoffe nicht am Arbeitsplatz aufbewahren, Behälter geschlossen halten, Funkenbildung vermeiden, Rauchen verboten, Feuerlöschgerät bereitstellen
brandfördernd	durch Kontakt Entzündung brennbarer Stoffe, Brandförderung, Löschen erschwert	flüssiger Sauerstoff, Wasserstoffperoxidlösung, Salpetersäure beim Bleichen	nicht in Holzregalen mit Papier oder Lösemitteln lagern, nicht mit brennbaren Stoffen mischen, Staubbildung vermeiden, Rauchen verboten, nicht in den Kanal- oder Säureabfluß geben
hochentzündlich	Flüssigkeiten mit Flammpunkt < 0 °C und Siedepunkt ≤ 35 °C, bei Normaldruck entzündbare Gase	Acetylen (Ethin), Ether (Diethylether), Butan, Propan	Verdampfen verhindern, Funkenbildung vermeiden, Rauchen verboten, nur geringe Vorräte am Arbeitsplatz lagern, nicht in Kanalisation schütten, Anlagen müssen exgeschützt sein
leichtentzündlich	selbstentzündliche Stoffe, leicht entzündbare und brennbare Stoffe	Aceton, Ethylacetat, Nitroverdünnung, Toluol, Methanol (in Lacken und Klebstoffen)	Rauchen verboten, nicht in Heizräumen lagern, Gefäße geschlossen halten, Funkenbildung vermeiden, Anlagen müssen exgeschützt sein
entzündlich ENTZÜNDLICH	Flüssigkeiten mit Flammpunkten zwischen 21 °C ... 55 °C	Xylol, Butanol, Ethanol	Verdampfen verhindern, nur geringe Vorräte am Arbeitsplatz lagern, nicht in Kanalisation schütten, Anlagen müssen exgeschützt sein
sehr giftig	durch Einatmen, Verschlucken oder Hautkontakt erhebliche Gesundheitsschäden oder Tod	Arsentrioxid z.T. 0,3% Massenanteile in Holzschutzmitteln	jeden Kontakt vermeiden, unter Verschluß aufbewahren, für Frischluft im Raum sorgen, von Speisen und Getränken fernhalten

Fortsetzung **T 1.2/1**

Gefahrensymbole	Gefährlichkeitsmerkmal	Beispiele für Stoffe, Zubereitungen	Sicherheitsratschläge
giftig	durch Einatmen, Verschlucken oder Hautkontakt schwere akute oder chronische Gesundheitsschäden oder Tod	Lindan, Endosulfan, PCP, TBTO (in Holzschutzmitteln), Methanol, Benzol, Schwefelkohlenstoff, Tetrachlorethan und -methan, Phenole, Formaldehyd (in Klebstoffen, Lacken), Zinkchromate (in Rostschutzmitteln), Flußsäure	große Sauberkeit am Arbeitsplatz, von Speisen und Getränken fernhalten, Gefäße eindeutig kennzeichnen
mindergiftig Xn	durch Einatmen, Verschlucken oder Hautkontakt Gesundheitsschäden geringeren Ausmaßes	Phoxin, PCB (in Holzschutzmitteln), Formaldehyd (5% ... 25% in Spanplatten, Leimen, Klebern, Harzen), Toluol, Xylol, Butanol, Trichlorethen, Perchlorethylen (Lösemittel in Lacken, Reinigungsmitteln)	Stoffe sorgfältig aufbewahren, von Speisen und Getränken fernhalten, keine Lebensmittelgefäße benutzen
reizend Xi	Entzündungen nach Berührungen mit Haut und Schleimhäuten	Diacetonalkohol, Dichlorfluanid, Tetrahydrofuran, Ethyglykol, Styrol (in Lösemitteln, Polyesterlacken)	keine Lebensmittelgefäße benutzen
ätzend	bei Kontakt Zerstörung von lebendem Gewebe (Haut, Augen, Schleimhäute)	Salzsäure, Salpetersäure, Schwefelsäure, Zitronensäure, Chloressigsäure, Flußsäure, Phenole, Laugen	Verspritzen und Verschütten vermeiden, keine Lebensmittelgefäße benutzen, Rauchen verboten, Behälteraufschrift beachten

Persönlicher Arbeitsschutz. Zusätzlich zu den technischen Schutzmaßnahmen gewährleisten in vielen Bereichen persönliche Schutzmaßnahmen die notwendige Arbeitssicherheit.

Maßnahmen am Arbeitsplatz. Die Sicherheit wird durch verantwortungsbewußtes Handeln gewährleistet.
Folgende Regeln sollen eingehalten werden:
- Auf Ordnung und Sauberkeit achten.
- Werkzeuge und Maschinen fachgerecht handhaben, Bedienungs- und Schutzvorrichtungen verwenden.
- Alle Stellen mit Quetschgefahr absichern.
- Innerbetriebliche Transportwege freihalten.
- Werkstoffe, Hilfsmittel und Halbfabrikate vorschriftsmäßig lagern.
- Gekennzeichnete Fluchtwege und Notausgänge freihalten.

Sicherheitszeichen weisen auf Sachverhalte, bestimmte Gefahren und Rettungswege hin. Für Sicherheitsschilder werden die folgenden Formen und Sicherheitsfarben verwendet:

- Verbotsschilder → Kreis, Rot,
- Gebotsschilder → Kreis, Blau,
- Warnschilder → Dreieck, Gelb,
- Rettungsschilder → Quadrat oder Rechteck, Grün.

B 1.2-1 Verbotsschilder. a) Zutrittverbot für Unbefugte, b) Rauchverbot, c) Feuer, offenes Licht, Rauchen verboten, d) Verbot, mit Wasser zu löschen.

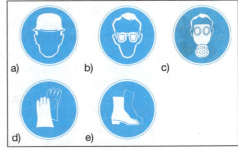

B 1.2-2 Gebotsschilder. a) Schutzhelm tragen, b) Augenschutz benutzen, c) Atemschutz anlegen, d) Schutzhandschuhe tragen, e) Schutzstiefel tragen.

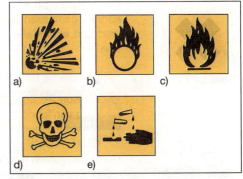

B 1.2-3 Warnschilder. Warnung vor a) Explosivstoffen, b) brandfördernden Stoffen, c) feuergefährlichen Stoffen, d) giftigen Stoffen, e) ätzenden Stoffen.

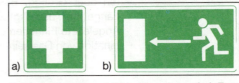

B 1.2-4 Rettungsschilder. Hinweise auf a) Erste Hilfe, b) Fluchtweg.

T 1.2/2 *Persönlicher Arbeitsschutz - Schutzmaßnahmen*

Schutzbereich	Gefahrenquellen	Schutzmaßnahmen
Kopfschutz	drehende Werkzeuge, Wellen, Riemen, herabfallende Teile	Haarnetz, Schutzhelm
Atemschutz	Gase, Dämpfe, Schwebstoffe	Staubmaske, Filtergerät
Augenschutz	Bohr-, Fräs- und Schleifsplitter (Schleifmaschine, Trennscheibe)	normale oder Vollschutzbrille
Gehörschutz	Lärm	Gehörschutzmittel
Körperschutz, Handschutz, Fußschutz	drehende Teile, scharfkantige Gegenstände, schwere Gegenstände	enganliegende Kleidung, keine Armbanduhr, keine Fingerringe, Schutzhandschuhe, Sicherheitsschuhe
Hautschutz	Dämpfe, Gase, Lösemittel	Hautcreme
Hygiene	Gefahrstoffe, Holzschutzmittel, Bleichmittel, Lacke, Klebstoffe	Händewaschen, während der Arbeit nicht essen, trinken oder rauchen

2 Werkstoffe

2.1 Naturwissenschaftliche Grundlagen

2.1.1 Physikalische Grundlagen

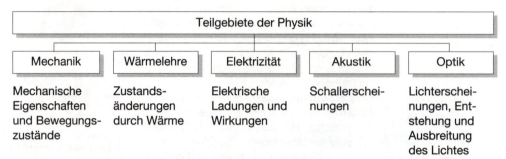

In der Werkstatt werden mit unterschiedlichen Arbeitsverfahren Werkstoffe bearbeitet, zerteilt, geglättet oder mit anderen Teilen zusammengefügt. Hierbei verändern die Teile nicht ihre stoffliche Zusammensetzung, sondern nur Form, Gefüge oder Lage. Physikalisch gesehen erfolgt eine Zustandsänderung. Physikalische Vorgänge sind u.a. das Zerspanen von Holz, das Entstehen des Zusammenhalts bei Verklebungen und die Feuchteabgabe des Holzes. Die Vorgänge lassen sich verschiedenen Teilgebieten der Physik zuordnen.

Physikalische Eigenschaften

Die meisten physikalischen Eigenschaften können gemessen und durch einen Zahlenwert und eine Maßeinheit beschrieben werden.

Masse 4.4.1

Physikalische Größe
= Zahlenwert · Maßeinheit

Beispiel 1
Länge $l = 5 \cdot 1\text{ m}$

Die Maßeinheiten wurden 1970 im internationalen Einheitensystem (kurz SI für franz. Système International d'Unités) zusammengefaßt und auch in Deutschland verbindlich eingeführt. Man unterscheidet Grund- oder Basiseinheiten und daraus abgeleitete Einheiten oder Größen. Basiseinheiten sind z.B. Länge (m), Masse (kg), Zeit (s), Temperatur (K). Abgeleitete Einheiten entstehen durch Kombination von Basiseinheiten.

Beispiel 2
Geschwindigkeit $v = \dfrac{\text{Länge, Weg}}{\text{Zeit}}$ in $\dfrac{\text{m}}{\text{s}}$

Beispiel 3
Druck $p = \dfrac{\text{Kraft}}{\text{Fläche}}$ in $\dfrac{\text{N}}{\text{m}^2}$

Masse m

Die Masse ist eine Basisgröße und wird durch die Schwere und Trägheit eines Körpers gekennzeichnet. Die Einheit der Masse ist das Kilogramm (kg). 1 kg entspricht der Masse von 1 dm³ Wasser bei +4 °C. Die Massenbestimmung eines Körpers erfolgt durch Vergleich mit bekannten Massen (Wägstücken) auf einer Balkenwaage.

Masse m in kg

Dichte ρ

Aus dem Verhältnis der Masse eines Stoffes zu seinem Volumen läßt sich seine Dichte bestimmen. Die Dichte ist eine materialkennzeichnende Eigenschaft und wie die Masse ortsunabhängig.

Dichte = $\dfrac{\text{Masse}}{\text{Volumen}}$
$\rho = \dfrac{m}{V}$ in $\dfrac{\text{kg}}{\text{m}^3}$ oder $\dfrac{\text{kg}}{\text{dm}^3}$

Reindichte ρ ist die Dichte von Stoffen wie z.B. von Glas und Metallen, bei denen keine Hohlräume vorhanden sind.

Werkstoffe – Naturwissenschaftliche Grundlagen

Lacke 2.9.3, Klebstoffe 2.7.1, Löten 2.11.8

Rohdichte ρ_v bezeichnet Materialien wie Holz, Ziegel, Spanplatten und solche Werkstoffe, die Poren oder Hohlräume aufweisen, in denen Feuchte aufgenommen werden kann (Index u gibt den Feuchtegehalt an).

Schüttdichte ρ_s. Diese Größenart wird bei schüttfähigen Gütern wie z.B. bei Sand und Spänen verwendet, wo neben der Stoffdichte Haufwerksporen oder Hohlräume auftreten, die sich durch die Schüttung ergeben.

Adhäsion ist die Kraftwirkung zwischen den Randmolekülen benachbarter Körper. Beim Auftragen von Lacken, Klebstoffen oder beim Löten wirken die Adhäsionskräfte. Zwischen Wasser und Fetten (Ölen) tritt kaum Adhäsion auf.

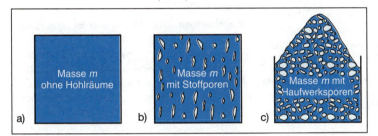

B 2.1-1 *Dichte von Stoffen. a) Reindichte, b) Rohdichte, c) Schüttdichte.*

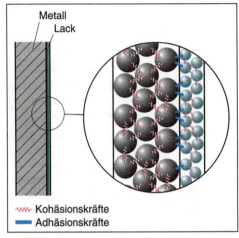

B 2.1-4 *Adhäsionskräfte.*

Zusammenhalt von Stoffen

Kohäsion bezeichnet den inneren Zusammenhalt eines Stoffes. Er wird durch die Anziehungskräfte zwischen den Molekülen bewirkt. Sie sind von der Größe der Molekülabstände, der Molekularmasse eines Stoffes und der Bindungsart abhängig. Auch die Oberflächenspannung von Flüssigkeiten ist auf Kohäsionskräfte zurückzuführen.

Kapillarität. Hier wirken Adhäsions- und Kohäsionskräfte zusammen. In Gefäßen wirkt die Adhäsion zwischen den Gefäß- und Flüssigkeitsoberflächen. Bei Wasser bildet sich ein nach oben gezogener Rand, weil die Adhäsionskräfte an der Wandung größer sind als die Kohäsionskräfte des Wassers.

In besonders engen Röhren (Kapillaren) kann diese Wirkung dazu führen, daß die Flüssigkeit in der Röhre entgegen der Schwerkraft

Kohäsion	sehr groß	mittelmäßig	kaum wirksam
Modellvorstellung	z. B. Eisen	z. B. Wasser	z. B. Luft
Aggregatzustand	fester Stoff	flüssiger Stoff	gasförmiger Stoff

B 2.1-2 *Kohäsionsverhalten.*

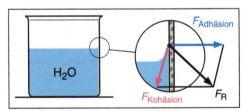

B 2.1-5 *Zusammenwirken von Adhäsion und Kohäsion.*

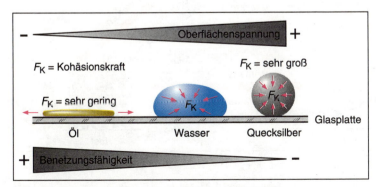

B 2.1-3 *Oberflächenspannung und Benetzungsfähigkeit.*

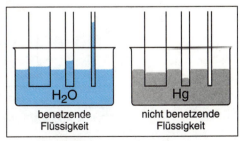

B 2.1-6 *Kapillarität.*

Werkstoffe – Naturwissenschaftliche Grundlagen

nach oben steigt, und zwar umso höher, je enger die Röhre ist. Bei nicht benetzenden Flüssigkeiten, wie z.B. bei Quecksilber, zeigt sich die umgekehrte Wirkung. Man findet diese Kapillarwirkung z.B. in der Pflanze beim Flüssigkeitstransport von der Wurzel zur Krone, beim Aufsteigen des Grundwassers im Boden und beim Aufsaugen von Flüssigkeit im Schwamm und Löschpapier.

Aggregatzustände

Aufgrund der Größe der Kohäsionskräfte können Stoffe in drei verschiedenen Zustandsformen (Aggregatzuständen) auftreten, die temperatur- und druckabhängig sind.

Wird einem festen Stoff Wärme zugeführt, bewegen sich die Moleküle des Stoffes schneller. Sie verlassen ihren Standort im Gefüge. Dadurch wird der Stoff flüssig. Bei weiterer Wärmezufuhr vergrößert sich die Molekularbewegung, so daß die Kohäsionskräfte überwunden werden und der Stoff gasförmig wird. Es gibt feste Stoffe, die beim starken Erwärmen direkt - ohne sich zu verflüssigen - in den gasförmigen Zustand übergehen. Sie sublimieren wie z.B. Kohlenstoffdioxid bei -78°C.

Ob ein Stoff fest, flüssig oder gasförmig ist, hängt von der Kohäsionskraft zwischen den Molekülen ab, die der Wärmebewegung entgegenwirken. Reine Stoffe verändern durch Energiezufuhr oder Energieentzug bei genau festliegender Temperatur und bestimmtem Druck ihren Aggregatzustand. Die Siede-, Schmelz- oder Sublimationspunkte dienen auch als Erkennungsmerkmal von Stoffen.

Reinstoffe 2.1.2

Wärme

Alle Moleküle eines Stoffes sind ständig in regelloser Bewegung oder Schwingung. Der Wärmezustand ist ein Abbild dieser Bewegungsenergie. Den Aufprall von Molekülen auf unserer Haut empfinden wir als Wärme. Je größer die Bewegung der Moleküle, desto heftiger und schneller der Aufprall, desto intensiver das „Wärmeempfinden". Der Wärmezustand eines Stoffes wird mit seiner Temperatur angegeben.

Temperatur. Die Temperatur ist eine Basisgröße des SI und wird in Grad Celsius (°C) oder in Kelvin (K) angegeben. Der Temperaturunterschied von einem Kelvin ist gleich dem Temperaturunterschied von einem Grad Celsius. Die Temperaturskala, die den Temperaturunterschied zwischen dem Erstarrungs- und dem Siedepunkt von Wasser bei Normaldruck angibt, ist in 100 gleiche Teile, Grade, eingeteilt.

Temperatur T in °C oder K

Die Kelvin-Skala ist so eingeteilt, daß die theoretisch tiefste Temperatur, der absolute Nullpunkt, mit 0 Kelvin festgelegt ist.

Wärmeübertragung. Zwischen Stoffen mit unterschiedlicher Temperatur erfolgt ein Austausch von Wärmeenergie, bis ein thermischer Gleichgewichtszustand erreicht ist. Dabei spielt der Aggregatzustand keine Rolle. Ein heißer Gegenstand in einer kalten Flüssigkeit kühlt solange ab, bis Gegenstand und Flüssigkeit die gleiche Temperatur haben.

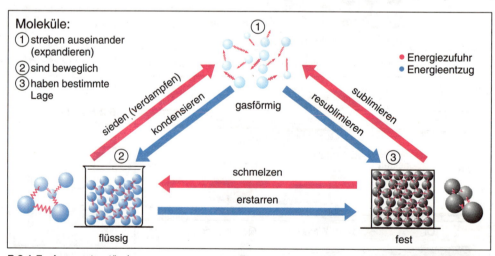

B 2.1-7 Aggregatzustände.

T 2.1/1 Siede- und Schmelztemperaturen verschiedener Stoffe

Materialart	Schmelz- bzw. Erstarrungstemperatur in °C[1]	Siede- bzw. Kondensationstemperatur in °C[1]
Sauerstoff	− 219	− 183
Wasser	± 0	+ 100
Blei	+ 327	+ 1525
Aluminium	+ 659	+ 2500
Kupfer	+ 1083	+ 2450

[1] Werte gelten bei Normaldruck.

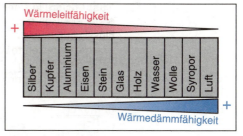

B 2.1-9 Wärmeleit- und Dämmfähigkeit verschiedener Materialien.

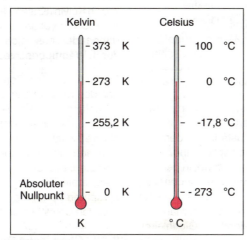

B 2.1-8 Temperaturskalen im Vergleich.

Wärmeströmung (Konvektion). In strömenden Flüssigkeiten und Gasen wird Wärme mitgeführt. Sie nehmen an der Wärmequelle die Wärme auf, tragen sie weiter und geben die Energie an anderer Stelle wieder ab.
Die Warmwasserheizung und die meisten Holztrocknungsanlagen arbeiten nach diesem Prinzip.

Wärmestrahlung. Wärme kann durch Körper mit hoher Temperatur an die Umgebung abgestrahlt werden. Die Wärmestrahlen durchdringen auch den luftleeren Raum. Sie geben ihre Energie erst an die Moleküle des absorbierenden Stoffes ab, der sich dadurch erwärmt. Die Wärmestrahlen sind wie die Lichtstrahlen elektromagnetische Schwingungen, die im Infrarotbereich liegen und z.B. bei der Lacktrocknung eingesetzt werden.

Dispersionen

Dispersionen sind feinste Verteilungen eines Stoffes, die in einem anderen Stoff schweben, der als Dispersionsmittel bezeichnet wird. Die Schwebeteilchen haben Durchmesser von 10^{-5} mm ... 10^{-7} mm und sind im Lichtmikroskop nicht erkennbar. Sie werden als Kolloide bezeichnet.

Wärmeleitung erfolgt in festen Stoffen. Dabei sind dichte Stoffe wärmeleitfähiger als leichte und porige Stoffe. Gase sind besonders schlechte Wärmeleiter. Im luftleeren Raum (Vakuum) erfolgt keine Wärmeleitung, da hier keine oder nur äußerst wenige Moleküle vorhanden sind, um die Molekülbewegungen weiterzugeben.

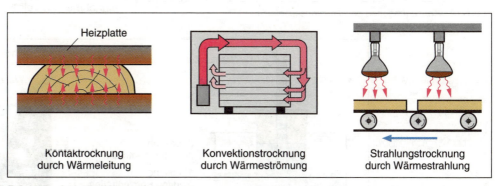

B 2.1-10 Arten der Wärmeübertragung.

Suspension. In einer Suspension schweben feste Schwebeteilchen im flüssigen Dispersionsmittel.

Emulsion. In einer Emulsion schweben kleinste Flüssigkeitströpfchen im Dispersionsmittel.

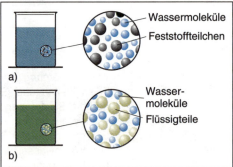

B 2.1-11   Dispersionen. a) Suspension, b) Emulsion.

Jedes kolloiddisperse Gemisch kann in zwei Zustandsformen auftreten:
- Sol → als flüssiger Zustand, in dem die Schwebeteilchen frei beweglich sind,
- Gel → als gallertartiger Zustand, in dem die Schwebeteilchen netzförmig verbunden sind.

Kann der Sol- in den Gel-Zustand und wieder zurück überführt werden, spricht man von einer reversiblen Dispersion (z.B. Glutinleim).

Hygroskopizität und Diffusion

Hygroskopizität ist die Fähigkeit, aus der Luft Wasserdampf aufzunehmen. Organische Stoffe wie Leder, Baumwolle und Holz können sich so dem Feuchtezustand der Umgebung anpassen. Die damit verbundenen Zustandsänderungen, das Quellen durch Feuchteaufnahme und das Schwinden durch Feuchteabgabe, nennt man hygroskopisches Verhalten.

Diffusion. Darunter versteht man alle Bewegungsvorgänge, bei denen Moleküle aufgrund unterschiedlicher Konzentration wandern und sich bis zum Ausgleich der Konzentration mischen. Bei Gasen kann die Diffusion innerhalb von Sekunden erfolgen. In Flüssigkeiten dauert der Ausgleich länger, er kann aber durch Wärme beschleunigt werden.

Osmose ist eine Sonderform der Diffusion, bei der Substanzen sich durch eine halbdurchlässige (semipermeable) Trennwand bewegen können. Dabei wandern die Teilchen ebenfalls von der niedrigen zur höheren Konzentration, um einen Ausgleich zu schaffen. Ein Beispiel für einen osmotischen Vorgang stellt bei den Pflanzen die Nährsalzaufnahme durch die Wurzeln und der Transport von den Wurzeln zum Blatt dar.

2.1.2 Chemische Grundlagen

Einführung in die Chemie

Um die Herstellung und das Verhalten von Werkstoffen wie Holz, Metall, Glas, Lack, Leim und Kunststoff zu verstehen, sind Grundbegriffe aus der Chemie notwendig. Die Chemie ist die Lehre von den Stoffumwandlungen und den chemischen Reaktionen. Als Stoffe werden alle Körper bezeichnet, die einen Raum einnehmen und eine Masse besitzen.

Nährsalztransport 2.2.2

Glutinleim 2.7

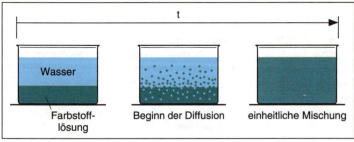

B 2.1-12   Konzentrationen bei Diffusionsausgleich.

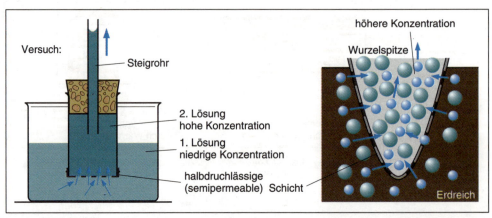

B 2.1-13   Osmose.

Werkstoffe – Naturwissenschaftliche Grundlagen

Chemische Vorgänge

Durch chemische Reaktionen oder chemische Verfahren werden Stoffe umgewandelt. Die entstandenen Stoffe haben gegenüber den Ausgangsstoffen andere Eigenschaften. Chemische Vorgänge werden stets von physikalischen Bedingungen (Temperatur, Druck, u.a.) begleitet.

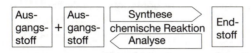

Analyse (Stoffzerlegung). Um die Zusammensetzung eines Stoffes zu ermitteln, wird er in seine Bestandteile zerlegt. Es wird festgestellt, aus welchen Elementen der Stoff aufgebaut ist (qualitative Analyse) und welche Anteile (Mengen) der beteiligten Elemente vorhanden sind (quantitative Analyse).

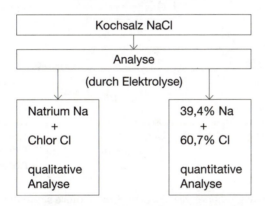

Die Synthese (Stoffaufbau) ist die Umkehrung der Analyse. Aus Elementen oder Verbindungen können durch chemische Reaktionen neue Stoffe gebildet werden.

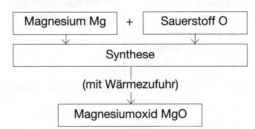

Trennverfahren für homogene Gemische. Mit ihnen lassen sich Gemische in Reinstoffe zerlegen.

Destillieren ist ein Verfahren, Flüssigkeiten mit unterschiedlichen Siedetemperaturen durch stufenweises Verdampfen zu trennen.

Abdampfen. Aus einer Lösung werden die Feststoffe durch Erhitzen oder Sieden gewonnen.

Extrahieren ist das Herauslösen von löslichen Bestandteilen aus Gemischen mit Hilfe eines Lösemittels.

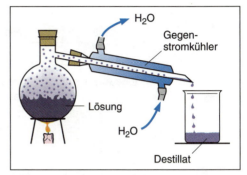

B 2.1-14   Destillieren.

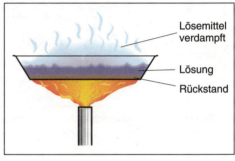

B 2.1-15   Abdampfen.

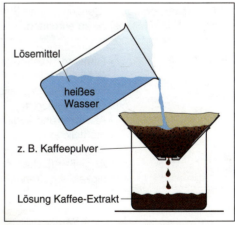

B 2.1-16   Extrahieren.

Trennverfahren für heterogene Gemische. Mit ihnen werden Mischungen in ihre Bestandteile zerlegt:
- Sieben. Die Trennung erfolgt aufgrund der unterschiedlichen Form und Größe der gemischten Bestandteile.

19

Werkstoffe – Naturwissenschaftliche Grundlagen

Einteilung der Stoffe

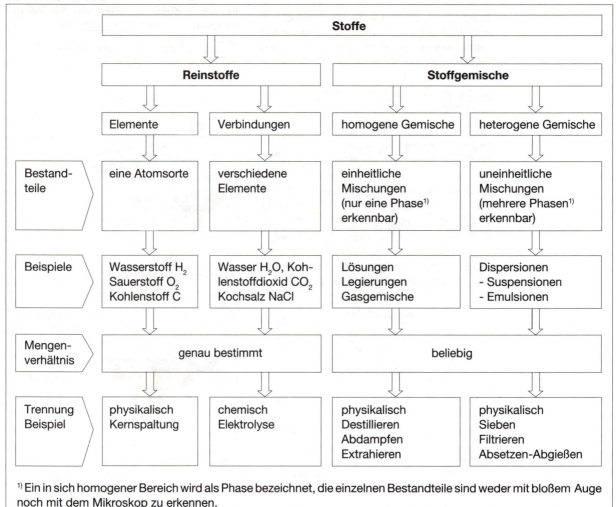

[1] Ein in sich homogener Bereich wird als Phase bezeichnet, die einzelnen Bestandteile sind weder mit bloßem Auge noch mit dem Mikroskop zu erkennen.

- Filtrieren. Feststoffe ab einer bestimmten Größe bleiben im Filter hängen, während kleinere Feststoffteilchen, Flüssigkeiten oder Gase passieren.
- Absetzen und Abgießen. Die schweren Feststoffteilchen werden nach einem ausreichend langen Absetzvorgang (Sedimentieren) durch Abgießen (Dekantieren) der leichteren Flüssigkeit abgetrennt.

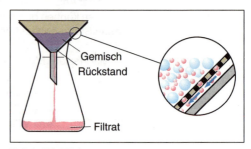

B 2.1-18 Filtrieren.

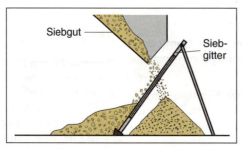

B 2.1-17 Sieben.

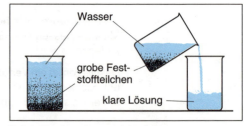

B 2.1-19 Absetzen und Abgießen.

Atombau und Periodensystem

Chemische Elemente oder Grundstoffe bestehen aus gleichen Atomen. Sie werden mit Symbolen gekennzeichnet, die sich aus den Abkürzungen der lateinischen oder griechischen Namen ableiten.

Atome. Alle Stoffe bestehen aus Atomen. Sie sind unvorstellbar klein und nicht sichtbar. Deshalb sind zur Veranschaulichung verschiedene Atommodelle entwickelt worden.
Nach dem von Niels Bohr 1913 entwickelten Atommodell bilden drei verschiedene Teilchenarten das kugelförmige Atom aus Kern und Schalen. Der Atomkern besteht aus Protonen, die elektrisch positiv geladen sind, und ungeladenen Neutronen. Die Kernbausteine haben annähernd die gleiche Masse. Um den Kern bewegen sich die elektrisch negativ geladenen Elektronen. Die Anzahl der Elektronen entspricht der Anzahl der Protonen im Kern, somit wirkt ein Atom nach außen elektrisch ungeladen. Atome eines Elements haben stets die gleiche Protonenanzahl und somit auch die gleiche Elektronenanzahl.

> Kernladungszahl ≙ Protonenanzahl

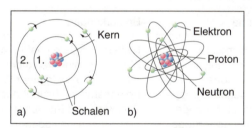

B 2.1-20 Atommodell des Kohlenstoffs. a) flächig, b) räumlich.

T 2.1/2 Atomaufbau

Atom	Kernbausteine (Nukleonen)		Hülle
Elementarteilchen	Protonen	Neutronen	Elektronen
Zeichen und elektrische Ladung	p⁺ positiv	n° ungeladen	e⁻ negativ
Massenanteil	99,95% ... 99,98%		0,05% ... 0,02%
Durchmesser	10^{-14} m		10^{-10} m
Größenverhältnis	$\frac{1}{10000}$		1

Atommasse. Sie ergibt sich aus der Masse der vorhandenen Protonen und Neutronen. Die Elektronen werden wegen ihrer geringen Masse nicht berücksichtigt (→**T 2.1/2**). Die Masse eines Atoms ist sehr klein, ein Sauerstoffatom hat z.B. die Masse von $2{,}656 \cdot 10^{-23}$ g (eine Zahl mit 23 Nullen nach dem Komma).

Relative Atommasse. Die Bezugsgröße u, auf die die Massen der Atome bezogen werden, wird als relative Atommasse bezeichnet. Sie dient als Verhältniszahl zwischen den Massen verschiedener Atome.

> Die Atommasseneinheit u ist 1/12 der Masse des Kohlenstoffnuklids C^{12}.
> $1\ u \triangleq 1{,}6605 \cdot 10^{-24}$ g

Sauerstoff hat damit die relative Atommasse 16 u und ist damit 16 mal schwerer als der zwölfte Teil des Kohlenstoffatoms C^{12}.
Aus Massenzahl und Kernladungszahl (Protonenanzahl) läßt sich die Neutronenanzahl bestimmen.

Beispiel 4

Wie groß ist die Neutronenanzahl des Phosphoratoms mit der Massenzahl 31?

Lösung

Massenzahl - Kernladungszahl = Neutronenanzahl
31 − 15 = 16

Atome eines Elements mit gleicher Anzahl von Protonen und Neutronen nennt man Nuklide, bei unterschiedlicher Anzahl Isotope. Isotope eines Elements haben die gleiche Kernladungszahl, aber unterschiedliche Massenzahlen und damit eine unterschiedliche Anzahl von Protonen und Neutronen. Nuklide und Isotope des gleichen Elements haben stets gleiche Atomhüllen.

> Nukleonen = Anzahl der Protonen und Neutronen
> Massenzahl = Zahl der Nukleonen im Atom
> Kernladungszahl = Zahl der Protonen im Atom

Periodensystem der Elemente. Die Grundlage für die Anordnung der Elemente im Periodensystem ist der Atombau. Das Periodensystem der Elemente (PSE) ist nach steigenden Kernladungszahlen, den Ordnungszahlen, aufgebaut. Die sieben Schalen, die durch die Elektronen besetzt werden können, entsprechen den Perioden 1 ... 7. Sie stimmen mit den waagerechten Zeilen überein. Die Anzahl der Elektronen, die sich auf der äußeren Schale befinden, ergeben die Hauptgruppen I ... VIII und bilden die senkrechten Spalten. Die Außenelektronen bestimmen die Eigenschaften und den Charakter der Elemente (→T 2.1/4).

Ordnungszahl =	Anzahl der Protonen im Kern oder der Elektronen auf den Schalen
Periodenzahl 1 ... 7 =	Anzahl der Schalen
Hauptgruppenzahl I ... VII =	Anzahl der Elektronen der äußersten Schale

Das vollständige PSE mit Haupt- und Nebengruppen ist sehr umfangreich. In der verkürzten Darstellung wird auf die Nebengruppen und die Untergruppenelemente (Lanthanide und Actinide) verzichtet. Aufgrund der Stellung eines Elementes im PSE lassen sich Aussagen über Kernladungszahl, Metallcharakter, chemisches Verhalten und Atomradius machen.

Chemische Bindungen

Molekül. Die Atome streben einen stabilen Zustand mit einer optimal gefüllten Außenschale an und vereinigen sich deshalb zu Molekülen. Eine Ausnahme machen die Edelgase, die bereits acht Elektronen auf der Außenschale haben (Ausnahme: Helium mit nur zwei Elektronen auf der ersten Schale). Das Bestreben nach einem stabilen Zustand wird bei Verbindungen Edelgasregel oder Oktettregel genannt.

Wertigkeit. Die Außenelektronen eines Atoms (≙ Hauptgruppennummer) lassen erkennen, wie viele Elektronen abgegeben oder aufgenommen werden müssen, um den Edelgaszustand zu erreichen. Diese Angabe wird als Wertigkeit bezeichnet. Bis zur IV. Hauptgruppe werden die Elektronen meist abgegeben (Donatoren), ab der IV. Hauptgruppe in der Regel aufgenommen (Akzeptoren).

T 2.1/3 *Haupt- und Nebengruppen*

Hauptgruppen	Name	Bemerkungen
I. Gruppe	Alkalimetalle	Metalle, reagieren heftig mit Wasser (außer: H)
II. Gruppe	Erdkalimetalle	Metalle, weniger reaktionsfreudig
III. Gruppe	Borgruppe	Aluminium als wichtiger Werkstoff
IV. Gruppe	Kohlenstoffgruppe	Kohlenstoff als Grundbaustein für Kunststoffe
V. Gruppe	Stickstoffgruppe	Stickstoff und Phosphor wichtige Elemente
VI. Gruppe	Sauerstoffgruppe	Erzbildner (Chalkogene)
VII. Gruppe	Halogene	Salzbildner, reaktionsfreudige Nichtmetalle
VIII. Gruppe	Edelgase	Gase, die kaum Verbindungen eingehen
Nebengruppen	Metalle	Fe, Mg, Cu, Au, Ag, Ti, Cr, Hg
Untergruppen	Metalle	Lanthanide, Actinide, meist künstl. hergestellt

Perioden ↓	Hauptgruppen →							
	I	II	III	IV	V	VI	VII	VIII
1. Schale (K)	1 H							2 He
2. Schale (L)	3 Li	4 Be	5 B	6 C	7 N	8 O	9 F	10 Ne
3. Schale (M)	11 Na	12 Mg	13 Al	14 Si	15 P	16 S	17 Cl	18 Ar

B 2.1-21 *PSE-Ausschnitt nach Hauptgruppen und Schalen.*

Werkstoffe – Naturwissenschaftliche Grundlagen

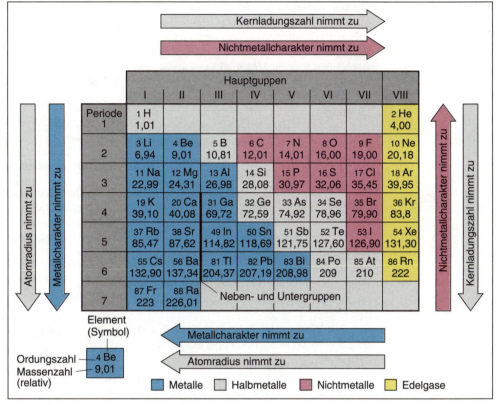

B 2.1-22 *PSE ohne Neben- und Untergruppen.*

T 2.1/4 *Wertigkeiten*

Hauptgruppen	I	II	III	IV	V	VI	VII
höchste Wertigkeit	1	2	3	4	5	6	(7)
weitere Wertigkeiten				2	3; 1	4; 2	5; 3; 1
häufigste Wertigkeit	1	2	3	4	3	2	1

Schreibweise von Molekülen. Durch die chemische Formelschreibweise wird der Aufbau der Moleküle angegeben.

Die Summenformel gibt die Anzahl der beteiligten Atome im Molekül einer Verbindung an.

$2\ CO_2$

- Anzahl gleicher Atome (= 2 Sauerstoffatome)
- ohne Indexzahl bedeutet immer ein Atom (= 1 Kohlenstoffatom)
- Anzahl gleicher Moleküle (= $2 \cdot CO_2$ = 2 Kohlenstoffdioxidmoleküle)

Die Strukturformel berücksichtigt zusätzlich die Wertigkeiten und den Aufbau des Moleküls. Die Moleküle werden flächig dargestellt.

H–O–H   O=C=O   H–O–C(=O)–O–H

Die Elektronenschreibweise zeigt die Elektronenverteilung auf den Außenschalen und läßt den Edelgaszustand der Atome erkennen.

H–O–H   O=C=O   H–O–C(=O)–O–H

Jedes zusammenwirkende (bindende) Elektronenpaar kann auch als Verbindungsstrich gezeichnet werden.

H
|
H–O–H
|
H

Die Molekülmasse ist die Summe aller Atommassen im Molekül.

Beispiel 5
Berechnen Sie die Molekülmasse von Kohlensäure H_2CO_3.

Lösung
2 H – Atome → 2 · 1 u = 2 u ≙ 3,2%
1 C – Atom → 1 · 12 u = 12 u ≙ 19,4%
3 O – Atome → 3 · 16 u = 48 u ≙ 77,4%
Molekülmasse von H_2CO_3 = 62 u ≙ 100%

Molekülmasse ≙ relative Molekülmasse

Die relative Molekülmasse einer chemischen Verbindung ist ein Maß für die Masse der Elemente in dieser Verbindung. Die prozentuale Zusammensetzung ermöglicht die Berechnung der wägbaren Massen der einzelnen Elemente:

Aus 2 g Wasserstoff, 12 g Kohlenstoff und 48 g Sauerstoff lassen sich 62 g Kohlensäure herstellen.

Ionenbindung. Treffen Atome mit sehr vielen Außenelektronen und solche mit wenigen Außenelektronen zusammen, kann es zu einem Elektronenübergang kommen. Durch die Abgabe bzw. Aufnahme der Außenelektronen können die Atome den Edelgaszustand erreichen. Nähern sich z.B. Metall- und Nichtmetallatome einander, so findet ein Elektronenübergang vom Metall zum Nichtmetall statt. Aus Na- und Cl-Atomen werden die positiv bzw. negativ geladenen Ionen Na^+ und Cl^-.

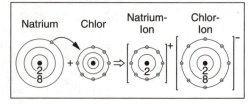

B 2.1-23 Ionenbindung NaCl.

Durch Elektronenübergang entstehen aus Atomen positiv oder negativ geladene Ionen. Sie ziehen sich aufgrund unterschiedlicher elektrischer Ladung gegenseitig an und ordnen sich zu einem regelmäßigen Ionengitter (Kristallgitter). Verbindungen aus Ionen sind salzartig und haben hohe Schmelz- und Siedepunkte.

Atom- oder Elektronenpaarbindung. Bei Nichtmetallen fehlen den Atomen nur wenige Elektronen zum Edelgaszustand. Bei Annäherung und Reaktion zweier Nichtmetallatome überlappen sich die Elektronenschalen und es bilden sich gemeinsame Elektronenpaare. Durch wechselseitige Benutzung wird der Edelgaszustand erreicht, bei:
- gleichen Atomen eines Elements, z.B. H_2, O_2,
- Atomen verschiedener Elemente, z.B. CH_4.

Solche Elektronenpaarbindungen weisen die meisten Kohlenstoffverbindungen auf.

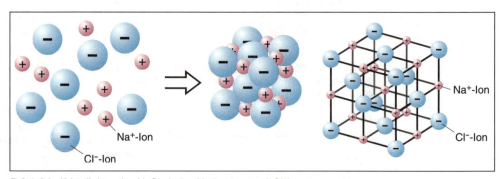

B 2.1-24 Kristallgitter des NaCl. Jedes Na-Ion ist von 6 Cl-Ionen umgeben.

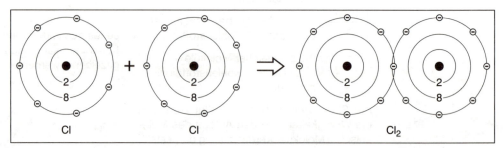

B 2.1-25 Atombindung des Chlors Cl_2.

Werkstoffe – Naturwissenschaftliche Grundlagen

Metallbindung. In Metallen sind die Atome dicht gepackt und bilden ein regelmäßiges Gitter. Die Gitterpunkte sind mit positiven Metallionen besetzt, um die sich die locker gebundenen negativen Außenelektronen frei bewegen. Der Zusammenhalt wird durch eine elektrostatische Wechselwirkung zwischen den positiven Atomrümpfen und den negativ geladenen beweglichen Elektronen (Elektronengas) bewirkt.

Stromfluß 2.2.1

Kaltverformung 2.11.8

Metalle haben eine gute ==Leitfähigkeit== für Elektrizität, Wärme und Schall, sind leicht verformbar und glänzen metallisch. Bei Krafteinwirkung verschieben sich die Ebenen der Kristallgitter und weichen der Belastung aus. Dadurch ist bei Metallen eine ==Kaltverformung== möglich.

Chemische Reaktionen

Veränderungen in den Elektronenhüllen bezeichnet man als chemische Reaktionen. Die Anzahl der beteiligten Atome bleibt stets erhalten. Oft werden jedoch Energiemengen aufgenommen oder abgegeben.

Exotherme Reaktionen sind Reaktionen, bei denen Wärmeenergie frei wird.

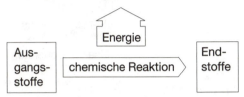

Endotherme Reaktionen sind Reaktionen, bei denen Energie zugeführt werden muß.

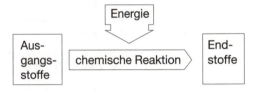

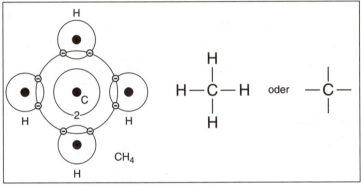

B 2.1-26 Atombindung des Methans CH_4.

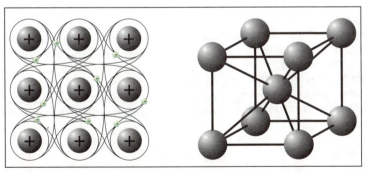

B 2.1-27 Metallbindung. Kubisch raumzentriertes Gitter.

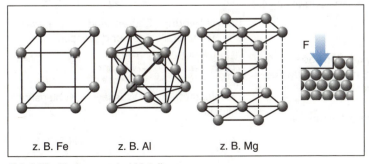

B 2.1-28 Verformung bei Metallen.

Oxidation. Sauerstoff verbindet sich leicht mit anderen Stoffen. Oxidationen sind exotherme Reaktionen. Der Vorgang wird Oxidation, die entstehenden Stoffe Oxide genannt.

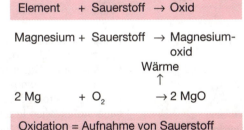

Oxidation = Aufnahme von Sauerstoff

Schnelle Oxidation. Oxidationen können schnell und explosionsartig mit starker Licht- und Wärmeentwicklung ablaufen. Gefahrstoffe sind oft Gemische aus Luft (≈ 21 % Sauerstoffanteil) und brennbaren Gasen oder feinverteilten, leicht oxidierbaren Feststoffen (Schleifstaub). Sie reagieren schon bei niedrigen Temperaturen schlagartig und können zu Explosionen führen.

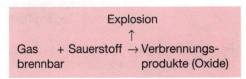

Methan + Sauerstoff → Kohlenstoffdioxid + Wasserstoffdioxid

$$CH_4 + 2\,O_2 \xrightarrow{\text{Explosion}} CO_2 + 2\,H_2O$$

Langsame Oxidation. Die Sauerstoffaufnahme erfolgt allmählich bei geringer Wärmeabgabe.

geringe Wärme ↑
Metall + Sauerstoff → Metalloxid
Eisen + Sauerstoff → Rostbildung
Wärme ↓
$4\,Fe + 3\,O_2 \rightarrow 2\,Fe_2O_3$

Reduktion. Aus Oxiden läßt sich durch Entzug von Sauerstoff der Ausgangsstoff wieder herstellen.

Wärme ↓		
Oxid	→ Element	+ Sauerstoff
Quecksilberoxid	→ Quecksilber	+ Sauerstoff
$2\,HgO$	$\rightarrow 2\,Hg$	$+ O_2$
Reduktion = Entzug von Sauerstoff		

Einige Oxide lassen sich durch Wärmezufuhr reduzieren, andere hingegen benötigen Reduktionsmittel. Das sind Stoffe, die den Sauerstoff an sich binden. Durch Reduktionsvorgänge werden z.B. die Metalle aus den sauerstoffhaltigen Erzen gewonnen. Kohlenstoff bzw. Kohlenstoffmonoxid sind die Reduktionsmittel.

Hochofenprozeß 2.11.2

Oxid + Reduktionsmittel → Element + oxidiertes Reduktionsmittel
Eisenerz + Kohlenstoffmonoxid → Eisen + Kohlenstoffdioxid
$Fe_2O_3 + 3\,CO \rightarrow 2\,Fe + 3\,CO_2$

Redoxreaktion. Wenn Oxidation und Reduktion gleichzeitig ablaufen, nennt man den gesamten Vorgang Redoxreaktion.

Redoxreaktion = Wechselseitige Abgabe und Aufnahme von Sauerstoff

Kupferoxid + Wasserstoff → Kupfer + Wasser

$$CuO + H_2 \xrightarrow[\text{Oxidation}]{\text{Reduktion}} Cu + H_2O$$

Basenbildung. Basen entstehen durch chemische Reaktionen von Metallen oder Metalloxiden mit Wasser. Dabei entsteht die typische OH-(Hydroxid-)Gruppe. Als Ausnahme bildet Ammoniak NH_3 als Nichtmetall mit Wasser Ammoniumhydroxid (Salmiakgeist). Kennzeichen für die Basen ist die OH-Gruppe. Sie ist einwertig und kann mehrfach vorhanden sein.

Metall + Wasser → Metallhydroxid + Wasserstoff
Kalium + Wasser → Kaliumhydroxid + Wasserstoff
$2\,K + 2\,H_2O \rightarrow 2\,KOH + H_2$

Metalloxid + Wasser → Metallhydroxid
Calciumoxid + Wasser → Calciumhydroxid
$CaO + H_2O \rightarrow Ca(OH)_2$

Laugen. Beim Lösen von Metallhydroxiden in Wasser zerfallen (dissoziieren) diese in positive Metallionen und negative Hydroxidionen. Die Lösung wird als Lauge bezeichnet. Laugen haben seifigen Charakter, wirken ätzend und leiten den elektrischen Strom (Elektrolyt).

Metallhydroxid in Wasser → Metallion + Hydroxidionen
$Ca(OH)_2 \xrightarrow{\text{Wasser}} Ca^{+2} + 2\,OH^-$

Säurenbildung. Säuren sind Verbindungen aus Nichtmetalloxiden und Wasser.

Nichtmetalloxid + Wasser → Säure
Kohlenstoffdioxid + Wasser → Kohlensäure
$CO_2 + H_2O \rightarrow H_2CO_3$

Werkstoffe – Naturwissenschaftliche Grundlagen

B 2.1-29 PSE - Basen- und Säurenbildung.

Die Halogenwasserstoffsäuren HCl, HF, HBr dissoziieren beim Lösen in Wasser und spalten H⁺-Ionen ab.

$$\text{Salzsäure} \xrightarrow{\text{Wasser}} \text{Wasserstoffion} + \text{Chlorion}$$

$$HCl \xrightarrow{\text{Wasser}} H^+ + Cl^-$$

Säuren dissoziieren wie Basen zu Ionen. Die Lösungen sind sauer, wirken ätzend und leiten den elektrischen Strom.

T 2.1/5 Indikatoren

Indikator	Säure	Wasser	Base
Lackmuspapier	rot	violett	blau
Indikatorpapier	rot	grün	blau

Bestimmung des pH-Wertes. Mit Indikatoren lassen sich Säuren und Basen nachweisen. Der Säure- oder Basencharakter beruht auf der H⁺-Ionenkonzentration. Sie kann elektrisch bestimmt und als pH-Wert angegeben werden. In reinem Wasser ist die Konzentration der H⁺-Ionen mit 10^{-7} g/l und die der OH⁻-Ionen mit 10^{-7} g/l gleich groß. Wasser ist neutral.

Die negative Hochzahl zur Basis 10 ist der pH-Wert. Wasser hat den pH-Wert 7. In Säuren überwiegt der Anteil an H⁺-Ionen: Der pH-Wert liegt unter 7. In Laugen überwiegt der Anteil der OH⁻-Ionen, dafür ist die Zahl der H⁺-Ionen niedriger: Der pH-Wert ist größer als 7.

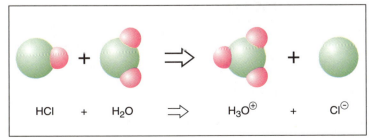

B 2.1-30 Salzsäure in Wasser.

Werkstoffe – Naturwissenschaftliche Grundlagen

Metalle 2.11

elektrochemische Korrosion 2.11.6

elektrische Spannung 4.1.2

T 2.1/6 pH-Wert-Bestimmung (Auszug)

H^+-Ionen in g/l		pH-Wert[1]
0,01	$= 10^{-2}$	2
0,0001	$= 10^{-4}$	4
0,0000001	$= 10^{-7}$	7
0,000000000001	$= 10^{-12}$	12

[1] Der pH-Wert ist der negative Exponent der Wasserstoffionenkonzentration.

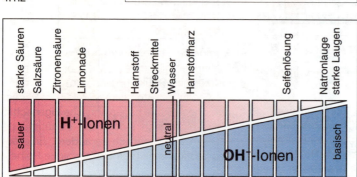

B 2.1-31 pH-Wertskala.

Nach dem Verdunsten des Wassers bleibt das Salz zurück. Der Name des Salzes wird aus den an der Salzbildung beteiligten Bestandteilen gebildet: Der erste Namensteil nennt das Metall, der zweite den beteiligten Säurerest.

Elektrochemische Reaktionen. Metalle haben unterschiedliches Bestreben zu oxidieren (Elektronen abzugeben). Metalle, die leicht oxidieren, nennt man unedle Metalle (Ni, Fe, Zn, Al); andere, die nicht oder kaum oxidieren, nennt man Edelmetalle (Cu, Ag, Au).

Elektrochemische Spannungsreihe. In der elektrochemischen Spannungsreihe bildet der Wasserstoff die Grenze zwischen edlen und unedlen Metallen.

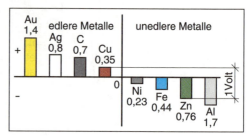

B 2.1-32 Spannungsreihe von Metallen.

Salzbildung. Es gibt verschiedene Möglichkeiten der Salzbildung.

Gleichstrom 4.1.2

Base + Säure → Salz + Wasser
NaOH + HCl → NaCl + H_2O

Metalloxid + Säure → Salz + Wasser
MgO + 2 HCl → $MgCl_2$ + H_2O

Base + Nichtmetalloxid → Salz + Wasser
2KOH + CO_2 → K_2CO_3 + H_2O

Galvanisches Element. Reagieren zwei verschiedene Metalle in einer stromleitenden Flüssigkeit (Elektrolyt) miteinander, baut sich zwischen den Metallen eine elektrische Spannung auf, und das unedle Metall zersetzt sich (Prinzip der Batterien). Das Bestreben zur Elektronenwanderung wird als Spannung nutzbar. Die Spannungsgröße entspricht der Menge der wandernden Elektronen. Sie hängt von den gepaarten Metallen und der Konzentration der Lösung ab. Das elektrolytische Abscheiden von Metallen aus ihren wäßrigen Salzlösungen nennt man Galvanisieren. Das

T 2.1/7 Säuren und ihre Salze

Metall	Säure	Salz	Beispiel
Na	HCl	Chlorid	NaCl Natriumchlorid (Kochsalz)
Ca	H_2SO_4	Sulfat	$CaSO_4$ Calciumsulfat (Gips)
Ca	H_2CO_3	Carbonat	$CaCO_3$ Calciumcarbonat (Kalkstein)
K	HNO_3	Nitrat	KNO_3 Kaliumnitrat (Salpeterdünger)
Na	H_3PO_4	Phosphat	Na_3PO_4 Natriumphosphat (Düngemittel)

Werkstoffe – Naturwissenschaftliche Grundlagen

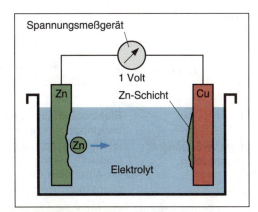

B 2.1-33 Galvanisches Element.

Verfahren wird zum Verchromen, Verkupfern, Vernickeln usw. eingesetzt.

Elektrolyse. Hierbei wird die elektrolytische Flüssigkeit durch Zufuhr von elektrischer Energie (Gleichstrom) zersetzt. Bei der Elektrolyse von Wasser findet am negativen Pol (Kathode) eine Elektronenaufnahme (Reduktion zu elementarem Wasserstoff) statt. Am positiven Pol (Anode) erfolgt eine Elektronenabgabe (Oxidation zu elementarem Sauerstoff).

Die Elektrolyse wird oft zur Herstellung von Metallen z.B. bei der Aluminiumherstellung angewendet.

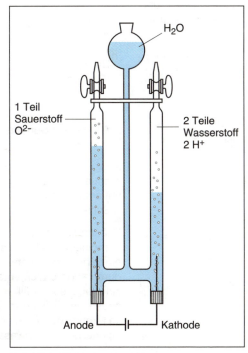

B 2.1-34 Elektrolyse von Wasser.

Chemie der Kohlenstoffe

Die Chemie der Kohlenstoffe wird auch als organische Chemie bezeichnet. Die meisten organischen Verbindungen enthalten nur wenige Elemente: Kohlenstoff (C) und Wasserstoff (H) sind immer vertreten, dazu kommen noch geringe Anteile von Sauerstoff (O), Stickstoff (N), Schwefel (S), Phosphor (P) und in wenigen Fällen Metalle. Die Elemente sind in organischen Substanzen durch Atombindung verbunden. Aufgrund der Stellung des Kohlenstoffs im PSE bestehen drei Bindungsmöglichkeiten.

Homologe Reihe. Bei den organischen Verbindungen gibt es eine Vielzahl von Stoffen mit gleichem Strukturmuster, die sich nur durch die Anzahl der Atome im Molekül unterscheiden. Diese Stoffe haben ähnliche Eigenschaften, welche sich jedoch mit Zunahme der Atomanzahl allmählich verändern. Eine solche Stoffreihe nennt man homologe Reihe.

Kohlenstoffketten. Zu den offenen Kohlenstoffketten gehören die meisten im pflanzlichen, tierischen und menschlichen Stoffwechsel auftretenden Verbindungen. Die Ketten können unverzweigt oder verzweigt auftreten.

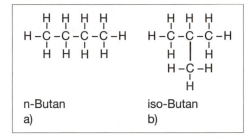

B 2.1-35 Kohlenstoffketten. a) unverzweigt, b) verzweigt.

Alkane (Paraffine) bilden eine homologe Reihe. Sie haben durchweg einfache C-C-Bindungen, die mit Wasserstoffatomen abgesättigt sind. Deshalb werden sie als gesättigte Kohlenwasserstoffe bezeichnet.

Durch Entzug eines H-Atoms entstehen die entsprechenden Alkyle. Es sind Radikale, die andere Atome oder Verbindungen binden können. Ihr Kennzeichen ist die Endsilbe -yl, z.B. Methyl.

Bei + 20 °C sind die Alkane:
- gasförmig → Methan bis Butan,
- flüssig → Pentan bis Hexadekan,
- fest → ab Heptadekan.

Werkstoffe – Naturwissenschaftliche Grundlagen

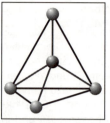

B 2.1-36 Kohlenstoffatom, räumlich.

T 2.1/8 Kohlenstoffbindungen

Einfachbindung	Doppelbindung	Dreifachbindung
C – C gesättigt	C = C ungesättigt	C ≡ C ungesättigt
Anordnung der Elektronen in Tetraederform, ● freies Elektron, ● gemeinsames Elektronenpaar		
Beispiele Ethan H H | | H – C – C – H | | H H	Ethen H H \ / C = C / \ H H	Ethin H – C ≡ C – H

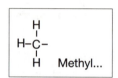

B 2.1-37 Methanradikal.

Die Dichte der flüssigen und festen Alkane erhöht sich mit ihrem C-Gehalt und liegt zwischen 0,6 g/cm² ... 0,9 g/cm². Alkane sind relativ reaktionsträge, sie reagieren nur bei erhöhter Temperatur oder in Gegenwart von Katalysatoren.

Alkene haben C=C-Doppelbindungen und werden als ungesättigte Kohlenwasserstoffe bezeichnet.

Alkine haben eine C = C –Dreifachbindung. Sie sind ebenfalls ungesättigte Kohlenwasserstoffe.

T 2.1/10 Alkene

Name	Summenformel	Strukturformel
Ethen (Ethylen)	C_2H_4	C ≡ C
Propen (Propylen)	C_3H_6	C ≡ C – C –
Buten (Butylen)	C_4H_8	C ≡ C – C – C –
...	...	
Allgemeine Summenformel $C_n H_{2n}$		

Alkene und Alkine sind reaktionsfreudige Verbindungen, die sich teilweise explosionsartig mit anderen Stoffen verbinden (z.B. Acetylen = Schweißgas).

Substitutionsprodukte. Ersetzt man in den homologen Reihen der Kohlenwasserstoffe einzelne oder mehrere Wasserstoffatome durch andere Elemente oder Gruppen (Substitution), so erhält man eine Vielzahl von neuen Verbindungen. Wird der Wasserstoff im Methan durch Chlor ersetzt, entstehen die chlorierten Kohlenwasserstoffe (CKW).

Alkanole (Alkohole). Durch Oxidation der Alkane erhält man Alkanole. Ihr Kennzeichen

T 2.1/9 Alkane

Name	Summenformel	Strukturformel	Radikal
Methan	CH_4	– C –	Methyl
Ethan	C_2H_6	– C – C –	Ethyl
Propan	C_3H_8	– C – C – C –	Propyl
Butan Pentan Hexan Heptan Oktan ... Hexadekan Heptadekan	C_4H_{10} C_5H_{12} C_6H_{14} C_7H_{16} C_8H_{18} $C_{16}H_{34}$ $C_{17}H_{36}$	...	...
Allgemeine Summenformel $C_n H_{2n+2}$			

T 2.1/11 Alkine

Name	Summenformel	Strukturformel
Ethin (Acetylen)	C_2H_2	$C \equiv C -$
Propin (Methylacetylen)	C_3H_4	$C \equiv C - C -$
Butin (Ethylacetylen)	C_4H_6	$C \equiv C - C - C -$
...	...	...
Allgemeine Summenformel C_nH_{2n-2}		

ist die einwertige OH-Gruppe. Zwei wichtige Alkohole sind Methanol und Ethanol. Neben den einwertigen Alkoholen (mit nur einer OH-Gruppe) gibt es mehrwertige Alkohole (mit mehreren OH-Gruppen).

Ringverbindungen (Aromaten). Ausgangsstoff für Ringverbindungen ist das Benzol. Es wird bei der Destillation von Steinkohle gewonnen und hat als Ringverbindung wechselweise Einfach- und Doppelbindung zwischen den C-Atomen.

Durch Aneinanderreihung mehrerer Ringe und Substitution von H-Atomen entstehen Holzschutzmittel, Farbstoffe, Löse- und Verdünnungsmittel, Gerbstoffe und Ausgangsstoffe für Kleb- und Kunststoffe.

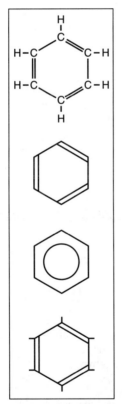

B 2.1-38 Ringformel des Benzols, verschiedene Schreibweisen.

T 2.1/12 Chlorierte Kohlenwasserstoffe

Name	Summenformel	Strukturformel	Verwendung
Monochlormethan	CH_3Cl	H–C(H)(H)–Cl	Brenngas
Dichlormethan (Methylenchlorid)	CH_2Cl_2	H–C(Cl)(H)–Cl	Lösemittel für Fette, Wachse und KPVC
Tetrachlormethan (Tetrachlorkohlenstoff)	CCl_4	Cl–C(Cl)(Cl)–Cl	Öl und Harzlösemittel, Löschmittel

T 2.1/13 Alkanole

Name	Summenformel	Strukturformel	Verwendung
Methanol (Methylalkohol) Siedepunkt 64,5 °C	CH_3–OH	H–C(H)(H)–OH	Holzgeist entsteht durch Trockendestillation zellulosehaltiger Stoffe, Ersatz für Alkohol und Spiritus, löst Harze (besonders Schellack), ist ein starkes Nervengift
Ethanol (Ethylalkohol) Siedepunkt 78 °C	C_2H_5–OH	H–C(H)(H)–C(H)(H)–OH	Weingeist, Spiritus (vergällt), löst Harze und ätherische Öle. 94% hochprozentiger, 99% reiner Alkohol, für gewerbliche Nutzung stets vergällt

Kohlenwasserstoffverbindungen

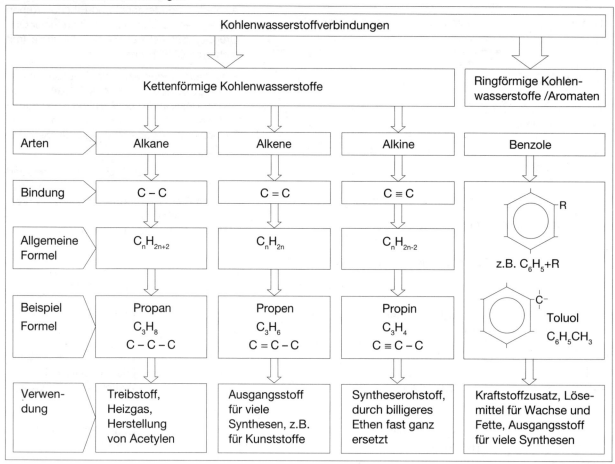

T 2.1/14 *Sauerstoff- und stickstoffhaltige Kohlenwasserstoffverbindungen*

Name der Verbindung	Einsatz und Verwendung	Funktionelle Gruppe	Allgemeine Formel	Arten, Strukturformel
Sauerstoffhaltige Verbindungen				
Alkohole	Zusätze für Lacke und Farben, Verschnittmittel	$-OH$ Hydroxylgruppe	$C_nH_{2n+1}OH$	Methanol Ethanol CH_3-OH CH_2-OH
Aldehyde	Zwischenprodukte für organische Synthesen, z.B. Klebstoffe	$-C{\overset{\displaystyle O}{\underset{H}{}}}$ Aldehydgruppe	$C_nH_{2n+1}\overset{O}{\underset{H}{C}}$	Methanal Ethanal $H-C-OH$ CH_3-C-OH (Formaldehyd)
Ketone	Lösemittel für Harze, Lacke, Farben, Zellulose	$-\underset{O}{\overset{}{C}}-$ Carbonylgruppe	$^{1)}R_1-\underset{O}{\overset{}{C}}-R_2$	Aceton $CH_3-CO-CH_3$
Carbonsäuren	zur Weiterverarbeitung von z.B. Vinylacetaten zu Kunstseide	$-C{\overset{\displaystyle O}{\underset{OH}{}}}$ Carboxylgruppe	$R-C{\overset{\displaystyle O}{\underset{OH}{}}}$	Ethansäure $CH_3-CO-OH$ (Essigsäure)

Werkstoffe – Naturwissenschaftliche Grundlagen

Fortsetzung **T 2.1/14**

Name der Verbindung	Einsatz und Verwendung	Funktionelle Gruppe	Allgemeine Formel	Arten Strukturformel
Ester	als Weichmacher, Geruchsstoffe, Schmierstoffe	$-C{\overset{O}{\underset{O-}{\diagup}}}$ Estergruppe	$R_1-C{\overset{O}{\underset{O-R_2}{\diagup}}}$	Butansäuremethylester $C_2H_7-C{\overset{O}{\underset{O-CH_3}{\diagup}}}$
Ether	Löse- und Extraktionsmittel für Öle, Fette, Harze	$-O-$	R_1-O-R_2	Diethylether $C_2H_5-O-C_2H_5$
Stickstoffhaltige Verbindungen				
Amine	Rohstoffe für Lacke und Klebstoffe	$-NH_2$ Aminogruppe		Harnstoff $NH_2-CO-NH_2$
Nitroverbindungen	Lösemittel für Harze, Syntheseprodukt für Insektizide	$-NO_2$ Nitrogruppe		Nitromethan CH_3-NO_2

[1] R bedeutet einwertige Radikale.

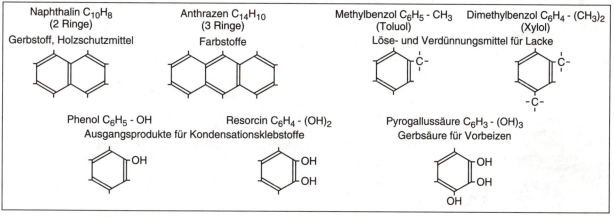

B 2.1-39 *Ringverbindungen von Aromaten für die Holzverarbeitung.*

Aufgaben

1. Nennen Sie die Angaben, die für eine physikalische Größe notwendig sind!
2. Mit welchem Meßgerät läßt sich die Masse bestimmen?
3. Erklären Sie den Unterschied zwischen Rohdichte, Reindichte und Schüttdichte!
4. Warum können die Übergangspunkte in die verschiedenen Aggregatzustände auch als Erkennungsmerkmal für Stoffe herangezogen werden?
5. Nennen Sie die physikalische Grundlage für die Anzeige der Temperatur in Flüssigkeitsthermometern!
6. Erklären Sie den Unterschied zwischen Wärmeleitung, Wärmeströmung und Wärmestrahlung an je einem Beispiel aus der Praxis!
7. Erläutern Sie die physikalischen Grundlagen für die Wirkung der Kapillarität!
8. Welcher Unterschied besteht zwischen einer Suspension und einer Emulsion?
9. Erklären Sie den Unterschied zwischen Analyse und Synthese.
10. Wodurch unterscheiden sich Elemente und Verbindungen?
11. Nennen Sie Möglichkeiten, heterogene Gemische in ihre Bestandteile zu zerlegen.

Werkstoffe – Rohstoff Holz

12. In welchen Aggregatzuständen liegen die Bestandteile von Suspensionen und Emulsionen vor?
13. Welche Angaben lassen sich aus dem PSE entnehmen?
14. Nennen Sie drei Bindungsarten, durch die Atome Verbindungen eingehen können.
15. Was versteht man unter Wertigkeit?
16. Was wird bei einer Reaktionsgleichung angegeben?
17. Entwickeln Sie aus der Summenformel von Kohlensäure H_2CO_3 die Strukturformel.
18. Erklären Sie den Vorgang einer Reduktion.
19. Wie entstehen Säuren und Basen.
20. Nennen Sie Möglichkeiten und Beispiele, Säuren und Laugen zu prüfen und zu unterscheiden.
21. Nennen Sie Möglichkeiten der Salzbildung.
22. Warum wird die Batterie (Zn, C) auch als galvanisches Element bezeichnet?
23. Welche Elemente treten in organischen Verbindungen neben dem Kohlenstoff auf?
24. Erklären Sie den Unterschied zwischen gesättigten und ungesättigten Kohlenstoffverbindungen.
25. Wie nennt man den Vorgang, wenn ein H-Atom oder mehrere H-Atome durch andere Atomgruppen ersetzt werden?
26. Nennen Sie zwei Beispiele für sauerstoffhaltige Kohlenwasserstoffverbindungen und ihre Anwendungsmöglichkeiten.

2.2 Rohstoff Holz

2.2.1 Der Wald

Ökosystem Wald. Zwischen Klima, Boden, Wasser und Luft bestehen vielfältige Wechselwirkungen:
- Der Wald gleicht Klimaschwankungen aus.
- Der Wald regelt den Wasserhaushalt. Niederschläge werden als Grundwasser im Boden gespeichert.
- Der Humus des Waldbodens wird vor Zerstörung durch Regen und Wind geschützt.
- Im Blattwerk entsteht Sauerstoff. Kohlenstoffdioxid wird in pflanzeneigene Stoffe umgewandelt. Staub wird gebunden.

Waldschäden entstehen, wenn das Ökosystem verändert wird.

Luftschadstoffe. Seit 1970 treten in Europa Schäden durch verunreinigte Luft auf:
- Schwefeldioxid SO_2 aus Verbrennungen in Industrieanlagen, Kraftwerken und Haushalten schädigt Blätter und Nadeln. Zusammen mit der Luftfeuchte und dem Regen wird es zu schwefliger Säure H_2SO_3 und Schwefelsäure H_2SO_4, die den Boden versauert und lebenswichtige Nährsalze bindet.
- Stickoxide NO und NO_2 entstehen bei Verbrennungen in Industrieanlagen und Kraftstoffmotoren. Sie bilden mit der Luftfeuchte Salpetersäure NHO_3, die Blätter und Nadeln schädigt und den Boden versauert.
- Chlor- und Kohlenwasserstoffverbindungen sowie Schwermetalle wirken in unterschiedlich starker Konzentration und belasten Blattwerk und Wurzeln.
- Kohlenstoffdioxid CO_2 wird vom Baum verarbeitet. In großen Mengen wird es nur dann schädlich, wenn durch Lichtenergie Ozon und weitere Photooxidantien entstehen.

Waldschäden sind an verlichteten Baumkronen und vergilbten Blättern und Nadeln erkennbar. Sie werden in fünf Schadstufen eingeteilt.
In der Bundesrepublik Deutschland erreichte 1992 der Schadenanteil in den Schadstufen 2 ... 4 mit 27% der gesamten Waldfläche seinen höchsten Wert. Der Anstieg innerhalb eines Jahres betrug 2%.

Waldflächen Seit der letzten Eiszeit vor 10 000 Jahren hat sich weltweit die Waldfläche etwa halbiert. Heute beträgt sie noch 38 Mio km², das ist ungefähr ein Drittel der Erdoberfläche. Die Waldflächen verringern sich weiter, da die Menschheit wächst und der Holzverbrauch steigt.
Die Fläche der Bundesrepublik Deutschland ist zu etwa 28% bewaldet, zu zwei Dritteln mit Nadelbäumen und zu einem Drittel mit Laubbäumen. Der jährliche Holzeinschlag beläuft sich auf 29 Mio m³.

Waldarten. Bedingt durch die Unterschiede des Klimas, der Lage (geographische Breite), der Bodenqualität und infolge der Nutzung durch den Menschen entstehen verschiedene Waldarten.

Wirtschaftswälder sind von Menschen zur Nutzung angelegt. Es wird nur so viel Holz eingeschlagen wie nachwächst.

Mischwälder mit verschiedenen Baumarten (z.B. Fichte und Buche) verjüngen sich selbst

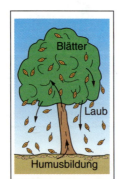

B 2.2-1 *Wasserkreislauf.*

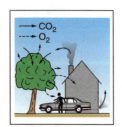

B 2.2-2 *Humuskreislauf.*

B 2.2-3 *Sauerstoffkreislauf.*

Werkstoffe – Rohstoff Holz

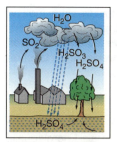

B 2.2-4 Saurer Regen.

B 2.2-5 Mischwald.

Osmose 2.1.1

B 2.2-6 Monokultur.

und sind widerstandsfähig gegen Holzschädlinge und Windwurf.

Monokulturen mit nur einer Baumart (z.B. Fichte) sind anfällig für Holzschädlinge und Windwurf. Die Waldböden werden einseitig ausgelaugt und versauern bei Nadelbäumen.

Naturwälder entstehen ohne menschliches Zutun, werden aber vom Menschen bewirtschaftet.

Urwälder wachsen unter natürlichen Bedingungen, ohne daß der Mensch eingreift. Die tropischen Waldformationen in Lateinamerika, Afrika und Asien umfassen:
- immergrüne tropische Feuchtwälder beidseits des Äquators, die nie Laub abwerfen und ganzjährig Niederschläge haben,
- regengrüne Feucht- und Trockenwälder, die mehrmonatige Trockenzeiten haben und ihr Laub abwerfen.

Urwälder liefern einen Großteil des lebensnotwendigen Sauerstoffs und wandeln das für Tier und Mensch giftige Kohlenstoffdioxid in Pflanzennährstoffe um. Sie beeinflussen das Klimagleichgewicht auf der nördlichen und südlichen Erdhalbkugel.
Der gesamte Bestand an Urwäldern betrug 1990 mit 17,56 Mio. km^2 noch 37% der Landoberfläche.

Nutzung und Vernichtung der Tropenwälder. Dreiviertel der stark anwachsenden Bevölkerung in den Entwicklungsländern deckt ihren Bedarf an Ackerland, Nahrungsmittel und Energie durch Kahlschlag oder Brandrodung der Wälder. 82% des Holzeinschlages werden als Brennholz und Holzkohle verwendet. 1990 wurden weltweit 0,15 Mio. km^2 Tropenwälder vernichtet.
Die Industrienationen Japan, Südkorea, China, USA und Europa importieren jährlich zusammen etwa 26,50 Mio. m^3 Tropenhölzer, vorwiegend in Form von Schnittholz, Furnieren und Holzwerkstoffen.

2.2.2 Der Baum

Stoffumwandlung

Im Baum laufen physikalische und chemische Prozesse ab, bei denen aus anorganischen Nährsalzen und Wasser organische Stoffe gebildet werden.

Wasser- und Nährsalzaufnahme. Die Wurzeln nehmen mit ihren feinverzweigten Wurzelhaaren die im Wasser gelösten mineralischen Nährsalze auf. Es sind die Elemente Stickstoff und Phosphor als Hauptbestandteile sowie Calcium, Bor, Eisen, Kalium, Kobalt, Kupfer, Magnesium, Mangan, Nickel und Zink als Spurenelemente.

Der Nährsalztransport bis in die Blätter erfolgt entgegen der Schwerkraft im Leitgewebe des Splintholzes. Ursachen für den aufsteigenden Transport sind:
- Osmotischer Druck (5 bar ... 25 bar) im geschlossenen System von Wurzeln, Stamm und Blättern durch unterschiedliche Konzentration der Nährsalze in den Zellen.

B 2.2-7 Baum stirbt ab.

T 2.2/1 Waldschäden durch Luftschadstoffe 1991, Schadstufen

Schad-stufe	Blatt-/Nadel-verluste in %	Schädigungen am Baum in %	Nadelholz BRD in %	EG in %	Laubholz BRD in %	EG in %
0	bis 10	keine, gesund	33,5	21,0	42,5	52,8
1	11 ... 25	schwach, kränkelnd, Warnstufe	42,5	44,0	33,3	28,7
2	26 ... 60	mittelstark, krank				
3	61 ... 99	stark, sehr krank	24,0	24,4	35,0	18,5
4	100	abgestorben				

Werkstoffe – Rohstoff Holz

- Unterdruck im Leitgewebe durch Verdunstung des Wassers in den Blättern (Sogwirkung).
- Kapillarwirkung der engen, röhrenförmigen Zellen im Leitgewebe.

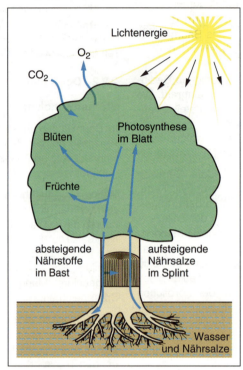

B 2.2-8 Stoffkreislauf im Baum.

Photosynthese und Assimilation. Durch die Blattoberseite dringt die Lichtenergie der Sonne ins Blattinnere ein unt trifft auf das Chlorophyll (Blattgrün). Auf seiner Unterseite nimmt das Blatt durch die Spaltöffnungen Kohlenstoffdioxid aus der Luft auf. Das Chlorophyll ermöglicht als Katalysator die Umwandlung von Kohlenstoffdioxid und Wasser in Traubenzucker. Dabei freiwerdender Sauerstoff wird durch die Spaltöffnungen an die Luft abgegeben.

Nährstoffe. In weiteren chemisch-biologischen Vorgängen wird aus Traubenzucker Stärke gebildet. Diese dient zum Aufbau der Cellulose, wird aber auch als Energiequelle genutzt und teilweise wieder zu Traubenzucker abgebaut. Aus Stärke und Stickstoff entsteht Eiweiß (Protein), das für die Zellteilung wichtig ist. Es besteht ebenso wie das menschliche Eiweiß aus Aminosäuren. Im Baum kommt es nur mit höchstens einem Prozent vor.
Die Nährstoffe werden im steigenden Saftstrom zum Bast und zu Knospen, Blüten, Früchten und Wurzeln befördert sowie in den Holzstrahlen gespeichert.

Holzsubstanz

Die Holzsubstanz besteht aus den Elementen, die der Baum aus der Luft (Kohlenstoffdioxid) und dem Boden (Nährsalze + Wasser) aufnimmt. Als Endprodukte der Stoffumwandlung entstehen die organischen Stoffe Cellulose, Hemicellulose und Lignin. Diese sind die Baustoffe für die Zellwände, die dem Holz Festigkeit und Elastizität verleihen.

Holzinhaltsstoffe

Außer den Baustoffen für die Holzsubstanz werden im Holz Stoffe gebildet, die seine Eigenschaften, seinen Gebrauchswert und seine Verarbeitung beeinflussen.

Gerbstoffe machen das Holz widerstandsfähig gegen hohe Feuchte. In Verbindung mit Eisen ergeben sie durch chemische Reaktionen Blaufärbungen. Im Kernholz sind mehr Gerbstoffe enthalten als im Splintholz.

Naturharze sind an ihrem Geruch zu erkennen und meist in ätherischen Ölen gelöst. Sie können krankhafte Ausscheidungen bei Verletzung des Baumes sein. Tannenholz enthält 1 %, Fichtenholz 1,7 %, Lärchenholz 4,2 % und Kiefernholz 4,8 % Massenanteile Naturharze.

Fette und Öle sind meistens in den Parenchymzellen des Splintholzes gespeichert. Lindenholz enthält davon 3 % ... 5 %, Birkenholz 0,8 % ... 2,5 % und Kiefernholz 1 % ... 3 % Massenanteile.

Farbstoffe kommen vor allem im Kernholz vor und sind holzartbedingt. ==Europäische Hölzer==, außer Eiche, Kirschbaum, Nußbaum, Rüster,

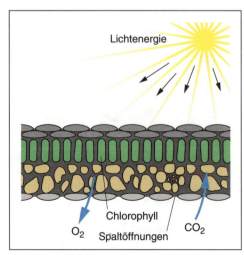

Holzarten 2.2.7

B 2.2-9 Schnitt durch ein Blatt.

Werkstoffe – Rohstoff Holz

Lärche und Kiefer haben nur eine geringe Kernfärbung. Tropenhölzer hingegen sind meist ausgesprochene Farbhölzer.

Wachstum des Baumes

Der Baum besteht aus Millionen von Zellen, die die kleinste Organisationsform des Lebens sind. Das Wachstum des Baumes geschieht in den jungen, noch lebenden Holzzellen.

Aufbau der Zellen. Sie bestehen im Anfangsstadium aus:
- Zellwand. Die dünne, einschichtige, farblose Zellwand aus Cellulose ist die Trennschicht zu benachbarten Zellen.
- Protoplasma (griech. = Erstgeschaffenes). Dieses wasserreiche kolloidale Gemisch enthält Eiweiß, Zucker, Chlorophyll, Fette, Säuren, gelöste Salze und Farbstoffträger. Es regelt den Stoffwechsel in der Zelle.
- Zellkern. Er enthält die aus Eiweiß bestehenden Chromosomen als Träger der Erbfaktoren.

Zellteilung. Die Chromosomen im Zellkern teilen sich und verlagern sich an die beiden Pole der gestreckten Zelle. Der Zellkern schnürt sich ein und eine Zellhaut trennt ihn.

Zellstreckung. Die Zellen ändern sich in ihrer Form und Struktur.

Ältere Zellen verlieren die Fähigkeit, sich zu teilen. Das Protoplasma wird zu Zellplasma (Zellsaft). Zellhohlräume (Vakuolen) bilden sich. Die Zellform wird langgestreckt.

Alte Zellen sind abgestorben und haben einen großen Zellhohlraum. An den Zellwänden lagert sich zur Verfestigung Lignin ab. Als Holzinhaltsstoffe kommen Gerbstoffe, Harze, Fette und Öle vor.

B 2.2-10 Junge Holzzelle.

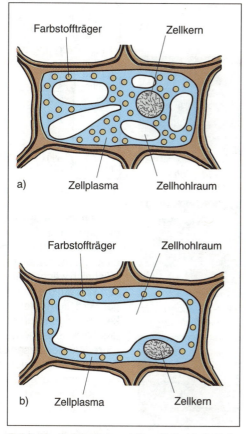

B 2.2-12 Zellstreckung. a) ältere Zelle, b) alte Zelle.

Längenwachstum des Baumes. Jeder Baum bildet in der ersten Wachstumsperiode einen stengelförmigen Sproß. Er besteht in der Mitte aus einem Gewebe dünnwandiger Parenchymzellen, dem Mark. Dieses ist von Zellgewebe umgeben und reicht von den Wurzeln bis zur kegelförmigen Sproßspitze mit den Wuchsstoffen. Im Frühjahr teilen und strecken sich die Zellen. Die Knospen der Zweige wachsen in der Länge.

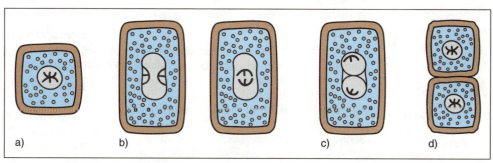

B 2.2-11 Zellteilung. a) teilungsfähige Zelle, b) Chromosomenteilung, c) Kernteilung, d) Zellteilung.

Werkstoffe – Rohstoff Holz

B 2.2-14 Föhrenholz (REM-Aufnahme).

B 2.2-15 Eichenholz (REM-Aufnahme).

B 2.2-16 Jahrring bei Birkenholz. Früh(F)- und Spät(S)holz.

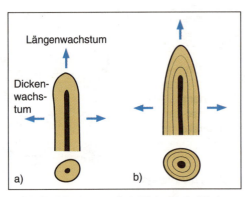

B 2.2-13 Wachstum. a) einjährig, b) dreijährig.

Dickenwachstum des Baumes. Am zylinderförmigen Schaft des Stengels erfolgt das Dickenwachstum in der nur wenige Zellen dicken Wachstumsschicht, dem Kambium. Alljährlich wächst neues Zellgewebe dazu und legt sich auf die vorjährige Schicht. Der Stengel wird zum Stamm und bekommt einen kegelförmigen Aufbau. Die Parenchymzellen des Marks sterben ab; übrig bleibt die Markröhre. Als Schutzschicht des schaftförmigen Stammes bildet sich außen die Rinde. Auf deren Innenseite versorgt das Bastgewebe das Kambium mit Aufbaustoffen und Holzinhaltsstoffen.

Frühholz. In der frühen Wachstumszeit zwischen April und Juni vermehrt sich das grobe und breite Zellgewebe durch rasche Zellteilung in der Kambiumschicht. Das Frühholz ist hell, weich, großporig, dünnwandig und leicht.

Spätholz. In der späten Wachstumszeit zwischen Juli und September schränkt sich die Zellteilung stark ein. Das Spätholz wächst langsam. Es ist schmal, fest, dickwandig, schwer und dunkel.

Der Jahrring besteht aus Früh- und Spätholz. Seine Breite und der jeweilige Anteil der beiden Schichten hängen von Holzart, Klima und Standort des Baumes ab.

Verholzung der Zellen. Sobald das Protoplasma in den Zellen abgestorben ist, lagert sich Lignin in den Zellwänden und teilweise auch in den Zellhohlräumen ab. Die Einlagerungen betragen bei Nadelhölzern (Kiefernholz 30%) mehr als bei Laubhölzern (Buche 23%); tropische Hölzer haben vereinzelt noch größere Einlagerungen (Iroko 37%). Verholzte Zellen erhöhen Druckfestigkeit und Formbeständigkeit des Holzes und vermindern Elastizität und Quellvermögen.

2.2.3 Aufbau des Holzes

Mikroskopischer Aufbau

Die verschiedenen Zellarten des Holzes sind meistens nur mikroskopisch erkennbar (→ **B 2.2-14** und **B 2.2-15**).

Zellarten. Die Zellen des Baumes haben folgende Aufgaben:
- Transport von Stoffen,
- Festigung des Holzgefüges,
- Speicherung organischer und anorganischer Reservestoffe.

Die Zellen haben sich spezialisiert und zu bestimmten Zellarten herausgebildet.

Zellgewebe. Gleichartige Zellen mit gemeinsamen Aufgaben bilden Zellgewebe:
- Leitgewebe bestehen bei Laubbäumen aus Gefäßen (Tracheen), bei Nadelbäumen aus Frühholztracheiden.
- Stütz- und Festigungsgewebe werden bei Laubbäumen aus Sklerenchymzellen und bei Nadelbäumen aus Spätholztracheiden gebildet.
- Speichergewebe sind bei Laub- und Nadelbäumen aus Parenchymzellen aufgebaut.
- Holzstrahlen bestehen bei Laub- und Nadelbäumen teils aus leitenden und teils aus speichernden Parenchymzellen.

Makroskopischer Aufbau

Der makroskopische Aufbau des Holzes ist je nach Holzart mit bloßem Auge mehr oder weniger gut sichtbar. An der Textur (= Maserung oder Zeichnung) läßt sich die Holzart erkennen.

Am Holzkörper werden drei Schnittebenen unterschieden:
- der Querschnitt,
- der Radialschnitt und
- der Tangentialschnitt.

Der Querschnitt (Hirnschnitt) verläuft rechtwinklig (quer) zur Stammachse und zeigt den ringförmigen Aufbau des Holzes.

Der Radialschnitt (Spiegelschnitt) verläuft parallel zur Stammachse durch die Markröhre (radial = vom Mittelpunkt des Kreises ausgehend). Die Radialschnittfläche zeigt eine fast parallele, schlichte und streifige Textur. Große Holzstrahlen mit sehr dichtem Zellgewebe ergeben oft glänzende „Spiegel" (z.B. bei Eiche, Buche und Rüster).

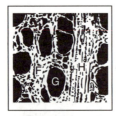

B 2.2-17 Zellgewebe-Querschnitt Buchenholz. Es bedeuten: F Fasern, G Gefäße, H Holzstrahl.

T 2.2/2 *Zellarten*

Zellarten	Aufbau	Aufgaben	Vorkommen
Tracheen (Leitzellen)	dickwandige, enge, röhrenförmige Gefäße, als Poren sichtbar, oft meterlang lückenlos aneinandergereiht, Verlauf parallel zur Stammachse	leiten im Splintholz Wasser und Nährsalze aufwärts	Laubholz
Siebröhren bei Nadelholz Siebzellen bei Laubholz	Gefäße mit siebartigen Zellwänden (Siebtüpfel), mit Protoplasma gefüllt	leiten in der Bastschicht Zucker und weitere organische Stoffe abwärts	Nadelholz Laubholz
Tracheiden (Leit- / Stützzellen)	allseitig geschlossene Zellen mit unregelmäßig, ringförmig und wulstartig durchbrochenen Zellwänden (Hoftüpfel), eine dünne durchlässige Schließhaut (Membran) trennt die Zellen, Verlauf parallel zur Stammachse		Nadelholz
Frühholztracheiden	großporige breite Gewebeschicht	Safttransport durch Tüpfel	
Spätholztracheiden	enge, langgestreckte, dickwandige Fasern	festigen das Holzgerüst	
Sklerenchym-(Stütz-)zellen	schmale, längliche, zugespitzte Form mit gleichmäßig verdickter Zellwand, abgestorbene Zellen, Verlauf parallel zur Stammachse	erhöhen die Zugfestigkeit des Holzes	Laubholz
Parenchym-(Speicher-)zellen	kurze, kastenförmige, dünnwandige Zellen, mit Protoplasma gefüllt, lebend, Verlauf rechtwinklig zur Stammachse, sichtbar als Holz- (Mark-)strahlen, einfache Tüpfel ermöglichen den Stoffaustausch	ermöglichen den Stoffwechsel in den Zellen, lagern Stoffwechselprodukte, speichern Nähr- und Aufbaustoffe	Laubholz, Nadelholz

Werkstoffe – Rohstoff Holz

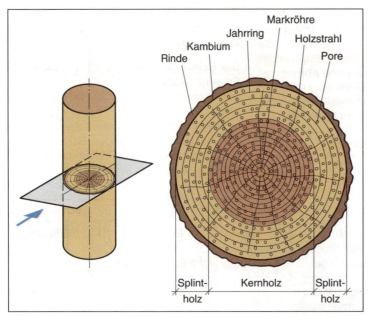

B 2.2-18   Querschnitt.

Hygroskopizität 2.2.1

B 2.2-23   Lärche.

B 2.2-24   Nußbaum.

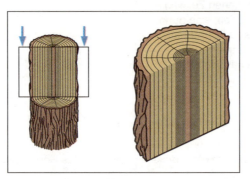

B 2.2-19   Radialschnitt.

Der Tangentialschnitt (Fladerschnitt, Sehnenschnitt) verläuft parallel zur Stammachse außerhalb der Markröhre (Tangente = Kreisberührende). Die Tangentialschnittfläche zeigt als Textur den kegelförmigen Holzaufbau, der für jede Holzart eine typische Textur ergibt.

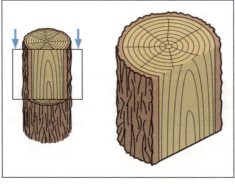

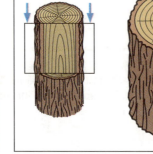

B 2.2-25   Eiche.   B 2.2-20   Tangentialschnitt.

B 2.2-21   Schnitte am Laubholz.

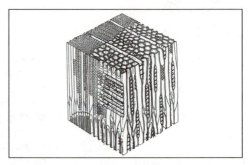

B 2.2-22   Schnitte am Nadelholz.

2.2.4   Technologische Eigenschaften des Holzes

Hygroskopizität. Lebende und tote Holzzellen sind in der Lage, Wasser und Wasserdampf abzugeben und auch wieder aufzunehmen. Holz ist als organischer Stoff hygroskopisch. Es paßt sich ständig der umgebenden Luftfeuchtigkeit an.

Freies Wasser befindet sich in den Zellhohlräumen. Es verdunstet schnell nach dem Fällen und während der Lagerung, ohne daß sich das Zellvolumen ändert.

Der Fasersättigungsbereich ist erreicht, sobald das freie Wasser aus den Zellhohlräumen verdunstet und nur noch in den Zellwänden gebundenes Wasser vorhanden ist: die Fasern sind gesättigt. Der Holzfeuchtegehalt bei gesättigten Fasern wird Fasersättigungsbereich genannt. Er wird in Prozent, bezogen auf das darrtrockene Holz, angegeben und ist bei jeder Holzart verschieden. Im Mittelwert beträgt er ungefähr 30%. Dieser Wert wird bei Berechnungen zugrunde gelegt.

Das gebundene Wasser in den Zellwänden beginnt erst unterhalb des Fasersättigungsbereichs zu verdunsten. Äußere, weiche, lignin- und harzarme Holzschichten (z.B. Splintholz) geben das gebundene Wasser in Form von Wasserdampf schneller an die Luft ab, als innere, härtere sowie lignin- und harzreiche. Dabei verkleinert sich das Zellvolumen.

Werkstoffe – Rohstoff Holz

Trocknungsvorgang
5.2.3

Schwinden und Quellen beim Vollholz. Holz, das durch Längs- und Querschnitte zugeschnitten ist, nennt man Vollholz. Wenn die Zellen durch Wasser- und Dampfverlust schrumpfen, verringert es seine Abmessungen in Länge, Breite und Dicke. Es quillt, wenn die Zellen Feuchte aufnehmen und sich dadurch das Zellvolumen vergrößert.

Schwindrichtungen und mittlere Schwindmaße. Vollholz schwindet in drei Richtungen im Mittel:

- längs (*l*) oder axial in Faserrichtung ≈ 0,3%,
- radial (*r*) in Richtung der Holzstrahlen ≈ 4%,
- tangential (*t*) in Richtung der Jahrringe ≈ 8%.

Die Schwindmaße in Prozent geben den Schwindverlust vom fasergesättigten bis zum darrtrockenen Vollholz an. In der Praxis bleibt das Schwindmaß in Faserrichtung unberücksichtigt. Das wirkliche Schwindmaß ist bei jeder Holzart verschieden. Bei Schnittholz und Furnieren hängt der Breiten- und Dickenschwund vom Verlauf der Jahrringe ab.

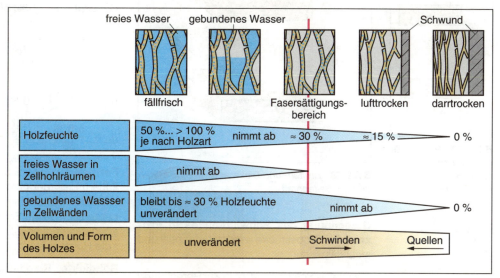

B 2.2-26 Schwinden und Quellen beim Vollholz.

T 2.2/3 Mittelwerte der Schwindmaße

Holzart	Rohdichte in kg/m³ bei u = 15%	Schwindmaße in % fällfrisch bis darrtrocken			bei Abnahme von u um 1 %	
		axial	radial	tangential	radial	tangential
Ahorn	630	0,4	3,0	8,0	0,20	0,30
Birnbaum	740	0,4	4,6	9,1	0,15	0,33
Buche (Rot-)	720	0,3	5,8	11,8	0,22	0,38
Eiche	690	0,4	4,3	8,9	0,19	0,32
Erle	550	0,4	4,4	7,3	0,16	0,27
Esche, gemeine	690	0,26	4,7	7,5	0,21	0,38
Fichte	470	0,3	3,6	7,8	0,19	0,33
Kiefer	520	0,4	4,0	7,7	0,19	0,32
Kirschbaum	610	-	5,0	8,7	0,16	0,26
Lärche	590	0,3	3,3	7,8	0,17	0,30
Linde	530	0,3	5,5	9,1	0,20	0,30
Mahagoni, echtes	600	-	3,2	4,6	0,15	0,20
Nußbaum	680	0,5	5,4	7,5	0,20	0,28
Pappel	460	0,35	5,2	8,3	0,13	0,31
Rüster/Ulme	680	0,3	4,6	8,3	0,20	0,43
Tanne	450	0,1	3,8	7,6	0,14	0,28
Weymouth	400	0,2	2,3	6,0	0,10	0,21

Werkstoffe – Rohstoff Holz

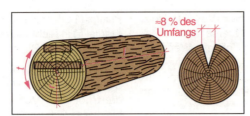

B 2.2-27 Schwindrichtungen.

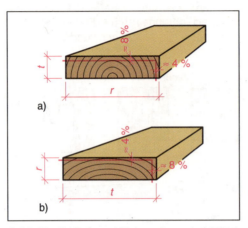

B 2.2-28 Breiten- und Dickenschwund. a) Mittelbrett, b) Seitenbrett.

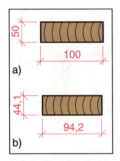

B 2.2-29 Mittelbohle aus Buchenholz.
a) Grünmaß,
b) Trockenmaß.

Rohdichte 2.1.1

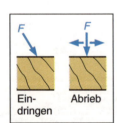

B 2.2-30 Härte.

Berechnung des Schwindmaßes in Prozent. Die Probestücke werden tangential und axial gemessen.

Maximales Schwindmaß b_{max}. Zur Berechnung muß das Probestück darrgetrocknet sein. Das maximale Schwindmaß ist die Differenz von Grünmaß und Trockenmaß, prozentual bezogen auf das Grünmaß.

$$\beta_{max} = \frac{(Grünmaß - Trockenmaß) \cdot 100\,\%}{Grünmaß}$$

Beispiel 1
Berechnen Sie das maximale Schwindmaß der Mittelbohle aus Buchenholz (→ **B 2.2-29**).

Lösung
Gegeben: Grünmaß 50 mm · 100 mm;
Trockenmaß 44,1 mm · 94,2 mm
Gesucht: $\beta_{t,max}$; $\beta_{r,max}$

$$\beta_{t,max} = \frac{(Grünmaß - Trockenmaß) \cdot 100\,\%}{Grünmaß}$$

$$\beta_{t,max} = \frac{(50\,mm - 44{,}1\,mm) \cdot 100\,\%}{50\,mm}$$

$$\beta_{r,max} = \frac{(100\,mm - 94{,}2\,mm) \cdot 100\,\%}{100\,mm}$$

$$\beta_{r,max} = \underline{\underline{5{,}8\,\%}}$$

Das Schwindmaß b bei 1% Feuchteabnahme berechnet sich aus dem maximalen Schwindmaß bezogen auf 30% Holzfeuchtegehalt.

$$\beta_{max} = \frac{\beta_{max}}{30}$$

Beispiel 2
Berechnen Sie die Schwindmaße der Bohle aus Beispiel 1 bei Abnahme um 1% Feuchte bezogen auf 30% Holzfeuchtegehalt.

Lösung
Gesucht: $u = 30\,\%$; $\Delta U = 1\,\%$; $b_t = 11{,}8\,\%$; $b_r = 5{,}8\,\%$
Gesucht: b_t; b_r

$$\beta_{max} = \frac{\beta_{max}}{30}$$

$$\beta_t = \frac{11{,}8\,\%}{30} = \underline{\underline{0{,}39\,\%}}$$

$$\beta_r = \frac{5{,}8\,\%}{30} = \underline{\underline{0{,}19\,\%}}$$

Formänderungen beim Vollholz. Formänderungen bei Brettern, Bohlen, Kantholz und Balken entstehen durch:
- unterschiedliche Schwindmaße,
- den Jahrringverlauf,
- die Holzfeuchte im Kern- und Splintholz.

<mark>Rohdichte</mark>, Reindichte, Härte, Dauerhaftigkeit bestimmen die technischen Eigenschaften von Materialien.

Rohdichte. Bei Vollholz und Holzwerkstoffen wird die Rohdichte auf 12% Holzfeuchtegehalt bezogen. Mit dem Rohdichtediagramm läßt sich das Verhältnis von Zellwand zu Zellhohlraum bei jeder Holzart feststellen. Daraus lassen sich Rückschlüsse auf Holzeigenschaften ziehen, wie Härte, Dauerhaftigkeit und Bearbeitbarkeit.

Die Reindichte ist das Verhältnis der reinen Holzsubstanz ohne Holzfeuchte zum Volumen ohne Zellhohlräume. Der Mittelwert aller Holzarten beträgt 1500 kg/m³.

Die Härte ist der Widerstand, den ein Körper einem härteren, in die Oberfläche eindringenden Körper entgegensetzt. Auch der Abriebwiderstand der Oberfläche wird von der Härte bestimmt.
Die Härte ist beim Vollholz abhängig von:
- Rohdichte. Je höher die Rohdichte, umso härter ist das Holz.
- Spätholzanteil. Je größer der Spätholzanteil, umso härter ist das Holz.

Werkstoffe – Rohstoff Holz

T 2.2/4 *Formänderungen beim Vollholz*

Schnittware	Formänderungen	Feststellung	Begründung
Seiten-bretter[1], Seiten-bohlen[1]	linke Seite / rechte Seite (8%, 5%)	Querschnitt ist gerundet, wegen geringer Formstabilität sind besondere konstruktive Maßnahmen notwendig	viele lange, nicht durch-schnittene, liegende Jahrringe verkürzen sich, je nach Holzart 5% ... 10%, Splintholz schwindet stark
Mittel-bretter[1], Mittel-bohlen[1]	linke Seite / rechte Seite (8%) Splint / Kern	Querschnitt ist V-förmig, erfordert mittiges Auftrennen, Querschnitt wird trapezförmig	viele liegende durch-schnittene Jahrringe verkürzen sich nur wenig, vorwiegend radiale Schwindrich-tung mit geringem Schwindmaß, geringer schwindendes Kernholz
Kern-(Herz-)bretter, Kern-bohlen	rechte Seite / rechte Seite, Hirnrisse möglich	beste Formstabi-lität, trapez-förmiger Quer-schnitt bleibt fast eben, Trennschnitt in der Markröhre notwendig	stehende Jahrringe sind stark verkürzt, starkes Schwinden im Splintholz, Hirnrisse bei sich verkürzenden äußeren Jahrringen
Kantholz, Balken	(10%)	keine Formsta-bilität, Quer-schnitt wird trapezförmig	tangentialer Schwund ist immer größer als radialer Schwund

[1] Die rechte Brett- bzw. Bohlenseite ist dem Kern zugewendet, die linke dem Kern abgewendet.
Bretter und Bohlen werden auf der linken Seite hohl, auf der rechten Seite rund.

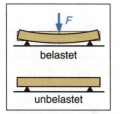

B 2.2-31 Elastizität.

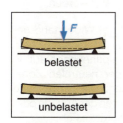

B 2.2-32 Plastizität.

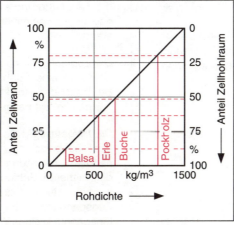

B 2.2-33 Rohdichtediagramm.

- Holzfeuchte. Je geringer die Holzfeuchte, umso härter ist das Holz.
- Faserrichtung. In Faserrichtung ist Holz härter als quer zur Faserrichtung.

Dauerhaftigkeit (natürliche Resistenz) ist die Widerstandsfähigkeit gegen Insekten- und Pilzbefall. Sie wird durch die Holzinhaltsstoffe im Kernholz bestimmt.

Elastizität und Plastizität bestimmen den Gebrauchswert von Holz und Holzwerkstoffen.

Elastizität. Alle Holzarten sind mehr oder weniger elastisch. Verformungen durch äußere Kräfte gehen wieder zurück, sobald die Kräfte nach kurzer Belastungszeit nicht mehr einwirken.

Werkstoffe – Rohstoff Holz

Die Elastizität ist bei Vollholz abhängig von:
- Holzart. Besonders elastisch sind Esche, Lärche, Robinie, Rüster und Hickory,
- Holzfeuchte. Je feuchter das Holz ist, desto elastischer ist es,
- Holztemperatur.
- Holzgefüge. Elastisch ist ast- und fehlerfreies Zellgewebe aus langen Holzfasern mit eingelagerten Holzinhaltsstoffen.

Bedeutung hat die Elastizität bei Sportgeräten und Sitzmöbeln.

Plastizität. Ein Körper ist plastisch, wenn er nach längerem Einwirken äußerer Kräfte verformt bleibt. Holz wird durch Dämpfen, Kochen, stärkeres Erhitzen oder Tränken in flüssigem Ammoniak plastisch verformbar. Gut geeignet sind Nußbaumsplint, Birke und gedämpfte Rotbuche.

Festigkeit ist der innere Widerstand gegen Belastungen durch äußere Kräfte, die zu Verformungen oder zur Zerstörung führen können.

Bei Holz erhöht sich im allgemeinen die Festigkeit durch zunehmende Rohdichte, zunehmenden Kern- und Spätholzanteil und abnehmende Holzfeuchte.

T 2.2/5 *Resistenzklassen von Holz nach DIN 68364*

Resistenz-klassen	Resistenz-dauer in Jahren	Holzarten (Beispiele)
1 sehr resistent	> 25	Afzelia, Greenheart, Iroko, Robinie, Teak
2 resistent	15 ... 25	Eiche
3 mäßig resistent	10 ... 15	Kiefer, Lärche, echtes Mahagoni
4 nicht resistent	5 ... 10	Fichte, Hickory, Tanne
5 anfällig	< 5	Ahorn, Birke, Buche, Hainbuche, Esche

T 2.2/6 *Druckfestigkeit und Faserverlauf*

Richtung der Beanspruchung	Festigkeit
parallel zum Faserverlauf	5- ... 8fach größer als senkrecht zum Faserverlauf
senkrecht zum Faserverlauf	bei stehenden Jahrringen höher als bei liegenden

$$\text{Druckfestigkeit} = \frac{\text{Druckkraft}}{\text{Querschnittsfläche}}$$

$$\sigma_D = \frac{F}{A} \text{ in } \frac{N}{mm^2}$$

T 2.2/7 *Druckfestigkeit parallel zur Holzfaser nach DIN 68364*

Druckfestigkeit in $\frac{N}{mm^2}$	Holzarten
60 gut	Buche, Nußbaum, Robinie
50 ... 60 mittel	Ahorn, Eiche, Erle, Esche, Kirschbaum, Rüster (Ulme)
35 ... 50 gering	Fichte, Kiefer, Lärche, Linde, Pappel, Tanne

Die Druckfestigkeit σ_D ist der Widerstand eines Körpers, den er der Druckkraft (Stauchung) bis zur Zerstörung entgegensetzt. Der Jahrringverlauf beeinflußt die Größe des Widerstands.

Die Zugfestigkeit σ_Z ist der Widerstand, den ein Körper einer Zugbelastung entgegensetzt. Bei tragenden Holzkonstruktionen darf Holz nur parallel zur Faser belastet werden.

Die Biegefestigkeit σ_B ist der Widerstand gegen Biegebelastung. Äußere Materialschichten nehmen Druck- und Zugspannungen auf. In der mittleren Schicht, der neutralen Zone, herrscht keine Spannung. Die Druck- und Zugspannungen hängen von der Auflage oder Einspannung eines Werkstückes ab.

Werkstoffe – Rohstoff Holz

T 2.2/8 Zugfestigkeit und Faserverlauf

Richtung der Beanspruchung	Festigkeit
parallel zum Faserverlauf	am größten
senkrecht zum Faserverlauf	sehr gering, nur 5% ... 10% der Festigkeit parallel zur Faser

T 2.2/9 Zugfestigkeit parallel zur Holzfaser nach DIN 68364

Zugfestigkeit in $\frac{N}{mm^2}$	Holzarten
110 ... 150 gut	Eiche, Esche, Buche, Robinie
100 ... 110 mittel	Kiefer, Lärche, Nußbaum
80 ... 100 gering	Ahorn, Erle, Fichte, Linde, Pappel, Rüster (Ulme), Tanne

T 2.2/10 Biegefestigkeit und Faserverlauf

Richtung der Beanspruchung bei zweiseitiger Auflage	Festigkeit
liegender Rechteckquerschnitt	
senkrecht zum Faserverlauf	gering
parallel zum Faserverlauf	mäßig
stehender Rechteckquerschnitt	
parallel zum Faserverlauf [1]	[1] sehr groß
senkrecht zum Faserverlauf [2]	[2] groß

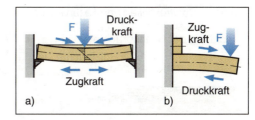

B 2.2-36 Biegefestigkeit von Vollholz. a) zweiseitige Auflage: Einlegeboden, b) einseitige Einspannung: Bücherbord.

Beim Vollholz beeinflussen die Lage der Jahrringe und der Holzquerschnitt die Festigkeit. Nasses und gedämpftes Holz hat eine geringe Biegefestigkeit.

T 2.2/11 Biegefestigkeit parallel zur Holzfaser nach DIN 68364

Biegefestigkeit in $\frac{N}{mm^2}$	Holzarten
100 ... 140 gut	Buche, Esche, Linde, Nußbaum, Robinie
90 ... 100 mittel	Ahorn, Eiche, Erle, Kirschbaum, Lärche
60 ... 90 gering	Fichte, Kiefer, Pappel, Rüster, Tanne

Die Spaltfestigkeit ist der Widerstand, den das Holz gegen Zertrennen des Holzgefüges entgegensetzt. Sie nimmt in der Regel mit steigender Rohdichte zu.

Folgende Holzarten sind nach zunehmender Spaltfestigkeit geordnet: Fichte, Kiefer, Lärche, Erle, Linde, Buche, Eiche, Esche und Nußbaum.

Die Scherfestigkeit (Schubfestigkeit) ist der Widerstand gegen von außen wirkende Kräfte, die in der Scherfläche auf die Holzfasern in Längs- oder Querrichtung einwirken.

Die Knickfestigkeit ist der Widerstand eines Stabes, bei Druckkraft längs zur Achse nicht seitlich auszuweichen.
Sie hängt ab von der:
- Querschnittsform und Querschnittsgröße des Stabes,
- Länge des Stabes,
- Art der oberen und unteren Lagerung oder Einspannung,
- Holzart und dem Holzgefüge.

Werkstoffe – Rohstoff Holz

T 2.2/12 Spaltfestigkeit und Faserverlauf

Richtung der Beanspruchung	Festigkeit
parallel zum Faserverlauf 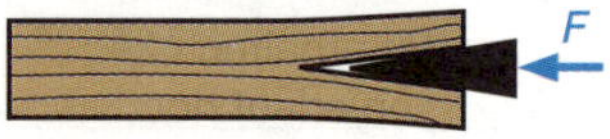	gering
in Richtung der Holzstrahlen 	gering
in Richtung der Jahrringe 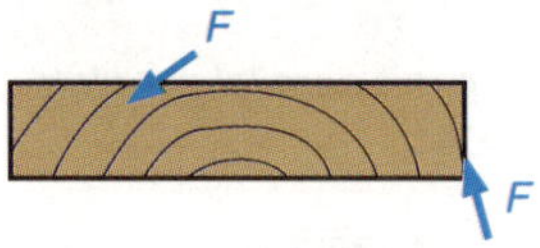	größer
senkrecht zum Faserverlauf 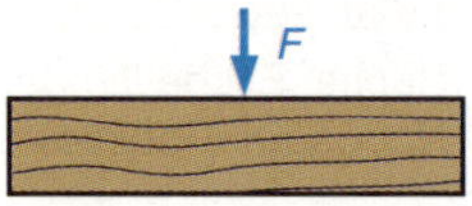	sehr groß, nicht spaltbar

T 2.2/13 Scherfestigkeit und Faserverlauf

Richtung der Beanspruchung	Festigkeit
parallel zum Jahrringverlauf 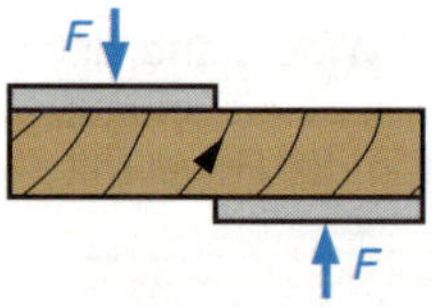	gering
parallel zum Faserverlauf 	gering
Gratung Zinkung 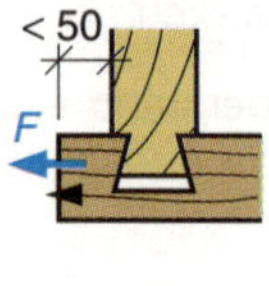 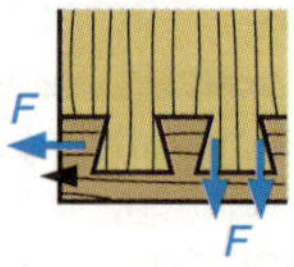	gering, weil zu wenig Vorholz

Die Drehfestigkeit (Torsionsfestigkeit) ist der Widerstand gegen Schubkräfte, die den Körper um seine Achse schraubenförmig beanspruchen. Hölzer mit einem hohen Spätholzanteil sind besonders drehfest, z.B. Weißbuche, Buchsbaum.

Leitfähigkeit des Vollholzes. Die Fähigkeit des Vollholzes, Wärme, Schall und Elektrizität zu leiten, hängt vom Holzfeuchtegehalt und vom Aufbau des Zellgewebes ab.

2.2.5 Holzfehler und Äste im Schnittholz

Holzfehler sind Wachstumsfehler, die entstanden sein können durch:
- Erbanlagen der Holzart,
- Standort des Baumes,
- klimatische Verhältnisse.

Holzfehler am Stamm

Schaftform und innerer Aufbau eines Baumstammes bestimmen weitgehend die Holzqualität. Sie müssen beim Zuschnitt und der Herstellung von Schnittholz und Furnieren berücksichtigt werden.

Risse

Risse entstehen, wenn durch innere Spannungen im Holz Faserverbände getrennt werden. Die Spannungen können am stehenden Baum durch Windeinwirkung, Frost und Trockenperioden, am gefällten Baum durch rasche Trocknung eintreten.

Bei Schnittholz entstehen Spannungen und Risse durch:
- zu rasche Trocknung und
- mechanische Belastung.

Schnittholzverformungen durch Wuchsfehler

Holzverformungen, die durch Wuchsfehler verursacht sind, zeigen sich erst nach dem Aufschneiden oder Trocknen. Sie mindern den Gebrauchswert der Schnittware oder machen sie unbrauchbar.

T 2.2/14 Holzfehler an der Schaftform

Fehler	Merkmale, Ursachen, Vorkommen	Auswirkungen
Abholzigkeit	Abnahme des Stammdurchmessers um mehr als 1 cm bei 1 m Abstand der Meßstellen Güteklasse A B C Abnahme des Ø in cm Nadelholz 1 1 ... 2 > 2 Laubholz 2 2 ... 3 > 3	verminderte Holzausnutzung bei Parallelzuschnitt, damit Formstabilität erhalten bleibt, darf der Faserverlauf höchstens 2 cm/m von denparallel verlaufenden Fasern abweichen
Krummschaftigkeit	Abweichung der Baumachse von der Geraden	für den Einschnitt ein mehr oder weniger schwerer Fehler: verminderte Holzausnutzung, Better und Bohlen werfen sich, reißen
Spannrückigkeit	Jahrringe ergeben in großen Wellenlinien Einbuchtungen und Einschnürungen, Vorkommen bei Rüster, Fichte, Eiche, Robinie	Gebrauchswert gering, Holzausnutzung vermindert, Schwinden und Quellen sowie Werfen und Reißen erhöht
Exzentrischer Wuchs	einseitig schmale Jahrringe, Markröhre außermittig, Ursachen: Erbanlagen, Wind, Schnee Wachstum am Hang	Holzausnutzung vermindert, Festigkeit ungleich, Werfen und Reißen erhöht, Bearbeitung schwierig wegen Spannungen im Holz
Reaktionsholz	durch einseitige Zellwandverdickung: hartes Reaktionsholz, vorwiegend Druckholz (Rotholz), durch stellenweise geringeren Jahrringzuwachs: Zugholz (Weißholz)	
Wimmerwuchs	Jahrringe sind wellig, Vorkommen bei Ahorn, Birke, Esche, Kirschbaum, Nußbaum	Resonanzholz beim Geigenbau, ungewöhnlicher Wuchs im Furnierbild sichtbar, z.B. bei Riegelahorn, Riegelesche, geriegelte Fichte
Drehwuchs	schraubenförmiger Verlauf der Holzfasern, wachsen in verschiedenen Winkeln zur Stammachse, Ursachen: Erbanlagen, Wind, Standort	Festigkeit verringert, starke Verdrehung, Bearbeitung schwierig, für Verarbeitung ungeeignet

Fortsetzung **T 2.2/14**

Fehler	Merkmale, Ursachen, Vorkommen	Auswirkungen
Wechseldrehwuchs	Fasern aufeinanderfolgender Wachstumszonen in entgegengesetzter Richtung gewachsen, Vorkommen bei außereuropäischen Hölzern, z.B. Kambala, Sapeli, Afrormosia	Holz wird nicht windschief, ist aber schwer zu bearbeiten, kaum spaltbar
Falschkern	durch Umwelteinflüsse ungleichmäßig verfärbter Zylinder im Stamminnern, Vorkommen bei Buche (Rotkern), Esche (Braunkern), Birke und Pappel	Härte bei geringem Befall nicht gemindert, keine natürliche Resistenz, bei Buche als Furnier
Überwallung, geschlossen	Kambiumschicht verschließt kleinere Wundstellen bei Eiche, Esche, Pappel, Lärche, Kiefer	Holz bei Pilzbefall wertlos, überwallte Teile beseitigen

T 2.2/15 Schnittholzverformungen durch Wuchsfehler nach DIN 68256

Verformungen	Merkmale, Ursachen
Verdrehung (Windschiefe)	Durch Dreh- oder Wechseldrehwuchs weichen Fasern spiralförmig von der Längsachse ab, in Faserneigung schräglaufende Oberflächenrisse.
Längskrümmung der Breitfläche	Wölbung in Längsrichtung
der Schmalfläche	aus krummschäftigem Stamm
Querkrümmung	Verformung in Richtung der Breitfläche

T 2.2/16 *Risse bei Rund- und Schnittholz*

Fehler	Merkmale, Ursachen	Bemerkungen
Kernriß (Markriß, Strahlenriß)	auf der Hirnholzfläche sichtbare Risse in Richtung der Holzstrahlen vom Kern zum Splint	bei zu rascher Trocknung erweitern sich die Kernrisse zu Spüaltrissen, Holzwert stark gemindert
Schwindriß (Trockenriß)	durch starke Schwindspannungen radiale Risse von außen nach innen mit unterschiedlicher Tiefe	häufig bei Rotbuche, vor allem durch zu schnelles Trocknen
Endriß (bei Schnittholz)	keine Rißbildung an den Schmalflächen	Endrisse vermeidbar durch sachgemäße Stapelung
Kantenflächenriß (bei Schnittholz)	Riß auf Schmalflächen und Breitseiten, am Hirnholz durchgehend	
Frostriß/Frostleiste	durch Gefrieren des Saftstromes am lebenden Baum, Zellverband radial von der Rinde bis Markröhre oft meterlang gerissen, Wundverschluß durch Überwallung ergibt Frostleiste	Holzausnutzung stark eingeschränkt, gefährdet sind: Eiche, Esche, Rüster
Ringriß	durch ungleiche Jahrringbreiten in Teilbereichen oder ganze Jahrringe (Ringschäle) umfassend	Rundholzringschäle ist ein schwerer Fehler → Güteklasse D oder C, bei Schnittholz Holzausnutzung verringert
Haarriß (Oberflächenriß)	während der Trocknung feine, unbedeutende Rißbildung an Hirnholzflächen, bei Schnittholz auch an Mantelflächen Rißtiefe etwa 1/10 der Holzdicke	Aussehen des Holzes herabgesetzt, an lackierten Furnieroberflächen Rißbildung durch Verarbeitungsfehler

Werkstoffe – Rohstoff Holz

T 2.2/17 Astformen nach DIN 68256

Astformen	Merkmale
Rundast	größter Durchmesser höchstens zweimal so groß wie der kleinste
Punktast (Nagelast)	Durchmesser höchstens 5 mm, bei Fichte häufig schwarz
Ovaler Ast	$d_1 = 2 \dots 4 \cdot d_2$
Flügelast	Schnittverlauf annähernd parallel zur Längsachse, von der Markröhre bis zur Schmalseite
Doppelflügelast	zwei Flügeläste auf derselben Achse
Durchfallast	nur mit einem Viertel ihres Querschnittsumfangs mit dem umgebenden Holz verwachsen, vorwiegend bei Fichte und Tanne

Äste im Schnittholz

Äste sind keine Holzfehler, sie sind jedoch vielfach unerwünscht. Für die Qualität des Schnittholzes sind sie ausschlaggebend:
- Äste verändern den Faserverlauf an der Aststelle. Sie schwächen die Holzfestigkeit.
- Äste beeinträchtigen oft das Aussehen eines Werkstückes.
- Verharzte und versprödete Äste erschweren das Glätten der Oberfläche. Sie schwinden und quellen wegen ihrer Härte und ihres abweichenden Faserverlaufs anders als das sie umgebende Holz (Ausnahme: Zirbelholzäste).
- Nach VOB dürfen Sprossen und Verbindungsstellen bei Fenstern und Türen keine Äste aufweisen.

Astfreie europäische Hölzer stehen nur in geringem Umfang zur Verfügung. Tropenhölzer sind in der Regel astfrei. Man unterscheidet:
- Gesunde Äste weisen keine Fäulnis auf und sind mindestens noch zur Hälfte mit dem Holz fest verbunden.
- Kranke Äste sind bis auf ein Drittel der Querschnittsfläche angefault.
- Verwachsene Äste sind bis mindestens drei Viertel mit dem umgebenden Holz verbunden.

2.2.6 Holzzerstörende Organismen

Lagerndes und verbautes Vollholz kann von Pilzen und Insekten befallen werden. Dabei kann die Festigkeit des Holzgewebes zerstört und die Holzfarbe verändert werden. Qualitätsminderungen bis zur Unbrauchbarkeit führen zu Wertverlusten.

Holzzerstörende Pilze

Pilze sind Pflanzen niederer Ordnung, die kein Chlorophyll bilden können. Als Schmarotzer leben sie ohne Sonnenlicht bei hoher Holzfeuchte und hoher Lufttemperatur von der organischen Holzsubstanz. Vor allem Fadenpilze verursachen die Holzfäule.

Entwicklungsphasen der Pilze

Aus den Pilzsporen entwickeln sich reich verzweigte Zellfäden (Hyphen). Sie bilden ein Geflecht, das Myzel. Dieses breitet sich im oder auf dem Holz aus und lebt vom Holz. An den Myzelenden wachsen als Fortpflanzungsorgane Fruchtkörper, die große Mengen mikroskopisch kleiner Sporen bilden. Diese Keimzellen werden freigesetzt, vom Wind weitergetragen und lassen neue Pilze entstehen.

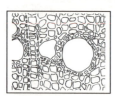

B 2.2-35 Harzgänge im Fichtenholz, Querschnitt.

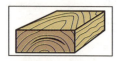

B 2.2-36 Harzgalle.

Harzgallen

Harz kommt vorwiegend in Nadelhölzern vor. Eine Ausnahme bilden einige Laubhölzer in Südostasien (Faro, Tchitola).
Harz entsteht innerhalb eines Jahrrings in lebenden, mit Protoplasma gefüllten Zellen (Parenchymzellen). Sie scheiden Harz aus, das sich in Harzgängen, den Harzgallen, sammelt. Diese verlaufen parallel zur Faserrichtung. Im Querschnitt erscheinen sie schmal-bogenförmig. Im Kiefernholz regen Verletzungen und Pilzbefall vermehrtes Ausscheiden von Harz an. Verkientes Holz ist völlig harz-durchtränkt.

Werkstoffe – Rohstoff Holz

Destruktionsfäule (Braunfäule). Bei diesem Schaden zerstören Pilze die Cellulose; Lignin bleibt erhalten. Das Holz färbt sich bräunlichdunkel, wird mürbe, leicht und zerfällt würfelförmig. Beim Innenausbau gehören Pilze, die die Braunfäule verursachen, zu den gefährlichsten Holzzerstörern.

Korrosionsfäule (Weißfäule). Verschiedene Pilzgruppen befallen als pflanzliche Forstschädlinge Laub- und Nadelbäume. Sie bauen zuerst Lignin ab, wodurch die Faulstellen weiß werden. Das Zellgerüst behält dabei teilweise noch seine Festigkeit. Während des weiteren Abbaus wird auch die Cellulose zersetzt. Das Zellgerüst zerfällt und das Holz ist wertlos. Der echte Feuerschwamm zerstört Buchen, der unechte Feuerschwamm Tannen und Eichen. Am verarbeiteten Vollholz tritt keine Korrosionsfäule auf, deshalb haben diese Pilze für den Möbel-, Fenster-, Türen- und Innenausbau keine Bedeutung.

Bläuepilze haben im Frühstadium meistens ein glasiges Myzel. Später ist das Myzel dunkel und erscheint durch Lichtbrechung blau. Man erkennt streifige Blauverfärbungen, die oft mit kleinen Fruchtkörpern versehen sind. Bei stehender Luft, hoher Holzfeuchte und Lufttemperaturen zwischen 20 °C ... 25 °C breiten sich die Pilze innerhalb weniger Stunden schnell aus. Die günstigsten klimatischen Bedingungen bestehen zwischen Mai und August.

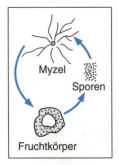

B 2.2-37 Entwicklungsphasen der Pilze.

T 2.2/18 Destruktionsfäule am verbauten Holz

Pilzart	Lebensbedingungen	Befall	Schadenserkennung
Echter Hausschwamm	dunkle Räume, Holzfeuchte 20% ... 28%, Lufttemperatur 3 °C ... 26 °C, Sporen sind 1 ... 3 Jahre keimfähig, beschafft Wachstumsfeuchte selbst durch wasserleitende Stränge, befeuchtet trockenes Holz	Nadelholz, teilweise Laubholz, in Innenräumen, Myzel durchdringt Mauerwerk, sehr sorgfältige Sanierung notwendig, meldepflichtig !!	modriger Geruch, weißes, watteartiges Myzel auf und im Holz, graue, würfelbrüchige Stränge, Fruchtkörper hell bis rotbraun
Blättling	Holzfeuchte 40% ... 60%, Lufttemperatur 36 °C ... 44 °C, übersteht längere Trockenzeiten	Nadelholz im Freien und verbaut, z.B. Fenster, Türen Zäune	Rotstreifigkeit, braunes Myzel im Holzinnern, Fruchtkörper hellrot bis schwarz, konsolförmig in Holzspalten
Kellerschwamm (Warzenschwamm)	Holzfeuchte 30% ... 60%, Lufttemperatur etwa 24 °C	Nadel- und Laubholz, in Feuchträumen, z.B. Keller, Küche, Bad, Bodennähe	gelbbraunes Myzel an Holzoberfläche, Stränge wurzelförmig und braunschwarz, Fruchtkörper mit "Warzen"

Werkstoffe – Rohstoff Holz

T 2.2/19 *Holzzerstörende Insekten*

Insektenart Larve / Insekt	Befall	Schadenserkennung
Hausbockkäfer  Entwicklungszeit 3 ... 6 Jahre gefährlichster Holzschädiger	verbautes Nadelholz, im Splintholz bei Kiefer, Lärche, Douglasie und im Reifholz bei Fichte, Tanne, Fraßgänge dicht unter unzerstörter Holzoberfläche, in Räumen mit stehender Luft (Dachstühle, Fachwerk, Fußböden)	Fluglöcher oval, Ø 5 mm ... 10 mm, Fraßgänge mit hellem Fraßmehl gefüllt 
gewöhnlicher Nagekäfer (Poch-, Klopfkäfer, Anobie, Totenuhr)   Entwicklungszeit 1 ... 3 Jahre weitverbreiteter, sehr gefährlicher Holzschädiger	alle Holzarten, vorwiegend im Splintholz, kühle, feuchte Räume, für Larve: Holzfeuchte 10% ... 28%, Lufttemperatur 22 °C ... 23 °C, Möbel, Holzbekleidungen, Treppen, Eiablage wieder in Fraßgänge	zahlreiche, über Holzoberfläche unregelmäßig verteilte Fluglöcher kreisrund, Ø 1 mm ... 2,5 mm, Fraßgänge mit Bohrmehl gefüllt
Splintholzkäfer (Parkettkäfer)   Entwicklungszeit 1 Jahr	aus den Tropen eingeführt, stärkehaltige Frühholzschichten, Limba, Abachi, Ahorn, Eiche, Esche, Pappel, Rüster, Möbel, Holzbekleidungen, Parkettböden, Außenflächen des Holzes bleiben erhalten	Fluglöcher rund, Ø 1 mm ... 1,5 mm, ähnlich Nagekäfer, Fraßgänge in Rich- Holzfaser, pulverfeines Bohrmehl 

B 2.2-38 Bläuepilz.

B 2.2-39 Bläuepilzbefall.

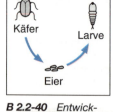

B 2.2-40 Entwicklungsphasen der Käfer.

Fortsetzung **T 2.2/19**

Insektenart		Befall	Schadenserkennung
Larve	Insekt		
Holzwespe (Forstschädling) Entwicklungszeit 2 ... 4 Jahre, teilweise auch länger		frisch eingeschlagenes, verbautes Nadelholz, Holzwespe schlüpft im verbauten Holz, durchfrißt Teppiche, Linoleum, Folien, Holzschaden gering, keine Vermehrung im verbauten Holz	Fluglöcher und Fraßgänge rund, Ø 4 mm ... 7 mm, Bohrmehl stark verdichtet, fest, Befall oft schwer erkennbar

Bläuepilze zerstören Eiweiß und Holzinhaltsstoffe in den Zellen, jedoch nicht das Zellgefüge, dessen Festigkeit erhalten bleibt. Kiefernsplintholz wird bevorzugt befallen. Gefährdet sind Fenster und Außentüren. Verbautes Holz darf nach VOB im Außenbereich nicht eingesetzt werden, weil Bläuepilze anderen Fadenpilzen die Zerstörung erleichtern.

Holzzerstörende Insekten

Zu den holzzerstörenden Insekten gehört eine Vielzahl von Hautflüglern, Faltern und Käfern. Die Forstschädlinge bleiben hier, außer der Holzwespe, unberücksichtigt.

Entwicklung der Käfer. Das verbaute Holz wird vorwiegend von Käfern geschädigt. Wie alle Insekten durchläuft der Käfer vier Lebensformen:
- Ei. Käferweibchen legen oft mehrere hundert Eier in Holzrisse oder Fraßgänge.
- Larve. Aus den Eiern schlüpfen Larven, die man oft fälschlicherweise als Holzwürmer bezeichnet. Während ihrer meist mehrjährigen Lebensdauer ernähren sie sich von der Holzsubstanz und hinterlassen dabei zahlreiche Fraßgänge. Das verbaute Holz wird zerstört und verliert seine Festigkeit.
- Puppe. Sie entwickelt sich mehrere Monate lang ohne Nahrungsaufnahme aus der Larve.
- Käfer. Er schlüpft aus der Puppe und verläßt durch deutlich sichtbare Schlupflöcher das Holz, um wieder Eier zu legen.

2.2.7 Holzarten

Handelsnamen

Weltweit sind etwa 30 000 Holzarten bekannt. Diese hohe Zahl kommt dadurch zustande, daß z.B. die Gattung Eiche etwa 500 Arten, Kirsche etwa 200 und Kiefer allein in den USA über 40 Arten aufweist. In der Holztechnik werden nur wenige hundert Holzarten be- und verarbeitet. Für den internationalen Holzhandel ist eine genaue Warenbezeichnung mit Handelsnamen unabdingbar. Diese weichen größtenteils von der botanischen Klassifizierung (Einteilung) ab.

Mehrfachbezeichnungen erschweren oft die Zuordnung zu einer bestimmten Holzart, z.B. Kiefer/Föhre (Forche), Ulme/Rüster, Afzelia/Doussie oder Iroko/Kambala.

Fehlnamen verbinden Holzarten miteinander, die botanisch nicht verwandt sind. So hat der afrikanische Nußbaum, der richtig Mansonia heißt, nichts mit dem Nußbaum zu tun. Ebenso ist der Western red cedar keine Zeder, richtig heißt er Thuja oder Lebensbaum.
Häufig haben Siedler oder Holzhändler die Namen bekannter Holzarten auf unbekannte mit ähnlichen Eigenschaften übertragen.

Handelsnamen nach DIN. In DIN 1076 wurden die Handelsnamen der Hölzer und ihre Kurzzeichen festgelegt (→**T 2.2/20** und **T 2.2/21**). Europäische Hölzer werden mit zwei Großbuchstaben, außereuropäische mit drei Großbuchstaben abgekürzt, z.B. Fichte FI und Hemlock HEM.

Werkstoffe – Rohstoff Holz

T 2.2/20 Nadelhölzer (Auswahl)

Europäische Nadelhölzer

Handelsname Kurzzeichen Dichte in kg/m³ bei u = 12% (Fehlnamen)	Jahrringgrenze Holzstrahlen Harzkanäle Faserverlauf	Farbe: Splint Kern	Festigkeit Härte Schwund Formstabilität	Witterungsbeständigkeit Pilz- und Insektenbefall Bearbeitbarkeit	Verwendung
Fichte FI 450 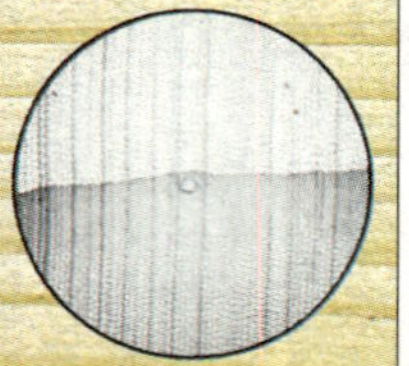	Ja: deutlich Ho: sehr fein Ha: wenige, aber Harzgallen Fa: gerade	Sp: gelblich-weiß bis Ke: rötlich-weiß nachgedunkelt: gelblich-braun	Fe: fest, elastisch Hä: weich bis mittelhart Sch: mäßig Fo: gut	Wi: bedingt Pi: möglich Be: leicht	Bauholz, Möbel, Wand- und Deckenbekleidungen, Fenster, Außentüren, Holzwerkstoffe
Kiefer KI 480 	Ja: sehr deutlich Ho: sehr fein Ha: zahlreich, deutlich, bei Wärme Harzausfluß Fa: verschieden	Sp: gelblich-weiß Ke: rötlich-braun	Fe: fest, elastisch Hä: mäßig Sch: wenig Fo: gut	Wi: mäßig Pi: Splintholz insekten- und bläuegefährdet Be: gut, Oberfläche schwer beizbar	Bauholz, Möbel, Wand- und Deckenbekleidungen, Fenster, Außentüren, Holzwerkstoffe
Lärche LA 590 	Ja: sehr deutlich Ho: sehr fein Ha: vorhanden Fa: gerade	Sp: hellgelb bis rötlich Ke: rötlich bis braun stark nachdunkelnd	Fe: sehr fest, zäh, elastisch Hä: groß (Spätholzzone) Sch: mäßig Fo: gut, leicht drehwüchsig	Wi: Kern sehr gut Pi: gering Be: gut, leicht spaltbar, Oberfläche schlecht beizbar	Bauholz, Möbel, Wand- und Deckenbekleidungen, Fenster, Außentüren, Furniere
Tanne TA 450 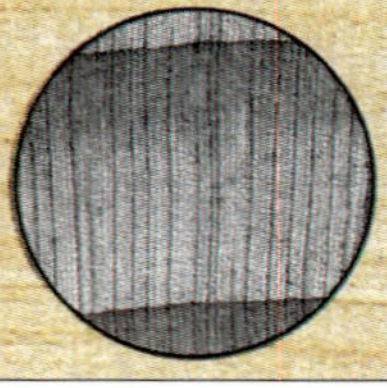	Ja: deutlich Ho: fein Ha: keine Fa: gerade	Sp: weiß über gelblich bis rötlich Ke: rötlichweiß kein Glanz	Fe: fest, elastisch Hä: weich Sch: gering Fo: gut	Wi: mäßig Pi: möglich Be: mäßig, spröd, filzig	einfache Möbel, Behälter

Werkstoffe – Rohstoff Holz

Fortsetzung T 2.2/20

Außereuropäische Nadelhölzer

Handelsname Kurzzeichen Dichte in kg/m³ bei u = 12% (Fehlnamen)		Jahrringgrenze Holzstrahlen Harzkanäle Faserverlauf	Farbe: Splint Kern	Festigkeit Härte Schwund Formstabilität	Witterungsbeständigkeit Pilz- und Insektenbefall Bearbeitbarkeit	Verwendung
Douglasie DG 490 (Douglas-Fichte, Douglas-Tanne)		Ja: deutlich Ha: gering Fa: gerade	Sp: hell bis Ke: dunkelrot nachdunkelnd	Fe: fest Hä: hart Sch: sehr stark Fo: gut	Wi: gering Pi: nicht anfällig Be: gut	Bauholz, Fußböden, Wand- und Decken- bekleidungen
Hemlock HEM 500		Ja: deutlich Ha: keine Fa: gerade	Sp: gräulich- hell Ke: bis braun natürlicher Glanz	Fe: fest Hä: mittelhart Sch: mäßig Fo: gut	Wi: gering Pi: möglich Be: gut	Bauholz, Innenausbau, Naßräume, Holzwerkstoffe
Western red cedar RCW 340		Ja: deutlich Ha: keine Fa: gerade	Sp: hellrötlich bis Ke: mittelbraun	Fe: sehr gering, spröde Hä: ziemlich weich Sch: gering bei ge- ringer Dicke Fo: sehr gut	Wi: sehr gut Pi: nicht anfällig Be: gut	Wand- und Deckenbeklei- dungen, Dachschindeln
Weymouthkiefer KIW 370		Ja: deutlich Ha: zahlreich Fa: gerade	Sp: gelblich- weiß bis Ke: hellbraun, geringe Farb- unterschiede, nachdunkelnd, mattglänzend	Fe: mäßig, geringe Tragkraft Hä: weich Sch: sehr gering Fo: sehr gut	Wi: gut bis mäßig Pi: möglich, bläuegefährdet Be: gut, Oberfläche gut	Wand- und Deckenbeklei- dungen, Möbel, Schiffsbau

Werkstoffe – Rohstoff Holz

T 2.2/21 *Laubhölzer (Auswahl)*

Europäische Laubhölzer

Handelsname Kurzzeichen Dichte in kg/m³ bei u = 12% (Fehlnamen)		Jahrringgrenze Holzstrahlen Harzkanäle Faserverlauf	Farbe: Splint Kern	Festigkeit Härte Schwund Formstabilität	Witterungsbeständigkeit Pilz- und Insektenbefall Bearbeitbarkeit	Verwendung
Ahorn AH 570…620		Po: fein, zerstreut Ja: deutlich Ho: sichtbar, breit Fa: gewellt-faserig, (Riegel)	Sp: weiß Ke: gelblich durch Sonnenlicht bräunlich	Fe: fest, elastisch, zäh Hä: mäßig Sch: gering Fo: gut	Wi: sehr gering Pl: möglich Be: gut	Möbel (Schubkästen), Wand- und Deckenbekleidungen, Fußböden, Musikinstrumente
Birke BI 650		Po: fein, zerstreut Ja: wenig deutlich Ho: sehr fein, unauffällig Fa: unregelmäßig	Sp: weiß bis Ke: rötlich-weiß dunkelt nach	Fe: fest, zäh Hä: weich Sch: mäßig bis stark Fo: schlecht	Wi: keine Pl: sehr stark, Pilze verstopfen Gefäße, Holz verstockt Be: gut, Oberfläche gut	Möbel, Wand- und Deckenbekleidungen, Furniere, Fußböden, Gestellmöbel, Holzwerkstoffe
Birnbaum BB 700		Po: fein, zerstreut Ja: unregelmäßig Ho: sehr fein Fa: unregelmäßig	Sp: hell-rötlich- Ke: braun	Fe: fest, sehr zäh, wenig elastisch Hä: hart Sch: stark, Rißbildung Fo: gut	Wi: gering Pl: gegeben Be: bedingt gut	Furniere, Drechslerarbeiten, Schnitzarbeiten
Buche/Rotbuche BU 680		Po: klein, zerstreut Ja: deutlich Ho: zahlreich, bis 4 mm lang, Spiegel Fa: gerade	Sp: weißlich bis Ke: hellgelb-braun im Alter rotkernig	Fe: sehr fest, zäh, leicht spaltbar Hä: sehr hart, abriebfest Sch: sehr stark Fo: mäßig	Wi: sehr gering Pl: gegeben, verstockt Be: gut, Oberfläche gut	Gestellmöbel, Fußböden, Treppen, Spielwaren, Holzwerkstoffe

Werkstoffe – Rohstoff Holz

Fortsetzung T 2.2/21

Holzart	Po/Ja/Ho/Fa	Sp/Ke	Fe/Hä/Sch/Fo	Wi/Pl/Be	Verwendung
Eiche/Weiße Eiche EI 670 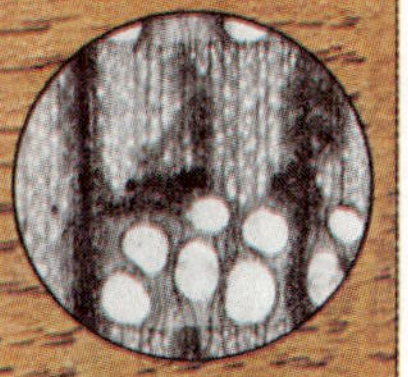	Po: groß, ringporig Ja: sehr deutlich Ho: viele, deutlich, Spiegel Fa: gerade	Sp: grauweiß-gelblich Ke: gelbbraun bis mittelbraun dunkelt nach	Fe: elastisch Hä: sehr hart Sch: mäßig Fo: gut	Wi: nur Kern sehr gut Pl: Splint anfällig Be: gut, Oberfläche bedingt	Möbel, Furniere, Außentüren, Fenster, Wand- und Deckenbekleidungen
Roteiche (amerikanische) EIR 650 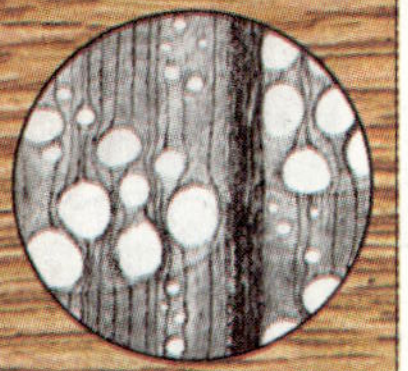	Po: groß, ringporig Ja: deutlich, grob Ho: deutlich, kurz, Spiegel Fa: gerade	Sp: hellrötlich Ke: bräunlich	Fe: elastisch Hä: mittelhart Sch: sehr stark Fo: gut	Wi: gering Pl: Splint anfällig Be: schwierig	Möbel, Wand- und Deckenbekleidungen
Erle ER 470 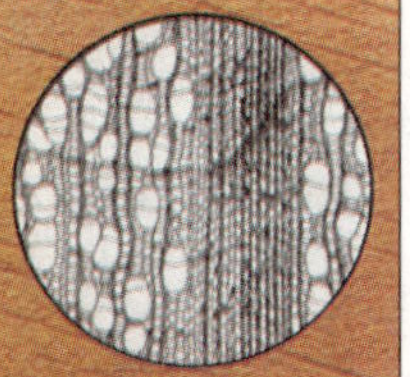	Po: fein, zerstreut Ja: schwach markiert Ho: gebündelte Scheinholzstrahlen Fa: gerade	Sp: } rötlich-weiß bis Ke: } orangebraun dunkelt nach	Fe: wenig elastisch Hä: weich Sch: mäßig Fo: gut	Wi: nicht Pl: stark anfällig, verstockt Be: gut, Oberfläche gut	Holzwerkstoffe, Spielwaren, Musikinstrumente
Esche ES 650 	Po: groß, ringporig, deutlich Ja: deutlich Ho: schmal Fa: gerade	Sp: gelblich oder Ke: rötlich-weiß gleichfarbig, alte Bäume: Ke dunkeloliv	Fe: hochelastisch, sehr zäh, fest Hä: hart Sch: mäßig Fo: gut	Wi: nicht Pl: anfällig Be: gut, Oberfläche gut	Furniere, Sportgeräte, biegbare Werkstücke, Arbeitsgeräte
Kirschbaum KB 570 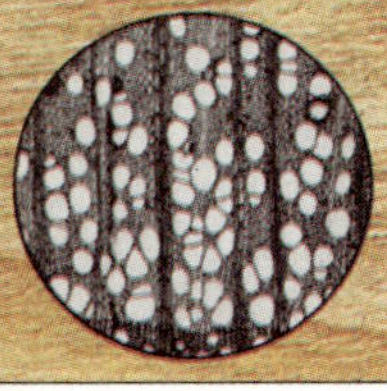	Po: halbringförmig, Frühholz großporig Ja: deutlich Ho: sichtbar Fa: gerade	Sp: gelblich Ke: gelblichblaßrosa bis braunrot grünstreifig, dunkelt nach	Fe: zäh, fest Hä: mäßig Sch: gering, neigt zum Werfen Fo: befriedigend	Wi: gering Pl: anfällig Be: gut, Oberfläche gut	Möbel, Furniere, Wand- und Deckenbekleidungen, Musikinstrumente, Schnitzarbeiten

Werkstoffe – Rohstoff Holz

Fortsetzung T 2.2/21

Handelsname Kurzzeichen Dichte in kg/m³ bei u = 12% (Fehlnamen)	Jahrringgrenze Holzstrahlen Harzkanäle Faserverlauf	Farbe: Splint Kern	Festigkeit Härte Schwund Formstabilität	Witterungsbeständigkeit Pilz- und Insektenbefall Bearbeitbarkeit	Verwendung
Linde LI 500 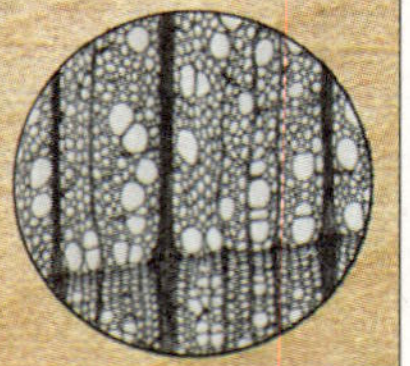	Po: fein, zerstreut Ja: undeutlich Ho: fein, deutlich, kaum erkennbar, Spiegel Fa: gerade	Sp: weißlich-gelb Ke: bis hellbraun dunkelt nach, seidenglänzend	Fe: zäh-elastisch, mäßig biegsam Hä: sehr weich, leicht spaltbar Sch: mäßig bis stark Fo: mäßig	Wi: nicht Pi: Befall durch Anobien Be: gut	Blindholz, Absperrfurnier, Schnitzarbeiten, Spielwaren
Nußbaum (deutsch) NB 640 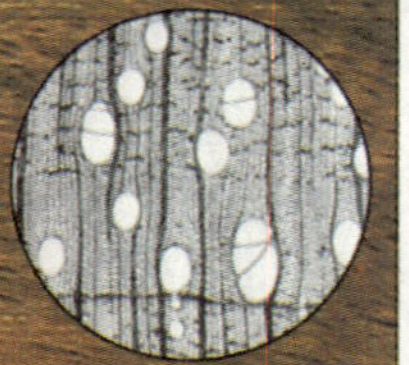	Po: groß, halbringförmig (bei Frühholz größer) Ja: deutlich Ho: sehr fein	Sp: grauweiß Ke: mattbraun bis schwarzbraun schwach glänzend	Fe: zäh, wenig elastisch Hä: mittelhart Sch: mäßig bis stark Fo: gut	Wi: mäßig Pi: anfällig Be: gut, Oberfläche gut	Möbel, Furniere, Wand- und Deckenbekleidungen
Pappel PA 450 ... 540 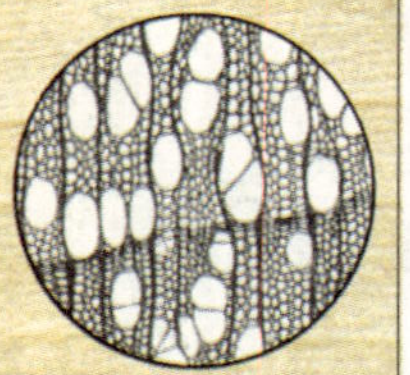	Po: fein, zerstreut undeutlich, breite Jahrringe Ja: Ho: sehr fein, kaum sichtbar Fa: gerade	Sp: schmutzigweiß Ke: hellbraun bis graubraun	Fe: mäßig fest, splitterfest Hä: sehr weich, Faserverfilzung Sch: mäßig, Werfen möglich Fo: gut	Wi: nicht Pi: anfällig Be: gut bis mäßig, Oberfläche mäßig	Sperrfurnier, Mittellagen
Rüster/Ulme RU 640 	Po: grob, ringporig, wellenförmig Ja: deutlich Ho: sichtbar als dunkle Spiegel Fa: gerade	Sp: hellgelb bis gelblichweiß, dunkelt nach Ke: braun	Fe: fest, schwer spaltbar, zäh, sehr elastisch Hä: hart Sch: mäßig, Rißbildung Fo: gut	Wi: Kernholz beständig Pi: anfällig Be: schwer zu bearbeiten, Oberfläche gut	Möbel, Furniere, Fußböden, Drechslerarbeiten

Werkstoffe – Rohstoff Holz

Fortsetzung T 2.2/21

Außereuropäische Laubhölzer

Abachi/Samba/ Wawa/Obeche ABA 400	Po: zerstreut wenig große Poren Ho: fein, deutlich	Sp: strohgelb Ke: bis graugelb nicht unterscheidbar, natürlicher Glanz	Fe: gering, Wechseldrehwuchs weich Hä: gering Sch: Fo: sehr gut	Wi: nicht sehr anfällig, Blaufäule Pl: Be: sehr gut	Möbelteile, Türblätter, Schälfurniere, Holzwerkstoffe
Afromosia AFR 700 (Goldteak)	Po: groß, zerstreut Ho: sehr fein	Sp: gelboliv bis Ke: dunkelbraun dunkelt nach, streifig, natürlicher Glanz	Fe: fest, zäh, Wechseldrehwuchs Hä: hart Sch: gering Fo: sehr gut	Wi: sehr gut Pl: nicht anfällig Be: gut, Oberfläche gut	Dekorative Furniere, Parkett, Gestellbau
Iroko/Kambala IRO 650 (afrikanisches Teak; afrikanische Eiche, Kambala-Teak)	Po: groß, zerstreut Ho: deutlich, fein glänzend, mineralische Ablagerungen	Sp: gelblichbraun Ke: goldbraun bis dunkeloliv dunkelt nach, Streifung	Fe: fest, wechseldrehwüchsig Hä: mittelhart Sch: wenig Fo: gut	Wi: gut Pl: nicht anfällig Be: gut, mineralische Ablagerungen stumpfen Werkzeugschneiden	Furniere Fenster, Türen, Parkett, Treppen
Limba LMB 500	Po: grob, zerstreut Ho: sehr fein, kaum sichtbar	Sp: gelbgrün Ke: braun, fast einheitlich verschiedene Farbgebung: hell bis dunkel	Fe: mäßig fest, leicht wechseldrehwüchsig Hä: mäßig hart, spröde Sch: mäßig Fo: gut	Wi: gering Pl: sehr anfällig, besonders Bläue Be: sehr gut, Oberfläche gut	Möbel, Türen, Wand- und Deckenbekleidungen, Holzwerkstoffe, Nußbaum- und Eichenersatz
Mahagoni (echtes Mahagoni) MAE 400...700	Po: mittelgroß, zerstreut Ho: deutlich, fein	Sp: hellgrau Ke: rotbraun bis dunkel rotbraun natürlicher Glanz	Fe: fest, wenig elastisch, wechseldrehwüchsig Hä: hart Sch: wenig Fo: sehr gut	Wi: sehr gut Pl: nicht anfällig Be: gut, wenn geradfaserig, Oberfläche sehr gut	Möbel (Stil-), Wand- und Deckenbekleidungen, Fenster, Türen, Bootsbau, Furniere

Werkstoffe – Rohstoff Holz

Fortsetzung T 2.2/21

Handelsname Kurzzeichen Dichte in kg/m³ bei u = 12% (Fehlnamen)		**Porigkeit** (Gefäße) **Jahrringgrenze** **Holzstrahlen** **Harzkanäle**	Farbe: **Splint** **Kern**Schwund	**Festigkeit** **Härte** **Pilz-** und **Insektenbefall** **Bearbeitbarkeit**	**Witterungsbeständigkeit**	Verwendung
Makoré MAC 650 (afrikanischer Birn- baum, afrikanisches Mahagoni)		Po: mittelgroß, zerstreut Ho: sehr fein, nur mit Lupe erkennbar, mineralische Inhaltsstoffe	Sp: hellrosa Ke: rötlich bis dunkelrot- braun natürlicher Glanz	Fe: elastisch, biegsam, wechsel- drehwüchsig Hä: hart Sch: mäßig Fo: gut	Wi: sehr gut Pi: nicht anfällig Be: gut, Oberfläche gut, Werkzeugschnei- den stumpfen ab, Schleifstaub kann Schleimhäute reizen	Furniere, Wand- und Decken- bekleidungen, Parkett, Mahagoni- ersatz, Türen, Treppen
Meranti - Dark red MER 560 ... 860		Po: zahlreich, zerstreut Ho: sichtbar Ha: weiß Besonderheit: als Laubbaum harz- haltig	Sp: gelblich- weiß bis rosagrau Ke: rotbraun bis violett- braun	Fe: fest, schwach wechsel- drehwüchsig, rißanfällig Hä: hart Fo: mäßig	Wi: gut Pi: nicht anfällig Be: gut, Oberfläche gut	Fenster, Außentüren, Wand- und Decken- bekleidungen, Treppen
Okoumé/Gabun OKU 430		Po: grob, zerstreut Ho: fein, mineralhaltig	Sp: hellrot bis graurosa Ke: blaßrosa bis dunkelrosa natürlicher Glanz	Fe: mäßig, elastisch, wechsel- drehwüchsig Hä: weich Sch: mäßig Fo: gut	Wi: mittelmäßig Pi: wenig anfällig Be: allgemein gut, Werkzeug- schneiden stumpfen ab	Schälfurnier, Holzwerkstoffe, Innentüren
Palisander - **Rio-Palisander** PRO - **Ostindischer Palisander** POS 850		Po: groß, zerstreut Ho: sehr fein	Sp: sehr hell, gelblichweiß Ke: gelblich- bis dunkel- violettbraun bleicht aus, dunkle Streifen	Fe: sehr fest, spröde Hä: hart Sch: wenig Fo: gut	Wi: sehr gut Pi: nicht anfällig Be: mäßig, Oberfläche wegen öliger Holzinhalts- stoffe schwierig	Möbel, Deck- furniere, Wand- und Deckenbe- kleidungen, Drechslerar- beiten, Musik- instrumente

Werkstoffe – Rohstoff Holz

Fortsetzung **T 2.2/21**

Sapelli MAS 650 (Sapelli-Mahagoni) 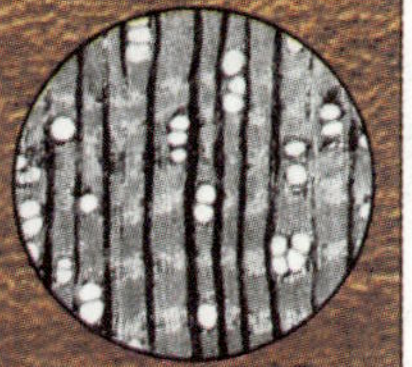	Po: mittelgroß, zerstreut, zahlreich Ho: fein, zahlreich	Sp: rötlich, rot bis Ke: purpurrot-braun	Fe: fest, regelmäßig, wechseldrehwüchsig, wirft sich Hä: hart Sch: mäßig Fo: mäßig	Wi: mäßig Pl: möglich Be: weniger gut, Oberfläche schwierig	Mahagoniersatz, dekorative Furniere, Fenster, Türen, Treppen, Parkett, Holzwerkstoffe
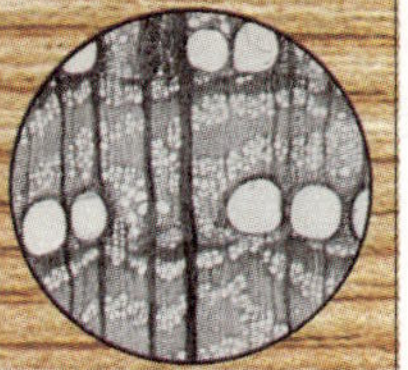 **Sen** SEN 500 (japanischer Goldrüster, Sen-Esche)	Po: ringporig Ho: fein	Sp: hell, weiß Ke: hellgelblich, braun bis graugelb natürlicher Glanz	Fe: zäh Hä: mäßig hart Sch: mäßig Fo: mäßig	Wi: nicht anfällig Pl: Be: gut	Möbel, Furniere, Wand- und Deckenbekleidungen
Sipo/Utile MAU 600 (Sipo-Mahagoni, Acajou, Cedar) 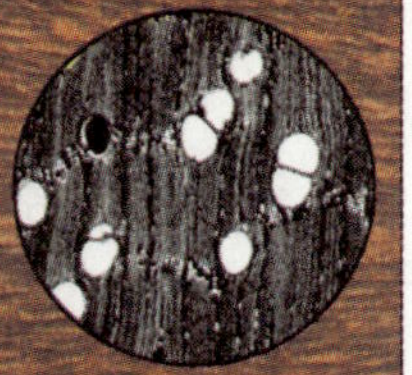	Po: groß, wenig zahlreich, zerstreut Ho: sehr fein, nur mit Lupe erkennbar	Sp: rötlichgrau Ke: dunkelrotbraun bis bläulichviolett dekorativ	Fe: fest, wechseldrehwüchsig, wirft sich Hä: hart Sch: mäßig Fo: mittelmäßig bis gut	Wi: gut Pl: nicht anfällig Be: gut bis schwierig	Türen, Fenster, Bootsbau, Innenausbau, Holzwerkstoffe
Teak TEK 650 (Guayana Teak, Gold-Teak, Kambala-Teak) 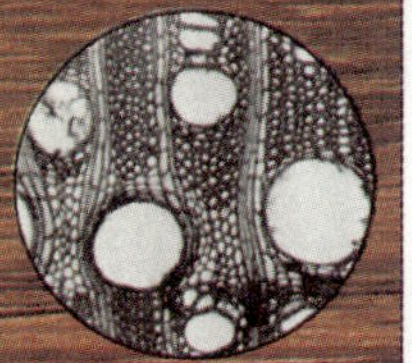	Po: ringporig, Frühholz großporig Ho: viele, fein enthält reines Kautschuk, fettige Oberfläche	Sp: gelblich bis weißgrau Ke: dunkel goldbraun schwarze Adern, dekorativ	Fe: sehr fest Hä: hart Sch: wenig Fo: sehr gut	Wi: sehr gut Pl: nicht anfällig, sehr dauerhaft Be: gut bis mäßig, Werkzeugschneiden stumpfen ab	Möbel, Fenster, Türen, Treppen, Furniere

Werkstoffe – Rohholz und Schnittholz

Aufgaben

1. Welche Bedeutung hat der Wald für die Menschen?
2. Erklären Sie den Wasserkreislauf der Natur!
3. Wodurch entstehen Waldschäden?
4. Wodurch kommt die Übersäuerung des Waldbodens zustande?
5. Nennen Sie die Ursachen für die Vernichtung der Tropenwälder!
6. Warum kann Wasser entgegen der Schwerkraft in den Bäumen hochsteigen?
7. Erklären Sie den Vorgang der Photosynthese!
8. Beschreiben Sie den Stoffkreislauf im Baum!
9. Beschreiben Sie Form und Inhalt einer jungen Holzzelle im Vergleich zu einer alten!
10. Erklären Sie das Zustandekommen des Dickenwachstums beim Holz!
11. Wodurch unterscheiden sich Frühholz und Spätholz eines Jahrringes?
12. Welche Zellarten sorgen bei Laub- und Nadelbäumen für Saftleitung, Festigung und Speicherung?
13. Welche Zonen können am Baumquerschnitt abgelesen werden?
14. Wie unterscheidet sich in der Textur der Radialschnitt von Tangentialschnitt?
15. Welche Eigenschaften haben Splintholz und Kernholz?
16. Erklären Sie den Begriff Hygroskopizität!
17. Welche Bedeutung hat der Fasersättigungsbereich für das Schwinden des Vollholzes?
18. Warum ist die Aussage falsch, Schnittholz schwindet in der Breite und Dicke immer gleich stark?
19. Warum verformt sich beim Trocknen ein Seitenbrett anders als ein Kernbrett?
20. Beschreiben Sie den Begriff „Linke Brettseite"!
21. Welche Bedeutung hat die Rohdichte beim Vollholz?
22. Wovon hängt die Härte beim Vollholz ab?
23. Welche Bedeutung haben Form und Größe des Holzquerschnitts und Jahrringverlaufs für die Biegefestigkeit des Vollholzes?
24. Holzzulagen werden auf Druck beansprucht. a) Wie müssen die Jahrringe verlaufen, b) welche Holzart eignet sich als Zulage?
25. Welcher Stabquerschnitt und welche Stablänge haben die größte Knickfestigkeit?
26. Warum leitet feuchtes Holz die Wärme besser als trockenes?
27. Wodurch können Risse am Schnittholz entstehen?
28. Warum mindern Äste die Schnittholzqualität?
29. Warum darf „blaufaules" Holz nicht für Außenarbeiten verwendet werden?
30. Woran erkennt man einen Nagekäferbefall?

2.3 Rohholz und Schnittholz

2.3.1 Holzfällung und Holzausformung

Holzfällung

Der Rohstoff Holz wird beim Holzeinschlag nach dem Prinzip der Nachhaltigkeit gewonnen. Hierbei wird höchstens die Menge an Holz eingeschlagen, die jährlich nachwachsen kann, so daß der Wald seine vielfältigen Funktionen langzeitig und in vollem Umfang erfüllen kann. Der Holzeinschlag erfolgt vorwiegend im Winter und nutzt damit folgende Vorteile:
- sehr geringer Safttransport im Baum,
- kein Befall durch Holzschädiger (Insekten, Pilze),
- günstige Sicht bei der Fällung,
- leichterer Holztransport im Wald.

Nach einem Hauungsplan wird der fällreife Baum ausgewählt.

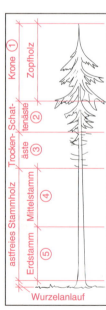

B 2.3-1 Stammeinteilung. Nutzung: 1 Stangenholz, Brennholz, 2 Industrieholz, 3 Schwellenholz, Schichtholz, 4 Bauholz, 5 Werkholz.

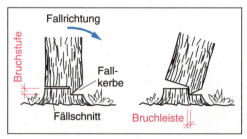

B 2.3-2 Fällen eines Baumes.

Zuerst wird mit der Fällkerbe die Fallrichtung festgelegt, damit Schäden an den benachbarten Bäumen und dem zu fällenden Stamm vermieden werden. Mit dem Fällschnitt oberhalb der Fällkerbsohle ergibt sich eine Bruchstufe. Dadurch wird die Fallrichtung eingehalten. Die Bruchleiste verhindert, daß das Holz am Stammende einreißt.

Werkstoffe – Rohholz und Schnittholz

Holzausformung

Der gefällte Stamm wird entwipfelt, entastet, entrindet (Nadelholz) und abgelängt. Der so ausgeformte Stamm wird als Rohholz bezeichnet.

2.3.2 Rohholzsortierung

Der ausgeformte Stamm wird schon im Wald sortiert, wobei am Stammende dauerhaft angegeben werden:
- Stammnummer,
- Stammlänge in m,
- Mittendurchmesser des Stammes in cm,
- Güteklasse.

Einheitliche, EG-weit gültige Bezeichnungen legen die „Richtlinien für Rohholzsortierung" (Rohholzsortengesetz) und die „Verordnung über gesetzliche Handelsklassen für Rohholz" (HKS) fest.

Die Verwendung der Handelsklassen ist freigestellt. Wer jedoch Rohholz nach gesetzlichen Handelsklassen anbietet und verkauft, muß sich an die Sortierungs-, Meß- und Kennzeichnungsvorschriften halten.

Stärkesortierung für Langholz

Längenmessung. Neben der Stärkesortierung muß für die Volumenermittlung auch eine Längenmessung durchgeführt werden. Bei Stämmen mit Fallkerbe beginnt die Längenmessung in der Mitte der Fallkerbe. Bei der Längenberechnung ist ein Übermaß von 1% zu gewähren.

Meßschieber 4.2.1

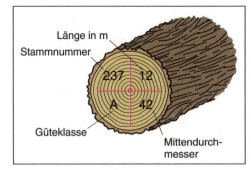

B 2.3-3 Kennzeichnung eines ausgeformten Stammes.

B 2.3-4 Längenmessung eines Stammes.

Messung der Mittenstärke. Die Mittenstärke (hier der übliche Begriff für den Durchmesser) wird bei halber Stammlänge ohne Rinde als Mittendurchmesser gemessen.

Die Mittenstärke wird mit der Kluppe bestimmt:
- Stärke bis 19 cm = 1mal kluppen,
- Stärke ab 20 cm = 2mal kluppen.

Dabei wird möglichst der kleinste Durchmesser d_1 und größte Durchmesser d_2 verwendet. Die Kluppe gleicht in Aufbau und Funktion einem Meßschieber. Mittendurchmesser werden auf ganze Zentimeter abgerundet. Fällt

T 2.3/1 Rohholzsortierung

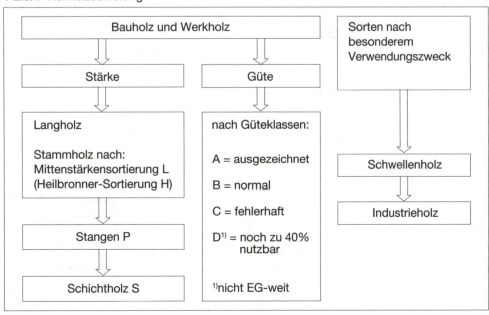

die Meßstelle auf einen Astquirl, werden in gleichen Abständen oberhalb und unterhalb des Astes die Durchmesser gemessen. Aus diesen Werten wird der Mittelwert bestimmt.

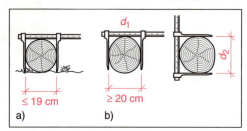

B 2.3-5 Kluppen. a) einmalig waagrecht, b) waagerecht und senkrecht.

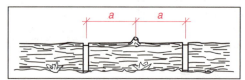

B 2.3-6 Messung des Durchmessers beim Astquirl.

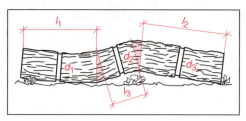

B 2.3-7 Vermessung bei unregelmäßigem Stammwuchs.

Für unregelmäßig geformte oder in der Güte unterschiedliche Stämme wird das Volumen abschnittsweise berechnet.

Mittenstärkensortierung. Das auf ganze, halbe Meter oder ganze Zehntelmeter abgelängte Stammholz wird nach dem Mittendurchmesser ohne Rinde in Stärkeklassen eingeteilt.

T 2.3/2 Mittenstärkesortierung

Stärke/Klasse	Mittendurchmesser ohne Rinde in cm
L 0	unter 10
L 1a	10 … 14
L 1b	15 … 19
L 2a	20 … 24
L 2b	25 … 29
L 3a	30 … 34
L 3b	35 … 39
L 4	40 … 49
L 5	50 … 59
L 6	60 und mehr

Über L 6 hinaus können weitere Klassen bei derselben Staffelung gebildet werden. Die Unterteilungen in a und b können entfallen oder auf alle Klassen erweitert werden.

Durch Übermaß und Abrundung der Durchmesser auf ganze Zentimeter ergibt sich ein um 2% … 8% geringeres Volumen zum Vorteil des Käufers.

Berechnung des Festmaßes. Das Festmaß (Festgehalt des Rundholzes ≙ Volumen) wird aus Länge und Mittendurchmesser ermittelt und als Zylinder in m³ berechnet.

$$v = \frac{d_M^2 \cdot \pi}{4} \cdot l \text{ in m}^3$$

Beispiel 1

An einem Kiefernstamm werden mit der Kluppe die Durchmesser d_1 = 31,5 cm und d_2 = 27,5 cm ermittelt. Die Länge beträgt 14,50 m. Berechnen Sie das Festmaß in m³.

Lösung

Gegeben: d_1 = 0,31 m; d_2 = 0,27 m; l = 14,50 m
Gesucht: V in m³

$$d_M = \frac{d_1 + d_2}{2}$$

$$d_M = \frac{0,31 \text{ m} + 0,27 \text{ m}}{2} = 0,29 \text{ m}$$

$$v = \frac{d_M^2 \cdot \pi}{4} \cdot l$$

$$v = \frac{(0,29 \text{ m})^2 \cdot \pi}{4} \cdot 14,50 \text{ m} = \underline{\underline{0,957 \text{ m}^3}}$$

Heilbronner Sortierung. In Gegenden mit sehr viel Bauholz wird für Fichte, Tanne und Douglasie neben der Mittenstärkensortierung eine Sortierung nach Mindestlänge und Mindestzopfdurchmesser vorgenommen.

Gütesortierung

(→ **T 2.3/3**)

Sortierung nach dem Verwendungszweck

Schwellenholz ist gesundes, auch astiges Rohholz, das zur Herstellung von z.B. Fachwerk, Blockbau oder Eisenbahnschwellen geeignet ist.

Industrieholz ist Rohholz, das mechanisch zu Span- und Faserplatten oder chemisch zu Zellstoff weiterverarbeitet wird.

Span- und Faserplatten 2.5

Werkstoffe – Rohholz und Schnittholz

T 2.3/3 *Güteklassen und Holzeigenschaften*

Holzfehler 2.2

Güteklassen	Holzeigenschaften von Langholz, zulässige Fehler
A (EG)	gesund, fehlerfrei oder mit unbedeutenden Fehlern, die die Verwendung nicht beeinträchtigen
Weitere Sortimente: F (Furnierholz) TF (Teilfurnierholz) W (Stammwerkholz)	geradschäftig, ohne Wurzelanlauf, äußerlich astfrei oder fast astfrei, gut spaltbar, gleichmäßiger Jahrringaufbau, kein Druckholz, geringer Drehwuchs zulässige Fehler im Inneren der unteren Stammabschnittsfläche: Kernfäule, Kernrisse, Ringschäligkeit
B (EG)[1)] diese Güteklasse braucht am Stamm nicht angegeben zu werden.	normale Qualität, stammtrocken. zulässige Fehler: schwache Krümmung, schwacher Drehwuchs, wenige gesunde Äste mit kleinem bis mittlerem Durchmesser, nicht grobastig, geringe Anzahl kranker Äste mit geringem Durchmesser, leicht exzentrischer Kern, einige Unregelmäßigkeiten des Umrisses
C (EG)	wegen Fehlern nicht in Güteklasse A (EG) oder B (EG) aufgenommen, aber noch gewerblich verwendbar zulässige Fehler: stark astig, stark abholzig, stark drehwüchsig, abholzige und astige Zopfstücke, kranke Stücke mit tiefgehenden faulen Ästen, Rot- und Weißfäule, sonstige wesentliche Pilz- und Insektenzerstörungen, weitgehende Ringschäle
D (EG)	wegen Fehlern nicht in die Güteklassen A (EG), B (EG) oder C (EG) aufgenommen, jedoch mindestens noch zu 40% gewerblich verwendbar

[1)] Rohholz ohne Kennzeichnung der Güteklasse gehört in die Güteklasse B.

2.3.3 Holzeinschnitt

Im Sägewerk wird der Stamm parallel zur Stammachse zu Brettern, Bohlen, Kanthölzern und Balken eingeschnitten. Teilgesteuerte, vollautomatisch- oder computergesteuerte Sägewerksmaschinen mit Vermessungseinrichtungen erzielen die größtmögliche Ausnutzung des Rundholzes.

Sägewerksmaschinen

Gattersägemaschinen. Vertikal arbeitende Maschinen werden am häufigsten verwendet. Die in den Gatterrahmen einspannbaren Sägeblätter (bis zu 30 Stück) können je nach Einteilung des Stammquerschnittes automatisch verstellt werden.

Werkstoffe – Rohholz und Schnittholz

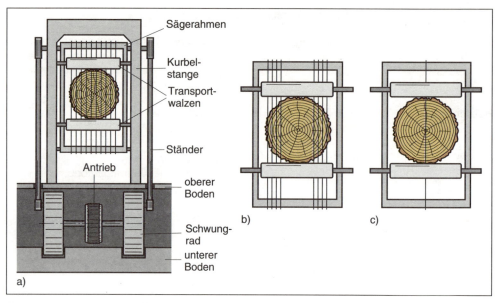

B 2.3-8 *Vertikalgattersägemaschinen. a) Vollgatter, b) Schwartengatter, c) Mittelgatter.*

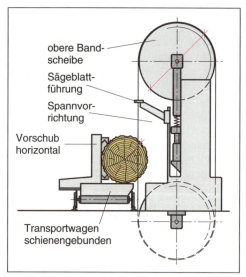

B 2.3-9 *Vertikalblockbandsäge.*

Die Gattersägeblätter arbeiten normalerweise diskontinuierlich: Sie sägen von oben nach unten. Beim Aufwärtshub (Leerhub) wird der Vorschub unterbrochen und setzt erst wieder beim Abwärtshub ein. Die dabei erreichte Vorschubgeschwindigkeit beträgt ca. 10 m/min. Bei Hochleistungsgattern wird kontinuierlich gearbeitet: Beim Aufwärtshub weicht der Sägerahmen (Schwingrahmen) in Vorschubrichtung aus, so daß die Anlage mit einer stetigen Vorschubgeschwindigkeit von ca. 25 m/min arbeiten kann.

Bandsägemaschinen. Die Bandsägemaschinen im Sägewerk werden je nach Verwendung als Blockband- oder Trennbandsägemaschinen bezeichnet. Technische Merkmale sind:
- Bandsägeblattbreiten bis 400 mm,
- Vorschubgeschwindigkeit bis 120 m/min.

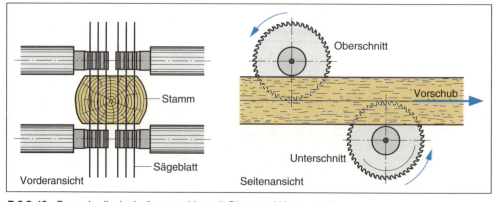

B 2.3-10 *Doppelwellenkreissägemaschine mit Ober- und Unterschnitt.*

Werkstoffe – Rohholz und Schnittholz

Vorschub- und Schnittgeschwindigkeit 4.2.2

Mehrblattkreissägemaschine 4.4.1

Das Beschicken, Ausrichten, Aufspannen und Wenden des Rundholzes muß genau aufeinander abgestimmt sein. Die Vorschub- und die Schnittgeschwindigkeit bestimmen die Güte des Schnittholzes.

Kreissägemaschinen. Im Sägewerk werden große Einblatt- oder Mehrblattkreissägemaschinen als Laufwagenkreissägemaschinen oder Doppelwellenkreissägemaschinen eingesetzt. Der Einschnitt kann im Oberschnitt oder/und Unterschnitt erfolgen. Technische Merkmale sind:
- Sägeblattdurchmesser 800 mm ... 1200 mm,
- Vorschubgeschwindigkeit 60 m/min ... 120 m/min.

Profilspaner. Profilspanermesserköpfe fräsen die Stämme prismenförmig. Diese können anschließend durch Mehrblattkreissägenmaschinen aufgetrennt werden. Diese Bearbeitungstechnologie wird seit 1950 bei dünnem Rundholz (17 cm ... 45 cm Durchmesser) angewendet. Technische Merkmale sind:
- starre Werkzeugwelle,
- Vorschubeinrichtung für kontinuierlichen Durchlauf des Stammes,
- hohe Vorschubgeschwindigkeit,
- Vorschubgeschwindigkeit bis 120 m/min.

Einschnittarten

Zur Herstellung von Schnittholz wird Rundholz parallel zur Stammachse aufgetrennt. Es kann scharfkantig geschnitten sein oder eine Baumkante haben. Für die verschiedenen Einschnittarten beim Rundholz sind entscheidend:
- maschinelle Ausrüstung im Sägewerk,
- Holzart,
- Längen- und Dickenmaße des Stammes,
- Verwendung der Schnittware.

Bei der Schnittware unterscheidet man:
- Normmaße → Vorratsware, die im Sägewerk und Handel vorrätig gehalten wird.
- Listenmaße → Dimensionsware, die als Schnittholz nicht handelsüblich ist und nur auf Bestellung geliefert wird.

Bauholz. Kantholz-, Balken- und Lattenschnitte können aus dem Rundholz gewonnen werden.
Bauschnittholz bezeichnet man bei einer mittleren Holzfeuchte von:
- höchstens 20% als trocken,
- höchstens 30% als halbtrocken (bei mehr als 200 m² Querschnittsfläche höchstens 35%),
- über 30% als frisch.

Werkholz. Bretter und Bohlen können aus Rundholz gewonnen werden:
- unbesäumt, d.h. mit Waldkante (Rinde, Borke) oder
- besäumt, d.h. ohne Waldkante.

Unbesäumtes Schnittholz erhält man durch:
- Rundschnitt,
- Quartierschnitt,
- Spiegelschnitt.

Blockware sind nach DIN 68370 Bretter und Bohlen mit Waldkante, die aus einem Stammquerschnitt gesägt werden und nach dem Einschnitt zusammenbleiben. Gemessen werden Bohlen an der:
- oberen Stammhälfte auf der linken, schmalen Seite,
- unteren Stammhälfte auf der rechten, breiten Seite.

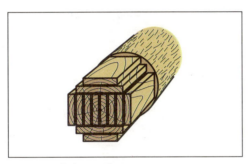

B 2.3-11 Gefräster Stamm.

Vorratsware, Dimensionsware 2.3.3

T 2.3/4 Verwendung und Handelsformen von Schnittware

Verwendung	Handelsformen
Bauschnittholz	Kantholz, Balken, Latten (als Sprarren, Pfetten, Pfosten und Dachlatten)
Werkholz	Bretter, Bohlen
Halbfertigerzeugnisse	Profilbretter, gespundete Bretter, Fasebretter, Akustikbretter, Stülpschalungsbretter, Balkonbretter als Halbzeug oder Halbfabrikate)

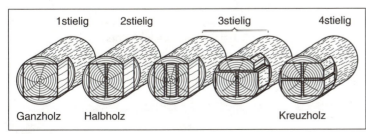

B 2.3-12 Kantholz- und Balkenschnitte.

Werkstoffe – Rohholz und Schnittholz

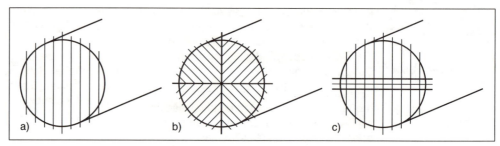

B 2.3-13 Schnittarten, unbesäumt. a) Rundschnitt, b) Quartierschnitt, c) Spiegelschnitt.

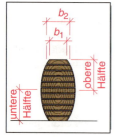

B 2.3-14 Blockstapel.

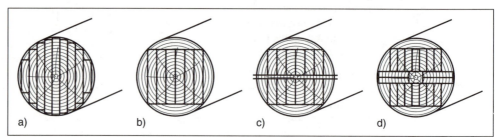

B 2.3-15 Schnittarten, besäumt. a) Rundschnitt, b) Modelschnitt, c) Halbrift, d) Edelrift.

T 2.3/5 Schnitt- und Güteklassen bei Bauschnittholz nach DIN 4074

Schnittklasse	S	A	B	C
Aussehen	scharfkantig	vollkantig	fehlkantig	sägegestreift
Bedingungen	Baumkante unzulässig	in der Länge 2/3 frei von Baumkante	höchstens 1/3 frei von Baumkante	in der ganzen Länge sägegestreift
Aussehen				
Güteklasse	I		II	III
Belastbarkeit	tragfähig		normal tragfähig	gering tragfähig

T 2.3/6 Unterscheidungsmerkmale bei Bauschnittholz

Bauschnittholz	Querschnitt	Mindestbreite	Größte Querschnittsseite
Kantholz	quadratisch oder rechteckig	60 mm	höchstens das Dreifache der kleinsten Querschnittsseite, max. 180 mm
Balken	quadratisch oder rechteckig	80 mm	höchstens das Dreifache der kleinsten Querschnittsseite, max. 200 mm
Latten	rechteckig	Querschnittsfläche max. 32 m²	80 mm

Werkstoffe – Rohholz und Schnittholz

T 2.3/7 Abmessungen für Vorratsware bei Bauschnittholz nach DIN 4070 und DIN 68252

Bauschnittholz b in mm, h in mm	Abmessungen (**Vorzugsmaße**) in mm					
	b/h	b/h	b/h	b/h	b/h	b/h
Kantholz $h \leq 3 \cdot b$, $b \geq 60$	**60/60** 60/80 60/120	80/80 80/100 80/120	100/100 100/120 100/140 80/160	120/120 120/140 120/160 100/160	140/140 140/160	160/160 160/180
Balken $h \geq 200$, $b \geq 100$	**100/200** 100/220	120/200 120/240	160/200	180/220	200/200 200/240	
Latten $A \leq 32$ cm²	24/48	30/50	40/60			
Normlängen Längenstufung	3000 mm ... 6000 mm 250 mm					

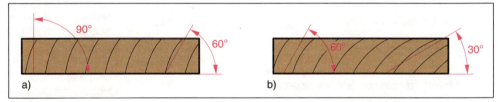

B 2.3-16 Riftbretter - Jahrringverlauf. a) aufrecht (Edelrift), b) fast aufrecht (Halbrift).

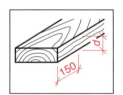

B 2.3-17 Dickenmessung.

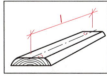

B 2.3-18 Längenmessung.

Besäumtes Werkholz erhält man durch:
- Rundschnitt,
- Modelschnitt,
- Halbrift,
- Edelrift.

Abmessungen von Werkholz. Bei Brettern und Bohlen aus Nadel- und Laubholz werden Dicke, Breite und Länge nach DIN 68250 und DIN 68371 gemessen.

Das *Nennmaß* ist das üblicherweise in mm oder cm angegebene Maß bei 14% ... 20% Holzfeuchte. Sägeungenauigkeiten, sich ändernde Holzfeuchte sowie weitere Bearbeitung bleiben für die Nennmaßangabe unberücksichtigt.

Die Dicke d ist der Abstand zwischen der linken, dem Splint zugewandten und der rechten, dem Kern zugewandten Seite. Sie wird an beliebiger Stelle gemessen, jedoch mindestens 150 mm vom Brett- bzw. Bohlenende entfernt.
Bei gehobelten Brettern und Bohlen unterscheidet man:
- einseitig glatt auf gleichmäßige Dicke,
- zweiseitig glatt gehobelt, wobei die Dicke kleiner als 1 mm der entsprechenden Tabelle sein darf.

Die Breite b wird stets auf volle cm abgerundet. Bei unbesäumter oder nicht parallel besäumter Ware werden Mittelwerte bestimmt.

T 2.3/8 Nenndicken von Brettern, ungehobelt, Nadelholz, nach DIN 4071

Nenndicke in mm	16	18	22	24	28	30
zulässige Abweichung in mm	± 1,0					

T 2.3/9 Nenndicken von Brettern, ungehobelt, Laubholz, nach DIN 68372

Nenndicke in mm	18	20	26	30	35

Werkstoffe – Rohholz und Schnittholz

T 2.3/10 Nenndicken von Brettern, gehobelt, Nadelholz, nach DIN 4073

Hölzer	Nenndicke in mm								
Nordisch (Finnland, Schweden, Norwegen)	9,5	11	12,5	14	16	19,5	22,5	25,5	28,5	-
Europäisch, nicht nordisch	-	-	-	13,5	15,5	19,5	-	25,5	-	35,5
zulässige Abweichung in mm	± 0,5					± 1,0				

T 2.3/11 Nenndicken von Bohlen, ungehobelt, Nadelholz, nach DIN 4071

Nenndicke in mm	44	48	50	63	70	75
zulässige Abweichung in mm	± 1,5			± 2,0		

T 2.3/12 Nenndicken von Bohlen, gehobelt, Nadelholz, nach DIN 4073

Hölzer	Nenndicke in mm			
Nordisch (Finnland, Schweden, Norwegen)	40	-	45	-
Europäisch, nicht nordisch	-	41,5	-	45,5
zulässige Abweichung in mm	± 1,0			

T 2.3/13 Nenndicken von Bohlen, ungehobelt, Laubholz, nach DIN 68372

Nenndicke in mm	40	45	50	55
	60	65	70	75
	80	90	100	

Holzarten-Abkürzungen 2.2.7

Die Länge l wird bei Nadel- und Laubschnittholz als kürzester Abstand rechtwinklig zu den in Längsachse liegenden Enden gemessen. Sie wird abgerundet und:
- bei Nadelholz in ganzen Dezimetern, viertel oder halben Metern,
- bei Laubholz in Dezimetern und viertel Metern angegeben.

Die Längen bei ungehobelten und gehobelten Brettern und Bohlen aus Nadelholz werden gestuft:
- Bohlen aus Nadelholz 250 mm bei Längen von 1500 mm ... 6500 mm, 300 mm bei Längen von 1500 mm ... 6300 mm (zulässige Abweichung ± 50 mm),
- Stamm- und Blockware 100 mm,
- Dimensionsware 10 mm.

Bezeichnung und Bestellung von Brettern und Bohlen. Hierfür sind folgende Angaben erforderlich:
- das Wort „Brett" oder „Bohle",
- DIN Angabe:
  für ungehobeltes Nadelholz DIN 4071, für gehobeltes Nadelholz DIN 4073, für ungehobeltes Laubholz DIN 68372,
- Dicke in mm,
- Breite in mm,
- Länge in mm,
- ==Holzart mit genormter Abkürzung==,
- Güteklasse nach DIN 68365.

Beispiel 2
Brett DIN 4071 - 24 x 140 x 3300 - KI - I

Beispiel 3
Bohle DIN 4073 - 45 x 260 x 4000 - FI - II

Halbfabrikate, auch Halbfertigerzeugnisse oder Halbzeuge genannt, sind in ihren Abmessungen, Profilquerschnitten und Qualitäten meistens genormte Holzerzeugnisse, die nur noch abgelängt und – wenn erforderlich – oberflächenbehandelt werden müssen. In Serienfertigung werden sie rationell und preisgünstig hergestellt

T 2.3/14 Nennbreiten für Bretter und Bohlen, ungehobelt

Nennbreite in mm	75	80	100	115	120	125	140	150	160	175	180
	–	–	200	220	225	240	250	260	275	280	300
zulässige Abweichung in mm	± 2			± 3							

Werkstoffe – Rohholz und Schnittholz

T 2.3/15 Schnittholzprodukte - Übersicht

Bretter							
unbesäumt	besäumt	prismiert	Herzbrett	Seitenbrett	Halbrift 30°-60°	Edelrift 60°-90°	Spaltware

Bohlen			Kanthölzer				
unbesäumt	besäumt	prismiert	Herzbohle	einstielig	Halbholz	Kreuzholz	Rahmen

Latten		Schwarten		Spreißel		Schnitzel	Späne
quadratisch	rechteckig	Rundschwarte	Brettschwarte	Nutzspreißel	Brennspreißel	Holzschnitzel	Sägespäne

T 2.3/16 Holzerzeugnisse als Halbfabrikate aus europäischen Hölzern (ohne nordische)

Halbfabrikate	Abmessungen in mm			Beschreibung
	d	b Profilmaß	l	
Balkonbretter, DIN 68128 Formen: A rechteckig B gefast C abgeschrägt	26 ± 1	150 ± 2 190 ± 2	1500 ... 5500 gestuft 500 1750 ... 6000 gestuft 500	Nadelholz, Laubholz, vierseitig gehobelt
Akustikbretter, DIN 68127 Glattkantbretter	17 ± 0,5 19,5 ± 0,5 21 ± 0,5	74 ± 1 94 ± 1	1500 2000 2500 3000 3250 3500	Nadelholz, Laubholz, vierseitig gehobelt, Kanten leicht gebrochen
Akustikprofilbretter	18	90	3750 4000 4250 4500 5000 5500 6000 6500	gehobelt, genutet, ohne Einsteckfeder bessere Schall- schluckwirkung

Werkstoffe – Rohholz und Schnittholz

Fortsetzung **T 2.3/16**

Halbfabrikate	Abmessungen in mm			Beschreibung
	d	b Profilmaß	l	
Gespundete Bretter, DIN 4072	15,5 ± 0,5 19,5 ± 0,5 25,5 ± 1 35,5 ± 1	95 ± 1,5 115 ± 1,5 135 ± 2 155 ± 2	1500 ... 4500 gestuft 250 4500 ... 6000 gestuft 500 zulässige Abweichungen + 50, - 25	Nadelholz, gehobelt, gespundet, Nut und angehobelte Feder
Fasebretter, DIN 68122	15,5 ± 0,5 19,5 ± 0,5	95 ± 1,5 115 ± 1,5	wie gespundete Bretter	Nadelholz, gehobelt, gespundet, Nut und angehobelte Feder
Profilbretter mit Schattennut, DIN 68126	12,5 - 0,5 15,5 - 0,5 19,5 - 0,5	96 - 1 115 - 1	wie gespundete Bretter	Nadelholz, Laubholz, Verwendung für Wand- und Deckenverkleidung
Stülpschalungsbretter, DIN 68123	19,5 ± 0,5	115 ± 1,5 135 ± 2 155 ± 2	wie gespundete Bretter	Nadelholz, vorwiegend für waagerecht liegende Außenverkleidung, aufgedoppelte Haustüren
Fußleiste	12,5 ± 0,5 15 ± 0,5 19,5 ± 0,5 21 ± 0,5	58 ± 1 70 ± 1 73 ± 1 42 ± 1	1800 ... 6000 gestuft 300 1500 ... 3000 gestuft 500 3000 ... 4500 gestuft 250 4500 ... 6500 gestuft 500 zulässige Abweichungen + 50, - 20	Nadelholz, Laubholz, Fußleisten verdecken Fuge zwischen Fußboden und Wand

Gütesortierung für Schnittholz

Für die Beurteilung der Güteklassenzugehörigkeit ist die bessere Seite maßgebend. Die schlechtere Seite muß mindestens der nachfolgenden Güteklasse entsprechen.

Tegernseer Gebräuche. Die Gütesortierung für Schnittholz richtet sich im wesentlichen nach Tegernseer Gebräuchen. Sie legen verbindlich fest:
- handelsübliche Güteklassen I bis III für gehobelte Bretter und Bohlen aus Nadelholz,
- Maßhaltigkeit,
- Trockenheitsgrad,
- Vermessung,
- Güteklassenbeurteilung.

DIN 68256 unterscheidet folgende Fehler:
- wuchsbedingte Fehler, z.B. Äste, Harzgallen, Risse, Drehwuchs, Abholzigkeit,
- behandlungsbedingte Fehler, z.B. Fällrisse, Trockenrisse, Baumkanten,
- wuchs- und schädlingsbedingte Fehler, z.B. Verfärbungen, Fäule, Insektenbefall.

2.3.4 Lagerung von Schnittholz

Sobald der Einschnitt von Rundholz zu Schnittware erfolgt ist und diese im Freien gelagert wird, beginnt der klimabedingte Trocknungsprozeß, die Freilufttrocknung. Die Holzfeuche diffundiert vorwiegend als ungebundenes Wasser aus den Zellhohlräumen an die Holzoberfläche und muß von der umgebenden Luft aufgenommen werden. Der ungestörte Ablauf der Trocknung setzt eine sorgfältige und fachgerechte Lagerung voraus. Die Luft muß die gesamte Holzoberfläche umspülen. Andernfalls kann die Holzqualität durch Verfärbungen, Stockflecken, Verschalungen oder Verformungen gemindert werden.

Einrichtung eines Schnittholzlagerplatzes

Hauptwindrichtung. Auf dem Schnittholzlagerplatz sollte jeder einzeln stehende Holzstapel mit seiner Längsachse etwa senkrecht zur Hauptwindrichtung (häufig: Ost ↔ West) aufgebaut werden, damit der gesamte Holzstapel vom Wind durchströmt werden kann. Liegen mehrere Stapel nebeneinander, sind sie günstiger parallel zur Windrichtung anzuordnen; denn bei größerem Abstand zwischen den Stapeln bildet durchstömender Wind eine Sogwirkung, die die Feuchtigkeit abführt.

Untergrund. Schnittholzlagerplätze benötigen für Holzstapel und Transportwege große Grundstücksflächen. Um Platz zu sparen, wird das Schnittholz oft mehrere Meter hoch gestapelt. Nur ein ausreichend tragfähiger Boden gewährleistet den sicheren Stand der schweren Stapel. Vor Holzschäden schützt ein trockener Untergrund.

Er muß folgende Voraussetzungen erfüllen:
- ebener Boden ohne Vertiefungen,
- 2% Neigung in Längsrichtung der Stapel, (Wasser muß abfließen können),
- Bodenbelag aus Schotter, Asphalt oder Beton,
- ohne Sandschüttung (Sandkörner werden hochgewirbelt, dringen in Holzrisse ein und beschädigen bei der Bearbeitung die Werkzeugschneiden),
- Mindestbelastbarkeit von 20 N/m² Druck.

Stapelaufbau

Stapelunterbau. Auf dem Untergrund wird der Stapelunterbau angelegt mit:
- Betonsockeln von 50 cm ... 60 cm Höhe, die oben mit wetterfester Folie abgedeckt sind,
- Sockelabstand in Längsrichtung der Stapel je nach Holzdicke 500 mm ... 1500 mm, in Querrichtung ca. 1000 mm,
- Lagerhölzern auf den Sockeln, deren Querschnitt eine Durchbiegung verhindert (z.B. 150 mm/250 mm) und die gegen Fäulnis imprägniert sein müssen.

Der gesamte Stapelunterbau muß waagerecht und ausgefluchtet sein.

Stapelung. Schnittholz trocknet gleichmäßig und spannungsarm, wenn beim Stapeln darauf geachtet wird, daß jeder Stapel:
- aus Schnittware gleicher Holzart und Holzdicke besteht,
- einmal jährlich umgestapelt wird, um Spannungen im Holz auszugleichen und Schädlingsbefall zu vermeiden.

T 2.3/17 Trocknungszeiten

Faustregel für die Trocknungszeiten	Weichholz: je 1 cm Holzdicke ≈ 1/2 Jahr
	Hartholz: je 1 cm Holzdicke ≈ 1 Jahr

Stapelleisten. Die Stapelleisten ermöglichen eine gleichmäßige Durchlüftung und verhindern das Verziehen (Verformen) des Holzes. Sie sollen:
- aus Fichtenholz sein, um Verfärbungen zu vermeiden,
- wegen möglicher Verfärbungen oder Bildung von Fäulnisstellen an der Schnittware

Abholzigkeit, Drehwuchs 2.2.5

Freilufttrocknung 5.2.3

Verformungen 5.2.5

Werkstoffe – Rohholz und Schnittholz

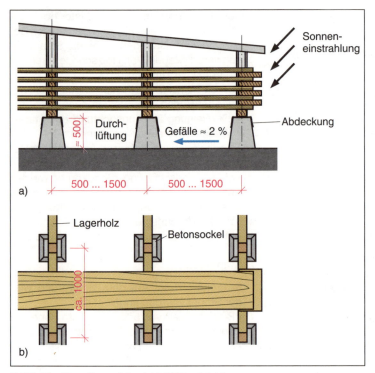

B 2.3-19 Stapelbau. a) Ansicht, b) Draufsicht.

B 2.3-20 Stapelleisten.

kleine Auflageflächen (Querschnitt a/a = 15 mm/15 mm) haben,
- imprägniert sein, damit sie länger haltbar sind,
- einen möglichst quadratischen und innerhalb eines Stapels grundsätzlich gleichen Querschnitt (z.B. 20 mm/20 mm) haben,
- genau übereinander angeordnet sein, damit sich die Schnittware nicht verzieht,
- möglichst so lang wie die Stapelbreite sein,
- als Verbinder zwischen den Stapeln einzusetzen sein (bei mehreren Stapeln übereinander erhöht sich dadurch die Standsicherheit),
- bei Längsbelüftung ausgefräst oder aus Aluminium-Faltleisten sein.

Hirnholzschutz. Zum Schutz des Hirnholzes vor Schlagregen, intensiver Sonneneinstrahlung und zu rascher Austrocknung (→ Rißgefahr) sind vorstehende, breite Stapelleisten oder Anstriche mit Wachs, Leim oder Latex sowie aufgenagelte Brettstreifen möglich.

Abdeckung. Eine Abdeckung über den Stapeln gegen Sonne und Regen muß gut befestigt sein und darf den Luftdurchzug nicht behindern.

Stapelbeschriftung. Die Beschriftung der Holzstapel mit Angaben über Holzart, Holzdicke, Güteklasse und Lagerdaten ermöglicht ein schnelles Auffinden und die richtige Auswahl.

Holzart	FI
Stärke	28
Güteklasse	C +
Aufsetzen	23.07.92
1. Umstapeln	29.01.93
2. Umstapeln	

B 2.3-21 Stapelbeschriftung.

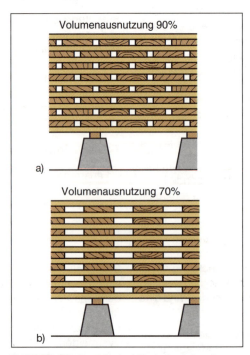

B 2.3-22 Kastenstapel. a) Kastenengstapel, b) Kastenweitstapel.

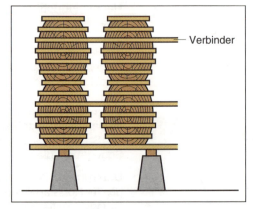

B 2.3-23 Blockstapel.

Stapelarten

Blockstapel. Beim Blockstapel werden die Bretter und Bohlen unbesäumt und in der gleichen Reihenfolge wie beim Einschnitt übereinander gestapelt. Sie werden auch blockweise vermessen. Verbinder sichern den Stapelaufbau. Werden zwei oder mehrere blockliegende Stämme mit durchgehenden Stapelleisten aufeinandergesetzt, spricht man von einem Doppelblockstapel oder Mehrblockstapel.

Kastenstapel. Der Kastenstapel wird hauptsächlich für besäumte Bretter verwendet, dabei entsteht ein Stapel mit ebenen Seitenflächen. In den obersten Lagen muß die rechte Seite oben liegen, um Pfützenbildungen zu vermeiden. Man unterscheidet:
- die enge Stapelart mit kleinen Brettabständen von nur wenigen Zentimetern und
- die weite Stapelart (Gitterstapel) mit einem Abstand von 10 cm ... 20 cm zwischen den Brettern.

Der Kastenweitstapel eignet sich für Laubhölzer und Kiefernholz, die verfärbungsanfällig sind.

Sonderstapel sind:
- Kreuzstapel ohne Stapelleisten für besäumtes Schnittholz mit gleichen Längen,
- Senkrechtstapel für stehende, nicht zu lange Bretter, Zopfende möglichst nach unten, z.B. Ahorn,
- Scherenstapel für kurze Bretter, zopfstehend.

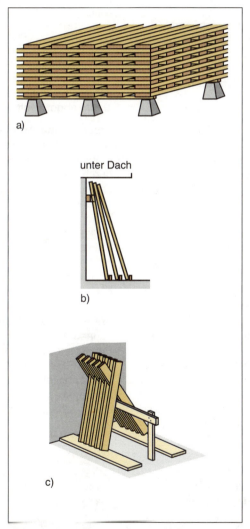

B 2.3-24 Sonderstapel. a) Kreuzstapel, b) Senkrechtstapel, c) Scherenstapel.

Aufgaben

1. Was versteht man in der Forstwirtschaft unter Nachhaltigkeit?
2. Warum wird beim Holzeinschlag die Winterfällung bevorzugt?
3. Nennen Sie die Bemessungsgrundlagen für die Mittenstärkensortierung!
4. Erklären Sie den Unterschied zwischen Vollgatter-, Schwartengatter- und Mittelgattersägemaschinen!
5. Welche Einschnittarten für Rundholz sind Ihnen bekannt?
6. Beschreiben Sie den Unterschied der vier Schnittklassen beim Bauholz!
7. Erklären Sie den Unterschied zwischen Rund- und Modelschnitt!
8. Welche Angaben sind bei der Bestellung von Brettern und Bohlen erforderlich?
9. Was versteht man unter Halbfabrikaten bei Schnittholzerzeugnissen?
10. Welche Anforderungen werden an die Anlage eines Holzlagerplatzes gestellt?
11. Welche Aufgaben haben Stapelleisten, und welche Anforderungen werden an diese für eine einwandfreie Holzlagerung gestellt?
12. Unterscheiden Sie Blockstapel und Kastenstapel hinsichtlich ihres Aufbaus!

Werkstoffe – Furniere

2.4 Furniere

Furniere oder Furnierblätter sind dünne Holzschichten, die durch Sägen, Messern oder Schälen eines Stammes oder von Stammteilen in Dicken von 0,2 mm ... 8,0 mm hergestellt werden. Die Bezeichnung Furnier ist abgeleitet vom französischen „fournir" und bedeutet „mit etwas belegen". Mit Furnieren werden Vollholzflächen und Holzwerkstoffplatten meistens beidseitig beklebt. Dadurch wird bei Trägerplatten:
- das Verwerfen weitgehend verhindert,
- das Schwinden und Quellen eingeschränkt und
- vor allem die Oberfläche verschönert.
- Außerdem werden wertvolle Edelhölzer eingespart.

2.4.1 Herstellung von Furnieren

Sägefurniere

Die Furnierblätter werden mit der Säge vom Stamm abgetrennt und sind etwa 2,0 mm ... 8,0 mm dick. Dieses Herstellungsverfahren war schon vor 4000 Jahren in Ägypten bekannt und wurde damals mit der Bügelhandsäge ausgeführt. Die modernen Verfahren mit Furnierbandsägemaschinen, Furniergatter- oder Furnierkreissägemaschinen haben heute nur noch geringe Bedeutung, weil der hohe Aufwand zu viele Nachteile bringt. Für Tischplatten und Haustüren werden noch 2,0 mm ... 4,0 mm dicke Sägefurniere aus Zirbelholz oder Riegelahorn hergestellt.

Vor- und Nachteile der Sägefurnierherstellung
- Keine Farbveränderungen, weil Stamm oder Stammteile vor dem Einschnitt nicht gedämpft werden müssen.
- Hochwertige und rißfreie Deckfurniere sind für Haustüren und Tische geeignet.
- Furnierausbeute je nach Dicke 20% ... 50%.
- Herstellung zeitaufwendig, deshalb sind Furniere sehr teuer.

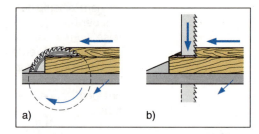

B 2.4-1 Herstellung von Sägefurnier. a) mit Furnierkreissägemaschine, b) mit Furnierbandsägemaschine.

Messerfurniere

Die Furnierblätter werden quer zur Stammachse durch ein kräftiges Messer horizontal oder vertikal in Dicken zwischen 0,2 mm ... 5,0 mm abgetrennt.

Vorbereitende Arbeiten für die Herstellung von Messerfurnieren sind:
- Einteilen und Ablängen des Rundholzes durch Kettensägemaschinen.
- Entrinden durch Rotor- oder Fräskopfentrindungsmaschinen.
- Zurichten der Blöcke durch Trenn- und Besäumschnitte entsprechend Holzqualität, Stammdurchmesser und geforderter Furniertextur.
- Dämpfen und „Kochen" (stets: 85°C) in Gruben, um innere Spannungen im Holz zu verringern. Außerdem wird das Holz für das Abtrennen des Furniers erweicht. Einrisse können dadurch vermieden werden.
- Putzen und Reinigen der Furnierblöcke, damit die Furniermesser nicht durch Sand oder Steine abgestumpft und beschädigt werden.
- Abrichten und Hobeln der Furnierblöcke, um ebene Auflagen für das Einspannen zu erhalten.

Bügelhandsäge 4.3.3

Trenn- und Besäumschnitte 2.3.3

Riegelahorn 2.2.7

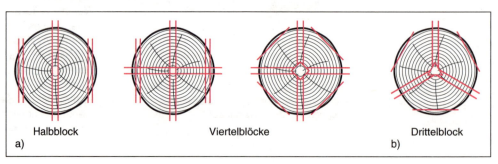

B 2.4-2 Zurichten der Blöcke. a) mit der Blockbandsägemaschine, b) mit der Aufteilkreissägemaschine.

Werkstoffe – Furniere

Oberflächenbehandlung
5.8

Furnierschnitt. Beim Handhobel verhindern der Druck des Hobelkastens und die Vorderkante des Hobelmauls das Einreißen des Hobelspans. Der Druckbalken der Messermaschine hat eine ähnliche Aufgabe: Er verdichtet an dieser Stelle kurzzeitig die durchs Dämpfen weichgewordenen Holzfasern um etwa 20% ... 30%. Dadurch wird das Vorspalten verhindert. Trotzdem entstehen auf der gewölbten, der linken Furnierseite kleine Einrisse. Sie wirken sich bei der ==Oberflächenbehandlung== nachteilig aus. Deshalb wird beim Furnieren möglichst die linke Furnierseite auf die Trägerplatte aufgeleimt.

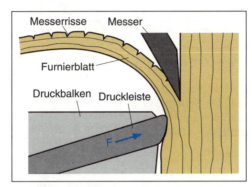

B 2.4-3 Messerfurniere - Druckleiste und Furnierblattwölbung beim Schnitt.

Horizontal-Messermaschinen. Horizontal arbeitende Messermaschinen werden bevorzugt bei größeren Furnierblöcken und für das Herstellen von Starkschnittfurnieren und für Furniersonderformen, z.B. den Fladenschnitt, eingesetzt. Ein bis zu 5 m langes Messer gleitet mit schrägziehendem Schnitt horizontal und quer zum Faserverlauf über den fest eingespannten Furnierblock. Nach jedem Schnitt wird der Block um die eingestellte Furnierdicke angehoben.

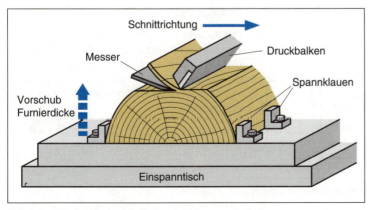

B 2.4-4 Arbeitsprinzip der Horizontal-Messermaschine.

Vertikal-Messermaschinen. Bei vertikal arbeitenden Messermaschinen wird der Furnierblock (Flitch) auf das vertikal (senkrecht) bewegte Blockgestell (Flitchtisch) gespannt. Der Schnitt erfolgt bei der Abwärtsbewegung bzw. der Aufwärtsbewegung des Blockes gegen das von unten bzw. von oben schneidende Messer.

Messer und Druckbalken werden bei jeder Hubbewegung gegen das Blockgestell jeweils um Furnierdicke vorgefahren. Die Blockbewegung erfolgt durch Kurbeltrieb leicht schräg-vertikal gegen das waagerecht angeordnete Messer.

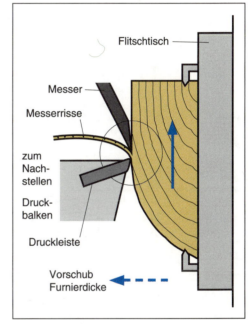

B 2.4-5 Arbeitsprinzip der Vertikal-Messermaschine.

Furnierbilder. Entsprechend der Lage der Schnittebene entstehen unterschiedliche Furnierbilder. Bestimmte Texturen werden durch die Blocklage und Blockeinspannung erreicht.

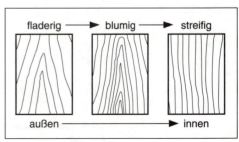

B 2.4-6 Furnierbilder.

Werkstoffe – Furniere

Flachmessern. Der Stamm wird als Halbblock mit der Kernseite auf dem Spanntisch befestigt. Die zuerst abgetrennten Furnierblätter haben eine lebhafte, Furniere in Blockmitte eine blumige Fladerung. In Kernnähe entstehen streifige Furnierbilder.

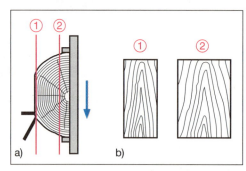

B 2.4-7 *Flachmessern. a) Verfahren, b) Furnierbild.*

Echt-Quartiermessern. Der Viertelblock (Quartier) wird so eingespannt, daß der Schnitt des Messers im rechten Winkel zu den Jahrringen erfolgt. Dadurch wird ein schlichtes, streifiges Furnierbild erzielt.

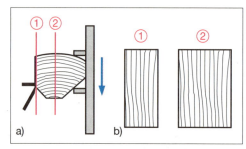

B 2.4-8 *Echt-Quartiermessern. a) Verfahren, b) Furnierbild.*

Flach-Quartiermessern. Der Viertelblock wird von außen nach innen so gemessert, daß die Jahrringe flach angeschnitten werden. Die Furnierblätter zeigen eine blumige, fladerige Maserung.

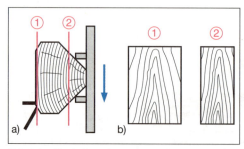

B 2.4-9 *Flach-Quartiermessern. a) Verfahren, b) Furnierbild.*

Faux-Quartiermessern. Der geviertelte Block wird flach (daher: faux = falsch) eingespannt. Dadurch werden an der Außenseite des Blockes die Jahrringe im flachen Winkel, an der Innenseite im rechten Winkel angeschnitten. Die Furniere haben eine halbblumige Maserung.

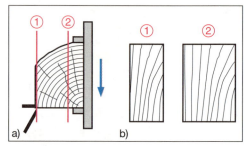

B 2.4-10 *Faux-Quartiermessern. a) Verfahren, b) Furnierbild.*

Vor- und Nachteile im Vergleich zu Sägefurnieren

- Große Ausbeute, nur dünner Messerrest.
- Kein Schnittverlust beim spanlosen Abtrennen der einzelnen Furnierblätter.
- Große Mengenleistungen sind möglich:
  - max. 50 Blatt/min beim Horizontalmessern,
  - max. 100 Blatt/min beim Vertikalmessern.
- Günstige Furnierabnahme bei Vertikal-Messermaschinen, die beim Abwärts- oder Aufwärtshub schneiden.
- Vorwiegend Radialschwund der Furniere.
- Durch Furnierblattwölbung entstehen Haarrisse.
- Farbveränderung beim „Kochen" und Dämpfen.
- Wegen der Stoffe, die beim Dämpfen und „Kochen" ausgewaschen werden, müssen die ==Entsorgungsvorschriften== beachtet werden.

Schälfurniere

Die 0,25 mm ... 8,0 mm dicken Furniere werden von rotierenden Stammteilen durch ein feststehendes Messer abgetrennt. Stammdrehfrequenz und Vorschubgeschwindigkeit von Messer und Druckbalken bestimmen die Furnierdicke.

Die vorbereitenden Arbeiten erfolgen wie bei Messerfurnieren (s.S 76).

Werkstoffe – Furniere

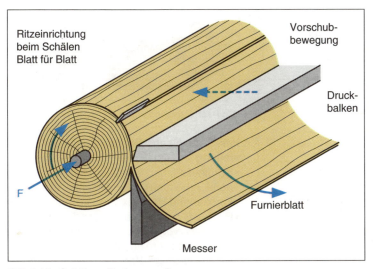

B 2.4-11 *Schälen - Fertigungsschema.*

Rundschälen. Die vorbehandelten Stammteile werden in Längsrichtung zentriert (Festlegen des Drehpunktes), eingespannt und danach um die Mittelachse gegen das kontinuierlich vorrückende Messer gedreht. Das Furnier wird als endloses Band abgetrennt und auf Bobinen (Furnierhaspeln) gewickelt. Diese werden in Magazinen bis zur Trocknung und dem Breitenschnitt gespeichert.

Beim Rundschälen ergibt sich eine grobe und unregelmäßige Fladerung, da der Schnitt parallel zu den Jahrringen erfolgt. Die aus den Bändern geschnittenen Furnierblätter sind weniger dekorativ und dienen deshalb hauptsächlich zur Herstellung von Tischler- und Furniersperrholzplatten. Dafür eignen sich besonders die Holzarten Abachi, Limba, Aningrè und Buche.

Beim Schälen hochwertiger Hölzer, wie Eisbirke (Maserbirke), Vogelaugenahorn, und bei Maserhölzern, wie z.B. Nußbaum, Rüster, Esche, Pappel, wird der Block in Längsrichtung eingesägt. Nach jeder Umdrehung entsteht dann ein Furnierblatt (Rundschälen Blatt für Blatt) mit etwa gleicher Maserung.

Exzenterschälen (Halbrundschälen). Im Gegensatz zum Rundschälen wird der Stamm hier außermittig (exzentrisch) eingespannt. Bei jeder Drehung wird er gegen Druckleiste und Messer geführt, die jeweils um Furnierdicke vorgestellt werden. Dabei verlagert sich die Schnittebene während des Schälvorganges aus der tangentialen in eine mehr radiale Lage. Das Furnierbild gleicht den gemesserten Furnieren.

Staylog-Schälen. Das Staylog-Schälen ist eine Sonderform des Exzenterschälens. Diese Entwicklung ermöglicht Texturen wie beim Messern. Nach dem Abrichten und Einfräsen zweier Längsnuten wird der Furnierblock in den sogenannten „Staylog" eingespannt.

Diese Vorrichtung wird zwischen die Schälmaschinenspindeln gespannt. Sie ist eine hydraulisch betätigte Spannvorrichtung, die den Stamm in den Längsnuten festklemmt.

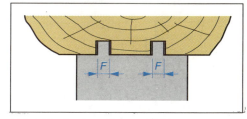

B 2.4-13 *Staylog - Spannvorrichtung.*

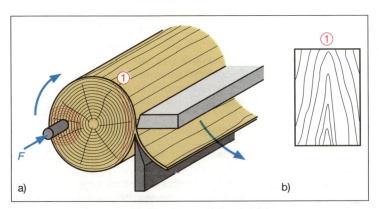

B 2.4-12 *Exzenterschälen. a) Verfahren, b) Furnierbild.*

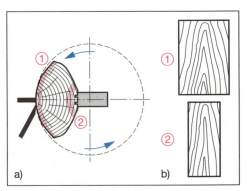

B 2.4-14 *Staylog-Schälen. a) Verfahren, b) Furnierbild.*

Werkstoffe – Furniere

Der Schneidevorgang entspricht dem des Exzenterschälens. Mit dem Staylog ist es möglich, Edelhölzer mit geringerem Durchmesser wirtschaftlich aufzuarbeiten.

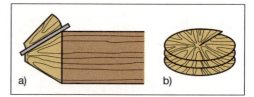

B 2.4-16 *Radialschälen. a) Verfahren, b) Furnierbild.*

Vor- und Nachteile der Schälfurnierherstellung

- Kontinuierlicher Schälvorgang ermöglicht hohe Arbeitsgeschwindigkeiten (bis 60 m Furnierband/min).
- Bis zu 8 mm dicke Furniere sind für die Mittellage von Stäbchensperrholz geeignet.
- Endlosgeschälte Furniere lassen sich für die Herstellung von Sperrholz in Plattenbreite zuschneiden; sie müssen nicht zusammengesetzt werden (gezogene Decken).
- Großer Tangentialschwund der Furniere in der Breite durch Rundschälen.
- Herstellungsbedingte Haarrisse auf der Unterseite (gewölbten Seite) des Furniers.
- Farbliche Veränderungen durch Dämpfen oder „Kochen".
- Sehr breit gefladertes Furnierbild beim Rundschälen, das unnatürlich wirkt.

2.4.2 Bearbeitung von Furnieren

Trocknung

Nach dem Messern oder Schälen werden die noch feuchten Furniere entweder blattweise oder als Furnierband zwischen Walzen oder Siebbändern durch lange Kanaltrocknungsanlagen gefördert. Durch automatische Steuerung wird für jede Holzart und -dicke eine optimale Trocknung ermöglicht. Die Endfeuchten liegen je nach späterer Verwendung zwischen 11% ... 13%. Am Ende des Trocknungsvorganges werden die Messer- oder Exzenterschälfurniere wieder in der ursprünglichen Reihenfolge zu Paketen zusammengesetzt.

Sortierung

Beschneiden der Messerfurniere. Das Beschneiden und Bündeln zu Paketen mit einer durch vier teilbaren Blattzahl, meist mit 16, 24, 32 oder 64 Furnierblättern, erfolgt mit Paket-Schneidemaschinen. Fehlerhafte Furniere werden aussortiert. Die Furnierpakete werden

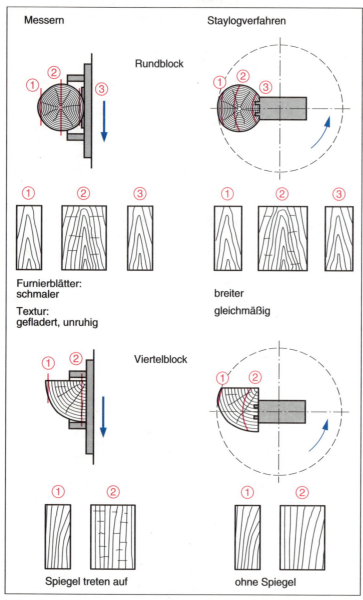

B 2.4-15 *Messern und Staylog - Verfahren im Vergleich.*

Radialschälen. Durch diese Sonderform des Messerns erhält man Furnierblätter, die für kreisrunde Flächen, z.B. Tische besonders geeignet sind. Das Furnier wird durch das schräg zur Stammachse angesetzte Messer als kegelmantelförmige Fläche ähnlich wie beim Bleistiftanspitzen gewonnen.

Werkstoffe – Furniere

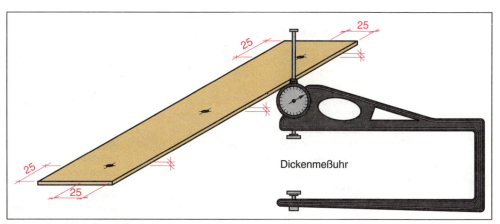

B 2.4-17 Messen der Dicke.

mit Hilfe von Richtlicht und Anschlägen auf dem Aufreißtisch ausgerichtet, angerissen und dann an den Hirn- und Seitenflächen bündig geschnitten.

Messen der Dicke. Die Furnierdicke wird je nach Länge des Furnierblattes drei- oder viermal mit der Dickenmeßuhr auf 1/100 mm Genauigkeit gemessen. Der Mittelwert ist das Nennmaß der Furnierdicke nach DIN 4076 und 4079.

Lagerung

Furniere werden in klimatisierten und abgedunkelten Räumen gelagert. Die Holzfeuchte soll 11% ... 13% betragen, um die notwendige Elastizität der Furnierblätter zu gewährleisten. Die Furniere werden paketweise nach Holzarten sortiert und mit Planen oder Platten licht- und staubgeschützt abgedeckt.

2.4.3 Verwendung der Furniere

Nach DIN 68330 werden Furniere nach ihrem Verwendungszweck unterschieden.

Deckfurniere bilden die äußere Schicht eines furnierten Fertigerzeugnisses.

Außenfurniere (für Außenflächen) sind meist qualitativ hochwertige Furniere aus Edelhölzern, z.B. Ahorn, Birnbaum, Eiche, Kirschbaum, Nußbaum, Palisander.

Innenfurniere (für Innenflächen) haben meist geringere Furnierqualität.

Bei Holzwerkstoffplatten bestimmt die Güteklasse der Deckfurniere (DIN 68705) die Plattenqualität.

Unterfurniere unter dem Deckfurnier werden auch als Blindfurniere bezeichnet. Sie verhindern Markierungen der Trägerplatte an der Oberfläche, gleichen Spannungen aus, z.B. bei Intarsienflächen, verbessern die Formbeständigkeit und Festigkeit furnierter Teile. Übliche Holzarten sind u.a. Abachi, Limba, Macorè.

Absperrfurniere verbessern die Formbeständigkeit und erhöhen die Festigkeit von Holzwerkstoffen. Solche Furniere sind dicker als Deckfurniere und messen ca. 1/10 der Dicke von Stab- oder Stäbchenmittellagen. Übliche Holzarten sind u.a. Okumè, Limba, Macorè, Rotbuche.

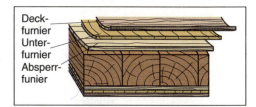

B 2.4-18 Verwendung von Furnieren.

Taxieren und Bündeln der Furniere. Jedes Furnierpaket wird nach Qualität und Verwendbarkeit beurteilt. Furniere aus einem Stamm werden möglichst in einem Paket zusammengelassen. Blattanzahl, Länge und Breite des Furnierpaketes werden oft elektronisch gemessen, die Fläche in Quadratmetern berechnet und evtl. auf dem Etikett ausgedruckt. Zum Schluß werden die Furniere gebündelt und mit einem Etikett versehen. Der Verkaufspreis richtet sich nach Abmessung, Zeichnung (Struktur), Fehlern und Gesamteindruck.

Dickenmeßuhr 4.3.2

Plattenqualität 2.5

Werkstoffe – Furniere

T 2.4/1 *Vorzugsdicken von Furnieren nach DIN 4076 und DIN 4079*

Holzart	Kurz-zeichen	Dicke[1] in mm
Langfurniere		
Laubhölzer LH		
Abachi	ABA	0,70
Ahorn Berg	AH	0,60
Aningre	ANI	0,55
Birke	BI	0,55
Birnbaum	BB	0,55
Buche	BU	0,55
Edelkastanie	EKA	0,65
Eiche	EI	0,65
Erle	ER	0,65
Esche	ES	0,60
Kirschbaum	KB	0,55
Limba	LMB	0,60
Linde	LI	0,65
Nußbaum	NB	0,50
Pappel	PA	0,60
Rüster	RU	0,60
Sen	SEN	0,60
Nadelhölzer NH		
Douglasie	DGA	0,85
Fichte	FI	1,00
Kiefer	KI	0,90
Lärche	LA	0,90
Tanne	TA	1,00
Maserfurniere		
Ahorn	AH	0,55
Esche	ES	0,60
Nußbaum	NB	0,50
Pappel	PA	0,65
Rüster	RU	0,60

[1] bei 12% Holzfeuchte

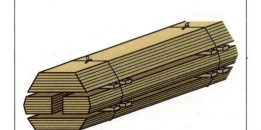

B 2.4-19 *Stamm, paketweise verpackt.*

Kennzeichnung von Furnieren

Langfurnier L ist Furnier mit vorwiegend parallelem Faserverlauf. Es entspricht der Stammlänge.

Beispiel 1
Messerfurnier L 0,55 DIN 4079 BU

Lösung
Langfurnier, 0,55 mm dick, aus Buche, gemessert.

Maserfurnier M mit Blattformen, die meist vom Rechteck abweichen, wird aus Wurzelknollen oder Stammstücken mit unregelmäßigem Wuchs gewonnen.

Beispiel 2
Schälfurnier M 0,55 DIN 4079 AH

Lösung
Maserfurnier, 0,55 mm dick, aus Ahorn, geschält.

Aufgaben

1. Warum werden Vollholz- und Holzwerkstoffplatten furniert?
2. Welche vorbereitenden Arbeiten sind bei der Herstellung von Furnieren durch Messern/Schälen notwendig?
3. Erläutern Sie die wesentlichen Verfahrensunterschiede bei der Herstellung von Furnieren!
4. Warum werden für bestimmte Konstruktionen Sägefurniere verwendet?
5. Welche Aufgabe hat die Druckleiste bei der Herstellung von Messer- und Schälfurnieren?
6. Warum wird der Furnierblock vor dem Messern oder Schälen gedämpft?
7. Warum werden endlosgeschälte Furniere für Tischler- und Sperrholzplatten verwendet?
8. Wie werden radialgeschälte Furniere hergestellt, und wofür werden sie verwendet?
9. Warum werden bestimmte Hölzer „Blatt für Blatt" rundgeschält?
10. Welchen Vorteil bietet das Staylog-Schälen gegenüber dem Messern?
11. Erklären Sie den Unterschied zwischen Absperrfurnier und Deckfurnier!
12. Welche Aussage hat die Bezeichnung: Messerfurnier M 0,60 DIN 4079 ES?

Werkstoffe – Holzwerkstoffe

2.5 Holzwerkstoffe

Für Holzwerkstoffe wird Vollholz durch Sägen, Schälen, Zerspanen oder Zerfasern zerlegt und unter Zugabe von Bindemitteln, vorwiegend Klebstoffen, zu Platten oder Formteilen zusammengefügt.

2.5.1 Bedeutung der Holzwerkstoffe

Vollholz, Holzeigenschaften 2.2.4, Schälfurnier 2.4.1

Vollholz hat nachteilige Eigenschaften. Es schwindet, quillt und wirft sich.
Holzwerkstoffe weisen dagegen folgende Vorzüge auf:
- Wuchs- und Holzfehler sind bedeutungslos,
- Vollholz minderer Qualität wird genutzt,
- geringe Schwindwerte verbessern die Formbeständigkeit,
- großflächige Platten ermöglichen rationelles Verarbeiten.

Klebstoffe 2.7.3

Holzwerkstoffklassen geben die Verleimqualität und den Verwendungszweck an. Den Kurzzeichen der einzelnen Holzwerkstoffe wird die Klasse nachgeordnet, z.B. FU 20, bei fehlendem Kurzzeichen wird V (Verleimung) vor die Klasse gesetzt, z.B. V 100.

2.5.2 Lagenhölzer

Lagenhölzer bestehen aus symmetrisch übereinander geschichteten Furnierlagen.

T 2.5/1 Holzwerkstoffklassen nach DIN 68800

Klasse	Anwendungsbereiche	Eigenschaften
20	Räume mit niedriger Luftfeuchte, Wohnräume	nicht wetterbeständig, Plattenfeuchte bis höchstens 15%, bei Holzfaserplatten bis 12%
100	Räume mit zeitweiser hoher Luftfeuchte, wie Küche und Bad, hinterlüftete Außenwandbekleidungen, Fußbodenverlegeplatten	nicht wasserfest, Plattenfeuchte bis höchstens 18%
100 G	Räume mit langfristig hoher Luftfeuchte, Naßräume und Außenwandbekleidungen	mit Zusatz G gegen Pilzbefall, Holzfeuchte bis höchstens 21%

Sperrholz

Sperrholz besteht aus mindestens drei aufeinandergeklebten Furnierlagen, deren Faserrichtungen um 90° versetzt sind. Das Prinzip des Absperrens schränkt das Schwinden und Quellen dünner Holzlagen ein und erhöht die Festigkeit der Platte.

Aufbau. In der Regel werden Schälfurnierblätter in Dicken zwischen 1 mm und 5 mm in vorwiegend ungerader Lagenanzahl aufeinandergeklebt. Selten werden Messerfurniere verwendet. Decklagen haben immer parallelen Faserverlauf.

Herstellung. Schälfurnierbänder werden je nach Plattengröße zugeschnitten und nach Qualität sortiert. Jede geradzahlige Zwischenlage wird beidseitig mit Kondensationsleim KUF oder KPF versehen. Die Furniere werden aufeinandergelegt und in Mehretagenpressen heiß verpreßt.
Nach der Abkühlphase (Konditionieren) werden die Platten auf Format geschnitten und geschliffen.

Verwendung. Furniersperrholzplatten werden verwendet als:
- Innensperrholz V 20 im Möbel-, Laden- und Innenausbau bei Türfüllungen, Rückwänden, Schubkästen, Wand- und Deckenbekleidungen, Paneelen und als
- Außensperrholz V 100 und V 100 G im Fertighausbau, für Fensterbrüstungen, Außenfassaden, Außentüren.

Furniersperrholz für allgemeine Zwecke FU nach DIN 68705, entspricht keinen besonderen Festigkeitsanforderungen. Es wird in der Holztechnik sehr häufig verwendet.

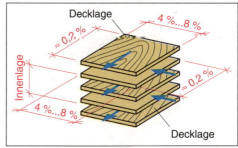

B 2.5-1 Sperrholz - Aufbau.

Werkstoffe – Holzwerkstoffe

Die Güteklassen für Deckfurniere (1,2,3) geben zusätzlich zu den Holzwerkstoffklassen die Qualität der Platte an.

Die Kennzeichnung erfolgt mit zwei Ziffern:
- erste Ziffer ≙ Güteklasse der Sichtseite,
- zweite Ziffer ≙ Güteklasse der Rückseite.

Bezeichnung. Die Platten werden auf der Rück- oder der Schmalfläche gekennzeichnet, z.B.:

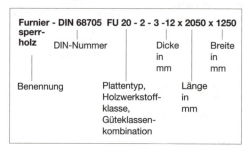

Formsperrholz nach DIN 68707 wird aus mindestens drei kreuzweise verlaufenden Schäl- oder Messerfurnierlagen in Formpressen hergestellt. Bei gerader Furnieranzahl haben beide mittleren Furnierlagen parallelen Faserverlauf. Die elastischen und in verschiedenen Ebenen gewölbten Formen werden als Stuhlsitzschalen, Stuhllehnen oder für gewölbte Möbelteile, z.B. Schubkastenvorstücke, verwendet.

Furniersperrholz für Bauzwecke BFU 20, 100 und 100 G hat große Festigkeit und kann stärker auf Biegung beansprucht werden. Verwendet wird es im Fertighausbau, für Wandelemente innen und außen sowie für Schalungsplatten beim Betonbau.

Furnierholz für besondere Zwecke ist ein- oder beidseitig beschichtet oder mit Holzschutzmitteln behandelt.

Weitere Lagenholzarten

Weitere Lagenholzarten (→ **T 2.5/3**) stehen für besondere Aufgaben, vor allem im Möbel- und Innenausbau, zur Verfügung.

2.5.3 Verbundplatten

Verbundplatten sind mindestens dreilagig aufgebaut. Die Mittellage kann aus Vollholz oder anderen Werkstoffen bestehen.

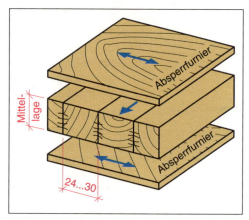

B 2.5-4 *Stabsperrholz.*

B 2.5-2 *Schwingstuhl aus Formsperrholz.*

B 2.5-3 *Verbundplatte aus Mittellage und zwei Decklagen.*

T 2.5/2 *Furniersperrholz für besondere Zwecke*

Beschichtung	Besonderheiten	Verwendung
Edelfurnier	vorwiegend auf der Sichtseite, oberflächenbehandelt	Wand- und Deckenbekleidungen, Paneele FUP
Kunststoff	Sichtseite flüssig oder mit Folie beschichtet	Möbelbau: Füllungen, Rückwände, Schubkastenböden
Metall	Folien auf der Sichtseite, Bleche aus Al, Cu, St beidseitig, dickere Innenlage erforderlich	Fensterbrüstungen, Innenausbau, Fassadenbekleidungen
Behandlung mit Holzschutzmitteln	Resistenz gegen Pilze und Insekten	feuchtwarme Zonen

Werkstoffe – Holzwerkstoffe

T 2.5/3 *Lagenholzarten*

Abbildung	Bezeichnung, Aufbau, Herstellung	Eigenschaften	Verwendung
	Schichtholz SCH nach DIN 68708		
	7 bis 20 Furnierlagen je Zentimeter Plattendicke, Faserverlauf der Lagen ist gleichgerichtet, bei dünnen Furnieren bis 15% querliegende Absperrfurniere möglich, Holzarten: Birke, Rotbuche, Pappel	Plattendicken 4 mm … 100 mm, hohe Biege- und Zugfestigkeit in Faserrichtung, Formteile nur in einer Ebene gebogen, viele Klebefugen ergeben hohen Kunstharzanteil	Gestellteile, Tischzargen, Sportgeräte, Multiplex-platten
	Sternholz SN		
	Mindestens fünf Furnierlagen, Faserrichtung von Lage zu Lage 15° … 45° (sternförmig) versetzt, symmetrischer Aufbau innerhalb der Platte, äußere Furnierlagen mit parallelem Faserverlauf	große und einheitliche Festigkeitswerte in allen Richtungen der Plattenebene	hoch belastbare Konstruktions-teile
	Kunstharzpreßholz KP nach DIN 7707		
	Mindestens 5lagig, 0,8 mm dicke Rotbuchenschälfurniere bis zu 40% mit Phenol-Kresolharzlösung getränkt, mit großem Druck und bei hoher Temperatur hochverdichtet, die Lagen können kreuzweise, parallel oder sternförmig gelegt werden	schwer und hart, keine Feuchtigkeitsaufnahme, hohe Abrieb-, Druck- und Zugfestigkeit, wasser-, öl- und säurebeständig, beschußsicher, mit HM-Werkzeugen bearbeitbar	Fräs- und Bohr-schablonen, Formpreßteile, Gleitlager-schalen, schußsichere Konstruktionen, Panzerholz

Schwinden und Quellen 2.2.4

Absperrfurnier 2.4.3

Stabsperrholz ST nach DIN 68705 (Tischlerplatte)

Aufbau. Die Mittellage besteht aus 24 mm … 30 mm breiten, gleichdicken Vollholzleisten aus Kiefern- oder Fichtenholz. Darauf sind beidseitig und quer zu ihrem Faserverlauf Schälfurniere geleimt. Das Schwinden und Quellen der Mittellage wird dadurch eingeschränkt. Für die Absperrfurniere werden Holzarten mit möglichst geringem Schwind- und Quellvermögen verwendet, wie Fichte, Abachi, Ilomba, Limba und Okoumé. Damit die Absperrfurniere selbst nicht zu stark schwinden und quellen, beträgt die Dicke je Furnier etwa 13% der Fertigplattendicke.

Herstellung. Leisten mit unterschiedlichem Jahrringverlauf werden in Leistenzusammensetzmaschinen eingelegt und punktweise verleimt. Die gehobelten und beleimten Mittellagen werden in Mehretagenpressen unter Wärme mit Absperrfurnier beklebt. Vor dem Formatzuschnitt und Schleifen der Oberfläche müssen die Platten konditioniert werden: Innerhalb weniger Tage baut sich die Preßtemperatur ab. Der Leim kann nachhärten, und das Wasser des Leimes kann sich in der Platte gleichmäßig verteilen. Dadurch werden Spannungen in der Platte ausgeglichen.

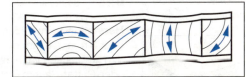

B 2.5-5 *ST-Platte mit ungünstigem Jahrring-verlauf.*

Werkstoffe – Holzwerkstoffe

Verwendung. ST-Platten sind nicht für hochglanzpolierte Flächen geeignet, da Unebenheiten gut sichtbar sind.
Häufig werden sie bei Wand- und Deckenbekleidungen, Einbauschränken und Türen eingesetzt.

Bezeichnung. Für die Bezeichnung von ST- und STAE-Platten gelten die gleichen Angaben wie bei FU-Platten, z.B.:

Sperrholz	DIN 68705		
Benennung	DIN-Nummer		
ST 20 - 2 - 3 -	16 x	1830 x	3500
Plattentyp, Holzwerkstoffklasse, Güteklassenkombination	Dicke in mm	Länge in mm	Breite in mm

Stäbchensperrholz STAE nach DIN 68705

Aufbau. Hochkant stehende, 8 mm breite Vollholzstreifen oder 3 mm ... 8 mm dicke Schälfurnierstreifen mit stehenden Jahrringen werden zu Mittellagen verleimt. Beidseitig werden sie mit quer liegendem Absperrfurnier verbunden. Die Dicke der Absperrfurniere und der Fertigplatte sowie die verwendeten Holzarten entsprechen den ST-Platten.

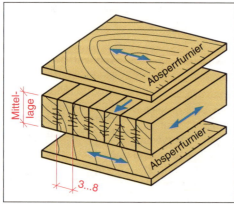

B 2.5-6 Stäbchensperrholz.

Herstellung. Etwa 25 mm dicke Seitenbretter oder 3 mm ... 8 mm dicke Schälfurniere werden zu Blöcken verleimt und mit Blockband- oder Gatter-Sägemaschinen rechtwinklig zu den Klebfugen so aufgetrennt, daß Mittellagen mit stehenden Jahrringen entstehen. Sie werden maschinell beleimt, mit Absperrfurnier belegt und in hydraulischen Pressen verklebt.

Verwendung. STAE-Platten werden für freitragende Flächen, z.B. im Möbel- und Innenausbau und für Sichtflächen bei hochwertigem Möbel- und Innausbau eingesetzt. Hochglanzbeschichtung mit allen üblichen Werkstoffen ist möglich.

Baustabsperrholz BST und Baustäbchensperrholz BSTAE nach DIN 68705

Der Aufbau entspricht dem der ST- und STAE-Platten. Als Absperrfurniere werden die härteren Holzarten Rotbuche und Macoré verwendet. Die Mittellagen müssen fehlerfrei sein, damit die Biegefestigkeit gewährleistet ist. Betonschalungstafeln sind meistens kunstharzbeschichtet.

Eigenschaften. Die Platten haben hohe Biegefestigkeit längs und quer zur Faserrichtung der Decklage. Die Verleimung entspricht den Holzwerkstoffklassen V 20, V 100 und V 100 G.

Verwendung. BST- und BSTAE-Platten werden für den Fertighausbau und für Betonschalungen eingesetzt.

Verbundplatten mit Mittellagen aus Holzwerkstoffen oder anderen Werkstoffen

Häufig werden Verbundplatten (→ T 2.5/4) als Halbfabrikate mit Fixmaßen hergestellt, z.B. Türblätter für Innentüren. Je nach Verwendungszweck stehen unterschiedliche Materialien und Konstruktionen zur Verfügung.

2.5.4 Spanwerkstoffe

Spanplatten und Spanformteile werden durch Verpressen kleiner Teile aus Holz (Späne) mit Bindemitteln gefertigt. 1905 wurde die erste Einschichtspanplatte hergestellt, seit 1946 gibt es auch Drei- und Mehrschichtplatten.

Flachpreßplatten

Herstellung und Aufbau. Gesundes und entrindetes Rundholz mit geringem Durchmesser, Astholz und industrielle Holzabfälle, z.B. von Birke, Fichte, Kiefer, Tanne, Rotbuche, werden zu Spänen zerkleinert. Dünne und kleine Späne werden für Deckschichten, dickere, größere Späne für die Mittelschichten verwendet.
Nach dem Trocknen und Zwischenlagern kommen die Späne in Mischanlagen. Dort werden sie mit durchschnittlich 7% Massenanteilen feinverteilten Kunstharzklebstoffen, wie

---

Furnierherstellung 2.4.1

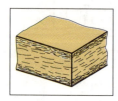

B 2.5-7 Einschichtplatte.

B 2.5-8 Dreischichtplatte.

Werkstoffe – Holzwerkstoffe

T 2.5/4 Verbundplatten mit besonderen Mittellagen und Decklagen

Mittellagen	Eigenschaften	Verwendung
Vollholzstäbe (Decklage, Flachpreßspanplatte 3 mm dick, 24...30, Vollholz wie ST)	sehr gute Formbeständigkeit, Oberfläche eben	Möbelbau, Innenausbau, zum Beschichten mit Furnier, Lack, Folien
Span- oder mitteldichte Faserplatte (Decklage, Absperrfurnier oder dünne Hartfaserplatte, Spanplatte oder Faserplatte, ein- oder mehrschichtig)	Schmalflächen haben geringe Zugfestigkeit	Möbel, Innenausbau, Sperrtüren
Füllstoff (Decklage, Furniersperrholz oder Hartfaserplatte, Randleiste, Kunstharzschaum, Mineralfaserplatte)	Stahl- und Bleiblecheinlagen möglich, Art der Mittellage bestimmt die Eigenschaften der Platte	Innenausbau, Sperrtürblätter, Luftschalldämmende Türblätter, Messebau, Schiffsbau
Stegkonstruktion (Decklage, Furniersperrholz oder Hartfaserplatte, Karton oder Hartfaserplatte, Randleiste)	keine Schalldämmung, Schraubenfestigkeit nur mit Spreizdübel erreichbar	Möbelbau, Sperrtüren geringer Qualität, Innenausbau; nur in Fixmaßen lieferbar

B 2.5-9 Liegende Späne bei Flachpreßplatten.

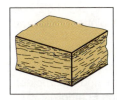

B 2.5-10 Platte mit stufenlosen Schichtübergängen.

Harnstoff-, Melamin- und Phenolformaldehydklebstoffen oder formaldehydfreiem Polyisocyanat KIS besprüht. Kontinuierlich arbeitende Streumaschinen formen die Späne zu einem Spänevlies (Spankuchen). Dabei werden die feineren Deckschicht- und gröberen Mittelschichtspäne schichtweise abgelagert.

Das Spänevlies wird in Mehr- oder in rationeller arbeitenden Einetagentaktpressen bei Preßdrücken um 300 N/mm² und Preßtemperaturen bis etwa 210 °C auf die gewünschte Dicke verdichtet. Dampfpressen erzielen Plattendicken von 60 mm, Kalanderpressen solche mit 3 mm ... 12 mm. Mit Breitbandschleifmaschinen werden die Platten beidseitig auf Dicke geschliffen.

Eigenschaften. Spangrößen, Klebstoffart und Plattenaufbau bestimmen die Platteneigenschaften.

Werkstoffe – Holzwerkstoffe

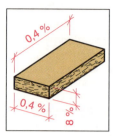

B 2.5-12 Schwind- und Quellmaße.

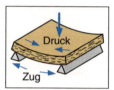

B 2.5-13 Biegefestigkeit.

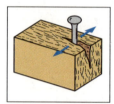

B 2.5-14 Querzugfestigkeit.

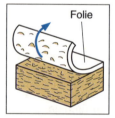

B 2.5-15 Abhebefestigkeit.

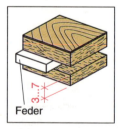

B 2.5-16 Paneele/Kassette genutet mit Feder.

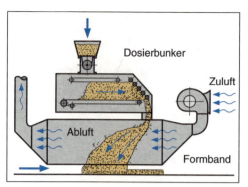

B 2.5-11 Streumaschine – Windstreuung.

Die Schwind- und Quellmaße in Länge und Breite sind gering und gleich groß. Die Dickenquellung darf 8% nicht übersteigen und kann durch Trocknung nicht rückgängig (irreversibel) gemacht werden. Spanplatten müssen deshalb vor allem an den Schmalflächen vor Nässe, Tauwasser und hoher Luftfeuchte geschützt werden.

Die Biegefestigkeit ist geringer als bei Vollholz. Die klebstoffreicheren und höher verdichteten Deckschichten nehmen Druck- und Zugkräfte auf, während die gröbere Mittelschicht kräfteneutral ist. Die Biegefestigkeit ist bei Dreischichtplatten größer als bei Einschichtplatten und nimmt mit steigender Plattendicke ab.

Die Querzugfestigkeit senkrecht zur Plattenebene ist Gütekriterium für die Festigkeit des Spanverbunds in der Mittelschicht. Sie ist geringer als bei Vollholz. Schrauben und Beschläge können ausreißen, vor allem in den Randzonen der Platte.

Die Abhebefestigkeit der Plattenoberfläche ist wichtig für die Haltbarkeit von z.B. Folien und Furnieren. Sie ist um so größer, je fester und dichter die feinspanige Deckschicht ist.

Die Rohdichte umfaßt drei Bereiche:
- leicht = bis 450 kg/m³,
- halbschwer = 450 kg/m³ ... 750 kg/m³, (für den Möbelbau = 600 kg/m³ ... 650 kg/m³),
- schwer = 750 kg/m³ ... 1000 kg/m³.

Die Emissionsklassen legen fest, wieviel mg Formaldehyd CH_2O 1 kg Spanplatte an die Raumluft abgeben darf. Die Menge wird in ppm = parts per million (engl. = Teile auf 1 Million) angegeben, z.B. 1 mg/1 kg. Formaldehyd ist geruchsbelästigend und gesundheitsschädlich. Es wird bei mehr als 20 °C Raumlufttemperatur und höherer Luftfeuchte aus dem Harnstoffharzleim KUF ausgeschieden.

Werden E 2- und E 3-Platten entsprechend beschichtet, können sie mit E 2-1 oder E 3-1 gekennzeichnet werden.

Arten von Flachpreßplatten

Flachpreßplatten für allgemeine Zwecke FPY und FPO nach DIN 68761 unterscheiden sich im Aufbau nur durch die Deckschicht. Sie ist bei FPO-Platten als beidseitig feinspanige Oberfläche direkt lackierbar und kann mit Folie kaschiert werden.

Eigenschaften. FPY- und FPO-Platten haben für die Biege- und Querzugfestigkeit sowie für die Dickenquellung die gleichen Mittelwerte und werden mit einem Feuchtegehalt von 5% ... 11% ab Werk geliefert.

Verwendung. FPY- und FPO-Platten besitzen im Möbel- und Innenausbau in Deutschland einen Marktanteil von 95%, in Europa von 70%.

Die Bezeichnung von Flachpreßplatten entspricht im wesentlichen der von FU-, ST- und STAE-Platten. Sie wird ergänzt durch die Angabe der Stoffart:
H = Holzspäne,
F = Flachschäben, z.B. Stroh.

Kennzeichnung. Der Hersteller ist verpflichtet, die Emissionsklasse anzugeben.

Kunststoffbeschichtete dekorative Flachpreßplatten KF nach DIN 68761 bestehen aus Holzspanplatten, die beidseitig mit meistens melaminharzgetränkten Trägerbahnen aus Edelzellulosepapieren unter Wärme verpreßt werden. Die Plattenoberflächen können eben oder strukturiert sein. Die Klassen N, M, H und S geben die steigende Abriebfestigkeit an.

Paneele und Kassetten aus Holzwerkstoffen nach DIN 68740. Paneele sind rechteckig und wesentlich länger als breit. Kassetten sind kurze Paneele mit einem Seitenverhältnis von maximal 4:1 bis 1:1. Auf der Sichtseite sind Profilstäbe oder Ornamenteinlagen, z.B. Maserfurnier, möglich.

Aufbau. Spanplatten, Furniersperrholz oder Hartfaserplatten als Trägerplatten erhalten auf der:
- Sichtseite Decklagen aus:
- oberflächenbehandeltem Furnier,
- melaminharzgetränktem und bedrucktem Papier (Reproduktion von Echtholz),
- Kunststoff- oder Metallfolien und auf der
- Rückseite Gegenspannpapier.

Werkstoffe – Holzwerkstoffe

T 2.5/5 Klassifizierung von Spanplatten

Emissions-klasse	Emissions-wert in ppm	Notwendige Behandlung der Rohspanplatte
E 1	0,1	unbeschichtet überall einsetzbar
E 2	0,1 ... 1,0	Plattenoberfläche fomaldehyddicht beschichtet mit Furnier, Lack, Melaminharz
E 3	1,0 ... 2,3	Plattenoberfläche und Schmalflächen formaldehyddicht beschichtet oder beklebt

T 2.5/6 Schichtdicken der Trägerbahnen

Klasse	Schichtdicke in mm	Schichtaufbau
1	0,14	einlagiges, melaminharz-getränktes Dekorpapier
2	> 0,14	zusätzliches, harnstoffharz-getränktes Underlaypapier

B 2.5-17 Strang-preß-Vollplatte als Rohplatte.

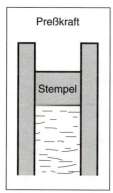

B 2.5-18 Herstellung von Strangpreßplatten.

Leichte Flachpreßplatten mit höherem Schallabsorptionsgrad LF nach DIN 4076 und DIN 68762 (Schallschluck- oder Akustik-platten) werden als Wand- und Deckenbekleidung zur Nachhallregelung in geschlossenen Räumen verwendet.
Die grobporige Oberfläche kann beschichtet oder unbeschichtet sein.

Vor- und Nachteile
- Bei 50 mm Wandabstand beträgt der Schallabsorptionsgrad a ungefähr:
- 15% bei 125 Hz ... 500 Hz,
- 45% bei 500 Hz ... 4000 Hz.
Die Platten sind:
- normal entflammbar,
- feuchteempfindlich und haben eine
- geringe Biege- und Zugfestigkeit.

Mineralgebundene Flachpreßplatten bestehen etwa aus folgenden Massenanteilen: 25% Holzspäne, etwa 65% Portlandzement, Magnesitbinder und Gips sowie etwa 10% Wasser und Zusatzstoffe. Die Bindemittel bestimmen die Eigenschaften und Verwendung der Platten.

Strangpreßplatten sind Einschichtplatten mit Decklagen. Sie werden seit 1949 hergestellt.

Herstellung und Aufbau. Kunstharzbeschichtete Späne aus Furnierabfällen und Schwarten werden in einem meistens senkrechten, beheizten Formkanal kontinuierlich so gestreut (gestopft), daß sie rechtwinklig zur Stopfrichtung und Plattenebene orientiert sind. Der endlose Plattenstrang ergibt die Rohplatte, die nach dem Pressen auf die gewünschte Länge gesägt wird.

Die Schmalflächen können vollflächig, furniert, beschichtet, genutet oder profiliert sein.

Eigenschaften und Verwendung. Paneele und Kassetten sind repräsentativ, pflegeleicht und schnell montierbar. Sie werden für Decken- und Wandbekleidungen verwendet.

T 2.5/7 Verwendung von Strangpreßplatten nach DIN 68762

Art	Dichte in kg/m³	Oberfläche	Verwendung
Vollplatte LM	550 ... 850	geschlossen	Türen, Flächenelemente, Fertighausbau
LMD		durchbrochen, beschichtet, beplankt	Schallschluckung, Absorptions-grad $\alpha s = 0,2$ sab
Röhrenplatte LR	300 ... 600	geschlossen, beschichtet, beplankt	Installationskanäle, luftschall-dämmende Türblätter mit Sandfüllung
LRD		durchbrochen, beschichtet, beplankt	Schallschluckung, Absorptions-grad $\alpha s = 0,5$ sab

Werkstoffe – Holzwerkstoffe

T 2.5/8 *Eigenschaften und Verwendung von Holzfaserplatten*

Plattentyp	Eigenschaften	Verwendung
Poröse Holzfaserplatte HFD nach DIN 68750	Rohdichte 230 kg/m³ ... 350 kg/m³, Plattendicke 5 mm ... 30 mm, gebräuchlich 12 mm, hohes Wasseraufnahmevermögen, Sichtseite geschlitzt oder gelocht, Sichtseite streich- und tapezierbar	nur im Innenausbau für Wärmedämmung, Schall-Schluckung, Schalldämmung bei Trennwand- und Tür-mittellagen
Bitumen- Holzfaserplatte nach DIN 68752 BPH 1 = normal BPH 1 = extra	Rohdichte 230 kg/m³ ... 400 kg/m³, porös, Bitumengehalt = 10% ... 15% Massenanteile Bitumengehalt ≥ 15% Massenanteile	Außenwände, Dachausbau Unterböden (Trittschalldämmung)
Mittelharte Holzfaserplatte HFM nach DIN 68754	Rohdichte 350 kg/m³ ... 800 kg/m³, Plattendicke 6 mm ... 25 mm, ein- und dreischichtig, homogene Struktur, nicht wetterfest, Sichtseite bedruckbar	Trennwände, Einbau-schränke, Wohnmöbel, Tonmöbel, Dachausbauten
Medium Density Fiberboard MDF erstmalig 1964 in den USA, seit 1987 in der BRD hergestellt	Rohdichte 450 kg/m³ ... 850 kg/m³, Plattendicke 5 mm ... 60 mm, gleichmäßige Dichte in gesamter Plattendicke, sehr feine Oberfläche, direkt beschicht-, bedruck- und lackierbar, geschlossene Schmalflächen, gute Schraubenhaftung, Profilierung ohne Anleimer, Längen- und Breitenschwund 0,4%, wie Vollholz bearbeitbar, Emissionsklasse E 1	Möbelbau, Einbauschränke, Innenausbau, Schallschutz, Brandschutz
Harte Holzfaserplatte (Hartfaserplatte) HFH nach DIN 68754	Rohdichte > 800 kg/m³, Plattendicke 3 mm ... 8 mm, gebräuchlich 3,0, 3,2, 3,5, 4,0 und 6,4 mm, rückseitige Siebmarkierung, Farbe hell- bis dunkelbraun, Längen- und Breitenschwund gleichgroß, Sichtseite beschichtet, geprägt, lackiert, gelocht, Biegeradius bis 25 mm, Holzwerkstoff-klasse V 20 (HFH 20), nicht selbsttragend	Fertighausbau, Trennwände, Türfüllungen, Möbelbau (Schubkastenböden, Rück-wände), Fahrzeugbau, Verpackung
Extraharte Holzfaser-platte HFE	geringes Quellvermögen, Holzwerkstoffklasse V 100	Fußbodenbeläge, Betonschalungen
Kunststoff-beschichtete dekorative Holzfaserplatte KH nach DIN 68751	HFH ein- oder beidseitig beschichtet mit melaminharzgetränkten Trägerbahnen (Edelzellstoffpapier), geschlossene, porenfreie Sichtfläche, Längen- und Breitenschwund 0,4%, bleibende Veränderungen durch Zigarettenglut, Dampf, Kratzer bei Belastung über 1,5 N	Möbelbau, Trennwände, Einbauschränke, Decken- und Wand-bekleidungen, Fahrzeugbau

Werkstoffe – Holzwerkstoffe

B 2.5-19 Strangpreß-Röhrenplatte als Rohplatte.

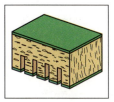

B 2.5-20 Vollplatte, Oberfläche durchbrochen, LMD.

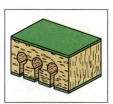

B 2.5-21 Röhrenplatte, Oberfläche durchbrochen, LRD.

Der Formkanal bestimmt den Plattenquerschnitt. Die Vollplatte SV ist zwischen 8 mm und 25 mm dick, die Röhrenplatte SR erhält ihre röhrenförmigen Hohlräume durch Rohre, die vor dem Stopfvorgang in den Formkanal eingehängt und beheizt werden. Sie ist zwischen 23 mm und 150 mm dick. Die Rohplatten können beidseitig mit Buche furniert TSV, mit glasfaserverstärkten Kunststoffen kaschiert oder mit Holzfaser- bzw. Sperrholzplatten beplankt werden.

Einteilung nach Holzwerkstoffklassen. Die Strangpreßplatten SV 1 und TSV 1 sowie SR 1 und TSR 1 gehören zur Holzwerkstoffklasse V 20, diejenigen mit dem Kurzzeichen SV 2 und SR 2 zur Klasse V 100.

2.5.5 Holzfaserplatten

Holzfaserplatten (→ **T 2.5/8**) wurden erstmals 1906 als steife Isolierplatten hergestellt. Sie bestehen aus lignin- und zellulosehaltigen Fasern von Nadel- und Laubbäumen, die beleimt oder unbeleimt verpreßt werden.

Herstellung. Das Rohmaterial in Form von Rundholz, Stangen und Sägewerksabfällen wird zu Hackschnitzeln zerkleinert, gereinigt, sortiert und gelagert. Mit Dampf und Druck wird das Zellgefüge erweicht und durch Mahlen in Faserbündel aufgetrennt. Der Faserstoff wird im Naß- und Trockenverfahren aufbereitet.

Holzfaserdämmplatten HSB.W. Dem Faserbrei werden im allgemeinen keine Bindemittel zugegeben, da die Holzfasern verfilzen und sich durch den Ligningehalt verbinden. Bitumen wird nur zur Erhöhung der Feuchtebeständigkeit der Platten beigemischt. Das Vlies wird geformt, entwässert, leicht verdichtet und getrocknet.

Harte und extraharte Holzfaserplatten HFH und HFE. Dem Faserbrei wird vorwiegend Phenolformaldehydharzleim beigegeben, um die Festigkeit der Platten zu erhöhen. Zusätzlich verbessern Paraffine und Wachse auf der Oberfläche die Feuchtebeständigkeit. Das geformte Faservlies wird in Langsiebmaschinen entwässert, mit hohem Druck verdichtet und heiß auf Metallsieben gepreßt. Die Sichtseite der Platte kann zusätzlich mit Wärme oder Öl vergütet werden. Die Unterseite trägt die Siebmarkierung.

Mittelharte Holzfaserplatten HFM und MDF werden im wirtschaftlichen und umweltfreundlichen Trockenverfahren hergestellt. Die Fasern werden mit Phenol- oder Harnstoffformaldehydharzleimen beleimt, getrocknet und in Streumaschinen geformt. Anschließend werden sie verdichtet sowie heiß und kurz gepreßt. Die Platten sind beidseitig glatt.

Die Bezeichnung für Holzfaserplatten enthält nach DIN 68751 noch zusätzlich für beidseitige Beschichtung die Angabe 2 D (Beschichtung einseitig = keine Angabe), z.B.:

KH-Platte	DIN 68751		
Benennung	DIN-Nummer		
3200 x	1800 x	6 -	2 D
Länge in mm	Breite in mm	Dicke in mm	beidseitige Beschichtung

Aufgaben

1. Welche Vorzüge haben Holzwerkstoffe gegenüber dem Vollholz?
2. Erklären Sie das Prinzip des Absperrens!
3. Erklären Sie den Begriff „Formbeständigkeit"!
4. Für eine Badezimmereinrichtung werden Holzwerkstoffe benötigt. Welche Holzwerkstoffklasse kommt in Frage?
5. Welchen Nachteil haben dünne FU-Platten in Bezug auf Formbeständigkeit und maschinelle Bearbeitung?
6. Welche Angaben muß die aufgedruckte Bezeichnung bei einer FU-Platte aufweisen?
7. Wie unterscheiden sich im Aufbau Schichtholz und Sternholz?
8. Wodurch erhält Kunstharzpreßholz KP seine hohe Abriebfestigkeit?
9. Vergleichen Sie den Aufbau einer ST-Platte mit dem einer STAE-Platte.
10. Bei der Herstellung werden ST-Platten konditioniert. Erklären Sie diesen Begriff.
11. Welche negativen Eigenschaften können ST-Platten haben?
12. Woran erkennt man am Plattenquerschnitt eine FPY-Platte?
13. Stellen Sie fünf vorteilhafte Eigenschaften von FPY-Platten zusammen.
14. Welche Bedeutung haben die Emissionsklassen E 1 bis E 3?
15. Für einen Innenausbau wird eine schwer entflammbare Flachpreßplatte verlangt. Welche Platten kommen in Frage?
16. Warum wird die MDF-Platte immer häufiger verarbeitet? Geben Sie fünf Eigenschaften an!

Werkstoffe – Kunststoffe

2.6 Kunststoffe

2.6.1 Bedeutung

Im Berufsfeld Holztechnik werden auch Kunststoffe verwendet: im Möbel- und Innenausbau z.B. für Profile, Folien, Lackierungen, Klebverbindungen, Beschläge und Schubkästen sowie im Fensterbau bei der Herstellung von Flügeln und Rahmen. Kunststoffe haben inzwischen in allen wichtigen Bereichen ihren Platz gefunden.

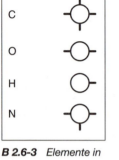

B 2.6-3 Elemente in Kunststoffen.

Kohlenstoffverbindungen 2.1.2

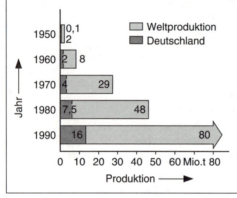

B 2.6-1 Kunststoffproduktion in Mio. t.

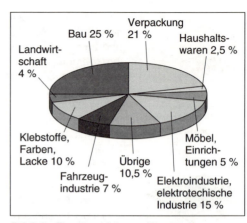

B 2.6-2 Einsatzgebiete von Kunststoffen.

Kunststoffe sind keine Ersatzstoffe, sondern vollwertige Werkstoffe. Die werkstoffgerechte Anwendung und Wiederverwertung erfordern Kenntnisse über Aufbau, Herstellung, Eigenschaften und Verarbeitungstechnologien.

2.6.2 Herstellungsverfahren

Chemischer Aufbau

Kunststoffe bestehen im wesentlichen aus <mark>Kohlenstoffverbindungen</mark> mit den Elementen Kohlenstoff C, Sauerstoff O, Wasserstoff H und Stickstoff N.

Syntheseverfahren

Bei der Herstellung von Kunststoffen unterscheidet man die halb- und die vollsynthetische Herstellung.

Halbsynthetische Herstellung. Naturstoffe aus Kohlenstoffverbindungen in Form von Makro-(Groß-)Molekülen werden mit Säuren, Laugen oder Salzen zu Kunststoffen vernetzt.

Vollsynthetische Herstellung. Die Ausgangsstoffe (Zwischenprodukte) (→ T 2.6/1) für die Syntheseverfahren sind vorwiegend niedrigsiedende Kohlenwasserstoffverbindungen. Sie werden aus anorganischen und organischen Naturstoffen wie Steinkohle, Erdöl und Erdgas gewonnen. Beim wichtigsten Rohstoff, dem Erdöl, werden sie durch Destillieren und Cracken (Aufspalten der Kohlenwasserstoffverbindungen) erzeugt.

Monomere (niedermolekulare Stoffe) sind die Grundbausteine für die entstehenden Polymere (hochmolekulare Stoffe), die Makromoleküle. Die Verbindung der Monomere untereinander und die Reihenfolge der in Gruppen zusammengefaßten Monomere bestimmen den Strukturaufbau und damit die Eigenschaften der Kunststoffe.

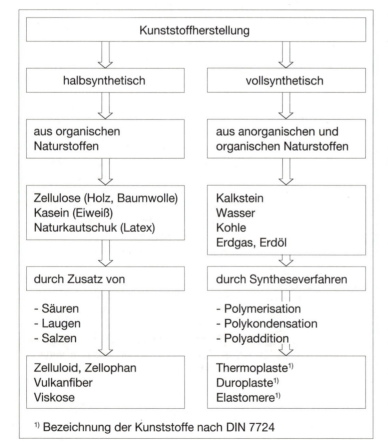

[1]) Bezeichnung der Kunststoffe nach DIN 7724

Werkstoffe – Kunststoffe

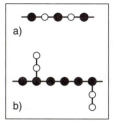

B 2.6-4 Mischpolymerisation. a) Copolymerisation, b) Pfropfpolymerisation.

T 2.6/1 Rohstoffe und Zwischenprodukte von Kunststoffen

Rohstoffe	Steinkohle	Erdgas	Erdöl Rohbenzin
Zwischenprodukte	Kohlenmonoxid CO Wasserstoff H Methanol CH_3OH Benzol C_6H_6 Toluol $C_6H_5CH_3$	Methan CH_4 Ethan C_2H_6 Propan C_3H_8 Butan C_4H_{10}	Aceton CH_3COCH_3 Phenol C_6H_5OH Benzol C_6H_6 ... ... Heizöl Schweröl

Polymerisation

Aus gleichartigen Monomeren mit Doppelbindung bilden sich nach Aufspalten der Mehrfachbindung fadenförmige Ketten (Makro)-Moleküle.

Doppelbindung 2.1.2

Polyethylen. Die Kohlenwasserstoffverbindung Ethen C_2H_4 spaltet unter Einwirkung von Wärme und mit Hilfe von Katalysatoren die C=C-<mark>Doppelbindung</mark> auf und wird dadurch reaktionsfähig. Die entstehenden -CH_2-(Ethylen) Bausteine verbinden sich durch 100 ... 1000fache Aneinanderreihung zu langen, kettenförmigen Makromolekülen. Das Endprodukt heißt Polyethylen PE.

Mischpolymerisation. Makromoleküle aus verschiedenen Monomeren sind Mischpolymerisate. Sie entstehen durch:
- Copolymerisation. Monomere sind abwechselnd aneinandergereiht (Polyvinylacetat PVAC).
- Pfropfpolymerisation. Andersartige Monomere werden seitlich aufgepfropft (Acryl-Butadien-Styrol ABS).

Polykondensation

Verschiedenartige Monomere, z.B. Phenol C_6H_5OH und Methanal HCHO (Formaldehyd), verbinden sich im Wechsel zu vernetzten Makromolekülen. Dabei wird als Nebenprodukt Wasser abgespalten. Bei anderen Ausgangsstoffen kann dies auch Alkohol, Ammoniak oder Chlorwasserstoff sein.
Die aufgespaltenen Phenol-Moleküle C_6H_5OH werden an verschiedenen Stellen (*) reaktionsfähig und verknüpfen sich in mehreren Ketten mit Formaldehyd-Molekülen HCOH. Als Nebenprodukt wird Wasser H_2O abgespalten. Klebstoffe sind vorwiegend Polykondensate. Die Aushärtung der Polykondensation erfolgt in drei Stufen.
Die Stufenkondensation wird nach der Resolphase durch Zugabe von Formaldehyd und Abkühlung unterbrochen. Der Abbindevorgang wird durch Säurehärter und/oder Wärme zu Ende geführt.

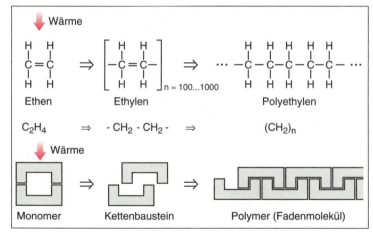

B 2.6-5 Polymerisation.

T 2.6/2 Polymerisate in der Holztechnik

Name	Abkürzung	Anwendung
Polyethylen	PE	Beschläge, Baufolien, Rohre
Polypropylen	PP	Beschläge, Folien
Polystyrol	PS	Wärmedämmstoffe
Polyvinylacetat	PVAC	Klebstoff (Weißleim)
Polyvinylchlorid	PVC	Fensterprofile, Dichtprofile
Polymethylmethacrylat	PMMA	Verglasungen, Leuchten (Acryl)

T 2.6/3 Polykondensate als Klebstoffe

Gruppe	Name	Abkürzung
Aminoplaste	Harnstoffharz Melaminharz	KUF KMF
Phenolplaste	Phenolharz Resorcinharz	KPF KRF
Polyamide	Schmelzklebstoffe	PA

Werkstoffe – Kunststoffe

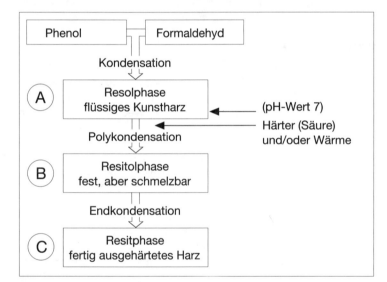

B 2.6-6 Polykondensation.

Polyaddition

Niedermolekulare und verschiedenartige Monomere verbinden sich paarweise im Wechsel zu Makromolekülen. Es entsteht kein Nebenprodukt. Bei der Polyaddition des Polyurethans PUR werden statt dessen Wasserstoffatome umgelagert.

T 2.6/4 Polyaddukte in der Holztechnik

Name	Abkürzung	Anwendung
Poly-urethan	PUR	Hart- und Weichschaum, Lack
Epoxid-harz	EP	Zweikompo-nentenkleber

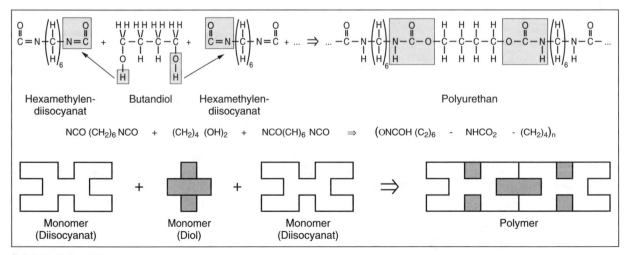

B 2.6-7 Polyaddition.

Werkstoffe – Kunststoffe

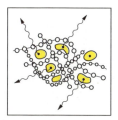

B 2.6-11 Äußere Weichmachung.

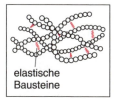

B 2.6-12 Innere Weichmachung.

Dichtungsprofile
11.4.1

2.6.3 Aufbau und Eigenschaften

Molekülstrukturen

Wegen der verschiedenen Herstellungsverfahren unterscheiden sich die Molekülstrukturen in Größe, Form und Anordnung erheblich und beeinflussen dadurch die Eigenschaften der Kunststoffe.

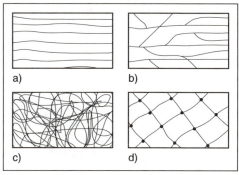

B 2.6-8 Molekülstrukturen. a) linear, b) verzweigt, c) ungeordnet, d) räumlich vernetzt.

Thermoplaste (Plastomere)

Thermoplaste bestehen aus fadenförmigen Makromolekülen.

Amorphe (gestaltlose) Thermoplaste. Sie setzen sich aus regellos angeordneten, verfilzten Makromolekülen zusammen („wattebausch-ähnlicher" Aufbau). Bei Erwärmung gleiten die Molekülfäden aneinander vorbei. Der durchsichtige (transparente) Kunststoff wird verformbar. Amorphe Kunststoffarten sind: PVC, PS, PMMA, PC.

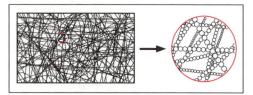

B 2.6-9 Amorphe Thermoplaste.

Teilkristalline Thermoplaste bestehen teils aus regellos, teils aus parallel gebündelten und gerichteten (kristallinen) Makromolekülen. Sie sind undurchsichtig (opak) und werden

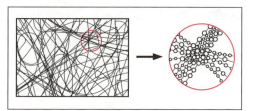

B 2.6-10 Teilkristalline Thermoplaste.

bei steigender Temperatur schnell flüssig. Zu den teilkristallinen Kunststoffen gehören: PE-HD, PA, PP, PTFE.

Weichmachung. Dichte Molekulargefüge machen Thermoplaste bei Temperaturen unter +20 °C steif, hart und spröde. Das Verarbeiten wird schwierig, wie z.B. das Einpassen von Dichtlippen oder Profilen. Werden den Thermoplasten bei der Herstellung Weichmacher zugegeben, wird das Molekulargefüge lockerer und das Material dadurch flexibler.

Äußere Weichmachung. Dem Thermoplast werden schwer flüchtige Lösemittel (Weichmacher) beigegeben. Die zwischenmolekularen Bindekräfte im Kunststoffgefüge werden dadurch geschwächt. Witterungseinflüsse und Alterungsprozesse können ein Abwandern nach außen bewirken. Die Folgen sind:
- Kunststoffe werden spröde, z.B. zellulosehaltige Lacke reißen,
- Umwelt und Gesundheit nehmen Schaden.

Innere Weichmachung. Durch Copolymerisation oder Propfpolymerisation werden elastische Monomere des Kunststoffs feste Bestandteile eines harten Polymers, z.B. ABS.

Brandverhalten. Alle Thermoplaste sind leicht entflammbar, brennen aber im allgemeinen nur unter direkter Einwirkung der Flamme. Sie bilden teilweise giftige, aggressive Gase, die z.B. bei PVC Chlorgas (Salzsäure HCl) enthalten und Metalle angreifen (Korrosion).

Rückstellvermögen. Im Erweichungsbereich verlieren Thermoplaste ihre Festigkeit. Sie können umgeformt werden. Dabei werden die verfilzten Molekülfäden gestreckt. Erkalten sie in diesem Zustand, bleibt die Formänderung bestehen. Rückstellvermögen zeigen sie, wenn sie beim nochmaligen Erwärmen in ihre Ausgangsform zurückgehen.

Duroplaste (Duromere)

Duroplaste (dur = hart) entstehen vorwiegend durch Polykondensation oder Polyaddition. Die Großmoleküle sind räumlich engmaschig verknüpft (vernetzt) und damit bewegungsunfähig. Duroplaste sind: PF, MF, UF, PUR.

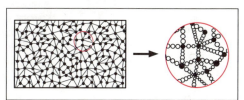

B 2.6-13 Duroplaste - Molekülanordnung.

Werkstoffe – Kunststoffe

T 2.6/5 *Eigenschaften und Einsatzbereiche von Thermoplasten*

Kurzzeichen, chemische Bezeichnung	Dichte in kg/dm³	Eigenschaften	Einsatzbereiche	Handelsnamen
PVC Polyvinylchlorid PVC-U U = unplasticized (hart)	1,19 ... 1,35	farblos, durchsichtig, färbbar, hart ≈ +80 °C, plastisch ≈ +165 °C, säuren-, laugen-, alkohol-, benzin- und ölbeständig, span-, kleb-, bieg-, schweißbar	Schubkästen, Möbelfolien, Fensterprofile, Beläge	Renolith, Mipolam, Vestolit, Suprotherm
PVC-P P = plasticized (weich)		gummielastisch ≈ -20 °C ... +40 °C, nicht chemikalien- und lösemittelfest, Folien abriebfest, schneid-, schweiß-, klebbar	Umleimer, Dichtungsprofile, Folien	
PE Polyethylen HD = high density LD = low density	0,91 ... 0,96	durchscheinend, elastisch bis -50 °C, schmilzt bei +115 °C, säuren-, laugen-, lösemittelbeständig, span-, form-, schweißbar	Beschlagteile, Baufolien, Wasserleitungen, Gartenmöbel, Schubkästen	Lupolen, Hostalen, Vestolen
PMMA Polymethyl-methacrylat (Acrylglas)	1,18 ... 1,19	hart, zäh, glasklar, glänzend, lichtecht, stoßfest, kratzempfindlich, chemikalien- und lösemittelbeständig, span-, polier-, klebbar, formbeständig bis +90 °C	Verglasungen, Lichtkuppeln, Leuchten	Plexiglas, Degla, Acrylglas
PS Polystyrol E = expandiert geschäumt	1,05	hart, spröde, glasklar, färbbar, wärmebeständig bis +70 °C säuren-, laugen-, alkoholbeständig, kleb-, polier-, schweißbar, schäumbar	Gefäße, Schubkästen, Wärmedämmungen	Styroflex, Hostyren, Vestyron, Styropor
PP Polypropylen	0,90	hart, wenig kältefest	Beschläge, Maschinenteile, Folien, Sitzschalen	Hostalen-PP, Novolen, Vestolen
PFTE Polytetra-fluorethylen	2,10	korrosionsbeständig, chemikalienfest, temperaturbeständig	Apparatebau, Dichtungen, E-Technik	Hostaflon, Teflon, Algoflon
PC Polycarbonat	1,20 ... 1,40	glasklar, hart, elastisch, schlagzäh, witterungs-, säuren-, laugen-, alkohol-, fett- und ölbeständig, schwer entflammbar, span-, nagel-, kleb-, schweißbar	Zeichengeräte, Haushaltswaren, Möbelbeschläge, Verglasungen, medizin. Geräte	Macrolon, Lexan
PA Polyamid z.B. 6-Polyamid	1,13	sehr zäh, hart, verschleißfest, kochfest, nicht säuren- und laugenbeständig, lösemittelbeständig, span-, kleb-, schweißbar	Möbelbeschläge, Zahnräder, Maschinenteile, Gleitmittel	Degamid, Ultramid, Rilsan

Fortsetzung **T 2.6/5**

Kurzzeichen, chemische Bezeichnung	Dichte in kg/dm³	Eigenschaften	Einsatzbereiche	Handelsnamen
ABS Acryl-Butadien Styrol Copolymere	1,04	schlagzäh, temperaturfest	Transportbehälter, Folien, Schutzhelme, Tafeln für Tiefziehen	Teluran, Novodur, Vestodur
PVAC Polyvinylacetat	1,18	durchscheinend weiß, elastisch, erweicht bei +80 °C	Klebstoff (Weißleim), Latexfarben	Kleiberit, Ponal

T 2.6/6 *Eigenschaften und Einsatzbereiche von Duroplasten*

Kurzzeichen, chemische Bezeichnung	Dichte in kg/dm³	Eigenschaften	Einsatzbereiche	Handelsnamen
PF Phenolharz Phenoplast (Phenol-Formaldehydharz)	1,25 ... 2,00	Harz: flüssig, mit Wasser verdünnbar Harzfilm: hart, zäh, spirituslöslich, nicht beständig gegen starke Säuren und Laugen	Leim, Preßmassen, Formteile, HPL-Platten	Bakelite, Hornitex, Resinol, Resopal, Getalit, Kauresin
MF Melaminharz Aminoplast (Melamin-Formaldehydharz)	≈ 1,50	Harz: mit Wasser verdünnbar, einfärbbar Harzfilm: glasig-farblos, wasserlöslich	Formteile, HPL-Dekor Leimharze, Lacke, HPL-Platten	Melan, Pressal, Ultrapass, Duropal, Resopal
UF Harnstoffharz Aminoplast (Harnstoff-Formaldehydharz)	≈ 1,50	Harz: flüssig oder Pulverform, einfärbbar Harzfilm: Härtung unter Druck + Hitze oder mit Katalysatoren, hart, spröde	Bindemittel für Spanplatten, Furnierleim	Kaurit, Urecoll, Resamin, Tegofilm
PUR Polyurethan (vernetzt)	1,10 ... 1,30	Klebstoff: flüssig Leim-Lackfilm: hart, elastisch	Klebstoffe, Lacke	Moltopren, DD-Lack, Vulkollan
EP Epoxidharz	1,10 ... 1,30	Harz: flüssig, gießbar, ausgehärtet: spröde, hart	Klebstoffe, Kunstharze, Schmelzkleber	Epoxin, UHU-plus, Lekutherm
UP ungesättigter Polyester Polyester-Styrol	1,10 ... 1,22	Lackfilm: hart, spröde, schlagempfindlich	Folien, Gießharze, Lacke	Palatal, Vestopal, Tacon

Werkstoffe – Kunststoffe

Duroplaste haben nach dem Aushärten folgende Eigenschaften:
- sehr hart, spröde, glasig-starr,
- temperaturbeständig,
- nicht schweißbar,
- nicht plastisch verformbar,
- kaum quellbar,
- weitgehend lösemittelbeständig,
- irreversibel = nicht umkehrbar (Nach dem Aushärten ist ein neuer Stoff entstanden, der nicht wieder in die Ausgangsstoffe zurückgeführt werden kann.),
- nur spanend bearbeitbar, klebbar.

Elastomere (Elastoplaste)

Elastomere entstehen durch Polymerisation oder Polyaddition. Die Großmoleküle sind räumlich locker und weitmaschig vernetzt. Elastomere sind: CR, SI, PUR-weich. Sie sind elastisch und haben ein großes Rückstellvermögen, d.h. nach Einwirkung von Druck, Zug oder Biegung wird die Ausgangsform wieder eingenommen. Elastomere sind:
- elastisch bei Zimmertemperatur (+18 °C),
- hart, spröde bei niedrigen Temperaturen,
- zersetzbar bei hohen Temperaturen,
- nicht schmelz- und schweißbar,
- quellbar (Herstellung von Schaumstoff).

T 2.6/7 Eigenschaften und Einsatzbereiche von Elastomeren

Kurzzeichen, chemische Bezeichnung	Dichte in kg/dm^3	Eigenschaften	Einsatzbereiche	Handelsnamen
CR Polychloroprene	1,23	sehr beständig	Dichtungsprofile, Kontaktkleber	Neoprene, Baypren, Pattex
SI Silikon	1,25	temperaturbeständig von -100 °C ... +200 °C, chemisch beständig	Isolierungen, Dichtungen, Versiegelungen, Abformmassen	Baysilon, Silastomer, Silopren, Silastic

T 2.6/8 Kunststoffschäume

Schaumbildung	mechanisch	physikalisch	chemisch
durch:	Untermischen von Gasen (Luft, Stickstoff), Schaumschlagverfahren	Einmischen von Treib- und Blähmitteln, die eine Volumenvergrößerung von > 50% ermöglichen	Reaktion von 2 Komponenten, z.B. Desmodur + Wasser, bei der CO_2 als Schaumerzeuger entsteht
Porigkeit	offenporig	geschlossenporig	gemischtporig
Eigenschaften	atmungsaktiv, saugfähig, hohes Rückstellvermögen, gute Schallschluckung	kein Luftaustausch, keine Kapillarwirkung, wirkt isolierend, stoß- und druckfest	selbsttragende Bauteile, eignet sich zur Verklebung, wirkt dämmend und isolierend
Verwendung	Sitzpolster, Matratzen (Latex), Schwämme (Moltopren)	Verpackungsmaterial, Isolierstoff PS-E, PUR-Schäume	Bauplatten, Integralschäume (Armlehnen), Ausschäumen von Fugen, PUR-Schäume

Werkstoffe – Kunststoffe

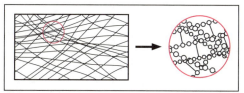

B 2.6-14 Elastomere - Molekülstruktur.

2.6.4 Schaum- und Füllstoffe

Kunststoffschäume

Die Herstellung der Schäume erfolgt aus dem Thermoplast Polystyrol PS-E, den Duroplasten Harnstoffharz UF, Epoxidharz EP und Polyurethanharz PUR-hart sowie dem Elastomer Polyurethan PUR-weich.

Geschlossenporige Schaumstoffe werden verwendet zur ==Wärmedämmung==, offenporige zur ==Schallschluckung== und gemischtporige als Stoßdämpfung.

Wärmedämmung 9.2.1, Schallschluckung 9.2.3

Füllstoffe

Füllstoffe werden Thermo- und Duroplasten zugegeben, um die Bearbeitbarkeit zu erleichtern und die Festigkeit zu erhöhen. Durch Füllstoffe werden außerdem Kunststoffe eingespart.

2.6.5 Lieferformen und Herstellungsverfahren von Kunststoffen

Lieferformen

Aus den Kunststoffen werden in industrieller Fertigung die verschiedenen Produkte wie Folien, Tafeln, Profile, Schäume, Rohre, Klebstoffe, Schaumstoffe oder Lacke hergestellt. Sie werden flüssig, pastös oder fest in verschiedenen Produktformen ausgeliefert.

Herstellungsverfahren

Urformen ist eine Fertigungstechnik, bei der die meistens thermoplastischen Kunststoffe in flüssigem Zustand geformt werden.

Extrudieren (Hinausstoßen). Das Kunststoffgranulat wird in einem beheizten Zylinder plastiziert (teigig-zäh bis flüssig) und mit einer Schnecke durch eine entsprechend geformte Düse gepreßt und abgekühlt. Je nach Konstruktion des Werkzeugs und der Düse unterscheidet man:
- Strangpressen (z.B. Rohre, Sockelleisten),
- Spritzgießen (z.B. Gehäuse, Formteile),
- Folienblasen (z.B. Folien, Tragetaschen),
- Blasformen (z.B. Flaschen, Hohlkörper).

Kalandrieren (Rollen). Plastischer Kunststoff wird durch zwei oder mehrere polierte oder strukturierte sowie heiz- und kühlbare Walzen gedrückt und dann gezogen. Es entstehen kontinuierlich endlose Folienbahnen.

T 2.6/9 Füllstoffarten

Form des Füllstoffes	Materialart des Füllstoffes	Geeignete Kunststoffarten	Einsatz, Verwendung
Mehle	Holz, Kreide, Marmor	PVC PMMA + 2/3 Aluminiumoxid Al_2O_3	Verbesserung von Brandverhalten, Abrieb, Härte
Fasern FK	Gewebefasern	UP, EP	Formteile
GFK	Glasfasern	UP, EP, PA	Mattenfliese, Beschläge, Verbundwerkstoffe
CFK	Kohlefasern	PF, CFC (Kohlekeramik)	extreme Belastungen, sehr hohe Temperaturen
Lagen	Holz (Furnier)	PF, MF	Schablonen, Panzerholz
	Papier	MF, UF, PF	HPL-Platten, KF

Werkstoffe – Kunststoffe

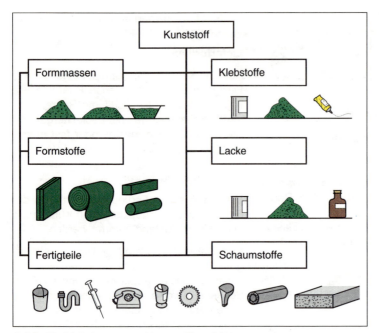

B 2.6-15 Lieferformen von Kunststoffprodukten.

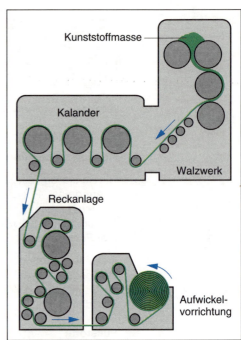

B 2.6-16 Kalandrieren.

Plattenwerkstoffe 2.5

Pressen. Der Kunststoff wird im plastischen Zustand geformt und gestaltfest aus der Form entfernt. Nach diesem Verfahren werden meist Reaktionsharzmassen (Duroplaste) zu hitzebeständigen Produkten wie Platten, Griffe, Lampen, Aschenbecher gepreßt.

Dekorative Hochdruck-Schichtpreßstoffplatten (HPL-Platten) nach DIN 19926 bestehen aus einzelnen mit Kunstharzen getränkten Papieren, die durch Hitze und Druck hergestellt werden. Dabei unterscheidet man:

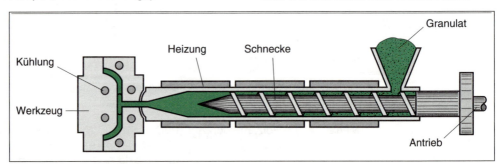

B 2.6-17 Extruder - Spritzgießen.

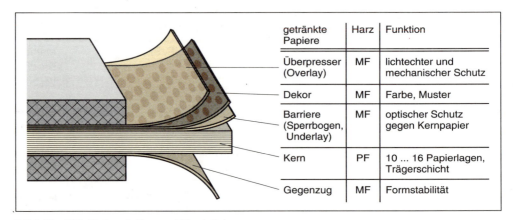

getränkte Papiere	Harz	Funktion
Überpresser (Overlay)	MF	lichtechter und mechanischer Schutz
Dekor	MF	Farbe, Muster
Barriere (Sperrbogen, Underlay)	MF	optischer Schutz gegen Kernpapier
Kern	PF	10 ... 16 Papierlagen, Trägerschicht
Gegenzug	MF	Formstabilität

B 2.6-18 HPL-Platte - Aufbau und Herstellung.

Werkstoffe – Kunststoffe

Postforming 5.5.4

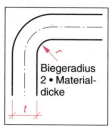

B 2.6-20 *Biegen von Thermoplasten.*

- HPL-N → Normalplatten, Standardqualität,
- HPL-P → Postformingplatten, Nachformqualität,
- HPL-F → schwerentflammbare Qualität,
- HPL-C → Kompaktplatten.

2.6.6 Verarbeiten von Kunststoffen

Umformen

Bei diesem Verfahren werden vorwiegend Formteile (z.B. Tafeln, Folien) aus Thermoplasten gebogen, abgekantet, gebördelt, gestaucht oder gezogen. Das Material muß vorher wahlweise gleichmäßig:
- in Flüssigkeiten (Wasser, Öl),
- im Wärmeschrank,
- durch Wärmestrahlen,
- im Heißluftstrom erwärmt werden.

Dabei ist zu berücksichtigen, daß sich Thermoplaste bei Erwärmung bis zu 8% ausdehnen und anschließend wieder schrumpfen.

Kleben

Alle Kunststoffe lassen sich miteinander und mit anderen Werkstoffen verkleben.

Kleben mit Lösemitteln. Die meisten Thermoplaste werden an der Klebstelle zweckmäßig mit Lösemitteln (z.B. Aceton, Xylol) vorbehandelt. Dadurch vergrößert sich der

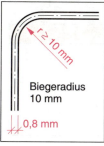

B 2.6-21 *Biegen von nachformbaren HPL-Platten.*

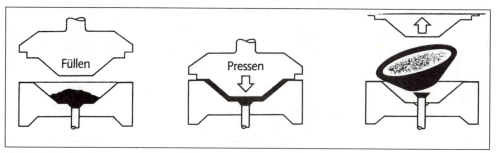

B 2.6-19 *Formpressen.*

T 2.6/10 *Umformtemperaturen*

Zustandsform	Zugfestigkeit	Dehnfähigkeit	Temperatur	Bearbeitbarkeit
Gebrauchsbereich zäh-hart hart-spröde	groß	gering	< +60 °C	spanen = sägen, hobeln, raspeln, feilen, bohren mechanisch verbinden = schrauben, kleben
Erweichungsbereich thermoelastisch	gering	groß	+60 °C ... +145 °C	umformen = biegen, prägen, tiefziehen, abkanten
Fließbereich thermoplastisch	fehlt	fehlt	> +145 °C unterschiedlich bei amorph und teilkristallin	urformen = gießen, streichen, tauchen, kalandrieren, extrudieren, pressen, schäumen, schweißen
Zersetzungsbereich chemische Zerstörung	-	-	≈ +300 °C	nicht möglich

Werkstoffe – Kunststoffe

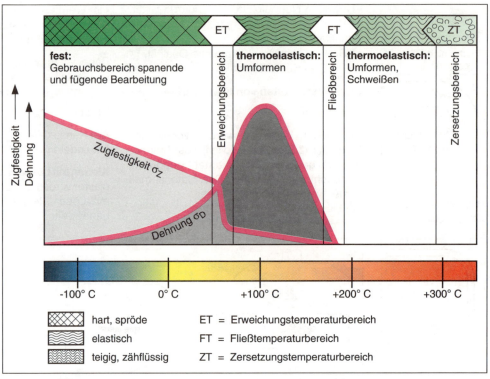

B 2.6-22 Warmverhalten - Zustandsform und Bearbeitbarkeit von Thermoplasten.

Klebstoffe 2.7.1

Kohäsion und Adhäsion 2.1.1

Molekülabstand. Beim Zusammendrücken erfolgt ein „Verhaken" der Klebeflächen. Nach dem Verdunsten des Lösemittels entsteht eine Fuge, die der Festigkeit des Thermoplasts entspricht. Man bezeichnet diese Verbindung auch als Quellschweißen.

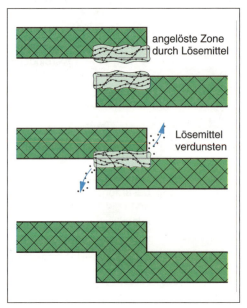

B 2.6-23 Phasen des Lösemittelklebens.

Kleben mit Klebstoffen. Bei einigen Thermoplasten wie z.B. PE (Polyethylen) hart und weich, PP (Polypropylen) sowie bei Duroplasten und Elastomeren ist das Lösemittelkleben nicht möglich. Hier wird die Festigkeit mit Klebharzen oder Schmelzklebern aufgrund von Kohäsions- und Adhäsionskräften erreicht.

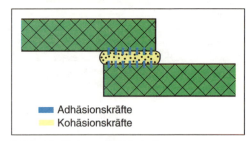

B 2.6-24 Kleben mit Klebstoffen.

Schweißen

Artgleiche Thermoplaste lassen sich durch Schweißen verbinden. Das Material wird bei etwa +150 °C erweicht, jedoch nicht wie bei Metallen geschmolzen. Die Fadenmoleküle der zusammengedrückten Fügeteile verfilzen und ermöglichen so eine Verbindung. Die Schweißverfahren lassen sich entsprechend den Wärmequellen einteilen.

T 2.6/11 Schweißmöglichkeiten

Wärmequelle	Warmgas	Heizelement	Reibung	Hochfrequenz	Ultraschall
Erwärmung durch	Heißluft (von außen)	aufgeheiztes Metallelement (von außen)	Druck und Reibung im Werkstoff	Molekularbewegung im Werkstoff, elektrisches Wechselfeld	Schwingungen im Ultraschallbereich (20...22 kHz) der Sonotrode
Durchführung					
Anwendung	Folien, Rohre, Platten	Folien, Rohre, Platten	Rohre, Stangen	Folien, Platten	Nieten, Formteile, Einsatz von Metallteilen

Trennen

Thermoplaste und Duroplaste werden durch Sägen, Bohren, Fräsen, Hobeln, Feilen, Schleifen und Polieren spanend bearbeitet.

Thermoplaste sind wärmeempfindlich, meist unelastisch und wenig dehnbar.
Deshalb gilt für die spanende Bearbeitung:
- geringe Vorschubgeschwindigkeit und geringe Schnittkraft, damit die Schneiden an den Werkzeugen nicht verkleben,
- Werkzeugschneiden aus SS-Stahl,
- Kühlung der Reibungsflächen (geeignet ist Druckluft),
- separate Absaugung gesundheitsschädlicher Stäube und Dämpfe,
- Verwendung eines Atemschutzes. Besonders bei Bearbeitung von PVC enteht giftiges Chlorgas HCl.

Duroplaste sind hart und spröde. Bei der maschinellen spanenden Bearbeitung ist zu achten auf:
- hohe Schnittgeschwindigkeit und geringe Schnittkraft, damit ausrißfreie Schnittflächen entstehen,
- Einsatz von HM- oder diamantbestückten Werkzeugschneiden mit entsprechender Zahnform und Winkelstellung, damit der Standweg möglichst lang wird,
- separate Absaugung gesundheitsschädlicher Stäube.

Schneidstoffe 2.11.6

Zahnform 4.3.3

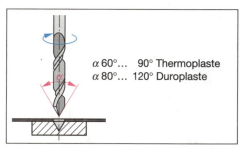

α 60°... 90° Thermoplaste
α 80°... 120° Duroplaste

B 2.6-25 Winkel am Bohrer.

2.6.7 Arbeitssicherheit beim Verarbeiten von Kunststoffen

Durch ihren makromolekularen Aufbau sind Kunststoffe im allgemeinen nicht gesundheitsgefährdend. Werden sie jedoch mechanisch zerkleinert oder durch Lösemittel in Monomere zerlegt, können sie vom Körper leicht aufgenommen und eine Gefahr für die Gesundheit werden. Alle spezifischen Bearbeitungs- und Verarbeitungsrichtlinien sind in den „Technischen Merkblättern" der Hersteller aufgeführt. Sie geben Auskunft über:
- Art- und Zusammensetzung des Stoffes,
- physikalische und sicherheitstechnische Angaben,
- Transportvorschriften,
- Kennzeichnung und Gefahrenhinweise,
- Schutzmaßnahmen, Lagerung und Handhabung,

Werkstoffe – Kunststoffe

T 2.6/12 Gesundheitsschäden

Schäden durch	Entstehung bei	Verhütung/Maßnahmen[1]
Harze, Härter	Kondensations-, Polyester- und Epoxidharzen, Härtern (Säuren, Laugen) → Formaldehyd dunstet nach	Bei Härtern unbedingt Schutzbrillen anlegen, Hautkontakte vermeiden. Bei formaldehydhaltigen Harzen wegen krebserzeugender Wirkungen Spezialmasken verwenden
Lösemittel	Verwendung und Bearbeitung (Erhitzung) → Giftige Dämpfe und Gase werden freigesetzt	Arbeiten nur unter Abzug ausführen, Schutzbrillen benutzen, Rauchen und offenes Licht verboten, Körper und Kleidung nach Arbeit gründlich reinigen
Stäube	Säge- und Schleifarbeiten	Feinstaubfiltermasken verwenden, Spezialabsaugung oder Naßbearbeitung wählen

Gefahrstoffverodnung 1.2.2

[1] Spezielle Regeln und Verhaltensmaßnahmen beim Umgang mit Gefahrstoffen sind in Merkblättern der Holz-BG aufgeführt.

T 2.6/13 Bestimmungsmöglichkeiten für Kunststoffe

Prüfmethoden	Verhalten	PVC-U	PVC-P	PE	PS	PMMA	PTFE	UP	EP	PUR	UF	MF	PF
H₂O	schwimmt			X									
	schwimmt nicht	X	X		X	X	X	X	X	X	X	X	X
	brennt	X	X			X	X	X	X				
	brennt rußend				X							X	X
	Tropfen brennen			X									
	brennt nicht											X	
	brennt weiter		X	X	X	X		X	X				
	brennt nicht	X					X			X	X		X
Nase	stechend	X	X										
	nach Paraffin			X									
Essigsäureester	keine Anlösung			X			X				X	X	X
	teils Anlösung			X				X	X	X			
	Anlösung	X	X		X	X							

Werkstoffe – Kunststoffe

- Maßnahmen bei Unfällen und Bränden,
- Angaben zur Toxikologie,
- Angaben zur Ökologie,
- Abfall- und Reststoffbeseitigung.

2.6.8 Bestimmung von Kunststoffen

Bei der Be- und Verarbeitung von Kunststoffen kann es vorkommen, daß bei einem Kunststoffprodukt die Materialbezeichnung fehlt. Einfache Prüfmethoden ermöglichen das Bestimmen des Kunststoffs. Dabei sind vorgeschriebene Schutz- und Unfallverhütungsvorschriften vor allem bei der Brennprobe zu beachten.

2.6.9 Entsorgung von Kunststoffen - Umweltschutz

Wegen ihrer Struktur und Zusammensetzung haben Kunststoffe lange Gebrauchszeiten und verrotten kaum. Dabei setzen sie unter Umständen giftige Stoffe frei. Deshalb bereitet die Kunststoffentsorgung vielfach Probleme.

Abfallvermeidung. Alle Wirtschaftszweige produzieren Kunststoffabfälle. Da die Entsorgung problematisch ist, muß der Abfall vermieden oder vermindert werden. Das ist möglich durch:
- Mehrwegverpackungen,
- Verwendung leistungsfähiger und wiederverwendbarer Kunststoffe,
- Verminderung des Kunststoffverbrauchs.

Wiederverwertung. Viele Kunststoffe verrotten nicht und müssen einer Wiederverwertung (Recycling) zugeführt werden.

Stoffliche Verwertung bedeutet das Sammeln sortenreiner oder gemischter Kunststoffabfälle, die zerkleinert, gesäubert, eingeschmolzen und neu geformt werden.

Chemische Verwertung erfolgt durch:
- Pyrolyse - Zersetzung durch Hitzeeinwirkung,
- Hydration - chemische Anlagerung von Wasserstoff an ungesättigte Verbindungen. Dadurch oft Rückführung auf die wiederverwendbaren Ausgangsstoffe.

Energetische Verwertung ist die ungünstigste Möglichkeit, da hierbei oft giftige Gase entstehen, die aufwendig gebunden werden müssen. Beim Verbrennen werden bei 1 kg Polyethylen 46030 kJ frei, im Vergleich dazu bei 1 kg Kohle nur 29000 kJ.

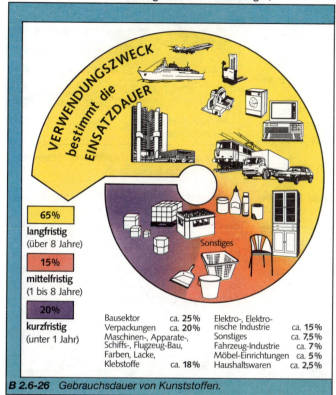

B 2.6-26 Gebrauchsdauer von Kunststoffen.

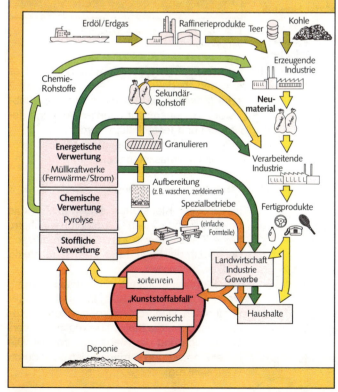

B 2.6-27 Verwertung von Kunststoffen.

Aufgaben

1. Nennen Sie fünf Eigenschaften von Kunststoffen, die günstiger als Holzeigenschaften sind!

Werkstoffe – Klebstoffe und Montageschäume

2. Erklären Sie den Vorgang der Polymerisation!
3. Worin besteht der Unterschied zwischen Polykondensation und Polyaddition?
4. Warum werden Kunststoffe auch als polymere Werkstoffe bezeichnet?
5. Wodurch unterscheiden sich Thermoplaste, Duroplaste und Elastomere in ihren Molekülstrukturen?
6. Erklären Sie den Unterschied zwischen innerer und äußerer Weichmachung!
7. Nennen Sie fünf allgemeine Eigenschaften der Duroplaste!
8. Welche Eigenschaften haben Elastomere?
9. Warum nennt man Duroplaste härtbare Kunststoffe?
10. Nennen Sie die drei Möglichkeiten der Schaumbildung bei den Schaumstoffen sowie deren unterschiedliche Verwendung!
11. Erklären Sie den Begriff Rückstellvermögen!
12. Welche Kunststoffe werden zum Schäumen verwendet?
13. Erläutern Sie das Lösemittelkleben!
14. Worauf ist beim maschinellen Trennen von Thermoplasten zu achten?
15. Mit welchen Prüfmethoden läßt sich eine Kunststoffart bestimmen?
16. Nennen Sie vier Angaben, die in den „Technischen Merkblättern" der Hersteller aufgeführt sind!
17. Welche Erwärmungsmöglichkeiten gibt es beim Schweißen von Thermoplasten?
18. Erläutern Sie Möglichkeiten zur Entlastung der Umwelt beim Verarbeiten von Kunststoffen!

Makromoleküle 2.1.1, 2.6.3

2.7 Klebstoffe und Montageschäume

Klebstoffe verbinden Körper stoffschlüssig, ohne deren Form, Struktur und Eigenschaften zu ändern.

2.7.1 Grundlagen des Klebvorganges

Klebfestigkeit

Kohäsion, Adhäsion 2.1.1

Adhäsion und Kohäsion. Klebverbindungen erreichen ihre Festigkeit durch Molekularkräfte als:
- Adhäsionskräfte zwischen den Molekülen des Klebstoffes und der Fügeteile (Oberflächenhaftung) und als
- Kohäsionskräfte zwischen den Molekülen der Klebstoffschicht.

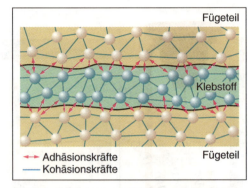

B 2.7-1 *Adhäsions- und Kohäsionskräfte in der Klebverbindung.*

Mechanische Adhäsion. An rauhen oder porigen Flächen wird die Oberflächenhaftung durch mechanische Verankerung des verfestigten Klebstoffes in Vertiefungen der Fügeflächen zusätzlich unterstützt. Beim Kleben oberflächenglatter Werkstoffe wie Kunststoffe, Metalle oder Glas wirken ausschließlich Adhäsions- und Kohäsionskräfte.

B 2.7-2 *Mechanische Adhäsion in der Klebverbindung.*

Für die Festigkeit der Klebverbindung ist es erforderlich, daß:
- die Moleküle der Fügeteile und des Klebstoffes in einen sehr geringen Abstand gebracht und festgehalten werden,
- die Moleküle des Klebstoffes möglichst große Molekülmassen haben.

Physikalische Vorgänge

In flüssigen Klebstoffen sind die Moleküle beweglich und können sich dadurch annähern. Feste Klebstoffe wie z.B. Klebfolien müssen deshalb in der Fuge durch Wärme kurzzeitig verflüssigt werden.
Die Klebstoffmoleküle rücken zusammen, wenn Lösemittelmoleküle abwandern oder verdunsten. Dadurch vergrößern sich die Kohäsionskräfte, die Molekülbeweglichkeit verringert sich und der Klebstoff wird fest. Die Molekülbewegung verringert sich auch durch Wärmeentzug.

Werkstoffe – Klebstoffe und Montageschäume

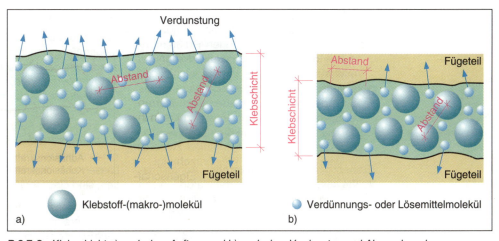

B 2.7-5 Auslaufbecher.

B 2.7-3 Klebschicht a) nach dem Auftrag und b) nach dem Verdunsten und Abwandern der Verdünnungs- oder Lösemittelmoleküle.

↗ Wärme, Druck 2.1.1

↗ Schmelzpunkt 2.1.1

Der Ablauf der physikalischen Vorgänge beim Kleben (auch als „Abbinden" bezeichnet) hängt ab von der:
- Viskosität des Klebstoffes,
- Holzfeuchte,
- Benetzbarkeit der Fügeflächen und
- Wärmezufuhr und Druckeinwirkung.

Die Viskosität ist ein Maß für die innere Reibung zwischen den Molekülen einer Flüssigkeit. Sie kennzeichnet die Fließfähigkeit oder Zähigkeit und damit die Beweglichkeit der Moleküle von Klebstoffen, Lacken u.a. Flüssigkeiten.

Kugelfallviskosimeter. Die Prüfflüssigkeit wird in eine Glasröhre gefüllt. Mit der Stoppuhr bestimmt man die Zeit, in der eine genormte Metallkugel eine bestimmte Fallstrecke zurücklegt. Aus den Werten wird die Viskosität in mPa·s berechnet. Große Werte bedeuten Zähflüssigkeit.

Auslaufbecher. Die Auslaufzeit bis zum Abreißen des Flüssigkeitsfadens wird mit der Stoppuhr bestimmt und in Auslaufsekunden angegeben. Die Meßwerte in mPa·s und Auslaufsekunden sind nicht ineinander umrechenbar.

Die Viskosität von Klebstoffen vergrößert sich deutlich bei zu langer Lagerung und durch offengebliebene oder undichte Gefäße (→ Verdunsten von Löse- und Verdünnungsmitteln). Löse- und dispersionsmittelhaltige Klebstoffe können in Grenzen verdünnt werden. Dadurch wird die Fließfähigkeit verbessert.

Lösemittelfreie Schmelzkleber oder Klebfolien müssen vor dem Abbinden über den Schmelzpunkt hinaus erwärmt und dadurch verflüssigt werden.

Holzfeuchte. Viele Holzklebstoffe enthalten Wasser als Verdünnungsmittel. Dieses verdunstet teilweise, wandert aber zum großen Teil aus der Fuge in die Fügeteile ab. Diese sollten aus folgenden Gründen eine Holzfeuchte zwischen 5% ... 12% haben:

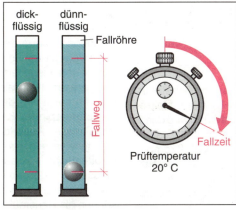

B 2.7-4 Kugelfallviskosimeter.

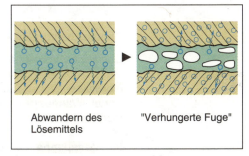

B 2.7-6 „Verhungerte" Fuge durch zu starke Wasserabwanderung in die Fügeteile.

107

Werkstoffe – Klebstoffe und Montageschäume

Verleimfehler 5.5.3

- Zu hohe Holzfeuchten verlängern die Abbindezeiten, begünstigen den Leimdurchschlag und führen bei hohen Preßtemperaturen oft zu Dampfblasenbildung und Verleimfehlern.
- Zu niedrige Holzfeuchten beschleunigen die Abwanderung. Das Abbinden wird gestört, weil die Moleküle in ihrer Beweglichkeit eingeschränkt werden – die Klebfuge „verhungert".

Benetzbarkeit der Fügeteile. Adhäsionskräfte können nur ausgebildet werden, wenn die Fügeteiloberflächen vom Klebstoff benetzt werden. Harze, Fette und Öle, Preßrückstände, Verschmutzungen und Staubablagerungen schränken das Benetzen der Fügeflächen stark ein und begünstigen die Bildung von Luftblasen. Deshalb müssen die Klebflächen vor dem Auftrag sauber und staubfrei sein.

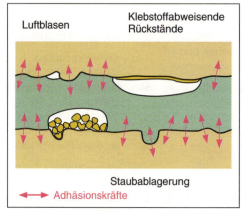

B 2.7-7 Klebstoffabweisende Rückstände und Staubablagerungen verschlechtern die Benetzbarkeit.

Benetzbarkeit 2.1.1

Lange gelagertes oder geschliffenes Holz ist schlechter benetzbar als frisch geschnittenes Holz. Die Holzoberfläche muß besonders gründlich abgewischt oder abgebürstet und abgesaugt werden.

Chemische Vorgänge

Syntheseverfahren 2.6.2

Topf- oder Gebrauchszeit 2.7.2

Chemische Vorgänge finden in Klebstoffen statt, bei denen erst in der Klebfuge Makromoleküle entstehen. Das Aushärten wird durch Härter, Wärmeeinwirkung oder das Zusammentreffen verschiedener Klebstoffkomponenten ausgelöst und läuft nur in einer begrenzten Zeitspanne ab. Unbedingt sind die Verarbeitungshinweise der Hersteller zu beachten.

Fugenausbildung und -beanspruchung

Fugenausbildung. Beim Festwerden der Klebstoffe treten oft Schrumpfungserscheinungen in der Klebschicht auf, die die Belastbarkeit der Verbindungen einschränken. Diese Schrumpfspannungen können durch:
- dünne Klebfugen (bei paßgenauer Bearbeitung, geringer Auftragsmenge, ausreichendem Preßdruck) sowie
- Zumischen von Füllmitteln verringert werden. Lassen sich dickere Klebfugen nicht vermeiden, sind elastische Klebstoffe auszuwählen.

Fugenbeanspruchung. Je nach Anwendungsbereich, Kraftangriff und -größe und nach Feuchtigkeits- oder Witterungseinflüssen werden unterschiedliche Ansprüche an Klebverbindungen gestellt.

2.7.2 Verarbeitung von Klebstoffen

Verarbeitungsschritte. Die Verarbeitung von Klebstoffen erfolgt in mehreren aufeinanderfolgenden Arbeitsschritten. Um Holzschädigungen, Störungen und Fehlverklebungen zu vermeiden, müssen die Verarbeitungsrichtlinien der Hersteller beachtet werden. Insbesondere sind Mischungsverhältnisse, Konzentrationen, Reaktionszeiten und Temperaturen einzuhalten. Vielfach sind spezielle Unfallverhütungsvorschriften zu beachten.

VBG 81 §§ 9, 14...17

Die Verarbeitungsverfahren sind klebstoffabhängig und müssen den fertigungstechnischen Bedingungen und der Ausrüstung des Betriebes angepaßt werden. Klebstoffe werden kalt (bis 40 °C), warm (40 °C ... 90 °C) oder heiß (über 90 °C) verarbeitet.

Entsorgen von Klebstoffen. Viele Klebstoffe enthalten gesundheitsschädigende, wassergefährdende oder giftige Stoffe (Formaldehyd, organische Lösemittel, Cyanverbindungen). Sie zwingen zu sachgemäßer Lagerung (Bedingungen, Zeit) und sparsamer Verwendung. Beim Verarbeiten und Reinigen entstehende Abfälle und ausgehärtete Klebstoffreste müssen gesammelt und als Sondermüll behandelt und entsorgt werden. Das gilt auch für Klebstoffgebinde, Kartuschen und andere Behältnisse. Auch das Einleiten von Reinigungswasser mit gelösten Klebstoffanteilen in öffentliche Abwasseranlagen ist bei der Wasserbehörde genehmigungspflichtig. Reste von natürlichen und PVAC-Klebstoffen können als Hausmüll entsorgt werden.

Werkstoffe – Klebstoffe und Montageschäume

T 2.7/1 *Beanspruchungsgruppen für Klebverbindungen aus Holz und Holzwerkstoffen für nichttragende Bauteile*

Beanspruchungs-gruppe	D 1	D 2	D 3	D 4
Anwendungs-bereiche	Innenbereiche mit niedriger Luftfeuchte und kurzzeitig mehr als 50 °C, Holzfeuchte maximal 15%	Innenbereiche mit zeitweise hoher Luftfeuchte und kurzzeitiger Wassereinwirkung, Holzfeuchte maximal 18%	Innenbereiche mit hoher Luftfeuchte und kurzzeitiger Wassereinwirkung, Außenbereiche vor Witterungseinwirkungen geschützt	Innenbereiche mit häufiger Wassereinwirkung, Außenbereiche mit Witterungseinwirkung bei angemessenem Oberflächenschutz
Kurzbezeichnung	nicht wetterbeständig, trockenfest	nicht wetterbeständig, feuchtfest	begrenzt wetterbeständig, bedingt kaltwasserbeständig	witterungsbeständig, kochwasserfest
Zugeordnete Verleimungsarten und Holzwerkstoffklassen (nach DIN 68800 T 2)				
Sperrholz (DIN 68705)	IF 20 BFU 20, BST 20, BSTAE 20	IF 67 BFU 100, BST 100 BSTAE 100	A 100, BFU 100G, BST 100G, BSTAE 100G,	AW 100 BFU 100G, BST 100G, BSTAE 100G
Spanplatten, flachgepreßt (DIN 68763)	V 20	V 100	V 100 V 100 G	V 100G
Spanplatten, stranggepreßt (DIN 68764)	SV 1, TSV 1 SR 1	SV 2, TSV 2 SR 2		
Anwendungs-beispiele	Möbel, Inneneinbauten in trockenen Räumen, Innentüren	Einbauten, Möbel in Feuchträumen wie Küchen und Bäder, Innentüren, bedingt Fenster	Einbauten in Naßräumen, Türen in überdachten Bereichen, Fenster	Außentüren, Fenster, Einbauten in Hallenbädern, Räume mit Klimaeinwirkung

T 2.7/2 *Verarbeitungsverfahren*

Verfahren	Merkmale und Bedingungen	Klebstoffe
Traditionelles Verfahren
Leim	Klebstoffauftrag einseitig ggf. nach Vorwärmen, Abbinden durch Lösemittel- und/oder Wärmeentzug	gebrauchsfertige und wasserhaltige natürliche und synthetische Klebstoffe
Vorstreichverfahren
Klebstoff Härter	Klebstoff und Härter bzw. Zusatzstoffe kommen getrennt auf je eine Fügefläche, Aushärten beginnt mit dem Fügen	synthetische Mehrkomponentenklebstoffe, Polykondensationsklebstoffe

Werkstoffe – Klebstoffe und Montageschäume

Fortsetzung **T 2.7/2**

Verfahren	Merkmale und Bedingungen	Klebstoffe
Untermischverfahren	Klebstoffkomponenten werden vor dem Auftrag vermischt, Gebrauchsdauer (Topfzeit) beginnt mit dem Mischen	warm- oder heißhärtende Polykondenstionsklebstoffe
Reaktivierungsverfahren	Verflüssigung des vorher aufgetragenen Klebstoffs (meist durch Wärme), Fügen im verflüssigten Zustand	Schmelzklebstoffe besonders auf vorbeschichtetem Schmalflächenmaterial
Kontaktklebeverfahren	Auftrag des Klebstoffs auf beide Fügeflächen, anschließendes Ablüften (offene Wartezeit), Fügen durch kurzzeitiges kräftiges Zusammendrücken	Polychloroprenklebstoffe (Alleskleber)

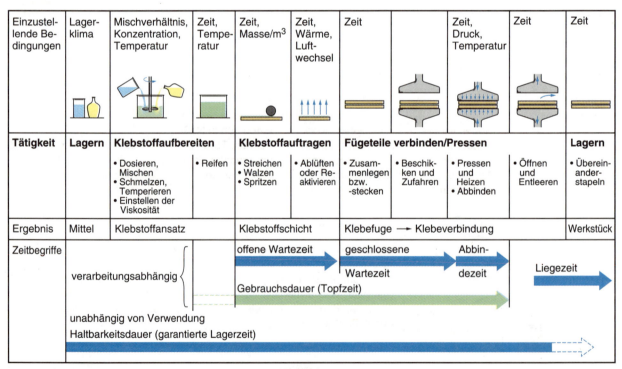

B 2.7-8 *Arbeitsschritte und Zeitbegriffe für die Klebstoffverarbeitung.*

2.7.3 Klebstoffarten

Bestandteile

Klebstoffe unterscheiden sich durch ihre Bestandteile. Ihre Rezepturen sind den speziellen Anforderungen, Werkstoffen und Verarbeitungsbedingungen angepaßt.

Begriffe und Einteilung

Die Bezeichnung Klebstoff ist der Oberbegriff. Nach DIN 16920 wird unterschieden zwischen:
- Leim mit in Wasser gelösten Grundstoffen und
- Dispersionsklebstoff mit dispergierten Grundstoffen.
- Lösemittel-, Kontakt- und Haftklebstoffe mit organischen Lösemitteln sowie
- Schmelzklebstoffe ohne Lösemittel.

Vielfach werden die Klebstoffe nach dem Klebgrundstoff eingeteilt und bezeichnet (DIN 4076).

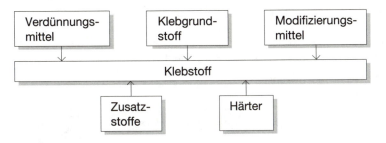

Syntheseverfahren
2.6.2

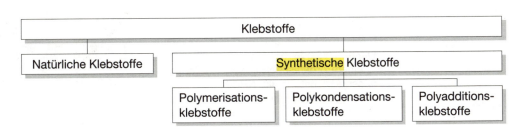

T 2.7/3 Klebstoffe - Bestandteile

Bestandteil	Aufgabe und einsetzbare Stoffe
Klebgrundstoff	Hauptträger der Klebeigenschaften, bestimmt Verarbeitungsbedingungen, Abbindeverhalten und Fugeneigenschaften
Verdünnungsmittel	Löse- oder Dispersionsmittel für den Klebgrundstoff verändert Viskosität und Konzentration des Klebstoffes: z.B. Wasser oder organische Lösemittel
Modifizierungsmittel	nehmen z.T. an der Härtereaktion teil, beeinflussen Elastizität und Beständigkeit
Härter	lösen das Aushärten des Klebgrundstoffes aus und beschleunigen es: z.B. Säuren, säurebildende Salze, Hydroxide
Streckmittel	sind selbstklebend, verringern den Klebstoffverbrauch, verbessern die Fugeneigenschaften: z.B. stärkehaltige, ungereinigte Mehle
Füllmittel	nicht selbstklebend, vermindern den Klebstoffverbrauch, erhöhen die Viskosität, verhindern Klebstoffdurchschläge und vermindern Schrumpfspannungen: z.B. Gesteinsmehle, Schalenmehle, Kunststoffpulver, Mineralweiß
Farbstoffe	verändern die Farbe der Fuge: z.B. Anilin- und Pigmentfarben
Haftvermittler	verbessern die Benetzbarkeit und Haftfestigkeit, z.B. lacklösende Mittel

Natürliche Klebstoffe

Natürliche Klebstoffe werden heute nur noch selten angewendet.

Glutinleim wird aus Knochen, Haut- oder Lederresten gewonnen. Er ist in Tafel-, Perlen-, Flocken- und Pulverform lieferbar.

Verarbeitung. Nach dem Einquellen und Erwärmen im Wasserbad auf höchstens 70 °C wird der Leim warm auf vorgewärmte Flächen aufgetragen.

Die Fugen sind elastisch, nicht feucht- und temperaturbeständig und nur für Innenverwendung geeignet. Schädigungen durch Bakterien oder Schimmelpilze sind möglich.

Polymerisationsklebstoffe

Die durch Polymerisation gewonnenen Klebgrundstoffe sind im Klebstoff:
- fein verteilt (dispergiert) → Dispersionsleime wie KPVAC oder KUP,
- in einem organischen Lösemittel gelöst → flüssige Klebstoffe wie KPCB,
- durch Wärmezufuhr (ohne Verdünnungsmittel) zu verflüssigen → feste Schmelzkleber.

Die Klebgrundstoffe sind Plastomere (Ausnahme: Kontaktkleber sind Elastomere). Bei Temperaturen über 80 °C (abhängig von der Art) erweicht die Klebfuge und kann sich lösen. Bei Dauerbelastung verschieben sich die kettenförmigen Makromoleküle gegeneinander („kalter Fluß"), so daß keine Dauerschubkräfte aufgenommen werden können. Deshalb sind diese Klebstoffe für tragende Verbindungen im Holzleimbau verboten.

Die Fugen sind elastisch, durchsichtig bis weißlich und entsprechen der Beanspruchungsgruppe D 2.

Weiße Holzleime KPVAC bestehen aus Polyvinylacetat-Dispersionen. Sie sind weit verbreitet und werden gebrauchsfertig geliefert. Geeignet sind sie vor allem für Montageklebungen. Für Furnierarbeiten werden sie seltener eingesetzt.

Das Abbinden kann durch Wärmezufuhr bis 60 °C beschleunigt werden. Beim Unterschreiten des Weißpunktes (-5 °C ... 8 °C) wird das Abbinden gestört. Die Klebschicht sieht weiß aus und entwickelt keine Klebfestigkeit. Durch vorsichtiges Erwärmen kann man die Verwendbarkeit evtl. wiederherstellen.

Mischleime mit geringen Harnstoffharz-Anteilen (≤ 10%) werden mit Härter verarbeitet.

Diese Leime härten zusätzlich chemisch aus. Dadurch erhöht sich die Temperaturbeständigkeit und die Feuchtfestigkeit auf Kosten der Elastizität.

Lackleime enthalten Lacklösemittel oder spezielle Kunstharzzusätze, die auf Kunststoffoberflächen sehr große Adhäsionskräfte entwickeln. Mit diesen Leimen können Zierleisten befestigt oder Montageklebungen ausgeführt werden, ohne daß Lackschichten beseitigt oder aufgerauht werden müssen. Ein Fügeteil muß in der Regel saugfähig sein. Der Leim darf allerdings nicht aus der Fuge drücken.

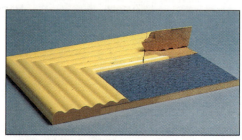

B 2.7-9 Bindefestigkeit von Lackleimen auf Lack- oder Kunststoffoberflächen.

Folienklebstoffe KUP bestehen aus Polyacrylsäureester-Dispersionen. Der Klebstoff wird auf die Trägerplatten gewalzt und erreicht nach kurzer offener Zeit bei Temperaturen zwischen 20 °C ... 40 °C und mäßigem Preßdruck eine große Anfangshaftung. Die endgültige Fugenfestigkeit wird erst nach einigen Stunden Liegezeit erreicht.

Diese Klebstoffe sind besonders für den Einsatz auf Kaschier- und Profilummantelungsanlagen entwickelt worden.

Kontaktklebstoffe KPCP enthalten organische Lösemittel, in denen Polychloropren, oft Naturkautschukzusätze und Vernetzer/Härter gelöst sind. Der Auftrag erfolgt auf beide Fügeflächen. Nach ausreichendem Ablüften genügt ein kurzer und kräftiger Druck zum Herstellen der Verbindung.

Es können verschiedene Werkstoffe – wie Holz, Holzwerkstoffe, Polstermaterialien, Stoffe, Leder, Kunststoff- und Metallfolien – mit- und untereinander verklebt werden. Härter bewirken eine Vernetzung, durch die die Elastizität verringert, die Wärmebeständigkeit aber erhöht wird. Die entweichenden Lösemittel bilden oft explosive und gesundheitsschädigende Gasgemische, die abgesaugt werden müssen und spezielle Schutzmaßnahmen erfordern.

Plastomere, Elastomere 2.6.3, Bekleben von Breit- und Schmalflächen 5.5.3, 5.5.4, offene Zeit 2.7.2

Kaschieranlagen 4.5.3, 4.5.4

Werkstoffe – Klebstoffe und Montageschäume

VBG 81 §§ 3, 4, 9, 14

Schmelzklebstoffe KSCH enthalten keine Lösemittel. Je nach Fabrikat werden unterschiedliche Klebgrundstoffe eingesetzt. Weitere Zusätze sind Farbstoffe, Schutzmittel gegen Alterung und Schimmelbildung.
Der Klebstoffauftrag erfolgt bei Montageklebungen mit der Schmelzkleberpistole, beim Bekleben von Schmalflächen durch Walzen oder Schwertdüsen. Der Schmelzkleber erstarrt sehr rasch durch Abkühlung. Deshalb müssen die Maschinen zum Bekleben der Schmalflächen mit großen Vorschubgeschwindigkeiten arbeiten.
Schmelzkleber auf PUR-Basis erfordern am Arbeitsende ein Nachspülen maschineller Auftragseinrichtungen mit EVA-Schmelzkleber.

Polykondensationsklebstoffe

Polykondensation 2.6.2,
Klebfolien 2.7.1

Für den Klebgrundstoff werden Harnstoff, Melamin oder Phenolabkömmlinge mit wässriger Formaldehydlösung zur Reaktion gebracht. Die Polykondensation wird unterbrochen. Das Vorkondensat wird verdünnt und als Flüssigleim ausgeliefert oder zu Pulverleim oder Klebfolien weiterverarbeitet.
Klebfolien für Flächenverleimungen sind harzgetränkte und getrocknete Papierbahnen, die zwischen die Fügeteile eingelegt werden. Durch hohe Preßtemperaturen wird der Klebstoff in der Fuge fließfähig.
Bei der Verarbeitung wird die Polykondensation durch Härter oder/und Wärmezufuhr

VBG 81 §§ 9, 12, 16

wieder eingeleitet. Der Klebstoff härtet in der Fuge aus. Das Abbinden erfolgt durch Abwandern und Verdunsten des Verdünnungsmittels.
Alle Polykondensationsleime sind Duromere und ergeben harte und spröde Fugen, die nicht mehr zu erweichen oder zu lösen sind. Phenolverbindungen und Formaldehyd sind giftig. Der Arbeitsplatz muß ausreichend belüftet werden, Hautkontakte sind zu vermeiden und Reste sind sachgemäß zu entsorgen. Handschuhe tragen und öfter die Hände waschen!

Polyadditionsklebstoffe

Die meist lösemittelfreien Zweikomponenten-Klebstoffe werden in luftdicht verschließbaren Tuben, Büchsen oder Patronen in kleinen Mengeneinheiten geliefert. Die beiden flüssigen oder pastösen Komponenten werden erst unmittelbar vor der Verwendung gemischt und nach einer Reifezeit aufgetragen. (Herstellerangaben beachten!)

Polyadditionsklebstoffe müssen während einer bestimmten Topfzeit verarbeitet werden. Sie entwickeln große Adhäsions- und Kohäsionskräfte und sind hoch belastbar. Ihr Preis und umfangreiche Sicherheitsvorkehrungen bei der Verarbeitung rechtfertigen den Einsatz nur für spezielle Anwendungsfälle.

Epoxidharzkleber KEP werden als kalt- oder heißhärtende Zweikomponentenklebstoffe auf die Fügefläche einseitig aufgetragen. Die Härtezeit beträgt bei Kaltklebung 24 Stunden und vermindert sich bei Temperaturen bis 200 °C auf eine Stunde.
Besonders geeignet ist der Klebstoff für Metall-, Glas-, Keramik- und Kunststoffverbindungen untereinander und mit Holz.

Polyurethanklebstoffe

Zweikomponentenklebstoffe werden im Untermischverfahren vorbereitet. Sie werden für belastbare Montageklebungen eingesetzt.

Einkomponentenklebstoffe enthalten selten Lösemittel. Wirkt Feuchte auf den Klebstoff ein, härtet er sehr schnell aus. Er muß deshalb bis zum Auftrag unter Luftabschluß aufbewahrt werden. Einkomponentenklebstoffe werden als Schmelzkleber für Schmalflächen und Profilummantelungen in Soft- und Postforminganlagen verwendet. Sie haften auf lackierten Flächen, Folien, Schichtpreßstoffen, Metallen und Kunststoffen.

T 2.7/4 Vergleich verschiedener Schmelzklebstoffe

Klebgrundstoff	Ethylenvinylacetat EVA	Polyamid PA	Polyurethan PUR
Wärmebeständigkeit in °C	80	130	150
Kältefestigkeit in °C bis	-15	-30	-40
Feuchtfestigkeit	befriedigend	gut	gut
Beanspruchungsgruppe	D 1	D 2	D 3, D 4
Fugendicke in mm	0,15 ... 0,25	0,1 ... 0,15	0,1 ... 0,15
Verarbeitungstemperatur in °C	220	260	160 ... 180

Werkstoffe – Klebstoffe und Montageschäume

T 2.7/5 *Gebräuchliche Polykondensationsklebstoffe*

Klebstoffarten	Verarbeitungsbedingungen	Klebfuge	Verwendung
Harnstoff-Formaldehyd-Leim (Harnstoffharzleim) KUF	Kalt- oder Heißhärterzugabe nach dem Vorstreich- oder Untermischverfahren, Reaktionsgeschwindigkeit ist von Härterart und Wärmezufuhr abhängig, Heißklebung über 100 °C, bei 120 °C Preßzeit etwa 1 min	farblos bis weißlich, Beanspruchungsgruppen D 1, D 2	Kaltleime vor allem für Montageklebungen, Warm- oder Heißleime bevorzugt zum Furnieren und für Schmalflächenklebung
Melamin-Formaldehyd-Leim (Melaminharzleim) KMF	Reaktionsgeschwindigkeit größer als bei KUF, als Heißleim bei Temperaturen bis 140 °C ohne Härterzusatz, für seltene Kaltklebungen ist Härterzusatz notwendig	durchsichtig, hell, wasserbeständig, Beanspruchungsgruppen D 2, D 3	witterungsbeständige Furnierarbeiten, Imprägnieren der Laminate für Schichtpreßstoffplatten
Phenol-Formaldehyd-Leim (Phenolharzleim) KPF	Bei Kaltklebungen Säurehärter vorstreichen oder untermischen (Reifezeit 15 min, Gebrauchsdauer 3 Stunden), Heißklebung ohne Härterzusatz bei Temperaturen zwischen 130 °C ... 150 °C (→ lange Abdunstzeit notwendig)	bräunlich, spröde, wasserfest, Beanspruchungsgruppe D 3	Kaltleime für Montageklebungen, Heißleime ausschließlich für Plattenherstellung
Resorcin-Formaldehyd-Leim KRF	Verarbeitung bei Normaltemperatur, Beschleunigung der Aushärtung durch formaldehydabspaltende Zusätze (Resorcin = Phenolabkömmling)	braunrot, etwas elastisch, kochfest, Beanspruchungsgruppe D 4	hochbelastbare Montage- und Brettschichtklebungen im Holzleimbau

VBG 81 §§ 14, 16, 18

2.7.4 Montageschäume

Montageschäume sind Polyurethanverbindungen, die in Kartuschen oder Aerosolflaschen abgefüllt sind und mit Handdruckpistolen dosiert werden. Das Ausstoßen und Aufschäumen erfolgt durch umweltfreundliches Treibgas.

Die chemische Reaktion wird bei:
- 2-Komponenten-Systemen durch Zusammen-mischen der Komponenten in der Aerosoldose ausgelöst und ist mit Wärmeentwicklung verbunden. Der ausgedrückte Schaum muß binnen weniger Minuten in den Hohlraum eingebracht sein, die Aushärtung ist nach 15 Minuten bis maximal zwei Stunden abgeschlossen.
- 1-Komponenten-Systemen durch Feuchteeinwirkung ausgelöst (→ Haftflächen eventuell anfeuchten oder besprühen). Nach 5 Stunden ... 8 Stunden ist der Schaum voll belastbar.

Gegenüber dem Doseninhalt tritt eine 25- bis 50fache Volumenvergößerung des ausgehärteten Schaumes ein. Er ist halbhart, geschlossenporig und farbig (gelb, grün), beständig gegen Alterung, Verrottung, Wasser, Öle, schwache Säuren und Basen, Ungeziefer und Pilze.

Verunreinigungen sind sofort mit Spezialverdünnung zu entfernen, später ist nur noch eine mechanische Beseitigung möglich.
Während der Verarbeitung sind Schutzhandschuhe und -brille zu tragen, da gesundheitsschädliche Bestandteile frei werden, die auch nicht eingeatmet werden dürfen.
Montageschaum-Kartuschen oder Dosen sind stehend, trocken und frostfrei zu lagern. Die Lagertemperatur darf keinesfalls 50 °C überschreiten.

B 2.7-10 *Ausschäumen mit der Handdruckpistole.*

Werkstoffe – Holz- und Feuerschutzmittel

Aufgaben

1. Welche Unterschiede bestehen zwischen Klebstoff, Leim und Kleber?
2. Warum müssen Klebstoffe für die Ausbildung der Fugenfestigkeit eine flüssige Phase durchlaufen?
3. Erläutern Sie die Begriffe Topfzeit, offene und geschlossene Wartezeit!
4. Welche Vor- und Nachteile weisen Glutinleime auf?
5. Erläutern Sie Verarbeitungsbedingungen, Vor- und Nachteile der weißen Holzleime!
6. Warum ist das Einhalten der offenen Wartezeit sehr wichtig?
7. Nennen Sie Verarbeitungsbedingungen und Eigenschaften von Chloroprenklebstoffen!
8. Wodurch läßt sich die Abbindezeit von Harnstoffharzleimen wesentlich verkürzen?
9. Welche Aufgaben haben Füllmittel?
10. Was versteht man unter der Gebrauchsdauer eines Klebstoffes und welche Bedeutung hat sie?
11. Worauf ist beim Einsatz von Schmelzklebstoffen besonders zu achten?
12. Worauf ist beim Verarbeiten von Montageschäumen besonders zu achten?

Bauphysik 9.2

Diffusion 2.1.1

2.8 Holz- und Feuerschutzmittel

2.8.1 Chemische Holzschutzmittel

Der Begriff Holzschutzmittel ist nicht genormt und wird deshalb oft sehr umfassend gebraucht. Man unterscheidet im wesentlichen die biologischen und chemischen Holzschutzmittel.

Die biologischen, auch natürliche oder alternative Holzschutzmittel genannt, werden teilweise chemisch aus Holz (→ Holzteer, Holzessig) oder aus anderen Naturprodukten, z.B. Bienenwachs, gewonnen. Eine ausreichende Holzschutzwirkung ist bis jetzt nicht nachzuweisen. Auch biologische Holzschutzmittel enthalten Gifte.

Chemische Holzschutzmittel sind sehr unterschiedlich zusammengesetzt und besitzen demnach auch unterschiedliche Eigenschaften. Sie wirken vorbeugend und langfristig abwehrend gegen:
- Pilze (Fungizide),
- Insekten (Insektizide).

Bautechnische oder ==bauphysikalische== Fehler können Sie nicht ausgleichen. Gasende Holzschutzmittel dürfen nur von dafür zugelassenen Firmen verarbeitet werden.

Wasserlösliche Holzschutzmittel

Wasserlösliche Salze dringen durch ==Diffusion== in das Zellgefüge des Holzes ein und werden auf frisches oder halbtrockenes Holz aufgebracht. Wasser ist nur das Transportmittel für die Salze und verdunstet. Zu unterscheiden sind:
- Nichtfixierende Salze (leicht auslaugbar), die nicht im Freien eingesetzt werden dürfen, z.B. B-, HF-, SF-Salze und
- fixierende Salze (schwer auslaugbar), die auch im Freien eingesetzt werden können, z.B. CF-, CK-, CFA-Salze.

Da die aufgebrachten Salze auf dem Holz kaum festzustellen sind, erhalten sie Warnfarben.

Ölige und lösemittelhaltige Holzschutzmittel

Ölige Holzschutzmittel. Die meist dunkelfarbigen Teerölprodukte wirken imprägnierend. Sie werden auf trockenes Holz aufgetragen und dringen durch Kapillarität in die Zellhohlräume ein.

Lösemittelhaltige Holzschutzmittel enthalten oft gesundheitsschädigende Stoffe, die nach dem Auftragen verdunsten. Die als Grundierungen eingesetzten Mittel verschließen die Oberfläche des Holzes. Bei ==Lasuren== bleibt die Oberfläche offenporig und die Struktur des Holzes erkennbar.

Lasuren 2.9.4

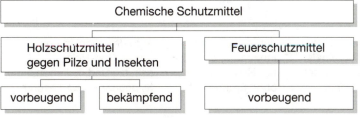

Werkstoffe – Holz- und Feuerschutzmittel

T 2.8/1 *Wasserlösliche Holzschutzmittel*

Bezeichnung	Bestandteile	Eigenschaften	Anwendung	Handelsnamen
CF-Salz REAL-Zeichen	Bichromat, Alkalifluoride, Dinitrophenol	giftig, Verfärbungen in Putzen möglich	innen und außen nicht im Erdkontakt	Basilit UHL Osmol ULL Impralit UZ
CFA-Salz Überwachungszeichen	Alkalibichromat, Alkalifluoride, Alkaliarsenat	sehr giftig	im Freien ohne Erdkontakt, nicht in geschlossenen Räumen, Einbringung nur im Kesseldruckverfahren	nicht im Handel
SF-Salz	Silicofluoride	greifen Metalle und Glas an	in gedeckten Räumen, nicht im Erdkontakt und bei auslaugbarem Holz	Adexin SF, Kulbasal SF, Wolmanit HB, „Vogel-Fluat"
HF-Salz	Hydrogenfluoride	Gase greifen Metalle und Glas an	in gedeckten Räumen, nicht im Erd- und Wasserkontakt	Bekarit TS, Osmol WB, Dohnalit BF
B-Salz	Borverbindung	kaum giftig	in Arbeits- und Wohnräumen, Stallungen, nicht im Erdkontakt und bei auslaugbarem Holz	Basilit B, Impralit B1, Kulbasal B
CK-Salz	Bichromat, Kupfersalze, Arsen-, Bor- und Fluorverbindungen	sehr giftig, schwer auswaschbar	nicht in geschlossenen Räumen, dauernder Erdkontakt möglich	Adexin CKB, Adolit CCR, Impralit CKB, Basilit CFK, Dohnalit CFK

T 2.8/2 *Ölige und lösemittelhaltige Holzschutzmittel*

Bezeichnung	Bestandteile	Eigenschaften	Anwendung	Handelsnamen
Teerölprodukte Xa Mindergiftig	schwer auswaschbare Carbolineen (Teerölgemische)	wasserbeständig, starker Eigengeruch	nicht in geschlossenen Räumen, Wasserbauholz, Holz im Freien mit Erdkontakt	Aidol-Holzschutzcarbolineum, Impraleum I
lösemittelhaltige Holzschutzmittel F leicht entzündlich REAL-Zeichen	Bindemittel, Pigmente, Zusätze, organische Lösemittel	nach Verdunsten des Lösemittels geruchlos, leicht entflammbar	nur teilweise im Innenraum einsetzbar Holz im Freien ohne Erdkontakt	Aidol-Imprägnierungsgrund, Cori-Holzschutzgrund, Xylamon, Xyladecor, Cetol-Lasuren

T 2.8/3 Dünn- und Dickschichtlasuren als Holzschutzmittel im Vergleich

Holzschutzlasuren	Vorteile	Nachteile
Dünnschicht-lasuren	tiefes Eindringen, leichtes Abdunsten, einfaches, nachträgliches Aufbringen	gering wasserabweisend, begrenzter UV-Schutz, erhöhte Schmutzanfälligkeit, häufiges, nachträgliches Aufbringen
Dickschicht-lasuren	gute Wasserabweisung, hoher UV-Schutz, geringere Schmutzanfälligkeit, lange Standzeiten, leichte Verarbeitung	geringes Abdunsten, geringes Eindringen der Fungizide, wiederholtes Aufbringen ist aufwendig

T 2.8/4 Prüfprädikate für Holzschutzmittel

Kurz-zeichen	Eignung des Holzschutz-mittels
E	extreme Beanspruchung, Erdkontakt
F	Feuerschutzmittel
Ib	bekämpfend gegen Insekten
Iv	vorbeugend gegen Insekten
(Iv)	nur bei Tiefschutz vorbeugend gegen Insekten
K	keine Lochkorrosion bei Chrom-Nickel-Stählen
L	verträglich mit bestimmten Leimen (entsprechend dem Prüfbescheid)
M	zur Bekämpfung von Schwamm im Mauerwerk
P	wirksam gegen Pilze
S	zum Streichen, Spritzen und Tauchen
(S)	zum Spritzen und Tauchen in stationären Anlagen, nicht zum Streichen
St	zum Streichen, Tauchen und Spritzen in stationären Anlagen
W	für Holz, das der Witterung ausgesetzt ist, ohne Erdkontakt

Gesundheits- und Umweltschutz 2.8.3

Dosierung 5.9.1

Holzschädiger 2.2.7

Oberflächen-materialien 2.9

Feuerwiderstands-klassen 9.2.4

Einsatz von Holzschutzmitteln

Kennzeichnung. Für den fachgerechten Einsatz erhalten die Holzschutzmittel Prüfprädikate.

Gefährdungsklassen. Holzschutzmittel sollen nur dort eingesetzt werden, wo es erforderlich ist. Gefährdungsklassen geben die Bereiche an.
Mittel, die gegen Insekten eingesetzt werden, wirken nicht immer auch gegen Pilze und umgekehrt. Die Wirksamkeit wird von der richtigen Dosierung beeinflußt. Eine zu geringe Konzentration kann das Wachstum der Schädiger noch fördern.

Schutzmittel ohne Wirkstoffe gegen Holzschädiger haben kein Prüfprädikat. Dazu gehören:
- Wetterschutzmittel → schränken Holzfeuchteschwankungen ein, mindern den Einfluß von UV-Strahlen,
- Holzveredlungsmittel → zur dekorativen Gestaltung von Holzoberflächen,
- hygroskopizitätsmindernde (wasseraufnahmemindernde) Mittel aus geschmolzenen Wachsen und Paraffinen → verzögern nur den Feuchteaustausch im Holz.

2.8.2 Feuerschutzmittel

Holz wird bei Temperaturen über 100 °C zersetzt. Ab etwa 230 °C kann es bei genügend Sauerstoffzufuhr entflammt werden. Bei etwa 400 °C entzünden sich Holzgase selbst. Für Holzspäne und Holzstaub liegen die Entflammungsbereiche um 20 °C ... 40 °C niedriger.

Baustoffe werden in Brennbarkeitsklassen eingeteilt. Werkstoffe aus der Brennbarkeitsklasse B2 können durch Behandeln mit geeigneten Stoffen Eigenschaften von Werkstoffen der Brennbarkeitsklasse B1 annehmen.

T 2.8/5 Gefährdungsklassen für Bauteile aus Holz nach DIN 68 800, Teil 3

Gefährdungs-klasse	Beanspruchung	Anwendungsbereiche	Anforderungen an Holzschutzmittel
0	keine Beanspruchung durch Niederschlag, Spritzwasser o.ä.	Räume mit üblichem Wohnklima: Holzbauteile durch Bekleidung abgedeckt oder zum Raum hin kontrollierbar	keine
1	keine Beanspruchung durch Niederschlag, Spritzwasser o.ä.	Innenbauteile (Dachkonstruktionen, Geschoßdecken, Innenwände) und gleichartig beanspruchte Bauteile, relative Luftfeuchte < 70 %	insektenvorbeugend
2	keine Beanspruchung durch Niederschlag, Spritzwasser o.ä.	Innenbauteile, mittlere relative Luftfeuchte > 70 %, Innenbauteile (im Bereich von Duschen), wasserabweisend abgedeckt, Außenbauteile ohne unmittelbare Wetterbeanspruchung	insektenvorbeugend, pilzwidrig
3	Beanspruchung durch Niederschlag, Spritzwasser o.ä.	Außenbauteile ohne Erd- und/oder Wasserkontakt, Innenbauteile in Naßräumen	insektenvorbeugend, pilzwidrig, witterungsbeständig
4	ständiger Erd- und/oder Wasserkontakt	Außenbauteile mit und ohne Ummantelung (z.B. Beton)	insektenvorbeugend, pilzwidrig, witterungsbeständig, moderfäulewidrig

T 2.8/6 Brennbarkeitsklassen von Baustoffen nach DIN 4102

Klasse	Benennung	Baustoffe
A	**nicht brennbar**	
A1		vorwiegend anorganische Stoffe: Glas, Gips, Kalk, Asbest, Stein, Beton Zement, Stahl
A2		vorwiegend organische Stoffe mit Zulassung Gipskartonplatten, Mineralfasern, Vermiculite
B	**brennbar**	
B1	schwer entflammbar	bestimmte Span- und Hartschaumplatten, Sperrhölzer, Schichtpreßstoffplatten, Holzwolleleichtbauplatten
B2	normal entflammbar	Holz und Holzwerkstoffe über 2 mm Dicke und über 400 kg/m² Rohdichte
B3	leicht entflammbar	Papier, Holzwolle (weder B1 noch B2)

Werkstoffe – Holz- und Feuerschutzmittel

Aufgabe der Feuerschutzmittel ist es, Werkstoffe schwerentflammbar bzw. schwerbrennbar zu machen.
Sie schützen, indem sie:
- den Sauerstoffzutritt verhindern bzw. vermindern und
- die Brennzone abkühlen.

Schaumbildende Feuerschutzmittel. Bei Wärmeeinwirkung über 230 °C oder Einwirkung von Flammen wird die aufgebrachte Feuerschutzschicht in eine wärmedämmende und schwer entzündbare Schaumschicht umgewandelt. Dadurch wird der Luftsauerstoff abgehalten und das Entstehen brennbarer Gase verzögert. Zusätzlich werden unbrennbare Gase aus dem Schutzmittel freigesetzt. Die Schaumbildner sind gegen Feuchtigkeit zu schützen. Sie können transparent oder pigmentiert sein und werden mit vorgeschriebener Konzentration aufgestrichen, gerollt oder gespritzt.
Hauptsächliche Bestandteile der Schaumbildner sind Natriumsilicat (Natronwasserglas), Kaliumsilicat (Kaliwasserglas) und Magnesiumchlorid.

resistente Hölzer
2.2.5,
Kesseldruckverfahren
5.9.2

Feuerschutzsalze müssen tief ins Holz eingebracht werden. Bei starker Erwärmung schmelzen sie und entziehen bei diesem Vorgang Wärme. Die geschmolzene Schicht gibt unbrennbare Gase ab und verhindert den Zutritt von Sauerstoff.

Gefahrstoffverordnung
1.2.2

Hauptsächliche Bestandteile der Feuerschutzsalze sind Kaliumphosphat, Ammoniumchlorid, Kaliumcarbonat (Pottasche), Natriumtetraborat (Borax) und Ammoniumsulfat. Diese Feuerschutzsalze können nur bei fertig bearbeiteten Bauteilen im Kesseldruckverfahren eingebracht werden und sind deshalb nicht im Handel.

2.8.3 Gesundheits- und Umweltschutz

Notwendigkeit des chemischen Holzschutzes. Entscheidungen für oder gegen den Einsatz chemischer Mittel können nur durch das Abwägen von
- konstruktiven,
- bauphysikalischen (insbesondere Feuchtigkeitsschutz, Brandschutz) und
- baurechtlichen Überlegungen getroffen werden. Dabei müssen die Gefährdungsklassen für Bauteile aus Holz berücksichtigt werden.

Auf Holzschutzmittel kann unter bestimmten Bedingungen verzichtet werden:
- Holzfeuchten um 12 % ... 14 % oder maximal 20 % (trocken nach DIN 4074) mindern die Gefahr des Befalls mit holzzerstörenden Pilzen.
- Unbekleidete tragende Bauteile lassen das Auftreten von Holzschädigern sofort erkennen.
- Ausreichende Lüftung führt Feuchtigkeit ab und begünstigt eine hohe Lebensdauer von Holzbauteilen.
- Hölzer der Resistenzklasse 1 und 2 brauchen aufgrund ihrer Inhaltsstoffe keine Behandlung mit Holzschutzmitteln.

Umwelt- und Gesundheitsgefährdungen durch Holzschutzmittel sind bei der Verarbeitung, Lagerung, Beseitigung von Resten, beim Reinigen von Geräten und Anlagen möglich. Giftstoffe müssen entsprechend der Gefahrstoffverordnung auf den Behältnissen angegeben sein. Das Fehlen der Kennzeichnung auf einem Gebinde darf nicht so gedeutet werden, daß ein Stoff harmlos ist.

B 2.8-1 Kennzeichnung von Holzschutzmittelbehältnissen - Beispiel.

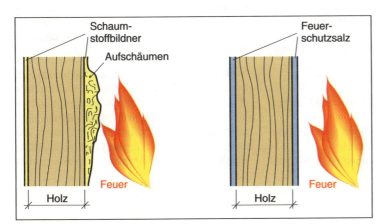

B 2.8-2 Wirkprinzipien von Feuerschutzmitteln.

Werkstoffe – Stoffe zur Oberflächenbehandlung

Aufgaben

1. Unterscheiden Sie chemischen und biologischen Holzschutz!
2. Begründen Sie Einsatzmöglichkeiten für wasserlösliche, ölige und lösemittelhaltige Holzschutzmittel!
3. Warum gehören Wetterschutzmittel und Holzveredlungsmittel nicht zu den eigentlichen Holzschutzmitteln?
4. Welche Wirkungen haben Feuerschutzmittel?
5. Wählen Sie ein Holzschutzmittel für eine Außentür aus! Begründen Sie Ihre Wahl!
6. Mit welchen Holzschutzmitteln kann eine abgehängte Deckenkonstruktion behandelt werden?
7. Unter welchen Bedingungen kann auf chemischen Holzschutz verzichtet werden?

2.9 Stoffe zur Oberflächenbehandlung

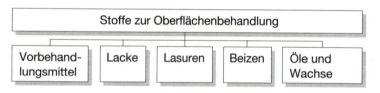

2.9.1 Vorbehandlungsmittel

Harze 2.2.2,
Oxidation 2.1.2,
Reduktion 2.1.2

chemische Grundlagen 2.1.2

Entharzungsmittel lösen auftragsabweisende Stoffe wie z.B. Harze, so daß sie ausgewaschen werden können. Auf entharzte Werkstoffoberflächen lassen sich Beizen, Lacke, Öle und Wachse sicher und ohne Nebenwirkungen aufbringen. Harzhaltig sind alle Nadelhölzer (Kiefer 4,8%, Lärche 4,2%, Fichte 1,7%, Tanne 1%), einige tropische und subtropische Holzarten.

Als Entharzungsmittel werden:
- **organische Lösemittel** wie Ethanol, Aceton, Terpentin, Tetrachlorkohlenstoff oder
- **alkalische Mittel** (Laugen) wie Ammoniak, Ätznatron, Kernseife, Schmierseife, Pottasche, Soda verwendet.

Entharzungsmittel unterscheiden sich in ihrer schädigenden Wirkung:
- Wenig gesundheitsschädigend sind Terpentin, Alkohol, Benzin und Aceton.
- Stark gesundheitsschädigend wirkt Tetrachlorkohlenstoff.

In jedem Fall sind die Einsatzvorschriften der Hersteller zu beachten.

Entfleckungsmittel beseitigen Flecken auf Holzoberflächen, die durch fettige Stäube, schmutzige Hände oder durch Gips-, Kalk- und Mörtelspritzer entstanden sein können.

Als Entfleckungsmittel werden:
- Lösemittel wie Aceton, Benzin, Nitroverdünnung → Wachs- und Fettflecke,
- verdünnte, eisenfreie Salzsäure → Gips-, Kalk-, Zementflecke,
- warme Seifenlösung,
- Kleesalz, eisenfreie Salz- oder Zitronensäure → Rostflecke oder
- spezielle Entflecker verwendet.

Auch für diese Stoffe sind die Einsatzvorschriften der Anbieter zu beachten.

Bleichmittel wirken chemisch und zerstören farbgebende Holzinhaltsstoffe sowie durch äußere Einwirkungen entstandene Verfärbungen. Sie schaffen dadurch eine gleichfarbene helle Holzoberfläche. Das ist besonders für eine nachfolgende Farbbehandlung wichtig. Die Auswahl des Bleichmittels richtet sich nach der:
- Holzart, wie helle Hölzer (Ahorn, Birke) oder dunklere Hölzer (Kirschbaum, Nußbaum) und
- Ursache der Verfärbung, wie Pilzbefall, UV-, Sauerstoff- oder Wärmeeinwirkung.

Heute werden als Bleichmittel fast nur noch verwendet:
- Wasserstoffperoxid H_2O_2, das durch Oxidation Farbbestandteile im Holz zerstört.
- Zitronensäure oder Oxalsäure, die durch Reduktion Gerbstoffe in wasserlösliche, farblose Verbindungen überführen.

Wasserstoffperoxid wirkt stark ätzend. Zitronensäure ist bei normalem Gebrauch unbedenklich. Oxalsäure ist sehr giftig. Gerbstoffreiche Hölzer dürfen nicht mit Wasserstoffperoxid gebleicht werden, da dadurch ein holzuntypischer Bleichton entsteht.

Aufhellungsmittel wirken im Gegensatz zu den chemisch reagierenden Bleichmitteln physikalisch. Durch ihre Farbpigmente erzielen sie auf den Werkstückoberflächen eine gleichmäßige Grundfärbung, die auch die weitere Farbbehandlung begünstigt. Meistens werden spezielle Aufhellungslacke verwendet.

2.9.2 Beizen

Nach dem Wirkprinzip unterscheidet man zwischen:
- Farbstoffbeizen, die Farbpartikel ins Holz einlagern und
- chemischen Beizen, die mit Holzinhaltsstoffen chemisch reagieren und zu einer Farbänderung führen.

Farbstoffbeizen erzeugen ein negatives Farbbild: Die hellen Jahrringe werden dunkler und die dunklen heller, weil das weiche Frühholz satt getränkt wird, während das feste Spätholz nur wenig Färbemittel aufnehmen kann. Neuere Farbstoffbeizen steuern das Saugverhalten des Holzes: Das Beizbild wird positiv.

Chemische Beizen erzeugen ein positives Farbbild, weil die chemisch reagierenden Holzinhaltsstoffe vor allem im Spätholz und nur spärlich im Frühholz vorhanden sind.

Farbstoffbeizen

Die Farbstoffe sind einem Farbträger beigemischt. Nach dem Trocknen liegen sie feinverteilt auf der Holzoberfläche und sind dort physikalisch gebunden.

Wasserbeizen. Der Farbträger ist Wasser. Sie sind lichtecht, für fast alle Holzarten geeignet, beständig gegen Säuren und Laugen, rauhen aber Holzoberflächen auf. Wegen ihrer Wasserlöslichkeit sind sie umweltfreundlich, die behandelten Flächen müssen jedoch einen Lacküberzug erhalten. In der Regel werden Wasserbeizen in Pulverform gehandelt und erst vor der Verarbeitung in warmem oder heißem Wasser aufgelöst.

Substratbeizen enthalten ein farbloses, saugfähiges Kunststoffpulver, das den Farbton des Farbstoffs annimmt. Es entsteht eine deckende Beizschicht mit tiefer Farbwirkung.

Lösemittelbeizen. Farbträger sind organische Lösemittel, z.B. Spiritus. Lösemittelbeizen haben eine kurze Trockenzeit und rauhen die Holzoberfläche nicht auf. Sie sind als verarbeitungsfertige oder als verdünnbare Stammlösungen erhältlich.

Chemische Beizen

Chemische Beizen enthalten keine Farbstoffe. Sie benötigen zur chemischen Farbreaktion einen Reaktionspartner in der äußeren Holzschicht. Meist sind das die holzeigenen Gerbstoffe. Gerbstoffhaltige Hölzer sind Eiche, Nußbaum, Edelkastanie, Robinie, amerikanischer Mahagoni.

Doppelbeizen. Sind im Holz keine geeigneten Inhaltsstoffe vorhanden, werden diese mit einer Vorbeize aufgebracht. Die Kombination von Vor- und Nachbeize wird auch Doppelbeize oder Entwicklerbeize genannt.

Vorbeizen enthalten gerbstoffähnliche Stoffe, wie Tannin oder Brenzkatechin. Tannin wird aus Eichenrinde, Brenzkatechin aus indischen Akazien gewonnen.

Nachbeizen sind meist Lösungen der Metallsalze Chrom, Eisen, Kupfer, Nickel, Zink und Kalium, z.B. Kupfersulfat, Eisensulfat, Zinkchlorid, Kaliumdichromat, Kaliumcarbonat und Natriumcarbonat.

B 2.9-1 Negatives Farbbild durch Farbstoffbeizen.

B 2.9-2 Positives Farbbild durch chemische Beizen.

Werkstoffe – Stoffe zur Oberflächenbehandlung

Viskosität 2.7.1

Laugenbeizen sind basische Beizen und werden meist auf Eichenholz aufgebracht.

B 2.9-3 *Mit Laugenbeize behandelte Eiche.*

Kombinationsbeizen sind Mischungen aus Farbstoffen, Pigmenten, chemischen Beizen und Bindemitteln. Verwendet werden:
- Bleichbeizen mit peroxidfesten Farbstoffen, die zur Aufhellung von Nußbaumholz geeignet sind,
- Nußbaum- und Mahagonibeizen, die mit den betreffenden Holzinhaltsstoffen reagieren,
- Räucher- bzw. Wachsmetallsalzbeizen für Eichenholz,
- Rustikalbeizen mit löslichen Farbstoffen und porenbetonenden Pigmenten,
- Dispersionsbeizen auf der Basis von Kunststoffdispersionen, die abriebfeste Oberflächen erzeugen.

2.9.3 Lacke

Lacke sind flüssige Beschichtungsstoffe. Sie können farblos (Klarlack) oder pigmentiert (Lackfarbe) sein. Lacke werden üblicherweise nach ihren Bindemitteln bezeichnet, z.B. Polyesterlacke.

Lackbestandteile. Lacke haben folgende Bestandteile mit speziellen Aufgaben:
- Bindemittel (Filmbildner) wie Cellulosenitrate, Naturharze, Polyester, Polyurethane bilden den Lackfilm.
- Füllstoffe (Extender) mindern den Lackpreis und stellen den Lack viskoser ein (dicken ein).
- Härter bewirken die Vernetzung zu Makromolekülen.
- Weichmacher verleihen dem Lackfilm Elastizität.
- Pigmente (nur für Lackfarben) färben den Lackfilm.
- Verdünnungs- und Lösemittel lösen und verdünnen die Lackbestandteile und verändern die Viskosität.
- Stabilisatoren brechen zur gewünschten Zeit die chemische Reaktion ab.
- Netzmittel (Vernetzungsmittel) mindern die Oberflächenspannung und lassen den Lack gut verlaufen.
- Mattierungsmittel mindern den Glanzgrad.
- UV-Schutzmittel absorbieren ultraviolette Strahlen und wirken gegen Altern und Vergilben.
- Schwebemittel verteilen die Lackbestandteile gleichmäßig und bleibend in der Flüssigphase.
- Verlaufmittel verhindern das Festwerden des Lackfilmes, bevor dieser gut verlaufen ist.

Festwerden des Lackfilmes. Die flüssig aufgetragenen Lacke sollen auf der Werkstückoberfläche einen festen Film bilden. Das geschieht:
- bei Lösemittellacken durch Abbinden (physikalisch), d.h. durch Verdunsten des Lösemittels.
- bei Reaktionslacken durch Härten (chemisch), d.h. durch Vernetzen von Monomeren oder vorkondensierten Polymeren. Die Löse- und Verdünnungsmittel verdunsten wie bei den Lösemittellacken.

Monomere, Polymere 2.6.2

Lösemittellacke

Cellulosenitratlacke (CN-Lacke) *NC-Lack* haben einen großen Lösemittelanteil von ca. 75%. Nach dem Abdunsten verbleibt deshalb nur ein dünner Lackfilm.

Die CN-Lacke sind:
- relativ billig,
- schnell trocknend,
- vielfältig einsetzbar (→ Haft- oder Schleifgrund, Mattinen oder Mattlack),
- wegen der geringen Witterungsbeständigkeit für Außenanstriche nur bedingt geeignet.

Kombinationslacke mit Alkydharzen sind wesentlich witterungsbeständiger.

Schellacke. Grundlage des Schellackes ist das dunkelrote Ausscheidungsprodukt der Gummischildlacklaus. Für die Schellackpolitur werden die gereinigten Rückstände in Spiritus im Verhältnis 1:3 gelöst. Die Schellackpolitur wird mit dem Polierballen aufgetragen. Der Lackfilm ist:
- sehr elastisch, aber nur wenig füllend,
- vergilbt durch UV-Strahlen (ist oft für helle Hölzer störend).

Reaktionslacke

Polyaddition 2.6.2

Acrylatlacke (AC-Lacke). Die Bindemittel bilden Polymerisate. Auch physikalisch trocknende Varianten werden verwendet. Da Acrylatlacke stark basisch (pH-Wert 7,5 ... 8,5) sind, können sich gerbstofffreie Hölzer verfärben. Der Lackfilm ist:
- beständig gegenüber organischen Lösemitteln, aber nicht wasserfest,
- UV-beständig, aber ohne Vergilbungsschutz,
- elastisch, gut haftend, hart und abriebfest.

Wasserlacke (Hydrolacke) enthalten Wasser als Verdünnungsmittel.
Der Wasserlack ist beim Auftragen umweltfreundlich. Die Festschicht ist jedoch wie jeder andere synthetische Lack ein schwer entsorgbarer Kunststoff. Einkomponentenlacke mit löslichen Harzen und wasserverdünnbaren Lösemitteln trocknen physikalich. Zweikomponentenlacke aus Kunststoffdispersionen werden physikalisch und chemisch fest. Kommen diese mit organischen Lösemitteln in Verbindung, beginnen unerwünschte chemische Reaktionen, z.B. Fällungen (feste Ausscheidungen). Nachteilig ist beim Lackauftrag das Anquellen und Aufrichten der Holzfasern. Die Trocknungszeiten sind länger als bei anderen Lacksystemen. Wasserlackfilme sind:
- hart und abriebfest,
- elastisch und gut haftend,
- wetter- und chemikalienbeständig,
- matt, aber lichtecht.

Polykondensation 2.6.2

Trocknungsanlagen 4.7.5

Säurehärtende Lacke (SH-Lacke). Die vorkondensierten Bindemittel vernetzen nach Härterzusatz zu Polykondensaten. Beim Aushärten wird als Nebenprodukt das krebsverdächtige Formaldehyd frei. Deshalb wird der ansonsten gut geeignete SH-Lack derzeit kaum noch als Reinlack eingesetzt. Zu den säurehärtenden Polykondensationslacken gehören die:
- Phenolharz-Formaldehydlacke PF,
- Harnstoffharz-Formaldehydlacke HF und
- Melaminharz-Formaldehydlacke MF.

In der Praxis haben sich Kombinationslacke mit Zusätzen von CN-, Aminharz-, Alkydharz- oder PUR-Lacken durchgesetzt. SH-Lacke stehen als Ein- oder Zweikomponentenlacke (SHE- oder SH-Lacke) zur Verfügung.

Der Lackfilm ist:
- kratzfest,
- widerstandsfähig gegenüber mechanischer Beanspruchung,
- beständig gegenüber Wasser und den üblichen Haushaltschemikalien.

Polyurethanlacke (PUR-Lacke). Die Bindemittel härten zu Polyaddukten, Polyurethanen oder Epoxidharzen aus. PUR-Lacke gibt es als Ein- oder Zweikomponentenlacke. Einkomponentenlacke reagieren mit der Luftfeuchte. Zweikomponentenlacke härten nach dem Mischen von Stamm- und Zusatzlack aus. Handelsüblich bekannt sind die PUR-Lacke als DD-Lacke.

Die Vernetzerkomponente Isocyanat ist sehr giftig. Deshalb werden PUR-Lacke fast nur noch in Kombination mit Acrylaten eingesetzt. In dieser Zusammensetzung gehören sie derzeit zu den bevorzugten Lacken für den Möbel- und Innenausbau.

Der Lackfilm ist:
- gegenüber den meisten Haushaltschemikalien beständig,
- gut haftend (auch auf Teak und Palisander),
- wasserfest, wasserdampfbeständig, dampfdicht, abriebfest und kratzfest,
- ausreichend elastisch und
- schwer entflammbar.

Polyesterlacke (UP-Lacke). Ungesättigte Polyesterlacke bilden durch Polymerisation duroplastische Lackschichten. Die Aushärtung wird ausgelöst durch:
- Peroxide oder
- Strahlung.

Peroxidisch härtende UP-Lacke bestehen aus drei Anteilen, die in zwei Komponenten bereitgestellt und erst auf der Fläche zusammengebracht werden:
- 1. Komponente: Lack und Beschleuniger,
- 2. Komponente: Lack und Härter.

UV-härtende Lacke sind Einkomponentenlacke. Sie enthalten keinen Härter und müssen in UV-Kanaltrocknern ausgehärtet werden. Polyesterlacke werden angeboten als:
- UP-Grundierungen oder
- UP-Abschlußlacke.

UP-Lacke:
- haften sehr gut auf Werkstückoberflächen,
- bilden problemlos Dickschichten.

Die Lackfilme sind:
- beständig gegenüber fast allen Haushaltschemikalien,
- in hohem Maße abrieb- und kratzfest,
- aber spröde sowie schlag- und wärmeempfindlich.

Alkydharzlacke. Die Bindemittel sind Polyesterharze aus natürlichen oder synthetischen Ölen (40% ... 60% Massenanteil) und Fettsäuren. Lufttrocknende Alkydharze trocknen unter Einwirkung von Luftsauerstoff, wärmehärtende unter Beteiligung anderer Filmbildner. Möglich sind Kombinationen mit Harnstoff-, Melamin- oder Phenolharz.

2.9.4 Lasuren

Lasuren sind farblose oder mit Farbstoffen versehene Stoffe zur Oberflächenbehandlung, die die Holzstruktur erkennen lassen. Die Bindemittel sind Acryl- oder Alkydharze. Fungizide schützen vor Bläuepilzen, Schimmel und Fäulnis. Als Lösemittel dienen:
- Organische Lösemittel → Dünn- und Dickschichtlasuren und
- Wasser → Dispersionslasuren.

Lasuren sind wasserdampfdurchlässig, leicht verarbeitbar und werden im Innen- und Außenbereich verwendet.

Dünnschichtlasuren (Imprägnier- oder Holzschutzlasuren) haben einen Festkörpergehalt von 15% ... 30%. Sie sind niedrig viskos eingestellt und dringen tief in die Holzfaser ein. Sie sind:
- wasserabweisend,
- witterungsbeständig und
- auswaschbar.

Deswegen müssen sie nach etwa zwei Jahren nachgebessert werden.

Dickschichtlasuren (schichtbildende Lasuren oder Lacklasuren) sind vorwiegend auf Alkydharzbasis aufgebaut und hochviskos. Ihr Festkörpergehalt beträgt 30% ... 55%. Sie müssen etwa alle fünf Jahre nachgebessert werden.

Wachslasuren sind durch Zugabe von Paraffinen hoch elastisch und schützen gut vor Feuchte.

Dispersionslasuren sind wasserverdünnbar. Die geringe Schichtdicke macht den Lasurfilm atmungsaktiv. Er hat keine eigene Spannung, reißt nicht und platzt nicht ab. Er ist matt bis seidenmatt glänzend.

2.9.5 Öle und Wachse

Natürliche Öle und Wachse sind biologisch gut abbaubare Beschichtungsstoffe. Sie sind während der Verarbeitung und als Festschicht umweltfreundlich.

Öle

Zum Ölen von Holzoberflächen eignen sich nur fette Öle. Neben einigen synthetischen Ölen werden vor allem Naturöle wie Lein-, Holz- und Rapsöl, aber auch Mohnöl und Walnußöl verwendet.

Öle trocknen oxidativ. Dazu reagieren die ungesättigten Fettsäuregruppen mit dem Sauerstoff der Luft. Die Trocknungszeiten betragen mehrere Stunden bis zu einigen Tagen. Zur Trocknungsbeschleunigung kann das Öl erhitzt aufgetragen oder technisch voroxidiert werden.

Leinöl wird aus Leinsamen gewonnen. Es ist hellgelb, dünnflüssig, ungiftig und läßt sich mit Terpentin oder Benzin verdünnen. Die trockene Leinölschicht:
- quillt bei Feuchte,
- läßt sich aber durch Wasser nicht ablösen.

Alkalien, wie Natronlauge, Soda und Salmiakgeist, lösen dagegen die Schicht.

Wachse

Wachse sind bei Raumtemperatur fest. Sie werden aufgeschmolzen als Wischpolitur oder zum Ausbessern von Holzfehlern bei geölten Oberflächen verwendet.

Bienenwachs wird durch Schmelzen der Bienenwaben gewonnen. Es ist bei Raumtemperatur knetbar, farblos bis hellgelb und löst sich in Alkohol, Terpentin und Benzin. Da das flüssige Bienenwachs tief in das Holz eindringt, verleiht es der Oberfläche einen angenehmen und dauerhaften Glanz.

Karnaubawachs wird aus den Blättern der Wachspalme gewonnen. Es ist gelblich-grünlich bis graubraun und in Äther und Alkohol löslich.

Montanwachs bildet eine Ausnahme. Es wird aus Braunkohle gewonnen und ist kein natürliches Wachs. Das dunkelbraune Wachs wird im äußerst gesundheitsschädlichen Benzol gelöst.

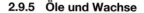

Aufgaben

1. Wozu verwendet man Entharzungsmittel, Entfleckungsmittel, Bleich- und Aufhellungsmittel?
2. Was unterscheidet Farbstoffbeizen und Chemische Beizen?
3. Warum ergeben Farbstoffbeizen mit Fichtenholz ein negatives Beizbild?
4. Welche Bedeutung haben die Wasserlacke für den Umweltschutz?
5. Worin liegen die Vor- und Nachteile bei den synthetischen Lacken UP, PUR und SH?
6. Aus welchen Stoffen bestehen Lasuren?
7. Welche Nachteile ergeben sich beim Einsatz der umweltfreundlichen, biologisch abbaubaren Öle als Beschichtungsstoffe?
8. Warum wird SH-Lack im Möbel- und Innenausbau nicht mehr oder kaum noch verwendet, obwohl diese Lacke technisch gut geeignet sind?
9. Was unterscheidet peroxidisch- und UV-härtende UP-Lacke in Zusammensetzung?

2.10 Glas

Glas ist ein lichtdurchlässiger Werkstoff. Er besteht aus anorganischen, silikatischen Stoffen, die durch Abkühlung einer Schmelze ohne Kristallisation in den festen Zustand übergehen.

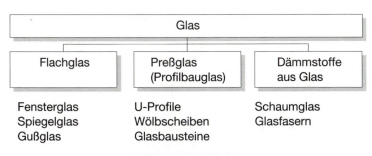

Glas		
Flachglas	Preßglas (Profilbauglas)	Dämmstoffe aus Glas
Fensterglas Spiegelglas Gußglas	U-Profile Wölbscheiben Glasbausteine	Schaumglas Glasfasern

2.10.1 Herstellung

Glas wurde in Ägypten schon im 4. Jahrtausend v. Chr. hergestellt. Im wesentlichen gewinnt man Kalknatron-Silikatglas aus den natürlichen Rohstoffen: Quarzsande, Kalksteine, Sulfate, Karbonate, Glasscherben und Färbemittel. Für die Glasherstellung werden alle Rohstoffe fein gemahlen, gemischt und bei 1500 °C in Wannenöfen geschmolzen. Bei ca. 1000 °C läßt sich die dickflüssige Schmelze mit verschiedenen Verfahren formen.

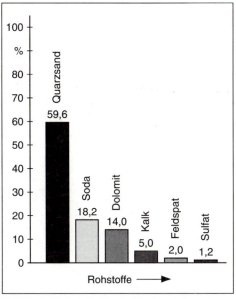

B 2.10-1 Rohstoffe für die Glasherstellung.

Blasverfahren können mit dem Mund oder maschinell durchgeführt werden. Beim Mundblasen wird mit der Glasmacherpfeife ein zylindrisches Gebilde erzeugt. Die Enden können abgetrennt als Butzenscheiben dienen. Der Glaszylinder läßt sich nach dem Aufschneiden zu einer ebenen Scheibe strecken.

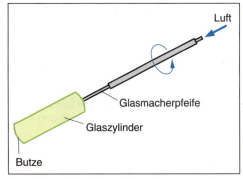

B 2.10-2 Blasverfahren.

Ziehverfahren. Beim *Ziehverfahren* wird maschinell unter Abkühlung ein fortlaufendes Band aus der Glasschmelze gezogen. Für Spiegelglas ist die leichtwellige Oberfläche anschließend zu schleifen.

Floatverfahren (Schwimmverfahren). Hier nutzt man aus, daß Glas (Dichte der Glasschmelze 2,5 g/cm³) auf einem Zinnbad (Dichte 7,3 g/cm³) schwimmt. Das Glas nimmt eine Dicke von 6 mm (Gleichgewichtsdicke) an. Andere Dicken lassen sich durch unterschiedliche Durchlaufgeschwindigkeiten oder anschließendes Walzen erreichen. Das dabei

Werkstoffe – Glas

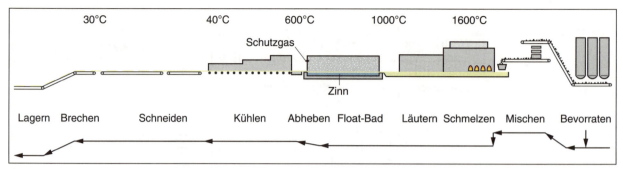

B 2.10-3 Floatverfahren.

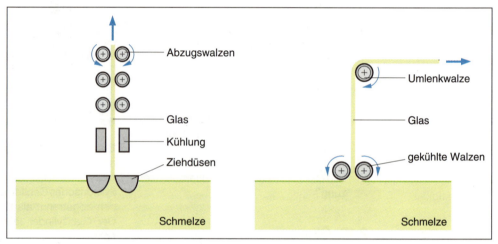

B 2.10-4 Ziehverfahren. a) Fourcault-Verfahren, b) Libbey-Owens-Verfahren.

entstehende Glas ist planparallel (eben mit gleichmäßiger Dicke) und braucht als Spiegelglas nicht mehr geschliffen zu werden. Nach dem Floatverfahren werden heute die meisten Spiegelgläser, Fenster hergestellt.

Gießverfahren. Die Glasschmelze fließt auf einen Tisch und wird mit einer Walze einseitig geglättet.

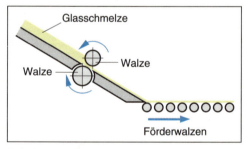

B 2.10-7 Walzverfahren.

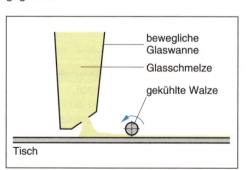

B 2.10-5 Gießverfahren.

Preßverfahren wendet man für dickwandige Erzeugnisse, wie z.B. Glasbausteine, an. Hier wird eine vorbestimmte Menge Glasschmelze durch eine Patrize und eine Matrize geformt.

Walzverfahren. Der Abstand zwischen Walze und Tischebene bestimmt die Glasdicke. Im Walzverfahren kann mit gekühlten Prägewalzen auch Ornamentglas hergestellt werden. Ebenso ist es möglich, Drahtgewebe einzuwalzen.

Schäumverfahren. Pulverisiertes Glas wird mit Kohlenstoff vermischt. Beim Schmelzen entstehen in der geschlossenen Form Kohlenstoffmonoxid und Kohlenstoffdioxid. Die abgekühlten Glasschaumblöcke können zu Platten oder anderen Formteilen aufgeschnitten werden. Schaumgläser sind äußerst beständige und nicht brennbare ==Dämmstoffe==.

Dämmstoffe 2.12.2

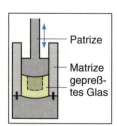

B 2.10-6 Preßverfahren.

Werkstoffe – Glas

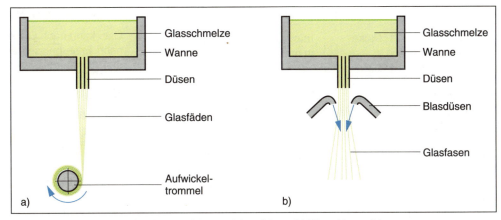

B 2.10-8 Herstellen von Glasfasern. a) Düsenziehverfahren, b) Düsenblasverfahren.

T 2.10/1 Eigenschaften und Richtwerte von Glas

Eigenschaft	Richtwert
Mechanische Eigenschaften	
Dichte	2,5 g/cm³
Druckfestigkeit	700 N/mm² ... 900 N/mm²
Zugfestigkeit	30 N/mm² ... 90 N/mm²
Biegefestigkeit	45 N/mm² ... 120 N/mm²
Ritzhärte nach MOHS	5 ... 6
E - Modul	40000 N/mm² ... 80000 N/mm²
Wärmeabhängige Eigenschaften	
Längenausdehnungskoeffizient	0,000009 1/K (Bereich 20 °C ... 300 °C)
Wärmeleitfähigkeit	0,58 ... 1,04 W/(m · K)
Wärmedurchgangskoeffizient	5,9 W/(m² · K) bei 4 mm Dicke
Spezifische Wärmekapazität	800 J/(kg · K)
Erweichungstemperatur	520 °C ... 550 °C
Optische und akustische Eigenschaften	
Lichtdurchlässigkeit	90% ... 93% bei Fensterglas
Absorption	1,6% ... 2,5% von Fenstergals
Reflexion	5% ... 8% bei Fensterglas
Schalldämmung	29 dB bei 4 mm Dicke

Herstellen von Glasfasern. Die Glasschmelze wird durch feine Düsen geführt, aus denen die dünnen Glasfasern aufzunehmen sind. Durch Schleifen, Wärmebehandeln, Ätzen und Beschichten kann Glas veredelt werden.

2.10.2 Eigenschaften

Glas ist ein amorpher (gestaltloser) Stoff mit isotropen Eigenschaften. Er besitzt im Stoffaufbau keine bestimmte Richtung. Glas ist säurebeständig (außer gegen Fluorwasserstoffsäure), beständig gegen Verrottung, nichtbrennbar und wasserbeständig. Wasser zwischen aufeinanderliegenden Scheiben läßt jedoch das Glas „erblinden". Die alkalischen Bestandteile (Natrium- und Kaliumoxid) der Gläser diffundieren dabei langsam in das Wasser und bilden nach dem Abtrocknen einen weißen Belag.

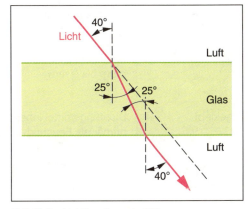

B 2.10-9 Lichtbrechung bei Glas.

Werkstoffe – Glas

T 2.10/2 Flachgläser - Kennwerte

Flachglas nach DIN 1249 und DIN 1259	Dicke in mm	max. Länge in mm	max. Breite in mm
Spiegelglas vorwiegend im Floatverfahren hergestellt, Drahtspiegelglas	3 ... 19 7 und 9	4500 ... 9000 4500	2820 ... 3180 2520
Fensterglas vorwiegend im Ziehverfahren hergestellt	3 ... 19	3620	2820 ... 3180
Gußglas Ornamentglas Drahtornamentglas	4 ... 8 7 und 9	2100 ... 4500 4500	1500 ... 2520 2520
Sicherheitsglas Einscheiben-Sicherheitsglas, Verbund-Sicherheitsglas	5,5 ... 34	2160 ... 5400	1400 ... 2640
Mehrscheibenisolierglas	aus Spiegelgläsern, Länge und Breite je nach Bestellung		

T 2.10/3 Mehrscheibenisolierglas - Randverbund

System der Randabdichtung	Merkmale	Anwendung
glasverschweißt	Rechteckformat, bis 125 cm breit und 200 cm hoch, Scheibenzwischenraum bis 9 mm	Dachflächenfenster, Gewächshausbau
geklebt	Dichtungsmittel innen primär als Feuchtigkeitssperre, Dichtungsmittel außen vorwiegend für mechanische Verbindung	alle Mehrscheibenisolierverglasungen

Es bedeuten: 1 Glas, 2 Abstandshalter, 3 Butyldichtung, 4 Thiokoldichtung (Polysulfid), 5 Trockenmittel

2.10.3 Arten und Einsatz

Glas kann nach Glasarten, Glasgruppen und nach Erzeugnissen aus Glas eingeteilt werden. Mundgeblasenes Glas ist nicht genormt.

Flachglas

Spezielle Flachglasarten erhält man durch Zugabe von besonderen Bestandteilen zur Glasschmelze und/oder Veredlung der Oberflächen.

Alkali-Kalk-Glas besteht überwiegend aus Siliziumdioxid und geringen Mengen aus Alkalioxiden, Calciumoxid, Magnesiumoxid und Aluminiumtrioxid.

Antikglas zeigt die besonderen Merkmale alter Gläser, wie z.B. Blasen, Schlieren.

Bleiglas ist ein Alkali-Blei-Silikatglas mit einem Massenanteil von > 10% Bleioxid.

Eisblumenglas erhält auf der Glasoberfläche durch jähes Abschrecken Risse, die anschließend zum Teil wieder verschmolzen werden.

Entspiegeltes Glas besitzt vermindertes Reflexionsvermögen, z.B. durch vorsichtige Mattätzung, durch Ausbildung dünner Oberflächenschichten (→ günstige Lichtbrechung) oder durch Aufbringen spezieller Schichtsysteme.

Hartglas ist ein chemisch resistentes und thermisch beständiges Glas mit hohen Erweichungstemperaturen.

Kristallglas ist ein hochwertiges Wirtschafts- oder Beleuchtungsglas mit einem Massenanteil > 10% von PbO, BaO, K_2O und ZnO allein oder gemeinsam und einer Dichte > 2,45 g/cm³.

Mattglas hat eine gleichmäßig aufgerauhte Oberfläche, die das Licht diffus streut. Das Aufrauhen erfolgt durch Ätzen (säurematt), Sandstrahlen (sandmatt) oder Schleifen.

Opalglas ist ein durchscheinendes bis durchsichtiges, getrübtes, milchweißes oder farbiges Gußglas.

Ornamentglas ist ein im Maschinen-Walzverfahren hergestelltes Gußglas. Es hat ein- oder beidseitig reliefartig geformte (ornamentierte) Oberflächen, kann farblos oder farbig sowie lichtdurchlässig oder nur vermindert durchsichtig sein.

Spiegel haben auf der Rückseite eine < 0,01 mm dicke metallische Silberschicht. Diese wird durch eine Kupferschicht und einen Schutzlack abgedeckt und geschützt.

Werkstoffe – Glas

Funktionsgläser

Funktionsgläser sind speziell behandelt und dem Verwendungszweck angepaßt.

Isolierglas. Gegenüber Einfachglas mit dem Wärmedämmwert (k-Wert) 5,8 W/(m²·K) erreicht ein Standardisolierglas aus zwei Scheiben rund 3 W/(m²·K).

Beim Mehrscheibenisolierglas MIG sind die Scheiben überwiegend fest verklebt. Der Abstandhalter zwischen Außen- und Innenscheibe hat eine Perforation (kleine Löcher) zum Scheibenzwischenraum. Dadurch kann das eingelagerte Trocknungsmittel Feuchte aufnehmen und das Beschlagen der Scheiben auf den Innenseiten verhindern. Beschichtungen auf den Scheiben schützen vor Wärmeverlusten, mindern aber auch die Lichtdurchlässigkeit.

Wärmefunktionsglas. Wärmeverluste entstehen durch Wärmeleitung, Konvektion, Wärmestrahlung. Bei Mehrscheibenisoliergläsern werden Wärmeverluste durch Beschichtungen einer Oberfläche im Scheibenzwischenraum begrenzt. Dünne Silberschichten verkleinern z.B. eine Wärmestrahlung von 84% bis auf ungefähr 2%.

Man versucht, Wärmeleitung und Konvektion durch Spezialgasfüllungen weiter zu reduzieren. Diese diffundieren aber nach einigen Jahren aus dem Zwischenraum.

Sonnenschutzglas verringert die Sonneneinstrahlung durch Reflektieren oder Absorbieren und reduziert somit den Gesamtenergiedurchlaßgrad (g-Wert). Durch niedrige k-Werte wird hohe Wärmedämmung erreicht. Wird beispielsweise der Wärmedurchgang von 80% auf 30% herabgesetzt, verkleinert sich gleichzeitig die Lichtdurchlässigkeit von 90% auf 50%.

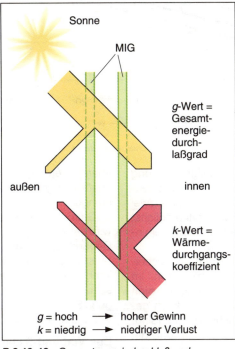

B 2.10-11 Wärmefunktionsglas.

B 2.10-10 Gesamtenergiedurchlaß und Wärmedurchgang beim Mehrscheibenisolierglas.

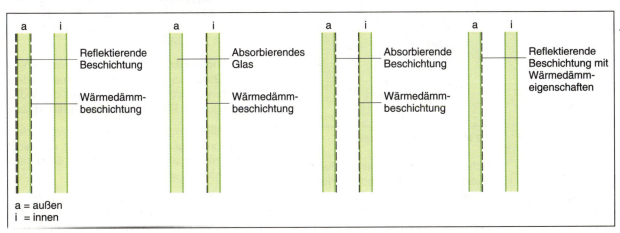

B 2.10-13 Sonnenschutzgläser.

Werkstoffe – Glas

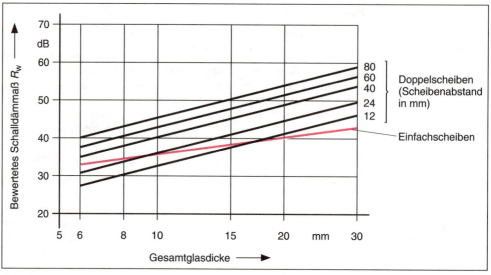

B 2.10-13 Schalldämmung - Glasdicke und Scheibenabstand.

Schallschutz 9.2.3

Schallschutzglas. Die Schallübertragung kann durch zwei mit Gießharz fest verbundene Scheiben oder durch mindestens zwei verschieden dicke Scheiben mit möglichst großem Scheibenzwischenraum SZR gemindert werden.

Unterschiedlich dicke Scheiben unterscheiden sich in ihren Eigenschwin-gungen. Im Scheibenzwischenraum überlagern sich Schallwellen und löschen sich dadurch gegenseitig aus, da sie unterschiedlich lang sind. Eine Füllung mit Schwergas erhöht die Schalldämmwirkung.

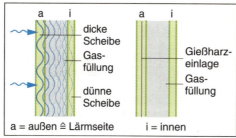

B 2.10-14 Schallschutzgläser.

Sicherheitsgläser entstehen durch spezielle Glasbehandlungen und Werkstoffkombinationen. Man unterscheidet:
- Einscheiben-Sicherheitsglas ESG,
- Verbund-Sicherheitsglas VSG,
- Brandschutzglas.

Einscheiben-Sicherheitsglas ESG erzeugt man durch ein thermisches Vorspannen (rasches Erwärmen und schnelle Abkühlung). Beim Bruch entsteht eine verletzungshemmende würfelförmige Struktur. Das Vorspannen ermöglicht außerdem größere mechanische Festigkeiten und thermische Belastungen.

ESG (im Handel meist unter Sekurit geführt) wird bei Vitrinen, Verglasungen in öffentlichen Gebäuden, Ganzglastüren, Tischen, Balkonbrüstungen und Fahrzeugen eingesetzt. Es kann eben, gebogen, gefärbt oder ungefärbt sein. Bearbeitungen des Glases (Bohren, Biegen, Sägen) sind nur vor der thermischen Behandlung möglich.

Das Verbund-Sicherheitsglas besteht aus mindestens zwei Scheiben, die durch Folien aus Polyvinylbutyral (PVB) fest verbunden sind. Diese Folie hält beim Bruch die Glassplitter fest. VSG gibt es gefärbt oder ungefärbt mit 2 bis 6 Schichten.

Brandschutzgläser sind nur mit entsprechender Zulassungsprüfung (Prüfnummer auf dem Rahmen) einzubauen und müssen die Bedingungen der Feuerwiderstandsklassen erfüllen.

G-Gläser (= geschwächter Grad) verhindern Flammen- und Brandgasdurchtritt, aber nicht die Hitzestrahlung. Für G 60 und G 90 kann Drahtglas verwendet werden.

F- und T-Verglasungen müssen auch die Hitzestrahlung unterbinden. Dafür werden ESG mit anderen Scheiben kombiniert. Gel-Schichten entwickeln im Brandfall hitzebeständigen Schaum.

Einstufung von Sicherheitsgläsern. Mit VSG-Scheiben und größeren Glasdicken können höhere Sicherheitsanforderungen erfüllt werden.

Feuerwiderstandsklassen 9.2.4

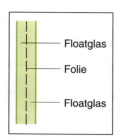

B 2.10-15 Verbund-Sicherheitsglas.

Werkstoffe – Glas

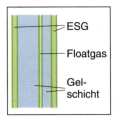

B 2.10-16 Brandschutzverglasung.

Nach DIN 52290 unterscheidet man Sicherheitsgläser als:
A durchwurfhemmend, z.B. für Ein- und Mehrfamilienhäuser,
B durchbruchhemmend, z.B. für Schaufenster,
C durchschußhemmend,
D sprengwirkungshemmend.

Bei der Prämienfestsetzung zu schützender Objekte prüft der Verband der Sachversicherer (VdS) einbruchhemmende Verglasungen (EH) auf durchbruchhemmende Eigenschaften. Dafür sind die fünf Widerstandsklassen EH 01, EH 02, EH 1, EH 2, EH 3 festgelegt, die nach den Umständen vom Versicherer vorgeschrieben werden. Für Post und Banken bestehen eigene Richtlinien. Als Alarmgeber kann in die Oberfläche einer Scheibe eine elektrische „Alarmschleife" eingelassen werden.

Preßglas und Dämmstoffe aus Glas

Preß- bzw. Profilbauglas wird wie Gußglas im Maschinenwalzverfahren hergestellt.

U-Profile sind durchscheinend und haben eine Ornamentierung auf der Profilaußenfläche. Sie werden mit oder ohne Drahteinlage geliefert.

Gewölbte Scheiben und gepreßte Gläser sind weitere Produkte. Glasbausteine werden aus zwei Teilen zusammengeschmolzen.

Schaumglas wird aus Silikatglas unter Zugabe von Treibmitteln aufgeschäumt. Dabei entsteht ein geschlossenzelliger, feuerbeständiger, verrottungsfester, säurefester sowie wasser- und gasundurchlässiger Dämmstoff.

Glasfasern haben einen Durchmesser < 40 µm und sind sehr gute akustische und thermische Dämmeigenschaften. Sie sind unbrennbar, verrottungsfest und beständig gegen organische Lösemittel. Isolierglasfasern werden für Glaswatte, Glaswolle, Vliese, Gewebe und Textilfasern z.B. als Bewehrung für Kunststoffe verwendet.

2.10.4 Bearbeiten

Glasschneiden

Das Trennen erfolgt mit einem Glasschneider, dessen Schneide härter als Glas ist. Das Glas wird einseitig geritzt. In der dabei entstehenden Kerbe sammelt sich Glasstaub, der zu Spannungen im Glas führt. Wird sofort von der Gegenseite angeschlagen, entsteht eine glatte Bruchfläche = „warmer Schnitt". Verzögert sich der Vorgang, bauen sich die Spannungen ab und es entsteht eine unsaubere Bruchfläche = „kalter Schnitt".

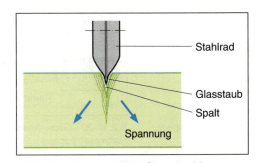

B 2.10-19 Vorgänge beim Glasschneiden.

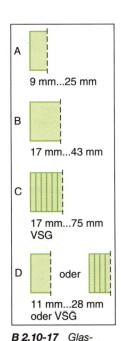

B 2.10-17 Glasdicken von Sicherheitsgläsern.

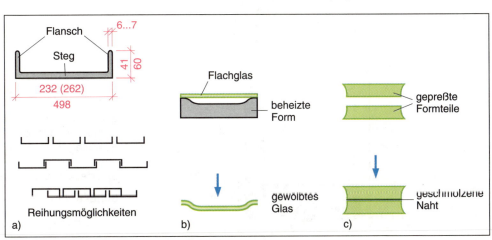

B 2.10-18 Profilbauglas (a), Wölbscheibe (b), Glasbaustein (c).

Werkstoffe – Glas

Zum Schutz der Schneide darf nicht zweimal an der gleichen Stelle geritzt werden. Terpentinöl und Petroleum als Schneidflüssigkeit begünstigen die Schnittführung. Die am Glasschneider befindlichen Krösler können zum Brechen schmaler Abschnitte eingesetzt werden.

Verbund-Sicherheits-Gläser sind von beiden Seiten deckungsgleich anzuritzen. Die innenliegende Folie ist nach dem Abkanten mit einem Messer durchzutrennen.

Bogenförmige Schnitte sind mit einem Rundschneider ausführbar. Das Gerät ist wie ein Zirkel aufgebaut und besitzt an der einen Spitze einen Gummiteller, an der anderen den Glasschneider.

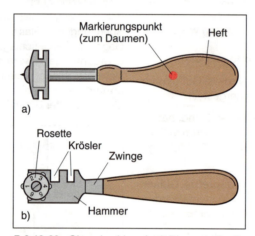

Schleifwerkzeuge 4.3.3

B 2.10-20 Glasschneider. a) mit Diamant, b) mit Hartmetallrädchen.

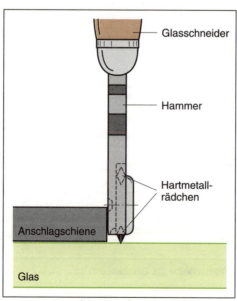

B 2.10-21 Führen des Glasschneiders.

Hinweise zum Glasschneiden

- Das Glas muß auf einer ebenen und sauberen Unterlage liegen.
- Schnittverlauf im Abstand von 2 mm ... 4 mm neben dem Anschlag (Differenz berücksichtigen).
- Markierungen auf der Glasfläche mit Faserschreiber oder Fettstift.
- Schnittstellen vor dem Ritzen säubern.
- Glasschneider senkrecht zur Anlegeschiene und in Schnittrichtung leicht schräg ohne Veränderung der Stellung führen (bei Diamant 80 ° ... 85 ° zur Ebene geneigt).
- Ein Diamantschneider ist jeweils nur von der gleichen Person zu benutzen.
- Ritzen über die gesamte Strecke mit leichtem und immer konstantem Druck.
- Vorsicht vor Schnittverletzungen!

Glassägen

Das Glassägen ist ein Sonderverfahren der Glasbearbeitung. Bei ESG ist es wegen der Vorspannung nicht möglich.

Glasschleifen

Glas kann maschinell oder von Hand geschliffen werden. Bei maschinellen Schleifarbeiten ist mit Kühlwasser zu arbeiten, damit das Glas nicht durch Überhitzung springt. Es werden Schleifwalzen, Schleifscheiben und Schleifbänder sowie pulverförmige Schleif- und Poliermittel benutzt.

In Glas können Muster, Facetten (= geschliffene Schrägflächen), Griffmulden eingeschliffen werden. Glaskanten können zum Schutz vor Schnittverletzungen manuell mit einem Korundstein gerundet werden.

Glasbohren

Das Bohren von Glas ist im Prinzip auch ein Schleifen. Das Bohrloch wird mit Stahl-, Hartmetall- oder Diamantschneidstoffen herausgearbeitet. Dabei ist Kühlung notwendig. Bohrungen werden z.B. für das Anbringen von Beschlägen benötigt.

Spezielle Arbeitstechniken

Sandstrahlen. Für Ornamente oder grafische Darstellungen kann die Glasoberfläche durch Sandstrahlen aufgerauht werden. Die Sandstrahlgebläse dürfen nur in abgeschlossenen Räumen verwendet werden. Der dabei entstehende Staub ist gesundheitsgefährdend und muß abgesaugt werden.

Werkstoffe – Glas

ätzend, mindergiftig
1.2.2

Dichtstoffe 2.12.3

giftig 1.2.2

Kleben 2.7.3

Lasern. Figürliche und geometrische Gravuren lassen sich auch mit der Lasertechnik anlegen. Dabei wird das Glas im Bereich der Oberfläche umgeschmolzen.

Ätzen. Glas kann nur mit Fluorwasserstoffsäure geätzt werden. Bei großen Flächen wird der Rand mit Bordwachs (Wachs, Harz und Talg) umgrenzt. Es ist auch möglich, Glasflächen mit Lack, abzudecken und daraus einzelne Flächen herauszuschaben.
Nach dem Ätzen sind alle Teile gründlich mit Wasser zu spülen. Lack und Bordwachs lösen sich in Petroleum gut auf.
Das Arbeiten mit Fluorwasserstoffsäure erfordert Schutzbekleidung und Absaugung.

Bleiverglasungen. Dabei werden Gläser durch H-förmige Bleistreifen verbunden. Die Glasteile sind, wenn sie nicht eingeschoben werden können, zwischen hochgebogenen Wänden von Bleistreifen einzusetzen. Nachdem alles ausgerichtet ist, werden die Bleistreifenwände an das Glas angedrückt und an den Knotenpunkten verlötet. Da der Schmelzpunkt von Lötzinn ungefähr 100 °C niedriger ist als der von Blei, entstehen keine Beschädigungen am Blei.

Die Bleistreifen sind möglichst wenig zu unterbrechen. Die Enden sollen jeweils bis zum Kern reichen. Umfassungen (= Umblei, U-förmiger Querschnitt) der Glasscheiben sind aus Stabilitätsgründen an den Enden weitgehend nur zu knicken. Zur Abdichtung können nach dem Verlöten Dichtstoffe unter die Wände der Blechstreifen gerieben werden. Danach werden die Wände auf das Glas nachgedrückt.

Messingverglasungen. Blei läßt sich mit Messing überziehen oder mit eloxierten Leichtmetallprofilen in der Verglasungstechnik imitieren. Die Verbindungen sind bei messingüberzogenen Sprossen in der Regel gelötet. Bei Leichtmetallprofilen müssen Kreuzungs- und Befestigungspunkte gesteckt, durchgesteckt oder verschraubt werden.

„Glasmalerei" ist ein Sammelbegriff für Bearbeitungen von Glas. Sie kann aus bemalten, hintermalten und auch aus unbemalten und in Blei eingefaßten Glasstücken bestehen.

Kleben dient zum Verbinden von Scheiben und zum Anbringen von Beschlägen. Meist nimmt man Kleber auf der Basis von Epoxidharz oder Silikonkautschuk.

2.10.5 Lagerung, Transport und Entsorgung

Die Lagerung von Glas erfordert große Umsicht. Zum Schutz der Oberfläche und zum Erhalt der Gebrauchseigenschaften sind die Scheiben leicht geneigt auf elastischem Material (Holz, Filz, nicht Metall oder Stein) abzustellen. Sie müssen an einer glatten und ebenen Rücklage angelehnt und gegen Umfallen gesichert werden.

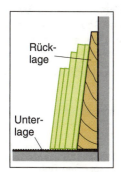

B 2.10-24 Lagern von Einzelscheiben.

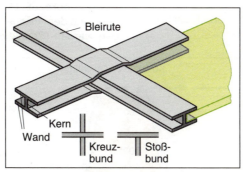

B 2.10-22 Kreuzbund bei Bleiverglasung.

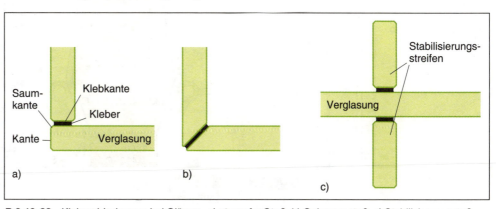

B 2.10-23 Klebverbindungen bei Gläsern. a) stumpfer Stoß, b) Gehrungsstoß, c) Stabilisierungsstoß.

Werkstoffe – Metalle

Transport. Einzelscheiben oder mehrere Scheiben sind stets hochkant zu transportieren, weil durch Biegespannungen Glas brechen kann. Zwischenlagen aus Papier schützen vor Beschädigungen, dürfen aber keine Feuchtigkeit aufnehmen („Blindwerden" der Scheiben). Sie müssen vor dem Lagern entfernt werden. Zum Tragen sind, insbesondere bei großen Scheiben, feste Handschuhe und gegebenenfalls Tragegurte einzusetzen. Sauger mit mehreren Saugnäpfen können bei feuchten Scheiben abrutschen. Die Handgelenke sollten mit entsprechenden Manschetten oder Binden aus Leder geschützt sein. Lederschürzen ergänzen die Kleidung.

Entsorgung. Durch Glas entstehen keine Umweltbelastungen. Glas verrottet zwar nicht, aber Altglas und Bruchgläser können wieder eingeschmolzen werden.

Aufgaben

1. Durch welche Eigenschaften unterscheidet sich Glas von Holz?
2. Warum werden Floatgläser bevorzugt beim Fensterbau eingesetzt?
3. Was bedeutet der Kennbuchstabe B bei Sicherheitsgläsern?
4. Vergleichen Sie Aufbau und Eigenschaften von ESG und VSG.
5. Unter welchen Bedingungen reflektieren Isoliergläser Wärmestrahlung?
6. Wodurch kann die Schalldämmung bei MIG beeinflußt werden?
7. Mit welchen Verfahren sind geometrische Muster in der Glasoberfläche herstellbar?
8. Beschreiben Sie die Vorgänge beim Glasschneiden.
9. Vergleichen Sie Isolier- mit Einfachglas.

2.11 Metalle

2.11.1 Aufbau und Eigenschaften

Alle Metalle haben einen ähnlichen Aufbau. Die Anordnung der Atome in Kristallgittern beeinflußt die Eigenschaften der Metalle.

2.11.2 Roheisengewinnung

Metalle kommen in der Natur selten in reiner Form vor. In der Regel sind sie im Erz mit anderen Metallen oder Mineralien verbunden.

Eisenerze sind in der Hauptsache Eisenoxide. Zusätzlich können sie auch Kohlenstoff C, Schwefel S und Silizium Si sowie erdige Verunreinigungen enthalten.

Hochofenprozeß. Um Eisenmetall zu gewinnen, muß dem Eisenerz der Sauerstoff entzogen werden (Reduktion). Dies erreicht man

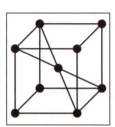

B 2.11-1 Kristallgitter - Würfelform.

Reduktion 2.1.2

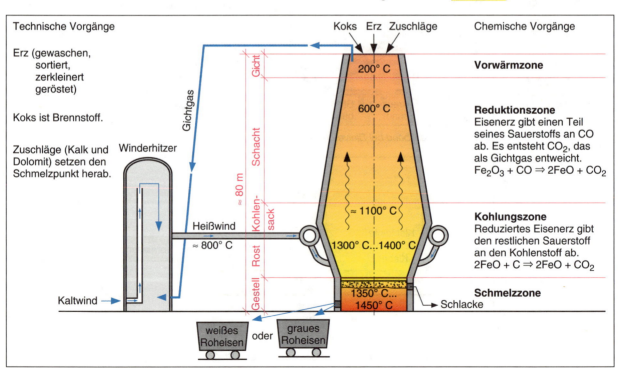

B 2.11-2 Hochofenprozeß.

Werkstoffe – Metalle

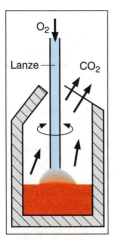

B 2.11-3 Frischen durch Sauerstoffblasen.

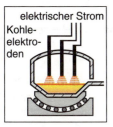

B 2.11-4 Elektrostahlverfahren.

durch Verhüttung im Hochofen. Dabei wird der Sauerstoff aus der Verbindung mit dem Eisen gelöst und an den Kohlenstoff angelagert.

Beim Hochofenprozeß entstehen:
- Graues Roheisen. Es hat durch den hohen Silizium- und Kohlenstoffgehalt in Form von Graphit eine graue Bruchfläche.
- Weißes Roheisen. Durch den hohen Mangangehalt ist die Bruchfläche weiß und hell.

2.11.3 Herstellung von Eisengußwerkstoffen und Stahl

Roheisen nimmt beim Hochofenprozeß vorwiegend Kohlenstoff auf. Außerdem enthält es durch die Zuschlagstoffe unterschiedlich große Beimengen an Mangan, Silizium, Schwefel und Phosphor. Vor allem Kohlenstoff macht Roheisen spröde und schlecht verarbeitbar.

Eisengußwerkstoffe

Eisengußwerkstoffe werden aus grauem Roheisen gewonnen.

Stahl

Weißes Roheisen mit 4% ... 5% Kohlenstoffanteilen wird im Stahlwerk bis auf den geforderten Restanteil an Kohlenstoff von höchstens 2,06 % durch Sauerstoffzufuhr oxidiert.

Sauerstoffblasverfahren (LD-Verfahren). Sauerstoff wird durch eine Düse (Lanze) mit hohem Druck auf die Oberfläche der Schmelze geblasen. Der Kohlenstoff oxidiert. Als Stahlarten entstehen: unlegierte Stähle, Baustähle, Massenstähle.

Elektrostahlverfahren. Bei diesem Verfahren werden Stähle unter Zugabe von Schrott weiterverarbeitet. Durch Elektroenergie (z.B. Lichtbogen zwischen Kohleelektroden oder Induktionsstrom) wird das Einsatzgut geschmolzen. Die Eisenoxide des beigegebenen Stahlschrotts reagieren bei etwa 3800 °C mit dem Kohlenstoff der Schmelze. Verunreinigungen werden dabei weitgehend beseitigt.

T 2.11/1 Eisengußwerkstoffe

Art, Kohlenstoffgehalt in %	Verwendung
Gußeisen mit Lamellengraphit GG 2,5 ... 3,6	Tische, Maschinenständer und Motorengehäuse
Weißer Temperguß GTW Schwarzer Temperguß GTS 2,5 ... 3,5	Beschläge, Türschlösser, Schlüssel

T 2.11/2 Stahlarten

Stähle	Legierungsanteile	Verwendung
unlegiert Baustahl	C: 0,10% ... 0,65%	Beschläge, Bänder, Nägel, Schrauben
Qualitätsstahl, Werkzeugstahl WS	C: 0,45% ... 1,40%	Hand- und Bandsägeblätter, Stechbeitel, Hohleisen, Hämmer, Zangen
niedriglegiert Werkzeugstahl SP, Hochleistungsstahl HL	C: 0,5% ... 1,4% Cr, Ni, Mo, W: < 5%	Sägeblätter, Feilen, Maschinenbohrer, Gewindeschneider, Meßzeuge
hochlegiert Werkzeugstahl HL Schnellarbeitsstahl SS Hochleistungsstahl HSS	C: 0,5% ... 1,4% Cr, Co, Mo, V, W: > 5% ≥ 12 % > 12 %	Hobel-, Fräs-, Bohr- und Verbundwerkzeuge zur Bearbeitung von Weichholz, Werkstoffen und härtbaren Kunststoffen

2.11.4 Legierungen und Stahlarten

Legierungen

Entsprechen bestimmte Stahleigenschaften nicht den technischen Anforderungen, sind z.B. Härte und Elastizität unzureichend, werden dem Stahl im flüssigen Zustand andere Stoffe zugemischt. Es entsteht eine Legierung. Bevorzugte Legierungselemente sind die Metalle Chrom, Nickel, Vanadium und Wolfram sowie der nichtmetallische Kohlenstoff.

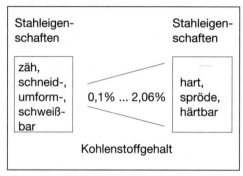

B 2.11-5 Stahleigenschaften und Kohlenstoffgehalt.

Stahlarten

Stähle werden nach Zusammensetzung und Einsatzmöglichkeiten eingeteilt.

Bezeichnungen

Werkstoffe aus Eisen werden nach DIN 17006 und Euronorm 27 bezeichnet. Die vollständige Werkstoffbezeichnung ist dreiteilig. Sie besteht aus dem:
- Herstellungsteil,
- Zusammensetzungs- und Festigkeitsteil und
- Behandlungsteil.

Der Herstellungsteil erfaßt mit Großbuchstaben die Gußart, z.B. GG = Grauguß mit Lamellengraphit, Erschmelzungsart, z.B. E = Elektrostahl und herstellungsbedingte Eigenschaften, z.B. A = alterungsbeständig.

Der Zusammensetzungs- und Festigkeitsteil enthält Angaben zu den Mengenanteilen der Legierungsbestandteile und der Zugfestigkeit.

Der Behandlungsteil beschreibt den Behandlungszustand und die Zugfestigkeit sowie die Güteklasse für die Werkzeugstähle. Die Angabe erfolgt in Großbuchstaben. Es bedeuten z.B. N = normalgeglüht, H = gehärtet.

Handelsformen

Im Stahlwerk wird Stahl durch Urformen (Gießen) und durch Umformen (Walzen, Ziehen, Biegen, Schmieden) in seine Form gebracht.

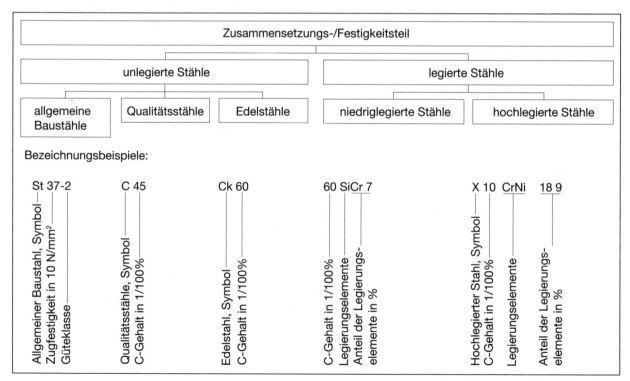

Die Halbzeugformen werden in folgende Gruppen eingeteilt:
- Bleche,
- Rohre,
- Drähte,
- Stabstahl,
- Formstahl.

2.11.5 Nichteisenmetalle

Nichteisenmetalle (NE-Metalle)

Leichtmetalle Dichte < 5000 kg/m³
- Aluminium Al
- Magnesium Mg
- Titan Ti

Schwermetalle Dichte > 5000 kg/m³

Blei	Pb	Tantal	Ta
Chrom	Cr	Zink	Zn
Kobalt	Co	Zinn	Sn
Kupfer	Cu		
Mangan	Mn	*Edelmetalle:*	
Molybdän	Mo	Gold	Au
Vanadium	V	Platin	Pt
Wolfram	W	Silber	Ag

Außer den Edelmetallen sind alle NE-Metalle im Erz meist chemisch mit Sauerstoff, Kohlenstoff, Schwefel oder Phosphor gebunden und mit Gestein oder erdigen Verunreinigungen vermengt. Durch Schmelzprozesse werden aus den Erzen die NE-Metalle mit sehr hohem Reinheitsgrad gewonnen.

Unfallverhütung: Bleidämpfe und Bleistaub nicht einatmen! Nach der Bearbeitung Hände waschen!

T 2.11/4 Legierungen von Nichteisenmetallen

Legierung Formelzeichen	Legierungs-bestandteile	Verwendung
Aluminium-legierung (Knet- und Gußlegierung) AlMg, AlMgSi	Magnesium Silizium, Kupfer, Zink, Mangan	Bleche, Beschläge, Rohre, Drähte, Systemprofile für Fenster, Türen
Messing CuZn	Kupfer, Zink	Bänder, Zierbeschläge, Schloßteile, Schrauben, Messingverglasung, Armaturen
Bronze CuSn	Kupfer, Zinn	Beschläge, Schrauben, Bleche, künstlerische Plastiken

T 2.11/3 NE-Metalle - Auswahl

NE-Metall Formelzeichen	Verwendung
Aluminium Al	Bleche, Platten, Systemprofile für Fenster, Türen, Vitrinen, Innen- und Außenbekleidungen, Folien für Sperrschichten
Kupfer Cu	Bekleidungen bei Haustüren, Innenausbau, Fassaden, Dacheindeckungen, Rohre Kunstgewerbe
Zink Zn	Überzugsmetall, (Feuerverzinkung) für Bleche, Drähte, Gefäße, Dachdeckung, Fensterbänke, Rohre
Blei Pb	Bleiverglasungen, Strahlenschutz, Dacheindeckungen, Bleiglas, Bleifarben

2.11.6 Korrosion

Alle Metalle, die durch Reduktion gewonnen werden, haben das Bestreben, wieder den ursprünglichen Zustand anzunehmen. Umwelteinflüsse können diese chemische Reaktionen auslösen.

Chemische Korrosion führt bei Eisen- und Nichteisenmetallen zu unterschiedlichen Ergebnissen.

Korrosion bei Eisenmetallen. Es bildet sich eine Rostschicht, die an der hell- bis rotbraunen Farbe erkennbar ist. Sie ist porös, blättert teilweise ab und ermöglicht ein weiteres Eindringen des Rostes in das Metall.

Korrosion bei Nichteisenmetallen. Durch Oxidation entsteht eine unporöse Schutzschicht, z.B. das Aluminiumoxid (Al_2O_3), die eine weitere Zerstörung des Metalls verhindert.

Elektrochemische Korrosion (Kontaktkorrosion) kommt zustande, wenn zwei verschiedene Metalle durch eine stromleitende Flüssigkeit (Elektrolyt) Kontakt miteinander haben. Metalle mit negativem elektrischen Potential (-) werden als unedel, mit positivem

Werkstoffe – Metalle

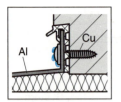

B 2.11-6 Kontaktkorrosion.

Spannungsreihe 2.1.2

Potential (+) als edel ausgewiesen. Je weiter unedle und edle Metalle in der Spannungsreihe auseinanderliegen, desto stärker ist die Korrosion am unedlen Metall.
Kontaktkorrosion entsteht z.B., wenn eine Aluminiumfensterbank mit einer Kupferschraube befestigt wird. Als Elektrolyt dient Regenwasser.

Korrosionsschutz erreicht man durch:
- korrosionsbeständige Metalle und Legierungen, z.B. mit Chrom, Nickel, Silizium oder Wolfram,
- konstruktive Trennung verschiedener Metalle, z.B. durch Kunststoffzwischenlagen,
- Oberflächenbehandlung der Metalle.

2.11.7 Schneidstoffe

Beim Bearbeiten von Vollholz, Holzwerkstoffen, Kunststoffen, Glas und Metallen werden Werkzeugschneiden durch Reibung am Schnittgut und durch teilweise erhebliche Wärmeeinwirkung beansprucht und abgenutzt.

Schneidstoffe aus Stahl

Stähle erhalten durch Zusatz von Legierungselementen Schneidstoffeigenschaften.

Schneidstoffe aus Hartmetall

Herstellung. Hartmetalle HM sind Sinterwerkstoffe aus Wolfram-, Titan- und Molybdänkarbid mit Kobalt als Bindemittel. Beim Sintern werden die sehr harten Karbidteilchen unterhalb ihres Schmelzpunktes mit dem Kobalt unter Volumenverlust durch Druck und Wärme zusammengebacken. Die endgültige Form der Hartmetallschneiden wird mit Diamantwerkzeugen angeschliffen.

Eigenschaften. Die Korngröße der Karbide und die Anteile des Bindemittels bestimmen Zähigkeit und Festigkeit des sehr spröden Hartmetalls. Hartmetall ist außerdem wenig wärmeempfindlich und sehr korrosionsfest. Die hohe Schneidhaltigkeit ermöglicht einen etwa 40- bis 60fach längeren Standweg als bei Schneiden aus Stahl.

Verwendung. In der Holztechnik werden für die Bearbeitung von Vollholz, Plattenwerkstoffen und Kunststoffen Hartmetalle der Zerspanungsgruppe K eingesetzt.
Die Sortenauswahl wird vom Hersteller vorgenommen. Sie richtet sich nach den Einsatzbedingungen und den vorwiegend zu bearbeitenden Werkstoffen.

Schneidstoffe aus polykristallinem Diamant

Herstellung. Polykristalliner Diamant PKD ist kein Metall. Er wird aus Kohlenstoff synthetisch hergestellt und bei Temperaturen bis 1400 °C und Drücken zwischen 6000 MPa ... 7000 MPa als 0,5 mm ... 0,7 mm dicke Schicht unlösbar auf eine Hartmetallunterlage gesintert. Wegen der aufwendigen Herstellung sind nur kleine scheibenförmige Schneid-stoffteile herstellbar, die in speziellen Verfahren zu Schneidplatten aufgeteilt werden. Sie werden an den Werkzeuggrundkörper gelötet.

Eigenschaften. PKD ist allen anderen Schneidstoffen wegen seiner Härte überlegen. Der Standweg ist 200 bis 260 mal länger als bei Hartmetall. Die Bruchfestigkeit ist jedoch geringer als bei Hartmetall und Schnellarbeitsstahl.

2.11.8 Metallbearbeitung

In der Holztechnik müssen gelegentlich auch Metalle bearbeitet werden. Metalle erfordern Arbeitstechniken, die sich von denen in der Holzbearbeitung unterscheiden.

Messen

Beim Längen- und Winkelmessen werden in der Metall- und Holzbearbeitung im wesentlichen die gleichen Geräte und Verfahren eingesetzt. Metallkonstruktionen werden jedoch präziser gemessen, weil sie genauer bearbeitet werden können.

Anreißen

Das Anreißen unterscheidet sich in der Metallbearbeitung von dem in der Holzbearbeitung ($\to$ T 2.11/5).

Umformen

Hier wird die Werkstückform ohne Werkstoffverlust und Werkstofftrennung verändert.

Das Biegen von Blechen und Flachstahl erfolgt in folgenden Schritten:
① Das Werkstück mit dem Spannwinkel in den Schraubstock einspannen (Anrißlinie oberhalb des Spannwinkels).
② Mit Hammerschlägen und gleichzeitigem Biegen von Hand das Werkstück abwinkeln. Äußere Rißbildung und innere Quetschfalte werden vermieden, wenn die Biegekante quer zur Walzrichtung des Blechs verläuft. Warmes Metall ist leicht biegbar.

B 2.11-7 Schneidplattenformen.

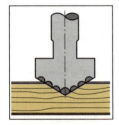

B 2.11-8 Prismenfalzkopf mit PKD-Schneidelementen.

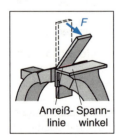

B 2.11-9 Biegen.

Werkstoffe – Metalle

T 2.11/5 Anreißen

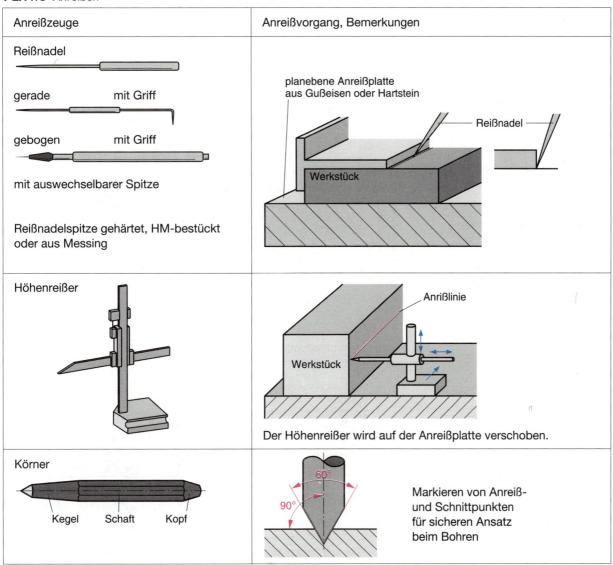

T 2.11/6 Zerteilen von Metallen

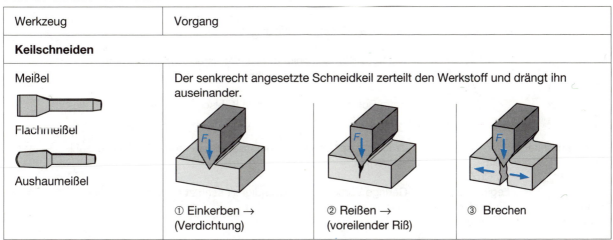

Werkstoffe – Metalle

Fortsetzung **T 2.11/6**

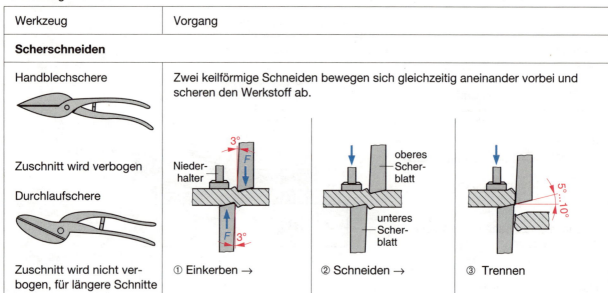

Werkzeug	Vorgang
Scherschneiden	
Handblechschere	Zwei keilförmige Schneiden bewegen sich gleichzeitig aneinander vorbei und scheren den Werkstoff ab.
Zuschnitt wird verbogen	
Durchlaufschere	
Zuschnitt wird nicht verbogen, für längere Schnitte	① Einkerben → ② Schneiden → ③ Trennen

T 2.11/7 *Spanungsverfahren*

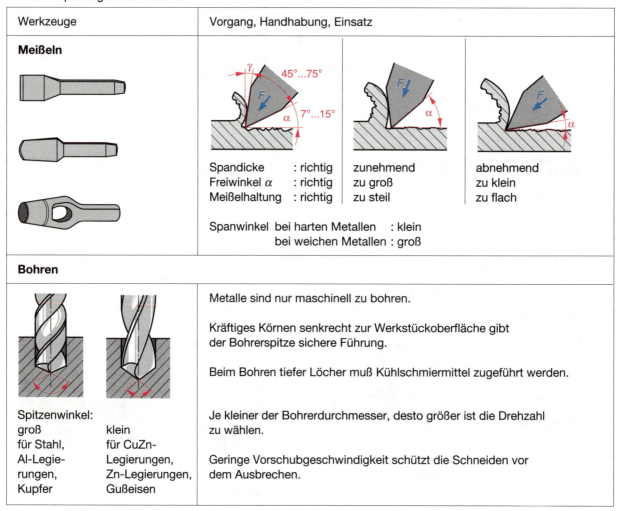

Werkzeuge	Vorgang, Handhabung, Einsatz
Meißeln	
	Spandicke : richtig / zunehmend / abnehmend
	Freiwinkel α : richtig / zu groß / zu klein
	Meißelhaltung : richtig / zu steil / zu flach
	Spanwinkel bei harten Metallen : klein
	bei weichen Metallen : groß
Bohren	Metalle sind nur maschinell zu bohren.
Spitzenwinkel:	Kräftiges Körnen senkrecht zur Werkstückoberfläche gibt der Bohrerspitze sichere Führung.
groß / klein	Beim Bohren tiefer Löcher muß Kühlschmiermittel zugeführt werden.
für Stahl, Al-Legierungen, Kupfer / für CuZn-Legierungen, Zn-Legierungen, Gußeisen	Je kleiner der Bohrerdurchmesser, desto größer ist die Drehzahl zu wählen. Geringe Vorschubgeschwindigkeit schützt die Schneiden vor dem Ausbrechen.

Fortsetzung **T 2.11/7**

Werkzeuge	Vorgang, Handhabung, Einsatz
Feilen	
Feilenarten nach Hiebzahl: Schruppfeile, Schlichtfeile, Feinschlichtfeile Feilenarten nach Querschnitt:  	Die Feile wird unter Druck vorwärtsbewegt. Der Rückhub erfolgt ohne Druck. gehauene Feile / gefräste Feile Spanwinkel : negativ / positiv Wirkung : schabend / schneidend Riefenbildung : nein / ja Verwendung für : E-Metalle, CuZn-Legierungen / NE-Metalle
Sägen	
ge- schränkt / ge- staucht / ge- wellt Bügelsäge 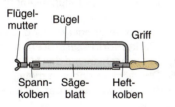 Spann- Säge- Heft- kolben blatt kolben	Handsägen schaben oder spanen nur auf Stoß. Der Rückhub erfolgt ohne Druck. Sägeansatz mit Meißel oder Feile einkerben, damit die Säge nicht abrutscht. Bei dünnwandigen Konstruktionsteilen wird das Sägeblatt nicht gestoßen, sondern gezogen. **Teilung von Metallsägeblättern:** - grob (1,8 mm) → weiche Metalle, z.B. Aluminium, Kupfer, Zink - mittel (1,3 mm) → mittelharte Metalle, z.B. CuZn-Legierungen, Baustahl - fein (0,8 mm) → harte Metalle, z.B. Stahlguß, Werkzeugstahl, Rohre
Senken	
Kegelsenker 	Kegelsenker aus HSS entgraten scharfkantige Bohrungen und erzeugen kegelige Vertiefungen für die Aufnahme von Schrauben- und Nietsenkköpfe.

Werkstoffe – Metalle

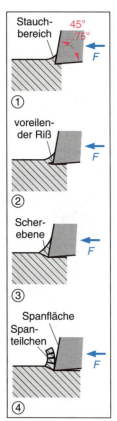

B 2.11-10 Spanen.

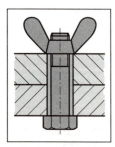

B 2.11-11 Schraubverbindung, formschlüssig.

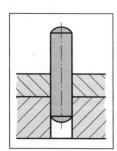

B 2.11-12 Stiftverbindung, formschlüssig.

Trennen

Werkstücke werden durch keilförmige Werkzeugschneiden getrennt.

Zerteilen ist das spanlose Abtrennen eines Werkstückteiles. Es erfolgt durch Keil- oder Scherschneiden (→ **T 2.11/6**).

Spanen ist das Abtrennen von Werkstoffteilchen durch schräg angesetzte, keilförmige Werkzeugschneiden (→ **T 2.11/7**). Der Vorgang verläuft bei metallischen Werkstoffen in vier Stufen:
① Stauchen des Werkstoffs beim Eindringen des Schneidkeils in die Werkstückoberfläche.
② Rißbildung durch Überwinden der Kohäsionskraft des Werkstoffs.
③ Abscheren des Spanteilchens.
④ Abgleiten der Spanteilchen an der Spanfläche.

Unfallverhütung beim Sägen
- Werkstücke nahe der Schnittstelle fest einspannen.
- Metallspäne nicht mit ungeschützter Hand entfernen.

Unfallverhütung beim Bohren
- Enganliegende Arbeitskleidung, Haarschutz und Schutzbrille tragen.
- Werkstück sicher und fest einspannen.
- Bohrer fest einspannen.
- Bohrungen entgraten.

Fügen

Fügeteile werden lösbar oder nicht lösbar miteinander verbunden.

Lösbare Fügeverbindungen halten durch Kraft- und/oder Formschluß zusammen und können ohne Beschädigung wieder gelöst werden.

Schraubverbindungen haben Gewindegänge, die in ein Gegengewinde eingreifen. Kopfform, Schaftabmessungen, Gewinde und Werkstoffe der Schrauben sind genormt. Gegen selbsttätiges Lockern können Schrauben gesichert werden durch:
- Gegenmuttern, Federringe, Sicherungsbleche,
- Drähte, Splinte,
- Verkleben der Gewinde.

Stiftverbindungen befestigen, sichern und zentrieren Werkstücke durch Formschluß.

Bolzenverbindungen werden auf Abscheren beansprucht und müssen gegen Verschieben oder Verdrehen gesichert sein.

Nicht lösbare Verbindungen sind form- oder stoffschlüssig und können nur gelöst werden, indem die Bauteile beschädigt oder zerstört werden.

Nietverbindungen sind formschlüssig und auf Abscheren beanspruchbar. Nietwerkstoffe müssen fest, zäh, dehnbar und stauchbar sein. Verwendet werden Stahl, Kupfer und Aluminuim.

Klebverbindungen sind stoffschlüssig und auf Abscheren beanspruchbar. Die Klebstoffe aus Epoxidharz, Epoxid-Polyamid oder Polyurethan haften auf trockenen, fett-, staub- und rostfreien Teilen und binden unter Druck und/ohne Wärme ab.
Klebverbindungen haben folgende Vor- und Nachteile:
- keine Werkstoffveränderung durch Wärme,
- keine Kontaktkorrosion bei verschiedenartigen Metallen,
- begrenzte Temperaturbeständigkeit des Klebstoffs,
- bei Kalthärtung lange Abbinde- und Aushärtezeit je nach Klebstoff.

Lötverbindungen sind stoffschlüssig. Das Lot verbindet gleiche oder verschiedenartige Metalle und bildet mit diesen eine Legierung. Man unterscheidet:
- Weichlöten mit Arbeitstemperaturen bis 450 °C und geringer Festigkeit,
- Hartlöten mit Temperaturen über 450 °C und großer Festigkeit.

Zum Weichlöten werden Legierungen aus Blei mit Zinn (Bleigehalt 80%) und Zinn mit Blei (Zinngehalt 50%) verwendet. Kupferlot, silberhaltige Lote und Lote auf Aluminiumbasis werden zum Hartlöten eingesetzt.
Die Flußmittel Borax, Ammoniumchlorid, Salzsäure und Zinkchlorid zerstören beim Lötvorgang die Oxidschicht auf den Metallen, machen die Oberflächen dadurch metallisch rein und verhindern während der Lötarbeit eine Oxidbildung.

Unfallverhütung beim Löten
- Flußmittelreste müssen nach dem Löten entfernt werden.
- Flußmittel sind giftig und ätzend.
- Beim Löten sind Handschuhe und Brille zu tragen.

Aufgaben

1. Erklären Sie am Beispiel des Hochofenprozesses, wie dem Erz Sauerstoff entzogen wird!

Werkstoffe – Mineralische Baustoffe, Dämmstoffe, Sperrstoffe und Dichtungsmittel

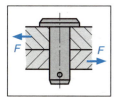

B 2.11-13 Bolzenverbindung, formschlüssig, lösbar.

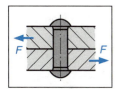

B 2.11-14 Nietverbindung, formschlüssig, unlösbar.

Wärmeleitfähigkeit 9.2.1

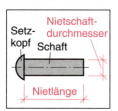

B 2.11-15 Bezeichnungen am ungeschlagenen Niet.

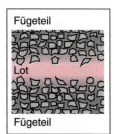

B 2.11-16 Lötvorgang. ① Das Flußmittel benetzt die Metalloberfläche. ② Das Lot fließt durch Kapillarwirkung in den benetzten Lotspalt. ③ Das Lot und Metall der Fügeteile bilden eine Legierung.

2. Warum eignet sich Grauguß gut für die Herstellung von Ständer und Tisch von Tischkreissägemaschinen?
3. Erklären Sie den Begriff Legierung!
4. Für welche Holzbearbeitungswerkzeuge werden unlegierte Stähle verwendet?
5. Welche Stahlart wird für Maschinenbohrer und Gewindeschneider verwendet?
6. Warum wird Blei für Verglasung bevorzugt?
7. Warum sind Aluminium und Kupfer korrosionsbeständig?
8. Fenstersimse aus Kupferblech werden mit verchromten Eisenschrauben befestigt. Warum kann sich das Kupferblech nach einiger Zeit lösen?
9. Welche Möglichkeiten gibt es, Korrosionen zu verhindern?
10. Warum müssen Schneidstoffe für Werkzeugschneiden hart und zäh sein?
11. Aus welchen Metallen bestehen Hartmetalle?
12. Wodurch unterscheiden sich die Schneidstoffe PKD und HM?
13. Ein Fensterprofil aus Aluminium wird gebohrt. Welchen Spitzenwinkel muß der Bohrer haben?
14. Beschreiben Sie die Arbeitsschritte beim Nieten!
15. Beschreiben Sie den Lötvorgang!

2.12 Mineralische Baustoffe, Dämmstoffe, Sperrstoffe und Dichtungsmittel

2.12.1 Mineralische Baustoffe

Holz- und Metallkonstruktionen werden meist an Wänden, Decken und Böden aus mineralischen Baustoffen befestigt. Deren Eigenschaften beeinflussen die Haltbarkeit der Verankerung mit Dübeln und Schrauben. Wärme- und Schallschutzkonstruktionen müssen auf die Baustoffe abgestimmt werden.

Natürliche Steine können mit Holz, Glas und Metall kombiniert werden.

Gebrannte und gebundene Baustoffe werden für Wände, Decken und Böden verwendet. Wände und Decken können verputzt oder unverputzt sein sowie bekleidet werden.

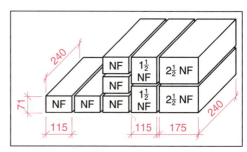

B 2.12-2 Maße von Mauerziegeln.

2.12.2 Dämmstoffe

Dämmstoffe erfüllen Aufgaben im Wärme- und Schallschutz.

Arten und Eigenschaften. Ausgangsstoffe für Dämmstoffe sind mineralische oder organische Rohstoffe. Die Wärmeleitfähigkeit ist die charakteristische Größe für die Wärmeübertragung. Sie ist abhängig von:
- Art, Größe und Verteilung der Poren,
- Rohdichte,
- Gefüge und
- Dauerfeuchte eines Stoffes.

Die Wärmeleitfähigkeit muß für Wärmedämmstoffe möglichst klein sein.
Wärmedämmstoffe sind weiche Materialien. Sie können lediglich den Trittschall mindern, jedoch nicht den Luftschall dämpfen. Offenporige Stoffe schlucken Schallwellen.

Einsatz und Verarbeitung. Es sind nur zugelassene Dämmstoffe zu verwenden. Für den fachgerechten Einsatz müssen folgende Kennbuchstaben berücksichtigt werden:

W   nicht druckbelastbar, z.B. in Wänden und belüfteten Decken,

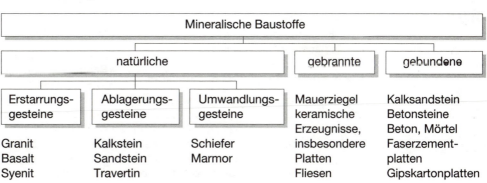

Werkstoffe – Mineralische Baustoffe, Dämmstoffe, Sperrstoffe und Dichtungsmittel

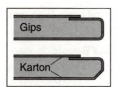

B 2.12-1 Gips-kartonplatten.

T 2.12/1 Natürliche Steine

Art	Farbe	Technische Eigenschaften	Verwendung
Erstarrungsgesteine			
Granit	grau bis schwarz	sehr hart, hoher Widerstand gegen Abnutzung	Bekleidungen, Tischplatten
Basalt	grünlich, grau bis schwarz, feinkörnig	sehr hart und zäh	Bekleidungen
Syenit	grünlichbraun, fein bis mittelkörnig gesprenkelt	sehr hart, hoher Widerstand gegen Abnutzung	Bekleidungen, Beläge
Ablagerungsgesteine			
Kalkstein, Dolomit	verschiedenfarbig, hell, manchmal geadert	gut bearbeitbar, dicht und fest, polierbar	Bausteine, Bekleidungen
Sandstein	verschiedenfarbig, sandkörnig, geschichtet	gut bearbeitbar, fest und zäh	Bausteine, Bekleidungen
Travertin	hell, gelblich bis bräunlich, geadert, porig	hart, fest, polierbar, gut bearbeitbar	Verblendungen, Beläge
Umwandlungsgesteine			
Schiefer	dunkelgrau bis blau	leicht spaltbar, wetterfest	Bekleidungen, Tischplatten
Marmor	weiß, grün, rötlich, schwarz, gemasert	dicht, polierbar, witterungsempfindlich	Verblendungen, Tischbeläge

WD druckbelastbar, z.B. unter der Dachhaut, unter Estrich,
WS mit erhöhter Belastbarkeit, z.B. im Fußboden von Maschinenräumen,
WL nicht druckbelastbar, z.B. zwischen Sparren und Balkenlagen,
T für gleichzeitige Anwendungen zur Trittschalldämmung,
A nicht brennbar, z.B. mineralische Erzeugnisse,
B brennbar, z.B. organische Stoffe.

Umweltfreundlich sind FCKW-freie (Fluor-Chlor-Kohlenwasserstoff-freie) oder treibgasfreie Schäume, z.B. Ortschäume.

2.12.3 Sperrstoffe und Dichtungsmittel

Gegen das Eindringen von Feuchte, Luft und Schall sowie zur Verminderung von Wärmeverlusten bei Bauwerksteilen, Konstruktionen des Innenausbaus sowie an Türen und Fenstern werden Dichtungsmittel eingesetzt. Sperrstoffe verhindern das Eindringen von Wasser und Wasserdampf, sie sperren weitgehend luftdicht ab.

Bahnen Dichtstoffe
Folien Dichtungsprofile
lose Stoffe Dichtungsbänder

Flächendichtungen

Flächendichtungen umfassen:
- Bitumenbahnen und bituminöse Stoffe → Feuchtigkeitssperren in Fußböden,
- Kunststoffbahnen →Unterspannbahnen beim Dach, Folien als Dampfsperren,
- Dichtungsschichten aus Flüssigkunststoff → Absperren in Naßräumen,
- kaschierte Papiere → Kombinationen mit Aluminiumfolien als Dampfsperre.

Montageschäume 2.7.4

Fußböden 9.6
Dampfsperren 9.2.2

T 2.12/2 Gebrannte und gebundene Baustoffe

Arten, Kurzzeichen	Herstellung	Eigenschaften
Mauerziegel Vollziegel Mz, Hochlochziegel Hlz, Vollklinker KMz	Ton bzw. Lehm ggf. mit Mager- mitteln gemischt, weich weich geformt, gebrannt	Mz u. Hlz: trocken gut wärme- dämmend, wasserspeichernd, KMz: sehr dicht, druckfest
Kalksandsteine Kalksandstein KS, Kalksandstein-Ratioblock KSR	Kalk, Sand und Wasser gemischt, geformt, unter unter Dampfdruck gehärtet	sehr maßhaltig, wärmespeichernd, gering wärmedämmend, schall- dämmend wegen großer Dichte
Leichtbetonsteine Hohlblockstein Hbl, Lochstein Llb, Wandbauplatte Wpl	Bims oder Blähton mit Zement gebunden	trocken gut wärmedämmend, wasserspeichernd, geringe Halt- barkeit für Verankerungen
Porenbetonsteine (früher Gasbeton)	wie Kalksandstein mit Zusatz eines Treibmittels	sehr gut wärmedämmend, leicht bearbeitbar, wasserspeichernd, geringe Haltbarkeit von Dübeln
Mörtel Mauermörtel, Putzmörtel, Estrichmörtel	Sand, Wasser und Bindemittel (Kalke, Zemente, Gipse, Anhydritbinder)	verbinden Steine, als Beschichtung feuchteausgleichend, frischer Mörtel kann Holzbauteile verfärben
Betone Leichtbeton, Schwerbeton	Sand oder Kies, Wasser und Zement, mit Zusatzstoffen und Stahl als Bewehrung	druckfest, mit Bewehrung auch zugfest, geringe Wärmedämm- fähigkeit (außer Leichtbeton), nehmen leicht Wasser auf
Faserzementplatten	mineralische und synthetische Fasern, Zement, Wasser	nicht brennbar, leicht überstreichbar, nicht feuchteempfindlich
Gipskartonplatten Gipskarton-Bauplatten GKB, Gipskarton-Feuerschutzplatten GKF, Gipskartonschallschutzplatten GKS	Gips mit Karton auf Flächen und an Kanten stabilisiert, Glasfasern bei Brandschutz- platten, mit Dicken von 9,5 mm ... 25 mm	nicht wasserbeständig, sehr atmungsaktiv, nicht brennbar, Befestigungsmittel müssen korrosionsgeschützt sein
Keramische Erzeugnisse Platten, Fliesen	unter Druck in Formen gepreßte Tone, Sande und mineralische Stoffe, bei über 900 °C gebrannt, ggf. glasiert	fest, wasser- und säurebeständig, weitgehend frostbeständig
Brandschutzplatten - aus Vermiculiten, - aus Natriumsilikat und Zusätzen	aus Blähglimmer gepreßt aus Natriumsilikat und Zusätzen gepreßt, im Kern Glasfasern und Gewebe, beidseitige Beschichtung mit Epoxidharz	nicht brennbar, beschichtbar nicht brennbar, über 100 °C plastisch und aufschäumend (= hitzedämmende Schicht)

T 2.12/3 Dämmstoffe

Art	Wärmeleitfähigkeit λ in W/(m·K)	Aufbau und Eigenschaften	Verwendung
mineralisch-porige Dämmstoffe			
Perlite		aufgeblähtes vulkanisches Gestein; nicht brennbar	Zuschlag für Dämmplatten und Estriche
Schaumglas	0,045 ... 0,060	geschlossenzelliges aufgeschäumtes Glas; dampfdicht	Dämmplatten (auch für Feuchteschutz)
mineralisch-fasrige Dämmstoffe			
Glas- und Steinwolle	0,035 ... 0,050	Fasern, vlieskaschierte Bahnen; schallschluckend, nicht brennbar	Matten, Platten oder auch lose für Wärmedämmung, Schallschluckung
organisch-porige Dämmstoffe			
Blähkork	0,045	Korkschrot durch Hitze aufgebläht; fäulnisfest	Platten für Wärmedämmung
Expandierter Polystyrolschaum PS	0,025 ... 0,040	Treibmittel im Granulat verdampft (Styropor); hohe Druck- und Abreißfestigkeit	Platten besonders für Wärmedämmverbundsysteme (Sandwichplatten)
Extrudierter Polystyrol-Hartschaum PS	0,025 ... 0,040	endloser Plattenstrang; druck- und zugfest, keine Wasseraufnahme, maßhaltig	Wärmedämmplatten im Wandbereich
Polyurethan- PUR	0,025 ... 0,035	mit Treibmitteln erzeugt; geschlossenzellig, hart, nicht maßhaltig	Wärmedämmplatten, Ortschaum
Zellgummi		Kautschuk mit geschlossenen Poren; schalldämmend,	Matten zur Körperschalldämmung
organisch-fasrige Dämmstoffe			
Holzwolle-Leichtbauplatten HWL	0,15 ... 0,09	langfasrige Holzwolle mit mineralischen Bindemitteln; nicht wetterfest, verputzt schalldämmend, unverputzt schallschluckend	wärmedämmende Putzträger für Wände, Dächer, Decken, auch als „verlorene Schalung", z.B. für Stürze, Rolladenkästen
Mehrschicht-Leichtbauplatten	0,15	Schaumkunststoffplatten ein- oder beidseitig mit HWL beplankt	wie oben mit Schäumen kombiniert
poröse Holzfaserplatten	0,05	Holzfasern mit Kunstharzen gebunden, verdichtet; wärmedämmend, schallschluckend	Platten zur Wärmedämmung, Akustikplatten
Filze		Fasern mit Bitumen getränkt; schall- und wärmedämmend	Matten zur Trittschalldämmung unter Estrich und Dielung

plastisch, elastisch
2.6.3

Fugendichtungen

Fugen an Bauwerken und Einbauten können mit Dichtungsmitteln abgedichtet und geschützt werden. Bei Auswahl und Einsatz der Materialien ist zu achten auf:
- Witterungseinflüsse (Regen, Wind, wechselnde Temperaturen, UV-Strahlen),
- Tauwasserbildung und Wasserdampfdiffusion,
- Schall- und Wärmedämmung,
- Aufnahme von Erschütterungen und mechanischer Belastung,
- Dehnbarkeit des Dichtungsmittels in den Fugen,
- Feuer- und Hitzeeinwirkungen,
- Oberflächenbehandlung mit Anstrichen.

Dichtstoffe werden nach DIN 52460 in erhärtend, plastisch und elastisch eingeteilt. Dichtstoffe mit Rückstellvermögen können sich den Bewegungen in der Fuge anpassen und somit die Dichtfunktion dauerhaft erfüllen.

Erhärtende Dichtstoffe auf Leinölbasis (Kitt) sind knetbar. Beim Erhärten wandert das Leinöl aus dem Kitt. Älterer Kitt reißt, verliert die Haftfähigkeit und Feuchtigkeit kann in die Fuge eindringen. Erhärtende Dichtstoffe dürfen nur noch bedingt eingesetzt werden.

Plastische Dichtstoffe sind spritzbar. Sie härten nicht vollständig aus und besitzen wenig Rückstellvermögen. Verformungen sind dauerhaft, weshalb sie nur begrenzt einsetzbar sind.

T 2.12/4 *Dichtstoffe*

Art	Verfestigung/ Reaktion	Temperaturbeständigkeit in °C	Dauerbewegungsaufnahme in %	Hinweise für den Einsatz
Leinölkitt	Oxidation	-10 ... + 35	0 ... 1	härtend
Alkydharzkitt	Hautbildung durch Oxidation	-20 ... + 70	3 ... 5	plastisch
Butyl, Polyisobutylen	Abdunsten des Lösemittels	-20 ... + 70	0 ... 5	plastisch
Acrylate - lösemittelhaltig - Dispersionstyp	Abdunsten des Lösemittels Abdunsten des Wassers	-20 ... + 80	5 ... 10 10 ... 20	zäh-plastisch elastisch bis plastisch, schwinden stark, bedingt wasserempfindlich
Polyurethane - einkomponentig - zweikomponentig	feuchtigkeitsvernetzend reagiert mit Vernetzerkomponente	-30 ... + 70	20 ... 25 25	elastisch, bedingt anstrichfähig elastisch, bedingt für Glasabdichtung geeignet
Polysulfide (Thiokol) - einkomponentig - zweikomponentig	feuchtigkeitsvernetzend reagiert mit Vernetzerkomponente	-30 ... + 80	15 ... 25 20 ... 25	elastisch elastisch, bedingt anstrichfähig
Silikone Silikonacetat Silikonbenzamid Silikonalkoxid Silikonoxim Silikonamin	sauerhärtend neutralhärtend neutralhärtend neutralhärtend alkalischhärtend	-50 ... +150	15 ... 25 20 ... 25 20 ... 25 20 ... 25 20 ... 25	elastisch, freigesetzte Essigsäure kann Korrosion bewirken, nur neutralhärtende Silikone anstrichfähig

Werkstoffe – Mineralische Baustoffe, Dämmstoffe, Sperrstoffe und Dichtungsmittel

Elastische Dichtstoffe sind spritzbar und gummiähnlich weich. Sie haben ein gutes Rückstellvermögen und werden deshalb bei Fenstern und Türen aus Holz, Kunststoff und Aluminium verwendet.

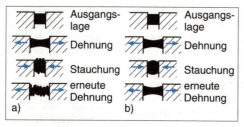

B 2.12-3 Verformbarkeit a) plastischer, b) elastischer Dichtstoffe.

Dichtungsprofile werden für Falz- und Aufschlagdichtungen bei Fenstern, Innen- und Außentüren, Möbeltüren und bei Einbauten verwendet und in Nuten oder Metallschienen befestigt. Dichtungsprofile werden hergestellt aus:

- Elastomeren → EPDM/APTK (Ethylen-Propylen-Terpolmer-Kautschuk), CR (Chloropren-Kautschuk), SI (Silikon-Kautschuk),
- Plastomeren → PVC-weich (Polyvinylchlorid)

Vorfüllprofile bestehen aus geschlossenzelligem Polyethylenschaum und haben ein Rundprofil. Sie begrenzen eine ausgespritzte Fuge in der Tiefe, verhindern die Haftung der Dichtstoffe im Falzgrund und ermöglichen eine Zweiseitenhaftung.

Dichtungsbänder bestehen aus einem imprägniertem Polyester- oder Polyurethan-Weichschaum. Weil der Diffusionswiderstand gering ist, wird Wasserdampf durchgelassen und die Bildung von Tauwasser verhindert. Eingedrungene Feuchte kann abgeleitet werden. Dichtungsbänder werden im Verhältnis 1:5 komprimiert. Mit Selbstklebeband versehen, haften sie am einzubauenden Konstruktionsteil.

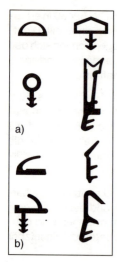

B 2.12-4 Dichtungsprofile. a) Hohlraumprofile, b) Lippenprofile.

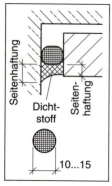

B 2.12-5 Vorfüllprofil.

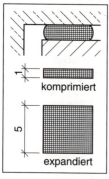

B 2.12-6 Dichtungsband.

Aufgaben

1. Welche Vor- und Nachteile haben mineralische gegenüber organischen Baustoffen?
2. Wovon hängt die Wärmedämmung eines Baustoffes ab, welche physikalische Größe ist bei der Bewertung wichtig?
3. Welche Dichtungsmittel sind bevorzugt für Bewegungsfugen einzusetzen?
4. Warum sollen Dichtstoffe nicht überstrichen werden?
5. Warum sind plastische Dichtstoffe für das Abdichten einer Fuge zwischen Fenster und Baukörper ungeeignet?
6. Vergleichen Sie Dichtungsprofile aus EPDM, CR, PVC-weich in Bezug auf Alterungsbeständigkeit, Schweißbarkeit, Klebbarkeit.
7. Warum werden bei der Fugendichtung mit Dichtstoffen Vorfüllprofile benötigt?

3 Computertechnik und Informationsverarbeitung

Einsatzgebiete der Computertechnik

Die Computertechnik hat in vielen Berufsfeldern Arbeitsprozesse verändert und neue geschaffen. Die günstige Entwicklung der Computer hinsichtlich Leistung, Größe und Preis sowie die vielseitigen Anwendungsmöglichkeiten haben dazu geführt, daß die Computerbenutzung heute in nahezu jedem Beruf und auch privat selbstverständlich ist. In allen Bereichen des täglichen Lebens finden den Computer Anwendung, z.B.:
- In Kaufhäusern werden Artikel mit einem Strichcode (EAN = **E**uropäische **A**rtikel**n**umerierung) mit dem Computer erfaßt, verwaltet und berechnet.
- Foto- und Fernsehgeräte werden durch Mikroprozessoren immer leistungsfähiger.
- Der Verkehrsfluß in Großstädten wird durch Computer überwacht und gesteuert.
- Das ISDN-Netz (**I**ntegrated **S**ervices **D**igital **N**etwork) ermöglicht eine rasche Übermittlung von Sprache (Telefon), Daten (Datenfernübertragung) und Bildern (Telefax) auf einer Leitung durch Mikroprozessoren.

3.1 Elektronische Datenverarbeitung

Durch Mikroelektronik können Daten auf elektronischem Wege gespeichert und verarbeitet werden. Diese Form der Datenverarbeitung nennt man EDV (**E**lektronische **D**aten**v**erarbeitung). Daten werden vom Computer nach dem E-V-A-Prinzip verarbeitet.

Computerarten

Je nach Leistungsfähigkeit und Größe werden die Computer in drei Klassen eingeteilt.

Großcomputer sind sehr teure, leistungsstarke Rechner mit großer Speicherkapazität und Rechengeschwindigkeit. Viele Benutzer können gleichzeitig mit einem Großcomputer arbeiten. Die Einsatzgebiete sind große Industriebetriebe, Universitäten, Behörden, Banken, Wettersatelliten und die Raumfahrt.

Personalcomputer (PC) sind preisgünstiger und in der Handhabung unkomplizierter, ihre Speicherkapazität und Rechengeschwindigkeit sind jedoch deutlich geringer als bei Großcomputern. Personalcomputer werden vorwiegend im privaten, gewerblichen und kaufmännischen Bereich für Kalkulation, Dateiverwaltung, Textverarbeitung und Grafik eingesetzt. Meist werden sie für Einplatzsysteme eingesetzt.

Personalcomputer sind die kleinsten und zugleich die am häufigsten verwendeten **D**aten**v**erarbeitungs**a**nlagen (DVA).

Minicomputer unterscheiden sich von den PC-Geräten nur in Größe und Speichermöglichkeiten. Da sie an die Datenfernübertragung und an größere Computer angeschlossen werden können, erfreuen sich die Minicomputer wachsender Beliebtheit.

Eingabe ⟶ **V**erarbeitung ⟶ **A**usgabe
über Tastatur, Maus | in der Rechenzentrale des Computers | auf Bildschirm, Drucker

Computer
- Großcomputer (Superrechner)
- Personalcomputer (PC) (Arbeitsplatzrechner)
- Minicomputer (Kleinstcomputer)

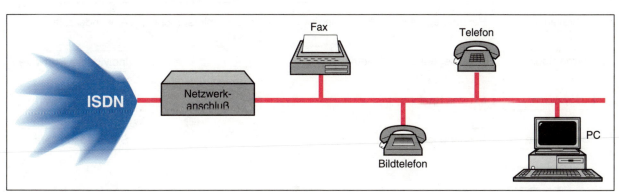

B 3-1 ISDN-Netz.

Computertechnik und Informationsverarbeitung – Arbeitsweise eines Computers

B 3.1-1 Personalcomputer.

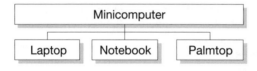

3.2 Arbeitsweise eines Computers

Die Aufgabe des Computers (to compute = rechnen) besteht darin, eingegebene Daten zu verarbeiten. Daten sind vor allem:
- Buchstaben oder Wörter aus einem Alphabet, z.B. A, B, C, copy, ren ... ,
- Sonderzeichen, z.B. %, §, $, & ,
- Ziffern oder Zahlen, z.B. 3,4,5 ... 45,4 ... ,
- Steuerzeichen wie Zeilenende, Return, Entfernen.

Binärsystem

Während der Mensch in der Lage ist, komplexe Zahlen, Wörter und Realbilder aufzunehmen und zu verarbeiten, selbständig Gedanken zu formen und sich frei auszudrücken, kann der Computer lediglich zwei Zustände unterscheiden. Damit der Computer die Daten lesen und verarbeiten kann, müssen die Zeichen und Zahlen codiert werden. Die dazu benötigten Bauelemente, die nur zwischen zwei Zuständen unterscheiden, bezeichnet man als Binärelemente (binär = zweiwertig) oder Binary Digits.

Ein Bit ist in der Datenverarbeitung die kleinste Informationseinheit. Es kann ähnlich wie ein Schalter zwei verschiedene Zustände unterscheiden und als Information weiterleiten.

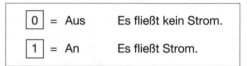

B 3.2-1 Schalterfunktion eines Bits.

Im Binärsystem (Dualsystem) verwendet man zur Darstellung von Ziffern, Zeichen und Befehlen Bits in Form von Dualzahlen. Mit einem Bit lassen sich nur 2 Informationen, 0 (Aus) und 1 (An), weitergeben. Mit 2 Bit sind $2^2 = 4$ Kombinationen, das heißt 4 Zeichen, möglich.

Aufbau einer EDV-Anlage

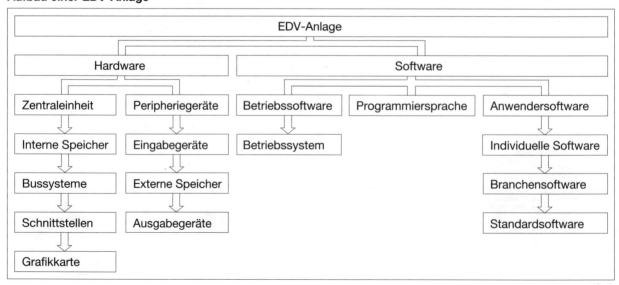

Computertechnik und Informationsverarbeitung – Arbeitsweise eines Computers

```
1. Bit   2. Bit
 [0]  +  [0]  →  1. Zeichen
 [0]  +  [1]  →  2. Zeichen
 [1]  +  [0]  →  3. Zeichen
 [1]  +  [1]  →  4. Zeichen
```

B 3.2-2   Kombinationen mit 2 Bit.

Byte. 8 Bit-Zeichen sind ein Byte. Mit 8 Bit lassen sich durch 256 Kombinationsmöglichkeiten Schriftzeichen und sonstige Symbole codieren. Alle 26 Buchstaben sowie die Umlaute ä, ö, ü in Groß- und Kleinschreibung, das ß, Ziffern und Sonderzeichen können als Byte dargestellt werden.

8 Bit = 1 Byte = 1 Buchstabe oder Zeichen
0 1 0 0 0 0 0 1

B 3.2-3   1 Byte - Darstellung des Buchstabens „A".

Hexadezimalsystem

Um Bitmuster in der Maschinensprache einfacher darstellen und schneller lesen zu können, verwendet man häufig das Hexadezimalsystem, auch Sedezimalsystem genannt. Die ersten 10 Zeichen sind die Ziffern 0 bis 9 des Dezimalsystems. Die weiteren 6 Ziffern sind die Buchstaben A bis F des Alphabets. Es stehen also 16 Ziffern zur Verfügung (lat. sedecim = 16). Zur Darstellung eines Zeichens (8 Bit) faßt man im HEX-Code jeweils 4 Bits zusammen. Jede mögliche Bitkombination eines Zeichens (1 Byte) kann daher mit 2 HEX-Zeichen dargestellt werden. Anhand von Tabellen kann man die HEX-Zahl oder den HEX-Buchstaben, die das jeweilige Halbbyte (4 Bit) ersetzen, ablesen.

ASCII-Code

Im ASCII-Code (**A**merican **S**tandard **C**ode for **I**nformation **I**nterchange) wurde eine einheitliche Zuordnung von Buchstaben und Zeichen aus einer Kombination von 8 Bit festgelegt. Wie der Buchstabe „A" wird auch jedes andere Zeichen im ASCII-Code als achtstellige Dualzahl dargestellt. Den Code dieser Dualzahl kann man kürzer im Dezimalsystem ausdrücken. Dazu ist eine Umrechnung der Dualzahl in eine Dezimalzahl notwendig. Für diese

T 3.2/1   Dual- und Hexadezimal-Code mit Stellenwert

Dual-Code	HEX-Code	Stellenwert
0 0 0 0	0	0
0 0 0 1	1	1
0 0 1 0	2	2
0 0 1 1	3	3
0 1 0 0	4	4
0 1 0 1	5	5
0 1 1 0	6	6
0 1 1 1	7	7
1 0 0 0	8	8
1 0 0 1	9	9
1 0 1 0	A	10
1 0 1 1	B	11
1 1 0 0	C	12
1 1 0 1	D	13
1 1 1 0	E	14
1 1 1 1	F	15

Buchstaben	Dual-Code	HEX-Code
C	0100 0011	4 3
o	0110 1111	6 F
d	0110 0100	6 4
e	0110 0101	6 5

B 3.2-4   Dual-Code und HEX-Code - Darstellung des Wortes „Code".

Umrechnung ist jede Position der Dualzahl durch ihren Stellenwert zu ersetzen. Die Addition der Zahlen aus dem Stellenwert ergibt die Dezimalzahl des ASCII-Codes, aus der der Computer den Buchstaben „A" errechnet.

T 3.2/2   ASCII-Code für den Buchstaben „A"

Zeichen	A
Dualzahl	0 1 0 0 0 0 0 1
Potenz	2^7 2^6 2^5 2^4 2^3 2^2 2^1 2^0
Stellenwert	128 64 32 16 8 4 2 1
Dezimalzahl	64 + 1 = 65 (ASCII-Wert)

Nicht alle 256 Zeichen haben auf der Tastatur Platz. Zusätzliche Sonderzeichen oder Grafikelemente erhält man über die ASCII-Tabelle.

Beispiel

Das Durchmesserzeichen Ø wird durch den HEX-Code ED oder den ASCII-Wert 237 dargestellt. Durch Niederdrücken und Festhalten der Taste Alt (Alternativ) und gleichzeitige Eingabe der Ziffern 237 über den nicht aktivierten, rechten Ziffernblock erscheint, sobald die Taste wieder losgelassen wird, das Zeichen Ø.

T 3.2/3 Zeichen als ASCII-, Dual- und HEX-Wert

ASCII-Wert	Dual-Wert	HEX-Wert	Zeichen
65	0100 0001	41	A
237	1110 1101	ED	Ø

T 3.2/4 ASCII-Tabelle

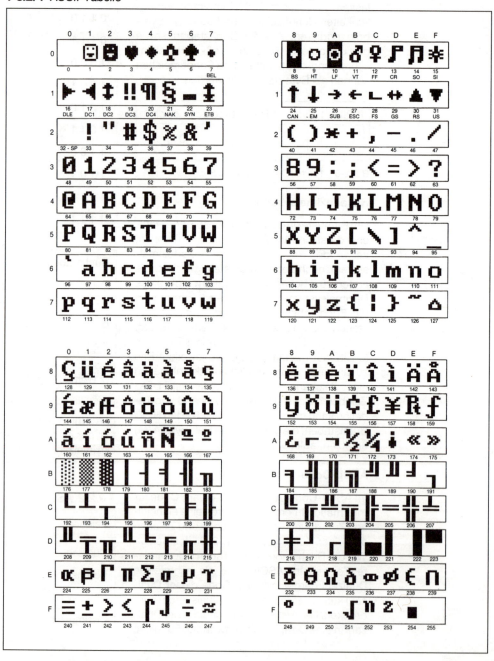

3.3 Funktionsteile eines Computers

Zentraleinheit

Die Zentraleinheit, auch CPU (**C**entral **P**rocessing **U**nit = zentrale Recheneinheit) genannt, befindet sich auf einer Platine (Steckkarte) im Computer. Hier werden alle Operationen der Datenverarbeitung durch elektronische Bauteile mit integrierten (zusammenhängenden) Schaltungen durchgeführt.

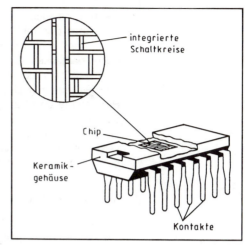

B 3.3-2 Mikroprozessor (Chip).

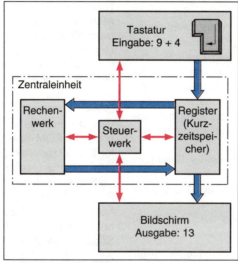

B 3.3-1 Zentraleinheit.

Auf der Platine befindet sich der Rechner (Prozessor) des Computers. Er besteht aus einem kleinen, dünnen Siliziumplättchen (ca. 5 mm · 5 mm), dem Mikroprozessor (Chip). Auf dem Chip sind die Funktionsteile, das Steuerwerk, das Rechenwerk und die Register, in Form von integrierten Schaltungen eingeätzt. Der Chip ist in ein schützendes Keramik- oder Kunststoffgehäuse eingekapselt. Kontakte am Chip sind die Verbindungen zu den anderen elektronischen Bauteilen auf der Prozessorplatine (Motherboard).

Das Steuerwerk (Leitwerk) ist die Schalt- und Kommandozentrale des Mikroprozessors, von der aus alle Funktionen gesteuert und kontrolliert werden. Hier wird z.B. festgelegt, in welcher Reihenfolge die einzelnen Tätigkeiten ablaufen. Die Ein- und Ausgabesteuerung wandelt die von den Eingabegeräten eingehenden Signale (z.B. Buchstaben) in binäre Zeichen um. Nach der Verarbeitung durch die Zentraleinheit müssen die Daten für die Ausgabegeräte umgewandelt werden.

Rechenwerk ALU (Arithmetic Logic Unit = arithmetisch-logische Einheit). Alle logischen und arithmetischen Grundoperationen wie Addieren, Subtrahieren, Multiplizieren und Dividieren werden hier durchgeführt.

Register sind Speichereinheiten innerhalb des Mikroprozessors, auf die sehr schnell zugegriffen werden kann. Sie dienen der kurzzeitigen Aufnahme und Zwischenspeicherung von Daten.

B 3.3-3 Steuerwerk - Rechenwerk - Register.

Leistungsmerkmale. Die Schnelligkeit des Rechenwerks sowie die Anzahl und Größe der Register bestimmen in hohem Maße die Leistungsfähigkeit des Mikroprozessors.

Die Übertragungsgröße gibt an, wieviele Bits gleichzeitig bearbeitet und zwischen Mikroprozessor und Arbeitsspeicher (RAM) transportiert werden können. Zur Darstellung eines Zeichens sind acht Bits notwendig; die Übertragungsgröße kann also nur acht oder ein Vielfaches von acht sein. Man unterscheidet deshalb zwischen 8-, 16-, 32-, 48- und 64-Bit-Prozessoren.

Die Taktfrequenz ist ein weiteres Merkmal für die Leistungsfähigkeit des Mikroprozessors.

Computertechnik und Informationsverarbeitung – Funktionsteile eines Computers

Die ein- und ausgehenden Signale werden im Rhythmus der Taktfrequenz verarbeitet. Da diese sehr hoch ist, wird sie in Megahertz (MHz) gemessen. Die heutigen Prozessoren besitzen Taktfrequenzen bis zu 66 MHz.

Alle Prozessoren sind aufwärtskompatibel: Programme und Daten, die auf einem Prozessortyp 8088 erfaßt wurden, können auf einem Prozessortyp 80386 oder 80486 weiterverarbeitet werden. (Vorsicht, umgekehrt ist dies nicht immer möglich!)

Interne Speicher

Die Zentraleinheit allein ist nicht funktionsfähig. Um sie zum Arbeiten zu veranlassen, sind Befehle und Daten notwendig. Diese Befehle und Daten sind in Speicherbausteinen (Speicher-Chips) abgelegt. Ein Speicher-Chip von 8 MBit kann ≈ 800 Schreibmaschinenseiten Informationen speichern. Die Leistungsfähigkeit eines Speicherchips wird bestimmt von der:

- Speichergröße = Anzahl seiner Speicherzellen,
- Zugriffszeit = Zeit vom Lesebefehl bis zur Verarbeitung,
- Zykluszeit = Zeitspanne zwischen zwei Speichervorgängen.

Die internen Speicher, auch Haupt- oder Arbeitsspeicher genannt, sind direkt mit dem Mikroprozessor verbunden.

Schreib-Lese-Speicher RAM (Random Access Memory).
Der Inhalt dieses Speichers kann gelesen, überschrieben und wieder gelöscht werden. Der RAM-Speicher steht dem Rechner als Daten- und Programmspeicher zur Verfügung. In diesem Teil können Programme und Daten von externen Speichern (z.B. Diskette oder Festplatte) eingelesen und dem Prozessor zur Verarbeitung weitergegeben werden. Allerdings speichert der RAM-Speicher die Daten nur so lange, wie er mit Strom versorgt wird. Mit dem Ausschalten des Computers gehen alle Daten unwiderruflich verloren. Deshalb müssen wieder benötigte Daten während und nach der Bearbeitung auf einem externen Datenträger abgespeichert werden. Die Größe des Arbeitsspeichers wird in Kilobyte (KB) oder Megabyte (MB) angegeben. XT-PCs sind mit 640-KB-Speichern ausgerüstet, AT-PCs dagegen nur mit 1-MB-Speichern bis 16-MB-Speichern.

Nur-Lese-Speicher ROM (Read-Only Memory).
Nach dem Einschalten des Computers überprüft ein festinstalliertes Programm, Urlader oder BIOS (**B**asic **I**nput/**O**utput **S**ystem) genannt, den Arbeitsspeicher und anschließend die angeschlossenen Geräte. Ferner werden die Hauptbestandteile des Betriebssystems in den Arbeitsspeicher geladen. Die dauerhafte Installation des Urladers erfolgt im ROM-Speicher. Diese vom Hersteller fest installierten Daten können vom Anwender nur gelesen, nicht aber verändert oder gelöscht werden. Der Speicherinhalt eines ROM bleibt auch ohne Stromversorgung erhalten. Der ROM-Speicher, auch Festwertspeicher genannt, hat z. Zt. etwa 16 KB Speicherkapazität.

Interne Speicher für spezielle Gebiete und Aufgaben sind:
- PROM (**P**rogrammable **ROM**). Mit einem speziellen Programmiergerät lassen sich solche Speicher nur einmal beschreiben. Sie werden für anwendungsspezifische Betriebsprogramme eingesetzt.
- EPROM (**E**rasable **P**rogrammable **ROM**). Daten können mit Hilfe ultravioletten Lichts oder elektrischer Signale gelöscht und mit einem speziellen Gerät geschrieben werden.

B 3.3-4 Speicher-Chip-EPROM.

T 3.3/1 Prozessortypen mit Leistungsmerkmalen

Prozessortyp	Datentransfer in Bit	Taktfrequenz in MHz	RAM-Speicher in KB	Festplattengröße in MB	Zugriffszeit in ms
8088	8	4,77	512	20	> 30
8086	16	8	640	40	30
80286	16	8 ... 16	4000	110	18
80386	32	20 ... 40	8000	520	15
80486	32	20 ... 66	16000	1240	< 11

Computertechnik und Informationsverarbeitung – Funktionsteile eines Computers

Bussysteme

Eine Aufgabe der Zentraleinheit besteht darin, Daten zwischen den einzelnen elektronischen Bauelementen zu transportieren. Die Leistungsfähigkeit des Computers wird auch danach beurteilt, wie schnell und wie viele Bits gleichzeitig zwischen den Funktionseinheiten (Mikroprozessor, interne Speicher, Ein- und Ausgabeeinheiten) transportiert werden können. Diese „Transportschienen" sorgen für den Informationsaustausch. Man unterscheidet:

- Steuerbus → ist dafür verantwortlich, wohin die Daten gebracht werden,
- Adreßbus → sorgt für die richtige Ablagestelle,
- Datenbus → führt den Transport durch.

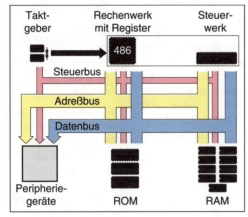

B 3.3-5 Bussysteme.

Schnittstellen (Interfaces)

Unter Schnittstellen versteht man alle Übergangs- und Verbindungsteile, mit denen die selbständig arbeitenden Funktionseinheiten eines Computers (z.B. Drucker, Maus, Scanner, Bildschirm) miteinander verbunden werden können. Schnittstellen bestehen aus elektronischen Schaltungen, die die Steuerung und kurzzeitige Zwischenspeicherung einzelner Daten beim Datentransfer übernehmen. Die Geschwindigkeit, mit der die Daten übertragen werden, nennt man Baud-Rate. Diese Maßeinheit gibt an, wie viele **B**its **p**ro **S**ekunde (bps) über die Datenleitung gehen. Die gebräuchlichsten Baud-Raten sind: 300, 1200, 2400, 4800, 9600 und 19200 bps.

Parallele Schnittstellen. Diese Schnittstellen können eine Anzahl von Daten gleichzeitig (parallel) übertragen. In einem Kabel mit acht Datenleitungen werden gleichzeitig acht Bits (ein Byte) übertragen. Die parallele Schnittstelle arbeitet daher sehr schnell. Sie dient hauptsächlich zur Übertragung von Daten an den Drucker. Wegen der großen Datenmengen, die in kürzester Zeit zu übertragen sind, werden sie auch für den Scanner genutzt.

Eine Leitungslänge von maximal 5 m sollte nicht überschritten werden, da es sonst zu Datenverlusten kommen kann.

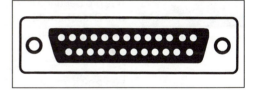

B 3.3-6 Parallele Schnittstelle.

Serielle Schnittstellen werden vorwiegend für den Datentransfer vom Computer zu Peripheriegeräten und umgekehrt eingesetzt. Die einzelnen Bits eines Datenwortes werden zeitlich hintereinander übertragen. Im Vergleich zu parallelen Schnittstellen lassen sich an

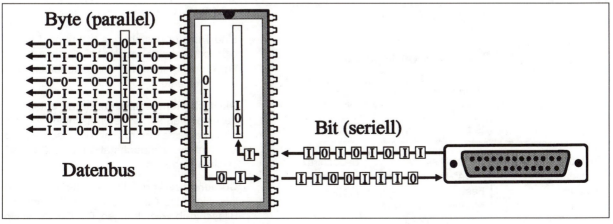

B 3.3-7 Serielle Schnittstelle.

Computertechnik und Informationsverarbeitung – Peripheriegeräte

serielle Schnittstellen wesentlich mehr und vielfältigere Geräte anschließen. Ein- und Ausgabegeräte für serielle Schnittstellen sind:
- Eingabegeräte (Maus, Lesestift, Joystick, Digitalisiertablett, Scanner),
- Ausgabegeräte (Drucker, Plotter),
- Dialoggeräte (Akustikkoppler, Modem).

Drucker werden nur an serielle Schnittstellen angeschlossen, wenn große Entfernungen vom Computer zum Drucker zu überbrücken sind. Das Kabel darf bis zu 15 m lang sein.

Grafikkarten

Die Ausgabe von Daten auf den Bildschirm wird über eine Grafikkarte (elektronisches Bauteil) gesteuert. Der Käufer eines Computers kann die Grafikkarte je nach Einsatzzweck auswählen. VGA-Karten (**V**ideo **G**raphics **A**rray = graphischer Bildbereich) bestimmen die Auflösung und die Anzahl der Pixel (Punkte) waagerecht und senkrecht auf dem Bildschirm sowie die Möglichkeiten der Farbdarstellung. Der flimmerfreie Aufbau eines Bildes hängt von der Bildwiederholfrequenz ab. VGA-Karten ermöglichen einen Bildaufbau von über 60 mal pro Sekunde (60 Hz ... 70 Hz). Grafikkarte und Bildschirm (Monitor) müssen aufeinander abgestimmt sein.

B 3.3-8 Grafikkarte.

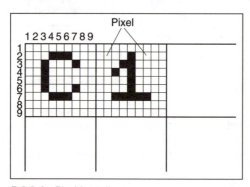

B 3.3-9 Pixeldarstellung.

3.4 Peripheriegeräte

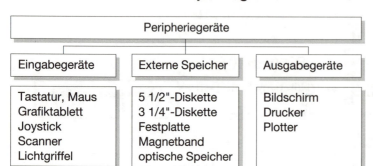

Peripheriegeräte sind alle Geräte, die sich außerhalb des Verarbeitungsteiles befinden.

3.4.1 Eingabegeräte

Tastatur (Keyboard)

Die Tastatur ist das wichtigste Gerät für die Eingabe von Zahlen, Buchstaben, Sonderzeichen und Steuerbefehlen. Alle Anweisungen zur Dateneingabe, Verarbeitung und Ausgabe können damit eingegeben werden. Computer mit amerikanischem Zeichensatz verwenden die ASCII-Tastatur, bei der in der obersten Buchstabenreihe die Buchstabenkombination QWERTY steht.

B 3.4-1 Qwerty-Tastatur.

Nachteilig für den deutschsprachigen Benutzer sind das Fehlen der Umlaute ä, ü, ö und des Buchstabens ß sowie die vertauschte Lage der Buchstaben y und z. Tastaturen für den deutschsprachigen Raum sind genormt. Aufgrund der obersten Buchstabenreihe wird dieser Tastaturtyp auch als QWERTZ-Tastatur bezeichnet.

B 3.4-2 Qwertz-Tastatur.

Eine Tastatur besteht aus mehreren Tastenblöcken. Die heute gängige MF-Tastatur (**M**ulti-**F**unktions-Tastatur) hat vier Tastenblöcke und ein Anzeigenfeld.

Die Schreibmaschinentastatur entspricht der einer Standardschreibmaschine. Über die Umschalttaste für Groß- und Kleinschreibung kann man Großbuchstaben und Sonderzeichen eingeben.

Cursorsteuerung. Mit den vier Pfeiltasten läßt sich der Cursor an jede Position im Bildschirmbereich bringen. Der Cursor ist ein Bildschirmzeiger, der als Lichtmarke, Strich,

Computertechnik und Informationsverarbeitung – Peripheriegeräte

Pfeil oder blinkendes Zeichen dargestellt wird. Er zeigt die momentane Position an, an der das nächste Zeichen eingegeben werden kann.

Numerisches Tastenfeld. Die Eingabe von Zahlen kann über die erste Tastenreihe der Schreibmaschinentastatur oder über den eingeschalteten, numerischen Block erfolgen. Dieser ist wie die Zehnertastatur einer Rechenmaschine aufgebaut und vor allem bei Eingabe einer Vielzahl numerischer Daten hilfreich. Mit dem nicht aktivierten Nummernblock lassen sich in Verbindung mit der ALT-Taste ASCII-Werte eingeben.

Funktionstasten. Die 12 Funktionstasten werden erst in Anwendungsprogrammen wirksam. Sie lösen im jeweiligen Programm einen in der Software festgelegten Arbeitsablauf aus. Dadurch können sehr lange und häufig vorkommende Anweisungen an den Computer mit einem Tastendruck erzeugt und ausgeführt werden.

Statusanzeigen. Beleuchtete Felder zeigen den Betriebszustand der Tastatur an, z.B. Großschreibung oder aktiviertes numerisches Tastenfeld.

Sondertasten. Sondertasten ermöglichen eine Vielzahl von Funktionen oder aktiviertes numerisches Tastenbild (→ **T 3.4/1**).

Maus

Die Maus als Abrollgerät oder Rollkugel ist ein von Hand bewegtes Eingabegerät zur Steuerung einer Schreibposition (Cursor) auf dem Bildschirm.

Die Mechanische Maus besitzt auf der Unterseite eine frei bewegliche, gummierte Kugel. Bewegt der Anwender die Maus über eine Platte, wird dieser Weg in Form von elektrischen Impulsen auf den Bildschirm übertragen.

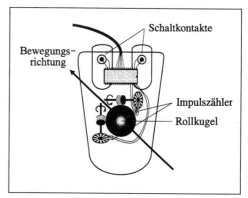

B 3.4-4 Mechanische Maus.

Die Optische Maus überträgt fotoelektrisch den Standpunkt des Cursors auf den Bild-

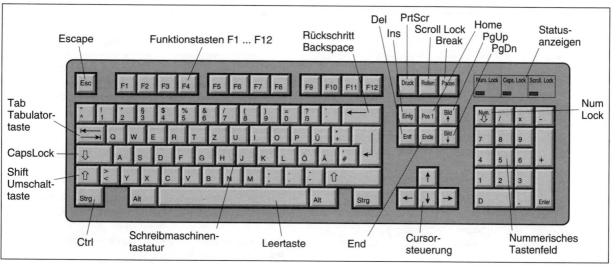

B 3.4-3 Aufbau der Tastatur.

T 3.4/1 Sondertasten

Bezeichnung deutsch	englisch	Funktion
Alt	Alt	erzeugt Zeichen, wenn sie gleichzeitig mit anderen Tasten gedrückt wird
Alt gr	Alt gr	bei dreifach belegten Tasten werden Zeichen durch Kombination mit dieser Taste erzeugt
Strg	Ctrl	erzeugt Zeichen, wenn sie gleichzeitig mit anderen Tasten gedrückt wird
Tab	Tab	Cursor in die nächste Tabulatorposition bewegen
Shift	Shift	Aufruf von Großbuchstaben bzw. Sonderzeichen auf doppelt belegten Tasten
Caps-Lock	Caps-Lock	feste Umschaltung von Klein- auf Großschreibung
Rück	Backspace	Cursor um eine Position zurückgestellt und das letzte Zeichen löschen
Return	Return	Cursor an den Anfang der nächsten Zeile setzen, Bestätigung von Eingaben und Befehlen
Esc	Esc	Verlassen bzw. Nichtausführung einer Programmfunktion
Druck	PrtScr	aktuellen Bildschirminhalt (Hardcopy) ausdrucken
Pause	Pause	Ausführung von Befehlen unterbrechen
Bild aufwärts	PgUp	Bildschirminhalt um eine Seite zurückblättern
Bild abwärts	PdDn	Bildschirminhalt um eine Seite vorwärts blättern
Pos1	Home	Cursor in die linke, obere Bildschirmecke bewegen
Ende	End	Cursor zum Zeilenende bewegen
Einfg	Ins	Einfügemodus aktivieren, alle nachfolgenden Zeichen rücken um eine Stelle weiter
Entf	Del	Zeichen an der Cursorposition löschen, alle nachfolgenden Zeichen rücken um eine Stelle zurück
Cursor	Cursor	Cursor über den Bildschirm bewegen, die Pfeile geben die Richtung an

schirm. Dazu wird die Maus über eine spezielle Rasterfolie bewegt.

Der Trackball ist im Prinzip eine auf dem Rücken liegende Maus. Spezialtastaturen werden schon mit integriertem Trackball angeboten.

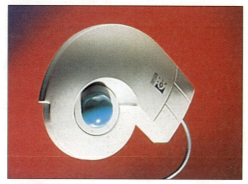

B 3.4-5 Trackball.

Grafiktablett (Digitalisiertablett)

Das Grafiktablett ist eines der wichtigsten Eingabegeräte beim computerunterstützten Zeichnen (CAD). Die Übertragung der Informationen vom Tablett zum PC übernimmt eine Fadenkreuzlupe oder ein Digitalisierstift. Das Tablett erfüllt zwei Funktionen. Der eine Teil dient zur Steuerung der Software und entspricht den Funktionstasten. Um einen Befehl auszuführen, wird das entsprechende Bildsymbol (Icon) angeklickt, und der Befehl wird ausgeführt. Der andere Teil des Tabletts kann wie ein Zeichenblatt benutzt werden. Mit der Fadenkreuzlupe oder dem Stift lassen sich auch direkt auf dem Bildschirm Zeichnungen darstellen und bearbeiten.

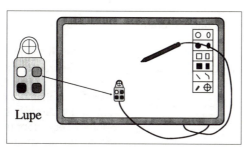

B 3.4-6 Grafiktablett.

Joystick

Der Joystick wird auch Steuerknüppel genannt und hauptsächlich bei Computerspielen verwendet. Er ist mit regelbaren Widerständen bestückt. Durch Positionsänderung des Hebels ändern sich die Spannungen in den Widerständen, die dann als Bildschirminformation weitergegeben werden.

Scanner

Scanner sind optische Lesegeräte. Sie „fotokopieren" mit Hilfe von Laserstrahlen eine Schrift oder Bildvorlage in den Speicher des Computers. Die in der Vorlage enthaltenen, dunklen Punkte oder Streifen werden weniger reflektiert als die hellen Stellen. Dieser Reflexionsgrad wird in elektrische Impulse umgewandelt und vom Computer gespeichert. Mit entsprechenden Programmen kann dann eine Bearbeitung erfolgen.

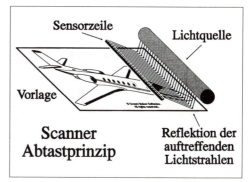

B 3.4-7 Scanner-Prinzip.

Handscanner werden vom Benutzer über die Vorlage gefahren. Dabei muß ein gleichmäßiges Tempo eingehalten werden. Verwackeln, Zittern und ungleichmäßiges Führen des Gerätes übertragen sich auf das eingelesene Bild.

Rundbettscanner haben einen festmontierten Lesekopf. Zum Scannen wird die Vorlage über eine Walze am Lesekopf vorbei transportiert. Von Nachteil ist, daß die Vorlage lose sein muß.

Flachbettscanner. Die Vorlage wird auf eine flache Glasplatte gelegt und der Lesekopf fährt mit gleichbleibender Geschwindigkeit die Vorlage ab. Dadurch wird zuverlässig ein scharfes Bild erreicht.

Lichtgriffel

Er enthält einen Fototransistor und liefert an die Positionssteuerung der Elektronenstrahlablenkung im Bildschirm einen Impuls, der je nach Standort einen Befehl ausführt. Es kann direkt auf dem Bildschirm gearbeitet werden, z.B. Antasten von Menüfeldern, Zeichnen, Anklicken von grafischen Symbolen und deren Umplazieren.

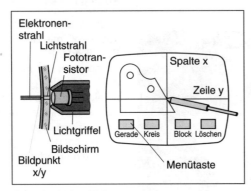

B 3.4-8 Lichtgriffel.

Lochstreifenleser

Mit dem Lochstreifenleser werden Daten von Lesestreifen gelesen, die werkstattgeeignet, d.h. unempfindlich gegen elektrische und magnetische Felder sowie gegen Staub und Öl sind. Mit Hilfe einer Stanze werden die Lochkombinationen auf den Lesestreifen gestanzt.

3.4.2 Externe Speicher

Die internen Speichermöglichkeiten des Rechners reichen nicht aus, um Betriebssystem, Programme und die bei der Verarbeitung anfallenden Daten zu speichern. Externe Speicher:
- erweitern den begrenzten, internen Speicher,
- speichern und sichern Daten,
- ändern bestehende Dateien und Programme.

Externe Speicher können auswechselbare Magnetbänder, Disketten oder eingebaute Festplatten sein.

Die Hauptbestandteile eines externen Speichers sind der:
- Datenträger zum Speichern von Daten und Programmen,
- Schreib-Lese-Kopf zum Lesen und Sichern von Daten,
- Controller für die Organisation und Verwaltung des Speichermediums.

Disketten

Die kleinen Platten oder Scheiben sind auch unter dem Namen Floppy-Disk (flexible Scheibe) bekannt. Wie es der Name sagt, sind die Datenträger nicht starr und fest. Die Disketten bestehen aus zwei Teilen, einer sehr dünnen flexiblen Kunststoffscheibe mit einer Magnetschicht und einer Schutzhülle aus Kunststoff. Diskettenarten unterscheiden sich hinsichtlich ihrer Größe und Speicherkapazität.

Beim PC werden drei Diskettenformate eingesetzt:
- 5 1/4"-Diskette,
- 3 1/2"-Diskette sowie die
- 2"-Diskette (in kleinen, tragbaren Computern).

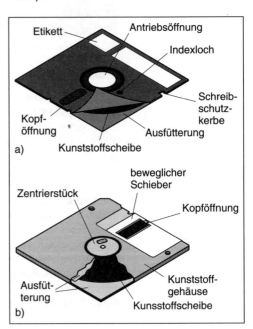

B 3.4-9 5 1/4"-Diskette (a) und 3 1/2"-Diskette (b).

Formatieren. Magnetische Datenträger müssen vor Gebrauch formatiert werden. Formatieren heißt magnetisches Ausrichten der Magnetschicht in konzentrische Kreise (Spuren) und Sektoren. Diese Spuren kann der Schreib-Lese-Kopf des Laufwerks direkt anfahren, um Informationen in Form von Impulsen abzulegen oder aufzunehmen. Da die Scheibe rotiert (ca. 300 U/min), werden sämtliche Stellen einer Spur am Schreiblesekopf vorbeigeführt und können somit erkannt und übertragen werden.

Computertechnik und Informationsverarbeitung – Peripheriegeräte

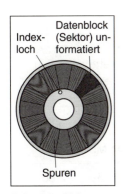

B 3.4-10 Diskette mit Spuren und Sektoren.

Aufzeichnungsdichte. Bei den 5 1/4"- und 3 1/2"-Disketten unterscheidet man verschiedene Typen mit folgenden Abkürzungen, die auf die Beschreibbarkeit und Spurendichte hindeuten:

- Beschreibbarkeit:
  - SS oder 1S = single sided,
  - DS oder 2S = double sided,

- Spurendichte:
  - 1D = single density,
  - DD = double density,
  - HD[1] = high density,
  - ED = extra density.

[1] Entspricht etwa 135 TPI (tracks per inch = Spurenbreite pro Zoll).

Festplatte

Die Festplatte, auch Harddisk genannt, besteht aus einem Aluminiumträger und einer auf beiden Seiten magnetisierbaren Schicht und ist in den meisten Fällen fest im PC eingebaut. Laufwerk, Datenträger und Lesekopf bilden eine Einheit (Winchester-Laufwerk). Man verwendet heute 5 1/4- und 3 1/2-Zoll Winchester-Laufwerke. Durch ihre luftdichte Abschirmung besitzen sie eine große Daten-

B 3.4-11 Diskettenschutzmaßnahmen.

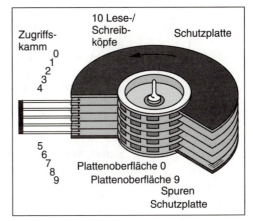

B 3.4-13 Festplatte.

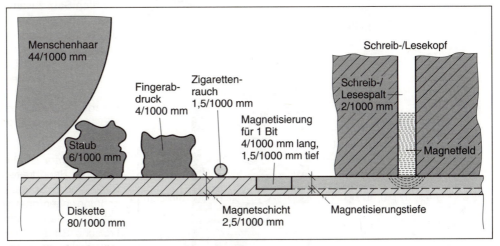

B 3.4-12 Diskettenoberfläche - Größenverhältnisse.

T 3.4/2 Speicherkapazität von Disketten

Kurz-zeichen	Beschreib-barkeit	Spuren-dichte	5 1/4"-Diskette	DIN A4[1]-Seiten	3 1/2"-Diskette	DIN A4[1]-Seiten
SS - 1D	einseitig	einfach	180 kB	75	-	-
DS - DD	zweiseitig	doppelt	360 kB	150	720 kB	290
DS - HD	zweiseitig	sehr hoch	1,24 MB	500	1,44 MB	580
DS - ED	zweiseitig	extra hoch	-	-	2,88 MB	1160

[1] vergleichbare Datenmenge auf Schreibmaschinenseiten

sicherheit. Festplatten haben heute eine Kapazität von 40 MB bis zu mehreren 100 MB. Sie bestehen aus mehreren übereinander angebrachten Metallplatten (Plattenstapel).

Jede dieser Platten ist ähnlich wie die Diskette in Spuren und Sektoren eingeteilt, die hier jedoch als Zylinder bezeichnet werden. Entsprechend der Anzahl der Plattenoberflächen sind ebenso viele Spuren parallel untereinander angeordnet (zylindrischer Aufbau). Bei Plattenstapeln bleibt eine Fläche für Steuerbefehle reserviert.

Die Schreib-Lese-Köpfe greifen wie ein Kamm in den Plattenstapel, und die Aufzeichnung erfolgt wie bei einer Diskette. Die Umdrehungszahl einer Festplatte ist um das Zwölffache größer als bei einer Diskette. Während das Diskettenlaufwerk nur bei Bedarf läuft, befindet sich die Festplatte in dauernder Rotation. Die Datendichte auf der Festplatte ist wesentlich höher als auf einer Diskette. Sie beträgt 600 TPI ... 1400 TPI, mit einer Zugriffszeit unter 15 m · s.

Parken. Damit die Daten der Festplatte bei Stößen oder Erschütterungen keinen Schaden nehmen, empfiehlt es sich, die Schreib-Lese-Köpfe vor dem Abschalten des Gerätes zu „parken". Die Schreib-Lese-Köpfe werden in einen Bereich der Plattenoberfläche gefahren, in denen keine Daten gespeichert sind. Neuere Plattensysteme sind in der Regel mit einem automatischen Parksystem ausgestattet, bei älteren Festplatten muß ein Parkprogramm wie SHIPDISK oder PARK aufgerufen werden.

Magnetbänder sind in ihrem Aufbau mit Musikkassetten vergleichbar. Weil sie keinen direkten Zugriff auf bestimmte Datensätze zulassen, werden sie nur zur Datensicherung eingesetzt. Im Gegensatz zur Diskette, die die Spuren konzentrisch anordnet, zeichnet das Magnetband in geraden Linien auf. Zusammenhängende Bytes werden zu einem sogenannten Satz zusammengefaßt und dann in einem oder mehreren Datenblöcken entlang des Bandes aufgezeichnet. Man spricht hier von einer sequentiellen (aufeinanderfolgenden) Verarbeitung. Da die Schreib-Lese-Einrichtung nicht wie bei der Plattenspeicherung von einer Stelle zur anderen springen kann, erfordert das Auffinden von Daten im ungünstigsten Fall das gesamte Umspulen des Bandes.

Der Streamer ist eine Magnetbandkassette mit einer Bandbreite von 1/4-Zoll. Auf dem Band sind 9 Spuren, die parallel zur Laufrichtung angeordnet sind. Der Streamer zeichnet die Daten kontinuierlich auf ohne das typische Starten und Stoppen der großen Industrie-Magnetbänder. Es können sowohl Daten als auch Programme aufgezeichnet werden. Nach dem Starten des Sicherungsprogramms wird der gesamte Platteninhalt

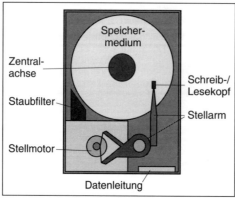

B 3.4-14 Teile der Festplatte.

auf das Magnetband geschrieben. Bei einer 40 MB-Platte dauert dies 15 min ... 20 min, einen Datenbestand von 100 MB sichert der Streamer in ca. 45 Minuten.

B 3.4-15   Streamer.

Optische Speicher

Optische Speicherplatten benutzen zum Aufzeichnen oder zum Lesen von Daten Verfahren der Reflexion, der Polarisation oder der Lichtbrechung von Laserstrahlen. Die Laserstrahlen werden in elektrische Impulse umgewandelt und an den Computer übermittelt.

CD-ROM (Compact Disk Read-only Memory). Diese Platte kann nur einmal beschrieben, aber nicht mehr gelöscht werden. Sie wird wie die handelsüblichen Schallplatten als CDs von einer Matrize gepreßt. Die Speicherkapazität einer CD-ROM-Platte beträgt bei nur einseitiger Aufzeichnung bis zu 650 MB. Sie eignet sich daher zur Archivierung, für Nachschlagewerke und Datenbanken, die keiner ständigen Aktualisierung unterliegen.

B 3.4-16   CD-ROM.

DRAW (Direct Read After Write). DRAW-Platten sind vom Anwender einmal beschreibbar, aber nicht wieder löschbar und sind damit ebenfalls nur begrenzt einsetzbar. Der Laser kann in diesem Fall schreiben und lesen. Die DRAW hat einen Durchmesser von 5 1/4-Zoll.

Sie eignet sich ebenso wie die CD-ROM zur Archivierung oder für die Herstellung von Katalogen, Preislisten und ähnlichem.

E-DRAW (Erasable Direct Read After Write). E-DRAW-Platten lassen sich wie eine Festplatte beliebig oft beschreiben und löschen. Durch ihre hohe Speicherkapazität sind sie für große Datenmengen besonders gut geeignet. Die 5 1/4-Zoll große E-DRAW Disk besitzt eine Speicherkapazität von ca. 650 Mbyte.

Lochstreifen

Diese Streifen bestehen aus 1 Zoll breiten Streifen aus Papier, Kunststoff oder Aluminium. Die Informationen werden durch gestanzte Löcher in acht übereinanderliegenden Reihen dargestellt. Diese Anordnung bezeichnet man als bitparallele Zeichenspeicherung. Pro Meter Lochstreifen können 400 Informationen hintereinander untergebracht werden. Wegen ihrer Robustheit und der deutlichen Kennzeichnung werden Lochstreifen auch heute noch im Werkstattbetrieb zur Steuerung von NC-Maschinen (**n**umerical **c**ontrol) eingesetzt.

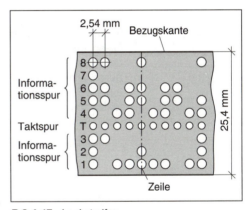

B 3.4-17   Lochstreifen.

3.4.3   Ausgabegeräte

Bildschirme

Der Farbbildschirm (Farbmonitor) verfügt wie die Heimfernsehgeräte über eine Kathodenstrahlröhre für den Bildaufbau. In der Kathodenstrahlröhre (CRT = **C**athod **R**ay **T**ube), die aus einem luftleeren Glaskolben besteht, werden gezielt Elektronen auf die Glasinnenfläche geschleudert. Bevor die Elektronen auf der Bildschirminnenfläche auftreffen und die dort aufgebrachte Phosphorschicht zum Leuchten bringen, werden sie durch eine Lochmaske ausgerichtet. Die Lochmaske ist notwendig, um eine scharfe Abgrenzung der einzelnen Lichtpunkte (Pixel) zu ermöglichen.

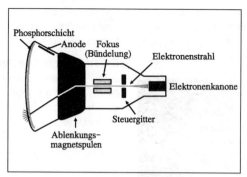

B 3.4-18 Kathodenstrahlröhre CRT.

Der einfarbige Bildschirm (Monochrome-Monitor) kann Informationen nur einfarbig in Hell- und Dunkeltönen wiedergeben. Für Textverarbeitung und Datenverwaltung reicht dies aus.

Der Flüssigkristallbildschirm (LCD = Liquid Crystal Display) ist durch seine Größe und den geringen Stromverbrauch besonders geeignet für tragbare Computer (Laptops). Zwischen zwei Glasplatten befindet sich eine Schicht mit Flüssigkristallen, die im Normalzustand Licht durchlassen. Die Glasplatten sind mit feinen, stromführenden Leiterbahnen versehen. Wird an bestimmten Stellen der Glasplatte ein Spannungsfeld erzeugt, so läßt die Kristallschicht an dieser Stelle kein Licht durch. Dieser Zustand bleibt so lange erhalten, bis durch eine Änderung des Spannungsfeldes die Kristallschicht wieder lichtdurchlässig wird.

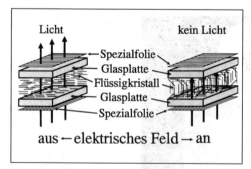

B 3.4-19 Flüssigkristallbildschirm LCD.

Auflösung. Der Monitor (CRT) baut sein Bild aus lauter einzelnen Punkten (Pixel) auf. Je mehr Pixel er dazu verwendet, desto deutlicher erscheint die Darstellung auf dem Bildschirm. Unter Auflösung versteht man also die Anzahl der Pixel, aus denen sich das Bild zusammensetzt. Bei Standardmonitoren werden für den Bildaufbau 640 (1024) Pixel waagerecht und 480 (768) Pixel senkrecht in 16 Farben verwendet.

Bildwiederholfrequenz. Damit das Bild auf dem Bildschirm sichtbar bleibt, muß es in kurzen Abständen neu auf die Oberfläche projiziert werden. Die Bildwiederholfrequenz gibt Auskunft darüber, wie oft das Bild pro Sekunde wiederholt wird. Je häufiger ein Bild auf dem Bildschirm wiederholt wird, desto ruhiger steht das Bild, und desto angenehmer ist es für den Betrachter. Vom gesundheitlichen Standpunkt wird eine Mindestbildwiederholfrequenz von 70 Hz (70 mal in der Sekunde) und höher gefordert.

Der Textmodus ermöglicht nur die Darstellung der 256 ASCII-Zeichen, die in einer Matrix aus Einzelpunkten erstellt werden. Die Buchstaben werden wie bei einer Schreibmaschine in einer Größe und einer Breite abgebildet. Im einfachen Textmodus lassen sich so 25 Zeilen zu je 80 Zeichen (Spalten) auf dem Bildschirm darstellen.

Grafikmodus. Bei diesem Modus kann jeder beliebige Bildpunkt einzeln dargestellt werden. Je nach Art der Auflösung können einzelne Pixel gelöscht und neue hinzugefügt werden bei einer beliebigen Farbauswahl. Im Grafikmodus lassen sich so neue Schriftzeichen und Symbole gestalten.

Drucker

Man unterscheidet zwischen mechanischen und nichtmechanischen Druckern.

Impact-Drucker (Anschlagdrucker) erzeugen mit Hilfe eines mechanischen Anschlages Schriftzeichen auf dem Papier.
Der Impact-Drucker liefert ein gestochen scharfes Schriftbild und die Durchschläge des Schriftgutes können in einem Arbeitsgang gefertigt werden. Er hat allerdings nur wenige Druckzeichen zur Verfügung, eine geringe Druckgeschwindigkeit und eine enorme Lautstärke (ca. 55 dB).

Typenraddrucker. Bei diesen Druckern ist der Zeichensatz, meist 96 verschiedene Zeichen einschließlich der Klein- und Großschrift, auf einem Plastikrad untergebracht. Mit Typenraddruckern lassen sich ausgezeichnete Schriftqualitäten erreichen. Die Druckgeschwindigkeit ist jedoch sehr gering.

Der Nadeldrucker (Matrixdrucker) ist der meist verwendete Drucker. Kleine Nadeln, gesteuert durch einen Bit-Code, werden auf ein Farbband gedrückt. Auf dem Papier darunter wird ein Bild des Buchstabens oder Zeichens sichtbar. Durch diese Drucktechnik können

Computertechnik und Informationsverarbeitung – Peripheriegeräte

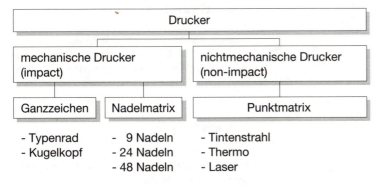

- Typenrad
- Kugelkopf

- 9 Nadeln
- 24 Nadeln
- 48 Nadeln

- Tintenstrahl
- Thermo
- Laser

beliebige Zeichen gedruckt werden. Von der Anzahl der Nadeln (9, 24, 48) hängen Druckgeschwindigkeit und Druckqualität ab.

B 3.4-20 Matrix - Zeichendarstellung.

Non-Impact-Drucker (anschlaglose Drucker) erzeugen das Schriftbild nicht mit mechanischem Druck, sondern durch Hitze, kleine Tintentropfen oder Laserstrahl. Da jeder Punkt individuell ansteuerbar ist, ist eine beliebige Darstellung von Schriftzeichen möglich. Es können verschiedene Zeichensätze, Sonderzeichen und Grafiken ausgedruckt werden. Er hat eine hohe Druckgeschwindigkeit und einen geringen Geräuschpegel (44 dB). Es sind keine Durchschläge möglich.

Piezoelement 4.1.2

Der Tintenstrahldrucker arbeitet mit einem Piezoelement durch elektrostatische Spannung. Dabei werden winzige Tintentropfen unter hohem Druck aus kleinen Düsen auf das Papier gespritzt und durch einen Stromimpuls abgelenkt. Wie beim Nadeldrucker setzen sich die Zeichen aus einzelnen Punkten zusammen, die in diesem Fall von den Spritzdüsen erzeugt werden. Der Tintenstrahldrucker arbeitet fast geräuschlos (44 dB) und sehr schnell. Nachteilig sind die hohen Betriebskosten; er benötigt für sauberen Druck verlaufffreies Papier und teure Tintenboxen.

Thermodrucker. Bei diesem Verfahren wird statt eines Druckkopfes eine Druckleiste verwendet, auf der Heizelemente aufgereiht sind. In dieser Thermodruckkopfleiste befindet sich ein Farbband, das mit einer farbigen Wachs-

schicht versehen ist. Erwärmt ein Heizelement die Druckleiste, so wird die Wachsfarbe weich, löst sich vom Farbband und haftet durch den mechanischen Druck auf dem Papier. Bei Farbausdrucken liefern die Thermodrucker hervorragende Ergebnisse. Das Thermodruckverfahren ist sehr leise bei nur geringem Energieverbrauch. Thermodrucker erreichen die Schriftqualität der Typenraddrucker, können aber keine Durchschläge erstellen. Ein weiterer Nachteil ist die langsame Druckgeschwindigkeit und das teure Farbband, das nur einmal benutzt werden kann.

Laserdrucker. Bei diesem Verfahren wird die zu druckende Seite komplett in den Arbeitsspeicher des Druckers übertragen, bevor sie in einem Arbeitsgang auf das Papier gebracht wird. Laserdrucker werden daher auch als Seitendrucker bezeichnet.

Der Druckprozeß ist dem Kopierverfahren sehr ähnlich. Eine mit einem organischen Halbleiter beschichtete Belichtungstrommel wird zuerst von Tonerrückständen gereinigt und dann negativ aufgeladen. Durch einen Laser wird ein scharf gebündelter Lichtstrahl erzeugt, der die zu druckende Seite über ein Linsensystem Punkt für Punkt auf die Belichtungstrommel überträgt. Auf diesen belichteten Flächen bleibt Tonerpulver haften, das anschließend auf das Papier gepreßt und eingebrannt wird.

Vorteile des Laserdruckers sind die sehr saubere Druckqualität auf Normalpapier, die hohe Druckgeschwindigkeit und das geringe Betriebsgeräusch (50 dB). Beim Kauf eines Laserdruckers sollte man der Umwelt und der Gesundheit zuliebe darauf achten, daß der Laser einen Ozonfilter enthält, damit die Atemluft im Zimmer nicht zu sehr belastet wird. Der Toner sollte möglichst frei von schädlichen Stoffen sein.

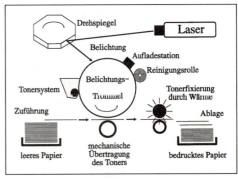

B 3.4-21 Laserdrucker.

Plotter

Plotter sind computergesteuerte Zeichenmaschinen. Sie werden dort eingesetzt, wo bisher manuell mit dem Zeichenstift Pläne und Konstruktionszeichnungen erstellt wurden.

Flachbettplotter. Dieser Plottertyp wird für Zeichnungen in den Formaten DIN A2 und kleiner angeboten. Das Papier wird zum Zeichnen auf der Arbeitsfläche festgeklemmt. Ein auswechselbarer Zeichenstift wird durch exakt berechnete Bewegungen in allen Richtungen über das Papier geführt.

Rollenplotter. Im Unterschied zum Flachbettplotter wird hier der Zeichenstift nur von rechts nach links und umgekehrt bewegt. Das Papier hingegen wird vorwärts und rückwärts unter dem Zeichenstift vorbeigeführt. Diese Funktion erlaubt Zeichnungen in nahezu beliebiger Länge. Im Gegensatz zu den Nadel- oder Laserdruckern besteht die jeweilige Linie nicht aus einzelnen Punkten, sondern sie wird wie beim manuellen Zeichnen in einem Strich gezogen.

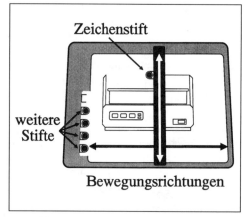

B 3.4-22 Flachbettplotter.

3.5 Betriebssystem

Das Betriebssystem kann man auch als den „Manager" des Computers bezeichnen. Es organisiert Vorgänge im Innern des Rechners und sorgt für ein reibungsloses Zusammenwirken mit den Peripheriegeräten.

Betriebsarten

Je nach Organisation der Computerarbeitsplätze werden unterschiedliche Betriebssysteme eingesetzt.

Einzelarbeitsplatz (Single-User-System). Das Einzel-Benutzer-System läßt nur einen Anwender zu. Dieser kann jeweils nur einen Auftrag bzw. ein Programm bearbeiten.

Mehrprogrammbetrieb (Multi-tasking). Kann ein Betriebssystem gleichzeitig mehrere Programme steuern und verwalten, spricht man von einem Mehrprogrammbetrieb.

Ein Handwerksmeister z. B. schreibt mit Hilfe eines Textverarbeitungsprogramms ein Angebot. Dabei benötigt er Informationen über den Kunden aus einer Datenbank. Ferner setzt er ein Kalkulationsprogramm ein, um den Angebotspreis zu ermitteln. Damit er zügig arbeiten kann, müssen ihm die drei genannten Programme unmittelbar am Bildschirm zur Verfügung stehen.

Das Mehrbenutzersystem (Multi-User-System) ist notwendig, wenn mehrere Benutzer:
- mit denselben Dateien,
- zur gleichen Zeit,
- mit gleichen oder unterschiedlichen Programmen arbeiten sollen. Die verschiedenen Arbeitsplätze sind alle mit einem Zentralrechner verbunden. Dabei regelt das Betriebssystem die Rechnerzuteilung an die einzelnen Anwender und Anwenderprogramme.

T 3.5/1 Betriebsarten und Betriebssysteme (Auswahl)

Betriebsarten	Single-User	Multi-Tasking	Multi-User
Betriebssysteme	MS-DOS/PC-DOS DR-DOS	MS-DOS/PC-DOS OS-2/APPLE	OS-2 UNIX

DOS (Disk-Operating-System = Betriebssystem für Disketten)

Dieses Betriebssystem organisiert und kontrolliert hauptsächlich den Datenverkehr durch Disketten und Festplatten. Das meistverbreitete Betriebssystem MS-DOS ist Grundlage für die weiteren Ausführungen in diesem Kapitel. Je nach Version sind Abweichungen von der Darstellung möglich.

DOS hat folgende Aufgaben:
- Hardwareeinstellungen → Das Zusammenspiel von Prozessor, Speicher und Peripheriegeräten wird gesteuert und überwacht.
- Systemeinstellungen → z.B. Anpassung an die landesspezifischen Einstellungen (COUNTRY), Anzahl der zu öffnenden Dateien (FILES).

Durch Befehle des DOS lassen sich z.B.:
- Datenträger → formatieren, benennen, umbenennen, kopieren, vergleichen, prüfen, Inhalte anzeigen,
- Verzeichnisse → anlegen, entfernen, wechseln, umbenennen, ansehen,
- Dateien → erzeugen, löschen, kopieren, umbenennen, drucken, Inhalte anzeigen,
- Programme → finden, starten, beenden, speichern, verwalten.

Starten eines PC

Beim Starten eines Computers wird zuerst der ROM-Speicher aktiviert, und seine Befehle werden abgearbeitet. Dieser Vorgang, auch „Urladeprogramm" (bootstrap-loader) genannt, überprüft alle internen Speicher und Anschlüsse auf ihre Funktionsfähigkeit und lädt einen Teil des Betriebssystems in den RAM-Speicher. Diesen Ladevorgang bezeichnet man auch als „booten" oder „Kaltstart" des Computers.

Ist der Ladevorgang beendet, wird mit dem Zeichen C:\> die Betriebsbereitschaft angezeigt. Diese Zeichenfolge nennt man Prompt (prompt = bereit). Man befindet sich auf der DOS-Ebene im Laufwerk C:, Befehle können eingegeben werden.

Warmstart. Treten während des Arbeitens am Computer Fehler und nicht mehr kontrollierbare Zustände auf, z.B. daß der Cursor sich nicht mehr bewegen oder das Programm sich nicht mehr beenden läßt, gelangt man mit der Tastenkombination Strg + Alt + Entf wieder auf die DOS-Ebene zurück. Dadurch wird das Betriebssystem erneut geladen (gebootet). Die gleiche Funktion hat die Reset-Taste (to reset = zurücksetzen) am Rechnergehäuse. Diesen Vorgang nennt man „Warmstart", die Festplatte läuft weiter und der Rechner braucht nicht aus- und wieder eingeschaltet zu werden.

Dateiorganisation (unter DOS)

Dateien. Zusammenhängende Daten nennt man Dateien, z.B. die eines Briefes oder einer Rechnung. Dateien werden unter einem Namen gespeichert, der bis zu 8 Zeichen lang sein darf. Zusätzlich kann eine Dateierweiterung (Extension) geschrieben werden, die bis zu 3 Zeichen lang sein darf und durch einen Punkt vom Dateinamen getrennt sein muß. Dabei eingegebene, kleine Buchstaben werden automatisch in Großbuchstaben geschrieben.

Die Größe der Datei wird in Byte angegeben. Die Datei erhält nach der Erstellung automatisch Datum und Uhrzeit.

```
BRIEF.TXT    12648  30.10.92   13.15
  |      |      |      |         |
Datei- Dateier- Größe Datum der Uhrzeit der
name   weiterung (Byte) Erstellung Erstellung
```

B 3.5-1 *Datei - Kennzeichnung.*

Dateinamen. Nicht zugelassen für Dateinamen sind folgende Zeichen:
+ = : ; . , > < / \

Leerzeichen dürfen in Dateinamen nicht vorkommen, weil sie als Trennzeichen zwischen Befehlen und Bezeichnungen dienen. Auch auf die Umlaute ä, ü, ö und den Buchstaben ß sollte verzichtet werden, da manche Anwenderprogramme diese speziellen, deutschen Zeichen in Dateinamen nicht lesen.

Neben diesen unzulässigen Zeichen gibt es auch noch Abkürzungen (Befehle, Gerätenamen), die als Dateinamen nicht verwendet werden dürfen, z.B.:
CON, AUX, COM1, COM2, PRN, LPT1, LPT2, LPT3, NUL, FORMAT, DIR, COPY.

Programmdateien sind Dateien, die Daten komprimiert in codierter Form enthalten. Der Inhalt von Programmdateien sorgt für Ablauf und Steuerung der Anwenderprogramme. Programmdateien erkennt man immer an ihrer Dateierweiterung, die entweder .EXE (execute = ausführen) oder .COM (command = befehlen) heißt.

Dateierweiterungen sollen auf bestimmte Dateien hinweisen z.B.:
- .BAK → automatische Sicherheitskopie,
- .BAT → Batch-Dateien (Stapeldateien),
- .SYS → Systemdateien,
- .BAS → BASIC-Programme,
- .DBF → dBASE-Datenbankdateien,
- .TXT → Textdateien.

Baumstruktur. Um Ordnung auf einer Festplatte zu halten, bietet das DOS-Betriebssystem eine relativ einfache Gliederungs- und Sortiermöglichkeit. Ausgehend vom Hauptverzeichnis kann jeder Anwender die Baumstruktur beliebig gestalten durch Anlegen von Unterverzeichnissen.

Aus Gründen der Übersichtlichkeit sollten die Dateien wie folgt angeordnet sein: In der ersten Ebene liegt das Hauptverzeichnis, ROOT (Wurzel) genannt, mit den Dateien CONFIG.SYS und AUTOEXEC.BAT. In der Ebene darunter liegen die externen Dateien des Betriebssystems und die Anwendungsprogramme. In der dritten Ebene befinden sich die Arbeitsdateien, die noch weiter untergliedert sein können. Während das Hauptverzeichnis automatisch beim Formatieren der Festplatte eingerichtet wird, werden die weiteren Verzeichnisse vom Benutzer angelegt. Die Befehle heißen:
- MD (Make Directory) = Erstelle ein Unterverzeichnis.
- CD (Change Directory) = Wechsle in ein Unterverzeichnis.
- RD (Remove Directory) = Lösche das Unterverzeichnis (erst möglich, wenn keine Daten mehr enthalten sind).

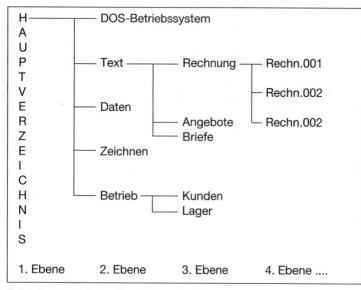

B 3.5-2 *Verzeichnisaufbau in Baumstruktur.*

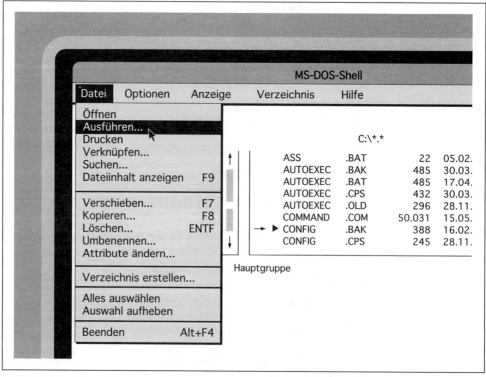

B 3.5-3 *Bildschirm mit Bedieneroberfläche.*

Computertechnik und Informationsverarbeitung – Betriebssystem

T 3.5/2 *Interne DOS-Befehle (Auswahl)*

Befehl	Funktion
BREAK	Programmunterbrechung aktivieren/deaktivieren
CD	Verzeichnis wechseln/anzeigen (**c**hange **d**irectory)
CLS	Bildschirm löschen (**cl**ear **s**creen)
COPY	Dateien kopieren
DATE	Datum aufrufen und ggf. ändern
DEL	Dateien löschen (**del**ete)
DIR	Verzeichnis anzeigen (**dir**ectory)
MD	Verzeichnis anlegen (**m**ake **d**irectory)
PATH	Suchpfad für Verzeichnisse festlegen
PROMPT	Prompt-Zeichen definieren
RD	Verzeichnis löschen (**r**emove **d**irectory)
REM	Kommentarzeile definieren (**rem**ark)
REN	Dateien umbenennen (**ren**ame)
TIME	Uhrzeit aufrufen und ggf. ändern
TYPE	Dateiinhalt anzeigen
VER	Nummer der verwendeten DOS-Version anzeigen

T 3.5/3 *Externe Befehle (Auswahl)*

Befehl	Funktion
APPEND	Suchpfad für Dateien festlegen
ATTRIB	Datei**attrib**ute festlegen
BACKUP	Sicherungskopien von Dateien erstellen
CHKDSK	Diskette/Festplatte prüfen (**ch**eck **d**is**k**)
COMMAND	Kommandointerpreter starten
COMP	Dateien vergleichen
DISKCOMP	Disketten vergleichen
DISKCOPY	Diskette komplett kopieren
DOSSHELL	DOSSHELL aufrufen
EMM386.EXE	**E**xpanded **M**emory **M**anager starten
EXPAND	komprimierte Dateien entpacken
FASTOPEN	beschleunigtes Öffnen von Dateien
FC	Dateien zeilenweise vergleichen
FDISK	Festplatte partitionieren
FIND	Zeichenfolge suchen
FORMAT	Festplatte/Diskette formatieren
HELP	MS-DOS-Hilfe aufrufen
KEYB	Tastaturbelegung wählen (**keyb**oard)
LABEL	Disketten-/Festplattennamen ändern
MEM	Speicherbelegung anzeigen (**mem**ory)
MODE	MS-DOS für Peripheriegeräte modifizieren
PRINT	Dateien auf dem Drucker ausgeben
REPLACE	Dateien ersetzen
RESTORE	gesicherte (BACKUP) Dateien wiederherstellen
SETUP	System installieren und anpassen
SORT	Daten **sort**ieren
SYS	Systemdateien kopieren
TREE	Verzeichnisbaum anzeigen
UNDELETE	gelöschte Dateien wiederherstellen
UNFORMAT	formatierte Datenträger wiederherstellen

Befehlseingabe (unter MS-DOS)

Die DOS-Befehlsebene erlaubt dem Anwender, eine Vielzahl von Funktionen des Betriebssystems aufzurufen. Die Eingabe der Befehle kann unterschiedlich erfolgen.

Kommandooberfläche. Sämtliche Befehle werden direkt nach dem DOS-Prompt eingegeben z.B. diskcopy A: B:. Ein Disketteninhalt im Laufwerk A: wird auf eine Diskette im Laufwerk B: kopiert. Dazu ist Grundwissen über DOS-Befehle nötig (z.B. mit Hilfe eines Handbuches).

```
C:\> DISKOPY A : B :
```

B 3.5-4 *Bildschirm mit Kommandooberfläche – DOS-Befehl.*

Bedieneroberfläche (Benutzeroberfläche). In einem Menüsystem von MS-DOS, der DOS-Shell, sind die wichtigsten Systembefehle und Funktionen sowie Startbefehle zusammengefaßt.

Die Befehlsauswahl kann vom Benutzer beliebig ergänzt werden. Die Befehle sind so dargestellt, daß man anhand des Namens auf die Funktion schließen kann. Mit der Maus oder den Steuertasten lassen sich die Befehle direkt anwählen.

DOS-Befehle

Um den Arbeitsspeicher zu entlasten, hat DOS zwei verschiedene Befehlsarten.

Interne Befehle. Die internen Befehle sind in der COMMAND.COM Datei enthalten. Sie werden gleich beim Laden (booten) des Betriebssystems in den Arbeitsspeicher (RAM) geladen und stehen somit laufend zur Verfügung.

Externe Befehle. Die externen Befehle sind in eigenen Dateien abgelegt und werden auch als Dienstprogramme bezeichnet. Diese Befehle müssen vor Gebrauch erst vom Betriebssystem eingelesen werden.

3.6 Anwendersoftware

Zum Lösen spezieller Probleme und Aufgaben benötigt man sogenannte Anwendersoftware, die auf Disketten gespeichert ist. Mit dem Kauf der Disketten erwirbt man die Lizenz, diese Programme auf dem Computer zu installieren.

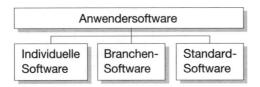

3.6.1 Arten

Individuelle Software

Um betriebsspezifische Aufgaben lösen zu können, muß man die passende Software (z.B. CNC-Programm) selbst erstellen. Diese Software ist dadurch auf die spezielle Situation des eigenen Betriebes zugeschnitten.

Branchen-Software

Innerhalb einer bestimmten Branche sind die zu bewältigenden Aufgaben oft gleich. Alle Betriebe der Holztechnik zum Beispiel sind ähnlich organisiert. Deshalb werden von den Softwareherstellern sogenannte „Branchenpakete" angeboten, die den Bedürfnissen eines Berufsfeldes entsprechen.

Da die Entwicklungskosten auf mehrere Anwender verteilt werden können, ist Branchensoftware billiger als individuelle Software. Typische Anwendungsbeispiele für Branchensoftware sind z.B:
- Angebotsbearbeitung in Handwerksbetrieben und Ingenieurbüros,
- Abrechnungen für Ärzte, Kliniken, Rechtsanwälte,
- Buchhaltung für Steuerberater.

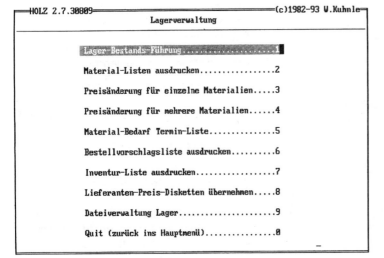

B 3.6-1 Branchenprogramm Holz.

Standard-Software

Im privaten und beruflichen Bereich fallen immer die gleichen Aufgaben an, z.B. Schreiben von Briefen und Rechnungen, Kalkulation von Preisen und Kosten, Führen und Verwalten von Karteien, Zeichnen von Konstruktionen und Entwürfen. Deshalb wurden Softwareprogramme entwickelt, die Standardaufgaben erfüllen. Zur Standard-Software gehören:
- Textverarbeitung,
- Dateiverwaltung,
- Tabellenkalkulation und
- Zeichenprogramme.

3.6.2 Textverarbeitung

Textverarbeitung ist die am meisten verwendete Anwendersoftware. Die Leistung reicht dabei vom Einfachstprogramm, mit dem ein kurzer Text erstellt, korrigiert, gedruckt und gespeichert werden kann, bis hin zum Autorensystem. Mit Hilfe des Autorensystems lassen sich Bücher, Prospekte oder Zeitschriften unter Einbindung von Grafiken erstellen.

Hauptfunktionen der Textverarbeitung

Der Text wird eingegeben und weiter bearbeitet. Auf dem Textbildschirm wird gearbeitet wie auf einem Blatt Papier. Der geschriebene Text kann jederzeit auf dem Bildschirm kontrolliert und korrigiert werden. Die Funktionsleiste enthält die notwendigen Befehle in Form von Sinnbildern. Das Absatzlineal dient zur Orientierung und zum Setzen von Tabulatoren. Am unteren Bildschirmrand befindet sich die Statuszeile. Sie zeigt je nach Programm Meldungen, System- und Statusinformationen an. Der fertiggestellte Text kann ganzseitig (mit entsprechender Verkleinerung) oder in Originalgröße auf dem Bildschirm dargestellt werden.

Unterstützung bei der Texteingabe. Die Texteingabe wird erleichtert z.B. durch:
- Rechtschreibprüfung,
- Silbentrennung,
- automatischer Zeilen- und Seitenumbruch,
- Erstellung von Kopf- und Fußzeilen,
- Tabulatoren,
- Erstellung von Tabellen,
- automatisches Speichern,
- mausunterstützte Bedienung.

Die Gestaltung des Schriftbildes kann gewählt werden, z.B.:

- Blocksatz (links- und rechtsbündig),
- Flattersatz,
- Druckbilddarstellung auf dem Bildschirm,
- Unterstreichen (einfach/doppelt),
- Darstellung verschiedener Schriftarten und Schriftbreiten.

Die Bearbeitung eines Textes erfolgt z.B. durch:
- Umstellen, Duplizieren, Kopieren, Löschen von Texten,
- automatisches Suchen und Ersetzen eines Begriffes,
- Erstellen von Serienbriefen,
- Gestaltung des Druckbildes,
- Umbenennen von Dokumenten,
- Formularbeschriftung,
- Datenverwaltung.

Nr.	Feldname	Typ[1]	Länge[2]	Dez[3]
1	FIRMA	Text	15	
2	STRASSE	Text	15	
3	PLZ	Text	5	
4	ORT	Text	15	
5	LIEFERTAG	Datum	8	
6	RECHNUNG	Numerisch	9	2
7	ZAHLUNG	Numerisch	9	2
8	RESTBETRAG	Numerisch	9	2
9	BEMERKUNG	Text	10	
10	PRIVAT	Logisch	1	

[1] Art der Daten, [2] Länge des Feldes (in Byte), [3] Dezimalstellen (bei Zahlenangaben)

B 3.6-3 Datensatzstruktur.

Dateneingabe. Nach dem Speichern der Datensatzstruktur können über eine Eingabemaske Daten eingegeben werden.

FIRMA	Andersen
STRASSE	Augustenweg 15
PLZ	73271
ORT	Holzmaden
LIEFERTAG	06.08.92
RECHNUNG	1354.50
ZAHLUNG	1000.00
RESTBETRAG	354.50
BEMERKUNG	Nachlieferung
PRIVAT	N

B 3.6-4 Eingabemaske für Kundendatei.

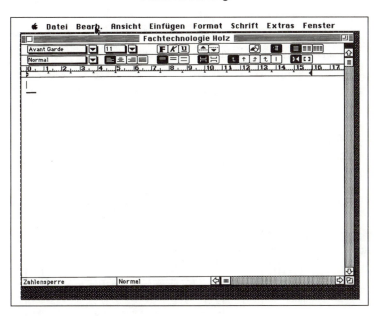

B 3.6-2 Bildschirm für Textverarbeitung.

3.6.3 Datenbanksystem

In Datenbanken, vergleichbar mit Karteikartensammlungen, befindet sich eine Vielzahl Adressen (Datensätze). Das Datenbanksystem übernimmt folgende Aufgaben:
- Erstellen von Dateien,
- Erfassen und Speichern von Daten,
- Sortieren von Datensätzen,
- Ändern und Ergänzen von Daten,
- Verknüpfen bestimmter Dateien und
- Ausdruck bestimmter Datensätze.

Kundenkartei als Datensatz

Mit der Datenbank kann z.B. die Kundenkartei als Datensatz erstellt werden.

Sortieren und Ausgabe. Die Daten können nach festgelegten Bedingungen sortiert werden, z.B. alle Kundenadressen alphabetisch, bei denen ein Restbetrag offen steht.

Man verwendet heute sogenannte relationale Datenbanksysteme, die mit einem gemeinsamen Datenfeld verbunden werden können. Die Datenbank KUNDEN kann mit einer Datenbank EINKAUF über den Feldnamen FIRMA verbunden und mitbenutzt werden.

3.6.4 Tabellenkalkulation

Bei Tabellenkalkulationen verwendet man Arbeitsblätter, die in Spalten und Zeilen (Felder) eingeteilt sind. Diese Felder können mit Wörtern oder Berechnungen (Formeln) ausgefüllt werden. Durch mathematische Verknüpfung mehrerer Felder miteinander lassen

Computertechnik und Informationsverarbeitung – Anwendersoftware

T 3.6/1 Kundendatei, unsortiert

Satz-nummer	Firma	Strasse	PLZ	Ort	Liefertag	Rechnung	Zahlung	Restbe-trag	Bemerkung
1	Andersen	Augustweg 15	73271	Holzmaden	06.08.92	1354.50	1000.00	354.00	Nachlieferung
2	Petersen	Almweg 4	73092	Heiningen	03.02.93	2453.00	2000.00	453.00	Küche
3	Wegmann	Salmweg 20	74321	Bietigheim	04.12.92	997.00	-	997.00	Dachausbau
4	Bielmann	Kölner Str. 6	70499	Stuttgart	12.04.92	380.00	380.00	0.00	Angebot
5	Derheim	Berliner Str. 2	73061	Ebersbach	10.03.93	759.00	-	759.00	Sockelleisten
6	Kurhahn	Am Platz 3	73441	Bopfingen	03.05.93	1500.50	1000.00	500.50	Fenster
7	Otto	In der Au 12	71665	Vaihingen	23.07.92	945.00	-	945.00	Platten

T 3.6/2 Kundendatei, sortiert nach Firmen

Satz-nummer	Firma	Strasse	PLZ	Ort	Liefertag	Rechnung	Zahlung	Restbe-trag	Bemerkung
1	Andersen	Augustweg 15	73271	Holzmaden	06.08.92	1354.50	1000.00	354.00	Nachlieferung
2	Bielmann	Kölner Str. 6	70499	Stuttgart	12.04.92	380.00	380.00	0.00	Angebot
3	Derheim	Berliner Str. 2	73061	Ebersbach	10.03.93	759.00	-	759.00	Sockelleisten
4	Kurhahn	Am Platz 3	73441	Bopfingen	03.05.93	1500.50	1000.00	500.50	Fenster
5	Otto	In der Au 12	71665	Vaihingen	23.07.92	945.00	-	945.00	Platten
6	Petersen	Almweg 4	73092	Heiningen	03.02.93	2453.00	2000.00	453.00	Küche
7	Wegmann	Salmweg 20	74321	Bietigheim	04.12.92	997.00	-	997.00	Dachausbau

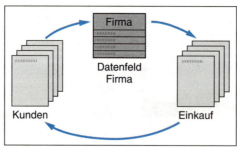

B 3.6-5 Relationale Datenbank.

B 3.6-6 Aufbau eines Arbeitsblattes. Es bedeuten: 1 Tabelle mit 20 Zeilen und 7 Spalten, 2 Feldcursor (hier im Feld Z1S1), 3 Befehlszeile mit allen Befehlen, 4 Befehlscursor kennzeichnet den ausgewählten Befehl, 5 Meldungszeile erklärt, was zu tun ist, 6 Statuszeile zeigt: die Feldposition des Feldcursors, den Inhalt des Feldes, den noch verfügbaren Speicherplatz und den Dateinamen der Tabelle.

sich so Kalkulationen durchführen. Ändern sich die Eingabewerte, werden die Berechnungen automatisch durchgeführt und abgespeichert.

Die meisten Kalkulationsprogramme können Daten als Grafiken in Säulen-, Kreis- oder Liniendiagrammen wiedergeben.

3.6.5 Zeichenprogramm

Bei diesen Programmen werden Bilder mit Hilfe des Computers als Grafiken erstellt. Maus, Grafiktablett, Lichtgriffel, Cursortasten und Bildschirm ersetzen Papier, Farbpalette, Zeichenstifte und Pinsel.

Haupteinsatzgebiet ist das Konstruktionsbüro. Was bisher auf Reißbrett und mit Zeichenstift entworfen und konstruiert wurde, erledigt der Computer durch CAD-Programme (**C**omputer **A**ided **D**esign = computerunterstützte Erstellung von Zeichnungen und Grafiken). Es können Einzelzeichnungen und Konstruktionsdetails erarbeitet oder aus einem Katalog zu

T 3.6/3 Holzliste Beispiel

Nr.	Bezeich-nung	Holz-art	Stück	Länge cm	Breite cm	Dicke mm	Fläche m²	V %	Roh-menge m² + V	Einzel-preis DM	Gesamt-preis DM
1	Seiten	FP	4	200	60	19	4,80	15	5,52	21,80	120,34
2	Mittelwände	FP	2	196	55	19	2,16	15	2,48	21,80	54,05
3	Böden	FP	2	150	60	19	1,80	15	2,07	21,80	45,13
4	Türen	FP	2	152	74,5	22	2,26	10	2,49	28,50	71,00
5	Rückwand	FU	1	198	152	8	3,01	10	3,31	18,20	60,25
Zusammen											350,77

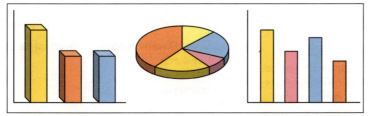

B 3.6-7 Diagrammausgabe.

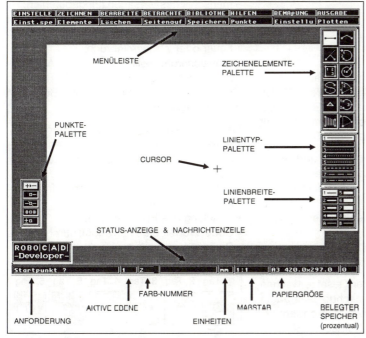

B 3.6-8 Bildschirmaufbau eines CAD-Programmes.

einer Gesamtzeichnung zusammengefügt werden. Der Computer kann die Zeichnung in verschiedenen Perspektiven darstellen, so daß der Kunde sein Möbel oder seinen Innenausbau aus allen Blickwinkeln betrachten kann. Die wesentlichen Vorteile von CAD-Programmen sind:
- größere Genauigkeit,
- platzsparende und schnelle Verwaltung größerer Zeichnungsmengen,
- nur einmaliges Zeichnen öfter benötigter Teile,
- schnelles Ändern einer Zeichnung oder Konstruktion.

Das Arbeiten erfolgt über Menüleisten, die mit dem Cursor angefahren und aktiviert werden. Das Abspeichern in sogenannten Bibliotheken ermöglicht eine Wiederverwendung einzelner Detailpunkte (z.B. Türanschläge). Zulieferfirmen stellen solche Bibliotheken für die Konstruktion zur Verfügung. DIN-Vorschriften, Bezeichnungen, Bemaßungsgrundlagen usw. ergänzen die Bibliothek.

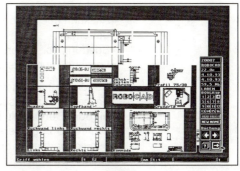

B 3.6-9 Zeichenbibliothek.

3.7 Gefahren und Schutzmaßnahmen der EDV

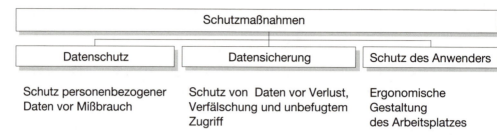

Datenschutz

Im Datenschutzgesetz ist eindeutig festgelegt, wer welche Daten erheben, speichern und verarbeiten darf und an wen diese Daten weitergegeben werden dürfen. Dieses Gesetz schützt u.a. personenbezogene Daten wie Namen, Anschrift und Angaben über persönliche und sachliche Verhältnisse eines Bürgers.

Computer können große Datenmengen bereithalten und mit hoher Geschwindigkeit verarbeiten. Mit vorhandenen Computerdaten ist es technisch möglich, innerhalb von Sekunden z.B. alle Auszubildenden im Holzbereich aufzulisten nach:
- Alter,
- Wohnort,
- Verkehrsmittel,
- Betrieb.

Um jeden Bürger vor dem Mißbrauch seiner Daten zu schützen, wurde im Jahre 1977 das Bundesdatenschutzgesetz BDSG erlassen, das einen mißbräuchlichen Umgang mit personenbezogenen Daten unter Strafe stellt.

Datenerfassung, -verarbeitung und -speicherung ist nur dann zulässig, wenn der Betroffene einwilligt. Jeder Betroffene hat das Recht z.B. auf:
- Auskunft über Daten, die die eigene Person betreffen,
- Sperrung von Daten und
- Löschung von Daten, die unzulässig sind.

Über die Einhaltung dieser Gesetze wachen Bundes- und Landesdatenschutzbeauftragte bei den Behörden sowie Datenschutzbeauftragte in größeren Betrieben. Sie sind Ansprechpartner bei allen Problemen, die sich aus dem Datenschutz ergeben.

Datensicherung

Die Datensicherung dient auch dem Datenschutz.

Die Zugriffskontrolle bestimmt, welche Personen in welchem Umfang auf Daten Zugriff haben. Dabei läßt sich nach Eingabe eines Codes (Kenn- oder Paßwortes) feststellen, ob ein Benutzer zur Arbeit mit bestimmten Programmen und Daten berechtigt ist. Über ein Benutzerprotokoll lassen sich alle Personen anzeigen, die am Computer gearbeitet haben.

Schutz vor Datenverlust. Datenverlust kann eintreten durch:
- Fehler
- im Programm,
- im Computer,
- im Speicher,
- äußere Einflüsse wie
- menschliches Versagen (Eingabefehler),
- Zerstörung von Daten in krimineller Absicht (z.B. durch Computerviren),
- Feuer oder Wassereinbruch.

Datensicherung sollte allen diesen Möglichkeiten Rechnung tragen. Durch Verlust von Programmen und Daten kann ein Betrieb in Konkurs geraten.

Daten können gesichert werden durch:
- Anfertigen von Sicherungskopien in bestimmten Zeitabständen (Großvater-Vater-Sohn),
- Aufbewahrung der Datenträger in feuersicheren Tresoren,
- Schulung des EDV-Personals,
- Code-Wörter, die einen Zugriff durch fremde Personen verhindern.

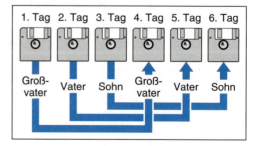

B 3.7-1 Großvater-Vater-Sohn.

Computertechnik und Informationsverarbeitung – Programmierung

Computerviren

Computerviren sind Störprogramme, die sich selbst vervielfältigen (kopieren) können über:
- Datenleitungen,
- ausgetauschte Datenträger (Disketten) oder
- Netzwerke.

Der Vergleich mit krankheitserregenden Viren ist durchaus angebracht. Die Infektion erfolgt meist unbemerkt und zeigt sich erst später durch Schäden am Programm oder in zerstörten Dateien.

Computerviren besitzen einen:
- Erkennungsteil → Programme werden gesucht, die infiziert werden können.
- Infektionsteil → Anweisungen werden an das Programm gegeben und gekennzeichnet.
- Funktionsteil → Aktionen werden ausgeführt, wenn bestimmte Voraussetzungen (z.B. ein bestimmtes Datum) gegeben sind.

Da von der Infektion bis zur Aktion oft mehrere Monate vergehen können, sollte man auf folgende Anzeichen achten, die auf einen möglichen Virus hindeuten:
- Der Start eines Programmes benötigt mehr Zeit als vorher,
- Programme werden durch häufige Disketten- und Plattenzugriffe unterbrochen,
- Größe einer Datei oder eines Programmes verändert sich von selbst.

Suchprogramme können nur bekannte Computerviren anhand der Erkennungs-, Infektions- und Funktionsteile aufspüren und diese entfernen. Oft hilft jedoch nur eine völlige Vernichtung des alten Datenbestandes und eine Neueinrichtung des Datenträgers, was mit sehr viel Zeit und Geld verbunden ist.

Software darf man nur dann auf seinem Computer verwenden, wenn sie:
- gekauft ist oder
- eine Nutzungslizenz vorliegt oder
- selbst programmiert worden ist.

Mit nicht rechtmäßig erworbenen Programmen besteht u.a. die Möglichkeit, Viren zu übernehmen.

Arbeitsplatzanforderungen

Die Gestaltung eines Arbeitsplatzes für die EDV-Anlage sollte ergonomisch für den Anwender sein:
- Der Bildschirmarbeitsplatz sollte parallel zu den Fenstern angeordnet sein.
- Die Beleghalter sollten in der Nähe des Bildschirms angebracht sein.
- Der Bildschirm sollte entspiegelt sein. Auf jeden Fall sollte ein strahlungsarmer Monitor nach Norm MPR II (schwedische Norm) bevorzugt werden. Bei der Helligkeitsregelung und der Kontrasteinstellung ist darauf zu achten, daß die Augen nicht belastet werden.
- Lichtquellen sind so anzuordnen, daß sie sich nicht auf dem Bildschirm spiegeln oder reflektieren. Der übrige Raum sollte nicht abgedunkelt sein.

3.8 Programmierung

3.8.1 Programmiersprachen

Die Arbeit mit einem Computer ist ein Informationsaustausch zwischen Mensch und Maschine. Für diesen Dialog bedient man sich unterschiedlicher Sprachen, die von Mensch und Maschine verstanden werden.

Die Daten und Befehle werden im Binärsystem als Bitkombinationen gelesen und verarbeitet. Dabei helfen Übersetzungsprogramme (Assembler), die binäre Befehle ins Hexadezimalsystem oder in Symbolwörter übertragen und umgekehrt. Problemorientierte Programmiersprachen gelten als höhere Programmiersprachen und sind in verschiedenen technischen Bereichen speziell einsetzbar.

Bei allen Programmiersprachen müssen die erstellten Programme zuerst in die Maschinensprache übersetzt werden, damit sie der Computer abarbeiten kann.

Bitkombination 3.2

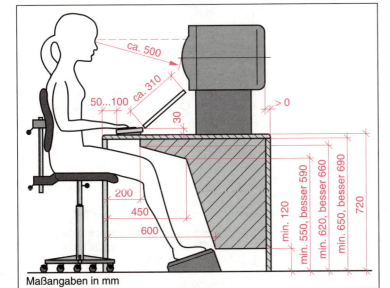

Maßangaben in mm

B 3.7-2 *Ergonomischer EDV-Arbeitsplatz.*

175

Computertechnik und Informationsverarbeitung – Programmierung

T 3.8/1 *Programmiersprachen – Auswahl*

Sprache	Bedeutung	Einsatzgebiet
Basic	**b**eginners **a**ll purpose **s**ymbolic **i**nstruction **c**ode (Allzwecksprache für Anfänger)	im wissenschaftlich-technischen Bereich
Algol	**algo**rithmic **l**anguage	für mathematische Problemstellungen
Cobol	**co**mmon **b**usiness **l**anguage	im kaufmännischen Bereich
Pascal	strukturierte Programmiersprache nach dem Mathematiker Blaise Pascal	alle Bereiche
C	Programmiersprache mit wenigen Befehlen	alle Bereiche

Compiler übersetzen Programme als Ganzes in eine maschinenorientierte Programmiersprache, bevor die einzelnen Anweisungen abgearbeitet werden. Compiler erreichen eine höhere Arbeitsgeschwindigkeit als Interpreter.

Interpreter übersetzen Befehle und Daten in die Maschinensprache, wobei die Anweisungen sofort abgearbeitet werden. Man arbeitet mit dem Computer im Dialog, so daß Fehler sofort erkannt und beseitigt werden können. Bei PC-Geräten, die z.B mit Basic arbeiten, ist der Interpreter bereits im ROM enthalten.

anzeige OK. Daten und Befehle können im:
• Direktmodus oder
• Programmodus eingegeben werden.

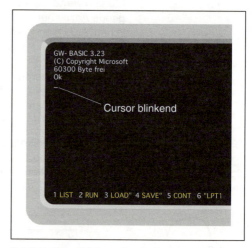

B 3.8-2 Menübild von Basic.

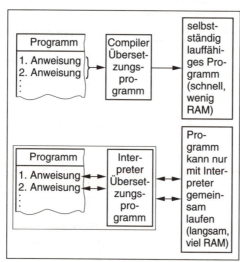

B 3.8-1 Compiler - Interpreter.

3.8.2 Programme in Basic

Progammeingabe

Nach Aufrufen des Programmes Basic erscheint das Menübild mit der Bereitschafts-

Direktmodus. Die eingegebenen Befehle und Anweisungen erscheinen sofort auf dem Bildschirm. Der Computer läßt sich hier wie ein Taschenrechner benützen.

Beispiel 1
PRINT 7 + 2   Return
9
OK

■ Cursorstellung bereit für neue Eingaben

Es ist zu beachten, daß in Basic einige mathematische Zeichen anders als üblich geschrieben werden (→ **T 3.8/2**).

Programmodus. Mit Programmanweisungen, Satzzeichen und Systembefehlen wird ein

T 3.8/2 Rechenoperationen - Darstellung in Basic

Beispiel	Rechenoperation	Darstellung in Basic
4 + 3	Addition	4 + 3
5,2 - 3	Subtraktion	5.2 - 3
6 · 7	Multiplikation	6 * 7
12 : 4	Division	12 / 4
8^2	Potenzieren	8^2 oder 8 * 8
$\sqrt{64}$	Radizieren	SQR(64)

zeilenorientiertes Programm erstellt, das nach Fertigstellung in den Speicher geladen wird. Mit dem Befehl RUN wird das Programm in aufsteigenden Zeilennummern (entfällt bei neueren Basic-Programmen) abgearbeitet.

```
10          PRINT          „Eingabe in m"
|             |                  |
Zeilen-     Ausdruck         Anweisung
nummer     oder Operation   oder Befehl
```

B 3.8-3 Aufbau einer Programmzeile.

T 3.8/3 Systembefehle in Basic – Auswahl

Befehl	Bedeutung
LIST	gibt das im Speicher befindliche Programm auf dem Bildschirm aus
LLIST	gibt das im Speicher befindliche Programm auf dem Drucker aus
RUN	startet das Programm
NEW	löscht das im Speicher befindliche Programm
DELETE 10-60	löscht die Programmzeile 10 bis 60
RENUM	numeriert die Programmzeilen neu (Schrittweite 10)
LOAD" XYZ	das Programm mit dem Namen XYZ wird in den Arbeitsspeicher geladen

Fortsetzung **T 3.8/3**

Befehl	Bedeutung
SAVE"A: XYZ	das Programm XYZ wird auf Diskette im Laufwerk A: gespeichert
KILL"A: XYZ	löscht das Programm XYZ auf der Diskette im Laufwerk A:
FILES"A:	zeigt den Inhalt der Diskette im Laufwerk A: (vergleichbar DIR in DOS)
SYSTEM	verläßt Basic, Rückkehr zur DOS-Ebene

T 3.8/4 Programmanweisungen – Auswahl

Anweisung	Bedeutung
ENTER	Bestätigung, Eingabe
RETURN	Beginn einer neuen Zeile
PRINT "	Ausgabe von Daten auf den Bildschirm
LET	Speicherplatz belegen, Berechnungen ausführen
INPUT	ermöglicht Dateneingabe über die Tastatur, es erscheint ein „?"
REM	Einfügen von Kommentaren (ohne Einfluß auf das Programm)
GOTO	Sprunganweisung in eine bestimmte Zeile, es entsteht eine Schleife
IF ... THEN	bedingte Verzweigung je nach dem, ob Bedingung erfüllt wird, häufig in Verbindung mit GOTO
CLS	löscht den Bildschirm, Programm bleibt im Speicher erhalten
END	Programmende

Computertechnik und Informationsverarbeitung – Programmierung

T 3.8/5 *Satzzeichen in Basic*

Zeichen	Bedeutung
. Punkt	wird bei der Zahlendarstellung anstelle eines Kommas verwendet
, Komma	die folgende Bildschirmausgabe wird um eine Tabulatorposition versetzt
; Strichpunkt	unmittelbare Folge der nächsten Bildschirmausgabe
: Doppelpunkt	Trennung zweier Befehle, mehrere Befehle in einer Zeile möglich
? Fragezeichen	verlangt eine Eingabe über die Tastatur

Programmablaufplan und Struktogramm.
Grafische Symbole und Angaben machen die Darstellung von Programmen übersichtlicher und helfen bei der Lösung von Aufgaben.

T 3.8/6 *Sinnbilder für einen Ablaufplan*

Sinnbild	Bedeutung (Beginn, Ende)
 ⬭	Grenzstelle
▭	Verarbeitung, Ein- und Ausgabe
 ◇	Verzweigung
 →	Verbindungslinie
 ----[	Bemerkungen

Für Programme mit nur wenigen Grundstrukturen genügt ein Struktogramm, aufgebaut aus:
- Folgestruktur = lineares Programm → Verarbeitungsschritte ohne Verzweigung,
- Verzweigungsstruktur = verzweigtes Programm → Auswahl verschiedener Möglichkeiten,
- Wiederholungsstruktur = Programmschleifen → Wiederholung, bis die Bedingung erfüllt ist.

Beispiel 2

Rechteckberechnung
Gegeben: Länge L[1] und Breite B[1]
Gesucht: Flächeninhalt A, Umfang U und die Diagonale E[1]

[1] Für die Variablen (z.B. Länge = L) werden hier entgegen der Norm Großbuchstaben verwendet, weil das Basic-Programm nur Großbuchstaben akzeptiert.

```
10   PRINT  "Rechteck-Berechnung"
20   REM
30   REM    Programm berechnet nach Eingabe der
40   REM    Länge       L   in  mm
50   REM    Breite      B   in  mm
60   REM    Fläche      A   in  m²
70   REM    Umfang      U   in  m
80   REM    Diagonale   D   in  cm.
90   REM
100  PRINT  "Länge in mm ="
110  INPUT  L
120  PRINT  "Breite in mm ="
130  INPUT  B
140  PRINT
150  PRINT
160  LET    A = L * B / 1000000!
170  LET    U = (2 * L + 2 * B) / 1000
180  LET    D = SQR (L^2 + B^2) / 10
190  REM
200  PRINT  "Fläche in m² = ";A
210  REM
220  PRINT  "Umfang in m = ";U
230  REM
240  PRINT  "Diagonale in cm = ";D
250  REM
260  PRINT  "Weitere Berechnungen? (J/N)"
270  INPUT  A$
280  IF     A$ = "J"  THEN GOTO 100
290  IF     A$ = "N"  THEN GOTO 310
300  CLS
310  END
```

Testlauf: Rechteckberechnung
OK
RUN
Rechteck-Berechnung
Länge in mm =
? 400
Breite in mm =
? 300

Fläche in m² = .12
Umfang in m = 1.4
Diagonale in cm = 50
Weitere Berechnungen? (J/N)
?

B 3.8-4 *Programm: Rechteckberechnung.*

Computertechnik und Informationsverarbeitung – CNC-Maschinen

Lösung
Variablennamen:
Eingabevariablen L und B
Ausgabevariablen A, U und E
Lösungsgleichungen:
A = L * B
U = 2 * L + 2 * B
E = SQR (L^2 + B^2)

Variable Werte lassen sich in Basic als:
- Zahlenvariable : A = 7 oder
- Zeichenvariable: A$ = „Ja" eingeben.
Das Dollarzeichen kennzeichnet die Zeichenvariable (Stringvariable).

3.9 CNC-Maschinen

3.9.1 Funktionsweise und Begriffe

Auf handgesteuerten Holzbearbeitungsmaschinen wird das Werkstück durch ständiges Eingreifen des Bedieners gefertigt.

NC-Maschinen (Numerical Control)

Numerisch gesteuerte Holzbearbeitungsmaschinen führen sämtliche Arbeitsgänge ohne Eingriff des Bedieners aus. Dazu muß der gesamte Arbeitsablauf vorher in Arbeitsschritte gegliedert und in Form von Befehlen (z.B. auf Lochstreifen oder Disketten) für die Steuerung der Maschine eingegeben werden.

CNC-Maschinen
4.4.7

CNC-Maschinen (Computerized Numerical Control)

CNC-Maschinen sind rechnergesteuert:
- computerized → mit eigenem Prozessor (= Computer),
- numerical → nach Zahlen und Buchstaben,
- control → Steuerungssystem, bei dem die Werkzeuge mit Hilfe von drei Schrittmotoren positioniert werden.

DNC-Maschinen (Direct Numerical Control)

DNC-Maschinen werden direkt vom PC-Prozessor gesteuert und bedient.

3.9.2 Steuerungsmöglichkeiten

An CNC-Maschinen kann sowohl das Werkzeug als auch das Werkstück bewegt werden.

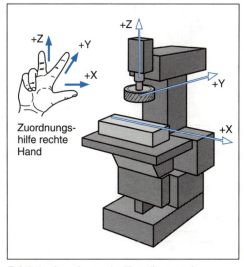

B 3.9-1 Anordnung der Koordinatenachsen.

Koordinaten

Die Fahrwege der Werkzeuge oder Werkstücke beziehen sich auf ein rechtwinkeliges Koordinatensystem. Die Anordnung der Koordinatenachsen wird auf das Werkstück bezogen. Die:
- Z-Achse liegt in Richtung der Hauptarbeitsspindel der Maschine,
- X-Achse liegt parallel zur Werkstück-Aufspannfläche (meist horizontal),
- Y-Achse steht senkrecht auf der x-Achse.

Bewegungsrichtungen

Bewegungen in positiver Richtung erhalten ein + vor der Wegstrecke (**B 3.9-1**). Wird der Werkzeugträger bewegt, sind Bewegungs- und Koordinatenrichtung gleichgerichtet. Die positiven Bewegungsrichtungen werden wie die positiven Achsrichtungen mit +X, +Y und +Z bezeichnet.

Die Bezeichnung der Ebenen ergibt sich aus den jeweiligen Richtungen der Koordinaten:
- XY-Ebene,
- ZX-Ebene und
- YZ-Ebene.

Bezugspunkte

Durch den Nullpunkt, in dem die aufeinanderstehenden Koordinaten X, Y und Z beginnen, wird die Lage des Koordinatensystems auf dem Werkstück bestimmt.

Computertechnik und Informationsverarbeitung – CNC-Maschinen

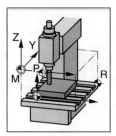

B 3.9-3 Bezugspunkte.

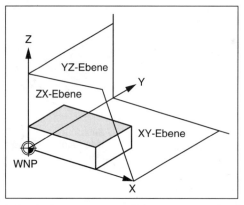

B 3.9-2 Bezeichnung der Ebenen.

Der Werkstücknullpunkt W sollte so gewählt werden, daß möglichst viele Koordinatenwerte direkt aus der Zeichnung übernommen werden können.

Der Maschinennullpunkt wird vom Hersteller der Maschine festgelegt. Es ist der Nullpunkt der Maschinenkoordinaten.

Der Referenzpunkt wird ersatzweise angefahren, wenn der Maschinennullpunkt nicht angefahren werden kann.

Vom *Programmnullpunkt* aus beginnt die Bewegung des Werkzeugs. Er wird so gelegt, daß dort Werkzeug und Werkstück gewechselt werden können.

Steuerungsarten

Punktsteuerung. Jeder Punkt eines Bearbeitungsablaufs wird ohne Eingriff des Werkzeuges im Eilgang angefahren (z.B. der Mittelpunkt einer Bohrung). Mit Punktsteuerung sind z.B. Bohrmaschinen, Punktschweißmaschinen oder Stanzen ausgerüstet.

Streckensteuerung. Es wird jeweils nur ein Achsantrieb gesteuert. Deshalb kann die Vorschubbewegung nur auf geraden, achsparallelen Bahnen erfolgen.

Die Bahnsteuerung ist Standard für heutige CNC-Maschinen. Es können beliebige Werkzeugbahnen gefahren werden. Dazu müssen die Vorschubbewegungen von mindestens zwei Antriebsachsen aufeinander abgestimmt sein.

Um mit der Bahnsteuerung z.B. einen Kreisbogen fahren zu können, benötigt die Steuerung einen Interpolator, der alle Punkte des Bogens berechnet und die Wegsignale an die Vorschubantriebe weitergibt. Je nach Zahl der gleichzeitig und unabhängig voneinander steuerbaren Achsantriebe spricht man von 2-D-, 2 1/2-D- und 3-D-Bahnsteuerungen.

3.9.3 Programmieren von CNC-Maschinen

Möglichkeiten der Programmeingabe

Der Lochstreifen war lange Zeit die einzige Möglichkeit, Daten zu erstellen und an die Maschine zu senden. Er ist heute nur noch vereinzelt im Einsatz.

Der NC-Editor ermöglicht über die Computertastatur die direkte Eingabe der Steuerungsdaten an die Maschine. Dabei sind Bearbeitungskontrollen und Korrekturen durch Testläufe möglich.

Das Digitalisierbrett ermöglicht die Aufnahme von Konstruktionsdaten über ein digitales Zeichenbrett. Die Steuerungsdaten werden direkt in das CNC-Programm übernommen.

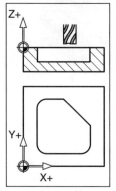

B 3.9-4 Werkstücknullpunkt.

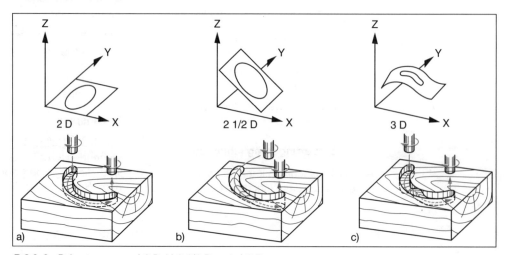

B 3.9-5 Nullpunkte (zeichnerische Darstellung).

B 3.9-6 Bahnsteuerung. a) 2 D, b) 2 1/2 D und c) 3 D.

Computertechnik und Informationsverarbeitung – CNC-Maschinen

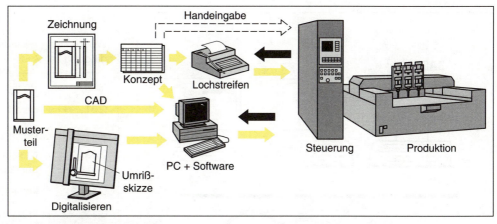

B 3.9-7 Möglichkeiten der Programmerstellung.

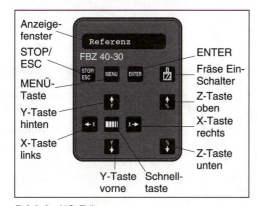

B 3.9-8 NC-Editor.

CAM-Software. Die Maschinendaten werden aus der erstellten Computer-Zeichnung direkt in CNC-Daten umgesetzt und verwendet. Diese computerunterstütze Herstellung wird eingesetzt, wenn in mehreren Ebenen räumlich gearbeitet wird.

Einige Maschinenhersteller bieten Software mit Kleinmaschinen und entsprechenden Schulungs- und Trainingsprogrammen an. Diese Programme können die erstellten CNC-Daten für den Fertigungsablauf und Werkzeugeinsatz auf dem Bildschirm wirklichkeitsgetreu mit einem Simulator darstellen. Dem Handwerker bietet sich dadurch ein überschaubarer Einstieg in die CNC-Technik. Mit einer entsprechenden Software-Schnittstelle zu großen CNC-Maschinen ist eine durchgängige Anwendung möglich.

Aufbau eines Programms nach DIN 66025

Grundlagen für das CNC-Programm sind die Verfahrwege sowie die Bedingungen der Vorschubgeschwindigkeit, Spindeldrehzahl und Auswahl des Werkzeugs. All diese Angaben müssen in eine für die Steuerung der Maschine lesbare Form gebracht werden. Dazu verwendet man eine für die NC-Steuerung geeignete Programmiersprache, die aus Wörtern und Sätzen besteht.

Programmsatz. Der Satz wird aus einer Reihe von Befehlswörtern gebildet und beginnt meist mit dem Buchstaben N und einer maximal 4stelligen Zahl (Satznummer). Alle Funktionen, die innerhalb eines CNC-Satzes stehen, werden gleichzeitig abgearbeitet. Dadurch ist z.B. ein gleichzeitiges Fahren verschiedener Achsen möglich.

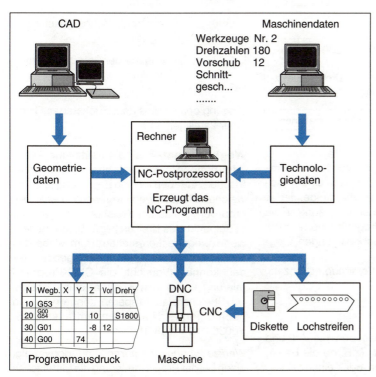

B 3.9-9 CAM-Software.

Computertechnik und Informationsverarbeitung – CNC-Maschinen

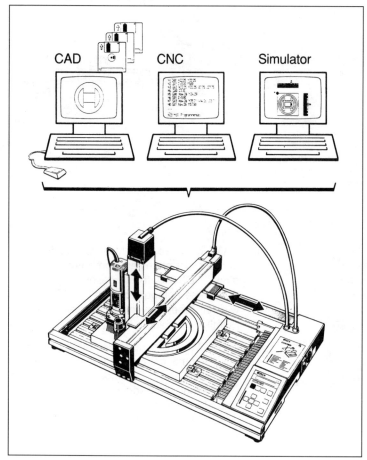

B 3.9-10 Fräsbohrzentrum.

```
N0010        G00          X10 Y140 Z35      F800      S30      M03
 |            |                |             |         |        |
Satz-       Wegbe-        Wegkoordinaten    Vor-      Dreh-   Zusatz-
nummer      dingung                         schub     zahl    funktion
            └──────── Weginformationen ────────┘      └─ Schaltinformationen ─┘
```

B 3.9-11 Satzformat für eine CNC-Maschine.

T 3.9/1 Wegbedingungen – Auswahl

Wegbe-dingung	Bedeutung
G00	Positionieren im Eilgang
G01	gerade
G02	Kreisbogen im Uhrzeigersinn
G03	Kreisbogen im Gegen-uhrzeigersinn
G40	keine Fräserradiuskorrektur
G41	Fräserradiuskorrektur links vom Werkstück
G42	Fräserradiuskorrektur rechts vom Werkstück
G54...G57	Nullpunktverschiebung
G81...G89	Arbeitszyklus
G90	Bezugsmaßangabe (absolute Maßangabe)
G91	Kettenmaßangabe (inkrementale Maßangabe)
G94	Vorschubgeschwindigkeit in mm/min
G95	Vorschub in mm je Umdrehung
G96	konstante Schnittgeschwindigkeit
G97	Angabe der Spindeldrehzahl in 1/min

Programmwort. Dieses „Wort" einer Programmiersprache besteht aus einem Adreßbuchstaben und einer Ziffernfolge. Jedes Wort entspricht dabei einer Anweisung an die Maschinensteuerung. Programmwörter sind:
- Weginformationen (Wegbedingungen, Wegkoordinaten),
- Schaltinformationen (Vorschub, Drehzahl, Zusatzfunktion).

Weginformationen

Die Wegbedingungen geben die Art und Weise der Bewegung an (z.B. ob die Bewegung auf einer Geraden oder einem Kreisbogen verläuft). Das Wort für die Wegbedingung besteht aus dem Buchstaben G und einer 2stelligen Ziffer.

Wegkoordinaten sind zusätzliche Weginformationen. Sie enthalten die geometrischen Angaben für eine Bewegung (z.B. mit welchen Achsen gefahren werden soll, wie groß der Radius bei Kreisbögen ist, wo der Mittelpunkt des Kreises liegt). Diese Zahlenwerte (Wegstrecken) stehen in mm, wobei drei Stellen nach dem Komma eingegeben werden können (Vorsicht, die CNC-Programmierung kennt kein Komma, siehe Basic!). Um Speicherplatz zu sparen, können vor- und nachfolgende Nullstellen entfallen, z.B. Y0036.010 = Y36.01.

Werkzeugbahnkorrekturen sind notwendig, wenn bei der Programmierung die Mittelachse des Werkzeuges verwendet wurde. Bei der notwendigen Bahnkorrektur wird das Werkzeug auf die Koordinaten des Zielpunktes gefahren. Dann wird mit der Wegbedingung G41 oder G42 je nach Durchmesser des Werkzeuges der Achspunkt der vorgegebenen Bahn parallel versetzt.

Schaltinformationen (Zusatzfunktionen)

Die Abkürzungen **F**, **M**, und **S** bewirken Einstell- und Einschaltvorgänge.

F Vorschub in mm/min. In der Holzbearbeitung wird meist mit konstanten Drehzahlen gearbeitet. Daher wird die Oberflächengüte nur durch den Vorschub beeinflußt. Richtwerte sind z.B. bei Vollholz:
- quer zur Faser 3 m/min ... 5 m/min,
- längs zur Faser 6 m/min ... 8 m/min.

S Drehzahl. Da für das S-Wort nur eine dreistellige Eingabe (Metallbereich) vorgesehen ist, im Holzbereich aber mit höheren Drehzahlen gearbeitet wird, erfolgt die Eingabe für:
1000 U/min mit S10 und für
18000 U/min mit S180 (die letzten 2 Stellen werden weggelassen).

M Zusatzfunktionen werden mit dem Buchstaben M gekennzeichnet. Sie steuern zusätzlich das Programm, z.B.:
- **M00** programmierbarer Halt,
- **M02** Einlesestop,
- **M03** Rechtslauf des Werkzeuges,
- **M04** Linkslauf des Werkzeuges,
- **M06** Werkzeugwechsel,
- **M30** Hauptprogrammende mit Zurücksetzen.

Zusatzinformationen. Kommentare und Informationen sind nur Textinhalte für den Bediener und werden in runden Klammern in das Programm eingesetzt. Die Klammern dürfen folgende Zeichen nicht enthalten:
%, &, :, /.

Programmstart. Der Beginn ist mit dem Zeichen % (für Programmanfang) und einer maximal 4stelligen Programmnummer gekennzeichnet. Es folgen nun die CNC-Sätze, die nacheinander abgearbeitet werden. Mit M30 = Programmende und Rücksetzen wird das Programm beendet.

3.9.4 Übungsstück

Vergleichen Sie die Herzstruktur mit den angegebenen CNC-Daten. Bei zeilenorientierten Programmen wählt man häufig 10er Schritte, um spätere Ergänzungen einfügen zu können (→ **B 3.9-12 und B 3.9-13**).

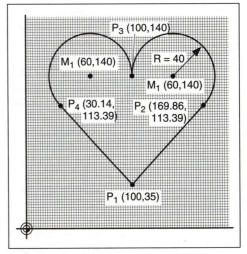

B 3.9-12 Übungsstück - Herzkontur.

```
% (Start)
N0010  G90 (absolute Koordinaten)
N0020  F800 (Einschaltzustand Vorschub
       800mm/min)
N0030  M03 (Spindel ein)
N0040  G00 Z+00500 (Positionierung im Eilgang)
N0050  (Herzkontur)
N0060  X+10000 Y+03500
N0070  G01 Z-00200
N0080  G01 X+16986 Y+11339 Z-00200
N0090  G03 X+10000 Y+14000 Z-00200 I+14000
       J+14000
N0100  G03 X+03014 Y+11339 Z-00200 I+06000
       J+14000
N0110  G01 X+10000 Y+03500 Z-00200
N0120  G00 Z+00500
N0130  G74 (Referenzfahrt)
N0140  M30 (Ende)
```

B 3.9-13 CNC-Daten für Bildkontur - Herz.

Aufgaben

1. In welchen Arbeitsbereichen des Berufsfeldes Holz kommt die EDV zum Einsatz?
2. Erklären Sie den Unterschied zwischen Großcomputer, Personalcomputer und Minicomputer!
3. Nach welchem Grundprinzip ist die Datenverarbeitung aufgebaut?
4. Nach welchem System ist der Computer in der Lage, Daten zu lesen und zu verarbeiten?
5. Welcher Unterschied besteht zwischen einem Bit und einem Byte?

6. Welche Funktion hat der ASCII-Code bei der Darstellung von Zeichen?
7. Welche Aufgaben übernimmt die Zentraleinheit eines Computers?
8. Erklären sie den Unterschied der internen Speicher RAM und ROM!
9. Nennen Sie die Hauptelemente einer funktionsfähigen EDV-Anlage!
10. Erklären Sie den Unterschied zwischen Hard- und Software!
11. Nennen Sie die wichtigsten Eingabegeräte für Computersysteme!
12. In welche vier Tastenblöcke läßt sich eine Tastatur für Computer einteilen?
13. Welche externen Speichermöglichkeiten können für die Datensicherung benützt werden?
14. Nennen Sie die wichtigsten Schutzmaßnahmen beim Umgang mit Disketten!
15. Nennen Sie die wichtigsten Ausgabegeräte für Computersysteme!
16. Welcher grundsätzliche Unterschied besteht zwischen Druckern und Plottern?
17. Erklären Sie die Aufgaben von Betriebssystemen wie z.B. DOS!
18. Welcher Unterschied besteht zwischen einem Kalt- und einem Warmstart des Computers?
19. Welche Bedeutung haben die Zahlenangaben hinter dem Dateinamen, z.B. CONFIG.SYS 380 13.4.93 13.34?
20. Wie erfolgt die Befehlseingabe über eine Kommandooberfläche?
21. Wie erfolgt die Befehlseingabe über eine Bedieneroberfläche?
22. Erklären Sie die Bedeutung folgender interner DOS-Befehle: CD, DEL, MD und REN!
23. Erklären Sie die Bedeutung folgender externer DOS-Befehle: BACKUP, MEM, FORMAT und DISKCOPY!
24. Nennen Sie den Unterschied zwischen individueller Software, Branchen- und Standardsoftware!
25. Erklären Sie den Begriff Computerviren!
26. Welche Vorgänge sollte ein Textverarbeitungsprogramm durchführen können?
27. Nach welchem Prinzip arbeitet ein Tabellenkalkulationsprogramm?
28. Welche Vorteile bietet ein CAD-Programm?
29. Was ist bei der Gestaltung eines Computerarbeitsplatzes zu beachten?
30. Welche allgemeinen Schutzmaßnahmen sind bei der Verarbeitung von Daten mit dem Computer zu treffen?
31. Nennen Sie Möglichkeiten für einen Datenverlust und erläutern Sie, wie man sich davor schützen kann?
32. Erklären Sie den Unterschied zwischen Direkt- und Programmiermodus bei der Programmiersprache BASIC!
33. Erklären Sie den Steuerungsablauf bei CNC-Maschinen!
34. Welche Bezugspunkte lassen sich bei der Bearbeitung ansteuern?
35. Welche Informationen können in einem Satzformat stehen?
36. Nennen Sie den Unterschied zwischen Wegbedingungen und Wegstrecken?
37. Welche Angaben enthalten die Schaltfunktionen?
38. Welche Bearbeitungsmöglichkeiten können mit Punkt-, Strecken- und Bahnsteuerung erreicht werden?
39. Welche Möglichkeiten der Programmeingabe gibt es für CNC-Maschinen?

4 Werkzeuge und Maschinen

4.1 Fachphysikalische Grundlagen

4.1.1 Mechanik

Mechanik befaßt sich mit Kräften, Bewegungen und Gleichgewichtszuständen von Körpern. Auch zur Bewegung eines Werkzeuges ist eine Kraft erforderlich. Bei der Bearbeitung eines Werkstoffes muß diese den Widerstand, der als Gegenkraft wirkt, überwinden.

Das Weiterleiten von Kräften, das Bewegen von Werkstücken, Lasten, Maschinen sowie das Festhalten von Teilen beruht auf mechanischen Vorgängen. Durch Messen und Auswerten dieser Vorgänge gelangt man zu mechanischen Gesetzen. Wichtige Basisgrößen der Mechanik sind Länge, Masse und Zeit.

Bewegungen

Jede Ortsänderung eines Körpers ist ein Bewegungsvorgang. Er kann geradlinig oder auf einer Kurven- oder Kreisbahn erfolgen.

Gleichförmige Bewegung. Legt ein Körper in gleichen Zeitabständen gleiche Wegstrecken zurück, so bezeichnet man die Bewegung als gleichförmig. Sie ergibt im Weg-Zeit-Diagramm eine gerade Linie.

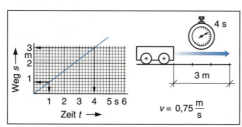

B 4.1-1 Weg-Zeit-Diagramm der gleichförmigen Bewegung.

Das Verhältnis zwischen dem zurückgelegten Weg (Strecke) s und der benötigten Zeit t ist die Geschwindigkeit v.

$$\text{Geschwindigkeit} = \frac{\text{Weg}}{\text{Zeit}}$$

$$v = \frac{s}{t} \text{ in } \frac{m}{s}$$

Kreisbewegung. Bewegungen um eine Achse oder um einen festgelegten Drehpunkt bezeichnet man als Kreisbewegung. Die Geschwindigkeit eines Punktes auf einer Kreisbahn ist umso größer, je größer der Radius bzw. Durchmesser der Kreisbahn bei gleicher Drehfrequenz ist. Die Drehfrequenz n ist das Verhältnis (Quotient) aus der Anzahl N der Umdrehungen und der dazu benötigten Zeit t.

$$\text{Drehfrequenz} = \frac{\text{Zahl der Umdrehungen}}{\text{Zeit}}$$

$$n = \frac{N}{t} \text{ in } \frac{1}{\min}$$

Bei einer Umdrehung legt ein Punkt auf der Kreisbahn den Umfang $d \cdot \pi$, bei N Umdrehungen den Weg $s = d \cdot \pi \cdot N$ zurück. Aus der Gleichung der Geschwindigkeit erhält man die Beziehung zwischen der Drehfrequenz und der Dreh- oder Umfangsgeschwindigkeit.

$$\text{Umfangsgeschwindigkeit} = \frac{\text{Umfang} \cdot \text{Anzahl der Umdrehungen}}{\text{Zeit}}$$

$$v = \frac{s}{t} \rightarrow \frac{d \cdot \pi \cdot N}{t} \text{ in } \frac{m}{s}$$

Wird die Drehfrequenz n „Umdrehungen je Minute" mit der Maßeinheit 1/min verwendet und setzt man d in m ein, erhält man die Umfangsgeschwindigkeit v in m/min. Bei rotierenden Schneidwerkzeugen entspricht die Umfangsgeschwindigkeit der Schnittgeschwindigkeit.

$$\text{Schnittgeschwindigkeit}$$

$$v = d \cdot \pi \cdot n \text{ in } \frac{m}{\min}$$

Da in der Holztechnik die Schnittgeschwindigkeiten allgemein sehr groß sind, verwendet

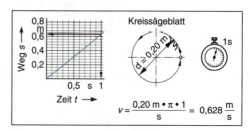

B 4.1-2 Kreisförmige Bewegung.

Werkzeuge und Maschinen – Fachphysikalische Grundlagen

man hier die Maßeinheit m/s. Dazu muß man die Drehfrequenz gleichnamig in 1/60 s einsetzen.

Beispiel 1

Der Durchmesser eines Kreissägeblattes beträgt 300 mm, die Drehfrequenz der Tischkreissägemaschine ist mit 4000 1/min angegeben. Berechnen Sie die Schnittgeschwindigkeit in m/s.

Lösung

Gegeben: $d = 300$ mm $= 0{,}3$ m;
$n = 4000\ 1/\text{min}$

Gesucht: v in m/s

$v = d \cdot \pi \cdot n$

$v = \dfrac{0{,}3\,\text{m} \cdot \pi \cdot 4000 \cdot 1}{60\,\text{s}} = \underline{\underline{62{,}83\,\text{m/s}}}$

Gleichförmig beschleunigte Bewegung. Bei größer werdender Geschwindigkeit wird die Bewegung eines Körpers beschleunigt. Die Beschleunigung a ist das Verhältnis aus der Geschwindigkeitsänderung Δv und der Zeit t, in der sie erfolgt.

$$\text{Beschleunigung} = \frac{\text{Geschwindigkeitsänderung}}{\text{Zeit}}$$

$$a = \frac{\Delta v}{t}\ \text{in}\ \frac{\text{m/s}}{\text{s}} = \frac{\text{m}}{\text{s}^2}$$

Beispiel 2

Beim Anfahren eines Fahrzeuges werden z.B. folgende Werte gemessen. Ermitteln Sie die Beschleunigung a.

Geschwindigkeit v in m/s	0	3	6	9	12	15	18
Zeit t in s	0	1	2	3	4	5	6

Lösung

$a = \dfrac{\Delta v}{t}$

$a = \dfrac{3\,\text{m/s}}{1\,\text{s}} = \dfrac{6\,\text{m/s}}{2\,\text{s}} = \dfrac{12\,\text{m/s}}{4\,\text{s}} = \ldots = \underline{\underline{3\,\dfrac{\text{m}}{\text{s}^2}}}$

Bei einer gleichförmig beschleunigten Bewegung nimmt die Geschwindigkeit in gleichen Zeitabschnitten um den gleichen Betrag zu. Im Geschwindigkeits-Zeit-Diagramm ist die Geschwindigkeit eine Gerade. Wegen der immer größer werdenden Geschwindigkeit wird der in jeder weiteren Sekunde zurückgelegte Weg immer größer.

Kräfte

Kraftwirkung. Kräfte bewirken entweder:
- eine Verformung bzw. Zerstörung (Bruch) eines Körpers oder
- eine Änderung seines Bewegungszustandes.

Von der Masse des Körpers und der ihm erteilten Beschleunigung hängt die Kraftgröße ab.

Kraft = Masse · Beschleunigung

$F = m \cdot a$ in $\text{kg m/s}^2 = \text{N}$

Kräfte sind nicht sichtbar, sondern nur an ihrer Wirkung erkennbar. Sie werden als Pfeile dargestellt und sind bestimmt durch:
- ihre Größe in Newton (N); sie wird mit einem bestimmten Kräftemaßstab als Pfeillänge dargestellt,
- die Wirkungslinie und ihre Richtung sowie den Angriffspunkt.

Gewichtskraft. Auf der Erde hat jeder Körper ein Gewicht, das als Kraft F_G von der Masse des Körpers und der Fallbeschleunigung g abhängig ist. Die Fallbeschleunigung beträgt auf der Erde $g \approx 9{,}81\,\text{m/s}^2$. Der genaue Wert an einem bestimmten Ort hängt von der

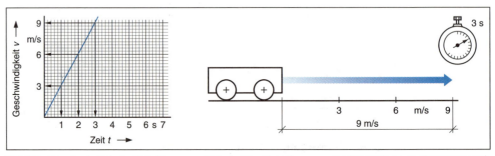

B 4.1-3 Geschwindigkeits-Zeit-Diagramm für beschleunigte Bewegungen (Darstellung der Beispielwerte).

Werkzeuge und Maschinen – Fachphysikalische Grundlagen

geographischen Breite und von der Höhe über dem Meeresspiegel ab.

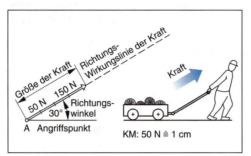

B 4.1-4 Zeichnerische Darstellung der Kraft.

Gewichtskraft = Masse · Fallbeschleunigung
$F_G = m \cdot g$ in N

$1\,N = 1\,kg \cdot 9{,}81\,m/s^2 \approx 10\,kg\,m/s^2$

Im Gegensatz zur Masse ist die Gewichtskraft also eine ortsabhängige Größe.

Kraftzusammensetzung und -zerlegung.

Wirken mehrere Kräfte F_1 und F_2 mit gleichem Richtungssinn auf einer Wirkungslinie, so werden die Kräfte addiert. Wenn Kräfte in entgegengesetzte Richtungen wirken, erfolgt eine Kräftesubtraktion.

Wirken mehrere Kräfte F_1, F_2 auf verschiedenen Wirkungslinien in verschiedene Richtungen, kann die resultierende Kraft F_R zeichnerisch mit einem Kräfteparallelogramm oder durch trigonometrische Berechnungen ermittelt werden.

Drücke

Wirkt eine Kraft F auf eine Fläche A ein, so entsteht ein Druck p.

B 4.1-6 Kräfteparallelogramm.

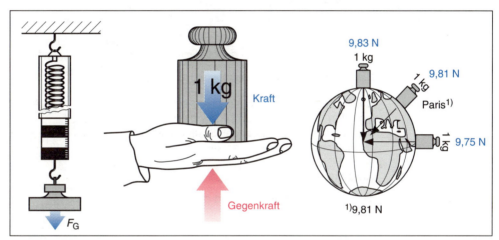

B 4.1-5 Gewichtskraft.

T 4.1/1 Kräfte auf einer Wirkungslinie

Rechnerische Lösung	Zeichnerische Lösung
Gleichgerichtete Kräfte $F_1 + F_2 = F_R$ $F_1 = 150\,N$ $F_2 = 250\,N$ $150\,N + 250\,N = F_R$ Kräftemaßstab 1 cm ≙ 100 N $400\,N = F_R$	
Entgegengerichtete Kräfte $F_1 - F_2 = F_R$ $F_1 = 350\,N$ $F_2 = 150\,N$ $350\,N - 150\,N = F_R$ Kräftemaßstab 1 cm ≙ 100 N $200\,N = F_R$	

$$\text{Druck} = \frac{\text{Kraft}}{\text{Fläche}} \qquad p = \frac{F}{A} \text{ in } \frac{N}{mm^2}$$

1 Pa (Pascal) = 1 N/1 m²

Beim Spannen mit Zwingen wird der Druck als Flächenpressung durch die Größe der Zulagen bestimmt.

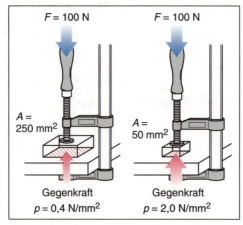

B 4.1-7 Druck als Flächenpressung.

Bei Druckangaben für Maschinen, bei Flüssigkeiten und Gasen wird häufig die Einheit bar, hPa oder MPa verwendet (Struktogramm auf der Innenseite der Umschlagrückseite).

Arbeit und Energie

Mechanische Arbeit. Sie wird dann verrichtet, wenn ein Körper mit einer Kraft F:
- entgegen seiner Gewichtskraft F_G um einen Weg s angehoben (Hubarbeit) oder
- auf dem Weg s geschoben wird (Schubarbeit).

Das Produkt aus der Kraft F und dem zurückgelegten Weg s ist die mechanische Arbeit W mit der Einheit Joule J.

$$\text{Arbeit} = \text{Kraft} \cdot \text{Weg}$$
$$W = F \cdot s \text{ in Nm}$$

1 Joule = 1 Newton · 1 Meter
1 J = 1 Nm

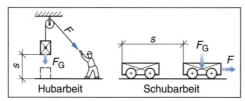

B 4.1-8 Mechanische Arbeit.

Energie. Unter Energie versteht man die Fähigkeit, Arbeit zu verrichten, daher sind Arbeit und Energie gleichwertig. Die Einheit der Energie ist wie bei der Arbeit das Joule.

Potentielle Energie (Energie der Lage) ist die Energie, die sich aus der Lage des Körpers ergibt. Wenn ein Gegenstand durch Hubarbeit auf eine bestimmte Höhe transportiert wurde (z.B. Aufzugsgewicht einer Uhr), kann er beim Zurückkehren in seine alte Lage die Energie als Arbeit abgeben.

Dabei entspricht die Lageenergie des Gewichtes der vorher geleisteten Hubarbeit.

Kinetische Energie (Energie der Bewegung). Durch die Bewegung eines Körpers kann Arbeit verrichtet werden (z.B. Arbeitsvermögen des Hammers beim Einschlagen eines Nagels).

Leistung und Wirkungsgrad

Leistung. Eine mechanische Leistung P wird erbracht, wenn eine mechanische Arbeit W in einer bestimmten Zeit t erfolgt.

$$\text{Leistung} = \frac{\text{Arbeit}}{\text{Zeit}}$$
$$P = \frac{W}{t} \text{ in } \frac{Nm}{s} = \frac{J}{s} = \text{Watt}$$

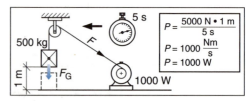

B 4.1-9 Mechanische Leistung.

Wirkungsgrad. Die Größe der Verluste beim Übertragen oder Weiterleiten von Energie wird durch den Wirkungsgrad η angegeben. An

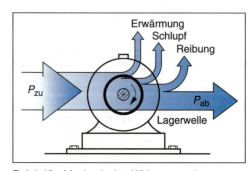

B 4.1-10 Mechanischer Wirkungsgrad.

Werkzeuge und Maschinen – Fachphysikalische Grundlagen

Geräten, Maschinen und Anlagen treten stets Verluste z.B. durch Reibung, Schlupf und Erwärmung auf. Sie müssen berücksichtigt und möglichst klein gehalten werden.
Der Wirkungsgrad η ist das Verhältnis von abgegebener Leistung P_{ab} zur zugeführten Leistung P_{zu}.

$$\text{Wirkungsgrad} = \frac{\text{abgegebene Leistung}}{\text{zugeführte Leistung}}$$

$$\eta = \frac{P_{ab}}{P_{zu}}$$

Die Angabe erfolgt als Zahlenwert oder in Prozent und ist stets < 1 oder < 100%.

Reibung

Bei jeder Bewegung von Körpern oder Teilen entstehen Reibungskräfte, die stets der Bewegungskraft entgegengesetzt sind. Sie können so groß sein oder werden, daß keine Bewegung mehr möglich ist. Die Reibkraft F_R ist das Produkt von Normalkraft F_N und Reibungszahl μ. Die Normalkraft F_N wirkt stets rechtwinklig zur Reibfläche.

$$\text{Reibkraft} = \text{Normalkraft} \cdot \text{Reibungszahl}$$

$$F_R = F_N \cdot \mu \quad \text{in N}$$

(Auch auf polierten Flächen erkennt man bei entsprechender Vergrößerung Unebenheiten!)

In der Technik sind Reibungskräfte entweder:
- unerwünscht und verringern den Wirkungsgrad unter Umständen erheblich (z.B. Lagerreibung) oder
- erwünscht, wenn es um Bremsvorgänge oder Rutschgefahren geht (z.B. Streubelag vor Maschinen).

Haftreibung. Sie wirkt nur kurzzeitig beim Bewegungsbeginn und geht dann in Gleit- oder Rollreibung über. Die Haftreibung ist größer als die Reibkräfte während der Bewegung.

Gleitreibung. Sie entsteht durch kleinere oder größere Unebenheiten der reibenden Flächen, die formschlüssig ineinandergreifen und den Bewegungsvorgang hemmen. Die Gleitreibung wird experimentell ermittelt und ist abhängig von:
- Oberflächenbeschaffenheit,
- Art der Gleitstoffe und
- Gewicht des Gleitkörpers.

Bei ebenen, glatten und polierten Oberflächen ist sie geringer als bei unebenen, rauhen Oberflächen.
Die Reibung kann durch Schmiermittel vermindert werden, z.B. bei Metallen durch Öle, Fette, Graphit in Lagern bzw. bei Holz durch Seife, Stearin. Dabei bildet das Schmiermittel eine Schicht zwischen den Materialien und gleicht die Unebenheiten aus. Die Bewegung findet dann zwischen den Schichten des Schmiermittels statt.

Rollreibung. Die Reibung wird wesentlich kleiner, wenn Körper mit Walzen oder Rädern über Flächen oder Schienen gerollt werden. Das wird umfassend ausgenutzt z.B. in Wälzlagern, bei Straßen- und Schienenfahrzeugen, auf Rollgängen.

Einfache Maschinen

Einfache Maschinen sind Geräte und Einrichtungen, mit deren Hilfe Kräfte auf Kosten des Weges verringert werden können, ohne daß sich die Größe der Arbeit verändert.

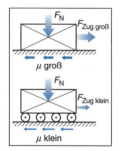

B 4.1-12 Gleit- und Rollreibung.

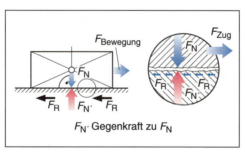

B 4.1-11 Reibung.

T 4.1/2 Reibungszahlen

Werkstoffe Materialien	Haftreibung μ_0	Gleitreibung μ trocken	geschmiert	Rollreibung μ_R
Stahl auf Stahl	0,2 ... 0,3	0,1 ... 0,2	0,02 ... 0,03	0,001
Stahl auf Holz	0,5	0,25 ... 0,5	0,02 ... 0,08	≈ 0,002
Holz auf Holz	0,5 ... 0,6	0,3 ... 0,4	0,03 ... 0,05	≈ 0,005

Die **„Goldene Regel der Mechanik"** lautet: Was an Weg gewonnen wird, geht an Kraft verloren, bzw. was an Kraft gewonnen wird, geht an Weg verloren.

Der Hebel. Er besteht aus einer starren Stange oder Konstruktion, die um einen Punkt oder eine Achse drehbar ist.

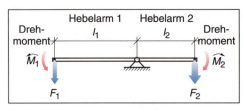

B 4.1-13 *Der Hebel.*

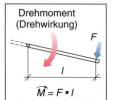

B 4.1-14 *Drehmomente.*

Drehmoment. Jede Kraft, die an einem Hebel angreift, erzeugt eine Drehwirkung, die als Drehmoment bezeichnet wird.

> Drehmoment = Kraft · Hebelarm
> $M = F \cdot l$ in Nm

Wichtig sind der Drehsinn und der Ansatzpunkt. Das Drehmoment hängt von der Kraftgröße, der Wirkungsrichtung sowie der Länge des Hebelarmes ab. Ein Drehmoment ist rechts- (im Uhrzeigersinn) oder linksdrehend (gegen den Uhrzeigersinn).

Hebelgesetz. Am Hebel herrscht Gleichgewicht, wenn die linksdrehenden Momente M ebenso groß wie die rechtsdrehenden Momente M sind.

> Kraft 1 · Hebelarm 1 = Kraft 2 · Hebelarm 2
> $F_1 \cdot l_1 = F_2 \cdot l_2$ in Nm
> Drehmoment 1 = Drehmoment 2
> $M_1 = M_2$ in Nm

Hebel werden als ein- oder zweiseitige Konstruktionen verwendet.

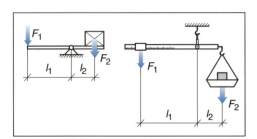

B 4.1-15 *Zweiseitiger Hebel.*

Zweiseitiger Hebel. Der Drehpunkt liegt zwischen den Kräften F_1 und F_2.

Einseitiger Hebel. Der Drehpunkt liegt außerhalb der Ansatzpunkte von den Kräften F_1 und F_2.

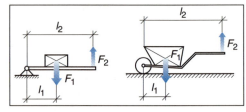

B 4.1-16 *Einseitiger Hebel.*

Hebel mit mehreren Kräften. Die links- und rechtsdrehenden Momente werden addiert. Gleichgewicht herrscht, wenn die Summe aller rechts- und linksdrehenden Momente gleich Null ist.

> Summe aller linksdrehenden Momente = Summe aller rechtsdrehenden Momente
> $\Sigma \overset{\frown}{M}$ in Nm = $\Sigma \overset{\frown}{M}$ in Nm

Beispiel 3

$F_1 \cdot l_1 + F_2 \cdot l_2 = F_3 \cdot l_3$

$\overset{\frown}{M_1} + \overset{\frown}{M_2} = \overset{\frown}{M_3}$

$\Sigma \overset{\frown}{M} - \Sigma \overset{\frown}{M} = 0$

$\Sigma M = \underline{\underline{0}}$

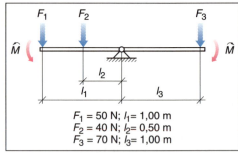

$F_1 = 50$ N; $l_1 = 1,00$ m
$F_2 = 40$ N; $l_2 = 0,50$ m
$F_3 = 70$ N; $l_3 = 1,00$ m

B 4.1-17 *Hebel mit mehreren Kräften.*

50 N · $1,0$ m + 40 N · $0,5$ m = 70 N · $1,0$ m

50 Nm + 20 Nm = 70 Nm

70 Nm − 70 Nm = 0

$0 = 0$

Rolle. Darunter versteht man eine um eine Achse (Drehpunkt) drehbare Scheibe.

Werkzeuge und Maschinen – Fachphysikalische Grundlagen

Die feste Rolle wirkt wie ein zweiseitig gleicharmiger Hebel. Sie verändert nicht die Kraftgröße, sondern nur die Richtung einer Kraft.

Die lose Rolle. Hier hängt die Last an einem Haken, der an der Rollenachse befestigt ist. Die Rolle wird von einem umlaufenden Seil getragen und wirkt wie ein einseitiger Hebel. Wenn zwei Seile parallel verlaufen, ist die Seilkraft halb so groß wie die Last.

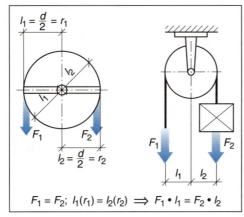

B 4.1-18 Feste Rolle.

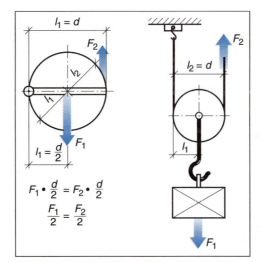

B 4.1-19 Lose Rolle.

Die schiefe Ebene dient zum Transport von Lasten auf eine bestimmte Höhe. Der Kraftaufwand ist je nach Neigung der Ebene geringer als beim senkrechten Hochheben. Dafür ist aber ein größerer Weg notwendig (Goldene Regel der Mechanik). Die benötigte Bewegungskraft kann durch Kräftezerlegung ermittelt werden und ist umso kleiner, je geringer der Neigungswinkel der Ebene ist. Dafür vergrößert sich jedoch der Weg, auf dem zusätzlich noch die Gleitreibung überwunden werden muß. Die Schraube und der Keil beruhen auf dem Prinzip der schiefen Ebene.

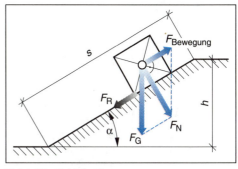

B 4.1-20 Schiefe Ebene.

Der Keil ist eine Sonderform der schiefen Ebene und wird als Spanungs- oder Spannwerkzeug vielfältig eingesetzt. Die Kraftübertragung ist abhängig vom Verhältnis der Keilbreite b zur Seitenlänge s und ergibt den Keilwinkel β. Drückt eine Kraft auf die Breite des Keils, so drücken die Seiten das zu spaltende Material senkrecht zu den Flächen mit der Kraft F_N auseinander. Die Kräfte werden umso größer, je schlanker der Keil ist.

4.1.2 Elektrische Grundlagen

Atomaufbau

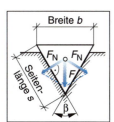

B 4.1-21 Keil.

Atombau
2.1.2

Jedes Atom besteht aus einem Kern (Protonen und Neutronen) und einer Hülle aus Elektronen, die sich mit großer Geschwindigkeit um den Kern bewegen. Zwischen Kern und Hülle besteht eine Art Kräftegleichgewicht, das sich aus den Fliehkräften der Elektronen und den elektrischen Anziehungskräften ergibt. Letztere werden durch unterschiedliche elektrische Ladungen von Kern (elektrisch positiv = +) und Elektronen (elektrisch negativ = –) bestimmt. Elektrisch gleiche Ladungen stoßen sich ab, elektrisch ungleiche Ladungen ziehen sich an.

Atome, die die gleiche Anzahl von Protonen und Elektronen haben, wirken elektrisch neutral. Hat ein Atom weniger Elektronen als Protonen (Elektronenmangel), wird es als positives Ion (griech. Ion = Wanderndes) bezeichnet. Ein negatives Ion besitzt dagegen mehr Elektronen als Protonen (Elektronenüberschuß).

Werkzeuge und Maschinen – Fachphysikalische Grundlagen

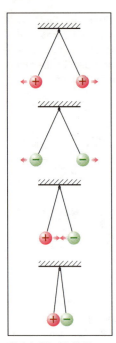

B 4.1-22 *Verhalten bei ungleichen elektrischen Ladungen.*

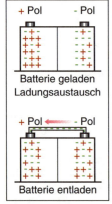

B 4.1-24 *Elektrische Ladungen (Spannungen).*

B 4.1-27 *Symbole.*

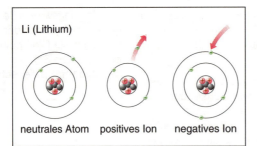

B 4.1-23 *Elektronenmangel und Elektronenüberschuß.*

Werden in einem Stoff unter Energiezufuhr die positiven und negativen Ladungsträger voneinander getrennt, bilden sich zwei elektrische Pole:
- Plus-Pol mit Elektronenmangel,
- Minus-Pol mit Elektronenüberschuß.

Das Bestreben der Atome, in diesen Stoffen wieder in den elektrisch neutralen Zustand zu gelangen, führt zum Ladungsaustausch. Er ist die Grundlage des elektrischen Stromes (elektrische Spannung).

Leiter und Nichtleiter

Leiter sind Stoffe, die vom elektrischen Strom durchflossen werden können. Es sind hauptsächlich Metalle. Sie haben einen gitterförmigen Atomaufbau. Darin nehmen die positiven Ionen feste Gitterplätze ein, während die frei beweglichen Elektronen dazwischen für den Transport der elektrischen Ladungen zur Verfügung stehen.

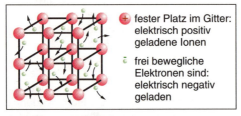

B 4.1-25 *Metallgitter und freie Elektronen.*

Nichtleiter. In Nichtleitern sind keine oder nur wenige freie Elektronen vorhanden. Diese Außenelektronen (Valenzelektronen) sind „fest" an den Atomkern gebunden. Deshalb ist auch kein Transport elektrischer Ladungen möglich. Nichtleiter sind Isolierstoffe in der Elektrotechnik wie z.B. Glas, Keramik, Kunststoffe und Gummi.

Halbleiter sind Werkstoffe, die hauptsächlich in elektronischen Bauteilen Anwendung finden. Bei niedrigen Temperaturen wirken sie wie Isolatoren, bei hohen Temperaturen sind sie in der Lage, den elektrischen Strom zu leiten. Durch die Wärmeschwingungen bei hohen Temperaturen verlassen einige Elektronen für kurze Zeit ihren Platz im Metallgitter und stehen als freie Elektronen für den Transport von elektrischen Ladungen zur Verfügung.

Einfacher Stromkreis

Wird eine Spannungsquelle (z.B. Batterie) mit einem Verbraucher (z.B. Glühlampe) über einen elektrischen Leiter verbunden, liegt ein geschlossener Stromkreis vor.

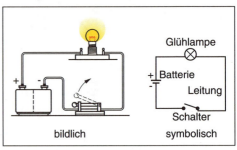

B 4.1-26 *Einfacher Stromkreis.*

Elektrische Meßgrößen

Spannung U. Freie Elektronen in einem Leiter bewirken noch kein „Fließen" des elektrischen Stromes. Dazu benötigt man eine Spannungsquelle (fälschlich oft Stromquelle genannt), die die Elektronen in Bewegung versetzt (→ **B 4.1-29**).
Elektronen durcheilen bei geöffnetem Schalter die Hinleitung, bewirken die Drehbewegung des Elektromotors und kehren über die Rückleitung zur Spannungsquelle zurück. Die gerichtete Bewegung der Elektronen im Leiter wird durch Trennung verschiedener elektrischer Ladungen verursacht (→ **B 4.1-30**). Je größer dieser Ladungsunterschied, desto größer ist das Bestreben zum Ausgleich und desto höher ist die Spannung.

Zur Spannungserzeugung werden unter Energieaufwand die positiven und negativen Ladungsträger voneinander getrennt. Dadurch bilden sich zwei Pole. Am positiven Pol (An-

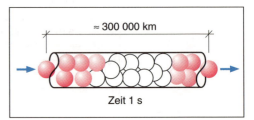

B 4.1-28 *Schema der Impulsgeschwindigkeit.*

Werkzeuge und Maschinen – Fachphysikalische Grundlagen

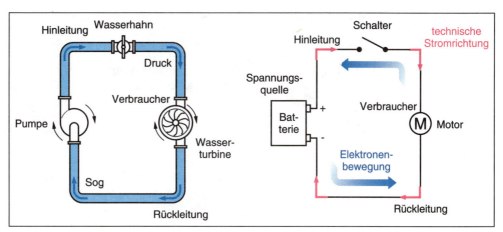

B 4.1-29 Wasser- und elektrischer Stromkreislauf.

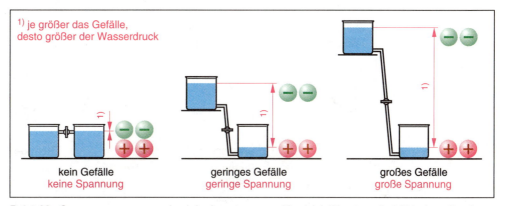

B 4.1-30 Spannungserzeugung durch Ladungstrennung. Vergleich Wasser- mit elektrischem Druck (Spannung).

ode) herrscht Elektronenmangel, am negativen Pol (Kathode) Elektronenüberschuß. Der Ladungsunterschied vom Minus- zum Pluspol wird in Form von Impulsen weitergegeben.

Die Messung der Spannung erfolgt mit einem Spannungsmesser, der den Ladungsunterschied zwischen Plus- und Minuspol an der Spannungsquelle mißt. Dabei wird neben dem Erzeuger/Verbraucher (1) oder parallel zur Spannungsquelle (2) gemessen.

Spannung U in V (Volt)

Stromstärke I und Elektrizitätsmenge Q.
Die Stromstärke I gibt an, wieviele Elektronen sich in einer bestimmten Zeit durch einen Leiterquerschnitt bewegen. Sie muß an allen Stellen eines unverzweigten Leiters gleich groß sein. Die Anzahl der Elektronen entspricht der Elektrizitätsmenge Q.

$$\text{Stromstärke} = \frac{\text{Elektrizitätsmenge}}{\text{Zeiteinheit}}$$

$$I = \frac{Q}{t} \text{ in A (Ampere)}$$

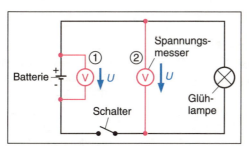

B 4.1-31 Spannungsmesser im Stromkreis.

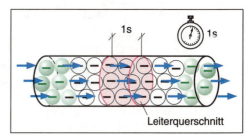

B 4.1-32 Schematische Darstellung der Stromstärke.

T 4.1/3 *Arten der Spannungserzeugung*

Erzeugung	Ladungstrennung durch	Nutzung/Anwendung
Reibung 	elektrostatische Aufladung von Isolierstoffen durch Reibung	Schwabbelscheiben, Fahrzeugreifen, Umfüllen von Flüssigkeiten, Bandschleifmaschinen, keine technische Nutzung
Induktion 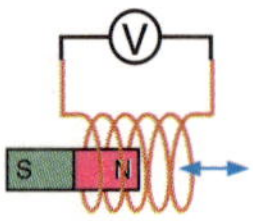	bewegte Magnete in ruhenden Spulen oder umgekehrt (Elektromagnetismus)	Generatoren, Dynamos
chemische Wirkung 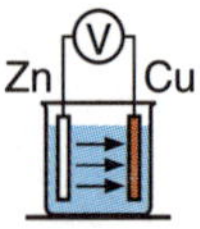	elektrochemische Reaktion, galvanisches Element	Akkumulatoren (Batterien)
Wärme 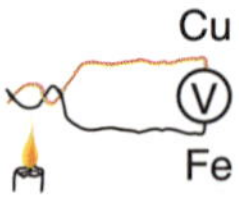	unterschiedliche Metalle, die an der Kontaktstelle erwärmt werden	Thermoelemente
Licht 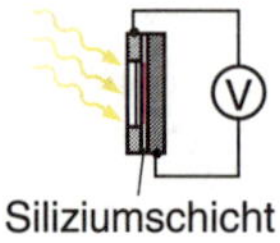	Lichteinwirkung auf bestimmte Materialien	Photoelemente, Solarzellen
Druck 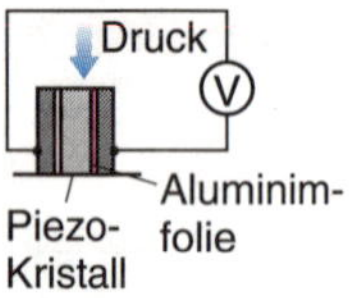	Druck an den Grenzflächen bestimmter Kristalle (Piezo-Elektrizität)	Mikrophone, Feueranzünder, Tintenstrahldrucker

$Q = n \cdot e$

n = Anzahl der Elektronen

e = Elementarladung eines Elektrons

Die Messung der Stromstärke erfolgt an beliebiger Stelle der stromdurchflossenen Leitung in Reihenschaltung, da die Stromstärke überall gleich groß ist.

Werkzeuge und Maschinen – Fachphysikalische Grundlagen

Beispiel 4

Eine Glühlampe mit 0,5 A brennt 3 Stunden. Welche Elektrizitätsmenge wird dabei transportiert?

Lösung

Gegeben: $I = 0,5$ A; $t = 3$ h
Gesucht: Q

$I = \dfrac{Q}{t} \rightarrow Q = I \cdot t$

$Q = 0,5$ A $\cdot$ 3 h $= 1,5$ Ah

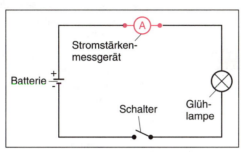

B 4.1-33 Messung der Stromstärke.

Widerstand R. Fließt elektrischer Strom durch einen Leiter, wird die Elektronenbewegung durch die positiven Ionen behindert. Dabei geben die Elektronen einen Teil ihrer Bewegungsenergie ab, die positiven Ionen geraten dadurch in größere Schwingungen. Das bedeutet eine Erwärmung des Leiters und damit eine Vergrößerung des Widerstandes.

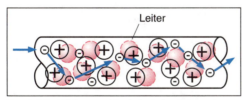

B 4.1-34 Widerstand im Leiter durch Ionenbewegung.

Leiter, die den Elektronen einen großen Widerstand entgegensetzen, erwärmen sich stark. Solche Leiter werden als Heizdrähte oder Glühfäden (z.B. Konstantan) in elektrischen Geräten eingesetzt. Zum Transport des elektrischen Stromes wird normalerweise nur geringer Widerstand angestrebt. Um Energieverluste durch Erwärmung zu verhindern, werden z.B. Kupfer- und Aluminiumleitungen verwendet.

Elektrischer Widerstand R in Ω (Ohm)

Der spezifische Widerstand ist werkstoffabhängig. Es ist der Widerstand, den ein Leiter von 1 m Länge und 1 mm² Querschnitt bei +20 °C dem elektrischen Strom entgegensetzt.

R_l = Leiterwiderstand in Ω
l = Länge in m
A = Querschnittsfläche in mm²
ρ = werkstoffspezifischer Widerstand in $\Omega \cdot$ mm²/m

Die Messung des Widerstandes erfolgt wie bei der Stromstärke.

Widerstand

$= \dfrac{\text{spezifischer Widerstand} \cdot \text{Länge}}{\text{Querschnittsfläche in mm}^2}$

$R = \dfrac{\rho \cdot l}{A}$ in $\dfrac{(\Omega \cdot \text{mm}^2/\text{m}) \cdot \text{m}}{\text{mm}^2} = \Omega$

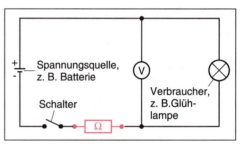

B 4.1-35 Widerstandsmessung.

Beispiel 5

Für einen Kupferdraht $\rho_{Cu} = 0,0155$ von 50 m Länge mit 0,5 mm² Querschnittsfläche soll der Widerstand berechnet werden.

Lösung

Gegeben: $\rho_{Cu} = 0,0155$ $\Omega \cdot$ mm²/m;
$l = 50$ m; $A = 0,5$ mm²
Gesucht: R

$R = \dfrac{\rho \cdot l}{A} = \dfrac{0,0155\ \Omega \cdot \text{mm}^2 \cdot 50\ \text{m}}{\text{m} \cdot 0,5\ \text{mm}^2} = 1,55\ \Omega$

Ohmsches Gesetz. Zwischen den drei Messgrößen:
besteht ein gesetzmäßiger Zusammenhang.
- Spannung $U = I \cdot R$ in Volt (V),
- Stromstärke $I = \dfrac{U}{R}$ in Ampere (A),
- Widerstand $R = \dfrac{U}{I}$ in Ohm (Ω).

Bei konstantem Widerstand R nimmt die Stromstärke I mit steigender Spannung U zu. Die Stromstärke ist zur Spannung proportional.

Werkzeuge und Maschinen – Fachphysikalische Grundlagen

T 4.1/4 Abhängigkeiten von Leitungswiderständen

Abhängigkeit	Vereinfachte Darstellung	Widerstand
Querschnitt	freie Elektronen (großer Querschnitt)	groß
	(kleiner Querschnitt)	klein
Werkstoff	Cu	groß
	Fe	klein
Länge	(lang)	groß
	(kurz)	klein

Lösung

Gegeben: $R = 460\ \Omega$; $U = 230\ V$

Gesucht: I in A

$$I = \frac{U}{R} = \frac{230\ V}{460\ \Omega} = 0{,}5\ A$$

Reihen- und Parallelschaltung

Mehrere Verbraucher in einem Stromkreis können hintereinander in Reihenschaltung oder nebeneinander in Parallelschaltung angeordnet werden.

Reihenschaltung. Um die Verhältnisse zu überprüfen, werden die Stromstärken an den in den Stromkreis eingebauten Verbrauchern in Reihe gemessen. Die Spannung wird parallel gemessen.

Für die Reihenschaltung gelten folgende Gesetzmäßigkeiten (→ **T 4.1/6**):
- Die Stromstärke I ist in allen Verbrauchern und im gesamten Stromkreis gleich.
- Die Summe der einzelnen Spannungen an den Verbrauchern ist gleich der Gesamtspannung U_g im Stromkreis.
- Die Summe der Widerstände in den einzelnen Verbrauchern ist gleich dem Gesamtwiderstand R_g im Stromkreis.

$$I_g = I_1 = I_2 = I_3$$
$$U_g = U_1 + U_2 + U_3$$
$$R_g = R_1 + R_2 + R_3$$

T 4.1/5 Ohmsches Gesetz $R = U/I$

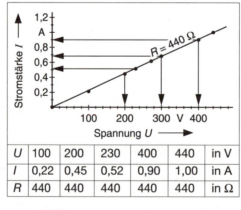

U	100	200	230	400	440	in V
I	0,22	0,45	0,52	0,90	1,00	in A
R	440	440	440	440	440	in Ω

Beispiel 6

Bei einem Widerstand von 460 Ω und einer Spannung von 230 V ist die Stromstärke zu berechnen.

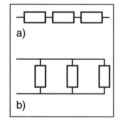

B 4.1-36 Reihen- (a) und Parallelschaltung (b).

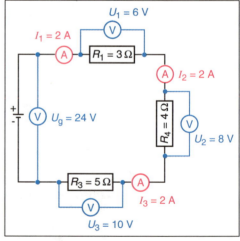

B 4.1-37 Reihenschaltung. Messung von Stromstärke und Spannung.

Werkzeuge und Maschinen – Fachphysikalische Grundlagen

T 4.1/6 *Meßergebnisse - Reihenschaltung R = U/I*

Meßgröße	Gesamt-stromkreis	Verbraucher 1 R_1	Verbraucher 2 R_2	Verbraucher 3 R_3
Spannung	$U_g = 24$ V	$U_1 = 6$ V	$U_2 = 8$ V	$U_3 = 10$ V
Stromstärke	$I_g = 2$ A	$I_1 = 2$ A	$I_2 = 2$ A	$I_3 = 2$ A
Widerstand	$R_g = 12\,\Omega$	$R_1 = 3\,\Omega$	$R_2 = 4\,\Omega$	$R_3 = 5\,\Omega$

T 4.1/7 *Meßergebnisse - Parallelschaltung R = U/I*

Meßgrößen	Gesamt-stromkreis	Verbraucher 1 R_1	Verbraucher 2 R_2	Verbraucher 3 R_3
Spannung	$U_g = 24$ V	$U_1 = 24$ V	$U_2 = 24$ V	$U_3 = 24$ V
Stromstärke	$I_g = 18{,}8$ A	$I_1 = 8$ A	$I_2 = 6$ A	$I_3 = 4{,}8$ A
Widerstand	$R_g = 1{,}28\,\Omega$	$R_1 = 3\,\Omega$	$R_2 = 4\,\Omega$	$R_3 = 5\,\Omega$

Die Reihenschaltung wird bei Sicherungen, Schaltern und bei der Stromstärkemessung angewendet. Bei Ausfall eines Verbrauchers ist jedoch der gesamte Stromkreis unterbrochen.

Parallelschaltung. Um Stromstärke und Spannung in dieser Schaltung zu überprüfen, wird an den parallel geschalteten Verbrauchern wie bei der Reihenschaltung gemessen.

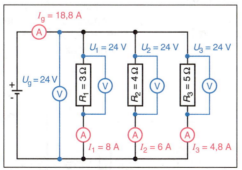

B 4.1-38 *Parallelschaltung. Messung von Stromstärke und Spannung.*

Für die Parallelschaltung gelten folgende Gesetzmäßigkeiten (→ **T 4.1/7**):
- Die Gesamtstromstärke I_g ist gleich der Summe der Stromstärken in den einzelnen Verbrauchern.
- Die Spannung ist an allen Verbrauchern und am Gesamtstromkreis U_g gleich groß.
- Die Summe der Kehrwerte der Widerstände der einzelnen Verbraucher ist gleich dem Kehrwert des Gesamtwiderstandes im Stromkreis.

$$I_g = I_1 + I_2 + I_3$$
$$U_g = U_1 = U_2 = U_3$$
$$\frac{1}{R_g} = \frac{1}{R_1} + \frac{1}{R_2} + \frac{1}{R_3}$$

$$\frac{1}{R_g} = \frac{1}{3\,\Omega} + \frac{1}{4\,\Omega} + \frac{1}{5\,\Omega} = \frac{0{,}783}{\Omega}$$

$$R_g = \frac{1\,W}{0{,}783} = 1{,}28\,\Omega$$

Stromarten

Gleichspannung (Gleichstrom). Wenn sich die Elektronen nach dem Einschalten eines Verbrauchers vom Minuspol der Spannungsquelle über den Verbraucher zum Pluspol der Spannungsquelle bewegen, spricht man von Gleichstrom (–). Gleichstrom kann durch Induktion (inducere = hineinführen) erzeugt werden: Bewegt man einen Magneten in einem Leiterfeld (Spule), werden die Feldlinien geschnitten. Da kein Wechsel von Nord- und Südpol erfolgt, bewegen sich die Elektronen in einer Richtung. Pulsierender Gleichstrom entsteht, wenn die Hin- und Herbewegung durch eine Drehbewegung mit Polwechsel ersetzt wird.

Induktion 4.2.1

Gleichstromgenerator 4.2.1.1

Werkzeuge und Maschinen – Fachphysikalische Grundlagen

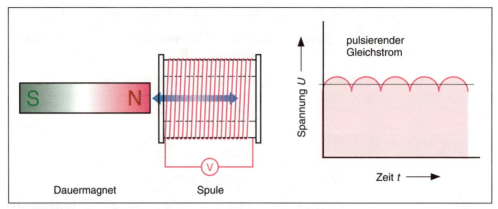

B 4.1-39 Erzeugung von Gleichspannung - Gleichstrom durch Induktion.

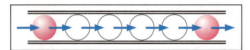

B 4.1-40 Gleichspannung.

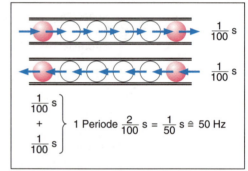

B 4.1-41 Wechselspannung - 50 Hz.

galvanisches Element
2.1.2

Gleichstrom liefern Akkumulatoren (Batterien) sowie Generatoren in z.B. Autos, Schiffen und galvanischen Anlagen.

Wechselspannung (Wechselstrom). In einem Stromkreis mit Wechselspannung werden fortlaufend der Minus- und Pluspol gewechselt, so daß die Elektronen ständig die Bewegungsrichtung ändern. Zwei aufeinanderfolgende Richtungswechsel nennt man eine Periode. Die Anzahl der Perioden in einer Sekunde bezeichnet man als Frequenz f. Eine Nutzfrequenz von 50 Perioden pro Sekunde entspricht einer Frequenz von 50 Hz (Hertz).

$$\text{Frequenz } f \text{ in } \frac{1}{s} = \text{Hz (Hertz)}$$

Wechselspannungen lassen sich mit Hilfe von Umformern (Transformatoren) auf höhere und niedere Frequenzen umspannen. Die Veränderung der Spannung hat jedoch eine Veränderung der Stromstärke zur Folge. Dadurch läßt sich bei Elektromotoren die Drehzahl verändern. Die normale Elektrizitätsversorgung für Wechselstrom beträgt 230 V und hat eine Frequenz von 50 Hz.

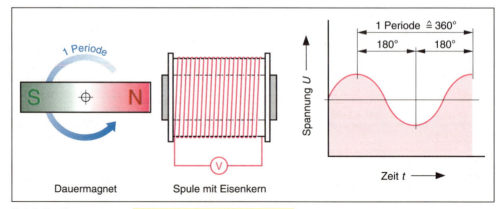

Wechselstrommotor,
Wechselstromgenerator
4.2.1.1

B 4.1-42 Erzeugung von Wechselspannung - Wechselstrom.

Werkzeuge und Maschinen – Fachphysikalische Grundlagen

Stern-Dreieck-Schaltung 4.2.1.1

Dreiphasenwechselstrom (Drehstrom). In einem Stromkreis mit Drehstrom wird ein magnetisches Drehfeld durch drei um 120° versetzte Spulen erzeugt. Die so erreichten Wechselspannungen haben gleiche Spannung und gleiche Frequenz. Sie sind jeweils um eine drittel Periode gegeneinander versetzt (→ Dreiphasenwechselspannung).

Leitungen im Drehstromnetz. Durch Verkettung (Schaltung) der drei Spulen sind anstelle von 3·2 Leitungen nur 4 Leitungen notwendig. Man bezeichnet sie als stromführende Außenleiter L_1, L_2 und L_3 und einen gemeinsamen Nulleiter N. Durch unterschiedliche Zusammenschaltung sind Spannungen von 400 V und 230 V möglich. Die meisten Elektromaschinen benötigen Dreiphasenwechselspannung.

Gefahren des Elektrischen Stromes

Der gesunde Mensch kann Stromstärken bis etwa 50 mA kurzzeitig ohne dauerhaften Schaden ertragen. Das entspricht einer Wechselspannung von 50 V (Gleichspannung 120 V). Dabei ist ein mittlerer Körperwiderstand von 1000 Ω zugrundegelegt.

Direktes Berühren. Der körperliche Kontakt mit Teilen, die unter Spannung stehen, ist durch fehlende Isolierung oder frei liegende Leiter, z.B. in einer Steckdose, möglich.

Indirektes Berühren. Der körperliche Kontakt mit Teilen einer Anlage oder Maschine, die aufgrund von Fehlern in der Anlage Spannung führen, ist möglich durch z.B. falsch angeschlossene Elektrogeräte oder einen Leiter, der Kontakt mit dem Gehäuse hat.

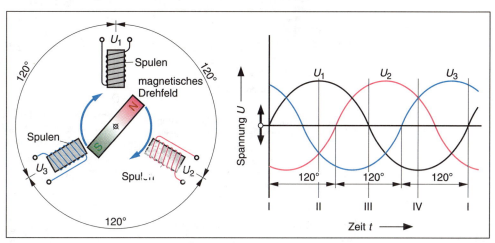

B 4.1-43 *Erzeugung von Dreiphasenwechselspannung - Drehstrom.*

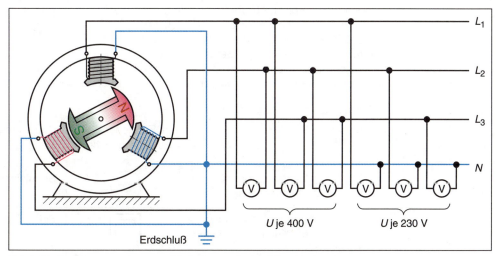

B 4.1-44 *Drehstromgenerator und Schaltungen im Vierleiter-Drehstromnetz.*

T 4.1/8 *Gefährliche Stromstärken für den Menschen bei 50 Hz Wechselstrom*

Stromstärke in mA	Wirkungen auf den Menschen
bis 0,5	keine Wirkungen, Wahrnehmbarkeitsgrenze
1 ... 2	Kribbeln
3 ... 10	Muskelkrampf
10 ... 25	Blutdruckanstieg bis Bewußtlosigkeit
25 ... 50	starker Muskelkrampf mit Lähmungen
über 50	Herzkammerflimmern, Herzstillstand

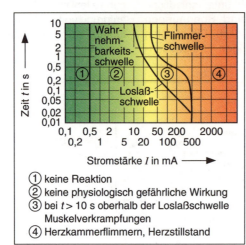

① keine Reaktion
② keine physiologisch gefährliche Wirkung
③ bei $t > 10$ s oberhalb der Loslaßschwelle Muskelverkrampfungen
④ Herzkammerflimmern, Herzstillstand

B 4.1-45 *Gefährdungsbereiche im Zeit-Strom-Diagramm (Wechselstrom 50/60 Hz).*

Schutzmaßnahmen an elektrischen Anlagen

Hersteller und Benutzer von elektrischen Anlagen sind verpflichtet, die Vorschriften des VDE zu berücksichtigen. In der DIN VDE 0100/Teil 200 sind die Schutzvorschriften gegen direktes und indirektes Berühren stromleitender Teile, die durch einen Fehler unter Spannung stehen können, aufgeführt.

VBG 4

Schutzleiter. Der grün-gelb isolierte Schutzleiter ist am Metallgehäuse des Gerätes angeschlossen. Durch den **Schu**tz**ko**ntakt-Stekker (Schuko) an der Schutzkontakt-Steckdose ist er mit dem Schutzleiter des öffentlichen Stromnetzes verbunden. Entsteht durch einen Fehler ein Geräteschluß, steht das Metallgehäuse des Motors unter Spannung. Dann fließt ein starker Kurzschlußstrom durch den gut leitenden Schutzleiter und unterbricht durch eine Sicherung den Stromkreis.

Die elektrische Sicherung hat einen kleinen Leitungsquerschnitt, der bei Überschreiten der zulässigen Spannung erwärmt wird und den Stromkreis unterbricht, z.B. Schmelzsicherung, Sicherungsautomat (Bimetallsicherung).

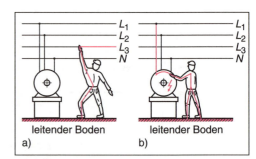

B 4.1-46 *Körperschluß. a) direkt und b) indirekt.*

T 4.1/9 *Schutzklassenzeichen*

Klasse	Beispiel	VDE-Zeichen Schutzmaßnahme	Bedeutung
I	Elektromotor mit Metallgehäuse	⏚	Schutzleiter
II	Handbohrmaschine mit Kunststoffgehäuse	▢	Schutzisolierung
III	Handleuchten	⬦	Schutzkleinspannung

Werkzeuge und Maschinen – Fachphysikalische Grundlagen

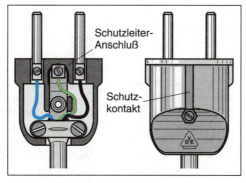

B 4.1-47 Schukostecker.

Verbotszeichen

Warnzeichen

gefährliche elektrische Spannung

Gefahr durch Batterien

Gefahr durch Laserstrahl

Gebotszeichen

vor Öffnen Netzstecker ziehen

B 4.1-49 Sicherheitsschilder bei elektrischen Anlagen (Auszug).

Schutzisolierung. Sämtliche stromführenden Leitungen müssen, ebenso wie die Ummantelungen und Gehäuse von elektrischen Handmaschinen (Kunststoffgehäuse), isoliert sein.

Schutzkleinspannung. Leitungssysteme mit Betriebsspannungen von höchstens 50 V werden mit Schutzkleinspannung betrieben.

Fehlerstrom-Schutzschalter (FI-Schalter). Bei diesen Schaltern werden die Stromstärken der Hin- und Rückleitung des Stromkreises verglichen. Gibt es Abweichungen in der Stromstärke durch Fehlstrom, reagieren sie innerhalb von 30 ms und unterbrechen den Stromkreis.

Maßnahmen zur Unfallverhütung

Grundsätzlich gilt: Reparaturen und Änderungen an elektrischen Geräten und Maschinen sind nur vom Elektrofachmann durchzuführen.
- Fehlerhafte Geräte und Maschinen sind sofort außer Betrieb zu setzen.
- Leitungen (Kabel) sind sorgfältig zu behandeln, z.B. nicht knicken, nicht als Aufhängung benutzen.
- Bei auftretendem Brandgeruch oder Funkenflug, aber auch bei unnatürlichen Geräuschen, ist die Anlage sofort abzuschalten.
- Elektrogeräte, Steckvorrichtungen und Leitungen müssen den VDE-Bestimmungen entsprechen (→ **T 4.1/10**). Die Sicherheitsschilder an elektrischen Anlagen sind zu beachten (→ **B 4.1-49**).

T 4.1/10 Prüf- und Schutzzeichen an elektrischen Geräten und Maschinen nach DIN 40050 (Auszug)

Zeichen	Bedeutung
ⓋⒹⒺ	Prüfzeichen des **V**erbandes **D**eutscher **E**lektrotechniker
ⓕ	Funkschutzzeichen Funkstörgrad
◇	Staubgeschützt
◆	Staubdicht
●	Tropfwassergeschützt
▫	Spritzwassergeschützt
△	Regenwassergeschützt
△△	Strahlwassergeschützt
●●	Wasserdicht
●●... bar	Druckwasserdicht

Maßnahmen bei Elektrounfällen

Der Verunglückte muß so schnell wie möglich aus dem Gefahrenbereich gebracht werden. Er darf aber dabei nicht berührt werden, solange noch Spannung anliegt. Daher ist es wichtig, folgende Punkte in dieser Reihenfolge zu beachten:
- Stromkreis unterbrechen,

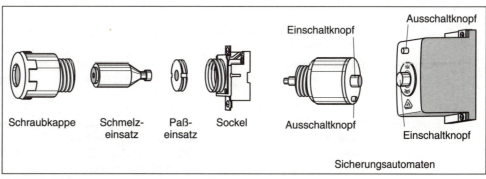

B 4.1-48 Sicherungen.

- Unfallopfer aus dem Gefahrenbereich transportieren, evtl. mit isolierten Gegenständen von der Spannung trennen,
- Arzt benachrichtigen,
- nach Art der Verletzung mit Maßnahmen der Ersten Hilfe beginnen (Fachkraft, ausgebildet in ärztlicher Hilfe), bis der Arzt eintrifft.

Aufgaben

1. Warum wird die kreisförmige Bewegung in der Holztechnik als Schnittgeschwindigkeit in m/s angegeben?
2. Mit welchem Meßgerät läßt sich die Kraftgröße messen?
3. Erklären Sie den Unterschied zwischen Kräfteaddition und Kräftesubtraktion.
4. Welche physikalischen Größen benötigt man für die Berechnung des Drucks, und in welchen Einheiten wird er in der Holztechnik angegeben?
5. Was versteht man unter mechanischer Arbeit?
6. Was verstehen Sie unter einem Drehmoment?
7. Nennen Sie die wichtigsten einfachen Maschinen.
8. Welche Leistungsverluste bestimmen den Wirkungsgrad?
9. Nennen Sie die drei Reibungsarten, und erklären Sie deren Wirkung und Unterschiede.
10. Was besagt die „Goldene Regel der Mechanik"?
11. Warum gilt das Hebelgesetz auch für die Rolle?
12. Wodurch unterscheiden sich elektrische Leiter und Nichtleiter?
13. Erläutern Sie die Teile, aus denen ein einfacher Stromkreis besteht, und stellen Sie diesen normgerecht dar!
14. Erklären Sie drei Möglichkeiten der Spannungserzeugung.
15. Vergleichen Sie die Schaltungen bei der Messung von Spannung, Stromstärke und Widerstand.
16. Erläutern Sie das Ohmsche Gesetz, und erklären Sie den Zusammenhang.
17. Wie läßt sich der elektrische Widerstand in Leitungen erklären?
18. Worin besteht der Unterschied zwischen Gleichstrom, Wechselstrom und Drehstrom?
19. Warum wird der Dreiphasenwechselstrom auch Drehstrom genannt?
20. Erklären Sie den Unterschied zwischen indirekter und direkter Berührung bei elektrischen Geräten.
21. Welche Maßnahmen sind bei elektrischen Unfällen durchzuführen?
22. Nennen Sie die wichtigsten Schutzmaßnahmen an elektrischen Anlagen.
23. Welche Bedeutung haben folgende Sicherheitsschilder?
   a)   b)   c)

4.2 Technische Grundlagen

4.2.1 Maschinentechnische Grundlagen

Maschinen bestehen aus zusammenwirkenden Baugruppen und Elementen. Sie:

- wandeln Energieformen um und
- setzen mechanische Energie für Bewegungsvorgänge und Kraftwirkungen zielgerichtet ein.

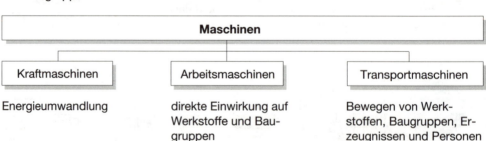

	Kraftmaschinen	Arbeitsmaschinen	Transportmaschinen
Aufgabenbereich:	Energieumwandlung	direkte Einwirkung auf Werkstoffe und Baugruppen	Bewegen von Werkstoffen, Baugruppen, Erzeugnissen und Personen
Beispiele:	Wind- und Wasserräder, Turbinen, Elektro-, Druckluft- und Hydromotoren	Holzbearbeitungsmaschinen, Industrieroboter Schärfmaschinen, Bau- und Textilmaschinen	Schienen- und Straßenfahrzeuge, Hebezeuge, Rollgänge, Absauganlagen, Beschick- u. Abnahmegeräte

4.2.1.1 Elektromotoren

Elektromotoren sind die gebräuchlichsten Kraftmaschinen zum Antrieb von Holzbearbeitungsmaschinen.

Wirkungsprinzip

Die Wirkungsweise der Elektromotoren beruht auf der elektromagnetischen Induktion. Jeder Magnet hat einen Nord- und einen Südpol und ist von einem Kraftfeld umgeben. Dieses kann mit Hilfe von Magnetnadeln oder Eisenspänen sichtbar gemacht werden und wird als magnetisches Feld bezeichnet. Gleichnamige Pole stoßen sich ab, ungleichnamige ziehen sich an.

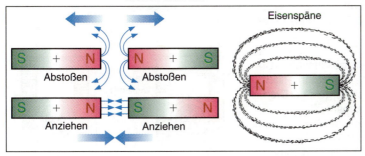

B 4.2-1 Magnetische Wirkungen.

Elektromagnetisches Feld. Schließt man eine Drahtspule an eine Gleichspannungsquelle an und schaltet den Stromfluß ein, wird die Spule zum Magneten. Ursache des Magnetfeldes ist die Elektronenbewegung im Spulendraht. Die magnetische Wirkung läßt sich durch einen Weicheisenkern in der Spule verstärken. Nach dem Ausschalten des Stromes hört die magnetische Wirkung wieder auf.

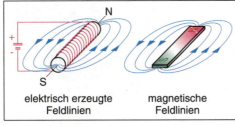

B 4.2-2 Magnetfeld.

Die anziehende bzw. abstoßende Wirkung zwischen den Polen eines festen und eines beweglichen Magneten wird zum Erzeugen einer Drehbewegung genutzt.

Gegenüber dem feststehenden Spulenmagneten dreht sich der bewegliche Magnet solange, bis sich ungleichnamige Pole gegenüber stehen. Polt man den festen Magneten jetzt um, wird sich aufgrund der Abstoßung gleichnamiger Pole der bewegliche Magnet weiterdrehen. Wiederholt man diesen Vorgang rasch hintereinander, beginnt der Drehmagnet zu rotieren. Dieses Wirkungsprinzip liegt allen Elektromotoren zugrunde.

Der Polwechsel wird durch:
- Drehstrom,
- Wechselstrom oder durch einen
- Kollektor erreicht.

Man bezeichnet den rotierenden Teil des Elektromotors als Anker oder Läufer, den feststehenden Teil als Stator.

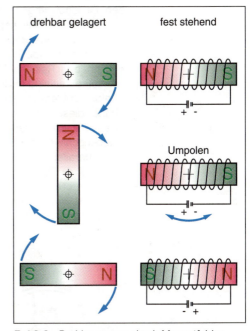

B 4.2-3 Drehbewegung durch Magnetfelder.

Arten der Elektromotoren

Gleichstrommotor. Bei diesem wird die Drehbewegung durch Vertauschen der Anschlüsse von Pluspol und Minuspol der drehbaren Ankerspule bewirkt, während der feststehende Stator keinen Polwechsel zuläßt. Man benötigt einen Polwender (Kollektor), der an der Drehspule (Anker) befestigt ist. Die beiden Teile (Plus- und Minuspol) des Kollektors sind gegeneinander isoliert und mit dem Anfang und dem Ende der Spule verbunden. Die Spannungszuführung erfolgt über zwei Kohlestifte (Kohlebürsten), die federnd gegen den Kollektor gedrückt werden. Der Gleichstrom wird den feststehenden Magnetspulen (Statorspulen) direkt und den beweglichen Ankerspulen über den Kollektor zugeführt (Anzahl der Spulen = Teilung des Kollektors).

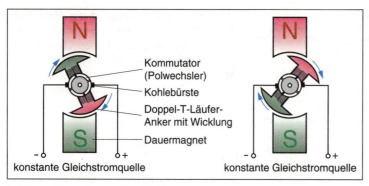

B 4.2-4 *Gleichstrommotor - Gleichstromgenerator.*

Wechselstrom-Universalmotor

Dieser Motor ähnelt in Aufbau und Wirkungsweise dem Gleichstrommotor. Er ist für Gleich- und Wechselstromantrieb geeignet. Der Stator ist mit mindestens zwei Spulen ausgestattet. Auch der Anker hat Nuten, in die die Spulen-wicklungen eingelegt sind. Deren Enden sind an Kollektoren angeschlossen, die die elektrische Verbindung und Polumwandlung herstellen. Auch hier ist Reihen- und Parallelschaltung möglich.
Universalmotoren werden für Haushaltsgeräte und Kleinmaschinen im Handwerk, z.B. für Bohr- und Schlagbohrmaschinen, Stichsägen, Schleifmaschinen verwendet.

Gleichstrommotoren entsprechen im Aufbau den Gleichstromgeneratoren (Motoren zur Erzeugung von Gleichstrom).
Nach Art der Schaltung von Stator- und Ankerspule unterscheidet man:
- Haupt- oder Reihenschlußmotor. Stator- und Ankerspulen sind in Reihe geschaltet. Da in beiden Spulen die gleiche Stromstärke fließt, haben diese Motoren auch bei geringer Drehfrequenz ein starkes Anzugsmoment.
- Nebenschlußmotor. Stator- und Ankerspulen sind parallel geschaltet. Bei Belastung ändert sich die Drehfrequenz nur wenig. Nebenschlußmotoren werden in Werkzeugmaschinen mit stufenlos regelbarer Drehfrequenz eingesetzt.

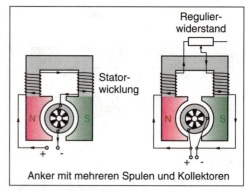

B 4.2-5 *Haupt- und Nebenschlußmotor.*

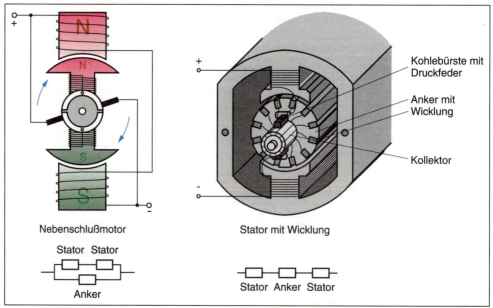

B 4.2-6 *Wechselstrom-Universalmotor.*

Vor- und Nachteile von Universalmotoren
- Stromaufnahme der Belastung angepaßt.
- Großes Anzugsdrehmoment.
- Kohlebürsten und kupferner Kollektor nutzen sich ab und müssen nach längerer Benutzung ausgewechselt werden.
- Störung von Rundfunk und Fernsehen möglich.

Drehstrom-Asynchronmotor

Dieser Motor nutzt das magnetische Drehfeld des Dreiphasenwechselstromes. Er besteht aus einem Stator mit je einer Wicklung, die für jede Phase um 120° verschoben ist. Der Anker hat keine Wicklungen, sondern miteinander verbundene (kurzgeschlossene) Stäbe aus Kupfer, ähnlich einem Käfig. Mit den Statorwicklungen ist er nicht verbunden. Der Strom erzeugt in den kurzgeschlossenen Stäben des Ankers durch Induktion ein Magnetfeld, das dem Drehfeld der Statorwicklungen folgt. Dadurch dreht sich der Anker mit annähernd gleicher Drehzahl wie das Statordrehfeld. Die Drehzahldifferenz nennt man Schlupf.

Kollektoren (Kohlebürsten) sind nicht nötig, weil der Strom im Käfigläufer induziert wird. Da deshalb keine Abnützung entsteht, ist auch keine Wartung erforderlich.

Schlupf
$$= \frac{\text{Leerlaufdrehzahl} - \text{Lastdrehzahl}}{\text{Leerlaufdrehzahl}} \cdot 100\,\%$$

$$s = \frac{(n_0 - n)}{n_0} \cdot 100\,\% \text{ in }\%$$

Stern-Dreieck-Schaltung. Kurzschlußläufermotoren benötigen zum Anlauf einen sehr hohen Anlaufstrom, etwa das Drei- bis Fünffache des normalen Betriebsstromes. Um auftretende Spannungsschwankungen im Stromnetz und Beschädigungen am Motor (Durchbrennen der Wicklungen bei nicht angelaufenem Anker) zu vermeiden, brauchen alle Motoren über 4 kW Leistung eine Anlaßvorrichtung.

Eine solche Vorrichtung kann aus Anlaßwiderständen bestehen, die den Anlaßstrom durch Herabsetzen der Spannung verringern. Entsprechend werden auch Leistung und Drehmoment des Motors vermindert. Der Motor darf erst nach Umschalten auf volle Betriebsspannung belastet werden.

Neben den Anlaßwiderständen ist der Stern-Dreieck-Schalter die häufigste Form, den Motor schadensfrei anlaufen zu lassen. Beim Anlauf wird zunächst auf Stern $\curlywedge$ geschaltet, wodurch auf jeder Wicklung des Stators nur 230 V anliegen. Danach wartet man, bis der Motor im Leerlauf seine volle Drehzahl erreicht hat. Wird dann auf Dreieck $\triangle$ geschaltet, erhält jede Wicklung die volle Betriebsspannung von 400 V. Der Motor kann dann voll belastet werden.

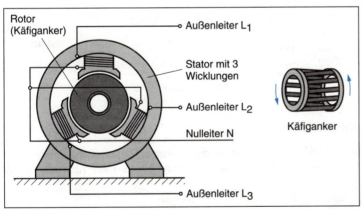

B 4.2-7 Drehstrommotor (Kurzschlußläufer).

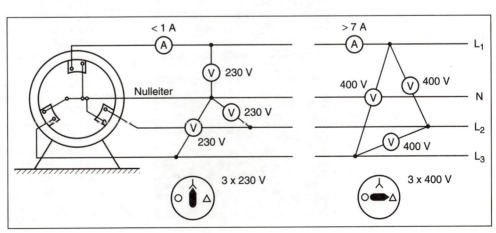

B 4.2-8 Schema einer Stern-Dreieck-Schaltung.

Werkzeuge und Maschinen – Technische Grundlagen

Bildzeichen für IP-Schutzarten 4.1.2

Mechanische Arbeit 4.1.1

Durch Vertauschen von zwei Außenleitern kann die Drehrichtung umgekehrt (z.B. von Rechts- auf Linkslauf) oder abgebremst (Motorbremse) werden. Soweit keine Schalter für Drehrichtungswechsel vorhanden sind, dürfen Anschlüsse nur von Fachkräften des VDE umgeklemmt werden. Die Drehzahl von Asynchronmotoren ist nicht frei wählbar. Sie ist von der Polpaarzahl p des Ankers abhängig.

$$\text{Leerlaufdrehzahl} = \frac{\text{Frequenz} \cdot 60}{\text{Polpaarzahl}}$$

$$n_0 = \frac{f \cdot 60}{p} \text{ in } \frac{1}{\min}$$

Da die Polpaarzahl nicht geändert werden kann, ist eine Drehzahländerung nur über eine Frequenzänderung möglich.

T 4.2/1 Leerlaufdrehzahl n_0 in 1/min bei verschiedenen Polpaaren und Frequenzen

Pol-paar	Pohl-zahl	Drehzahl bei Frequenzen von		
		50 Hz	200 Hz	300 Hz
1	2	3000	12000	18000
2	4	1500	6000	9000
3	6	1000	4000	6000
4	8	750	3000	4500
5	10	600	2400	3600
6	12	500	2000	3000

Kennzeichnung elektrischer Motoren

Das Typenschild nach DIN 42961 gibt die wichtigsten Leistungs- und Kennwerte an.

IP-Schutzarten. Elektrische Maschinen sind nach Art und Verwendungszweck besonders gegen Wasser und Eindringen von Fremdkörpern zu schützen.
Anstelle von Ziffern können die IP-Schutzarten auch als Bildzeichen angegeben werden (→ T 4.2/2).

Wirtschaftlichkeitsberechnungen

Elektrische Energie hat die Fähigkeit, Arbeit zu verrichten. Für die Arbeit wird die Einheit Joule J benutzt, dies gilt auch für die elektrische Energie.

$$\text{Arbeit, Energie} = \text{Kraft} \cdot \text{Weg}$$
$$W = f \cdot s \text{ in Ws}$$

1 J = 1 Nm = 1 Ws

Wird eine Arbeit von einer elektrischen Maschine verrichtet, werden vorzugsweise die Einheiten Wattsekunde Ws und Kilowattstunde kWh benutzt. Die elektrische Arbeit wird aus Spannung U, Stromstärke I und Einschaltdauer (Zeitdauer) t berechnet.

$$\text{Elektrische Arbeit} = \text{Spannung} \cdot \text{Stromstärke} \cdot \text{Zeitdauer}$$
$$W = U \cdot I \cdot t \text{ in Ws}$$

1 kW = 1000 W = 10^3 W
1 h = 3600 s = $3{,}6 \cdot 10^3$ s
1 kWh = 10^3 W $\cdot 3{,}6 \cdot 10^3$ s = $3{,}6 \cdot 10^6$ Ws

Stromverbrauch und Kosten. Der Benutzer muß die elektrisch verbrauchte Arbeit dem Energie-Versorgungs-Unternehmen (EVU)

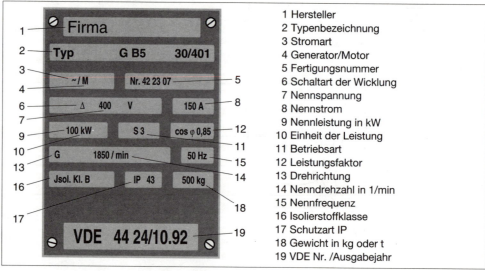

1 Hersteller
2 Typenbezeichnung
3 Stromart
4 Generator/Motor
5 Fertigungsnummer
6 Schaltart der Wicklung
7 Nennspannung
8 Nennstrom
9 Nennleistung in kW
10 Einheit der Leistung
11 Betriebsart
12 Leistungsfaktor
13 Drehrichtung
14 Nenndrehzahl in 1/min
15 Nennfrequenz
16 Isolierstoffklasse
17 Schutzart IP
18 Gewicht in kg oder t
19 VDE Nr. /Ausgabejahr

B 4.2-9 Typen- und Leistungsschild.

Werkzeuge und Maschinen – Technische Grundlagen

T 4.2/2 *IP-Schutzarten nach DIN 40050 (Auszug)*

1. Kenn-ziffer	Schutzgrad gegen Berührung und Fremdkörper	2. Kenn-ziffer	Schutzgrad gegen Wasser
0	kein Schutz	0	kein Schutz
1	gegen Eindringen von Fremdkörpern d > 50 mm	1	gegen senkrecht tropfendes Wasser
2	gegen mittelgroße Fremd-körper d > 12 mm	2	gegen schräg fallendes Wasser
3	gegen kleine Fremdkörper d > 2,5 mm	3	gegen Sprühwasser bis 60° zur Senkrechten
4	gegen Fremdkörper d > 1 mm	4	gegen Spritzwasser
5	gegen Staubablagerungen und vollst. Berührungsschutz	5	gegen Strahlwasser aus allen Richtungen
6	gegen Eindringen von Staub	6	gegen starken Wasserstrahl
		7	gegen Eintauchen in Wasser
	Wird ein Schutzgrad nicht angegeben, schreibt man statt der Ziffer den Buchstaben X, z.B. IP X4	8	gegen dauerndes Untertauchen

bezahlen. Ein Zähler zeigt die benötigte Arbeit entsprechend der Gleichung $W = U \cdot I \cdot t$ in kWh an. Die Kosten berechnen sich aus dem Tarif und der elektrischen Arbeit.

Beispiel 1
Ein elektrisches Heißluftgerät wird 6 Stunden zum Kunststoffschweißen benötigt. Die erforderliche Spannung beträgt 230 Volt und die Stromstärke 2,7 Ampere. Welche elektrische Arbeit wird verrichtet, und welche Kosten entstehen bei einem Tarif von 0,25 DM/kWh?

Lösung
Gegeben: $U = 230$ V, $I = 2{,}7$ A,
$f_t = 6$ h $= 21600$ s, Tarif $= 0{,}25$ DM / kWh

Gesucht: W in Ws und kWh, Kosten in DM

$W = U \cdot I \cdot t$

$W = 230 \text{ V} \cdot 2{,}7 \text{ A} \cdot 21600 \text{ s}$

$W = \underline{\underline{13413600 \text{ Ws} = 3{,}726 \text{ kWh}}}$

Kosten = Tarif · elektrische Arbeit

Kosten $= \dfrac{0{,}25 \text{ DM} \cdot 3{,}726 \text{ kWh}}{\text{kWh}} = \underline{\underline{0{,}93 \text{ DM}}}$

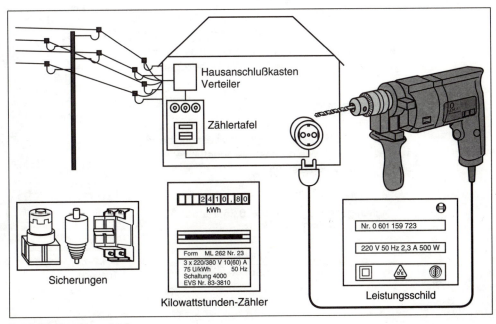

B 4.2-10 *Stromanschluß.*

Werkzeuge und Maschinen – Technische Grundlagen

Leistung 4.1.1

Die Elektrische Leistung P hat wie die Leistung in der Mechanik die Fähigkeit, eine Arbeit W in einer bestimmten Zeit t zu verrichten.

$$\text{Elektrische Leistung} = \frac{\text{elektrische Arbeit}}{\text{Zeiteinheit}}$$

$$P = W/t$$

$$P = \frac{U \cdot I \cdot t}{t}$$

$$P = U \cdot I \cdot t \text{ in VA} = W$$

Für die Einheit Voltampere VA wird das Kurzzeichen Watt W verwendet. Die elektrische Leistung wird bei elektrischen Maschinen stets auf dem Leistungsschild angegeben. Dabei unterscheidet man bei:
- elektrischen Maschinen die abgegebene Leistung P_{ab},
- Haushaltsgeräten die zugeführte Leistung P_{zu},
- Elektrowerkzeugen die zugeführte und die abgegebene Leistung.

Wirkungsgrad 4.1.1

Elektrischer Wirkungsgrad η. Das Maß für die Wirtschaftlichkeit von Elektromaschinen ist der Wirkungsgrad. Er gibt das Verhältnis von abgegebener Leistung P_{ab} (Nutzleistung) zur aufgenommenen Leistung P_{zu} (Nennleistung) an.

$$\text{Elektrischer Wirkungsgrad} = \frac{\text{Nutzleistung}}{\text{Nennleistung}}$$

$$\eta = \frac{P_{ab}}{P_{zu}} \triangleq \frac{W_{ab}}{W_{zu}}$$

Der Wirkungsgrad kann auch auf die zu- bzw. abgegebene Arbeit/Energie (W) bezogen werden.

Beispiel 2

Ein Drehstrommotor hat einen Wirkungsgrad von 85%. Seine abgegebene Leistung beträgt 2,72 kW. Wie groß ist die zugeführte, aufgenommene Leistung?

Lösung

Gegeben: $\eta = 85\% = 0{,}85$; $P_{ab} = 2{,}72$ kW
Gesucht: P_{zu}

$$P_{zu} = \frac{P_{ab}}{\eta} = \frac{2{,}72 \text{ kW}}{0{,}85} = \underline{\underline{3{,}2 \text{ kW}}}$$

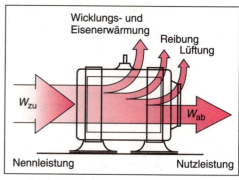

B 4.2-11 Elektrischer Wirkungsgrad.

4.2.1.2 Antriebstechnik

Kraftmaschinen geben ihre Energie an die Arbeitsmaschinen weiter. Der früher weit verbreitete Gruppenantrieb mit platzraubenden Transmissionen ist heute durch den Einzelantrieb abgelöst worden.

Kraftübertragung

Für die Kraftübertragung sind spezielle Übertragungselemente notwendig:
- Kupplungen verbinden Antriebs- und Abtriebswellen miteinander und übertragen

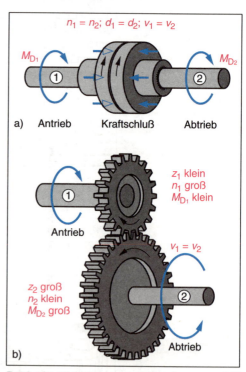

B 4.2-12 Wirkprinzip von a) Kupplungen und b) Triebarten.

Werkzeuge und Maschinen – Technische Grundlagen

T 4.2/3 *Kraft- und formschlüssige Kupplungen und Triebarten*

	Kraftschlüssige Übertragungselemente	Formschlüssige Übertragungselemente
Kraftübertragung	Scheibenkupplung / Reibradtrieb durch Reibung zwischen zusammen-wirkenden Teilen	Flanschkupplung / Kegelzahnradtrieb durch Ineinandergreifen von Maschinenteilen
Kraftstöße	können elastisch aufgefangen werden → Schonung von Motor, Lagern und Maschinenteilen	werden direkt auf Motor übertragen → Überlastungsgefahr für Motor und Maschinenteile
Drehmomente	durch Anpreßdruck auf Reibflächen begrenzt → bei Überlastung Schlupf oder Stillstand (Rutschkupplung, Abwurf von Flachriemen)	durch Materialfestigkeit begrenzt, jedoch größer als bei Kraftschluß; bei Überlastung kein Ausgleich möglich → Materialbruch
Lärmentwicklung	geräuscharmer Lauf	größere Laufgeräusche durch Berührung ineinandergreifender Teile
Wartung und Pflege	Reibflächen müssen griffig gehalten werden, vor Verschmierung und Fett schützen	Schmierung wegen Materialabnutzung und Lärmentstehung an Berührungsflächen der Elemente meist notwendig

Drehmomente 4.1.1

Drehmomente. Kupplungen verändern weder die Größe der Momente noch Drehfrequenz und Drehsinn.
- Triebarten leiten direkt oder indirekt Kräfte und Drehbewegungen weiter. Je nach Ausführung sind Änderungen der Drehmomentengröße, Drehrichtung und -frequenz möglich.

Die Kraftübertragung erfolgt kraft- oder formschlüssig durch Kupplungen oder Triebarten. Maschinenwerkzeuge sind meist auf Werkzeugwellen oder -spindeln drehfest aufgespannt, welche direkt oder indirekt vom Motor angetrieben werden.

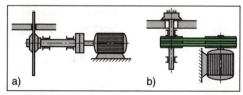

B 4.2-13 *Maschinenantrieb. a) direkt, b) indirekt.*

Direktantrieb. Motor- und Werkzeugwelle sind mit einer Kupplung direkt verbunden. Der Antriebsmotor ist:
- durch kraftschlüssige Kupplung vor Kraftstößen und Überlastung geschützt,
- mit elektrischem Frequenzwandler drehzahlveränderlich,
- wartungsarm.

Direktantrieb haben viele Oberfräsmaschinen, einige Tischkreissäge- und Tischfräsmaschinen und die meisten Handmaschinen.

Indirekter Antrieb erfordert stets eine Triebart, welche die Drehbewegung des Motors auf die Werkzeugwelle überträgt. Zusätzlich können Kupplungen vorhanden sein, die oft schaltbar sind. Der indirekte Antrieb:
- ermöglicht die stufenweise oder stufenlose Anpassung von Drehfrequenz, Drehrichtung und Drehmomentgröße,
- hat durch Reibungsverluste einen verringerten mechanischen Wirkungsgrad,
- erfordert Wartung und Pflege.

Werkzeuge und Maschinen – Technische Grundlagen

Zahlreiche stationäre Holzbearbeitungsmaschinen, Fördereinrichtungen und Ventilatoren haben indirekte Antriebe.

Triebarten

```
                Triebarten
               /          \
         Hülltriebe      Rädertriebe
         /      \         /       \
    Riemen-  Ketten-  Reibrad-  Zahnrad-
    triebe   triebe    triebe    triebe
```

Fast alle Maschinen und Anlagen mit rotierenden Teilen verfügen über Triebarten zur Änderung von Drehbewegungen und Kraftgrößen. Sie wirken kraft- oder formschlüssig.

Riementriebe werden an Holzbearbeitungsmaschinen häufig eingesetzt. Man unterscheidet nach der:
- Querschnittsform → Keil-, Flach- oder Rundriementriebe,
- Scheibenanzahl und -anordnung → offene, gewinkelte, einfache, doppelte, Stufen- oder Mehrfach-Riementriebe.

Mit Stufenscheiben können durch Umlegen der Riemen verschiedene Umdrehungsfre-

T 4.2/4 *Riementriebe im Vergleich*

Arten	Keilriementrieb	Flachriementrieb
Riemen und Riemenscheibe	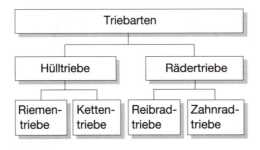 Keilriemen (1) aus vulkanisiertem Gewebemantel, endlos in Standardgrößen lieferbar, Rillengrund (2) darf nicht berührt werden. Riemenscheiben mit bis zu 15 Rillen	Flachriemen (1) aus Leder, imprägniertem Textilgewebe oder äußeren Chromlederschichten mit Polyamideinlage, Längenverbindung durch Klebung oder Riemenverbinder, leicht ballige Auflagefläche der Riemenscheiben vermindert Ablaufgefahr
Übertragbare Leistung	sehr groß	mittelmäßig
Wellenabstand	gering ... mittel	mittel ... sehr groß
Riemengeschwindigkeit in m/s	2 ... 30	4 ... 25
Vorspannkraft	mittelgroß, große Normalkräfte durch Kraftzerlegung (s.o.) bewirken erhebliche Reibkräfte → geringe Lagerbelastung	groß, etwa das 4- bis 6fache der übertragbaren Umfangskraft → erhebliche Lagerbelastung
Schlupfgefahr	gering wegen großer Reibkräfte	mittel bis groß, da Vorspannkraft begrenzt
Übersetzungsverhältnis	$\leq$ 12:1 bzw. $\geq$ 1:12	$\leq$ 8:1 bzw. $\geq$ 1:8
Wartungsaufwand	sehr gering	mittel bis gering

Werkzeuge und Maschinen – Technische Grundlagen

quenzen erreicht werden. Doppelte Triebe und Mehrfachtriebe werden auch als Getriebe bezeichnet.

Die Drehrichtung von Flachriementrieben ist so zu wählen, daß der Riemen im Untertrum (Riemenstück zwischen den Scheiben) gezogen wird. Durch den vergrößerten Umschlingungswinkel verringert sich die Schlupfgefahr. Die Riemen werden durch Schraub-, Feder- oder Gewichtskräfte vorgespannt und während des Betriebes straffgehalten.

Kettentriebe übertragen große Kräfte schlupffrei auch auf mehrere Abtriebswellen. Gelenkketten, die nur in einer Ebene beweglich sind, werden als Zugmittel verwendet. Sie müssen regelmäßig gereinigt und geschmiert werden.

Reibradtriebe eignen sich besonders für Antriebe mit stufenloser Drehzahländerung und für Drehrichtungswechsel. Sie bestehen aus Walzen, Stirn- oder Planrädern, die mit Reibbelägen versehen sind und aneinandergepreßt werden. Die übertragbaren Drehmomente sind begrenzt, wodurch ein Überlastungsschutz erreicht wird. Reibradtriebe werden häufig für Vorschub- und Verstellantriebe an Holzbearbeitungsmaschinen eingesetzt.

Zahnradtriebe übertragen als Stirn-, Kegel- oder Schneckentriebe große Kräfte schlupffrei bei unterschiedlichen Drehzahlen. Sie sind meist in Getrieben zusammengefaßt und erfordern entsprechend den Schmierplänen regelmäßige Wartung und Pflege.

Um Unfälle zu verhüten, sind bei Kupplungen und Triebarten die beweglichen Teile abzudecken oder mit Schutzgittern vor Berührung zu sichern.

Übersetzungsverhältnisse. Die Reib- oder Zahnräder und die Zugmittel (Riemen oder Ketten) eines Triebes haben stets die gleiche Umfangsgeschwindigkeit.

$$v_1 = v_2$$
$$d_1 \cdot \pi \cdot n_1 = d_2 \cdot \pi \cdot n_2$$

Daraus ergeben sich bei unterschiedlichen Durchmessern bzw. Zähnezahlen der Räder verschiedene Umdrehungsfrequenzen. Sie bilden das Übersetzungsverhältnis i.

Einfaches Übersetzungsverhältnis

$$i = \frac{n_1}{n_2} = \frac{d_2}{d_1} = \frac{z_2}{z_1}$$

Die kleinere Indexzahl wird stets der treibenden Scheibe zugeordnet.

Beispiel 3

Ein E-Motor mit einer Keilriemenscheibe von 120 mm Durchmesser hat eine Drehzahl von 2910 1/min. Welchen Durchmesser muß die Keilriemenscheibe an der Arbeitsmaschine haben, um eine Drehzahl von 4500 1/min zu erreichen?

Lösung

Gegeben: d_1 = 120 mm; n_1 = 2910 1/min; n_2 = 4500 1/min
Gesucht: d_2

$$\frac{n_1}{n_2} = \frac{d_2}{d_1} \rightarrow d_2 = \frac{n_1 \cdot d_1}{n_2}$$

$$d_2 = \frac{2910 \cdot 120 \text{ mm} \cdot \text{min}}{\text{min} \cdot 450}$$

$$d_2 = \underline{\underline{77,6 \text{ mm} \approx +78 \text{ mm}}}$$

Bei doppelten Trieben sind die zwei mittleren Räder auf der gleichen Welle drehfest montiert. Es gilt $n_2 = n_3$.

Doppeltes Übersetzungsverhältnis

$$i_{ges} = i_1 \cdot i_2 = \frac{n_1}{n_4} = \frac{d_2 \cdot d_4}{d_1 \cdot d_3} = \frac{z_2 \cdot z_4}{z_1 \cdot z_3}$$

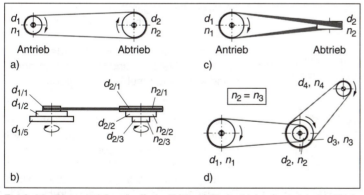

B 4.2-14 Riementriebe. a) offener Trieb, b) Stufentrieb, c) gewinkelter Trieb, d) doppelter Trieb.

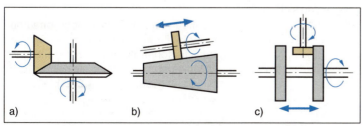

B 4.2-15 Reibradtriebe. a) Kegelradtrieb, b) stufenlos regelbarer Kegelwalzentrieb, c) Planradtrieb für Drehrichtungswechsel.

Werkzeuge und Maschinen – Technische Grundlagen

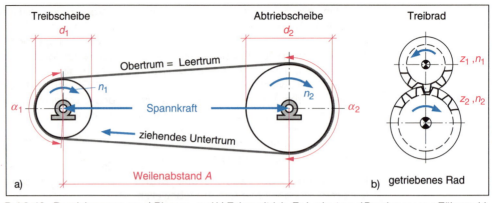

B 4.2-16 Bezeichnungen am a) Riemen- und b) Zahnradtrieb. Es bedeuten: d Durchmesser, z Zähnezahl, n Umdrehungsfrequenz, v Umfangsgeschwindigkeit.

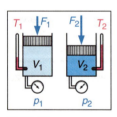

B 4.2-17

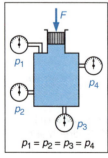

B 4.2-18

4.2.1.3 Hydraulik und Pneumatik

In hydraulischen und pneumatischen Anlagen werden durch Flüssigkeiten bzw. Gase Kräfte und Bewegungen übertragen oder umgeformt. Die Funktion dieser Anlagen beruht auf folgenden Gesetzmäßigkeiten:

- Flüssigkeiten und Gase passen sich jeder Gefäßform an (→ **4.2-17**).
- Flüssigkeiten lassen sich nicht zusammendrücken. Bei gleichbleibender Temperatur ist das Volumen konstant (→ **4.2-18**).
- In Gasen beeinflussen sich Temperatur T, Druck p und Volumen V (→ Zustandsgleichung) (→ **4.2-19**).
- In unbewegten Flüssigkeiten und Gasen ist der Druck an allen Stellen des Gefäßsystems gleich groß (→ **4.2-20**).

Zustandsgleichung der Gase. Das Gasvolumen V verringert sich mit steigendem Druck p und abnehmender Temperatur T (absolute Temperatur in K).

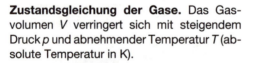

$$\frac{p_1 \cdot V_1}{T_1} = \frac{p_2 \cdot V_2}{T_2}$$

Beispiel 4

Ein Luftvolumen von 120 dm³ wird bei einem Luftdruck von 1 bar und 20 °C angesaugt. Welches Druckluftvolumen steht bei einem Druck von 7 bar zur Verfügung, wenn sich die Gastemperatur auf 45 °C erhöht hat?

Lösung

Gegeben: $p_1 = 1$ bar; $p_2 = 7$ bar; $V_1 = 120$ dm³; $\vartheta_1 = 20$ °C → $T_1 = 293$ K; $\vartheta_2 = 45$ °C → $T_2 = 318$ K

Gesucht: V_2

$$\frac{p_1 \cdot V_1}{T_1} = \frac{p_2 \cdot V_2}{T_2} \rightarrow V_2 = \frac{p_1 \cdot V_1 \cdot T_2}{T_1 \cdot p_2}$$

$$V_2 = \frac{120 \text{ dm}^3 \cdot 1 \text{ bar} \cdot 318 \text{ K}}{293 \text{ K} \cdot 7 \text{ bar}} = \underline{\underline{18{,}6 \text{ dm}^3}}$$

Hydraulische und pneumatische Anlagen

In den letzten Jahren haben sich hydraulische und pneumatische Anlagen (→ **T 4.2/5**) auch für die Holzbearbeitung durchgesetzt. Sie:

- ermöglichen gegenüber mechanischen Antrieben mehrfach größere Kraftübersetzungen,
- haben ein günstiges Leistungs-Masse-Verhältnis → Material- und Platzeinsparungen,
- sind kurzzeitig erheblich überlastbar.

Arbeitsweise. Pumpen oder Verdichter erzeugen den erforderlichen Betriebsdruck. Mit Hilfe der Flüssigkeiten oder Gase wirkt der Druck über entsprechende Steuereinrichtungen auf die Verbraucher (Motoren und Zylinder) ein. Diese formen den Druck in Bewegungen oder Kräfte um, die direkt oder indirekt das Werkstück beeinflussen.

Die Funktion hydraulischer oder pneumatischer Anlagen wird mit genormten Symbolen in Wirkschaltplänen dargestellt. Ihre Arbeitsweise ist vergleichbar, sie werden auch kombiniert eingesetzt (→ **B 4.2-21**).

T 4.2/5 *Hydraulische und pneumatische Anlagen - Vergleich*

Merkmale	Hydraulische Anlagen	Pneumatische Anlagen
übliche Mittel zur Druckübertragung	Hydrauliköl, Wasser-Öl-Emulsionen	gereinigte und entfeuchtete Luft
Druckerzeugung	maschineninterne Hydraulikanlage Nenndruckbereiche: 6,3 MPa, 16 MPa, 32 MPa	oft zentrale Verdichterstation, Verteilung durch Druckluftnetz Nenndruckbereiche: 0,63 MPa, 1 MPa
Arbeitsweise	weitgehend temperaturunabhängig	schnell und elastisch, beachtliche Druckänderungen durch Temperaturschwankungen möglich
Leitungssystem	drucksicheres und fest verlegtes Leitungssystem notwendig	für kurze Leitungen flexible Druckschläuche einsetzbar
Wartung	geringer Aufwand, Schmierung bewegter Teile durch Öl, Wasser-Öl-Emulsion	Schmierung durch Ölzusatz in Druckluft ist möglich
Leckstellen	gut erkennbar durch austretendes Öl	schwer erkennbar
Lärm	geräuscharmer Betrieb	Lärmbelästigung durch Kompressoren und entweichende Druckluft
Kosten	erhöhte Anschaffungskosten	Druckluftenergie teurer als Elektroenergie
Anwendungsbeispiele	Übertragung sehr großer Kräfte in Pressen und Preßvorrichtungen, Vorschubantriebe in hochbelasteten Maschinen, Antrieb von Hubtischen und Hebeeinrichtungen, Servoantriebe zur Verminderung von Verstellkräften	Erzeugung von Preß- oder Spannkräften in Vorrichtungen, im Unterdruckbereich als Saugheber oder -spanner für Plattentransport und Montageprozesse, Antrieb von Druckluftwerkzeugen, Steuer- und Regeleinrichtungen in Maschinen und Anlagen

Druckerzeugungsanlage 4.8.1

Handmaschinen, Pressen, Vorrichtungen 3.3.7, 3.4.3, 3.5.2

Werkzeuge und Maschinen – Technische Grundlagen

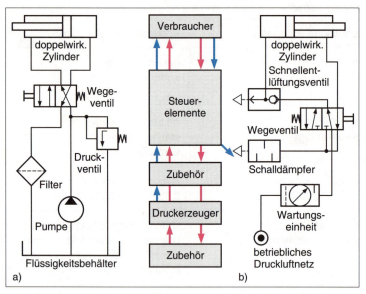

Ventilarten. Ventile sind Steuerelemente. Für hydraulische und pneumatische Anlagen unterscheiden sie sich teilweise im Aufbau, werden aber durch einheitliche Symbole in Schaltplänen dargestellt.

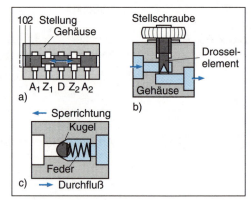

B 4.2-21 Struktogramm und Wirkschaltpläne a) hydraulischer, b) pneumatischer Anlagen.

B 4.2-22 Aufbau von Ventilen. a) 5/3-Wegeventil mit Steuerkolben, b) einstellbares Drossel-(Strom)-ventil, c) federbelastetes Kugel-Rückschlagventil.

T 4.2/6 *Ventilarten*

Ventilarten	Funktion	Kurzzeichen und Erklärung	
Wegeventile	bestimmen durch Steuerkolben oder Längsschieber den Weg des Druckmittels, sperren bestimmte Leitungsverbindungen, Betätigung durch verschiedene Stelleinheiten möglich		4/2-Wegeventil mit Taster und Federrückführung (4 → Anzahl Schaltstellungen, 2 → Anzahl Leitungsanschlüsse)
Stromventile	beeinflussen die durchströmende Druckmittelmenge/Zeiteinheit durch Verändern des Durchflußquerschnittes mit einstellbarem Drosselelement, oft mit Rückschlagventil kombiniert		Drosselventil für beide Strömungsrichtungen einstellbar
Druckventile	begrenzen durch federbelastetes Sperrelement den Druck auf einen Höchstwert oder ein bestimmtes Druckverhältnis		Sicherheitsventil, öffnet bei eingestelltem Höchstdruck
Sperrventile	verhindern den Durchfluß in einer oder beiden Richtungen durch mechanisch bewegbare oder federbelastete Sperrelemente		Rückschlagventil für eine Strömungsrichtung, federbelastet

Werkzeuge und Maschinen – Technische Grundlagen

B 4.2-23 *Druckluftzylinder.*

Zylinder und Motoren setzen Energie in Kräfte und Bewegungen um.

Zylinder haben ein rohrähnliches Gehäuse mit einem verschiebbaren Kolben. Dieser kann über die Kolbenstange Werkstücke oder Maschinenteile geradlinig bewegen und/oder festspannen.

Motoren erzeugen Drehbewegungen zum Antrieb von Werkzeugwellen, Vorschubeinrichtungen und rotierenden Maschinenteilen.

Hydromotoren sind für große Leistungen geeignet. Als Zahnrad- oder Umlaufkolbenmotoren haben sie oft eine stufenlose Drehzahlregelung, können die Drehrichtung wechseln und sind kurzzeitig hoch überlastbar.

Druckluftmotoren sind meist Lamellenmotoren. Sie sind klein, leicht und werden besonders in Handmaschinen eingebaut. Die Drehzahl ist stufenlos regelbar, ein Drehrichtungswechsel möglich. Sie können ohne Schaden bis zum Stillstand überlastet werden.

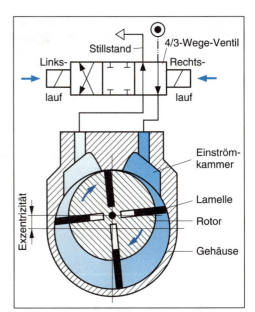

B 4.2-24 *Aufbau eines Druckluft-Lamellenmotors. Der Rotor, die verschiebbaren Lamellen und das Gehäuse bilden kleine Kammern. In diese strömt die Druckluft. Wegen der exzentrischen Rotorlagerung vergrößert sich die Kammer, so daß die Luft den Rotor weiterdreht. Auf der anderen Seite der Kammer kann sie wieder entweichen.*

T 4.2/7 *Zylinderarten*

Symbol	Bezeichnung und Wirkungsweise
	einfachwirkender Zylinder mit Scheibenkolben und Federrückführung
	doppeltwirkender Zylinder, Aus- und Einfahren durch Druckbeaufschlagung
	doppeltwirkender Zylinder mit Endlagenbremsung, einstellbar, am Hubende Geschwindigkeitsverminderung
	einfachwirkender Zylinder mit Tauchkolben, ohne Kolbenstange, Kolbendurchmesser auf ganzer Länge gleich
	einfachwirkender Zylinder mit Teleskopkolben, auf mehrfache Zylinderlänge ausfahrbar

T 4.2/8 *Symbole für Motoren*

Symbol	Motorart
	Hydromotor für eine Drehrichtung
	Hydromotor mit zwei Drehrichtungen
	Druckluftmotor für eine Drehrichtung
	Druckluftmotor für zwei Drehrichtungen und mit einstellbarer Drehzahl
	Druckluftmotor für begrenzte Schwenkbewegungen

Werkzeuge und Maschinen – Technische Grundlagen

Pressen und Vorrichtungen 4.5.2, 4.6.2, 5.5.3

Druck und Kolbenkraft. Der in hydraulischen und pneumatischen Anlagen wirkende Druck wird als Kraft je Flächeneinheit angegeben. Bezugsgrößen sind entweder der:
- Druckzustand im Vakuum $p_{abs} = 0$ oder der
- herrschende Luftdruck p_{amb}, der in Meereshöhe und bei normaler Wetterlage etwa 1 bar beträgt.

Für technische Anlagen wird - soweit nicht anders angegeben - der effektive Druck p_e angegeben.

---
effektiver Druck

= absoluter Druck – Luftdruck

$p_e = p_{abs} - p_{amb}$ in Pa

---

1 Pa $\triangleq$ 10⁻³ kPa $\triangleq$ 10⁻⁴ N/m² $\triangleq$ 10⁻⁵ bar

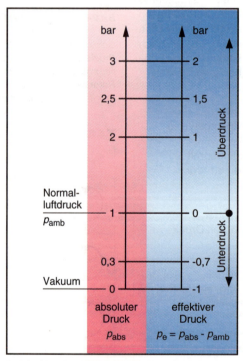

B 4.2.-25 Vergleich von Druckangaben.

VBG 1 § 44

Positive Werte bedeuten Überdruck, negative Werte Unterdruck. Der am Manometer abzulesende Druck p_M entspricht dem Wert p_e. Wirkt der Flüssigkeits- oder Luftdruck p_M auf den Kolben eines Zylinders ein, wird dieser mit der Kraft F_K ausgefahren.

Kolbenkraft = Druck · Kolbenfläche

$F_K = p_M \cdot A_K$ in N

Die Kolbenkraft ist von der Kolbenfläche A_K und damit vom Kolbendurchmesser d_K abhängig.

$$A_K = \frac{d_K^2 \cdot \pi}{4}$$

Bei parallel arbeitenden Zylindern vervielfacht sich die Kolbenkraft F_{Kges} mit der Zylinderanzahl n_K.

Beispiel 5

Ein Druckluftzylinder mit 40 mm Kolbendurchmesser wird bei einem Manometerdruck von 5,6 bar ausgefahren. Welche Kolbenkraft wird erzeugt?

Lösung

Gegeben: d_K = 40 mm = 4 cm; p_M = 5,6 bar = 56 N/cm²
Gesucht: A_K; F_K

$$A_K = \frac{d_K^2 \cdot \pi}{4}$$

$$A_K = \frac{(4 \text{ cm})^2 \cdot 3{,}14}{4} = \underline{\underline{12{,}56 \text{ cm}^2}}$$

$$F_K = p_M \cdot A_K$$

$$F_K = \frac{56 \text{ N} \cdot 12{,}56 \text{ cm}^2}{\text{cm}^2} = \underline{\underline{175{,}8 \text{ N}}}$$

4.2.1.4 Fördertechnik

Mit Fördermitteln werden Schütt- oder Stückgüter transportiert und umgeschlagen.

Stückgüter haben bestimmte Formen, Größen, Massen und spezifische Eigenschaften, die beim Transport berücksichtigt werden müssen (z.B. Zerbrechlichkeit, Oberflächenbeschaffenheit). In der Holzverarbeitung gehören Bretter, Bohlen, Platten, Werkstücke und Erzeugnisse zu den Stückgütern.

Schüttgüter bestehen aus kleinen Teilchen und haben als Transportgut keine bestimmte Form. Sie werden in Behältern (Säcken, Kisten, speziellen Fahrzeugaufbauten) oder Rohrleitungen transportiert. Oft neigen Schüttgüter zu Aufwirbelung und Staubbildung. Besondere Vorsicht ist bei brennbaren Schüttgütern, z.B. Holzstaub und -spänen, geboten.

Fördermittel

Fördermittel sind Maschinen und -einrichtungen zum Bewegen von Werkstoffen, Werkstücken und anderen Gütern.

Werkzeuge und Maschinen – Technische Grundlagen

Absauganlagen 4.8.2

VBG 1 § 33 (4)

Rollreibung 4.1.1

Flurfördermittel. Angetriebene oder antriebslose Fahrzeuge für den Transport auf Schienen oder auf ebenen und befestigten Fahrwegen werden als Flurfördermittel bezeichnet.

Gleisgebundene Fahrzeuge werden z.B. als Stapelwagen für Trocknungsanlagen, auf Holzplätzen oder als Querschiebebühnen verwendet. Die Wagen sind leicht verschiebbar und bewegen große Lasten. Der Fahrweg ist jedoch durch die Schienenverlegung begrenzt.

Gleislose Flurfördermittel sind Karren, Hand- oder Hubwagen und Hebelroller für Rollpaletten. Sie werden von Hand bewegt und sind mit verschiedenen Aufbauten vielseitig einsetzbar.

Durch harte Radlauf- und Fahrbahnflächen und große Raddurchmesser verringert sich der Fahrwiderstand. Lenkräder ermöglichen kleine Wenderadien.

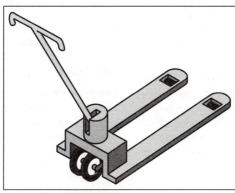

B 4.2-26   *Hubwagen.*

Angetriebene Flurfördermittel. Elektro-, Diesel- oder Benzinfahrzeuge und Stapler dürfen nur von ausgebildeten Personen (Mindestalter 18 Jahre!) bedient werden. Sie können große Lasten bewegen. Stapler werden besonders für Umschlagarbeiten eingesetzt.

Stetigfördermittel sind Einrichtungen für den kontinuierlichen Transport von Stück- oder Schüttgütern. Auch bei großen Fördermengen ist die Antriebsenergie relativ gering (Ausnahme Absauganlagen). Es entstehen keine Leerlaufrückwege.

Antriebslose Stetigfördermittel sind Rutschen, Rollen- oder Kugelbahnen zum Verschieben und Zwischenlagern von Teilestapeln oder Baugruppen. Bei geneigter Anordnung rollen die Teile selbsttätig ab, es sind aber Rückhaltevorrichtungen vorgeschrieben.

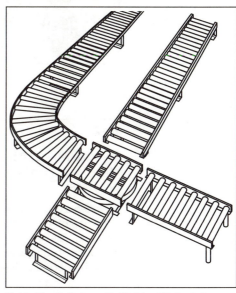

B 4.2-28   *Rollgänge für flächige Werkstücke.*

Angetriebene Stetigfördermittel haben die folgenden Aufgaben:
- Rollen- und Bandförderer → waagerechter Stückguttransport in Taktstraßen, Maschinenfließreihen und zwischen Betriebsabteilungen,
- Schleppkettenförderer → Transport mit an Schleppketten hängenden Wagen, z.B. durch Lacktrocknungskanäle,
- Gehängeförderer → hängender Transport von Baugruppen an Zug- und Tragketten, z.B. in der Stuhlindustrie oder in Tauchanlagen,
- Schneckenförderer → zum Transport von Schüttgut, z.B. Holzspänen oder -staub unter Abscheidern oder Silos.

Hebezeuge sind Einrichtungen zum Heben oder Senken von Lasten. Oft sind zusätzliche Fahr- und Drehbewegungen möglich. Der Kraftaufwand für die Hubbewegung wird durch lose Rollen, Hebel- und Zahnradübersetzungen vermindert.

Maschinenfließreihe 4.9.1

VBG 12a § 21

lose Rolle, Hebelgesetz, Übersetzungsverhältnis 4.1.1

B 4.2-27   *Frontgabelstapler.*

Werkzeuge und Maschinen – Technische Grundlagen

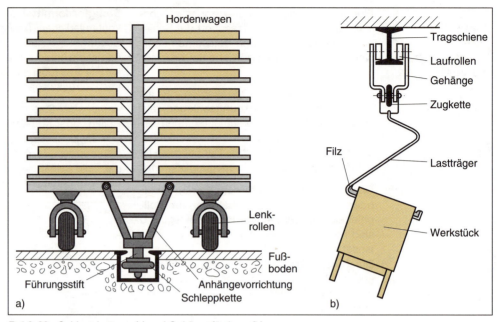

B 4.2-29 Schleppketten - (a) und Gehängeförderer (b).

Verschiedene Lastaufnahmemittel ermöglichen das sichere Befestigen und Aufnehmen der Transportgüter.

Kleinhebezeuge sind Flaschen- oder Zahnradzüge, die oft an einer Hängeschiene verfahrbar sind. Sie werden von der Arbeitsebene aus bedient und gesteuert, der Antrieb erfolgt manuell oder maschinell. Kleinhebezeuge zum Be- und Entladen sind besonders in Lagerbereichen zu finden.

Krananlagen sind meist verfahrbar und werden in der Holzverarbeitung vor allem auf großen Holzplätzen für den Holz- und Plattenumschlag eingesetzt.

Ortsfeste Hebezeuge sind Materialaufzüge, Hebebühnen und Hubtische. Sie werden elektrisch durch Hubgestänge oder hydraulische Arbeitszylinder angetrieben. Hubtische sind vielfach Teile von Beschick- und Abnahmeeinrichtungen in Maschinenfließreihen.

4.2.2 Spanungstechnische Grundlagen

Beim Verarbeiten von Vollholz und Holzwerkstoffen überwiegen spanabhebende Verfahren. Sie erfordern Werkzeuge mit keilförmigen Schneiden, die geradlinig oder bogenförmig gegen das Werkstück bewegt werden.

Schneidengeometrie und Schneidenformen

Werkzeuge zum Abtrennen von Spänen verfügen entweder über:
- geometrisch bestimmte Schneiden → nach Form und Stellung gleichartige und bestimmbare Schneidkeile oder
- geometrisch unbestimmte Schneiden → verschieden angeordnete Schneiden mit nicht einheitlich festlegbaren Keilformen.

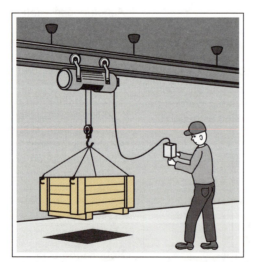

B 4.2-30 Bedienung des Kleinhebezeuges.

Werkzeuge und Maschinen – Technische Grundlagen

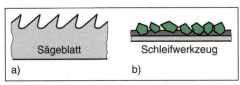

B 4.2-31 *Werkzeuge mit a) geometrisch bestimmten und b) geometrisch unbestimmten Schneiden.*

Schneidenwinkel. Große Bedeutung für die Arbeitsweise der Werkzeuge haben die Schneidenwinkel. Sie dürfen bei der Instandsetzung nicht verändert werden, da sie die typischen Eigenschaften bestimmen.

Der Keilwinkel β bestimmt die Keilform und hängt vor allem vom <mark>Schneidenwerkstoff</mark> ab.

Spanwinkel γ und Schnittwinkel δ charakterisieren die Stellung des Schneidkeiles zum Werkstück.

Der Freiwinkel α muß stets größer als 0° sein, da sonst das Werkzeug am Werkstück reibt.

Schneidstoffe 2.11.3

Zwischen diesen Winkeln bestehen wichtige Zusammenhänge und Abhängigkeiten. Es gelten:

$$\alpha + \beta + \gamma = 90° \text{ und}$$
$$\alpha + \beta = \delta.$$

Bei Schnittwinkeln über 90° ist der Spanwinkel stets negativ.

Keil-, Schnitt- und Spanwinkel bestimmen die Wirkung des Schneidkeiles (Schneiden, Schaben), den Kraftaufwand beim Abtrennen der Späne und die Abstumpfung der Werkzeuge.

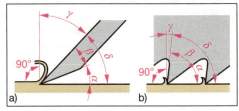

B 4.2-32 *Wichtige Schneidenwinkel. a) am Hobeleisen, b) am Sägezahn.*

T 4.2/9 *Einfluß des Schneidstoffes auf den Keilwinkel*

Schneidstoff	Keilwinkel β	Mengenleistung	Bearbeitbare Werkstoffe
Werkzeugstahl hochlegierter Stahl (HL,SS)	25° ... 45°	gering, Einzel- und Kommissionsfertigung	Weich- und Hartholz
Hochleistungsschnittstahl (HSS)	35° ... 45°	mittel, Kommissionsfertigung	Weich- und Hartholz, Span- und Faserplatten ohne Beschichtung
Hartmetall (HM)	50° ... 60°	groß, Kommissions- und Serienfertigung	Span-, Faser-, Sperrholzplatten mit und ohne Beschichtung, Schichtpreßstoffe
Polykristalliner Diamant (PKD)	70° ... 75°	sehr groß, Serien- und Massenfertigung	Span- und Faserplatten mit und ohne Beschichtung, Schichtpreßstoffe

Werkzeuge und Maschinen – Technische Grundlagen

T 4.2/10 Einfluß der Schneidenwinkel

Merkmal	Stellung der Schneide		Form der Schneide	
	δ größer	δ kleiner	β größer	β kleiner
	abhängig vom Schnittwinkel δ		abhängig vom Keilwinkel β	
Wirkung bei der Spanabnahme	← Zunahme der Schnitt- und Spaltwirkung →		← Zunahme der Schnitt- und Spaltwirkung →	
	← Zunahme der Schabwirkung			
Kraftbedarf für den Spanungsvorgang	← Zunahme des Kraftaufwandes		← Zunahme des Kraftaufwandes	
Abstumpfungsneigung	← Zunahme der Abstumpfungsneigung		Zunahme der Abstumpfungsneigung →	

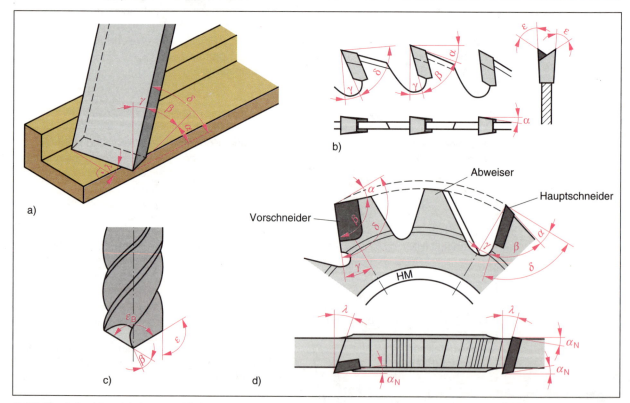

B 4.2-33 Schneidenwinkel an verschiedenen Holzbearbeitungswerkzeugen. a) schräg eingesetztes Simshobeleisen, b) hartmetallbestücktes Kreissägeblatt mit wechselseitigem Schrägschliff, c) Spiralbohrer mit Dachspitze, d) hartmetallbestückter Nutfräser mit Vorschneidern.

Werkzeuge und Maschinen – Technische Grundlagen

Standweg. Die Widerstandsfähigkeit der Schneiden wird durch den Standweg angegeben. Dieser hängt entscheidend vom Schneidstoff ab. Man versteht unter dem Standweg die Länge der Werkstückkanten oder -flächen (≙ Bearbeitungsweg), die zwischen zwei Schärfvorgängen mit dem Werkzeug ohne merkbare Verschlechterung der Qualität zu bearbeiten ist.

Weitere Schneidenwinkel werden für Werkzeuge mit schräg geschliffenen oder angeordneten Schneidkanten sowie für Bohrwerkzeuge verwendet.

Der Spitzenwinkel ε liegt zwischen Haupt- und Nebenschneide.
Spitzenwinkel unter 90° verbessern die Schnittwirkung der Schneidenecke z.B. bei schräggeschliffenen Sägeblättern.

Der Bohrerspitzenwinkel ε_B bei Spiralbohrern befindet sich zwischen den Hauptschneiden.

Der Neigungswinkel λ liegt zwischen der Hauptschneide und einer gedachten Senkrechten zur Bewegungsrichtung des Werkzeuges. Durch Schrägstellung der Hauptschneide wird ein „ziehender Schnitt" bei vermindertem Kraftaufwand erreicht.

Der Nebenfreiwinkel α_N wird verwendet, wenn verhindert werden soll, daß hinterschliffene oder untersetzte Nebenschneiden-Freiflächen am Werkstück reiben.

Kanten und Flächen an der Werkzeugschneide. Die Form der Werkzeugschneiden wird durch Kanten und Flächen begrenzt, deren Lage und Kennzeichnung für alle spanabhebenden Werkzeuge der Holzbearbeitung und anderer Industriezweige einheitlich festgelegt sind.

Die Hauptschneide ist die geschärfte Kante des Schneidkeiles. Sie trennt die Späne am Werkstück ab und beeinflußt durch ihre Schärfe entscheidend die Qualität der entstandenen Oberfläche.

Spanfläche heißt die in Arbeitsrichtung vordere Fläche des Schneidkeils. Beim Hobeleisen wird sie auch Spiegel, bei Sägezähnen oft Zahnbrust genannt. Über die Spanfläche gleiten die abgetrennten Späne in die Span- oder Zahnlücken.

Die Freifläche ist der bearbeiteten Werkstückfläche zugewandt. Beim Hobeleisen und Stechbeitel wird sie oft Fase, bei Sägewerkzeugen Zahnrücken genannt. Die Freifläche darf nicht am Werkstück reiben, da dadurch Brandstellen entstehen können.

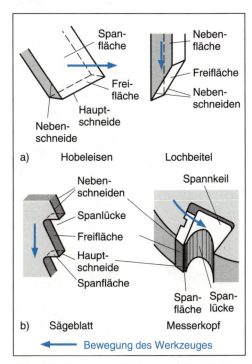

B 4.2-34 Kanten und Flächen am Schneidkeil.
a) einschneidige, b) mehrschneidige Werkzeuge.

Nebenschneiden begrenzen seitlich die Spanfläche und werden in der Regel nicht geschärft. Die angrenzende Nebenfreifläche ist aber vielfach untersetzt ($\alpha_N > 0$). Die Nebenschneiden bestimmen die Spanbreite und bei Säge- oder Fräserarbeiten die Güte verbleibender Seitenflächen am Werkstück (z.B. Falzwangen).
Bei einigen Formhobeln, oft auch bei Falzmesserköpfen und Bohrern, übernehmen geschärfte Vorschneider die Funktion der Nebenschneiden.

Die Spanlücke ist der Freiraum vor der Hauptschneide. Sie wird bei Sägewerkzeugen auch Zahnlücke genannt. Hier werden die entstehenden Späne bis zum Auswurf aufgenommen, um Verstopfungen zu verhindern. Ausbildung und Größe beeinflussen bei hochtourigen Werkzeugen entscheidend den ==Lärmpegel== und die ==Unfallgefahr==. Bei Fräswerkzeugen für Handvorschub ist deshalb die Spanlückenweite begrenzt und mit einer ==Prüfschablone== kontrollierbar.

VBG §§ 106, 107a

Prüfschablone 4.4.3

Werkzeuge und Maschinen – Technische Grundlagen

Spanungsvorgang und Oberflächengüte

Für die Qualität der Oberfläche ist das Zusammenwirken zwischen Werkzeug und Werkstück entscheidend. Die Spanabnahme und die dazu erforderliche Bewegung zwischen Werkzeug und Werkstück werden als Spanung(svorgang) bezeichnet.

Spanungsrichtungen. Vollholz und die meisten Holzwerkstoffe weisen strukturelle Unterschiede auf, die das Spanungsergebnis in den verschiedenen Bearbeitungsrichtungen beeinflussen.

Querspanung. Die Holzzellen werden quer zu ihrer Längsachse entweder durchschnitten oder aus dem Holzverband herausgerissen, so daß die Oberfläche relativ rauh wird. Durch kleine Spandicken, Schrägführung der Werkzeuge (Zwerchen) und größere Schabwirkung durch kleine Spanwinkel kann die Oberflächenqualität verbessert werden.

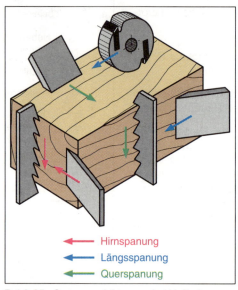

B 4.2-35 *Spanungsrichtungen bei Vollholz.*

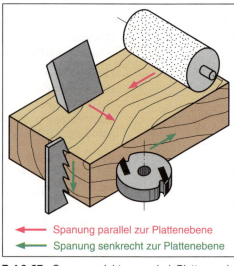

B 4.2-37 *Spanungsrichtungen bei Plattenwerkstoffen.*

Hirnspanung. Beim Bearbeiten von Querschnittsflächen werden die längsorientierten Faserbündel in ihrer Länge gekürzt. Eine glatte Fläche entsteht nur, wenn das Werkzeug eine ausgeprägte Schnittwirkung aufweist (kleine Schnitt- und Keilwinkel). Unbedingt muß das Wegplatzen des Holzes durch Vorspannen eines Klotzes oder wechselseitiges Ansetzen des Schneidwerkzeuges verhindert werden.

Längsspanung erfolgt parallel zum Faserverlauf. Dabei werden die Holzfasern in ihrer Länge von den Nachbarfasern abgetrennt. Da sie relativ biegesteif sind, können sie sich auf der Spanfläche der Werkzeuge abstützen und vorspalten. Dadurch werden die Hauptschneiden entlastet und stumpfen nicht so rasch ab. Das Ausreißen kann durch Hobeln „mit der Faser", durch ein kleines Hobelmaul oder eine Brechkante am Werkzeug vermindert werden.

Die Spanung von Holzwerkstoffen erfolgt entweder parallel zur Plattenebene auf der Breitfläche oder senkrecht dazu auf der Plattenschmalfläche. Die beim Bearbeiten entstehenden Späne zerfallen z.B. bei Span- und Faserplatten krümelförmig, die erreichbare Bearbeitungsqualität hängt von der Plattenstruktur ab.

Plattenwerkstoffe mit Decklagen aus Vollholz verhalten sich bei der Spanung parallel zur Plattenebene wie Vollholz bei der Längs- oder Querspanung.

Ausbildung der Oberfläche

Die Werkstückoberflächen werden durch geradlinige oder bogenförmige Spanungsvorgänge ausgebildet. Sie weisen oft mehr oder weniger sicht- und fühlbare Unebenheiten auf, die durch Nacharbeiten verringert oder beseitigt werden müssen.

Geradlinige Spanung. Z.B. beim Sägen, Hobeln oder Stemmen können durch Vorspalten oder durch Querspanen Holzteilchen ausreißen. Mit richtig ausgewählten, eingestellten (z.B. Spandicke) und geführten Werkzeugen und durch Beachten des Faserverlaufes las-

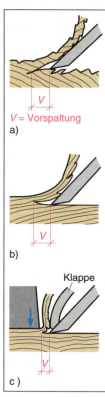

B 4.2-36 *Längsspanung von Vollholz beim Hobeln. a) bei unbehinderter Vorspaltung gegen die Faser, b) bei unbehinderter Vorspaltung mit der Faser, c) bei behinderter Vorspaltung durch Maulvorderkante und Brechkante an der Klappe.*

T 4.2/11 *Besonderheiten geradliniger und bogenförmiger Spanung*

	Geradlinige Spanung	Bogenförmige Spanung
Merkmale	Hobeln, Stich- oder Bandsägen	Abrichthobeln, Kreissägen
Bewegung der Werkzeugschneiden, Werkzeugführung	geradlinig von Hand oder maschinell, parallel, schräg bzw. senkrecht zur Werkstückoberfläche	bogenförmig maschinell mit aufgabenspezifischer Drehfrequenz rotierend
Tätigkeiten	Hand-, Band- und Stichsägen, Hobeln und Stemmen, Band- und Schwingschleifen	Kreissägen, maschinelles Abricht- und Dickenhobeln, Fräsen und Profilieren, Walzenschleifen
Spanungsergebnis Späne	lang, breit, einheitlich dick	kommaförmig, meist klein
Oberfläche	eben, in Abhängigkeit von Faserverlauf und Struktur des Werkstoffes mehr oder weniger glatt	uneben durch Messerschläge, deren Breite und Tiefe von Werkzeugdurchmesser, Schneidenanzahl und Vorschubgeschwindigkeit abhängen

sen sich diese Mängel vermindern oder vermeiden.

Bogenförmige Spanung. Beim Maschinenhobeln oder Fräsen entstehen stets Messerschläge mit bestimmter Tiefe und Breite. Die Messerschlagbreite entspricht dem Vorschubweg je Schneide, der auch als Schneidenvorschub e bezeichnet wird.

Der Schneidenvorschub e errechnet sich aus der Vorschubgeschwindigkeit *u* des Werkstückes, der Schneidenanzahl *z* und der Drehfrequenz *n* des Werkzeuges.

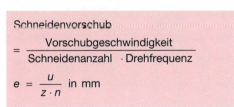

Schneidenvorschub

$$= \frac{\text{Vorschubgeschwindigkeit}}{\text{Schneidenanzahl} \cdot \text{Drehfrequenz}}$$

$$e = \frac{u}{z \cdot n} \text{ in mm}$$

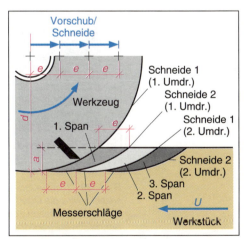

B 4.2-38 Spanungsvorgang beim Fräsen oder Maschinenhobeln. Es bedeuten: e Schneidenvorschub, a Spanabnahme, u Vorschubgeschwindigkeit, d Schneidenflugkreis (≙ etwa Werkzeugdurchmesser).

Beispiel 6

Ein Falzmesserkopf hat zwei Hauptschneiden und eine Drehfrequenz von 4500 1/min. Die zu fälzenden Werkstücke werden mit 8 m/min zugeführt. Wie groß ist der Schneidenvorschub bzw. die Messerschlagbreite?

Lösung

Gegeben: $z = 2$; $n = 4500$ 1/min; $u = 8$ m/min
Gesucht: e

$$e = \frac{u}{z \cdot n}$$

$$e = \frac{8000 \text{ mm} \cdot \text{min}}{\text{min} \cdot 2 \cdot 4500} = \underline{\underline{0{,}89 \text{ mm}}}$$

Die Messerschläge sind selbst bei großer Breite nur sehr flach. Kleinste Ungenauigkeiten beim Einstellen mehrerer Schneiden auf den Flugkreis führen deshalb dazu, daß oft nur eine Werkzeugschneide die Werkstückoberfläche ausbildet.

T 4.2/12 Tiefe von Messerschlägen

Messer-schlag-breite in mm	Messerschlagtiefe in 1/1000 mm bei Werkzeug-durchmessern in mm			
	80	120	160	200
1	3	2	1,5	1,2
2	12	8	6	5
3	27	23	13	11

Erst wenn die Einstellgenauigkeiten kleiner als die Messerschlagtiefen sind, tragen alle Messer zur Ausbildung der Oberfläche bei. Diese Feststellungen werden durch Versuche bestätigt.

Bei niedrigen Vorschubgeschwindigkeiten und manuell geschärften oder eingestellten Schneiden sowie durch Lagerspiel an Wellen oder Spindeln wird in der Regel die Oberfläche nur durch eine oder wenige „wirksame" Schneiden ausgebildet.

Beim Kreissägen entstehen ähnlich wie beim Fräsen kommaähnliche Späne, die sofort zerfallen. An den Trennflächen (Schmalflächen) der Werkstücke können bogenförmige Sägespuren durch ungleich geschränkte oder geschliffene Sägezähne verbleiben.
Der Schneidenvorschub e bestimmt die Oberflächengüte.

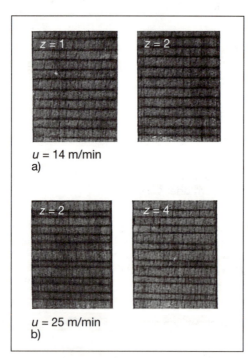

B 4.2-39 Trotz unterschiedlicher Schneidenanzahl z wird die Oberfläche a) nur durch eine, b) nur durch zwei ungleichmäßig eingestellte Schneiden ausgebildet.

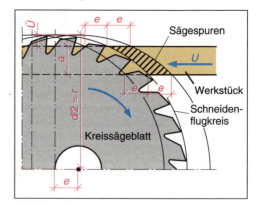

B 4.2-40 Spanungsvorgang beim Kreissägen. Es bedeuten: a Werkstückdicke, e Zahnvorschub, d Sägeblattdurchmesser, u Vorschubbewegung.

Werkzeuge und Maschinen – Technische Grundlagen

T 4.2/13 *Feingeschlichtete Oberflächen - Richtwerte für den Schneidenvorschub*

Werkstoff	Schneidenvorschub e in mm	
	beim Kreissägen	beim Fräsen
Weichholz	0,10 ... 0,02 [1]	0,20 ... 0,80 [1]
Hartholz	0,05 ... 0,15 [1]	0,15 ... 0,70 [1]
Spanplatten	0,05 ... 0,25	0,35 ... 0,80
Hartfaserplatten	0,05 ... 0,12	0,20 ... 0,60
Sperrholz	0,05 ... 0,25	0,30 ... 0,60
Furnierte Platten	0,03 ... 0,10	—
Kunststoffbeschichtete Platten	0,02 ... 0,06	—
Duroplastwerkstoffe	0,02 ... 0,05	0,05 ... 0,20
Thermoplastwerkstoffe	0,02 ... 0,08	0,10 ... 0,40

[1] für Querspanung untere Werte nutzen

VBG 7j §§ 2, 7, 17

Handvorschub 4.4, 5.4.2

Die Messerschlagbreite kann mehrfach beeinflußt werden. Werden die unteren Richtwerte unterschritten, entstehen Werkstoffquetschungen, die zu wesentlich erhöhten Schnittkräften führen. Größere Schneidenvorschübe sind möglich, verschlechtern aber die Oberflächengüte und erhöhen die Gefahr von Spanausrissen.

T 4.2/14 *Möglichkeiten zum Verändern des Schneidenvorschubes*

Schneidenvorschub e dadurch Oberflächengüte	verkleinern verbessern	vergrößern verschlechtern
durch Verändern der Vorschubgeschwindigkeit u und/oder der	verringern	vergrößern
Drehzahl n und/oder der	vergrößern	verringern
wirksamen Schneidenanzahl z	vergrößern	verringern

Umfangsgeschwindigkeit 4.1.1

Gegen- und Gleichlaufspanen. Bei der bogenförmigen Spanung überlagern sich die Vorschubbewegung des Werkstückes und die Drehbewegung des Werkzeuges.

Beim Gegenlaufspanen sind die Schnitt- und Vorschubbewegung des Werkstückes entgegengerichtet. Die Vorschubkraft wird vom Bedienenden oder von der Vorschubeinrichtung aufgebracht. Sie muß größer als die waagerechte Schnittkraftkomponente sein, um Rückschläge des Werkstückes zu verhindern. Neben dem erhöhten Energiebedarf für die Vorschubbewegung vergrößert sich die Spaltgefahr und kann zu Ausrissen an der Werkstückoberfläche führen.

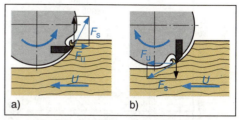

B 4.2-41 Gegen- (a) und Gleichlaufspanen (b). Es bedeuten: U Vorschubbewegung des Werkstückes, F_s Schnittkraft zur Spanabtrennung, F_u in Vorschubrichtung wirkende Schnittkraftkomponente.

Beim Gleichlaufspanen sind Schnitt- und Vorschubbewegung gleichgerichtet, so daß das Werkstück vom Werkzeug mitgerissen werden kann. Deshalb ist das Gleichlaufspanen nur an Maschinen mit wirksamen mechanischen Vorschubeinrichtungen (keine Vorschubgeräte) zulässig.

Spanungsgeschwindigkeiten

Die Schnittgeschwindigkeit *v* an rotierenden Werkzeugen wird in der Holzverarbeitung in m/s angegeben.

$$v = d \cdot \pi \cdot n \text{ in m/s}$$

Beispiel 7
Ein Kreissägeblatt mit 315 mm Durchmesser rotiert mit einer Drehfrequenz von 2850 1/min. Ermitteln Sie die Schnittgeschwindigkeit!

Lösung
Gegeben: d = 315 mm ≙ 0,315 m;
n = 2850 1/min ≙ 2850/60 s
Gesucht: v
$v = d \cdot \pi \cdot n$

$$v = \frac{0{,}315 \text{ m} \cdot 3{,}14 \cdot 2850}{60 \text{ s}} = 46{,}98 \frac{\text{m}}{\text{s}}$$

Für überschlägige Ermittlungen kann die Faustformel oder das Diagramm benutzt werden.

$$v \text{ (in m/s)} = \frac{d \text{ (in cm)} \cdot n \text{ (in 1/min)}}{2 \cdot 1000}$$

Werkzeuge und Maschinen – Technische Grundlagen

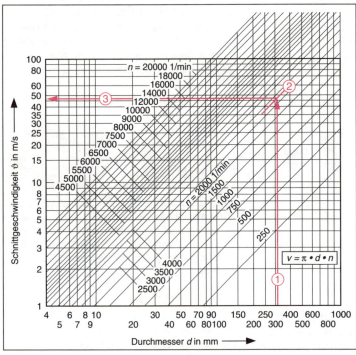

B 4.2-42 Diagramm zum Ermitteln der Schnittgeschwindigkeit.

Lösung nach Diagramm
① Bei d = 315 mm nach oben bis
② zur gedachten Schräge für n = 2850 1/min und
③ vom Schnittpunkt nach links zum Ablesen von $v \approx 47$ m/s.

Sägen, Fräsen, Bohren, Schleifen
5.3, 5.6, 5.7

Die zu wählende Schnittgeschwindigkeit hängt ab vom:
- Spanungsvorgang (Sägen, Fräsen, Bohren, Schleifen),
- Material (Vollholz, Holzwerkstoff),
- Schneidstoff (HSS, HM).

Die optimale Schnittgeschwindigkeit kann durch die Wahl von Werkzeugen mit entsprechendem Durchmesser und Umstellen der Drehzahl an der Maschine eingestellt werden. Bei zu niedriger Schnittgeschwindigkeit vergrößert sich jedoch die Rückschlaggefahr, und die Oberflächengüte wird verschlechtert. Keinesfalls darf die zulässige maximale Drehzahl, die auf dem Werkzeug angegeben ist, überschritten werden.

VBG 7j §§ 106...108

Die Vorschubgeschwindigkeit gibt an, wie schnell das Werkstück gegen das Werkzeug (z.B. bei stationären Säge- und Fräsmaschinen) bzw. das Werkzeug gegen das Werkstück (z.B. Handkreissägemaschine) bewegt wird.

Vorschubgeschwindigkeit

$= \dfrac{\text{Werkstücklänge}}{\text{Vorschubzeit}}$

$u = \dfrac{s_{ws}}{t_u}$ in $\dfrac{m}{min}$

Als Vorschubzeit gilt nur die Zeitspanne, während der das Werkstück tatsächlich vom Werkzeug bearbeitet wird.

Beispiel 8
An einer Fräsmaschine werden lückenlos nacheinander 18 Leisten mit jeweils 1,5 m Länge profiliert. Dafür werden 4,22 min benötigt. Ermitteln Sie die Vorschubgeschwindigkeit!

Lösung
Gegeben: n_{ws} = 18; l_{ws} = 1,5 m; t_u = 4,22 min
Gesucht: u

$s_{ws} = n_{ws} \cdot l_{ws}$
$s_{ws} = 18 \cdot 1{,}5$ m $= 27$ m

$u = \dfrac{s_{ws}}{t_u}$

$u = \dfrac{27 \text{ m}}{4{,}22 \text{ min}} = \underline{\underline{6{,}4 \text{ m/min}}}$

Eine andere Möglichkeit zum Ermitteln der Vorschubgeschwindigkeit ergibt sich mit den werkzeugspezifischen Parametern und der geforderten Oberflächengüte.

Vorschubgeschwindigkeit
= Schneidenvorschub · Schneidenanzahl · Drehfrequenz

$u = e \cdot z \cdot n$ in mm

Für die Schneidenanzahl dürfen nur die tatsächlich an der Ausformung der Schnittfläche beteiligten Schneiden eingesetzt werden. Bei ungenauer Einstellung und Handvorschub ist dies oft nur eine Schneide, bei geschränkten Sägeblättern in der Regel nur die Hälfte aller Zähne.

Beispiel 9
An einer Fräsmaschine mit einer Spindeldrehzahl von 6000 1/min sollen Werkstücke aus Spanplatten mit einem Messerkopf, in den 4 Wendeplattenmesser formschlüssig eingesetzt sind, gefälzt werden. Um Nacharbeiten zu vermeiden, wird ein Schneidenvorschub von 0,5 mm angestrebt.

Welche Geschwindigkeit ist am eingesetzten Vorschubgerät einzustellen?

Lösung

Gegeben: $e = 0{,}5\,\text{mm} \triangleq \dfrac{0{,}5\,\text{m}}{1000}$; $z = 4$;

$n = 6000\ 1/\text{min}$

Gesucht: u

$u = e \cdot z \cdot n$

$u = \dfrac{0{,}5\,\text{m} \cdot 4 \cdot 6000}{1000\,\text{min}} = \underline{12\,\dfrac{\text{m}}{\text{min}}}$

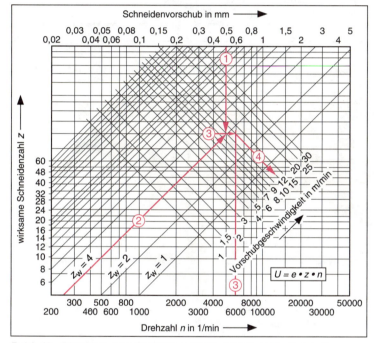

B 4.2-43 Diagramm zum Bestimmen der Vorschubgeschwindigkeit.

Lösung nach Diagramm

① Senkrechte bei $e = 0{,}5$ mm nach unten bis
② zur Diagonalen für $z = 4$.
③ Vom Schnittpunkt nach rechts bis zur Senkrechten bei $n = 6000$ 1/min.
④ Durch neuen Schnittpunkt verläuft die Diagonale $u = 12$ m/min.

Aufgaben

1. Nach welchem Grundprinzip arbeiten alle Elektromotoren?
2. Wie nennt man den stationären und den rotierenden Teil eines Elektromotors?
3. Was sagt die Bezeichnung Reihenschluß- oder Hauptschlußmotor aus?
4. Warum nennt man Drehstrommotoren auch Kurzschlußläufermotoren?
5. Welche Funktion hat ein Stern-Dreieck-Schalter?
6. Nennen Sie mindestens 6 Angaben, die auf einem Typenschild von Elektromotoren vorhanden sein müssen.
7. Aus welchen Angaben läßt sich der elektrische Wirkungsgrad berechnen?
8. Welche Unterschiede bestehen zwischen dem direkten und indirekten Antrieb einer Arbeitsmaschine?
9. Warum kann bei gleicher Spannkraft ein Keilriemen größere Kräfte als ein Flachriemen übertragen?
10. Durch welche Maßnahmen läßt sich die übertragbare Leistung eines Flachriemens weiter vergrößern?
11. Was versteht man unter dem spezifischen Preßdruck?
12. Wodurch kann der Preßdruck in einer hydraulischen Presse beeinflußt werden?
13. Unterscheiden Sie hydraulisch und pneumatisch arbeitende Anlagen hinsichtlich ihrer Besonderheiten!
14. Ordnen Sie die in Ihrem Betrieb verwendeten Fördermittel den drei Hauptgruppen der Fördermittel zu!
15. Ermitteln Sie in Ihrem Ausbildungsbetrieb an drei verschiedenen Werkzeugen die Schneidenwinkel!
16. Wodurch kann die Vorspaltung beim Hobeln von Vollholz eingeschränkt werden?
17. Welche Spanungsrichtungen liegen beim Bestoßen der Schmalflächen an einem Rahmen vor? Worauf haben Sie besonders zu achten?
18. Wovon hängt der Standweg einer Werkzeugschneide ab? Nennen Sie mindestens drei verschiedene Einflußgrößen!
19. Welche Möglichkeiten haben Sie an der Dickenhobelmaschine, um die geforderte Oberflächengüte der Werkstücke zu gewährleisten?

4.3 Hobelbank und Handwerkszeuge

Hobelbank, Handwerkszeuge und Maschinen sind Arbeitsmittel. Viele Handwerkszeuge sind persönliches Eigentum oder werden personengebunden benutzt.

4.3.1 Hobelbank und Zubehör

Auf der Hobelbank können Werkstücke aufgelegt oder eingespannt und Werkzeuge kurzzeitig abgelegt werden.

Werkzeuge und Maschinen – Hobelbank und Handwerkszeuge

```
Hobelbank         Handwerkszeuge
    │                   │
 Zubehör    ┌────────┬──────────┬──────────┬──────────┐
         Meßzeuge,  Spanabhebende Furnier-  Schlag-, Greif-,
         Lehren,    Werkzeuge    werkzeuge  Schraubwerk-
         Anreiß-                            zeuge
         werkzeuge
         │           │              │          │
       ┌─┴─┐      ┌──┴──┐        ┌──┴──┐       │
    Säge- Hobel- Zieh-  Stemm-  Bohr-  Raspeln Schleif-
    werk- werk-  klingen-werk-  werk-  und     werk-
    zeuge zeuge  werk-  zeuge   zeuge  Feilen  zeuge
                 zeuge
```

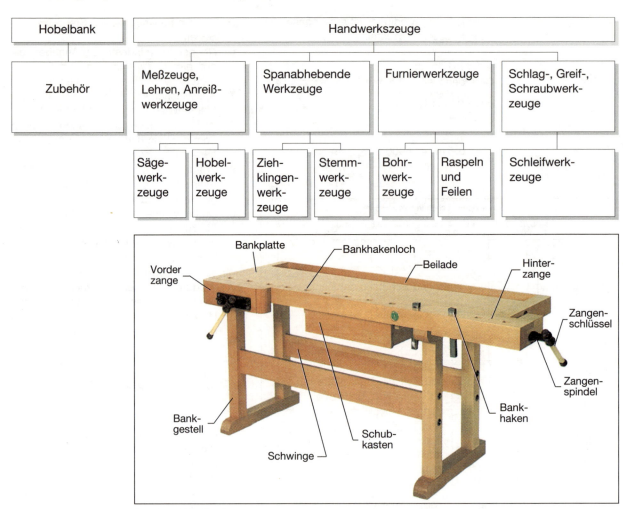

B 4.3-1 Hobelbank.

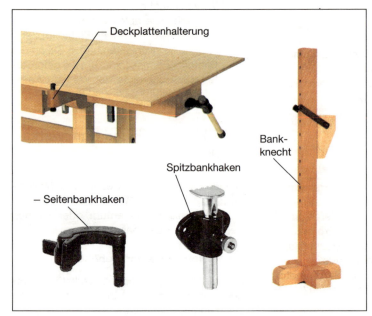

B 4.3-2 Deckplatte, Seiten- und Spitzbankhaken, Bankknecht.

Die Arbeitshöhe hängt von der Körpergröße ab. Das Arbeiten soll kraftsparend, in aufrechter Haltung und mit günstigem Blickwinkel auf das Werkstück möglich sein. Die dicke Bankplatte aus gedämpftem Rotbuchenholz ist vom Gestell abhebbar, das durch untergeschraubte Standplatten an die Körpergröße angepaßt werden kann.

Die Werkstücke können flach auf der Bankplatte zwischen den Bankhaken und senkrecht in der Vorder- oder Hinterzange eingespannt werden. Flachgewindespindeln bewegen die Vorder- und die Hinterzange und erzeugen die Spannkraft.

Hinweise zur Wartung und Pflege
- Die Bankplatte darf nicht beschädigt werden und muß sauber sein.
- Bei Stemm-, Bohr- und Sägearbeiten Unterlagen benutzen.
- Leimreste sofort beseitigen.

T 4.3/1 Zubehörteile für die Hobelbank

Zubehör	Verwendung
Spitzbankhaken	Festhalten leistenförmiger oder kleiner Teile auf der Bankplatte
Seitenbankhaken	Einklemmen sperriger und kastenförmiger Teile in beliebiger Höhe vor der Bankplatte
Bankknecht	Unterstützen großer und schwerer Teile, die in Vorder-, Hinterzange oder Seitenbankhaken eingespannt sind
Hilfsspannstock (in der Hinterzange befestigt)	Festklemmen kleiner leistenförmiger Teile
Deckplatte (mit Einspannhaken)	Vergrößern und Schützen der Bankplatte

4.3.2 Meßzeuge, Lehren und Anreißwerkzeuge

Für das Zuschneiden und Bearbeiten von Werkstücken sind Maßangaben notwendig, die jedoch z.B. wegen Maschinenvibrationen, Einstellungenauigkeiten nicht immer erreicht werden.
Toleranzangaben legen die Bearbeitungsgenauigkeit fest. Ein Werkstück ist verwendbar, wenn das tatsächliche (Ist-)Maß im Toleranzbereich zwischen dem Größt- und dem Kleinstmaß liegt.

Meßzeuge

Mit Meßzeugen werden Meßgrößen mit der entsprechenden Grundeinheit (z.B. Längen- oder Winkelmaße) verglichen. Dazu haben sie eine Maßskale, die bei bestimmten Meßzeugen auch geeicht ist. Das Meßergebnis besteht aus Zahlenwert · Maßeinheit, z.B. 112 mm.

Winkelmeßzeuge werden in der Holzindustrie bevorzugt zum Kontrollieren der Schneidenwinkel und von Werkstück- oder Profilschrägen verwendet.

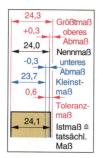

B 4.3-3 Maß- und Toleranzangaben.

- Die Bankplatte regelmäßig abräumen, Werkzeuge nur kurzzeitig und ordentlich in der Beilade ablegen (→ Unfallgefahr!).
- Von Zeit zu Zeit die Bankplatte mit Leinöl behandeln (→ schmutz- und leimabweisend).
- Auf den Zangen keine Schlag- und Stemmarbeiten ausführen (→ Führungen werden beschädigt).
- Beilagen benutzen (→ Eindrücke werden auf den Spannflächen vermieden).
- Spindelgewinde und Führungen regelmäßig reinigen und leicht einölen.

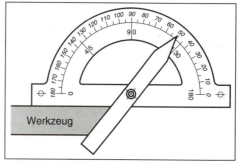

B 4.3-6 Winkelmeßzeug.

B 4.3-4 Teleskop-Meßstab.

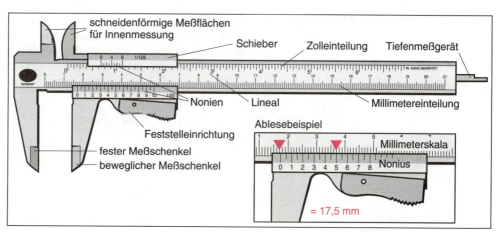

B 4.3-5 Meßschieber mit Ablesebeispiel.

T 4.3/2 *Längenmeßzeuge*

Meßzeug	Skalenteilung in mm	Meßbereich in mm	Besonderheit	Anwendungsmöglichkeiten
Rollbandmaß	Stahl: 1 / Textil: 1	Stahl: 1000 ... 2000 / Textil: 10000 ... 50000	einrollbares Stahl- oder Textilband, auch elektronisch mit Digitalanzeige geringe Genauigkeit bei großen Längen	Messungen auf dem Holzplatz und beim Holz- oder Plattengrobzuschnitt, mit Stahlbandmaß auch für Anreißarbeiten, Abnehmen von Baumaßen und Raumgrößen, Innenmessungen und Abstandsmessungen zwischen Leibungen und in Öffnungen
Gliedermaßstab	1	1000 oder 2000	geringe Genauigkeit durch bewegliche Gelenke und beim Gebrauch beschädigte Prägung	Abnehmen von Bau- und Raummaßen, Anreißarbeiten beim Holz-, Platten-, Furnier-, Glas- und Folienzuschnitt grobe Kontrollmessungen
Stahlmaßstab	1	1 ... 500	mittlere Genauigkeit durch geätzte Skaleinteilung	Einstell- und Kontrollmessungen bei Maschinenarbeiten, Anreißarbeiten und Kontrollmessungen an Bauteilen und Beschlägen
Teleskop-Meßstab	1	1000 ... 5000	teleskopartig ineinanderschiebbare Leichtmetallprofile mit Rechteckquerschnitt und elektronischer Meß- und Speichereinrichtung	speziell für Innenmessungen von Öffnungen und Räumen, Abnehmen von Baumaßen, Kontrollmessungen
Meßschieber	0,1 ... 0,05	... 300	mit Noniusteilung große Ablesegenauigkeit	Längen- und Breitenmessungen an kleineren Werkstücken und Beschlägen, Dickenmessungen, Durchmesserbestimmung von Drehteilen und Bohrungen
Meßuhr	0,1 ... 0,01	... 50	Einspannung in Stativen, brücken- oder rachenförmigen Halterungen	Dickenmessung von Platten, Glas, Furnieren, Folien, Blechen, Werkzeugeinstellarbeiten, Tiefenmessungen von Bohrungen und Aussparungen

T 4.3/3 *Lehren für Winkel, Längen und Formen*

Art	Anwendung und Ausführung
Anschlagwinkel	für rechte Winkel (a) und Gehrungswinkel (45°) (b) in Holz- oder Metallausführung, der Anschlagschenkel zum Anlegen an die Bezugskante ist dicker als die Zunge, für beliebige Winkel als einstellbare Stellschmiege meist in Holzausführung (c)
Rachenlehre	für Dickenkontrollen und kleine Breiten meist aus Metall, mit Gut- und Ausschußseite (Größt- und Kleinstmaß) für ein bestimmtes Nennmaß
Längenlehre	für größere Innen- oder Außenmaße einstellbar, meist in Metallausführung mit Gut- und Ausschußseite
Abstandlehre	für Loch-, Nut- oder Falzabstände zum Anlegen an Bezugskanten, oft aus Sperr- und Hartholz selbst hergestellt
Formlehre	für Profile (a) oder Schweifungen (b) aus Holz (Sperrholz), für wiederholte Nutzung aus Metall hergestellt

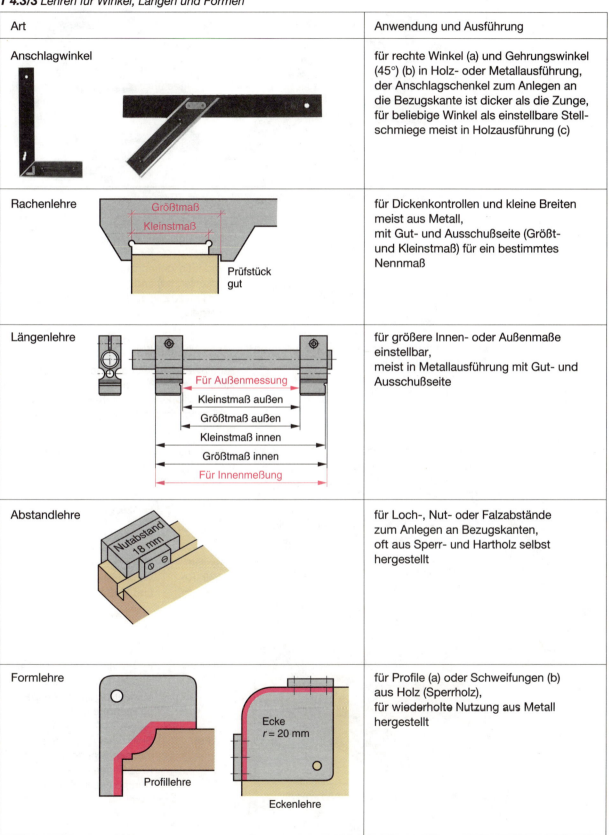

Werkzeuge und Maschinen – Hobelbank und Handwerkszeuge

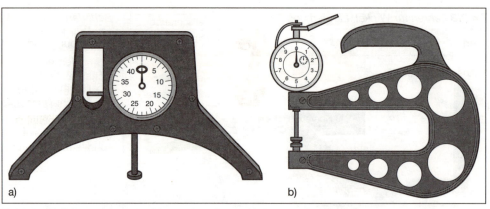

B 4.3-7 Meßuhren. a) in einem Messereinstellgerät, b) in einem Dickenmeßgerät.

Lehren

Lehren werden zum Kontrollieren von Längen, Winkeln und Formen verwendet. Sie haben keine Maßskale. Das Prüfergebnis entscheidet über die Verwendbarkeit des Werkstückes: gut = verwendbar oder Ausschuß = nicht verwendbar.

Hinweise zum Benutzen und Pflegen von Meßzeugen und Lehren

- Strichmaßstäbe, Längen- und Winkelprüflehren parallel zur Meßstrecke oder rechtwinklig an der Bezugskante anlegen.
- Bei großen Entfernungen dürfen flexible Meßzeuge nicht durchhängen.
- Bewegliche Meßzeuge nur mit kleiner Kraft betätigen, um Eindrücke zu vermeiden.
- Meßwerte senkrecht (Betrachtungswinkel 90°) ablesen oder die Meßkante senkrecht aufsetzen.
- Bei Form- und Winkellehren Maßgenauigkeit nach der Lichtspaltmethode beurteilen.

- Meßzeuge und Lehren müssen
  - sorgfältig behandelt und gepflegt,
  - möglichst hängend und staubfrei aufbewahrt,
  - eindeutig gekennzeichnet (z.B. Radius bei Eckenlehren) und
  - von Zeit zu Zeit auf Maßhaltigkeit kontrolliert werden.

Anreißwerkzeuge

Anreißwerkzeuge übertragen Maße und markieren Punkte und Linien auf dem zu bearbeitenden Werkstück. Sie haben eine scharfe und möglichst harte Bleistift- oder Metallspitze.

Die Teile müssen vorher zusammengezeichnet und Winkel- und Bezugskanten festgelegt und markiert werden.

T 4.3/4 Anreißwerkzeuge

Art	Anwendung
Bleistift (kein Kopierstift), Spitzbohrer oder Reißnadel	für Längenmarkierungen Winkelrisse und Maßübertragungen
Streichmaß	für Parallelrisse, für Dicken-, Schnitt- oder andere Markierungen, einstellbar für mehrere Maße
Zirkel	Spitzzirkel für kleine Durchmesser, Stangenzirkel für Kreisbögen mit größerem Durchmesser, Ellipsenzirkel

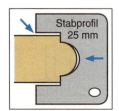

B 4.3-9 Profilkontrolle nach der Lichtspaltmethode.

B 4.3-10 Winkelkontrolle für Anschlagwinkel an einer geraden Bezugskante.

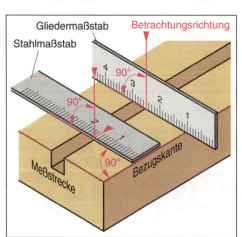

B 4.3-8 Richtiges Anlegen und Ablesen der Meßzeuge.

Werkzeuge und Maschinen – Hobelbank und Handwerkszeuge

Eckenwinkel 4.2.2

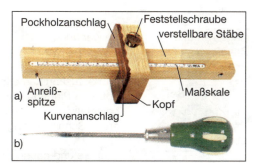

B 4.3-11 *Anreißwerkzeuge. a) Streichmaß, b) Spitzbohrer.*

Schärfarten. Handsägen werden mit der Feile geschärft. Die meisten Sägezähne haben waagerecht und gerade geschärfte Hauptschneiden (Flachzahn mit Geradschliff). Für Schnitte quer zum Faserverlauf wird häufig auch der wechselseitige Schrägschliff (Wechselschliff) angewendet. Durch verkleinerte Eckenwinkel verbessert sich hier die Schnittwirkung zum Durchtrennen der Holzfasern.

4.3.3 Spanabhebende Handwerkszeuge

Sägewerkzeuge

Durch Sägen werden Werkstoffe getrennt. Die Zahnform und -größe der Sägeblätter richtet sich nach der Werkstoffart, bei Voll- und Sperrholz nach der Schnittführung gegenüber dem Faserverlauf und der verlangten Schnittgüte. Der Kraftaufwand beim Sägen wird durch kleine Zähne vermindert.

Schränken verhindert das Klemmen der Sägeblätter im Holz. Durch gleichmäßiges und wechselseitiges Ausbiegen der Zähne wird das Freischneiden ermöglicht. Die Schränkweite beträgt das 1,4- bis 1,6fache der Blattdicke, bei nassem Holz höchstens die zweifache Blattdicke.

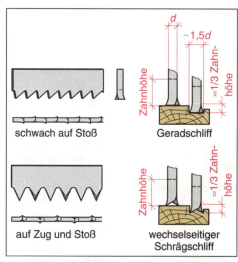

B 4.3-13 *Schränken und Schärfen der Handsägen.*

Gespannte Sägewerkzeuge haben streifenförmige Sägeblätter, die je nach Verwendungszweck verschiedene Zahnformen und -größen haben. Sie werden beidseitig in ein Gestell gehängt und gespannt.

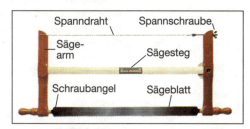

B 4.3-14 *Aufbau der Gestellsäge.*

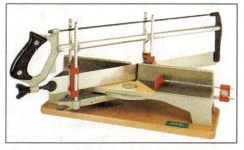

B 4.3-15 *Einstellbare Gehrungssäge mit Blattführung.*

Schneidengeometrie 4.2.2

Schränken 4.4.2, 4.10.3

B 4.3-12 *Bezeichnungen am Sägeblatt und Zahnformen.*

Werkzeuge und Maschinen – Hobelbank und Handwerkszeuge

T 4.3/5 *Gespannte Sägewerkzeuge*

Art und Arbeitsweise	Sägeblatt und Zahnform	Verwendung
Spannsäge auf Stoß	stark auf Stoß; $t \approx 5$ mm	grobe Zuschnittarbeiten bei Schnittholz und Plattenwerkstoffen, bei relativ großem Kraftaufwand große Schnittleistung
Absetzsäge schwach auf Stoß	schwach auf Stoß; $t \approx 3$ mm	saubere und paßgenaue Längs- und Querschnitte; zum Anschneiden von Zapfen, Schlitzen, Zinken, zum Absetzen und Ablängen
Schweifsäge auf Stoß	auf Stoß; $t \approx 3$ mm; Blattbreite ≈ 10 mm	Schweif- und Ausschnittarbeiten, für die das 4 mm ... 10 mm breite Sägeblatt aushängbar sein muß
Gehrungssäge schwach auf Stoß	schwach auf Stoß; $t \approx 1{,}5...2{,}5$ mm	ausrißfreie rechtwinklige, Gehrungs- und andere Winkelschnitte, gebräuchliche Winkelschnitte (90°, 45°, 36°, 30°, 22,5°) sind formschlüssig, andere Winkel nach Schablone kraftschlüssig einstellbar, auch Absetzschnitte
Schittersäge auf Zug und Stoß	auf Zug und Stoß; $t \approx 7...5$ mm	grobe Abläng-(Quer-)schnitte auch in nassen und grobfaserigen Brettern, Kanthölzern, Rundhölzern, Herstellen von Zimmermannsverbindungen

Formschluß, Kraftschluß 4.2.1.2

Ungespannte Sägewerkzeuge (→ T 4.3/6) haben ein dickeres oder mit einer Rückenversteifung versehenes Sägeblatt, das mit einem Heft oder Griff geführt wird.

Hinweise zum Benutzen von Sägewerkzeugen
- Gespannte Sägeblätter richtig spannen und nicht verdrehen. Nach Benutzung wieder entspannen.
- Werkstücke fest auflegen. Sie dürfen nicht schwingen (→ Bruchgefahr und Klemmen der Säge).
- Vorsicht beim Ansetzen der Säge (→ beim Abrutschen Unfallgefahr).
- Volle Blattlänge ausnutzen.
- Säge gleichmäßig führen, beim Zurückziehen keinen Druck anwenden.
- Auf rechtwinklige Schnittführung achten.
- Abfallende Holz- oder Plattenteile unterstützen und am Schnittende festhalten (→ unkontrolliertes Abbrechen).
- Beim Transport Sägezähne abdecken (→ Blattschutz benutzen).

Hobelwerkzeuge

Hobel werden benutzt zum:
- Herstellen ebener, maßgenauer und glatter Flächen (→ Flächenhobel) oder
- Ausarbeiten von Zweck- oder Zierprofilen (→ Formhobel).

Im Hobelkasten ist das Hobeleisen kraftschlüssig durch einen Holz- oder Metallkeil festgespannt. Der Keilwinkel des Hobeleisens beträgt 25° ± 5° (Hartholz größere, Weichholz kleinere Werte), der Schnittwinkel ergibt sich aus der Hobelbauart. Damit der Hobelspan nicht vorspaltet, wird auf das Hobeleisen eine Klappe mit Brechkante aufgesetzt (Doppel-Hobeleisen). Ausrißfreie Oberflächen erfordern eine kleine Spanöffnung (auch Hobelmaul genannt) mit unbeschädigter Druckkante. Beim Reformputzhobel kann die Spanöffnung vergrößert oder verkleinert werden. Die Span-

Profile 8.2.2

Schärfen von Hobeleisen 4.10.3

Vorspalten 4.2.2, Hobeln 5.4.1

Werkzeuge und Maschinen – Hobelbank und Handwerkszeuge

T 4.3/6 Ungespannte Sägewerkzeuge

Art	Zahnform und -größe Ausführung	Verwendung
Fuchsschwanz	$t = 3$ mm ... 4,5 mm, auf Stoß gefeilt, Blattdicke ≥ 1 mm	grobe Plattenzuschnitte
Stichsäge	$t = 3,5$ mm ... 5 mm, schwach auf Stoß gefeilt, ungeschränkt, Blattrücken dünner als Zahnspitzen ($\to$ Freischneiden)	Rundungen und Ausschnitte, die von einer Bohrung aus erweitert werden
Rückensäge	$t = 3$ mm ... 3,5 mm, schwach auf Stoß gefeilt, mit Rückenversteifung	saubere Sägeschnitte beim Zuschneiden dünner Platten
Feinsäge	$t = 1,25$ mm ... 2 mm, schwach auf Stoß oder auf Zug und Stoß gefeilt, mit austauschbarem Sägeblatt	saubere und paßgerechte Querschnitte
Gratsäge	$t = 3$ mm ... 4 mm, für ziehende Betätigung stark auf Zug gefeilt	Einschneiden von Grat- und anderen Nuten bei wählbarer Schnitthöhe

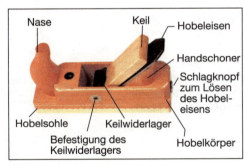

B 4.3-16 Teile des Hobels.

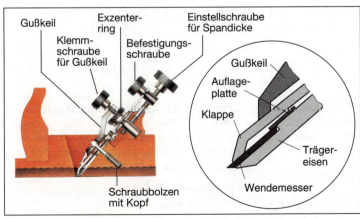

B 4.3-17 Putzhobel mit Wendemesser und Klappe.

dicke wird durch leichte Schläge auf das Hobeleisen oder am Reformhobel mit der Einstellschraube reguliert.

Wendemesser, die formschlüssig in das Hobeleisen gespannt sind, können den Schärfaufwand erheblich vermindern. Nach dem Abstumpfen wird das Wendemesser um 180° gedreht, die zweite Hauptschneide kommt zum Einsatz. Ein Nachschärfen ist nicht vorgesehen.

Flächenhobel ($\to$ T 4.3/7) sind die charakteristischen Werkzeuge zur Holzbearbeitung. Sie werden in verschiedenen Größen und Ausführungen verwendet.

Formhobel wurden früher für die Herstellung von Profilen benötigt. Heute werden dafür

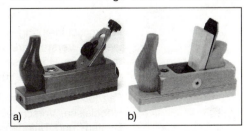

B 4.3-18 Flächenhobel. a) Reformputzhobel, b) Zahnhobel.

T 4.3/7 Flächenhobel

Hobelart	Verwendung	Hobeleisen
Schrupphobel	grobe Vorarbeiten durch Abtrennen dicker Späne oft bei diagonaler Werkzeugführung (Zwerchen)	Freifläche; 33; ohne Klappe, $\delta = 45°$
Schlichthobel	Abnahme relativ dicker Späne als Vorbereitung für Abrichtarbeiten	Freifläche; 48; ohne Klappe, $\delta = 45°$
Doppelhobel	wie beim Schlichthobel, ergibt jedoch eine bessere Oberfläche	Freifläche; 48; mit Klappe, $\delta = 45°$
Putzhobel	Abnahme dünner Späne beim Glätten (Putzen) von Vollholz und Furnier; saubere und ausrißfreie Flächen erreichbar	Freifläche; 48; mit Klappe, $\delta = 49° \ldots 50°$
Rauhbank	durch große Länge (600 mm) zum Abtragen von Unebenheiten und Abrichten besonders langer Breit- und Schmalflächen	Freifläche; 57 oder 60; meist mit Klappe, $\delta = 45°$
Zahnhobel	Entfernen von Unebenheiten (Messerschläge, Kittstellen) auf weiter zu bearbeitenden Flächen	Freifläche; 48; ohne Klappe, Spanfläche mit Längsrillen, $\delta = 75° \ldots 80°$
Schiffshobel	Bearbeiten gerundeter und unprofilierter Flächen; die Sohle ist konvex oder konkav einstellbar	Freifläche; 44; mit Klappe, $\delta = 55°$

Fräsmaschinen eingesetzt. Formhobel haben vielfach verstellbare Anschläge und austauschbare Hobeleisen, um sie den Profilmaßen anpassen zu können.

Falzhobel. Fälze werden mit klappenlosem Hobeleisen, Vorschneider und verstellbaren Breiten- und Tiefenanschlägen ausgearbeitet.

Simshobel (als Einfach- oder Doppelhobel) dienen zum Nachstoßen von Fälzen vorwiegend beim Gangbarmachen von Türen oder Fenstern. Spezielle Ausführungen ermöglichen das Hobeln bis in die Falzecken.

Grathobel werden zum Ausarbeiten der Gratfeder eingesetzt.

Werkzeuge und Maschinen – Hobelbank und Handwerkszeuge

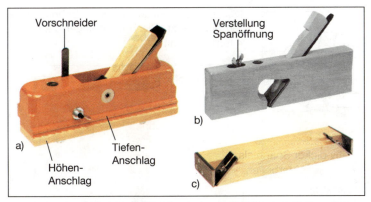

B 4.3-19 Formhobel für die Falzbearbeitung. a) Falzhobel, b) Doppelsimshobel, c) Türfalzhobel.

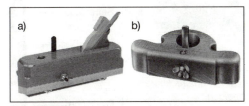

B 4.3-20 Grat- (a) und Grundhobel (b).

Grundhobel dienen zum Vertiefen und Ebnen des Nutgrundes (z.B. von Gratnuten) und Vertiefungen in flächigen Werkstücken.

Nuthobel werden heute kaum noch eingesetzt.

Hinweise zum Benutzen und Pflegen der Hobel

- Der Hobel wird geradlinig und gleichmäßig über die Fläche bewegt. Beim Zurückführen ist er zum Schutz des Hobeleisens seitlich über die Sohlenkante zu kippen.

Schärfen von Ziehklingen 4.10.3

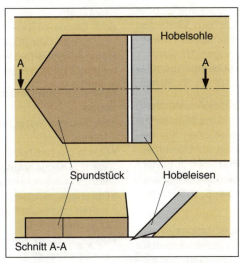

B 4.3-21 Hobel mit eingesetztem Spundstück.

- Es müssen Fließspäne entstehen, sonst können Maul und Spanraum verstopfen.
- Je feiner die abgetrennten Späne sein sollen, desto kleiner muß das Hobelmaul sein. Die Druck-(Maulvorder-)kante muß scharfkantig sein (evtl. Spundstück einsetzen).
- Die Klappe der Doppelhobel muß dicht auf dem Hobeleisen aufliegen (→ Verstopfungsgefahr).
- Beim Hobeln mit der Faser arbeiten, um die Ausrißgefahr zu vermindern.
- Beim Ablegen den Hobel über die Banklade stellen oder auf die Seite legen.
- Die Hobelsohle muß gerade und eben sein. Sie muß von Zeit zu Zeit auf einer mit Schleifwerkzeug bespannten und ebenen Fläche abgerichtet werden.

Ziehklingenwerkzeuge

Ziehklingenwerkzeuge ergänzen oft die Arbeit des Putzhobels. Sie werden vorwiegend für Hartholz verwendet zum:
- Glätten von Holzflächen mit unregelmäßigem Faserverlauf, z.B. Maser- oder Wurzelfurniere, Holzverwachsungen,
- Nachbessern kleinerer Stellen auf geputzten Flächen (durch leichtes Durchbiegen entstehen jedoch geringe Vertiefungen),
- Glätten geschweifter Werkstücke oder profilierter Teile, für die der Putzhobel nicht einsetzbar ist,
- Beseitigen von Fugenpapier- und Leimresten auf furnierten Flächen.

Ziehklinge. An die Längskanten der rechteckigen oder geschweiften Ziehklinge aus Werkzeugstahl (Dicke etwa 1 mm) wird ein feiner Grat gezogen. Durch die nach vorn geneigte Ziehklinge werden zusammenhängende und oft durchscheinende Späne abgeschnitten. Mit zunehmender Abnutzung des Grates geht die Schnitt- in eine Schabwirkung über. Erfolgt anschließend eine Oberflächenbehandlung, müssen die Flächen vorher noch gewässert und leicht nachgeschliffen werden.

Der Ziehklingenhobel wird zum Glätten profilierter und geschweifter Werkstücke, aber auch zum Entfernen von Papier- und Leimresten verwendet. Die kurze Hobelsohle mit seitlichen Griffen ermöglicht eine optimale Anpassung an die Oberflächenform. Die Klinge wird nach vorn geneigt eingespannt. Sie wird wie ein Hobeleisen geschliffen und abgezogen. Der Grat wird zuletzt senkrecht zur Klingenfläche angedrückt.

Werkzeuge und Maschinen – Hobelbank und Handwerkszeuge

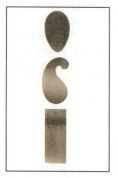

B 4.3-22 Verschiedene Ziehklingenformen.

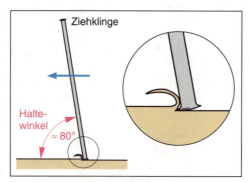

B 4.3-23 Spanbildung an der Ziehklinge.

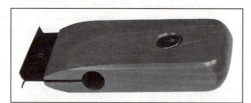

B 4.3-24 Ziehklingenwerkzeug mit umsteckbarer Doppelziehklinge mit vier Schneiden.

B 4.3-25 Ziehklingenhobel.

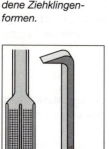

B 4.3-27 Fitschband- (a) und Riegellocheisen (b).

B 4.3-28 Schreinerklüpfel (a) und Holzhammer (b) schonen das Stemmwerkzeug.

Schärfen von Stemmwerkzeugen 4.10.3

lassen runder Beschläge und Schnitzarbeiten eingesetzt. Die Breiten liegen zwischen 4 mm ... 32 mm.

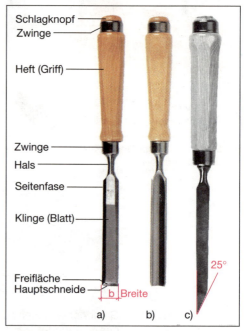

B 4.3-26 Bezeichnungen am Stemmwerkzeug.
a) Stechbeitel, b) Hohlbeitel, c) Lochbeitel.

Werkzeuge zum Stemmen

Stemmwerkzeuge haben eine geschärfte Klinge, die mit der Angel in das Heft eingepreßt ist. Zwingen (aufgepreßte Metallringe) verhindern das Ausfasern beim Stemmvorgang.

Stechbeitel werden zum Ausstechen oder Ausstemmen von Schwalbenschwanz- oder Fingerzinkungen, flachen Löchern, Gratnuten und beim Einlassen von Beschlägen verwendet. Da sie häufig schräg angesetzt werden, sind die Klingenkanten abgeschrägt. Gebräuchliche Breiten sind 6, 10, 12, 16, 20 mm.

Lochbeitel eignen sich für das Ausstemmen tiefer Löcher. Die Klingen sind meist dicker als breit und geringfügig zum Rücken hin verjüngt, damit sie im Stemmloch nicht klemmen. Für das Ausheben von Holzteilen aus dem Stemmloch sind sie besonders biegebelastbar. Gebräuchliche Breiten sind 4, 5, 6, 8, 10, 12, 13, 16 mm.

Hohlbeitel mit bogenförmiger Hauptschneide und hohlgeschliffener Spanfläche werden für das Nachstemmen von Hohlkehlen, das Ein-

Fitschbandeisen sind zum Einlassen von Einstemmbändern (Fitschbändern) vorgesehen. Ihre Dicke entspricht der Bandlappendicke.

Riegellocheisen sind grifflos und gebogen. Sie eignen sich zum Ausstemmen kleiner Löcher (z.B. Riegellöcher) an schwer zugänglichen Stellen, wo ein Stechbeitel wegen seiner Länge nicht verwendet werden kann. Beim Stemmen wird die Körperkraft meist mit dem Stemmknüppel (Schreinerklüpfel) oder Holzhammer vergrößert (→ Eigengewicht des Hammerkopfes und Hebelwirkung) und senkrecht auf das Werkzeug übertragen.

Hinweise zum Benutzen der Stemmwerkzeuge

- Werkstücke fest aufspannen, damit sie nicht federn.
- Durch die Kraftwirkung am einseitigen Keil wird die Klinge abgedrängt. Deshalb Stemmvorgang in Lochmitte beginnen.
- Durchgangslöcher von beiden Seiten anreißen und jeweils etwa bis zur Hälfte ausstemmen.
- Vorsicht beim Stemmen in Faserrichtung (→ Spaltgefahr!).

Werkzeuge und Maschinen – Hobelbank und Handwerkzeuge

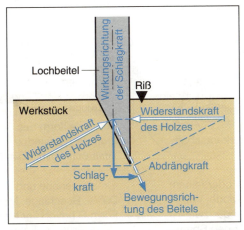

B 4.3-29 Kraftwirkung am einseitigen Keil beim Stemmvorgang.

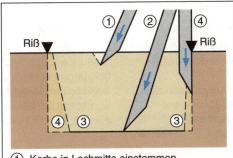

① Kerbe in Lochmitte einstemmen.
② Loch bis zur geforderten Tiefe erweitern.
③ Loch fast bis zum Riß vergrößern.
④ Senkrecht am Riß nachstemmen.

B 4.3-30 Arbeitsschritte beim Ausstemmen von Löchern mit dem Lochbeitel.
① Kerbe in Lochmitte einstemmen,
② Loch bis zur geforderten Tiefe erweitern,
③ Loch fast bis zum Riß vergrößern,
④ Senkrecht am Riß nachstemmen.

Bohrwerkzeuge

Das Bohren erfordert zwei gleichzeitig ablaufende Bewegungen, die:
- Vorschubbewegung parallel zur Bohrerachse → Eindringen des Bohrers in das Material und die
- Schnittbewegung beim Drehen des Bohrers → Trennen der Fasern und Abheben der Späne.

Die Vorschubbewegung wird durch Körperkraft beim Druck auf das Bohrwerkzeug erzeugt. Dabei schneidet sich das spiralförmige Einzugsgewinde beim Drehen ein und zieht den Bohrer ins Holz.
Eine gewindelose Zentrierspitze ermöglicht dagegen nur das genaue Ansetzen des Bohrers.

Die Schnittbewegung entsteht durch die Bohrerrotation. Dabei heben die waagerecht oder schräg angeordneten Hauptschneiden wendelförmige Späne ab. Sie werden in spiralförmigen Nuten aus dem Bohrloch transportiert. Die Wangen der Spannuten erleichtern die Führung des Bohrers.

Die Steigung der Spannuten ergibt den Drallwinkel, der zwischen 10° ... 40° betragen kann. Je härter ein Werkstoff ist, desto kleiner ist der Drallwinkel zu wählen. Für Holz und Holzwerkstoffe beträgt er je nach Härte und Spanungsrichtung 15° ... 30°, für Mauerwerk, harte Metalle und Schichtpreßstoffe etwa 10° ... 20°.

Vorschneider sind nicht an allen Bohrwerkzeugen vorhanden. Sie sind stets am Bohrerumfang angebracht und durchtrennen das Holzgefüge. Dadurch entstehen glatte Bohrlochränder und -wandungen auch im Querholz. Bohrer werden entweder mit der Hand eingedreht, meist jedoch müssen sie in eine Bohrwinde oder -maschine eingespannt werden und haben ein entsprechend gestaltetes Schaftende.

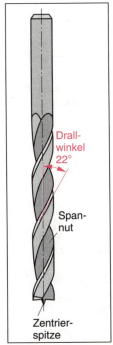

B 4.3-32 Holzspiralbohrer mit Zentrierspitze.

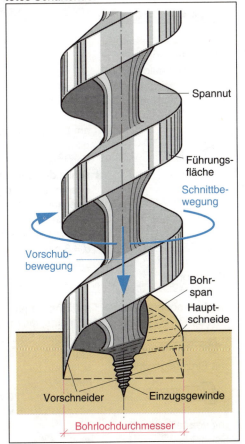

B 4.3-31 Arbeitsweise des Schlangenbohrers.

239

T 4.3/8 *Bohrerarten*

Bohrerart	Merkmale	Verwendung
Schneckenbohrer DIN 6464	schneckenförmiges Einzugsgewinde geht in spiralförmige Hauptschneide am Schaft über und bildet die Spannut, mit Ringgriff oder Vierkantschaft, d = 2 mm ... 16 mm	Vorbohren von Nagel und Schraubenlöchern in Hart- und Weichholz und Holzwerkstoffen sowie Locherweiterungen, durch Keilform des Schaftes und Einzugskraft des Gewindes kann Holz leicht spalten ($\rightarrow$ evtl. beim Bohren einspannen)
Schlangenbohrer DIN 6444 Form C (Irwinbohrer) Form G (Lewisbohrer)	mit grobem (Form C) oder feinem (Form G) Einzugsgewinde, Vorschneidern und ein- oder zweigängiger Spannut für den Spantransport, meist mit Vierkantschaft für die Bohrwinde, d = 6 mm ... 32 mm	für lagegenaue und tiefe Löcher für z.B. Dübel, Beschläge, Maschinenschrauben, Form G bevorzugt für Hartholz, Form C vor allem für Weichholz und Holzwerkstoffe
Spiralbohrer DIN 7487 mit Dachspitze mit Zentrierspitze und Vorschneidern	meist mit 2gängiger Spannut, Zentrierspitze und zwei Vorschneidern oder mit Dachspitze, Drall- und Spitzenwinkel müssen der Materialhärte der Werkstücke entsprechend gewählt werden, d = 2 mm ... 15 mm	Bohrer mit Zentrierspitze für Querholzbohrungen, mit Dachspitze für Hirnholzbohrungen in Hart- u. Weichholz, Holzwerkstoffen, Metallen und Kunststoffen, Vorbohren für bessere Führung ist günstig, Maschinenbohrungen bevorzugen
Forstner- u. Kunstbohrer DIN 7483 Forstnerbohrer Kunstbohrer	zylinderförmiger Schneidkopf mit zwei radialen Hauptschneiden, die Späne am Lochgrund abheben und diesen glätten, Forstnerbohrer hat geteilte Umfangsschneiden zum Durchtrennen der Fasern, Kunstbohrer hat dagegen zwei ausgeformte Vorschneider, Vierkant- oder Zylinderschaft für Bohrwinde und -maschine, d = 8 mm ... 40 mm	flache Löcher mit großem Durchmesser in allen Holzarten und Holzwerkstoffen zum Aussetzen von Ästen und Einsetzen von Beschlägen, wegen fehlendem Einzugsgewinde erhöhter Kraftbedarf für Spanabhub am Lochgrund, Forsterbohrer auch für teilweise offene Randlöcher
Zentrumsbohrer DIN 6447 mit Einzugsgewinde mit verstellbarer Schneide	mit Einzugsgewinde, radialer Hauptschneide, einem Vorschneider und spiraligem Spannutansatz, Form C mit verstellbarer Hauptschneide für verschiedene Durchmesser, d = 15 mm ... 75 mm	tiefere Löcher mit größerem Durchmesser in Hart- und Weichholz sowie Holzwerkstoffen, einstellbar auch für Zwischengrößen, Bohrqualität oft nicht ausreichend, vorwiegend für Handbetrieb

Fortsetzung T 4.3/8

Bohrerart	Merkmale	Verwendung
Versenker	kegelförmig mit schräg angeordneten u. schabend wirkenden Schneidkeilen (auch „Krauskopf" genannt); Schaftausbildung für Hand- und Maschinenbetrieb möglich	ausschließlich zum Entgraten oder Abschrägen (Anfasen) der Bohrlochränder für Dübel oder Schrauben; als Aufstecksenker zum Bohren und Anfasen der Löcher
Reibahle	Handwerkszeug mit angespitztem Vierkantstahl	zum Vorstechen und Erweitern kleiner Durchmesser in Holz, Metall oder Kunststoffen

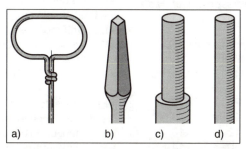

B 4.3-33 Schaftausbildung der Bohrer. a) Ringgriff, b) verjüngter Vierkantschaft, c) abgesetzter Zylinderschaft, d) durchgehender Zylinderschaft.

Hebelgesetz 4.1.1

Zahnradtrieb 4.2.1.2

Handbohrmaschinen 4.4.6, 5.6.4

Bohrwinden ergeben mit dem ausladenden Drehgriff große Schnittkräfte, aber nur geringe Schnittgeschwindigkeiten. Das gekerbte Zweibackenfutter ist für Schlangenbohrer mit Vierkantschaft und Einzugsgewinde besonders geeignet. Viele Bohrwinden haben für beengte Platzverhältnisse eine Ratsche, die ein Hin- und Herbewegen des Griffes ohne Rückdrehen des Bohrers ermöglicht.

Handkurbelmaschinen vergrößern die Drehfrequenz des Bohrers durch einen Kegel-Zahnradtrieb. Das Dreibackenfutter ist für Bohrer mit Zylinderschaft und ohne Einzugsgewinde, z.B. Spiralbohrer geeignet.

Handbohrmaschinen können oft durch stufenlose Drehfrequenzeinstellung den Schnittbedingungen angepaßt werden.
Wegen der großen Drehzahlen sind sie besonders beim Ansetzen nur schwer zu führen und verlaufen oft. Deshalb sollte die Arbeit an einer stationären oder fest eingespannten Bohrmaschine dem freihändigen Arbeiten vorgezogen werden.

Hinweise zum Benutzen der Bohrwerkzeuge

- Beim Bohren Werkstücke festspannen, möglichst Bohrschablonen benutzen.
- Für saubere Querholzbohrungen Bohrer mit Vorschneidern, für flache Beschlagbohrungen Tiefensteller verwenden.
- Bei Einzelbohrungen Ansatzpunkte markieren durch:
  - Vorstechen mit Spitzbohrer oder Reibahle in Holz und Holzwerkstoffen,
  - Ankörnen auf Metall- oder Kunststoffoberflächen oder
  - Vorbohren mit kleinem Durchmesser.
- Durchgangsbohrungen entweder:
  - auf Holzunterlage ausführen (→ Verhindern des Ausreißens) oder
  - von der Rückseite aus ebenfalls vorbohren.
- Bei Metallbohrungen Bohrer nicht überhitzen, evtl. Bohrvorgang mehrmals unterbrechen. Am Bohreraustritt unbedingt Grat beseitigen (→ Verletzungsgefahr).

Raspeln und Feilen

Raspeln und Feilen werden zum Nacharbeiten, Ebnen und Glätten vorwiegend gesägter Schweifungen und Ausschnitte, aber auch zum Bearbeiten von Kunststoffen und Metal-

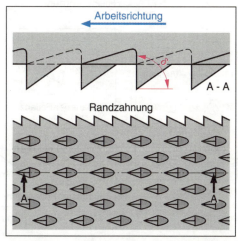

B 4.3-35 Form und Anordnung gehauener Raspelzähne.

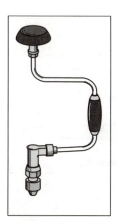

B 4.3-34 Bohrwinde.

Werkzeuge und Maschinen – Hobelbank und Handwerkszeuge

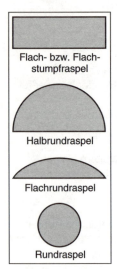

B 4.3-36 Querschnitte von Holzraspeln.

Instandhalten von Werkzeugen 4.10.3, Schneidengeometrie 4.2.2

len benutzt. Sie haben geometrisch bestimmte Schneiden (Hiebe), die maschinell auf dem Grundkörper (Blatt) eingehauen oder eingefräst sind.

Raspeln werden für gröbere Vorarbeiten verwendet. Sie haben versetzt eingehauene Spitzzähne. Die Anzahl der Hiebe je cm² ergibt sich aus Hiebnummer und Raspellänge und entspricht der Feinheit bzw. Grobheit der Zahnung.
Die Querschnittsform des Raspelblattes muß der Arbeitsaufgabe angepaßt werden.

T 4.3/9 Stufung der Holzraspeln nach Hiebzahl

Blatt- länge in mm	Hiebzahlen/cm² bei Hiebnummer		
	1	2	3
150	14	20	28
200	11	16	22
250	9	12	18
300	7	10	14
		grob	fein

Feilen haben kleinere Zahnungen als Raspeln und werden für feinere Nacharbeiten und zum Glätten von Rundungen bevorzugt. Sie haben meist schräg angeordnete Hiebreihen. Als Einhieb bezeichnet man ausschließlich parallel angeordnete Einkerbungen. Beim Kreuzhieb liegen Unter- und Oberhieb gekreuzt übereinander.
Wie bei den Raspeln unterscheiden sich auch Feilen in der Zahnung nach Hiebnummer und Feilenlänge. Kurze Feilen mit großer Hiebnummer sind feiner als lange mit niedriger Hiebnummer.

Für Holzarbeiten stehen Ein- und Kreuzhiebfeilen als Flach-, Halbrund-, Flachrund- oder Rundfeilen mit verjüngtem Blatt (Ausnahme Flachfeile) zur Verfügung. Einhiebige Feilen werden beim Schärfen der Sägewerkzeuge bevorzugt. Je nach Zahnform stehen Flach-, Drei- oder Vierkant-, Messer- oder Schwertfeilen zur Verfügung. Feilen für die Metall- und Kunststoffbearbeitung haben vielfach eine gefräste Zahnung.

Hinweise zum Benutzen und Pflegen von Raspeln und Feilen
- Werkzeuge jeweils nur für einen Werkstoff (Holz, Aluminium, Stahl u.a.) verwenden.
- Der Griff muß fest auf der Angel sitzen.
- Werkzeug etwas schräg führen, um gleichmäßiges Abtragen zu gewährleisten.
- Arbeitsdruck nur bei der Vorwärtsbewegung ausüben.
- Mit Holzresten und Harzen zugesetzte Raspeln und Feilen in heißem Wasser einweichen, dann mit einer Wurzelbürste reinigen und gut trocknen.
- Metallfeilen werden mit einer Messingdrahtbürste gereinigt.

Schleifwerkzeuge

Mit Schleifwerkzeugen können verschiedene Werkstoffe bearbeitet werden. Es gibt:
- biegbare Schleifwerkzeuge als Blätter oder Bänder zum Aufrauhen, Egalisieren und Glätten von Werkstoffoberflächen,
- Formschleifkörper als Schleifscheiben oder Abziehsteine vorzugsweise für den Werkzeugschliff.

Schleifwerkzeuge bestehen aus vielen scharfkantigen Schleifkörnern mit annähernd gleicher Größe, aber unterschiedlicher Form. Die

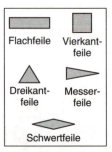

B 4.3-38 Querschnitte von Sägeschärffeilen.

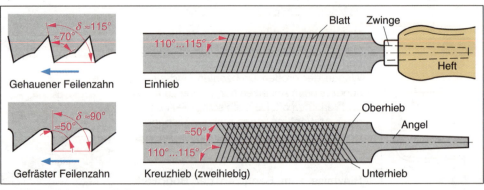

B 4.3-37 Hiebarten an Feilen.

Kanten der Schleifkörner trennen schabend Späne ab. Sie werden in den Zwischenräumen aufgenommen und abtransportiert.

Sedimentation 2.1.2

Schleifmittel. Die Schleifkörner sind natürliche oder synthetische Schleifmittel mit großer Härte, die zerkleinert und durch Rüttelsiebe oder Sedimentation (Absetzen) nach Korngrößen (Körnungen) sortiert werden. Sie dürfen keine Eisenverbindungen enthalten, da diese gerbstoffhaltige Hölzer verfärben.

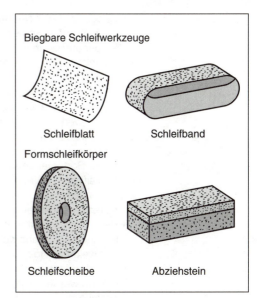

B 4.3-39 *Schleifwerkzeuge.*

T 4.3/10 Arten und Verwendung der Schleifmittel

Art	Härte	Verwendung
Natürliche Schleifmittel Naturkorund, Schmirgel, Quarz	gering ↓ sehr hart	nur noch vereinzelt für Handschliff von Weichholz, Lack, weichen Kunststoffen
Synthetische Schleifmittel Normalkorund bis Edelkorund, Siliziumkarbid, Diamant nur für Formschleifkörper		Hand- und Maschinenschliff von Weichholz, Lacken, Hartholz, Furnieren, Holzwerkstoffen und harten Kunststoffen, Metalle, Hartmetalle

T 4.3/11 Tragkörper für biegbare Schleifwerkzeuge

Art	Reißfestigkeit	Verwendung
leichte Papiere (70 g/m² .. 80 g/m²)	gering ↓ sehr groß	nur Handschliff
verdichtete und geleimte mehrschichtige Papiere ($\geq$ 240 g/m²)		Maschinenschliff und Handschliff
Gewebebahnen (Köper, Leinen, Nessel)		Profil- und Naßschliff
Papier-Gewebe-Kombinationen		Maschinenschliff für hohe Belastung wie z.B. Spanplatten-egalisier- und Kalibrierschliff

Biegbare Schleifwerkzeuge werden für den Hand- und Maschinenschliff von Vollholz, Furnieren und Holzwerkstoffen, aber auch Lacken und Kunststoffen benötigt. Sie müssen ausgetauscht werden, wenn sie beschädigt oder mit Spänen zugesetzt sind.

Biegbare Schleifwerkzeuge unterscheiden sich hinsichtlich:
- Art und Beschaffenheit der Tragkörper,
- Belastbarkeit der zur Bindung verwendeten Kunstharzklebstoffe (für Trocken- oder Naßschliff, Bindefestigkeit),
- Korngröße oder Körnung ($\triangleq$ der Maschenanzahl auf 25,4 mm Seitenlänge des Trennsiebes),

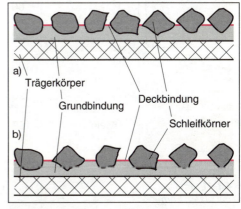

B 4.3-40 *Schleifwerkzeug mit a) dichter und b) offener Streuung.*

- Streuung. Sie bestimmt den Abstand der aufgestreuten Schleifkörner auf dem Tragkörper und die in den Zwischenräumen aufnehmbare Spanmenge.

Hinweise zum Lagern und Benutzen biegbarer Schleifwerkzeuge
- Schleifwerkzeuge sonnengeschützt in abgeschlossenen Räumen bei 16 °C ... 22 °C und einer Luftfeuchte von 60% ... 70% bevorraten. Bodenfeuchtigkeit vermeiden.
- Schleifbänder hängend aufbewahren.
- Jedes Knicken der biegbaren Schleifwerkzeuge vermeiden (→ Bruchgefahr).
- Beim Handschleifen Klotz mit weicher Auflagefläche (z.B. aus Kork) benutzen, so werden weichere Holzteile nicht ausgeschliffen.
- Holzoberflächen, deren Textur erhalten und betont werden soll, nur in Faserrichtung schleifen.
- Schleifbänder dürfen seitlich keinesfalls anlaufen oder beschädigt werden (→ Rißgefahr).
- Wirkungsvolles Absaugen oder Ausbürsten der Werkzeuge erhöht die Nutzungsdauer.
- Profile mit Gegenprofil-Schleifklotz bearbeiten. Vorsicht bei scharfen Kanten, die leicht abgerundet werden. Evtl. von beiden Seiten aus mit verschiedenen Formschleifklötzen arbeiten.

T 4.3/12 Streuung von Schleifbändern oder -blättern

Art/ Kurzzeichen	Anwendungsbereich
dichte Streuung/ cl	sehr harte Werkstoffe, trocken und nicht schmierend, geringer Spanabtrag
halboffene Streuung/ ho	vorwiegend Handschliff, Maschinenschliff für Hartholz, Kunststoffe und Lacke
offene Streuung/ op	weiche, feuchte und harzhaltige Hölzer und Furniere, Span- und mitteldichte Faserplatten

4.3.4 Furnierwerkzeuge

Furnierwerkzeuge heben keine Späne ab, sondern trennen Furniere mit messerartigen Schneiden.

Furnierschneider werden zum Längs- und Querschneiden von Furnieren verwendet. Der gekröpfte Griff ermöglicht die sichere Führung am Anschlaglineal. Das Blatt ist aus-

Furnierverarbeitung 5.5.1

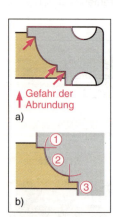

B 4.3-41 Profilschliff. a) mit einem Formschleifklotz, b) mit mehreren Schleifklötzen nacheinander.

T 4.3/13 Anwendungsbereiche für Körnungen

Kennzeichnung	Körnung ab	Anwendungsbereich	Körnung bis
grob	30	Entfernen von Leimresten, alten Lack- und Anstrichschichten	60
	60	grober Vorschliff von Vollholz	80
mittel	80	Entfernen von Fugenpapier, Vorschleifen gehobelter und furnierter Flächen	100
	100	Egalisierschliff für furnierte Flächen, Feinschliff von Vollholz	120
	120	Zwischenschliff von Furnierflächen	150
fein	150	Fertigschliff furnierter Flächen, Fertigschliff nach dem Wässern von Flächen	220
	220	Schleifen von Spachtelmassen, Grundierungen, Lacken und Kunststoffen, Nachschleifen gebeizter Flächen	240
sehr fein	240	Feinschleifen von Lacken, Polierschleifen von Metallen	500

Werkzeuge und Maschinen – Hobelbank und Handwerkszeuge

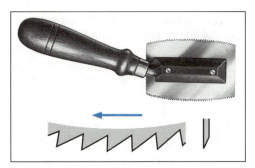

B 4.3-42 Furnierschneider.

wechselbar und hat geschärfte, auf Zug wirkende Zähne (deshalb auch als „Furniersäge" bezeichnet).

Fugen- und Streifenschneider sind kraftsparende und gut handhabbare Schneidwerkzeuge mit einspannbaren Messern zum:
- Längs- oder Querschneiden paßgenauer Fugen beim Zusammensetzen der Furniere oder
- Adern- und Streifenschneiden in Breiten zwischen 2 mm bis 8 mm.

Die Werkzeuge müssen am Anschlaglineal geführt werden.

Hebelgesetz 4.1.1

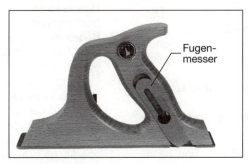

B 4.3-43 Fugen- und Streifenschneider.

Furnieradernschneider zum Einschneiden schmaler und flacher Nuten in furnierte Flächen ermöglichen das Einsetzen von Adern (Furnierstreifen aus anderen Holzarten oder

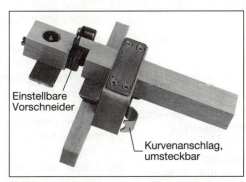

B 4.3-44 Ansicht und Detail des Furnieradernschneiders.

Werkstoffen). Randabstände, Bogenradien, Nuttiefe und -breite sind wahlweise einstellbar.

Kantenbeschneider erleichtern das Abtrennen aufgeleimter und überstehender Furniere. Durch den Anschlag wird das Einschneiden in die Fläche weitgehend verhindert.

Folienschneider erleichtern durch Anschlagflächen auf der Unterseite die Führung des Werkzeuges beim bündigen Beschneiden der Folienüberstände.

4.3.5 Schlag-, Greif- und Schraubwerkzeuge

Das wichtigste Schlagwerkzeug ist der Hammer, der in verschiedenen Ausführungen verwendet wird.

Der Schreinerhammer besteht aus einem geradwüchsigen und elastischen Stiel möglichst aus Eschen- oder Weißbuchenholz und dem Stahlkörper oder Hammerkopf, der fest auf den Stiel aufgepreßt und verkeilt wird. Größe und Masse des Kopfes (230 g, 320 g, 450 g) sowie die Stiellänge bestimmen die erreichbare Schlagkraft.

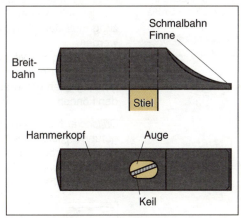

B 4.3-45 Schreinerhammer.

Die Breitbahn ist gewölbt. Sie muß sauber und fettfrei sein, um das Abrutschen beim Nageln zu verhindern. Oft ist der Hammerkopf magnetisch, um das Einschlagen kleiner Stifte zu erleichtern. Der feste Sitz des Hammerkopfes auf dem Stiel ist für den Arbeitsschutz besonders wichtig.

Zangen sind Greifwerkzeuge, die zum Festhalten, Herausziehen, Biegen oder Abtrennen von Nägeln, Drähten usw. benutzt werden. Sie bestehen aus zwei gekreuzten Hebeln mit gemeinsamen Drehpunkt, die erhebliche Kraftübersetzungen ermöglichen. Von der Gestaltung der Greifseite wird die Zangenart bestimmt.

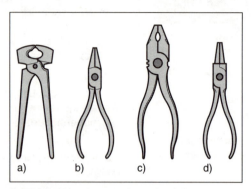

B 4.3-46 Zangenarten. a) Kneif-, b) Flach-, c) Kombi-, d) Rundzange.

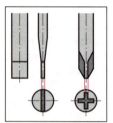

B 4.3-47 Die Klinge des Schraubendrehers muß der Größe des Lang- oder Kreuzschlitzes entsprechen.

Schraubendreher sind Werkzeuge zum Eindrehen, Anziehen und Lösen von Schrauben. Sie bestehen aus einer Klinge und einem griffgerecht gestalteten Heft aus Holz oder Kunststoff.
Die Klinge muß am Ende parallel angeschliffen sein. Um eine sichere Kraftübertragung zu gewährleisten und die Schlitzkanten der Schraube nicht zu beschädigen (→ Gratbildung), muß die passende Klingengröße ausgewählt werden. Nach längerer Benutzung muß das Klingenende evtl. nachgefeilt werden.
Zweckmäßig sind Werkzeuge mit verschiedenen Klingeneinsätzen (Bits), die jeweils den Schlitzgrößen entsprechend eingesetzt werden können.

Drillschraubendreher mit Knarre und handgeführte Akku- oder Druckluft-Schraubendreher ermöglichen Rechts- oder Linksdrehungen und verringern den Kraftaufwand beim Eindrehen der Schrauben.

B 4.3-48 Drillschraubendreher mit Knarre und Einsätzen.

Aufgaben

1. Welche Aufgaben haben die Vorder- und die Hinterzange der Hobelbank?
2. Beschreiben und begründen Sie Pflegemaßnahmen an der Hobelbank!
3. Nennen Sie mindestens drei Zubehörteile, die beim Arbeiten an der Hobelbank benötigt werden!
4. Wie spannen Sie lange und dünne Leisten auf der Hobelbankplatte fest?
5. Welche Meßzeuge kennen Sie für die Dickenmessung von Werkstücken? Beschreiben Sie die Meßprinzipien!
6. Erläutern Sie den Unterschied zwischen Messen und Lehren!
7. Beschreiben Sie die Benutzung des Streichmaßes beim Anreißen einer Schlitz-Zapfen-Verbindung!
8. Wie überprüfen Sie die Winkeligkeit eines Anschlagwinkels?
9. Wie warten und pflegen Sie Meßwerkzeuge und Lehren, um eine lange Benutzbarkeit zu gewährleisten? Beschreiben Sie drei Beispiele!
10. Aus welchen Teilen besteht die Gestellsäge?
11. Beschreiben Sie die Besonderheiten der Stichsäge gegenüber anderen ungespannten Sägen!
12. Für welche Arbeiten wählen Sie Sägen mit auf Zug und Stoß gefeilten Zähnen aus?
13. Welche Unterschiede bestehen zwischen dem Gerad- und dem Wechselschliff von Handsägen und deren Einsatzbedingungen?
14. Begründen Sie die Maßverhältnisse, die beim Schränken von Sägezähnen zu beachten sind!
15. Begründen Sie die Bedeutung des Schnittwinkels am Hobel, der Klappe am Hobeleisen und der Größe des Hobelmauls für die Benutzung des Hobels!
16. Wodurch wird das Ausreißen der Holzoberfläche beim Arbeiten mit dem Putzhobel weitgehend eingeschränkt?
17. Welche Unterschiede bestehen im Aufbau und bei der Benutzung des Schlicht- und des Doppelhobels?
18. Für welche Arbeiten müssen Formhobel benutzt werden?
19. Welche Einstellungen sind beim Benutzen des Schiffshobels durchzuführen bzw. zu überprüfen?
20. Worauf beruht die Wirkung der Ziehklinge?
21. Beschreiben Sie die Arbeitsschritte beim Abrichten und Schärfen der Ziehklingen!
22. Welche Unterschiede bestehen zwischen Stech-, Loch- und Hohlbeitel? Wofür sind die verschiedenen Arten zu verwenden?
23. Warum darf beim Stemmen von Löchern nicht sofort am Riß gestemmt werden?
24. Warum sind beim Stemmen der Holzhammer oder der Schreinerklüpfel zu benutzen?

25. Wie verhindern Sie beim Bohren von Durchgangslöchern des Ausreißen auf der Austrittsseite?
26. Warum sind Schlangenbohrer besonders für das Handbohren geeignet?
27. Wie verhindern Sie beim Bohren von Kunststoffoberflächen das Verlaufen von Spiralbohrern mit Dachspitze?
28. Welcher Unterschied besteht zwischen der Zentrierspitze und dem Einzugsgewinde eines Bohrers?
29. Wie können zugesetzte Raspeln und Feilen schonend gereinigt werden?
30. Wie wird die Feinheit einer Feile oder Raspel angegeben? Erläutern Sie Ihre Aussage!
31. Warum sollen Feilen nur für eine Werkstoffart verwendet werden (Holz oder Metall)?
32. Welche kennzeichnenden Merkmale unterscheiden biegbare Schleifwerkzeuge?
33. Wofür sind Schleifbänder und -blätter mit offener Streuung zu bevorzugen? Begründen Sie!
34. Welche Schleifwerkzeuge bevorzugen Sie für den Profilschliff von Hartholz? Wie verhindern Sie dabei das Abrunden scharfer Kanten beim Schleifvorgang?
35. Beschreiben Sie die Wirkungsweise des Fugen- und Streifenschneiders beim Verarbeiten von Furnieren!
36. Worauf ist beim Benutzen des Furnieradernschneiders besonders zu achten?
37. Worauf ist beim Pflegen eines Hammers zu achten?
38. Welche Unterschiede bestehen zwischen Kneif- und Kombizange?
39. Worauf müssen Sie bei der Wahl eines Schraubendrehers für das Eindrehen von Senkkopfschrauben mit Langschlitz besonders achten?
40. Wie funktioniert ein Drillschraubendreher?

4.4 Spanende Holzbearbeitungsmaschinen

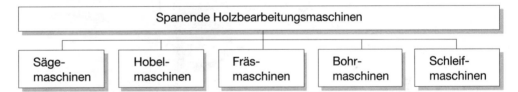

Holzbearbeitungsmaschinen sind Arbeitsmaschinen der Holzbe- und Holzverarbeitung. Die größte Gruppe bilden die spanenden Holzbearbeitungsmaschinen. Sie werden nach dem Spanungsvorgang eingeteilt.

Für die spanende Bearbeitung werden Werkzeuge in die Werkzeugträger der Maschinen eingesetzt. Sie werden nach ihrem Aufbau unterschieden.

Werkzeuge und Maschinen – Spanende Holzbearbeitungsmaschinen

4.4.1 Sägemaschinen

Tisch- und Format-Kreissägemaschinen

Tisch-Kreissägemaschinen TKS werden für Säge- und Parallelschnitte und bedingt auch für Formatschnitte eingesetzt. Für Tisch-Kreissägemaschinen ist der allseitig geschlossene Maschinentisch mit dem Langloch für das Sägeblatt typisch.

Format-Kreissägemaschinen SKF eignen sich für Format- und Parallelschnitte. Sie erfüllen hohe Anforderungen an Maßhaltigkeit und Schnittqualität. Typisch ist der am Maschinentisch geführte Rollwagen.

Werkzeuge. Beide Maschinentypen haben als Werkzeuge Kreissägeblätter. Diese sind entweder einteilig aus Stahl oder als Verbundwerkzeuge mit HM- oder PKD-Schneidplatten bestückt. Sie werden wie folgt gekennzeichnet:
- höchstzulässige Umdrehungsfrequenz (nicht erforderlich bei einteiligen Kreissägeblättern),
- Name oder Zeichen des Herstellers,
- zusätzlich: HSS bei Schnellarbeitsstahl.

Schneidstoffe 2.11.6, 4.2.2

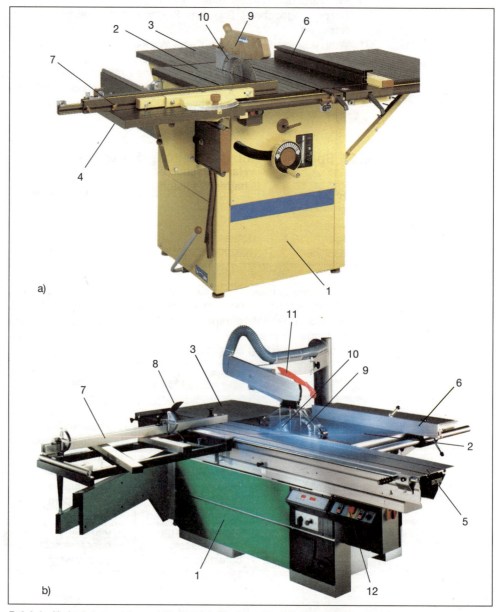

B 4.4-1 *Kreissägemaschinen. a) Tisch-Kreissägemaschine, b) Format-Kreissägemaschine. Es bedeuten: 1 Maschinenständer, 2 Maschinentisch, 3 Tischverlängerung, 4 Rolltisch, 5 Rollwagen, 6 Längsanschlag, 7 Winkelanschlag, 8 Besäumanschlag, 9 Schutzhaube, 10 Spaltkeil, 11 Schiebestock, 12 Steuereinrichtung.*

Werkzeuge und Maschinen – Spanende Holzbearbeitungsmaschinen

T 4.4/1 *Zahnformen von Kreissägeblättern*

Bezeichnung Kurzzeichen	Darstellung	Verwendung
Spitzzahn NV		grobe Längs- und Querschnitte in Weichholz
Wolfszahn KV		Längs- und Querschnitte in Hartholz
Dreieckszahn AV		feine Querschnitte
Rückschlagschutzzahn RS	max. 1,1 mm	gefordert für Handvorschub
Verbundzahn VM		harte Werkstoffe
spandickenbegrenzter Zahn mit HM-Schneide SD	max. 1,1 mm	Handvorschub bei harten Werkstoffen

ungeschränkt bleiben. Für feuchte und grobfaserige Werkstoffe ist die Schränkweite höchstens die 2fache, in der Regel die 1,4- ... 1,6fache Blattdicke.

- Schneidplatten an Verbundsägeblättern sind breiter als die Sägeblattgrundkörper und meist unterschliffen.

Antischall-Kreissägeblätter sollen durch eine eingeklebte Stahlfolie die Vibration des Sägeblattes und damit eine übermäßige Lärmentwicklung verhindern. Es sind Reduzierungen um 10 dB erreichbar.
Antischall-Kreissägeblätter verbessern auch die Schnittqualität, verringern die Schnittverluste und haben doppelte Standwege.

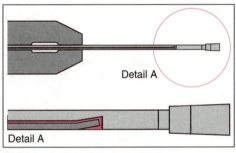

B 4.4-3 *Antischall-Kreissägeblatt.*

Die Schutzeinrichtungen zur Werkstückbearbeitung sind bei den verschiedenen Kreissägemaschinen vergleichbar.

Spaltkeil. Mit dem Spaltkeil wird die Sägefuge während des Schnittes offengehalten, damit das Sägeblatt nicht klemmt, das Schnittgut nicht aushebt und zurückschleudert.

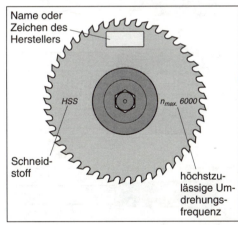

B 4.4-2 *Kennzeichnung eines Kreissägeblattes.*

Freischneiden. Kreissägeblätter müssen sich ebenso wie Handsägen freischneiden können. Dadurch wird das Klemmen und Reiben der Flanken des Sägeblattes in der Schnittfuge verhindert. Das Freischneiden wird erreicht durch:

- Schränken von einteiligen Stahlsägeblättern. Die Zähne werden im oberen Drittel der Zahnhöhe nach beiden Seiten ausgebogen, bei sehr nassem Holz kann jeder dritte Zahn

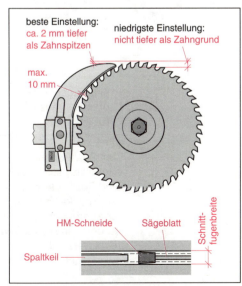

B 4.4-4 *Einstellung des Spaltkeiles.*

T 4.4/2 Schneidenformen von Kreissägeblättern

Bezeichnung Kurzzeichen	Darstellung	Verwendung
Flachzahn FZ		mit negativem Spanwinkel: Trennschnitte, Gehrungsschnitte, Nuten und Schlitze
Wechselzahn WZ		Aufteil- und Trennschnitte in Plattenwerkstoffen
Hohlzahn HZ		Schnitte in beschichtete Platten
Hohl-Duplovitzahn HD		Sägen von beschichteten Platten bei größerer Standzeit
Dachzahn DZ		Räumschnitte bei Weichholz
Dach-Duplovitzahn DD		Besäum- und Trennschnitte bei hoher Schnittqualität
Trapezzahn TZ		Sägen von Kunststoffen
Trapez-Flachzahn TF		Sägen von Kunststoffen bei hoher Schnittqualität
einseitiger Spitz- oder Schrägzahn EZ (auch ES)		Plattenschnitte, stets paarweiser Einsatz

Der Spaltkeil muß zum verwendeten Kreissägeblatt passen. Für den Sägeblattwechsel sind Spaltkeile in drei Größen bereitzuhalten. Der Spaltkeil darf nicht dicker als die Schnittfuge und nicht dünner als der Sägeblattgrundkörper sein. Er muß waagerecht und senkrecht verstellbar sein und bei $d > 250$ mm zwangsgeführt werden.

T 4.4/3 Spaltkeilgrößen

Größe	Spaltkeildicke in mm	Sägeblattdurchmesser in mm
45	3,2	350 ... **450**
35	2,8	250 ... **350**
25	2,0	200 ... **250**

Werkzeuge und Maschinen – Spanende Holzbearbeitungsmaschinen

B 4.4-5   Schutzhaube.

Schutzhaube. Die Schutzhaube soll:
- den Späneflug aufnehmen und ableiten,
- vor Berührung schützen und
- das Schnittgut am Hochschleudern hindern.

Ab 250 mm Blattdurchmesser darf die Schutzhaube nicht am Spaltkeil befestigt werden. Bei Verwendung eines Vorschubgerätes ist keine Schutzhaube erforderlich.

Schiebestock und Schiebelade dienen dazu, Werkstücke im Gefahrenbereich des Sägeblattes sicher zu führen. Schiebestöcke besonders für schmalere Teile sind an der Stirnfläche passend eingekerbt. Die Schiebelade wird auf kürzere Werkstücke aufgesetzt.

B 4.4-7   Ritz- und Hauptsäge.

Werkstückführungen. Für die verschiedenen Arbeitsaufgaben an Tisch- und Format-Kreissägemaschinen sind im Maschinentisch Nuten eingearbeitet, die eine formschlüssige Längsführung verschiedener Anschlag- und Führungsvorrichtungen ermöglichen.

Der Parallelanschlag (auch: Führungslineal genannt) ist an der Bedienseite des Maschinentisches verschiebbar angeordnet. Er wird durch ein Anschlaglineal ergänzt, das in der Länge versetzt und flachgelegt werden kann. Es ist notwendig für Längsschnitte.

Der Winkelanschlag ist in einer Führungsnut verschiebbar oder auf dem Schiebetisch montiert. Er kann in beliebigem Winkel eingestellt und arretiert werden. Anschlagnocken zur Längenbegrenzung sind oft am Winkelanschlag einstellbar und rückklappbar angebracht. Der Winkelanschlag wird für Querschnitte gebraucht.

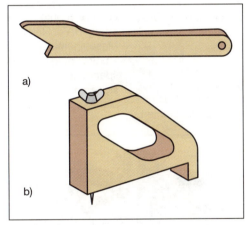

B 4.4-6   Schiebestock (a) und Schiebelade (b).

Das Vorritzsägeblatt ist nicht an allen Maschinen vorhanden. Es verhindert an der Schnittunterseite Kantenausbrüche und Ausrisse. Es befindet sich vor der Hauptsäge, spant im Gleichlauf und greift nur wenige Millimeter ein. Die große Umdrehungsfrequenz von 9000 1/min verbessert ebenfalls die Schnittgüte.

Der Klemmschuh (Niederhalter) auf dem Rollwagen hält das Schnittgut in der gewünschten Lage fest.

Der Längenanschlag der Besäumlade hat dieselbe Aufgabe. Das Schnittgut wird mit dem Rollwagen oder der Besäumlade am Werkzeug vorbeigeführt. Klemmschuh oder Längenanschlag sind notwendig für Längsschnitte (vorwiegend in Vollholz).

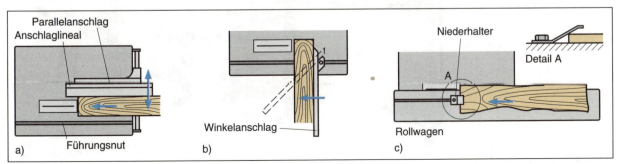

B 4.4-8   Anschlag- und Führungsvorrichtungen. a) Parallelanschlag mit Anschlaglineal, b) verstellbarer Winkelanschlag, c) Rollwagen mit Klemmschuh (Niederhalter).

Werkzeuge und Maschinen – Spanende Holzbearbeitungsmaschinen

Sägeblatteinstellung. Die Sägeblatthöhe wird entweder mit Handrad und Spindel oder hydraulisch mit Fußbedienung eingestellt. Die Sägeblattneigung kann mit Handrad, Fußhebel oder Tastendruck eingestellt werden.

Wird statt des Sägeblattes der Maschinentisch geneigt, ist links vom Sägeblatt eine Längsführung für das Werkstück anzubringen, um das Abrutschen zu verhindern.

Weitere Kreissägemaschinen. Neben den Tisch- und Format-Kreissägemaschinen gibt es weitere Maschinen für spezielle Aufgaben:
- Plattensägemaschinen in senkrechter oder waagerechter Bauart,
- Gehrungs-Kreissägemaschinen,
- Besäum-Kreissägemaschinen,
- Abläng-Kreissägemaschinen, wie Pendel-, Kapp- oder Ausleger-Kreissägemaschinen,
- Vielblatt-Kreissägemaschinen.

Plattensägemaschinen in vertikaler Sägeführung sind platzsparend und leicht zu handhaben. Zwei Ritzmesser ritzen die Plattenoberfläche und bewirken exakte Schnittkanten.

Arbeitsschutz
- Die Verwendung eines Spaltkeiles ist (außer beim Sägen von Kunststoffen) Pflicht. Zum Sägen von Kunststoffen sind Niederhalter zu verwenden.
- Das Sägeblatt muß bis auf den Arbeitsbereich verkleidet sein.
- Rolltische und -wagen müssen vor dem Auslaufen durch Begrenzungen (Fahrbegrenzungen) geschützt werden.

Bandsägemaschinen BSM

Bandsägemaschinen werden für freie (nicht an einem Anschlag geführte), meist geschweifte Schnitte eingesetzt. Es sind auch gerade und parallele Schnitte (geführte Schnitte) möglich.

Gerade Schnitte sollen an einer Längsführung erfolgen. Für Neigungsschnitte kann man den Maschinentisch der meisten Maschinen bis zu 60° neigen. Das Einstellen von Blattspannung und Sturz (Radneigung) sorgt für sicheren und ruhigen Lauf des Bandsägeblattes.

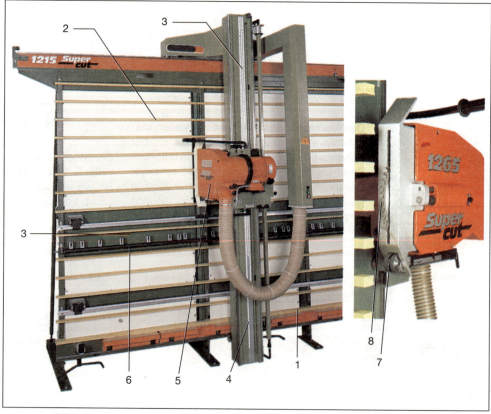

B 4.4-9 Plattensägemaschine. Es bedeuten: 1 Plattenauflage, 2 Lattenrost für Werkstückanlage, 3 Maßskale, 4 Sägebalken, 5 Sägeaggregat, 6 Mittenauflage für kleine Platten, 7 HM-Ritzmesser, 8 Sägeblatt.

Werkzeuge und Maschinen – Spanende Holzbearbeitungsmaschinen

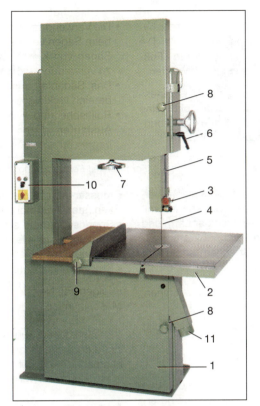

Die Breiten der Bandsägeblätter richten sich nach dem Rollendurchmesser und der Schnittaufgabe: Für kleine Rollendurchmesser und kleine Schnittradien gelten die kleineren Breiten.

Arbeitsschutz
Das Sägeblatt muß bis zur größten Schnitthöhe verkleidet sein. Die Verkleidung muß das Herausschlagen gerissener Bandsägeblätter verhindern.

4.4.2 Hobelmaschinen

Mit Hobelmaschinen werden ebene Flächen durch Messerwellen spanend bearbeitet.

Messerwellen sind die Werkzeuge der Hobelmaschinen. Sie sind walzenförmig, haben stirnseitig Lagerzapfen und reichen über die ganze Maschinenbreite. Umfangseitig sind sie mit achsparallel oder gewendelt angeordneten Streifenmessern bestückt.

Messer bilden mit den Wellen Passungssysteme.

Streifenmesser sind viel länger als breit, wenige Millimeter dick und haben eine Hauptschneide.

Einweg-Wendemesser werden nach einseitigem Abstumpfen einmal gewendet und danach ausgetauscht.

B 4.4-10 Bandsägemaschine. Es bedeuten:
1 Maschinenständer, 2 Maschinentisch, 3 Bandsägerollen, 4 Bandsägeblatt, 5 Sägeblattführung, 6 Höhenverstellung und Klemmung der Sägeblattführung, 7 Handrad und Anzeige der Blattspannung, 8 Schutztüren, 9 Führungsanschlag, 10 Schalter, 11 Absaugstutzen.

Das Bandsägeblatt liegt mit seiner ganzen Blattfläche, außer mit den Zahnspitzen, auf der oberen und unteren Bandsägerolle auf. Deren Auflageflächen sind wegen besserer Haftung und leiserem Lauf gummiert. Die Gummierung ist leicht ballig oder seitlich abgefast ausgebildet, um die Ablaufgefahr für das Sägeblatt zu vermindern.

Im Schnittbereich wird das Blatt durch eine untere und obere Sägeblattführung gegen Verdrehen und Weggleiten zwangsgeführt. Die Sägeblattführung muß so eingestellt werden, daß das Sägeblatt unbelastet an den Seiten- und Rückenrollen freiläuft.

B 4.4-12 Messerwellen-Passungssystem (Einweg-Wendemessersystem).

Festspannung der Messer. Die Messer müssen mit dem Grundkörper unbedingt formschlüssig verbunden sein.

Fliehkeil-Festspannung. Bei der Fliehkeil-Festspannung wird das Messer auf der Spanneiste vorgespannt und klemmt sich beim Lauf der Welle durch die Fliehkraft richtig fest.

Die Profil-Festspannungen bieten durch ihre Formpassung sicheren Halt.

Werkzeuge. Bandsägeblätter sind endlose und dünne Stahlbänder mit geschränkten Schneidzähnen. Die Verbindungsstellen sind meist hartgelötet, können aber auch geschweißt sein. Da große und ständig wechselnde Zug- und Biegebelastungen auftreten, wird als Bandmaterial hochbelastbarer ==Chrom-Nickel-Stahl== verwendet.

B 4.4-11 Bandsägeblattführung.

 Legierungen 2.11.4

Werkzeuge und Maschinen – Spanende Holzbearbeitungsmaschinen

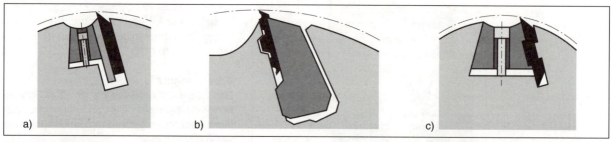

B 4.4-13 *Festspannung der Streifenmesser. a) Fliehkeil-Festspannung, b) Formfliehkeil-Festspannung, c) Profil-Festspannung.*

B 4.4-14 *Drallmesserwelle.*

VGB 7j § 69, 108b

Drallmesserwellen (Spiralmesserwellen) arbeiten mit ziehendem Schnitt. Sie spanen mit hoher Qualität, entwickeln weniger Lärm und benötigen eine kleinere Vorschubkraft. Drallmesser sind gegenüber Streifenmessern teurer in der Anschaffung und kompliziert zu schärfen und einzubauen.

Arbeitsschutz
- Die Sicherheitsmesserwellen müssen rund und spandickenbegrenzt sein.
- Der Messerüberstand darf maximal nur 1,1 mm betragen.
- Die Messerbefestigung muß formschlüssig sein. Ein Kraftschluß ist als Ausnahme erlaubt, wenn die Messerlänge mindestens das Dreifache des Schneidenflugkreises beträgt. Sie ist auch bei allseitigem Schutz in Dickenhobelmaschinen erlaubt.
- Das markierte Mindesteinspannmaß ist einzuhalten. Bei fehlender Kennzeichnung muß es mindestens 15 mm betragen.
- Messer- und Spannflächen müssen trocken, staub- und ölfrei sein.
- Spannschrauben sind beim Einsetzen der Streifenmesser gleichmäßig von innen nach außen festzuziehen.
- Spiralförmige Schneiden sind wegen der Lärmminderung zu bevorzugen.

Abrichthobelmaschinen AHM

Die Werkstücke werden entweder mit der Breitfläche flach aufliegend oder mit der Schmalfläche am Führungsanschlag anliegend über die Messerwelle geschoben.

Arbeitsschutz
- Der Abstand des Schneidenflugkreises zu den Tischlippen darf maximal 5 mm betragen.
- Die Tischlippen sollen gerade und durchgehend sein (Ausnahme: geschlitzte oder durchbrochene Lippen zur Lärmminderung).

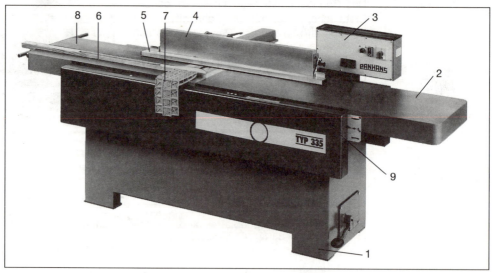

B 4.4-20 *Abrichthobelmaschine. Es bedeuten: 1 Gestell, 2 Aufgabetisch, 3 Steuerelemente, 4 Führungsanschlag, 5 Flachlineal, 6 Andruckleiste (Fügeleiste), 7 Messerwellenabdeckung, 8 Abnahmetisch, 9 Einstellen der Tischhöhe.*

Werkzeuge und Maschinen – Spanende Holzbearbeitungsmaschinen

- Die Messerwelle muß vor und hinter dem Führungsanschlag durch einen Messerwellenschutz verkleidet sein. Hierzu dienen:
  - vor dem Führungsanschlag eine höhenverstellbare und verschiebbare Wellenabdeckung, ein Klappenschutz oder ein Schwingschutz,
  - hinter dem Führungsanschlag eine Messerwellenabdeckung, die am Führungsanschlag befestigt und zwangsweise beim Verstellen mitgeführt wird.
- Zum Andrücken der Werkstücke an den Führungsanschlag sowie zum Verdecken kleiner Zwischenräume dient eine leicht federnde Füge- oder Andruckleiste. Sie kann durch den Schwingschutz ersetzt werden.
- Der Führungsanschlag muß ausreichend hoch und oben durchgehend sein.
- Zum Hobeln von schmalen Latten oder Leisten ist ein Hilfsanschlag (Flachlineal) zu benutzen.
- Zum Abrichten kurzer Werkstücke muß die Zuführlade benutzt werden.
- Zusätzlich angebrachte Bedienelemente dürfen die Werkstückführung nicht behindern.

B 4.4-17 Dickenhobelmaschine. Es bedeuten: 1 Ständer, 2 Maschinentisch, 3 Steuereinrichtung, 4 Späneabsaugung, 5 elektronische Maßvorgabe und -kontrolle, 6 Einstellen der Tischhöhe.

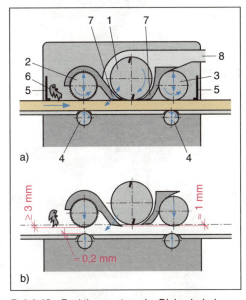

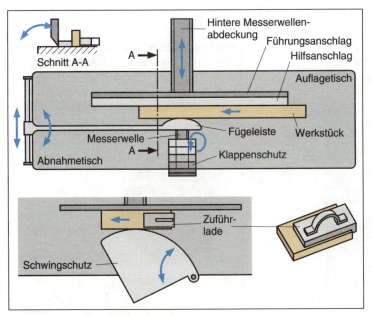

B 4.4-16 Schutzvorrichtungen an der Abrichthobelmaschine.

VBG 7j §§ 69,71

Dickenhobelmaschinen DHM

Beim Dickenhobeln werden die Werkstücke durch ein Walzen- und Drucksystem geführt und dabei durch die Messerwelle gespant. Das Funktionssystem besteht aus Transport-, Halte- und Rückschlagelementen. Es kann sich begrenzt der Werkstückdicke anpassen.

B 4.4-18 Funktionssystem der Dickenhobelmaschine. a) belastet, b) unbelastet. Es bedeuten: 1 Messerwelle, 2 Einzugswalze (Riffelwalze), 3 Auszugswalze (Glattwalze), 4 Tischwalzen, 5 Niederhalter, 6 Rückschlagsegment, 7 Messerdruckbalken.

Arbeitsschutz

- Über die gesamte Breite der Einschuböffnung muß eine Greiferrückschlagsicherung installiert sein.
- Die Greiferspitze muß in Ruhestellung mindestens 3 mm unter dem Schneidenflugkreis vorstehen.
- Die Greifer dürfen nicht durchpendeln und müssen selbsttätig in ihre Ausgangsstellung zurückfallen.

255

Werkzeuge und Maschinen – Spanende Holzbearbeitungsmaschinen

- Eine etwaige Greiferausrückung darf nur kurzzeitig wirken.
- Die Messerwelle ist zuverlässig vor Eingriff zu schützen.

Spezielle Hobelmaschinen

Kombinationsmaschinen vereinigen in sich das Abrichten und Dickenhobeln. Meist sind mit diesen Maschinen noch weitere Arbeitsgänge wie Kreissägen und Fräsen möglich.

Vierseiten-Hobelmaschinen werden für Spezialaufgaben, z.B. im Fensterbau eingesetzt. Meist sind mit diesen Maschinen auch weitere Profil-Fräsarbeiten ausführbar.

4.4.3 Fräsmaschinen

Tischfräsmaschinen TFM

Tischfräsmaschinen haben eine aus einer Öffnung herausragende Spindel. Darauf werden die Fräswerkzeuge gespannt. Die Spindel ist meist bis zu 45° neigbar.

Fräswerkzeuge werden auch kurz Fräser genannt und vorrangig nach dem gewünschten Fräsprofil ausgewählt.

Fräserarten. Neben einteiligen Werkzeugen und Verbundwerkzeugen gibt es Profilmesserköpfe als zusammengesetzte Werkzeuge. Ein typischer Werkzeugsatz ist der Fensterprofilfräser.

Profilmessersätze bestehen aus austauschbaren Messern und Abweisern mit verschiedener Profilform. Sie sind formschlüssig in einen Werkzeuggrundkörper einsetzbar und ermöglichen rasch die Erfüllung unterschiedlicher Kundenwünsche.

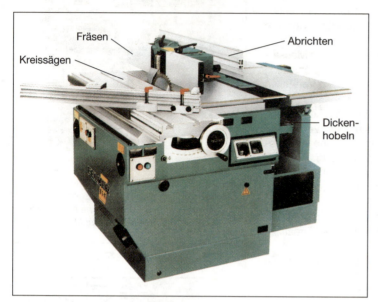

B 4.4-19 Hobel-Kombinationsmaschine.

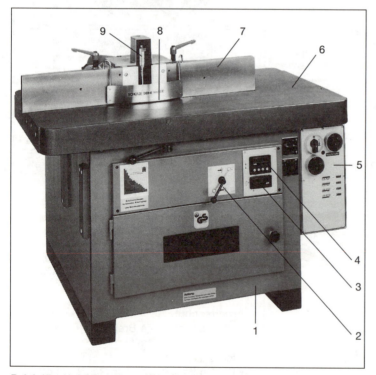

B 4.4-15 Abrichthobelmaschine. Es bedeuten: 1 Gestell, 2 Aufgabetisch, 3 Steuerelemente, 4 Führungsanschlag, 5 Flachlineal, 6 Andruckleiste (Fügeleiste), 7 Messerwellenabdeckung, 8 Abnahmetisch, 9 Einstellen der Tischhöhe.

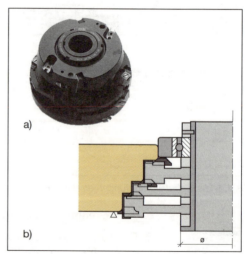

B 4.4-21 Fensterprofilfräser. a) Fräsersatz, b) Fräsergebnis.

T 4.4/4 *Profilfräser für Tischfräsmaschinen - Auswahl*

Art	Darstellung	Fräsergebnis mit Fräserquerschnitt
Ebenfräser		
Nutfräser		
Fasefräser		
Halbstabfräser		
Viertelstabfräser		
Kehlfräser		
Halbkehlfräser		
Klebprofilfräser		

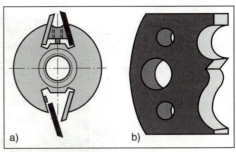

B 4.4-22 *Messerkopf mit Profilmessersatz. a) Austauschprinzip, b) Profilmesser.*

Kennzeichnung. Fräswerkzeuge für Tischfräsmaschinen müssen mit folgenden Angaben dauerhaft versehen sein:
- Namen/Zeichen des Herstellers,
- zulässiger Bereich der Umdrehungsfrequenz,
- Herstellungsjahr,
- BG-TEST-Zeichen bzw. Aufschrift „Handvorschub".

Handvorschub bedeutet, daß Werkstücke von Hand, mit handbetätigtem Schiebetisch oder mit einem Vorschubgerät geführt werden.

Einsatzbeschränkungen. Auf Tischfräsmaschinen dürfen nur Fräswerkzeuge für Handvorschub betrieben werden. Andere Werkzeuge dürfen deshalb auch nicht im maschinenspezifischen Werkzeugschrank aufbewahrt werden.

Die Eignung eines Fräswerkzeuges ist gegeben, wenn die Spanlücke innerhalb des markierten Bereichs der Prüfschablone liegt und der Schneidenüberstand kleiner als die Kreisabstände ist.

Werkzeuge ohne Angabe des Herstellers bzw. der höchstzulässigen Frequenz dürfen nicht eingesetzt werden.

Eine Mindestschnittgeschwindigkeit von 40 m/s muß errreicht werden, wenn auf dem Werkzeug kein Herstellungsjahr bzw. nur der maximale Wert (kein Wertebereich) angegeben ist. Eine Unterschreitung ist nur in Ausnahmefällen zulässig.

Aufbau der Tischfräsmaschine. Die verschiedenen Funktionsteile wirken je nach Arbeitsaufgabe in unterschiedlicher Weise zusammen.

Werkzeuge und Maschinen – Spanende Holzbearbeitungsmaschinen

Frässpindel und Oberlager. Auf die Frässpindel werden möglichst weit unten die Werkzeuge sowie verschieden breite Zwischenringe und die Sicherungsscheibe aufgeschoben und mit der Fräsdornmutter festgespannt. Wegen der großen Kräfte, die beim Betreiben auftreten können, ist oft ein Oberlager notwendig.

Die Werkstückführung hängt weitgehend von den verschiedenen Fräsarbeiten und der Werkstückform ab:
- Gerade Teile werden am Führungsanschlag geführt. Er ist verstellbar und verdeckt weitgehend das Fräswerkzeug. Weitere Füh-

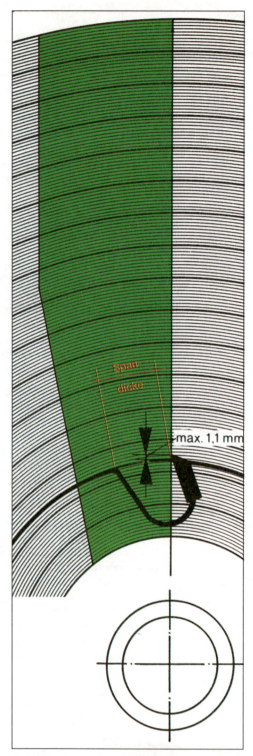

B 4.4-23 Anwendung der Prüfschablone. Das Werkzeug ist so auf die Schablone zu legen, daß Mittelpunkt und Schneide des Werkzeuges mit der Mittellinie der Schablone sowie der Schneidenflugkreis mit den Kreisbögen übereinstimmen.

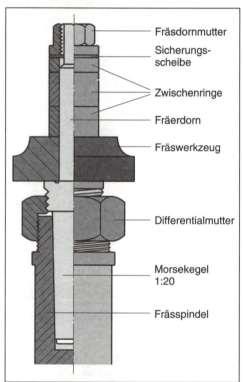

B 4.4-24 Frässpindel mit aufgespanntem Werkzeug (im Halbschnitt).

B 4.4-25 Oberlagerführung.

rungsmöglichkeiten sind Rolltisch, Schiebeschlitten, Führungslade oder Führungsschieber.
- Geschweifte Werkstücke werden meist am Anlaufring gefräst. Das Werkzeug ist durch Schutzhaube oder -ringe sicher abzudecken. Das Werkstück wird mit einer Schablone oder an einer Zuführleiste geführt.

Steuerung. Je nach Ausführung der Maschinen gibt es verschiedene Steuerungsmöglichkeiten:
- mechanische Steuerung → Einstellung durch Handräder, Hebel und Schalter,
- elektrische Steuerung → Verstellung durch Elektromotoren,
- elektronische Steuerung → durch Computer Soll-Ist-Vergleich und bei Abweichungen Auslösen des Verstellvorganges.

Die Sollwerte werden auf der Zahlentastatur der Steuereinheit eingegeben. In einem Anzeigefeld sind auch die Soll- und Istwerte der Spindelhöhe (Fräshöhe) und Spindelneigung zahlenmäßig abzulesen.

Arbeitsschutz
- Auf Tischfräsmaschinen dürfen nur für Handvorschub zugelassene Werkzeuge betrieben werden. Spezielle Festlegungen der Holz BG zum Werkzeugeinsatz sind zu beachten.
- Das Werkzeug muß (bis auf den Arbeitsbereich) umfassend verdeckt sein.
- Eine sichere Werkstückführung ist zu gewährleisten.
- Beim Fräsen von Zapfen und Schlitzen ist ein Schutzkasten vorzusehen.
- Bei zu erwartendem Werkstückrückschlag sind geeignete Sicherungen vorzusehen, z.B. ein Vorschubgerät oder ein Druckkamm.

B 4.4-27 Fräsführung, kugelgelagerter Schiebeschlitten.

B 4.4-28 Fräsen am Anlaufring.

Oberfräsmaschinen

Mit Oberfräsmaschinen werden vor allem Flächenprofile oder Flächenausschnitte, aber auch Randprofile gefräst. Dabei können gerade und geschweifte Werkstücke bearbeitet werden.

Werkzeuge. Für Oberfräsmaschinen werden Schaftfräser benötigt. Sie werden entweder zentrisch (in Spindelachse) oder exzentrisch (außermittig) eingespannt. Bei zentrisch eingespannten Oberfräsern entspricht das Fräsmaß dem Schneidenflugkreis, bei exzentrisch eingespannten Fräsern ist der Fräslochdurchmesser entsprechend dem Einstellwinkel veränderlich.

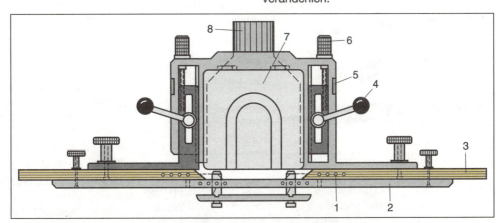

B 4.4-26 Führungsanschlag - Draufsicht. Es bedeuten: 1 Bohrungen für Abweisbügel, 2 Vorsetzbrett, 3 Linealteile, 4 Anschlagklemmung, 5 Einstellskale, 6 Feinverstellung, 7 Abdeckkappe, 8 Absaugstutzen.

Werkzeuge und Maschinen – Spanende Holzbearbeitungsmaschinen

B 4.4-29 Oberfräsmaschine.

T 4.4/5 Werkzeuge für Oberfräsmaschinen

Art	Darstellung	Arbeitsaufgabe
exzentrischer Oberfräser Z1		Grund- und Umfangsschneiden im Handvorschub
Schruppoberfräser		Vorfräsen mit großer Spanabnahme
Profilschaftfräser		Profilfräsen im Handvorschub
Gratoberfräser		Gratnutfräsen im Handvorschub
Wendeplatten-Oberfräser Z1		Nutfräsen, Ebenfräsen, Falzfräsen im Handvorschub

Arbeitsschutz

Das Werkzeug muß in Ausgangsstellung, und möglichst auch beim Spanen, durch Schützbügel, Bürstenringe oder Schützringe vollständig verdeckt sein.

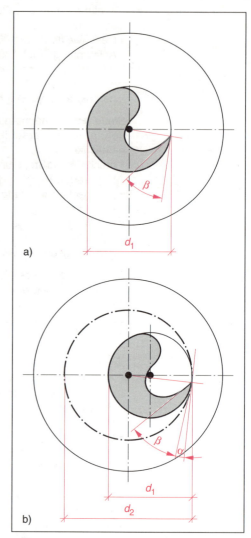

B 4.4.30 Einspannung von Werkzeugen.
a) zentrisch, b) exzentrisch.

Weitere Fräsmaschinen

Langlochbohrmaschinen LBM. Mit diesen Maschinen werden Löcher gebohrt und horizontal durch Umfangsfräsen zu Langlöchern erweitert. Die Werkzeuge sind lange Schaftfräser mit Schneiden an der Stirnfläche und am Umfang (vergleichbar mit Oberfräswerkzeugen). Mit anderen Maschinenbohrern können nur Rundlöcher hergestellt werden.

Zapfenschneid- und Schlitzmaschinen. Mit ihnen können in einem Arbeitsgang Rahmenhölzer abgelängt und Schlitze bzw. Zapfen angefräst werden. Die Bearbeitungsgenauigkeit wird durch Winkelrolltische erreicht.

Werkzeuge und Maschinen – Spanende Holzbearbeitungsmaschinen

B 4.4.31 Langlochbohrmaschine.

B 4.4-32 Schaftfräser. a) Pendelschlitzschaftfräser, b) Langlochschaftfräser mit Spanbrechernuten.

Arbeitsschutz

Es sind die beim Sägen und Fräsen gültigen Bestimmungen anzuwenden und maschinenspezifisch zu ergänzen.

4.4.4 Bohrmaschinen

Bohrmaschinen werden für sehr verschiedene Aufgaben eingesetzt. Sie unterscheiden sich deshalb im Aufbau. Meistens werden sie elektro-pneumatisch gesteuert.
Für einige Bohraufgaben können auch eingesetzt werden:
- Oberfräsmaschine → Bohrungen in Breitflächen,
- Langlochbohrmaschine → tiefe Bohrungen in Schmalflächen.

Werkzeuge. Die Werkzeuge für Bohrmaschinen werden Maschinenbohrer genannt.

Dübellochbohrmaschinen. Mit Dübellochbohrmaschinen werden die Löcher für Dübelverbindungen in Werkstücke eingebracht. Es wird in bestimmten Maßrastern, meistens im Abstand von 32 mm, gebohrt.

B 4.4-34 Ständerbohrmaschine.

B 4.4-33 Zapfenschneid- und Schlitzmaschine.

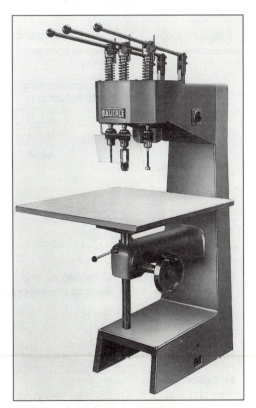

B 4.4-35 Astlochbohrmaschine.

Werkzeuge und Maschinen – Spanende Holzbearbeitungsmaschinen

T 4.4/6 *Stationäre Bohrmaschinen BM*

Art	Bohrspindel	Arbeitsaufgabe
Ständerbohrmaschine	einzelne Bohrspindel, nur vertikal einsetzbar	Einzellöcher fast ausschließlich in Breitflächen bei beliebiger Werkstückform
Astlochbohrmaschine	einzelne oder mehrere Bohrspindeln, vertikal einsetzbar	Ausbohren von Ästen und Holzfehlern vorwiegend in Breitflächen
Dübellochbohrmaschine	mehrere Bohrspindeln, vertikal und horizontal einsetzbar	Dübelloch- und Beschlagsbohrungen in Breit- und Schmalflächen

Arbeitsschutz
- Die Werkstücke müssen während des Bohrvorganges festgespannt oder gegen Verdrehen gesichert werden.
- Am Spannfutter dürfen keine Teile vorstehen. Es muß umfangsseitig verkleidet sein.
- Bohrer in Mehrfachbohrköpfen müssen in Endstellung verdeckt sein.
- Nicht benötigte Bohrer sind auszubauen.
- Es besteht Quetschgefahr an den Werkstückspannvorrichtungen. Vorsicht bei pneumatischer Betätigung!

Bohrautomaten. Teil- und vollautomatisierte Bohrautomaten werden in industriellen Betrieben eingesetzt. Mehrreihige Spindelbohrsätze bohren während eines Spannvorganges alle Löcher auf allen vier Werkstückseiten. Computergesteuerte Bohrautomaten haben einzeln abrufbare Bohrspindeln.

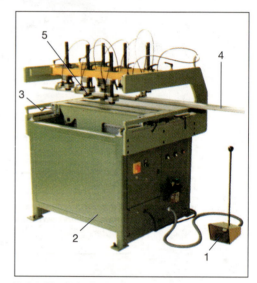

B 4.4-36 *Dübellochbohrmaschine. Es bedeuten: 1 Fußtaster für Programmstart, 2 Stativ, 3 Arretieren der Spindelstellung, 4 Werkstückspanner, 5 Spindelstock.*

T 4.4/7 *Maschinenbohrer*

Typ, Merkmale	Arbeitsaufgabe	Darstellung
Spiralbohrer längsgewendelte Spannuten, mit Zentrierspitze oder mit Dachspitze	Durchgangs- und Grundlochbohrungen	
Dübellochbohrer kurz und kräftig, mit Gewinde, sehr kleiner Drallwinkel	Dübellochbohrungen, Beschlagsbohrungen	

B 4.4-37 *Dübellochbohren in die Schmalfläche.*

Fortsetzung **T 4.4/7**

Typ, Merkmale	Arbeitsaufgabe	Darstellung
Zylinderkopfbohrer zylindrischer Bohrkopf mit umlaufenden Nebenschneiden: Kunst- mit Vorschneidern, Universalbohrer	Grund- oder Sacklochbohrungen für Beschläge und Querholzdübel	(4 6 3 5)
Versenker mit Kegelspitze: Spitzsenker; mit Zylinderkopf: Plansenker, Flachsenker	Fasen der Bohrlochränder (z.B. für Senkkopfschrauben), Vergrößern des Bohrloches	(1, 2, 5, 3)

Es bedeuten: 1 Schaft, 2 Bohrkopf, 3 Hauptschneide, 4 Nebenschneide, 5 Spanfördernut, 6 Zentrierspitze, 7 Vorschneider

4.4.5 Schleifmaschinen

Schleifmaschinen werden zum Dicken-, Eben-, und Glattschleifen von Breit-, Schmalflächen und Profilen benutzt.

Werkzeuge. Sie entsprechen den auch als Handwerkszeuge benutzten biegbaren Schleifwerkzeugen. Sie sind jedoch maschinenspezifisch zugeschnitten. Es werden:
- Endlos-Schleifbänder,
- gewickelte Schleifflächen und
- kreisrunde Schleifblätter eingesetzt.

Wegen der großen Zugspannungen und Biegebelastungen bestehen Schleifbänder aus festem, textilem Trägermaterial. Besonders wichtig ist eine dauerhafte und haltbare Schleifmittelbindung. Schleifbänder können auf die benötigte Länge zugeschnitten und geklebt werden. Fertig lieferbare Schleifbänder sind jedoch haltbarer und stoßfrei verklebt.

Schleifwerkzeuge 4.3.3

Horizontal-Bandschleifmaschinen

Horizontal-Bandschleifmaschinen werden am häufigsten eingesetzt.

Zum Schleifen der Breitfläche wird das Werkstück auf dem Maschinentisch aufgelegt und gegen den seitlichen Anschlag gedrückt. Der Maschinentisch läßt sich vor und zurück bewegen und in seiner Höhe auf das gewünschte Schleifmaß einstellen.

Mit dem kugelgelagerten Druckschuh wird der Schleifdruck ausgeübt. Beim Schleifen wird er hin und her bewegt. Kleine Teile müssen sicher festgespannt werden. Sie können auch am Anschlag auf dem Obertrum (oben zurücklaufendes Teilstück des Schleifbandes) geschliffen werden. Die Schleifbandgeschwindigkeit beträgt 20 m/s ... 25 m/s.

B 4.4-38 Horizontal-Bandschleifmaschine.

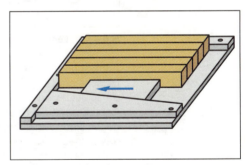

B 4.4-39 Festspannvorrichtung für Kleinteile gleicher Breite bzw. Dicke.

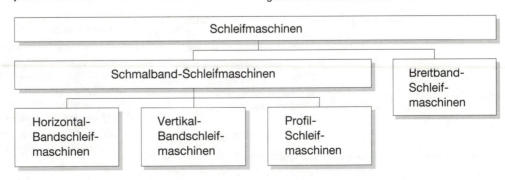

Werkzeuge und Maschinen – Spanende Holzbearbeitungsmaschinen

Glätten und Egalisieren 5.7.6

Arbeitsschutz (für alle Bandschleifmaschinen)
- Wegen der unangenehmen Schnittverletzungen durch die scharfkantigen schnelllaufenden Bänder muß der obere und weitgehend auch der untere Bandlauf vollständig verdeckt sein.
- Die Rollbewegung des Tisches ist durch Anschläge zu begrenzen.
- Werkstücke müssen sicher und rutschfrei aufliegen.
- Der Schleifstaub ist wirksam abzusaugen.

Vertikal-Bandschleifmaschinen

Vertikal-Bandschleifmaschinen haben ein in vertikaler Lage umlaufendes Endlosband. Sie werden auch Schmalflächen- oder Kantenschleifmaschinen genannt.

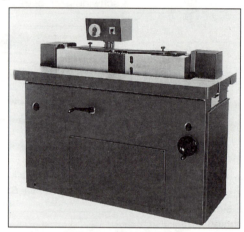

B 4.4-40 Vertikal-Bandschleifmaschine.

Zum Schleifen wird das Werkstück auf den Maschinentisch gelegt und gegen das laufende Schleifband gedrückt. Dabei bestimmt der Anpreßdruck die Spanabnahme. Es ist stets gegen einen Winkelanschlag zu schleifen, der das Mitreißen kleiner Werkstücke verhindert. Auf die überstehende Wellenspindel kann eine Schleifwalze aufgesetzt werden. Sie muß im unbenutzten Zustand allseitig verkleidet sein.

Beim Schleifen gleichartiger Bauteile nutzt sich das Schleifband streifig ab. Um Riefen auf anderen Werkstücken zu vermeiden, oszilliert das Schleifband (es bewegt sich rhythmisch auf und ab).
Zum Kantenschleifen kann das Aggregat oft um 45° nach hinten geneigt werden.

Profil-Bandschleifmaschinen

Profile werden maschinell während des Durchlaufs mit Schleifbändern geschliffen. Der Andruck erfolgt durch aufsitzende oder hin- und herschwingende Schleifschuhe mit Gegenprofil.

Der Profilschliff ist auch durch Formwalzen mit Gegenprofil möglich, die mit einem Schleifmittel belegt sind. Formwalzen sind z.T. auch elastisch. Sie können auch selbst profiliert werden.

Breitband-Schleifmaschinen

Breitband-Kontaktschleifmaschinen werden zum ==Glätten und Egalisieren== eingesetzt. Sie erreichen hierbei Genauigkeiten von ± 0,1 mm. Da das Schleifband sehr breit ist und sehr schnell läuft, entsteht durch Reibung eine große Wärmemenge, die abgeführt werden muß.
Auch hier oszilliert das Schleifband, um störende Schleifspuren zu vermeiden. Der Andruck des Schleifbandes erfolgt durch gummibelegte Walzen oder Kontaktschuhe, die druckluftbelastet sind oder aus Einzelgliedern bestehen.

B 4.4-42 Breitbandkontakt-Schleifmaschine.

Arbeitsschutz
- Schleifmaschinen mit mechanischem Vorschub müssen am Werkstückeinzug zwangsläufig wirkende Ausschalteinrichtungen haben.
- Um Quetschungen zu vermeiden, sind Abweiser im Einzugsbereich so einzustellen, daß der maximale Zwischenraum über der Werkstückoberfläche höchstens 8 mm beträgt.

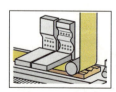

B 4.4-41 Profilwerkzeuge einer Profil-Bandschleifmaschine.

Werkzeuge und Maschinen – Spanende Holzbearbeitungsmaschinen

4.4.6 Handgeführte Holzbearbeitungsmaschinen

Einsatzbedingungen

Schneidstoffe 2.11.6

Handgeführte Holzbearbeitungsmaschinen sind meist leicht und handlich. Sie können ortsunabhängig eingesetzt werden und lassen sich bequem transportieren. Damit sind sie vorwiegend einsetzbar bei:
- Montagearbeiten auf Baustellen und beim Innenausbau,
- Reparaturarbeiten beim Kunden,
- häufig wechselnden und nicht zu umfangreichen Arbeiten im Werkstattbereich und an der Hobelbank.

Handgeführte Maschinen haben verschiedene Antriebsmöglichkeiten:
- Elektroantrieb durch Netzstrom,
- Druckluftantrieb,
- Elektroantrieb mit Akkus. Akkus haben eine begrenzte Energiereserve, die in Ruhezeiten mit einem Ladegerät wieder aufgefüllt werden kann.

VBG

Arbeitsschutz
- Handmaschinen müssen so eingerichtet sein, daß sie sich beim Loslassen der Handgriffe selbst ausschalten.
- Beim Arbeitsplatzwechsel sind die Maschinen abzuschalten.
- Für den Werkzeugwechsel und Wartungsarbeiten sind Handmaschinen von der Antriebsenergie zu trennen (Ausnahme Akkumaschinen).

VBG

Handkreissägemaschinen HKM

Die Arbeitsgenauigkeit kann durch Führungsvorrichtungen wesentlich erhöht werden.

Werkzeuge. Es werden Kreissägeblätter mit Durchmessern von 150 mm ... 350 mm eingesetzt.
Der Schneidstoff ist überwiegend Hartmetall.

Folgende Schneidenformen werden verwendet:
- Wechsel-Standard-Zahn → Vollholz und Plattenwerkstoffe,
- Wechsel-Fein-Zahn → Sperrholz und beklebte Platten,
- Trapez- und Flachzahn → Kunststoff und Aluminium.

Arbeitsschutz
- Bis auf den Schnittbereich muß der gesamte Zahnkranz verkleidet sein.
- Das Sägeblatt darf erst beim Ansetzen zum Schneiden freigegeben werden.
- Im Leerlauf muß der Schnittbereich bis auf ein Segment von höchstens 10° geschützt sein.
- Ein Spaltkeil ist vorgeschrieben, wenn die Schnittiefe größer als 18 mm ist.
- Der Spaltkeil muß mit dem Sägeblatt fluchten und genügend weit vorstehen (bis 0,8 mal der maximalen Schnittiefe).
- Der Abstand zwischen Spaltkeil und Sägeblatt darf im Schnittbereich maximal 5 mm betragen.
- Die Spaltkeildicke soll zwischen der Schnittfugenbreite und der Dicke des Sägeblattgrundkörpers liegen.
- An Hand-Kreissägemaschinen mit einer Schnittiefe ≥ 55 mm muß der Spaltkeil der Sägeblattiefe folgen.

Handstichsägemaschinen HStM

Handstichsägemaschinen dienen zum Aussägen von Innen- und Außenschweifungen.

Werkzeuge. Die Stichsägeblätter (→ T 4.4/8) spanen nur beim Aufwärtshub. Sie sind deshalb auf Zug gefeilt und geschränkt. Die Zahnteilung beträgt zwischen 1,2 mm ... 4 mm.

Handabrichthobelmaschinen HHM

Handabrichthobelmaschinen werden entweder über das Werkstück geführt oder können in einer Haltevorrichtung mit Sohle nach oben zum Bestoßen kleiner Teile eingesetzt werden.

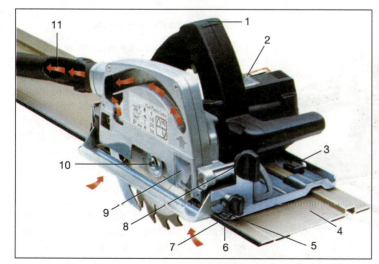

B 4.4-43 Handkreissägemaschine. Es bedeuten: 1 Tiefeneinstellung, 2 EIN-Schalter, 3 Führungselement, 4 Führungsvorrichtung, 5 Schattenmarkierung, 6 Führungssystem, 7 Schnittkante, 8 Schrägeinstellung, 9 Durchsichtöffnung, 10 Sägeblattbefestigung, 11 Absauganschluß.

Werkzeuge. Es werden Messerwellen mit einer Breite von 82 mm eingesetzt.

Üblicherweise werden Einwegmesser aus Stahl oder mit HM-Bestückung formschlüssig in die Sicherheitswelle eingeschoben und festgespannt. Wegen der spanungstechnischen Vorteile werden auch gewendelte Messer in Drallmesserwellen verwendet.

T 4.4/8 Stichsägeblätter - Auswahl

Säge-blattform	Verwendung
	Hart- und Weichholz bis 60 mm
	Hart- und Weichholz bis 60 mm, Kunststoffe, Aluminium, Spanplatten, Holzfaserplatten
	Sperrholz- und Holzfaserplatten bis 30 mm, Plexiglas, Kunststoffe
	Sperrholz- und Holzfaserplatten bis 15 mm, Plexiglas
	Aluminium, Blei und Zinn, Kunststoffe bis 30 mm
	Aluminium, Legierungen

B 4.4-44 Handstichsägemaschine. Es bedeuten: 1 hubstangengeführtes Sägeblatt, 2 Führung, 3 Splitterschutz, 4 Spanflugschutz, 5 Sägetisch mit Absaugung, 6 Laufsohle, 7 Einstellen des Pendelhubweges, 8 Absaugung, 9 Einstellen der Hubfrequenz, 10 EIN-Schalter.

Arbeitsschutz

- Es sind Sicherheitsmesserwellen (rund, Schneidenüberstand ≤ 1,1 mm) zu verwenden.
- Der Tischlippenabstand zum Schneidenflugkreis darf nicht größer als 5 mm sein.
- Die Späne müssen ungehindert ausgeworfen werden.
- Das Hineingreifen in die Späneauswurföffnung ist zu verhindern.

Handoberfräsmaschinen HOM

Handoberfräsmaschinen werden auf die Bearbeitungsfläche aufgesetzt. Sie können an einem einstellbaren Maschinenanschlag, an einer aufgespannten Frührungsvorrichtung bzw. Anschlagleiste oder auch frei geführt werden. Wegen der unterschiedlichen Fräserdurchmesser muß die Umdrehungsfrequenz einstellbar sein. Sie ist durchmesserbezogen aus Einstelltabellen abzulesen.

Werkzeuge. Die verschiedenen Werkzeugprofile und -arten sowie zahlreiche Zusatzeinrichtungen eröffnen vielfältige Einsatzmöglichkeiten (Profilieren, Graten, Zinken, Dübeln, Treppenwangennuten einfräsen u.a.).

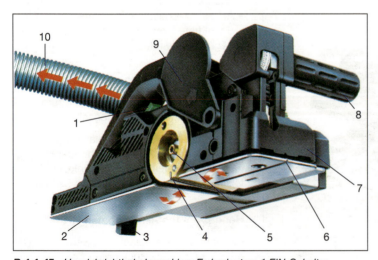

B 4.4-45 Handabrichthobelmaschine. Es bedeuten: 1 EIN-Schalter, 2 Hobelsohle, 3 Abstellsicherung, 4 Messerkopf, 5 Festspannung, 6 Kehlnut, 7 Spindelarretierung, 8 Spandickeneinstellung, 9 Klappmesserschutz, 10 Absaugung.

Arbeitsschutz

- Ein selbsttätig zurückfedernder Schutzring muß im Leerlauf das Werkzeug zuverlässig verdecken.

Werkzeuge und Maschinen – Spanende Holzbearbeitungsmaschinen

- Dient der Schutzring gleichzeitig der Tiefeneinstellung, dann muß er vom Handgriff aus gelöst werden können.
- Grundsätzlich ist das Werkzeug so weit wie möglich zu verkleiden.

Handbohrmaschinen HBM gibt es für die unterschiedlichsten Leistungsanforderungen in vielfältigen Formen und Ausführungen. Zusätzlich kann ein Schlagrhythmus erzeugt werden (Schlagbohrmaschinen), wodurch neben Stein auch Beton gebohrt werden kann. Winkelbohrmaschinen erleichtern das Arbeiten an schwer zugänglichen Stellen. Oft ist die Drehfrequenz stufenlos veränderlich. Dadurch sind Handbohrmaschinen auch als Schrauber einsetzbar.
Sehr handlich sind Akku-Bohrmaschinen und -schrauber.

B 4.4-47 Handbohrmaschine.

Werkzeuge sind vor allem Spiralbohrer, oft mit Hartmetallschneiden, Zylinderkopfbohrer und Senker.
Als Schraubwerkzeuge gibt es Adapter (Zwischenstücke zur Anpassung) und auswechselbare Einsätze für Schlitz- und Kreuzschlitzschrauben (sogenannte Bits) in verschiedenen Größen, die in die Futter der Bohrmaschinen oder Schrauber eingesetzt werden können.

Arbeitsschutz
Die Bohrfutter müssen glatt und ohne Vorsprünge sein, da sonst Verletzungsgefahr besteht.

Handschleifmaschinen HSchM

Handschwingschleifmaschinen werden auch Rutscher genannt.
Der Schleifschuh wird durch ein Exzentergetriebe in kreisende Bewegungen versetzt. Anpreßdruck und Vorschub werden manuell ausgeübt und beeinflussen das Schleifergebnis.

Werkzeuge. Die rechteckigen Schleifwerkzeuge (Schleifstreifen) werden in entsprechenden Größen angeboten, können aber auch zugeschnitten werden. Das Trägermaterial besteht aus flauschiger Velours-Textilie, auf der die Schleifstreifen durch Kletthaken sicher haften. Schleifstreifen sind in allen gewünschten Körnungen erhältlich.

B 4.4-46 Handoberfräsmaschine. Es bedeuten: 1 EIN-Schalter mit elektronischer Regelung der Umdrehungsfrequenz, 2 Tiefeneinstellung, 3 Spindelarretierung, 4 Seitenanschlag, 5 Laufsohle, 6 Spanflugschutz, 7 Absaugung, 8 vorwählbare Frästiefen, 9 Millimetereinstellung.

T 4.4/9 Schaftfräser für Hand- oder Oberfräsmaschinen - Beispiele

Fräserart	Darstellung
Fasenfräser mit 2 schrägen Schneiden und Anlaufkugellager	
Viertelstabfräser, zweischneidig mit Anlaufkugellager	
Nutfräser mit 3 Spiralschneiden, Grund- und Flankenschneiden	
Wendeplattenfräser, einschneidig für Flankenschnitt und Grundschnitt	

Werkzeuge und Maschinen – Spanende Holzbearbeitungsmaschinen

Handtellerschleifmaschinen werden auch Rotexschleifer genannt. Eine spezielle Bauart sind Winkelschleifer, die für komplizierte Schleifaufgaben leichter zu handhaben sind.

Werkzeuge. Die kreisrunden Schleifwerkzeuge werden entweder durch eine Schraubplatte festgehalten oder sie haften durch einen Klettbelag. Der Durchmesser der Schleifteller beträgt in der Regel 150 mm.

Handbandschleifmaschinen sind mit den stationären Bandschleifmaschinen vergleichbar. Sie können in Richtung des Faserverlaufs geführt werden. Der Schleifbandüberstand ist gegenüber dem Führungsrahmen einstellbar und bestimmt die Spanabnahme.

Werkzeuge. Meist werden fertige Schleifbandschleifen verwendet, die in allen gewünschten Korngrößen angeboten werden.

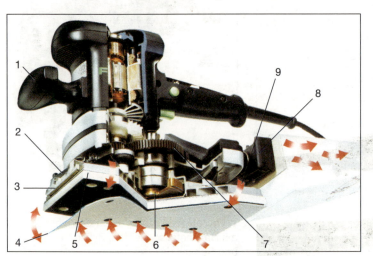

B 4.4-48 Handschwingschleifmaschine. Es bedeuten: 1 schwenkbarer Führungsgriff, 2 Spannelement zum Werkzeug, 3 Spanneinrichtung für Schleifwerkzeug, 4 Klettbelag zum Aufheften des Schleifblattes, 5 Schleifschuh, 6 Lagerauswuchtung, 7 Getrieberäder, 8 Absaugung, 9 Absaugdüsen.

B 4.4-50 Handbandschleifmaschine. Es bedeuten: 1 EIN-Schalter, 2 Schleifbandschleife, 3 Staubbeutel.

Arbeitsschutz
- Wegen der Verletzungsgefahr dürfen keine Schleifbandkanten vorstehen.
- Eine Schleifstaubabsaugung muß vorhanden sein.

4.4.7 Computergesteuerte Holzbearbeitungsmaschinen

Prinzipiell können alle Maschinenarten der Holzbearbeitung von einem Computer gesteuert werden. Voraussetzung ist, daß jede Einstellung elektromotorisch möglich ist. Der Aufwand muß jedoch wirtschaftlich vertretbar sein.

Computersteuerungen werden bevorzugt angewendet an:
- CNC-Oberfräsmaschinen,
- CNC-Kehl- und Profilfräsmaschinen,
- CNC-Plattenzuschnittmaschinen.

Umfassende CNC-Bearbeitungsmaschinen und -automaten werden auch CNC-Bearbeitungszentren genannt.

Steuerung und Programmierung

Steuerung. Im Steuerschrank befinden sich alle elektrischen und elektronischen Installationen, der Rechner sowie der Bildschirm

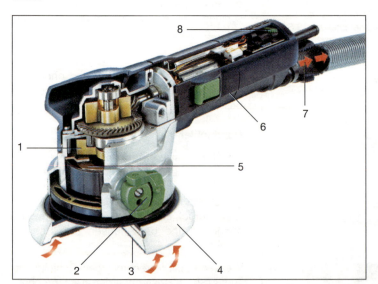

B 4.4-49 Handtellerschleifmaschine. a) Grobschliff-Einstellung, b) Feinschliff-Einstellung, c) Gesamtmaschine. Es bedeuten: 1 Auswuchtung, 2 Schliffarteinstellung, 3 Klettbelag, 4 Schleifteller, 5 Tellerbremse, 6 Gehäuse, 7 Absaugung, 8 EIN-Schalter mit elektronischer Regelung der Umdrehungsfrequenz, 9 Lüfterrad für Absaugung.

Werkzeuge und Maschinen – Spanende Holzbearbeitungsmaschinen

Programmierung 3.8

und die Terminals. Von hier aus werden die Maschinenfunktionen und die Steuerfunktionen eingestellt.

Das Maschinensteuerterminal enthält die Wahltasten zum Öffnen der Haupt- und Untermenues. Weitere Tasten erweitern die Menues in Tiefe und Breite.

Das Computersteuerterminal I enthält die verbalen Eingabefunktionen zur ==Programmierung==, z.B. die Buchstaben, Zahlen und Rechenzeichen. Es zeigt auch Alarm, Achsbewegung, Vorschubstopp und Programmablauf an. Die Doppelbelegung der Tasten aller Terminals wird von diesem Terminal aus aktiviert.

Computersteuerterminal II. Mit Tasten dieses Terminals wird Einfluß auf den Programmablauf genommen: Hier kann das Programm gestartet werden, können Programmsätze einzeln oder in beliebiger Reihenolge abgerufen werden, und es kann auch manuell eingegriffen werden.

Computersteuerterminal III. Dieses Terminal wird zur Programmvervollständigung gebraucht. Mit den Tasten werden Eingaben wie Buchstaben, Wörter und Sätze gelöscht, die Cursor werden betätigt, und es kann umgeblättert werden. Die Diagnosebestimmung informiert über die Ursachen von Störungen.

Programmierung. Die Programmierung von CNC-Maschinen ist hier am Beispiel einer CNC-Kehlmaschine dargestellt.
① Aus einer Zeichnung oder von einem Vergleichsmuster werden die Maße und Konturen abgenommen.
② Die Profilmaße und Werkzeugkennwerte werden über Terminal, Diskette, Datenfernübertragung, Lochstreifen oder Tastatur in den Computer der CNC-Kehlmaschine eingegeben.
③ Das Bearbeitungsprogramm wird erstellt.
√ Der Bediener startet das gewünschte Programm. Daraufhin werden die Werkzeugspindeln mit den benötigten Werkzeugen aufgerufen und fahren in die Ausgangsposition.
⑤ Die Maschine bearbeitet die eingegebenen Werkstücke.

B 4.4-51 Steuerterminals.

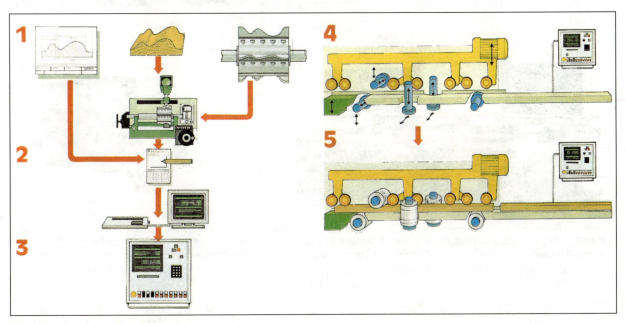

B 4.4-52 Erstellung eines Fräsprogrammes.

269

Werkzeuge und Maschinen – Spanende Holzbearbeitungsmaschinen

CNC-Bohrfräsmaschinen

Je nach Ausführung werden der Maschinentisch oder/und die Werkzeugaggregate geführt.

Werkzeuge. Die benötigten Werkzeuge stehen in einzeln abrufbaren Bearbeitungseinheiten zur Verfügung.

Bearbeitungsablauf. Das Werkstück wird auf den Maschinentisch gelegt, dort ausgerichtet und meist pneumatisch mit Saugtellern festgespannt. Die Werkzeuge werden computergesteuert aufgerufen, eingeschaltet und in Arbeitsstellung gebracht.

Das Bearbeitungsprogramm wird ebenfalls computergesteuert. Es läuft beim vorgestellten Bearbeitungsautomaten in folgenden Schritten ab:
→ Anlegen des Vakuums,
→ Aufruf des Konturfräsers,
→ Positionieren des Konturfräsers,
→ Fräsen der Kontur,
→ Rückführen des Konturfräsers,
→ Aufrufen und Positionieren des Profilfräsers,
→ Fräsen eines Viertelstabes,
→ Aufrufen und Positionieren der Bohrer,
→ Bohren der horizontalen und vertikalen Löcher,
→ Aufheben des Vakuums.

CNC-Kehlmaschinen

CNC-Kehlmaschinen können in einem Arbeitsgang die Breitfläche eines Werkstückes abrichten und gleichzeitig dazu eine Winkelfläche anfräsen und die gegenüberliegenden Flächen parallel hobeln. Meist werden bis zu vierseitige Profile gefräst.

Aufbau und Arbeitsweise. Der Bediener schiebt das Werkstück lagerichtig in die Maschine, wo es Transporteinrichtungen greifen und an den Bearbeitungsaggregaten vorbeiführen.

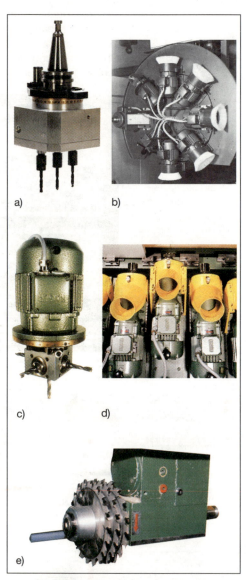

B 4.4-53 CNC-Bohrfräsmaschine. Es bedeuten: 1 Ständer, 2 Quervorschub (x-Richtung), 3 Längsvorschub (y-Richtung), 4 Tiefenvorschub (z-Richtung), 5 Maschinentisch, 6 Werkzeugaggregat.

B 4.4-54 Bearbeitungseinheiten. a) Bohrspindelsatz, b) Schwenkkopf mit einzeln abrufbaren Werkzeugen, c) Sternbohrkopf zum vertikalen und horizontalen Bohren, d) Frässpindeln zum Ausschnitt- und Profilfräsen, e) Sägeaggregat.

Werkzeuge und Maschinen – Maschinen zum Furnieren und Aufbringen von Folie

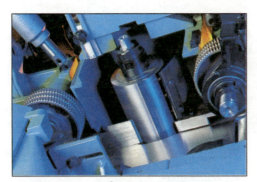

B 4.4-55 CNC-Kehlmaschine.

Aufgaben

1. Nennen Sie Beispiele der verschiedenen Gruppen spanender Holzbearbeitungsmaschinen!
2. Wodurch unterscheiden sich ein- und mehrteilige Werkzeuge!
3. Worin liegen die Besonderheiten einer Tisch-Kreissägemaschine und einer Format-Kreissägemaschine?
4. Welche Angaben müssen auf einem Kreissägeblatt sein?
5. Beschreiben Sie die Führungsvorrichtungen an Kreissägemaschinen.
6. Nennen Sie alle notwendigen Maße von Bandsägeblättern!
7. Beschreiben Sie den „ziehenden Schnitt" beim Maschinenhobeln!
8. Beschreiben Sie Maßnahmen zum Arbeitsschutz beim Einsetzfräsen!
9. Für welche Fräsarten werden bevorzugt Oberfräsmaschinen mit zentrisch bzw. exzentrisch eingespannten Werkzeugen eingesetzt?
10. Wofür lassen sich Spiralbohrer und Zylinderbohrer einsetzen?
11. Wie unterscheiden sich Dübelloch-Bohrmaschinen und Bohrautomaten?
12. Nennen Sie typische Einsatzbeispiele von Schleifmaschinen!
13. Welche Merkmale kennzeichnen die verschiedenen Schleifwerkzeuge?
14. Vergleichen Sie die Arbeitsschutzmaßnahmen an der Handkreissägemaschine mit denen an Tisch-Kreissägemaschinen!
15. Welche speziellen Arbeiten können mit Hand-Oberfräsmaschinen und welche mit stationären Oberfräsmaschinen ausgeführt werden?
16. Wodurch unterscheidet sich eine traditionelle Holzbearbeitungsmaschine von einer computergesteuerten Maschine?

Zahnteilung, Schrägschliff, Spitzenwinkel
4.2.2

Bandsägemaschinen
4.4.1

4.5 Maschinen zum Furnieren und Aufbringen von Folie

4.5.1 Maschinen zum Vorbereiten von Furnieren und Folien

Maschinen für den Furnier- und Folienzuschnitt

Maschinell werden Furniere nach dem Festlegen von Länge und Breite paketweise mit Furniersäge- oder Schneidemaschinen zugeschnitten. Das Furnierpaket wird während des Trennvorganges durch einen Druckbalken festgespannt, der auch geringe Welligkeiten der Furniere ausgleichen kann.

Furniersägemaschinen. Der Furnierüberstand wird mit einem hartmetallbestückten Kreissägeblatt mit kleiner Zahnteilung und wechselseitigem Schrägschliff abgetrennt. Es ist zusammen mit dem Antriebsmotor auf dem Sägewagen montiert, der in einer Führung am Furnierpaket vorbeigefahren wird.

Ein nachfolgendes Fräsaggregat mit Messerkopf kann die Fügeflächen feinbearbeiten. Für die Direktklebung ist hier auch die Leimangabe an den eingespannten Furnierblättern möglich.

Bandsägemaschinen. Furnierpakete können auch mit einem feinzahnigen und geschränkten Bandsägeblatt abgelängt werden. Längsschnitte sind nur mit einer Führungsvorrichtung (oder -lade) durchzuführen, auf der das Furnierpaket festgespannt wird. Die Furnierpakete müssen mit besonderer Vorsicht geführt werden, da sie leicht verklemmen und die Furniere dann einreißen. Das Sägeblatt ist vorschriftsmäßig abzudecken.

Schneidemaschinen zerteilen Absperr- und Deckfurniere sowie Folien spanlos mit einem von oben angreifendem Messer nach dem Scher- oder Schneidprinzip.

B 4.5-1 Kreissägemaschine für den Furnierzuschnitt.

Werkzeuge und Maschinen – Maschinen zum Furnieren und Aufbringen von Folie

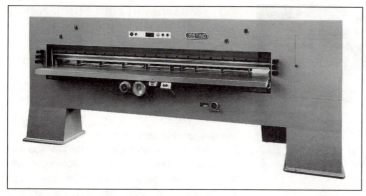

B 4.5-2 Paketschneidemaschine.

VBG 7j §§ 28 ... 30

Arbeitsschutz
- Sägeblätter sind bis auf den Schnittbereich abzudecken.
- Die Späne müssen abgesaugt werden.
- An Paketschneidemaschinen ist ==Zweihandbedienung== vorgeschrieben. Beim Loslassen eines Bedienknopfes wird die Messerbewegung sofort unterbrochen. Oft ist zusätzlich eine Lichtschranke installiert.
- Schutzgitter und Abdeckungen dürfen nicht entfernt oder unwirksam gemacht werden.

Furnier-Zusammensetzmaschinen

Die Furnierblätter werden während des Durchlaufes durch Direktklebung mit Fugenpapier oder Zick-Zack-Leimfaden verbunden. Das Einreißen der Furnierflächen während der weiteren Verarbeitung verhindern Fugenpapierstreifen oder ein Leimfaden, der zuletzt quer zum Faserverlauf an den Furnierenden aufgepreßt wird.

Querzusammensetzmaschinen. Die Furnierblätter werden quer zur Durchlaufrichtung eingelegt und zu einem endlosen Furnierband verklebt. Dieses wird unmittelbar hinter der

Für Paßschnitte werden die Pakete vor dem Messereingriff mit dem Druckbalken plangedrückt und eingespannt. Um die Schnittkräfte zu vermindern und saubere Paßfugen zu erreichen, hat das Messer einen besonders kleinen Keil- und Freiwinkel. Außerdem wird ein ziehender Schnitt angestrebt. Speziell für den Furnierzuschnitt sind teilweise Nachschnitteinrichtungen vorhanden. Mit Anschlägen können auch Parallelschnitte ausgeführt werden.

T 4.5/1 Zerteilen von Furnieren

Arbeits-prinzip	Arbeitsweise	Anwendung
Scher-prinzip	Das Obermesser arbeitet gegen ein feststehendes Untermesser.	Trennen vorwiegend parallel zur Faser an Einzelblättern bei rascher Schnittfolge und im Durchlaufverfahren, für Paßfugen Nacharbeit erforderlich, für grobe Trennarbeiten besonders in Schälfurnier- und Sperrholzwerken
Schneid-prinzip	Das Messer schneidet in die Holz- oder Kunststoffeinlage des Tisches. Die Einlage kann gedreht oder ausgewechselt werden.	Paketzuschnitte und Paßfugen parallel zum Faserverlauf, auch paketweises Ablängen möglich, Paßfugen sind ausrißfrei, winkelig und erfordern keine Nacharbeit, Absperr- und Deckfurnierzuschnitt sowie Folienzuschnitt im Möbel- und Innenausbau

Werkzeuge und Maschinen – Maschinen zum Furnieren und Aufbringen von Folie

Maschine in der geforderten Breite durch ein Schermesser getrennt. Auf diesen Maschinen werden bevorzugt wenig texturierte oder streifige Furniere verarbeitet.

Längszusammensetzmaschinen sind variabel einsetzbar. Es können auch kleinere Mengen, wechselnde Formate und gezielt Furnierbilder gefügt werden. Diskusscheiben ziehen jeweils zwei Furnierflächen unter dem Fügeaggregat zusammen und verbinden diese mit Fugenpapier oder Leimfaden.

Handgeführte Zusammensetzgeräte werden für kleine Furniermengen eingesetzt. Nach kurzer Aufheizzeit des Gerätes kann der Klebfaden geschmolzen und beim Überfahren der Fuge zickzackförmig aufgepreßt werden. Die Furnierblätter müssen dabei von Hand dicht zusammengehalten werden.

4.5.2 Klebstoffauftragsmaschinen

Zweiwalzenauftragsmaschinen. Mit diesen Maschinen können große Mengen ebener Werkstücke im Durchlauf ein- oder beidseitig beschichtet werden. Gummibeplankte Walzen tranportieren die Trägerplatten und versehen sie gleichzeitig mit Klebstoff. Die Auftragsmenge läßt sich durch Dosierwalzen regulieren und kann durch Wiegen eines Werkstückes vor und nach dem Durchlauf überprüft werden.

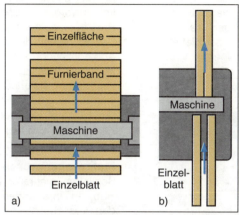

B 4.5-3 Arbeitsweise der a) Quer- und b) Längszusammensetzmaschine.

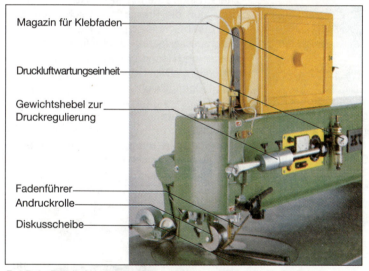

B 4.5-4 Detail einer Längszusammensetzmaschine mit Klebfaden.

B 4.5-5 Handgeführtes Furnierzusammensetzgerät.

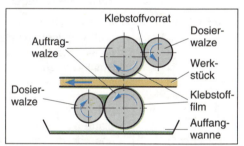

B 4.5-6 Arbeitsprinzip der Walzen-Leimauftragsmaschine.

Arbeitsschutz
- Vor dem Einschalten sind alle Schutzeinrichtungen zu kontrollieren, die die Walzen abdecken und das Einziehen von Fingern oder Kleidungsteilen verhindern sollen.
- Im Gefahrenfall muß die Maschine sofort gestoppt oder die Walzen müssen auseinandergefahren werden können.
- An der Zuführseite ist oft eine Schaltstange angebracht, die mit dem Knie betätigt werden kann und die Notbremsung einleitet.
- Bei der Reinigung sind die für Klebstoffe gültigen Entsorgungsrichtlinien zu beachten.

Schmelzkleber-Beschichtungsgeräte. Für die rückseitige Beschichtung von Furnierstreifen oder Schmalflächenband mit Schmelz-

Werkzeuge und Maschinen – Maschinen zum Furnieren und Aufbringen von Folie

Arbeitszylinder
4.2.1.3

klebstoff werden ebenfalls kleine Walzenauftragsmaschinen eingesetzt. Dadurch wird das spätere Aufbringen der Schmalflächenmaterialien vereinfacht, weil der Klebstoff mit Heißluftduschen rasch wieder aktiviert werden kann. Die Vorschubwalze drückt das Schmalflächenmaterial gegen die Auftragswalze. Im Kühlkanal bindet der Klebstoff ab, bevor das Band wieder aufgerollt wird.

B 4.5-7 *Maschine zum Beschichten von Schmal-flächenmaterial mit Schmelzklebstoff.*

4.5.3 Preßanlagen

Pressen haben für die Aufnahme großer Preßkräfte widerstandsfähige Gestellkonstruktionen. Sie bestehen entweder aus dicken Stahlblechrahmen oder kräftigen Profilstahlsäulen mit biegesteifen Querträgern. Am Gestell stützen sich die Spindeln oder Hydraulikzylinder und eine fest eingebaute Preßplatte als Gegenlager ab. Der Pressentisch und/oder die Etagen sind in Führungen höhenverschiebbar.

Spindelpressen

Spindelpressen werden nur in Einzelfällen als Stapelpressen für Kaltklebungen verwendet. Mehrere gleichgroße Preßflächen werden mit oder ohne Zulagen direkt übereinander (als Stapel) eingelegt. Die zwei oder drei kräftigen Spannspindeln drücken von oben und sind einzeln von Hand zu betätigen. Die erreichbaren Preßdrücke sind jedoch bei voller Auslegung nur gering.

Hydraulische Pressen

Hydraulische Pressen erzeugen große Kräfte. Sie sind entsprechend ihrer Bauart als Mehr- oder Einetagenpressen für verschiedene Aufgaben einsetzbar.

Funktionsweise. Die Hydraulikanlage ist das Antriebssystem der Presse. Das Druckmittel wird mit Hilfe der Pumpe aus dem Flüssigkeitsbehälter über die Steuereinheit in die **Arbeitszylinder** geleitet. Beim Ausfahren der Tauchkolben wird die Presse geschlossen und der Preßdruck aufgebaut.

Das Erwärmen der Werkstücke verkürzt die Abbindezeiten der Klebstoffe erheblich. Bei kleineren Pressen werden die eingebauten Heizplatten elektrisch durch Heizstäbe erwärmt. Bei größeren Pressen geschieht dies durch Dampf, Heißwasser oder Thermoöl. Die Temperatur wird hier durch Regulierung der Strömungsmenge an den Ventilen eingestellt.

Mehretagenpressen benötigen für das Schließen mehrerer Etagen einen größern Hubweg. Ihre langen Arbeitszylinder heben den Pressentisch von unten an und schließen die Etagen zeitlich nacheinander. Um das vorzeitige Abbinden des Klebstoffs bei den zuerst eingelegten Werkstücken zu vermeiden, muß die Presse rasch schließen. Das wird durch Schnellschließzylinder mit kleinem Durchmesser (geringes Füllvolumen) oder eine Nieder- und Hochdruck-Pumpenkombination ermöglicht. Das Öffnen der Presse erfolgt durch Eigengewicht.

Arbeitsschutz

- Beim Einschieben und und Entnehmen der Werkstücke müssen wärmeisolierende Schutzhandschuhe getragen werden.

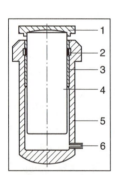

B 4.5-8 *Pressenzylinder mit Tauchkolben. Es bedeuten: 1 Druckplatte, 2 Kolbendichtung, 3 Kolbenführung, 4 Tauchkolben, 5 Zylindergehäuse, 6 Hydraulikleitung.*

Hydraulikanlage
4.2.1.3

B 4.5-9 *Mehretagenpresse in Säulenbauweise. Hochdruckschläuche leiten den Wärmeträger in die Heizplatten.*

Werkzeuge und Maschinen – Maschinen zum Furnieren und Aufbringen von Folie

- Das Schließen erfolgt entweder durch Zweihandbedienung oder Taster ohne Selbsthaltung.
- Notschalter, Reißleinen oder andere Sicherheitseinrichtungen sind vorgeschieben, die den Schließvorgang in jeder Stellung unterbrechen können.
- Besondere Vorsicht bei Wartungsarbeiten: Angehobene Pressenteile sind gegen unbeabsichtigtes Absenken abzustützen.

Einetagenpressen werden von unten (Unterkolbenantrieb) oder oben (Oberkolbenantrieb) geschlossen. Sie haben kurze Hubwege und sind schnell zu schließen und zu öffnen. Durch Zusatzeinrichtungen kann der Aufgabenbereich erheblich erweitert werden.

Kurztaktpreßanlagen werden zum Furnieren und Aufkleben von Folien mit automatischen Beschick- und Entleerungseinrichtungen ausgerüstet. Kurze Preßtakte bis unter eine Minute ermöglichen große Mengenleistungen. Kurztakt-Preßanlagen werden deshalb vorwiegend in der Serienfertigung eingesetzt. Um eine mechanisierte Arbeitsweise zu erreichen, wird die Preßanlage mit der Leimauftragsmaschine verkettet.

Membranpressen sind ebenfalls Einetagenpressen. Mit ihnen können profilierte Werkstücke furniert oder mit Folie beklebt werden. Die obere Preßplatte ist mit einem Rahmen versehen, an dem die flexible und temperaturbeständige Membran befestigt ist. Zwischen dieser und der oberen Preßplatte entsteht beim hydraulischen Schließen ein abgedichteter Raum, in den Druckluft eingeleitet wird. Dadurch preßt sich die Membran konturengetreu auf das Werkstück und erzeugt den spezifischen Preßdruck. Das Anschmiegen kann durch Heraussaugen der Luft auf der Werkstückseite unterstützt werden.

Die Klebfuge wird vom Druckraum aus durch Strahler oder Umwälzen heißer Druckluft erwärmt, wodurch sich die Abbinde- und Preßzeiten erheblich verkürzen.

Kaschieranlagen

Kernstück von Kaschieranlagen ist die Walzenpresse. Diese Anlagen arbeiten kontinuierlich mit Vorschubgeschwindigkeiten zwischen 6 m/min ... 30 m/min. Dadurch sind große Mengenleistungen erreichbar.
Die Klebstoffe für die rollfähigen Folien haben eine große Anfangshaftung. Sie werden im Kalt- oder Heißverfahren verarbeitet.

4.5.4 Maschinen für die Schmalflächenbeklebung

Die zahlreichen Verfahren und Arbeitsgänge zum Bekleben von Schmalflächen führten zur

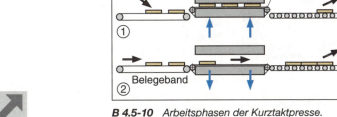

B 4.5-10 Arbeitsphasen der Kurztaktpresse. ① Belegen des Beschickbandes während des Pressens. ② Entleeren der geöffneten Presse und Einfahren der vorgelegten Werkstücke.

Bekleben von Schmalflächen 5.5.4

B 4.5-11 Kurztakpreßanlage in Rahmenbauweise mit Oberkolbenantrieb.

B 4.5-12 Membranpresse mit Beschicktablett.

Werkzeuge und Maschinen – Maschinen zum Furnieren und Aufbringen von Folie

Entwicklung unterschiedlicher Vorrichtungen, Maschinen und Anlagen. Zunehmende Bedeutung gewinnt das Bekleben und Bearbeiten der Schmalflächen im Durchlaufverfahren.

Kleinmaschinen werden zur Verarbeitung von vorbeschichteten Schmalflächenmaterialien eingesetzt. Der Schmelzklebstoff wird zuerst durch eine Heißluftdüse verflüssigt. Anschließend kann das Schmalflächenmaterial beim Vorbeischieben an einer Anpreßrolle auf die Schmalflächen gepreßt werden. Dieses Verfahren ist auch für geschweifte Werkstücke und Softformingteile mit einfach profilierten Schmalflächen anwendbar. Der Anpreßdruck hängt vom Bediener ab. Gleitschienen auf dem Maschinentisch und z.T. angetriebene Anpreßrollen erleichtern das Vorbeischieben. Das Trennen des Schmalflächenbandes wird durch einen End- oder Fußschalter ausgelöst.

Thermokaschieren. Es werden Harnstoffharzleime bevorzugt, die auf die Trägerplatte oder Folienrückseite aufgetragen werden. Der Härter wird oft getrennt aufgewalzt, um Topfzeitüberschreitungen auszuschließen. Die Edelstahl-Kaschierwalzen können elektrisch oder durch Thermoöl bis über 200 °C erwärmt werden, der Walzendruck beträgt etwa 60 N/cm.

Maschinen mit Vorschubeinrichtungen sind für gerade Schmalflächen einsetzbar und für größere Werkstückmengen vorgesehen. Die Teile werden durch eine Vorschubkette mit Oberdruckrollen oder -keilriemen an den verschiedenen Aggregaten vorbeigeführt. Die Vorschubgeschwindigkeit ist in der Regel zwischen 6 m/min ... 30 m/min wählbar. Der Ausstattungsgrad der Maschinen kann verschiedensten technologischen Forderungen angepaßt werden.

Klebstoffverarbeitung. Schmelzklebstoffe in Granulatform (Basis EVAC und PA) ergeben trocken- bis feuchtfeste Fugen. Sie werden durch Schmelzklebstoffe auf PUR-Basis ergänzt, die der Beanspruchungsgruppe D 3 bis D 4 genügen. Schmelzklebstoff auf PUR-Basis härtet durch Feuchteinwirkung aus. Er wird in Patronenform geliefert und muß unter Luftabschluß verflüssigt und aufgetragen werden.

Zunehmend werden auch PVAC-Leime in kontinuierlichen Anlagen nach dem Kaltleim-Aktivierverfahren (KA-Verfahren) eingesetzt. Der Klebstoff wird nach dem Auftragen in einer Heizzone durch Strahler oder Heißluftduschen erwärmt und getrocknet. Unmittelbar danach wird das ebenfalls mit KPVAC vorbeschichtete und erwärmte Schmalflächenmaterial durch Druckwalzen aufgepreßt.

Softforming. Das Bekleben profilierter Schmalflächen erfolgt unmittelbar hinter dem Klebstoffauftrag bzw. bei KPVAC-Einsatz hinter der Heizzone. Das Schmalflächenmaterial wird mit Druckwalzen oder -rollen, die pas

Beanspruchungsgruppen/Schmelzkleber 2.7.1, 2.7.3

KPVAC 2.7.3

Softforming 5.5.4

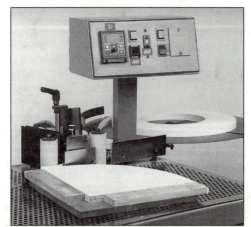

B 4.5-13 Kleinmaschine zum Aufpressen von vorbeschichtetem Schmalflächenmaterial auf geschweifte Werkstücke.

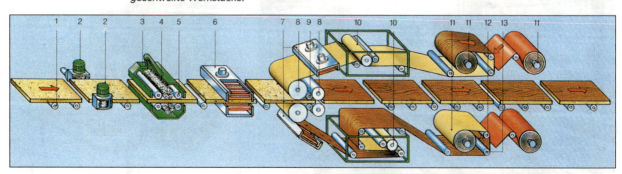

B 4.5-14 Aufbau einer Thermokaschieranlage mit Folienbeleimung. Es bedeuten: 1 Zuführrollgang, 2 Kantenbürsten, 3 Einzugsrollenpaar, 4 Oberflächenbürsten, 5 Auszugsrollenpaar, 6 Vorheizzonen oben und unten, 7 Infrarotheizung zur Abdunstung, 8 Kaschierwalzen, 9 Folientrenneinrichtung, 10 Folienbeleimaggregate, 11 Folienwickellagerungen, 12 Folienanstückeleinrichtung, 13 Folieneinzugsvorrichtung oben und unten.

Werkzeuge und Maschinen – Maschinen zum Furnieren und Aufbringen von Folie

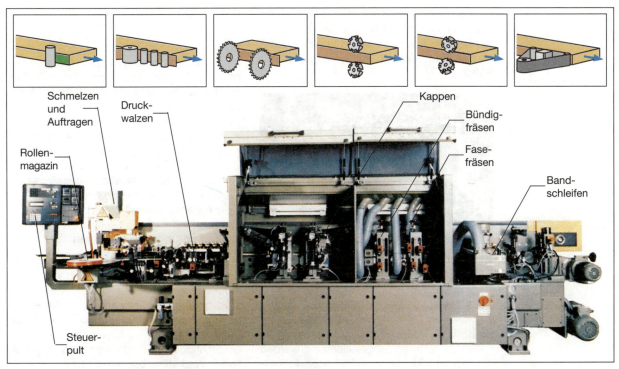

B 4.5-15 Maschine zum Bekleben und Bearbeiten von Schmalflächen.

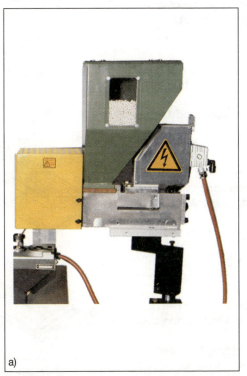
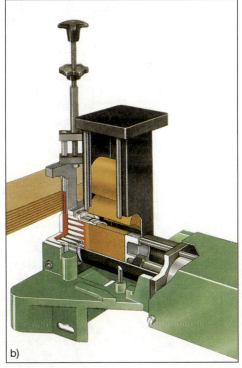

B 4.5-16 Schmelz- und Auftragseinrichtungen für Schmelzklebstoffe für a) Granulatverarbeitung (EVA-, PA-Kleber), b) Patronenverarbeitung (PUR-Kleber).

send zum Profil versetzt sind, aufgepreßt. Das Einstellen ist sehr aufwendig. Die vorbereiteten Druckrollensätze können in einen Drehkörper montiert und wahlweise zugestellt werden.

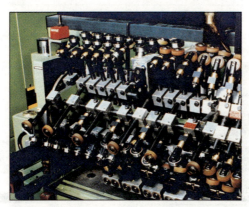

B 4.5-17 *Drehkörper mit Profilwalzensätzen für vier verschiedene Softformingprofile.*

Zusätzliche Arbeitsgänge. In Maschinenfließreihen zur Schmalflächenbeklebung werden die Werkstücke meist vorher noch formatbearbeitet: Es können Ecken gerundet und Fälze, Nuten oder Profile mit entsprechenden Fräsaggregaten angebracht werden.

Aufgaben

1. Beschreiben Sie ein maschinelles Verfahren zum Herstellen von Paßfugen an Furnierblättern!
2. Vergleichen Sie das Quer- und Längsfügen der Furniere! Nennen Sie Anwendungen sowie Vor- und Nachteile beider Verfahren!
3. Welche Vor- und Nachteile bietet die Direktklebung der Furniere?
4. Wie läßt sich die aufgetragene Klebstoffmenge ermitteln?
5. Welche Vor- und Nachteile hat vorbeschichtetes Schmalflächenmaterial bei der Weiterverarbeitung?
6. Beschreiben Sie eine Anlagen zum Formpressen!
7. Welche Unterschiede sind beim Flächen- und Formpressen in Einetagenpressen vorhanden?
8. Nennen Sie Voraussetzungen für den Betrieb einer Kurztakt-Preßanlage.
9. Nennen und erläutern Sie mindestens drei Arbeitsschritte beim kontinuierlichen Bekleben von Schmalflächen!
10. Welche Besonderheiten weisen Maschinen für die Schmalflächenbeklebung bei der Verarbeitung von KPVAC auf?

4.6 Vorrichtungen

Vorrichtungen werden bei häufig wiederkehrenden oder schwierigen Arbeitsgängen eingesetzt. Für betriebsspezifische Aufgaben werden sie teilweise auch in eigenen Werkstätten gebaut.
Durch den Einsatz von Vorrichtungen:
- verkürzen sich oft die Herstellungszeiten,
- ergibt sich eine gleichbleibende Arbeitsgenauigkeit für alle Werkstücke,
- wird meist schwere körperliche Arbeit erleichtert oder vermieden und
- die Arbeitssicherheit erhöht.

4.6.1 Führungsvorrichtungen

Führungsvorrichtungen führen während der Bearbeitung die Werkzeuge und die Werkstücke sicher gegeneinander. Jedes Werkstück muß dazu genau auf-, an- oder eingelegt werden (→ **B 4.6-2**). Dabei ist es gleichgültig, ob das Werkstück am Werkzeug vorbeigeschoben oder das Werkzeug zum ortsfesten Werkstück bewegt wird.

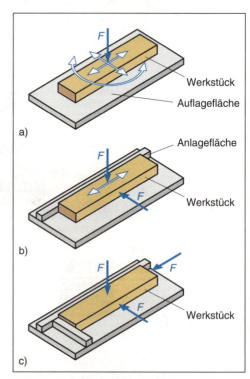

B 4.6-1 *Auf- (a), An- (b) oder Einlegen (c) von Werkstücken. Die offenen Pfeile deuten noch mögliche Bewegungen an.*

Vorschubgeräte führen Werkstücke mit mehreren gummibeplankten und angetriebenen Walzen (→ **B 4.6-3**). Leisten oder flächige

Werkzeuge und Maschinen – Vorrichtungen

T 4.6/1 Führungsvorrichtungen

Art der Vorrichtung	Werkzeugführend	Werkstückführend	Werkstücktragend
Aufgabe und Aufbau	sichere und zwangsweise Führung der Werkzeuge, Werkzeugführung erfolgt in Nuten oder Buchsen, verstellbare Anschläge erweitern oft den Einsatzbereich	dem ortsfesten Werkzeug werden Werkstücke sicher und genau zugeführt, Vorrichtungen sind oft Teil der Maschine oder direkt an dieser befestigt, Vorschubbewegung der Werkstücke erfolgt manuell oder maschinell	Vorrichtungen werden zusammen mit eingelegtem und/oder aufgespanntem Werkstück dem ortsfesten Werkzeug zugeführt, Führung erfolgt formschlüssig in Nuten mit Führungsstift oder am Anlaufring
	Bohrschablone	Gleitrinne	Fräslade
Bearbeitungsvorteile	*paßgenaue* Bearbeitung ohne aufwendiges Anreißen	*genaue* Bearbeitung ohne Anreißen, verminderte Unfallgefahr, sichere Führung der Werkstücke während des Werkzeugeingriffs	*formgerechte* Bearbeitung rechtwinkliger oder geschweifter, gewölbter und konischer Werkstücke ohne Anreißen, verminderte Unfallgefahr
Einsatzmöglichkeiten (Beispiele)	Montagearbeiten, auf Baustellen, Führung von Handwerkszeugen und handgeführten Maschinen	Arbeiten an Einzelmaschinen und in Maschinenfließreihen	Zuschnittarbeiten an Bandsägemaschinen, Form- und Profilfräsungen am Anlaufring und auf Kopierfräsmaschinen
Geräte	Gehrungsschneid- und Gehrungsstoßlade, Gleitschienen für handgeführte Maschinen	Druckkämme und Anpreßrollen bei Säge- und Fräsarbeiten, Vorschubgeräte	Rollwagen an Sägemaschinen, Zentriervorrichtungen, Fräslade für formgefräste oder konische Teile

Bauteile werden niedergehalten und mit einstellbarer Vorschubgeschwindigkeit am ortsfesten Werkzeug vorbeigeschoben. Geringe Dickenunterschiede gleicht die federnde Walzenlagerung aus. Durch geringe Schrägstellung des Vorschubgerätes werden die Werkstücke zusätzlich an die Anlagefläche des Maschinenlineals gedrückt.

Zentriervorrichtung. Bogenförmige Schnitte an der Bandsägemaschine, aber auch Profilierungen an bogenförmigen Teilen können mit der Zentriervorrichtung ausgeführt werden (→ **B 4.6-4**).

Werkstücktragende Fräsladen erleichtern Kopierfräsarbeiten an Oberfräsmaschinen.

4.6.2 Spannvorrichtungen

Spannvorrichtungen verhindern das Verrutschen der Werkstücke während der manuellen oder maschinellen Bearbeitung. Die Werkstücke werden meist nur kurzzeitig durch Spannelemente festgehalten. Sie drücken die

Werkzeuge und Maschinen – Vorrichtungen

Reibung 4.1.1

schiefe Ebene 4.1.1

B 4.6-2 *Formschlüssige Führung einer Handoberfräsmaschine in der festgespannten Gleitschiene.*

B 4.6-3 *Vorschubgerät mit gummierten Walzen.*

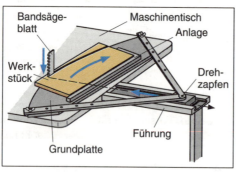

B 4.6-4 *Zentriervorrichtung.*

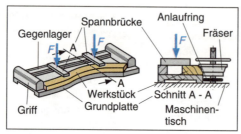

B 4.6-5 *Fräslade.*

Druckgrößen 4.2.1.3

Werkstücke senkrecht auf die Auflagefläche, so daß große Reibkräfte entstehen, die das Verschieben verhindern. Anschläge erleichtern dabei die Lagefixierung. Es wird auf kurze Spannzeiten Wert gelegt, um große Mengenleistungen zu ermöglichen.

Mechanische Spannelemente

Mechanische Spannelemente beruhen auf den Gesetzmäßigkeiten der schiefen Ebene. Der Neigungswinkel α muß so klein sein, daß ein selbständiges Lockern durch Erschütterungen oder Vibrationen der Maschinen ausgeschlossen wird.

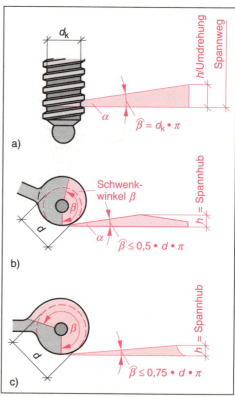

B 4.6-6 *Mechanische Spannelemente.*
a) Schraubspindel, b) Kreisexzenter, c) Spannspirale.

Schraubspindeln haben große Spannbereiche, benötigen aber längere Spannzeiten.

Exzenter (Kreisexzenter, Spannspirale) sind mit einem Hebel rasch bedienbar, haben aber nur einen kleinen Spannhub.

Pneumatische Spannelemente

Im Unterdruckbereich ($p_e < p_{amb}$) wird der Unterschied zwischen dem atmosphärischen Druck p_{amb} und einem niedrigeren absoluten Druck p_{abs} als Spann- oder Haltekraft ausge-

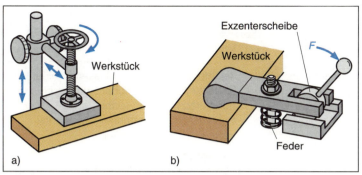

B 4.6-7 Spannelemente. a) Schraubspindel und b) Kreisexzenter.

Druckverteilung, Druckbereiche 4.2.1.3, 4.8.1
Ventilarten 4.2.1.3

nutzt. Der Unterdruck wird durch eine Saugpumpe direkt oder in einem Unterdruckkessel erzeugt, aus dem eine Vakuumpumpe die Luft heraussaugt.

Saugspanner. Das Werkstück betätigt beim Auflegen ein Sperrventil. Dadurch entweicht die Luft aus dem Dichtungsraum in den Unterdruckkessel und das Werkstück wird durch den Luftdruck auf den Dichtungsring gepreßt.

Spannkraft = Fläche · Druckdifferenz

$$F = \frac{\pi \cdot d_D^2}{4}(p_{amb} - p_{abs}) \text{ in N}$$

spezifischer Preßdruck 4.2.1.3, Pressen 5.5.3, Klebstoffe 2.7

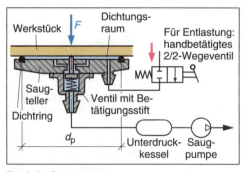

B 4.6-8 Saugspanner.

Beispiel

Mit welcher Spannkraft wird ein Bauteil zum Montieren der Beschläge auf einem Saugspanner mit 150 mm Dichtringdurchmesser festgehalten, wenn im Unterdruckkessel ein absoluter Druck von 25 kPa erreicht wird?

Lösung

Drehmoment 4.1.1

Gegeben: d_D = 150 mm = 0,15 m; p_{amb} = 100 kPa; p_{abs} = 25 kPa = 25 kN/m²
Gesucht: F

$$F = \frac{3{,}14 \cdot (0{,}15 \text{ m})^2}{4} \cdot (100 \text{ kPa} - 25 \text{ kPa})$$

$$F = 0{,}01766 \text{ m}^2 \cdot 75 \frac{\text{kN}}{\text{m}^2} = \underline{\underline{1{,}325 \text{ kN}}}$$

$$= \underline{\underline{1325 \text{ N}}}$$

Beim Entspannen strömt über ein Wegeventil Außenluft in den Dichtungsraum, das Werkstück kann abgenommen werden.
Saugspanner sind nur für ebene, stabile und luftundurchlässige Werkstücke verwendbar. Die Oberflächen müssen glatt und sauber, die Dichtungsringe dürfen nicht beschädigt sein.

Im **Überdruckbereich** ($p_e > p_{amb}$) wird die Druckluft in der Regel über eine Wartungseinheit aus dem betrieblichen **Druckluftnetz** entnommen. Sie kann mit einem Druckminderventil auf den notwendigen Arbeitsdruck (p_e = Manometerdruck p_M) eingestellt werden. Von diesem und der Kolben- bzw. Schlauchanlagefläche wird die Größe der Spannkraft bestimmt.
Pneumatische Spannelemente (→ T 4.6/6) reagieren außerordentlich schnell und stoßartig. Deshalb wird die Ausfahrgeschwindigkeit meist durch Federkraft oder Druckluftstau gebremst.

4.6.3 Preßwerkzeuge und Preßvorrichtungen

Preßvorrichtungen erzeugen den **Preßdruck zum Verkleben** von Bauteilen und erhalten ihn bis zur geforderten Anfangsfestigkeit. Der Preßvorgang kann durch Heizeinrichtungen beschleunigt werden.
Die Preßkräfte werden mechanisch, pneumatisch oder hydraulisch erzeugt und sollen möglichst senkrecht zur Klebfuge wirken.

Preßwerkzeuge

Zwingen sind einfache Preßwerkzeuge, die in vielen Varianten in Werkstätten und auf Baustellen eingesetzt werden.

Momentzwingen (kurz Zwingen) bestehen aus einer Stahlschiene mit festem Querarm. Ein zweiter auf der Schiene verschiebbarer Arm ist an seinem Ende mit Spindel oder Exzenterhebel versehen. Beim Spannen verkantet der Gleitarm geringfügig und erzeugt ein **Drehmoment**. Zwingen mit Spannweiten über 500 mm werden auch als Knechte bezeichnet.

Werkzeuge und Maschinen – Vorrichtungen

T 4.6/2 *Pneumatische Spannelemente im Überdruckbereich*

Spannelement	Druckluftzylinder	Druckluftschlauch oder Druckluftkissen
Wirkungsweise und Aufbau	einfachwirkend mit Rückstellfeder (Dichtung, Kolben, Kolbenstange, Rückzugsfeder, Einströmöffnung, Zylindergehäuse) doppeltwirkend, meist endlagengebremst (Bremskolben, Scheibenkolben, Kolbenstange, Drosselbohrung, Zylindergehäuse, Einströmöffnung für Ausfahren, Einströmöffnung für Einfahren) Aus- bzw. Einfahrgeschwindigkeit über Drosselventil beeinflußbar	flexibler schlauch- oder kissenförmiger Behälter aus Gummi oder Kunststoff, nur einfachwirkend, leistenförmige Schlaucheinlage verringert Druckluftverbrauch und Knickgefahr (Einlage, Gegenlager, Rückzugfeder, Schlauch, Schnitt A-A, p_M, WS, l_S, b_S, F, Druckbalken, Schlauchverschluß)
Kraftangriff	punktförmig, Druckplatten oder -balken bzw. Beilagen zur Kraftverteilung notwendig Wirkungsgrad η: 0,75 ... 0,9 (vom Zylinderbau abhängig)	flächig, Spannelement paßt sich der Oberflächenform an, auch mit dünnen oder ohne Druckplatten verwendbar Wirkungsgrad η: 0,8 ... 0,85 (bei Federrückführung)
Einsatzbedingungen	große Hubwege möglich, dann platzaufwendige Zylinder notwendig, die ortsfest, dreh- oder schwenkbar befestigt sind	nur für kleine Hubwege geeignet, aber platzsparende Anordnung möglich, einfacher Aufbau, kostengünstig

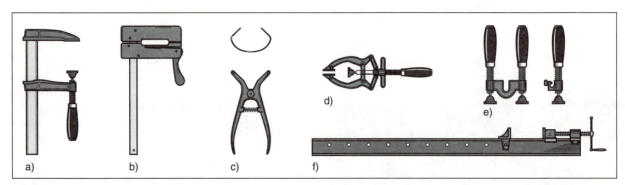

B 4.6-9 Spann- und Preßwerkzeuge. a) Momentschraubzwinge, b) Klemmzwinge mit Exzenterhebel aus Holz, c) Stahlfeder mit Spannzange für Gehrungen, d) Kantenzwinge, e) Kantenzwingen zur Kombination mit Schraubzwingen, f) verstellbarer Türspanner.

Werkzeuge und Maschinen – Vorrichtungen

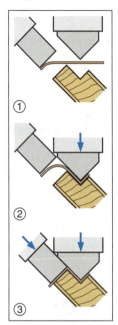

B 4.6-11 Arbeitsphasen beim Bekleben einer gefälzten Schmalfläche mit zwei beheizten Druckbalken.

Hydraulik 4.2.1.3

VBG 5 §§ 6, 7, 16, 17, 26

Bekleben von Schmalflächen 5.5.4

Kantenzwingen werden beim Bekleben von Schmalflächen gebraucht.

Federklammern sind für Gehrungsverbindungen an Rahmen und bei kleineren Preßkräften einsetzbar.

Preßvorrichtungen

Der große Aufwand beim Ansetzen mehrer Zwingen wird durch Preßvorrichtungen erheblich verringert. Die gestellartige Grundkonstruktion muß alle auftretenden Kräfte aufnehmen. Sie wird durch Anschläge und Spannelemente ergänzt. Preßvorrichtungen arbeiten periodisch und können auch in Taktstraßen eingeordnet werden.

Flächen- und Kantenpreßvorrichtungen haben in der Regel parallel wirkende Spannelemente. Sie pressen die auf- oder eingelegten Einzelteile bis zum Abbinden des Klebstoffes zusammen. Oft werden mehrere Preßvorrichtungen sternförmig und drehbar in einem Verleimstern oder übereinander angeordnet.

B 4.6-10 Doppelte Flächenpreßvorrichtung mit hochklappbaren Etagen.

Wenn alle Vorrichtungen oder Etagen nacheinander beschickt sind, können oft die ersten Werkstücke bereits wieder entnommen und neue Einzelteile eingelegt werden. Dadurch ist ein zügiger Arbeitsablauf erreichbar. Flächen- und Kantenpreßvorrichtungen werden für Brett-, Block- und Stabverleimungen eingesetzt.

Für das Bekleben von Schmalflächen mit Vollholzleisten, Furnier- oder Folienstreifen werden auch rahmenartige Vorrichtungen verwendet. Diese sind oft mit Druckluftspannelementen und elektrischen Heizeinrichtungen ausgerüstet. Entsprechend gestaltete Druckbalken ermöglichen auch das Bekleben profilierter Schmalflächen mit dünnem Material.

Rahmenpreßvorrichtungen bestehen meist aus einer gelochten Grundplatte mit aufgesteckten Anschlägen und Spannelementen. Dadurch können Rahmenteile in verschiedenen Größen winklig oder auch in anderen Formen zusammengeleimt werden. Die Anschläge gewährleisten die Form und Winkligkeit der Baugruppen.

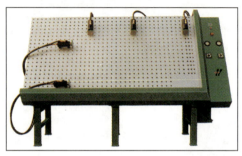

B 4.6-12 Rahmenpreßvorrichtung mit gelochter Grundplatte, auf die die Pneumatikzylinder aufgesteckt sind.

Die Wahl der Antriebsenergie für die Spannelemente ist mengenabhängig. Für sehr kompakte Rahmenpreßvorrichtungen werden auch Hydraulikzylinder angewendet, die sehr große Kräfte erzeugen. Eine Beheizung ist meist nicht vorgesehen.

Korpuspreßvorrichtungen bestehen aus mehreren hintereinander angeordneten Holz- oder Stahlrahmen mit oft verschiebbaren Anschlägen und Spannelementen.
Es können unterschiedliche Korpusgrößen verleimt werden. Vorrichtungen mit hohem

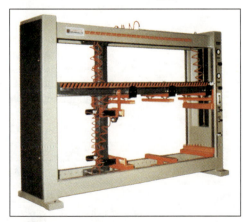

B 4.6-13 Korpuspreßvorrichtung mit Zuführband und Verstellmöglichkeit der Korpushöhe und -breite.

Automatisierungsgrad können auch für die taktweise Fertigung eingesetzt werden.

Hinweise zur Bedienung, Wartung und Pflege von Vorrichtungen

- Beim Einlegen der Werkstücke die Bezugsflächen beachten.
- Alle Flächen vor dem Auf-, An- oder Einlegen säubern.
- Anschläge und Anlageflächen öfter auf Abnutzung oder Beschädigung kontrollieren.
- Spannelemente mit genügend großen Druckplatten oder Beilagen benutzen.
- Spann- oder Preßkraft immer an solchen Stellen einleiten, wo das Bauteil unterstützt und nicht verformt werden kann.
- Wenn notwendig, Werkstücke nur in festgespanntem Zustand bearbeiten (z.B. Beschläge festschrauben).
- An Spannvorrichtungen keine metallischen Momentzwingen benutzen, wenn Vibrationen und Erschütterungen auftreten können.

pneumatische Anlagen 4.8

Die Arbeit an pneumatischen Spannelementen erfordert besondere Vorsicht, da hier die Bewegungen sehr rasch und mit großen Kräften erfolgen. Es ist darauf zu achten, daß:
- der notwendige Betriebsdruck anliegt,
- bei sehr kurzen Schließzeiten Zweihandbedienung vorgesehen ist,
- beim manuellen Zusammenstecken von Teilen in der Vorrichtung Sperreinrichtungen vorhanden sein müssen, die erst nach Beendigung der Vorarbeiten gelöst werden dürfen,
- flächige Teile sicher anliegen und beim Zufahren nicht herausspringen können. Eventuell sind Arretierungen vorzusehen.

Aufgaben

1. Welche Aufgaben haben Führungsvorrichtungen? Worauf haben Sie bei ihrer Verwendung zu achten?
2. Beschreiben Sie die Arbeitsweise eines Saugspanners! Wodurch kann unter Umständen die Spannkraft erheblich nachlassen oder überhaupt nicht wirksam werden?
3. Beschreiben Sie den Aufbau und die Bedienung einer Rahmenpreßvorrichtung! Welche Unfallverhütungsvorschriften sind besonders zu beachten?
4. Vergleichen Sie mechanische und pneumatische Spannelemente!
5. Welche Unterschiede bestehen zwischen Druckluftzylindern und Druckschläuchen in der Arbeitsweise und den Einsatzbedingungen?
6. Welche Aufgaben und welche Bedeutung haben die Anschläge in Korpuspreßvorrichtungen?
7. Was verstehen Sie unter einer Kantenzwinge? Beschreiben Sie die Funktion an einem Beispiel!

4.7 Ausrüstungen zur Oberflächenbehandlung

4.7.1 Spritzanlagen

Spritzpistolen

Spritzpistolen zerlegen die Spritzmittel in kleine Tröpfchen und schleudern sie auf die Werkstücke. Das ist möglich durch:
- Druckluft → Druckluft-Spritzpistolen,
- Flüssigkeitsdruck → Airless-Spritzgeräte.

Spritzpistolen mit Druckluft nutzen Druckluft als Zerteilungs- und Transportmittel. Sie unterscheiden sich nach der Spritzmittelzuführung.

Die Feinheit der Zerstäubung und die ausgetragene Menge lassen sich mit Düse und Luftkappe einstellen.

Druckluft-Spritzgeräte eignen sich zum:
- Kaltspritzen bei Raumtemperatur und zum
- Heißspritzen bei 40 °C ... 70 °C. (Bei den höheren Temperaturen können Spritzmittel mit höheren Viskositäten verarbeitet werden.)

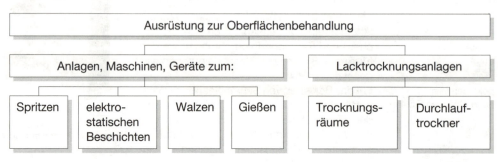

Werkzeuge und Maschinen – Ausrüstung zur Oberflächenbehandlung

Spritzen 5.8.3

Spritzpistolen ohne Druckluft. Das Spritzmittel wird hier ausschließlich durch hohen Flüssigkeitsdruck zerteilt und auf das Werkstück geschleudert. Bei einigen Verfahren soll durch Luftzumischung die Tröpfchenbildung noch verfeinert werden. Danach unterscheidet man:

- Airless ohne Zusatzluft,
- Airless-plus mit direkt zugemischter Zusatzluft (Airmix),
- Aircoat mit verwirbelt zugemischter Zusatzluft.

Auch das Airless-Spritzen ist bei unterschiedlichen Temperaturen möglich, z.B. als Airless-Heißspritzen bei 40 °C.

Gute Airless-Geräte arbeiten nach dem Standby-concept: Wenn der Spritzmittelaustrag unterbrochen wird, schaltet die Pumpe automatisch auf Umlauf. Das Gerät benötigt nur die Leerlaufleistung. Dadurch ist es immer einsatzbereit, und es entfällt das Aus- und Einschalten des Motors.

Spritznebelabsauganlagen

Beim Spritzen gelangen ca. 50% ... 75% des Spritznebels nicht auf das Werkstück. Spritznebelabsauganlagen nehmen die überschüssigen Spritznebel auf und schützen so vor Umwelt- und Gesundheitsschäden. Die Festkörperanteile im Spritznebel müssen ausgefiltert werden.

Man unterscheidet:
- Spritzwände → drei Seiten offen,
- Spritzstände → eine Seite offen,
- Spritzkabinen → alle Seiten geschlossen.

Spritzkabinen sind für den Durchlaufbetrieb vorgesehen. Die Werkstücke werden automatisch durch Wandöffnungen zu- und abtransportiert. Spritzkabinen sind mit eigener Entsorgungs- und Zuluftanlage ausgestattet. Es können auch brennbare und gesundheitsschädliche Lacke eingesetzt werden. Da Spritzkabinen staubfrei sind, eigenen sie sich besonders für hochglänzend trocknende Lacke.

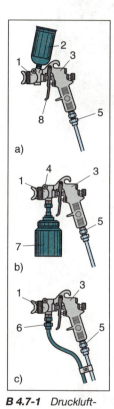

B 4.7-1 Druckluft-Spritzpistolen mit
a) Fließbecher,
b) Saugbecher,
c) Schlauchzuführung.
Es bedeuten: 1 Spritzkopf, 2 Fließbecher, 3 Pistolenkörper, 4 Drosselschraube, 5 Druckluftzuführung, 6 Schlauchzuführung für Spritzmittel, 7 Saugbecher, 8 Abzugshebel.

B 4.7-2 Druckluft-Spritzpistole mit Saugtopf. Es bedeuten: 1 Spritzmittelzuführung, 2 Luftkappe, 3 auswechselbare Düse, 4 Aufhänghaken, 5 Druckluftzuführung, 6 Abzugshebel, 7 Saugtopf.

Werkzeuge und Maschinen – Ausrüstung zur Oberflächenbehandlung

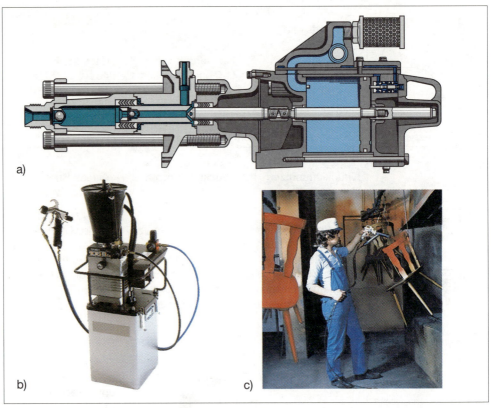

B 4.7-3 *Spritzen ohne Druckluft. a) Spritzgerät mit Lackoberbehälter, b) Schnitt durch eine Airless-Hubkolbenpumpe, c) Farbspritzen von Stühlen.*

Die Spritznebelabsaugung ist möglich in:
- Trockenspritzanlagen. → Die verunreinigte Luft wird abgesaugt.
- Naßspritzanlagen. → Der von den Wänden herabfließende Wasserfilm nimmt die Spritznebel auf. In beiden Fällen müssen die umweltbelastenden Stoffe entsorgt werden.

Trockenspritzanlagen. Radialgebläse saugen die Spritznebel durch unbrennbare Glasfaserfilter ab. Die Luft wird zu 97% ... 99% gereinigt. Die Filter werden mit Haltestangen auf die Filterflächen gespannt. Auf Gittergeflechte und Prallwände wird wegen der umständlichen Reinigung verzichtet.

Trockenspritzanlagen werden eingesetzt:
- bei geringen Auftragsmengen,
- bei gelegentlichem Spritzen,
- für Beizen (geringer Festkörpergehalt).

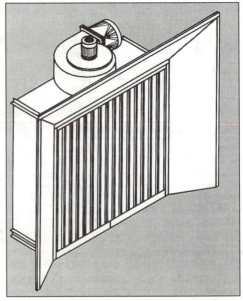

B 4.7-5 *Spritznebelaufnahme in einer Trockenspritzanlage.*

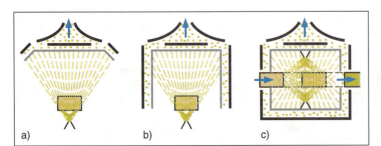

B 4.7-4 *Spritznebelabsauganlagen. a) Spritzwand, b) Spritzstand, c) Spritzkabine.*

Naßspritzanlagen. Die Spritznebel werden von einem ständig an den Wänden der Anlage herabfließenden Wasserfilm aufgenommen und einem Absonderer zugeführt. Dieser trennt die obenschwimmenden leichten Lösemittel von den Spritzmittelresten.

Im Auswaschsystem wird zu den Spritzmittelresten ein Koagulierungsmittel (Ausflockungsmittel) gegeben. Ein umlaufender Schaber zieht den aufschwimmenden Lackschlamm von der Wasseroberfläche und befördert ihn zum Schlammwagen. Lackschlamm und Kabinenwasser sind als Sondermüll zu entsorgen.

In Naßspritzanlagen wird ein Abscheidungsgrad von mehr als 99% erreicht. Naßspritzanlagen sind leicht zu reinigen. Sie sind weniger gesundheitsbelastend und auch weniger brand- und explosionsgefährlich als Trockenspritzanlagen.

Die Gleichstrom-Hochspannung beträgt 80 kV ... 120 kV. Gegenüber dem Druckluftspritzen sind die Verluste mit nur etwa 20% bedeutend niedriger.

B 4.7-7   Hochrotationsteller und aufgehängte Rahmenstücke.

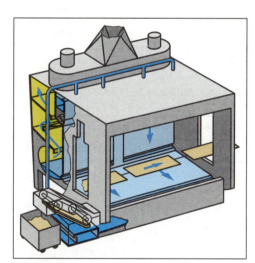

B 4.7-6   Spritznebelaufnahme in einer Naßspritzanlage.

4.7.2   Einrichtungen zum elektrostatischen Beschichten

elektrostatisches Feld
4.1.2

Das elektrostatische Beschichten nutzt das Prinzip des elektrostatischen Feldes mit entgegengesetzt ausgerichteten Elektroden. Das zu beschichtende Werkstück wird negativ, das Spritzmittel positiv aufgeladen. Der Raum zwischen beiden Polen ist als dielektrisches Feld zu verstehen.

Das Beschichtungsmittel wird durch Druckluftverdüsung zerstäubt. Der Sprühnebel wird durch einen rotierenden Teller in das dielektrische Feld geschleudert, wo das Spannungsfeld den weiteren Transport übernimmt. Der Hochrotationsteller dient gleichzeitig als Hochspannungselektrode für den Lacknebel.

Bei diesem Auftragsverfahren spricht man vom elektrostatischen Umgriff. Aufgrund des Verlaufs der elektrischen Feldlinien werden die Lackteilchen auch auf die Rückseiten der Werkstücke aufgetragen.

Der elektrostatische Auftrag funktioniert nur bei einer Werkstückfeuchte von mindestens 8%. Da die durchschnittliche Ausgleichsfeuchte von Fensterholz ca. 13% beträgt, sind diese z.B. gut mit diesem Verfahren zu beschichten. Möbelteile haben dagegen meist nur 8% Holzfeuchte. Dadurch ist ein elektrostatischer Auftrag nicht ohne weiteres möglich. In der Praxis hilft man sich mit Wasserbesprühung, wodurch die Oberfläche allerdings rauh werden kann.

Das Stati-coating-technic-Verfahren ist eine Kombination aus Druckluftspritzen, Airless-Verfahren und elektrostatischem Auftrag. Der

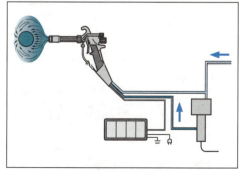

B 4.7-8   Elektrostatischer Auftrag.

Werkzeuge und Maschinen – Ausrüstung zur Oberflächenbehandlung

Lack wird durch hohen Flüssigkeitsdruck und hohe Druckluft zerstäubt und im elektrischen Feld auf das Werkstück gebracht. Dabei entstehen nur geringe Spritzmittelverluste, und es werden hohe Auftragsgeschwindigkeiten erreicht. Durch den Beschichtungsumgriff können auch komplizierte Werkstücke gut beschichtet werden.

4.7.3 Walzenauftragsmaschinen

Beim Walzauftrag werden flächige Werkstücke zwischen oben- und untenliegenden Walzen transportiert und dabei beschichtet.

Einstellen der Maschinen

Die Walzen transportieren und beschichten das Werkstück gleichzeitig. Sie müssen sorgfältig eingestellt werden.

Die Werkstückdicke wird durch Hochstellen des oberen Walzenstuhles (5 mm ... 40 mm) eingestellt.

Die Schichtdicke regelt der unterschiedliche Anpreßdruck zwischen Dosier- und Auftragswalze. Bei hochviskosen (dünnflüssigen) Stoffen wird die Dosierwalze zur Auftragswalze mit Spalt eingestellt.

Die Parallelität beider Walzen zueinander wird bei trockenen Walzen mit einem zwischengelegten Papierblatt überprüft. Es muß sich links wie rechts mit gleicher Kraft hindurchziehen lassen.

VBG 7j, §100

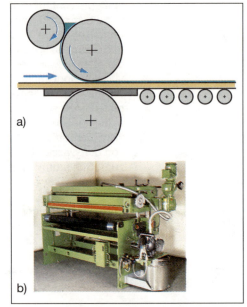

B 4.7-9 Walzenauftragsmaschine. a) Prinzip des Walzauftrags, b) Aufbau der Maschine.

Arbeitsschutz

- Alle Werkstück-Einzugsstellen sollen so gesichert sein, daß Kleidung und Körperteile nicht erfaßt und hineingezogen werden können.
- Eine Abweisstange über dem einziehenden Werkstück muß Hände und Finger abweisen.
- An der Einzugsseite muß eine über die gesamte Breite reichende Ausschalteinrichtung für die Walzen vorhanden sein, die auch ohne Zuhilfenahme der Hände bedient werden kann.
- Wegen des gefährlichen Nachlaufs müssen die Walzen im Gefahrenfall sofort auseinanderfahren.
- Befinden sich Schutzeinrichtungen nicht in Schutzstellung, muß der Werkstückvorschub blockiert sein.

4.7.4 Gießmaschinen

Beim Gießauftrag legt sich der Lackvorhang als Schicht oder Film auf die durchlaufenden Werkstücke. Der nicht auf das Werkstück gelangende Lack wird in einem Langtrichter aufgefangen und wieder dem Kreislauf zugeführt.

Nach der Ausbildung des Gießkopfes unterscheidet man das:
- offene Gießprinzip (ältere Maschinen) und
- geschlossene Gießprinzip (neuere Maschinen).

T 4.7/1 Walzenauftragsmaschinen

Darstellung	Arbeitsprinzip	Einschätzung
	Dosierwalze zu Auftragswalze zu Werkstückvorschub im Gleichlauf	Materialabriß an Walzen und zum Werkstück bewirkt rauhe Oberfläche
	Dosierwalze zu Auftragswalze im Gegenlauf	Materialabriß nur zwischen Auftragswalze und Werkstück
	Dosierwalze zu Auftragswalze zu Werkstückvorschub im Gegenlauf	kein Materialabriß, sehr glatte Oberfläche
	Naß-in-Naß-Auftrag durch zwei nachgeordnete Aufträge	für Reaktionslacke und Doppelbeizen

Werkzeuge und Maschinen – Ausrüstung zur Oberflächenbehandlung

T 4.7/2 *Arbeitsprinzipien von Gießmaschinen*

Arbeitsprinzip	Lackzuführung	Einsatzbereiche
offenes Gießprinzip (Überlaufprinzip)	ständig zugeführter Lack fließt über den Rand, dosiert wird mit dem Lackzufluß	für dicke Auftragsschichten bis 200 g/m² und darüber, vor allem für UP- und SH-Lacke
geschlossenes Gießprinzip	es fließt soviel Lack heraus, wie zugepumpt wird, dosiert wird mit der zugeführten Lackmenge und dem Gießlippenspalt	auch für äußerst geringe Auftragsdicken ab 50 g/m², vor allem für CN-Lack

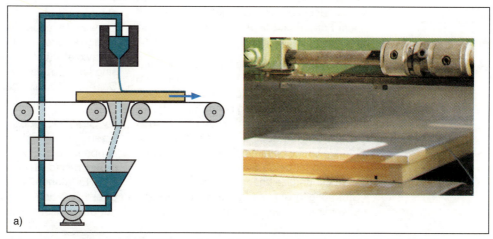

B 4.7-10 *Beschichten mit der Gießmaschine. a) Auftragsprinzip, b) beschichtetes Werkstück.*

4.7.5 Lacktrocknungsanlagen

Holztrocknung 5.2

In Trocknungsanlagen sollen die aufgetragenen Beschichtungsstoffe abbinden (physikalisch trocknen) bzw. härten (chemisch trocknen). In der Praxis wird sowohl das Abbinden als auch das Härten als Trocknen bezeichnet. Beide Vorgänge werden durch Wärme beschleunigt. Die Trocknung kann periodisch in Trocknungsräumen oder kontinuierlich in Durchlauftrocknern erfolgen.

Lacktrocknungsräume

Der Lacktrocknungsraum sollte stets ein gesonderter und abgeschlossener Raum sein, damit Luftverunreinigungen sich nicht auf beschichteten Flächen ablagern können. Auch werden dadurch die Gesundheits- und Brandschutzforderungen besser berücksichtigt. Die beschichteten Werkstücke werden in Hordenwagen abgelegt und zum Abbinden/Härten in den Trocknungsraum gebracht.
Bei der Lacktrocknung muß Luft ungehindert an den Oberflächen vorbeiströmen können. Trocknungsräume müssen gut temperierbar und zu be- und entlüften sein.

Je nach Lacksystem, Wärmezufuhr und Anzahl der Luftwechsel beträgt die Verweildauer der Bauteile im Trocknungsraum 1 h ... 24 h.

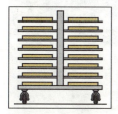

B 4.7-11 *Hordenwagen, beidseitig belegbar.*

Werkzeuge und Maschinen – Ausrüstung zur Oberflächenbehandlung

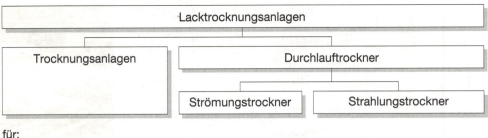

	für:		
	Beizen, fast alle Lacke (bei entsprechender Einstellung)	Beizen, CN-Lacke	transparente UP-Lacke, Acryllacke	SH-Lacke, PUR-Lacke, pigmentierte UP-Lacke

Wärmestrahlung 2.1.1

Schleppkettenförderer 4.2.1.4

Die beim Trocknen freiwerdenden Lösemitteldämpfe müssen zum Schutz der Umwelt aufgefangen (Filter) und entsorgt werden.

Durchlauftrockner

Größere Betriebe trocknen die beschichteten Teile im Durchlauf in speziellen Trocknungskanälen. Oft werden die beladenen Hordenwagen automatisch mit Schleppkettenförderern gezogen. In flachen Bandtrocknern werden dagegen flächige Möbelbauteile auf einem Förderband liegend durch die Trocknungsanlage transportiert.

Strömungstrockner arbeiten nach dem Prinzip der Konvektion. Das Trocknungsmedium Luft umstreicht die beschichteten Werkstücke, gibt an sie Wärme ab und nimmt dabei Lösemittel auf. Die Flächen trocknen und werden fest. Da sowohl abbindende als auch aushärtende Lacke Lösemittel enthalten, gilt dieses Prinzip für beide Systeme.

Die Trocknungszeit hängt ab von der:
- Strömungsgeschwindigkeit der Luft und
- Lösemittelkonzentration der angereicherten Luft.

Düsentrockner. Wird die trocknende Luft stark beschleunigt eingeblasen, spricht man von Düsentrocknern. Sie verkürzen die Trocknungszeit auf etwa die Hälfte der sonst benötigten Zeit.

Strahlungstrockner. Durch Strahlung wird der Lackschicht Energie zugeführt. Durch größere Molekularbewegung entsteht Wärme im Schichtinneren. Die Lackschicht kann so von innen heraus abbinden bzw. aushärten. Geeignet sind alle bekannten Strahlungsarten. Es werden außer Lichtstrahlen auch kurzwellige Infrarot- (IR-) Strahlen und langwellige Ultraviolett- (UV-) Strahlen eingesetzt. Dabei sind lackspezifische Anwendungen möglich. Der Aufwand zur Erzeugung der Strahlen und zum Strahlenschutz kann erheblich sein.

UV-Strahlungstrockner haben zur Strahlungserzeugung röhrenförmige Quecksilberdampflampen, die quer zur Förderrichtung der Teile montiert sind. Reflektoren bündeln die Strahlung. Es können Temperaturen von ca. 500 °C erreicht werden. Je Meter Leuchtenlänge sind nur 80 W Leistungsaufnahme notwendig.

B 4.7-12 Durchlauftrockner.

Werkzeuge und Maschinen – Ausrüstung zur Oberflächenbehandlung

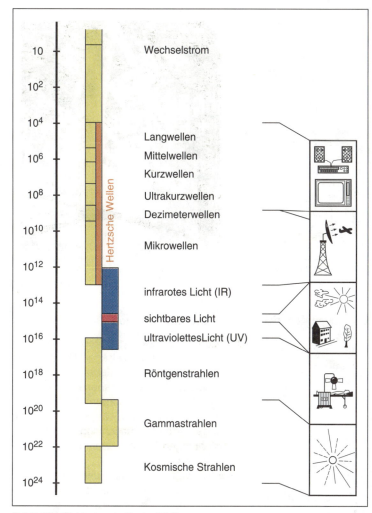

B 4.7-13 Elektromagnetische Wellen.

B 4.7-14 Flächenbeschichtungsstraße mit Eckumlenkung.

Sperrige Werkstücke wie Rahmen, Stühle, Gestelle können kontinuierlich in automatisierten Spritzanlagen beschichtet werden. Diese arbeiten mit Vorschubgeschwindigkeiten um 4 m/min. Damit können z.B. 400 bis 500 Fensterrahmen pro Arbeitstag beschichtet werden.
Die Spritzgeräte werden maschinell geführt, z.B. durch Industrieroboter oder sensorgesteuerte Führungsvorrichtungen.

B 4.7-15 Spritzen von Fensterrahmen.

4.7.6 Oberflächenstraßen

Oberflächenstraßen sind industrielle Beschichtungsanlagen, die als Maschinenfließreihen automatisch arbeiten. Sie bestehen aus Einrichtungen zum Beschichten und Trocknen, die miteinander verkettet sind. Beschichtet wird durch Spritzen, Walzen oder Gießen. Das Lacktrocknen erfolgt durch Luftströmung oder durch Strahlung.

Fluten 5.8.3,
Kreisförderer 4.2.1.4

Flächige Werkstücke werden durch Walzen, meist jedoch im Gießverfahren beschichtet. Dabei werden häufig nacheinander zwei Lackschichten aufgetragen. Nachdem die erste Schicht genügend fest oder ausreichend angeliert ist, folgt meist unmittelbar der zweite Auftrag. Um solche Anlagen nicht zu lang werden zu lassen, werden sie übereinanderliegend (Paternoster-Prinzip) oder in U-Form mit Eckumlenkung aufgebaut.

Durchlauf-Flutanlage. Hier werden die Werkstücke zweckmäßig mit Kreisförderern transportiert und in Flutbecken getaucht oder an Flutdüsen vorbeigeführt.

Aufgaben

1. Erkären Sie die Funktion von Airless-Spritzgeräten!
2. Welche Unterschiede bestehen zwischen einer Trocken- und einer Naßspritzanlage?

Werkzeuge und Maschinen – Pneumatische Anlagen

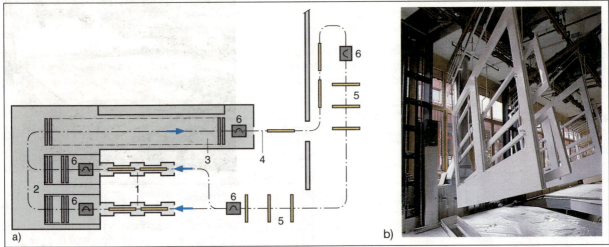

B 4.7-16 Durchlauf-Flutlackierstraße für Rahmen. a) Anlagenstruktur, b) Beispiel für Hängung. Es bedeuten: 1 Durchlauf-Flutzonen, 2 Abtropf- und Abdunststrecken mit Lackrückgewinnung, 3 Trocknungsbereich, 4 Free-Förderstrecke, 5 Power-Förderstrecke, 6 Wendestation.

Pneumatik 4.2.1.3

handgeführte Maschinen 4.4.6

pneumatische Spannelemente 4.2.6

Spritzanlagen 4.7.1

3. Wozu dienen Koagulierungsmittel bei Naßspritzanlagen?
4. Welche Möglichkeiten der Lackzufuhr zu Druckluft-Spritzpistolen gibt es?
5. Warum sind Airless-Spritzgeräte nach dem „Stand-by-concept" immer einsatzbereit?
6. Worin liegen die Besonderheiten der Airless-Spritztechnik gegenüber dem herkömmlichen Druckluftspritzen?
7. Für welche Aufgaben eignet sich das elektrostatische Beschichten?
8. Welche Bauteilformen können besonders gut mit Walzenauftragsmaschinen und welche mit Gießmaschinen beschichtet werden? Worin liegt das begründet?
9. Beschreiben Sie eine Trocknungsanlage zum Abbinden eines CN-Lackes!
10. Unterscheiden Sie die Funktionsprinzipien der Strömungstrockner und Strahlungstrockner!
11. Unter welchen Bedingungen lohnt sich für einen Betrieb der Aufbau einer Beschichtungsstraße?

4.8 Pneumatische Anlagen

Pneumatische Anlagen in holzverarbeitenden Betrieben versorgen entweder Geräte und Anlagen mit Druckluft oder ermöglichen das Absaugen von Spänen, Staub und anderen Verunreinigungen.

4.8.1 Druckluftanlagen

Druckluft ist ein sehr gut steuerbarer, aber kostenintensiver Energieträger. Die Anlagen in holzverarbeitenden Betrieben arbeiten vorzugsweise im Niederdruckbereich zwischen 2 bar ... 10 bar und versorgen:
- Bohr-, Schraub-, Heft, Nagel- und weitere handgeführte Kleinmaschinen,
- Vorrichtungen für das Spannen und Pressen von Werkstücken,
- Spritzgeräte für den Farb- und Lackauftrag,
- Steuereinrichtungen an Holzbearbeitungsmaschinen.

Die Druckluft muß sauber und weitgehend wasserfrei sein. Zum Antrieb bewegter Teile und Geräte (Ventile, Zylinder, Motoren) ist ein geringer Ölzusatz für die Schmierung notwendig. In Spritzanlagen wird dagegen stets ölfreie Druckluft benötigt.

Drucklufterzeugung und -aufbereitung

Möglichkeiten der Drucklufterzeugung. Druckluft wird in Verdichtern oder Kompressoren erzeugt und in weiteren Geräten aufbereitet und gespeichert.

Zentrale Verdichterstationen versorgen Betriebe mit ständigem und großem Druckluftbedarf. In einem Raum werden stationäre Kompressoren, Nachkühler und Druckluftbehälter vereinigt. Dadurch verringert sich der Wartungsaufwand. Kompressorenräume sollen sauber, trocken und nicht zu warm sein.

Werkzeuge und Maschinen – Pneumatische Anlagen

B 4.8-2 *Fahrbarer Hubkolbenverdichter.*

Sie müssen belüftet werden und ermöglichen eine wirtschaftliche Wärmerückgewinnung und eine wirksame Schalldämmung.

Transportable Kompressoren erzeugen kleinere Druckluftmengen. Als Geräteeinheit sind sie mit allen Zusatzeinrichtungen zur Drucklufterzeugung ausgerüstet. Sie werden auf Baustellen und in Werkstätten eingesetzt und sind oft schallgedämpft.

Antriebsaggregate für Verdichter oder Kompressoren sind Elektro- oder Verbrennungsmotoren. Kompressoren saugen über Filter

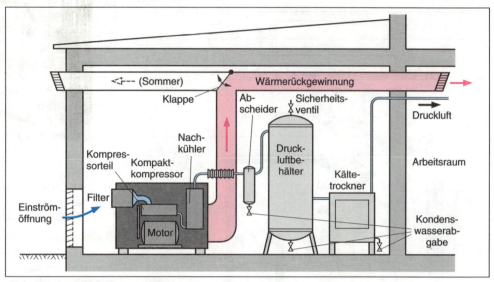

B 4.8-1 *Zentrale Verdichterstation.*

T 4.8/1 *Kompressorarten in der Holzverarbeitung*

Art	Aufbau und Wirkungsweise	Einsatzbedingungen und Besonderheiten
Hubkolbenverdichter	arbeitet periodisch: durch hin- und herbewegten Kolben wechselweises Ansaugen, Verdichten und Ausstoßen, Saug- und Druckventile notwendig, Dichtung erfolgt oft durch Ölschmierung, vielfach in mehrzylindriger Ausführung	Druckbereich einstufig bis etwa 10 bar, bis etwa 5 m³/min einsetzbar, darüber erhöhte Betriebskosten, arbeitet lärmintensiv, Schallschutzmaßnahmen und Schwingfundamente notwendig, zum Druckausgleich Druckluftbehälter erforderlich
Schraubenverdichter	arbeitet kontinuierlich: ineinandergreifende Schraubenwellen bewirken Verdichtung, Dichtung erfolgt durch Ölfilm, keine Ventile erforderlich	Druckbereich einstufig bis etwa 10 bar, ab 2 m³/min ... 3 m³/min zunehmend kostengünstiger einsetzbar, arbeiten leise und schwingungsarm

Sättigungsluftfeuchte 5.2.1, Kondensationstrocknung 5.2.4

atmosphärische Luft an und verdichten sie durch hin- und herbewegte Kolben oder rotierende Schraubenwellen auf den benötigten Enddruck. Die dabei entstehende Wärme muß durch eine Luft- oder Wasserkühlung abgeleitet werden.
Sie kann für Heizzwecke oder die Erwärmung von Brauchwasser rückgewonnen werden.

Druckluftaufbereitung. Jede Verdichtung von Gasen ist mit einer Temperaturerhöhung verbunden. Die freiwerdende Wärmeenergie muß entzogen werden. Dabei stellt sich der Betriebsdruck ein, und überschüssige Feuchte fällt als Kondenswasser aus.

Verdichter und Kompressoren nehmen die Feuchte mit der angesaugten Luft auf. Da jeder m³ Druckluft nur die gleiche maximale und temperaturabhängige Wasserdampfmenge (Sättigungsluftfeuchte) wie 1 m³ atmosphärische Luft aufnehmen kann, vervielfacht sich die Feuchte nach dem Verdichten in dem kleineren Volumen. Um Korrosionsschäden in der Anlage zu vermeiden, muß ein Großteil des Wassers ausgeschieden werden.

Nachkühler werden unmittelbar hinter dem Kompressor installiert oder sind oft Bestandteil von Kompaktanlagen. Sie können 70% ... 80% der Gesamtfeuchte durch Abkühlen mit Kühlluft oder -wasser abscheiden.

Kältetrockner werden seltener und bei stark schwankendem Druckluftverbrauch hinter dem Druckluftbehälter eingesetzt. Es sind zweistufige Wärmetauscher. In der ersten Stufe erfolgt der Wärmeaustausch zwischen warmer Feucht- und kalter Trockenluft. In der zweiten Stufe wird in einem geschlossenen Kreislauf ein Kältemittel wechselweise verdichtet und verflüssigt und nach Entspannung wieder verdampft.

Beim Verdichten wird im Kompressor und Kondensator Wärme abgegeben. Beim Entspannen erfolgt Wärmeentzug im Wärmetauscher. Die Feuchtluft kühlt sich dadurch weiter auf 2 °C ab, das Kondenswasser fällt aus und wird abgeschieden.

Druckbehälter haben folgende Aufgaben. Sie:
- speichern eine bestimmte Druckluftmenge,
- gewährleisten auch bei unregelmäßiger Entnahme einen möglichst gleichbleibenden Betriebsdruck,
- gleichen bei Hubkolbenverdichtern Druckstöße aus.

Druckbehälter haben in der Regel ein Fassungsvermögen von etwa 1% ... 2% des durchschnittlichen stündlichen Druckluftverbrauchs. Sie sind durch ein Überdruckventil gesichert und haben einen Kondenswasserabfluß. Druckbehälter gehören zu den überwachungsbedürftigen Anlagen und dürfen vom Benutzer nicht verändert werden.

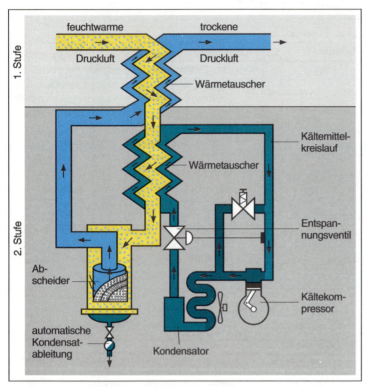

B 4.8-3 Aufbau und Arbeitweise des Kältetrockners.

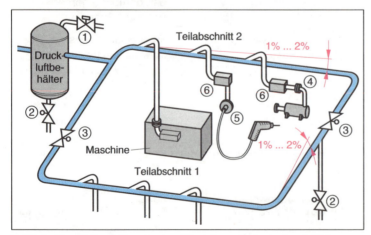

B 4.8-4 Druckluftverteilung in einer Ringleitung. Es bedeuten: 1 Sicherheitsventil, 2 Kondenswasserableitung, 3 Sperrventil, 4 Festanschluß von Verbrauchern, 5 lösbare Schlauchkupplung, 6 Wartungseinheit.

Druckluftverteilung

Leitungssysteme. Über Stich- oder Ringleitungen werden die verschiedenen Abteilungen und Verbraucher von der Verdichterstation mit Druckluft versorgt.

Ringleitungen haben den Vorteil, daß sich der Druck im Leitungssystem besser ausgleichen kann und bei Leckstellen nur Teilabschnitte und nicht alle nachgeordneten Verbraucher abgeschaltet werden müssen.

Stichleitungen sparen Rohrmaterial. Für die hintereinander angeschlossenen Maschinen vergrößert sich jedoch der Druckverlust, so daß unter Umständen der notwendige Betriebsdruck nicht mehr gewährleistet ist. Dadurch vermindert sich die Leistung der Druckluftgeräte (etwa 12% je 0,5 bar Druckminderung).

Hauptleitungen sind ortsfest über der Arbeitsebene angebracht und bestehen aus nahtlosen Stahlrohren mit glatten Innenwänden und geringer Korrossionsneigung. Da sie geradlinig mit 1% ... 2% Gefälle verlegt sind, verringern sich die Leitungswiderstände, und das Kondenswasser kann abfließen. Der Druckverlust zwischen Kompressor und Verbraucher beträgt bei fachgerechter Verlegung höchstens 1 bar.

Verbraucherleitungen werden nach oben abgezweigt. Oft sind sie mit selbstschließenden Schlauchkupplungen versehen, an denen über Steckverbindungen die Druckluftverbraucher angeschlossen werden können.

Besonders wichtig ist die regelmäßige Kontrolle des Leitungssystems. Leckstellen sind meist nicht direkt erkennbar, verursachen aber durch Druckverluste erhebliche Kosten.

Wartungseinheiten sind Gerätekombinationen, die in die Zuleitungen eingebaut werden oder Bestandteil von Maschinen sind:
- Die Filtereinheit scheidet mitgerissene Staub-, Rost- und Zunderteilchen aus dem Leitungssystem sowie Kondenswassertröpfchen durch Fliehkräfte und Abkühlung in einen Sammelbehälter ab.
- Das Druckminderventil wird auf den Arbeitsdruck des Verbrauchers eingestellt, der oft niedriger als der Betriebsdruck im Leitungssystem ist. Dieser kann am Manometer direkt kontrolliert werden.
- Der Nebelöler gibt zur Schmierung feinste Öltröpfchen in die vorbeiströmende Luft ab.
- Mikrofilter sind oft zusätzlich oder anstelle der Nebelöler für Spritzanlagen notwendig. Die Druckluft muß hier ölfrei sein, da durch Ölreste Fehler in den Oberflächen entstehen.

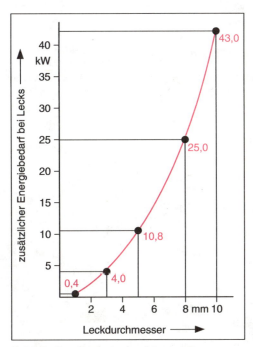

B 4.8-5 Druckverluste durch Leckstellen.

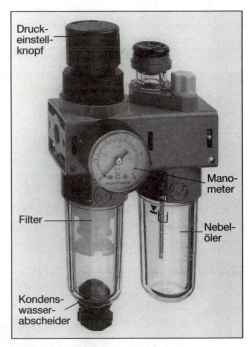

B 4.8-6 Druckluftwartungseinheit.

4.8.2 Anlagen zur Staub- und Spänebeseitigung

Zum Entfernen von Staub und Spänen in Werkstätten, an Maschinen und am Arbeitsplatz werden je nach Betriebsgröße und anfallender Menge unterschiedliche Anlagen und Geräte eingesetzt.

```
Anlagen zum Beseitigen von Staub und Spänen
   ├── Absauganlagen
   └── Ortsveränderliche Geräte
          ├── Entstauber
          └── Industriestaubsauger
```

TRGS 900

ZH 1/139

Seit 1986 sind Staub und Späne von Eichen- und Buchenholz eindeutig als krebserzeugende Stoffe erkannt und eingestuft. Bei anderen Holzstäuben besteht begründete Wahrscheinlichkeit. Anlagen zum Erfassen, Fördern, Abscheiden und Zwischenlagern dieser Stoffe haben deshalb erheblich an Bedeutung gewonnen.

In zahlreichen Vorschriften der Berufsgenossenschaft sind wichtige Festlegungen zur Gestaltung und zum Einsatz von Absauganlagen erarbeitet worden. Danach sind für die Konzentration des gesamten Holzstaubes am Arbeitsplatz folgende technische Richtkonzentrationen (TRK-Werte) festgelegt worden:
- 2 mg/m³ für neue Anlagen und Werkstätten,
- 5 mg/m³ in übrigen Betrieben und Anlagen.

TRGS 102

Dabei sind ab 10% Volumenanteilen Eichen- und Rotbuchenstaub zusätzliche Vorbeugemaßnahmen entsprechend der Gefahrstoffverordnung notwendig.

Durch Anlagen zur Staub- und Späneerfassung entstehen erhebliche Kosten. Bei ungünstiger Auswahl und Gestaltung der Bauteile und auch durch fehlende Wartung und Pflege können die Energiekosten höher sein als alle übrigen Energieaufwendungen, die im Betrieb auftreten.

Absauganlagen

In Betrieben mit mehreren Beschäftigten, in denen häufig spanabhebende Maschinen parallel betrieben werden, sind in der Regel Absauganlagen im Einsatz. Sie sind ortsfest eingebaut und können gleichzeitig mehrere staub- und spanerzeugende Maschinen und Geräte entsorgen.

In gesteuerten Absauganlagen wird mit dem Ein- und Ausschalten der Maschine automatisch der entsprechende Absperrschieber betätigt. Gleichzeitig wird die Ventilatordrehzahl und damit das Fördervolumen reguliert.

Absaughauben an spanerzeugenden Maschinen umschließen die Werkzeuge, erfassen vollständig die entstehenden Späne und saugen sie ab. Dazu ist eine Strömungsgeschwindigkeit von mindestens 20 m/s (für feuchte Späne von 28 m/s) vorgeschrieben. Neue Maschinen, die diese Werte einhalten, sind mit dem Prüfzeichen und dem Zusatz „staubgeprüft" gekennzeichnet.

Durch strömungstechnische Gestaltung der Absaughauben werden bremsende Luftwirbel vermieden und die Schleuderwirkung der

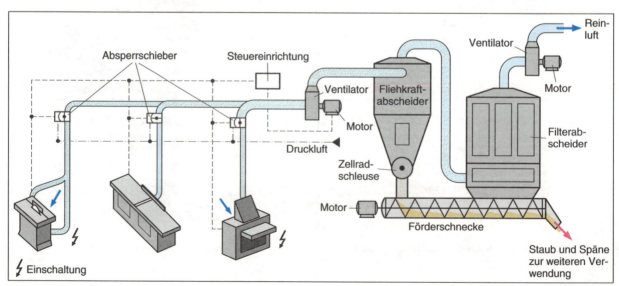

B 4.8-7 Aufbau einer gesteuerten Absauganlage.

Werkzeuge und Maschinen – Pneumatische Anlagen

B 4.8-8 Prüfzeichen, „staubgeprüft".

Absaugleitungen dienen dem Transport von Spänen und Staub zu den Abscheidern. Der Luftwiderstand und der Energiebedarf werden verringert durch:
- genau berechnete Rohrdurchmesser, die sich nach Einmündungen jeweils vergrößern,
- möglichst kurze und gerade verlegte Rohrleitungen mit wenigen Krümmungen und Abzweigen sowie
- gut abgedichtete ($\rightarrow$ keine Falschluft) und sicher befestigte Leitungen.

Zur Vermeidung statischer Aufladungen sind die dünnwandigen Metallrohre geerdet, der Einsatz von PVC-Rohren ist verboten. Absperrschieber, Drossel- und Leitklappen aber auch flexible Absaugschläuche an verfahrbaren Werkzeugaggregaten beeinflussen den Förderstrom. Ein erhöhter Luftwiderstand muß durch vergrößerte Ventilatorleistung überwunden werden.

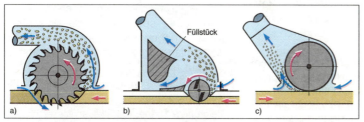

B 4.8-9 Strömungstechnisch gestaltete Absaughauben für ein Sägeblatt (a), ein Fräswerkzeug (b) und eine Schleifwalze (c).

Werkzeuge optimal genutzt. Dadurch verringert sich gleichzeitig die erforderliche Antriebsenergie des Ventilators.

Absauganlagen. Der Aufbau von Absauganlagen berücksichtigt die unterschiedlichen Betriebsverhältnisse.

T 4.8/2 Absauganlagen

Arten	Einzelabsaugung	Gruppenabsauganlage	Zentralabsauganlage
Prinzipdarstellung			
Einsatzbedingungen	wenige und räumlich weit auseinander aufgestellte Maschinen	wenige Maschinen in verschiedenen Betriebsabteilungen, Maschinenfließreihen	besonders für zentrale Maschinenräume und Maschinenabteilungen
Erweiterungs- und Anpassungsmöglichkeiten	sehr gut möglich ohne Beeinflussung anderer Bereiche	Veränderungen beeinflussen nur Teile des Gesamtbetriebes	bei Erhalt der Leistungsfähigkeit sind größere Veränderungen notwendig
Material- und gerätetechnischer Aufwand je Absaugmenge	erheblich	mittelmäßig	relativ gering
Betriebskosten je Absaugmenge	groß	mittelmäßig	gering
Es bedeutet: V Ventilator			

Werkzeuge und Maschinen – Pneumatische Anlagen

Ventiatoren, Lüfter 5.2

Riementriebe, Polumschaltung 4.2.1.1, 4.2.1.2

VBG 112

zulässiger Staubanteil 4.8.2

Ventilatoren (Lüfter) erzeugen den Förderluftstrom zum Transport von Staub und Spänen und müssen dabei alle Luftwiderstände in der Anlage ausgleichen. Meistens werden Radialventilatoren mit Laufrädern aus Stahl eingesetzt, die dynamisch und statisch ausgewuchtet sind.

Die Art der Ventilatoren entscheidet über die Wirtschaftlichkeit und Leistungsfähigkeit der Gesamtanlage. Da Luftmenge und Strömungsgeschwindigkeit drehzahlabhängig sind, kann durch Riemenscheibenaustausch oder Polumschaltung der Leistungsbedarf dem Spanaufkommen angepaßt werden. Dadurch sind Betriebskosten zu sparen.

In den meisten Anlagen sind die Ventilatoren vor den Abscheidern angeordnet. Da dadurch alle Holzpartikel vom Laufrad erfaßt und oft zerschlagen werden, entsteht dabei ein erheblicher Lärm. Um Beschädigungen und Funkenbildung durch Grob- und Metallteile (z.B. Schrauben, Nägel) weitgehend auszuschließen, sind vielfach Grobgutabscheider vor dem Ventilator installiert. In neuen oder modernisierten Anlagen werden die Ventilatoren deshalb oft hinter den Abscheidern angeordnet.

Abscheider trennen die mitgerissenen Staub- und Spanteilchen von der Förderluft. Diese kann mit einem Staubanteil unter 20 mg/m³ als Abluft entweichen. Sie kann auch als Rückluft wieder in den Arbeitsraum zurückgeführt werden, wenn dadurch der Staubanteil im Raum unter den TRK-Werten 2 mg/m³ bzw. 5 mg/m³ bleibt. In der Regel müssen Abscheider und Ventilatoren im Freien oder in feuerhemmend abgetrennten Räumen aufgestellt werden.

Fliehkraftabscheider oder Zyklone können die Reinheitsforderungen meist nicht erfüllen. Durch Flieh- und Schwerkraft sinken die Späne an den Wandungen spiralförmig in den kegelförmigen Sammelraum. Über Zellradschleusen oder Klappen können sie dann in Bunker befördert werden.

Filterabscheider haben meist mehrere Schlauchfilter, in denen Staub und Späne hängen bleiben. Die Filter müssen regelmäßig abgerüttelt werden. Die Holzpartikel werden gesammelt und:
- direkt in geeigneten Kesselanlagen verbrannt und zur Wärmeerzeugung genutzt,
- in speziellen Preßanlagen brikettiert und später verbrannt oder verkauft,
- in Bunkern oder Silos zwischengelagert oder
- vorschriftsmäßig entsorgt.

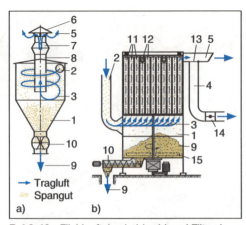

B 4.8-10 Fliehkraftabscheider (a) und Filterabscheider (b). Es bedeuten: 1 Sammelbehälter, 2 Zuleitungsrohr, 3 Staub- und Span-Luftgemisch, 4 Rückluft, 5 Abluft, 6 Regenhaube, 7 Deflektor, 8 Steigrohr, 9 Späne, 10 Zellradschleuse, 11 Filterschlauch, 12 Rütteleinrichtung, 13 Umschaltklappe, 14 Feuerschutzklappe, 15 Bunkeraustrageinrichtung.

Bunker und Silos werden von oben beschickt und seitlich oder nach unten entleert. Zur Vermeidung von Explosionen, Bränden oder Unfällen sind vorgeschrieben:
- Druckentlastungsflächen im oberen Teil, die sich z.B. bei Verpuffungen schlagartig nach außen öffnen können, und
- Löscheinrichtungen, die eine Brandbekämpfung ohne Öffnen der Sammelbehälter ermöglichen.

Für das Beseitigen von Stauungen und für Wartungsarbeiten sind Einstiegsöffnungen vorhanden. Die Unfallverhütungsvorschriften sind genauestens zu beachten.

Ortsveränderliche Absauggeräte

Ortsveränderliche Absauggeräte eignen sich für Werkstätten, in denen eine stationäre Anlage zu unwirtschaftlich wäre.

Entstauber sind für den Anschluß an Einzelmaschinen oder einzelne Werkzeugaggregate vorgesehen. Sie erfassen die entstehenden Späne und fördern sie in den Filterabscheider. Die gefilterte Saugluft muß den geforderten Reinheitsgrad haben und kann wieder in den Arbeitsraum abgegeben werden. Alle notwendigen Einrichtungen, wie Saugschlauch, Ventilator, gehäusegeschützter Filterabscheider und Sammelbehälter, sind auf einem Fahrgestell mit Bremseinrichtung untergebracht. Verminderte Saugleistung, z.B. durch Verstopfung oder zugesetzte Filter, wird oft akustisch oder optisch angezeigt.

Werkzeuge und Maschinen – Maschinenverkettung

B 4.8-11 Entstauber.

B 4.8-12 Industriestaubsauger.

Serienfertigung 7.2.1

Industriestaubsauger können am Arbeitsplatz Staub und Späne aufnehmen. Mit den verschiedenen Düsen- und Saugschlauchkombinationen eignen sie sich auch für unzugängliche Stellen. Die Saugluft wird gefiltert und entweicht in den Werkstattraum. Industriestaubsauger können auch an handgeführte Maschinen angeschlossen werden. Da sie in der Regel schallgedämpft sind, belasten sie die Arbeitskräfte kaum.

Aufgaben

1. Beschreiben Sie die Arbeitsweise und den Einsatz von Hubkolben- und Schraubenkompressoren!
2. Welche Aufgaben haben Druckluftbehälter?
3. Welche Aufgaben haben Sie bei der Kontrolle, Wartung und Pflege von Druckluftanlagen zu erfüllen?
4. Beschreiben Sie den Aufbau einer stationären Absauganlage in einem holzverarbeitenden Betrieb! Welche Forderungen müssen in arbeitsschutztechnischer Hinsicht erfüllt werden?
5. Worauf ist bei der Verlegung von Absaugleitungen besonders zu achten?
6. Vergleichen Sie Besonderheiten, Einsatzmöglichkeiten und Kosten von Einzel-, Gruppen- und Zentralabsauganlagen!
7. Welche Unfallverhütungsvorschriften haben Sie beim Beseitigen einer Stauung in einem Silo unbedingt zu beachten?

4.9 Maschinenverkettung

Werkstücke werden immer in bestimmter Reihenfolge bearbeitet. Man spricht von Maschinenverkettung, wenn die Bearbeitungsmaschinen entsprechend dem technologischen Ablauf aufgestellt und mit Zuführ-, Förder- oder Speichereinrichtungen zu Fließreihen verknüpft sind.

Gegenüber der Fertigung an Einzelmaschinen:
- erfolgt die Bearbeitung in rascher Folge hintereinander,
- verkürzen sich die Hilfszeiten für das Aufnehmen, Zuführen und Ablegen erheblich,
- vermindert sich mit zunehmender Mechanisierung und Automatisierung der Bedienaufwand, während die Überwachungsaufgaben zunehmen,
- erhöht sich die Rentabilität der Fertigung.

4.9.1 Fließreihen – Ausrüstung und Arbeitsweise

Voraussetzung für die Fertigung mit verketteten Maschinen ist eine Mindeststückzahl gleichartiger Werkstücke, die zusammenhängend bearbeitet werden. Sie ist in der Regel bei kommissionsweiser und ==Serienfertigung== gegeben. Fließreihen unterscheiden sich nach ihrem technischen Ausrüstungsgrad.
Die Werkstücke werden auf Rollen, Bändern oder Riemen transportiert. Zusätzlicher Oberdruck ist dort notwendig, wo die Werkstücke bearbeitet werden.

T 4.9/1 Arten der Fließreihen

Bezeichnung	Anlagenteile	Abstimmung
Handfließreihe	Handarbeitsplätze oder Maschinen vorwiegend ohne Vorschubsystem, einfache, meist nicht angetriebene Rollbahnen	keine zeitliche und steuerungsmäßige Abstimmung
Maschinenfließreihe	Maschinen meist mit eigenem Vorschubsystem, Fördereinrichtungen auch für zusätzliche Bewegungsmöglichkeiten der Werkstücke, meist angetrieben	Abstimmung von Bearbeitungs- und Transportzeiten, keine direkte steuerungsmäßige Verknüpfung
Automatische Maschinenfließreihe	Maschinen mit mehreren Arbeitsfunktionen und Vorschubsystem, Beschick- und Abnahmeeinrichtungen, angetriebene Fördereinrichtungen für verschiedene Werkstückbewegungen	zeitliche Abstimmung und steuerungsmäßige Verknüpfung aller Anlagenteile, rasche, teilweise rechnergestützte Einstellung und Umrüstung möglich

T 4.9/2 *Werkstücktransport*

Transportart	Anwendung	Ausführung
Rollentransport	für leisten-, flächen- und kastenförmige Werkstücke, auch für große Lasten verwendbar	Durchmesser und Abstand der Rollen erfordert bestimmte Werkstückgröße, Werkstücklänge mindestens 3facher Rollenabstand
Bandtransport	für kleinere Werkstücke und rasche Geschwindigkeitsänderungen	Bänder nur wenig dehnbar, meist mit Kunststoffoberfläche
Riementransport	bevorzugt für flächige Werkstücke, häufig in Eckstationen eingesetzt	als Keil- oder Flachriementrieb, oft zusätzlich höhenveränderlich und schwenkbar

T 4.9/3 *Bewegungsoperationen in Maschinenfließreihen*

Vorgang	Aufgabe/Ausführung	Vorgang	Aufgabe / Ausführung
Beschicken	Werkstücke werden taktweise vom Stapel auf Stetigförderer übergeben, z.B. durch Abschieben, mit Saugheberwagen oder Schwenkarmen	Drehen	Verändern der Werkstücklage ohne Richtungsänderung, z.B. beim Übergang von Längs- zur Querbearbeitung, durch Schrägrollenbahn mit Anlaufrolle oder Drehteller erreichbar
Beschleunigen, Verzögern → **B 4.9-1**	Verändern der Vorschubgeschwindigkeit zwischen zwei Bearbeitungsmaschinen, gleichzeitig Änderung der Werkstückabstände	Winkelübergeben	direkte Richtungsänderung in einer Eckstation, z.B. als Übergang von der Längs- zur Querbearbeitung, unterschiedlichste Konstruktionen
Ausrichten	Anlegen der Werkstücke an einer Bezugsfläche mit Schrägrollen, Anpreßrollen oder -federn		
Wenden	Verändern der Auflagefläche eines Werkstückes ohne Richtungsänderung, z.B. durch Wendetrommeln, Wendegabeln	Abstapeln	Abnehmen der bearbeiteten Werkstücke am Ende der Fließreihe und stapelweises Ablegen auf Paletten oder Hubtischen, Größensortierung möglich, vielfach mit Saugheberwagen erreichbar

Werkzeuge und Maschinen – Maschinenverkettung

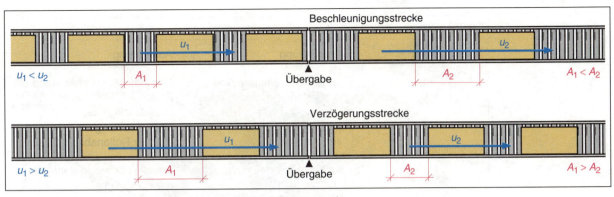

B 4.9-1 Wirkungsweise der Beschleunigungs- und Verzögerungsstrecke.

Pressen, Bekleben
von Breitflächen
4.4.5, 4.5.4, 5.5.3

Hobelmaschinen,
Abrichten, Aushobeln
4.4.3, 5.4

Bohren, Bekleben von
Schmalflächen 4.4.5,
4.5.4, 5.5.4

Furnierverarbeitung,
Furniermaschinen
4.5.1, 5.5.1

CNC-Technik 3.9

Für die allseitige Bearbeitung müssen die Werkstücke in die entsprechenden Arbeitspositionen gebracht werden. Außer dem Weitertranport sind deshalb oft zusätzliche Bewegungsoperationen erforderlich.

Die Verkettung von Maschinen erfordert größere Stellflächen, da zusätzlich auch Stapel und Werkstücke in Maschinennähe bereitgestellt oder zwischengelagert werden müssen. Weiterhin beeinflussen die Platz-, Raum- und Transportwegeverhältnisse den Grundriß der Maschinenfließreihe. So können die Maschinen geradlinig, in L- oder U-Form hintereinander aufgestellt und verkettet werden.

4.9.2 Beispiele der Maschinenverkettung

Aushobeln leistenförmiger Werkstücke. Dazu sind eine Abricht- und eine Dickenhobelmaschine mit einer Rutsche und einem nachgeordneten Abnahmemagazin verknüpft. Diese Verkettung ist platzsparend und ermöglicht den Anschluß an eine gemeinsame Absaugleitung. Für die Bedienung sind zwei Arbeitskräfte notwendig.

Furnierverarbeitung. Nach einer einzeln aufgestellten Laser-Vermeß- und Ablängstation werden die Furnierblätter in einer Maschinenfließreihe weiter verarbeitet. Diese besteht aus einer Zweimesser-Schneidemaschine, der Beleimstation und einer Vereinzelungs- und Fördereinrichtung. Die Einzelblätter können vom Bediener abgenommen und in die Quer-Zusammensetzmaschine eingelegt werden. Dort können sie zusammengezogen, verleimt, mit Klebfaden randverstärkt, besäumt und zuletzt von Breiten geschnitten werden. Für rasch wechselnde Furnierformate ist zusätzlich eine Längs-Zusammensetzmaschine vorgesehen.

Kurztaktpreßanlage. Die Verkettung von Reinigungs-(Bürsten-) und Leimauftragsmaschine mit der Belegestation und der Presse ermöglicht sehr kurze Preßzyklen (unter 1 min). Die Arbeitsgeschwindigkeit kann auch von den beiden Arbeitskräften an der Belegestation beeinflußt werden. Eine dritte Bedienperson ist für die Materialbereitstellung und Überwachung der Anlage verantwortlich.

Automatische Maschinenfließreihen werden in Industriebetrieben häufig für die Format- und Schmalflächenbearbeitung und das Bohren flächiger Werkstücke für den Möbel- und Innenausbau eingesetzt. Häufig arbeiten solche Anlagen rechnergesteuert. Lediglich der Werkzeugaustausch sowie die Funktions- und Endkontrolle werden dann von wenigen Bedienungskräften durchgeführt.

Nach Eingabe der Identnummern der jeweiligen Werkstücke werden die Maschinen- und Werkzeugeinstellungen selbständig vom Rechner ausgelöst, gesteuert und kontrolliert. Dadurch ist eine rasche Umstellung der Anlage auch bei kleineren Stückzahlen für die kommissionsweise Fertigung möglich. Die im Sekundentakt (4 s ... 10 s) aufeinanderfolgenden Werkstücke durchlaufen die Anlage kontinuierlich in 2 min ... 4 min, so daß sehr kurze Bearbeitungszeiten erreichbar sind.

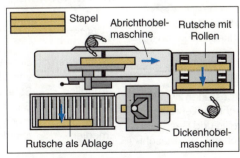

B 4.9-2 Verkettung einer Abricht- mit einer Dickenhobelmaschine.

Werkzeuge und Maschinen – Warten, Pflegen und Instandhalten

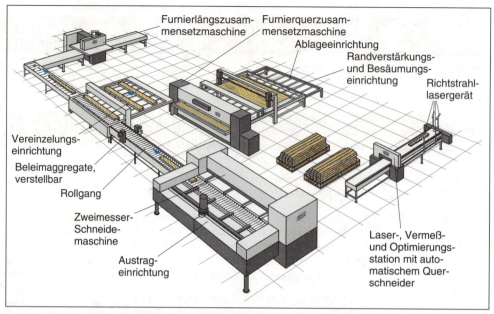

B 4.9-3 Maschinenfließreihe in L-Anordnung zur maschinellen Furnierverarbeitung.

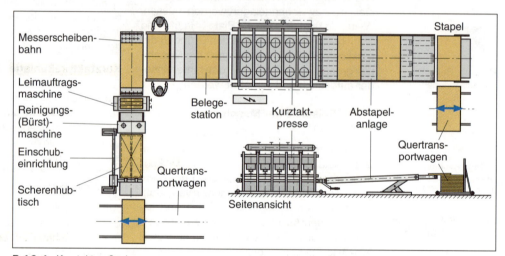

B 4.9-4 Kurztaktpreßanlage.

Aufgaben

1. Erläutern Sie den Begriff Maschinenverkettung!
2. Welche Unterschiede bestehen zwischen Wenden, Drehen, Winkelübergeben von Werkstücken?
3. Beschreiben Sie die Arbeitsweise einer Beschick- oder Abstapelanlage!
4. Welche Unterschiede bestehen zwischen einer Hand- und Maschinenfließreihe?
5. Geben Sie einige Vorteile und Besonderheiten von automatischen CNC-Maschinenfließreihen an.

4.10 Warten, Pflegen und Instandhalten von Werkzeugen und Maschinen

Warten	Pflegen	Instandhalten
Schmieren, Ölen, Auffüllen von Arbeitsmedien	Beseitigen von Staub, Schmutz, Bearbeitungsrückständen	Schränken, Schleifen, Schärfen, Nachbessern, Austauschen von Paßstücken

Das Warten, Pflegen und Instandhalten gewährleistet die Einsatzfähigkeit von Werkzeugen und Maschinen, sowie die Arbeitssicherheit und die Bearbeitungsqualität der Werkstücke

4.10.1 Pflegliche Behandlung von Werkzeugen und Maschinen

Die pflegliche Behandlung legt den Grundstein für gute Funktion und verminderte Abnutzung. Sie bestimmt wesentlich den Aufwand bei Wartung, Pflege und Instandhaltung.

Die pflegliche Behandlung von Maschinen und Werkzeugen wird beeinflußt durch:
- richtige Werkzeugwahl,
- schonenden Vorschub,
- keine Überlastung des Werkzeuges und der Maschine,
- gefühlvolles Bedienen der Stelleinrichtungen,
- ständiges Überwachen der Maschinen, um aus den
- Bearbeitungsabläufen,
- Laut- und Farbänderungen und
- Gerüchen rechtzeitig Schlußfolgerungen ziehen zu können.

Werkzeugspezifische Aufgaben

Handwerkzeuge 4.3

Handwerkzeuge. Es ist stets darauf zu achten, daß:
- die Werkstücke sauber und frei von Sandkörnchen und Metallteilen sind,
- die Handwerkzeuge beim Zurückführen angehoben bzw. entlastet werden,
- die Gestellsägen gut gespannt und in Ordnung sind,
- die Hobelsohle eben ist und keine Riefen aufweist,
- das Hobelmaul nicht zu weit ist, die Spanbrecherklappe am Hobeleisen scharfkantig ist und maßgenau aufliegt,
- Stemmeisen nicht auf Biegung belastet werden (dafür gibt es Lochbeitel),
- Stech- und Stemmwerkzeuge mit einem Holzhammer geschlagen werden, um das Ausfransen der Heftzwinge zu vermeiden,
- Werkzeuge beschädigungsfrei abgelegt, transportiert und aufbewahrt werden,

Maschinenwerkzeuge 4.4

Maschinenwerkzeuge. Hier gelten die gleichen Hinweise wie bei Handwerkszeugen. Zusätzlich ist darauf zu achten, daß:
- Kreissägeblätter in festen Transportkästen mit zwischengelegter Pappe transportiert und aufbewahrt oder mit der Bohrung auf Holz-Rundstäben aufgesteckt werden,
- Bandsägeblätter beim Zusammenlegen nicht übermäßig belastet werden,
- Streifenmesser für Abricht- und Dickenhobelmaschinen in festen Transportkisten transportiert und aufbewahrt werden,
- Fräswerkzeuge auf Holz-Rundstäben aufgesteckt oder in geeigneten Behältnissen aufbewahrt und transportiert werden,
- Werkzeuge im Einsatz ruhig laufen, nicht unwuchtig schlagen, nicht überhitzt werden und Brandspuren am Werkstück erzeugen, unnatürlich laut sind und auffallend schlechte Arbeitsergebnisse entstehen.

Maschinen. Es ist zu beachten, daß:
- genügend große Werkzeugträger (z.B. Frässpindel) vorhanden sind,
- Werkzeuge nur mit der zugelassenen Kraft festgespannt werden,
- keine Werkzeugverlängerung benutzt wird,
- mit angemessener Vorschubgeschwindigkeit gearbeitet wird,
- die Anzeigeinstrumente in regelmäßigen Abständen abgelesen und kontrolliert werden.

4.10.2 Warten und Pflegen von Holzbearbeitungsmaschinen

Arbeitsflächen. Maschinentische, Werkstückführungen und -anschläge erfordern besondere Pflege und Wartung. Staubverkrustungen sind mit nichtoxidierenden Lösemitteln zu befeuchten und mit Lappen, Pinsel und nichtkratzenden Spachteln zu reinigen.

Bewegliche Maschinenteile. Maschinen haben eine Vielzahl beweglicher Teile, die in Führungen, Lagern und Gelenken gleiten oder rollen. Die dabei auftretende Reibung beeinflußt erheblich den Wirkungsgrad. Alle Gleitführungen, Funktionsschraubungen und Spindeln, Drehgelenke, nichtgekapselte Ketten und Zahnradtriebe müssen in festgelegten Zeitabständen gesäubert und geschmiert werden.

Schmieren. Für Holzbearbeitungsmaschinen gibt es vom Hersteller spezielle Hinweise zur:
- Art des Schmiermittels,
- Häufigkeit des Schmierens (Schmierrhythmus),
- Lage der Schmierstellen und
- Schmiermittelmenge.

Im Schmierplan werden die maschinenspezifischen Hinweise zusammengefaßt.

Feste Maschinenteile. Das Gestell und die anderen Maschinenteile sowie die Umgebung der Maschine sind ständig und in festgelegten Abständen gründlich zu säubern.

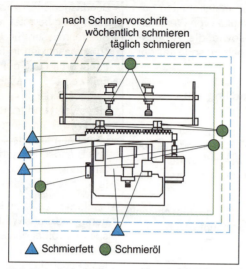

B 4.10-1 Schmierplan einer Dübellochbohrmaschine.

4.10.3 Instandhalten von Werkzeugen

Instandhalten umfaßt das:
- Schränken, Schleifen und Schärfen von Werkzeugen sowie das
- Nachbessern und Austauschen von Verschleißteilen an Maschinen und Werkzeugen. Demgegenüber gehören Instandsetzungsarbeiten (Reparaturen) zum Aufgabenbereich spezieller Handwerksberufe.

Abstumpfen der Schneiden

Werkzeugschneiden können drei Schärfzustände annehmen:
- überscharf,
- arbeitsscharf,
- stumpf.

Ein Werkzeug ist normalerweise nach dem Schärfen und Abziehen der Schneide rasierklingenscharf. Diese Überschärfe baut sich bereits nach sehr kurzer Schneidarbeit ab.
Im Normalzustand ist das Werkzeug arbeitsscharf. Es kann qualitätsgerecht gespant werden. Die Schneide stumpft jedoch zunehmend ab und muß nach weiterer Abstumpfung geschärft werden.
Die Abstumpfung ist erkennbar an:
- einem glänzenden, weißen Streifen an der Schneide,
- einer evtl. ausgebrochenen Schneide,
- der nicht mehr glatt gespanten Fläche des Werkstückes mit möglichen Brandspuren,
- erhöhtem Kraftbedarf bei Handwerkszeugen bzw. ansteigendem Stromverbrauch bei Holzbearbeitungsmaschinen (angezeigt am Amperemeter).

Exakter kann die Abstumpfung am meßbaren Schneidenverschleiß unter einer Meßlupe bestimmt werden.
Eine Schneide ist stumpf, wenn der Freiflächenverschleiß $B \leq 0,2$ mm ist.

Als Kontrollmaß kann auch die Schneidkeilverkürzung X betrachtet werden.

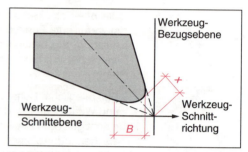

B 4.10-2 Kennmaße der Schneidenabstumpfung.

Instandhalten von Handwerkzeugen

Handsägen werden vor dem Schärfen abgerichtet und geschränkt.

Abrichten. Um das „Hacken" durch einzelne vorstehende Zähne zu vermeiden, müssen alle Zähne auf einer Linie, der Zahnspitzenlinie, liegen. Das Sägeblatt wird zum Abrichten in einen Feilkloben (Feilkluppe) eingespannt. Mit einer feinhiebigen Flachfeile werden feinfühlig lange Feilbewegungen entgegen der Zahnrichtung ausgeführt, bis alle Zahnspitzen erfaßt sind. Danach müssen alle Zähne wieder ausgefeilt werden.

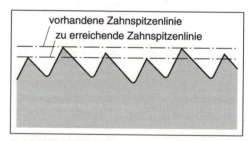

B 4.10-3 Abrichten einer Handsäge.

Schränken. Geschränkte Sägeblätter können freischneiden. Dazu werden die Sägezähne wechselseitig mit der Schränkzange oder dem Schränkeisen herausgebogen.

Es wird nur 1/2 ... 1/3 der Zahnhöhe geschränkt. Die Schränkweite darf nicht mehr als die doppelte Sägeblattdicke betragen. Sie muß nach links und rechts gleich groß sein. Ein größerer Schrank ist für feuchtes Holz und Grobschnitte, ein kleinerer für trockenes Holz und Feinschnitte geeignet.

Werkzeuge und Maschinen – Warten, Pflegen und Instandhalten

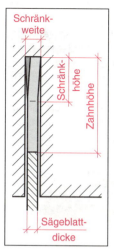

B 4.10-5 Geschränktes Sägeblatt.

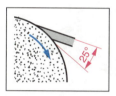

B 4.10-8 Schleifen der Hohlfase.

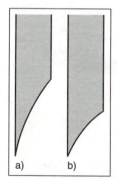

B 4.10-9 Fasen am Stemmeisen.
a) schlanke Hohlfase (besonders scharf),
b) stumpfe Hohlfase mit großem Keilwinkel für harte Werkstoffe.

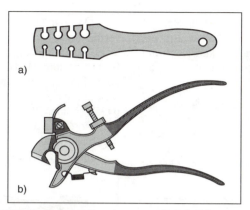

B 4.10-4 Schränkwerkzeuge. a) Schränkeisen, b) Schränkzange.

Schärfen ist der Wortbegriff für Feinschleifen, Ausfeilen und Abziehen von Werkzeugen.
Im Berufsalltag wird unter Schärfen auch das Abrichten und Schränken verstanden.
Zum Schärfen wird das Sägeblatt bis nahe der Zahngrundlinie in einen Feilkloben eingespannt.
Gefeilt wird mit einer feinhiebigen Dreieckfeile oder speziellen Sägefeilen. Dabei wird entgegen der Schnittrichtung der Säge, also von der Zahnbrust zum Zahnrücken, gearbeitet. Dadurch entsteht ein kleiner Feilgrat an der Zahnspitze, der sich nach vorn umlegt und anfangs die Schnittwirkung unterstützt.
Es wird mit leichtem Druck waagerecht und in rechtem Winkel zum Blattkörper gefeilt. Die Feile darf dabei nicht zurückgezogen werden und die Feilzüge sind möglichst gleichmäßig auszuführen, damit die Säge später ruhig läuft.

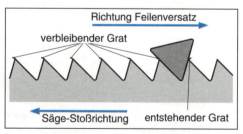

B 4.10-6 Feilen eines Sägeblattes.

Hobel, Stech- und Stemmeisen. Abgestumpfte Schneiden werden an der Freifläche (Fase) nachgeschliffen und wechselweise an Span- und Freifläche abgezogen.

Schleifen. Nachgeschliffen wird an einer Schleifmaschine oder einem Schleifbock mit rotierendem Schleifstein. Die Schleifscheibe wird in der Regel elektromotorisch angetrieben.

B 4.10-7 Hobeleisenschleifmaschine.

Es sind Schleifmaschinen zu bevorzugen, bei denen die Schleifscheibe im Wasserbad läuft. So kann zuverlässig dem Ausglühen der Schneide entgegengewirkt werden. Ausgeglühte Schneiden stumpfen sehr schnell ab und brechen leichter aus.

Das Hobeleisen wird in einen Führungsschlitten gespannt, magnetisch aufgespannt, oder auch auf einer Schiene frei geführt. Die Schleifscheibe dreht der Schneide stets entgegen. Geschliffen wird so lange, bis die ganze Fase erfaßt ist, keine Scharten bzw. Schneidenausbrüche mehr da sind und die Schneide einen gleichmäßigen und feinen Grat hat.

Mit der Stellung des Hobeleisens zur Schleifscheibe wird der Keilwinkel bestimmt. Durch die Rundung der Schleifscheibe entsteht eine Hohlfase.

Abziehen ist das wechselseitige Feinschleifen (Polieren) einer Schneide auf einem Abziehstein. Dabei wird der beim Hobeln bzw. Schleifen entstandene Grat an der Schneide so abgeschliffen, daß wieder eine scharfe Schneide entsteht.

Als Abziehsteine werden verwendet:
- Natursteine (Belgische Brocken, Thüringer Wetzsteine, Arkansas- und Mississippisteine) oder
- Synthetiksteine (Siliziumcarbid oder Korund).

Die Abziehsteine werden zur Verringerung der Reibung mit Öl, Wasser oder ölvernetztem Petroleum befeuchtet.

Synthetische Abziehsteine gibt es in allen gewünschten Korngrößen, meist mit einer grob- und einer fein körnigen Seite.

Abwechselnd werden Fase (Freifläche) sowie Spiegelfläche (Spanfläche), jeweils flächig aufliegend und kreisend, über den Abziehstein geführt. Abgezogen wird so lange, bis sich der Grat gelöst hat und die Schneide wieder scharf ist. An Hobeleisen ist die Spiegelfläche sehr schonend abzuziehen, um den dichten Klappenschluß zu erhalten. Nach dem Abziehen ist der Stein zu säubern.

Ziehklingen. Eine Ziehklinge ist stumpf, wenn sich der Kraftaufwand merkbar erhöht, der Grat nicht mehr deutlich fühlbar ist und die abgehobenen Späne auffällig gerissen, faserig oder krümelartig sind. Für das Anziehen des Grates stehen spezielle Werkzeuge zur Verfügung.

Der Ziehklingenstahl besteht aus sehr hartem, hochwertigem Stahl. Der dreieckige Querschnitt mit blankpolierten Kanten verjüngt sich der Spitze zu. Der Ziehklingenstahl kann für alle Ziehklingenformen verwendet werden, erfordert aber Übung und Erfahrung.

B 4.10-10 Ziehklingenstahl.

Der Ziehklingen-Gratzieher besteht aus dem Griffklotz für das Stahlrädchen, das den Grat andrückt, und der Führungsschiene zum Anlegen der Ziehklinge. Er ist nur für Rechteck-Ziehklingen verwendbar, aber leichter als der Ziehklingenstahl zu handhaben.

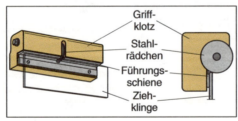

B 4.10-11 Ziehklingen-Gratzieher mit Ziehklinge. Das Stahlrädchen gewährleistet die gleichmäßige Gratneigung.

Schärfen. Es sind Arbeitsschritte durchzuführen:

① Ziehklinge fest einspannen und die Schmalflächen winkelgenau mit einer feinhiebigen Feile abrichten. Mehrere zusammengespannte Ziehklingen erleichtern die Feilenführung.

② Abziehen der Schmalflächen zuerst mit einem groben, dann mit einem feinen Abziehstein. Es dürfen keine Feilspuren mehr sicht- und fühlbar sein.

③ Breitflächen fein abziehen. Alle Kanten müssen scharfkantig sein. Zuletzt Breit- und Schmalflächen leicht einfetten.

④ Durch mehrmaliges Hin- und Herführen des Ziehklingenstahls auf der Breitfläche wird das Material im Kantenbereich leicht vorverdichtet.

⑤ Zuletzt Ziehklinge und Schärfwerkzeug leicht einfetten. Den Grat entweder zur Breitfläche hin mit dem Ziehklingenstahl bei gleichbleibender Neigung in einem, höchstens zwei gleichmäßigen Zügen andrücken oder mit dem Ziehklingen-Gratzieher bei leichtem Druck durch Hin- und Herschieben anarbeiten.

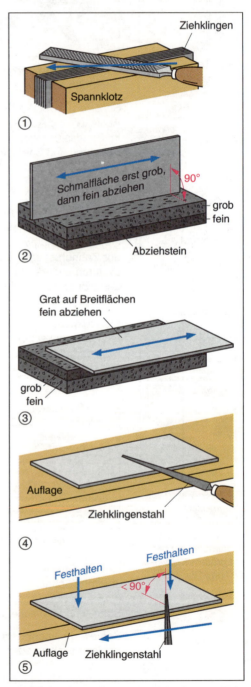

B 4.10-12 Arbeitsfolge beim Schärfen von Ziehklingen.

Werkzeuge und Maschinen – Warten, Pflegen und Instandhalten

In gleicher Weise ist an allen Kanten der Ziehklinge zu verfahren. Dabei müssen die bereits vorhandenen Grate geschützt werden (beim Einspannen Lappen beilegen).

Der Grat an der Klinge des Ziehklingenhobels oder an der Fußbodenziehklinge wird mit dem Ziehklingenstahl rechtwinklig zur Klingenfläche angezogen. Zuvor müssen die Fasen abgerichtet und die Klingen sicher festgespannt werden.

Nachschärfen. Um Ziehklingen nachzuschärfen, muß der Grat mit dem Ziehklingenstahl zurückgedrückt, vorverdichtet und neu von der Schmalfläche aus angedrückt werden. Dadurch rundet sich die Schmalfläche jedoch zunehmend ab. Wenn kein einwandfreier Grat mehr entstehen kann, muß die Schmalfläche wieder mit der Feile abgerichtet und abgezogen werden.

Instandhalten von Maschinenwerkzeugen

Bohrer. Die verschiedenen Bohrer erfordern unterschiedliche Vorgehensweisen.

Spiralbohrer mit Dachspitze werden an der Schleifscheibe mit einem speziellen Bohrerschleifgerät angeschliffen.

Spiralbohrer mit Zentrierspitze. Die Zentrierspitze wird seitlich, die Vorschneider von innen und die Hauptschneiden werden von oben, d.h. von der Spanfläche aus, geschärft. Die Nebenschneiden werden nicht geschärft. Zum Schleifen benutzt man feinkörnige, kleine Schleifscheiben.

Senker/Krausköpfe werden an ihren Freiflächen geschärft.

Dübellochbohrer werden wie Spiralbohrer geschärft.

Zylinderkopfbohrer werden an ihren Umfangsschneiden mit einem Dreikantschaber entgratet. Die Vorschneider sind von innen und die Hauptschneiden von oben zu feilen. Der Überstand der Vorschneider von 0,2 mm ... 0,3 mm muß erhalten bleiben.

Bandsägeblätter bedürfen wegen ihrer schmalen bis sehr schmalen Bandbreite besonderer Sorgfalt.

Spannen und Richten. Um die hohen Zugfestigkeiten von Bandsägeblättern zu erhalten, müssen sie von Zeit zu Zeit gespannt und gerichtet werden.

Dazu wird der Blattkörper in speziellen Spannwalzgeräten zwischen zwei Rollen geradegewalzt und in der Blattmitte gestreckt.

B 4.10-14 Spannen und Richten.

Löten und Schweißen. Gerissene bzw. neu zu schaffende Bandsägeblätter werden mit speziellen Geräten hartgelötet oder stumpf geschweißt. Beim Löten wird das Blatt an der Verbindungsstelle angeschrägt und unter Druck und durch Widerstandserwärmung zusammengebracht.

Schränken. Da Bandsägeblätter sehr schmal sind und bei unsachgemäßer Schränkung leicht reißen können, werden sie nur auf speziellen Schränk- und Schärfmaschinen bearbeitet. Verwendet werden auch manuell betriebene Schränkapparate.

Stauchen. An besonders schmalen Bandsägeblättern könnten beim Schränken Risse auftreten. Sie werden deshalb nur gestaucht. Beim Stauchen übt ein Stauchgerät Druck auf die Zahnspitze aus, wodurch die Zähne nach links und rechts gequetscht werden. Dadurch wird die Hauptschneide verbreitert.

Widerstandserwärmung 2.1.1, Spiralbohrer 4.4.4

B 4.10-13 Schärfen eines Spiralbohrers.

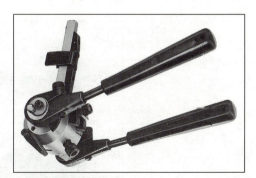

B 4.10-15 Stauchen.

307

Schärfen. Wie bei den Handsägen wird entgegen der Schnittrichtung geschliffen.
Der Zahngrund muß leicht gerundet sein (Randprofil der Schleifscheibe), damit die Zähne nicht einreißen. Dazu reicht das Randprofil der Schleifscheibe aus.

Da das manuelle Feilen sehr aufwendig und kaum gleichmäßig möglich ist, werden Feilgeräte oder Schleifmaschinen verwendet.

Kreissägeblätter. Wegen der Vielzahl der Schneidezähne auf dem Blattumfang ist eine besonders hohe Meßgenauigkeit erforderlich.

B 4.10-16 Schärfmaschine für Gerad- und Schrägschliff.

B 4.10-17 Schärfeinrichtung für Hohlschliff-Hartmetall-Schneidplättchen.

Schränken. Kreissägeblätter aus Schnellarbeitsstahl werden wie Handsägen geschränkt. An Kreissägeblättern mit Schneiden aus Hartmetall und an unterschliffenen (Æ zur Blattmitte dünner geschliffen) Kreissägeblättern (Hobel-Kreissägeblättern) entfällt das Schränken.

Schärfen. Geschärft wird mit speziellen Werkzeugschärfmaschinen. Das Einstellen der Automaten erfordert Spezialkenntnisse.
Für HM-Schneidplatten sind Diamant-Schleifscheiben notwendig.

Streifenmesser entsprechen im Schärfaufwand dem Hobeleisen.

Schärfen. Zum Schärfen von Streifenmessern sind spezielle Schärfmaschinen erforderlich. Die Messer werden mechanisch oder magnetisch festgehalten und vom Schleifsupport (mit Topfschleifscheibe) mehrfach langsam überfahren.

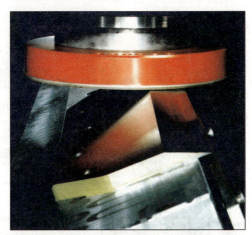

B 4.10-18 Schärfen von Streifenmessern für Schneidemaschinen.

Die Streifenmesser werden an der Freifläche geschliffen. Durch Neigung der Topfscheibe ist ein Hohlschliff möglich. Es gibt auch Hobelmaschinen, die mit einer Schärfeinrichtung ausgerüstet sind, die die eingespannten Messer in der festgestellten Welle direkt schärfen.

Abziehen des Grates. Wie an geschliffenen Hobel- und Stecheisen entsteht auch an Streifenmessern ein Grat, der abgezogen werden muß. Das geschieht entweder manuell mit einem Abziehstein oder mit einer Abzieheinrichtung.

Fräswerkzeuge werden meist von ausgebildeten Fachkräften an speziellen Schärfmaschinen geschärft. Es werden geschliffen:

Werkzeuge und Maschinen – Warten, Pflegen und Instandhalten

- alle Scheibenfräser (Profilfräser), außer Nutfräser, an der Spanfläche,
- Nutfräser und Schlitzscheiben (Frässcheiben) an der Freifläche und
- Fräsketten an der Spanfläche.

B 4.10-20 Schleifen eines Nutfräsers.

Profilmesser für Kehlmaschinen. Oft ist es nötig, nach Auftragswunsch verschiedenste Fräsprofilschneiden selbst herzustellen.

B 4.10-19 Messerwellen-Schärfeinrichtung.

B 4.10-21 Schleifmaschine für Profilmesser.

Aufgaben

1. Unterscheiden Sie Warten, Pflegen, Instandhalten!
2. Welche Auswirkungen hat die pflegliche Behandlung von Maschinen und Werkzeugen?
3. Welche vorbeugenden Pflege- und Kontrollaufgaben sind auszuführen bei:
   - Hobel, Stech- und Stemmeisen,
   - Kreissägeblättern und Fräswerkzeugen,
   - Holzbearbeitungsmaschinen.
4. Wie wird eine Maschine und ein Werkzeug fachgerecht gesäubert?
5. Was gehört alles zum fachgerechten Warten einer Maschine und eines Werkzeuges?
6. Woran erkennen Sie, ob ein Werkzeug scharf oder stumpf ist?
7. Beschreiben Sie das Schärfen einer Feinsäge!
8. Beschreiben Sie das Schärfen eines Hobeleisens!
9. Worauf ist beim Schärfen eines Bohrers zu achten?

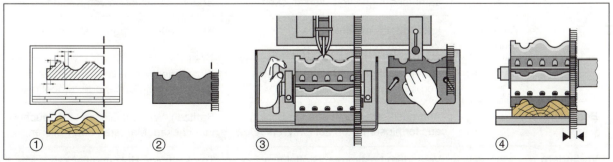

B 4.10-22 Herstellen eines Profilmessers aus einem Blankett-Rohling. ① Ausgangsform ist die Zeichnung oder das Profilmuster. ② Herstellen der Profilschablone. ③ Abtasten der Profilschablone und Schleifen. ④ Profilfräsen.

5 Fertigungsverfahren

5.1 Übersicht

5.1.1 Begriffe

Für die fachliche Verständigung sind einheitliche Begriffe außerordentlich wichtig. Die Begriffe zur Fertigungstechnik sind in DIN 8580 definiert. Weitere Fachbegriffe sind aus der handwerklichen Tradition entstanden. Bestimmte Ausdrücke werden landschaftlich bevorzugt verwendet (z.B. Türblatt/Türflügel).

Die Fertigungstechnik oder Technologie (= Kunst oder Lehre von der Technik) bietet das Rüstzeug zur Planung von Voraussetzungen, Reihenfolge und Bedingungen der Bearbeitung. Die Planung hat besonders für komplexe Bearbeitungsvorgänge und große Stückzahlen Bedeutung. Bei der Fertigung werden in der Regel Form, Größe, Stoffeigenschaften von Materialien oder Gegenständen in mehreren Arbeitsgängen verändert.

Werkstücke. Als Werkstücke bezeichnet man die zu bearbeitenden Teile oder Körper, z.B. das Rahmenholz, die Türfüllung.

5.1.2 Fertigungsverfahren und Fertigungsgruppen

Fertigungsverfahren sind Vorgänge, bei denen mit Arbeitsmitteln (Maschinen und Werkzeugen) eine Veränderung des Arbeitsgegenstandes erreicht wird.

T 5.1/1 Fertigungsgruppen in der Holztechnik

Hauptgruppe	Gruppe	Beschreibung	Beispiele
Urformen		aus formlosem Stoff entsteht ein fester Körper	Ausschäumen, Herstellen von Span- oder Faserplatten
Umformen		die Form eines Körpers wird dauerhaft verändert	Biegen von Stuhlteilen
Trennen	Zerteilen	Abtrennen von Werkstücken ohne Spanentstehung	Schneiden von Furnier und Folie
	Spanen	Berarbeiten eines Körpers durch Abtrennen von Spänen	Sägen, Hobeln, Fräsen, Bohren, Raspeln, Schleifen
	Zerlegen	Lösen gefügter Werkstücke ohne Zerstörung	Demontieren (Auseinandernehmen) eines Schrankes
	Reinigen	Entfernen unerwünschter Stoffe von der Oberfläche	Abwischen, Abfegen, Absaugen
Fügen	Zusammenlegen	zeitweiliges und formschlüssiges Zusammenbringen von Werkstücken	Auflegen und Einlegen von Böden, Einschieben von Kästen
	An- und Einpressen	kraft- oder formschlüssiges Verbinden von Teilen	Verschrauben, Nageln, Klemmen
	Verbinden	stoffschlüssiges und dauerhaftes Verbinden mit flüssigen Stoffen	Zusammenkleben von Werkstücken, Bekleben mit Furnier oder Möbelfolie
Beschichten		Auftragen einer fest haftenen Schicht aus formlosem Stoff auf ein Werkstück	Spritzen, Walzen, Gießen und Tauchen von Lacken, Mattieren und Polieren
Verändern		Verändern bestimmter Stoffeigenschaften von festen Werkstücken	Trocknen von Holz und Lacken, Beizen und Färben

5.2 Trocknen von Holz

5.2.1 Zweck und Bedeutung

Holz enthält in seinen Zellhohlräumen und Zellwänden unterschiedlich viel Wasser, z.B.:
- fällfrisches Eichenholz bis zu 110%,
- lufttrockenes Holz ca. 15%,
- technisch getrocknetes Holz ca. 8%.

Für die Verarbeitung sind bestimmte Gebrauchs- und Sollholzfeuchten notwendig.

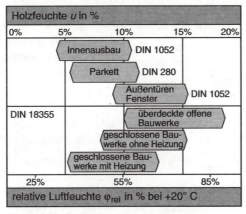

B 5.2-1 Gebrauchs- und Sollholzfeuchten.

5.2.2 Grundlagen der Holztrocknung

Holzfeuchte

Der Holzfeuchtegehalt u gibt das Verhältnis des im Holz enthaltenen Wassers m_w (Holzfeuchte) zur Masse des vollkommen trockenen Holzes m_0 (Darrgewicht) an.

$$\text{Holzfeuchtegehalt} = \frac{\text{Holzfeuchte}}{\text{Darrgewicht}} \cdot 100\ \%$$

$$u = \frac{m_w}{m_0} \cdot 100\ \%\ \ \text{in}\ \%$$

Meßverfahren. Der Holzfeuchtegehalt kann im Darrverfahren oder durch elektrische Meßverfahren festgestellt werden.

Darrverfahren. Darren ist das Trocknen des Holzes auf 0% Feuchte. Es ist das genaueste Verfahren, nach dem alle Meßgeräte geeicht werden. Eine etwa 10 mm dicke Holzprobe wird ca. 300 mm ... 500 mm vom Ende des Brettes oder der Bohle herausgeschnitten. Die Probe wird gewogen (Naßmasse m_u), in einem Trockenofen bei +103 °C getrocknet und wieder gewogen. Der Feuchteentzug ist beendet, wenn mehrere Wägungen hintereinander keine weitere Gewichtsabnahme ergeben (Darrmasse m_0).

Widerstandsmessung. Bei der Widerstandsmessung fließt elektrischer Strom bei konstanter Spannung zwischen den Elektroden durch das feuchte Holz. Da der elektrische Widerstand vor allem von der Holzfeuchte abhängig ist, kann aus dem Widerstandswert (nach entsprechender Eichung) der Holzfeuchtegehalt u in Prozent ermittelt werden.

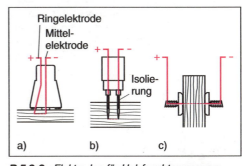

B 5.2-2 Elektroden für Holzfeuchtemessung.
a) Stempelelektrode für furnierte Holzoberflächen, b) Einschlagelektrode für Schnittholz und Holzwerkstoffe, c) Zwingenelektrode für dickere Bretter und Bohlen.

Hochfrequenzmessung. Moderne Geräte bestimmen den feuchteabhängigen, kapazitiven Widerstand der jeweiligen Holzart. Vor allem bei niedrigen Holzfeuchten wird damit eine größere Meßgenauigkeit als durch die Widerstandsmessung erreicht.

Lufttemperatur

Die Lufttemperatur beeinflußt den Trocknungsverlauf.

Temperaturmessung. Der Wärmezustand der Luft kann auf verschiedene Arten gemessen werden.

Ausdehnungsthermometer. Man unterscheidet:
- Flüssigkeitsthermometer und
- Bimetallthermometer.

B 5.2-3 Hochfrequenzmeßgerät.

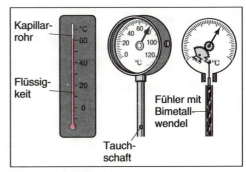

B 5.2-4 Ausdehnungsthermometer.

Fertigungsverfahren – Trocknen von Holz

hygroskopisch 2.2.4

Klimabedingungen, Feuchteschutz 9.2.3

Flüssigkeiten (Alkohol) dehnen sich bei Wärme aus. In einem Kapillarrohr zeigt der Stand der Flüssigkeit die Temperatur an.
Eine Bimetallwendel dehnt und krümmt sich bei Wärmeeinwirkung. Über ein Zeigergetriebe wird die Temperatur angezeigt.

Widerstandsthermometer. Der elektrische Widerstand ist bei einigen Stoffen deutlich temperaturabhängig. Beim Widerstandsthermometer liegt ein Meßdraht aus Nickel oder Platin in einem geschlossenen Stromkreis. Bei Veränderung der Temperatur ändert sich auch der elektrische Widerstand, der durch einen Zeiger auf der Skala angezeigt wird.

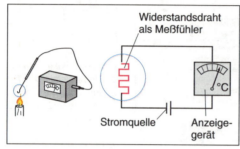

B 5.2-5 *Widerstandsthermometer.*

Luftfeuchte

Holz ist ein hygroskopischer Werkstoff, der stets mit der Luft einen Feuchteausgleich anstrebt. In feuchter Atmosphäre nimmt Holz Feuchte auf, bei trockener Luft gibt es sie ab. Die in ungesättigter Luft enthaltene Feuchte ist dampfförmig und nicht sichtbar.

Sättigungsluftfeuchte $\varphi_{sät}$. Dieser Wert gibt an, wieviel Gramm Wasserdampf 1 m³ Luft bei einer bestimmten Temperatur maximal aufnehmen kann. Der Wert ist bei gleicher Temperatur überall gleich groß und beträgt z.B. 17,2 g/m³ bei +20 °C. Der Sättigungsgrad beträgt 100 %. Überschüssiger Wasserdampf wird zu sichtbaren Wassertropfen in Form von Tau oder Nebel.

Je höher die Lufttemperatur ist, desto mehr Wasserdampf kann die Luft bis zur Sättigung aufnehmen. Der Sättigungspunkt der Luft wird auch als Taupunkt bezeichnet.

Absolute Luftfeuchte φ_{abs}. Im allgemeinen enthält die Luft weniger Wasserdampf als sie bei Sättigung aufnehmen könnte. Der tatsächlich vorhandene Wasserdampf ist unabhängig von der Temperatur und wird in g/m³ angegeben.

Die Relative Luftfeuchte φ_{rel} ist das Verhältnis der in der Luft vorhandenen Wasserdampfmenge zur Sättigungsluftfeuchte.

$$\text{relative Luftfeuchte} = \frac{\text{absolute Luftfeuchte}}{\text{Sättigungsluftfeuchte}} \cdot \%$$

$$\varphi_{rel} = \frac{\varphi_{abs}}{\varphi_{sät}} \cdot \% \quad \text{in } \%$$

Beispiel 1
Durch Feuchteaufnahme ist +30 °C warme Luft gesättigt. Um sie aufnahmefähiger zu machen, wird sie auf +60 °C erwärmt. Welche relative Luftfeuchte hat die Luft bei dieser Temperatur?

Lösung nach Diagramm (→ B 5.2-6)
Gegeben: $\varphi_{sät}$ = 100 % bei +30 °C
Gesucht: φ_{rel} bei +60 °C

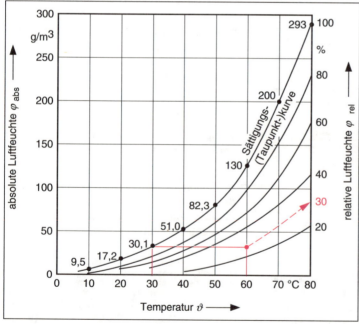

B 5.2-6 *Wasseraufnahmefähigkeit der Luft.*

Fertigungsverfahren – Trocknen von Holz

① Bei einer Temperatur von +30 °C ist die Luft mit 30,1 g/m³ Wassergehalt gesättigt.
② Mit gleichem Wassergehalt waagerecht bis zum Schnittpunkt der senkrecht verlaufenden 60-°C- Linie gehen.
③ Die relative Luftfeuchte auf dem gedachten Kurvenverlauf im Schnittpunkt auf der rechten Achse ablesen. → φ_{rel} ≈ 30 %

Das Bestimmen der Luftfeuchte erfolgt durch das Hygrometer oder das Psychrometer.

Das Hygrometer besteht aus einem Bündel eingespannter, organischer Fäden (z.B. Haare), die durch die Luftfeuchte ihre Länge verändern. Die Ausdehnung wird auf einen Zeiger übertragen. Das Verspröden des organischen Materials und Verschmutzungen können zu Meßungenauigkeiten bis 3% führen. Das Hygrometer wird oft mit einem Thermometer und einer Ableseskala für das Holzfeuchtegleichgewicht ergänzt.

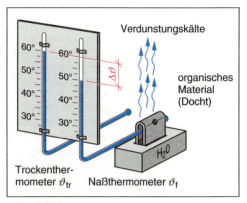

B 5.2-8 *Psychrometer.*

Das Psychrometer besteht aus zwei Thermometern, die im Trocknungsraum angebracht sind. Das Trockenthermometer mißt die Lufttemperatur v_{tr}. Das Naßthermometer ist mit einem Docht, der in einem Wasserbad hängt, verbunden und mißt die Naßtemperatur v_f. Die am Docht entstehende Verdunstungskälte bewirkt eine niedrigere Temperaturanzeige. Wenn die Luft in der Anlage sehr trocken ist und viel Feuchtigkeit aufnehmen kann, verdunstet am Docht viel Wasser. Es entsteht Verdunstungskälte, und die Naßtemperatur sinkt.

Die Temperaturdifferenz zwischen beiden Thermometeranzeigen ist die psychro-metrische Differenz. Sie wird zum Ablesen der relativen Luftfeuchte aus der Psychrometertabelle benötigt.

$$\Delta v = v_{tr} - v_f$$

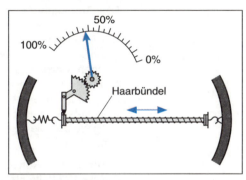

B 5.2-7 *Hygrometer.*

Psychrometer. Beim Verdunsten einer Flüssigkeit wird Wärme verbraucht, die der Umgebung entzogen wird: Es entsteht Kälte. Nach diesem Prinzip arbeitet das Psychrometer.

Beispiel 2
Die relative Luftfeuchte bei einer Trockentemperatur von +60 °C und einer Naßtemperatur von +48 °C soll bestimmt werden.

Lösung nach Tabelle (→ T 5.2/1)
Gegeben: v_{tr} = +60 °C , v_f = +48 °C
Gesucht: φ_{rel} in %

① In der oberen Reihe die Trockentemperatur +60 °C suchen.
② In dieser Spalte die Naßtemperatur +48 °C suchen.
③ In der linken Spalte die relative Luftfeuchte ablesen. → φ_{rel} ≈ 50 %

T 5.2/1 *Psychrometertabelle - Ausschnitt*

Relative Luftfeuchte φ_{rel} in %	Trockentemperatur v_{tr} in °C							
	40	45	50	55	**60**	65	70	75	80
	Naßtemperatur v_f in °C							
80	37	41	46	51	56	61	65	70	75
70	35	39	44	49	53	58	63	67	72
60	33	37	42	46	51	55	60	64	69
50	31	35	39	43	**48**	52	56	60	65
40	29	32	36	41	44	48	52	56	60
30	26	30	33	37	41	44	47	51	55

Fertigungsverfahren – Trocknen von Holz

Feuchtegleichgewicht und Holzfeuchtediagramm

Das Holz strebt immer einen Gleichgewichtszustand zwischen Holzfeuchtegehalt, relativer Luftfeuchte und Lufttemperatur an. Dieser Zustand, bei dem kein Feuchteaustausch zwischen Luft und Holz stattfindet, wird als Feuchtegleichgewicht oder hygroskopisches Gleichgewicht bezeichnet. Der entsprechende Holzfeuchtegehalt wird als Holzfeuchtegleichgewicht v_{gl} bezeichnet.

Den Zusammenhang zwischen relativer Luftfeuchte, Lufttemperatur und Gleichgewichtsholzfeuchte zeigt das Holzfeuchtediagramm. Für die Benutzung eines Psychrometers ist zusätzlich die Feuchttemperatur eingetragen.

Beispiel 3

In einer Trocknungsanlage soll eine Holzfeuchte von $u = 8\%$ bei einer Trocknungstemperatur von $+75\,°C$ erreicht werden.

1. Welche relative Luftfeuchte muß eingestellt werden?
2. Welchen Wert muß das Feuchtthermometer am Psychrometer anzeigen?

Lösung nach Diagramm (→ B 5.2-9)

Gegeben: $v_{gl} = 8\%$; $v_{tr} = +75\,°C$
Gesucht: 1. φ; 2. v_f

1. Von $v_{tr} = +75\,°C$ waagerecht bis zum Schnitt mit der Kurve $v_{gl} = 8\%$ gehen.
Vom Schnittpunkt senkrecht nach unten gehen. → $\varphi \approx \underline{\underline{60\,\%}}$

2. Der Schnittpunkt $v_{tr} = +75\,°C$ und $v_{gl} = 8\%$ liegt zwischen den Kurven für die Feuchttemperaturen $+65\,°C$ und $+60\,°C$. Nach Schätzung beträgt die Feuchttemperatur $v_f \approx \underline{\underline{+64\,°C}}$

Da die Klimawerte besonders im Freien nicht gleichbleibend sind, verändert sich auch - allerdings relativ langsam - die Holzfeuchte. Das Trocknungsergebnis ist stets witterungsabhängig und unterschreitet nur selten $v = 12\%$ (das Holz ist „lufttrocken"). Bei der technischen Trocknung in den Trocknungsanlagen werden anhand des Feuchtediagramms die Klimabedingungen (v_{tr} und φ) festgelegt, wobei Art und Struktur des Holzes beachtet werden müssen. Während der Trocknung werden die Klimabedingungen laufend kontrolliert.

Kontrolle des Holzfeuchtegleichgewichts.

Für die Kontrolle stehen das Thermohygrometer und der Klimasensor zur Verfügung.

Das Thermohygrometer ist eine Kombination von Haarhygrometer und Thermometer. Unter dem Kreuzungspunkt beider Zeiger kann auf dem Diagramm das entsprechende Holzfeuchtegleichgewicht abgelesen werden. Im Vergleich mit der tatsächlichen Feuchte des Trocknungsgutes ergibt sie wichtige Hinweise für die Trocknersteuerung.

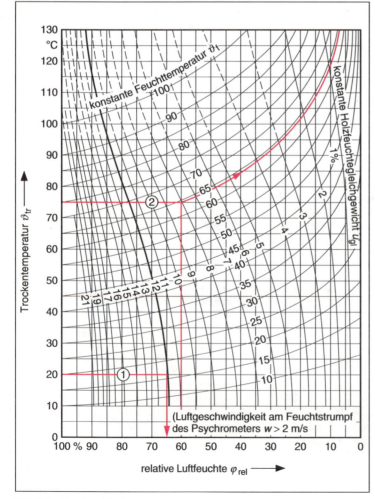

B 5.2-9 Holzfeuchtediagramm.

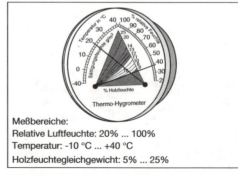

Meßbereiche:
Relative Luftfeuchte: 20% ... 100%
Temperatur: -10 °C ... +40 °C
Holzfeuchtegleichgewicht: 5% ... 25%

B 5.2-10 Thermohygrometer.

Fertigungsverfahren – Trocknen von Holz

Inhaltsstoffe 2.2.2

Holzdichte 2.2.4

Fasersättigungs-
bereich 2.2.4

Der Klimasensor ist mit einem „Fühler" aus ca. 1,0 mm dickem Limbafurnier oder einem Zellulosestreifen ausgerüstet. Klimasensoren werden in modernen Holztrocknungsanlagen zur Steuerung des Trocknungsvorganges eingesetzt.

Trocknungsgefälle

Für die Wirtschaftlichkeit der Trocknung und ein möglichst gutes Trocknungsergebnis ist das Trocknungsgefälle TG ausschlaggebend. Es ist das Verhältnis der tatsächlich vorhandenen, mittleren (meßbaren) Holzfeuchte v_m zur Holzfeuchtegleichgewicht v_{gl}.

$$TG = \frac{\varphi_m}{\varphi_{gl}}$$

Feuchtegleichgewicht 2.2.4

Beispiel 4
Lufttrockene Buchenbretter besitzen eine gemessene mittlere Holzfeuchte von 18%. Das Holzfeuchtegleichgewicht beträgt aufgrund der eingestellten Klimabedingungen in der Trocknungsanlage 10%. Wie groß ist das Trocknungsgefälle?

Lösung
Gegeben: $v_m = 18\%$; $v_{gl} = 10\%$
Gesucht: TG

$$TG = \frac{\varphi_m}{\varphi_{gl}}$$

$$TG = \frac{18\,\%}{10\,\%} = \underline{\underline{1{,}8}}$$

Das Trocknungsgefälle bestimmt den zeitlichen Ablauf und die Qualität der Trocknung. Zahlreiche Einflußgrößen entscheiden über das Trocknungsgefälle wie z.B.:

- Holzart mit den entsprechenden Inhaltsstoffen (Harz, Gerbsäure, Einlagerungen),
- Holzdichte (Weichholz oder Hartholz),
- Holzdicke (dünnes Holz kann die Feuchte schneller abgeben),
- Anfangsfeuchte (ober- oder unterhalb des Fasersättigungsbereichs → freies oder gebundenes Wasser),
- geforderte Trocknungsgüte (Gleichmäßigkeit, Rißfreiheit u.a.).

Je größer das Trocknungsgefälle ist, desto:
- schneller erfolgt die Trocknung,
- ungleichmäßiger verdunstet das Wasser,
- häufiger entstehen Risse, Verformungen und Spannungen.

Bei sehr kleinem Trocknungsgefälle ist eine Trocknung kaum möglich. Bei TG = 1 herrscht Feuchtegleichgewicht.

Beispiel 5
Eine Eichenbohle mit 50 mm Dicke und einer Holzfeuchte von 40% soll bis zum Fasersättigungsbereich bei +45 °C mit dem Trocknungsgefälle 2,4 getrocknet werden. Welche Klimabedingungen sind in der Anlage einzustellen?

Lösung
Gegeben: $v_m = 40\%$; TG = 2,4; $v_{tr} = +45\,°C$
Gesucht: v_{gl} in %; φ in % und v_f in °C

$$TG = \frac{\varphi_m}{\varphi_{gl}}$$

$$\varphi_{gl} = \frac{\varphi_m}{TG} = \frac{40\,\%}{2{,}4} = \underline{\underline{16{,}6\,\%}}$$

Im Holzfeuchtediagramm (→ **B 5.2-9**) sind ablesbar:

$\varphi = \underline{\underline{85\,\%}}$ und $v_t = \underline{\underline{+42\,°C}}$

B 5.2-11
Klimasensor.

T 5.2/2 *Optimale Trocknungsgefälle*

Bezeichnung der Trocknung	Trocknungsgefälle		Trocknungszeit/ rel. Luftfeuchte	Holzart
schonend	niedrig	1,5 ... 1,9	lange/hoch	EI, ES, BU, MAS, MAC, MAE
normal	mittel	2,0 ... 2,9	mittel/mittel	AH, BB, KB, NB, RU, TEK
scharf	hoch	3,0 ... 3,9	schnell/gering	FI, KI, TA, ABA, PIR
sehr scharf	sehr hoch	4,0 ... 5,2	sehr schnell/ sehr gering	FI, TA, ABA

Fertigungsverfahren – Trocknen von Holz

Klima 9.2.2

Trocknungsschäden 2.2.5

5.2.3 Trocknungsvorgang und -möglichkeiten

5.2.3.1 Trocknungsvorgang

Trocknen bedeutet Feuchteentzug. Die Feuchte verdunstet oder verdampft an der Oberfläche des Holzes. Sie wird bei niedriger Luftfeuchte und ausreichender Luftgeschwindigkeit von der Luft aufgenommen. Im Holzinneren bewegt sich zuerst das freie Wasser aus den Zellhohlräumen. Anschließend tritt auch gebundenes Wasser aus den Zellwänden an die trockenere Oberfläche. Dadurch bildet sich zwischen den inneren und äußeren Schichten ein Feuchteunterschied. Er soll bei der Schnittholztrocknung nicht größer als 5% sein, denn:
- ist der Feuchteunterschied zu groß, kann der Feuchtefluß zur Oberfläche abreißen (→ Trocknungsschäden),
- ist der Feuchteunterschied jedoch zu klein, verlangsamt sich die Trocknung oder kommt zum Stillstand.

Durch Wärmezufuhr wird der Trocknungsprozeß beschleunigt.

5.2.3.2 Methoden der Schnittholztrocknung

Der Trocknungsvorgang des Holzes vollzieht sich stets als Wechselwirkung mit den klimatischen Bedingungen.

Freilufttrocknung

Die Freilufttrocknung erfolgt auf dem Holzlagerplatz oder in offenen Schuppen. Da hier keine direkte Klimabeeinflussung möglich ist, dauert die Trocknung meist Monate und Jahre. Sie ist witterungsabhängig und kann durch Abdeckung und Einsatz von fahrbaren Ventilatoren beschleunigt werden.

Die Freilufttrocknung ist besonders zur Vortrocknung geeignet. Dabei wird vorwiegend das freie Wasser bis zum Fasersättigungsbereich schonend und ohne großen Kostenaufwand rasch entzogen.

Technische Holztrocknung

Die technische Holztrocknung erfolgt in abgeschlossenen Trocknungskammern, in denen das Klima gezielt so beeinflußt wird, daß die

T 5.2/4 Trocknungsverfahren durch Wärmezufuhr

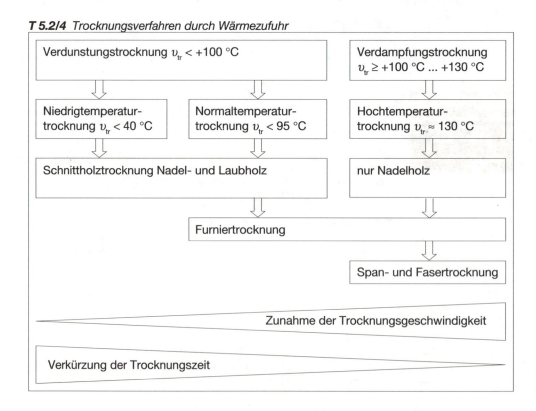

Holzfeuchte schnell und schonend entweichen kann. Besondere Bedeutung hat die Steuerung der Luftfeuchte und Temperatur. Die Wärmezufuhr erfolgt bei der:
- Konvektionstrocknung durch erwärmte Dampf-Luft-Gemische, die durch den Holzstapel strömen,
- Kontakttrocknung durch direkte Wärmeübertragung beim Berühren von Heizplatten,
- Hochfrequenztrocknung durch elektrische Felder.

5.2.4 Trocknungsarten und -anlagen

Für die technische Schnittholztrocknung sind verschiedene Verfahren durchführbar, die teilweise speziellen Anwendungsbereichen vorbehalten sind. Die Konvektionstrocknung wird am häufigsten angewendet.

5.2.4.1 Konvektionstrocknung

Die Trocknung erfolgt durch erwärmte Luft, die durch den Holzstapel strömt, Wärme-

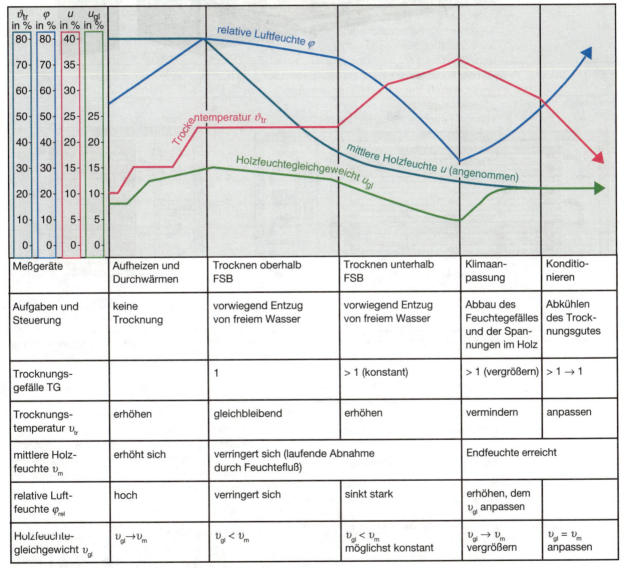

Meßgeräte	Aufheizen und Durchwärmen	Trocknen oberhalb FSB	Trocknen unterhalb FSB	Klimaanpassung	Konditionieren
Aufgaben und Steuerung	keine Trocknung	vorwiegend Entzug von freiem Wasser	vorwiegend Entzug von freiem Wasser	Abbau des Feuchtegefälles und der Spannungen im Holz	Abkühlen des Trocknungsgutes
Trocknungsgefälle TG		1	> 1 (konstant)	> 1 (vergrößern)	> 1 → 1
Trocknungstemperatur ϑ_{tr}	erhöhen	gleichbleibend	erhöhen	vermindern	anpassen
mittlere Holzfeuchte u_m	erhöht sich	verringert sich (laufende Abnahme durch Feuchtefluß)		Endfeuchte erreicht	
relative Luftfeuchte φ_{rel}	hoch	verringert sich	sinkt stark	erhöhen, dem u_{gl} anpassen	
Holzfeuchtegleichgewicht u_{gl}	$u_{gl} \to u_m$	$u_{gl} < u_m$	$u_{gl} < u_m$ möglichst konstant	$u_{gl} \to u_m$ vergrößern	$u_{gl} = u_m$ anpassen

B 5.2-12 *Trocknungsplan und Trocknungsablauf.*

B 5.2-13 Trockner. Es bedeuten: 1 Heizeinrichtung, 2 Belüftungseinrichtung, 3 Beschickungsrichtung, 4 Steuereinrichtung.

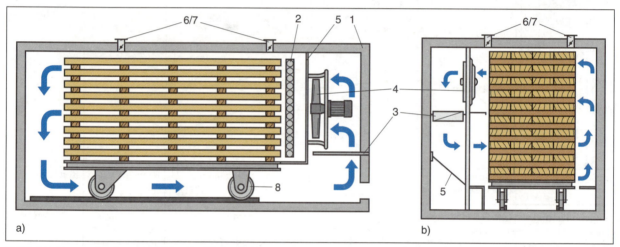

B 5.2-14 Kammertrockner mit a) Längsbelüftung, b) Querbelüftung. Es bedeuten: 1 Gehäuse, 2 Heizeinrichtung, 3 Sprüheinrichtung, 4 Belüftungseinrichtung (Axiallüfter oder Ventilator), 5 Luftleitblenden, 6 Abluftklappe, 7 Frischluftklappe, 8 Beschickungseinrichtung.

energie an das Holz abgibt, Feuchte an der Holzoberfläche aufnimmt und abtransportiert. Anschließend muß die Feuchte aus der Trocknungsanlage entfernt werden.

Frischluft-Ablufttrocknung

Ständig wird feuchte Trocknungsluft über Abluftklappen aus der Anlage abgeschieden und gegen Frischluft ausgetauscht. Nach Mischung und Erwärmung kann die Luft wieder Feuchte aufnehmen und wird dem Trocknungsprozeß von neuem zugeführt. Der Luftaustausch wird solange fortgesetzt, bis die gewünschte Endfeuchte des Holzes erreicht ist.

Trocknungsablauf. Um Verluste während der technischen Holztrocknung weitgehend auszuschließen, wird vor Beginn der Ablauf für jeden Trocknungsprozeß graphisch und tabellarisch festgelegt. Die spezifischen Werkstoffeigenschaften des Holzes (Holzart, Dichte, Dicke, Anfangs- und Endfeuchte, Anforderungen) werden dabei berücksichtigt. Diese Ausarbeitung wird Trocknungsplan genannt und bildet die Grundlage für alle Einstellungen und die Kontrolle der Werte.

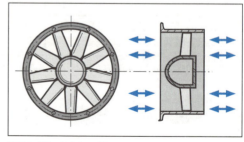

B 5.2-15 Axialventilator.

Fertigungsverfahren – Trocknen von Holz

Trocknungskammern und -anlagen bestehen aus luftdicht verschließbaren Kammern und technischen Einrichtungen, die zur Klimaerstellung und -kontrolle benötigt werden.

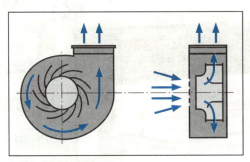

B 5.2-16 *Radialventilator.*

Verschalung 2.2.5

Durchführen der technischen Schnittholztrocknung

- Vorbereiten von Anlage und Stapel:
- Holz bereitstellen, auf gleiche Holzart und Dicke achten, Holz auf Fehler durch Lagerung prüfen,
- Stapel entsprechend der Kammergröße aufbauen (sonst Vorbeiströmen der Luft),
- Stapel zur Vermeidung von Verformungen sichern (evtl. beschweren),
- Trocknungsproben vorbereiten und in den Stapel einbauen (Gabel-Zinkenprobe),
- Meßelektroden für die Holzfeuchteanzeige anbringen,
- Meßfühler (Klimasensor) neu bestücken,
- Docht am Psychrometer prüfen bzw. erneuern, Wasser nachfüllen,
- Stapel einfahren,
- Elektrodenleitungen an Meßgeräte anschließen,
- Blenden für die Luftführung und zur Verkleinerung des Kammervolumens anbringen,
- bei halb- oder vollautomatischer Steuerung Trocknungsdaten anhand des Trocknungsplanes einstellen bzw. eingeben.
- Maßnahmen während der Trocknung:
- Trocknen nach Plan, Kontrolle des Trocknungsablaufs an den Meßgeräten (v_{tr}, v_f, v_m), Überwachung auch bei Automatik notwendig,
- bei längerer Unterbrechung der Heizung (nachts, Wochenende) Ventilatoren und Automatik eingeschaltet lassen, um Kondensation der Luftfeuchte zu vermeiden,
- bei Gefahr der Verschalung durch zu großes Trocknungsgefälle evtl. kurzzeitig sprühen,
- Spannungsabbau während der Ausgleichs- und Abkühlphase besonders überwachen.
- Nachbereiten der Trocknung:
- Automatik abschalten, Kammer öffnen,
- Elektrodenleitungen abklemmen,
- Stapel ausfahren und bis zur Verwendung mit Planen/Folien abdecken, möglichst unter Dach abstellen,
- Qualitätskontrolle, bei festgestellten Mängeln Korrekturen für die nächste Trocknung vorsehen.

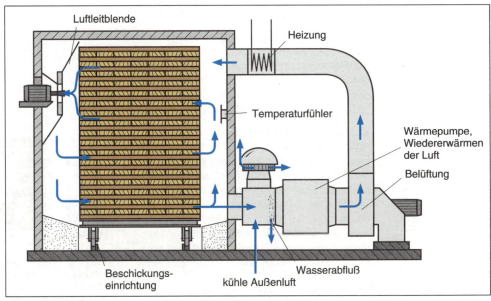

B 5.2-17 *Aufbau einer Kondensations-Trocknungsanlage.*

Kondensationstrocknung

Die feuchtegesättigte Kammerluft wird teilweise durch ein Kühlsystem unter den Taupunkt abgekühlt. Dabei fällt die Feuchte als Kondenswasser aus. Die entfeuchtete Luft wird anschließend durch eine Wärmepumpe wieder erwärmt und in die Kammer zurückgeführt. Der Trocknungsvorgang erfolgt wie bei der Frischluft-Ablufttrocknung durch die vorbeiströmende Trocknungsluft. Diese ist jedoch anlagenbedingt nur zwischen +25 °C ... +55 °C (teilweise bis +75 °C) warm und wird nicht ausgetauscht, sondern entfeuchtet. Die Kondensationstrocknung wird häufig zur Vortrocknung eingesetzt.

5.2.4.2 Vakuumtrocknung

Bei der Vakuumtrocknung wird ausgenutzt, daß das Wasser bei niedrigem Druck eine niedrigere Siedetemperatur hat. Diese Trocknung findet in einem druckdichten Behälter statt, in dem ein Unterdruck von p_{abs} 95 hPa ... 150 hPa erzeugt wird.

Dadurch ist der Dampfdruck des Wassers im Holz größer als im Kammerinneren. Das Wasser strömt an die Oberfläche des Holzes und verdampft dort sehr rasch. Der Trocknungsvorgang wird durch geringe Temperaturerhöhung unterstützt. Die verdampfende Feuchtigkeit kondensiert am Behälterboden und wird abgepumpt. Die Wärmeübertragung auf das Trocknungsgut ist schwierig.

Kontakterwärmung. In der Plattenanlage übertragen Aluminiumheizplatten zwischen den Holzlagen die Wärme auf das Trocknungsgut. An senkrechten Kühlflächen kondensiert der Wasserdampf. Er sammelt sich am Behälterboden und kann dort abgelassen werden.

Vakuumdrucktrocknung. Neuere Anlagen nutzen das Vakuum nicht nur zum schnelleren Feuchteentzug, sondern auch zum Richten des Trocknungsgutes. Eine elastische Membrane schließt von oben den Trocknungsbehälter, der je nach Anlage ein Fassungsvermögen von 0,5 m³ ... 5 m³ hat. Durch den Außenluftdruck und die Eigenlast der Heizplatten wird das Holz mit bis zu 10 t/m³ belastet. Diese Kompression auf das Trocknungsgut bewirkt:
- Richten und Egalisieren des Holzes bei vorhandenen Verformungen und Spannungen,

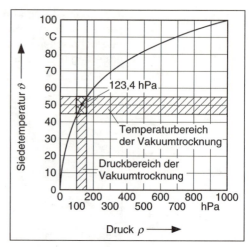

B 5.2-18 *Druckabhängige Siedetemperatur des Wassers.*

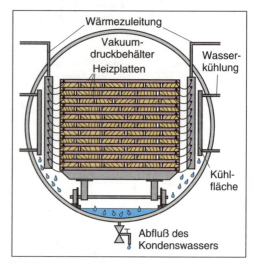

B 5.2-19 *Vakuumtrocknungsanlage mit Heizplatten.*

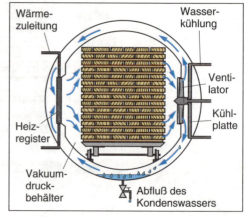

B 5.2-20 *Plattenlose Vakuumtrocknungsanlage.*

Fertigungsverfahren – Trocknen von Holz

- Vermindern der Trocknungsdauer durch verbesserten Wärmetausch zwischen Heizplatten und Holz.

Umluftbetrieb. In der plattenlosen Vakuumanlage wird das Holz eingestapelt und durch Umluft erwärmt. Danach wird die Heizanlage abgeschaltet, das Vakuum setzt ein, und die Feuchte verdampft aus dem erwärmten Trocknungsgut. Der Vorgang wird mehrmals wiederholt.

Wassermoleküle 2.1.2

5.2.4.3 Hochfrequenztrocknung

Die Hochfrequenz-(HF-)Trocknung wird meist in Durchlauftrocknern kontinuierlich für kurze und dicke, aber nicht zu feuchte Holzstücke und Kanteln durchgeführt. Das Holz wird zwischen zwei Elektroden in ein elektrisches Wechselfeld gebracht, in dem sich die Dipol-Wassermoleküle entsprechend der Poligkeit ausrichten. Bei mehreren Millionen Umpolungen/Sekunde (einige MHz → daher Hochfrequenz) geraten besonders die Wassermoleküle im Trocknungsgut in Schwingungen. Infolge innerer Reibung entsteht sehr rasch eine starke Erwärmung im Holzinneren, die eine rasche Feuchteströmung zur Oberfläche bewirkt. Je nach Energiezufuhr verdampft dabei Feuchte. An der Holzoberfläche wird die Feuchte von vorbeiströmender Luft aufgenommen und abtransportiert.

5.2.5 Trocknungsschäden

Trocknungsschäden bedeuten Qualitätsminderung des Holzes und somit Wertverlust. Mögliche Ursachen:
- holzbedingt (Drehwuchs oder verminderte Durchlässigkeit der Holzzellen) oder
- fehlerhafte Bedienung der Trocknungsanlage.

Harzausfluß entsteht besonders bei harzreichen Hölzern (Kl, LÄ), wenn die Trocknungstemperatur über +60 °C liegt (→ kein Trocknungsschaden).

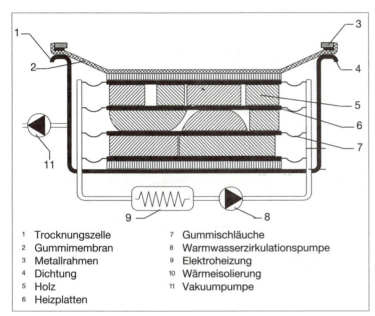

1	Trocknungszelle	7	Gummischläuche
2	Gummimembran	8	Warmwasserzirkulationspumpe
3	Metallrahmen	9	Elektroheizung
4	Dichtung	10	Wärmeisolierung
5	Holz	11	Vakuumpumpe
6	Heizplatten		

B 5.2-21 Vakuumdrucktrocknungsanlage.

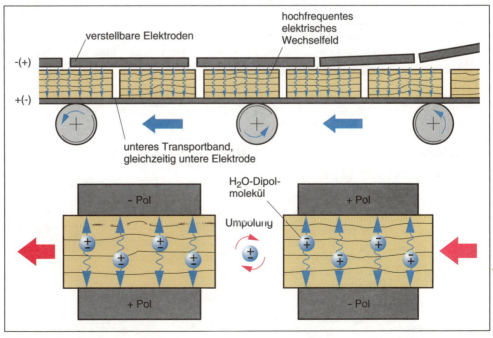

B 5.2-22 Hochfrequenztrocknung.

T 5.2/6 *Übersicht über Trocknungsschäden*

Schaden	Schadensbild	Ursache	Vermeidung
Hirnrisse, Oberflächenrisse		zu rascher und extremer Klimawechsel, unter 30 % Fasersättigung trocknen die äußeren Holzschichten zu rasch → Holz schwindet in Außenschichten	Trocknungsgefälle verringern
		Sonneneinstrahlungen bei Freilufttrocknung	Hirnendenschutz durch: Anstrich, Aufnageln von Leisten, vorstehende Stapelleisten
		bei Technischer Holztrocknung zu hohe Lufttemperatur in der Aufheizstufe	Temperatur senken, Luftfeuchte erhöhen
Verschalungen äußere	Risse, Verziehen	zu großes Trocknungsgefälle durch zu niedrige Luftfeuchte und/oder zu hohe Trocknungstemperatur	Trocknungsführung bei technischer Trocknung verändern
		äußere Holzschichten verlieren oberhalb des Fasersättigungsbereichs zu schnell Feuchte → Feuchtefluß von innen nach außen ist eingeschränkt, → innere Holzschichten bleiben feucht, Folge: starke Zugspannungen außen und Druckspannungen innen	Außenschichten befeuchten → sprühen Lufttemperatur senken, Luftfeuchte erhöhen
innere	große Innenrisse, Holz ist nach innen verformt → Holz völlig wertlos	infolge einer Außenverschalung schwinden die inneren, noch feuchten Holzschichten. Folge: → innere Zugspannungen, → Außenschichten sind überdehnt, spröde, unelastisch	Sprühen/Dämpfen während der Trocknung, besonders gefährdet sind: langsam trocknende Hölzer, dicke Hölzer, Hölzer mit hoher Anfangsfeuchte
Zellkollaps/ Zelleinbruch	unterschiedlich große Radialrisse im Holzinneren, Holzoberfläche wellig, großes Schwindmaß, Holzquerschnitt verformt → Holz völlig wertlos	bei Holzfeuchte 50% ... 60% und wenn freies Wasser zu schnell aus den Zellhohlräumen des Kernholzes entweicht, Trocknung erfolgt bei zu hohen Temperaturen, zu großes Trocknungsgefälle, sehr „scharfes" Trocknen	Holz längere Zeit dämpfen, besonders gefährdet sind: wassernasse Laubhölzer z.B. EI, BU, RU, Hölzer mit sehr dicken Zellwänden

Fortsetzung **T 5.2/6**

Schaden	Schadensbild	Ursache	Vermeidung
Verformungen		unterschiedliche Schwindmaße, wuchsbedingte Unregelmäßigkeiten (Drehwuchs, exzentrischer Wuchs)	sachgemäße Stapelung, gleichmäßige Zufuhr von Luft, Wärme und Dampf
Verfärbungen	Holzoberfläche, Holzinneres verfärbt	hohe Trocknungstemperaturen, hohe Luftfeuchte, Kondenswasser, Metalloxidation	Beseitigung nur durch spanabhebende Bearbeitung (Hobeln) niedrige Trocknungstemperatur oberhalb des Fasersättigungsbereichs (> 30%)

Farbtöne	Holzarten	Trocknungstemperaturen
blau	KI, FI	≈ +30 °C
braun bis graufleckig	EI	+35 °C ... 40 °C
braun	BB, KB, NB	> +60 °C
gelb-braun	KI, FI, TA	> +90 °C
rot	RU	> +60 °C
rötlich	AH, BU	
graufleckig	BI, LI	
grau	EI	

Aufgaben

1. Welche drei Einflußgrößen bestimmen das Klima?
2. Berechnen Sie die Holzfeuchte in Prozent von einem Probestück, das naß 420 g und darrtrocken 360 g wiegt!
3. Warum wird das Darrverfahren trotz elektrischer Holzfeuchtemeßgeräte immer noch angewendet?
4. Vergleichen Sie die Sättigungsluftfeuchte mit der relativen Luftfeuchte!
5. Wieviel Prozent Holzfeuchte besitzt lufttrockenes Holz bei natürlicher Holztrocknung, wenn es bei einer durchschnittlichen Lufttemperatur von +20 °C und einer durchschnittlichen relativen Luftfeuchte von 70% gelagert wird?
6. Nennen Sie zwei Meßverfahren für die relative Luftfeuchte!
7. Warum braucht man für das psychrometrische Meßverfahren zwei Thermometer?
8. Bestimmen Sie anhand der Tabelle die relative Luftfeuchte bei v_{tr} von +50 °C und v_f von +42 °C!
9. Warum muß der v_{gl}-Fühler im Klimasensor aus organischem Material sein?
10. Warum soll das Holzfeuchtegefälle von innen nach außen nicht größer als 5% sein?
11. Berechnen Sie das Holzfeuchtegleichgewicht, wenn TG = 2,4 gewählt ist und die Holzfeuchte v_m = 14,5% beträgt!
12. Nennen Sie die wichtigsten Arbeiten bei der Vorbereitung für eine Kammertrocknung!
13. In welche Abschnitte (Trocknungsphasen) läßt sich der Trocknungsablauf einteilen?
14. Vergleichen Sie anhand der Vor- und Nachteile die Freilufttrocknung mit der technischen Holztrocknung!
15. Nennen Sie die häufigsten Trocknungsschäden und deren Ursachen!

Fertigungsverfahren – Sägen

5.3 Sägen

Sägen bezeichnet einen Trennvorgang, bei dem Späne anfallen. In der Fachsprache werden Sägevorgänge auch als „Schneiden" bezeichnet, z.B.:
- Grobsägen = Zuschnitt, Zuschneiden,
- Feinsägen = Feinschnitt.

Beim eigentlichen Schneiden, wie dem Furnierschneiden oder Intarsienschneiden, arbeitet ein Messer gegen eine feste Unterlage. Bei diesem Trennvorgang entstehen keine Späne.

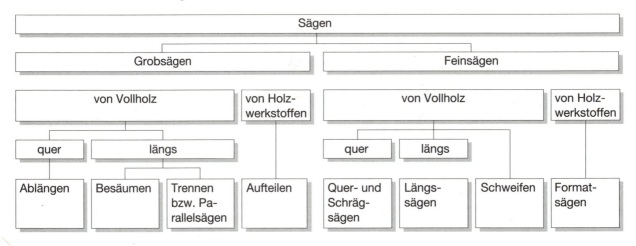

5.3.1 Grobsägen von Vollholz

Manuelles Ablängen

Sägewerkzeuge 4.3.3

Handkreissägemaschine 4.4.6

Nennmaß 4.3.2

Sägemaschinen 4.4.1

Das Ablängen wird auch als „von Länge schneiden" bezeichnet. Manuell wird mit der:
- Handsäge (Spannsäge/Fuchsschwanz) oder
- Hand-Kreissägemaschine abgelängt.

Handsägen. Bei allen Sägearbeiten bestimmt die Zahngeometrie das Sägeverhalten. So erfordern:
- harte Hölzer größere Schnittwinkel,
- weiche Hölzer kleinere Schnittwinkel.

Das Brett wird kippsicher und in geeigneter Arbeitshöhe auf Böcke oder Auflagehölzer gelegt. Die Auflage soll möglichst nah an der Schnittstelle sein.

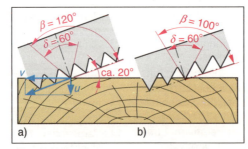

B 5.3-1 Ablängen mit der Handsäge. a) Ablängen harter Hölzer, b) weicher Hölzer. Es bedeuten: v Schnittgeschwindigkeit, u Vorschubgeschwindigkeit.

B 5.3-2 Sichere Brettauflage.

Die Schnittstelle wird mit dem Gliedermaßstab bestimmt und mit einem Bleistift gekennzeichnet. Die Handsäge ist beim Zuschneiden lokker und unverklemmt zu führen.

Hand-Kreissägemaschinen können frei oder an Anschlagleisten bzw. in Führungsschienen geführt werden. Die Maschine wird dabei mit beiden Händen an den vorgesehenen Griffen gehalten und die Säge darf erst in Arbeitsposition eingeschaltet werden. Beim Verschieben wird das Sägeblatt freigegeben.

Beim Zuschneiden werden an die Bearbeitungsqualität keine besonderen Anforderungen gestellt. Der Schnittverlauf muß lediglich im Toleranzbereich des Nennmaßes liegen.

Maschinelles Ablängen

Zum maschinellen Ablängen werden:
- Pendel-Kreissägemaschinen,
- Parallelschwing-Kreissägemaschinen,
- Kapp-Kreissägemaschinen,
- Ausleger-Kreissägemaschinen eingesetzt.

Fertigungsverfahren – Sägen

Kreissägeblätter

Schneidenwinkel
4.2.2, 4.4.1

Zahn- und Schneidenformen 4.4.1

VBG 7j § 52

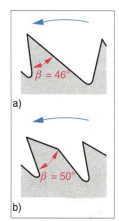

B 5.3-5 Sägezähne beim Längsschnitt. a) NV-Zahn (Spitzwinkelzahn), b) KV-Zahn (Wolfszahn).

Sägeblattauswahl. Es wird eine große Schnittleistung bei ausreichender Schnittqualität angestrebt. Eingesetzt werden dafür Sägeblätter mit folgenden Kenngrößen:
- Durchmesser: Maximalgröße, z.B. 500 mm,
- Dicke: bei Handvorschub Normaldicke, z.B. 2,8 mm,
- bei mechanischem Vorschub größere Dicke (erste Überdicke), z.B. 3,2 mm,
- Blattbohrung: passend zur Sägewelle, z.B. 30 mm,
- Zahnform: AV- und NV-Zähne bei Stahlschneiden oder HM-Zähne mit Dachzahn-Schneiden,
- Zahnwinkel: Keilwinkel mittel, z.B. 48°, bei harten Hölzern größer, z.B. 58°, Spanwinkel 0° bis negativ, z.B. -5°.

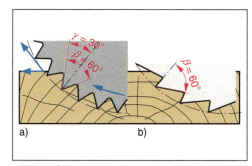

B 5.3-3 Sägezähne beim Ablängen. a) AV-Zahn (Dreieckzahn) für harte Hölzer, b) NV-Zahn (Spitzwinkel-zahn) für weiche Hölzer.

Bearbeitung. Das Brett wird mit seiner runden Seite an den Anschlag angelegt und ausgerichtet. Es muß sicher an- und aufliegen. Danach wird die Maschine eingeschaltet und der Sägekopf gleichmäßig über das Brett geführt. Es kann auch mit mechanischem Vorschub gearbeitet werden. Die Vorschubbegrenzung ist so einzustellen, daß die Zahnspitzen nicht über die vordere Tischkante reichen.

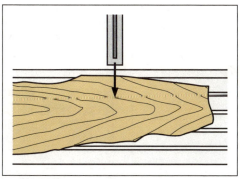

B 5.3-4 Anlegen des Brettes.

Computergesteuertes Ablängen

CNC-Maschinen werden bei häufig wiederkehrenden Ablängaufgaben eingesetzt. Sie übernehmen den Werkstückvorschub und das Vor- und Zurückfahren des Sägeaggregats. Lediglich das Einstellen der Maschine und das Markieren der Holzfehler sind Aufgaben des Facharbeiters.

Besäumen

Beim Besäumen wird die Baumkante vom Brett abgesägt. Neben:
- Besäum-Kreissägemaschinen werden meist
- Tisch-Kreissägemaschinen oder
- Format-Kreissägemaschinen benutzt.

Sägeblätter mit folgenden Kenngrößen werden eingesetzt:
- Durchmesser: groß, z.B. 500 mm,
- Dicke: normal, z.B. 2,8 mm,
- Zahnformen: NV- und KV-Zähne bei Stahlschneiden, DZ- und DD-Schneiden bei HM-Kreissägeblättern,
- Zahnwinkel: Keilwinkel sehr klein, z.B. 40°, größer bei härteren Hölzern, z.B. 50°, Spanwinkel sehr groß bis groß, z.B. 28° ... 20°.

Einstellen technologischer Werte. Schnittgeschwindigkeit und Vorschubgeschwindigkeit beeinflussen Schnittqualität und Schnittleistung.

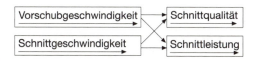

Die Schnittgeschwindigkeit soll bei Vollholz zwischen:
- 60 m/s → geringe Schnittqualität und geringe Schnittleistung und
- 100 m/s → große Schnittqualität und hohe Schnittleistung liegen.

Dabei ist noch zwischen verschiedenen Schneidenmaterialien zu unterscheiden:
- HSS-Schneiden: 60 m/s ... 70 m/s,
- HM-Schneiden: 60 m/s ... 100 m/s.

Ein großer Sägeblattdurchmesser bewirkt zwar eine hohe Schnittleistung und gute Bearbeitungsqualität. Größere Sägeblätter kosten jedoch mehr, haben einen erhöhten Schärfaufwand, beanspruchen die Maschine mehr und neigen zum Ausreißen der Schnittkanten. Die Schnittgeschwindigkeit kann mit dem Werkzeugdurchmesser und der Umdrehungsfrequenz verändert werden.

Fertigungsverfahren – Sägen

Abstapeln	
Brett-vereinzelung	
Fehler-bestimmung	Die Fehlerstellen werden mit dem Laserstrahl markiert, meßtechnisch erfaßt und in den Rechner eingegeben.
Programm-abarbeitung	Der Rechner legt den Schnitt nach der Markierung und nach Prioritäten (Stückzahl mit den längsten bis zu den kürzesten Maßen) fest.
Schnitt-ausführung	Das Brett stoppt an der berechneten Stelle, und die Säge arbeitet.

B 5.3-6 *Computergesteuertes Ablängen - Ablaufschema.*

VBG 7j, §§ 7, 38, 39, 43, 44

Beispiel
Für das Besäumen von Weichholz ist die geeignete Umdrehungsfrequenz durch Ablesen von der Ablesedrehscheibe zu ermitteln. An der Maschine lassen sich die Umdrehungsfrequenzen 3000 1/min, 4500 1/min und 6000 1/min einstellen. Es steht ein Sägeblatt mit 400 mm Durchmesser zur Verfügung.

Lösung
Gegeben: d = 400 mm; n_1 = 3000 1/min; n_2 = 4500 1/min; n_3 = 6000 1/min
Gesucht: n

An der Ablesedrehscheibe (→ **B 5.3-7**) läßt sich die Umdrehungsfrequenz ermitteln:
- bei CrV(Chrom-Vanadiumstahl)-Schneide
  → n = 2900 1/min ... 3300 1/min,
- bei HM-Schneide
  → n = 2900 1/min ... 4700 1/min.

n = <u>3000 1 / min bzw. 4500 1 / min</u>

Bearbeitung. Ebene Bretter werden mit der rechten Seite (Kernseite) aufgelegt, da auf der Splintseite sich so der Verlauf der Baumkante besser beurteilen und auswerten läßt. Verzogene und stark hohle Bretter werden mit der linken Seite fest aufgelegt. Das Ausrichten kann durch Laserrichtstrahlmarkierung erleichtert werden.

Das Brett wird am Klemmschuh oder Anschlag in seiner Lage festgehalten und mit dem Rollwagen/-tisch oder mit der Besäumlade gegen das Sägeblatt geschoben. Das Brett wird mit der linken Hand festgehalten und mit der rechten Hand gegen das Sägeblatt geschoben. Reststück und Säumling werden vorsichtig mit einem Schiebestock seitlich abgeführt.

Arbeitsschutz
- Nicht ohne zugelassenen und passenden Spaltkeil arbeiten.
- Der Spaltkeil darf innerhalb des Schnittbereiches nicht mehr als 10 mm Abstand zum Sägeblatt haben.
- Die Schutzhaube muß das Sägeblatt im Schnittbereich bis auf einen Abstand kleiner als 8 mm verdecken.
- Bei Sägeblattdurchmessern ab 250 mm (→ **T 5.3/1**) muß die Spanhaube separat befestigt sein.
- Die Sägeabschnitte sind so abzuführen, daß sie nicht vom Sägeblatt erfaßt und weggeschleudert werden können.

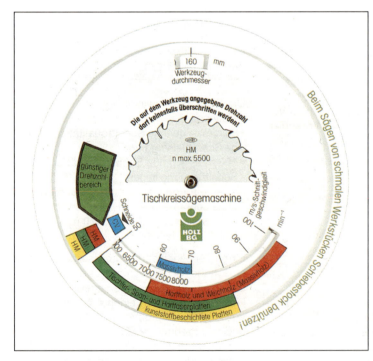

B 5.3-7 *Ablesedrehscheibe.*

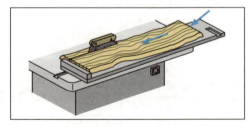

B 5.3-8 *Arbeitshaltung (→) beim Besäumen.*

Fertigungsverfahren – Sägen

T 5.3/1 Einstellen des Längsanschlages

Schnittaufgabe	Ausrichtung des Führungslineals Draufsicht / Ansicht	Zusätzliche Schutzvorrichtungen bei einer Breite von	Darstellung
Auftrennen, Abbreiten	hochgestellt	> 150 mm: ohne	breit
Abbreiten dicker Werkstücke, Abbreiten von Breiten > 120 mm	hochgestellt	120 mm ... 150 mm: ohne 60 mm ... 120 mm: mit Schiebestock	schmal
Abbreiten von Breiten < 120 mm	flachliegend	60 mm ... 120 mm: mit Schiebestock 30 mm ... 60 mm: mit Schiebestock < 30 mm: mit Schiebelade	sehr schmal

Trenn- und Parallelschnitte

Bei Trenn- und Parallelschnitten unterscheidet man:
- Auftrennen → Sägen im Bereich der Brettmitte und
- Abbreiten („auf Breite sägen") → Parallelsägen, Abtrennen paralleler Abschnitte.

Es werden die gleichen Maschinen wie beim Besäumen verwendet. Sägeblatt und Zahnform werden nach den gleichen Gesichtspunkten ausgewählt.

Einstellen des Längsanschlages. Ein Längsanschlag (Parallelanschlag) besteht aus dem Anschlagträger und dem verschiebbaren Führungslineal. Dieses kann vor- und zurück, aber auch hoch- und flachgestellt werden.

Bearbeitung. Die senkrechte Sägeblattstellung ist der Standardfall. Es sind aber auch Neigungsschnitte möglich. Dazu wird das Sägeblatt schräg zur Auflagefläche eingestellt. Neigungsschnitte dürfen nicht mit Schräg- (quer zum Faserverlauf) oder Winkelschnitten verwechselt werden.

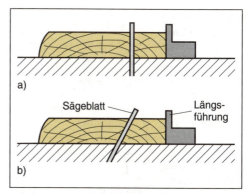

B 5.3-9 Trenn- und Parallelschnitte. a) Gerad- oder Senkrechtschnitt, b) Neigungsschnitt.

Fehler bei Trenn- und Parallelschnitten, insbesondere ein ungerader Schnittverlauf, können folgende Ursachen haben:
- Brett auf Besäumlade verrutscht,
- unexaktes Führen am Lineal,
- fehlender Anpreßdruck,
- zu kleiner oder ungleicher Zahnschrank,
- zu feuchtes Holz,
- Spaltkeil zu dünn.

Fertigungsverfahren – Sägen

Schiebestock, Schiebelade 4.4.1

Arbeitsschutz
- Spaltkeil und Schutzhaube sind wie beim Besäumen einzusetzen.
- Bei Werkstückbreiten < 120 mm ist ein Schiebestock notwendig. Beträgt die Schnittbreite < 30 mm, muß mit Schiebelade gearbeitet werden.
- Besondere Vorsichtsmaßnahmen sind beim Einsetzsägen, Verdecktsägen und Schlitzsägen (→ B 5.3-10, B 5.3-11, B 5.3-12) notwendig.

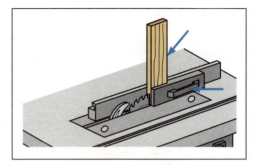

B 5.3-12 Schlitzsägen mit Zuführlade.

5.3.2 Feinsägen von Vollholz

Längs-, Quer- und Schrägsägen

Beim Feinsägen hat die Schnittqualität neben der Arbeitssicherheit vorrangige Bedeutung. Die Mengenleistung ist nachgeordnet.

Sägeblattauswahl. Es werden Sägeblätter mit folgenden Kenngrößen eingesetzt:
- sehr große Durchmesser, z.B. 500 mm, → beste Qualität und größte Schnittleistung,
- große Zähneanzahl, z.B. 80 mm ... 120 mm, → beste Qualität (jedoch höhere Anschaffungskosten und größerer Schärfaufwand),
- kleiner Keilwinkel, z.B. 40°, → Vorspaltung bzw. verbesserte Schnittwirkung und größere Schnittleistung (allerdings verringerter Standweg),
- großer Spanwinkel, z.B. 20°, → obere Schnittkanten ausrißfrei,
- kleiner Spanwinkel, z.B. 8°, → untere Schnittkanten ausrißfrei,

B 5.3-10 Einsetzsägen am festen Endanschlag.

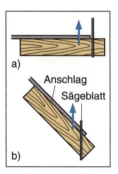

B 5.3-13 Schnittführung. a) Geradschnitt, b) Schrägschnitt.

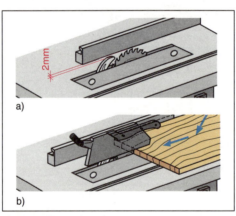

B 5.3-11 Verdecktsägen. a) Spaltkeileinstellung, b) Handhabung.

T 5.3/2 Einstellen des Längsanschlages

Schnittaufgabe	Ausrichtung des Führungslineals		Zusätzliche Schutzvorrichtungen	Darstellung
	Draufsicht	Ansicht		
Abtrennen kurzer, dicker Werkstücke	zurückgestellt	hochgestellt	Abweisleiste	
Abtrennen kurzer, dünner Werkstücke	zurückgestellt	flachliegend	Abweisleiste	

Fertigungsverfahren – Sägen

Bandsägemaschine
4.4.1

VBG 7j § 35

- kleiner Sägeblattüberstand, z.B. 30 mm, → obere Schnittkanten ausrißfrei,
- großer Sägeblattüberstand, z.B. 3 mm, → unten verringerte Ausrißgefahr.

Einstellen technologischer Werte. Für optimale Schnittqualität und Schnittleistung sind anzustreben:
- hohe Umdrehungsfrequenz 6000 1/min, d.h. große Schnittgeschwindigkeit → beste Schnittqualität und größte Schnittleistung,
- niedrige Vorschubgeschwindigkeit 10 m/min → bessere Schnittqualität bei jedoch verringerter Schnittleistung.

Einstellen des Längsanschlages. Damit die abgesägten Klötze nicht in den Sägebereich gelangen und zurückgeschleudert werden, ist das Führungslineal genügend weit vor dem Sägeblatt einzustellen.

Bei dünnen Materialien wird das Führungslineal auf seine Flachseite gedreht.

Bearbeitung. Zum Längssägen werden Tisch- oder Format-Kreissägemaschinen eingesetzt, die beim Quer- und Schrägsägen zusätzlich mit Rollwagen oder Rolltisch ausgerüstet sind.

Beim Längssägen wird ein Längsanschlag benutzt, dessen Führungslineal wie beim Groblängssägen eingestellt wird.

Beim Quersägen wird das Anschlaglineal des Rollwagens bzw. Rolltisches zum Anlegen genutzt. Für genaues und wiederholtes Sägen wird am Anschlag des Rollwagens ein Anschlagklotz (Längenanschlag) festgestellt.

Breite Werkstücke werden zweckmäßig am Längsanschlag geführt. Schrägschnitte werden günstig mit einem verstellbaren Winkelanschlag ausgeführt.

Arbeitsschutz. Hier gelten alle beim Groblängssägen genannten Hinweise.

Schweifsägen

Schweifsägearbeiten werden mit der Bandsägemaschine ausgeführt. Es sind vorgezeichnete Bögen oder auch Schnitte an Führungsvorrichtungen möglich. Fehler bei Schweifsägearbeiten haben folgende Ursachen:
- ungenaue Werkstückführung:
- zu schmales Sägeblatt,
- Sägeblatt stumpf.
- Faserausrisse:
- Paßstück im Maschinentisch abgenutzt,
- Sägeblatt stumpf.

Arbeitsschutz
- Das Bandsägeblatt ist im Schnittbereich so weit wie möglich zu verkleiden.
- Der Bediener darf nicht seitlich an der Maschine arbeiten, da er hier beim Reißen eines Sägeblattes stärker gefährdet ist.

5.3.3 Zuschnitt und Feinschnitt von Platten

Maschinen. Je nach Betriebsgröße und Arbeitshäufigkeit werden beim Zuschnitt von Platten:
- Hand-Kreissägemaschinen oder
- Vertikal-Plattenzuschnittsägen eingesetzt.

Zum Feinschnitt werden:
- Format-Kreissägemaschinen,
- Plattensägemaschinen sowie
- Plattenzuschnittautomaten verwendet.

Sägen von Platten auf der Format-Kreissägemaschine

Sägeblattauswahl. Plattenwerkstoffe aus Holz, Kunststoff oder anderen Materialien weisen sehr unterschiedliche Eigenschaften auf. Jede Materialart und Schnittaufgabe verlangt spezifische Werkzeuge.

B 5.3-14 Schrägsägen. 45°- Gehrungsschnitt mit geneigtem Sägeblatt.

Zahn- und Schneidenform 4.4.1

T 5.3/3 Einstellen des Längsanschlages

Schnitt-aufgabe	Ausrichtung des Führungslineals		Zusätzliche Schutz-vorrichtungen
	Draufsicht	Ansicht	
Schneiden von Platten	hinter dem Sägeblatt	flachliegend	ohne

Holzwerkstoffe 2.5

Metalle 2.11

T 5.3/4 Plattenwerkstoffe und Sägeblattauswahl

Plattenart	Härte der Plattenwerkstoffe	Schneiden- und Zahngeometrie
Lagenhölzer Furniersperrhölzer FU	weich bis mittelhart, Ausrißgefahr wie bei Vollholz, bestimmend sind die Außenlagen	Spitz-, Wolfs- oder Dreieckzähne mit HSS-Schneide, HM-Zähne mit Flach-, Hohl-, Spitz-, Wechsel- oder Dachzahnschneide
Schichthölzer SCH Formlagenhölzer	größerer Klebstoffanteil bewirkt größere Härte	
Kunstharzpreßhölzer KP	sehr hart, großer Kunstharzanteil	HM-Zähne wie bei Kunststoffplatten
Verbundplatten Stabsperrhölzer ST Stäbchensperrhölzer STAE	wie Furniersperrhölzer	wie bei Furniersperrhölzern
Spanplatten Flachpreßplatten FPY, FPO Strangpreßplatten SV	je nach Klebstoffanteil hart bis sehr hart	HM-Zähne mit Hohlzahnschneide
Faserplatten HF Hartfaserplatten HFH, Mitteldichte Holzfaserplatten MDF	sehr hart wie Spanplatten	HM-Zähne mit Hohlzahnschneide
Furnierte oder mit Folie beklebte Span- oder Faserplatten		HM-Zähne mit Spitzzahn- oder Wechselzahnschneide
Kunststoff-Dekorplatten K auf Hartfaser KH auf Spanplatte KF	nach Art des Deckmaterials meist sehr hart - neigen zu Kantenausbrüchen	HM-Zähne mit Trapezzahn- oder Dachzahnschneide
Kunststoffplatten Duroplaste	sehr hart und spröde - neigen zu Kantenausbrüchen	HM-Zähne mit Wechselzahnschneide
Thermoplaste	weich bis mittelhart, schmieren bei Bearbeitungswärme	dünne Platten besser ritzen oder schneiden
Schaumstoffe	bei geringer Dichte gut spanbar, bei höherer Dichte wie Spanplatten	Spitzzahn mit Stahl-, auch HM-Schneiden

Fertigungsverfahren – Hobeln

B 5.3-15 Plattenschnitt auf einer Format-Kreissägemaschine am Längsanschlag.

B 5.3-16 Sägen von Kunststoffplatten.

Bearbeitung. Für die Schnittgeschwindigkeit liegen Erfahrungswerte vor:
- Sperrholz und Verbundplatten
  → v = 60 m/s ... 80 m/s,
- Span- und Faserplatten
  → v = 50 m/s ... 70 m/s,
- Kunststoffplatten → v = 60 m/s ... 80 m/s.

Für den Zuschnitt gelten die kleineren Werte der Schnittgeschwindigkeit, für den Genau-/Feinschnitt die größeren.

Arbeitsschutz. Es gelten die beim Längssägen genannten Hinweise.

Aufgaben

1. Wie können beim Quersägen schmaler Werkstücke kurze Abschnitte und Reststücke von den aufsteigenden Sägezähnen ferngehalten werden?
2. Wie wird der Spaltkeil der Tisch-Kreissägemaschine für verdeckte Schnitte eingestellt?
3. Was bedeutet die Angabe „n_{max} 6000" auf dem Sägeblatt?
4. Bei welcher Kreissägearbeit ist kein Spaltkeil erforderlich?
5. Wie dick muß der Spaltkeil beim Einsatz von HM-Kreissägeblättern sein?
6. Wie stellen Sie die Führungs- und Schutzvorrichtungen beim Sägen schmaler Werkstücke ein?
7. Wie wirkt sich ein zu kleiner Keilwinkel aus?
8. Wie stellen Sie die Kreissägemaschine beim Einsetzsägen ein?
9. Wie entscheiden Sie, wenn Sie einen Riß im Bandsägeblatt bemerken?
10. Wie verhindern Sie an der Bandsägemaschine das gefährliche Abrollen beim Sägen von Rundhölzern?

5.4 Hobeln

Spanungstechnisch wird unter Hobeln das geradlinige Spanen verstanden. Umgangssprachlich bezeichnet man als Hobeln das spanende Bearbeiten einer Oberfläche, wie z.B. das Abrichten oder Dickenhobeln.

5.4.1 Manuelle Hobelarbeiten

Die Wahl der Hobelart richtet sich nach der Bearbeitungsaufgabe. (→ **T 5.4-1**)
Spanabnahme und Spanungsgüte werden beeinflußt von der:
- Stellung des Hobeleisens (Schnittwinkel),
- Schlankheit der Schneide (Keilwinkel),
- Schärfe des Hobeleisens,
- Ausführung und Einstellung der Klappe,
- Größe des Hobelmauls und Beschaffenheit der Maulvorderkante,
- Faserrichtung am Werkstück.

Hobelmaul und Hobelklappe bewirken
(→ **B 5.4-1**):
- großes Hobelmaul → schlechte Oberfläche durch lange Spaneinrisse (a),
- kleines Hobelmaul → bessere Oberfläche durch unerhebliche Spaneinrisse (b),
- Hobelklappe → gute bis sehr gute Oberfläche durch zweifach gebrochenen Span an Maulvorderkante und Brechkante der Klappe (c).

Handhabung. Der Hobel wird mit gleichmäßigem Kraftaufwand bewegt. Beim Ansetzen und am Brettende wird verstärkter Druck von oben ausgeübt.

Damit das Hobeleisen beim Zurückführen nicht zusätzlich abstumpft, darf die Schneidkante das Holz nicht berühren. Der Hobel wird deshalb angekippt und auf der Kante gleitend zurückgeführt.

Einfluß der Faserrichtung. Beim Hobeln gegen die Faser spaltet das Holz in Faserrichtung vor

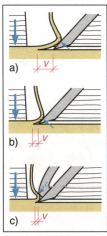

B 5.4-1 Hobelmaulgröße und Hobelklappe. a) großes Hobelmaul, b) kleines Hobelmaul, c) Hobelklappe.

Fertigungsverfahren – Hobeln

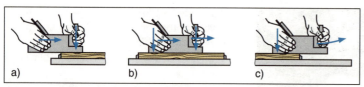

B 5.4-2 Handhabung des Hobels. a) Kraftführung beim Ansetzen, b) Kraftführung beim Hobeln, c) Kraftführung am Brettende.

Vorspaltung 4.2.2

(Vorspaltung). Es entstehen erhebliche Ausrisse, und die verbleibende Oberfläche ist stark zerklüftet. Um das zu vermeiden, wird nach Möglichkeit „mit der Faser" gehobelt.

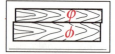

B 5.4-4 Winkelzeichen zum Kennzeichnen der Winkelfläche.

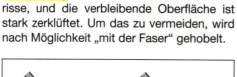

B 5.4-3 Faserrichtung beim Hobeln. a) gegen die Faser, b) mit der Faser.

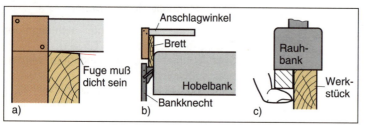

B 5.4-5 Bestoßen der Winkelfläche. a) und b) Feststellen der Winkelgenauigkeit, c) Mitführen einer Winkelleiste.

T 5.4/1 *Hobelart und Bearbeitungsaufgabe*

Hobelart	Bearbeitungsaufgabe
Schrupphobel	Abtragen großer Spandicken, Ebnen von Flächen quer und schräg zum Faserverlauf (Zwerchen)
Schlichthobel	grobes Ebnen vorwiegend parallel zum Faserverlauf
Rauhbank und Doppelhobel	Herstellen glatter und ebener Flächen, Abrichten
Putzhobel	Hobelspuren beseitigen, glätten
Simshobel	Anstoßen, Nacharbeiten oder/und Glätten eines Falzes
Grathobel	Anstoßen eines Grates
Grundhobel	Ausstoßen und Ebnen eines Grat- oder Nutgrundes

Hobelarbeiten werden heute überwiegend maschinell ausgeführt. Für Reparatur- und Montagezwecke müssen jedoch manchmal Flächen abgerichtet, Winkelflächen angestoßen, Flächen geglättet oder Fälze und einfache Profile nachgearbeitet werden.

Abrichten von Flächen. Beim Abrichten wird eine Werkstückoberfläche spanabhebend bearbeitet. Es entsteht eine gerade und ebene Fläche. Sie ist meist Bezugsfläche für angrenzende Winkel- oder Parallelflächen. Zwischen Bezugsfläche und Winkelfläche liegt die Winkelkante.

Beim Abrichten ist das Werkstück vollflächig aufliegend fest einzuspannen. Benutzt werden Doppelhobel und Rauhbank, die schräg und parallel zum Faserverlauf über die Fläche bewegt werden. Die Ebenheit der Fläche ist erreicht, wenn zwei parallel aufgelegte Richthölzer einwandfrei fluchten oder das Werkstück auf ebener Unterlage fest aufliegt.

Anstoßen von Winkelflächen. Nach dem Abrichten der Breitfläche wird meist auch dazu im rechten Winkel die Schmalfläche bearbeitet. Hierfür eignet sich die Rauhbank. Das Winkelzeichen kennzeichnet die bestoßene Winkelfläche.

Hobeln von Hirnholz. Hirnflächen von Vollholz werden mit einem Doppelhobel bestoßen. Der Keilwinkel sollte nicht zu klein sein, da eine sehr schlanke Schneide zu schnell abstumpft. Eine Klappe ist nicht erforderlich (→ keine Vorspaltung vorhanden).

Der Hobelstoß darf jedoch nicht zu weit geführt werden, da sonst die vorderen Fasern ausreißen oder abspalten. Deshalb ist nur bis über die Brettmitte zu hobeln. Danach wird der Hobel umgedreht und es wird entgegengesetzt gearbeitet.

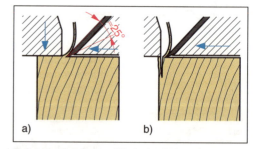

B 5.4-6 Hobeln von Hirnholz. a) bis über die Mitte, dann Hobelrichtung ändern, b) Faserabspaltungen bei zu weit geführtem Hobel.

Fertigungsverfahren – Hobeln

Abrichthobelmaschine, Messerwelle, Streifenmesser 4.4.4

5.4.2 Maschinelles Abrichten

Maschine und Werkzeug. Die Abrichthobelmaschine hat eine über die gesamte Maschinenbreite reichende Messerwelle. Die Streifenmesser müssen scharf und unwuchtfrei sowie gleichmäßig eingestellt sein.

Bearbeitung. In der Grundeinstellung befindet sich der Abnahmetisch in Höhe des Schneidenflugkreises. Der Aufgabetisch ist parallel dazu um das Maß der Spanabnahme abgesenkt. Durch Ab- oder Anwinkeln des in Höhe des Schneidenflugkreises eingestellten Abnahmetisches entstehen Hohl- oder Spitzfugen beim späteren Zusammenlegen der Bretter.

Ein windschiefes Brett liegt nicht fest auf dem Maschinentisch auf. Es wird deshalb in seiner Lage ausgeglichen und so der Messerwelle zugeführt. Beim Weiterschieben wird die gespante Arbeitsfläche vom Abnahmetisch übernommen. Das Brett erhält dadurch eine stabilere Auflage und kann sicherer angedrückt werden.

Beim Vorschieben liegen beide Hände mit anliegendem Daumen fest auf dem Brett auf. Der Vorschub soll ruckfrei und gleichmäßig erfolgen.

Arbeitsschutz

- Um ein Hineingreifen in die Messerwelle zu vermeiden, alle nicht zum Spanen notwendigen Schneidenteile abdecken.
- Führungsvorrichtungen, wie Flachlineal, Andruckleiste, Schwingschutz oder Fächerschutz sowie Zuführlade und Vorschubgerät, verwenden.
- Späne, Staub und Holzreste absaugen.

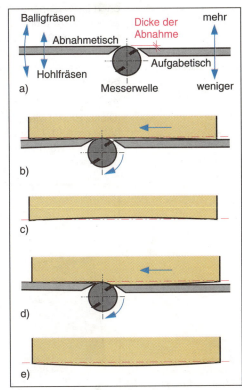

B 5.4-7 Einstellen des Maschinentisches.
a) Grundeinstellung, b) und c) Abrichten zu einer Hohlfuge, d) und e) Abrichten zu einer Spitzfuge.

Schutzvorrichtungen, Arbeitsschutz 4.4.2

Werkstückführung 4.4

T 5.4/2 Fehler beim Abrichten - Ursachen und Beseitigung

Fehler	Ursache und Beseitigung
deutlich sichtbare Messerschläge	Schneidenüberstand ungleich → Überstand prüfen und nachstellen, zu schneller Vorschub → langsamer vorschieben
Faserausrisse	gegen die Faserrichtung gespant → Brett umdrehen oder Spanabnahme verringern und langsamer vorschieben
windschiefe Hobelfläche	falsche Werkstückauflage
Riefen und Scharten	Schneide ausgebrochen → Messer schärfen
hervortretende Jahrringe	Schneide stumpf → Messer schärfen

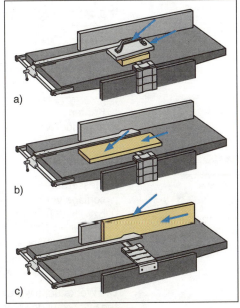

B 5.4-8 Werkstückführung. Abrichten a) kurzer Teile, b) der Breitfläche, c) der Schmalfläche.

Fertigungsverfahren – Aufbringen von Furnier und Folie

Abrichten von Flächen 5.4.1

Dickenhobelmaschine 4.4.2

VBG 7j §71

Hobeln, 4.2.2

Span-, Faser-, Langenholz-, Verbundplatten 2.5

5.4.3 Dickenhobeln

Beim Dickenhobeln (Aushobeln) kommt es neben der Glätte auf die Parallelität der Flächen an. Das manuelle Dickenhobeln ist sehr zeit- und kraftaufwendig und nur in seltenen Fällen gerechtfertigt. Es wird wie das manuelle Abrichthobeln ausgeführt. Für maschinelles Dickenhobeln wird die Dickenhobelmaschine benutzt.

Bearbeitung. Das gewünschte Hobelmaß (Dicke, Breite) wird durch Einstellen der Tischhöhe erreicht. Dabei darf nicht zuviel „Span" eingestellt werden, um den Vorschub nicht zu behindern.

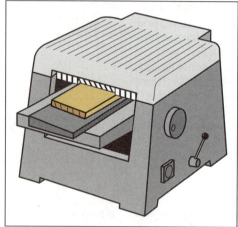

B 5.4-9 Maschinelles Dickenhobeln – Schräghobeln mit einer Führungslade.

T 5.4/3 Fehler beim Dickenhobeln – Ursachen

Fehler	Ursache
parallele Rastereindrücke	Riffelwalze zu tief eingestellt
Kanten abgequetscht	Tisch- und Auszugswalzen zu tief eingestellt, Schneiden der Messer stumpf
Messereinschläge vorn bzw. hinten	vorderer bzw. hinterer Druckbalken zu hoch eingestellt

Zusätzlich können die beim Abrichthobeln vorkommenden Fehler auftreten.

Die Werkstücke werden mit ihrer abgerichteten Fläche auf den Maschinentisch gelegt und in die Maschine geschoben. Sie werden dabei von den Vorschubwalzen ergriffen und weitertransportiert. Die Hölzer sind auch beim Dickenhobeln möglichst mit der Faser zu spanen und sollten lückenlos nacheinander eingeschoben werden.

Arbeitsschutz
- Rückschlagsicherungen sollen das Rückschlagen der Werkstücke verhindern.
- Der Bediener muß neben dem einlaufenden Werkstück stehen, um nicht von zurückschlagenden Teilen getroffen zu werden.

Aufgaben

1. Worin unterscheiden sich spanungstechnisch das manuelle und maschinelle Hobeln?
2. Beschreiben Sie die Reihenfolge der benötigten Hobel beim Abrichten und beim Dickenhobeln eines Kantholzes!
3. Beschreiben Sie einen gut funktionierenden Doppelhobel!
4. Beim Abrichten weisen die Werkstücke am hinteren Ende Einschläge auf. Was ist die Ursache?
5. Nennen und begründen Sie mögliche Fehler beim maschinellen Dickenhobeln!

5.5 Aufbringen von Furnier und Folie

Bei der Herstellung von Möbeln und Innenausbauten aus plattenförmigen Werkstoffen werden Breit- und Schmalflächen mit Furnier oder Folien beklebt. Je nach Verwendungszweck und Aussehen der Werkstücke, den eingesetzten Werkstoffen, der technischen Ausrüstung und den entstehenden Betriebskosten werden verschiedene Arbeitsgänge kombiniert.

5.5.1 Vorbereiten der Platten, Furniere und Folien

Vorbereiten von Trägerplatten

Anforderungen. Span-, Faser-, Lagenholz- und Verbundplatten müssen als Trägerplatten eben, glatt, sauber und fettfrei sein. Fehler im Sperrfurnier der Verbundplatten wie Äste, Risse oder Überlappungen müssen herausgeschnitten und ausgebessert werden, da sie später auf Hochglanzflächen und bei Seitenlicht auch durch Deckfurniere hindurch oft deutlich erkennbar sind.

Fertigungsverfahren – Aufbringen von Furnier und Folie

Holztexturen 2.2.4, 2.4.1

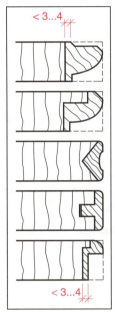

B 5.5-2 Fugengestaltung für Umleimer.

Furniere, Schwindmaße 2.2.4, 2.4.1

Umleimen von Trägerplatten. Für mehrseitig profilierte und abgerundete Platten werden vor dem Furnieren entsprechend dicke Vollholzumleimer angebracht. Profiltiefe und Eckenradius bestimmen die Konstruktionsmöglichkeiten. Besonders für gebeizte Teile muß der saugfähige Schräg- und Hirnholzanteil im Eckenbereich vermieden werden oder möglichst klein sein.

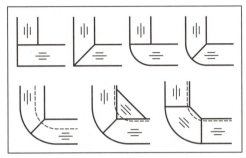

B 5.5-1 Umleimen von Trägerplatten bei verschiedenem Schräg- und Hirnholzanteil.

Um nachträgliche Markierungen auf der furnierten Fläche zu vermeiden, müssen die Umleimer richtig (→ Gebrauchsholzfeuchte) getrocknet und möglichst formschlüssig angebracht werden. Nach der späteren Profilierung soll die verbleibende Vollholz-Restdicke höchstens 3 mm ... 4 mm betragen. Erst nachdem die Leimfeuchte vollständig verdunstet ist, werden die Umleimer bündig gehobelt.

Vorbereiten der Furniere und Folien

Furniere oder Folien beeinflussen das Aussehen und die Gebrauchseigenschaften von Möbeln und Innenausbauten.

Auswählen der Furniere. Um Farbgleichheit und Übereinstimmung der Texturen oder Dekore zu erreichen, sollten für ein Objekt möglichst Furniere vom gleichen Stamm bzw. Folien aus der gleichen Herstellungscharge verwendet werden. Für stark gegliederte und kleinflächige Konstruktionen empfehlen sich schlichtere Texturen oder Dekore.

- Um Spannungen zu vermeiden und die Formbeständigkeit der Werkstücke zu gewährleisten, werden großflächige Teile beidseitig gleich furniert. Entscheidend dafür sind:
  - gleicher Faserverlauf auf beiden Seiten,
  - gleiche Holzart, Dicke und Feuchte der Furniere sowie
  - gleiches Herstellungsverfahren (Messer- oder Schälfurnier).

Ist dies nicht möglich oder unerwünscht, müssen solche Holzarten kombiniert werden, die bei gleicher Herstellung und Feuchte ähnlich große Schwindmaße aufweisen.

Bei abgesperrten Trägerplatten muß der Faserverlauf von Deck- und Absperrfurnier senkrecht zueinander verlaufen. Ist dies nicht machbar, ist beidseitig diagonal unterzufurnieren. Das gilt auch für Maserfurniere und Intarsienflächen. An Stelle des Unterfurniers kann auch knotenfreier Nessel- oder Vliesstoff verwendet werden. Vollholzflächen können gleichgerichtet furniert werden, für schmale Rahmenteile ist möglichst schlichtes Furnier auszuwählen.

Deckfurniere sind vorwiegend gemessert. Sie werden paketweise mit durch vier teilbarer Blattzahl, übereinstimmender Textur und begrenzter Breite geliefert. Für die Verarbeitung müssen sie nach gestalterischen Gesichtspunkten zusammengesetzt werden. Dabei sollte die haarrissige rechte Furnierseite möglichst nach unten gelegt werden.

Zusammengesetzte Furnierbilder, z.B. Kreuzfugen, können mit ein oder zwei Spiegeln sichtbar gemacht werden. Die Spiegel werden dazu an den vorgesehenen Schnittspuren senkrecht auf das Furnierblatt aufgesetzt. Furnierblätter können auch in der Länge gestürzt, zu Kreuzfugen, geometrischen Mustern oder bildhaften Intarsien zusammengesetzt werden.

Das Zuschneiden der Furniere erfordert Vor- und Nacharbeiten.

Klimatisieren. Die benötigten Furniere werden bereits einige Tage vor der Verwendung aus dem Lagerraum in die Werkstatt geholt, damit sie sich an das Klima anpassen und die notwendige Verarbeitungsfeuchte $u = 6\% ... 8\%$ annehmen können.

Ebenpressen. Wellige Furniere müssen vor dem Zuschnitt geglättet werden. Dazu werden sie blattweise leicht angefeuchtet. Anschließend werden sie im Paket bei geringem Druck und höchstens +40 °C gepreßt. Überschüssige Feuchte nehmen zwischengelegte saugfähige und unbedruckte Papierlagen auf. Das Befeuchten kann mehrmals wiederholt werden. Eine längere Zwischenlagerung bis zum Zuschnitt ist zu vermeiden.

Zuschneiden. Der Überstand gegenüber der Trägerplatte soll allseitig etwa 10 mm betragen. Je Fuge sind zusätzlich etwa 3 mm Zu-

Fertigungsverfahren – Aufbringen von Furnier und Folie

T 5.5/1 Zusammensetzen der Furniere in der Breite

Anordnung	Geeignete Furniere und Anwendungsmöglichkeiten
Reihen	einheitlich gefärbte und wenig gezeichnete Furniere oder streifige Furniere, für ruhig wirkende oder untergeordnete Außen- oder Innenflächen
Stürzen	lebhaft gefladerte und farblich differenzierte Furniere, für dekorative und symmetrische Außen- und Sichtflächen
Drehen	konische Furnierblätter mit nicht zu markanter Zeichnung, für wenig sichtbare Innenflächen

- linke Seite des Furnierblattes,
- ○ rechte und haarrissige Seite des Furnierblattes

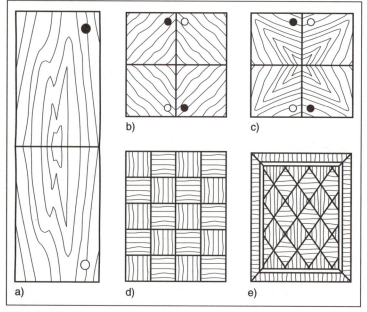

B 5.5-3 Möglichkeiten der Furnierzusammensetzung. a) in der Länge gestürzt, b) Kreuzfuge mit streifigen bzw. c) gefladerten Furnieren, d) Rechteckmuster, e) Rautenmuster mit Fries.

Klebstoffe 2.7.3

der Furniersägemaschine oder der Paketschneidemaschine durchgeführt werden kann. Das Furnierpaket wird dazu mit dem Druckbalken festgespannt.

Nacharbeiten. In der Regel müssen Furniere mit gesägter Fuge paketweise nachgearbeitet werden. Das Furnier kann in der Fügelade manuell mit der Rauhbank bestoßen werden. Maschinell wird das zwischen zwei Brettern zusammengespannte Furnierpaket langsam über die Messerwelle der Abrichthobelmaschine geschoben. Dazu sind die Schutzvorrichtungen anzubringen. Wegen möglicher Erschütterungen müssen zum Zusammenspannen selbsthemmende Zwingen benutzt werden.

Fügen der Furniere. Die Furnierblätter können direkt oder indirekt mit Fugenpapier oder Leimfaden verbunden werden. Die Paßgenauigkeit der Fugen sowie Herstellungsfehler der Furniere lassen sich gut im Gegenlicht oder auf Kontrolltischen mit beleuchteter Mattglasscheibe erkennen.

Auswählen und Zuschneiden von Folien. Folien werden meist in Rollenform, seltener als Einzelblätter ausgeliefert. Sie werden, soweit sie nicht einfarbig sind, meist mit Walzen lichtecht bedruckt und geprägt. Dadurch wiederholt sich nach jeder Umdrehung der Druckwalzen das Muster. Das muß beim Längenzuschnitt mit der Schlagschere unbedingt berücksichtigt werden. Der Beginn jeder Walzendrehung ist am unbedruckten Randstreifen, an den sogenannten Klippmarken erkennbar. Um Farbabweichungen zu vermeiden, sollten für einen Auftrag nur Folien aus der gleichen Herstellungscharge verwendet werden. Folien, die mit gefladerten oder anderen markanten Holztexturen bedruckt sind, haben häufig eine in Längsrichtung verlaufende Symmetrieachse. Diese muß für den Breitenzuschnitt gestürzter Bilder vorher ermittelt werden.
In der Regel werden Folien mit Paketschneidemaschinen zugeschnitten. Das Fügen von Folien ist für sichtbare Flächen nicht üblich.

5.5.2 Vorbereiten und Auftragen der Klebstoffe

Vorbereiten der Klebstoffe. Furniere und Folien werden bevorzugt mit Polykondensationsklebern KUF, KMF oder Dispersionsklebstoffen KPVAC, KUP auf die Trägerplatten geklebt. Dabei sind die Gebrauchsanleitungen der Hersteller unbedingt zu beachten.

gabe für das Bestoßen erforderlich. Einzelblätter werden mit der Furniersäge oder dem Furniermesser abgelängt und von Breite geschnitten. Wesentlich effektiver ist der Mehrfach- oder Paketzuschnitt, der maschinell mit

T 5.5/2 Verbinden von Furnierblättern

Art	Direktklebung	Indirekte Klebung mit Fugenpapier	mit Klebstoffaden
Verbindungsmittel	PVAC- oder Harnstoffharz-Klebstoff	gelochtes oder ungelochtes dünnes Papierband, mit chemisch neutralem Klebstoff beschichtet	Polyamidfaden, mit Schmelzklebstoff getränkt
Fügetechnik	nur maschinell in Furnierzusammensetzmaschinen, Klebstoffauftrag paketweise, durch Widerstandserwärmung wird Klebstoff aktiviert	mit handgeführten Geräten oder Längszusammensetzmaschinen, das Fugenpapier wird befeuchtet und auf Sicht- oder Rückseite (nur gelochtes Papier) aufgepreßt	mit Handgeräten oder Zusammensetzmaschinen, im Fadenführer wird der Klebfaden erwärmt und zick-zackförmig auf die Rückseite gepreßt
Nachbehandlung	nicht erforderlich	aufgeklebtes Fugenpapier leicht anfeuchten und abschleifen	nicht erforderlich, da Faden nicht sichtbar

Verarbeitung 2.7.2, Entsorgen von Klebstoffen 2.7.2, Preßanlagen 4.5.3, 4.6.3

Polykondensationsklebstoffe werden meist im Untermischverfahren verarbeitet. Dazu werden Härter, Füll- oder Streckmittel mit dem Flüssigleim zur Leimflotte (Klebstoffansatz) vermischt. Die vorgeschriebenen Mischungsverhältnisse bestimmen die Eigenschaften und die Topfzeit (Gebrauchsdauer) der Leimflotte. Angaben zur Topfzeit werden vom Hersteller stets für +20 °C gemacht. Bei hohen Umgebungstemperaturen verkürzt sich die Topfzeit je 10 °C um mehr als die Hälfte. Um Verluste zu vermeiden, müssen deshalb die anzusetzenden Mengen verringert werden.

Viskositätsprüfung. Die vorgeschriebene Viskosität wird mit dem Auslaufbecher kontrolliert und kann evtl. durch Wasserzugabe korrigiert werden.

Zu dickflüssiger Klebstoff läßt sich schlecht auftragen, trocknet zu schnell an und bewirkt unter Umständen Leimwülste und Kürschner. Zu dünnflüssiger Klebstoff erhöht die Feuchte im Fugenbereich, verlängert die Abbindezeit und kann zu Fehlklebungen und Leimdurchschlag führen, der bei synthetischen Klebstoffen später kaum zu beseitigen ist.

Auftragen des Klebstoffes. Klebstoffe werden entweder manuell mit Pinsel, Zahnspachtel (Leimkamm) oder Leimrolle (150 g/m² ... 300 g/m²) aufgetragen, oder bei großen Stückzahlen und ebenen Flächen mit Leimauftragsmaschinen (meist < 100 g/m²) aufgebracht. Der Auftrag muß gleichmäßig und auch an den Rändern erfolgen. Die spezifische Auftragsmenge in g/m² wird durch Wiegen eines Werkstückes vor und nach dem Auftrag ermittelt.

Auftragsgeräte und Maschinen sind nach Gebrauch gründlich mit warmem Wasser zu reinigen. Nach dem Abbinden lassen sich die Klebstoffe meist nicht mehr lösen und die Geräte sind unbrauchbar. Das Reinigungswasser muß sachgemäß entsorgt werden.

5.5.3 Bekleben von Breitflächen

Verfahrensüberblick

Das Aufpressen von Furnieren und Folien auf großflächige Teile erfolgt nach verschiedenen Verfahren, die teilweise spezielle Ausrüstungen erfordern.
Für alle Verfahren werden die technologischen Werte vor dem Pressen festgelegt und - soweit notwendig - an den Anlagen eingestellt.

Flächenpressen

Heute werden für das Furnieren und Bekleben von Breitflächen meist beheizbare hydrauli-

B 5.5-4 Klipp- und Farbkontrollmarken.

Druck 4.1.1

sche Pressen eingesetzt. Furnierböcke, Stapel- oder Spindelpressen werden nur noch selten eingesetzt. Sie eignen sich für das Aufkleben von Sperrfurnieren, Schichtpreßstoffplatten HPL und anderen Beplankungsmaterialien mit Dispersionsklebstoffen, die in der Regel auch längere Preßzeiten erfordern.

Auflegen der Furniere und Folien. Die beleimten Trägerplatten werden erst unmittelbar vor dem Pressen belegt. Dadurch wird die Feuchteaufnahme aus der Leimschicht eingeschränkt und das Welligwerden oder Rollen der Oberflächenwerkstoffe vermieden. Geometrisch zusammengesetzte Furnierflächen dürfen auf bereits umleimten Trägerplatten nicht verrutschen.

Bedienen hydraulischer Pressen. Nur ein ordnungsgemäßer Ablauf des Preßvorganges gewährleistet ein fehlerfreies Ergebnis. Dafür sind eine Reihe von Maßnahmen durchzuführen.

Vorbereiten der Preßflächen. Vor dem Beschicken müssen Zulagen und Preßflächen kontrolliert bzw. gereinigt werden. Furniere und Folien dürfen an den Preßflächen nicht verschmutzen, eingedrückt werden oder kleben bleiben. Die Preßflächen sind deshalb zu reinigen und mit Trennmitteln zu behandeln.

Einstellen des Preßdruckes. Für das Furnieren und Bekleben ist ein bestimmter spezifischer Preßdruck p_W (Preß- oder Kolbenkraft/cm² Werkstückfläche) notwendig. Er hängt vor allem von der Arbeitsaufgabe, der Klebstoffart und der Klebstoffauftragsmenge ab.

Der spezifische Preßdruck ergibt sich aus der Fläche der Werkstücke A_W, die je Preßetage eingelegt sind, und dem Flüssigkeitsdruck p_M in der Hydraulikanlage. Er ist am Manometer ablesbar und kann an der Presse eingestellt werden. Dafür steht in der Regel ein maschinenspezifisches Preßdiagramm zur Verfügung, das nach Berechnen der Werkstückfläche als Einstellhilfe benutzt werden kann.

T 5.5/3 Preßverfahren für großflächige Teile

Verfahren	Flächenpressen	Formpressen	Kaschieren (Walzenpressen)
Arbeitsweise	periodisch	periodisch	kontinuierlich
Anwendung	für ebenflächige Werkstücke und beidseitige Beklebung	bevorzugt für flächig profilierte oder rahmenähnliche Werkstücke und einseitige Beklebung	für größere ebenflächige Werkstücke und vorzugsweise beidseitige Beklebung
Trägerwerkstoffe	alle Holzwerkstoffplatten	vorzugsweise mitteldichte und homogene Faserplatten	für Span- und Faserplatten sowie Verbundkonstruktionen, z.B. Sperrtüren
Oberflächenmaterial	Furnier, alle Folienarten, auch Schichtpreßstoffplatten	thermoplastische Folien, Furnier nur für geringe Profiltiefen möglich	rollfähige Folien
Klebstoffe	Harnstoff- oder Melaminharzleime, PVAC-Leime, in Sonderfällen Glutinleim	Harnstoffharzleime, PVAC-Leime, PUR-Klebstoffe mit Vernetzer	PVAC- und Folienleime, Harnstoffharzleime, in Sonderfällen Kontaktklebstoffe
Anlagen	selten Furnierböcke und Spindelpressen, hydraulische Pressen (Einetagenpressen, Einetagen-Kurztaktpressen, Mehretagenpressen)	hydraulische Membranpressen mit Drucklufteinleitung, pneumatische Preßvorrichtungen	Kaltkaschieranlagen, Thermokaschieranlagen

Fertigungsverfahren – Aufbringen von Furnier und Folie

T 5.5/4 *Abhängigkeit der Einstellgrößen beim Bekleben von Breitflächen*

Einstellgröße	abhängig von	erreichbar durch
Preßdruck	Dichte und Härte der Trägerplatte, Art und Dichte des Oberflächenmaterials, Klebstoffart	Anziehen der Schraubspindeln, Druckeinstellung in hydraulischen oder pneumatischen Antriebssystemen
Preßtemperatur	Wärmebeständigkeit des <mark>Deckschichtmaterials</mark>, Klebstoffart	erwärmte Zulagen für geringe Stückzahlen, elektrische Preßguterwärmung durch Hochfrequenzenergie, Infrarotstrahlung oder Widerstandserwärmung, Pressenbeheizung durch Wärmeträger wie Dampf, Heißwasser oder Thermoöl
Preßzeit	Dicke und Art des Deckschichtmaterials, Klebstoffart, Preßtemperatur	Zeitkontrolle durch Bediener, Einstellen der Zeitschaltuhr

Folien 2.6.3, 2.6.5

Werkstückfläche je Preßetage
= Werkstücklänge · Werkstückbreite · Anzahl der Werkstücke

$A_W = l \cdot b \cdot n_W$ in m²

Beispiel
Für das Furnieren von Spanplatten wird ein spezifischer Preßdruck von 8 hPa angestrebt. In jede Preßetage werden fünf gleichgroße Werkstücke mit den Maßen 800 mm × 570 mm eingelegt.
Welcher Manometerdruck ist nach dem Preßdiagramm an der Presse einzustellen?

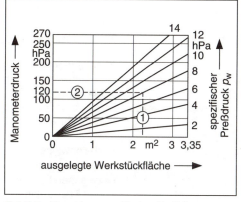

B 5.5-5 *Maschinenspezifisches Preßdiagramm.*

Lösung
Gegeben: $p_W = 8$ hPa; $l = 0{,}8$ m; $b = 0{,}57$ m; $n_W = 5$
Gesucht: p_M

$A_W = l \cdot b \cdot n_W$
$A_W = 0{,}8$ m $\cdot$ $0{,}57$ m $\cdot$ $5 = \underline{2{,}28 \text{ m}^2}$

Ablesen des Manometerdruckes:
① Bei 2,28 m² senkrecht nach oben bis zur Kurve für $p_W = 8$ hPa
② Vom Schnittpunkt waagerecht nach links bis zur Ordinate: $p_M = \underline{120 \text{ hPa}}$

T 5.5/5 *Richtwerte für Preßdrücke*

Arbeitsaufgabe	Spezifischer Preßdruck p_W in hPa = bar	
Bekleben von Spanplatten mit	Klebstoffauftragsmenge	
	gering	mittel
Furnier	6 ... 1,2	4 ... 6
Folien, ungeprägt	6 ... 1,2	4 ... 6
Folien, geprägt	–	≤ 2
Schichtpreßstoff	≤ 6	≤ 3

Fertigungsverfahren – Aufbringen von Furnier und Folie

Beschicksysteme,
Kurztaktpressanlagen
4.5.3, 4.9.2

Einstellen der Preßtemperatur. Die Preßtemperatur richtet sich nach der Klebstoffart und den Herstellerangaben. Elektrische Heizeinrichtungen sind sehr gut regelbar. In dampf-, heißwasser- oder thermoölbeheizten Pressen wird die Temperatur an den Durchflußmengenventilen für die Wärmeträger reguliert.

Die Preßzeit wird von der Preßtemperatur beeinflußt. Sie beträgt in der Regel bei Kurztaktpressen weniger als 1 min. In Mehretagen- und Einetagenpressen wird für jeden Millimeter zu durchwärmendes Material 1 min zusätzlich zur Grundzeit von 5 min benötigt.

Beschicken und Entleeren. Ohne Hubtische oder andere Hilfsmittel ist das Beschicken oder Entleeren der Pressen schwere körperliche Arbeit. Das Beschicken muß bei Mehretagenpressen rasch erfolgen, um zu verhindern, daß der Klebstoff in den zuerst belegten Etagen vorzeitig abbindet.

Beim Beschicken sind die Werkstücke um Beschädigungen der Etagenführung zu vermeiden:
- möglichst über den Kolben,
- in allen Etagen symmetrisch und genau übereinander,
- in einer Etage nur mit gleicher Dicke einzulegen.

In der Industrie können durch automatische Beschicksysteme die Taktzeiten erheblich verkürzt und große Mengenleistungen erzielt werden.

Verleimfehler. Beim Furnieren und Bekleben wirken unterschiedliche Faktoren zusammen, die zu Fehlern führen können. Auch beim Aufkleben von Folien können Fehler auftreten. Die Möglichkeiten zur Beseitigung und Vorbeugung sind jedoch materialabhängig und nur bedingt übertragbar.

Formpressen

Beim Formpressen werden profilierte Werkstücke mit abgerundeten Kanten, Vertiefungen und/oder Durchbrüchen in einem Arbeitsgang mit Furnier oder Folie beklebt. Auch gewölbte Werkstücke können mit entsprechenden Positivschablonen schichtverleimt und furniert werden, ohne daß arbeitsaufwendige Gegenformen erforderlich sind.

T 5.5/6 *Fehler beim Furnieren – Ursachen und Beseitigung*

Fehlerart	Fehlerursache	Beseitigung und Vorbeugung
Kürschner stellenweise keine Haftung zwischen Furnier und Trägerplatte	zu wenig oder zu dünner Leim, Leimfilm bereits abgetrocknet oder abgebunden, vermesserte Furniere, Vertiefungen, Fett- oder Schmutzstellen auf der Trägerplatte, Preßdruck oder -temperatur zu gering	Kürschner aufschneiden, Furnier vorsichtig anheben, Leim unterschieben, mit Papierunterlage aufpressen **Vorbeugung:** Leimviskosität richtig einstellen, Trägerplatte und Furnier vorher reinigen und auf Fehler kontrollieren, Preßdruck und -temperatur richtig wählen und einstellen, rasche Beschickung notwendig
Leimwülste stellenweise übermäßige Leimansammlung unter dem Furnier	Leim zu dick, Auftragsmenge zu groß oder ungleichmäßig verteilt, Preßdruck nicht von der Mitte her aufgebaut	bei noch nicht abgebundenem Leim Nachpressen möglich **Vorbeugung:** Leimviskosität und Auftragsmenge kontrollieren und bei Bedarf ändern, evtl. anderes Auftragsgerät verwenden

Fortsetzung **T 5.5/6**

Fehlerart	Fehlerursache	Beseitigung und Vorbeugung
Leimdurchschläge Leim stellenweise zur Oberfläche durchgedrungen	Leim zu dünn oder zu reichlich aufgetragen, Furnier zu dünn oder grobporig	nur bei Dispersions- und Glutinleimen: sofortiges Ausbürsten mit warmem Wasser und Wurzel- oder Messingdrahtbürste **Vorbeugung:** Klebstoff mit ==Füll- oder Streckmittel== verarbeiten und Viskosität kontrollieren, möglichst dickere Furniere verwenden
Geöffnete oder überschobene Fugen, Risse am Furnierende	Fehler bei der Furniervorbereitung, zu wellige Furniere, zu zeitiges Auflegen der Furniere auf die beleimte Fläche	offene Fugen mit passendem Furnier ausleimen, überschobene Fugen nachschneiden und eingepreßtes Furnier hochquellen, evtl. nachpressen **Vorbeugung:** welliges Furnier vorher auspressen, gewissenhaftes Schneiden und Verbinden der Furnierblätter, Hirnenden durch Querkleben sichern
Eindruckstellen kleinflächige Vertiefungen	verunreinigte Zulagen oder Preßflächen, umgeklappte oder abgebrochene Furnierteile zwischen Preßfläche und Werkstück	mit Wasser und Wärme (Bügeleisen oder erwärmtem Furnierhammerkopf) Eindruckstelle hochquellen **Vorbeugung:** Zulagen und Preßflächen gründlich reinigen und abkehren
Verfärbungen klein- oder großflächige Farbänderungen	färbende Rückstände auf Zulagen oder Preßflächen, zu lange Preßzeiten bei zu hohen Temperaturen	durch Bleichen oder Schleifen beseitigen, Farbausgleich durch Beizen oder Färben ist u.U. möglich **Vorbeugung:** regelmäßige Reinigung und Kontrolle der Zulagen und Preßflächen, überlegte Wahl und Kontrolle der eingestellten Preßwerte

Klebstoffbestandteile 2.7.2

Preßanlagen 4.5.3

B 5.5-6 *Formgepreßte Werkstücke.*

Prinzip. Zum Formpressen werden flexible, dehnbare, und oft auch hitzebeständige Kunststoffolien verwendet, die sich an profilierte Werkstückoberflächen schmiegen und äußere Druckkräfte übertragen können. Zugeführte Druckluft wirkt als spezifischer Preßdruck über die Folie und von allen Seiten auf die Klebfuge ein.

Einetagenpressen. Für das Formpressen können einfache Spindelpressen oder hydraulische Einetagenpressen verwendet werden. Ein Einlegerahmen nimmt das Werkstück und ein Druckluftkissen auf. Nach dem Schließen der Presse wird in das großflächige Kissen Druckluft eingeleitet. Es paßt sich dem Oberflächenprofil an und überträgt den Druck auf das Werkstück.

Fertigungsverfahren – Aufbringen von Furnier und Folie

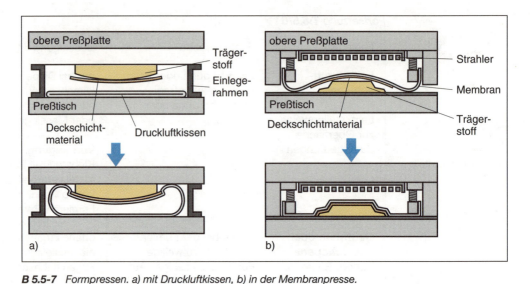

B 5.5-7 *Formpressen. a) mit Druckluftkissen, b) in der Membranpresse.*

Membranpressen
4.5.3

Kaschieranlagen
4.5.3

Pneumatik 4.2.1

Membranpressen sind für größere Stückzahlen geeignet. Die mit thermoplastischen Folien oder Furnier belegten Werkstücke werden mit einem Beschicktablett in den Preßraum eingefahren.

Nach dem Schließen und Einströmen der Druckluft überträgt die hitzebeständige Membran den notwendigen Preßdruck. Er entspricht dem Manometerdruck in der Druckluftzuführung. Membran und Preßgut werden von oben durch Strahler oder er-hitzte Druckluft bis 120 °C erwärmt. Der Preß-takt dauert zwischen 60 s ... 180 s. Die richtige Druck-, Temperatur- und Zeitabstimmung erfordert Erfahrung und ist wichtigste Voraussetzung für fehlerfreie Durchführung.

Formpressen unter normalem Luftdruck. Zum Formpressen einfacher Werkstückformen reicht oft der normale Luftdruck aus. Das Werkstück wird auf einer Unterlage befestigt, mit Klebstreifen lagefixiert, und in eine flexible und verschließbare Hohlmatte eingeschoben. Nach dem Verschließen saugt eine Vakuumpumpe die Luft heraus. Der umgebende Luftdruck drückt über die obere Mattenfolie das Oberflächenmaterial an.

Kaschieren

Kaschieranlagen sind weitgehend automatisierte Maschinenfließreihen, in denen Folien von der Rolle auf großflächige und ebene Trägerplatten gewalzt werden.

Das Bedienungspersonal hat Überwachungsaufgaben und sorgt für den Materialnachschub. Für die Kaltkaschierung werden Folien- und PVAC-Klebstoffe verwendet, beim Thermokaschieren lassen sich auch billigere Harnstoffharzleime einsetzen. Die aufgetragenen Klebstoffmengen liegen bei 50 g/m² ... 80 g/m².

5.5.4 Bekleben von Schmalflächen

Die Verfahren zum Bekleben von Schmalflächen richten sich nach der:
- Dicke und Art des Schmalflächenmaterials (Vollholzleisten, Furnier- und Kunststoffstreifen, Schmalflächenband),
- Beschaffenheit der Schmalflächen (ebenflächig oder profiliert, gerade oder geschweift),
- technischen Ausrüstung.

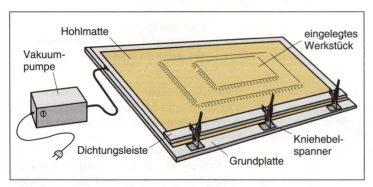

B 5.5-8 *Formpressen unter normalem Luftdruck.*

Fertigungsverfahren – Aufbringen von Furnier und Folie

Maschine zur SF-Beschichtung 4.5.2

Kontaktklebstoffe 2.7

Die Schmalflächenmaterialien werden auf Werkstücke mit der endgültigen Größe aufgebracht. Deshalb müssen Überstände vorher durch Sägen oder Fräsen beseitigt werden.

Schmalflächengestaltung. Im wesentlichen sind vier Varianten (→ B 5.5-9) möglich:
- Anleimen von Vollholzleisten, die anschließend profiliert werden können (a),
- Bekleben ebenflächiger Winkel-Schmalflächen mit Furnier- oder Kunststoffstreifen oder -band (b),
- Kaschieren profilierter Schmalflächen mit Kunststoff- oder Furnierband (Softforming-Verfahren) (c),
- fugenloses Ummanteln profilierter Schmalflächen, nachformbarer Schichtpreßstoffplatten oder Furnieren (Postforming-Verfahren) (d).

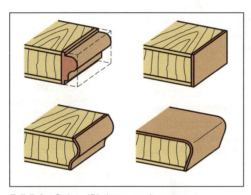

B 5.5-9 Schmalflächengestaltung.

Furnierwerkzeuge 4.3.4

Umleimen mit Vollholzleisten

Flächen, die bereits mit Belagstoffen versehen sind, werden bei großer Kantenbeanspruchung und -abnutzung mit Vollholzleisten umleimt. Das sind z.B. Platten für Labor-, Arbeits- oder Gaststättentische.

Für das Umleimen und die Eckengestaltung gelten die bereits genannten Gesichtspunkte. Geeignet sind übliche Dispersionleime, die mit Pinsel oder Leimroller aufgetragen werden. Das Aufpressen erfolgt mit Zwingen oder in Vorrichtungen.

Preßvorrichtungen, Preßwerkzeuge 4.6.3

Bekleben unprofilierter Schmalflächen

Maschinen zur Schmalflächenbeklebung 4.5.4

Die Schmalflächenmaterialien sollen so dick sein, daß Rauhigkeiten der Schmalflächen später nicht erkennbar sind. Zu dünne und wasserhaltige Leime begünstigen, Schmelzkleber vermindern diese Gefahr. Deshalb werden Schmalflächenbänder und Furnierstreifen häufig vor der Verarbeitung schon beim Hersteller rückseitig mit Schmelzklebstoff beschichtet. So vorbereitete Materialien lassen sich bequemer verarbeiten.

Manuelle Verfahren. Unbeschichtete Schmalflächenstreifen werden in kleinen Mengen mit Kontaktklebstoff aufgeklebt. Dieser wird beidseitig dünn aufgetragen und muß ausreichend abdunsten. Nach genauem Ausrichten wird der Streifen mit einem langsam geführten Hartholzklotz kräftig angedrückt. Eine Lagekorrektur nach Beginn des Andrückens ist nicht mehr möglich.

Mit Schmelzklebstoff beschichtete Schmalflächenmaterialien lassen sich heiß aufbügeln. Dabei ist ein unbedruckter Papierstreifen unterzulegen, damit die Oberfläche nicht durch Überhitzung beschädigt wird. Diese handwerklichen Verfahren sind nur bei geringen Stückzahlen kostengünstig. Sie eignen sich für geschweifte Werkstücke, wenn die Herstellung von Paßformen oder passenden Beilagen zu aufwendig ist.

Häufiger werden Schmalflächenmaterialien mit Zulagen und Zwingen oder in beheizten Vorrichtungen aufgeleimt. Dadurch können auch Harnstoffharz- oder PVAC-Leime eingesetzt und kurze Preßzeiten erreicht werden.

Die seitlichen Überstände werden mit der Feile, die leicht geneigt und schräg zur Kante gestoßen wird, oder mit einem Kantenbeschneider beseitigt. Er wird auf die Breitfläche aufgesetzt.

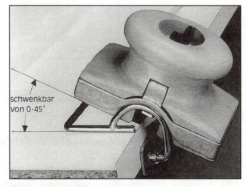

B 5.5-10 Kantenbeschneider.

Maschinelle Verfahren. In leistungsfähigen Maschinen mit Vorschubeinrichtungen können in einem Durchlauf mit Vorschubgeschwindigkeiten bis 50 m/min:
- die Schmalflächen mit Klebstoff versehen,
- Schmalflächenband aufgepreßt,
- die Überstände vorn und hinten bündig abgetrennt,

Fertigungsverfahren – Aufbringen von Furnier und Folie

Schichtpreßstoffplatten, Lieferformen 2.6.5
Reaktivierungsverfahren 2.7.2
Klebstoffarten 2.7.3

Softformingaggregat 4.5.4

Druckschläuche 4.6.2

- an den Breitflächen das überstehende Schmalflächenband bündig gefräst,
- die Kanten angefast und geglättet sowie
- die bearbeiteten Schmalflächen evtl. geschliffen werden.

Bei entsprechender Ausrüstung können die verschiedenen Schmelzklebstoffe oder PVAC-Leime im Kaltleim-Aktivier-(KA-)Verfahren verarbeitet werden.

Bekleben profilierter Schmalflächen

Das Herstellen und Bekleben sogenannter weicher und griffiger Profile mit Rundungen und Kehlen an flächigen Werkstücken wird unter dem Begriff Softforming zusammengefaßt. Als Schmalflächenmaterialien sind Furniere oder Melamin-, Polyester-, PVC-Rollenware verwendbar. Ihre Auswahl sowie die der Klebstoffe richtet sich nach den Anforderungen, die bei der späteren Benutzung erfüllt werden müssen. Unbedingt sind die Hinweise der Hersteller zu Verarbeitung und Arbeitsverfahren zu beachten.

Manuelle Verfahren. Profilierte Schmalflächen können zum Bekleben mit Gegenformen und elastischen Beilagen eingespannt werden. Günstiger ist der Einsatz von Druckschläuchen, die für verschiedene Profilformen problemlos einsetzbar sind.

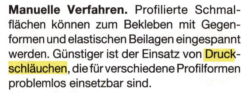

B 5.5-11 Bekleben profilierter Schmalflächen.
a) mit Gegenform und b) mit Druckschlauch.

Maschinelle Verfahren. Maschinell werden profilierte Schmalflächen im Durchlaufverfahren beklebt. Der Klebstoff wird auf die Rückseite des Schmalflächenbandes und/oder auf die Werkstückschmalfläche gewalzt oder gespritzt. Widerstands-, Infrarot- oder Heißluft-Heizeinrichtungen wärmen die Klebflächen vor und machen das Band elastisch. Zum Anpressen sind Formwalzen oder versetzt hintereinander angeordnete schmale Druckrollen vorhanden, die das Material allmählich herum- und andrücken. Entsprechende Walzenaggregate sind zum Teil auf herkömmlichen Schmalflächenmaschinen einsetzbar.

Postforming-Verfahren

Beim Postforming-Verfahren wird das Deckmaterial der Sichtseite fugenlos über gerundete Kanten auf die angrenzende Fläche herumgezogen. Geeignete Deckmaterialien sind vor allem nachformbare Schichtpreßstoffplatten HPL, Typ P sowie Furniere und Finishfolien. Als Klebstoffe werden Dispersions- und Polykondensationsleime, unter besonderen Bedingungen auch Kontakt- und Schmelzklebstoffe verwendet.

Unter Beachtung von Form und Biegeradius, Seriengröße, technischer Ausrüstung und wirtschaftlichen Erwägungen sind verschiedene Verfahren möglich. Diese sind auch für Furniere und Finishfolien anwendbar, erfordern aber einige werkstoffspezifische Anpassungen.

Aufgaben

1. Skizzieren und begründen Sie eine Möglichkeit zum Umleimen einer Trägerplatte mit 40 mm Eckenradius, an die nach dem Furnieren ein 16 mm tiefes Profil angefräst werden soll!
2. Schildern Sie die Arbeiten für die Furniervorbereitung ohne und mit Maschineneinsatz!
3. Erläutern Sie Gesichtspunkte für die Auswahl der Furniere und Trägerplatten bei der Herstellung glatter Kleiderschranktüren!
4. Vergleichen Sie Auftragsverfahren für Klebstoffe!
5. Welche Kontrollen sind vor dem Aufpressen von Furnieren durchzuführen, um fehlerfrei furnierte Werkstücke zu erhalten?
6. Erläutern Sie Ursachen für die Entstehung von Kürschnern und Möglichkeiten zu deren Beseitigung!
7. Schildern Sie ein Verfahren zum Bekleben einer allseitig abgeplatteten Rahmenfüllung!
8. Worauf ist beim Aufkleben eines Furnierstreifens auf eine Schmalfläche zu achten?
9. Beschreiben Sie Arbeitsschritte beim Aufkleben von rollfähigen und un-beschichteten Schmalflächen a) manuell, b) maschinell!
10. Welche Unterschiede bestehen zwischen dem Soft- und Postforming-Verfahren?

5.6 Fräsen und Bohren

```
                    Fräsen                              Bohren
von:
    ┌──────────────┬──────────────┐        ┌──────────────┬──────────────┐
    Profilen       Ausschnitte              Langlöchern    Durchgangs- und
                                                           Sacklöchern
mit:
    Tischfräs-     Oberfräs-                Langlochbohr-  Bohrmaschinen
    maschinen      maschinen                und Kettenfräs- und Langloch-
                                            maschinen      bohrmaschinen
in:
    Schmalflächen                           Breit- oder Schmalflächen
```

Tischfräsmaschinen und Bohrmaschinen ermöglichen verschiedene Bearbeitungsaufgaben.

5.6.1 Fräsen von Profilen

Gefräste Profile gibt es als:
- Schmuckprofile, die nur dem Aussehen dienen, und
- Zweckprofile für die Verbindungstechnik.

Oft vereinen sich funktionelle und gestalterische Aufgaben.

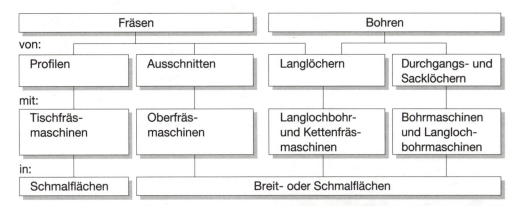

B 5.6-2 Fräsen einer Nut.

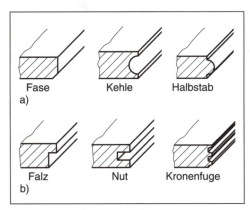

B 5.6-1 Standardprofile an Schmalflächen (Auswahl). a) Schmuckprofile, b) Zweckprofile.

Fräserauswahl

Auswahlkriterien. Die Fräswerkzeuge werden in erster Linie nach der Form ihrer Schneiden ausgewählt, da von diesen die Profilform unmittelbar abhängt. So gibt es z.B. spezielle Falzfräser, Nutfräser, Stabfräser, Zierprofilfräser.
Weitere Auswahlkriterien sind:
- Bohrungsdurchmesser,
- Schneidenflugkreisdurchmesser,
- Schneidenmaterial,
- zugelassene Vorschubart.

Fräswerkzeuge 4.4.4

Fräswerkzeuge für Handvorschub. Beim Fräsen auf Tischfräsmaschinen dürfen nur Fräswerkzeuge für den Handvorschub verwendet werden. Das gilt auch für Fräsarbeiten mit Vorschubgerät, Roll- oder Schiebeschlitten, Führungs- oder Spannvorrichtungen und Handmaschinen.
Fräswerkzeuge für den Handvorschub tragen die Aufschrift:
- HANDVORSCHUB bzw.
- BG-TEST bzw. einen
- grünen Punkt.

Fräswerkzeuge für den Handvorschub haben eine begrenzte Spanlückenweite, Spandickenbegrenzung und Kreisform. Die Spanlückenweite wird mit einer Prüfschablone überprüft.

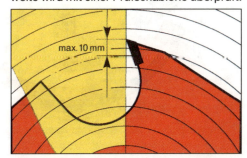

B 5.6-3 Prüfschablone für Fräswerkzeuge für Handvorschub.

Fertigungsverfahren – Fräsen und Bohren

Sägewerkzeuge 4.4.3

Fräserauswahl nach der Umdrehungsfrequenz. Wie bei den Sägeblättern hängen auch bei Fräswerkzeugen die Spanungsleistung, die Spanungsgüte und die auftretende Belastung vom Schneidenflugkreisdurchmesser und der Umdrehungsfrequenz ab. Beide Größen bestimmen die Schnittgeschwindigkeit. Sie ist u.a. für die Belastung der Frässpindel verantwortlich. Bei niedrigen Umdrehungsfrequenzen besteht Rückschlaggefahr, hohe Umdrehungsfrequenzen können zur Lärmbelästigung und zum Werkzeugbruch führen.

Beispiel
Wählen Sie ein geeignetes Fräswerkzeug für eine Umdrehungsfrequenz von 6000 1/min aus. Die Schnittgeschwindigkeiten sollen 40 m/s und 60 m/s betragen.

Lösung
Gegeben: $n = 6000$ 1/min; $v_1 = 40$ m/s; $v_2 = 60$ m/s
Gesucht: d_1; d_2

$$v = d \cdot \pi \cdot n \rightarrow d = \frac{v}{\pi \cdot n}$$

$$d_1 = \frac{40 \cdot 1000 \text{ mm} \cdot 60 \text{ s}}{\text{s} \cdot 3{,}14 \cdot 6000} = \underline{\underline{127 \text{ mm}}}$$

$$d_2 = \frac{60 \cdot 1000 \text{ mm} \cdot 60 \text{ s}}{\text{s} \cdot 3{,}14 \cdot 6000} = \underline{\underline{191 \text{ mm}}}$$

Lösung nach Diagramm (→ B 5.6-4)
① Von $n = 6000$ 1/min senkrecht nach oben bis zum 1. und 2. Schnittpunkt mit den Kurven des optimalen Bereiches.
② Jeweils an der senkrechten Koordinate abgelesen ergeben sich:
   $d_1 = \underline{\underline{140 \text{ mm}}}$ und $d_2 = \underline{\underline{220 \text{ mm}}}$

Der Fräserdurchmesser kann auch mit einer Ablesescheibe (→ B 5.6-5) bestimmt werden.

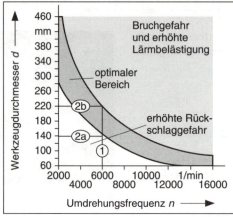

Meßzeuge 4.3.2
Eingriffsgröße 4.2.2

B 5.6-4 Bereich der optimalen Umdrehungsfrequenz.

Bearbeitung

Einstellen von Frästiefe und Fräshöhe. Frästiefe und Fräshöhe dürfen nur bei Stillstand des Fräswerkzeuges verstellt werden. Gemessen wird mit einer Bügelmeßuhr oder auch mit dem Meßschieber.

Die Frästiefe (Eingriffsgröße a) wird in der Tischebene gemessen. Das Maß wird abhängig vom Fräsverfahren eingestellt beim:
- Fügefräsen → Zurückstellen einer Linealhälfte,
- Profilfräsen → Zurückstellen des gesamten Führungslineals,
- Fräsen am Anlaufring → Differenz zwischen Durchmesser des Anlaufrings und Fräserdurchmesser.

Die Fräshöhe wird durch Höhenverstellen der Spindel eingestellt. Das Werkzeug arbeitet:
- von unten → Sicherheit durch verdecktes Werkzeug,
- von oben → Fräsereingriff kann beobachtet werden und genaueres Höhenfräsmaß ist möglich.

Die Werkstückführung richtet sich nach der Fräsarbeit und der Werkstückbeschaffenheit.

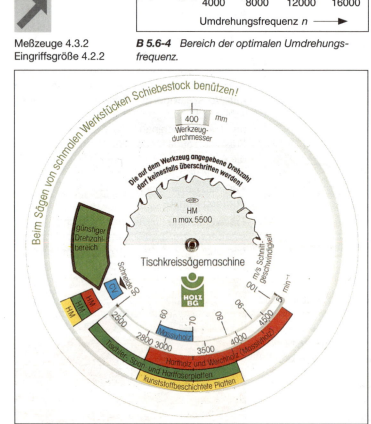

B 5.6-5 Ablesescheibe der Holz-BG für Fräswerkzeuge. Eingestellt sind: $n = 6000$ 1/min, $v = 50$ m/s und $d = 160$ mm.

Fertigungsverfahren – Fräsen und Bohren

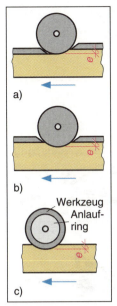

B 5.6-6 Einstellen der Frästiefe. a) Fügefräsen, b) Profilfräsen, c) Fräsen am Anlaufring.

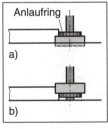

B 5.6-7 Einstellen der Fräshöhe. a) von unten, b) von oben.

T 5.6/1 Werkstückführung beim Profilfräsen

Fräsarbeit	Werkstückbeschaffenheit → Hinweise zum Arbeitsschutz	Fräsausführung
durchgehende Längsfräsarbeiten mit geradegestellter Frässpindel	breite und lange Werkstücke → mit Abweisbügel arbeiten	
	→ mit Druckkamm arbeiten	
	schmale und lange Teile → mit Vorsatzbrett und Bogendruckfeder unter Verwendung eines Schiebeholzes arbeiten	
	schmale und kurze Teile → mit Zuführlade arbeiten	
durchgehende Längsfräsarbeiten mit schräggestellter Frässpindel	Gehrungen	
durchgehende bogenförmige Längsfräsarbeiten	Fräsen am Anlaufring von oben → mit Fräslade und Schutzglocke arbeiten	
durchgehende bogenförmige Längs- und Querfräsarbeiten	Fräsen am Anlaufring gegen den Anschlag → mit Schutzglocke und Anschlagleiste arbeiten	
Einsetzfräsarbeiten	schmale und lange Teile → mit Schwenklade (Führungsvorrichtung) arbeiten	

Fertigungsverfahren – Fräsen und Bohren

Fortsetzung **T 5.6/1**

Fräsarbeit	Werkstückbeschaffenheit → Hinweise zum Arbeitsschutz	Fräsausführung
Einsetzfräsarbeiten	kleine und kurze Teile → mit Fräslage am Endanschlag arbeiten	
	flächige Teile → mit Begrenzungsanschlag hinten und vorn arbeiten	
durchgehende Querfräsarbeiten	Bretthirnflächen → mit Einspannschlitten, Winkelschutz und Maßanschlag arbeiten	
	→ mit Vorsatzschutz und Schiebelade arbeiten	
	→ mit Abweisbügel und Schiebelade arbeiten	

T 5.6/2 *Fehler beim Profilfräsen - Ursachen*

Fehler	Ursache
Abweichung von der Profilform	falscher Fräser bzw. falsch nachgeschliffen
rauhe Oberfläche	Fräser stumpf, Schnittgeschwindigkeit zu klein (zu kleiner Durchmesser, zu kleine Umdrehungsfrequenz), Vorschub zu schnell

VBG 7j §§ 74, 75, 76

Arbeitsschutz

- Es dürfen nur für den Handvorschub zugelassene Fräswerkzeuge verwendet werden.
- Fräswerkzeuge müssen mit der höchstzulässigen Umdrehungsfrequenz gekennzeichnet sein. (Ältere, noch nicht gekennzeichnete Werkzeuge dürfen nur mit $v = 40$ m/s betrieben werden.)
- Das Werkzeug muß bis auf die Schneidstelle und den Späneauswurf verdeckt sein.
- Die Linealteile sind so nah an das Werkzeug heranzustellen, wie es die Bearbeitung zuläßt.
- Bei allen Fräsarbeiten muß stets eine sichere Werkstückführung garantiert sein. Beim Fräsen kurzer Werkstücke ist die freie Öffnung am Führungslineal mit einer durchgehenden Führung zu überbrücken.
- Die Tischöffnung für die Frässpindel ist mit Einlegeringen so klein wie möglich zu halten.
- Wenn Werkstückrückschläge zu erwarten sind, muß eine geeignete Rückschlagsicherung vorhanden sein.
- Es dürfen nur Fräserdorne mit mindestens 30 mm Durchmesser verwendet werden.
- Fräserdorne mit Oberlagerzapfen dürfen auch nur mit Oberlager benutzt werden.

Fertigungsverfahren – Fräsen und Bohren

Oberfräswerkzeuge, Schaftwerkzeuge 4.4.3

- Die Fräsmaschine darf erst eingeschaltet werden, wenn alle Spannschrauben fest angezogen sind.
- Frästiefe und Fräshöhe dürfen nur bei Werkzeugstillstand verändert werden.

5.6.2 Fräsen von Ausschnitten und Profilen mit Oberfräsmaschinen

Oberfräsmaschinen spanen von oben und mit sehr großen Umdrehungsfrequenzen. Die Schaftwerkzeuge haben einen kleinen Durchmesser und werden in ein Futter eingespannt. Das Fräsprinzip entspricht dem Arbeiten auf der Tischfräsmaschine. Wegen der kleineren Fräswerkzeuge sind hier jedoch viel kleinere Fräsradien möglich.

Oberfräsen mit stationären Maschinen

Werkzeugwahl und -einstellung. Schaftwerkzeuge der Oberfräsmaschinen gibt es für zentrische oder exzentrische Einspannung.

Schaftfräser für die zentrische Einspannung sind zweischneidig und symmetrisch. Sie werden achsmittig in die Frässpindel eingesetzt.

Schaftfräser für die exzentrische Einspannung sind einschneidig und werden außermittig eingespannt. Dadurch wird das Fräsmaß größer als der Fräserdurchmesser.

B 5.6-8 Oberfräsarbeiten mit zentrischem Fräser. a) Fräsen einer Gratnut, b) Fräsen einer schrägen Kehlnut.

Bearbeiten. Die Werkstücke können auf der Breit- und/oder Schmalfläche gefräst werden. Sie sind auf einer Führungsvorrichtung festgespannt. An deren Unterseite befindet sich eine Führungsnut oder -fläche, die dem Verlauf des Fräsprofils entspricht. Ein achsgenau zur Frässpindel eingestellter Führungs- oder Kopierstift ermöglicht die Führung des aufgespannten Werkstücks.

Arbeitsschutz

In der Ausgangsstellung und möglichst auch während des Fräsvorganges ist eine Abdeckung für das Werkzeug erforderlich.

Oberfräsen mit handgeführten Maschinen

Handoberfräsmaschinen ergänzen sinnvoll die stationäre Oberfräsmaschine. Es sind auch Fräsungen an großen und schwer zugänglichen Werkstücken möglich.

Führungsvorrichtung 4.6.1

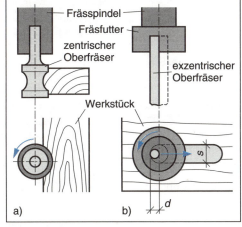

B 5.6-9 Zentrische (a) und exzentrische (b) Fräsereinspannung. Es bedeuten: d Fräserdurchmesser, s Fräsmaß.

Computergesteuertes Oberfräsen

Vor allem in der Serienproduktion, aber auch für besonders komplizierte Konturfräsungen werden computergesteuerte Oberfräsmaschinen bzw. Bohr-Fräsautomaten eingesetzt. Ihr Vorteil liegt in der sekundenschnellen exakten Umstellung auf neue Bearbeitungsaufgaben. Sie können in Zeichnungen oder an Muttermodellen Konturen abtasten und auf die Werkzeugführung übertragen.

Computergesteuerte Maschinen erfordern eine präzise elektromotorische Werkzeug- und Werkstückführung.

Comptersteuerung 3.9.2
CNC-Bohr-Fräsmaschine 4.4.7

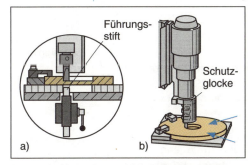

B 5.6-10 Kopierfräsen. a) Stiftführung, b) Frässvorrichtung.

Fertigungsverfahren – Fräsen und Bohren

T 5.6/3 Fehler beim Fräsen in Breit- und Schmalflächen – Ursachen

Fehler	Ursache
ungenaue Fräsbreite	falscher Fräser, falsches Fräsfutter, falscher Einstellwinkel
falsche Frästiefe	ungenau eingestellter Frässpindelanschlag
rauhe Oberfläche	Schneiden stumpf, zu großer Vorschub

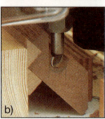

B 5.6-11 Bohren und Fräsen von Langlöchern. a) mit der Langlochbohrmaschine, b) mit der Kettenfräsmaschine.

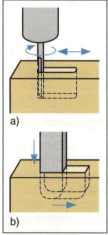

B 5.6-12 Langlocharbeiten mit der Oberfräsmaschine. a) Langloch in der Breitfläche, b) Stulpausfräsung.

5.6.3 Fräsen und Bohren von Langlöchern

Es können unterschiedliche Lochformen gebohrt oder gefräst werden. Dabei entstehen mit der:
- Langlochbohrmaschine → Langlöcher mit gerundeten Flanken und eckigem Grund,
- Kettenfräsmaschine → Langlöcher mit rechteckigen Flanken und gerundetem Lochgrund. Auch Oberfräsmaschinen lassen sich für Langlocharbeiten einsetzen.

Arbeitsschutz. Für alle Maschinenarten ist eine weitgehende Verkleidung der rotierenden Werkzeuge erforderlich.

5.6.4 Bohrarbeiten

Einzelbohrungen können an beliebiger Stelle und in beliebiger Reihenfolge ausgeführt werden. Sie sind möglich mit:
- Handbohrmaschinen, die elektrisch- oder druckluftbetrieben werden,
- Ständerbohrmaschinen,
- Langlochbohr- und Oberfräsmaschinen sowie veraltet auch mit Bohrwinden.

Die Werkzeuge der Bohrmaschinen sind Maschinenbohrer, wie z.B.:
- Spiralbohrer,
- Zylinderkopfbohrer (Kunstbohrer und Universalbohrer),
- zweischneidige Langlochbohrer für Langlochbohrmaschinen,
- zweischneidige Oberfräser für Oberfräsmaschinen sowie
- Senker.

Bearbeiten. Die Handbohrmaschine wird freihand an der Maßmarkierung (Reißnadel oder Spitzbohrer) angesetzt und mit angemessenem Vorschub geführt.

Arbeitsschutz. Glatte Spannfutter verhindern Verletzungen. Grundsätzlich muß engangliegende Berufskleidung getragen werden.

Reihenbohrungen können in feststehendem Abstand (in der Regel 32 mm) zueinander mit Dübellochbohrmaschinen oder -automaten ausgeführt werden. Sie haben im Möbelbau vor allem beim Dübeln und für Beschläge Bedeutung. Bei der manuellen Fertigung werden spezielle Beschlagbohrmaschinen eingesetzt. Der industrielle Möbelbau verwendet zwei- bis vierseitige Bohrautomaten, die entweder diskontinuierlich (als Einzelmaschinen) oder kontinuierlich (in Maschinenfließreihen integriert) arbeiten.

CNC-Bohr-Fräsautomaten können je nach Ausführung als Bohrmaschinen für Einzel- oder Reihenbohrungen eingerichtet werden.

Die Werkstückzuführung an Reihenbohrmaschinen erfolgt meist einzeln von Hand. Die Werkstückzuführung der Bohrautomaten ist in der Regel automatisiert. Oft wird der Bohrervorschub als Folgeschaltung nach dem Startimpuls ausgeführt: Das Werkstück wird erst dann wieder freigegeben, wenn der Bohrvorgang beendet ist und keine Gefahr mehr für den Bedienenden besteht.

Computergesteuerte Bohrmaschinen übernehmen den gesamten Bohrvorgang, werden aber häufig noch manuell beschickt.

Aufgaben

1. Auf Fräswerkzeugen befindet sich ein grüner Punkt bzw. das Zeichen „BG-TEST".
   a) Was bedeutet das?
   b) Welche Kennzeichnung ist dafür auch noch möglich?
2. Wie rüsten Sie eine Tischfräsmaschine für das durchgehende Profilieren von Leisten?
3. Berechnen Sie den erforderlichen Durchmesser des Anlaufringes beim Fräsen mit einem Werkzeug von 120 mm Dicke und einer Eingriffsgröße von 12 mm!
4. Ermitteln Sie durch Ablesen (→ **B 5.6-4**), ob ein Falzfräser mit 280 mm Durchmesser auf einer Tischfräsmaschine mit einer Umdrehungsfrequenz von 6000 1/min betrieben werden kann!

Fertigungsverfahren – Schleifen

5.7 Schleifen

5.7.1 Schleifarbeiten im Überblick

Die letzte Bearbeitungsstufe vor der Oberflächenbehandlung ist das Schleifen. Dabei werden feine bis feinste Teilchen als Schleifstaub abgetragen.

Schleifwerkzeuge, Körnungen 4.3.3

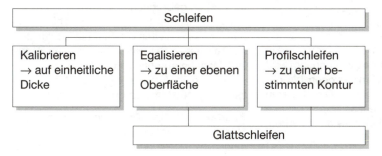

Kalibrieren (von beiden Seiten aus auf gleiche Dicke schleifen) ist nur maschinell mit Walzen- oder Breitbandmaschinen möglich. Es wird vorwiegend in plattenherstellenden Betrieben durchgeführt.

Egalisieren (Ebenschleifen) ist industriell und auch handwerklich mit Bandschleifmaschinen möglich. Der Arbeitsvorgang ist mit dem Abrichthobeln vergleichbar. Auf einer ebenen Fläche kann ein Lineal in jeder Richtung ohne Spielraum aufgelegt werden.

Für das Egalisieren werden Schleifmittelkörnungen zwischen 40 bis 100 eingesetzt. Grobe und feuchte Werkstücke werden mit größerer Körnung (niedrige Kennzahl) bearbeitet. Feinere Körnungen dienen zum Schleifen von trockenen Hölzern und bei höheren Anforderungen sowie zum Furnierschliff.

Das Profilschleifen kennzeichnet die Oberflächenbearbeitung nicht ebener (gewölbter oder hohler) und geschweifter Flächen.

Das Glattschleifen (Glätten) erfordert Schleifmittelkörnungen ab 120. Für das Glattschleifen von Eiche z.B. ist eine Körnung von 180, für Kirschbaum von 220 günstig. Für den Handschliff ist ein Schleifklotz erforderlich. Das Glätten ist auch mit Putzhobel oder Ziehklinge möglich und wird dann Putzen genannt.

Schleifklotz 4.3.3

Bandschleifmaschinen 4.4.5

5.7.2 Schleifen von Breitflächen

Breitflächen werden in der Regel mit Bandschleifmaschinen geschliffen:
- Horizontal-Bandschleifmaschinen,
- Breitband-Kontaktbandschleifmaschinen,
- Schleifautomaten.

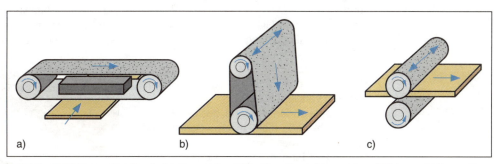

B 5.7-1 Egalisieren mit a) Bandschleifmaschine, b) Breitbandkontaktmaschine, c) Walzenschleifmaschine.

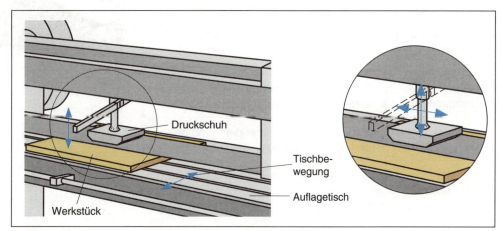

B 5.7-2 Bandschleifen - Bewegungsrichtungen.

Fertigungsverfahren – Schleifen

Vertikal-Bandschleifmaschine 4.4.5

Bearbeitung mit der Horizontal-Bandschleifmaschine. Das Werkstück wird am Anschlag des Maschinentisches angelegt. Beim Schleifen muß die Bewegung der linken und rechten Hand koordiniert werden:
- Die linke Hand bewegt die Griffstange des Maschinentisches langsam vor und zurück.
- Die rechte Hand führt den Kugelgriff des Druckschuhes nach links und rechts und übt den erforderlichen Schleifdruck aus.

Der Druckschuh wird an der rechten Seite in der Werkstückmitte angesetzt. Langsam wird dann der Tisch nach vorn gezogen bis der Druckschuh wenig übersteht. Die weiteren Bewegungen sind im Wechsel von der linken und rechten Hand streifenweise auszuführen. Das Schleifergebnis muß dabei ständig beobachtet werden.

Das Schleifen von rechts nach links (entgegen dem Bandlauf) hat den Vorteil, daß die geschliffene Fläche stets frei von Schleifstaub ist.

Oszillation 4.4.5

Der Schleifeffekt wird bestimmt durch die Schleifmittelkörnung (grob bis fein) und die Schleifrichtung (längs bzw. quer).
Unterschieden wird:
- Vorschliff zum Ebnen von Oberflächen, der auch quer zur Faserrichtung erfolgen kann, und
- Nachschliff zum Glätten, der für Qualitätsflächen nur längs ausgeführt wird.

Arbeitsschutz
- Das Schleifband muß bis auf den Arbeitsbereich verkleidet sein.
- Die Hände dürfen während des Festhaltens und Schleifens nicht in den Schleifbandbereich kommen.
- Geeignete Einrichtungen an der Maschine müssen das Berühren der Schleifbandkante verhindern.

VBG 7j §§ 83, 84

T 5.7/1 Fehler beim Schleifen von Breitflächen - Ursachen

Fehler	Ursache
Fläche durchgeschliffen	Druckschuh zu stark aufgedrückt, wiederholtes Schleifen auf der gleichen Stelle
Randzone durchgeschliffen	Druckschuh zu weit über den Rand geführt oder abgerutscht
deutliche Schleifspuren	zu grobe Körnung, falsche Schleiftechnik

5.7.3 Schleifen von geraden Schmalflächen

Für das Schleifen gerader Schmalflächen ist die Vertikal-Bandschleifmaschine besonders geeignet. Industriell werden Schmalflächen auch im Anschluß an die Schmalflächenbeklebung geschliffen. Dabei werden zugleich die Kanten gebrochen.
Einige Horizontal-Bandschleifmaschinen haben für das Schleifen von Schmalflächen kleiner Teile einen Schleiftisch am oberen Bandlauf. Manchmal können große Teile auch senkrecht in eine Aussparung des Maschinentisches gesetzt und so geschliffen werden.

Bearbeitung. Das Werkstück wird auf den Maschinentisch der Vertikal-Bandschleifmaschine gelegt und behutsam gegen das laufende Schleifband gedrückt. Anpreßdruck und Körnung des Schleifmittels bestimmen die Spanabnahme. Um Brandstellen durch zu rasches Zusetzen des Schleifbandes zu vermeiden, arbeiten die meisten Maschinen oszillierend (= auf- und abschwingend).

Je nach Tischstellung können rechtwinklige und schräge Schmalflächen geschliffen werden. Geschweifte Werkstücke werden an speziellen Schleifzylindern geschliffen. Dazu können glatte Stahlwalzen, gummierte Walzen oder Luftkissenwalzen mit biegbaren Schleifwerkzeugen belegt werden.

B 5.7-3 Schleifen von Schmalflächen. Schrägschliff.

Arbeitsschutz
- Die Fläche und die Kanten des umlaufenden Schleifbandes sind bis auf den Arbeitsbereich abzudecken.
- Die umlaufenden oder rotierenden Maschinenteile dürfen keine Vorsprünge haben.
- Der Schleifstaub ist unbedingt abzusaugen.

Fertigungsverfahren – Schleifen

Handschleifmaschinen
4.4.6

Absauganlagen 4.8.2

5.7.4 Schleifen mit Handschleifmaschinen

Handschleifmaschinen gibt es in verschiedenen Ausführungen für spezielle Arbeitsaufgaben. In vielen Fällen ersetzen sie die Handarbeit, z.B. beim Schleifen von:
- bereits gefügten Werkstücken,
- gebogenen Werkstücken,
- Profilen.

B 5.7-4 Schleifen eines Rahmens.

Ziehklingenwerkzeuge
4.3.3

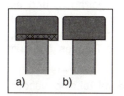

B 5.7-6 Schleifklotzsohle. a) mit dicker Filzsohle, b) ohne Auflage.

B 5.7-5 Schleifen einer Tischzarge.

Arbeitsschutz
- Schnelles Ausschalten muß ohne Loslassen der Haltegriffe möglich sein.
- Die Schleifbandkanten dürfen nicht überstehen.
- Eine Schleifstaubabsaugung muß vorhanden sein.

5.7.5 Holzstaubverordnung

Von Holzstäuben können erhebliche Gesundheitsgefährdungen ausgehen. Krankheiten durch Holzstaub gehören mit zu den häufigsten in Betrieben der Holzbe- und -verarbeitung.

Zu den wichtigsten Forderungen der TRGS 553 (Technische Regeln für Gefahrstoffe) Holzstaub vom Oktober 1992 gehören:
- Die maximale Holzstaubkonzentration darf 2 mg/m³ Raumluft nicht überschreiten.
- Absauganlagen müssen eine Strömungsgeschwindigkeit am Ansaugstutzen von 20 m/s erreichen.
- Wenn mehr als 10% Buche oder Eiche verarbeitet werden, verschärfen sich die Forderungen. Das betrifft speziell die Luftrückführung.
- Kehren, Abblasen und Aufwirbeln von Holzstaub sind verboten, zur Beseitigung sind Industriestaubsauger zu benutzen.

5.7.6 Putzen und Handschleifen

Putzen. Oberflächen werden heute nur noch vereinzelt mit Putzhobel und Ziehklinge geputzt. Mit modernen Maschinen sind gleiche oder bessere Ergebnisse ohne großen körperlichen Aufwand möglich.
Beim Putzen wird die Ziehklinge mit beiden Händen leicht gespannt und in gleichförmigen Bewegungen streifenweise längs über die Oberfläche geführt. Eine gut geschärfte und abgezogene Klinge trägt hauchdünne lange Spanschleier ab.

Das Handschleifen wird mit dem Schleifklotz ausgeführt. Beim Schleifen von Schmalflächen muß die Sohle des Schleifklotzes hart sein. Bei weicher Filzauflage werden sonst die Kanten gerundet.
Auch beim Verkanten des Klotzes entstehen abgerundete Kanten. Mit profilierten Schleifklötzen können Profilformen nachgeschliffen werden.

Aufgaben

1. Welche Unterschiede bestehen zwischen Kalibrieren, Egalisieren, Profilschleifen und Glattschleifen?
2. Welche Schleifmittelkörnungen verwenden Sie zum Ebnen und Glätten einer furnierten Fläche?
3. Wie unterscheiden sich Vorschliff und Nachschliff nach Schleifrichtung und Schleifergebnis?
4. Beschreiben Sie Möglichkeiten, eine schmale Winkelfläche scharfkantig zu schleifen.

VBG 7j §§ 85, 86

5.8 Behandeln von Oberflächen

Die Oberflächen von Holz und Holzwerkstoffen können durch geeignete Verfahren in Struktur, Farbe und Glanz verändert werden.

Dadurch werden die Flächen:
- in ihrem Aussehen verbessert,
- gegen mechanische, chemische und klimatische Einflüsse geschützt und erhalten,
- mit einem erhöhten Gebrauchswert versehen.

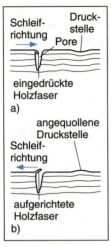

B 5.8-1 Wässern einer Vollholzfläche. a) vorher, b) nachher.

Gefahrstoffe 1.2.2

Fehler beim Furnieren 5.5.3

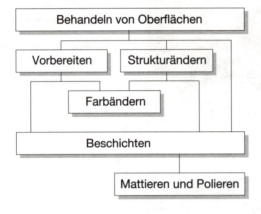

5.8.1 Vorbereitende Arbeiten

Entfernen von Flecken

Leimflecke entstehen beim Furnieren und bei Montageklebungen. Da sie meistens nur auf der Oberfläche haften, können sie abgeschliffen werden.

Fett- und Ölflecke werden mit einem Brei aus Schlemmkreide, Testbenzin und Aceton entfernt. Der getrocknete Auftrag ist gut abzubürsten.

Rostflecke werden mit einer Wasserstoffperoxidlösung behandelt. Dazu wird 35%iges Wasserstoffperoxid mit Wasser (1 : 1 bis 1 : 3) und etwas Salmiakgeist verdünnt. Die Lösung ist zügig aufzutragen und danach sofort warm abzuwaschen.

Wässern

Vor jedem Beizauftrag muß gewässert werden, soweit die Fläche nicht bereits vorher beim Entharzen oder Bleichen befeuchtet wurde. Beim Wässern werden die beim Schleifen eingedrückten Holzfasern aufgerichtet. Weiterhin werden Druckstellen angequollen und die mit Schleifstaub verschmutzten Poren gesäubert.

Gewässert werden:
- Vollholzflächen mit heißem Wasser und
- furnierte Oberflächen mit lauwarmem Wasser.

Dem Wasser kann etwas Kochsalz zugegeben werden, um das Holz saugfähig zu halten. Auch Laub- und Nadelhölzer, die naturfarben bleiben sollen, werden gewässert. Es wird bei:
- Laubhölzern 10% Essigsäure (10%ig),
- Nadelhölzern 5% Ammoniaklösung (Salmiakgeist) zugegeben.

Das Wasser wird mit einem Schwamm satt aufgetragen, der Wasserüberschuß mit dem ausgewrungenen Schwamm schnell abgenommen. Dann werden die Werkstücke zum Trocknen frei abgestellt. Die getrockneten Flächen werden mit leichtem Druck nachgeschliffen.

Entharzen

Organische Entharzungsmittel wie Ethanol, Aceton, Terpentin und Tetrachlorkohlenstoff sind gebrauchsfertig und lassen sich schnell verarbeiten. Einige dieser Mittel, z.B. Tetrachlorkohlenstoff, sind gesundheits- und umweltschädigend und verlangen besondere Schutzmaßnahmen.

Mit einem langborstigen Pinsel wird zügig, satt und gleichmäßig aufgetragen, und es muß sofort mit einem Lappen nachgewischt werden. Da diese Mittel schnell verdunsten, können immer nur kleine Flächen entharzt werden.

Alkalische Entharzungsmittel sind weitaus gesundheits- und umweltfreundlicher und deshalb bevorzugt einzusetzen. Sie werden in heißem Wasser aufgelöst. Auf 1 l Wasser werden wahlweise folgende Mengen verwendet:
- Kern- oder Schmierseife: 30 g,
- Natriumkarbonat: 60 g,
- Kaliumkarbonat: 60 g und 0,25 l Aceton,
- Ätznatron: 40 g.

Die Lösungen werden satt und kräftig eingebürstet. Dazu wird eine Wurzelbürste mit Kunststoffborsten verwendet. Nach 15 Minuten wird die noch feuchte Fläche mehrmals mit warmem Wasser gespült und nachgebürstet, bis sich kein Schaum mehr bildet. Beim letzten Vorgang wird dem Wasser etwas Aceton oder Essig zugesetzt.

Die alkalischen Mittel können beim nachträglichen Beizen bzw. Beschichten unkontrollierte Farbtonänderungen verursachen. Acetonzusatz hebt diese Wirkungen auf. Seifen sind

Fertigungsverfahren – Behandeln von Oberflächen

Fehlerbeseitigung
5.5.3

billig und lassen sich auch für große Flächen mit Profilen gut einsetzen.

Gesundheits- und Umweltschutz
- Beim Umgang mit Laugen, Säuren und organischen Lösemitteln sind Schutzbrille, Gummihandschuhe und Schutzbekleidung zu tragen.
- Chemikalienreste und verschmutzte Lappen sind in speziellen Behältnissen zu sammeln und zu entsorgen.
- Verschmutzte Arbeitsmittel sind mit entsprechenden Lösemitteln zu reinigen. Die Lösemittel sollten so weit wie möglich wiederverwendet werden.

Ausbessern von Fehlern

Kleinere Druckstellen und Risse in Holz- und Furnierflächen oder Druck- und Schlagstellen in fertigen Oberflächen müssen ausgebessert werden. Nicht jedes Material ist gleich gut verwendbar. So besteht die Gefahr, daß sich die Stoffe nicht miteinander vertragen.

Flache Stellen können mit warmen Wassertropfen angequollen werden.

Tiefe Stellen werden aufgefüllt mit:
- Holzleimkitt (nach dem Trocknen schleifen),
- Lösemittelkitt (sog. flüssiges Holz) oder einem mit Schleifstaub selbst angerührtem CN-Lack,
- Ölkitt, wenn nachträglich mit Öllackfarben lackiert wird,
- Bienenwachs für zu wachsende bzw. zu ölende Oberflächen,
- Schellackkitt oder Hartwachs in Stangenform.

Bleichen

Gerbstoffarme Hölzer wie Ahorn, Birke, Buche, Birnbaum, Erle, Esche, Kiefer und Kirschbaum werden mit Wasserstoffperoxid (H_2O_2) gebleicht. Der überschüssige Sauerstoff wird während des Bleichens frei und bewirkt die Aufhellung. Da Wasserstoffperoxid äußerst lichtempfindlich ist, muß es in dunklen Kunststoffbehältnissen aufbewahrt werden. Wasserstoffperoxid wird entweder als 30 %ige Lösung oder mit Wasser (bis 1 : 3) gemischt verwendet. Die Sauerstoffabgabe wird durch Zugabe von 20 cm³/l ... 30 cm³/l Salmiakgeist beschleunigt. Ein Liter Bleichmittel reicht für 10 m² ... 15 m² zu bleichender Fläche.

Die Verarbeitung erfolgt im:
- Untermischverfahren bei größeren Flächen,
- Getrenntauftragsverfahren bei kleineren Flächen.

Je nach Holzart sind unterschiedliche Wirkungen möglich. Deshalb sollte die Bleichwirkung zuvor an einer kleinen Fläche ausprobiert werden.

Untermischverfahren. Wasserstoffperoxidlösung wird unter Zugabe von 30 cm³/l Salmiakgeist mit einem Kunststoffpinsel satt aufgetragen. Danach wird die Fläche bis zum Aufschäumen kräftig gebürstet. Nach längerer Einwirkung wird mit Wasser gut nachgebürstet. Die Bleichdauer läßt sich durch Wärmezufuhr verkürzen:
- bei 35 °C auf 12 h,
- bei 50 °C auf 3 h ... 4 h und
- bei 150 °C auf 15 min ... 20 min.

Getrenntauftragsverfahren. Zuerst wird die Fläche mit Wasserstoffperoxid satt eingestrichen und auf die noch feuchte Fläche Salmiakgeist aufgetragen. Nach dem Bleichen (Zeiten wie beim Untermischverfahren) wird die Fläche mit Wasser und Wurzelbürste bearbeitet und gespült. Außer dem Pinselauftrag ist auch Spritzen möglich.

Gerbstoffreiche Hölzer wie Eiche, Nußbaum, Edelkastanie, Robinie und amerikanischer Nußbaum werden mit organischen Säuren, z.B. Zitronen- oder Essigsäure (30 g ... 50 g auf 1 l heißes Wasser) behandelt. Oxalsäure sollte wegen möglicher Gesundheitsschädigung nicht mehr verwendet werden.

Die Bleichlösung wird mit einem Kunststoffpinsel satt und heiß aufgetragen. Während des Einwirkens wird die Fläche gut durchgebürstet. Nach ca. 10 min wird mit reichlich Wasser abgewaschen.

Gesundheits- und Brandschutz. Wasserstoffperoxid ist stark ätzend und reagiert exotherm (gibt Wärme ab).
- Verschmutze Lappen und Pinsel können sich selbst entzünden und sind deshalb gründlich in Wasser zu reinigen bzw. schnell zu entsorgen.
- Es müssen Gummischürze, Einweggummihandschuhe und Schutzbrille getragen werden.
- Nach dem Beizen sind die Hände gründlich zu waschen und einzucremen.
- Es besteht Eß- und Rauchverbot.

Bleichen 2.9.1

Fertigungsverfahren – Behandeln von Oberflächen

Beizen 2.9.2

Farbwirkung 2.9.2

Pigmente werden physikal. gebunden

Beizen mit Farbstoffbeizen

Wasserbeizen. Zuerst wird eine konzentrierte Stammlösung aus heißem Wasser mit Beizpulver hergestellt. Sie kann nach Bedarf verdünnt oder mit anderen Farbstoffen gemischt werden. Nach dem Abkühlen der Beizlösung kann – außer bei gerbstoffreichen Hölzern – etwas Salmiakgeist zugegeben werden. Dadurch verbessert sich die Flächenbenetzung und die Beize ist länger gebrauchsfähig. Wasserbeizen werden mit einem großen Flachpinsel, einem Schwamm oder einer Spritzpistole aufgetragen. Wichtig ist ein satter Naß-in-Naß-Auftrag, damit keine Farbstreifen entstehen.

Anschließend wird das Beizmittel mit einem flauschigen angefeuchteten Flachpinsel gleichmäßig in Holz-Längsrichtung verteilt und der Überschuß abgetragen. Es dürfen keine nassen Stellen verbleiben, da diese Farbanhäufungen („Beizfüße") bilden.

Zum Trocknen sind die Werkstücke waagerecht zu legen, da sich sonst Restbeize im unteren Werkstückteil sammeln kann.

Spiritusbeizen werden wie Wasserbeizen verarbeitet. Es sind auch die entsprechenden Maßnahmen zum Gesundheits- und Brandschutz zu beachten.

Beizen mit chemischen Beizen

Chemische Beizen reagieren im wesentlichen getrennt als Vor- und Nachbeize.

Das Vorbeizen ist erforderlich, wenn das Holz zu wenig Gerbstoffe enthält. Die Beizmittel sind als fertige Beizlösungen oder als Pulver erhältlich. Das Beizpulver wird in heißem Wasser gelöst und sofort nach dem Abkühlen aufgetragen, da die Wirkung durch Licht bereits nach wenigen Stunden verloren geht. Ein Liter Beizmittel reicht für ca. 8 m² Auftragsfläche. Die raumtemperierte Vorbeize wird mit einem weichen kurzhaarigen Pinsel oder Schwamm satt und gleichmäßig aufgetragen. Die Fläche ist längs Strich neben Strich und quer naß-in-naß gleichmäßig zu beschichten. Vertrieben wird mit einem weichen, langhaarigen und breiten Pinsel.

Zum Trocknen werden die Bauteile flachgelegt. Die Trocknungszeit beträgt bei Raumtemperatur ca. sechs Stunden. Eine höhere Temperatur beschleunigt die Trocknungszeit, kann aber auch zu streifigem Aussehen führen. Vorgebeizte Flächen dürfen nicht geschliffen werden. Schon das Berühren einer vorgebeizten Fläche mit den Händen kann später zu Farbflecken führen.

z. B. Tannin Pyrogallol Ketechu

Kalium ... Kalium ...

Das Nachbeizen erfolgt mit Metallsalzbeizen, die entweder verarbeitungsbereit sind noch in Wasser gelöst werden müssen. Nachbeizen werden wie Vorbeizen gleichmäßig aufgetragen und nach dem Trocknen in Faserrichtung geschliffen. Schleifstäube werden mit Messingbürsten entfernt.

Weitere farbgebende Verfahren

In weiteren Verfahren (→ **T 5.8/1**) werden unterschiedliche Farbwirkungen erzielt.

Strukturverändernde Vorbehandlungsarbeiten

Die Struktur der Holzoberfläche (→ **T 5.8/2**) kann durch Herausarbeiten des weicheren Frühholzes oder durch Beschichtung verändert werden.

T 5.8/1 *Weitere farbgebende Verfahren*

Verfahren	Bevorzugte Holzarten	Wirkung	Ausführung
Räuchern	Eiche	Holz färbt sich gelb bis braun, es entsteht ein positives Beizbild	Salmiakgeistdämpfe aus aufgestellten Schalen wirken auf die Oberfläche ein
Patinieren	alle	Abstufen der Farbintensität von heller bis dunkel	Hellerpatinieren durch Abwischen, Dunkelpatinieren durch Zusatzauftrag von Patinierbeize
Kalken	Eiche, Esche, Rüster	Poren sind weiß gefüllt	aufgetragene weiße Paste trocknet und und wird wird abgebürstet

Fertigungsverfahren – Behandeln von Oberflächen

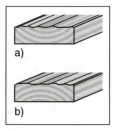

B 5.8-2 Struktureffekte durch Bürsten.
a) rechte Seite,
b) linke Seite.

T 5.8/2 Strukturverändernde Vorbehandlungsarbeiten

Verfahren	Wirkung	Ausführung
Bürsten	Spätholzstruktur durch herausgearbeitetes Frühholz	maschinell oder mit der Handdrahtbürste
Sandstrahlen	Spätholzstruktur durch herausgearbeitetes Frühholz	Sand, Glas- oder Kunststoffsplitter werden mit Druck auf die Fläche geblasen
Brennen	Spätholzstruktur durch herausgearbeitetes Frühholz	Überflammen mit dem Schweißbrenner und Abtragen des Frühholzes
Beflocken	samtartige Oberfläche	elektrostatischer Auftrag kurzer Wollfasern auf die feuchte Lackierung

Öle 2.9.5

Lacke 2.9.3

Schleifmittel 4.3.3

Wachse 2.9.5

Terpentin 1.2.2

Spritzpistolen 4.7.1

Lasuren 2.9.4

Viskosität 2.7.1

5.8.2 Überzugsarbeiten mit Ölen und Wachsen

Öle und Wachse sind umweltfreundlich, biologisch abbaubar und betonen mit natürlichen Mitteln die Schönheit des Holzes.

Ölen. Für Buche, Rüster und ähnliche Holzarten werden Leinöl und Leinölfirnis verwendet, für Teak spezielle Teaköle.
Die Öle werden mit Pinsel, Lappen oder durch Tauchen warm aufgebracht. Nach kurzem Einziehen wird das überschüssige Öl mit einem Lappen entfernt. Danach folgt ebenso der zweite Auftrag. Beim Trocknen reagiert das Öl mit dem Luftsauerstoff.
Die Trocknungszeit beträgt bei:
- Leinöl vier Stunden bis mehrere Tage,
- Leinölfirnis nur 12 h ... 14 h.

Günstige Trocknungsbedingungen bestehen bei 60% ... 80% relativer Luftfeuchte und +18 °C ... +25 °C.

Wachsen. Für dunklere Tönungen wird flüssiges Bienenwachs verwendet. Dazu werden ca. 100 g Bienenwachs fein gespant, im Wasserbad geschmolzen und in 1 l Terpentin aufgelöst. Soll heller getönt werden, werden ca. 85 g weißes Bienenwachs mit 15 g ... 20 g weißem Kolophonium in 1 l Terpentin aufgelöst.
Aufgetragen werden flüssige Wachse mit Pinsel, Lappen oder durch Spritzen. Nach dem Trocknen der Wachsschicht (ca. 1 h ... 2 h) wird mit einer Wurzelbürste längs gut durchgebürstet, bis eine dünne, mattglänzende Oberfläche entstanden ist. Abreiben mit einem Wollappen stumpft den Glanz ab.

Lasieren. Lasuren betonen Struktur und Maserung. Sie werden aufgestrichen, gerollt, gespritzt, geflutet oder getaucht. Meist werden zwei bis drei Schichten mit Zwischentrocknungszeiten von zwei bis drei Tagen aufgebracht.

5.8.3 Lackauftragsverfahren

Die zur Oberflächenbehandlung bereitgestellten Bauteile müssen staub-, fett- und ölfrei sein. Sie sollen eine Temperatur von ca. +18 °C ... +20 °C und eine Holzfeuchte von 12% ... 15% haben.

Grundierung. Grundierungsmittel sind im allgemeinen verdünnte PUR-, SH- oder CN-Lacke. Sie haften gut auf dem Holz, bilden zwischen Holzinhaltsstoffen und Lack eine Sperrschicht und sorgen für gute Haftung des Lackfilmes. Grundierungsmittel werden entsprechend der Saugfähigkeit des Holzes ein- oder zweimal gleichmäßig aufgetragen.
Nach dem Trocknen wird die Holzoberfläche unter leichtem Druck mit feinkörnigem Schleifmittel in Faserrichtung geschliffen.

Lackierung und Mattierung. Reaktions- oder Lösemittellacke werden ein- oder mehrschichtig auf die grundierte Oberfläche gleichmäßig aufgetragen.

Spritzen

Vorbereitende Arbeiten. Auftragsmenge und Beschichtungsqualität sind abhängig von:
- der Düsenöffnung,
- der Stellung der Luftkappe,
- der Druckluft bzw. dem Lackdruck.

Übliche Düsengrößen für Spritzaufgaben sind 1,0 mm, 1,5 mm und 2,0 mm, wobei die kleinen Größen für niedrigviskose (dünnflüssige) und die größeren für hochviskose Lacke in Frage kommen. Die Stellung der Luftkappe bestimmt den Spritzstrahl.

Fertigungsverfahren – Behandeln von Oberflächen

Walzenauftrags-
maschinen 4.7.3

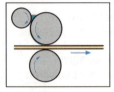

B 5.8-5 Walzauftrag.

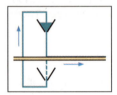

B 5.8-6 Gießen.

Reaktionslacke 2.9.3
Gießmaschinen 4.7.4

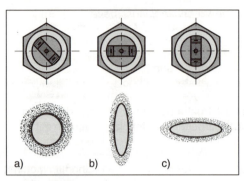

B 5.8-3 Einstellen des Spritzstrahles an der Luftkappe. Spritzen von a) Flächen, b) stehenden Leisten, c) querliegenden Leisten.

Beschichtung. Die Spritzpistole darf nicht über der Fläche eingeschaltet werden. Sie wird im Abstand von 200 mm ... 300 mm möglichst senkrecht über die Fläche geführt. Die Spritzpistole mit Fließbecher wird etwas schräg angesetzt.
Der Auftrag geschieht mit gleichmäßiger Geschwindigkeit im Kreuzgang. Die Wendepunkte sollen außerhalb der Fläche liegen.

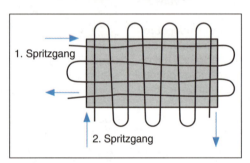

B 5.8-4 Spritzauftrag im Kreuzgang.

Trocknen. Beim Trocknen gibt es je nach verwendetem Lack erhebliche Unterschiede. CN-Lacke (Lösemittelanteil 20% ... 70%) geben z.B. bei Zimmertemperatur innerhalb einer halben Stunde drei Viertel der Lösemittel ab. Am besten trocknen sie bei 45% ... 55% relativer Luftfeuchte und 0,2 m/s Luftgeschwindigkeit.

Gesundheits- und Umweltschutz

- Spritzverluste müssen entsorgt werden.
- Lacknebel und Lösemitteldämpfe müssen wirksam abgesaugt und ebenfalls entsorgt werden.
- Bei der Bearbeitung ist eine Atemschutzhaube oder -maske zu tragen.

Walzen

Beim Walzauftrag werden die Bauteile durch Auftragswalzen geführt und dabei beschichtet. Es können sehr dünne Schichten aufgetragen werden. Der Abstand bzw. der leichte Anpreßdruck zwischen Auftrags- und Dosierwalze bestimmen die Auftragsmenge.
Die Walzen müssen parallel laufen und werden bei Betrieb an beiden Dosierhebeln eingestellt. Die Vorschubgeschwindigkeit liegt zwischen 3 m/min ... 14 m/min. Besondere Unfallgefahr besteht im Einzugsbereich der Walzen.

Gießen

Die Bauteile durchlaufen einen herabfließenden Lackvorhang, der sich dabei auf die Oberfläche legt. Es können flächige Bauteile aber auch leicht profilierte Flächen beschichtet werden. Dicke Lackfilme für späteres Schwabbeln sind möglich.
Beim Gießen werden dickflüssigere Lacke als bei den anderen Verfahren verwendet. Der Lösemittelanteil ist geringer. Auftragsmenge und Beschichtungsqualität werden durch den Gießlippenabstand (Dosierspalt), die Gießkopfhöhe (Höhenstellung) und die Vorschubgeschwindigkeit beeinflußt. Sofern es für Dickschichtaufträge erforderlich ist, kann ein Zweitauftrag auf die noch nasse Fläche erfolgen. Sollen Reaktionslacke verwendet werden, sind Gießmaschinen mit zwei Gießköpfen zu benutzen. Der eine gießt den Vorlack, der andere den Reaktionslack.

Tauchen

Das Tauchen hat im Handwerk meist nur für Imprägnierungen Bedeutung. Industriell werden große Stückzahlen von Rahmen, Stuhlgestellen und anderen sperrigen Produkten mit relativ dünnen Querschnitten vorteilhaft getaucht.

Fluten. Werden Bauteile im Tauchbehälter zusätzlich umspült, verbessert sich die Benetzung. Das Tauchverfahren wird dann „Fluten" genannt. Einfluß auf das Taucher-gebnis haben die Viskosität und die Temperatur des Lackes sowie die Ein- und Auftauchgeschwindigkeiten. Auch die fachgerechte Hängung der Bauteile ist von Bedeutung. Werden Rahmen über Eck gehängt, kann der Lack gut über die untere Ecke abfließen.

Fertigungsverfahren – Behandeln von Oberflächen

Körnungen 4.3.3

Arbeitsschutz an Oberflächenanlagen 4.7.3, 4.7.4

Gefahrstoffe 1.2.2

VBG 23 §§ 12 ... 22

5.8.4 Erzielen mattglänzender Oberflächen (Mattieren)

Mattieren hat im Fachsprachgebrauch zwei Bedeutungen:
- Traditonell ist mit Mattieren der Ballenauftrag gemeint. Der Ballen wird mit Mattine oder Politur befeuchtet, mehrmals abgetupft und dann strichweise mit geringem Druck über die Oberfläche bewegt.
- Im umfassenden Sinne wird durch Mattieren eine mattglänzende Oberfläche erreicht. Dies geschieht durch Auftragen eines Mattlackes, Mattschleifen bzw. Mattbürsten und durch Mattpolieren. Mattierte Oberflächen sind stets offenporig.

5.8.5 Erzielen hochglänzender Oberflächen (Polieren)

Das Polieren ist möglich durch:
- aufbauendes Polieren (Aufbaupolieren) bzw.
- abbauendes Polieren (Schwabbeln).

Eine hochglänzende Fläche hat vollständig gefüllte Poren. Das auftreffende Licht reflektiert gleichmäßig.

Auftragspolieren

Das Poliermittel wird manuell mit dem Ballen unter Druck auf die Bauteiloberfläche aufgetragen. Der Druck und die kreisförmige Bewegung des Ballens verursachen Reibungswärme, die die bereits geschaffene Politurschicht anlöst und die Nachfolgeschicht gut haften läßt.

Das Aufbaupolieren ist ein historisches Verfahren, das schon im alten China bekannt war.

Es hat heute nur noch für Restaurierungen Bedeutung.

Schwabbeln

Beim Schwabbeln wird die Lackoberfläche mit feinsten Schleifmitteln unter Nutzung der dabei entstehenden Reibungswärme geebnet. Es werden Pasten oder Wachse sehr feiner Korngrößen verwendet. Das Schwabbeln ist nur maschinell mit Schwabbelscheiben oder auf Schwabbelstraßen industriell durchführbar.

5.8.6 Vorbeugende Maßnahmen zum Gesundheits-, Arbeits-, Brand- und Umweltschutz

Gesundheits- und Arbeitsschutz
- Für Oberflächenbehandlungsanlagen bestehen Beschäftigungseinschränkungen für Jugendliche, werdende oder stillende Mütter, Frauen und Behinderte.
- Der Unternehmer hat Schutzausrüstungen bereitzustellen und für die Reinigung zu sorgen.
- Lösemittel und andere Gefahrstoffe dürfen nicht zur Körperreinigung benutzt werden.
- Es sind geeignete Hautschutz- und -pflegemittel bereitzustellen.

Brandschutz
- Die für jede Beschichtungsanlage speziell ausgearbeiteten Verhaltenshinweise müssen bekannt sein und eingehalten werden.
- Die Benutzung der Feuerlöscher muß jedem Mitarbeiter vertraut sein.
- Tauchbehälter sind im Gefahrfall feuerdicht abzudecken.

T 5.8/4 Mattierungsverfahren

Mattierungsverfahren	Verwendete Stoffe	Ausführung
Mattlackieren	CN-Mattlacke, PUR-CN-Mattinen, SH-Mattlacke	Streichen, Rollen, Spritzen
Mattschleifen	Stahlwolleschleifbänder feinkörnige Kunststoffbänder	industrielles Verfahren, lackierte Oberflächen werden mattgeschliffen
Mattbürsten	kurzborstige Messingbürsten	handwerkliches Verfahren, durch Bürsten entsteht strichmatter Glanz
Mattpolieren	Stoffe auf Basis von Schellack, Cellulose, Kunstharz mit Polieröl	traditionelles Handverfahren, Auftrag mit dem Ballen

Fertigungsverfahren – Auftragen und Einbringen von Holz- und Feuerschutzmitteln

Lackarbeiten 2.9.3

Gefahrstoffe 1.2.2

VBG 23 §§ 4, 5, 14, 16

- Oberflächenmaterialien sind nur in Mengen, die für den Fortgang der Arbeiten bzw. während einer Arbeitsschicht erforderlich sind, im Verarbeitungsraum zu bevorraten.
- Gefäße müssen bruchsicher, verschlossen und richtig gekennzeichnet sein.
- Wechselseitiges Verarbeiten von wärmeentwickelnden und leicht entzündlichen Stoffen bedingt vorheriges gründliches Reinigen der gesamten Anlage einschließlich Absaugleitung und Transporteinrichtungen.
- Wärmeentwickelnde Lacke beim Abbindevorgang sind Öl-, Kunstharz-, Epoxidharz- und UP-Lacke, Dickschichtlasuren auf Ölbasis, nicht jedoch wäßrige Acrylharzlacke.
- Leichtentzündbar sind CN-Lacke, auch als Mischungen ab 5% CN-Anteil.

Umweltschutz

- Absaugeinrichtungen müssen Gefahrstoffe vollständig erfassen und ohne Gefahr für die Beschäftigten beseitigen.
- Grundsätzlich sollen nur minimale Mengen von Gefahrstoffen entstehen. Jeder Materialrest ist weitgehend zu verarbeiten.
- Altlacke, Lackschlamm und Lösemittel sind Sonderabfälle.
- Lackstaub (ausgehärtete Lackreste) in geringen Mengen gelten als Kehricht und können wie hausmüllähnlicher Gewerbeabfall entsorgt werden.
- Die Behältnisse zum Aufbewahren von Lakken und Lösemitteln müssen wie Sonderabfall behandelt werden.

Aufgaben

1. Warum werden Oberflächen behandelt?
2. Wie lassen sich Fett- oder Ölflecke auf einer Furnierfläche beseitigen?
3. Warum müssen Flächen, die nicht gebeizt werden sollen, entharzt werden?
4. Beschreiben Sie das Bleichen von gerbstoffreichem Holz!
5. Geben Sie anwendungsbezogene Beispiele für die im Kapitel beschriebenen strukturverändernden Behandlungen von Holzoberflächen!
6. Warum gewinnt das Ölen von Holzoberflächen zunehmend an Bedeutung?
7. Warum ist das Spritzen das häufigste Oberflächenbehandlungsverfahren? Nennen Sie auch nachteilige Argumente!
8. Auf welche Merkmale ist bei der Kontrolle der Bauteile vor der Oberflächenbehandlung zu achten?

Verholzung 2.2.2
Holz- und Feuerschutzmittel 2.8

5.9 Auftragen und Einbringen von Holz- und Feuerschutzmitteln

Feuerschutzmittel werden vorbeugend gegen Brandgefahren eingesetzt, Holzschutzmittel dagegen vorbeugend und bekämpfend gegen holzschädigende Pilze und Insekten.
Das Auftragen und Einbringen unterscheiden sich grundsätzlich im Verfahren und in der zu erzielenden Eindringtiefe.

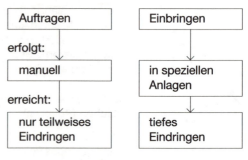

5.9.1 Einflußfaktoren

Zur Beurteilung der Wirksamkeit von Schutzmitteln müssen Holz- und Feuerschutzmittel getrennt voneinander betrachtet werden.

Holzschutzmittel. Die Wirksamkeit der Holzschutzmittel hängt von der Art, Eindringtiefe und der eingedrungenen Menge ab.

Eindringtiefe und Menge werden beeinflußt von:
- Holzart → Struktur, Inhaltsstoffe, Feuchtegehalt,
- Holzschutzmittel → Art (wasserlöslich, ölig), Konzentration,
- Zeit → Tränkzeit, Liegezeit nach dem Imprägnieren,
- Verfahren → Auftragen, Einbringen.

Die Tränkfähigkeit einzelner Holzarten ist unterschiedlich. Kernholz läßt sich wegen seiner Verholzung ohnehin kaum tränken.

Bei einem Holzfeuchtegehalt von:
- > 25% sollten wasserlösliche,
- < 25% ölige Holzschutzmittel eingesetzt werden.

Fertigungsverfahren – Auftragen und Einbringen von Holz- und Feuerschutzmitteln

Gefährdungsklassen 2.8.1

Tränkzeit. Neben der Holzart und der Oberflächenbeschaffenheit ist die Tränkzeit ausschlaggebend.

Eindringtiefe. Der zu erzielende Schutz hängt von der Eindringtiefe ab. Je nach Gefährdungsklasse des Holzes sind unterschiedliche Eindringtiefen ausreichend.

Verträglichkeit. Bei der Auswahl eines schützenden oder bekämpfenden Mittels ist die Verträglichkeit mit anderen Stoffen zu berücksichtigen. Solche Stoffe sind z.B. Metall, Glas, Klebstoffe, schon eingebrachte Schutzmittel oder spätere Beschichtungen.

Feuerschutzmittel. Es ist zu beachten:
- Aufgetragene schaumbildende Feuerschutzmittel sind vor dem Auswaschen zu schützen, damit sie im Brandfall noch ausreichend aufschäumen können.
- Feuerschutzsalze können im Brandfall nur dann den Zutritt von Sauerstoff verhindern, wenn sie sich unter der Holzoberfläche befinden.

5.9.2 Verfahren

Flüssige Schutzmittel kann man handwerklich und industriell verarbeiten.

Handwerkliche Verfahren

Streichen und Rollen. Der Auftrag mit Pinsel, Bürste oder Handroller ist arbeitsaufwendig. Da die Mittel nur gering eindringen, wird ein schwacher Randschutz erzielt.

Sprühen und Spritzen sind zeitsparender als Streichen. Beim Sprühen werden abhängig vom Arbeitsgerät kleinere Tröpfchen auf das Holz verteilt als beim Spritzen. Es entstehen dabei auch weniger Verluste.

Verschäumen ist günstiger als Streichen, Spritzen und Fluten, weil dabei nur geringe Schutzmittelverluste entstehen. Die Umwelt wird dadurch weniger belastet. Da beim Verschäumen kaum Flüssigkeit abläuft, wird das Arbeiten über Kopf erleichtert.
Auch an Holzverbindungen können die Wirkstoffe aus dem Schaum besser ins Holz eindringen.

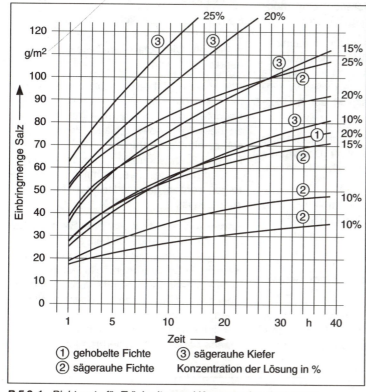

B 5.9-1 *Richtwerte für Tränkzeiten und Konzentration der Lösung.*

Holzverbindungen 6.2

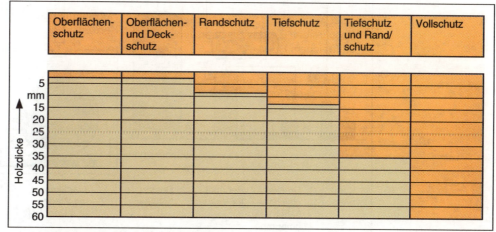

B 5.9-2 *Eindringtiefen von Holzschutzmitteln.*

Tauchanlagen 4.7.6

Kennbuchstaben, Prüfprädikate, Gefährdungsklassen 2.8.1

Tauchen und Trogtränkung. Beim Tauchen wird ungefähr die gleiche Schutzmittelmenge aufgebracht wie bei einem Spritzgang. Die Trogtränkung ermöglicht wegen der längeren Tränkdauer ein tieferes Eindringen.

Industrielle Verfahren

In industriellen Verfahren werden mit hohen Drücken und aufwendigen technischen Anlagen weitgehend Volltränkungen erzielt. Bei schwer tränkbaren Hölzern wird durch bis 10 mm tiefe Einstiche (Perforation) eine möglichst gleichmäßige Eindringtiefe erreicht.

Kesseldruckverfahren sind für Erzeugnisse mit ständigem Erd- oder Wasserkontakt vorgeschrieben. Sie werden auch für tragende Holzbauteile angewendet. Bei diesen Verfahren dringt die Tränkflüssigkeit durch Über- und Unterdruck ins Holz ein.

Das einfache Kesseldruckverfahren ist für Holz mit ca. 30% Holzfeuchtegehalt geeignet. Es umfaßt nur eine Druckphase und zwei Vakuumphasen.

Wechseldruckverfahren. Saftfrisches Holz kann im Austausch von Saft gegen Salzlösung im Wechseldruckverfahren imprägniert werden.

Holzschädiger 2.2.6

5.9.3 Bekämpfende Maßnahmen gegen Holzschädiger

Grundsätzlich können Holzschädiger durch Nahrungsentzug, Vergiftung, Wärmebehandlung und Sauerstoffentzug abgetötet werden.

Sanierung pilzbefallener Bauteile. Zur Sanierung empfiehlt sich folgendes Vorgehen:
- Die Standsicherheit der Konstruktion überprüfen.
- Befallene Teile entfernen.
- Gegebenenfalls tragende Teile durch entsprechend vorbehandeltes Holz ersetzen.
- Ursachen für den Feuchtezutritt beseitigen, nasse - aber sonst intakte - Teile trocknen.
- Holzschutzmittel mit Kennbuchstaben „P" entsprechend der vorliegenden Gefährdungsklasse auftragen oder einbringen.

Hausschwamm. Zur Sicherheit sind 1,5 m über den sichtbaren Befall hinaus alle Holzteile zu entfernen. Die befallenen Teile sind umgehend zu verbrennen.

Bläuepilze verfärben das Holz, zerstören aber nicht die Holzfasern. Zur Bekämpfung sind die Feuchte und die Ursachen der Blauverfärbung zu beseitigen sowie „bläue"-widrige Holzschutzmittel aufzutragen.
Für den Brandschutz kann abschließend ein schaumbildendes Feuerschutzmittel aufgetragen werden, das wiederum vor Feuchte zu schützen ist.

Sanierung insektenbefallener Bauteile. Saniert wird in folgenden Arbeitsschritten:
- Standsicherheit der Bauteile überprüfen.
- Ausmaß der befallenen Teile feststellen.
- Gegebenenfalls neue und entsprechend vorbehandelte Teile einsetzen oder Verstärkungen vornehmen.
- Freigelegte Fraßgänge säubern, abgenommene befallene Teile verbrennen.

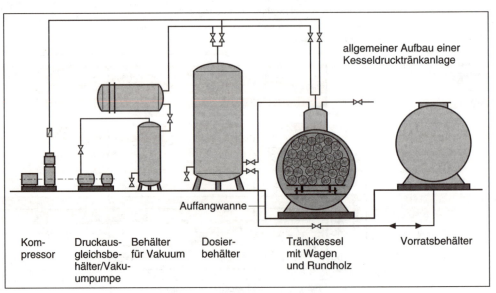

B 5.9-3 Kesseldrucktränkanlage.

Anobien 2.2.6

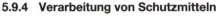

- Ein nach den Gefährdungsklassen ausgewähltes Holzschutzmittel (Kennbuchstaben Ib) auftragen oder einbringen.
- Bei Anobienbefall an Möbeln können in Bohrlöcher Schutzmittel eingespritzt werden.

5.9.4 Verarbeitung von Schutzmitteln

Grundsätze. Sie sind bei allen Verfahren zu berücksichtigen:
- Soweit möglich, soll das Holz vor dem Behandeln mit Schutzmitteln fertig bearbeitet sein.
- Nach dem spanenden Bearbeiten bereits behandelter Hölzer ist eine Nachbehandlung erforderlich.
- Sägerauhes Holz nimmt fast doppelt soviel Lösungsmenge auf wie gehobeltes. Eine merklich größere Eindringtiefe wird aber nicht erreicht.

Hinweise zur Verarbeitung. Es ist darauf zu achten, daß:

teilweise VBG § 23

- nur geschultes Personal Schutzmittel verarbeitet,
- Hölzer konstruktiv und an der Oberfläche vollständig bearbeitet sind,
- das Spritzen nur in stationären Anlagen bzw. in Einzelfällen anzuwenden ist,
- beim Verarbeiten lösemittelhaltiger Schutzmittel offenes Feuer untersagt ist,
- Wartezeiten entsprechend den Herstellervorschriften nach dem Auftragen einzuhalten sind:
- bei schwer auslaugbaren (fixierenden) Salzen eine Woche, bei Erd- und/oder Wasserkontakt vier bis sechs Wochen, beim abschließenden Auftrag von Wachsen, Ölen zwei bis drei Monate,
- bei lösemittelhaltigen Produkten bis zur Trocknung,
- bei leicht auslaugbaren (nicht fixierenden) Salzen regengeschützt bis zur Trocknung,
- angefärbte Salzpasten frostsicher aufbewahrt werden.

Arbeits- und Umweltschutz

teilweise VBG § 113

- Beim Auftragen von Schutzmitteln darf weder gegessen, getrunken noch geraucht werden.
- Es ist entsprechende Schutzbekleidung wie Handschuhe, abweisende Oberbekleidung, ggf. Schutzbrille und Atemschutz zu benutzen.
- Frisch behandeltes Holz darf nur mit Handschuhen angefaßt werden.
- Bei gesundheitlichen Problemen, die bei der Verarbeitung auftreten, ist eine ärztliche Untersuchung anzuraten. Dazu müssen die verwendeten Schutzmittel genau bekannt sein.
- Es dürfen keine Schutzmittel ins Erdreich gelangen.
- Restbestände und Rückstände bei der Reinigung von Arbeitsgeräten müssen in entsprechenden Sammelstellen abgegeben werden.
- Bei beschädigten Behältern müssen Schutzmittel sicher aufgefangen werden können.
- Durchtränkte Holzabfälle dürfen nicht in Kleinfeuerungsanlagen sondern nur in speziell genehmigten Anlagen verbrannt oder entsorgt werden.
- Es ist eine ordnungsgemäße Entsorgung lückenlos nachzuweisen (Abfallbegleitscheine).

Aufgaben

1. Welche Faktoren beeinflussen die Wirksamkeit von Holz- und Feuerschutzmitteln?
2. Warum reicht das Streichen bei tragenden Teilen für einen ausreichenden Holzschutz nicht aus?
3. Welche Verfahren sind für den Holzschutz bei eingebautem Holz anzuwenden?
4. Unter welchen Bedingungen kann auf die Anwendung von Holzschutzmitteln verzichtet werden?
5. Durch welche technischen Maßnahmen kann die Tränkbarkeit von Holz verbessert werden?

6 Verbindungstechnik

6.1 Verbindungsmittel

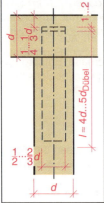

B 6.1-1 *Maßverhältnisse bei Dübeln.*

Verbindungsmittel sind Teile aus Metall, Holz oder Kunststoff, die Baugruppen aus Vollholz bzw. Holzwerkstoffen unlösbar oder lösbar miteinander verbinden.

Verbindungsmittel dienen der:
- Lagefixierung der Teile,
- Übertragung und Ableitung von Belastungskräften,
- Vergrößerung der Klebflächen bei verleimten Verbindungen.

6.1.1 Dübel

Dübelverbindungen sind rationell herstellbar und in der Regel von außen nicht sichtbar. Dübel sind als Stangenmaterial oder als Fertigdübel erhältlich.

Hinweise zum Dübeln

- Maßverhältnisse bei Holzdübeln beachten:
  - Durchmesser 1/2 ... 2/3 der Plattendicke,
  - Dübellänge 4 ... 5facher Durchmesser,
  - Lochtiefe 1 mm ... 2 mm > Dübellänge,
  - Lochdurchmesser etwa 1/10 mm < Dübeldurchmesser,
  - Randabstand bei Bohrungen in Schmalflächen mindestens 15 mm.
- Beim Bohren beachten:
  - möglichst Bohrschablone benutzen,
  - für Stangendübel Lochrand anfasen,
  - Reihenbohrungen mit Lochabstand 32 mm.
- Klebstoff an Lochwandungen geben oder Riffeldübel verwenden
- Dübel zuerst in die Schmalflächenbohrungen einleimen.

T 6.1/1 *Dübel – Arten und Ausführungen*

Art	Gerade Dübel		Winkeldübel	
Material	Hartholz, Preßvollholz	Kunststoff	Furniersperrholz	Kunststoff
Ausführung	DIN 68150 A: geriffelt, B: glatt, C: Quelldübel, Enden angefast	mittig längs-, an den Enden quergerillt und angefast	meist Sternsperrholz und längsgeriffelt	mit Längs- oder Querrillen
Druchmesser in mm	5, 6, 8 ... 18 Stufung 2	6, 8	6, 8, 10	6, 8
Länge in mm	25 ... 160	25 ... 40	Schenkellänge 25, 30	Schenkellänge 25, 30
Bezeichnung	DIN-Nr.-Form/Art - Durchmesser (in mm) x Länge (in mm) - Material			
Beispiel	DIN 68150-A- 8 x 35 - BU	Dübel 6 x 30 - Kunststoff	Winkeldübel 8 x 30 x 30 - Kunststoff	

Verbindungstechnik – Verbindungsmittel

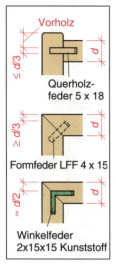

B 6.1-3 Federverbindungen - Maße.

6.1.2 Federn

Federn sind flächige Verbindungsmittel aus Voll- oder Sperrholz bzw. Kunststoff. Sie werden in durchgehende (sichtbare) oder abgesetzte Nuten oder in Ausfräsungen eingesetzt und meist eingeleimt.

Hinweise zum Federn

- Federn an den Kanten anfasen und nicht zu straff einpassen (→ Spaltgefahr).
- Für dünne Werkstücke Formfedern bevorzugen. Hier entspricht der Bogen- dem Fräserradius. Die Ausfräsung erfolgt zweckmäßig mit speziellen Handfräsmaschinen.
- Nut 1 mm ... 2 mm tiefer als die Federbreite fräsen.
- In Längsholznuten bei Vollholz Längsholz- oder Sperrholzfedern einsetzen.

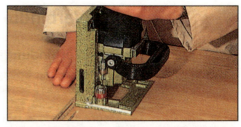

B 6.1-2 Einfräsen von Formfedern mit der Handfräsmaschine.

- In Querholznuten bei Vollholz durchgehende Querholz- oder kurze Sperrholzfedern (Länge ≤ 60 mm) mit Abstand einsetzen (→ unterschiedliche Schwindwerte von Voll- und Sperrholz).
- Für Holzwerkstoffe Federn aus Sperrholz oder harter Faserplatte bzw. Formfedern verwenden. Dabei Klebstoff vor allem an die Nutwangen geben.

T 6.1/2 Federn - Arten und Ausführungen

Art	Gerade Feder	Formfeder	Winkelfeder
Material und Ausführung	Längsholzfeder	Hartholzformfeder	Sperrholzwinkelfeder
	Querholzfeder	Kunststoffformfeder	Kunststoffwinkelfeder
		meist als Zulieferteil (Lang-Formfeder)	als Zulieferteil oder als Stangenmaterial
	Sperrholzfeder (auch aus HFH möglich)		
	selbst herstellbar	aus FU selbst herstellbar	
Dicke in mm	4 ... 6 (8)	meist 4	FU: 4, 5, 6, 8 Kunststoff: 2, 3
Breite in mm	15 ... 25	verschiedene Größen möglich	Schenkelbreite 10 ... 20
Bezeichnung	Art - Dicke (in mm) x Breite (in mm) - Material		
Beispiel	Längsholzfeder- 5 x 20 - BU	Formfeder - Gr. 10 (Hersteller-Angabe)	Winkelfeder- 2 x 15 x 15 - Kunststoff

6.1.3 Schrauben

Schraubverbindungen sind lösbar und in Achsrichtung hoch belastbar.

Schrauben mit Spitzgewinde (Holzschrauben) schneiden sich in Holz, Holzwerkstoffe und Kunststoffe ein und bilden dabei das Gegengewinde aus. Sie dienen vorzugsweise zum Befestigen von Teilen und Beschlägen.

Spitzgewindeschrauben sind auch mit Zier Vier- oder Sechskantkopf, als Ring- oder Schraubhaken und Stockschrauben (mit Spitz- und zylindrischem Gewinde) lieferbar.

Spanplattenschrauben (DIN 571) verhindern beim Eindrehen weitgehend das Aufspalten der Plattenmittelschicht. Sie bestehen aus gehärtetem Stahl und haben die üblichen Kopfformen mit Kreuz- oder einfachem Schlitz. Das Gewinde hat eine Zentrierspitze und ist meist auf der gesamten Länge scharf geschnitten.

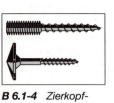

B 6.1-4 Zierkopfschraube und Stockschraube.

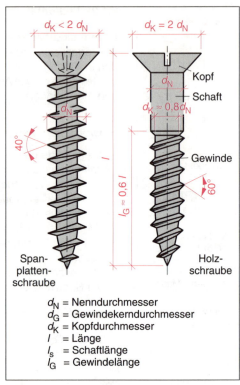

d_N = Nenndurchmesser
d_G = Gewindekerndurchmesser
d_K = Kopfdurchmesser
l = Länge
l_S = Schaftlänge
l_G = Gewindelänge

B 6.1-5 Maßverhältnisse an Schrauben.

T 6.1/3 Holzschrauben - Arten und Ausführungen

Kopfform	Halbrundkopf		Linsensenkkopf		Senkkopf	
	Schlitz DIN 96	Kreuzschlitz DIN 7996	Schlitz DIN 95	Kreuzschlitz DIN 7995	Schlitz DIN 97	Kreuzschlitz DIN 7997
Material	unlegierter Stahl (St), Messing (CuZn), Aluminiumlegierung (Al-Leg.)					
Oberfläche	verzinkt (zn), vermessingt (ms), vernickelt (ni), metallisiert (me)					
Nenndurchmesser in mm	2,0 ... 6,0 Stufung 0,5	2,5 ... 6,0 Stufung 0,5	2,5 ... 6,0 Stufung 0,5	2,5 ... 6,0 Stufung 0,5	2,0 ... 8,0 Stufung 0,5	2,5 ... 6,0 Stufung 0,5
Länge in mm	8 ... 100	10 ... 100	8 ... 100	10 ... 80	8 ... 120	10 ... 80
Bezeichnung	Durchmesser (in mm) x Länge (in mm) - DIN-Nr. - Material					
Beispiel	3,5 x 30 - DIN 96 - ST		5 x 45 - DIN 7995 - CuZn		2,5 x 15 - DIN 97 - CuZn	

Verbindungstechnik – Verbindungsmittel

Schrauben mit zylindrischem Gewindeschaft (Maschinenschrauben) brauchen zum Festziehen in der Regel ein passendes Gegengewinde in Muttern, Buchsen oder Teilen.

Verbindungsschrauben mit Muttern oder Gegengewinde erzeugen besonders große Spannkräfte zum Zusammenhalten und Befestigen von Baugruppen und Teilen.

Hinweise zum Schrauben

- Beim Zusammenschrauben von Teilen eine Durchgangsbohrung im oberen Teil vorsehen (mind. 0,5 mm > Nenndurchmesser).
- Zur Kraftverteilung und Vermeidung von Eindrücken Unterlegscheiben verwenden.
- Holzschrauben keinesfalls einschlagen, da das Gewinde die Holzfaser zerreißt (→ Haltbarkeit geringer als beim Nageln!).
- Für kleine Holzschrauben die Löcher in Vollholz und in Spanplatten mit dem Spitzbohrer vorstechen, für größere Schrauben besonders in Hartholz Löcher vorbohren.
- Für Senkköpfe das Bohrloch aufreiben.
- Die Schraubendreherklinge muß genau zum Schlitz oder Kreuzschlitz passen (→ Gratbildung, Abrutschgefahr).
- ==Holzschrauben== lassen sich leichter eindrehen, wenn das Gewinde leicht eingewachst wird. Maschinenschrauben können sparsam eingefettet werden.
- Schraubenschlitze von Holzschrauben parallel zum Faserverlauf ausrichten.

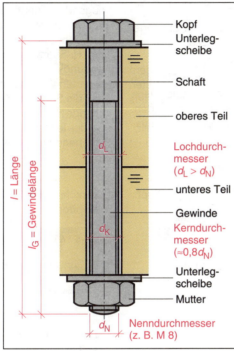

B 6.1-6 Teile und Maßbezüge an der Maschinenschraube.

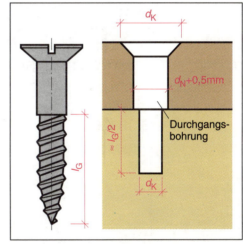

B 6.1-8 Vorbohren für Holzschrauben in Hartholz.

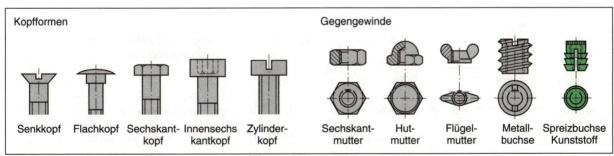

B 6.1-7 Kopfformen, Muttern und Buchsen für Schrauben mit zylindrischem Schaft.

Verbindungstechnik – Verbindungsmittel

Haftreibung 4.1.1

6.1.4 Nägel und Klammern

Nägel und Klammern ergeben unlösbare Verbindungen. Sie haften durch Reibung, können aber bei unsachgemäßer Wahl zum Spalten des Holzes führen.

Nägel

Nägel werden heute fast ausschließlich aus Draht hergestellt. Deshalb werden sie auch als Drahtstifte bezeichnet.

Geschmiedete Nägel werden als Ziernägel und zur Befestigung rustikaler Beschläge verwendet.

Holznägel können nach Bedarf handwerklich hergestellt und im Bereich der Denkmalpflege z.B. für Restaurierungen eingesetzt werden. Sie sind grundsätzlich vorzubohren und müssen straff passen.

Hinweise zum Nageln

- Bei Vollholznagelungen Randabstand und Stiftdurchmesser beachten (→ Spaltgefahr).
- Plattschlagen und Abstumpfen der Nagelspitze verringert die Spaltgefahr. Durch die Faserzerstörung besteht jedoch eine geringere Haltbarkeit der Verbindung.
- Nagelungen in Hirnholz sind wegen geringer Haftreibung nicht belastbar.
- Die Festigkeit der Verbindung ist nur bei genügend Eindringtiefe und Nageldurchmesser gewährleistet (→ Nagellänge beachten).
- Abwechselnd schräges Einschlagen erhöht die Haltbarkeit der Verbindung (→ Keilwirkung).
- In harten Werkstoffen Löcher so vorbohren, daß die Stifte straff passen und eine ausreichende Haftreibung entsteht (Preßpassung).
- Bei den letzten Hammerschlägen einen Senkstift benutzen (→keine Eindrücke).

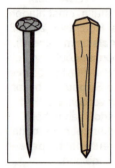

B 6.1-9 Geschmiedeter Nagel und Holznagel.

T 6.1/4 *Nägel und Drahtstifte - Arten und Ausführungen*

Kopfform	Flachkopf glatt	Senkkopf geriffelt	Stauchkopf	verschiedene Kopfformen	ohne Kopf
	Form A DIN 1151	Form B DIN 1151	DIN 1152	Breitkopf DIN 1160 Leichtbauplattenstift DIN 1144 Tapezierstift DIN 1157	Fitschbandstift Sternfensterstift Schlaufe DIN 1159

Material	Stahl bk = blank
	         zn = verzinkt
	         me = metallisiert
			Stahl bk = blank
			         zn = verzinkt		

Durchmesser in mm	0,9 ... 1,6	1,8 ... 8,8	1,0 ... 3,8	Material und Abmessungen entsprechend DIN	
Länge in mm	13 ... 30	35 ... 260	15 ... 100		
Bezeichnung	Stift DIN-Nr. - Form - Durchmesser (in 1/10 mm) x Länge (in mm) - Material				
Beispiel	Stift DIN 1151 – B – 25 x 55 – bk		Stift DIN 1152 – 18 x 35 – zn	Fitschbandstift 35 x 25 bk	

Verbindungstechnik - Verbindungsmittel

VBG 44 §§ 5,7,9

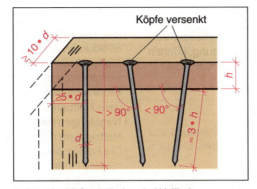

B 6.1-10 *Maßverhältnisse bei Vollholznagelungen.*

Klammern

Klammerverbindungen ersetzen zunehmend Stiftverbindungen. Sie werden z.B. zum Befestigen von Rückwänden, nicht sichtbaren Leisten, im Sitz- und Liegemöbelbau besonders zum Befestigen von Polstermaterialien angewendet. Die Festigkeit beruht auf der Haftreibung und ist größer als bei vergleichbaren Stiftverbindungen.

Montagebeschläge
8.4.2

Montagekrallen 9.3.2

Haftreibung 4.1.1

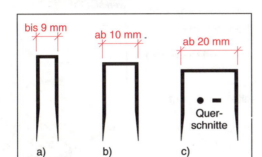

B 6.1-11 *Klammerformen. a) Schmal-, b) Normal-, c) Breitrückenklammer.*

B 6.1-12 *Druckluft-Klammergerät.*

Klammern bestehen vorwiegend aus Stahldraht. Man unterscheidet Schmal-, Normal- und Breitrückenklammern mit 8 mm ... 75 mm Länge und 1 mm ... 1,8 mm Drahtdurchmesser oder Rechteckquerschnitt.

Hinweise zum Klammern

- Klammerverbindungen werden ausschließlich mit druckluftbetriebenen Klammergeräten ausgeführt. Vorsicht beim Umgang mit tragbaren Geräten! Sie müssen gegen unbeabsichtigtes Benutzen gesichert und über Schnellkupplungen an das Druckluftnetz angeschlossen sein.
- In Vollholz Klammern schräg oder quer zur Faserrichtung einschlagen (→ Spaltgefahr).

6.1.5 Sonstige Verbindungsmittel

Die folgenden Verbindungsmittel sind für spezielle Anwendungsbereiche entwickelt worden und nicht universell einsetzbar. Dazu gehören:
- Rahmenverbinder für Zimmermannsarbeiten,
- Montage- oder Verbindungsbeschläge im Möbelbau,
- Montagekrallen und Spezialdübel für die Befestigung von Be- und Verkleidungen im Innenausbau,
- Befestigungsbeschläge zur Montage von Türen und Fenstern in Wandöffnungen.

Aufgaben

1. Für welche Verbindungen werden Winkeldübel bevorzugt?
2. Nennen Sie Einsatzmöglichkeiten für Formfedern!
3. Wann dürfen gerade Querholzfedern eingesetzt werden?
4. Worauf ist beim Herstellen einer Dübelverbindung zu achten?
5. Für welche Werkstoffe können Sperrholzfedern verwendet werden?
6. Was ist beim Eindrehen einer Holzschraube zu beachten?
7. Was bedeutet die Kennzeichnung DIN 1151 25 x 40 - A - bk?
8. Wie kann das Spalten des Holzes beim Nageln verhindert werden?
9. Welche Vorteile bietet das Klammern gegenüber der Nagelverbindung?

6.2 Verbindungsarten

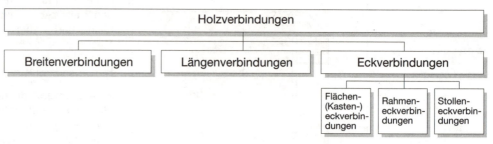

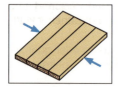

B 6.2-1 Breitenverbindung.

↗ Schwindrichtungen, Schwindwerte 2.2.3

6.2.1 Breitenverbindungen

Mit Breitenverbindungen werden schmale und meist gleichdicke Teile zu großflächigen Werkstücken verbunden. Man unterscheidet verleimte und unverleimte Breitenverbindungen.

Viele können jedoch auch verleimt und unverleimt ausgeführt werden.

Verleimte Breitenverbindungen aus Vollholz. Wegen der verschiedenen Schwindrichtungen und Schwindmaße von Kern- und Splintholz ist zu beachten:
- Es sind nur aufgetrennte Mittel-, Kern- oder Seitenbretter zu verwenden. Die Markröhre ist herauszuschneiden.
- Für eine Fläche vorwiegend Bretter aus dem gleichen Stammteil (Zopf- oder Wurzelende bzw. Stammitte) verwenden.
- Es ist Kern- an Kernseite und Splint- an Splintseite zu legen.
- Nur Teile mit annähernd gleicher Jahrringneigung und -breite verleimen.

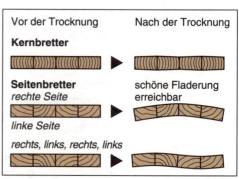

B 6.2-3 Schwunderscheinungen bei Vollholzwerkstücken.

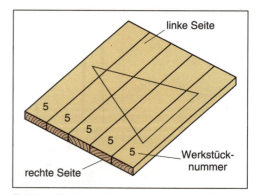

B 6.2-4 Zusammenzeichnen der Verleimteile.

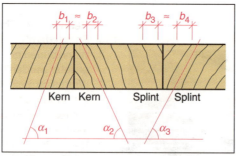

B 6.2-2 Vollholzverleimung mit annähernd gleicher Jahrringbreite und -neigung.

Die Werkstückteile werden mit Hilfe des Δ-Zeichens zusammengezeichnet. Um Spannungen oder Verwerfungen zu vermeiden, muß das Holz gleichmäßig auf Gebrauchsfeuchte getrocknet sein. Durch Feuchteschwankungen können sich die Werkstücke verziehen oder wellig werden.

Verleimte Breitenverbindungen aus Span- und mitteldichten Faserplatten MDF kommen meist nur bei der Resteverwertung zu Mittellagen vor. Diese müssen anschließend egalisiert und abgesperrt werden.

Unverleimte Breitenverbindungen für Fußböden, einfache Verschalungen, Wand- und Deckenbekleidungen werden auf Unterkonstruktionen befestigt (Schrauben, Nageln, Beschläge).

In der Regel erfordern sie formschlüssige Verbindungen mit Fälzen, Federn und Nuten, die bei Klimaschwankungen das Quellen und Schwinden ermöglichen, ohne daß die Fugen sich öffnen oder sichtbar werden.

Spanplatten, 2.5.4, mitteldichte Faserplatten 2.5.5

Wand- und Deckenbekleidungen 9.3, Fußböden 9.6

Gebrauchsfeuchte 5.2.1

Verbindungstechnik - Verbindungsarten

T 6.2/1 Breitenverbindungen (Auswahl)

Dübel 6.1.1

Federn 6.1.2

Bezeichnung und Darstellung	Anwendungsbereiche und Maßbezüge
Stumpfe Fuge	häufigste Vollholzverbindung, auch für Span- und mitteldichte Faserplatten, leicht hohl gestoßene Fugen erhöhen die Fugenfestigkeit, bei geringer Dicke zusätzliche Einspannung in der Dicke erforderlich, nachträgliche Dickenbearbeitung vor Weiterverwendung notwendig
Gedübelte Fuge	bevorzugt für verleimte Verbindungen von Vollholz und Holzwerkstoffen, Bohrlöcher müssen genau übereinstimmen, unverleimt können sich Fugen öffnen
Gefederte Fuge	für Vollholz und Holzwerkstoffe, mit Längs- und Sperrholzfedern auch für unverleimte Verbindungen, mit Formfedern nur für verleimte Verbindungen, Sichtkanten oft profiliert
Gespundete Fuge	für belastbare Verbindungen und unverleimte Vollholzverbindungen, an jedem Fügeteil mit Nut und Feder, unverleimt besonders für Bekleidungen auf Unterkonstruktionen und für Fußböden, Profilierung der Sichtkanten möglich
Überschobene Fuge	Verbindung nur für gering belastbare Be- und Verkleidungen, zusätzliche Sicherung durch Schrauben oder Dübel, Sichtkanten meist profiliert
Überfälzte Fuge	für unverleimte Be- und Verkleidungen mit Unterkonstruktion, bei Verleimung seitliche Einspannung erforderlich, Sichtkanten auch profiliert möglich
Fuge mit Keilprofil	für verleimte Vollholz- und Holzwerkstoffverbindungen, Keilwinkel 120° günstig
Fuge mit Zahn-(Kronen-)profil	nur für verleimte, besonders hoch beanspruchte Verbindungen, Verleimteile aus Vollholz vorher auf Dicke hobeln, dann Profil wechselweise von beiden Seiten aus anfräsen

6.2.2 Längenverbindungen

Längenverbindungen sind für lange oder bogenförmige Werkstücke aus kürzeren und leistenförmigen Vollholzteilen notwendig. Sie sind in der Regel verleimt und werden z.B. im Innenausbau oder im Fensterbau angewendet. Bei Bogenkonstruktionen ist besonders auf eine durchgehende Faser und möglichst wenig „kurzes Holz" zu achten.

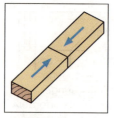

B 6.2-5 Längenverbindung.

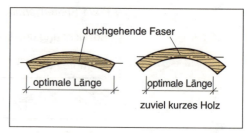

B 6.2-6 Bogenteil mit durchgehender Faser.

T 6.2/2 Längenverbindungen (Auswahl)

Bezeichnung und Darstellung	Anwendungsbereiche und Maßbezüge	Bezeichnung und Darstellung	Anwendungsbereiche und Maßbezüge
Geschäftete Verbindung	für wenig belastbare und meist unsichtbare Teile, Schäftverhältnis $d : l$ bei Nadelholz 1 : 6, bei Laubholz 1 : 10 ... 15	Gefederte Verbindung	häufig für Bogenkonstrukionen, Querholzfeder verwenden
Überblattete Verbindung	für gering belastete Werkstücke, bei untersetzter Brüstung erhöhte Belastbarkeit	Keilgezinkte Verbindung	für die Herstellung von längeren und fehlerfreien Rahmenteilen, mit Keilzinken-Fräswerkzeugen herstellbar, in Keilzinkenanlagen auch im Durchlaufverfahren
Geschlitzte Verbindung	für dickere Werkstücke ($d > 10$ mm), straffe Passung notwendig	Verkeilte Verbindung oder Hakenblattverbindung (französischer Keil)	für Belastungen auf Zug oder Biegung geeignet, auch ohne Klebung haltbar und nachspannbar, Keilneigung einseitig 1 : 15...20, Herstellung in der Regel manuell für Bogenkonstruktionen anwendbar
Keilzapfenverbindung	manuell herstellbare Verbindung mit höherer Belastbarkeit, Keilwinkel mindestens 7° ... 20°, kleinere Keilwinkel für höhere Belastung, Längspressung erforderlich		

Verbindungstechnik - Verbindungsarten

6.2.3 Eckverbindungen

Rahmen-Eckverbindungen

Rahmen sind maßstabile und tragende Bauteile. Sie wurden bereits im Mittelalter häufig angewendet.

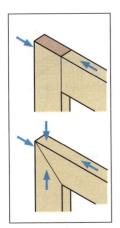

B 6.2-7 Rahmen-Eckverbindungen.

Allgemeine Hinweise zur Herstellung von Rahmen-Eckverbindungen

- Die Rahmenhölzer sollen:
  - möglichst stehende und eng gewachsene Jahrringe aufweisen, damit sich breite Rahmenhölzer nicht verwölben,
  - mit der weniger schwindenden Kernseite zum Rahmeninneren angeordnet werden, damit sich die Brüstungsfugen nicht öffnen.
- Die senkrechten Rahmenhölzer gehen in der Regel durch.

B 6.2-8 Zusammenzeichnen eines Rahmens.

Überblattete Verbindungen werden im Holz- und Innenausbau angewendet und können durch Dübel oder Schrauben gesichert werden. Die Überblattung ist mit rechtwinkliger Fuge oder Gehrungsfuge ausführbar. Auch für das kreuzweise Verbinden leistenförmiger Teile ist die Überblattung gebräuchlich.

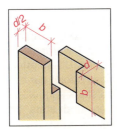

B 6.2-9 Überblattete Rahmenecke.

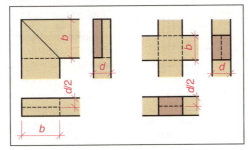

B 6.2-10 Auf Gehrung überblatteter Rahmen und Kreuzüberblattung.

Zapfenverbindungen sind haltbare und häufige Verbindungen für Rahmen im Türen-, Möbel- und Fensterbau. Von der Grundkonstruktion leiten sich zahlreiche Varianten ab:

- Schlitz-Zapfverbindung mit rechtwinkliger Brüstungs- bzw. ein- oder zweiseitiger Gehrungsfuge,
- Schlitz-Zapfverbindung an gefälzten oder genuteten Rahmen,
- Schlitz-Zapfverbindung an Rahmen mit angefrästem Innenprofil,
- gestemmte Zapfenverbindung für breitere Rahmenhölzer und hohe Belastung (Zapfen können durchgehend und verkeilt sein),
- Doppelzapfenverbindung ab 40 mm Rahmenholzdicke (Zapfendicke 1/5 ... 1/4 der Rahmendicke entsprechend.

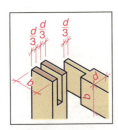

B 6.2-11 Einfache Schlitz-Zapfenverbindung.

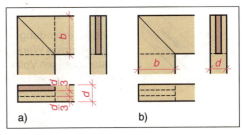

B 6.2-12 Schlitz-Zapfverbindung mit a) ein- und b) zweiseitiger Gehrungsfuge.

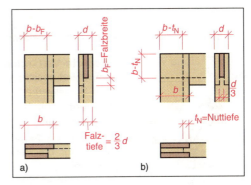

B 6.2-13 Schlitz-Zapfenverbindung an a) gefälztem und b) genutetem Rahmen.

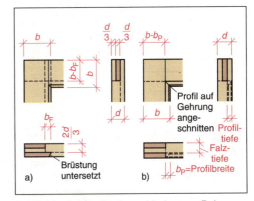

B 6.2-14 Schlitz-Zapfenverbindung an Rahmen mit angefrästem Innenprofil. a) mit untersetzter Brüstung, b) auf Gehrung.

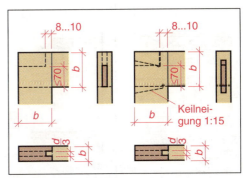

B 6.2-15 Gestemmte Zapfenverbindungen.

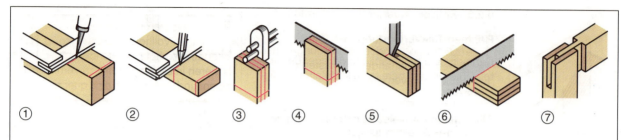

① Paarweises Anreißen aller Längen.
② Überwinkeln der Risse (soweit notwendig).
③ Anreißen der Schlitz- und Zapfendicken.
④ Anschneiden von Schlitz und Zapfen.
⑤ Ausstemmen der Zapfenlöcher.
⑥ Absetzen der Zapfen.
⑦ Rahmenmontage.

B 6.2-16 Herstellen der Schlitz-Zapfenverbindung.

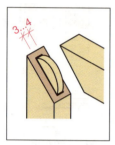

B 6.2-17 Rahmenecke mit Formfeder.

Fensterbau 11.3,
Montagebeschläge 8.2.2

Türenbau 10

Gefederte Verbindungen werden für Rahmenverbindungen auf Gehrung an kleineren meist profilierten Bilder- oder Zierrahmen bevorzugt.
Zur Anwendung kommen Vollholz-, Sperrholz- und Formfedern. Die Gehrungsflächen müssen für die Verleimung paßgenau und glatt sein.

- Stets Rahmenhölzer auf der Sichtseite mit dem Δ-Zeichen zusammenzeichnen.
- Alle Abmessungen von den Bezugsflächen (Sichtseiten und innere Schmalflächen) aus anreißen.
- Alle Sägeschnitte auf der abfallenden Seite vom Riß ausführen, dabei Rahmenhölzer fest einspannen.
- Brüstungsfugen etwa um 10° untersetzt anschneiden.
- Rahmenhölzer über 70 mm Breite nicht in voller Breite verleimen, um Schwinden und Quellen der Rahmenhölzer zu ermöglichen.

Keilzinkenverbindungen sind wegen der großen Klebflächen haltbare Rahmenverbindungen. Sie sind nur maschinell mit Spezialfräsern herstellbar und haben keinen sichtbaren Hirnholzanteil.
Maschinell können Rahmen-Eckverbindungen auf Kreis-, Bandsäge-, Fräs- oder Zapfenschneidmaschinen ausgeführt werden. Die Werkzeugeinstellung für das Überblatten, Schlitzen, Nuten oder Fälzen erfolgt nur einmal und wird an einem Prüfstück kontrolliert. Beim weiteren Bearbeiten sind stets die Bezugsflächen aufzulegen.

B 6.2-18 Gefederte Rahmen-Eckverbindungen.

Gedübelte Verbindungen sind holzsparende Konstruktionen, die auch im Türenbau für breite Rahmenhölzer angewendet werden. Das Verwölben wird durch angeschnittene Federn verhindert.

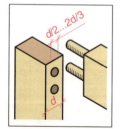

B 6.2-19 Gedübelte Rahmen-Eckverbindung.

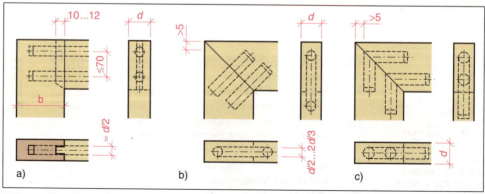

B 6.2-20 Rahmenecken. a) mit verkeilten Dübeln, b) und c) als Gehrungsverbindung.

Flächen- oder Kasten-Eckverbindungen

Im Möbel- und Innenausbau werden breite Teile (z.B. Wände, Böden, Verkleidungen) häufig übereck miteinander zu kastenförmigen Konstruktionen verbunden.

Flächen-Eckverbindungen werden mit Verbindungsmitteln lösbar oder verleimt hergestellt. Verleimte Verbindungen sind meist höher belastbar und verformen sich nicht so leicht.

Allgemeine Hinweise zur Herstellung von Flächen- oder Kasten-Eckverbindungen

- Möglichst Teile aus gleichartigen Werkstoffen miteinander verbinden (Schwind- und Quelleigenschaften, strukturelle Besonderheiten).
- Teile mit gleichem Holzfeuchtesatz verwenden.
- Zwischen Längs- und Querholz nicht großflächig und starr verleimen.
- Bei einigen Vollholzverbindungen ist ausreichendes Vorholz notwendig, um das Abscheren in Längsrichtung zu verhindern.
- Span- und Faserplatten sind quer zur Plattenebene nur gering belastbar (→ Spaltgefahr).

Schwalbenschwanzzinkungen werden handwerklich offen (durchgehend), halbverdeckt oder verdeckt (Gehrungszinkung), auch als Schräg- oder Trichterzinkung ausgeführt. Offene und halbverdeckte Zinkungen sind auch maschinell herstellbar.

Der Zusammenhalt der Verbindung beruht auf der Keilwirkung der Schwalbenschwänze. Diese gehören deshalb an die zugbelasteten Teile. Sie dürfen nicht zu schräg sein, da sie sonst leicht abscheren.

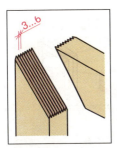

B 6.2-21 Rahmenecke mit Minikeilzinken.

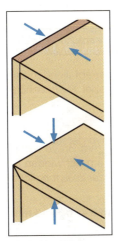

B 6.2-22 Flächen-Eckverbindung auf Stoß und Gehrung.

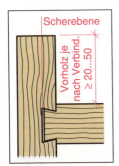

B 6.2-23 Ausreichendes Vorholz verhindert das Abscheren.

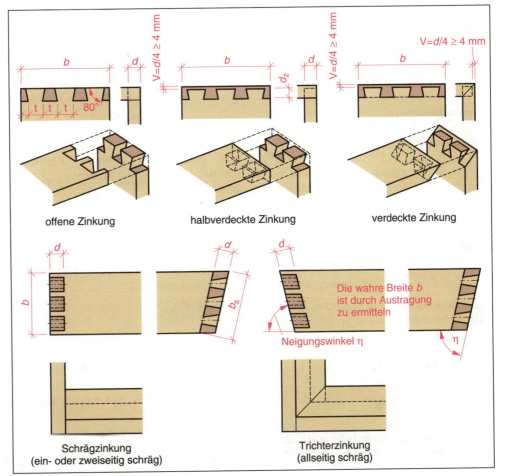

B 6.2-24 Verschiedene Möglichkeiten der Schwalbenschwanzzinkung.

Verbindungstechnik - Verbindungsarten

Die Schwalbenschwänze werden mit der Zinkenschablone angerissen. Das Einteilen der Zinken richtet sich nach der Breite b und Dicke d der Querschnittsfläche und wird von der Innenkante aus auf die Hirnflächen der Zinkenteile übertragen. Ist kein Verdeck vorgesehen, entspricht die Zinkendicke d_z der Dicke des Querschnitts d.

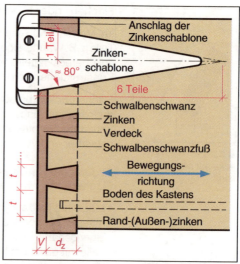

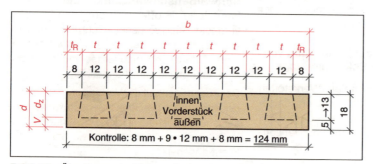

B 6.2-25 Übertragen der Zinkenteilung auf das Werkstück und Kontrolle.

B 6.2-26 Schwalbenschwanzzinkung. Bezeichnungen, Maßbezüge und Zinkenschablone.

T 6.2/3 Ermitteln der Zinkenteilung

Arbeitsschritte	Beispiel
Beachten Sie: Alle Maße in mm einsetzen. **Teilungsanzahl n_t** Teilungszahl $n_t = \dfrac{\text{Werkstückbreite } b}{\text{Dicke ohne Verdeck } d_z}$ Ergebnis muß gerad- und ganzzahlig sein (4, 6, 8, 10 ...). Ist dies nicht der Fall, das Ergebnis auf den nächstliegenden ganz- und geradzahligen Wert auf- oder abrunden.	Die Zinkenteilung für ein Kastenvorderstück 124 mm × 18 mm ist festzulegen. Das Verdeck ist 5 mm dick. Gegeben: $b = 124$ mm; $V = 5$ mm $\rightarrow d_z = 13$ mm $n_t = \dfrac{124 \text{ mm}}{13 \text{ mm}} = 9{,}6$ $\rightarrow$ aufrunden $n_t = 10$
Teilungsgröße t Teilungsgröße $t = \dfrac{\text{Werkstückbreite } b}{\text{Teilungsanzahl } n_t}$ Ergebnis auf volle mm abrunden. Wert entspricht der Breite der Mittelzinken und der Schwalbenschwanzfüße.	$t = \dfrac{124 \text{ mm}}{10} = 12{,}4$ mm $\rightarrow$ abrunden $t = 12$ mm
Randzinkengröße t_R Randzinkengröße $t_R = \dfrac{b - (n_t - 1) \cdot 1}{2}$	$t_R = \dfrac{124 \text{ mm} - (10 - 1) \cdot 12 \text{ mm}}{2}$ $t_R = \dfrac{124 \text{ mm} - 108 \text{ mm}}{2}$ $t_R = 8$ mm
Übertragen der Zinkenteilung auf das Werkstück und Kontrolle ($\rightarrow$ B 6.2-25)	

Verbindungstechnik - Verbindungsarten

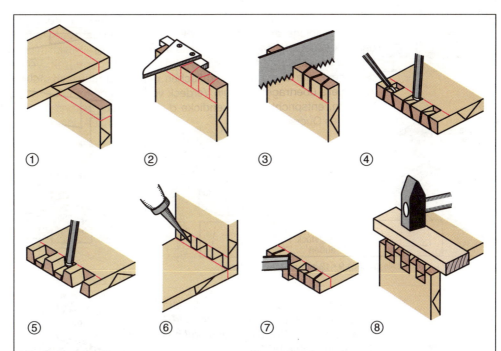

① Zusammenzeichnen der Teile und Anreißen der Längen.
② Zinkeneinteilung festlegen und anreißen.
③ Anschneiden der Zinken.
④ Ausstemmen der halben Zinkendicke von der Innenseite aus.
⑤ Ausstemmen der restlichen Zinkendicke von der Außenseite aus.
⑥ Anreißen der Schwalbenschwänze und Anschneiden.
⑦ Ausstemmen der Zinken von beiden Seiten aus, Außenzinken mit der Säge absetzen.
⑧ Montieren der Schwalbenschwanzzinkung.

B 6.2-27 *Arbeitsschritte beim Herstellen der offenen Schwalbenschwanzzinkung.*

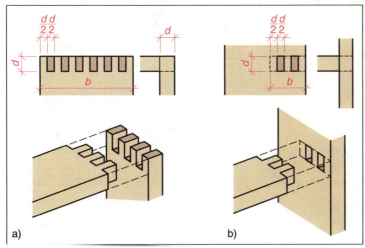

B 6.2-28 *Fingerzinkung (a) und -zapfenverbindung (b).*

Gratverbindung 8.3.1

Fingerzinkungen werden in der Regel mit speziellen Fräswerkzeugen hergestellt. Aufgrund der guten Paßfähigkeit, einer großen Klebfläche und dünnen Klebfugen ist sie eine haltbare, aber sichtbare Eckverbindung, die besonders für Kastenzargen (Ablage-, Kartei-, Schubkästen) angewendet wird.
Eine Sonderform ist die Fingerzapfenverbindung zum Befestigen von Querteilen auf oder an durchgehenden Flächen.

Gratverbindungen sind Vollholzverbindungen, die meist von Hand hergestellt werden. Gratfeder und -nut verjüngen sich in der Länge (etwa 2 mm / Bodenbreite), so daß erst im letzten Viertel die Gratfeder anzieht. Das Wegplatzen der Gratnutwange wird durch ausreichendes Vorholz (≥ 40 mm) verhindert.

Die einseitige Gratverbindung wird für biegebelastete Böden bevorzugt und auf der Oberseite angebracht. Bei Zugbelastung ist die zweiseitige Gratverbindung erforderlich. Die Gratfederteile werden stets von hinten eingeschoben. Bei abgesetzter Gratfeder und

Verbindungstechnik – Verbindungsarten

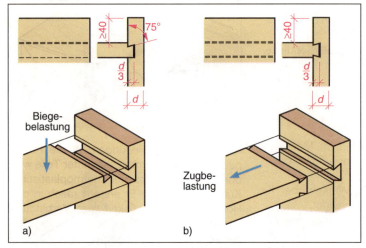

B 6.2-29 Ein- und zweiseitige durchgehende Gratverbindung.

Gefederte Verbindungen sind für Vollholz und Holzwerkstoffe geeignet. Sie werden fast ausschließlich maschinell hergestellt und vorwiegend mit Vorholz oder als bündige Gehrungsverbindungen angewendet. Die Federn werden angefräst (gespundete Verbindung besonders für Vollholz) oder als gerade, Winkel- oder Formfedern eingesetzt.

Als spezielle Werkzeuge werden Grathobel, Gratsäge und Grundhobel benötigt. Die Gratschräge beträgt 75°, die Gratfederhöhe $d/3$. Sie hat am Nutgrund 1 mm Luft.
Maschinell kann die Gratverbindung vor allem mit Oberfräsmaschinen hergestellt werden.

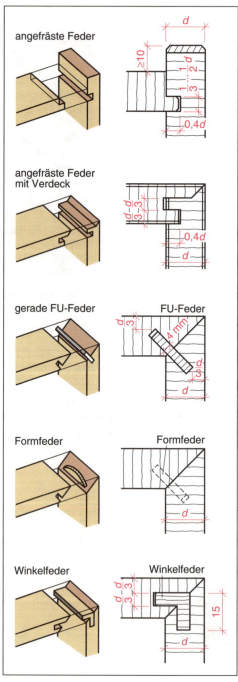

① Gratfeder mit Grathobel konisch anstoßen.
② Gratfeder übertragen (am Winkelriß anlegen). Einstichpunkte mit Spitzbohrer verbinden.
③ Gratnut am Riß mit Stechbeitel ankerben und mit Gratsäge schräg einsägen. Nicht durchgehende Nuten vorher am Ende ausstemmen.
④ Gratnut mit Stechbeitel und Grundhobel ausarbeiten.

B 6.2-30 Herstellen einer abgesetzten zweiseitigen Gratverbindung.

B 6.2-31 Gefederte Flächen-Eckverbindungen als Stoß- oder Gehrungsverbindungen.

Verbindungstechnik - Verbindungsarten

Das Abscheren der Nutwangen beim Montieren und Belasten wird vermieden durch:
- ausreichendes Vorholz,
- Nuttiefen höchstens 4/10 der Plattendicke,
- angefaste Federn, die nicht mit Gewalt eingepreßt werden dürfen.

Beim Verleimen müssen Federverbindungen eingespannt werden, um dichte Fugen zu gewährleisten. (Beilagen benutzen!)

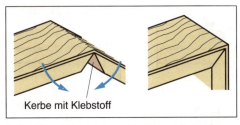

B 6.2-33 *Faltverbindung für Spanplatten.*

Dübelarten 6.1.1

Thermoplaste 2.6.3

Dübelverbindungen werden im Möbelbau bei Span-, mitteldichten Faser- und Verbundplatten bevorzugt.
Es werden gerade oder Winkeldübel für Gehrungsverbindungen verwendet.
Bündige Stumpfstoßverbindungen sind zu vermeiden, da die Fuge auch bei furnierter oder beklebter Schmalfläche immer fühlbar bleibt. Besser ist es, einen kleinen Überstand oder eine Schattennut vorzusehen.
Der Dübelabstand richtet sich nach der Belastung. An Dübelloch-Bohrmaschinen ist der Lochabstand 32 mm oder ein Vielfaches davon. Am Rand muß der Abstand mindestens 15 mm sein, um das Aufspalten der Plattenmittellage zu verhindern. Beim manuellen Bohren sind Bohrschablonen zu benutzen.

Kunststoff-Eckverbindungen. In die Fugen paßgerecht zusammengespannter Teile wird durch Hitze verflüssigter **thermoplastischer Kunststoff** gepreßt. Er erstarrt rasch in den Hohlräumen. Die Festigkeit dieser Verbindung ist viel größer als beim Dübeln, erfordert aber großen technischen Aufwand.

B 6.2-34 *Kunststoff-Eckverbindungen für Spanplatten.*

Span-, Faserplatte 2.5

Spezielle Flächen-Eckverbindungen für Span- und mitteldichte Faserplatten. Klebstoffe und flüssige Kunststoffe können tief in die poröse Mittelschicht dieser Werkstoffe eindringen. Im Fugenbereich wird dadurch eine Verfestigung und mechanische Verankerung erreicht. Diese Verbindungen sind nur maschinell herstellbar.

Genagelte und geschraubte Flächen-Eckverbindungen sind für Vollholz und Holzwerkstoffe geeignet, werden aber nur für untergeordnete Aufgaben (z.B. Kisten) angewendet. Die Nägel oder Schrauben bleiben sichtbar oder werden versenkt und verkittet. Sie halten in Quer- oder Längsholz am besten (→ Spaltgefahr). Formschlüssiges Zusammenfügen der Teile erhöht die Belastbarkeit dieser Verbindungen besonders gegenüber Scherbeanspruchung.

Foldingverfahren 8.4.2

Faltverbindungen. Beim Kerben auf Spezialmaschinen (**Foldingverfahren**) darf die Deckfolie nicht durchtrennt werden. Sie sorgt nach dem Falten für die paßgenaue Verleimung.

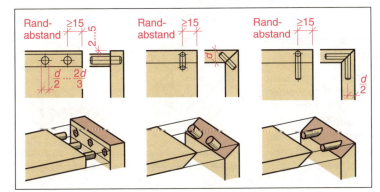

B 6.2-32 *Dübelverbindungen als Stumpfstoß- oder Gehrungsverbindung mit geraden bzw. Winkeldübeln.*

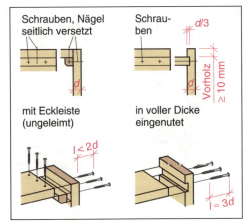

B 6.2-35 *Genagelte und geschraubte Flächen-Eckverbindungen.*

Verbindungstechnik - Verbindungsarten

Fußgestelle 8.4.4

Stollen-Eckverbindungen

Stollen-Eckverbindungen sind typische Gestellverbindungen an Tischen, Sitzmöbeln und Fußgestellen. Sie verbinden Zargen und Stollen winkelsteif miteinander.

Beim Verschieben der Möbel wirken oft erhebliche Drehmomente auf die Verbindungen ein, die zum Lockern der Teile führen können. Deshalb muß die Festigkeit der Eckkonstruktion besonders groß sein. Sie erfordert:
- tief eingreifende Zapfen oder Dübel (→ Zapfen auf Gehrung schneiden, Dübel versetzt anordnen, Zargen oder Verbindungselemente weit außen anbringen),
- straff passende Dübel oder Federzapfen,
- evtl. zusätzliche Stege.

Federzapfenverbindungen sind die gebräuchlichsten Stollen-Eckverbindungen. Die Feder verhindert das Verziehen breiter Zargen. Sie wird nicht verleimt und kann gerade, untersetzt oder schräg angeschnitten werden.

Die Zapfen werden auf Gehrung geschnitten, müssen aber Luft haben. Wird der Zapfen nur einseitig abgesetzt, verringert sich die wirksame Länge, ebenso wie bei zurückgesetzter Zarge. Der Zapfen darf höchstens auf einer Fläche von 70 mm x 70 mm verleimt werden, da sonst Spannungen durch Quer-Längsholzverleimung auftreten.

Dübelverbindungen sind holzsparend und werden für schmale Zargen bevorzugt. Bei breiteren Zargen muß eine Feder angeschnitten werden. Der Abstand der zwei oder drei Dübel darf nicht mehr als 70 mm betragen, weil bei Feuchteschwankungen Rißgefahr für die Zarge besteht. Die Dübel können auf Gehrung geschnitten oder versetzt angeordnet werden.
Für das Bohren sind Bohrschablonen zu benutzen. Die Gestelle müssen beim Verleimen in Zargenrichtung eingespannt werden.

Zapfen-Dübelverbindungen sind sehr belastbar. Bei größerer Zargenbreite werden sie mit Federn hergestellt. Erst nach dem Verleimen von Zapfenteilen und Stollen können die Dübellochbohrungen in den Stollen eingebracht und die Dübelteile in einem zweiten Spannvorgang eingeleimt werden.

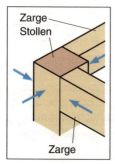
B 6.2-36 Stollen-Eckverbindung.

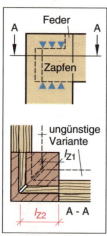
B 6.2-38 Gestaltung der Federzapfenverbindung.

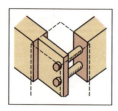
B 6.2-41 Zapfen-Dübelverbindung.

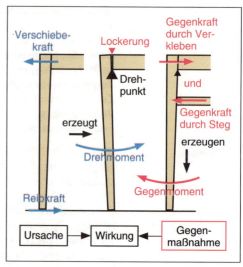
B 6.2-37 Belastung der Stollen-Eckverbindung beim Verschieben.

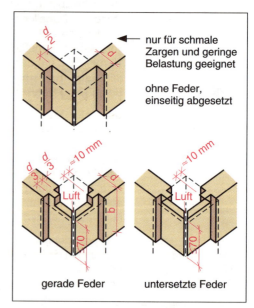
B 6.2-39 Stollen-Eckverbindungen mit Zapfen.

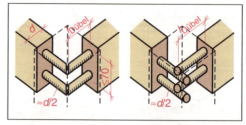
B 6.2-40 Gedübelte Stollen-Eckverbindungen.

Lösbare Stollen-Eckverbindungen. Aus Transportgründen werden für größere Gestelle, z.B. Tische, oft lösbare Verbindungen angewendet. Diese können unterschiedlich ausgeführt werden und richten sich nach Art der Verbindungselemente. Das Verdrehen der Zargen wird durch mehrere Beschläge je Verbindungsstelle oder Anschneiden einer Feder verhindert.

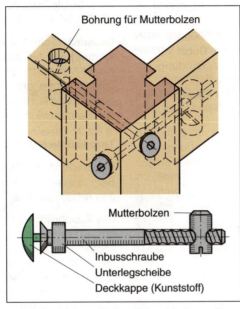

B 6.2-42 *Lösbare Stollen-Eckverbindung mit Inbusschraube und Mutterbolzen.*

Aufgaben

1. Welche Regeln sind beim Verleimen von Vollholzflächen zu beachten?
2. Worin liegt der Unterschied zwischen gespundeter und gefederter Fuge?
3. Welche Vorteile haben profilierte Fugen bei Breitenverbindungen?
4. Welche Verbindungen können beim Zusammensetzen eines bogenförmigen Rahmens angewendet werden?
5. Nennen Sie wichtige Unterschiede zwischen Breiten und Längenverbindungen!
6. Warum darf man bei Eckverbindungen Längs- und Querholz höchstens auf einer Länge von 70 mm miteinander verleimen?
7. Welche Verbindungsmöglichkeiten kennen Sie für Eckverbindungen von Span- oder mitteldichten Faserplatten?
8. Beschreiben Sie in der richtigen Reihenfolge die Arbeitsgänge beim Herstellen einer verdeckten Schwalbenschwanzzinkung!
9. Vergleichen Sie eine auf Gehrung überblattete mit einer geschlitzten Rahmen-Eckverbindung hinsichtlich Aussehen, Herstellungsaufwand und Festigkeit!
10. Welche Aufgabe hat die Feder an gestemmten Rahmen- und Stollen-Eckverbindungen?
11. Wie wird eine haltbare genagelte Flächen-Eckverbindung ausgeführt?

Betriebs- und Arbeitsorganisation – Betriebsorganisation

7 Betriebs- und Arbeitsorganisation

7.1 Betriebsorganisation

Jeder Betrieb hat mit seiner Umwelt vielfältige Wechselbeziehungen und muß sich seiner Umgebung anpassen. Für die Standortwahl spielen eine Rolle:
- Flächennutzungs- und Bebauungspläne der Kommunen,
- mögliche Lärm- und Staubbelästigungen der Umgebung, Erschütterungen (→ Immissionsschutz),
- Verkehrsanschluß (Straßen, Bahnlinien),
- Versorgung mit Wasser, Wärme, Elektrizität,
- Beschaffungsmarkt (Holz, Beschläge) und
- Absatzmöglichkeiten.

7.1.1 Betriebsräume

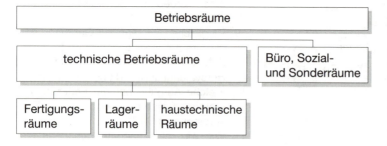

Raumstruktur. Die Größe eines Betriebes richtet sich nach Art und Menge der Produktion. Räume und Raumzuordnung liegen für einen bestehenden Betrieb fest. Neu einzurichtende oder zu erweiternde Betriebe lassen sich oft technologisch günstiger gestalten.

Fertigungs- und Lagerräume werden so angeordnet, daß ein günstiger technologischer Ablauf gewährleistet ist. Die Transportwege sollen kurz und mit Flurförderzeugen befahrbar sein. Die Raumstruktur läßt sich im Grundriß (Betriebslayout) darstellen.

Grundsätzliche Anforderungen. Für die Ausstattung und Einrichtung der Betriebsräume gilt die Arbeitsstättenverordnung (AStVO). Sie enthält neben grundsätzlichen Vorschriften auch spezielle Hinweise zu den verschiedenen Betriebsräumen.

Technische Betriebsräume

Spezielle Anforderungen an technische Betriebsräume ergeben sich aus der jeweiligen Arbeitsaufgabe.

Der Zuschnittraum liegt zweckmäßig im Anfangsbereich des Produktionsablaufes. Je nach Produktionsprofil überwiegt der Zuschnitt von Vollholz, Plattenwerkstoffen, Kunstoffplatten oder Kunststoffprofilen.
Zuschnittmengen, Maschinenausrüstung, Zwischenlagerplätze und Transportwege für Material und Zuschnittteile bestimmen die Raumgröße. Der Zuschnittraum muß mit einer Absauganlage ausgerüstet sein. Schallschutzmaßnahmen sind notwendig.

Maschinenraum. Hier sind vorwiegend Standardholzbearbeitungsmaschinen (Kreis-

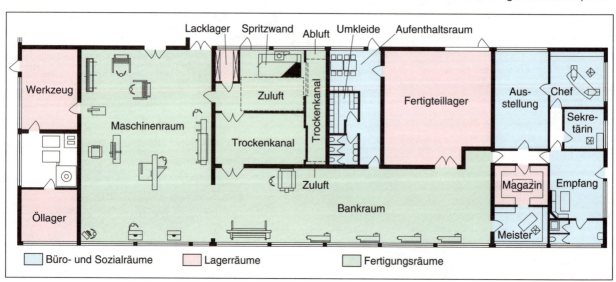

B 7.1-1 Raumstruktur eines Handwerksbetriebes.

T 7.1/1 *Grundsätzliche Anforderungen an technische Betriebsräume*

Ausstattung/ Einrichtung	Forderung
Raumgröße	Mindestgrundfläche 8,00 m², bei vorwiegend sitzender Tätigkeit ≥ 12,00 m³, bei nicht sitzender Tätigkeit ≥ 15,00 m³, bei schwerer körperlicher Arbeit ≥ 18,00 m³
Raumhöhe	Raumhöhe — erforderliche Raumgrundfläche 2,50 m — bis 30 m² 2,75 m — bis 100 m² 3,00 m — bis 2000 m² 3,25 m — über 2000 m²
Flächenbedarf	je Arbeitnehmer 1,50 m² unverstellte Fläche (Mindestbreite 1,00 m), 1,10 m breiter Flucht- und Rettungsweg
Fenstergestaltung	Lichteinfallfläche ≥ 1/10 der Raumgrundfläche, Fenstergröße ≥ 1,25 m² bis 5,00 m Raumtiefe, ≥ 1,50 m² über 5,00 m Raumtiefe, Brüstungshöhe bei vorwiegend sitzender Tätigkeit ≥ 0,85 m, bei vorwiegend stehender Tätigkeit ≥ 1,25 m
Beleuchtung [1]	bei groben Arbeiten 200 lx, bei feinen Arbeiten 500 lx, bei Zeichen- und Schärfarbeiten 1000 lx, in Lagerräumen 50 lx ... 100 lx
Fußboden	rutschhemmend, eben und leicht zu reinigen
Temperatur	bei überwiegend sitzender Tätigkeit 19 °C, bei nicht sitzender Tätigkeit 17 °C, bei schwerer körperlicher Arbeit 12 °C, keinesfalls > 26 °C
Frischluft	durchschnittlich 3 Luftwechsel je Stunde
Luftgeschwindigkeit	≤ 0,40 m/s
relative Luftfeuchte	etwa 50% ... 60%, maximal 80%
Holzstaubkonzentration	≤ 2 mg/m³
Lärmschutz [2]	laute Maschinen schwingungsarm und schallgedämpft aufstellen, ab 85 dB(A) persönliche Schallschutzmittel bereitstellen, ab 90 dB(A) benutzen

[1] Lux (lx) = Maßeinheit für die Beleuchtungsstärke
[2] Dezibel (dB) = Maßeinheit für die Lautstärke

säge-, Hobel- und Fräsmaschinen) aufgestellt. Besonders wichtig sind leistungsfähige Absauganlagen für Späne und Staub. Schallschluckbekleidungen vermindern den Betriebslärm.

Furnier- und Pressenraum. In Betrieben des Möbel- und Innenausbaues sind oft Schneide- und Fügemaschinen, Leimauftragsmaschinen und Flächenpressen in einem Raum vereinigt.
Hier ist mit sehr großen Flächenbelastungen z.B. durch Ein- oder Mehretagenpressen zu rechnen. In der Regel sind Zuleitungen für Dampf, Kaltwasser, Heißwasser und Energie notwendig. Die Maßnahmen zum Immissionsschutz müssen beachtet werden.

Schleifraum. Der Schleifstaub greift die Atemwege und die Haut an. Eichen- und Buchenholzstäube sind für die Krebsentstehung ein erhebliches Risiko. Betriebe, die im Jahr mehr als 10% dieser Holzarten verarbeiten, müssen spezielle Forderungen erfüllen. Die wichtigste Bedingung ist eine wirkungsvolle Absauganlage.

Bankraum. Hier befinden sich Hobel- und Werkbänke sowie Regale und Schränke zur Aufbewahrung von Beschlägen und Hilfsmaterialien. Die vorherrschende Handarbeit wird durch Handmaschinen unterstützt (Handfräsmaschinen, Bohrmaschinen). Bankräume sollen vom Lärm und Staub der anderen Werkräume getrennt sein.

Montageraum. Ein spezieller Montageraum ist zweckmäßig, wenn viele Gestelle oder Möbelkorpusse verleimt, Beschläge vormontiert und Bauteile anzuschlagen sind. In einem Montageraum können sich Preßvorrichtungen, Pressen sowie Kleinmaschinen zum Nachhobeln, Beschlageinfräsen und Bohren befinden. Der Bankraum kann auch gleichzeitig Montageraum sein.

Räume zur Oberflächenbehandlung. Dazu gehören:
- Räume zum Auftragen von Beizen und Lacken (Spritz-, Gieß- oder Tauchräume) und
- Trocknungsräume.

Die Räume müssen staubfrei sein. Sie sind deshalb vom Maschinen- und Schleifraum getrennt und werden aufwendig belüftet. Die Raumluft muß eine Temperatur von 20 °C ... 24 °C, eine relative Luftfeuchte von 55% ... 65% und möglichst einen geringen Überdruck haben.

Feuerwiderstandsklassen 9.2.4

Lackierräume müssen:
- in eingeschossigen Gebäuden bzw. im obersten Geschoß eingerichtet werden,
- feuerbeständig von Nachbarräumen oder -gebäuden getrennt und als feuergefährdeter Bereich gekennzeichnet sein,
- Wände aus nicht brennbaren Baustoffen haben und leicht zu reinigen sein,
- nach außen zu öffnende, selbstschließende und feuerhemmende Türen (Feuerwiderstandsklasse T 30) haben,
- mit explosionsgeschützten Elektroanlagen ausgerüstet sein,
- eine Absaug- und Belüftungsanlage haben, die ein nicht explosives Luftgemisch gewährleisten,
- ausreichend mit Feuerlöscheinrichtungen versehen sein.

Trocknungsräume sind von den Lackierräumen zu trennen. Sie müssen vor allem ausreichend belüftet und beheizt werden können und unterliegen den gleichen Forderungen wie die Lackierräume.

Lagerräume müssen übersichtlich und transportgünstig eingerichtet werden. Je nach Material sind evtl. Temperatur und relative Luftfeuchte einzustellen. Für Furniere darf kein Sonnenlicht einfallen (→ evtl. Farbänderungen). Für Platten sind Rollbahnen, für Glasflächen schräge Anlageflächen vorzusehen.

Haustechnische Räume für Heizung, Drucklufterzeugung und Holztrocknung erfordern meist eine spezielle Einrichtung.
Wirtschaftlich sind Brikettier- und Heizeinrichtungen für die umweltfreundliche Verbrennung von Holzspänen und -staub.

7.1.2 Arbeitsplatzgestaltung

Die Arbeitsleistung wird beeinflußt von:
- äußeren Voraussetzungen → Größe, Klima und Einrichtung der Betriebsräume, Gestaltung von Maschinen und Werkzeugen, Arbeitsplatzgestaltung und Fertigungsorganisation,
- inneren Voraussetzungen → Leistungsvermögen und Leistungsbereitschaft der Fachkräfte.

Eine besondere Bedeutung hat dabei die Arbeitsplatzgestaltung. Sie berücksichtigt Erkenntnisse der Arbeitswissenschaft und die Wechselbeziehungen zwischen Tätigkeit und menschlichem Organismus (Ergonomie). Es sind einseitige Belastungen zu vermeiden und möglichst kraftsparende Bewegungsvorgänge durch eine körpergerechte Gestaltung des Arbeitsplatzes zu ermöglichen. Dabei soll gleichzeitig die Arbeit sicherer gemacht werden.

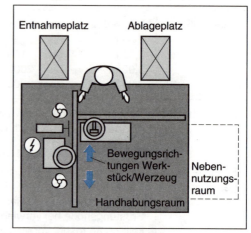
B 7.1-2 Beispiel für die körpergerechte Arbeitsplatzgestaltung bei Maschinenbearbeitung.

Handarbeitsplätze sollten einen flexiblen Elektro- und/oder Druckluft- sowie einen Entsorgungsanschluß haben.
Die Zuleitungen und der Absaugschlauch dürfen die Arbeit nicht behindern und müssen arbeitssicher sein.

B 7.1-3 Beispiel für Stromzuführung. Stromband mit Aufhängegestell.

7.2 Arbeitsorganisation

7.2.1 Fertigungsorganisation

Die Organisation einer Fertigung hängt ab von:
- Produkt bzw. Serviceleistung,
- Betriebsart und Betriebsanlage,
- Fertigungsvolumen.

Man unterscheidet:
- Fertigungsarten → Anzahl gleicher Erzeugnisse bzw. Leistungen und
- Fertigungsprinzipien → räumliche Anordnung der Betriebsmittel.

Das Werkstattprinzip ist in kleineren Betrieben vorherrschend. Hier arbeitet die Fachkraft an Standard-Holzbearbeitungsmaschinen oder an einer Werk- bzw. Hobelbank. Das Material wird auf Transportwagen befördert. Es kann auch von Hand zu den Arbeitsplätzen getragen werden.

Das Verrichtungsprinzip herrscht in mittleren Betrieben vor. Hier werden aus technologischen oder aus Gründen notwendiger Schutzmaßnahmen (z.B. gemeinsame Absauganlage) zusammengehörende Maschinen in speziellen Räumen zusammengefaßt.

Das Fließprinzip ist typisch für Großbetriebe. Eine noch weiter spezifizierte Form dieses Prinzips ist die automatisierte Fertigung. Beim Fließprinzip sind die Maschinen und Arbeitsplätze in technologisch sinnvoller Reihenfolge angeordnet, so daß nur wenig Transportaufwand entsteht. Nachteilig ist diese Fertigungsart, wenn ein neues Produkt gefertigt werden soll, das anderen Bearbeitungsfolgen unterliegt.

T 7.2/1 Fertigungsarten

Fertigungsart	Erzeugnisumfang	Beispiele	Besonderheiten
Einzel-fertigung	Einzelteile oder wenige gleichartige Teile, oft sehr hochwertige Erzeugnisse	individuelle handwerkliche Fertigung, Inneneinbau, Musterbau	aufwendige Arbeitsvorbereitung, Betriebsmittel meist nicht ausgelastet
Serien-fertigung	Kleinserien-, Mittelserien-, Großserienfertigung	Möbel-, Türen- und Fensterproduktion und -einbau	Arbeitsvorbereitung mehrfach nutzbar, sinnvolle Arbeitsteilung, effektive Auslastung der Betriebsmittel
Massen-fertigung	sehr große Stückzahlen, meist gleichartige Billigprodukte	Herstellung von Span- und Faserplatten, Massenartikel	automatisierte Produktion

T 7.2/2 Fertigungsprinzipien

Fertigungsprinzip	Kennzeichnung	Beispiele	Besonderheiten
Werkstattprinzip (Werkplatzprinzip)	Betriebsmittel, nicht immer dem Betriebsablauf entsprechend aufgestellt	Arbeiten im Maschinenraum, Bankraum, Spritzraum, Schärfraum	geringe Investitionen, großer Transportaufwand, ungünstige Maschinenauslastung
Verrichtungs-prinzip (Reihenfertigung)	Betriebsmittel in technologischer Folge oft gruppenweise aufgestellt	Möbel-, Türen- und Fensterproduktion	geringer Transportaufwand, kurze Durchlaufzeiten, günstig für Serien- oder Massenfertigung
Fließprinzip (Fließfertigung bzw. Flußprinzip)	Betriebsmittel in technologischer Folge aufgestellt	Maschinenfließreihen, Bearbeitungsstraßen	keine Zwischenlager erforderlich, kontinuierliche Produktion, große Investitionen

7.2.2 Vorbereiten der Fertigung

Jede Fertigung muß geplant werden. Dazu ist eine klare Vorstellung von Aussehen, Konstruktion und Umfang des Auftrages notwendig. Auf der Grundlage dieser Voraussetzungen wird der Auftrag für den Kunden vorkalkuliert.

Bei der Entscheidung für einen Auftrag müssen technische Ausrüstung, Betriebsgröße sowie Umfang und Kompliziertheit des Auftrages berücksichtigt werden. Nach Auftragsbestätigung kann das Material beschafft und der Fertigungsablauf zeitlich und organisatorisch festgelegt werden. Wichtige Planungsunterlagen für die Fertigung sind:
- Fertigungszeichnung,
- Materialliste,
- Arbeitsauftrag,
- Fertigungsablaufplan,
- Einsatzplan.

Fertigungszeichnung. Meist dient die Fertigungszeichnung und/oder das Muster als Verständigungsgrundlage für die Planung. Auch die Bildschirmgrafik oder der Stock- bzw. Brettaufriß werden verwendet. Die Gestaltung wird maßgeblich von den Wünschen der Kunden bestimmt. Dabei tragen das Geschmacksempfinden und die Erfahrung des Herstellers mit zur gestalterischen Lösung bei. Es muß auch die konstruktive Machbarkeit berücksichtigt werden, die durch die Materialien, Werkzeuge und Maschinen und das Geschick der Fachkräfte bestimmt wird.

Materialliste. Meist werden für jede Werkstoffgruppe gesonderte Materiallisten angefertigt, z.B. für Vollholz, Plattenmaterial, Klebstoff, Glas, Beschläge. Umfang und Ausführlichkeit sind von der Auftragsgröße abhängig. Materiallisten werden auch Stück-, Teile- oder Zuschnittlisten genannt. Die Form der Materialliste ist nicht verbindlich festgelegt.

Arbeitsauftrag. Für den Bearbeiter beginnt jede Arbeit mit dem Arbeitsauftrag. Er wird meist mündlich oder schriftlich durch den Meister oder Vorarbeiter erteilt.
Ein Arbeitsauftrag muß folgende Informationen enthalten:
- Art und Bezeichnung des Erzeugnisses oder der Leistung,
- Anzahl der Erzeugnisse oder Umfang der Leistungen,
- Zeitpunkt für den Beginn und die Beendigung der Arbeit (Terminplanung),
- Angabe von Maßen, konstruktiven Details und Qualitätskennwerten,
- vorgesehene Materialien und Beschläge, evtl. Hinweise zur Beschaffung.

Bildschirmgrafik 3.6.5

Materialliste											
Pos. Lfd. Nr.	Bezeichnung	Holzart	Stück	Fertigmaß			Roh-Dicke mm	Menge		Einzelpreis DM	Gesamt DM
				Länge mm	Breite mm	Dicke mm		m² m³	Zuschlag Faktor	Material Einsatz		

B 7.2-1 Gesamtmaterialliste mit Fertigmaßen zur Kalkulation.

Materialliste Platten											Datum		Auftrags-Nr.	
Objekt/ Auftraggeber							Tel. Nr.				Arbeitsbeginn		Liefertermin	
Gegenstand/ Bezeichnung / Ausführung							Pos. Nr.				Zeichnungs-Nr.		Blatt Nr. von insges.	
Pos. Lfd. Nr.	Verwendung	Holzart	Fertigmaß				Zuschnittmaß				Kante	
			Trägermaterial Flächenmaterial	Stück	Länge mm	Breite mm	Dicke mm	Stück	Länge mm	Breite mm	Dicke mm	Mat. Art wo	Nr.

B 7.2-2 Einzelliste mit Angabe der Zuschnittmaße. Materialliste für Platten.

Betriebs- und Arbeitsorganisation – Arbeitsorganisation | Betriebs- und Arbeitsorganisation – Betriebsorganisation

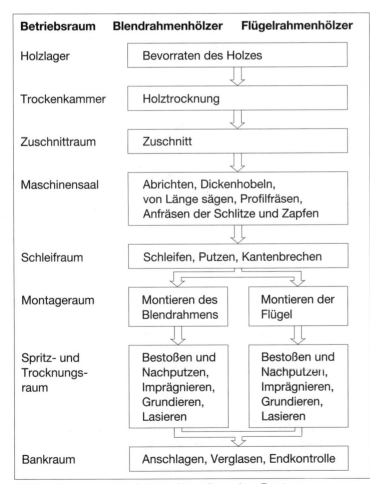

B 7.2-3 Auftragskarte - Muster.

B 7.2-4 Fertigungsablaufplan zur Herstellung eines Fensters.

Zum besseren Verständnis dienen Skizzen, Zeichnungen und Fotos, seltener auch Vergleichsmuster. Der schriftliche Arbeitsauftrag sichert außerdem den Arbeitnehmer im Falle eines Unfalles oder bei Schäden und Fehlern ab. Dem Auftraggeber dient er als Nachweis bei der Abrechnung der Arbeitsleistung. Oft werden Auftragskarten verwendet.

Fertigungsablaufplan. Vor der Arbeitsausführung muß die Reihenfolge der Arbeitsgänge gedanklich oder schriftlich festgelegt werden. Der Fertigungsablauf muß die betrieblichen Möglichkeiten berücksichtigen und kann deshalb bei gleichem Erzeugnis in verschiedenen Betrieben unterschiedlich sein. Für umfangreiche Aufträge oder bei Serienfertigung ist die optimale Losgröße für die Bearbeitung der Teile zu ermitteln.

Die Losgröße ist die Stückzahl gleichartiger Werkstücke, die nacheinander mit gleichen Werkzeugen und Maschinen ohne Werkzeugwechsel zusammen bearbeitet werden.

Einsatzplan. Nach der Bearbeitungsfolge kann der zeitliche Einsatz der Maschinen und Werkzeuge aber auch der Arbeitskräfte festgelegt werden.
Dadurch können:
- Arbeitsmittel optimal ausgelastet,
- Arbeitskräfte sinnvoll eingesetzt,
- Rüstzeiten für das Einstellen der Maschinen und den Werkzeugwechsel vermindert und
- Platz für zwischengelagerte Teile eingespart

werden.

Computerplanung. Mit Hilfe von Computerprogrammen ist es möglich, die Fertigung nach System zu planen.
Die Planung umfaßt:
- perspektivische Darstellung des Kundenwunsches auf dem Bildschirm,
- Fixieren der Maße,
- Erstellen der Ansichten und Details,
- Vermaßung,
- Datenübertragung zum Bearbeitungsautomaten (Programmablauf vom Bearbeiter lediglich überwacht),
- Erfassen des Materialbedarfs und
- Vergleich mit dem Materialbestand.

Interessant ist die Computerbearbeitung, wenn gestalterische und konstruktive Veränderungen erforderlich werden. Die Änderung z.B. eines Tiefenmaßes überträgt der Computer in die Detaildarstellungen, in die Materiallisten und in die Maschinendaten. Ebenso einfach ist auch die Veränderung der Fertigungsmenge möglich.

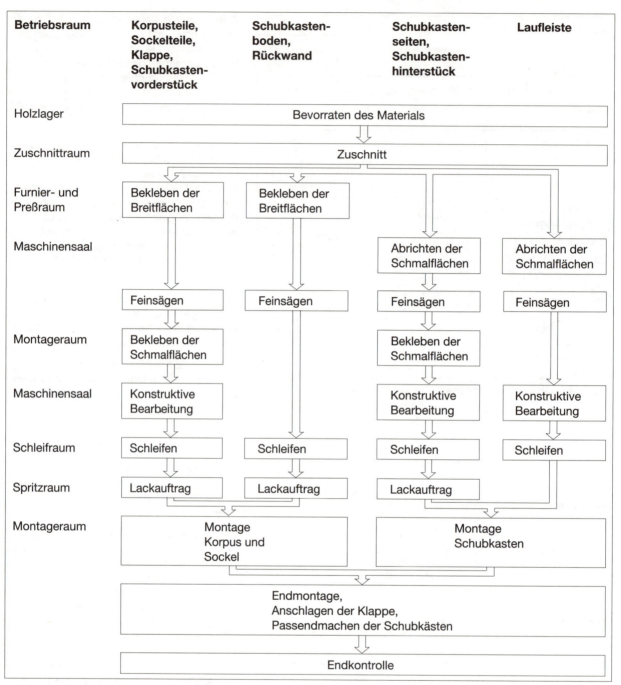

B 7.2-5 Fertigungsablaufplan zur Herstellung eines Schränkchens.

Aufgaben

1. Erfassen Sie die Betriebsräume Ihres Ausbildungsbetriebes und skizzieren Sie die Raumstruktur!
2. Bestimmen Sie die in Ihrem Ausbildungsbetrieb bestehende Fertigungsart und beschreiben Sie die Besonderheiten!
3. Bestimmen Sie das in Ihrem Ausbildungsbetrieb bestehende Fertigungsprinzip und beschreiben Sie die Besonderheiten!
4. Erarbeiten Sie die Materialliste für einen Hocker oder einen Tisch!
5. Erstellen Sie den Fertigungsablaufplan für das in Aufgabe 4. ausgewählte Produkt!

8 Möbelbau

8.1 Möbelbauarten

Die Möbelbauarten haben sich historisch entwickelt. Durch neue Arbeitstechniken, verbesserte Werkzeuge und Maschinen sowie moderne Werkstoffe vergrößerten sich Konstruktionsvielfalt und technische Qualität der Möbel.

8.1.1 Einteilung und Bezeichnung

Möbel sind bewegliche Einrichtungsgegenstände (mobilis lat. = beweglich). Sie werden nach DIN 68880 eingeteilt und bezeichnet nach:
- Werkstoff → Holzmöbel (aus Vollholz oder Holzwerkstoffen), Kunststoff-, Korb-, Polstermöbel,
- Konstruktion → Korpusmöbel, Gestellmöbel,
- Funktion → Behältnis-(Korpus-)möbel, Sitzmöbel, Liegemöbel, Kleinmöbel,
- Anordnung und Verwendung im Raum
  → Einzelmöbel, die unabhängig von den übrigen Möbeln aufgestellt werden können,
  → Systemmöbel, bestehend aus Elementen, die sich verschieden kombinieren und zusammensetzen lassen.

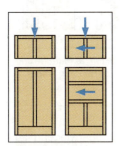

B 8.1-1   An- und Aufbaumöbel.

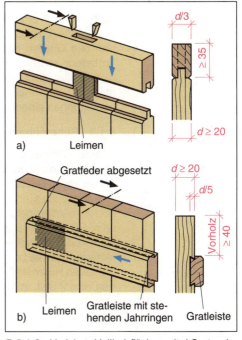

B 8.1-3   Verleimte Vollholzflächen mit a) Grat- oder b) Hirnleisten.

Systemmöbel. Zu den Systemmöbeln gehören:
- An- und Aufbaumöbel aus Elementen, die neben und/oder übereinander zu Einheiten angeordnet werden.
- Endlosschränke, die nach einem Rastersystem (meist 32 mm) aus einzelnen Möbelteilen zusammengesetzt werden. Die Wandteile haben Lochreihen für Bewegungs- und Montagebeschläge.
- <mark>Einbaumöbel</mark>, die mit Gebäudeteilen fest verbunden und nur in Verbindung mit diesen verwendungsfähig sind.
- <mark>Raumteiler</mark>, die eine Wand zwischen zwei Räumen ersetzen, Räume gliedern oder Raumbereiche abtrennen.

Einbaumöbel, Raumteiler 9.4.1

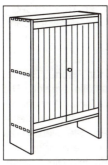

B 8.1-2   Schrank in Brettbauweise.

8.1.2 Brettbauweise

Die Brettbauweise ist die älteste Möbelbauart und verwendet fast ausschließlich Vollholzflächen. Das Holz soll riß- und fehlerfrei sein, kleinere verwachsene Äste sind möglich und wirken oft sehr dekorativ. Die rechten Brettseiten haben in der Regel eine schönere Zeichnung und werden deshalb nach außen ge-

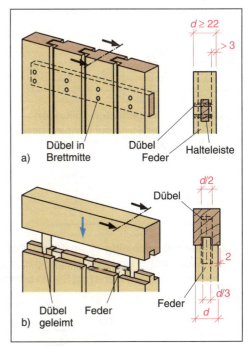

B 8.1-4   Breite Vollholzflächen unverleimt gefedert mit a) Halte- oder b) Hirnleiste.

Möbelbau – Möbelbauarten

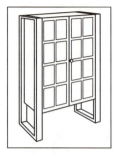

B 8.1-5 Schrank in Rahmenbauweise.

B 8.1-6 Schrank in Stollenbauweise.

nommen. Für die Flächenverleimung sind die bekannten Verleimregeln zu beachten.

Das Schwinden und Quellen des Holzes erfordert traditionelle Verbindungstechniken wie Graten, Nuten und Federn, Zinken, Einstemmen und Verkeilen. Grat-, Hirn- oder Halteleisten verhindern das Wölben freibeweglicher Vollholzflächen, ohne das Schwinden und Quellen der Teile einzuschränken. Trotzdem sollten verleimte Vollholzflächen nicht breiter als 500 mm sein und nur in Räumen mit annähernd konstanten Klimabedingungen eingesetzt werden.

8.1.3 Rahmenbauweise

Wände, Türen und andere großflächige Baugruppen bestehen aus Rahmenkonstruktionen, die in Breite und Höhe nur unwesentlich schwinden und quellen. Die Rahmenhölzer müssen geradwüchsig und fehlerfrei sein. Sie werden durch Schlitz und Zapfen, Dübel oder ausschließlich maschinell durch Minikeilzinken verbunden. Füllungen aus Glas, furnierten Holzwerkstoffen oder Vollholz werden eingenutet, in Fälze gelegt und mit Leisten befestigt oder überschoben. Vollholzfüllungen werden meist abgefälzt.

Füllungen und Rahmeninnenseiten müssen vor der Montage oberflächenfertig sein, da sonst durch Schwinden unbehandelte Streifen sichtbar werden.

8.1.4 Stollenbauweise

Kennzeichnend sind die in der Höhe durchgehenden Eckstollen, die auch die Standflächen des Möbels bilden. Sie übertragen alle vertikalen Kräfte auf den Fußboden und bestehen deshalb aus fehlerfreiem Vollholz. Die Stollen sind im Querschnitt eckig oder abgerundet. Zwischen ihnen sind großflächige Plattenteile, Füllungsrahmen oder Stege mit Dübeln, Federn oder Zapfen befestigt und eingeleimt.

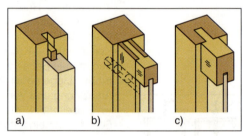

B 8.1-7 Anschlußmöglichkeiten. a) Plattenwerkstoff mit eingesetzter Feder, b) Rahmen eingedübelt, c) Steg eingezapft.

8.1.5 Plattenbauweise

Die Möbelteile bestehen überwiegend aus furnierten, kunststoffbeschichteten oder mit Folien beklebten Holzwerkstoffplatten.

Die Schmalflächen sind umleimt oder werden furniert bzw. mit Schmalflächenmaterial beklebt. Wände, Böden oder Platten können stumpf, auf Gehrung, bündig sowie vor- oder zurückstehend verbunden werden. Es haben sich besonders maschinelle Verbindungstechniken mit Dübeln, geraden Winkel- oder Formfedern, Kunststoffinjektionen durchgesetzt. Die Verbindungsbeschläge sind meist lösbar.

8.1.6 Gestellbauweise

Die Gestellbauweise ist für Tische, Stühle, Hocker, teilweise Bettgestelle typisch. Die Gestellteile bestehen aus Vollholz oder schichtverleimten Furnierlagen und haben kleine Querschnittsabmessungen. Sie werden zu einem skelettartigen Gerüst verbunden, das an mehreren Seiten offen ist. Die Stollen, Zargen, Leisten oder Stege haben meist tragende oder stützende Funktionen.

T 8.1/1 Rahmen-Füllungskonstruktionen

Rahmen mit eingenuteten Füllungen

Mit Holzwerkstoffüllung	Mit Vollholzfüllung	Füllung überschoben
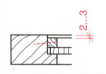		

Rahmen mit eingefälzten Füllungen

Die Füllungsstäbe sind auf Gehrung geschnitten, mit Stiften oder Schrauben befestigt. Die Schraubenschlitze sind ausgerichtet.

	Schattennut 3 x 3	

Rahmen mit zweiseitig eingestäbten Füllungen

Die Füllungsstäbe sind auf Gehrung geschnitten, auf einer Seite eingeleimt, auf der anderen mit Stiften oder Schrauben befestigt.

Möbelbau – Korpusmöbel

Schwind- und Quellmaße 2.2.4

Die Eckverbindungen müssen der Belastung angepaßt und besonders paßgenau ausgeführt werden. Bei der Befestigung von Vollholzflächen auf dem Gestell (z.B. Sitz- oder Tischplatten) müssen die unterschiedlichen Schwind- und Quellmaße besonders berücksichtigt werden.

Aufgaben

1. Nach welchen Gesichtspunkten können Möbel eingeteilt und bezeichnet werden? Nennen Sie Beispiele!
2. Was versteht man unter einem An- bzw. Aufbaumöbelsystem?
3. Welche Konstruktionen können das Wölben von Vollholzflächen beim Brettbau verhindern?
4. Welche konstruktiven Unterschiede weisen Möbel in Brett- und Plattenbauweise auf? Begründen Sie Ihre Aussage!
5. Welche Aufgaben haben Zargen beim Gestellbau?
6. Vergleichen Sie Befestigungsmöglichkeiten für Füllungen bei Rahmentür-Konstruktionen!
7. Warum stellt die Rahmen- gegenüber der Brettbauweise einen technischen Fortschritt dar? Begründen Sie Ihre Antwort!

8.2 Korpusmöbel

8.2.1 Arten und Teile

Korpusmöbel sind Behältnismöbel. Der kastenförmige Korpus besteht in der Regel aus senkrechten Wänden, waagerechten Böden und der Rückwand. Er kann durch bewegliche Möbelteile verschlossen und durch Fußkonstruktionen ergänzt werden.

Zu den Korpusmöbeln gehören:
- Schränke mit Türen, Klappen, Schubkästen oder Rolladen,
- Kommoden mit Schubkästen,
- Sekretäre mit aufklappbarer Schreibfläche,
- Truhen mit nach oben zu öffnenden Klappen,
- Tonmöbel mit Fächern für Phonogeräte,
- Regale (mit oder ohne Rückwand) mit offenen Fächern.

8.2.2 Korpusbaugruppen

Außen- und Zwischenwände

Korpusmöbel werden durch Außenwände begrenzt und durch Zwischenwände unterteilt. Die Wände übertragen alle Belastungs-(Gewichts-)kräfte zur Fußkonstruktion. Sie müssen so dick sein, daß sie sich nicht wölben und Eckverbindungen und Beschläge angebracht werden können. Die Wände bestehen bei der Brett-, Rahmen- oder Plattenbauweise aus Vollholz bzw. Holzwerkstoffen. Sie können furniert, mit Folie beklebt oder dekorativ beschichtet sein. Die vorderen Schmalflächen, an denen oft Drehtüren angeschlagen sind, müssen mit Anleimern oder Schmalflächenband geschützt werden.

Lisenen. Aus gestalterischen Gründen werden Außenwände manchmal mit senkrechten Zierelementen versehen. Diese Lisenen sind profiliert, furniert oder abgerundet. Sie werden angefedert, angedübelt oder direkt angeformt. Industriell wird auch die Falttechnik angewendet.

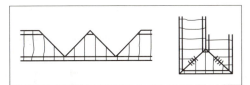

B 8.2-3 Lisenengestaltung durch Falten.

Möbelböden

Böden begrenzen und unterteilen den Innenraum und dienen als Ablageflächen für Gebrauchsgüter:
- Konstruktionsböden sind mit den Wänden verbunden. Als aufliegende Platte, Ober-, Unter- oder Zwischenboden sind sie Teil des Möbelkorpus.
- Einlegeböden werden lose auf Bodenträgern eingelegt.

Durch Gebrauchsgegenstände werden die Böden auf Biegung belastet. Durch verformte

Foldingverfahren 6.2.3

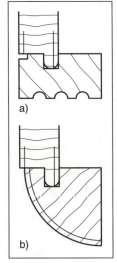

B 8.2-2 Lisenen.
a) profilierte Vollholzleiste, b) furnierter Viertelstab.

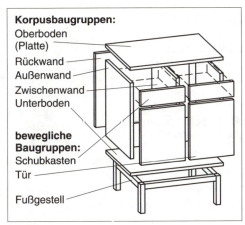

B 8.2-1 Teile von Korpusmöbeln.

Möbelbau – Korpusmöbel

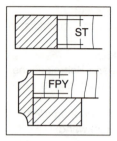

B 8.2-4 Möglichkeiten der Bodengestaltung.

Konstruktionsböden können Türen und Schubkästen klemmen. Durchgebogene Einlegeböden (Durchbiegung > 3 mm) sind vor allem ein optischer Mangel. Durch gezielte Auswahl und Kombination der Werkstoffe und konstruktive Maßnahmen (z.B. Unterstützung, Unterleimer) wird die Durchbiegung vermindert.

Einlegeböden sind in der Regel höhenverstellbar. Früher wurden dazu Bodenträgerleisten zwischen Zahnleisten eingelegt. Heute haben die Wände Lochreihen zum Einstecken oder Einschrauben der Bodenträger. Die Lochabstände betragen bei Maschinenbohrung 32 mm (System 32).

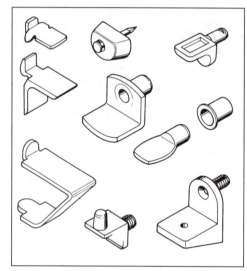

B 8.2-5 Bodenträgerbeschläge zum Einstecken oder -schrauben.

Korpus-Eckverbindungen

Bewegliche Baugruppen erfordern eine winkelsteife Korpuskonstruktion. Sie muß der normalen Gebrauchsbelastung, aber auch kurzzeitigen Seitenkräften beim Verschieben oder Transportieren sicher widerstehen. Die notwendige Winkelsteifigkeit muß durch Eckverbindungen und durch die Art und Befestigung der Rückwand erzielt werden. Bei Stumpfstoßverbindungen sind grundsätzlich Verbindungselemente (z.B. Dübel, Federn) notwendig, die Belastungskräfte aufnehmen und weiterleiten können.

Verbindungselemente 6.1

Unlösbare Korpus-Eckverbindungen

werden formschlüssig mit Verbindungsmitteln oder angeschnittenen Federn, mit Zapfen

T 8.2/1 Eckgestaltung bei unlösbaren Korpus-Eckverbindungen

Art	Abbildung
Bündige Ecke	
Ecke mit kleinem Überstand (≥ 2 mm)	≥ 2
Ecke mit großem Überstand (≥ 20 mm)	≥ 20

oder Zinken verleimt. Sie sind in der Regel biegesteifer als lösbare Beschlagverbindungen.

Lösbare Korpus-Eckverbindungen sind insbesondere für große Möbel wichtig. Sie werden zwischen Wänden und Böden mit ein- und mehrteiligen Verbindungs-(Montage-)beschlägen hergestellt. Auch nach mehrmaligem Lösen müssen die Teile fugendicht und fest verbunden werden können.

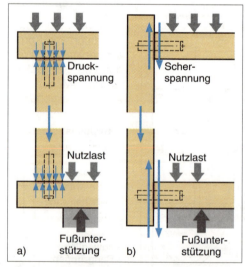

B 8.2-6 In den Fugen von Stumpfstoßverbindungen entstehen a) bei durchgehenden Platten und Böden Druckspannungen, b) bei durchgehenden Wänden Scherspannungen.

Möbelbau – Korpusmöbel

Vor dem Zusammenbau werden die Beschlagteile an Wänden und Böden befestigt. Das ist möglich durch:
- Aufschrauben mit Holz- oder Spezialschrauben,
- Einschrauben in Metall- oder Kunststoffbuchsen, die vorher in Bohrungen der Möbelteile gesteckt werden,
- Eindrücken von Kunststoff-Rillendübeln am Beschlagteil in dafür vorgesehene Sacklöcher,
- Einsetzen zylindrischer Beschlagteile in meist größere Sacklöcher.

Mehrere Befestigungsmöglichkeiten können am gleichen Beschlag kombiniert werden.

Der eigentliche Spannvorgang - das Zusammenziehen und dauerhafte Verbinden der Baugruppen - erfolgt kraftschlüssig durch keilförmige Teile, Exzenterscheiben oder -zylinder, bzw. durch Gewindeschrauben oder Bolzen.

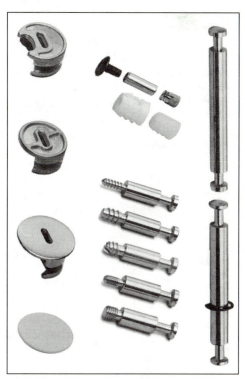

B 8.2-8 Exzenter-Verbindungsbeschlag mit verschiedenen Exzenter- und Bolzenformen.

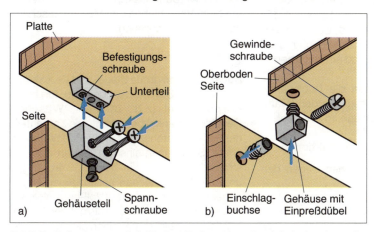

B 8.2-7 Befestigungsmöglichkeiten für Beschlagteile. a) Aufschrauben mit Holzschrauben, b) Einschlagbuchse mit Innengewinde für Spannschraube und angeformten Rillendübel für Gehäuse.

T 8.2/2 Montagebeschläge - Arten und Besonderheiten

Art	Schraubenverbinder	Exzenterverbinder
Anbringung	meist aufgesetzt, stört beim Transport, Vormontage deshalb nicht möglich	meist eingelassen, kann bereits vormontiert werden
Beschlagteile	ein- oder mehrteilig	mehrteilig, lose Teile gehen leicht verloren
Spannweg	groß, kleinere Ungenauigkeiten können ausgeglichen werden	nur wenige Millimeter

Möbelbau – Korpusmöbel

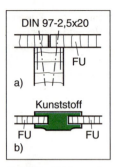

B 8.2-9 Rückwandstöße. a) hinter Zwischenwänden, b) ohne Wandanschluß.

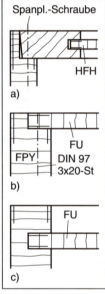

B 8.2-10 Rückwandarten und -befestigung. a) Rahmenrückwand, b) Rückwände aus Holzwerkstoffen.

Rückwände

Rückwände schließen Korpusmöbel hinten staubdicht ab. Sie gewährleisten außerdem die notwendige Winkelsteifigkeit. Bei seitlicher Belastung (Transport, Verschieben) sollen sie sich höchstens 4 mm wölben.
Rückwände sind aus Furniersperrholz, Span- oder Faserplatten. Große einteilige Rückwände wölben sich häufig und sind bei Transport und Montage unhandlich. Deshalb werden Rückwände oft mehrteilig ausgeführt und zusammengesetzt.

Befestigung. Eingefälzte Rückwände werden straff eingepaßt und mit Schrauben oder Klammern befestigt. Eingenutete Rückwände weisen dagegen geringes Spiel auf. Sie werden entweder während der Korpusmontage fest miteingebaut oder nachträglich von unten eingeschoben und am Unterboden verschraubt.
Für Systemmöbel müssen die Rückwände zuweilen von vorn befestigt werden. Dafür sind verschiedene Beschläge im Angebot.

8.2.3 Sockel- und Fußkonstruktionen

Sockel- und Fußkonstruktionen tragen den Möbelkorpus. Sie:
- beeinflussen die ästhetische Wirkung,
- übertragen alle Belastungskräfte auf die Stellfläche,
- gewährleisten eine günstige Höhe für die Benutzung beweglicher Baugruppen und der Abstell- und Arbeitsflächen,
- erleichtern die Bodenreinigung vor und unter dem Möbel.

Sockel, Fußgestelle oder Einzelfüße werden unter dem Unterboden oder unter der Platte (z.B. bei Tischen) befestigt. Häufig dienen die durchgehenden Seitenwände oder Stollen von Korpusmöbeln als Sockel- oder Fußkonstruktionen.

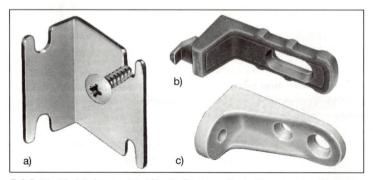

B 8.2-11 Verbindungswinkel für die Rückwandbefestigung. a) mit Spezialschrauben in Rasterbohrungen, b) zum Einhängen in 10-mm-Rückwandbohrungen, c) zum Festschrauben auch in Lochreihen.

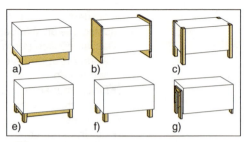

B 8.2-12 Sockel- und Fußkonstruktionen.
a) Sockel, b) Wangen, c) Stollen, d) Fußgestell, e) Einzelfüße, f) Traggestell.

Die Standflächen müssen so groß sein, daß keine Eindrücke in Fußbodenbelägen entstehen. Sie werden allseitig etwa 5 mm angefast, um beim Verschieben des Möbels Beschädigungen auszuschließen.

Sockelkonstruktionen

Sockel können große Biege- und Druckkräfte aufnehmen. Sie werden deshalb für breite Korpusmöbel (z.B. Bücher-, Wäsche-, Geschirrschränke) bevorzugt. Die Zargenteile der Sockel bestehen aus Span- oder Verbundplatte. Sie können einseitig furniert oder mit strapazierfähiger Folie beklebt werden. Die unteren Schmalflächen sollen gegen Nässe abgedichtet, am besten mit Vollholzanleimern versehen sein. Sie werden bis auf den Eckenbereich ausgefräst, um einen sicheren Stand zu gewährleisten. Dadurch verbessert sich auch die Luftzirkulation unter und hinter dem Möbel, was besonders in feuchten Räumen notwendig ist.
Wegen der Fußbodenleisten werden die seitlichen Sockelzargen hinten zurückgesetzt oder ausgeklinkt. Die Hinterstücke sind meist schmaler und werden unsichtbar eingefedert oder -gedübelt. Für breite Möbel sind Zwischenstücke vorzusehen.

Justierbeschläge. Systemmöbel mit vollem Sockel müssen vor der Montage - insbesondere auf unebenen Böden - ausgerichtet werden. Da die Sockel kaum nachbearbeitet werden können, wird mit Hilfe von unsichtbaren Beschlägen justiert. Diese werden durch eine Bohrung im Unterboden mit dem Steckschlüssel oder Schraubendreher eingestellt.

Fußgestelle

Fußgestelle sind eigenständige Baugruppen, die aus Stollenfüßen und Zargen bestehen. Die Teile sind durch Zapfen oder Dübel formschlüssig verleimt oder mit Beschlägen lösbar verbunden.

Möbelbau – Korpusmöbel

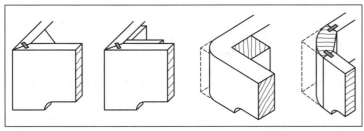

B 8.2-13 Eckverbindungen an Sockeln.

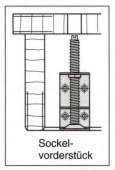

B 8.2-14 Justierbeschlag für Sockelkonstruktionen.

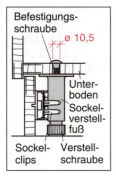

B 8.2-15 Einzelfußbefestigung mit Sockelblende.

Während die Füße die vertikalen Kräfte aufnehmen und weiterleiten, schränken die Zargen die Durchbiegung des Unterbodens erheblich ein. Eine große Gefahr für alle Gestellkonstruktionen sind Seitenkräfte. Diese treten besonders beim Transport oder Verschieben auf und führen vom Lockern bis zum Lösen der Eckverbindungen.
Zapfen oder Dübel müssen deshalb so tief wie möglich in die Füße eingreifen und straff passen. Hohe und zierliche Fußgestelle können durch Querstreben zusätzlich stabilisiert werden.

Einzelfüße

Einzelfüße aus Holz, Metallrohr oder Vierkantprofilen können rasch montiert werden. Weil sie punktförmig durch Dübeln, An- oder Einschrauben befestigt sind, begünstigen sie die unerwünschte Durchbiegung des Unterbodens. Am unteren Fußende befinden sich meist Regulierschrauben mit Standplatten zum Ausrichten und Ausgleichen von Bodenunebenheiten.
Bei reihungsfähigen Möbeln (besonders in Küche und Büro) können Einzelfüße durch Sockelblenden verdeckt werden, die von vorn unsichtbar an den Füßen befestigt sind.

Traggestelle

Traggestelle sind besondere Fußkonstruktionen, die vor allem aus gestalterischen Gründen angewendet werden. Ein offener oder geschlossener Rahmen bildet die Standflächen, zwischen denen der Möbelkorpus eingehängt wird. Traggestelle werden durch die Masse des Korpus stark auf Abscheren beansprucht. Der Unterboden wird wegen der fehlenden Unterstützung besonders durch Biegung belastet.

8.2.4 Türen, Klappen und Rolladen

Türen, Klappen und Rolladen sind bewegliche Baugruppen. Sie:
- ermöglichen das staubdichte Unterbringen von Gebrauchsgut,
- schützen vor Einblick (Ausnahme Glastüren),
- sichern vor unerwünschtem Zugriff und
- bestimmen Aussehen und Erscheinungsbild des Möbels.

Werkstoffwahl und Konstruktionen für Türen und Klappen

Brettbauweise. Grat- oder Hirnleisten an Türen aus Vollholz können das Wölben verhindern. Dadurch wird dichtes Schließen gewährleistet.

Plattenbauweise. Türen und Klappen bestehen aus Stab- oder besser Stäbchensperrholz, aus Span- oder mitteldichten Faserplatten. Sie werden furniert und oberflächenbehandelt oder mit Folie beklebt. Um Schwindmaße und Spannungen auszugleichen, ist ein symmetrischer Aufbau anzustreben. Ist dies nicht möglich, z.B. durch unterschiedliche Furnier- und Lackarten auf beiden Seiten, muß auf bereits erprobte Werkstoffkombinationen zurückgegriffen werden. Im Zweifelsfall sollten Probestücke hergestellt werden.
Schmalflächen von Türen und Klappen sind oft gefälzt oder profiliert. Die Vollholzumleimer dürfen sich durch Nachtrocknen oder Feuchteschwankungen nicht markieren.

Rahmenbauweise. Rahmentüren können Glas- sowie Vollholz- oder Holzwerkstoff-füllungen haben. Furnierte oder profilierte und formgepreßte Holzfüllungen unterstreichen

T 8.2/3 Türen, Klappen und Rolladen

Arten / Merkmale	Türen		Klappen	Rolladen
	Drehtüren	Schiebetüren		
Bewegung	Drehen um eine senkrechte Achse	Verschieben in der Breite des Möbels	Drehen (oben oder unten) um eine horizontale Achse	Verschieben (waagerecht oder senkrecht) in den Möbelkorpus hinein
Verschließen	mit einer oder zwei Türen	zwei hintereinander gleitende Türen	stets nur mit einer Klappe	auch mit zwei gegenläufigen Rolladen

Möbelbau – Korpusmöbel

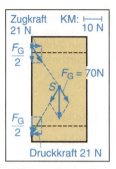

B 8.2-16 Zug- und Druckkräfte an Drehtüren.

den handwerklichen Charakter der Möbel. Die Formbeständigkeit wird durch geschlitzte, gefederte oder gedübelte Eckverbindungen erreicht. Voraussetzung dafür sind schmale Rahmenhölzer (Breite ≤ 70 mm) mit möglichst stehenden Jahrringen und paßgenaue Verbindungen mit großen Klebflächen. Die Füllungen werden eingenutet oder eingefälzt und mit Füllungsstäben befestigt. Da Vollholzfüllungen schwinden können, sind auch die verdeckten Stellen, z.B. in Fälzen oder Nuten, vorher oberflächenfertig zu machen. Glasscheiben werden stets eingefälzt, um sie bei Bruch auswechseln zu können.

Vielfach werden Rahmentüren oder -klappen imitiert. Sie sind aus Holzwerkstoffen einfach herstellbar, neigen aber bei großflächigen Doppelungen zum Verwölben.

Anordnung von Drehtüren und Klappen

Drehtüren und Klappen sind in Anordnung und Bewegung vergleichbar. Für den Mittelschluß an zweitürigen Schränken gibt es verschiedene Möglichkeiten, die von gestalterischen und fertigungstechnischen Gesichtspunkten abhängen.

Anschlagen von Drehtüren

Belastungskräfte. Außer der Masse des Türblattes treten an Drehtüren zusätzlich waagerechte Zug- und Druckkräfte auf. Diese Kräfte werden vom Seitenverhältnis der Türen bestimmt. Drehtüren sollten deshalb höher als breit, höchstens jedoch quadratisch sein.

Bänder und Scharniere müssen die Belastungskräfte, die an Klappen und Türen auftreten, aufnehmen und auf den Korpus übertragen. Werden die Beschläge in Bohrungen oder Ausarbeitungen eingelassen, verbessert das die Kraftübertragung und erleichtert die Anschlagarbeiten. Die Anzahl der Drehbeschläge richtet sich nach der Türgröße und der Rohdichte des verwendeten Materials.

T 8.2/5 Richtwerte für die Anzahl von Scharnieren an Drehtüren

Türbreite in mm	≤ 500			
Türhöhe in mm	≤ 800	≤ 1500	≤ 2000	≤ 2400
Anzahl der Beschläge	2	3	4	5

Bänder sind zweiteilig und aushängbar. Sie bestehen aus einem Lochteil, das stets an der Tür befestigt wird, und einem Stiftteil. Je nach Anschlag sind Rechts- oder Linksbänder erforderlich, die spiegelbildlich und nicht austauschbar sind.

Zylinderbänder (Aufschraubbänder) haben Bandlappen, die an der Tür bzw. Wand eingelassen und festgeschraubt werden. Sie sind gerade oder gekröpft und für verschiedene Anschlagarten verwendbar.

T 8.2/4 Drehtüren- und Klappenanordnung

Anordnung	Bewertung
aufschlagend	Paßgenauigkeit mit geringem Aufwand erreichbar, Abschluß nicht staubdicht, auch geringe Türwölbung nicht ausgleichbar, Durchbiegung von Böden schränkt Beweglichkeit der Türen nicht ein
einschlagend mit Überstand	Beweglichkeit von Türen und Klappen nur bei sehr geringer Bodendurchbiegung, Einpassen gut möglich, da Fuge beobachtet werden kann, Abschluß staubdicht durch eingeklebte Anschlagleisten,
zurückgesetzt	Beweglichkeit von Türen und Klappen nur bei sehr geringer Bodendurchbiegung Nacharbeiten an der Schmalfläche bei Vollholzanleimer möglich
überfälzt	größerer Herstellungsaufwand, Einpassen schwierig, da Fuge nicht direkt sichtbar, staubdichter Abschluß, Beweglichkeit von Türen und Klappen nur bei geringer Bodendurchbiegung gewährleistet, zum Nachstoßen Simshobel notwendig

[1] nur in Ausnahmefällen

Möbelbau – Korpusmöbel

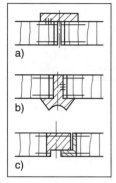

B 8.2-17 Mittelschluß an Drehtüren. a) mit hinterleimter Schlagleiste, b) mit aufschlagender Schlagleiste, c) sichtbarer Falzverschluß.

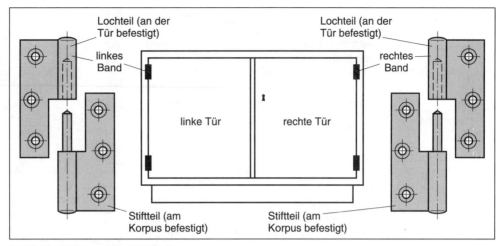

B 8.2-18 Links- und Rechtsbänder.

Einstemmbänder (Fitschen oder Fitschbänder) sind mit Lappen versehen, die eingestemmt und verstiftet werden.

Einbohrbänder haben anstelle der Lappen Zapfen mit Feingewinde. Sie werden in entsprechende Bohrungen der Schmalflächen von Tür und Wand eingedreht.

Zapfenbänder werden für einschlagende Türen oder Klappen verwendet. Sie sind nicht sichtbar, da die Lappen in die obere und untere Türenschmalfläche bzw. die Gegenflächen am Korpus eingelassen und festgeschraubt werden. Die Bewegungsfreiheit gewährleistet eine Unterlegscheibe im unteren Zapfenband. Bei Eckzapfenbändern sind die Drehzapfen vor die Türfläche vorgezogen und sichtbar.

T 8.2/6 *Kröpfungen für Bandlappen (Darstellung für Linksbänder)*

Bezeichnung	Darstellung	Anwendung für
A		aufschlagende Türen / bündig einschlagende Türen
B		zurückgesetzt einschlagende Türen
C		mit Überstand einschlagende Türen
D		eingefälzte Türen
L		aufschlagende Türen mit 270° Schwenkbereich

↑ Einschraubrichtung der Senkkopfschrauben, oberer Lappen gehört zum Stiftteil (am Korpus befestigt)

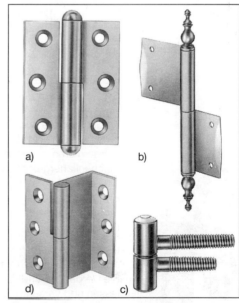

B 8.2-19 Bänder für Drehtüren und Klappen. a) Zylinderband, b) Einstemmband, c) Einbohrband, d) Zapfenband.

Scharniere sind nicht aushängbar. Die Drehbewegung erfolgt um einen Stift bzw. Zapfen oder durch ein mehrgliedriges Drehgelenk in einem Gehäuse.

Gerollte Scharniere haben aufschraubbare Lappen mit einer Rolle, in der ein Stahlstift vernietet oder eingeschoben wird. Die Lappen sind nur selten gekröpft. Sie werden eingelassen und mit Senkkopfschrauben befestigt. Eine Sonderform sind die Stangenscharniere, die nach Bedarf abgelängt werden können.

Unsichtbare Scharniere sind Drehgelenkkonstruktionen. Dazu gehören Topfscharniere für den Breitflächenanschlag und spezielle Gelenkscharniere, die fast ausschließlich an Schmalflächen angeschlagen werden.

Topfscharniere gibt es in verschiedensten Ausführungen. Sie bestehen aus dem Gehäuse (Topf genannt) und dem Gelenkarm. Der Topf wird in eine Sacklochbohrung der Tür eingedrückt und mit Schrauben gesichert. Der Gelenkarm wird auf einer Montageplatte befestigt, die mit Schrauben oder Einpreßdübeln auf der Wandfläche montiert ist.

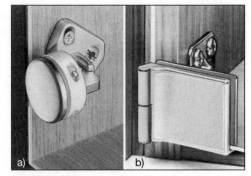

B 8.2-22 Glastürscharniere. a) in Scheibenbohrung eingesetzt, b) an der Scheibenecke aufgesteckt.

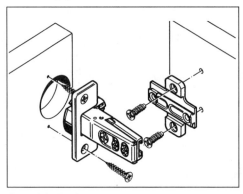

B 8.2-20 Topfscharnier.

Topfscharniere werden für Öffnungswinkel zwischen 92° ... 180°, für ein- und aufschlagende Türen sowie mit und ohne Schließmechanik hergestellt. Für den Anschlag sind die Sacklochtiefe und der Kantenabstand, die Kröpfung des Gelenkarmes und die Höhe der Montageplatte genau zu ermitteln und einzuhalten.

Gelenkscharniere für den Schmalflächenanschlag haben einen Öffnungswinkel von 180°. Sie werden in Rund- oder Langlöchern eingelassen und verschraubt.

Glastürscharniere haben meist einen Drehzapfen. An der Scheibe wird das Scharnier entweder in eine Glasbohrung eingesetzt oder am Scheibenrand aufgesteckt. Eine Kunststoff-Klemmschraube gewährleistet den sicheren Halt.

Hinweise zur Montage von Drehbeschlägen

- Montagehinweise der Hersteller beachten und wichtige Anschlagmaße ermitteln.
- Für das Bohren möglichst Bohrschablonen verwenden.
- Vor der Montage stets Möbel ausfluchten und winklig stellen.
- Beschläge zuerst an der Tür befestigen und dann am Korpus anschlagen.
- Bewegliche Beschlagteile dürfen an Möbelflächen nicht schleifen oder reiben. Es ist stets genügend Spiel vorzusehen.
- Funktionsfugen müssen einheitlich groß sein, die Kanten ausgefluchtet werden.
- Bewegliche Möbelteile dürfen beim Schließen weder spannen noch klemmen.
- Schrauben bündig versenken, Schraubenschlitze ausrichten und Metallgrate beseitigen.

Anschlagen von Klappen

Konstruktionsmöglichkeiten. Klappen werden zum Verschließen, aber auch als Schreib- oder Abstellflächen benutzt. Sie können stehend, hängend oder liegend angeordnet werden. Außer der Masse der Klappe wirken z.B. durch Aufstützen oder abgelegte Gegenstände zusätzliche Kräfte auf die Dreh-, Halte- oder Stützbeschläge ein. Die Auswahl der Beschläge muß sich nach Anordnung, Abmessungen und Funktion der Klappe richten.

Stütz- und Haltebeschläge verhindern das unerwünschte Absenken der geöffneten Klappe. Ungebremste Beschläge müssen beim Öffnen sicher einrasten. Gebremste Halte- und Stützbeschläge werden für Klappen über 0,25 m² Größe verwendet. Sie verhindern Beschädigungen durch plötzliches Absenken. Die Bremswirkung ist meist einstellbar. Die Anschlagpunkte für Möbelscheren können

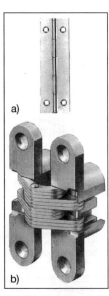

B 8.2-21 Scharnierarten. a) Stangenscharnier, b) Spezialscharnier für Schmalflächenanschlag.

Möbelbau – Korpusmöbel

T 8.2/7 *Klappenanschläge - Konstruktionsmöglichkeiten*

Klappenkonstruktion	Anwendung/Besonderheiten
Stehende Klappen *Klappenscharnier, Zapfenband*	senkrecht oder schräg bis 1200 mm Höhe, als Schreibklappe 720 mm ... 750 mm hoch, geöffnete Klappe und angrenzenden Boden möglichst als absatzlose Fläche mit schmaler Fuge ausbilden, Fuge unter geöffneter Platte vermeidet Markierungen auf der Sichtseite
Hängende Klappen *Stangenscharnier, Gelenkscharnier*	für höher angeordnete Schrankteile im Küchen oder Bürobereich, geöffnete Klappe erfordert oft Freiraum über dem Möbelteil, an niedrigen Möbeln sind einschlagende und beim Öffnen in den Korpus einschiebbare Klappen häufig
Liegende Klappen *gekröpftes Zylinderband*	nur bis 1000 mm Höhe zweckmäßig, Klappe in der Regel aufliegend, Öffnungswinkel > 90° erschwert unbeabsichtigtes Zuklappen

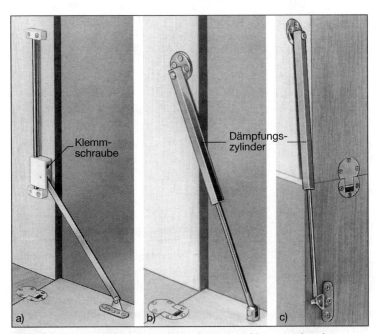

B 8.2-23 *Stütz- und Haltebeschläge. a) Haltebeschlag an stehender Klappe, b) Dämpfungszylinder an Schreibklappe, c) ungebremster Stützbeschlag an hängender Klappe.*

zeichnerisch ermittelt werden. Halte- und Stützbeschläge beanspruchen beim Schließen im Innenraum Platz, evtl. ist eine Trennwand zweckmäßig.

Anschlagen von Schiebetüren

Mit Schiebetüren lassen sich Behältnismöbel platzsparend öffnen. Gegenüber Drehtüren und Klappen tritt dabei keine Schwerpunktverlagerung in der Tiefe ein. Die Standsicherheit bleibt erhalten. Schiebetüren lassen sich nur als ebene Flächen bewegen. Das gilt besonders für große Türen, z.B. an Schwebetürschränken. Sie können bei Bedarf mit einem Ausrichtbeschlag nachgespannt werden.

Führung von Schiebetüren. Von der Form, Größe und Masse einer Schiebetür hängt es ab, ob sie:
- stehend oder hängend geführt und
- mit Gleit- oder Rollbeschlägen ausgerüstet wird.

Möbelbau – Korpusmöbel

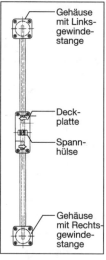

B 8.2-24 Ausrichtbeschlag zur Korrektur geringer Wölbungen an großen Schiebetüren.

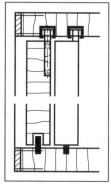

B 8.2-26 Hängend geführte Schiebetür mit Doppellaufschiene.

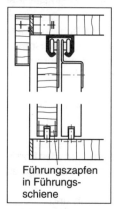

B 8.2-29 Schiebetür mit Rollbeschlag.

Gleitbeschläge sind für leichte bis mittelschwere Türen geeignet. Günstige Werkstoffpaarungen (Kunststoff auf Kunststoff oder Metall) und glatte Oberflächen von Führungsschiene und Gleiter sorgen für geringe Schiebe-(Reib-)kräfte.

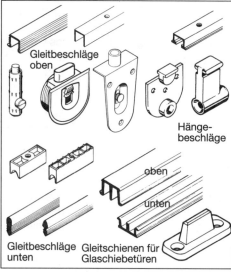

B 8.2-25 Gleitbeschläge.

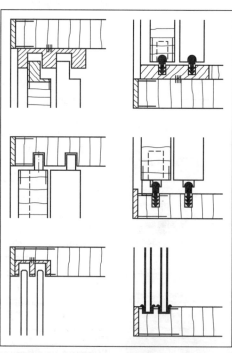

B 8.2-27 Führungsmöglichkeiten für stehend geführte Holz- und Glasschiebetüren.

Stehend geführte Holz- und Glasschiebetüren eignen sich für Klein- und Wohnraummöbel. Sie sind:

- leicht, unter 5 kg,
- bis 700 mm hoch, möglichst quadratisch bis breitformatig (→ geringe Verkantungsgefahr).

Hängend geführte Holztüren werden in Einbau-, Wohn- und Schlafraummöbeln eingesetzt. Die Türen sind:
- leicht bis mittelschwer, höchstens 12 kg,
- meist hochrechteckig, aber nicht zu schmal.

Rollbeschläge. Gleit- oder kugelgelagerte Kunststoff- oder Metallrollen ergeben gute Laufeigenschaften und verringern die Schubkräfte. Der Montageaufwand erhöht sich gegenüber Gleitbeschlägen.

Stehend geführte Holztüren werden in Kleider- und Wäscheschränke im Wohn- und Bürobereich eingesetzt. Glasschiebetüren erfordern spezielle Laufwagen.
Holzschiebetüren sind:
- klein bis mittelgroß, möglichst breit und bis 1600 mm hoch,
- bis maximal 12 kg schwer.

Hängend geführte Türen eignen sich besonders für Schwebetürschränke. Glasschiebetüren benötigen eine angeklebte Rollenschiene. Die Türen können:
- bis 2500 mm hoch und über 650 mm breit sein,
- bis 25 kg schwer sein, schwerere Türen erfordern metallische Laufwerke.

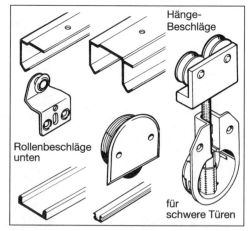

B 8.2-28 Rollbeschläge.

Seitlicher Anschlag. Seitlich schlagen Schiebetüren in Nuten oder Fälze ein. Sie können auch mit Gummiprofilen abgedichtet und mit Hartgummipuffern abgestoppt werden. Abgeschrägte Leisten, eingeklebte Haarbürsten, Kunststoffprofile oder Filzstreifen ermöglichen einen staubdichten Mittelschluß.

Möbelbau – Korpusmöbel

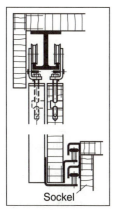

B 8.2-30 Rollbeschlag für hängend geführte Schiebetür.

Faltschiebetüren
10.2.2

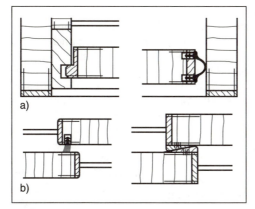

B 8.2-31 Seiten- (a) und Mittelschluß (b) bei Schiebetüren.

rückseitiges Bekleben mit reißfestem Gewebe in einer Vorrichtung. Als zähelastischer Klebstoff ist PVAC-Leim geeignet. Er darf nicht in die Holzfugen drücken. Klebstoffreste führen zu Laufstörungen. Nach dem Schleifen wird zuletzt an einem überstehenden Gewebestreifen die Griff- oder Schloßleiste befestigt.

Führung von Rolladen. Rolladen werden seitlich in Nuten geführt. Kunststoffschienen vermindern die Reibung. Radius und Spiel müssen ausreichend bemessen werden.

Faltschiebetüren nutzen die Vorteile von Dreh- und Schiebetüren. Die Türfläche wird streifenförmig aufgeteilt und kann mit einem speziellen Beschlagsystem harmonikaartig zusammengeschoben werden. Dadurch ist fast der gesamte Innenraum zugänglich, ohne daß der Schwerpunkt wesentlich verlagert und vor dem Möbel viel Platz benötigt wird.

Hinweise zum Einbau von Schiebetüren
- Vor dem Türeneinbau Möbelfront ausfluchten und Korpus winklig aufstellen.
- Türflächen eben zwischenlagern und auf Wölbungen überprüfen. Bei großen Türen evtl. Ausrichtbeschläge verwenden.
- Einlaßbare Gleit-, Roll- und Führungsbeschläge gleich tief einlassen bzw. auf gleiche Höhe einstellen, um das Verkanten der Tür zu verhindern.
- Genügend großes Spiel in den Führungsnuten vorsehen. Durch Einwachsen der Gleitflächen verbessern sich die Laufeigenschaften.

Rolladen

Rolladen verwendet man bevorzugt an Büromöbeln.

Herstellen von Rolladen. Das Stabmaterial für die Rolladen kann aus:
- einem geradwüchsigen und astfreien Brett zugeschnitten werden,
- einer furnierten Fläche hergestellt werden, wenn die Stäbe nur wenig angefast sein sollen,
- Kunststoffprofilen oder
- einer flexiblen Kunststoffplatte mit einer stabähnlichen Prägung bestehen.

Vollholzstäbe werden meist überblattet und profiliert. Beweglich werden die Rolladen durch

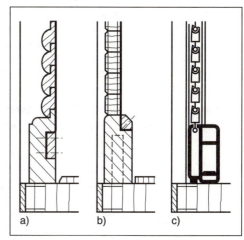

B 8.2-32 Konstruktion von Rolladen. a) aus Vollholzstäben, b) Stäbe aus einer furnierten Fläche herausgeschnitten, c) aus Kunststoffhohlprofilen.

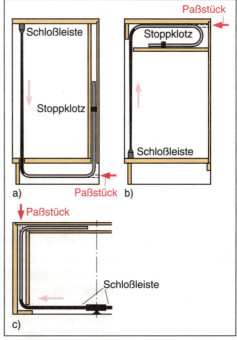

B 8.2-33 Möglichkeiten der Rolladenführung. a) nach oben, b) nach unten, c) zur Seite öffnend.

401

Möbelbau – Korpusmöbel

Ausführung und Anordnung der Nut richten sich nach der Bewegungsrichtung des Rolladens. Beim Öffnen bzw. Schließen muß der Rolladen durch seine Masse, erhöhte Reibung in Spiralführungen oder Stoppklötze abgebremst werden. Nach der Korpusmontage wird der Rolladen durch eine Nutöffnung, die später durch Paßstücke verschlossen wird, eingeführt.

8.2.5 Schubkästen und Auszüge

Schubkästen lassen sich teilweise oder vollständig aus dem Möbel herausziehen und sind bequem von oben zugänglich. Als sichtbare Schubkästen tragen sie zur Gestaltung der Möbelfront bei. Sie können aber auch hinter Türen, Klappen oder Rolladen angeordnet werden.

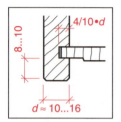

B 8.2-35 Bodennut.

Schubkästen müssen:
- staubdicht abschließen (evtl. verschließbar sein),
- sich ohne Verkanten leicht schieben lassen,
- unter Augenhöhe (günstig: 400 mm ... 1300 mm Höhe) angeordnet werden.

Konstruktion von Schubkästen

Der Schubkasten besteht aus Vorder- und Hinterstück, Seiten und Boden, die winkelsteif miteinander verbunden sein müssen.

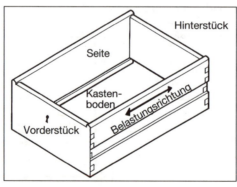

B 8.2-34 Teile des Schubkastens.

Schubkästen lassen sich besser führen und verkanten weniger, wenn sie in Bewegungsrichtung länger als breit sind.

Schubkästen aus Vollholz und Holzwerkstoffen. Vorderstück, Schubkastenseiten und Hinterstück können aus Vollholz, Furniersperrholz, furnierten Span- oder mitteldichten Faserplatten hergestellt werden. Die Führungsflächen, an denen Reibung auftritt, müssen besonders widerstandsfähig sein.

Schubkastenseiten und Hinterstücke bestehen traditionell aus Hartholz, das mit der rechten Seite nach außen angeordnet ist. Dadurch wird beim Schwinden das Öffnen der Fugen an Holzverbindungen verhindert. Die Schubkastenteile werden zusammengezinkt, gedübelt oder genutet. Bei der Schwalbenschwanzzinkung sind die keilförmigen Schwalben an den Seiten anzuschneiden. Die unterste Schwalbe verdeckt die Bodennut im Vorderstück.

Die Tiefe der Bodennut ist kleiner als die halbe Seitendicke. Sie muß mindestens 8 mm ... 10 mm Abstand von der unteren Schmalfläche haben. Abschrägungen an den hinteren Seitenecken erleichtern das Einschieben der Schubkästen. Das Hinterstück ist niedriger als die Schubkastenseiten, damit sich beim Einschieben des Schubkastens kein Luftpolster bildet.

Vorderstücke. Für die Konstruktion der Vorderstücke ist die Anordnung der Schubkästen im Möbelkorpus wichtig:
- Einschlagende vorstehende bzw. zurückspringende Vorderstücke bestehen meist aus Vollholz oder furnierten Holzwerkstoffen. Sie sind 16 mm ... 22 mm dick, für den Schubkastenboden genutet und an den Seiten verdeckt gezinkt. In die obere Schmalfläche kann ein Schloß eingelassen werden.
- Überfälzte Vorderstücke schließen dicht ab und verdecken die Öffnungsfugen. Auf die dünnere Schubkastenvorderseite wird eine Aufdoppelung montiert, die meist allseitig übersteht.
- Schmale Vorderstücke werden hinter Türen für englische Züge verwendet.

Flächen-Eckverbindungen 6.2.3

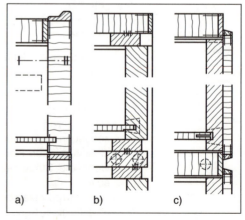

B 8.2-36 Anordnung von Schubkästen im Möbelkorpus. a) aufschlagend, b) einschlagend zurückstehend, c) überfälzt durch Aufdoppelung.

Möbelbau – Korpusmöbel

kaschieren 5.5.3

Foldingverfahren 6.2.3

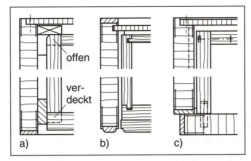

B 8.2-37 *Eckverbindungen an Schubkästen am Vorder- und Hinterstück. a) gezinkt, b) gefedert, c) gedübelt.*

für Führungsleisten und Schubkastenboden bereits genutet sind. Sie werden direkt kunststoffbeschichtet oder allseitig mit Folie kaschiert. Auch Kunststoffhohlprofile werden verwendet.

Die Eckverbindungen werden bei Vollprofilen gedübelt. Gekerbte Zargenteile (Foldingverfahren) werden gefaltet und auf Gehrung verklebt. Hohlprofile erhalten Eckverbinder. Vor dem Zusammenbau des Schubkastens ist der Boden einzusetzen. Zuletzt werden zur Frontfläche passende Vorderstücke mit Überstand aufgedoppelt.

Schubkasten-Formteile aus Kunststoff oder Metall werden mit Böden und Vorderstücken aus Holzwerkstoffen kombiniert und meist lösbar mit Schnapphaken oder Schrauben verbunden. Der Schubkastenboden gewährleistet Winkligkeit und Formstabilität.

Für das Herausziehen der Kästen muß am Vorderstück ein Griff vorhanden sein. Neben Knöpfen und Griffen aus Holz, Kunststoff oder Metall können auch Griffleisten angebracht werden. Nicht sichtbar ist eine Griffnut, die in die untere Schmalfläche des Vorderstücks eingefräst wird.

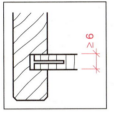

B 8.2-39 *Eingeschnittener Schubkastenboden.*

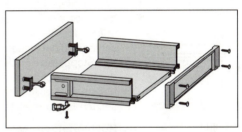

B 8.2-41 *Schubkasten aus vorgefertigten Seiten und Hinterstück.*

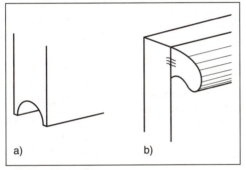

B 8.2-38 *Griffausbildung an Schubkästen. a) Griffnut, b) Griffleiste.*

Der Schubkastenboden verbessert die Winkelsteifigkeit. Er besteht in der Regel aus Furniersperrholz, bei kleineren Kästen (Bodenfläche unter 0,25 m²) auch aus harten und kunststoffbeschichteten Faserplatten. Er kann vorn und seitlich eingeschnitten werden, damit er dicht in den Bodennuten von Seiten und Vorderstück sitzt. Am Hinterstück wird der Boden verschraubt. Stifte können sich bei großer Bodenbelastung lösen.

Schubkästen aus vorgefertigten Teilen. Industriell werden Schubkastenteile in verschiedenen Abmessungen und Ausführungen gefertigt. Sie sind formstabil, zeitsparend zusammenzubauen und besonders für Küchen-, Büro-, Laden-, Apothekenmöbel geeignet. Zusammengebaut werden die Teile beim Möbelhersteller.

Profilierte Zargenteile bestehen aus Span- oder mitteldichten Faserplattenstreifen, die

Kastenförmige Behälter werden aus antistatischen Duro- oder Thermoplasten hergestellt. Sie sind dünnwandig und nur begrenzt belastbar. Für die Führung sind Randprofile angeformt. Als Innenschubkästen haben sie meist schmalere Vorderstücke. Sie werden in Wäscheschränken, Küchenmöbeln oder Schreibtischen in die Führungseinrichtung eingesetzt.

Schubkastenführungen

Schubkästen müssen in Höhe und Breite geführt werden, damit sie beim Bewegen nicht verkanten oder abkippen. Je nach Ausführung tritt dabei Gleit- oder Rollreibung auf, die beim Öffnen und Schließen überwunden werden muß.

Gleitführungen. Schubkästen werden traditionell in Lauf-, Streich- und Kippleisten geführt, die an Wänden und Zwischenböden befestigt sind.

Laufleisten bilden die Gleitfläche und nehmen die Masse von Schubkasten und Inhalt auf (→ Abnutzungsgefahr).

B 8.2-40 *Profiliertes Zargenteil, PVC-ummantelt.*

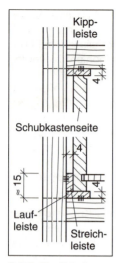

B 8.2-42 Schubkastenführung mit Lauf-, Streich- und Kippleiste.

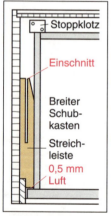

B 8.2-43 Eingeschnittene Streichleiste an besonders breiten Schubkästen.

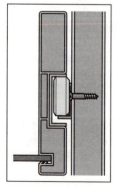

B 8.2-44 Kugelgelagerte Rollenauszugführung.

Streichleisten führen den Schubkasten seitlich und gewährleisten das gerade Herausziehen (→ geringes Verkanten).

Kippleisten verhindern das Abkippen des herausgezogenen Schubkastens und halten ihn waagerecht.

Die Führungsflächen müssen aus Hartholz oder abriebfesten Kunststoffen bzw. Schichtpreßstoffplatte (z.B. HPL-Platte) bestehen. Die Länge der Leisten beträgt etwa 2/3 der Schubkastenlänge. Streich- und Kippleisten werden mit geringem Spiel (höchstens 1 mm) eingebaut. Die Gleitfähigkeit kann durch leichtes Einwachsen verbessert werden.
Andere Schubkastenführungen benötigen keine Zwischenböden und werden direkt an den Korpuswänden montiert.

Stoppeinrichtungen. Schubkästen müssen an oder hinter beiden Schubkastenseiten abgestoppt werden, damit überstehende und aufgedoppelte Vorderstücke sich beim Zuschlagen nicht lockern. Zum Abstoppen werden Stoppklötze an der Korpuswand oder auf der Laufeinrichtung mit Schrauben und Leim befestigt. Das Abstoppen ist auch in abgesetzten Führungsnuten möglich.

Rollführungen. Metallische Schubkastenführungen mit Rollen oder Kugeln ergänzen die Gleitführungen. Der Schubkasten läuft in Tragschienen, die an der Korpuswand befestigt und durch Rollen oder auf Kugeln gegeneinander verschoben werden. Rollführungen bieten wesentliche Vorteile:
- sehr geringe Bewegungskräfte durch Rollreibung,
- große Tragfähigkeit ohne Absenken und Verkanten auch für schwere und große Schubkästen und Auszüge,
- bessere Zugänglichkeit des gesamten Schubkastenvolumens durch Voll- oder Teilauszüge.

Führung von Schiebeböden

Schiebeböden werden wie Schubkästen in Nuten oder durch Rollbeschläge geführt. An der Frontfläche müssen die Führungen durch Blenden an Korpus oder Schiebeboden verdeckt werden. Zusatzeinrichtungen erweitern die Funktion der Auszugführungen. Solche Beschläge werden besonders für den Küchen-, Büro- und Ladenbereich benötigt.

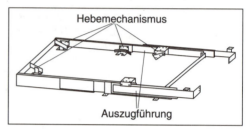

B 8.2-46 Ausziehbeschlag für Platten mit selbsttätiger Arretierung.

8.2.6 Schließbeschläge

Bewegliche Baugruppen werden durch Schließbeschläge zugehalten und gesichert.

Verschlüsse

Verschlüsse sollen Türen und Klappen dicht an die Anlageflächen ziehen und zuhalten.

Topfscharniere mit Schließmechanik schließen nach Überwinden eines Totpunktes durch Federkraft die Tür selbsttätig und halten sie geschlossen. Topfscharniere mit Zuhaltung haben einen Schließnocken, der bei geschlossener Tür einrastet und das selbsttätige Öffnen verhindert.

Schnäpper greifen beim Zudrücken mit federbelasteten Rollen oder Kugeln hinter den Schließhaken oder Anschlag. Die Schließhaken werden an der Türinnenseite, Anschläge am Korpusboden befestigt. Schnäpper können in Bohrungen eingesetzt oder aufgeschraubt werden.

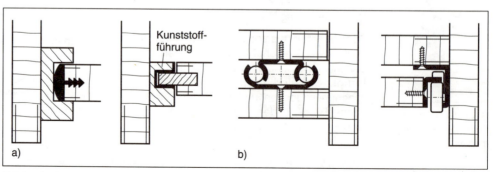

B 8.2-45 Gleit- (a) und Rollführung (b) von Schiebeböden.

T 8.2/8 Führungsmöglichkeiten für Schubkästen

Art	Ausführung
Laufrahmen oder -leiste	aus Hartholz, mit Dübeln oder Schrauben befestigt, dickeres Querrahmenholz verhindert Abnutzung am Rahmenvorderstück durch Schubkasten, Streich- (und Kipp-)leiste erforderlich
Falzleiste	aus Hartholz, tragender Falzschenkel ist wegen Bruchgefahr ausreichend dick auszuführen, Befestigungsschrauben versenken
Führungsleiste	aus Hartholz oder Kunststoff mit guten Gleiteigenschaften, Befestigung mit versenkten Schrauben oder angeformten Einpreßdübeln,
Nutleiste	Führungsnut kann mit Kunststoffschiene ausgeleimt werden

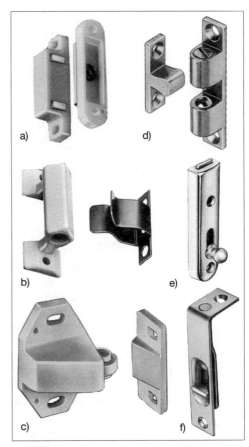

B 8.2-47 Verschlüsse für den Möbelbau. a) Magnetverschluß, b) Feder-, c) Rollen-, d) Kugelschnapper, e) Aufschraub- und f) Kantenriegel.

Magnetverschlüsse haben Dauermagneten, die die Tür am Fang-(Eisen-)blech festhalten. Die Haltekraft schwankt je nach Ausführung zwischen 20 N ... 80 N, kann aber für große Türen noch größer sein. Magnetverschlüsse werden eingelassen oder aufgeschraubt. Die Fangbleche müssen beim Schließen vollflächig auf den Magnetverschluß auftreffen.

Möbelriegel arretieren bei doppelten Drehtüren die linke Tür. Sie werden von innen aufgeschraubt oder an Schiebetüren als „Kantenriegel" in die Schmalfläche eingelassen. Die Schließriegel oder -bolzen müssen hinter metallische Anschläge oder in Buchsen greifen, da Holz sich zu schnell abnutzt.

Schlösser

Schlösser schützen vor unerwünschtem Zugriff oder Einbruch. Sie werden je nach Verwendung und Sicherheitsansprüchen in unterschiedlichen Ausführungen angeboten. Das wichtige Bestellmaß ist das Dornmaß. Es hängt von gestalterischen Gesichtspunkten wie Rahmenbreite und Falztiefe ab. Nach Anordnung der Schlüssellöcher unterscheidet man rechte, linke und nach oben schließende Schlösser.

Einbruchsicherheit. Die Verschließbarkeit von Behältnismöbeln gewinnt zunehmend an Bedeutung. Die geforderte Einbruchsicherheit wird erreicht durch:
- sicherheitsgerechte Schloßbefestigung,
- ausreißfeste Schließbleche und -anschläge,

Möbelbau – Korpusmöbel

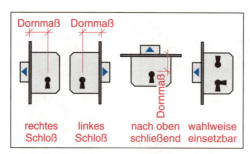

B 8.2-48 Bezeichnung von Möbelschlössern.

- Schloßmechanik und Schlüsselbartform, die die Verwendung von Nachschlüsseln erschweren oder ausschließen,
- ausreichende Festigkeit der umgebenden Möbelteile.

Schloßbefestigung. Nach dem Anbringen der Schlüssellöcher werden die Schlösser in Bohrungen oder Ausfräsungen gesteckt bzw. bündig eingelassen oder aufgesetzt. Schlüsselbuchsen führen den Schlüssel. Um das gewaltsame Herausreißen kurzer Befestigungsschrauben zu erschweren, muß sich das Gewinde einschneiden. Auch senkrecht zur Belastungsrichtung eingedrehte Schrauben vergrößern die Sicherheit.

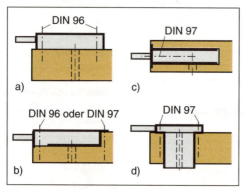

B 8.2-49 Befestigungsmöglichkeiten für Möbelschlösser. a) Aufschraub-, b) Einlaß-, c) Einsteck- und d) Zylinderschloß.

Schloßart und Schlüsselform. Das Schließen bzw. Öffnen erfolgt in zwei Bewegungsphasen:

① Einstecken des Schlüssels. Das Schlüsselprofil muß mit der Lochform des Schloßkastens übereinstimmen und gibt dem Schlüssel die Führung.

② Schlüsseldrehung. Die Schloßmechanik wandelt die Drehbewegung in eine Schub- oder Schwenkbewegung des Riegels um.

Buntbartschlösser können nur betätigt werden, wenn das Schlüsselbartprofil in das Loch des Schloßdeckels paßt. Früher waren diese Schlösser weit verbreitet. Heute werden noch Schlösser mit Nutenbart verwendet. Sie haben zusätzlich eine Schaftbohrung für einen entsprechenden Steckzapfen im Schloßkasten.

Zuhaltungsschlösser haben mehrere verschieden breite Zuhaltungsbleche, die nur gemeinsam den Schloßriegel betätigen können. Der Schlüsselbart ist entsprechend der Anordnung und Breite der Bleche ausgefräst. Bei Schlüsseldrehung werden alle Zuhaltungen gleichzeitig ausgehoben und verschoben. Mit der Zahl der Zuhaltungen vergrößern sich die Kombinationsmöglichkeiten erheblich und erhöhen die Sicherheit.

Zylinderschlösser haben Flachschlüssel, die bis zu acht Zuhaltungen betätigen können. Zusätzliche Nutfräsungen am Schlüsselschaft und die vollständige Führung im Schlüsselloch gewährleisten einen hohen Sicherheitsgrad. Im Schloßkasten wird die Drehung in eine Schubbewegung umgeformt.

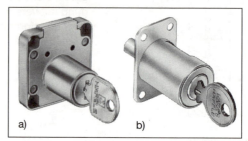

B 8.2-50 Aufschraubzylinderschloß (a) und Druckzylinderschloß (b) für Schiebetüren.

Schließprinzip und Riegelausführung. Die Verwendung der verschiedenen Schloßarten richtet sich vor allem nach dem Schließprinzip.

Zentralverschluß. Mehrere übereinander angeordnete Schubkästen, Fächer oder Auszüge können mit einem Zentralverschluß gesichert werden. Er besteht aus einem Zylinderschloß mit einer Verschlußstange, die in die Möbelwand eingelassen werden. Durch die Schlüsseldrehung verschiebt sich die Verschlußstange mit den Schließdornen und arretiert die beweglichen Baugruppen.

Schließbleche und Anschläge. Die Riegel greifen formschlüssig in die Schließbleche oder hinter die Anschläge und halten dadurch die Türen geschlossen.

Die Schließbleche werden eingelassen, nachdem das Riegelloch genügend tief und groß ausgearbeitet ist. Die Befestigungsschrauben müssen ausreichend bemessen sein und werden möglichst in die Breitflächen eingedreht. Zur Befestigung in Hirnholz oder den Mittelschichten von Holzwerkstoffen bieten Spanplattenschrauben größere Sicherheit gegen Ausreißen.

Aufgaben

1. Nennen Sie wichtige Baugruppen eines Korpusmöbels mit Schiebetüren!
2. Stellen Sie zwei Möglichkeiten für eine bündige und unlösbare Korpus-Eckverbindung dar! Geben Sie spezielle Hinweise zur Ausführung!
3. Welche Vor- und Nachteile weisen Schraub- und Exzenter-Montagebeschläge hinsichtlich Wirkprinzip, Bedienbarkeit und Montageaufwand auf?
4. Welche Aufgaben hat die Rückwand zu erfüllen?
5. Vergleichen Sie Vor- und Nachteile von Sockel- und Fußgestellen an Korpusmöbeln!
6. Beschreiben Sie Möglichkeiten zum Verstellen von Einlegeböden!
7. Wie kann die Durchbiegung von Böden verringert werden?
8. Nennen Sie Unterschiede und gleiche Teile von Bändern und Scharnieren!
9. Wie wird das Abkippen einer geöffneten Schreibklappe vermieden?
10. Welche Führungsmöglichkeiten ergeben sich für Schiebetüren aufgrund von Größe, Form und Masse der Türflächen?
11. Schubkästen aus Vollholz haben in der Regel niedrigere Hinterstücke. Begründen Sie diese Maßnahme!
12. Was versteht man unter Teil- und Vollauszug von Schubkästen? Welche Vor- und Nachteile ergeben sich?
13. Unter welchen Bedingungen werden Schubkästen mit metallischen Auszugführungen versehen?
14. Welche Angaben sind für die Bestellung von Möbelschlössern notwendig?

8.3 Gestellmöbel

Zu den Gestellmöbeln gehören vor allem Tische, Sitz- und Liegemöbel, wie z.B. Bettgestelle, sowie verschiedene Kleinmöbel. Das tragende Gestell besteht aus leistenförmigen Voll- oder Lagenholzteilen mit kleinen Querschnittsabmessungen. Platten oder Auflageflächen ergänzen die skelettartige Konstruktion.

8.3.1 Tische

Tischarten

Tische werden in verschiedenen Ausführungen und Größen hergestellt. Die Tischhöhe richtet sich nach dem Verwendungszweck. Die notwendige Platzbreite je Person muß mindestens 550 mm betragen.

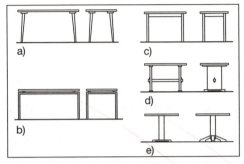

B 8.3-1 Tische. a) mit Einzelfüßen, b) mit Metallgestell, c) Zargen-, d) Wangen- und e) Säulentisch.

Tischkonstruktionen

Tische bestehen aus dem Gestell und der aufliegenden Platte.

Die Tischplatte ist vielfach vergrößerungsfähig. Ihre Form hängt sowohl von praktischen als auch von gestalterischen Gesichtspunkten ab. Tischplatten werden aus Vollholz oder Holzwerkstoffen hergestellt. Nach dem Umleimen können sie furniert, mit dekorativen Schichtpreßplatten (HPL-Platten) oder Folien beklebt werden.

Tische mit Einzelfüßen. Unter der Platte sind die Einzelfüße entweder in untergeleimte Verstärkungen eingesetzt oder direkt mit Beschlägen lösbar befestigt. In diesem Falle sind die Füße für den Transport abschraubbar. Da große Platten sich bei Belastung durchbiegen können, werden sie oft durch Unterleimer verstärkt.

Tische mit Metallgestellen sind hoch belastbar. Die Platte ist nicht vergrößerungsfähig und wird von unten auf das Gestell geschraubt. Die Kombination z.B. mit Marmor, Glas und anderen dekorativen Materialien ergibt interessante Gestaltungsmöglich-keiten.

Zargentische. Der Gestellaufbau ist mit den Fußgestellen bei Kastenmöbeln vergleichbar. Zargentische sind jedoch höher als diese und werden deshalb besonders beim Verschieben in den Verbindungen stark belastet.

Umleimer 5.5.1, 5.5.4

Bekleben von Breitflächen 5.5.3

Fußgestelle 8.2.3

Möbelbau – Gestellmöbel

T 8.3/1 *Tischhöhen*

Verwendungsbereich	Tischhöhe in mm
Küchenarbeitstisch für stehende Tätigkeiten für sitzende Tätigkeiten	850 ... 900 650 ... 720
Eßtisch	730 ... 750
Couchtisch je nach Sesselhöhe	450 ... 600
Arbeitstische für schreibende Tätigkeiten für Schreibmaschinenarbeiten für Computerarbeiten	720 ... 750 650 650 ... 750
Abstell-, Beistelltische	500 ... 650

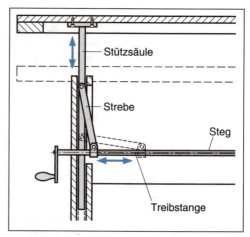

B 8.3-5 Hubtischbeschlag mit Treibstange und Streben zur Montage an Wangentischen.

Gerade Zargen werden meist aus Vollholz hergestellt und mit Federzapfen in den Stollenfuß eingelassen. Zargen aus Holzwerkstoffen müssen furniert und können nur eingedübelt werden.

Runde Zargen werden in Vorrichtungen schichtverleimt.

Die Füße sind formschlüssig mit den Zargen verbunden und entweder eingeleimt oder angeschraubt. Die Verbindungsschrauben müssen nachstellbar sein, um das Wackeln der Füße zu verhindern.

Platten. Vollholzplatten werden einseitig nachgebend mit Nutklötzen oder Tischklammern befestigt. Holzwerkstoffplatten können allseitig aufgeleimt und zusätzlich durch Beschläge gesichert werden.

Wangentische haben häufig verstärkte Platten, die die Wangenbefestigung verdecken. Die Wangen werden möglichst weit unten durch Stege verbunden. Der rechteckige Stegquerschnitt sollte senkrecht angeordnet werden, weil dadurch die Seitenstabilität des Tisches vergrößert wird. Meist bilden Kufen die Standfläche. Zwischen Doppelstegen und in Hohlwangen kann ein Hubmechanismus zur Höhenverstellung unsichtbar montiert werden.

Säulentische haben runde, vieleckige oder quadratische Platten. Diese werden oft verstärkt, mit Umleimern versehen und profiliert. Der Mittel- oder Säulenfuß kann wie z.B. bei Kaffeehaustischen aus einer Metallkonstruktion bestehen, die auf einer Standplatte oder Kufen befestigt ist.

Für Wohnraum- und Stilmöbel werden Mittelfüße aus Holz bevorzugt, die oft gedrechselt sind. Säulenfüße mit größerem Durchmesser müssen aus Vollholzkanteln zusammengesetzt werden, um eine Rißbildung weitgehend auszuschließen.

In die Mittelsäule kann von oben eine Kreuzzarge eingelassen werden, auf der die Platte befestigt wird. Die Kreuzzarge wird verdübelt oder geschraubt.

In ähnlicher Weise lassen sich unten am Fuß Kreuzkufen oder eine Standplatte befestigen, die die Standsicherheit erheblich vergrößern. Seitlich in die Säule gedübelte oder eingegratete Fußausleger lockern sich wegen der starken Belastung häufig.

Vergrößerungsfähige Tische

Vergrößerungsfähige Tische sind in der Regel Zargentische. Zusätzliche Plattenteile sind direkt unter der Tischplatte beweglich angeordnet und werden durch die Zargen verdeckt.

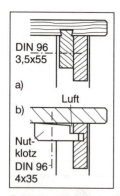

B 8.3-2 Fußbefestigung mit Eckbeschlag und Verbindungsschraube.

B 8.3-3 Nachgebende Befestigung von Vollholzplatten mit a) Gratleisten und b) Nutklötzen.

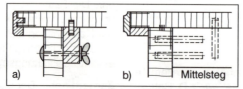

B 8.3-4 Verbindungsmöglichkeiten zwischen Wange und Platte. a) lösbar mit Verbindungsschraube, b) gedübelt und verleimt.

Möbelbau – Gestellmöbel

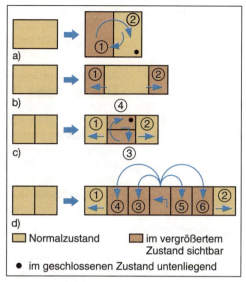

B 8.3-6 *Vergrößerungsfähige Tische. a) Dreh-Klapptisch, b) Ausziehtisch, c) Auszieh-Klapptisch, d) Kulissentisch.*

Drehklapptische haben zwei übereinanderliegende Platten, die gedreht und auf doppelte Größe auseinandergeklappt werden können. Die Oberplatte ist von beiden Seiten, die Unterplatte nur beim Vergrößern auf der Oberseite sichtbar. Die Platten erfordern eine entsprechende Oberflächenbehandlung. Die Oberplatte wird mit Spiel- oder Klapptischscharnieren an die Unterplatte angeschlagen.

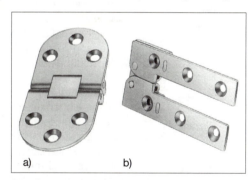

B 8.3-7 *Scharniere für Drehklapptische zum Einlassen in die a) Breit- oder b) Schmalfläche.*

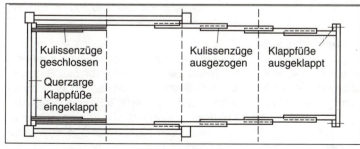

B 8.3-9 *Kulissentisch - Konstruktion.*

Die Dreh-, Riegel- und Arretierungspunkte werden zeichnerisch in einer maßstäblichen Skizze ermittelt.

Drehzapfen, Riegelschließblech und Arretierungsdübel sind in die Unterplatte, die Buchse für den Drehzapfen in die Brücke einzulassen. Auf die Hirnflächen der Füße geklebte Filzstücke erleichtern das Drehen der Platten.

Ausziehtische haben eine ungeteilte Platte, die beim Herausziehen der darunter liegenden Vergrößerungsflächen angehoben wird. Die herausziehbaren Platten sind auf zwei um Plattendicke verjüngten Auszugleisten befestigt. Sie werden in Aussparungen der Querzargen geführt und stützen sich unter der Brücke ab. Die Brücke ist aufgedübelt oder aufgeschraubt. In ihr befinden sich die Löcher für die Führungsklötze, die das Verkanten der Oberplatte verhindern. Anstelle von geradwüchsigen und gut getrockneten Rotbuchen-Auszugleisten werden auch kugelgelagerte Ausziehführungen eingesetzt.

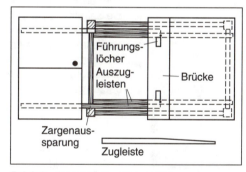

B 8.3-8 *Auszugtisch - Konstruktion.*

Auszugklapptische. Die runde, ovale oder viereckige Platte ist zweiteilig und wird wie beim Auszugtisch nach beiden Seiten ausgezogen. Die beiden Hälften geben die im Zargenraum untergebrachten Plattenteile frei. Diese können um eine Drehachse hochgeschwenkt und auseinandergeklappt werden. Sie bilden das Mittelteil der vergrößerten Tischplatte und werden durch Nut und Feder mit den Auszugteilen verbunden.

Kulissentische lassen sich mit einlegbaren Plattenteilen auf das Zwei- bis Dreifache vergrößern. Herausklappbare Füße hinter den Querzargen verhindern das Absenken der belasteten Auszugteile. Die Auszugführungen wurden früher aus Rotbuche gefertigt. Heute benutzt man kugelgelagerte Metallführungen. Die Einlegeplatten können im Zargenraum untergebracht werden. Sie dürfen nicht zu

409

Möbelbau – Gestellmöbel

Schichtholz 2.5.2

Bauhaus, Werkstättenbewegung 8.5.2

Stab-/Stäbchensperrholz 2.5.3

B 8.3-11
Bugholzstuhl.

B 8.3-12
Schichtholzstuhl.

schwer sein. Bewährt haben sich Weichholzrahmen mit oben bündigen Nadelholzfüllungen.

8.3.2 Sitzmöbel

Die Palette der Sitzmöbel reicht vom einfachen Holzhocker bis zur komfortablen Polstergarnitur, die vom Polsterer gefertigt wird. Die Herstellung von Sitzmöbeln ist heute meist spezialisierten Betrieben vorbehalten.

Brettstühle bestehen aus einer massiven Sitzplatte, in die die Lehnenplatte eingezapft und oft verkeilt wird. Die gedrechselten oder achteckigen Füße verjüngen sich nach unten. Sie werden in eine unter der Sitzplatte befestigten Grat- oder Verstärkungsleiste schräg eingedübelt und verkeilt. Sitz und Lehne dieser sogenannten Bauernstühle werden heute auch aus formverleimtem Furniersperrholz hergestellt.

Zargenstühle. Bei dieser traditionellen Stuhlkonstruktion sind die Füße durch Zargen verbunden. Die hinteren Stollen bilden zugleich die Seitenteile der Lehne. Sie wird durch Stege, Riegel und Lehnenstücke ergänzt. Formgepreßte Furniersperrholzplatten, aufgeleimte Sitzrahmen mit Füllung oder in Zargenfälze eingelegte Polsterplatten bilden die Sitzflächen der Zargenstühle.

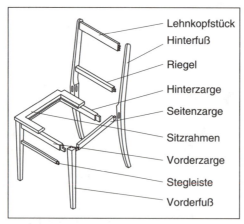

B 8.3-10 Aufbau und Teilebezeichnung am Zargenstuhl.

Bugholzstühle. Die Technik des Holzbiegens in Vorrichtungen geht auf ein 1841 erteiltes Patent an Michael Thonet zurück. Die Verformung der Rotbuchenstäbe oder -kantel erfolgt nach einer Plastifizierung des Holzes. Sie wird durch Dampfeinwirkung, heute auch durch Hochfrequenzerwärmung erreicht. Die Bugholzteile werden durch Dübel oder Bolzenschrauben mit Muttern verbunden. Die durchgehenden Holzfasern machen die Stühle elastisch und hoch belastbar. Für den Transport können sie oft zerlegt werden.

Schichtholzstühle bestehen aus tragenden Schichtholzteilen. Diese haben kleine Querschnittsabmessungen und sind sehr elastisch. Sie werden mit den üblichen Holzverbindungen zum Gestell zusammengebaut. Für Sitz und Lehne werden strapazierfähige Stoffe, Leder oder formgepreßte Sitzschalen verwendet. Schichtholzstühle sind den Stahlrohrmöbeln der Bauhauszeit nachempfunden. Sie werden meist industriell hergestellt.

8.3.3 Liegemöbel

Zu den Liegemöbeln gehören alle Arten Betten und Liegen. Ihre Abmessungen sind entsprechend der Körpergröße festgelegt.

Betten sind zerlegbar und bestehen aus den Kopf- und Fußteilen (Häuptern), den Bettseiten und (als Zulieferteil) dem Feder- oder Lattenrost als Auflage für Matratze und Bettzeug.

Betthäupter werden in der Gestaltung den übrigen Möbeln im Raum angepaßt. Für Doppelbetten sind sie zweiteilig und zusammensteckbar oder als französische Betten einteilig ausgebildet.

Bettseiten werden aus Stab- oder Stäbchensperrholz hergestellt und furniert. Die Matratzen liegen auf Leisten, die innen an der Bettseite angeleimt und zusätzlich geschraubt oder gedübelt sind.
Zwischen einteiligen Doppelbettkopf- und -fußteilen muß ein Mittelsteg zur Matratzenauflage eingebaut werden. Die Matratze soll oben einige Zentimeter über die Bettseitenkante vorstehen. Kopf- und Fußteile werden mit den Seiten durch Bettbeschläge verbunden. Eventuell müssen Längsholzfedern zur Erhöhung der Schraubenfestigkeit eingeleimt werden. Eine tragfähige Doppelbettkonstruktion mit einteiligen Fuß- und Kopfteilen hat durchgehende Sockelblenden, die mit entsprechenden Beschlägen befestigt werden.

Liegen sind nicht zerlegbar. Unter der überpolsterten Liegefläche ist für das Bettzeug meist ein Bettkasten vorgesehen. Er ist durch Hochklappen der Liegefläche oder durch Herausziehen zugänglich. Dazu sind entweder federgespannte Klappbeschläge oder Auszugführungen bzw. Rollen notwendig.

Möbelbau – Entwerfen von Möbeln

B 8.3-13 Bettbeschläge.

T 8.3/2 Abmessungen von Betten und Liegen

Art	Länge in mm	Breite in mm
Einzelbett	1900, 2000, 2100	800, 900, 1000
Doppelbett	1900, 2000, 2100	1600, 1800, 2000
Kinderbett	1000, 1200, 1400	600
Liege	1850 ... 2100	800 ... 1200
Doppelliege	1850 ... 2000	mind. 1300

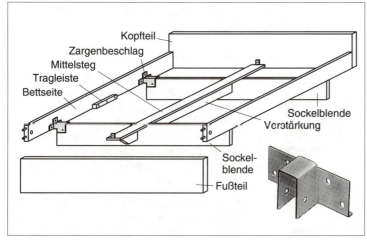

B 8.3-14 Konstruktion eines ungeteilten Doppelbettgestells.

Aufgaben

1. Welcher Unterschied besteht hinsichtlich Funktion und Konstruktion zwischen einem Auszug- und einem Drehklapptisch?
2. Beschreiben Sie eine Stollen-Eckverbindung für ein belastbares Tischgestell!
3. Wie muß eine Vollholzplatte auf einem Zargengestell befestigt werden? Beschreiben Sie die Konstruktion!
4. Wie funktioniert ein Auszugklapptisch?
5. Welche Vorteile bieten Bugholz- gegenüber Zargenstühlen bei Herstellung und Gebrauch?

8.4 Entwerfen von Möbeln

Das Entwerfen ist die erste Stufe bei der Herstellung eines Möbels. Dabei werden Gestaltung und Konstruktion zeichnerisch festgelegt. Konstruktion und Gestaltung ergeben sich aus zahlreichen Überlegungen, Wünschen und Vorstellungen. Sie lassen sich im wesentlichen in drei Anforderungsgruppen zusammenfassen.

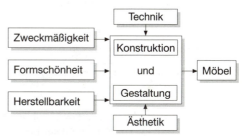

Welche Anforderungen vorrangig erfüllt und welche nachgeordnet werden, hängt vom Kunden bzw. von der Zielgruppe ab. Deren Bedürfnisse sind durch Alter, Lebensgewohnheiten und soziales Umfeld bestimmt. Der Hersteller entscheidet aufgrund seiner technischen und materialmäßigen Möglichkeiten über konstruktive Lösungen und Details. Das Zusammenwirken der Vorstellungen des Benutzers und der Fertigungsmöglichkeiten des Herstellers kann zu Billig-, Gebrauchs- oder Kunstmöbeln führen.

Zweckmäßigkeit

Möbel sind vorwiegend Gebrauchsgegenstände. Sie müssen dem Verwendungszweck in Form und Material optimal angepaßt werden.

Die Abmessungen der Möbel müssen dem menschlichen Körperbau entsprechen: Richtig bemessene Bewegungs-, Greif- und Arbeitsbereiche erleichtern die Tätigkeiten.

Möbelbau – Entwerfen von Möbeln

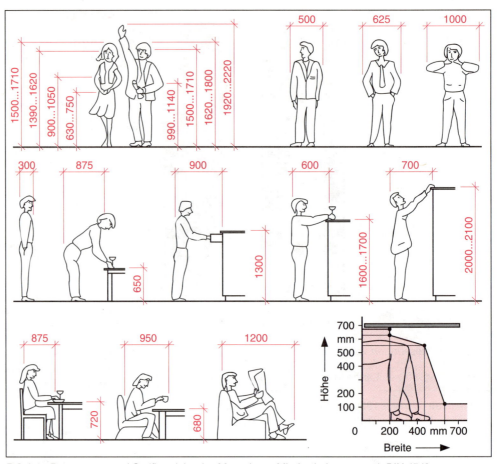

B 8.4-1 Bewegungs- und Greifbereiche des Menschen - Mindestbeinraum nach DIN 4549.

Lacke 2.9.3, Kunststoffe 2.6

Körpergerecht ausgebildete Schreib-, Sitz- und Liegemöbel beugen Körperschäden vor und tragen zum Wohlbefinden des Benutzers bei.

Die Inneneinteilung von Behältnismöbeln muß eine übersichtliche, platzsparende und leicht zugängliche Unterbringung ermöglichen (→ **T 8.4/1**). Die üblichen Abmessungen von Kleidung und Gebrauchsgut sind zu beachten.

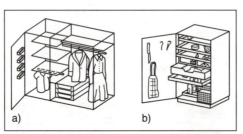

B 8.4-2 Inneneinteilung von Behältnismöbeln.
a) Wäscheschrank, b) Küchenunterschrank.

Die Oberflächen der Möbel in Küchen und Naßräumen sowie in öffentlichen Räumen wie Schulen oder Gaststätten werden oft durch mechanische, klimatische oder chemische Einwirkungen stark beansprucht. Das gilt besonders für Arbeitsflächen. Je nach Anforderungen müssen die Oberflächen mit dauerhaften Materialien beklebt oder beschichtet werden. Dazu eignen sich HPL- und KF-Platten oder PUR-Lacke, die gegenüber Abrieb, Wasser, Haushaltschemikalien und Hitze widerstandsfähig sind.

Formschönheit

Möbel und Wohnungseinrichtungen drücken die persönliche Note des Besitzers aus und tragen zur Wohnlichkeit bei.

Das Zusammenwirken von Gestaltungselementen wie Form und Größe, Farbe und Dekor, Schmuckformen und Beschläge, bestimmt das Erscheinungsbild und wird als Möbeldesign bezeichnet.

Maßverhältnisse und Flächengliederung beeinflussen die Wirkung eines Möbels. Sie können Leichtigkeit oder Schwere, Eleganz und Spannung erzeugen.

T 8.4/1 Funktionsmaße zur Unterbringung von Kleidung, Wäsche und Wohnbedarf

Gebrauchsgegenstand	Mindestfachgröße in mm	
	Höhe	Breite bzw. Tiefe
Oberbekleidung für Erwachsene		
Kleider, lang	1600	500
Kleider und Mäntel, kurz	1250	500
Hose, lang hängend	1300	430
Kostüme, Jackets, Röcke	1000	500
Blusen, Hosen auf Stegbügel	850	500
Oberbekleidung für Kinder	850	440
Wäsche		
Unterwäsche	100 ... 200	300
Tisch-, Bett-, sonstige Wäsche	100 ... 320	420
Oberhemden	100 ... 200	420
Hüte	170	350
Geschirr		
kleines Geschirr, z.B. Tassen	150 ... 250	150
Kannen, Teller, Schüsseln	200 ... 300	250
großes Geschirr, Krüge, Flaschen	250 ... 380	320
Besteck	60 ... 100	250
Bücher, in einer Reihe stehend		
Belletristik, Fachbücher	250	185
Bildbände, Großformate	375	280
Schreib- und Bürobedarf		
Stehordner	330	300
Karteikästen, Karteien	240	280
Hefter, liegend	100	330
Tonträger		
Schallplatten, stehend	320	80
Schallplatten, liegend	80	320
CD-Platten, Disketten	150	150
Videokassetten	220	140

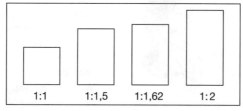

B 8.4-3 Unterschiedliche Wirkung von Flächen bei verändertem Breiten-Höhenverhältnis.

Ein häufig angewendetes, harmonisch wirkendes Verhältnis ist der „Goldene Schnitt", der auch in der Natur nachweisbar ist. Er entspricht in etwa den Zahlenverhältnissen 3 : 5 = 5 : 8 (genau: 1 : 1,62).

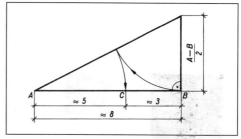

B 8.4-4 Konstruktion und Anwendung des „Goldenen Schnittes".

Die Frontfläche eines Möbels kann durch Quadrate und Rechtecke gegliedert werden. Dabei können die Senkrechte oder Waagerechte stärker betont werden. Es lassen sich auch viereckige mit bogenförmigen Teilen kombinieren.

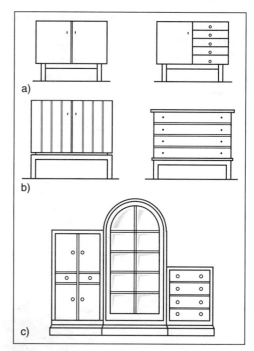

B 8.4-5 Gliederungsvarianten an Behältnismöbeln. a) symmetrisch und asymmetrisch, b) senkrecht und waagerecht betont, c) Kombination rechteckiger und bogenförmiger Teile.

Symmetrische Möbelfronten wirken ausgewogen und werden in der Regel als harmonisch empfunden. Asymmetrisch angeordnete Flächen und Schmuckformen lassen dagegen Spannungen und optische Schwerpunkte entstehen. Wenn sie geschickt verteilt werden, kann die Möbelfront interessant und lebendig wirken.

Farben und Dekore können die Formen von Flächen und Körpern betonen oder verwischen. Richtungsbetonende Dekore mit Streifen oder Holzmaserungen verändern scheinbar die Proportionen. Die Flächen wirken breiter oder höher.

B 8.4-7 Dielenschrank mit gewölbter Frontfläche. In der Mitte sind Schubkästen mit schwarz lackierten Vorderstücken eingearbeitet. Entwurf Jochen Cremer, Palenburg (Gesellenstück).

Arbeitsorganisation 7.2

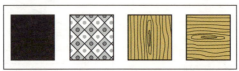

B 8.4-6 Durch Farben und Dekore wird die Wirkung von Flächenelementen beeinflußt.

Auch die psychologische Wirkung der Farben ist von besonderer Bedeutung. Bräunliche Holztöne werden als warm empfunden. Hellblaue Farben gelten als kühl. Weiß suggeriert Sauberkeit, Grün wirkt beruhigend. Rote und orangefarbene Töne fallen auf und wirken anregend.

Schmuckformen und Beschläge. Geschweifte Teile vergrößern den Formenreichtum am Möbel. Kranzkonstruktionen, Frontflächen und Rahmen-Füllungskonstruk-tionen sind dafür typische Beispiele.

Schmuckprofile bestehen aus wenigen Grundelementen, die verschiedenartig kombiniert werden. Sie dienen der plastischen Gestaltung, die durch Licht- und Schattenwirkung noch betont wird.

Sichtbare Beschläge, aber auch Schlüsselgriffe wirken durch Material, Farbe und Form und tragen zum Gesamteindruck eines Möbels bei. Sie können sich der Konstruktion unterordnen oder aber wirkungsvolle Kontraste und Blickfänge bilden.

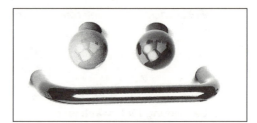

B 8.4-9 Kunststoffgriffe.

Herstellbarkeit

Die Umsetzung von Entwürfen und Konstruktionszeichnungen hängt ab von:
- Werkstoffen,
- technischer Ausrüstung,
- Preis-Leistungsverhältnis.

Die geeigneten Werkstoffe sind sachgemäß und sparsam zu verarbeiten. Unter Umständen sind Spezialkenntnisse über Materialien und deren Verarbeitung zu erwerben.

Die Werkzeuge, Maschinen und Vorrichtungen müssen das Umsetzen der Entwürfe in hoher Qualität und angemessener Zeit ermöglichen.

Die Herstellungskosten werden von den Material-, Lohn- und Betriebskosten bestimmt. Sie sind bei ==Einzelfertigung== meist relativ hoch. Bei ==Kommissions- oder Serienfertigungen== lassen sich Arbeitsgänge zusammenfassen und die Kosten verringern. Die Herstellbarkeit hängt letztlich vom Preis-Leistungsverhältnis und der Konkurrenzfähigkeit ab.

Aufgaben

1. Nach welchen Gesichtspunkten sollen Möbel gestaltet werden?
2. Wodurch wird die Zweckmäßigkeit eines Korpusmöbels bestimmt? Begründen Sie Ihre Antwort!
3. Erläutern Sie die Konstruktion des Goldenen Schnittes und seine Bedeutung für die Möbelgestaltung!
4. Auf welche Grundformen sind Profile zurückzuführen? Weisen Sie Ihre Aussage an Beispielen nach!
5. Wodurch können an Möbeln Kontraste geschaffen und zur Wirkung gebracht werden?
6. Welche Bedeutung haben Farben und Dekore für die Möbelgestaltung?
7. Nennen Sie Beispiele für die Anwendung farbiger Kunststoffbeschläge!

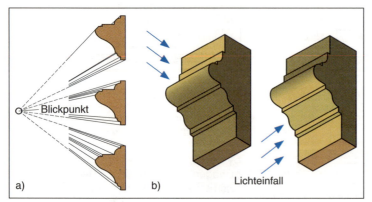

B 8.4-8 Die Wirkung von Profilen hängt von der Blickrichtung (a) und dem Lichteinfall (b) ab.

8.5 Historische Entwicklung des Möbelbaus

8.5.1 Einflüsse und Abhängigkeiten

Möbel gehören zu den ältesten Gebrauchsgütern. Sie haben sich von primitiven Anfängen bis zum heutigen Stand ständig in Form und Technik weiterentwickelt. Neben persönlichen Vorstellungen drücken Möbel auch immer geschichtliche und soziale Anschauungen der jeweiligen Zeitepoche aus.

Solche zeittypischen Form- und Gestaltungsprinzipien finden sich in nahezu allen Lebensbereichen. Sie lassen sich an Bauwerken, verschiedenem Gebrauchsgut wie Möbeln und Kleidung, aber auch in der Literatur, Musik und bildenden Kunst nachweisen. Zusammenfassend werden sie als Stil oder - geschichtlich - als Stilepoche bezeichnet.

In den letzten Jahrhunderten verkürzte sich durch rascheren politischen, wirtschaftlichen und sozialen Wandel auch die Dauer der Stilepochen. Es ist nicht immer möglich, bestimmte Stile zeitlich genau einzuordnen, neben neuen Formen werden oft traditionelle verwendet. Stilepochen können meist zeitlich nicht eng begrenzt werden.

Deutlich sichtbare Beziehungen bestanden zu allen Zeiten zwischen Architektur und Möbelbau. In den meisten Stilepochen wurden Schmuckelemente und Fassadendetails für den Möbelbau übernommen. Die Formensprache ist außerdem landschaftlich geprägt und weist, wie z.B. zwischen Nord- und Süddeutschland, zum Teil deutliche Unterschiede auf.

Die Umsetzung bestimmter Formen und Gestaltungsprinzipien hängt auch bei Möbeln und Einrichtungen wesentlich vom Entwicklungsstand der Werkzeuge, Maschinen, Werkstoffe und Arbeitstechniken ab: Furnierte Möbel konnten z.B. erst gebaut werden, nachdem man Furniere herstellen konnte.

8.5.2 Bau- und Möbelstile im deutschsprachigen Raum - Übersicht

Romanik (Mitte 10. Jahrhundert bis Anfang 13. Jahrhundert) [1]

Zeitbild. Starke religiöse Bindungen bestimmten die Lebensweise und Anschauungen. Die Klöster waren kulturelle Zentren und erfüllten soziale Aufgaben. Wehrhafte Burgen dienten als Machtzentren des Adels und Träger des höfischen Lebens (Minnesänger).

Wirtschaftliche Grundlage waren anfangs die Landwirtschaft und der Handel mit Naturalien. Später wurden im Schutz der Burgen Ansiedlungen gegründet. Es entwickelten sich Anfänge der Geldwirtschaft und eines eigenständigen Handwerks.

Zwischen Kaiser und Papst nahmen die Machtkämpfe zu.

Architektur. Es sind überwiegend Klöster, Kirchen und Burgen mit dicken Außenmauern und kleinen Fenstern erhalten. Die Innenräume haben kräftige Säulen und Pfeiler mit einfachen Kapitellen. Die Gebäude wirken massig und gedrungen und haben sparsamen Flächenschmuck z.T. durch Friese und Schmuckbänder. Später sind die Gebäude vieltürmig.

Typisch ist der Rundbogen an Fenstern, Portalen, Gewölben und als Schmuckelement. Typische Beispiele sind die Dome zu Speyer, Goslar, Bamberg, Magdeburg.

B 8.5-1 Basilika Maria Laach.

Möbelbau. Die erhaltenen Möbel stammen fast alle aus Kirchen und Klöstern.

Möbelkonstruktionen. Die Möbel wurden fast ausschließlich in Brett-, später auch in Stollenbauweise hergestellt. Die Bretter wurden anfangs in voller Breite verarbeitet, dann auch aufgetrennt und verleimt. Kräftige Eisenbeschläge verminderten das Verwerfen. Später wurden auch aufgedübelte Quer-, Grat- oder Hirnleisten verwendet. Holznägel sicherten die Zapfen- und Stemmverbindungen.

Werkzeuge. Äxte und Beile dienten zum Spalten, Glätten und Ausbohlen. Einfache Säge- und Stemmwerkzeuge, Bohrer, Hammer wurden verwendet. Fußbetriebene Drehvorrichtungen waren bekannt.

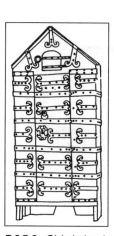

B 8.5-2 Giebelschrank aus Österreich.

[1] Die Jahrhundertangabe bezieht sich stets auf das begonnene Jahrhundert. So beginnt z.B. nach Ablauf von 12 Jahrhunderten mit dem Jahr 1200 das 13. Jahrhundert und endet mit dem Jahr 1299. Die Angabe Mitte 10. Jahrhundert umfaßt etwa den Zeitraum von 940 bis 960.

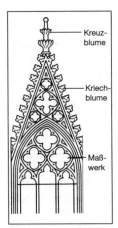

B 8.5-4 *Fassadendetail.*

Schmuckformen. Die Metallbeschläge waren oft künstlerisch bearbeitet. Die Möbeloberflächen blieben roh oder wurden mit heißem Wachs eingelassen. Bemalung war selten. Erst später wurden Flachschnitzereien mit Kerbschnittmustern angewendet.

Möbelarten. Es wurden Truhen, Schränke für Kirchengeräte oder -gewänder, Kasten- und Pfostenstühle sowie breite Betten als Stollen-Zargenkonstruktion hergestellt.

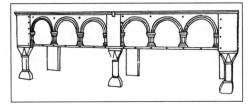

B 8.5-3 *Kirchentruhe mit Blendarkaden aus St. Valeria, Sitten/Schweiz, 12. Jh.*

Gotik (Mitte 13. Jahrhundert bis Anfang 16. Jahrhundert)

Zeitbild. Die tiefreligiöse Lebenseinstellung bestimmte Vorstellungen, Wertbegriffe und kulturelle Anschauungen.
Durch zunehmende Handelsbeziehungen entwickelte sich besonders das Bürgertum. Die Städte wurden zu Handels-, Gewerbe- und Kulturzentren. Für städtebauliche Aufgaben und für die Herstellung von Gebrauchsgütern wurden spezialisierte Handwerker gebraucht. Diese organisierten sich in Zünften.

Architektur. Besonders an Kirchen, Rat-, Handels- und Bürgerhäusern finden sich reich gegliederte Fassaden mit Betonung der Senkrechten und hohe Fenster mit Maßwerk und Bleiverglasung. Freistehende und schlanke Pfeiler mit reich verzierten Kapitellen, spitzbogige Gewölbe oder oft reich verzierte Holzdecken kennzeichnen die Räume. Fenster und Portale haben schräge oder profilierte Leibungen.
Typische Beispiele sind das Freiburger Münster, der Halberstädter Dom, die Albrechtsburg in Meißen und das Rathaus in Lübeck.

Möbelbau. Die Möbel wurden nun auch für den weltlichen Gebrauch gebaut.

Möbelkonstruktionen. Es entwickelten sich die Rahmen- und Stollenbauweise. Stemm-, Grat- und Zinkenverbindungen wurden zunehmend angewendet. Kunstvolle Metallbeschläge, die farbig unterlegt waren, wurden funktionsbedingt eingesetzt.

Werkzeuge. Man benutzte Profil-, Nut-, Falz- und Glätthobel sowie Stemm-, Hohl- und Schnitzeisen. Die maschinelle Brettherstellung in wasserbetriebenen Sägewerken ist urkundlich erwähnt.

Schmuckformen. In Süddeutschland schmückten Flachschnitzereien mit Naturmotiven, die teilweise farbig behandelt wurden, Nadelholzmöbel. Im Norden wurden Hartholzmöbel (z.B. Ei) vorwiegend mit profilierten Stollen und Simskonstruktionen versehen. Rahmen erhielten Füllungen, die mit Maß- und Faltwerkschnitzereien verziert waren. Die Möbel wurden teilweise mit Kalkwasser und Ammoniakdämpfen gebeizt oder geräuchert.

Möbelarten. Typische Möbelarten sind Truhen, Schränke, Sitzmöbel (Kasten-, Scheren- und Faltstühle), Tische, Pfostenbetten (teilweise mit Himmel).

B 8.5-5 *Norddeutscher Schrank, 15. Jh.*

B 8.5-6 *Ornament- und Maßwerkfüllung, gotische Beschläge.*

Renaissance (Anfang 16. Jahrhundert bis Anfang 17. Jahrhundert)

Zeitbild. Zunehmend lehnten sich die Menschen gegen die dogmatische Enge und die

Wand- und Deckenbekleidungen 9.3

Bevormundung durch die Kirche auf (→ Reformation). Der Mensch wurde selbstbewußter. Zahlreiche Entdeckungen und Erfindungen sowie Einflüsse aus der Kunst der Antike erweiterten das Weltbild und die Lebensansprüche. Das reiche und mächtige Bürgertum wurde wichtigster Auftraggeber für das Handwerk, das zunehmend unabhängiger arbeitete. Vielerorts führte der Machtmißbrauch der Feudalherren zu Bauernaufständen und grausamer Unterdrückung.

Architektur. Der Kirchenbau verliert an Bedeutung. Paläste, Schlösser, Rat- und Bürgerhäuser sind durch Fensteranordnung, Simse und Ornamentbänder waagerecht gegliedert. Die Giebel sind oft abgetreppt. Die meist rechteckigen Fenster sind mit Sprossenteilung, schlichten Gewänden und Giebelfeldern gestaltet. Prächtige Portale - oft mit Säulen, Pilastern, Sitznischen und Figurenschmuck - schmücken die Fassaden.
Typische Beispiele sind das alte Rathaus in Leipzig und die Zunfthäuser in Lemgo und Bremen.

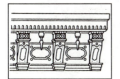

B 8.5-9 Detail eines Schranksimses, um 1600.

B 8.5-7 Hausgiebel in Zittau, um 1552.

Möbelbau. In vielen Repräsentationsbauten bildeten Inneneinbauten und Möbel eine gestalterische Einheit.

Möbelkonstruktionen. Die Möbel wurden vorwiegend in Rahmenbauweise mit bündigen Füllungen gebaut. Furnier- und Marketierarbeiten, auch mit gefärbten und gebrannten Hölzern, waren typisch.

Werkzeuge und Werkstoffe. Fast alle Werkzeugarten waren bekannt. Sägefurniere konnten maschinell hergestellt werden. Zunehmend wurden verschiedene Obsthölzer verwendet.

Schmuckformen. Neben Einlegearbeiten wurden Flachschnitzereien mit Tier- und Pflanzenmotiven oder Fabelwesen umfassend angewendet. Architektonische Details gliederten die Sichtflächen der Möbel und Wandbekleidungen. Stark profilierte Kassettendecken waren in Räumen gebräuchlich. Die Entwürfe stammten z.T. von namhaften Künstlern.

Möbelarten. Ausziehtische, Fassaden- und Kabinettschränke, Truhen, gepolsterte und ungepolsterte Stühle sind typisch.

B 8.5-8 Ulmer Fassadenschrank, Ende 16. Jh.

Barock (etwa 1600 bis ca. 1750)

Zeitbild. Der 30jährige Krieg endete mit der politischen Zersplitterung Deutschlands in viele kleine Fürstentümer. Weltliche und geistliche Territorialfürsten strebten eine prunkhafte Hofhaltung nach dem Vorbild des Sonnenkönigs Ludwig XIV. an. Riesige Unkosten verschärften die sozialen Gegensätze.
Die Prunksucht führte zur Belebung einheimischer Gewerbe in den fürstlichen Residenzen und Städten. Anfangs wurden viele ausländische, später auch einheimische Künstler und Handwerker beschäftigt.

Architektur. Baukörper, Raumform und -ausstattung, Möbel und Einrichtungsgegenstände bilden eine künstlerische Einheit. Flächige oder stark plastische Bauteile mit geschwungenen Formen sind symmetrisch angeordnet. Anfangs Verwendung edler Materialien. Einbeziehung von Landschaft, Plastik und Malerei in die Gestaltung.
Typische Beispiele sind das Stift Melk, die Schlösser in Bruchsal und Würzburg, die Stadtanlagen in Karlsruhe und Mannheim.

B 8.5-12 Danziger Ausziehtisch, um 1700.

B 8.5-10 Frauenkirche in Dresden von Georg Bähr, 1734.

Möbelbau. Die Möbel erhielten prunkhafte Formen, die vom Licht- und Schattenspiel lebten.

Möbelkonstruktionen. Die Herstellung erfolgte nach maßstäblichen Zeichnungen oder Musterbüchern. Gewölbte Flächen wurden furniert, Profilleisten teilweise maschinell (Ziehmaschine) hergestellt. Weit ausladende und profilierte, oft gekröpfte Gesimse, Sockelteile mit Säulen und Stegen oder Kugelfüße waren weit verbreitet. Dielenschränke waren zerlegbar.

Werkzeuge und Werkstoffe. Neben den üblichen Handwerkszeugen wurden Schnitz- und Furnierwerkzeuge sowie zahlreiche Profilhobel eingesetzt. Besonders ür Intarsien und Zierelemente wurden neben verschiedenen Edelhölzern auch Metalle, Perlmutt, Schildpatt und Elfenbein verwendet.

Schmuckformen. Plastische Schnitzereien mit Masken, Tier- und Pflanzenmotiven, gewendelte oder glatte Säulen mit Kapitellen zierten die Möbelfronten. Akanthuswedel, Blumen- und Fruchtgehänge, Muschel- und Palmetten-

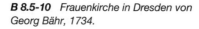

B 8.5-13 Fenster der Wallfahrtskirche Wies, 1746 bis 1754.

formen, Putten und allegorische Figuren waren sehr beliebt.

Möbelarten. Große Dielenschränke, halbhohe Schränke mit Säulenuntersätzen, Kommoden, Auszieh- und Konsolentische, gepolsterte Sitzmöbel waren typisch.

B 8.5-11 Hamburger Dielenschrank in Nußbaum, sogenannter Hamburger Schapp, um 1700.

Rokoko (etwa 1730 bis 1780)

Zeitbild. Ein allmählicher wirtschaftlicher Aufschwung, die Bildung zahlreicher Manufakturen und französische Einflüsse förderten an den Fürstenhöfen eine luxusorientierte und freiere Lebensweise. Die verfeinerten und eleganten Lebensformen beeinflußten auch die bildenden Künste.

Ein spezialisiertes Kunsthandwerkertum befriedigte die Luxusbedürfnisse des Adels und des selbstbewußten Bürgertums.

Architektur. Die fürstlichen Residenzen, Lust- und Jagdschlösser lehnen sich an barocken Bauformen an, sind aber kleiner und zierlicher. Innenräume und Mobiliar sind als Einheit gestaltet und privaten Bedürfnissen angepaßt. Typisch sind muschelartige Zierelemente. Klare geometrische Formen werden aufgelockert und durch zierliche und asymmetrische Schmuckelemente überspielt. Typische Beispiele sind Schloß Sanssouci in Potsdam und das Marienmünster in Amorbach.

Möbelbau. Die Formenvielfalt der Möbel wurde bis zum Äußersten getrieben.

Möbelkonstruktionen. Geschweifte Formen, gewölbte und furnierte Flächen, aufwendige Intarsienarbeiten sowie komplizierte Schließmechanismen und Geheimfächer erforderten großes handwerkliches Können. Die Konstruktion war oft nicht mehr erkennbar, so sehr wurde sie durch Zierformen verdeckt.

Schmuckformen. Intarsien aus zum Teil gefärbten Furnieren stellten Blumen, Landschaften oder Architekturbilder dar. Die Furnierflächen wurden mit Friesen und geometrischen Mustern versehen. Feuervergoldete Beschläge und Verzierungen wurden auf Ecken und Flächen aufgebracht. Chinamotive waren sehr beliebt.

Möbelarten. Es wurden zierliche Kommoden, Schreib-, Spiel- und an der Wand befestigte Konsolentische, Polstermöbel mit geschwungenen Gestellen, Tisch- und Standuhren, Eck- und Vitrinenschränke mit geschweiften Flächen und reicher Profilierung hergestellt. Lackmöbel waren beliebt.

B 8.5-14 Schreibschrank aus einer Meisterzeichnung von 1747.

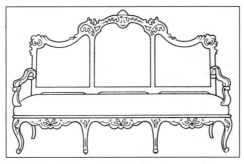

B 8.5-15 Sofa, erste Hälfte 18. Jh.

Klassizismus (etwa 1770 bis 1840)

Zeitbild. Vorbereitet durch die bürgerlichen Dichter und Philosophen der Aufklärung wurden zunehmend Zweifel an der absolutistischen Gesellschaftsordnung des Barock und Rokoko laut. Es entstand ein neues Demokratieverständnis, das die Gegensätze zwischen Adel und Bürgertum verschärfte. Die französische Revolution (1789) und die Befreiungskriege (1815) förderten die Ideale von Freiheit, Gleichheit und Brüderlichkeit. Technische Erfindungen (z.B. die Dampfmaschine) ermöglichten und begünstigten die Umwandlung der Manufakturen in Industriebetriebe. Die Ausgrabungen der Ruinen von Pompeji ergaben neue Gestaltungsvorbilder aus der Antike. Namhafte Tischlerwerkstätten, z.B. A. und D. Roentgen aus Neuwied, belieferten die europäischen Fürstenhöfe.

Architektur. Die repräsentativen Gebäude werden wieder vorwiegend mit rechteckigem Grundriß errichtet. Die Fassaden sind klar gegliedert. Vorspringende und tempelartige Gebäudeteile mit Treppenpodesten, antiken Säulen- und Kapitellformen und Giebelfeldern wirken streng und feierlich. Rechteckige Fenster haben Sprossenteilung. Naturalistischer Figurenschmuck wird sparsam verwendet. Typische Beispiele sind die Neue Wache und das Brandenburger Tor in Berlin, die Glyptothek in München und das Schloß Charlottenhof in Potsdam.

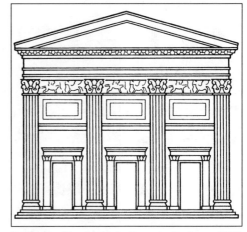

B 8.5-16 Klassizistische Fassade, Berlin um 1827.

Möbelbau. Klassizistische Formen lösten die übersteigerten Auswüchse des Rokoko ab.

Möbelkonstruktionen. Man kehrte zu geradlinigen Umrissen und klarem konstruktivem Aufbau zurück. Ebene Flächen herrschen vor. Sie wurden edelholzfurniert und hochglanzpoliert. Auf handwerkliche Verarbeitung wurde großer Wert gelegt.

Werkzeuge und Werkstoffe. Alle üblichen Werkzeuge waren bekannt und wurden zum Teil in ihrer Funktion verbessert. Sie ermöglichten die Herstellung hochwertiger Möbel. Verwendet wurden in- und ausländische Holzarten.

Im klassizistischen Möbelbau sind drei Stilrichtungen erkennbar:
- Zopfstil,
- Empire,
- Biedermeier.

B 8.5-17 Treppenaufgang im Schloß Weimar, um 1800.

Möbelbau – Historische Entwicklung des Möbelbaus

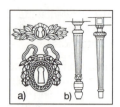

B 8.5-19 *Typische Schmuckformen im Zopfstil. a) Schlüsselschilder an Möbeln, b) kannelürte Möbelfüße.*

B 8.5-20 *Prunksessel, um 1800.*

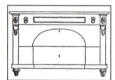

B 8.5-21 *Kommode, um 1800 bis 1810.*

B 8.5-22 *Vitrinenschrank, um 1830.*

Der Zopfstil (etwa 1770 bis 1810) bildet den Übergang vom Rokoko zum Klassizismus.

Schmuckformen. Die Möbel waren edel-holzfurniert und gut proportioniert. Gold-farbene Rosetten, Medaillons, Pflanzengirlanden oder -zöpfe betonten Konstruktionspunkte oder dienten als Funktionsbeschläge.

Füße, oft kannelürt und nach unten verjüngt, oder überstehende Sockel bildeten die Standflächen. Vielfach trugen Türen oder Klappen Bildintarsien.

Möbelarten. Zylinderbüro, Schreib- und Kabinettschränke waren typische Vertreter der Zeit.

B 8.5-18 *Schreibschrank mit Bildintarsien von D. Roentgen, um 1779.*

Empire (etwa 1800 bis 1815). Der Hofstil nach französischem Vorbild konnte sich nur in den Residenzen durchsetzen und diente vor allem der Repräsentation.

Schmuckformen. Durch übersteigerte Proportionen, quaderförmige Bauteile und formale Übernahme antiker und ägyptischer Stilelemente wirkten die Möbel klobig und steif. Vergoldete Greife, Sphinxe, Urnen wurden als Stützen oder Schmuckelemente plastisch ausgeformt oder auf polierte Mahagoniflächen als Zierbeschläge aufgesetzt.

Möbelarten. Es wurden bevorzugt kleinere Behältnismöbel, Tische in verschiedensten Ausführungen, meist gepolsterte Stühle oder Sessel, Betten und Liegen gefertigt.

Biedermeier (etwa 1815 bis 1840) bezeichnet eine bürgerliche Stilrichtung. Die Räume wurden individuell mit zierlichen, funktionsgerechten und klar gegliederten Möbeln eingerichtet.

Schmuckformen. Die Maserung von Obsthölzern, Mahagoni, Esche, Ahorn und Birke wurde gezielt ausgewählt und durch Politur zur Wirkung gebracht. Eingelegte Adern, Intarsien, Profile und Schweifungen wurden sparsam angewendet. Die körpergerecht gestalteten Sitzmöbel waren meist gepolstert und mit gestreiften oder mit Streublumenmuster versehenen Stoffen bezogen.

Möbelarten. Beliebt waren Schreibsekretäre, verglaste Eck- und Vitrinenschränke, Nähtischchen, Kommoden, runde oder ovale Tische mit Mittelfuß, Sofas und schlichte Sitzmöbel.

Historismus (etwa 1840 bis 1900)

Zeitbild. Neben der handwerklichen Fertigung setzte sich die industrielle Produktion umfassend durch. Zahlreiche Fabriken wurden gegründet und erzeugten in großen Stückzahlen Industriegüter, die z.T. exportiert wurden. Unterschiedliche Besitzverhältnisse und Lebensansprüche von reichem Bürgertum, Beamten, Handwerkern, Kaufleuten und Arbeitern führten zu Standesunterschieden und gesellschaftlichen Spannungen.

Durch weitere Ausgrabungen und die Schriften Winckelmanns wurde das Interesse an der Vergangenheit wachgehalten. Historische Vorbilder wurden in der bildenden Kunst verarbeitet oder übernommen.

Architektur. Auf Repräsentations- und Bürgerbauten wurden ausgewählte Schmuckformen der Gotik, Renaissance, des Barocks und Rokokos anfangs detailgetreu, später immer großzügiger und in veränderten Proportionen übertragen. Typische Beispiele sind die Semperoper in Dresden, das Rote Rathaus in Berlin und Schloß Neuschwanstein. Für die ärmeren Bevölkerungsschichten entstanden in den Städten Mietwohnungen in sogenannten Arbeitervierteln mit Vor- und Hinterhäusern und engen Innenhöfen.

Bugholzstuhl 8.3.2

B 8.5-23 Fabrikantenvilla in Berlin.

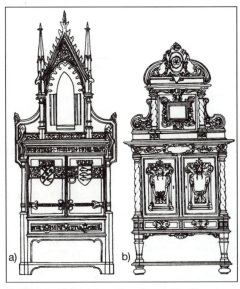

B 8.5-24 Ein gleiches Grundmodell in Formen der Neogotik (a) und des Neobarock (b).

Möbelbau. Möbel waren anfangs gediegene Handwerksarbeit mit wertvollen Hölzern und Furnieren.

Möbelkonstruktionen. Traditionelle Konstruktionen wurden übernommen. Vereinfachte Verbindungen und neue Arbeitsverfahren ließen zunehmend auch die maschinelle Herstellung zu. Spezielle Betriebe fertigten für billigere Möbel und große Stückzahlen Schmuckelemente aus Papiermaché. Neben traditionellen Stuhlkonstruktionen wurden von Thonet ab 1850 zunehmend auch Bugholzstühle verkauft.

Werkzeuge und Werkstoffe. Die wichtigsten Holzbearbeitungsmaschinen wurden erfunden. Diese wurden zuerst noch über Transmissionen mit Handkurbeln, später durch Dampfmaschinen und Elektromotore angetrieben. Metall - anfangs Gußeisen, ab 1870 auch Messing - setzte sich im Möbelbau außer für Beschläge auch für Stuhl- und Bettgestelle durch.

Schmuckformen. Auf die Grundkonstruktionen wurden vor allem Schmuckformen der Gotik, Renaissance, des Barock und Rokoko anfangs detailgetreu, später immer willkürlicher aufgesetzt.

Möbelarten. Die Möbel wurden als Garnituren für verschiedene Nutzungsbereiche angeboten. Neben einfachen und zweckmäßigen wurden auch repräsentative, oft schmucküberladene Möbel hergestellt.

B 8.5-25 Fassade in Neustrelitz.

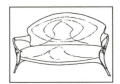

B 8.5-26 Notenschrank von Henry van de Velde, 1898.

B 8.5-27 Sofa von Pankok, um 1901.

Jugendstil (um 1895 bis etwa 1910)

Zeitbild. Die weit fortgeschrittene Industrialisierung begünstigte die Entwicklung zur Wirtschafts- und Militärmacht. In den Städten wuchs die Bevölkerungszahl rasch an und führte zu neuen Lebensformen und -gewohnheiten. Als Reaktion auf das Stilgemisch und die überladenen Formen des Historismus entwickelte sich eine künstlerische Ausdrucksform, die Zierelemente aus der Pflanzenwelt verwendete. Sie beeinflußte vor allem die Innenraumgestaltung, das Kunstgewerbe und die bildenden Künste.

Architektur. Großzügig geschwungene, flach ausgearbeitete Pflanzenformen zieren einzeln oder flächenfüllend Fassaden, Aufgänge und Innenräume. Typische Beispiele sind die Kunsthochschule in Weimar und der Reichshof in Leipzig.

Möbelbau. Die Möbel hatten elegant geschwungene Linien und Konturen. Pflanzliche Formen wurden sparsam als Ornamente verwendet, auf Profile wurde weitgehend verzichtet.
Die Innenräume wurden pastellfarbig und hell gestaltet. Trotz fachgerechter Konstruktion setzte sich eine industrielle Fertigung der Möbel nicht durch.

Neue Sachlichkeit und Bauhausbewegung (etwa 1905 bis 1930)

Zeitbild. Nach dem verlorenen 1. Weltkrieg erholte sich die Wirtschaft nur langsam. Es begann eine Suche nach neuen Lebensinhalten. Verschiedene Strömungen beeinflußten die kulturelle Entwicklung. 1919 wurde in Weimar das Bauhaus gegründet und ab 1926 in Dessau weitergeführt. Es war eine praxisorientierte Ausbildungsstätte für Künstler, Architekten und Formgestalter. Sie strebte eine Synthese zwischen Funktion, Technik und Kunst an.

Architektur. Die Bauwerke werden funktionsgerecht gestaltet. Klare Fassadengliederung mit großen Glasflächen und der Einsatz von Stahlbeton und anderen modernen Baustoffen kennzeichnet Fabrikgebäude, Wohnhäuser und auch ganze Wohnsiedlungen. Typische Beispiele sind die Turbinenfabrik von Behrens in Berlin, die Siedlung Berlin-Britz von Taut und das Bauhaus in Dessau.

B 8.5-31 Schrankwand, Nußbaum furniert, Anbauteile der „Wachsenden Wohnung", Entwurf B. Paul, 1934.

B 8.5-28 Bauhausgebäude von Gropius, Dessau 1926.

B 8.5-29 Schreibsekretär, Entwurf B. v. Rosen, Weimar 1923/24.

B 8.5-30 Sogenannter Barcelona-Sessel von M. v. d. Rohe, 1929.

Möbelbau. Seit der Jahrhundertwende entwarfen namhafte Architekten (Pankok, Riemerschmid, Paul) maschinell herstellbare Möbel. Die Deutschen Werkstätten in Hellerau (gegründet 1907) hatten dazu die technischen Voraussetzungen. Die Möbel waren zweckmäßig, formschön und für kleinere Räume geeignet. Ohne überflüssigen Zierrat waren sie preisgünstig herstellbar und vielfach reihungsfähig.

Werkstoffe. Bevorzugt verwendet wurden einheimische Furniere und Holzarten wie Eiche, Lärche, Buche. Für Tische und Stühle kamen später auch Stahlrohr, Glas, Leder und Stoffe hinzu. Die Oberflächen wurden durch Beizen, Räuchern und Sandeln veredelt.

Kunst des Faschismus (1933 bis 1945)

Zeitbild. Die faschistische Ideologie forderte die politische und kulturelle Ausrichtung. Fortschrittliches Ideengut wurde als undeutsch und entartet abgetan. Andersdenkende erhielten Arbeitsverbot, mußten emigrieren oder wurden umgebracht. Rassenwahn und Machtstreben führten zu politischer und kultureller Isolation. Sie endeten im zweiten Weltkrieg mit unermeßlichen Verlusten und Zerstörungen.

Architektur. Wenige großräumige und imposante Bauwerke dienten der Repräsentation und Machtdokumentation. Mit wuchtigen und blockhaften Bauformen, monumentaler Bauplastik und Machtsymbolen wurde versucht, antike Bauvorstellungen zu verwirklichen. Typische Beispiele dafür sind die Reichsparteitagsbauten in Nürnberg und das Olympiastadion in Berlin.

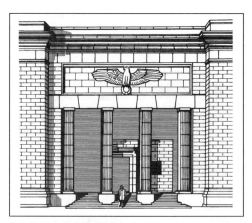

B 8.5-32 Architekturdetail.

Möbelbau. Die Möbelentwicklung stagnierte. Es wurden bekannte und konstruktiv bedingte Möbelformen übernommen oder weitergeführt. Vorwiegend wurden Garniturmöbel verkauft.

Werkstoffe. Einheimische Holzarten bevorzugte man für Schnittholz und Furniere. Als

Möbelbau – Historische Entwicklung des Möbelbaus

B 8.5-33 Kommode mit farbiger Kunststoffbeschichtung von A. Bode, 1952.

B 8.5-34 Gestellmöbel von M. Bill, um 1950.

Systemmöbel 8.1.1

Holzwerkstoffe 2.5

Plattenwerkstoffe wurde Furnier-, Stab- oder Stäbchensperrholz verwendet.

Entwicklung bis zur Gegenwart

Zeitbild. Nach 1945 erforderten die Zerstörungen und Kriegsschäden einen zügigen Wiederaufbau. Verschiedenste geistige Strömungen und internationale Einflüsse wurden aufgenommen und bereicherten das kulturelle Leben. Die rasche Wirtschaftsentwicklung war anfangs auf schnelle und billige Produktion ausgerichtet. Entsprechend der unterschiedlichen Gesellschafts- und Wirtschaftssysteme in Ost und West bahnten sich eigene, oft gegensätzliche Entwicklungen an:
In Westdeutschland ermöglichte die freie Marktwirtschaft die weitgehende Befriedigung der Bedürfnisse. Die kulturelle Entwicklung wurde von westeuropäischen Einflüssen mitgeprägt.
In Ostdeutschland ergaben sich in den 70er und 80er Jahren durch die zentral geleitete Planwirtschaft und die Absperrung gegenüber dem Westen zahlreiche Versorgungsmängel. Diese beeinflußten auch die Produktgestaltung. Mit der Wiedervereinigung wachsen allmählich beide Teile Deutschlands wieder zusammen.

Architektur. In Ostdeutschland wurden neben Repräsentationsbauten weiträumige Wohngebiete in Großplattenbauweise erstellt. Die Gestaltungsmöglichkeiten waren begrenzt. In Westdeutschland überwog der private Wohnungsbau. Zunehmend wurde versucht, durch große Gestaltungsvielfalt, Einsatz verschiedenster Werkstoffe, Einbeziehung historischer Bauwerke und Grünflächen, lebendige und menschliche Lebensräume zu schaffen.

Möbelbau. Die Möbelentwicklung nach dem Krieg ist durch große Vielfalt und ständige Suche nach neuen Formen gekennzeichnet. Mit modernen Maschinen - seit den 80er Jahren oft auch NC- oder CNC-gesteuert - können fast alle Konstruktions- und Gestaltungswünsche erfüllt werden.

==Werkstoffe==. Neben Furnieren werden Kunststoffolien, HPL-, KF- und KH-Platten sowie widerstandsfähige und umweltfreundliche Lacksysteme eingesetzt. Moderne Trägerwerkstoffe wie Span- und Faserplatten haben sich durchgesetzt. Mitteldichte Faserplatten können flächig profiliert und direkt beschichtet werden. Sie eröffnen neue Gestaltungsmöglichkeiten. Es werden auch Kunststoffe, Metalle und unterschiedliche Klebstoffe verwendet.

Die 50er Jahre. Die Möbel drücken Optimismus und Lebensfreude aus. Mit gewölbten oder geschweiften Flächen (z.B. sphärische Dreiecke und Vierecke, Nierenformen) und meist verjüngten Einzelfüßen wirken sie leicht und zerbrechlich. Schalenförmige Sitzmöbel, oft aus farbigem Kunststoff hergestellt, wurden direkt mit Schaumgummi und Bezugsstoff beklebt. Daneben waren Sessel mit Metallgestellen beliebt.

Gegenwart. Unter skandinavischem Einfluß entwickelte sich anfangs ein mehr funktionsbezogenes Design. An Kastenmöbeln aus Teak- und geformtem Schichtholz wurde wieder die Holzmaserung betont und auf handwerkliche Verarbeitung Wert gelegt. Zunehmende Industrialisierung begünstigte den Bau anpassungs- und montagefähiger sowie preisgünstiger ==Systemmöbel==.
Der Küchenmöbelbereich entwickelt sich zunehmend zum eigenständigen Industriezweig. Technische Geräte und Möbel werden als Einheit gestaltet.
Handwerksbetriebe gingen dazu über, unterschiedlichste Möbelarten und -formen als Einzelstücke oder in Kleinserien zu fertigen.

Aufgaben

1. Welche Zusammenhänge bestehen historisch zwischen Baukunst und Möbelbau?
2. Was unterscheidet die Schmuckformen des Barock von denen des Rokoko?
3. Welche typischen Konstruktionsunterschiede sind zwischen romanischen und Renaissance-Möbeln erkennbar?
4. Nennen Sie Merkmale barocker Dielenschränke!
5. Welche kennzeichnenden Schmuckformen und -techniken sind an Rokokomöbeln erkennbar?
6. Welche Bedeutung hat die Bauhausbewegung für die heutige Möbelentwicklung?

9 Innenausbau

Zum Innenausbau gehören alle festen Einbauten in Räumen, wie:
- Wand- und Deckenbekleidungen,
- Einbaumöbel und Heizkörperbekleidungen,
- Raumteiler und Trennwände,
- Treppen und
- Fußböden.

Verdingungsordnung für Bauleistungen. Innenausbauarbeiten werden zwischen dem Auftraggeber und dem Auftragnehmer direkt vertraglich vereinbart oder aufgrund einer öffentlichen oder beschränkten Ausschreibung vergeben. Grundlage für Angebot und Werkvertrag ist die **V**erdingungs**o**rdnung für **B**auleistungen (VOB) mit den drei Teilen:
- Teil A, DIN 1960 → allgemeine Bedingungen für die Vergabe von Bauleistungen.
- Teil B, DIN 1961 → allgemeine Vertragsbedingungen für die Ausführung von Bauleistungen. Es sind Art, Umfang und Vergütung sowie die Kündigungsbedingungen festgelegt.
- Teil C, DIN 18299 → allgemeine technische Vertragsbedingungen für Bauleistungen. Für den Bereich der Holztechnik gelten:
  - DIN 18355 Tischlerarbeiten,
  - DIN 18356 Parkettarbeiten,
  - DIN 18357 Beschlagarbeiten,
  - DIN 18361 Verglasungsarbeiten.

9.1 Maßordnung und Maßnehmen am Bau

9.1.1 Maßordnung im Hochbau

Die Maßordnung im Hochbau (DIN 4172 und DIN 18000) ist Grundlage für die Planung, Ausführung und Ausstattung von Gebäuden.

Es gelten zwei Maßordnungen nebeneinander:
- Dezimetersystem → Grundeinheit (Modul) 1/10 m = 100 (mm),
- Oktametersystem → Grundeinheit 1/8 m (Achtelmeter = am) = 125 (mm).

Vorzugsweise wird für Baumaße das Oktametersystem verwendet. Von diesem System sind die Abmessungen von Ziegelmauerwerk, Türen und Fenstern abgeleitet.

Rohbaurichtmaße RR (Baurichtmaße) sind als theoretische Bezugsmaße Teile oder Vielfache des Moduls. Sie berücksichtigen die

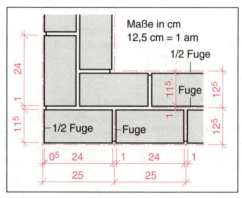

B 9.1-1 Maßbezüge im Oktametersystem.

Fugendicke von 1 cm zwischen Steinen oder Bauelementen. In der Regel gelten sie von Mitte Fuge bis Mitte Fuge.

Nennmaße N (Rohbaumaße) sind tatsächlich vorhandene oder einzuhaltende Abmessungen am Rohbau ohne Putzschicht. Es sind zu unterscheiden:
- Außenmaße → Wand- oder Pfeilerdicke, Wandlänge,
- Öffnungsmaße → Fenster, Türen, Durchgänge und
- Anbaumaße → angesetzte Mauerteile.

Bei einer fugenarmen Bauweise mit Betonfertigteilen oder Schalbeton entspricht das Nennmaß dem Baurichtmaß.

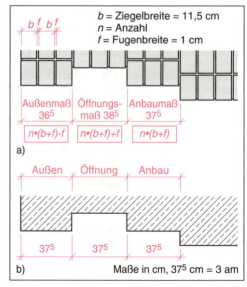

B 9.1-2 Nennmaße an a) Mauerwerk und b) fugenarmen Gebäudeteilen.

Innenausbau – Maßordnung und Maßnehmen am Bau

Toleranzen 4.3.2

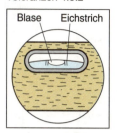

B 9.1-3 Libelle in der Wasserwaage.

Ausbaumaße gelten am fertigen Bau und schließen Putzschichten mit ein. Sie sind insbesondere bei nachträglichen Innenausbauten zu beachten.

Toleranzen sind zulässige Abweichungen z.B. in der Länge und Ebenheit. Prüfungen von Decken- und Wandflächen werden in halber Raumhöhe bzw. in Raummitte und jeweils in 10 cm Abstand von den Ecken vorgenommen. Man unterscheidet:
- Grenzabmaße → Differenz zwischen Größt- und Nennmaß bzw. Kleinst- und Nennmaß,
- Ebenheitstoleranzen → zulässige Abweichungen einer Fläche von der Ebene

T 9.1/1 Grenzabmaße nach DIN 18202 - Auswahl

Bauteile	Grenzabmaße in mm bei Nennmaßen in mm	
	bis 3 m	über 3 m bis 6 m
Öffnungen, roh	± 12	± 16
Öffnungen, oberflächenfertig	± 10	±12

T 9.1/2 Ebenheitstoleranzen nach DIN 18202 - Auswahl

Bauteile	Ebenheitstoleranzen in mm bei Abstand der Meßpunkte bis	
	1 m	4 m
Flächenfertige Böden	4	10
Flächenfertige Wände sowie Unterseiten von Decken	5	10

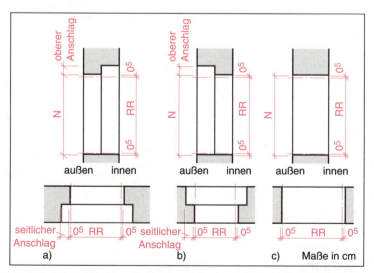

B 9.1-4 Maueröffnungen für Fenster. a) Innenanschlag, b) Außenanschlag, c) ohne Anschlag.

9.1.2 Geräte zum Bestimmen von Waagerechten und Senkrechten

Im Innenausbau und bei der Türen- und Fenstermontage sind Geräte zum Bestimmen von waagerechten und senkrechten Bezugskanten und -linien erforderlich, von denen aus Teile eingemessen und Maße übertragen werden können (→ T 9.1/3).

9.1.3 Maßnehmen am Bau

Für Ausbauarbeiten hat der Auftragnehmer die Bedingungen und Maße auf der Baustelle zu überprüfen.

Beim Maßnehmen gelten folgende Grundregeln:
- Vor dem Maßnehmen prüfen, ob
- die Kanten gerade,
- Ecken und Öffnungen lotrecht und rechtwinklig,
- Wände glatt, lotrecht und eben,
- fertige Böden niveaugleich sind oder ein waagerechter Meterriß vorhanden ist.
- Alle Ermittlungen sind eindeutig und rekonstruierbar in ein Maß- oder Auftragsbuch einzutragen.

Für den Transport vorgefertigter Teile sind die Bewegungsmöglichkeiten auf der Treppe und die Größe von Türöffnungen zu berücksichtigen.

Ausmessen von Flächen und Öffnungen. Zweckmäßig wird zuerst eine Freihandskizze als Grundriß-, Ansichts- oder Schnittdarstellung angefertigt, in die später alle notwendigen Maße und Bemerkungen eingetragen werden können. Alle Maße sind in gleichen Einheiten zu notieren.

Gemessen wird mit Rollmaßen, Glieder- oder Teleskopmaßstäben bzw. Ultraschallmeßgeräten. Dabei ist von Bezugspunkten oder -linien auszugehen.

Maueröffnungen für Fenster oder Türen werden zuerst in der Breite und dann in der Höhe ausgemessen. Fensteröffnungen können mit oder ohne Anschlag ausgeführt sein.

Um die Türhöhe zu ermitteln, ist von der Oberfläche des fertigen Fußbodens (OFF) auszugehen. Gemessen wird bis Unterkante Sturz. Das Maß wird in dem Raum genommen, in den sich die Tür öffnen soll. Ist der fertige Fußboden noch nicht vorhanden, benutzt man den vom Bauführer festgelegten Meterriß zum Einmessen.

Innenausbau – Maßordnung und Maßnehmen am Bau

T 9.1/3 *Geräte zum Bestimmen von Waagerechten und Senkrechten*

Bezeichnung	Anwendung und Ausführung
Wasserwaage (große Ausführung: Setzlatte) *(mit Waagelibelle und Lotlibelle)*	Festlegen waagerechter und senkrechter Bezugslinien
Winkelmeßgerät mit Wasserwaage *(mit Libelle)*	ein Schenkel dient als senkrechte oder waagerechte Bezugskante beim Aufnehmen oder Antragen von Winkeln
Richtscheit	Kontrolle der Ebenheit oder zur Vergrößerung der Anlagefläche z.B. für die Wasserwaage
Lot	Festlegen senkrechter Bezugslinien, mit einem Winkeldreieck auch für Waagerechte
Schlauchwaage *(Schaugläser, Wasserstand)*	Festlegen waagerechter Bezugslinien, Wasserstand in zwei Glasröhren wird über einen Schlauch in Übereinstimmung („in Waage") gebracht
Nivellierinstrument *(Röhrenlibelle, Ziellinie, Fernrohr, Dosenlibelle)*	Festlegen waagerechter Bezugslinien, Höhenpunkte werden über eine Visiereinrichtung ermittelt
Lasergerät	Festlegen waagerechter und senkrechter Bezugslinien, ein roter Lichtstrahl wird waagerecht oder senkrecht an die Wände projiziert

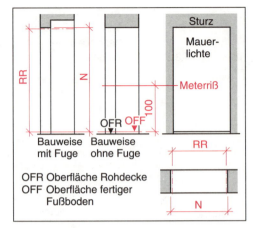

B 9.1-5 *Maueröffnungen für Türen.*

OFR Oberfläche Rohdecke
OFF Oberfläche fertiger Fußboden

Rundungen und Schweifungen werden in der Regel mit Hilfe von Schablonen aufgenommen.

Wandöffnungen. Eine harte Pappe oder Faserplatte wird auf die Wandfläche gelegt und die Schweifung mit hartem und spitzem Stift nachgezeichnet. Anlagepunkte auf der Schablone und an der Öffnung müssen markiert und eingemessen werden. Nach dem Ausschneiden muß die Schablone eindeutig bezeichnet werden, um Verwechslungen auszuschließen.

Regelmäßige Bogen können auch geometrisch konstruiert werden.

Vorstehende Profile oder Rundungen. Aus möglichst leicht schneidbarem, steifem Material, z.B. Pappe, wird durch wiederholtes Nachschneiden und Anpassen eine Schablone geformt. Auch hier sind Bezugspunkte zu markieren. Die Erstschablone wird anschließend auf festeres Material übertragen.

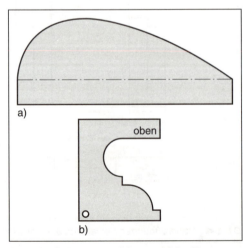

B 9.1-6 *Schablonen. a) Bogen, b) Profil.*

Innenausbau – Bauphysikalische Grundlagen

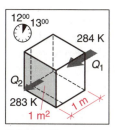

B 9.2-1 Wärmeleitfähigkeit.

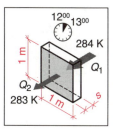

B 9.2-2 Wärmedurchlaßkoeffizient.

Aufgaben

1. Welcher Unterschied besteht zwischen dem Dezimeter- und dem Oktametersystem?
2. Unterscheiden Sie Rohbaurichtmaß, Nennmaß, Rohbaumaß und Ausbaumaß!
3. Welche Grundregeln bestehen für das Maßnehmen am Bau?
4. Was ist beim Maßnehmen von Fenstern und Türen zu beachten?
5. Wie können die Maße von regelmäßigen und unregelmäßigen Bögen aufgenommen werden?

9.2 Bauphysikalische Grundlagen

Bei Innenausbauten muß der Wärme-, Feuchte-, Schall- und Brandschutz berücksichtigt werden. Da die Maßnahmen sich gegenseitig beeinflussen, sind sie stets im Zusammenhang zu betrachten.

9.2.1 Wärmeschutz

In der Wärmeschutzverordnung der Bundesregierung (WSchVO) und in DIN 4108 (Wärmeschutz im Hochbau) sind Angaben zur Begrenzung der Wärmeverluste festgelegt. Der Wärmeschutz muß gemäß der Wärmeschutzverordnung rechnerisch nachgewiesen werden. Dabei werden Baustoffe und Baukonstruktionen erfaßt.

Wärmetechnische Begriffe und Größen

Wärmeleitfähigkeit λ (Klein-Lambda). Jeder Baustoff leitet Wärme. Geringe Wärmeleitfähigkeit bedeutet gute Wärmedämmung. Die Wärmeleitfähigkeit ist abhängig von:

- Rohdichte. Baustoffe mit geringer Rohdichte sind zur Wärmedämmung besonders geeignet.
- Porigkeit. Viele kleine, geschlossene und mit Luft gefüllte Poren verbessern die Wärmedämmung eines Baustoffes.
- Materialfeuchte. Wasser leitet Wärme 23mal besser als Luft. Baustoffe müssen deshalb trocken sein und vor Durchfeuchtung geschützt werden.

Die Wärmeleitfähigkeit λ ist eine Materialkonstante. Sie gibt die Wärmemenge Q an, die durch einen Probewürfel mit der Seitenlänge 1 m in einer Stunde bei einer Temperaturdifferenz von 1 K hindurchgeht. Der Rechenwert der Wärmeleitfähigkeit λ_R berücksichtigt u.a. Schwankungen der Stoffeigenschaften.

Wärmeleitfähigkeit λ in W/(m·K)

Wärmedurchlaßkoeffizient Λ (Groß-Lambda). Im allgemeinen beträgt die Schichtdicke eines Bauteiles weniger als 1 m. Der Wärmedurchlaß ist somit größer als beim Probewürfel. Der Wärmedurchlaßkoeffizient Λ gibt an, welche Wärmemenge Q in einer Stunde durch 1 m² eines plattenförmigen Bauteiles mit der Schichtdicke s bei einer Temperaturdifferenz von 1 K strömt. Das Verhältnis der Wärmeleitzahl λ_R zur Schichtdicke s des Bauteiles ergibt den Wärmedurchlaßkoeffizienten Λ.

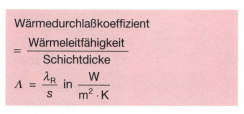

$$\text{Wärmedurchlaßkoeffizient} = \frac{\text{Wärmeleitfähigkeit}}{\text{Schichtdicke}}$$

$$\Lambda = \frac{\lambda_R}{s} \text{ in } \frac{W}{m^2 \cdot K}$$

Wärmedurchlaßwiderstand $1/\Lambda$. Die Wärmedämmung eines Bauteiles wird danach beurteilt, wie groß der Widerstand gegen den Wärmedurchlaß ist. Dieser Widerstand ist der Kehrwert des Wärmedurchlaßkoeffizienten Λ.

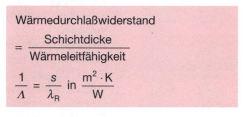

$$\text{Wärmedurchlaßwiderstand} = \frac{\text{Schichtdicke}}{\text{Wärmeleitfähigkeit}}$$

$$\frac{1}{\Lambda} = \frac{s}{\lambda_R} \text{ in } \frac{m^2 \cdot K}{W}$$

Mit dem Wärmedurchlaßwiderstand wird die Wärmedämmung einzelner Schichten, z.B. bei Wänden, Decken und Türen, berechnet.

Wärmedurchlaßwiderstand $1/\Lambda$ von Luftschichten. Der Wärmedurchlaßwiderstand von Luftschichten innerhalb eines Bauteiles ohne Verbindung zur Außenluft hängt von der Luftzirkulation ab. In dickeren Luftschichten zirkuliert die Luft stärker und die Bauteile kühlen stärker ab. Dünne Luftschichten haben deshalb einen höheren Wärmedurchlaßwiderstand als dicke Schichten ($\rightarrow$ T 9.2/2).

Wärmeübergangskoeffizient α. Zwischen der Oberfläche eines Bauteiles und der angrenzenden Luft wird Wärme übertragen. Die Oberflächentemperatur ist auf der Bauteilinnenseite meistens niedriger als die Raum-

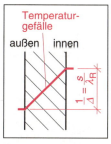

B 9.2-3 Wärmedurchlaßwiderstand.

T 9.2/1 Wärmeleitfähigkeit ausgewählter Baustoffe nach DIN 4108

Baustoff	Rohdichte in kg/m³	Rechenwert der Wärmeleitfähigkeit λ_R in W/(m·K)
Holz und Holzwerkstoffe		
Eiche, Rotbuche	800	0,20
Fichte, Tanne, Kiefer	600	0,13
Sperrholz FU, ST, STAE	800	0,15
Holzspanplatte FPY	700	0,13
Holzfaserhartplatte HFH	1000	0,17
Fußbodenbelag		
PVC-Belag	1500	0,23
Bauplatten (Mittelwerte)		
Wandbauplatten aus Leichtbeton	1200	0,47
Gasbeton-Bauplatten mit Mauermörtel	700	0,27
Wandbauplatten aus Gips	900	0,41
Gipskartonplatte ($d < 15$ mm)	900	0,21
Putze, Estriche		
Kalkmörtel, Kalk-Zementmörtel	1800	0,87
Zementmörtel	2000	1,40
Kalk-Gipsmörtel	1400	0,70
Magnesia-Estrich	1400	0,47
Gußasphalt-Estrich ($d > 15$ mm)	2300	0,90
Mauerwerk einschließlich Mörtelfugen		
Kalksand-Vollstein	2200	1,30
Vollklinker	2200	1,20
Vollziegel, Hochlochziegel	1600	0,68
Hohlblockstein aus Leichtbeton, Breite 365 mm (Mittelwert)	1000	0,49
Gasbeton-Blockstein	700	0,27
Großformatige Bauteile aus		
Normalbeton	2400	2,10
Leichtbeton mit geschlossenem Gefüge (Mittelwert)	1400	0,79
Sonstige Stoffe		
Fliesen	2000	1,00
Glas	2500	0,80
Natursteine wie Granit, Basalt, Marmor	2800	3,50
Metalle		
Stahl	7500	60,00
Kupfer	8900	380,00
Aluminium	2700	200,00
Dämmstoffe → **T 2.12/13**		

Innenausbau – Bauphysikalische Grundlagen

T 9.2/2 Wärmedurchlaßwiderstand von Luftschichten nach DIN 4108

Lage der Luftschicht	Dicke der Luftschicht in mm	Wärmedurchlaßwiderstand $1/\Lambda$ in $(m^2 \cdot K)/W$
senkrecht	10 ... 20 > 20 ... 500	0,14 0,17
waagerecht	10 ... 500	0,17

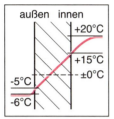

B 9.2-4 Temperaturgefälle.

Außentüren 10.4.1,
Fensterbau 11.2.6

lufttemperatur und auf der Bauteilaußenseite höher als die Außenluft. Es entsteht ein Temperaturgefälle. Der Wärmeübergangskoeffizient α gibt an, welche Wärmemenge Q in einer Stunde zwischen 1 m² der Oberfläche eines Bauteiles und der angrenzenden Luft übertragen wird, wenn zwischen Bauteiloberflächen und angrenzender Luft eine Temperaturdifferenz von 1 K vorhanden ist.

Wärmeübergangskoeffizient α in $W/(m^2 \cdot K)$

Die Luftbewegung an den Bauteiloberflächen ist im Rauminneren mit durchschnittlich 1 m/s geringer als im Außenbereich mit 2 m/s ... 10 m/s. Die Grenzschicht zwischen Raumluft und Bauteiloberfläche ist deshalb meistens dicker als zwischen Außenluft und Bauteiloberfläche.

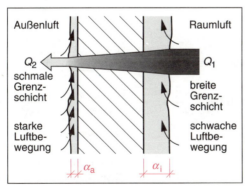

B 9.2-5 Luftbewegung und Grenzschichten an Bauteiloberflächen.

In DIN 4108 sind für den Wärmeübergang im:
- Innenbereich $\alpha_i = 8{,}1 \; W/(m^2 \cdot K)$,
- Außenbereich $\alpha_a = 23{,}2 \; W/(m^2 \cdot K)$ angegeben.

Wärmeübergangswiderstand $1/\alpha$. Der Wärmeübergangswiderstand $1/\alpha$ ist der Kehrwert des Wärmeübergangskoeffizienten. Für den Wärmeübergangswiderstand nach DIN 4108 ergeben sich:

- innen $\dfrac{1}{\alpha_i} = \dfrac{1}{8{,}1} \dfrac{m^2 \cdot K}{W} \approx 0{,}13 \dfrac{m^2 \cdot K}{W}$,

- außen $\dfrac{1}{\alpha_a} = \dfrac{1}{23{,}2} \dfrac{m^2 \cdot K}{W} \approx 0{,}04 \dfrac{m^2 \cdot K}{W}$.

Wärmedurchgangswiderstand $1/k$. Bauteile setzen dem Wärmestrom beim Übergang an Bauteilflächen und beim Durchlaß im Innern Widerstände entgegen. Die Summe dieser Einzelwiderstände ergibt den gesamten Wärmedurchgangswiderstand $1/k$.

$$\frac{1}{k} = \frac{1}{\alpha_i} + \frac{1}{\Lambda} + \frac{1}{\alpha_a} \; m^2 \cdot K / W$$

Wärmedurchgangskoeffizient k. Der Wärmedurchgangskoeffizient k ist der Kehrwert des Wärmedurchgangswiderstands $1/k$ und wird als k-Wert bezeichnet. Ein kleiner k-Wert bedeutet geringen Wärmeverlust.

$$k = \frac{1}{\frac{1}{k}} = \frac{1}{\frac{1}{\alpha_i} + \frac{1}{\Lambda} + \frac{1}{\alpha_a}} \; W/(m^2 \cdot K)$$

In der Wärmeschutzverordnung sind maximale k-Werte für Wände, Decken, Dächer, Fenster und Außentüren angegeben. Sie dürfen bei der Herstellung von Einzelbauteilen und Gebäuden nicht überschritten werden und sind rechnerisch zu belegen. In der Praxis wird mit niedrigeren k-Werten gerechnet als die Norm verlangt.

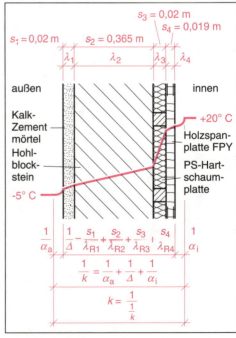

B 9.2-6 Berechnungsgrundlage für ein mehrschichtiges Bauteil. Lattung unberücksichtigt.

Innenausbau – Bauphysikalische Grundlagen

T 9.2/3 *Maximale k-Werte von Bauteilen*

Bauteile		k in W/(m² · K) Mittelwerte
Außenwände, Masse ≥ 300 kg/m³	allgemein	1,39
	kleinflächige Bauteile (Pfeiler)	1,56
Wohnungstrennwände und Wände zwischen fremden Arbeitsräumen	in nicht zentralbeheizten Gebäuden	1,96
	in zentralbeheizten Gebäuden	3,03
Treppenraumwände bei geschlossen eingebauten Treppen (z.B. Hausflure, Kellerräume, Lagerräume)		1,96
Wohnungstrenndecken und Decken zwischen fremden Arbeitsräumen	allgemein	1,64
	zentralbeheizte Büroräume	2,33
Unterer Abschluß nicht unterkellerter Aufenthaltsräume	am Erdreich	0,93
	nicht belüfteter Hohlraum am Erdreich	0,81
Decken unter nicht ausgebauten Dachräumen		0,90
Kellerdecken		0,81

Beispiel
Berechnen Sie den k-Wert eines vierschichtigen Bauteiles (→ **B 9.2-6** und **T 9.2/3**).

Lösung
Gegeben:
$s_1 = 0{,}020$ m; $\lambda_{R1} = 0{,}87$ W/(m·K); $s_2 = 0{,}365$ m; $\lambda_{R2} = 0{,}49$ W/(m·K); $s_3 = 0{,}020$ m; $\lambda_{R3} = 0{,}035$ W/(m·K); $s_4 = 0{,}019$ m; $\lambda_{R4} = 0{,}13$ W/(m·K);
$\dfrac{1}{\alpha_i} = 0{,}13 \dfrac{m^2 \cdot K}{W}$; $\dfrac{1}{\alpha_a} = 0{,}04 \dfrac{m^2 \cdot K}{W}$

Gesucht:
$\dfrac{1}{\Lambda}; \dfrac{1}{k}; k$

$$\frac{1}{\Lambda} = \frac{s_1}{\lambda_{R1}} + \frac{s_2}{\lambda_{R2}} + \frac{s_3}{\lambda_{R3}} + \frac{s_4}{\lambda_{R4}}$$

$$\frac{1}{\Lambda} = \left(\frac{0{,}020}{0{,}87} + \frac{0{,}365}{0{,}49} + \frac{0{,}020}{0{,}035} + \frac{0{,}019}{0{,}13} \right) \frac{m}{W/(m \cdot K)}$$

$$\frac{1}{\Lambda} = 1{,}485 \frac{m^2 \cdot K}{W}$$

$$\frac{1}{k} = \frac{1}{\alpha_i} + \frac{1}{\Lambda} + \frac{1}{\alpha_a}$$

$$\frac{1}{k} = (0{,}13 + 1{,}485 + 0{,}04) \frac{m^2 \cdot K}{W}$$

$$\frac{1}{k} = 1{,}655 \frac{m^2 \cdot K}{W}$$

$$k = \frac{1}{\frac{1}{k}} = \frac{1}{1{,}655} \frac{W}{m^2 \cdot K}$$

$$k = 0{,}60 \frac{W}{m^2 \cdot K}$$

Dieser k-Wert ist günstiger als der in DIN 4108 geforderte Wert von 1,39 W/(m²·K).

Transmissionswärmeverlust Q_T. Alle Außenflächen eines Gebäudes mit beheizten Räumen geben an die Außenluft Wärme ab. Der Transmissionswärmeverlust Q_T hängt ab vom:
- k-Wert des jeweiligen Materials,
- der Gesamtfläche A der wärmeabgebenden Bauteile,
- der Temperaturdifferenz zwischen Raumluft ϑ_i und Außenluft ϑ_a,
- der Zeit t, in der die Wärmeübertragung erfolgt.

$$Q_T = k \cdot A \cdot (\vartheta_i - \vartheta_a) \cdot t \quad \text{in W·h}$$

Wärmespeicherung. Baustoffe und Bauteile mit hoher Dichte, hoher Wärmeleitfähigkeit und großer Dicke sind gute Wärmespeicher. Wenn die Raumtemperatur absinkt, können sie Wärme wieder langsam abgeben. Wegen

Innenausbau – Bauphysikalische Grundlagen

der hohen Dichte und hohen Wärmeleitfähigkeit sind gute Wärmespeicher weniger für die Wärmedämmung geeignet. Gute Wärmespeicherfähigkeit haben folgende Baustoffe in der angegebenen Reihenfolge: Eichenholz, Ziegelmauerwerk, Zementmörtel, Asphalt, Steinzeug, Gips, Glas, Beton, Aluminium und Eisen.

Wärmeschutztechnische Maßnahmen

Wärmedämmende Konstruktionen bestehen aus mehreren Schichten verschiedener Baustoffe. Eine zusätzliche Schichtdicke von 50 mm muß einen k-Wert $\leq 0{,}6$ W/(m²·K) erbringen.

Außenwände können auch beidseitig innen und außen gedämmt werden. Dadurch verringert sich die Wärmedehnung tragender Bauteile. Wegen möglicher Tauwasserbildung sollte die äußere Wärmedämmschicht dicker sein als die innere. Bei erhöhter relativer Luftfeuchte ist eine Dampfsperre notwendig. Die Wärmespeicherfähigkeit ist sehr gering.

Luftfeuchte 9.2.2

Wärmedämmung bei Decken. Wohnungstrenndecken müssen nicht besonders gedämmt werden. Die Wärmedämmschicht kann unter dem Estrich oder unter dem Holzfußboden bzw. an der Unterseite der Decke mit einer Bekleidung angebracht werden.

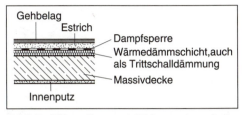

B 9.2-7 Wärmedämmende Wohnungstrenndecke.

Vermeidung von Wärmebrücken. Wärmebrücken sind Stellen in Bauteilen, die das Abfließen von Wärme in benachbarte Bereiche ermöglichen (→**T 9.2/5**).

Haben Außenbauteile in Teilbereichen keine oder nur eine geringe Wärmedämmung, entstehen durch abfließende Wärme und eindringende Kälte Wärmeverluste. Die zunehmende relative Luftfeuchte kann sich an solchen Stellen als Tauwasser niederschlagen.

Wärmedämmung bei geneigten Dächern. Die Wärmedämmschichten werden bei Holzsparrendächern über der Schalung, zwischen oder unter den Sparren angebracht. Belüftete

T 9.2/4 Wärmedämmung bei Wänden - Vergleich

Merkmale	Außendämmung	Innendämmung
Vorsatzschalen (Beispiele)	Außenputz, Hartschaum, Klebefuge, Betonwand, Innenputz	Außenputz, Klebefuge, Hartschaum, Betonwand, Dampfsperre, Gipskartonplatte
Wärmespeicherung	gut	sehr gering
Wärmebrücken	kaum möglich, Wand bleibt frostfrei	möglich bei Befestigungselementen, Wand dem Frost ausgesetzt
Tauwasserbildung	weitgehend ausgeschlossen	bei höherer relativer Luftfeuchte
Dampfsperre	nicht erforderlich	erforderlich
Wärmedehnung tragender Bauteile	klein, keine Spannungen, keine Rißbildung	groß, Spannungen, Dehnungsfugen vermeiden Rißbildung
Wetterschutz für Dämmschicht	erforderlich (Putz oder Bekleidung)	nicht erforderlich

Innenausbau – Bauphysikalische Grundlagen

Taupunkt 5.5.2

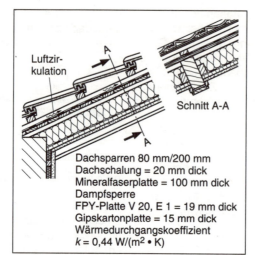

Dachsparren 80 mm/200 mm
Dachschalung = 20 mm dick
Mineralfaserplatte = 100 mm dick
Dampfsperre
FPY-Platte V 20, E 1 = 19 mm dick
Gipskartonplatte = 15 mm dick
Wärmedurchgangskoeffizient
$k = 0{,}44$ W/(m² · K)

B 9.2-8 Geneigtes Dach mit teilweise sichtbaren, bekleideten Dachsparren.

9.2.2 Klimabedingter Feuchteschutz

Klimabedingter Feuchteschutz im Hochbau soll Schäden durch Tauwasser an Baustoffen und Baukonstruktionen verhindern. DIN 4108 enthält dazu Anforderungen und Hinweise für die Ausführung von Bauteilen.

Tauwasserbildung auf der raumseitigen Oberfläche von Außenbauteilen. In Innenräumen bildet sich auf der raumseitigen Oberfläche von Außenbauteilen Tauwasser, wenn die Oberflächentemperatur unter der Taupunkttemperatur liegt. Die Taupunkttemperatur hängt von der Lufttemperatur und der relativen Luftfeuchte ab (→ **T 9.2/6**). Sie wird unterschritten, wenn:
- bei gleichbleibender Wasserdampfmenge in der Luft die Oberflächentemperatur abnimmt oder
- bei gleichbleibender Lufttemperatur über die Sättigungsmenge (relative Luftfeuchte = 100%) hinaus zusätzlich Wasserdampf entsteht, z.B. durch Kochen oder Duschen.

Dachkonstruktionen müssen Zu- und Abluftöffnungen haben, um eingedrungene Feuchte abzuführen.

T 9.2/5 Vermeidung von Wärmebrücken

Art	Konstruktion	Bemerkung
Anschluß Wand-Decke		Wärmebrücke ist Gefahr für Tauwasserbildung, vollständige äußere Wärmedämmschicht kann ersetzt werden durch Dämmstreifen in Dicke der Decke
Heizkörpernische		Nische mit aluminiumkaschierter Dämmplatte ausgekleidet, Aluminium reflektiert Wärmestrahlen
Rolladenkasten		Kastenflächen raumseitig gedämmt, Schichtdicke mindestens 20 mm
Schrauben, Nägel und Haken in Außenwänden		Metall bildet Wärmebrücken, Gefahr von Tauwasserbildung

Innenausbau – Bauphysikalische Grundlagen

T 9.2/6 Lufttemperatur, Taupunkttemperatur und relative Luftfeuchte nach DIN 4108

Lufttemperatur ϑ_i in °C	Taupunkttemperatur ϑ_s in °C bei relativer Luftfeuchte φ von					
	40%	50%	60%	70%	80%	90%
30	14,9	18,4	21,4	23,9	26,2	28,2
28	13,1	16,6	19,5	22,0	24,2	26,2
26	11,4	14,8	17,6	20,1	22,3	24,2
24	9,6	12,9	15,8	18,2	20,3	22,3
22	7,8	11,1	13,9	16,3	18,4	20,3
20	6,0	9,3	12,0	14,4	16,4	18,3
18	4,2	7,4	10,1	12,5	14,5	16,3
16	2,4	5,6	8,2	10,5	12,6	14,4
14	0,6	3,7	6,4	8,6	10,6	12,4
12	-1,0	1,9	4,5	6,7	8,7	10,4
10	-2,6	0,1	2,6	4,8	6,7	8,4

B 9.2-9 Tauwasserbildung im Innern von Außenbauteilen.

Verhinderung von Tauwasserbildung. Die Tauwasserbildung kann durch richtiges Heizen und Lüften und unter Berücksichtigung des maximalen Wärmedurchgangskoeffizienten k verhindert werden.

T 9.2/7 Verhinderung von Tauwasserbildung auf Bauteiloberflächen

Raumtemperatur in °C	Wärmedurchgangskoeffizient in W/(m²·K) bei relativer Luftfeuchte von		
	50%	70%	90%
15	2,0	1,0	0,32
20	1,8	0,95	0,29
25	1,6	0,88	0,27

Tauwasserbildung im Innern von Außenbauteilen. Wassermoleküle können fast alle Baustoffe, außer Glas und Metall, durchdringen. Der in der Luft enthaltene Wasserdampf und die Lufttemperatur erzeugen einen Dampfdruck p. Je höher die Lufttemperatur desto höher ist auch der Dampfdruck. Zwischen der wärmeren Innenluft und der kälteren Außenluft an einem Bauteil besteht ein Temperatur- und ein Dampfdruckgefälle. Dieses Dampfdruckgefälle ermöglicht den Wasserdampfdurchgang, d.h. die Wasserdampfdiffusion.

Der Wasserdampf wandert in das Innere von Bauteilen. Sinkt die Temperatur des Wasserdampfes unter den Taupunkt, durchfeuchtet das Tauwasser den Baustoff. Tauwasser im Innern von Außenbauteilen richtet in der Regel keinen Schaden an. Ein erhöhter Feuchtegehalt in Dämm- und Baustoffen kann jedoch den Wärmeschutz beeinträchtigen. Wichtig ist, daß entstandenes Tauwasser durch Lüften an die Umgebungsluft abgeführt wird. Gefriert das Tauwasser, können Baustoffe und Baukonstruktion zerstört werden.

Wasserdampf-Diffusionswiderstand. Jeder Baustoff setzt entsprechend seiner Struktur und Dichte dem diffundierenden Wasserdampf Widerstand entgegen. Porige Baustoffe haben einen geringen Wasserdampf-Diffusionswiderstand, dichte hingegen einen hohen Widerstand. Die Widerstandszahl m gibt an, wieviel mal größer der Widerstand eines Stoffes gegen Wasserdampfdiffusion im Vergleich zu einer gleichdicken Luftschicht ist.

Dampfsperren haben eine hohe Wasserdampf-Diffusionswiderstandszahl und vermindern die Wasserdampfdiffusion. Verwendet werden:
- Polyethylenfolien,
- Aluminiumfolien,
- aluminiumkaschierte Gipskartonplatten,
- papierkaschierte Aluminiumfolie auf Faserdämmplatten.

Aluminiumfolie als Dampfsperre reflektiert gleichzeitig Wärme und vermindert Wärmeverluste.

Lage der Dampfsperren. Werden Dampfsperren auf der kalten Außenseite eines Außenbauteiles aufgebracht, führt der erhöhte Dampfdruck zu vermehrter Tauwasserbildung und Durchfeuchtung des Bauteiles. Dampfsperren auf der warmen Innenseite vor der

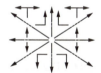

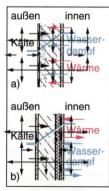

B 9.2-10 Dampfsperre a) auf der Außenseite, b) auf der Innenseite eines Außenbauteiles.

Innenausbau – Bauphysikalische Grundlagen

T 9.2/8 Wasserdampf-Diffusionswiderstandszahl μ von Baustoffen - Auswahl

Baustoffe	Wasserdampf-Diffusions-widerstandszahl μ
Faserdämmstoffe	1
poröse Holzfaserplatten	5
Gipskartonplatten	8
harte Holzfaserplatten	70
Fichte, Kiefer, Tanne, Buche, Eiche	40
Flachpreßplatten FPY	50 ... 100
Hochlochziegel, Hohlblöcke	5 ... 10
Wandbauplatten aus Gips	5 ... 10
Zementmörtel, Kalkzementmörtel	15 ... 35
Normalbeton	70 ... 150
Bitumendachbahnen	10 000 ... 80 000
Polyethylenfolie ≤ 0,1 mm dick	100 000
Aluminiumfolie ≤ 0,05 mm dick	dampfundurchlässig
Metallfolien ≤ 0,1 mm dick	dampfundurchlässig

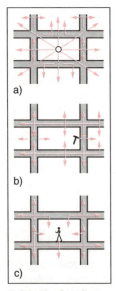

B 9.2-11 Frequenz.

B 9.2-12 Schallarten. a) Luftschall, b) Körperschall, c) Trittschall.

Wärmedämmschicht unterbinden die Dampfdiffusion. Tauwasser fällt nicht aus. Da das Bauteil mehr Wasser aufnimmt, muß der Raum gut gelüftet werden.

9.2.3 Schallschutz

Grundlagen

Schall. Schall entsteht durch Schwingungen elastischer Körper. Schwingungsfähige Moleküle bilden Schallwellen, die sich in gasförmigen, flüssigen und festen Stoffen ausbreiten. Gleichmäßige Schwingungen werden als Ton, ungleichmäßige als Geräusch bezeichnet.

Lärm ist störend empfundener Schall. Er gelangt durch Decken, Wände und durch die Luft in unser Ohr. Schall wirkt als Wechseldruck auf den menschlichen Körper ein und beeinflußt das vegetative Nervensystem. Bei zu großer Belastung können Herz-, Kreislauf- und Magenerkrankungen auftreten.

Schallarten. Man unterscheidet:
- Luftschall breitet sich in der Luft aus und wirkt auf Gegenstände im Raum und auf Wand- und Deckenflächen ein.
- Körperschall pflanzt sich in festen Stoffen, z.B. Wänden, Decken und Fußböden, fort. Er kann an der Oberfläche als Luftschall wieder abgegeben werden.
- Trittschall ist eine Sonderform des Körperschalls. Er entsteht insbesondere beim Begehen von Decken und Treppen. Er wird in Bauteilen weitergeleitet und als Luftschall in andere Räume abgestrahlt.

Die Frequenz f gibt die Anzahl der Schwingungen je Sekunde an. Hohe Töne haben viele, tiefe Töne wenige Schwingungen je Sekunde.

$$\text{Frequenz } f \text{ in Hz (Hertz)} = \frac{1}{s}$$

Der Mensch kann Frequenzen zwischen 16 Hz und 20000 Hz wahrnehmen. Größere Frequenzen werden als Ultraschall bezeichnet.
Im Baubereich liegen die Störfrequenzen zwischen 100 Hz und 3150 Hz, die beim Schallschutz gedämmt werden müssen.

Der Schalldruck p ist das Maß für den Wechseldruck der Schallwellen. Er wird im menschlichen Ohr als Lautstärke wahrgenommen.

$$\text{Schalldruck } p \text{ in Pa}$$

$$Pa = 1\frac{N}{m^2} = 10^{-5} \text{ bar}$$

Die menschliche Hörschwelle, d.h. der kleinste wahrnehmbare Schalldruck, liegt bei 0,00002 Pa. Sie wird als Bezugsschalldruck p_0 für den Schalldruckpegel zugrunde gelegt. Die obere Schmerzgrenze bei Schalleinwirkung liegt bei etwa 20 Pa.

Der Schalldruckpegel L ist das Verhältnis des einwirkenden Schalldruckes p zum Bezugsschalldruck p_0. Der Verhältniswert wird logarithmiert.
Die Hörschwelle ($p \triangleq p_0$) liegt bei 0 dB, die Schmerzgrenze bei etwa 120 dB, d.h. der Schalldruckpegel ist eine Billion mal höher als der Bezugsschalldruck p_0.

$$\text{Schalldruckpegel } L \text{ in dB (Dezibel)}$$

Bewerteter Schalldruckpegel L_A. Das Lautstärkeempfinden des Menschen hängt vor allem von der Frequenz der Schallwellen (→ Tonhöhe) ab. So werden bei gleichem Schalldruck tiefe Töne weniger laut als höhere Töne empfunden. Diese Besonderheit wird durch den bewerteten Schalldruckpegel L_A mit den Meßwerten in dB(A) korrigiert.

Gesamtschalldruckpegel. Wird ein Schalldruckpegel von 30 dB(A) auf 40 dB(A) erhöht, steigt er um das 10^3fache (1000fache) an. Das menschliche Ohr empfindet diese Zunahme als Verdoppelung der Lautstärke. Beim Zusammenwirken zweier Schallquellen mit gleicher Lautstärke verdoppelt sich der Gesamtschallpegel jedoch nicht. Da mit logarithmierten Werten gerechnet wird, erhöht er sich nur um ungefähr 3 dB(A).

Innenausbau – Bauphysikalische Grundlagen

Lautstärkepegel. Wird ein Geräusch gleich laut wie ein Ton mit einer Schwingung von etwa 1000 Hz empfunden, entspricht der Lautstärkepegel dem Schalldruckpegel.

> Lautstärkepegel in phon ≙ dB

Die Lautheit gibt an, um wieviel mal lauter ein Geräusch als ein 1000-Hz-Ton ist.

> Lautheit in sone

Schallschutztechnische Maßnahmen

Schallschutztechnische Maßnahmen vermindern in Gebäuden Lärmbelästigungen durch Schallquellen. In DIN 4109 sind Anforderungen zum Schallschutz im Hoch- und Innenausbau sowie Hinweise zur Ausführung schallschutztechnischer Konstruktionen festgelegt.

Luftschalldämmung. Der Durchgang von Luftschallwellen durch Wände und Decken soll eingedämmt werden. Das Luftschalldämmaß R gibt an, wieviel Schallenergie durch ein Bauteil durchgelassen wird, z.B. bei 40 dB ein Zehntausendstel der Schallenergie.

T 9.2/9 Schalldruckpegel ausgesuchter Geräusche

Geräusch	Schalldruckpegel in dB(A)
Hörschwelle	**0**
leises Flüstern	10
sehr leise Wohngeräusche	20
sehr ruhige Straße	30
Obere zulässige Grenze von Nachtgeräuschen in Wohnvierteln	**35**
leises Sprechen	40
Obere zulässige Grenze von Tagesgeräuschen in Wohngebieten	**45**
gemäßigte Radiomusik	50
lautes Sprechen	60
Beginn der Schädigung des vegetativen Nervensystems	**65**
laute Straße	70
sehr laute Radiomusik	80
Beginn der Hörschädigung	**90**
Kreissägemaschine	90
Dickenhobelmaschine	100
Lärmbetrieb	110
Schmerzschwelle	**120**

Bewertetes Schalldämmaß. Das bewertete Schalldämmaß R_w gibt die Dämmwirkung eines Bauteiles auf dem Prüfstand in dB an. Die wirkliche Dämmfähigkeit eines eingebauten Bauteils gibt das Maß R'_w an. Dabei wird die Schallübertragung über angrenzende Bauteile (Flankenübertragung) berücksichtigt.

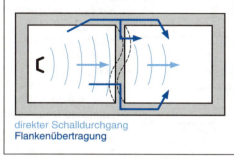

direkter Schalldurchgang
Flankenübertragung

B 9.2-13 Luftschallflankenübertragung.

Baustoffe und Konstruktionen. Die schalldämmende Wirkung von Wänden und Decken hängt ab von:

- Flächenbezogener Masse. Je höher die flächenbezogene Masse ist, desto höher ist die Dämmwirkung. Flankierende Bauteile sollen eine flächenbezogene Masse von mindestens 350 kg/m² haben.
- Biegesteifigkeit. *Biegesteife* Baustoffe mit hoher flächenbezogener Masse widersetzen sich einer Verformung bei Schalleinwirkung. *Biegeweiche* Baustoffe mit geringer flächenbezogener Masse verformen sich durch Schallwellen.
- Eigenfrequenz. Bauteile werden je nach Art und Dicke von Luftschallwellen in Schwingungen versetzt. Diese Frequenzen verstärken sich, wenn sie mit der Eigenfrequenz eines Bauteiles übereinstimmen. Biegeweiche Baustoffe haben eine höhere Frequenz als biegesteife.
- Dichtheit. Risse, offene Fugen und un-verputzte Flächen lassen Schallwellen durch.
- Schallbrücken. Sie verbinden zwei getrennte Bauteile miteinander, so daß Schallwellen

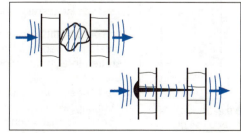

B 9.2-14 Schallbrücken.

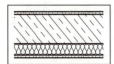

B 9.2-15 Einschalige Wand.

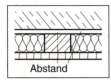

B 9.2-16 Vorsatzschale auf Holzstielen.

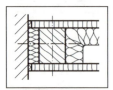

B 9.2-17 Randeinspannung.

Einfachwiderstände, Doppelwiderstände 9.4.3

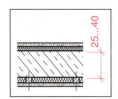

B 9.2-18 Massivdecke.

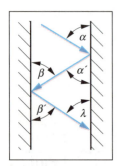

B 9.2-21 Schallreflexion an glatter Oberfläche.

sich fortpflanzen können. Schallbrücken entstehen meistens bei unachtsamer Montage durch Nägel, Schrauben, Holzstücke, Steine oder Mörtelteile.

Einschalige Wände bestehen aus einer Schicht (Mauerstein oder Beton) oder mehreren fest miteinander verbundenen Schichten (z.B. Putz, Massivwand, Dämmschicht). Für eine wirksame Luftschalldämmung müssen die Wände sein:
- dick (flächenbezogene Masse über 350 kg/m²),
- biegefest,
- ohne Hohlräume,
- mit weichen Dämmschichten ohne Resonanzerscheinungen.

Zweischalige Wände bestehen aus:
- einer biegesteifen und biegeweichen Schale (→ biegesteife Wand mit Vorsatzschale) oder
- zwei biegeweichen Schalen (→ Einfachständerwand, Doppelständerwand). Die Schalen sind voneinander getrennt.

Die Abstände zwischen den Schalen müssen mindestens betragen für:
- Einfachständerwände: 60 mm ... 100 mm,
- Doppelständerwände: 125 mm ... 200 mm.

Da der Luftraum zwischen zwei Platten Schallwellen überträgt, werden die Hohlräume in der Dicke bis zu zwei Dritteln mit schallschluckenden, weich federnden Mineralfaserplatten dicht gefüllt.

Schallbrücken an freistehenden Konstruktionen werden vermieden durch:
- Mineralfaserstreifen zwischen Tragkonstruktionen und flankierenden Bauteilen,
- elastischen Dichtstoffen an Wand-, Decken- und Bödenanschlüssen.

Massivdecken. Die Luftschalldämmung hängt ab von:
- der flächenbezogenen Masse,
- den flankierenden Wänden (flächenbezogene Masse mindestens 350 kg/m²),
- dem Aufbau. Zweischaliger Aufbau mit biegeweicher Unterdecke und schwimmendem Estrich ist ausreichend.

Körperschalldämmung. Körperschallwellen entstehen, wenn ein Bauteil aus dichten Baustoffen in Schwingungen versetzt wird, z.B. durch:
- laufende Motoren in Haushaltsmaschinen, Lüftungseinrichtungen oder stationären Holzbearbeitungsmaschinen,
- Schlagen und Bohren.

Schwingungen mit niederer Frequenz ergeben Erschütterungen. In Bauteilen können Risse entstehen. Vor allem bei Holzbearbeitungsmaschinen verhindern Schwingungsisolatoren, z.B. elastische Unterlagen, das Übertragen der Schwingungen.

Trittschalldämmung. Durch Gehen auf Trenndecken oder Treppen entstehen Körperschallwellen. Dieser Trittschall läßt sich durch Deckenauflagen, die keine Verbindung mit der Trenndecke haben, dämmen. Es sind Dämmwirkungen um 15 dB ... 27 dB möglich. Geeignete Deckenauflagen sind:
- schwimmender Estrich auf Trittschalldämmplatten,
- schwimmender Holzfußboden mit FPY-Fußbodenverlegeplatten oder Fußbodenriemen auf Trittschalldämmplatten.

Schallbrücken durch feste Verbindungen mit Türzargen, Heizungs- und Wasserrohren, harten Fußbodenleisten oder Heizkörperständern machen die Dämmwirkungen zunichte. Lagenhölzer und Fußbodenverlegeplatten wie Fußbodenriemen dürfen deshalb nicht mit der Trenndecke verschraubt werden.

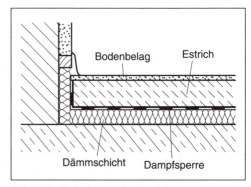

B 9.2-19 Schwimmender Estrich.

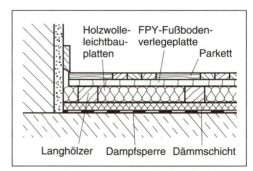

B 9.2-20 Schwimmender Holzfußboden.

Die Trittschalldämmfähigkeit von Bauteilen wird mit einem genormten Hammerwerk geprüft.

T 9.2/10 Erforderliche Luft- und Trittschalldämmung von Gebäudeteilen nach DIN 4109- Auszug

Bauteile in Geschoßhäusern mit Wohnungen und Arbeitsräumen	Anforderungen Luftschalldämmung erf. R'_w in dB	Trittschalldämmung erf. $L'_{n,w}$ in dB
Decken unter Dachraum Gebäude mit mehr als zwei Wohnungen	53	53
Gebäude mit maximal zwei Wohnungen	52	53
Wohnungstrenndecken Gebäude mit mehr als zwei Wohnungen	54	53
Gebäude mit maximal zwei Wohnungen	52	53
Decken über Kellern	52	53
Wohnungstrennwände	53	-
Gebäudetrennwände bei Einfamilien-, Reihen- und Doppelhäusern	57	-

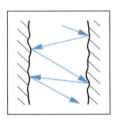

B 9.2-22 Schallreflexion an rauher Oberfläche.

Feuerschutzmittel 2.8.2, Brennbarkeitsklassen 2.8.2

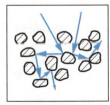

B 9.2-23 Schallschluckung in Faserdämmstoff.

Schallreflexion und Schallschluckung

Schallreflexion und Schallschluckung (Schallabsorption) beeinflussen die Luftschallvorgänge in Räumen und haben nichts mit der Schalldämmung zu tun. Schallwellen treffen auf Wände, Decke, Boden, Gegenstände oder Personen und werden zurückgeworfen (reflektiert) oder geschluckt.

Schallreflexion. Schallwellen, die auf Bauteile auftreffen, werden zurückgeworfen:
- Harte und glatte Oberflächen (Glas, Metalle, Sichtbeton, Holzflächen mit geschlossener Oberfläche) reflektieren Schallwellen nach dem Gesetz Einfallwinkel = Ausfallwinkel.
- Harte und rauhe Oberflächen (offenporiges Holz, Tapeten) reflektieren unter ungleichen Winkeln diffus.

Von der Schallreflexion hängt ab, ob Sprache und Musik deutlich wahrgenommen werden.

Schallschluckung ist der Verlust an Schallenergie bei der Schallreflexion. Offenporige, weiche Oberflächen (z.B. Faserdämmstoffe) nehmen Schallwellen in ihren Hohlräumen auf. Durch Reibung wird die Schallenergie in Wärmeenergie umgesetzt.

Der Schallabsorptionsgrad a gibt das Verhältnis der geschluckten Schallenergie zur auftreffenden Schallenergie an. Er beginnt bei 0 ≙ 0% Schallschluckung und endet bei 1 ≙ 100% Schallschluckung. Der Schallabsorptionsgrad ist abhängig von der Frequenz, d.h. von der Tonhöhe.

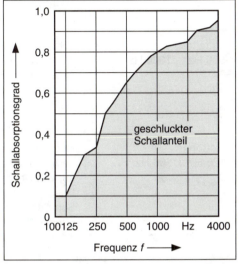

B 9.2-24 Schallabsorptionsgrad bei einer 40 mm dicken Faserdämmplatte.

Schallschlucktechnische Maßnahmen. In Konzert- und Veranstaltungsräumen kann der Höreindruck durch Absorption bestimmter Frequenzen verbessert werden. Daraus ergibt sich die Auswahl von Baustoffen und Konstruktionen (→ **T 9.2/11**).

9.2.4 Brandschutz

Baurechtliche Verordnungen zum Brandschutz sind in DIN 4102, der Versammlungsstätten-Verordnung, den Landesbauordnungen und den Empfehlungen der örtlichen Bauaufsichtsbehörden festgelegt.

Um Brände zu verhindern oder zu begrenzen werden:
- Materialien,
- Konstruktionen und
- Feuerschutzmittel zielgerichtet und im Zusammenhang eingesetzt.

Materialauswahl. Das Brandverhalten von Baustoffen hängt von der Entzündungstemperatur und Brennbarkeit sowie von der Sauerstoffzufuhr ab. Nach Möglichkeit muß die Entwicklung brennbarer Gase und der Sauerstoffzutritt eingeschränkt oder verhindert werden.

Innenausbau – Bauphysikalische Grundlagen

T 9.2/11 Schallabsorption - Werkstoffe und Konstruktionen

Art der Schallabsorption, Frequenzbereich	Wirkung	Werkstoff und Konstruktion	Darstellung
Hochtöne 1000 Hz ... 4000 Hz	kurzwellige Schallwellen werden fast vollständig geschluckt, aus Schallenergie wird Wärmeenergie	offenporige, weichfedernde Faserdämmstoffe und Kunstschaumplatten direkt auf Wand oder Decke befestigt, Plattendicke 20 mm ... 40 mm	
Mitteltöne 500 Hz ... 1000 Hz	kurz- und langwellige Schallwellen erzeugen Wärme- und Bewegungsenergie, gelochte Deckschichten lassen Schallwellen durch	poröse, weichfedernde Schallschlucker mit Abstand an Wand und Decke angebracht, geschlitzte oder gelochte HFH-, FU- oder Gipskartonplatten als Deckschichten	
Tieftöne 125 Hz ... 500 Hz	langwellige Schallwellen regen harte Platten zum Mitschwingen an; vorteilhaft, wenn Eigen- und Resonanzfrequenz gleich sind, Schallenergie wird zu Bewegungsenergie	freischwingende, dünne FU-, FPY- oder Gipskartonplatten mit Abstand an Wand und Decke elastisch befestigt	

Bekleidung 9.3,

Gips-, Feuerschutzplatten 2.12.1

Feuerschutzmittel 2.8.2

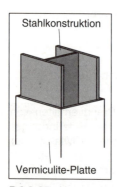

B 9.2-25 Ummantelte Stahlstütze.

Holz ist zwar brennbar, bildet aber im Abbrand an der Oberfläche (35 mm/h) eine Verkohlungsschicht. Diese bremst die weitere Zerstörung. Holz kündigt überdies durch Knistern den Verlust der Tragfähigkeit an.
Für den Innenausbau gibt es neben Gipsplatten spezielle Feuerschutzplatten oder flammgeschützte Spanplatten.

Konstruktiver Brandschutz. Im Brandfall sollen Bauteile den Flammen- und/oder Wärmedurchgang möglichst lange verzögern oder verhindern. Dabei soll sich das Stoffgefüge nicht wesentlich verändern, die Tragfähigkeit muß möglichst lange erhalten bleiben.

Das wird erreicht durch:
- glatte und großflächige Konstruktionen,
- waagerechte Bekleidungen,
- große Holzquerschnitte,
- Holzarten mit großer Dichte,
- rißfreies Holz mit abgerundeten Kanten,
- Holzbauteile mit nicht brennbaren Bekleidungen (z.B. Gipskartonplatten, Putze),
- Stahlteile mit wärmedämmenden Ummantelungen.

Feuerwiderstandsklassen. Für die verschiedenen Bauteile werden Feuerwiderstandsklassen vorgeschrieben. Sie geben die Zeitdauer in Minuten an, die ein Bauteil dem Feuer widerstehen muß. Diesem Wert wird ein Kennbuchstabe vorangestellt:

F für Wände, Stützen, Decken, Treppen einschließlich Bekleidung,
W für nichttragende Außenwände, Brüstungen einschließlich Bekleidungen,
T für Türen, Rolladen oder Feuerschutzabschlüsse.
F 60 A bedeutet:
- für Wände, Stützen, Treppen,
- 60 min Widerstandszeit,
- aus nicht brennbaren Stoffen.

Feuerschutzmittel. Für den vorbeugenden Brandschutz können neben konstruktiven Maßnahmen zusätzlich Feuerschutzmittel aufgetragen oder eingebracht werden.

Aufgaben

1. Wovon hängt die Wärmeleitfähigkeit von Baustoffen ab?
2. Worin unterscheidet sich die Wärmeleitfähigkeit vom Wärmedurchlaßkoeffizienten?
3. Erklären Sie die Bedeutung des Wärmeübergangskoeffizienten!
4. Aus welchen einzelnen Widerständen setzt sich der Wärmedurchgangswiderstand zusammen?
5. Was versteht man unter dem Begriff Transmissionswärmeverlust?
6. Wodurch lassen sich Wärmebrücken vermeiden?

Innenausbau – Wand- und Deckenbekleidungen

7. Vergleichen Sie die Wärmeaußendämmung mit der Wärmeinnendämmung von Wänden in Bezug auf:
a) Wärmespeicherung, b) Tauwasserbildung, c) Wärmebrücken!
8. Unter welchen Bedingungen entsteht Tauwasser auf Bauteiloberflächen und im Innern von Außenbauteilen?
9. Nennen Sie Maßnahmen gegen Tauwasserbildung! Begründen Sie Ihre Antwort!
10. Begründen Sie die richtige Lage von Dampfsperren!
11. Worin besteht der Unterschied zwischen Luftschall und Körperschall?
12. Eine Vorsatzschale soll den Schalldurchgang ins Nachbargebäude verhindern. Worauf ist bei der Auswahl der Baustoffe und dem Festlegen der Konstruktion zu achten?
13. Warum sind Einfachständerwände schalltechnisch ungünstiger als Doppelständerwände?
14. Warum hat Schallschluckung nichts mit Schalldämmung zu tun?
15. Wie läßt sich die Schallschluckung bei hohen und tiefen Tönen verbessern?
16. Wie können Holzteile konstruktiv gegen Brandgefährdung geschützt werden?
17. Was versteht man unter der Feuerwiderstandsklasse eines Gebäudeteiles?
18. Unter welchen Bedingungen sind Feuerschutzmittel anzuwenden?

Schnittholz 2.3

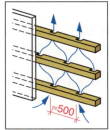
B 9.3-1 *Querlattung.*

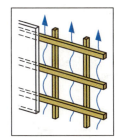
B 9.3-2 *Konterlattung.*

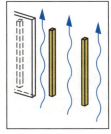
B 9.3-3 *Längslattung.*

9.3 Wand- und Deckenbekleidungen

9.3.1 Aufgaben und bauliche Voraussetzungen

Aufgaben

Wände und Decken können mit Vollholzprofilen oder Holzwerkstoffplatten bekleidet werden. Wand- und Deckenbekleidungen sollen:
- Innenräume gestalten,
- Wärmeverluste vermeiden,
- Luftschalldämmung erhöhen,
- Nachhallerscheinungen im Raum vermindern,
- Installationsleitungen, Elektrokabel, Lüftungs-, Lautsprecher- und Feuerlöschanlagen verdecken,
- Beleuchtungskörper und Gardinenschienen aufnehmen.

Von Wand- und Deckenbekleidungen sind Verkleidungen zu unterscheiden, die Fugen, Öffnungen und Zwischenräume mit Platten oder Rahmen verschließen, z.B. Falz- oder Zierverkleidungen bei Innentüren.

Bauliche Voraussetzungen

Wände und Decken, an denen Bekleidungen befestigt werden, müssen:
- ausreichende Zug- und Druckkräfte aufnehmen können,
- trocken sein,
- bei Außenbauteilen wärmegedämmt und feuchtesperrend sein.

Wand- und Deckenbekleidungen sollen wegen möglicher Beschädigungen erst nach den Maurer-, Gipser-, Fliesenleger- und Malerarbeiten eingebaut werden.

9.3.2 Wandbekleidungen

Unterkonstruktionen

Wandbekleidungen werden auf planeben ausgefluchteten Unterkonstruktionen befestigt. Dadurch können Unebenheiten der Raumwände ausgeglichen werden.

Latten und Lattung. Unterkonstruktionen werden vorwiegend aus 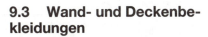Holzlatten mit ca. 10% Holzfeuchtegehalt gefertigt, die im Querschnittsmaß:
- 24 mm ... 30 mm dick und
- 48 mm ... 50 mm breit sind.

Vierseitig gehobelte Oberflächen schränken die Aufnahme von Luftfeuchte ein und ermöglichen eine bündige Auflage der Bekleidung. Imprägnierte Latten schützen vor Pilzbefall und Schimmelbildung, vor allem bei feuchten Außenwänden.

Bei der Lattung unterscheidet man:
- **Querlattung.** Waagerecht, direkt auf der Raumwand liegende Latten können zur Hinterlüftung zwischen Bekleidung und Raumwand rechteckig oder halbrund ausgespart sein.
- **Konterlattung.** Waagerecht liegende Latten ohne Aussparung sind auf senkrechter Gegen-(Konter-)Lattung befestigt. Damit ergibt sich eine ungehinderte Luftbewegung.
- **Längslattung.** Senkrecht stehende Latten lassen die Luft ungehindert nach oben strömen.

Luftbewegungen können nur entstehen, wenn die Bekleidungen unten und oben Lüftungsschlitze mit etwa 20 cm^2/m^2 der Wandfläche haben.

Innenausbau – Wand- und Deckenbekleidungen

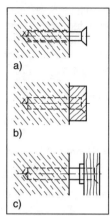

B 9.3-4 Dübelmontage. a) Vorsteckmontage, b) Durchsteckmontage, c) Abstandsmontage.

B 9.3-5 Sichtbare Befestigung, geschraubt.

Befestigung von Unterkonstruktionen. Unterkonstruktionen werden zug- und druckfest mit Schrauben in Dübeln befestigt (→ **T 9.3/1**). Der feste Sitz von Dübelverbindungen hängt von der Dübelart und vom Baustoff ab, in dem der Dübel verankert ist.

Baustoffe. Vollbaustoffe mit dichtem Gefüge und hoher Druckfestigkeit (Normalbeton oder Vollsteine) sind für die Verankerung des Dübels besser geeignet als Hohlraumbaustoffe mit porösem Gefüge und Hohlräumen (Leichtbeton, Lochsteine oder Hohlblocksteine).

Dübellöcher dürfen in Baustoffe mit geringer Druckfestigkeit nur drehend eingebohrt werden, um das Dübelloch nicht zu zerstören. Bei höherer Dichte und Druckfestigkeit können Dübellöcher im Schlag- oder Hammerbohrverfahren hergestellt werden.

Dübel sitzen im Dübelloch:
- reibschlüssig. Die Dübel spreizen sich beim Eindrehen der Schraube und reiben an der Bohrlochwandung.
- stoffschlüssig. Dübel und Bohrlochwandung haften durch eingespritztes Reaktionsharz.
- formschlüssig. Die Dübel passen sich der Form des Bohrlochs oder des Baustoffs an.

Schraubenlänge. Schrauben sitzen in Dübeln nur dann einwandfrei, wenn sie lang genug sind. Die Bohrlochtiefe muß im allgemeinen um einen Schraubendurchmesser tiefer sein als die Dübellänge, damit die Schraubenspitze genügend Platz hat. Die Mindestschraubenlänge berechnet sich aus der Summe von Schraubendurchmesser, Länge des Dübels, Dicke von Putz oder Dämmstoffschicht und Dicke der Unterkonstruktion.

Dübelmontage. Dübel können ins Bohrloch eingebracht werden durch:
- Vorsteckmontage. Der Bohrlochdurchmesser muß größer sein als das Bohrloch der Unterkonstruktion. Der eingesteckte Dübel ist mit der Baustoffoberfläche bündig.
- Durchsteckmontage. Die Bohrlochdurchmesser im Baustoff und in der Unterkonstruktion sind gleich groß. Der Dübel wird durch die Bohrung der Unterkonstruk-tion ins Bohrloch gesteckt. Die Schraube kann im Dübel vormontiert sein. Bei Serienmontage sitzen die Dübellöcher paßgenau.
- Abstandsmontage. Dübel mit einem Kunststoffkonus oder Justierdübel verhindern, daß die Unterkonstruktion auf die Baustoffoberfläche gezogen wird.

Dübelarten. Dübel werden vorwiegend aus zähelastischem Polyamid (Nylon) hergestellt. Sie sind alterungs-, witterungs- und rostbeständig und dämmen den Schalldurchgang. Ausgewählt werden sie nach dem Baustoff, in den gedübelt werden soll.
Als Schrauben werden verwendet:
- Holzschrauben DIN 97 oder DIN 7997,
- Spanplattenschrauben,
- Spezialschrauben, die meistens im Dübel vormontiert sind.

Befestigung der Bekleidung auf der Unterkonstruktion. Wandbekleidungen können auf Lattenunterkonstruktionen sichtbar oder unsichtbar befestigt werden.

Sichtbare Befestigungen erfolgen im allgemeinen mit:
- Linsensenk-Holzschrauben DIN 95 bzw. DIN 7995,
- Halbrund-Holzschrauben DIN 96 bzw. DIN 7996,

seltener mit:
- Stauchkopf-Drahtstiften DIN 1152 oder
- schmiedeeisernen Nägeln mit Zierkopf.

Unsichtbare Befestigungen können für jedes Profilbrett einzeln oder bei Täfelungen in größeren Elementen angewendet werden (→ **T 9.3/2**).

Wandbekleidungsarten

Brettbekleidungen werden aus Vollholz gefertigt.

Raumwirkung. Brettbekleidungen werden vorwiegend waagerecht oder senkrecht gegliedert an Raumwänden angebracht.

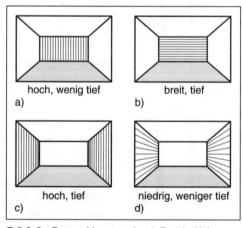

B 9.3-6 Raumwirkungen durch Brettbekleidungen. a) hoch, wenig tief, b) breit, tief, c) sehr hoch, tief, d) niedrig, wenig tief.

Innenausbau – Wand- und Deckenbekleidungen

T 9.3/1 *Dübelarten und Befestigung der Unterkonstruktion*

Dübelart	Montageart, Dübelsitz im Bohrloch	Befestigung der Unterkonstruktion	Baustoff
Spreizdübel	Vorsteckmontage, reibschüssiger Sitz, Sperrzungen verhindern das Mitdrehen		Beton, Vollstein, Lochziegel, Gasbeton
Universaldübel	Vorsteckmontage, reibschlüssiger Sitz		Beton, Vollstein
	Durchsteckmontage, formschlüssiger Sitz		Lochstein, Gasbeton
Rahmendübel	Durchsteckmontage, reib- und formschlüssiger Sitz, Längsrippen sichern gegen Verdrehen, eine verstärkte Randzone verhindert das Hineinrutschen ins Dübelloch		Beton, Leichtbeton, Vollstein, Hohlblockstein
Justierdübel	Abstandsmontage, reibschlüssiger Sitz, vormontierter Dübel wird bis zum Dübelrand eingeschlagen, Abstand läßt sich durch Linksdrehen einstellen		Beton, Leichtbeton, Vollsteine
Nageldübel	Durchsteckmontage, reib- und formschlüssiger Sitz, vormontierter Dübel wird nur eingeschlagen, nicht gedreht		Beton, Vollstein, Lochstein, Hohlblockstein, Gasbeton
Fensterrahmendübel	Abstandsmontage, reib- und formschlüssiger Sitz, Dübel spreizt sich, ohne daß die Unterkonstruktion gegen die Baustoffoberfläche gezogen wird		Beton, Vollstein, Lochstein, Hohlblockstein, Gasbeton
Reaktionsanker	Durchsteckmontage, stoffschlüssiger Sitz, Mörtelpatrone im Bohrloch gibt beim Eindrehen der Gewindestange Reaktionsharz frei		Beton
Nagelanker mit Nagelkopf	Durchsteckmontage, reibschlüssiger Sitz, vormontierter Dübel mit Nagelkopf wird in Dübelloch geschlagen		Beton
Gasbetondübel	Vorsteckmontage, formschlüssiger Sitz, spiralförmige Außenrippen erreichen beim Eindrehen der Sicherheitsschraube doppelten Bohrlochdurchmesser		Gasbeton

Innenausbau – Wand- und Deckenbekleidungen

T 9.3/2 Unsichtbare Befestigungen

Befestigungsmittel	Konstruktion
Einzelbefestigung	
Profilbrettklammer	Querlattung ← Montage-Richtung
Vilinhaken	→ Montage-Richtung, Querlattung
Fugenkralle	Querlattung ÷ Montage-Richtung
Elementbefestigung	
Tragleiste konisch	Tragleiste
gefälzt	Tragleiste
Nutklotz oder Metallhaken	Tragleiste
Bettbeschlag	
Steckverbindung	

Profilbretter. Für Brettbekleidungen werden am häufigsten Profilbretter verwendet. Sie bestehen aus Vollholz und haben auf der Sichtseite meistens eine gehobelte, geschliffene, strukturierte rohe oder lackierte Oberfläche. Profilbretter sind genormt und haben zwei Breitenmaße:
- Profilmaß → Brettbreite einschließlich Feder,
- Deckmaß → Brettbreite ohne Feder.

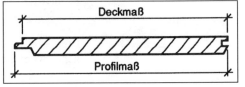

B 9.3-7 Profilbrett.

Dehnungsfuge. Wandbekleidungen aus Profilbrettern können bei erhöhter relativer Luftfeuchte vor allem in Neubauten stark quellen. Eine Dehnungsfuge (1,5 mm/m Wandlänge) verhindert, daß sich die Bekleidung wölbt.

Oberflächenstrukturen. Profilbretter können auf der langen Schmalseite für Breitenverbindungen unterschiedlich gefräst sein. In der Breite aneinandergelegt ergeben sich verschiedenartige Strukturen der Bekleidungsfläche.

Profilholztafeln bestehen aus Profilbrettern, die durch rückseitig angebrachte Querhölzer oder auf Rahmen montiert zu Bauelementen zusammengefaßt sind.

Stabbekleidungen aus höchstens 60 mm breiten, rückseitig auf Leisten geschraubten Vollholzstäben sind Bauelemente. Sie wirken optisch sehr plastisch und werden für runde Bekleidungen verwendet.

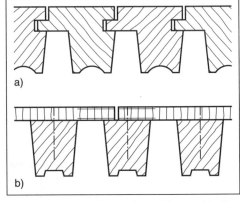

B 9.3-8 Stabbekleidung. a) geschlossen, b) offen.

Innenausbau – Wand- und Deckenbekleidungen

T 9.3/3 *Oberflächenstrukturen mit Profilbrettern - Auswahl*

Breitenverbindung	Konstruktionen und Oberflächenstukturen
überluckt	
gefälzt	
gespundet - mit Schattennut	
- gefast	
überschoben	

Anordnung der Brettbekleidungen. Bei Brettbekleidungen verläuft die Lattenunterkonstruktion bei senkrechter bzw. waagerechter Anordnung immer rechtwinklig zu den Profilbrettern, bei diagonalem Verlauf senkrecht.

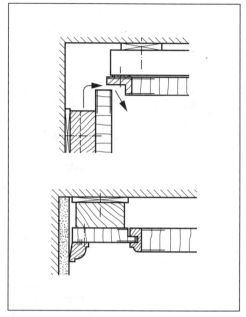

B 9.3-9 *Brettbekleidung. a) senkrecht, b) waagerecht.*

T 9.3/4 *Anschlüsse bei Brettbekleidungen - Auswahl*

Anschluß, Bemerkung	Konstruktion	Anschluß, Bemerkung	Konstruktion
Wandanschluß Anschluß direkt, jedes Brett muß unterschnitten eingepaßt werden, zeitaufwendig, Endbrett sichtbar befestigt	Querlattung	Anschluß mit Schattenfuge, Endmit Profilbrettklammer unsichtbar befestigt, Schattenfuge, kann schmal bis breit sein	Wandrandleiste b) Schattenfuge
Decken- und Fußbodenanschluß ungehinderte Hinterlüftung durch breite Schattenfuge an Decke und Fußboden, Querlattung erhält die notwendigen Aussparungen	Luft wahlweise Fußleiste	**Außen- und Inneneckanschluß** beim Außenanschluß sind die Profilbretter miteinander verleimt, beim Innenanschluß sind sie mit Profilbrettklammern auf der Unterkonstruktion befestigt	Querlattung Querlattung

Innenausbau – Wand- und Deckenbekleidungen

Holzwerkstoffe 2.5

Anschlüsse. Bei Anschlüssen an umfassenden Raumwänden, Decken und Böden sowie an Außen- und Innenecken ist zu berücksichtigen:
- Hinterlüftung vor allem bei Außenwänden,
- Dehnungsfugen vorwiegend bei langen Wandbekleidungen (→ Schattenfugen),
- unsichtbare Befestigung des zuletzt verlegten Profilbrettes,
- Unterkonstruktionen mit genügend Befestigungsfläche im Anschlußbereich.

Rahmenbekleidungen (Rahmentäfelung) werden mit quadratischen und rechteckigen Füllungsflächen ausgeführt.

Raumwirkung. Rahmenfüllungen gliedern Wände ausdrucksvoller als Brettbekleidungen. Die Füllungsflächen vor oder hinter der Rahmenebene wirken bei Lichteinfall und Schattenbildung mehr oder weniger plastisch.

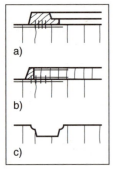

B 9.3-12 Imitierte Rahmentäfelungen.

Paneele 2.5.4

stigung der Bekleidung auf Unterkonstruktionen in Rahmenbauweise.

Werkstoffe. Rahmenfriese werden aus Vollholz, ST-, STAE- oder MDF-Platten gefertigt. Für Füllungen werden FU-, FPY- oder HFH-Platten verwendet. Vollholz eignet sich für großflächige Füllungen weniger, weil durch Quellen Spannungen und Verformungen entstehen können.

Imitierte Rahmentäfelungen sind weniger arbeits- und materialaufwendig und damit kostengünstiger als übliche Rahmenkonstruktionen. Sie bestehen aus:
- furnierten oder beschichteten Holzwerkstoffplatten mit (→ **B 9.3-12**):
- aufgeleimten Profilleisten (a) oder
- aufgeleimten FU- oder FPY-Platten, furniert oder beschichtet (b) sowie
- pigmentiert lackierten MDF-Platten mit profilierten Ausfräsungen (c).

Plattenbekleidungen (Plattentäfelungen) werden aus großformatigen, mit Edelholz furnierten oder mit Kunststoff- bzw. Metallfolie oder Textil belegten Holzwerkstoffplatten und schmalen rechteckigen Paneelen gefertigt.

Raumwirkung. Wandbekleidungen aus Platten oder Paneelen ergeben eine großzügige Raumwirkung.

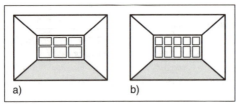

B 9.3-10 Raumwirkungen durch Rahmenbekleidungen. a) Raum wirkt klein durch großflächige Gliederung, b) Raum wirkt groß durch kleinflächige Gliederung.

Konstruktion. Rahmenkonstruktionen mit Füllungen (→ **T 9.3/5**) werden in der Werkstatt gefertigt und auf der Baustelle auf die Unterkonstruktion montiert. Die senkrechten Rahmenfriese liegen auf den Längslatten, damit bei zwei aneinanderstoßenden Rahmen eine ausreichende Auflage gewährleistet wird. Waagerechte Rahmenfriese haben kürzere Querlatten zur Auflage. Möglich ist auch die Befe-

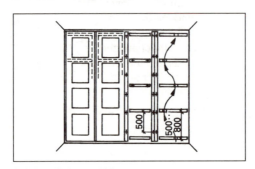

B 9.3-11 Rahmentäfelung.

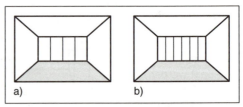

B 9.3-13 Raumwirkungen durch Plattenbekleidungen. a) Raum wirkt klein durch wenige großflächige Bekleidungselemente, b) Raum wirkt groß durch viele kleinflächige Bekleidungselemente.

Konstruktion. Trägermaterial aus dickeren Holzwerkstoffplatten kann direkt auf der Unterkonstruktion befestigt werden. Dünneres Trägermaterial, z.B. 6 mm dicke FU-Platten, muß vor der Befestigung auf Rahmenkonstruktionen geklebt werden, damit die Flächen planeben bleiben. Werden Plattentäfelungen in den Längs- und Querstößen fugendicht auf der Unterkonstruktion angebracht, müssen Dehnungsfugen bei Wand-, Decken- und Fußbodenanschlüssen berücksichtigt werden.

Innenausbau – Wand- und Deckenbekleidungen

T 9.3/5 Anschlüsse bei Rahmentäfelungen - Auswahl

Anschluß, Bemerkung	Konstruktion	Anschluß, Bemerkung	Konstruktion
Wandanschluß Rahmen aus Vollholz auf Längslattung befestigt, Wandanschluß mit Schattenfuge, furnierte Füllung rückseitig eingestäbt	Bettbeschlag	breiter Rahmen aus Plattenwerkstoffen auf Querlattung befestigt, Wandanschluß mit Deckleiste, profilierte Vollholzfüllung liegt in profiliertem Kehlstoß	Steckverbindung
Decken- und Fußbodenanschluß raumhohe Rahmentäfelung, an unterer und oberer Schattenfuge unsichtbar geschraubt		**Außen- und Inneneckanschluß** Rahmentäfelung, mit gefälzten Aufhängeleisten an gefälzter Querlattung befestigt	

T 9.3/6 Anschlüsse bei Plattenbekleidungen - Auswahl

Anschluß, Bemerkung	Konstruktion	Anschluß, Bemerkung	Konstruktion
Wandanschluß Anschluß mit tiefer Schattennut, Befestigung mit Nutklötzen, Bekleidung wird in genutete Längs- oder Querlatten eingeschoben		Anschluß mit flacher Schattennut, Aufhängung auf konischer Tragleiste, angeleimte Deckleiste muß an Raumwand angepaßt werden	konische Tragleiste FPY 16
Decken- und Fußbodenanschluß gefälzte Querlatten sind Tragleisten für die Nutklötze, die Bekleidung ist aushängbar, wegen geringer Hinterlüftung für feuchte Raumwände, weniger geeignet, Fußleiste schützt vor Beschädigungen durch Schuhe		**Außen- und Inneneckanschluß** Nutklötze auf der Rückseite der Bekleidung werden in die genutete Längslattung geschoben	

Innenausbau – Wand- und Deckenbekleidungen

Luftschalldämmung
9.2.3

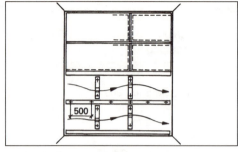

B 9.3-14 Plattentäfelung.

Wärmedämmung,
bauliche Maßnahmen
9.2.2

Wärmedämmende Wandbekleidungen. Jede Wandbekleidung aus Vollholz oder Holzwerkstoffen ist in gewissem Maß eine Innendämmung, die den Wärmedurchgang bei Raumwänden verringert. Der Abstand zwischen Wandbekleidung und Raumwand beträgt wegen der Unterkonstruktion mindestens 24 mm. Dieser Abstand kann zusätzlich für die Wärmedämmung genutzt und je nach den Erfordernissen vergrößert werden.

Wärmedämmschichten können aufgebaut sein aus:
- Wärmedämmstoff, z.B. Mineralwolle oder Polystyrolplatten,
- Dampfsperre auf der warmen Seite der Wärmedämmschicht (→ Tauwasserbildung!),
- Hohlräume zwischen Dampfsperre und Bekleidung, zur Belüftung bei feuchten Raumwänden.

Wärmebrücken müssen vermieden werden.

Konstruktionen. Zu unterscheiden sind im wesentlichen Bekleidungen:
- ohne Hinterlüftung und
- mit Hinterlüftung.

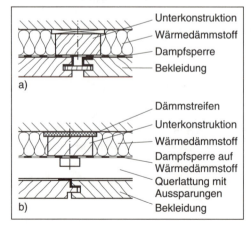

B 9.3-15 Wärmedämmende Bekleidung. a) ohne, b) mit Hinterlüftung.

Luftschalldämmende Wandbekleidungen. Durch luftschalldämmende Wandbekleidungen entstehen zweischalige Wände. Die Wandbekleidung wird als biegeweiche Vorsatzschale mit möglichst hoher flächenbezogener Masse vor die biegesteife Raumwand gesetzt. Um Schallbrücken zu vermeiden, muß die Vorsatzschale ohne direkte Verbindung mit Raumwänden, Decke und Fußboden konstruiert werden. Möglich ist eine Unterkonstruktion in gedübelter Rahmenbauweise oder die Befestigung mit Stahlfederbügeln. Der Hohlraum zwischen Wandbekleidung und Raumwand wird mit weichfedernden, kunstharzgebundenen und schallabsorbierenden Faserdämmplatten bis zu zwei Drittel der Hohlraumdicke ausgefüllt.

Konstruktion. Vorsatzschalen werden:
- weitgehend freistehend oder
- vorgehängt konstruiert.

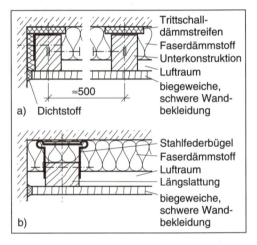

B 9.3-16 Vorsatzschale. a) freistehend, b) vorgehängt.

9.3.3 Deckenbekleidungen

Deckenbekleidungen sind nach DIN 18168 ebene oder geformt, mit glatter oder gegliederter Fläche. Sie bestehen aus einer Unterkonstruktion, die unmittelbar am tragenden Bauteil befestigt ist, und einer flächenbildenden Decklage.

Raumwirkung. Helle Decken lassen kleine Räume optisch größer erscheinen. Größere Räume hingegen wirken bei dunkler und lebhaft gegliederter Decklage kleiner.

Unterkonstruktionen

Unterkonstruktionen aus Latten werden mit entsprechenden Dübeln so an die Decke ge-

Innenausbau – Wand- und Deckenbekleidungen

schraubt, daß sie erhöhte Zugbelastungen aufnehmen können. Die Befestigung der Decklage erfolgt meistens wie bei Wandbekleidungen.

Die Querschnittsmaße der Latten betragen nach DIN bei:
- Traglatten 48 mm/24 mm oder 50 mm/30 mm,
- Grundlatten 60 mm/40 mm.

Das gewählte Querschnittsmaß und der Abstand der Latten untereinander hängen von der Masse der Decklage ab. Unterkonstruktionen dürfen sich höchstens 1/500 der Stützweite oder 4 mm durchbiegen.

Anbringung. Man unterscheidet (→ **B 9.3-17**):
- direkte Anbringung unterhalb der Decke:
  - mit Traglattung (a). Distanzklötze gleichen kleinere Unebenheiten aus.
  - mit Trag- und Grundlattung (b). Grundlatten mit Latten mit liegendem Querschnitt gleichen größere Unebenheiten oder unzureichende Befestigungsmöglichkeiten aus.
- abgehängte Anbringung unterhalb der Decke (c). Grundlattung mit stehendem Querschnitt wird mit Abhängern an der Decke befestigt. Die Randlattung muß ausgefluchtet werden.

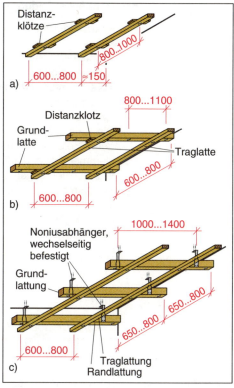

B 9.3-17 Unterkonstruktion. a) mit Traglattung, b) mit Trag- und Grundlattung, c) für abgehängte Decken.

T 9.3/7 Abhänger für abgehängte Deckenbekleidungen

Abhänger	Konstruktion	Bemerkungen	Abhänger	Konstruktion	Bemerkungen
Lasche		Holz- oder Bandstahltaschen verbinden die obere Grundlattung mit der unteren	Spannabhänger		senkrecht mit Feder verstellbar und durch zwei Drahtstifte gesichert, von unten auf Druck nicht belastbar
Noniusabhänger		senkrecht verschiebbare Schenkel millimetergenau einstellbar und durch zwei Drahtstifte gesichert, unten unten auf Druck nicht belastbar	Schlitzbandabhänger		senkrecht mit Schrauben verstellbar, von unten mit geringem Druck belastbar

Deckenbekleidungsarten

Brettbekleidungen. Für Brettbekleidungen können:
- Profilholzbretter,
- vierseitig glattkant gehobelte Bretter,
- brettförmige Streifen aus furnierten bzw. beschichteten Holzwerkstoffen verwendet werden.

Die Querschnitte der Profilholzbretter und deren Befestigungsmöglichkeiten mit Metallklammern sind häufig die gleichen wie bei Wandbekleidungen.

Für Lamellen- bzw. Rasterdecken werden 100 mm ... 300 mm hohe Streifen von Brettern oder Holzwerkstoffen überblattet, gedübelt oder genutet.

Wandanschlüsse. Bei Decklagen aus Profilbrettern werden die Wandanschlüsse im allgemeinen wie bei Wandbekleidungen ausgeführt.

Der Anschluß von Decken- und Wandbekleidung ist häufig mit Hinterlüftungen zu konstruieren.

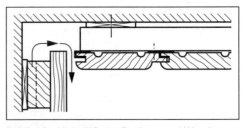

B 9.3-18 Hinterlüfteter Decken- und Wandanschluß mit Profilbrettern.

Plattenbekleidungen (Plattendecken). Plattendecken werden wie bei Wandbekleidungen aus großflächigen Plattenelementen oder Paneelen zusammengesetzt. Die Werkstoffe sind die gleichen wie bei Wandbekleidungen.

T 9.3/8 Brettbekleidungen bei Decken - Raumwirkungen

Deckenart	Konstruktion	Raumwirkung
Profilbretterdecke		Profilbretter mit Schattenfugen betonen jedes Brett, trotzdem ruhige Raumwirkung
Überluckte Decke		überschobene oder überluckte Konstruktionen wirken betonter und lebhafter
Lamellendecke		bei rechteckigem Raumgrundriß wirkt der Raum optisch breiter, wenn die Lamellen parallel zur kurzen Raumseite verlaufen
Rasterdecke		quadratische, rechteckige oder rautenförmige Kästchen werden verbunden

Innenausbau – Wand- und Deckenbekleidungen

T 9.3/9 Wandanschlüsse bei Plattendecken - Auswahl

Wandanschluß	Konstruktion	Bemerkung
mit Hinterlüftung		Plattenelement an Traglatte geschraubt, Schattenfuge
ohne Hinterlüftung, Randfries		Randfries nimmt kleinere Plattenelemente als überschobene Füllung auf, Deckstab schließt Fugen

Raumwirkung. Schattenfugen als Dehnungsfugen zwischen den Platten können die Deckenfläche in Felder teilen. Gestalterisch günstig ist es, wenn diese Felder parallel zur kurzen Raumseite verlaufen. Die Einteilung der Decke in Felder wird von der Raumachse aus vorgenommen, damit bei den Wandanschlüssen die Felder gleich breit sind.

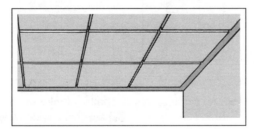

B 9.3-19 Plattendecke.

Kassettenbekleidungen (Kassettendecken). Kassettenbekleidungen (→ T 9.3/10) bestehen aus quadratischen, rechteckigen, rautenförmigen oder vieleckigen mehr oder weniger tiefliegenden Feldern, die von Rahmenfriesen, Leisten, Zargen oder Scheinbalken umgeben sind.

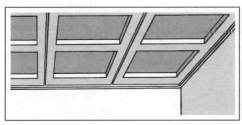

B 9.3-20 Kassettendecke.

Raumwirkung. Kassettendecken wirken je nach ihrer Tiefe und Profilierung betont oder weniger betont plastisch. Sie werden vorwiegend in hohen und großen Räumen eingebaut.

Balkenbekleidungen (Balkendecken). Holzbalken müssen bei Deckenkonstruktionen die Masse der Decke und die Verkehrslasten mit mehrfacher Sicherheit aufnehmen können. Sie weisen deshalb große Querschnitte auf. Häufig werden die Felder zwischen den Balken bekleidet mit:
- Brettern, meist quer zur Balkenlage verlegt,
- Holzwerkstoffplatten, die furniert, beschichtet, gestrichen oder tapeziert sind.

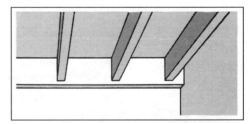

B 9.3-21 Balkendecke mit bekleideten Balken.

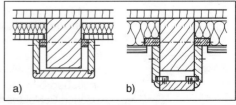

B 9.3-22 Balkenbekleidung mit a) angefräster Feder, b) mit eingeschobener Feder.

Innenausbau – Wand- und Deckenbekleidungen

T 9.3/10 Kassettenbekleidung bei Decken - Auswahl

Kassetten-deckenart	Konstruktion	Bemerkung
flach		Rahmen mit eingestäbter Füllung, Wandanschluß mit Deckleiste
mittel bis tief	(Deckleiste)	Unterkonstruktion in gedübelter Rahmenbauweise, darauf tieferliegende Füllungsflächen aus Holzwerkstoffplatten mit Fugenkrallen befestigt, meistens profilierte Leisten und Zargen in flacher Nut geschraubt, Schraubenköpfe mit dünner Deckleiste abgedeckt
tief	(Zierkappe, 70...120, 15...30)	kastenförmige Kassetten an der Unterkonstruktion befestigt, in die Felder können Beleuchtungskörper eingebaut werden

Schallschluckung
9.2.3

Luftschalldämmung
9.2.3

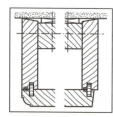

B 9.3-23 Scheinbalken auf verputzter Decke, auf Unterkonstruktion mit Senkkopf genagelt.

Bekleidung sichtbarer Balken. An sichtbaren Balken sind Schwundrisse in Breite und Tiefe unerwünscht. Bekleidungen verdecken sie.

Gehobelte oder strukturierte Bretter mit eingeschobener oder angefräster Feder werden U-förmig miteinander verbunden und über den Balken geschoben.

Balkenähnliche Bekleidung (Scheinbalken). Die U-förmige Balkenimitation wird als hohler Balken an einer Unterkonstruktion an der Decke befestigt.

Luftschalldämmende Deckenbekleidungen. Luftschalldämmende Wirkungen erreicht man wie bei Wandbekleidungen durch:
- biegeweiche Platten mit großer flächenbezogener Masse,
- schallabsorbierende Mineralfaserplatten zwischen Bekleidung und Raumdecke,
- Vermeiden von Schallbrücken.

Schallschluckende Deckenbekleidungen. Schallschluckende Wirkungen hängen ab von den:
- Werkstoffen mit offenen Poren,
- Abständen der Deckenbekleidung von der Raumdecke,
- Frequenzbereichen, die geschluckt werden sollen.

Aufgaben

1. Erklären Sie den Unterschied zwischen „Verkleidung" und „Bekleidung"!
2. Welche Breitenverbindungen kommen bei der Verwendung von Fugenkrallen und Profilbrettklammern in Frage?
3. Welche Vorteile hat die Konterlattung bei Wandbekleidungen gegenüber der Querlattung?
4. Wodurch unterscheidet sich bei Profilbrettern das Profilmaß vom Deckmaß?

5. Beschreiben Sie Wand- und Außen- sowie Innenanschlüsse bei Wandbekleidungen!
6. Vergleichen Sie die Unterschiede der Unterkonstruktionen für waagerechte Brettbekleidung und Rahmentäfelung!
7. Beschreiben Sie konstruktive Möglichkeiten der Wandanschlüsse bei Plattentäfelungen!
8. Beschreiben Sie Konstruktionen wärmedämmender Wandbekleidungen, a) ohne Hinterlüftung, b) mit Hinterlüftung!
9. Wie müssen Vorsatzschalen konstruiert werden, damit sie luftschalldämmend wirken?
10. Welcher Abhänger ist bei Deckenbekleidungen am günstigsten, wenn eine Trennwand nachträglich eingebaut wird und Druck von unten auf die Bekleidung wirkt?
11. Wodurch unterscheidet sich die Lamellendecke von der Rasterdecke in der Konstruktion?
12. Beschreiben Sie mögliche konstruktive Unterscheidungsmerkmale zwischen flacher und tiefer Kassettendecke!
13. Beschreiben Sie die Konstruktion eines Scheinbalkens mit eingepaßter Felderdecke!

9.4 Einbauten

Einbauten wie Einbauschränke, Raumteiler, Heizkörperbekleidungen und Trennwände werden in der Regel für bestimmte Baukörper angefertigt. Sie werden mit Wand, Decke und Boden verbunden und dadurch erst verwendungsfähig.

9.4.1 Einbauschränke und Raumteiler

Begriffe

Einbauschränke und Raumteiler können wie Einzelmöbel aus Kastenelementen, Türen, Klappen, Schubkästen und Einlegeböden bestehen. Einbauschränke sind vielfach Systemmöbel, Raumteiler dagegen häufig Einzelanfertigungen.

Einbauschränke stehen vor einer Raumwand. Sie können diese:
- teilweise ausfüllen → Wandschrank,
- vollständig ausfüllen → Schrankwand, Endlosschrank.

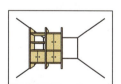

B 9.4-2 Offener Raumteiler.

Systemmöbel 8.1.1

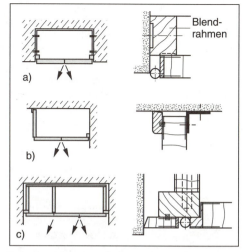

B 9.4-1 Einbauschränke. a) in einer Wandnische, b) in einer Raumecke, c) zwischen Raumwänden.

Eingebaut werden Schränke:
- in Wandnischen → Die Türen sind an einem Blendrahmen angeschlagen. Raumwände und Decke ersetzen die Möbelwände und den oberen Boden.
- in Raumecken → Eine Möbelwand sowie der obere und untere Boden sind an den Raumwänden befestigt.
- zwischen Raumwänden → Systemmöbel oder Einzelfertigungen schließen an Raumwänden, Decke und Boden dicht an.

Raumteiler übernehmen zum Teil Aufgaben der Raumwände. Sie können vollständig abtrennen sowie nur teilweise oder transparent teilen. Tragende Funktion haben Raumteiler nicht. Eingebaute Türen oder Freiraum für Durchgänge sind möglich.

Konstruktionen

Verbindliche Konstruktionen nach VOB. Für Einbauschränke schreibt die VOB Teil C, DIN 18355, vor:
- Türen und Schubkästen müssen dicht schließen und gangbar sein. Die Laufleisten der Schubkästen müssen aus Hartholz oder anderen geeigneten Stoffen sein. Die Tragleisten sollen aus Hartholz oder ebenso geeigneten Stoffen hergestellt sein und angeschraubt (nicht geklammert) werden.
- Rahmensockelkonstruktionen und Böden von Schränken, Regalen und Schubkästen müssen so bemessen sein, daß sie die zu erwartenden Belastungen aufnehmen können. Schrankrückwände, eingeschobene

Innenausbau – Einbauten

Böden, Kranzböden und Füllungen müssen aus mindestens 6 mm dicken Furniersperrholz- oder 8 mm dicken Holzspanplatten bestehen. Für Schubkästenböden über 0,25 m² Fläche ist 6 mm dickes Furniersperrholz zu verwenden.

- Schiebetüren müssen mindestens in Führungen aus Holz laufen.
- Anschlüsse. Einbauschränke, die an Außenwänden und Wänden vor Feuchträumen (Küche, Bad) angebracht sind, müssen am Baukörper so angeschlossen sein, daß sie ausreichend hinterlüftet werden können.

Feuerpolizeiliche Vorschriften verlangen bei Anschlüssen an Schornsteinen Mindestabstände zwischen:

- Möbelwand und Innenkante Rauchrohr 200 mm und
- Möbelwand bis Außenfläche Schornstein 75 mm.

Einbauschränke als Hängeschränke müssen höher als tief sein, damit sie Druck- und Zugkräften standhalten können. Der Schwerpunkt soll deshalb höchstens 230 mm von der Raumwand entfernt sein. Aufhängevorrichtungen werden möglichst weit oben an den Wänden des Schrankes oder am oberen Boden angebracht.

Anschlüsse. Einbauschränke und Raumteiler müssen unabhängig von der Maßhaltigkeit der Raumwände bündig eingepaßt werden. Die Abstände zu Raumwänden bzw. Decke überbrücken:

- Deckleisten aus Vollholz oder Holzwerkstoffen oder
- Dichtungsprofile aus APTK, CR, SI oder PVC-weich auf Deckleisten aufgeschoben.

Wand-, Decken- und Bodenanschlüsse verbinden den Schrank mit dem Baukörper.

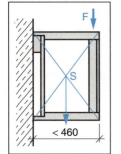

B 9.4.3 Schwerpunkt an Hängeschränken.

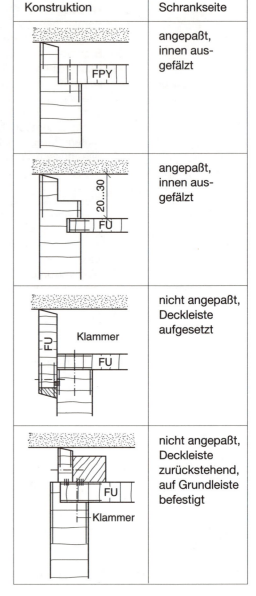

T 9.4/1 Hintere Wandanschlüsse

Konstruktion	Schrankseite
	angepaßt, innen ausgefälzt
	angepaßt, innen ausgefälzt
	nicht angepaßt, Deckleiste aufgesetzt
	nicht angepaßt, Deckleiste zurückstehend, auf Grundleiste befestigt

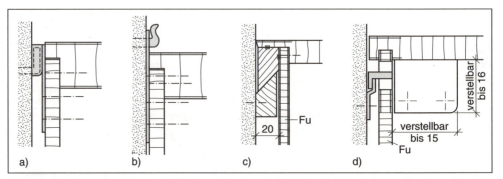

B 9.4-4 Aufhängemöglichkeiten bei Hängeschränken. a) Aufhängewinkel an oberem Boden und Korpuswand, b) Aufhängeöse an Korpuswand, c) Tragleiste an Rückwand und oberem Boden, d) Schrankaufhänger (verstellbar) an Korpuswand innen.

Innenausbau – Einbauten

Um dicht abzuschließen, müssen die Anschlüsse in einer Ebene liegen. In Decken- und Bodenanschlüssen werden Schlitze oder Bohrungen mit 10 cm² ... 20 cm² je Quadratmeter Schrankfront angebracht, die an Raumaußenwänden oder feuchten Innenwänden hinterlüften. Wandanschlüsse erhalten keine Lüftungsöffnungen, da diese sichtbar wären.

Bodenanschlüsse (→ **T 9.4/4**) (Sockel) können ausgeführt werden als:
- tragende Zargenkonstruktion oder
- nichttragende Blende zwischen tragenden Wangen oder aufgesteckt an Sockelverstellern.

Sockel sind in der Regel 60 mm ... 120 mm hoch. Sie sollen möglichst 30 mm ... 50 mm hinter der Schrankfront zurückstehen, damit die Schuhspitzen nicht anstoßen und Lüftungsöffnungen unterhalb des unteren Bodens unsichtbar angebracht werden können.

T 9.4/2 *Vordere Wandanschlüsse*

Konstruktion	Deckleiste
	frontbündig, angepaßt, innen ausgefälzt, auf Grundleiste befestigt
	zurückstehend, angepaßt, innen ausgefälzt, von innen geschraubt
	zurückstehend, mit Dichtungsprofil, auf Grundleiste befestigt
	korpusbündig, angepaßt, mit Aufschiebebeschlag befestigt

Arten der Wärmeübertragung 2.1.1

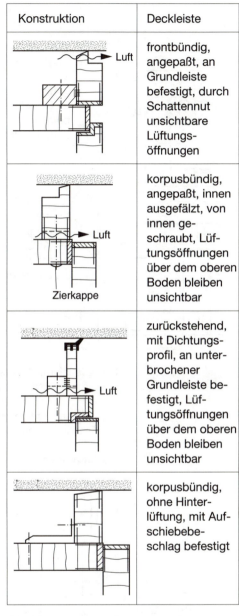

T 9.4/3 *Deckenanschlüsse*

Konstruktion	Deckleiste
	frontbündig, angepaßt, an Grundleiste befestigt, durch Schattennut unsichtbare Lüftungsöffnungen
	korpusbündig, angepaßt, innen ausgefälzt, von innen geschraubt, Lüftungsöffnungen über dem oberen Boden bleiben unsichtbar
	zurückstehend, mit Dichtungsprofil, an unterbrochener Grundleiste befestigt, Lüftungsöffnungen über dem oberen Boden bleiben unsichtbar
	korpusbündig, ohne Hinterlüftung, mit Aufschiebebeschlag befestigt

9.4.2 Heizkörperbekleidungen

Physikalisch-technische Zusammenhänge

In üblichen Heizsystemen wird mit Wasser bei Temperaturen zwischen 70 °C ... 90 °C geheizt. Die Heizkörper geben die Wärme durch Strahlung an die Raumluft ab.

Temperaturunterschiede werden durch eine ständige Luftströmung von kalt nach warm ausgeglichen. Diese Konvektion ist abhängig von der Bauart des Heizkörpers, seinem Standort und der Konstruktion der Heizkörperbekleidung.

Innenausbau – Einbauten

T 9.4/4 Bodenanschlüsse

Konstruktion	Sockel	Konstruktion	Sockel
	zurückstehend, tragende Zargenkonstruktion am unteren Boden an Grundleiste befestigt, Lüftungsöffnungen		zurückstehend, nichttragende Blende am unteren Boden befestigt, Sockelversteller, Lüftungsöffnungen
	frontbündig, nicht-tragende Blende mit Aufschiebebeschlag befestigt, keine Hinterlüftung		frontbündig, nichttragende Blende auf Sockelversteller lösbar aufgesteckt, keine Hinterlüftung

Wärmebrücken 9.2.1

Mit Aluminiumfolie kaschierte Wärmedämmplatten zwischen Außenwand und Heizkörper angebracht, verhindern Wärmeverluste. Vor allem dünnwandige Heizkörpernischen sollten deshalb ringsum ausgelegt sein.

Bekleidungen

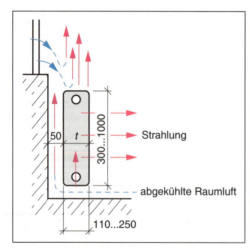

B 9.4-5 Konvektion und Strahlung bei Radiatoren.

Radiatoren bestehen aus Heizrippen. Sie geben 60% ... 70% der Wärmeenergie als Konvektionswärme und 30% ... 40% als Strahlungswärme ab. Durch geeignete Luftzufuhr an Heizkörperbekleidungen kann der Anteil der Konvektionswärme erhöht werden (→ B 9.4-7):
- Geschlossene Frontfläche und geöffnete Abdeckfläche → verstärkte Konvektion.
- Geschlossene Frontfläche, aber geschlossene Abdeckfläche → um ca. 5% geminderte Konvektion.
- Durchbrochene waagerechte und senkrechte Flächen → stark geminderte Konvektion durch wenig gerichtete Wärmeabgabe.

Konvektoren bestehen aus Rohren, auf denen zur Vergrößerung der Oberfläche engliegende Metallrippen angebracht sind. Die Wärme wird durch Konvektion verteilt. Am besten eignen sich möglichst hohe, schachtartige Bekleidungen und Lüftungsöffnungen mit einer Breite von 60 mm ... 160 mm. Der Abstand zwischen Konvektoren und Raumwand bzw. Bekleidung darf insgesamt nicht mehr als 10 mm betragen, da am Konvektor vorbeiströmende Luft die Heizleistung mindert. Schachtbekleidungen aus Holzwerkstoffen werden rückseitig mit Aluminiumfolie beklebt.

Konstruktion von Heizkörperbekleidungen. Für Heizkörperbekleidungen dürfen keine wärmeempfindlichen Werkstoffe verwendet werden. Ungeeignet sind Seiten- oder drehwüchsige Bretter, die sich werfen und verziehen. Lagen- und Verbundplatten müs-

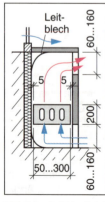

B 9.4-6 Leitblechkonvektor.

Innenausbau – Einbauten

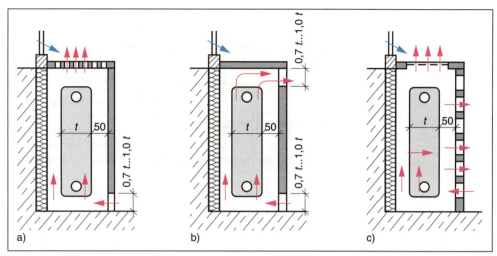

B 9.4-7 *Heizkörperbekleidungen bei Radiatoren. Konvektion a) verstärkt, b) gemindert, c) stark gemindert.*

sen wärmefest verklebt sein. Holz und Holzwerkstoffe müssen vor dem Einbau 4% ... 6% Feuchtegehalt haben.

Geschlossene Abdeckplatten sind auf der Unterseite erheblicher Temperaturbelastung ausgesetzt. Hier müssen asbestfreie und brandgeschützte Materialien wie z.B. gipsgebundene Platten eingesetzt werden, oder die Wärme muß durch gerundete Einbauten aus Alublech oder mit Alufolie beklebten Leitflächen wirkungsvoll abgeführt werden.

Die Frontflächen der Bekleidungen sollen zur Reinigung der Heizkörper leicht abklappbar oder aushängbar sein.

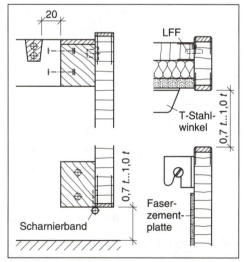

B 9.4-8 *Heizkörperbekleidungen. Frontfläche a) abklappbar, b) aushängbar.*

9.4.3 Nichttragende Trennwände

Nichttragende Trennwände dienen nach DIN 4103 nur der Raumaufteilung und nicht der Gebäudeaussteifung. Sie können fest eingebaut oder umsetzbar sein. Der Standort der Trennwände ist unabhängig von tragenden Raumwänden, die unterhalb oder oberhalb der Raumdecken verlaufen. Trennwände unter abgehängten Deckenbekleidungen werden an der Unterkonstruktion befestigt und zusätzlich ausgesteift. Senkrecht laufende Wasserinstallationen und Elektrokabel sollen an den Pfosten, waagerecht verlaufende an Fuß- oder Deckenschwellen angebracht werden.

Leichte Trennwände

Leichte Trennwände sind weder wärme- noch luftschalldämmend.

Die maximale flächenbezogene Gesamtmasse soll 150 kg/m² betragen, die maximale Durchbiegung bei senkrecht auf die Wand wirkende Druck- und Zugbelastung höchstens 1/500 der Wandhöhe.

Gerippewände. Für Gerippewände wird ein Ständerwerk vorwiegend beidseitig bekleidet.

Das Ständerwerk bilden Kanthölzer mit einem Querschnittsmaß von 80 mm/60 mm oder 100 mm/60 mm oder Metallprofile.

Die Fußschwelle nimmt den Druck der Ständer auf. Sie gleicht Unebenheiten des Bodens aus und ist mit diesem fest verbunden. Rand-

Innenausbau – Einbauten

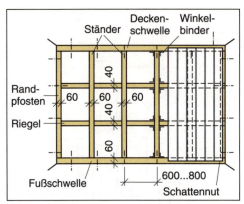

B 9.4-9 Gerippewand. Ständerwerk mit teilweiser Bekleidung.

Wandbekleidungen
9.3.2

pfosten und Deckenschwelle sind an Wänden und Decke befestigt. Sie können entweder eingeputzt, oder bei versetzbaren Wänden auf dem Putz angebracht sein.

Die Bekleidung aus profilierten Brettern, Holzwerkstoffen oder Gipskartonplatten wird an Ort und Stelle montiert. Plattenstöße sollen zur besseren Befestigung der Platten auf Ständern oder Riegeln liegen.

Elementwände werden aus vorgefertigten Einzelelementen zusammengesetzt. Eingebaut werden sie erst, wenn der Innenausbau beendet und der Fußboden verlegt ist.

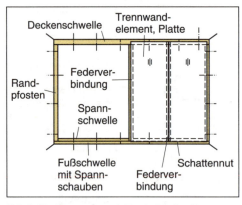

B 9.4-10 Elementwand. Zwei einzelne Trennwandelemente.

Elementwände sind leicht und können ohne Schwierigkeiten umgesetzt und anders angeordnet werden. Voraussetzung dafür sind gleichmäßige Breitenmaße der Elemente. Grundlage dafür sind das:
- Achsraster → Grundmaß 125 mm (Achtelmeter) und dessen Vielfaches,
- Bandraster → Grundmaß 300 mm, zu erweitern um jeweils 150 mm.

Im Plan wird der Raumgrundriß in ein entsprechendes Raster eingeteilt. Die Achsen der Trennwände liegen auf den Rasterlinien.

Elementwände im Achsraster. Die Elemente schließen stumpf an. Bei Ecken und Anschlüssen überschneiden sich die Breiten der Elemente. Dadurch verschieben sich die Rastermaße um eine halbe Elementdicke.

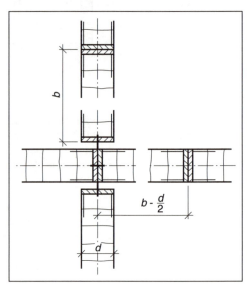

B 9.4-11 Elementwand im Achsraster.

Elementwände im Bandraster. Die Elemente werden zwischen Pfosten befestigt und bleiben gleich breit. Nachteilig sind die häufigen Anschlußfugen zwischen Pfosten und Elementen.

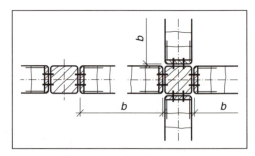

B 9.4-12 Elementwand im Bandraster.

Konstruktion eines Elementes. Auf einem Kantholz- oder Metallrahmen mit gefederten Stoßverbindungen werden beidseitig Platten aus furnierten oder kaschierten Holzwerkstoffen, Metallen oder Kunststoffen fest oder lösbar

Innenausbau – Einbauten

luftschalldämmende
Wände 9.2.3

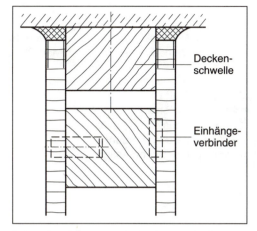

B 9.4-13 Elementwand - Deckenanschluß.

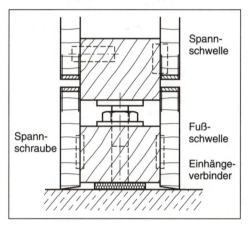

B 9.4-14 Elementwand - Bodenanschluß.

angebracht. Die Elemente werden an Fußschwellen (gegebenenfalls mit Spannschrauben), Deckenschwellen und Randpfosten befestigt.

Zweischalige, luftschalldämmende Trennwände

Wirksame Luftschalldämmung wird durch zweischalige Einfach- oder Doppelständerwände erreicht. Die Trennwände bestehen aus Ständerwerk und Schalen.

Das Ständerwerk wird wie bei Gerippewänden aus Kanthölzern oder Metallprofilen hergestellt. Streifen aus kunstharzgebundenen Mineralwolleplatten zwischen den Ständern einerseits und Raumwand, Decke sowie Boden andererseits vermindern Schallbrücken. Schrauben sollen in Kunststoffdübeln sitzen.

Schalen. Die Bekleidungen des Ständerwerks werden als Schalen bezeichnet. Biegeweiche und schwere Holzwerkstoffe oder Gipskartonplatten, die weich federnd im lichten Abstand von 40 mm ... 70 mm auf dem Ständerwerk befestigt werden dämmen den Luftschall. Der Hohlraum ist mit kunstharzgebundenen und dicht gestoßenen Mineralfaserplatten auszufüllen. (Lose gestopftes Material fällt in sich zusammen.) Plattenwerkstoffe unter 18 mm Dicke sind mit aufgeklebten Streifen aus Stahl, Blei oder Spezial-Schalldämmplatten zu verstärken.

T 9.4/5 Zweischalige Einfachständerwände - Konstruktionen und Luftschallschutz

Konstruktion	Materialien, Bemerkungen	Bewertetes Luftschalldämm-Maß R'_w, Luftschallschutz
(Tapete, elastischer Dichtstoff, 80/60, Plattenstoß ausgefugt, Plattenstoß versetzt, 105)	zwei biegeweiche, 12,5 mm dicke Gipskartonplatten starr miteinander verbunden	39 dB nicht ausreichend
(FPY(16), FU 8, 80/60, FPY(19), lösbarer Verbindungsbeschlag, 60, 15)	PVC-ummantelte, biegeweiche FPY-Platten mit Spezial-Schalldämmplatten beklebt	52 dB gut

Innenausbau – Einbauten

Fortsetzung **T 9.4/5**

Konstruktion	Materialien, Bemerkungen	Bewertetes Luftschalldämm-Maß R'_w, Luftschallschutz
	dünne, biegeweiche Platte mit Gipskartonplatte beklebt, Schalen durch lösbare Verbindungen federnd befestigt	46 dB ausreichend

T 9.4/6 *Zweischalige Doppelständerwände - Konstruktionen und Luftschallschutz*

Konstruktion	Materialien, Bemerkungen	Bewertetes Luftschalldämm-Maß R'_w, Luftschallschutz
	getrennte biegeweiche Schale (FPY 16) und biegesteife Schale (FPY 38) jeweils auf Ständer geschraubt, dicke Mineralwolleplatte, großer Schalenabstand	52 dB ... 54 dB gut
	zwei getrennte Schalen aus verklebten biegeweichen Gipskartonplatten, dicke Mineralfaserplatten in Ständern aus verzinktem Blech im U-Profil	55 dB gut

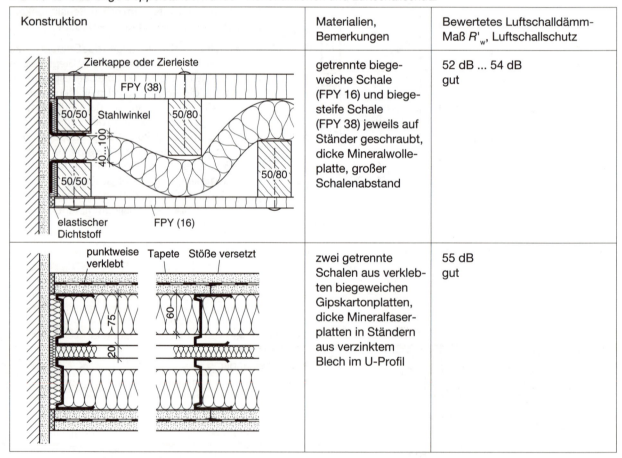

Aufgaben

1. Worin besteht der Unterschied zwischen Einbauschränken und Raumteilern?
2. Wie müssen nach VOB Teil C Anschlüsse von Einbauschränken an Außenwänden konstruiert werden?
3. Warum sollen Einbauhängeschränke nicht tiefer als etwa 460 mm sein?
4. Warum werden für Einbauhängeschränke Schrankaufhänger bevorzugt?
5. Welche konstruktiven Möglichkeiten gibt es, Deckleisten bei Wandanschlüssen zu befestigen?

6. Welche Konstruktionen ermöglichen es, bei Einbauschränken Sockel als Blenden zu verwenden?
7. Welchen Nachteil haben gitterförmige Fronten bei Heizkörperbekleidungen?
8. Beschreiben Sie das Bekleidungssystem bei Radiatoren, das die beste Konvektion ergibt!
9. Beschreiben Sie den konstruktiven Aufbau einer Gerippewand!
10. Warum haben Trennwände im Achsraster unterschiedlich breite Elemente?
11. Beschreiben Sie die Befestigung einer Elementwand an Decke und Boden!
12. Welche Konstruktion und welche Materialien ergeben eine gute luftschalldämmende Trennwand?

9.5 Treppen

Treppen bestehen aus mindestens drei hintereinander liegenden Stufen. Sie sollen:
- verschiedene Ebenen miteinander verbinden,
- sicher und bequem begehbar sein,
- sich in die Raumgestaltung einpassen,
- Sicherheitsvorschriften in Normen und Landesbauordnungen entsprechen.

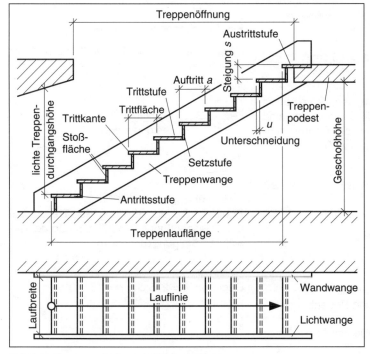

B 9.5-1 Treppe zwischen zwei Vollgeschossen.

9.5.1 Bezeichnungen und Maßbezüge

In DIN 18064 und DIN 18065 sind Bezeichnungen und Maßbezüge für Treppen festgelegt.

Bezeichnungen an Treppen. Man unterscheidet:
- Geschoßtreppen → Treppen von einem Geschoß zum nächsten, zwischen zwei Vollgeschossen, Keller und Erdgeschoß, oberstem Vollgeschoß und Dachboden.
- Treppenraum (Treppenhaus) → für die Treppe vorgesehener Raum.
- Treppenstufe → überwindet mit einem Schritt einen bestimmten Höhenunterschied.
- Trittstufe (Trittbrett oder Tritt) → waagerechtes Stufenteil.
- Trittfläche → betretbares Teil einer Treppenstufe.
- Setzstufe (Futterbrett, Setzbrett) → lotrechtes Stufenteil.
- Treppenwangen → Wandwange und Lichtwange tragen die Treppenstufen und bilden ein geschlossenes, belastbares Bauteil.
- Treppenholm (Treppenbalken) → trägt oder unterstützt die Trittstufen.
- Treppenspindel → Kern einer Spindeltreppe.
- Lauflinie → gedachter, mittlerer Weg des Benutzers von der Vorderkante der Antrittsstufe (Punkt) bis zur Vorderkante der Austrittsstufe (Pfeil). Die Pfeilrichtung gibt den Anstieg der Treppe an.
- Treppenpodest → Treppenabsatz am Anfang oder Ende eines Treppenlaufes.

Bemaßung. Für die Bemaßung von Treppen werden folgende Größen verwendet:
- Lichte Treppendurchgangshöhe (Kopfhöhe) → lotrechtes Maß von der vorderen Stufenkante der fertigen Treppe bis zur Unterkante darüberliegender Bauteile (Laufplatten, Balken, Rohre), Mindesthöhe 2,00 m.
- Laufbreite b → lichter Abstand zwischen den Treppenwangen bzw. Länge der Treppenstufen ohne Treppenwangen.
- Auftritt a → waagerechtes Maß von der Vorderkante einer Treppenstufe bis zur Vorderkante der folgenden Treppenstufe, in Laufrichtung gemessen.
- Unterschneidung u → Differenz zwischen der Breite der Trittfläche und Auftritt. Bei $a \leq 28$ cm, beträgt u mindestens 30 mm.
- Steigung s → lotrechtes Maß von der Trittfläche einer Stufe zur Trittfläche der folgenden Stufe.

Innenausbau – Treppen

Berechnungen an Treppen

Das *Steigungsverhältnis SV* errechnet sich aus Steigung *s* und Auftritt *a*. Um Treppen sicher begehen zu können, darf sich dieses Verhältnis im Treppenlauf nicht ändern.

$$\text{Steigungsverhältnis} = \frac{\text{Steigung}}{\text{Auftritt}}$$

$$SV = \frac{s}{a}$$

Beispiel 1
Berechnen Sie das Steigungsverhältnis einer Geschoßtreppe mit der Steigung *s* = 17 cm und dem Auftritt *a* = 28 cm.

Lösung
Gegeben: *s* = 17 cm; *a* = 28 cm
Gesucht: SV

$$SV = \frac{s}{a}$$

$$SV = \frac{17 \text{ cm}}{18 \text{ cm}} = \underline{\underline{0{,}61}}$$

Schrittmaßregel SM. Die Schrittlänge eines erwachsenen Menschen liegt durchschnittlich zwischen 59 cm und 65 cm, im Mittel beträgt sie 63 cm. Beim Begehen einer Treppe werden bei jedem Schritt zwei Steigungen und ein Auftritt überwunden. Daraus ergibt sich die Schrittmaßregel.

2 Steigungen + 1 Auftritt = 63 cm
2*s* (in cm) + *a* (in cm) = 63 cm

Bequemlichkeitsregel. Treppen, deren Auftritt etwa 12 cm breiter als die Steigung ist, sind bequem zu begehen. Nach der Bequemlichkeitsregel können Auftritt und Steigung bestimmt werden.

Auftritt - Steigung ≈ 12 cm
a (in cm) - *s* (in cm) ≈ 12 cm

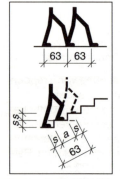

B 9.5-2 Schrittfolge.
a) in der Ebene, b) auf der Treppe.

Steigungszahl n. Zur Berechnung einer Treppe wird die Anzahl der Steigungen benötigt. Die Steigungsanzahl berechnet sich aus der Geschoßhöhe und der angenommenen Steigung.

Entsprechend der Norm soll nach höchstens 18 Steigungen ein Zwischenpodest angeordnet werden.

$$\text{Steigungsanzahl} = \frac{\text{Geschoßhöhe}}{\text{angenommene Steigung}}$$

$$n = \frac{h}{s_a}$$

Beispiel 2
Ermitteln Sie die Steigungsanzahl der Geschoßtreppe bei einer Geschoßhöhe von 2,75 m und einer angenommenen Steigung von 17 cm.

Lösung
Gegeben: *h* = 2,75 m; s_a = 17 cm
Gesucht: *n*

$$n = \frac{h}{s_a}$$

$$n = \frac{275 \text{ cm}}{17 \text{ cm}} = \underline{\underline{16{,}2}} \rightarrow \text{gewählt} = \underline{\underline{16}}$$

Ein Zwischenpodest ist nicht nötig.

Steigung s. Aus der Geschoßhöhe und der gewählten Steigungsanzahl ergibt sich die Steigung.

$$\text{Steigung} = \frac{\text{Geschoßhöhe}}{\text{Steigungsanzahl}}$$

$$s = \frac{h}{n}$$

Beispiel 3
Ermitteln Sie die Steigung der Treppe bei einer Geschoßhöhe von 275 cm und der gewählten Steigungsanzahl 16.

Lösung
Gegeben: *h* = 275 cm; *n* = 16
Gesucht: *s*

$$s = \frac{h}{n}$$

$$s = \frac{275 \text{ cm}}{16} = \underline{\underline{17{,}1875 \text{ cm}}}$$

T 9.5/1 Begehbarkeit von Treppen in Wohngebäuden

Treppen-neigung	Begehbarkeit	Einsatz
45°	schlecht, zu steil	als Keller- und Bodentreppen
39°	möglich	in Mehrfamilienhäusern
30°	gut	in Schulen, öffentl. Gebäuden
25°	bequem	als Freitreppen

Innenausbau – Treppen

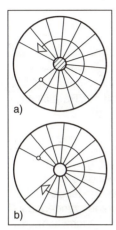

B 9.5-5 Spindeltreppe rechtsdrehend (a) und Wendeltreppe linksdrehend (b).

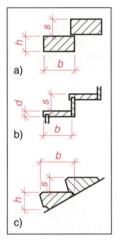

B 9.5-6 Stufenarten. a) Blockstufe, b) Plattenstufe, c) Keilstufe.

Druckabrieb 2.2.4

Holzarten 2.2.7

Lagenhölzer, Verbundplatten 2.5

B 9.5-7 Stützweite.

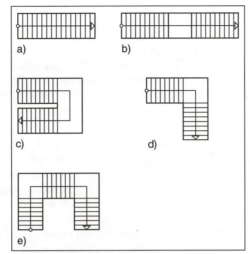

B 9.5-3 Treppen mit geradem Lauf. a) einläufige, b) zweiläufige mit Zwischenpodest, c) zweiläufige gegenläufige mit Zwischenpodest (Rechtstreppe), d) zweiläufige gewinkelte (Rechtstreppe) e) dreiläufige zweimal gewinkelte Treppe mit Zwischenpodest (Rechtstreppe).

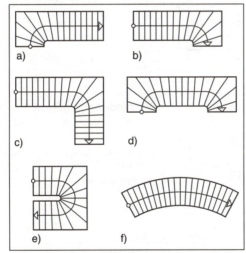

B 9.5-4 Treppen mit geraden und gewendelten Laufteilen. a) im Antritt und b) im Austritt viertelgewendelte (Rechtstreppe), c) gewinkelte viertelgewendelte (Rechtstreppe), d) im An- und Austritt viertelgewendelte (Linkstreppe), e) halbgewendelte (Linkstreppe), f) gewendelte bogenförmige Treppe (Rechtstreppe).

Die Treppenlauflänge l ist das Maß von der Vorderkante der Antrittsstufe bis zur Vorderkante des Austrittes. Im Grundriß entspricht sie der Lauflinie. Die Lauflänge *l* wird aus der Steigungsanzahl und dem Auftritt errechnet. Die oberste Stufe gehört nicht zur Lauflänge.

Lauflänge = (Steigungsanzahl - 1) · Auftritt
$l = (n - 1) \cdot a$ in cm

Treppenarten. Man unterscheidet:
- ein- und mehrläufige Treppen,
- gerade, gewinkelte, bogenförmige und gewendelte Treppen,
- Rechts- und Linkstreppen.

Treppen können mit Zwischenpodest oder Spindel ausgestattet sein.

Stufenarten. Nach dem Querschnitt unterscheidet man:
- Blockstufen,
- Plattenstufen,
- Keil-(Dreieck-)stufen.

9.5.2 Werkstoffe und Konstruktionen

Werkstoffe

Die Auswahl der Werkstoffe richtet sich nach dem Standort und der Beanspruchung der Treppe. Treppen im Wohnbereich werden vorwiegend aus hochwertigem Material hergestellt, im Neben- oder Kellerbereich genügen weniger wertvolle Werkstoffe.
Trittstufen dürfen sich beim Begehen höchstens um 1/300 der Stützweite durchbiegen. Die durchschnittliche Stützweite beträgt 0,80 m ... 1,20 m.
Die Belastbarkeit der Trittstufen hängt von der Breite (210 mm ... 300 mm), der Dicke und dem Material ab. Beispielsweise kann eine 40 mm dicke Trittstufe mit dazugehöriger Setzstufe aus Hartholz eine Masse von 2000 kg aufnehmen. Treppen müssen auch Druckbelastungen (z.B. Stöckelschuhen) und Abrieb widerstehen.

Vollholz. Treppenhölzer aus Vollholz sollen breit und rißfrei sein. Bei Tritt- und Setzstufen darf in zentralbeheizten Räumen der Holzfeuchtegehalt nicht mehr als 8% ... 10% betragen, weil nachtrocknendes Holz lästiges Knarren der Treppe verursachen kann. Für Treppenwangen kann das Holz dagegen lufttrocken sein. Für Trittstufen sind geeignet:
- Eichen- und Lärchenholz ohne Splint,
- Kiefernholz ohne verblauten Splint,
- Rüster, Afzelia, Iroko und Sipo.

Die Fertigdicken betragen bei Laub- und Nadelholz bei einer Stützweite von 800 mm ... 1200 mm ungefähr 40 mm ... 55 mm.

Holzwerkstoffe. Für Trittstufen werden Holzwerkstoffe mit folgenden Dicken verwendet:
- Bau-Furniersperrholz, 40 mm ... 55 mm oder
- Verbundplatten, 45 mm ... 70 mm.

Die Mittellagen der Verbundplatten bestehen aus ST, STAE, FPY, die Decklagen aus Hartholzfurnier, Furniersperrholz oder Holzspanplatten.

Innenausbau – Treppen

T 9.5/2 *Treppenbauarten und ihre Merkmale*

Art und Konstruktion	Merkmale
Blocktreppe (mit Holznägeln, Schrauben, Balken)	älteste Bauart für geradläufige Treppen, Keilstufen aus Vollholz oder Brettschichtholz, an der hinteren Kante befestigt und auf Tragbalken oder Holmen aufliegend
aufgesattelte Treppe mit / ohne Setzstufe, Hängewinkel, Wangen, Holm, 100	häufigste Bauart für geradläufige, gewendelte und Spindeltreppen, mit oder ohne Setzstufen, **Trittstufen auf Wangen** gedübelt oder geschraubt → durch ausgeschnittene Wangenoberkante Tragfähigkeit der Wangen geschwächt, **Trittstufen auf Holm** → Stabilität der Trittstufen durch Verstärkung erhöht. Aus Vollholz oder Brettschichtholz
eingeschobene Treppe mit gegrateten Verbindungen (40...50, Vorholz, mind. 30 von hinten eingeschoben)	für untergeordnete Zwecke (Keller- oder Dachbodentreppen), für geradläufige Treppen, ohne Setzstufen, hohe Tragfähigkeit durch Vorholz
mit genuteten Verbindungen (mind. 30, 40...50, 20, 20, Vorholz (Besteck) von vorne eingeschoben)	**Verbindungen gegratet** → feste Verbindungen zwischen Wangen und Trittstufen, **Verbindungen genutet** → lose Verbindungen zwischen Wangen und Trittstufen, müssen durch Wangenbolzen oder Treppenschrauben befestigt werden
eingestemmte Treppe mit halbgestemmten Verbindungen (mind. 30, 30...40, 20, 20, 30...40, Keilzapfen)	für geradläufige, gewendelte oder Wendeltreppen, Vorholz vorne und hinten 30 mm ... 40 mm breit, **Verbindungen halbgestemmt** → Trittstufen in die Wangen eingefräst, zur Aussteifung einige Stufen durchgestemmt und verkeilt, keine Setzstufen
mit ganz gestemmten Verbindungen (30...40, 30...40)	**Verbindungen ganz gestemmt** → Trittstufen und Setzstufen liegen in Nuten der Wangen, Wandwange 40 mm ... 60 mm dick, Lichtwange 50 mm ... 70 mm dick

Innenausbau – Treppen

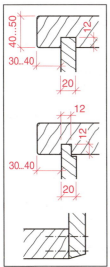

B 9.5-8 Verbindung Setzstufe - Trittstufe. a) Setzstufe voll eingelassen, b) Setzstufe mit angeschnittener Feder, c) Setzstufe mit der Trittstufe unter Druckspannung fest verbunden.

Treppenkonstruktionen

Setzstufen sollen:
- die Festigkeit der Verbindungen zwischen Trittstufen und Wangen erhöhen,
- die Rechtwinkligkeit zwischen Trittstufen und Wangen gewährleisten,
- das Durchbiegen und Knarren der Trittstufen verhindern,
- das Herabfallen von Schmutz verhindern.

Zur Verbindung mit der Trittstufe wird die Setzstufe (→ **B 9.5-8**):
- oben
  - voll eingelassen (a) oder
  - eingenutet (b),
- unten unter Druckspannung fest verbunden (c).

Treppengeländer

Aufgaben und Maße. Treppengeländer schützen vor seitlichem Absturz von der Treppe. Sie werden bei:
- eingeschobenen und eingestemmten Treppen in den Treppenwangen,
- aufgesattelten Treppen auf den Trittstufen oder an Pfosten befestigt.

Die Geländerhöhe von der Vorderkante der Trittstufe bis zur Oberkante von Handlauf oder Brüstung muß mindestens 90 cm, bei Absturzhöhen über 12 m jedoch 110 cm hoch sein. Kleinkinder dürfen Treppengeländer nicht übersteigen können.

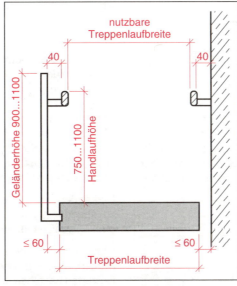

B 9.5-9 Treppe mit zwei Handläufen.

Handläufe können der obere Abschluß des Geländers sein oder tiefer liegen als der Geländerabschluß. Sie laufen parallel zur Treppenwange und Treppenneigung. Ihr Abstand zum Geländer oder zur Wand muß mindestens 40 mm betragen. Handläufe engen die Treppenlaufbreite ein. Nach DIN 18065 muß die nutzbare Treppenlaufbreite in Wohngebäuden mit nicht mehr als zwei Wohnungen mindestens 80 cm, sonst 100 cm betragen. Nur bei Nebentreppen sind 50 cm erlaubt.
Handläufe werden durch Pfosten oder Geländerfüllungen gehalten oder an Wänden mit Tragkonstruktionen befestigt.
Handläufe aus Holz sind etwa 60 mm breit und handgerecht profiliert, aus Kunststoff oder Metall haben sie geringere Querschnitte.

Pfosten. Antritts- und Austrittspfosten sind an den Wangen befestigt und geben dem Geländer Halt. Bei gewendelten Treppen verbinden Handlaufkrümmlinge die geraden mit den geschwungenen Teilen.

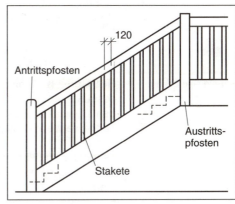

B 9.5-10 Treppengeländer mit Pfosten und Geländerstäben.

Geländerfüllungen können aus Holz- (Staketen) oder Metallstäben, Füllbrettern, Metallgittern, Acrylglas oder Sicherheitsglas bestehen. Ihre Abstände untereinander sowie zwischen Handlauf und Wangen bzw. Trittstufen dürfen nicht mehr als 120 mm betragen.

Aufgaben

1. Erklären Sie die Begriffe a) Treppenwange, b) Lauflänge!
2. Welche Bedeutung hat die Schrittmaßregel für das Steigungsverhältnis?
3. Nach welcher Formel werden a) die Steigung s, b) die Lauflänge l berechnet?

Druckfestigkeit, Abriebfestigkeit 2.2.4

Trittschalldämmung 9.2.3

Baustoffklassen 2.12.1

Hobeldielen 2.3.3

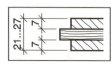

B 9.6-2 Landhausdiele.

4. Zeichnen Sie die Systemskizze einer zweiläufigen, am An- und Austritt viertelgewendelten Treppe mit Zwischenpodest!
5. Wodurch unterscheiden sich in ihren Maßverhältnissen Plattenstufe und Blockstufe?
6. Warum sind aufgesattelte Wangentreppen weniger tragfähig als eingeschobene Treppen?
7. Nennen Sie bei Treppengeländern die Maße für a) die Geländerhöhe, b) die Handlaufhöhe, c) die Abstände für Geländerfüllungen!

9.6 Holzfußböden

Fußböden aus Vollholz oder Holzwerkstoffen sind:
- fußwarm,
- trittelastisch,
- elektrostatisch wenig aufladbar,
- leicht zu reinigen nach entsprechender Oberflächenbehandlung.

Holzfußböden verstärken die gemütliche Raumwirkung.

9.6.1 Dielenböden

Hobeldielen. Dielenböden bestehen aus gespundeten Hobeldielen. Als Holzarten werden Douglasie, Fichte, Kiefer, Lärche oder Tanne verwendet. Hobeldielen sollen möglichst:
- schmal sein (95 mm ... 110 mm), damit sie nicht übermäßig stark schwinden und quellen,
- stehende Jahrringe (Rifts) haben,
- 8% ... 12% Holzfeuchte beim Verlegen besitzen.

Landhausdielen sind vorwiegend oberflächenbehandelte Dreischichtverbundplatten mit einem ca. 7 mm dicken Sägefurnier als Deck- und Gegenschicht. Die querverleimte Mittelschicht schränkt das Schwinden stark ein und verhindert das Werfen. Landhausdielen sind bis 5000 mm lang. Ihre Holzfeuchte soll 8% ... 9% betragen.

9.6.2 Parkettböden

Parkettböden zählen von ihrer Konstruktion und ihren Gestaltungsmöglichkeiten her zu den anspruchsvollen Fußbodenbelägen. Es werden vorwiegend Eiche, Rotbuche, Esche, Ahorn, Afrormosia, Kambala, Missanda, Mecrusse, Wenge oder Teak verwendet. Parkettböden sollen sein:
- **druckfest** senkrecht zur Faserrichtung (mindestens 7 N/mm^2),
- **abriebfest** durch Oberflächenbehandlung (Versiegelung),
- wärmedämmend,
- **trittschalldämmend** bei schwimmendem Estrich,
- schwer entflammbar (**Baustoffklasse** B1),
- gleitsicher bei sachgemäßer Pflege.

Parketthölzer

Parkett kann aus folgenden Parketthölzern bestehen (→ **T 9.6/1**):
- Parkettstäben,
- Parkettriemen,
- Parkettlamellen.

Sortierung. Parketthölzer unterscheidet man gemäß DIN 280 nach Art und Durchmesser der Äste, Risse, Farbe und Struktur. Die Qualitätsangabe erfolgt mit:
- **S** Standard,
- **E** Exquisit.

Parkettarten

Je nach Konstruktion, Art und Abmessung unterscheidet man nach DIN 280 folgende Parkettarten:
- Stabparkett,
- Mosaikparkett,
- Parkettdielen und Parkettplatten,
- Fertigparkettelemente.

Nicht genormt ist:
- Hochkantlamellenparkett.

Parkettriemen, -stäbe und -lamellen können zu Verlegeeinheiten, d.h. zu Tafeln, Platten oder Dielen zusammengefaßt werden.

Stabparkett kann aus Parkettstäben oder Parkettriemen gleicher oder verschiedener Holzarten bestehen. Mehrere Stäbe oder Riemen werden zu Tafeln zusammengefaßt.

Tafelparkett. Die Verlegeeinheiten (Tafeln) können aus Furnier verschiedener Holzarten, Formen und Abmessungen oder seltener aus

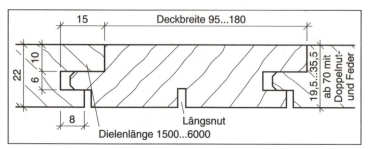

B 9.6-1 Hobeldiele mit angefrästem Spundprofil, verdeckt genagelt.

T 9.6/1 Parketthölzer

	Parkettstäbe	Parkettriemen	Parkettlamellen
Beschaffenheit	rechteckig, allseitig mit 10 mm tiefer und 3mm breiter Nut für eingeschobene Feder, an der Unterseite konisch unterschnitten, um durch Keilfuge Spannungen beim Quellen einzuschränken	rechteckig, an zwei Seiten mit 6 mm dicker eingefräster Feder, an gegenüberliegenden Seiten mit 7mm tiefer Nut	kleine, rechteckige Vollholzflächen mit stehenden oder liegenden Jahrringen sind winklig und an der Oberfläche scharfkantig bearbeitet, lange Schmalflächen sind gehobelt, gefräst oder geschliffen
Profilmaße in mm	45...80, Stufung 5; 10; 5,3,11; 22; 67°; 30°; 1°	45...80, Stufung 5; 7; 6,10; 22; 67°; 30°; 5	8; 20...25
Länge in mm	Kurzstäbe: Langstäbe:	250 ... 600 600 ... 1000	gestuft 120 ... 165 jeweils um 50 steigend

Vollholz bestehen. Eine ringsumlaufende Nut nimmt beim Verlegen die Quer-(Hirn-)holzfeder auf. Auch gespundete Verbindungen sind möglich.

Furniertes Tafelparkett ist dreischichtig aufgebaut:
* Edelholzauflage als Gehschicht, ca. 5 mm dick,
* Blindtafel, ca. 20 mm dick,
* Gegenschicht als Gegenzugschicht wie Gehschicht.

Blindtafeln können sein:
* Rahmen mit würfelförmiger, in Faserrichtung abwechselnder Vollholzfüllung,
* Blindleisten entweder lose und mit Abstand oder mit Nutleisten über Hirnholz verlegt,
* Furniersperr- oder Stabsperrholz bzw. Spanplatte mit Hartholzanleimer für Nut und Feder.

Mosaikparkett (Kleinparkett) besteht aus einzelnen Parkettlamellen, die werksseitig zu Verlegeeinheiten (Platten) in verschiedenen Größen zusammengesetzt sein können. Die Größen ergeben sich aus dem Vielfachen der Lamellenbreite. Die Gehschicht ist geschliffen.

Mosaikparkettdielen sind Mosaiklamellen, die auf eine gespundete Unterlagsschicht aus gehobelten und verleimten Fichtenholzbrettern aufgeklebt werden und oberflächenbehandelt sind. Sie sind 13 mm ... 26 mm dick.

Parkettdielen und Parkettplatten bestehen aus Parkettstäben oder Parkettriemen, die in Länge und Breite zu Verlegeeinheiten in Dielenform verbunden sind. Die Maße betragen bei:
* Parkettdielen:
- Länge: > 1200 mm,
- Breite: 100 mm ... 240 mm.

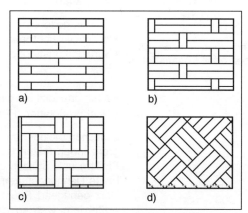

B 9.6-4 Stabparkett, diagonaler Verband. Fischgrätmuster a) einfach, b) doppelt.

B 9.6-3 Stabparkett, gerader Verband. a) regelmäßiges Schiffsbodenmuster, b) Flechtmuster mit Querstäben, c) zweifach gerade Kurzstäbe, d) schräges Würfelmuster.

Innenausbau – Holzfußböden

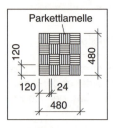

B 9.6-5 Mosaikparkett - Verlegeeinheit.

Dämmstoffe 2.12.2,
Faserdämmstoff 2.5.5,
Trittschalldämmung 9.2.3

- Parkettplatten:
  - Länge: 200 mm ... 650 mm,
  - Breite: 200 mm ... 650 mm.

Parkettdielen und Parkettplatten sind nicht fertig oberflächenbehandelt. Beim Aufbau gibt es zwei Möglichkeiten:
- einschichtig. Die langen Schmalflächen sind gespundet, die kurzen gespundet, genutet oder glattkantig,
- mehrschichtig. Parkettstäbe oder Parkettriemen sind auf eine Unterlagsschicht in Dielenform geklebt.

Fertigparkettelemente sind rechteckige (→ Dielen) oder quadratische (→ Platten), mehrschichtig aus Vollholz und Holzwerkstoffen aufgebaut. Sie werden industriell hergestellt und werksseitig fertig oberflächenbehandelt (versiegelt).

Sortierung. Fertigparkett wird nach DIN 280 sortiert. Die Qualitätsangabe erfolgt mit X, XX und XXX.

Hochkant-Lamellenparkett besteht aus hochkant aneinandergereihten Mosaiklamellen, die zu Verlegeeinheiten zusammengesetzt sind. Die Maße der Mosaiklamellen betragen:
- Dicke: 18 mm ... 24 mm,
- Breite: 7 mm ... 9 mm,
- Länge: 120 mm ... 165 mm.

Diese Konstruktion ist sehr strapazierfähig und unempfindlich gegen Druckbelastungen und Abrieb.

9.6.3 Parkettklebstoffe

Parkettklebstoffe sind nach DIN 281 genormt. Klebstoffgebinde sollen außer mit der Angabe des Klebstoffs auch mit dem Hinweis „nach DIN 281" gekennzeichnet sein. Verwendet werden Dispersionskleber oder Lösemittelkleber.

T 9.6/2 Maße von Fertigparkettelementen

Maße	Fertigparkettelemente		Platten
	Dielen		
Dicke in mm	7 ... 26		7 ... 26
Breite in mm	100 ... 240	100 ... 400	200 ... 650
Länge in mm	ab 1200	ab 400	200 ... 650

Anforderungen. Parkettklebstoffe müssen folgenden Anforderungen entsprechen:
- Verarbeitbarkeit: kalt bei Zimmertemperatur,
- Streichbarkeit: bei Dispersionsklebern besser als bei Lösemittelklebern,
- Benetzbarkeit: vollständige Benetzung der Flächen,
- Scherfestigkeit: Verschiebungsstrecke eines verklebten Parkettstabes bei Schiebebeanspruchung von 3 N/mm² max. 0,5 mm,
- Elastizität: Verklebungen dürfen nicht spröde werden,
- Plastizität: Verklebungen müssen hartplastisch (schubfest) sein,
- Alkalibeständigkeit: auf Estrich darf der Klebstoff sich weder auflösen noch seine Struktur verlieren,
- Geruch: nach 24 Stunden nur noch Eigengeruch der Kunstharze und schwacher Geruch der Lösemittel.

9.6.4 Unterkonstruktionen bei Holzfußböden

Dielen- und Parkettböden werden auf verschiedenen Unterkonstruktionen (→ T 9.6/3) verlegt:
- Dielenböden vorwiegend auf Lagerhölzern,
- Parkettböden auf schwimmendem Estrich,  (Spanplatten) oder Dielenböden.

Parkettunterlagen und Dämmstoffe zwischen den Lagerhölzern oder unter dem schwimmenden Estrich bzw. unter den Fußbodenverlegeplatten müssen nach DIN 18356 eine fachgerechte Verlegung der Fußböden gewährleisten.

Zu ihnen gehören:
- Holzwolleleichtbauplatten,
- Schaumkunststoffe,
- Faserdämmstoffe,
- Holzfaserplatten, porös oder hart,
- Bitumen-Holzfaserplatten,
- Flachpreßplatten (FPY).

Zwischen Dielen- bzw. Parkettboden und angrenzenden festen Bauteilen, z.B. Wänden, Pfeilern und Stützen sind 10 mm ... 20 mm breite Dehnungsfugen vorzusehen, die dem Holz genügend Raum zum Quellen lassen. Außerdem werden dadurch Wärme- und Schallbrücken vermieden.

T 9.6/3 Unterkonstruktionen von Holzfußböden - Auswahl

Unterkonstruktion	Fußbodenkonstruktion
Schwimmender Estrich auf Rohdecke	Parkett, geklebt / schwimmender Estrich / Feuchtesperre / Dämmstoff / Rohdecke
Lagerhölzer auf Rohdecke	Parkett oder Dielen, freitragend / Lagerhölzer / Dämmstreifen / Feuchtesperre / Rohdecke
Holzbalkendecke (Baumodernisierung)	Parkett, geklebt / FPY-Platte / alter Dielenboden / Holzbalken / Zwischenboden / Lattung / Putzträger und Putz

Lacke 2.9.3, Druckfestigkeit 2.2.4

9.6.5 Befestigung von Holzfußböden

Nagelung. Hobeldielen sowie Parkettstäbe, Parkettafeln, Parkettriemen und Parkettdielen werden dicht miteinander verlegt und mit runden Drahtstiften (Flach- oder Senkkopf) verdeckt genagelt.

Verklebung. Stabparkett, Parkettriemen, Tafel- und Mosaikparkett werden mit hartplastischem, schubfestem Parkettklebstoff vollflächig auf Estrich oder Flachpreßplatten verklebt. Mosaikparkett wird in eine ausreichend dicke Klebstoffschicht eingeschoben, eingedrückt und dicht verlegt.

9.6.6 Oberflächenbehandlung von Parkett

Verlegtes Parkett (Ausnahme: Fertigparkett) wird vor der Oberflächenbehandlung geschliffen, um Überstände zu beseitigen und die Flächen zu verfeinern. Der Schleifstaub muß vollständig entfernt werden.

Wachsen. Unversiegeltes Parkett wird mit Fußbodenwachsen behandelt. Wachse dürfen nach DIN 18356 Parkett nur wenig verfärben, den Klebstoff nicht an die Oberfläche ziehen und keinen aufdringlichen Geruch haben. Außereuropäische Holzarten dürfen nicht gewachst werden, da sie vergrauen.

Kaltwachsen. In Benzin oder Terpentinöl gelöste Paraffine und Naturwachse werden manuell oder maschinell mehrmals aufgetragen.

Warmwachsen. Erhitztes, flüssiges und lösemittelfreies Wachs wird maschinell aufgetragen und nachträglich poliert.

Heißeinbrennen. Harte, lösemittelfreie Wachskombinationen werden auf ca. 180 °C erhitzt auf die Parkettoberfläche aufgetragen.

Versiegeln. Als Versiegelungsmittel werden Lacke verwendet. Diese erzielen glatte und pflegeleichte Oberflächen und schützen besser als Fußbodenwachse vor Schmutz, Wasser und Luftfeuchte und mechanischen Belastungen. Verwendet werden:
- Öl-Kunstharz-Siegel,
- Urethan-Alkydharz-Siegel,
- Polyurethan-Siegel,
- PU- bzw. DD-Siegel,
- Wasserlacke.

Versiegelungsmittel werden bei Temperaturen ab +15 °C aufgetragen.
Säurehärtende Siegel dürfen seit 1986 wegen ihres Formaldehydanteils nicht mehr verarbeitet werden.

Aufgaben

1. Wodurch unterscheiden sich Hobeldielen von Landhausdielen in ihrem Aufbau?
2. Vergleichen Sie den konstruktiven Aufbau von Parkettstäben und Parkettriemen!
3. Erklären Sie den konstruktiven Aufbau von Tafelparkett!
4. Woraus besteht beim Mosaikparkett eine Verlegeeinheit?
5. Wodurch unterscheidet sich Mosaikparkett von Mosaikparkettdielen?
6. Welcher Unterschied besteht zwischen Parkettdielen und Parkettplatten?
7. Welchen Vorteil hat Fertigparkett gegenüber Stabparkett?
8. Welche Anforderungen werden an Parkettklebstoffe gestellt?
9. Welche Vorteile haben Versiegelungsmittel gegenüber Fußbodenwachsen?
10. Warum soll Parkett nicht direkt auf Bitumenfaserplatten verlegt werden?
11. Warum kann Mosaikparkett beim Befestigen nicht genagelt werden?

10 Türenbau

10.1 Aufgaben und Bezeichnungen

10.1.1 Aufgaben

Türen trennen und verbinden Räume und ermöglichen den Zugang in Gebäude. Ihre Gestaltung beeinflußt das Aussehen von Innenräumen und Gebäudefassaden.

10.1.2 Bezeichnungen

Man unterscheidet:
- Innentüren → Wohnungseingangstüren, Zimmertüren,
- Außentüren → Haustüren, Nebeneingangstüren, Kellertüren, Garagentore.

Teile von Türen. Türen bestehen aus:
- Türblatt → bewegliches Teil,
- Türaußenrahmen → Verbindungsglied zwischen Raumwand und Türblatt,
  - Zargen- oder Futterrahmen bei Innentüren,
  - Block- oder Blendrahmen vorwiegend bei Außentüren,
- Beschlägen → Zubehör zum Bewegen und Verschließen.

Material. Nach dem Material unterscheidet man:
- Holztüren,
- Kunststofftüren,
- Metall-(Aluminium-)türen,
- Glastüren.

10.2 Innentüren

10.2.1 Drehtüren

Drehtüren sind an einer Längsseite im Türaußenrahmen angeschlagen. Sie werden um diese Längsachse bewegt. Nach der Anzahl der Türflügel unterscheidet man ein-, zwei- oder mehrflügelige Drehtüren.

Türblätter

Lattentüren trennen und verschließen Keller-, Boden- oder Abstellräume. Sie bestehen aus zwei Querriegeln und einer Diagonalstrebe, die sich durch einen einfachen oder abgesetzten Versatz auf dem unteren Querriegel mit einem Vorholz von etwa 50 mm an der Bandseite abstützt. Dadurch wird die Stützkraft auf den oberen Querriegel übertragen. Auf diese Tragkonstruktion werden Latten genagelt oder geschraubt. Die Querriegel erhalten als Drehbeschläge Langbänder aus Stahl. Auf einen Türaußenrahmen wird meistens verzichtet.

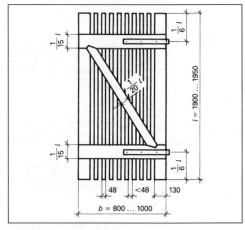

B 10.2-1 Lattentür.

Brettertüren. Auf eine Tragkonstruktion aus zwei Querriegeln und einer Diagonalstrebe werden gefälzte, gespundete oder gefederte Bretter unverleimt aufgeschraubt oder genagelt. Bei verleimten Brettflächen werden die etwa 80 mm breiten Querriegel eingegratet. Auf eine Diagonalstrebe kann dann verzichtet werden.

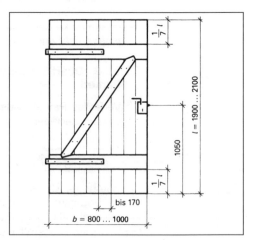

B 10.2-2 Brettertür mit eingegrateten Querriegeln.

Rahmentüren bestehen aus tragenden senkrechten und waagerechten Rahmenhölzern (Friesen) mit einer oder mehreren Füllungen. Flächengliederungen und mögliche Profilierungen der Rahmenhölzer und Füllungen ergeben plastische Wirkungen.

B 10.2-3 Rahmentür.

Türenbau – Innentüren

Rahmenhölzer. Vollholz muß nach DIN 68300 gesund und fehlerfrei sein. Stehende Jahrringe aus Kern- oder Mittelbrettern mit geradem Faserverlauf lassen nur geringes Schwinden und Quellen zu. Dadurch wird das Werfen der Rahmenhölzer und das Verziehen des Türblattes verhindert. Die Rahmenhölzer sollten nicht dünner als 40 mm und nicht breiter als 150 mm sein. Nach DIN 18355 dürfen sie ab 100 mm Breite verleimt werden. Rahmenhölzer aus furnierten oder gestrichenen Holzwerkstoffen, z.B. ST- oder STAE-Platten können schmaler sein als solche aus Vollholz.

Rahmenhölzer in gestemmter Zapfenverbindung werden verkeilt. Die Zapfen dürfen nicht breiter als 60 mm sein. Spanndruck und Verleimung im Bereich der Brüstungsfuge müssen diese dicht halten. Eine 15 mm breite, unverleimte, angefräste Feder (Nutzapfen) verhindert das Werfen des Rahmenholzes, ermöglicht aber dem breiten Rahmenholz zu quellen und zu schwinden. Bei Verleimung würde durch Längs- und Querholzverleimung Spaltgefahr bestehen.

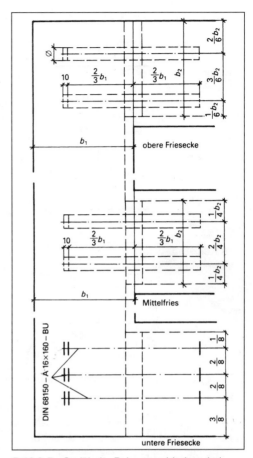

Rahmenhölzer in gedübelter Verbindung werden rationell und holzsparend hergestellt. Rahmenhölzer mit weniger als 150 mm Breite erhalten zwei, über 150 mm Breite drei Dübel. Der Dübeldurchmesser beträgt 1/2 ... 2/5 der Rahmenholzdicke und die Dübellänge 4/5 der Rahmenholzbreite. Ins waagerechte Rahmenholz werden die Dübel in ihrer halben Länge, ins senkrechte Rahmenholz 10 mm tiefer eingebohrt. Dadurch kann das Rahmenholz in der Breite von außen nach innen schwinden. Angefräste oder ein-geschobene Federn verhindern das Aufgehen der Stoßfuge an der Verbindung der Rahmenhölzer.

B 10.2-4 *Gestemmte Zapfenverbindung bei Rahmentüren.*

B 10.2-5 *Gedübelte Rahmenverbindung bei Rahmentüren.*

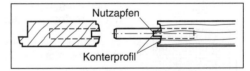

B 10.2-6 *Konterprofil bei Rahmentüren.*

Rahmenhölzer in verleimter Verbindung. An Zapfen und Dübel wird nach dem Zusammenstecken des Rahmens nur im letzten Drittel ihrer Länge Leim gegeben. Die Stoßflächen werden ebenfalls beleimt. Dadurch kann der Rahmen spannungsfrei von außen nach innen quellen und schwinden.

Profilierte Rahmenhölzer. Werden gestemmte oder gedübelte senkrechte Rahmenhölzer profiliert, erhalten die waagerechten Rahmenhölzer an den Eckverbindungen ein Konter-(Gegen-)profil, damit die Brüstungsfuge dicht schließt.

Stumpfe und gefälzte Türblätter. Bei stumpfen Türblättern ist die Türblattdicke rechtwinklig zur Türblattoberfläche abgesetzt. Gefälzte Türblätter liegen mit einem etwa 15 mm dicken Überschlag (Anschlag) auf dem Türaußenrahmen. Die Mindestmaße sind:
- 24 mm Falztiefe,
- 12 mm Falzbreite.

Füllungen bestimmen das Erscheinungsbild des Türblattes. Sie können aus Vollholz, Holzwerkstoffen oder Glas bestehen. Technische Anforderungen wie Schallschutz, Brandschutz oder Einbruchsicherheit erfüllen sie meist nicht.

Die Füllungen liegen vorwiegend im Falz und sind mit geschraubten oder gestifteten Füllungsstäben auswechselbar befestigt. Eingenutete Füllungen (außer Glas) müssen vor

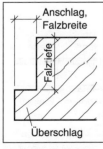

B 10.2-7 *Gefälztes Türblatt.*

Türenbau – Innentüren

T 10.2/1 Füllungen in Rahmentüren - Auswahl

Befestigung	Konstruktion	Füllung
in Nut		Holzwerkstoffe etwa 10 mm dick, Vollholzfüllungen klappern beim Dickenschwund
im Falz		Vollholz etwa 15 mm dick, gefälzt
im Kehlstoß eingenutet	c)	Holzwerkstoffe (FU, FPY, MDF) etwa 16 mm dick, beidseitig gefälzt

Der Rahmen umschließt die Einlage und ist mit den beidseitig angebrachten Deckplatten nach Beanspruchungsgruppe D 1 verleimt. Er muß in Konstruktion, Querschnittsmaßen und Materialqualität so beschaffen sein, daß Einsteckschloß und Türbänder einwandfrei befestigt werden können. Gegebenenfalls muß der Rahmen im Bereich von Schloß- und Bandsitz verstärkt werden.

Die Einlage wird als innerer Teil der Sperrtür von Rahmen und Deckplatten ringsum abgedeckt. Sie hält den Abstand zwischen den Deckplatten und steift das Türblatt aus. Einlagen können Hohlräume haben und werden aus:
• Stab- und Stäbchensperrholz,
• Flachpreßplatten,
• Strangpreßröhrenplatte oder daraus gefertigten, hochkant stehenden Streifen,
• Hartfaserplattenstreifen in Kassettenform,
• Furnier- bzw. Kartonstreifen in Gitter- oder Wabenform gefertigt.

Die Deckplatten können bestehen aus:
• Furniersperrholz FU,
• zwei kreuzweise aufeinandergeleimten Furnieren,
• Flachpreßplatte FPY,
• harte Holzfaserplatte HFH,
• kunststoffbeschichtete dekorative Holzfaserplatte HK.

Bei mehrlagigen Deckplatten ist die äußere Lage die Decklage. Decklagen können sein:
• Furniere mit Nenndicken nach DIN 4079,
• HPL-Platten,
• Kunststoffolien.

Bei einlagigen Deckplatten entspricht die Decklage der Deckplatte.

An- und Einleimer. An das Rahmenholz werden An- und Einleimer angebracht. Anleimer sind Vollholzleisten aus einem Stück. Sie werden unverdeckt oder verdeckt auf die Längskanten der Sperrtür geklebt. Einleimer

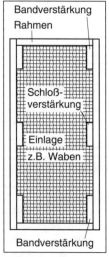

B 10.2-8 Sperrtür, innerer Aufbau.

dem Einbau oberflächenbehandelt sein, weil durch Schwinden der Füllung an den Rändern unbehandelte Streifen erscheinen können. Bei Beschädigungen sind eingenutete Füllungen nicht austauschbar.

Holzwerkstofffüllungen werden furniert oder mit Kunststoff kaschiert. Glasfüllungen sollen wegen der Unfallgefahr aus Einscheibensicherheitsglas ESG bestehen und in einem mit Dichtstoff gefüllten Falz liegen.

Sperrtüren nach DIN 68706 werden industriell gefertigt. Sie haben glatte Türblätter und werden im wesentlichen aus Holz und/oder Holzwerkstoffen hergestellt. Sie sind symmetrisch dreilagig aufgebaut aus:
• Rahmen mit Einlage,
• zwei Deckplatten.

Die Dicke beträgt 39 mm ... 42 mm, der Feuchtegehalt ab Herstellerwerk 8% ... 10%. Vorzugsmaße sind für:
• ungefälzte Sperrtüren
- Breite = 834 mm,
- Höhe = 1972 mm,
• gefälzte Sperrtüren
- Breite = 860 mm,
- Höhe = 1985 mm.

Als Falzmaße sind mit jeweils + 0,5 mm Toleranz festgelegt:
- Falztiefe = 25,5 mm,
- Falzbreite = 13,0 mm.

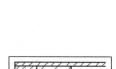

B 10.2-10 Einleimer.

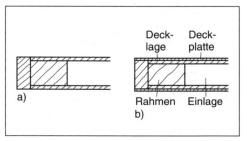

B 10.2-9 Anleimer. a) unverdeckt, b) verdeckt.

Türenbau – Innentüren

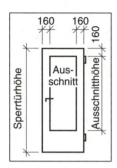

B 10.2-11 *Sperrtürblatt mit Ausschnitt.*

sind Vollholzleisten, die in der Länge mit Keilzinkenverbindung oder einer anderen gleichwertigen Verbindung gestoßen sein können. Sie werden an den Längsseiten angeklebt.

Aussparungen. Als Aussparungen sind möglich:
- Ausschnitt mit drei 160 mm breiten Friesen. Die Ausschnitthöhen können je nach Türhöhe 1300 mm, 1425 mm, 1550 mm oder 1675 mm betragen. Die umlaufenden Seiten zwischen den Deckplatten müssen mit Leisten verstärkt werden, damit die Füllungen sicher befestigt werden können.
- Lüftungsschlitze 440 mm lang und 80 mm breit. Der Abstand des oberen und unteren Schlitzes beträgt jeweils 80 mm von Ober- bzw. Unterkante des Sperrtürblattes.
- Briefschlitz 600 mm lang und 40 mm breit. Der Abstand von Unterkante Sperrtürblatt bis Unterkante Briefschlitz ist 850 mm.
- Guckloch in der senkrechten Türblattachse. Der Abstand von Unterkante Sperrtürblatt bis Mitte Loch beträgt 1400 mm.

Ganzglastüren werden meist in festgelegten Breiten- und Höhenmaßen hergestellt und bestehen aus 8 mm ... 12 mm dickem, vorgefertigtem und nicht mehr zu bearbeitendem Einscheibensicherheitsglas ESG oder seltener aus Verbundsicherheitsglas VSG. Die Glaskanten sind gefast und geschliffen. Der Türaußenrahmen wird erst nach der Türblattgröße hergestellt.

Sicherheitsglas 2.10.3

Außentüren 10.3

Türaußenrahmen

Für die Konstruktion von Türaußenrahmen gibt es bei Drehtüren zwei grundlegend verschiedene Ausführungen:
- Blend- und Blockrahmen → vorwiegend Außentüren,
- Zargenrahmen und Futterrahmen mit Verkleidung → Innentüren.

Zargenrahmen decken Mauerleibungen ohne Verkleidung vollständig oder teilweise ab. Bei vollständiger Abdeckung sind sie mit dem Putz bündig oder stehen über ihn hinaus. Zargenrahmen können hergestellt werden aus:
- Vollholz,
- Holzwerkstoffplatten oder
- Stahl.

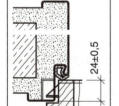

B 10.2-13 *Umfassungszarge.*

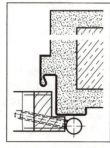

B 10.2-14 *Eckzarge.*

Zargenrahmen aus Vollholz oder Holzwerkstoffen können an den oberen beiden Ecken des Rahmens durch Zinken (nur bei Vollholz), Nuten, Dübeln, Schrauben oder Nageln verbunden werden. Der Zargenrahmen kann an der Raumwand befestigt werden:

- sichtbar bei beschichteten Türen mit Schrauben in Spreitzdübeln,
- unsichtbar bei naturholzbelassenen Türen mit Metallwinkeln, Futterklammern oder Montageschaum.

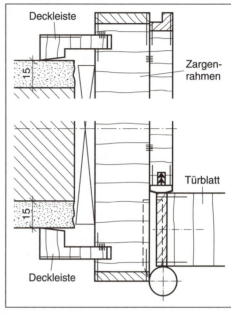

B 10.2-12 *Zargenrahmen aus Vollholz mit stumpf zwischenschlagendem Türblatt.*

Zargenrahmen aus Stahl bestehen nach DIN 18111 aus mindestens 1,5 mm dickem, profiliertem, feuerverzinktem Feinblech. Sie nehmen gefälzte Türblätter auf und sind als Links- und Rechtszargen verwendbar. Man unterscheidet:
- Umfassungszargen bedecken die Leibung vollständig und umschließen die Raumwand beidseitig.
- Eckzargen werden nur auf einer Raumwandseite angebracht und lassen die Leibung weitgehend frei.

Zargenrahmen aus Stahl werden mit Mörtel hinterfüllt und dadurch fest mit der Raumwand verbunden. Sie müssen ein dreiseitig umlaufendes Dichtungsprofil haben. Die Falztiefe muß von Zargenvorderkante bis zur Ebene des gedrückten Dichtungsprofils 24 mm ± 0,5 mm betragen. Stahlzargentüren sind ungeeignet für Wohnungsabschlußtüren, einbruchhemmende Türen, Rauchschutztüren und Feuerschutztüren.

Futterrahmen mit Verkleidung werden aus Vollholz oder Holzwerkstoffen ST, STAE, FPY, MDF hergestellt. Sie bestehen aus:
- Futterrahmen → vollständige Abdeckung der Mauerleibung,

Türenbau – Innentüren

- Falzverkleidung → Anschlag für das Türblatt,
- Zierverkleidung → Abdeckung und Ausgleich bei verschiedenen Raumwanddicken.

Der Futterrahmen besteht aus zwei senkrechten Seitenteilen, dem oberen waagerechten Querstück und ggf. einer Türschwelle aus Hartholz oder Stahl. Futterrahmen ohne Schwelle werden zum Transport unter den Seitenteilen mit einer Leiste stabilisiert.

Futterrahmen aus Vollholz sollen die rechte Brettseite auf der Rahmeninnenseite haben und möglichst nicht breiter als 120 mm und dicker als 22 mm sein. Die Futterrahmenteile können an den Ecken wie folgt verbunden werden:
- stumpfe Verbindung → Federn (Formfeder), Ausfälzen, Nuten oder Dübeln,
- Verbindung auf Gehrung → Exzenterverbinder oder Stahlklammern.

Der Futterrahmen wird auf der Leibung:
- sichtbar, auf Blindfutter genagelt oder geschraubt,
- unsichtbar mit Ankern, Keilen, Mauereisen, Kunststoffhaltern, Patentbeschlägen oder Montageschaum befestigt.

Falzverkleidungen können bei überfälzten Türblättern so dick wie das Türfalzmaß sein. Bei geringerer Dicke werden sie durch eine aufgeklebte Leiste verstärkt. An den Ecken sind sie durch Schlitz und Zapfen, Überblattung oder Formfedern stumpf, bei Profilierungen auf Gehrung verbunden.

Befestigt werden Falzverkleidungen auf der Schmalfläche des Futterrahmens bei:
- abdeckend beschichteten Türen stumpf geleimt und genagelt,
- naturholzbelassenen Türen gedübelt oder gefedert (Formfeder) und geleimt.

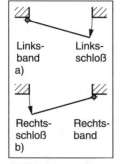

B 10.2-16 Links- (a) und Rechtsband (b).

Zierverkleidungen können dünner als die Falzverkleidungen sein. Sie verdecken den Abstand zwischen Futterrahmen und Raumwand und sind meist verstellbar.

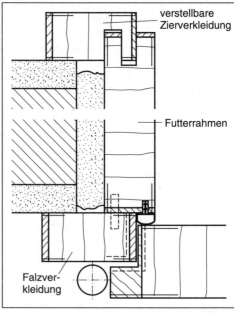

B 10.2-15 Futterrahmen mit Verkleidung.

Türblätter im Türaußenrahmen. Zwischen Türblatt und Türaußenrahmen sorgt ein Luftspalt dafür, daß sich das Türblatt bewegen läßt. In DIN 18101 sind für den Luftspalt an einflügeligen 39 mm ... 42 mm dicken Türblättern Maße festgelegt. Dieser soll an den Längsseiten und oben bei:
- gefälztem Anschlag 2,5 mm ... 6,5 mm und
- stumpfem Anschlag 2 mm ... 4 mm.

betragen.

Der untere Luftspalt zwischen unterer Türblattkante und Oberkante Fertigfußboden OFF soll 7 mm betragen.

Maße. In DIN 18100 sind für genormte Wandöffnungen Rohbaurichtmaße festgelegt. Die Kennummer gibt die Breite und Höhe in Achtelmeter (am) an. DIN 18101 enthält die aus den Kennummern abgeleiteten Türblattaußenmaße für ein- und zweiflügelige Holztüren mit Futter und Verkleidung.

Türbeschläge

Türbänder sind zum Öffnen und Schließen drehend gelagert. Anzahl, Größe und Konstruktion hängen von der Masse des Türblattes und dessen Beanspruchung ab. Die Türbänder sind in der Regel für gefälzte und stumpfe Türblätter geeignet.

T 10.2/2 Rohbaurichtmaße für einflügelige Holztüren mit Futter und Verkleidung nach DIN 18100 und 18101 - Auswahl

Kennummer in am	Rohbaurichtmaße Breite in mm	Höhe in mm	Türblattaußenmaße Breite in mm	Höhe in mm
7 x 15	875	1875	860	1860
5 x 16	625	2000	610	1985
6 x 16	750	2000	735	1985
7 x 16	875	2000	860	1985
8 x 16	1000	2000	1235	1985
10 x 16	1250	2000	1235	1985
7 x 17	875	2125	860	2110
8 x 17	1000	2125	985	2110

T 10.2/3 *Türbänder für Türaußenrahmen (Zargen) aus Holz und Stahl - Auswahl*

Türband		Bemerkung
Aufsatzbänder für Holzzargen		links und rechts anschlagbar, Lappendicke 3,5 mm, Bandlänge 80 mm ... 160 mm
für Stahlzargen		links und rechts anschlagbar, nachträglich verstellbar, mit losem Drehsift
Einbohrbänder für Holzzargen		für gefälzte und stumpfe Türblätter, Einschraubgewinde, Futterdicke ≥ 22 mm, Zapfenlänge: Türaußenrahmen 35 mm bzw. 50 mm, Türblatt 50 mm
		für gefälzte und schwere Türblätter, Einschlaggewinde, zwei Querbolzen verhindern Umkippen des Beschlags
		Gewindezapfen zum Einschlagen in das Türblatt, glatter Zapfen zum Verstiften im Türaußenrahmen
für Stahlzargen		links und rechts anschlagbar, nachträglich verstellbar, mit Gleitlager
Einstemmbänder		versetzte (kurze) oder gleichgerichtete Lappen, rechts oder links anschlagbar, Befestigung mit Schrauben oder Stiften ist sichtbar, Bandlänge 140 mm bzw. 160 mm
Kombibänder (Kombination Aufsatz- und Einbohrband)		meist links und rechts anschlagbar, Bandlappen zum Einschrauben in den Türaußenrahmen, Bandzapfen zum Eindrehen ins Türblatt

Bewegungsrichtung des Türblattes. Nach der Bewegungsrichtung des Türblattes (vom Betrachter aus) unterscheidet man nach DIN 107 (→ **B 10.2-16**):
- Linksband (a),
- Rechtsband (b).

Bandsitz bei Türbändern. Der Sitz der Bänder an Türblatt und Türaußenrahmen ist in DIN 18101 genormt.
Die Bandbezugslinie nach DIN 18268 gibt als gedachte Linie den Sitz der Bänder an. Vom oberen Falz des Türaußenrahmens bis Sitz des oberen Bandes sind 241 ± 1 mm abzumessen. Der Abstand zwischen zwei Bändern hängt von den Baurichtmaßen der Innentüren ab. Er beträgt mit Maßtoleranzen von ± 0,5 mm bei:
- 1875 mm ... 2125 mm → 1435 mm,
- 2126 mm ... 2250 mm → 1560 mm,
- 2251 mm ... 2375 mm → 1685 mm.

Bei schweren Türblättern mit drei Bändern ist das dritte Band vom oberen Band 370 mm entfernt.

Bei zweiteiligen Bändern liegt die Bandbezugslinie an der Trennlinie zwischen Bandoberteil und Bandunterteil. Bei dreiteiligen Bändern kann sie unterhalb des oberen Bandteils verlaufen.

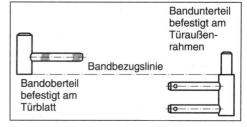

B 10.2-17 *Bandbezugslinie am Beispiel Einbohrband.*

Schlösser. Türschlösser werden zum Schließen, Verriegeln und Öffnen von Türen verwendet. Für Drehtüren mit gefälzten Türblättern sind in DIN 18251 Einsteckschlösser genormt. Sie werden in die Schmalfläche des Türblattes eingelassen. In den Türaußenrahmen wird ein Winkelschließblech eingearbeitet.

Buntbartschlösser mit etwa 24 Schlüsselbartvarianten und nur einer Sperrzuhaltung sind nur für Innentüren ohne Sicherheitsanforderungen geeignet.

Türenbau – Innentüren

Handschriftliche Notizen am Seitenrand:
Nuß Innentür 8 mm, Außentür 10 mm
Entfernung 72 / 92
Dornmaß 25-100 in 5 mm Schritten, ab 60 10 mm Schritte

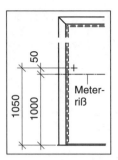

B 10.2-18 Schloßsitz.

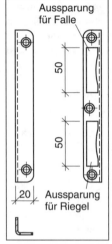

B 10.2-20 Winkelschließblech.

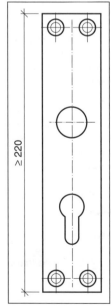

B 10.2-22 Langschild für Profilzylinder.

Zuhaltungsschlösser haben mit sieben asymmetrischen Zuhaltungen große Variationsmöglichkeiten. Sie widerstehen mechanischen Angriffen und können einen höheren Sicherheitswert als Zylinderschlösser haben.

Zylinderschlösser werden in Einsteckschlösser eingebaut. Das Einsteckschloß hat eine Grundlochung für Profil-, Rund- oder Ovalzylinder. Die Falle hält die Tür durch Federkraft zu. Bei Betätigung des Türdrückers oder der Klinke wird sie zurückgezogen und gibt das Türblatt frei. Bei Schlössern mit Wechsel kann die Falle durch Zurückdrehen des Schlüssels betätigt werden. Der Sicherheitswert hängt von der Stabilität der Falle, des Riegels und der Schloßdecke ab.

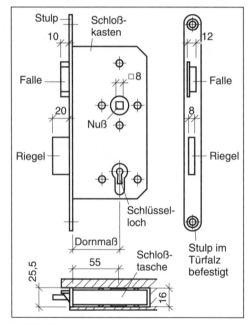

B 10.2-19 Einsteckschloß.

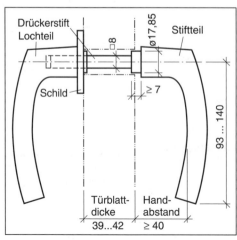

B 10.2-21 Türdrückerloch- und -stiftteil.

Türdrücker und Türschilder. Türdrücker sind in DIN 18255 und Türschilder in DIN 18256 genormt. Der Türdrücker betätigt die Schloßfalle als Hebelarm über Drückerstift und Schloßnuß. Das Türschild führt den Drücker. Ein Drückerpaar besteht aus dem Türdrückerstiftteil und dem Türdrückerlochteil.

Türdrücker und Türschilder (Langschild, Kurzschild, Rosette) können aus Aluminium eloxiert, Messing, Temperguß, Zinkdruckguß, Chromnickelstahl oder Polyamid hergestellt werden. Der Drückerstift ist aus Stahl. Bei Wohnungs-eingangstüren sind an der Außenseite der Tür Knopf oder Knopfschild zum Zuziehen der Tür angebracht. Das Drückerpaar wird mit einem Wechselstift befestigt. Der Abstand von Mitte Türdücker bis Mitte Dorn beträgt 72 mm.

Riegel. Bei mehrflügeligen Türen wird der Standflügel durch Kantenriegel gehalten. Sie werden unten und/oder oben im Türfalz eingelassen. Treibriegel sind in öffentlichen Gebäuden an Fluchttüren vorgeschrieben. Bei Gefahr können sie mit einem Handgriff betätigt und der Türflügel in Fluchtrichtung geöffnet werden.

10.2.2 Sonstige Innentüren

Schiebetüren

Prinzip. Ein- oder meist zweiflügelige Schiebetüren können unverdeckt, in Mauertaschen oder hinter Bekleidungen parallel zur Raumwand platzsparend geführt werden.

Konstruktion und Beschläge. An der oberen Schmalfläche des Türblattes befindet sich das Laufwerk. Es besteht aus einer Laufschiene, die an der Decke oder Raumwand befestigt ist. Darin bewegen sich entweder ein Laufwagen mit kugelgelagerten Führungsrollen aus Kunststoff oder eine Tragschiene mit zwei Kugellagerreihen. Verstellbare Fangpuffer aus Gummi nehmen den Anschlag der Tür federnd auf. Unten wird das Türblatt durch Nocken oder in einer Schiene geführt. Zum Schließen und Öffnen können als Einsteckschlösser Riegel- oder Fallenschlösser (→ **B 10.2-23**) verwendet werden. Das auf der Schmalfläche des Türblattes eingelassene und mit einer Kunststoffleiste abgedeckte Stangenschloß kann mit Wechsel betätigt werden.

Damit vorstehende Muscheln und Griffe zur Handbedienung nicht reiben, wird die Schmalfläche des Türblattes mit schmalen Leisten aufgedoppelt. Sie können auch bündig eingelassen werden.

Türenbau – Innentüren

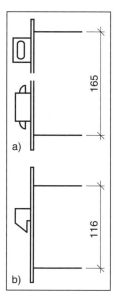

B 10.2-23 Einsteckschlösser für Schiebetüren. a) Flügelriegelschloß, b) Hakenfallenschloß.

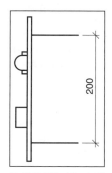

B 10.2-27 Einsteckschloß mit Rollfalle.

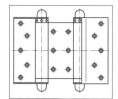

B 10.2-28 Pendeltürbeschlag-„Bommerband".

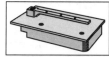

B 10.2-29 Bodentürschließer.

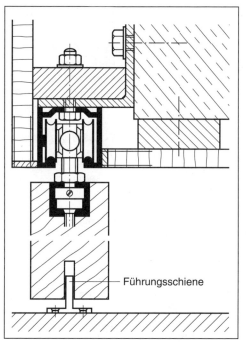

B 10.2-24 Schiebetürbeschlag ohne abnehmbares Futter, Laufwagen mit Stahlkugellager-Rollenführung.

Falttüren

Prinzip. Falttüren haben mindestens zwei gleich große Türblätter. Sie werden für große Durchlaßbreiten verwendet. Zum Öffnen werden die Türblätter nach beiden Seiten zu Paketen aufeinandergefaltet.

Konstruktion und Beschläge. Die Türblätter sind 600 mm ... 900 mm breit. Jedes zweite Türblatt wird in einer Laufschiene unter dem Türsturz oder an der Raumwand geführt. An der oberen Türblattecke ist dazu ein Einlaßwinkel mit Laufrolle angebracht. Unterhalb der Laufrolle befindet sich an der Unterkante des Türblattes eine Führungsrolle. Eine im Boden eingelassene U-Schiene sorgt für einen ruhigen Lauf. Aufsatzbänder an den Schmalflächen der Türblätter verbinden die Türblätter. Falttüren werden mit Einsteckschlössern in der Mitte verschlossen.

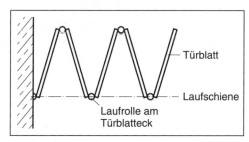

B 10.2-25 Falttür.

Harmonikatüren

Prinzip. Harmonikatüren können bis 5 m hoch sein und als Raumteiler eingesetzt werden. Sie sind einseitig oder nach links und rechts faltbar.

Konstruktion und Beschläge. Einbaufertige Türblätter sind 600 mm ... 900 mm breit und haben als tragende Konstruktion ein verzinktes Stahlscherengitter, das beidseitig mit Kunststoff oder furnierten Vollholzstreifen belegt ist. Die beiden Türblätter, die an die Wand stoßen, sind halb so breit wie die übrigen. Jedes zweite Türblatt ist in seiner Längsachse in der Laufschiene aufgehängt. Dadurch wird die Masse der Türblätter günstig verteilt. Auf eine untere Führung kann deshalb verzichtet werden. Harmonikatüren werden durch Einlaßriegel an allen Türblattschmalflächen arretiert.

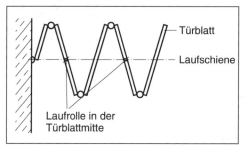

B 10.2-26 Harmonikatür, Faltprinzip.

Pendeltüren

Prinzip. Pendeltüren sind ein- oder zweiflügelig. Die Türblätter schwingen bis zu einem Öffnungswinkel von 110° unabhängig voneinander von einem Raum in den anderen und kommen selbsttätig wieder in die geschlossene Türblattstellung zurück.

Konstruktion und Beschläge. Die Türblätter müssen den Blick in den angrenzenden Raum freigeben. Deshalb werden Ganzglastürblätter aus vorwiegend Einscheibensicherheitsglas ESG oder Rahmentüren mit Glasfüllung verwendet. Befestigt werden sie an Blend- oder Blockrahmen. Pendeltürbänder mit Spiralfedern oder vorgespannten Schraubenfedern tragen das Türblatt an den Längsschmalflächen oder im Boden. Sie müssen die Pendelbewegung ausführen und den maximalen Abstand des Türblattes zum Türaußenrahmen von 5 mm einhalten. Einstellbare hydraulische Bremszylinder federn die Pendelbewegung ab. Zum Verschließen können Einsteckschlösser mit Rollfalle oder Bodentürschließer verwendet werden.

Innenausbau – Außentüren

Aufgaben

1. Beschreiben Sie den Aufbau von Lattentüren!
2. Bei welcher Brettertürkonstruktion kann auf die Diagonalstrebe verzichtet werden?
3. Warum bleibt der Nutzapfen beim Verleimen von gestemmten Zapfenverbindungen unverleimt?
4. An Rahmentüren werden Eckverbindungen häufig gedübelt. a) Welche Maßverhältnisse sollen die Dübel haben? b) Welche Aufgabe haben Federn in der Brüstungsfläche?
5. Warum ist eine Rahmenfüllung im Falz günstiger als in der Nut?
6. Beschreiben Sie den Aufbau eines Sperrtürblattes!
7. Worin unterscheidet sich die Konstruktion eines Zargenrahmens von der eines Futterrahmens mit Verkleidung?
8. Wie unterscheiden sich die Falzverkleidungen in Konstruktion und Aufgabe von Zierverkleidungen?
9. Wieviel mm Luftspalt dürfen gefälzte Türblätter im Türaußenrahmen haben?
10. Erklären Sie den Begriff Bandbezugslinie!
11. Wie funktionieren Türdrücker?
12. Welche beiden Konstruktionen ermöglichen bei Schiebetüren einen leichten Lauf?
13. Erklären Sie das unterschiedliche Faltsystem bei Falt- und Harmonikatüren!

Holzeigenschaften
2.2.4

10.3 Außentüren

10.3.1 Anforderungen und Maße

Ästhetische Anforderungen. Außentüren beeinflussen die Hausfassade durch:
- Flächengliederung von Maueröffnung und Türblatt,
- Konstruktion von Türblatt und Türaußenrahmen,
- Material und Oberflächenbehandlung.

Technische Anforderungen. Gebrauchstaugliche Außentüren sollen sein:
- wetterbeständig in Material und Konstruktion,
- formbeständig, auch bei Klimaänderungen,
- begrenzt fugendurchlässig und schlagregendicht,
- widerstandsfähig gegen Windebelastung und mechanische Beanspruchungen,
- winkelsteif,
- bei öffentlichen Gebäuden nach außen zu öffnen.

Türmaße. Für Außentüren werden folgende Baurichtmaße bevorzugt:
- Breite 1000 mm, 1252 mm, 1250 mm,
- Höhe 2125 mm, 2250 mm.

Türblätter sollen mindestens 40 mm dick sein.

T 10.3/1 Außentüren - lichte Durchgangsmaße

Gebäude	Breite in mm	Höhe in mm
Einfamilienhaus	900 ... 1150	2000 ... 2050
Mehrfamilienhaus	950 ... 1150	2000 ... 2050

10.3.2 Türblätter

Verformungen

Türblätter müssen vor allem in Einfamilienhäusern mit warmen Fluren klimabedingt starke Spannungen aushalten. Häufig wölben sie sich im Winter nach außen und im Sommer nach innen. Ursache für diese Verformungen ist die Verschiebung der Holzfeuchte innerhalb des Türblattes.
Durch:
- Aufdoppelungen oder
- aluminiumunterlegte Decklagen bei Sperrtürblättern können Temperaturgefälle von 20 °C ... 30 °C abgefangen werden.

Türblätter aus Rahmen und Füllung

Rahmenhölzer. Die Holzqualität muß folgenden Anforderungen entsprechen:
- fest, gesund, witterungsbeständig,
- formstabil,
- geringe Ästigkeit,
- Holzfeuchte 12% ... 15%,
- Faserverlauf parallel zur Kante des Rahmenholzes,
- Holzquerschnitt mit stehenden Jahrringen.

Querschnittsmaße. Die Rahmenhölzer sollen:
- 55 mm ... 80 mm dick und
- 130 mm ... 190 mm breit sein.

Die Maße hängen von der erforderlichen Steifigkeit des Türblattes sowie von den Eckverbindungen, Beschlagteilen und der Falzbreite der Füllungen ab. Die Eckverbindungen werden gedübelt, gestemmt oder verleimt. Sie entsprechen denen der Innentüren.

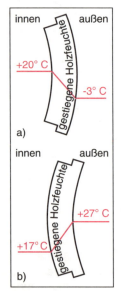

B 10.3-1 *Verformung eines Türblattes. a) im Winter, b) im Sommer.*

Innenausbau – Außentüren

Füllungen aus Vollholz, Holzwerkstoffen oder Glas müssen wasserabführend und einbruchhemmend im Rahmen befestigt werden. Vollholz und Holzwerkstoffe werden vor dem Einbau in den Rahmen oberflächenbehandelt, damit durch Schwunderscheinungen keine Ränder sichtbar werden.

Vollholzfüllungen können durch Klimaeinflüsse stärker quellen und schwinden. Einschichtiges Vollholz soll deshalb nicht breiter als 500 mm sein. Dreischichtverleimtes Vollholz hat geringere Schwundmaße und bessere Form-stabilität.

Holzwerkstoffüllungen können aus ST-, FPY-, STAE-, MDF- oder FU-Platten hergestellt werden. Sie müssen zur Holzwerkstoffklasse V 100 oder V 100 G gehören. Verklebungen beim Furnieren oder Aufdoppeln müssen der Beanspruchungsgruppe D 4 entsprechen.

Glasfüllungen müssen einbruchhemmend und wärmedämmend sein. Deshalb wird Einscheibensicherheitsglas ESG als Mehrscheibenisolierglas verwendet. Wie beim Fensterbau muß die Scheibe verklotzt und mit Vorlegeband und Dichtstoff versiegelt werden.

Sperrtürblätter

Industriell gefertigte Sperrtürblätter sind wie folgt aufgebaut:
- Mittellage aus Stabsperrholz, Flachpreß- oder Röhrenplatten, teilweise auch Faserdämmstoffen,
- Deckplatten aus Absperrfurnieren.

Zusätzlich kann zwischen zwei Absperrfurnieren eine Aluminiumeinlage die Formstabilität des Türblattes erhöhen und als Dampfsperre wirken.

Industriell gefertigte Türblätter sind 900 mm, 950 mm, 1000 mm, 1050 mm oder 1100 mm breit und 2150 mm oder 2250 mm hoch.

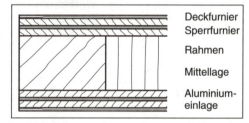

B 10.3-2 Industriell gefertigtes Türblatt.

Handwerklich gefertigte Sperrtürblätter bestehen aus:
- Vollholzrahmen mit Stabilisatoren (Stahlrohre und U-Stahl) und Ein- und Anleimern zur Verstärkung,
- Mittellagen aus Faserdämmstoffen mit Dampfsperre im warmen Bereich oder aus Polystyrol,
- Deckplatten aus Flachpreßplatte, Stäbchensperrholz oder mindestens 8 mm dickem Furniersperrholz.

Die Decklagen können streichfertig, quer-furniert oder edelholzfurniert sein. Nuten oder

Holzwerkstoffe 2.5

Ein- und Anleimer 10.2.1

Klebstoffe 2.7.3

T 10.3/2 Füllungen für Rahmentüren - Auswahl

Konstruktion der Füllung	Bemerkung
Vollholz eingestäbt	Füllung dreischicht verleimt, Oberfläche glatt oder gefälzt, äußere Profilleiste gefälzt und eingeleimt, Profilstab geschraubt
überschoben	ablaufendes Wasser darf nicht in die Verbindung von Rahmen und Füllung eindringen, deshalb erhält die Füllung eine angefräste Feder im oberen Teil
Holzwerkstoff aufgedoppelt	Rahmen außen mit Falz, der die gefälzte und eingeleimte Profilleiste aufnimmt, Profilstab gefälzt
Glas Mehrscheibenisolierglas	bei Außentüren vor Hausfluren ist auch Einfachverglasung mit Scheibendicke 6 mm ... 12 mm möglich

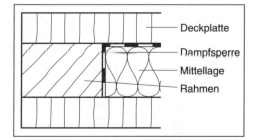

B 10.3-3 Handwerklich gefertigtes Türblatt.

Bohrungen durch den Rahmen sorgen für Druckausgleich zwischen dem Platteninnern und der umgebenden Luft. Alle Plattenmaterialien müssen gemäß V 100 oder V 100 G verleimt sein und alle Klebstoffugen müssen der Beanspruchungsgruppe D 4 entsprechen.

Aufgedoppelte Türblätter

Rahmen- oder Sperrtürblätter können mit Profilbrettern oder Holzwerkstoffen aufgedoppelt werden. Es sind zwei- und dreischalige Konstruktionen möglich. Bei zweischaligen, asymmetrisch aufgebauten Türblättern wird die Aufdoppelung an der Außenseite, bei dreischaligen an Außen- und Innenseiten angebracht. Lösbare und unlösbare Steckverbinder und Profilklammern ermöglichen es den Schalen, unabhängig voneinander zu schwinden und zu quellen.

Wetterschenkel und Bodenschiene

Der Wetterschenkel am unteren, äußeren Teil des Türblattes soll das Eindringen von Regenwasser verhindern. Er kann entfallen, wenn kein Schlagregen anfällt oder der untere Anschlag weit zurücksteht. Der Querschnitt des Wetterschenkels beträgt 30 mm ... 50 mm / 55 mm ... 70 mm. Auf der um etwa 20° geneigten oberen Schmalfläche läuft das Wasser ab. Die Wasserabreißnut in der unteren Schmalfläche schützt bei Staudruck vor dem Eindringen von Wasser. Der Wetterschenkel wird auf das Türblatt geklebt (Beanspruchungsgruppe D 4) und zusätzlich mit Dübeln, Formfedern oder Schrauben gesichert.

Die Bodenschiene trennt den inneren vom äußeren Fußboden und bildet für das Türblatt den unteren Anschlag. Als Bodenschiene wird ein Winkelprofil aus Stahl, Messing oder Aluminium in den Türaußenrahmen eingenutet und im Fußboden fest verankert. Gegenüber der senkrechten Falzdichtung muß die Bodenschiene 15 mm zurückgesetzt sein, damit aus dem Falz abfließendes Wasser nach außen abgeführt werden kann.

T 10.3/3 Aufgedoppelte Türblätter - Auswahl

Konstruktion	Bemerkung
zweischalig	Rahmentürblatt, Vollholzrahmen, Füllung aus Faserdämmstoff und Holzwerkstoffplatten, Dampfsperre auf warmer Seite, Aufdoppelung: Profilbretter
zweischalig	Sperrtürblatt, Aufdoppelung: Holzwerkstoffe
dreischalig	Rahmentürblatt, Vollholzrahmen, Dampfsperre auf warmer Seite, Aufdoppelungen: außen waagerechte Profilbretter in Rahmen, innen Holzwerkstoffplatte

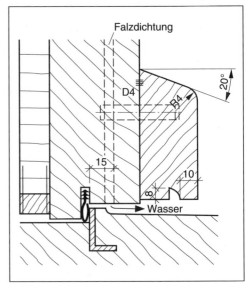

B 10.3-4 Wetterschenkel und Bodenschiene.

10.3.3 Türaußenrahmen aus Holz

Der Türaußenrahmen trägt die Masse des Türblattes und muß auch den Winddruck, der auf das Türblatt einwirkt, aufnehmen. Der Türaußenrahmen wird in der Maueröffnung mit Mauerfallen, Laschen, Schrauben in Rahmendübeln oder Reaktionsankern fest verbunden. Montageschaum und elastische Dichtstoffe dichten gegen Feuchte, Wärmeverlust und Luftschalleinwirkung ab. Bei Türaußenrahmen unterscheidet man:
- Blendrahmen,
- Blockrahmen (Stockrahmen, Türrahmen).

Innenausbau – Außentüren

Dichtungsprofile
2.12.3

Der Blendrahmen liegt im Maueranschlag. Seine Breite wird bestimmt durch:
- Auflage im 62,5 mm breiten Maueranschlag abzüglich etwa 15 mm Freiraum für Dichtstoffe,
- ggf. Putzdicke 20 mm,
- ggf. Dicke einer Deckleiste,
- Blendrahmenvorsprung.

Der Abstand zwischen linkem und rechtem Blendrahmenüberschlag ist das lichte Durchgangsmaß der Tür. Die Blendrahmendicke richtet sich nach der Türblattdicke.

Dichtung im Türfalz. Dichtungsprofile im Falz des Türblattes oder Türaußenrahmens vermindern die Fugendurchlässigkeit, erhöhen den Wärme- und Schallschutz und sorgen für geräuscharmes Schließen der Türen. Lippenprofile lassen sich beim Schließen leichter in den Falz drücken als Hohlraumprofile.

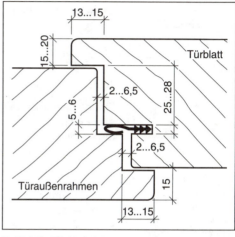

B 10.3-8 Automatische Lippendichtung.

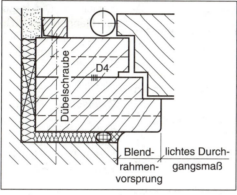

B 10.3-5 Blendrahmen.

Der Blockrahmen liegt auf der Mauerleibung. Er kann stumpf mit ihr verbunden sein oder auf einer Montagezarge aufgeschoben werden. Breiten- und Dickenmaße werden vom Anschlag des Türblattes, häufiger jedoch von gestalterischen Gesichtspunkten bestimmt.

B 10.3-7 Türblattdichtung.

Dichtung am Fußboden. Als automatische Türabdichtungen können Hohlraumdichtungsprofile, Lippendichtungsprofile oder Bürsten in eine Nut an der Türblattunterkante eingelassen werden. Beim Schließen des Türblattes senkt sich das Dichtungsprofil auf den Fußboden.

10.3.4 Beschläge

Türbänder sollen nach DIN 18102 und DIN 18105 einbruchhemmend wirken. Für die in der Regel 1000 mm breiten und 2000 mm hohen Türblätter werden zwei oder drei Türbänder verwendet. In DIN 18268 sind für den Abstand der Bänder die Bandbezugslinien festgelegt.

Einbohrbänder werden in den Vollholzrahmen des Türblattes eingebohrt. Es ist ein Türüberschlag von 16 mm ... 20 mm erforderlich.

Lappenbänder. An gefälzten Türblättern werden Lappenbänder der Kröpfung D ins Türblatt eingelassen und mit langen Schrauben im Vollholzrahmen des Türblattes befestigt.

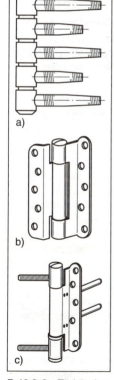

B 10.3-9 Türbänder. a) Einbohrband für schwere Türblätter, b) gekröpftes Lappenband, c) Band mit Tragbolzen.

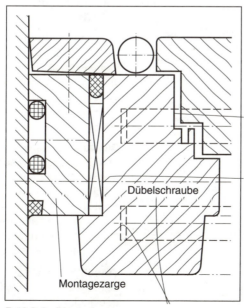

B 10.3-6 Blockrahmen.

Bänder mit Tragbolzen von 12 mm Durchmesser und bis 80 mm Länge sind belastbar mit Türblättern bis zu einer Masse von 150 kg.

Kombibänder bestehen aus einem Band- und einem Einbohrteil.

Innenausbau – Spezialtüren

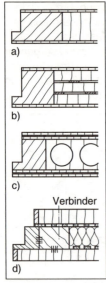

B 10.4-1 Luftschalldämmende Türblätter. a) einschalig, b) einschalig mit Bleiplatte, c) zweischalig (Sandwichverfahren), d) zweischalig mit Schalldämmplatte.

biegeweich, biegesteif 9.2.3,
Holzspanplatten 2.5.4

Dichtungsebene 1
11.4.2,
Nebenwege 9.3.4,
Türfalzdichtung
10.2.1

Türschlösser. Für Außentüren werden einbruchhemmende Einsteckschlösser mit Zuhaltungsverriegelung oder Schließzylinder verwendet. Die Riegel schließen zweitourig und sind verstärkt. Bei Schlössern mit Wechsel kann die Falle durch Zurückdrehen des Schlüssels geöffnet werden. Der stählerne Stulp ist bei stumpfen Türblättern 28 mm, bei gefalzten Türblättern 22 mm ... 24 mm breit.

10.4 Spezialtüren

10.4.1 Einbruchhemmende Türen

Einbruchhemmende Türen sollen das gewaltsame Eindringen in einen Raum erschweren. Sie werden nach DIN 18103 nach den umgebenden Wänden in die Widerstandsklassen ET 1, ET 2 und ET 3 eingeteilt. Schwachstellen an Türen sind:
- Türaußenrahmen und Wandbefestigung,
- Fläche des Türflügels,
- Schloß und Bänder.

Bei der Konstruktion einbruchhemmender Türen muß beachtet werden:
- Der Riegel des Hauptschlosses muß mindestens 15 mm in die Schließöffnung des Türaußenrahmens greifen.
- Mehrere Verriegelungen mit Schließöffnungen von je 15 mm halten das Türblatt am Türaußenrahmen fest:
  - Schloßseite mit Rollzapfen,
  - Bandseite mit Bandsicherung gegen Aushebelung.
- Füllungen müssen mit dem Türblatt so verbunden sein, daß sie innerhalb von drei Minuten nicht freigelegt werden können.
- Glasfüllungen müssen den Widerstandsklassen B 1, B 2 und B 3 entsprechen.
- Schlüsselschilder oder Rosetten dürfen innerhalb von drei Minuten nicht zu lösen sein (Entfernen des Profilzylinders).

Der Einbau einbruchsicherer Türen muß nach den Einbaurichtlinien des Herstellers erfolgen.

10.4.2 Luftschalldämmende Türen

Luftschalldämmende Türen werden in Besprechungs- und Büroräumen, Arztpraxen sowie bei Konzert- und Theaterräumen eingesetzt. Die Luftschalldämmung hängt ab von:
- Türblatt,
- Türaußenrahmen mit Wandanschluß,
- Doppelfalz mit Falzdichtung,
- Dichtung zwischen Unterkante Türblatt und Fußboden,
- Beschlägen,
- bewertetem Schalldämm-Maß R'_w der angrenzenden Raumwände.

Türblätter

Die Türblätter sind ein- oder zweischalig aufgebaut. Zur Erhöhung der Masse können die Deckschichten zusätzlich mit einer Bleiplatte verstärkt werden.

Einschalige Türblätter werden industriell gefertigt und sind biegesteif. Sie bestehen aus mehreren steifen, miteinander verklebten Schichten. Die tragende Kernschicht kann aus Flachpreß- und Röhrenspanplatten sowie teilweise aus Gipskartonplatten bestehen. Liegende Röhrenspanplatten können zur Erhöhung der Masse mit ausgeglühtem Sand gefüllt sein.

Zweischalige Türblätter sind biegeweich.

Industriell gefertigte Türblätter sind im Sandwichverfahren hergestellt. Holzfaserhartplatten bilden die obere und untere Deckschicht. Die Kernschicht mit Lagen aus Flachpreßplatten hat eine geringe Masse, aber höhere Schalldämmwerte als bei einschaligen Türblättern.

Handwerklich gefertigte Türblätter gleichen den industriell hergestellten. Deckplatten aus Furniersperrholz- oder Flachpreßplatten stabilisieren das Türblatt. Faserdämmplatten bilden die Kernschicht. Durch aufgeklebte Spezialschalldämmplatten kann die Luftschalldämmung auf über 40 dB erhöht werden.

Türaußenrahmen, Dichtung und Beschläge

Türaußenrahmen in Blend-, Block-, Zargen- oder Futterkonstruktionen müssen mit der Mauerleibung durch Faserdämmstoffe oder elastischem Montageschaum schalldicht verbunden sein. Metallzargen sind ungeeignet, weil sie Luftschallwellen als Körperschallwellen weiterleiten.

Dichtungen. Es wird abgedichtet:
- im Doppelfalz zwischen Türblatt und Türaußenrahmen mit Hohlraum- oder Lippendichtungen,
- zwischen Unterkante Türblatt und Fußboden mit automatischer Türabdichtung. Spezielle Abdichtungen für schalldämmende Türen erreichen ein Schalldämmaß R_w.

Türschlösser dürfen nicht direkt durchgängig sein. Deshalb sind nur Profilzylinderschlösser geeignet.

Innenausbau – Spezialtüren

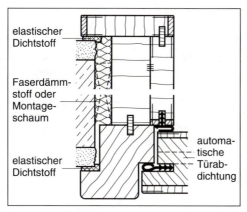

B 10.4-2 Luftschalldämmendes Türblatt mit Zarge.

10.4.3 Feuerschutztüren

Brandschutz 2.8.2

Feuerschutztüren müssen im eingebauten Zustand den Durchtritt von Feuer verhindern. Nach den Landesbauordnungen werden an gefährdeten Durchgängen ein- und zweiflügelige Feuerschutztüren gefordert. Sie müssen folgende grundsätzliche Anforderungen erfüllen:

- Nichtbrennbarkeit der Baustoffe nach DIN 4102,
- Feuerwiderstandsfähigkeit der Bauteile nach DIN 4102,
- Dichtheit der Verschlüsse.

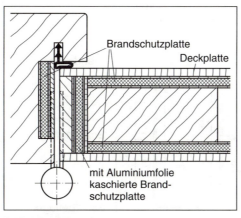

B 10.4-3 Feuerschutztür.

Konstruktion. Türblätter werden nach DIN 4102 aus Verbundplatten und speziellen Brandschutzplatten hergestellt. Im Türfalz sind auf der Bandseite u.a. Hersteller, Zulassungsnummer und -datum anzugeben. Abweichende Konstruktionen benötigen einen bauaufsichtlichen Zulassungsbescheid. Mit Feststellvorrichtungen kann das Türblatt in geöffnetem Zustand gehalten und selbsttätig geschlossen werden.

Einbau. Die Türblätter müssen nach DIN 18093 in Eckzargen aus Stahl eingebaut werden. Bei anderen Einbauarten muß die Eignung nachgewiesen und bauaufsichtlich zugelassen werden.
Die Stahlzargen werden mit Stahlankern mit der Leibung kraftschlüssig verbunden. Hohlräume zwischen Zarge und Raumwand sind mit Mörtel auszufüllen.
Beim Einbau von Feuerschutztüren müssen die Herstellvorschriften beachtet werden.

10.4.4 Strahlenschutztüren

Strahlenschutztüren sind in Röntgenräumen von Kliniken und Arztpraxen sowie in Forschungseinrichtungen mit Strahlenbelastung vorgeschrieben. Sie werden als Sperrtüren mit beidseitigen Bleieinlagen hergestellt. Die Gesamtdicke beider Bleieinlagen beträgt je nach Strahlungsintensität 1 mm ... 5 mm.

Aufgaben

1. Welche Anforderungen werden an Außentüren im Gegensatz zu Innentüren gestellt?
2. Erklären Sie, warum sich einschalige Türblätter bei Außentüren im Winter und im Sommer verziehen!
3. Welche Konstruktion verhindert bei überschobenen Füllungen das Eindringen von Schlagregen?
4. Warum benötigen wärmedämmende Füllungen eine Dampfsperre?
5. Vergleichen Sie die konstruktiven Unterschiede zwischen industriell und handwerklich gefertigten Sperrtüren!
6. Warum sollen Aufdoppelungen bei Außentüren mit dem tragenden Türblatt nicht fest verbunden werden?
7. In welchem Zusammenhang stehen Wetterschenkel und Bodenschiene?
8. Erklären Sie den Unterschied zwischen Blend- und Blockrahmen!
9. Worin besteht der konstruktive Unterschied zwischen einer Türblatt- und Türaußenrahmendichtung?
10. Welche Konstruktionsteile sind bei der Einbruchhemmung an Außentüren Schwachstellen?
11. Welche konstruktive Anforderungen werden an einbruchhemmende Außentüren gestellt?
12. Vergleichen Sie den Aufbau einschaliger luftschalldämmender Türblätter mit zweischaligen!

11 Fensterbau

11.1 Aufgaben und Begriffe

11.1.1 Aufgaben

Fenster und Fenstertüren belichten und be- bzw. entlüften Innenräume. Sie trennen und verbinden das Gebäudeinnere und die Außenwelt und geben Schutz vor:
- Wind und Regen,
- Wärmeverlusten,
- Lärmbelästigungen,
- starker Sonnenstrahlung ins Gebäudeinnere,
- Einbrüchen.

Durch ihre Anordnung in der Fassade, ihre Größe und die Gliederung der Fensterfläche beeinflussen Fenster das „Gesicht" eines Baukörpers.

11.1.2 Begriffe

Teile von Fenstern und Fenstertüren. Fenster und Fenstertüren bestehen mindestens aus:
- Blendrahmen. Er nimmt den beweglichen Flügelrahmen oder die Festverglasung auf und ist mit dem Bauwerk fest verbunden.
- Flügelrahmen. Er trägt die Glasscheibe und ist beweglich. Flügelrahmen können durch Sprossen in Höhe und/oder Breite unterteilt werden.

Bei mehrflügeligen Fenstern und Fenstertüren können feststehende Teile den Blendrahmen unterteilen:
- Pfosten (Setzholz) in der Breite,
- Riegel (Kämpfer) in der Höhe. Der obere Flügel wird als Oberlicht bezeichnet.

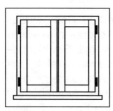

B 11.1-2 Flügelrahmen mit Sprossen.

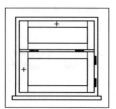

B 11.1-3 Zweiflügeliges Fenster mit Pfosten.

B 11.1-4 Zweiflügeliges Fenster mit Riegel.

B 11.1-5 Sitz der Bänder und des Schließbeschlages.

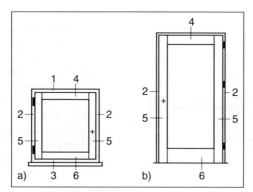

B 11.1-1 Fenster (a) und Fenstertür (b) mit Blendrahmen und Flügelrahmen. Es bedeuten: 1 oberes Blendrahmenholz, 2 aufrechtes Blendrahmenholz, 3 unteres Blendrahmenholz, 4 oberes Flügelholz, 5 aufrechtes Flügelholz, 6 unteres Flügelholz.

T 11.1/1 Öffnungsarten von Fensterflügeln

Bezeichnung	Symbol
Drehflügel	
Kippflügel	
Drehkippflügel	
Klappflügel	
Wendeflügel	
Schwingflügel	
Schiebeflügel	
Schiebe-Hebe-Flügel	

Fensterbau – Aufgaben und Begriffe

Öffnungsarten von Fensterflügeln. Fenster werden nach der Öffnungsart der Flügel unterschieden (→ **T 11.1/1**). Die Sinnbilder für die Darstellung der Öffnungsarten sind in DIN 18059 genormt. Gleichschenklige Dreiecke geben symbolisch den Sitz der Bänder und des Schließbeschlages an. Es bedeuten:
- Dreieck in Vollinie → Flügel öffnet nach innen,
- Dreieck in Strichlinie → Flügel öffnet nach außen.

Fensterarten. Flügelrahmen können verschieden konstruiert werden. Sie geben damit der Fensterart ihren Namen.

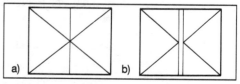

B 11.1-6 Zweiflügeliges Drehflügelfenster.
a) Mittelstück aufgehend, b) mit Pfosten.

T 11.1/2 Fensterarten

Bezeichnung	Konstruktion
Einfachfenster	Flügelrahmen: einer oder mehrere nebeneinander angeordnet Glasscheiben: eine bei Einfachverglasung EV, mehrere bei Isolierverglasung IV Blendrahmen: einer
Verbundfenster (Außenflügel / Innenflügel)	Flügelrahmen: zwei, hintereinanderliegend angeordnet und durch Beschlag miteinander verbunden, beide werden über einen Drehpunkt geöffnet Glasscheiben: Doppelverglasung DV = Innen- und Außenflügel jeweils getrennt verglast,
Doppelfenster	beide Flügel entweder jeweils einfach verglast oder innerer Flügel isolierverglast nicht miteinander verbundene Innen- und Außenflügel Blendrahmen: einer
Kastenfenster	Flügelrahmen: zwei mit Abstand hintereinander angeordnete Einfachfenster, getrennt zu öffnen Glasscheiben: bei erhöhtem Schallschutz äußerer Flügelrahmen mit Isolierverglasung IV, sonst äußerer Flügelrahmen mit Einfachverglasung EV Blendrahmen: zwei, verbunden durch Zarge (Leibungsfutter)

11.2 Gebrauchstauglichkeit

Fenster müssen gebrauchstauglich sein und deshalb eine Reihe von Anforderungen erfüllen.

11.2.1 Lichteinfall

Der Tageslichteinfall ins Gebäudeinnere soll möglichst groß sein, damit auf künstliche Beleuchtung weitgehend verzichtet werden kann. Der Lichteinfall in einen Raum hängt ab von der:
- Lage des Fensters in der Gebäudefassade und der Himmelsrichtung,
- Größe des Fensters,
- Anzahl der Fensterflügel (je mehr Flügel, desto geringer der Lichteinfall),
- Breite und Dicke der Blend- und Flügelrahmen,
- Art der Verglasung (Sonnenschutzglas hält mehr Lichtstrahlen ab als normales Glas).

11.2.2 Lüftung

Räume werden be- und entlüftet, um:
- den Sauerstoffbedarf zu decken,
- Geruchs- und Schadstoffe abzuführen,
- erhöhte Luftfeuchte zu beseitigen.

Moderne Fenster haben meistens dicht schließende Falzdichtungen, durch die kein Luftaustausch erfolgen kann.

Die Stoßlüftung mit vollständig geöffneten Fensterflügeln ergibt in wenigen Minuten einen nachhaltigen Luftaustausch. Günstig ist eine Querlüftung durch zwei gegenüberliegende Fenster. Stoßlüftungen haben den Vorteil, daß verbrauchte Luft und erhöhte Luftfeuchte in kurzer Zeit abgeführt werden und die Raumwände und Gegenstände in der kalten Jahreszeit dabei kaum abkühlen.

Dauerlüftung über die Fensterflügel sorgt für ständigen und gleichmäßigen Luftaustausch. Zugerscheinungen mit mehr als 0,2 m/s Luftgeschwindigkeit treten bei Dauerlüftung selten auf. Während der Heizperiode ist die Dauerlüftung wegen großer Wärmeverluste ungeeignet.

Lüftungssysteme 11.5.3

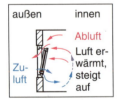

B 11.2-1 Luftaustausch bei Dauerlüftung.

11.2.3 Fugendurchlässigkeit

Bei Fenstern und Fenstertüren müssen die geschlossenen Flügelrahmen so dicht auf Blendrahmen bzw. Pfosten oder Riegeln aufliegen, daß durch die Fälze möglichst kein Luftaustausch zustande kommt. Insbesondere in der kalten Jahreszeit soll der Abfluß warmer Innenraumluft nach außen unterbunden werden.

Der Fugendurchlaßkoeffizient a (a-Wert) gibt die Luftmenge an, die in 1 h durch eine 1 m lange Fuge zwischen Flügel- und Blendrahmen hindurchtritt, wenn der Luftdruckunterschied zwischen innen und außen 10 Pa beträgt. Der a-Wert wird bei der Überprüfung von Fenstern im Fensterprüfstand angewendet.

$$a\text{-Wert} = \frac{\text{Luftmenge}}{\text{Zeit} \cdot \text{Fugenlänge} \cdot \text{Luftdruckunterschied}}$$

$$a = \frac{V}{t \cdot l \cdot p} \text{ in } \frac{m^3}{h \cdot m \cdot Pa}$$

Die längenbezogene Fugendurchlässigkeit V_l gibt die Luftmenge je Zeiteinheit an, die durch eine 1 m lange Fuge zwischen Flügel- und Blendrahmen hindurchgeht, wie sie für die Praxis von Bedeutung ist.

$$\text{Längenbezogene Fugendruchlässigkeit} = \frac{\text{Luftmenge}}{\text{Fugenlänge}}$$

$$V_l = \frac{V}{t \cdot l} \text{ in } \frac{m^3}{h \cdot m}$$

Beanspruchungsgruppen. In DIN 18055 wird zur Beurteilung der Fugendurchlässigkeit die Gebäudehöhe in drei Beanspruchungsgruppen berücksichtigt.

Sofern der a-Wert überschritten wird, muß der Falz eine zusätzliche Dichtung erhalten. Die meisten Fenster und Fenstertüren erreichen einen a-Wert, der oft bei 0,1 m³/(h · m · Pa) liegt. Lüftung ist notwendig.

11.2.4 Schlagregensicherheit

Regen und Schlagregen dürfen nicht durch die Fälze zwischen Flügelrahmen und Blendrahmen in den Innenraum eindringen. Das an der Glasscheibe herablaufende Wasser muß vollständig abgeführt werden. Besonders belastet sind die unteren Querteile der Blend- und Flügelrahmen, weil in die Fälze Wasser eindringen kann.

T 11.2/1 Beanspruchungsgruppen beim a-Wert

Beanspruchungs-gruppe	Gebäude-höhe in m	a-Wert in m³/(h·m·Pa)	Zusätzliche Dichtung
A	bis 8	2,0	nein
B	8 ... 20	1,0	ja
C	20 ... 100	1,0	ja

Fensterbau – Gebrauchstauglichkeit

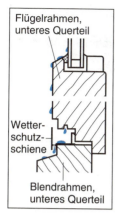

B 11.2-2 Schlagregensicherheit.

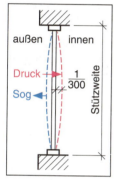

B 11.2-3 Druck und Sog beim Fenster.

Dichtungsebene 2

Wärmeschutz 9.2.1

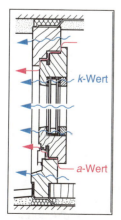

B 11.2-5 Wärmeverluste an Fenstern.

Die Schlagregensicherheit der Fenster kann im Laufe der Zeit abnehmen. Bei Holzfenstern können sich die Querschnitte der Blendrahmen und Flügelrahmen durch Schwinden und Quellen verändern. Kunststoff- und Metallfenster können durch Einwirkung von Wärme und Kälte sich dehnen oder schrumpfen. Die Folge ist, daß die Fälze nicht mehr dicht schließen. Dichtungsprofile und Wetterschutzschienen gleichen diese Ungenauigkeiten aus.

11.2.5 Windbelastung

Fenster und Fenstertüren müssen waagrecht wirkende Windlasten aufnehmen und an umgebende Wände ableiten können. Die Größe der Windlast hängt ab von der:
- Fenstergröße,
- Gebäudehöhe,
- Windstärke bzw. Windgeschwindigkeit.

Blendrahmen und geschlossene sowie verriegelte Flügelrahmen mit Glasscheiben dürfen sich durch Windlast und Sogwirkung in Höhe und Breite nicht mehr als 1/300 ihrer Stützweite durchbiegen. Bei Mehrscheibenisolierglas darf zwischen den Scheibenkanten die Durchbiegung höchstens 8 mm betragen. Fensterflügel müssen auch in Öffnungsstellung den Beanspruchungen auf Durchbiegung standhalten. Nach DIN 1055 ist bei der Windbelastung auch die Sicherheit bei Bruch der Scheibe zu berücksichtigen.

Querschnittsmaße für Blend- und Flügelrahmen. Für Holzfenster sind die Querschnittsmaße in DIN 68121 enthalten; für Kunststoff- und Aluminiumfenster sind sie beim Hersteller zu erfragen.

Die Glasdicken werden in Abhängigkeit von Breite und Höhe aus dem Glasdickendiagramm abgelesen. Für Gebäudehöhen über 8 m müssen die abgelesenen Werte mit Faktoren (→ T 11.2/3) multipliziert werden.

Beispiel

Eine Floatglasscheibe ist 1200 mm breit und 2000 mm lang. Sie wird in ein Fenster in 32 m Höhe eingesetzt. Wie dick muß die Scheibe sein?

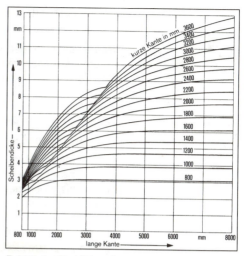

B 11.2-4 Glasdickendiagramm.

T 11.2/3 Faktoren für Windlast und Gebäudehöhe

Gebäudehöhe in m	Windlast in kN/m²	Faktor
≤ 8	0,60	1,00
8 ... 20	0,96	1,26
20 ... 100	1,32	1,48
> 100	1,56	1,60

Lösung nach Diagramm (→ B 11.2-4)

Gegeben: Scheibenbreite = 1200 mm, Scheibenlänge = 2000 mm, Einbauhöhe = 32 m
Gesucht: Glasdicke

① Kurve „kurze Kante" 1200 schneidet die senkrechte Linie „lange Kante" 2000.
② Vom Schnittpunkt nach links bis zur Achse „Scheibendicke" verfahren. → 3,9 mm
③ Mindestglasdicke
= abgelesener Wert · Faktor
= 3,9 mm · 1,48 = **5,8 mm**

11.2.6 Wärmeschutz

An Fenstern und Fenstertüren entstehen in der Heizperiode erhöhte Wärmeverluste. Beispielsweise läßt ein Einfachfenster mit Einfachverglasung EV stündlich sechsmal mehr

T 11.2/2 Beanspruchungsgruppen bei Windlast

Beanspruchungsgruppe	Gebäudehöhe in m	Windgeschwindigkeit m/s	Windstärke	Staudruck in Pa
A	bis 8	28,3	7	180
B	8 ... 20	35,8	9	370
C	20 ...100	42,0	11	650

Fensterbau – Gebrauchstauglichkeit

k-Wert 9.2.1

a-Wert 9.2.1

Wärmeschutzglas
2.10.3

Schallschutz 9.2.3

Dichtungsprofile
2.12.3

Wärme abfließen als eine 365 mm dicke Steinwand.

Wärmeverluste ergeben sich aus:
- Wärmedurchgangskoeffizient (k-Wert), der im wesentlichen durch die Wärmeleitzahl der Materialien und die Fensterkonstruktion bestimmt wird, sowie
- Fugendurchlaßkoeffizient (a-Wert), der vom Dichtungsvermögen der Fälze abhängt.

Fenster und Fenstertüren erreichen den nach der Wärmeschutzverordnung zulässigen Wärmedurchlaßkoeffizienten, den k-Wert von 3,1 W/(m² · K), wenn sie folgende Merkmale aufweisen:
- Einfachfenster nur mit Mehrscheiben-, Isolier- oder Wärmeschutzglas,
- bei Verbundfenstern Abstand der Einzelscheiben nicht größer als 20 mm (bei größerem Abstand kühlt die Konvektion zwischen den Scheiben das Glas ab),
- Falzdichtungen hinter der Windsperre (Dichtungsprofile müssen fest sitzen),
- Verglasungssysteme Va 3 ... 5 oder Vf 3 ... 5,
- Fugen zwischen Blendrahmen und Wand vollständig ausgefüllt mit Faserdämmstoffen, Vorfüllprofil und Dichtstoffen.

11.2.7 Luftschallschutz

Fenster und Fenstertüren müssen verhindern, daß Verkehrs- und Gewerbelärm von außen ins Rauminnere eindringen. Nach dem Bundesemissionsgesetz darf in Wohngebieten auch kein Gewerbelärm von innen nach außen gelangen. Das bewertete Luftschalldämmaß R'_w der umfassenden Außenwand, in die ein Fenster eingebaut ist, muß mindestens so groß sein wie das des Fensters. Ein Fenster mit höheren dB-Werten ist sonst nutzlos.

Schallschutzklassen. Sechs Schallschutzklassen mit Abstufungen von jeweils 5 dB geben mit dem bewerteten Schalldämmaß R'_w die Möglichkeit, Fenster schallschutztechnisch zu beurteilen.

T 11.2/4 Maximale k-Werte bei Verglasung von Fenstern und Fenstertüren nach DIN 4108

Konstruktionssystem	Verglasung aus Normalglas, Luftzwischenraum LZR in mm	Verglasung ohne Berücksichtigung des Rahmenanteils bei weniger als 5% k_V in W/(m² · K)	Fenster und Fenstertüren mit Verglasung und Rahmenmaterial k_F in W/(m² · K)		
			Rahmenmaterial Holz, Holz-Aluminium, Kunststoff	wärmegedämmte Verbundprofile aus Aluminium, Stahl und Beton	Aluminium, Stahl, Beton
Einfachverglasung EV		5,8		5,2	
Isolierverglasung IV Zweischeiben	6 ... 8 8 ... 10 10 ... 16	3,4 3,2 3,0	2,9 2,8 2,6	3,2 3,0 2,9	4,1 4,0 3,8
Dreischeiben zweimal zweimal zweimal	6 ... 8 8 ... 10 10 ... 6	2,4 2,2 2,1	2,2 2,1 2,0	2,5 2,3 2,3	3,4 3,3 3,2
Doppelverglasung DV Abstand zwischen den Scheiben jeweils 20 mm ... 100 mm EV und EV EV und IV IV und IV	- 10 ... 16 10 ... 16	2,8 2,0 1,4	2,5 1,9 1,5	2,7 2,2 1,8	3,7 3,1 2,7
Glasbausteinwand mit Hohlglasbausteinen					3,5
Der zulässige k_F-Wert von 3,1 W/(m² · K) wird in der Praxis oft weit unterschritten. Erreicht wird teilweise schon ein Wert von etwa 0,8 W/(m² · K).					

Fensterbau – Gebrauchstauglichkeit

Brandschutzgläser 2.10.3,
Bewertetes Schalldämmaß 9.2.3

Brandschutz 9.2.4

Glasdicken 2.10.3,
Falzdichtungen 11.4.2

T 11.2/5 *Schallschutzklassen und bewertetes Schalldämmaß R'_w*

Schallschutz-klasse	Bewertetes Schalldämmaß R'_w in dB
1	25 ... 29
2	30 ... 34
3	35 ... 39
4	40 ... 44
5	45 ... 49
6	50

11.2.8 Brandschutz

Verglasungen, die wegen ihres Materials zeitlich begrenzt feuerhemmend wirken, müssen baupolizeilich zugelassen werden. Sie dürfen nur so hergestellt werden, wie sie im Zulassungsbescheid beschrieben sind. Die Zulassung von Brandschutzverglasungen umfaßt Angaben über:

- Glas (Brandschutzglas),
- Blend- und Flügelrahmen, Material wie z.B. Hartholz (Eiche), Konstruktion,
- Dichtungen,
- Einbaubedingungen,
- umfassende Wände.

11.2.9 Einbruchhemmung

Fenster und Fenstertüren mit erhöhter Sicherheit gegen Einbruch müssen verstärkte, einbruchhemmende Konstruktionen aufweisen an:

- Blend- und Flügelrahmen → dicke Querschnitte,
- Beschlägen → abschließbarer Fenstergriff, Mehrfachverriegelung,
- Glashalteleisten → innen angebracht,
- Falzausbildung → dichtschließende Fälze,
- Verglasung → angriffshemmend.

T 11.2/6 *Schallschutzklassen - Fensterarten, Glasscheiben, Falzdichtungen*

Fensterart	Schallschutz-klasse	Glasdicke in mm	Scheiben-abstand	Falzdichtung einfach	doppelt
Einfachfenster, isolierverglast	1	≥ 6	≥ 8	-	-
	2	≥ 8	≥ 12	ja	-
	3	Sonderglas	-	ja	-
	4	Sonderglas	-	-	ja
Verbundfenster	1	≥ 6	-	-	-
	2	≥ 8	≥ 30	ja	-
	3	≥ 8	≥ 40	-	ja
	4	≥ 14	≥ 50	-	ja
	5	≥ 18	≥ 60	-	ja
	6	allgemeingültige Angaben nicht möglich			
Kastenfenster	1	-	-	-	-
	2	-	-	-	-
	3	-	-	-	ja
	4	≥ 8	≤ 100	-	ja
	5	≥ 12	≤ 100	-	ja
	6	allgemeingültige Angaben nicht möglich			

Fensterbau – Werkstoffe, Profilquerschnitte und Eckverbindungen

T 11.2/7 *Durchbruchhemmende Verglasung*

Klasse	Anzahl der Schläge (Axt)	Gesamtglasdicke in mm		Glasmasse in kg/m²		Durchbruchhemmung
		einschalig	Isolierglas	einschalig	Isolierglas	
B 1	30 ... 50	18	31	45	57	niedrig
B 2	51 ... 70	26	38	62	74	mittel
B 3	> 70	33	45	79	89	hoch

T 11.2/8 *Durchwurfhemmende Verglasung*

Klasse	Gesamtglasdicke in mm		Glasmasse in kg/m²		Geschosse im Gebäude
	einschalig	Isolierglas	einschalig	Isolierglas	
A 1	9	25	22	32	2.OG
A 2	10	26	23	33	1.OG
A 3	11	27	23	33	EG

Anforderungen. Nach DIN 52290 unterscheidet man:
- Durchwurfhemmende Verglasung, Widerstandsklasse A. Geworfene oder geschleuderte Gegenstände dürfen die Verglasung nicht durchdringen.
- Durchbruchhemmende Verglasung, Widerstandsklasse B. Der Durchbruch mit schneidfähigen Schlagwerkzeugen (Axt) wird zeitlich verzögert.
- Durchschußhemmende Verglasung, Widerstandsklasse C. Die Verglasung muß der Durchschlagskraft von Geschossen, die aus unterschiedlichen Entfernungen abgefeuert werden, widerstehen. Die Einschläge können splitterfrei oder splitternd sein.

T 11.2/9 *Durchschußhemmende Verglasung*

Klasse	Gesamtglasdicke in mm		Glasmasse in kg/m²	
	einschalig	Isolierglas	einschalig	Isolierglas
C 1	19 ... 27	31 ... 41	45 ... 70	55 ... 82
C 2	24 ... 33	30 ... 47	60 ... 82	59 ... 95
C 3	27 ... 48	37 ... 53	75 ... 120	75 ... 116
C 4	41 ... 67	46 ... 65	101 ... 165	96 ... 144
C 5	67 ... 77	72 ... 75	166 ... 189	160 ... 168

Aufgaben

1. Aus welchen Teilen können Fenster bestehen?
2. Wodurch unterscheidet sich ein Einfachfenster von einem Verbundfenster?
3. Wovon hängt beim Fenster die Größe des Lichteinfalls ab?
4. Erklären Sie den Begriff Fugendurchlaßkoeffizient!
5. Erklären Sie den Zusammenhang zwischen Windlast und Glasdicke!
6. Wodurch können am Fenster Wärmeverluste auftreten?
7. Ein isolierverglastes Einfachfenster und ein Verbundfenster werden in Schallschutzklasse 2 eingestuft. Vergleichen Sie Glasdicke, Scheibenabstand und Falzdichtung!
8. Unterscheiden Sie beim Fenster die Begriffe durchwurfhemmend, durchbruchhemmend und durchschußhemmend!
9. Auf welche konstruktiven Einzelheiten muß man bei der Herstellung eines Schallschutzfensters ab Schallschutzklasse 4 achten?
10. Beim Wärmeschutz reicht das Verglasungssystem Vf 4 aus. Beschreiben Sie den konstruktiven Aufbau des Systems!

11.3 Werkstoffe, Profilquerschnitte und Eckverbindungen

Profile sind die wichtigsten Konstruktionsteile der Blend- und Flügelrahmen. Sie ermöglichen den dichten Verschluß. Die Flügelrahmen nehmen die Verglasung auf.

Blendrahmen, Flügelrahmen, Pfosten, Riegel und Sprossen können hergestellt werden aus:
- Vollholz,
- Vollholz in Verbindung mit Aluminium,
- Aluminium,
- Kunststoff.

In beschränktem Umfang werden auch Fenster aus Stahl gefertigt.

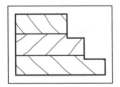

B 11.3-1 Flügelrahmen, aufrechtes Flügelholz.

Fensterbau – Werkstoffe, Profilquerschnitte und Eckverbindungen

11.3.1 Holzfenster

Werkstoffeigenschaften

Anforderungen. Fenster und Fenstertüren müssen maßhaltig sein. Fensterhölzer sollen folgende Eigenschaften aufweisen:
- gute Formbeständigkeit durch geraden Faserverlauf ohne Dreh- und Wechseldrehwuchs,
- ausreichende Festigkeit,
- geringe Ästigkeit mit gesunden, festverwachsenen Ästen,
- gute Resistenzfähigkeit gegen Insekten, Pilze und Witterungseinflüsse, möglichst Resistenzklasse 1 oder 2,
- gute Beschichtungs- und Imprägnierbarkeit,
- Holzfeuchtegehalt bei Nadelholz und außereuropäischen Laubhölzern max. 15%, bei europäischen Laubhölzern max. 12%,
- gute manuelle und maschinelle Bearbeitbarkeit.

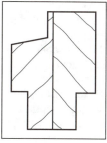

Holzeigenschaften 2.2.4, Äste 2.2.5

B 11.3-2 Blendrahmen, unteres Blendrahmenholz.

Werkstoffe. Für die Herstellung von Fenstern und Fenstertüren wird Vollholz verwendet als:
- Blockware als unbesäumtes Schnittholz,
- Vollholzkanteln, auf Dicke und Fixbreite zugeschnitten,
- lamelliertes, schichtverleimtes Holz.

Lamelliertes Fensterholz besteht aus wenigstens drei symmetrisch aufeinandergeleimten Lamellen, die mindestens 15 mm dick sind. Die beiden äußeren Decklagen müssen astfrei sein. Die Mittellage kann aus einem vollen Querschnitt oder aus verleimten, in den Längsstößen durch Minizinken verbundenen Teilquerschnitten bestehen. Die Leimfugen mit der Verleimungsqualität D 4 liegen im Falz, weil sie nur bedingt witterungsfest sind.

Maße und Bezeichnungen von Profilen

Fensterholzquerschnitte müssen nach DIN 68121 eine bestimmte Breite und Nenndicke haben. Mindestdicken dürfen nicht unterschritten werden. Mit dem Maß der Nenndicke und der Art der Verglasung werden Einfach- und Verbundfenster bezeichnet:
- Einfachfenster, isolierverglast, z.B. Nenndicke 68 mm → IV 68,
- Verbundfenster, doppelverglast, z.B. Nenndicke äußerer Flügel 32 mm, innerer Flügel 44 mm → DV 32/44.

In Zeichnungen von Querschnitten wird als erste Zahl die Breite und als zweite Zahl die Nenndicke eingetragen, z.B. 78/68.

Konstruktionsmerkmale von Profilen

Für Holzfenster und Holzfenstertüren müssen die Querschnitte und Profile vom Fensterbauer je nach Fensterart und Verglasung selbst ausgewählt und hergestellt werden. Genormte Maße vereinfachen die Wahl der Konstruktion. Die Normen gelten auch dann als erfüllt, wenn einzelne Profilmaße abweichen. Nach

T 11.3/1 Maße und Bezeichnungen bei Einfachfenstern

Kurzzeichen des Profils	Mindestdicke in mm	Nenndicke in mm	Breite in mm	Profilquerschnitt
IV 56	55	56	78 92	78/56 92/56
IV 63	62	63	78 92	78/63 92/63
IV 68	66	68	78 92	78/68 92/68
IV 78	76	78	78 92	78/78 92/78
IV 92	90	92	78 92	78/92 92/92

T 11.3/2 Maße und Bezeichnungen bei Verbundfenstern

Kurzzeichen des Profils	Außenflügel Mindestdicke in mm	Nenndicke in mm	Breite in mm	Innenflügel Mindestdicke in mm	Nenndicke in mm	Breite in mm	Profilquerschnitt
DV 32/44	30	32	51 65	42	44	78 92	51/32; 78/44 65/32; 92/44
DV 36/56	34	36	51 65	54	56	78 92	51/36; 78/56 65/36; 92/56
DV 44/44	42	44	51 65	42	44	78 92	51/44; 78/44 65/44; 92/44

Fensterbau – Werkstoffe, Profilquerschnitte und Eckverbindungen

DIN 68121 sind einige Konstruktionsmerkmale und Maße für alle Fensterarten und Verglasungssysteme gleich.

Zapfenüberschlag und Falzbildung. Blend- und Flügelrahmen werden an den Ecken mit Schlitz und Zapfen verbunden. Daraus ergeben sich folgende Maße für den Zapfenüberschlag:

- Zapfenüberschlag am oberen und senkrechten Blendrahmenholz jeweils 15 mm dick und hoch,
- äußerer Falz 15 mm breit und hoch,
- innerer Falz 12 mm hoch,
- Zapfen am oberen, senkrechten und unteren Flügelrahmenholz 16 mm dick und 15 mm hoch,
- Auflage auf dem Blendrahmen nur 11 mm.

Da der aufliegende Flügelrahmen auch bei Quellerscheinungen und nach dem Fensteranstrich noch zu öffnen sein muß, werden von der Falzhöhe ringsum 4 mm abgezogen.

Die Abrundung im Radius 2 mm ... 2,5 mm verhindert das Abreißen der Lackschicht. Gesamtfalzbreite und Glasfalzhöhe hängen mit ihren Maßen von der Art der Verglasungseinheit EV oder IV und deren Dichtung sowie von der Auflagenbreite der Glashalteleiste ab.

Die Gesamtfalzbreite t setzt sich nach DIN 18545 zusammen aus den Maßen für:

- Dicke der Verglasungseinheit e bei Einfach- oder Mehrscheibenisolierverglasung mindestens 2mal Glasdicke + Luftzwischenraum,
- äußere und innere Dichtstoffdicke a_1 und a_2, Einzeldicken 3 mm, 4 mm oder 5 mm,
- Auflagenbreite der Glashalteleiste c bei Mehrscheibenisolierglas 12 mm (vorgebohrt und geschraubt) oder 14 mm (genagelt oder geklammert),
- Glasfalzbreite b.

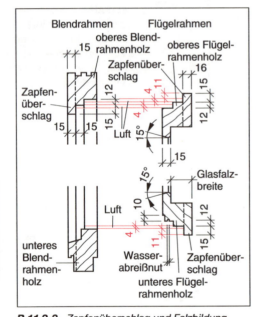

B 11.3-3 Zapfenüberschlag und Falzbildung.

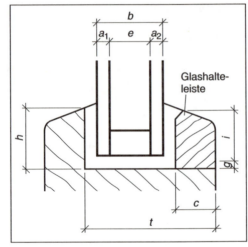

B 11.3-6 Gesamtfalzbreite.

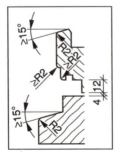

B 11.3-4 Wasserabreißnut.

B 11.3-5 Ablaufneigungen.

Die Wasserabführung an der Fensteraußenfläche erfolgt durch:

- Wasserabreißnut. Die Nut muß bei allen Fenstern 7 mm breit und 5 mm tief sein. Ausnahme IV 56 nur 5 mm. Die Kanten an der Abreißnut müssen scharfkantig sein, damit das Wasser abtropfen kann.
- Ablaufneigung. Mindestens 15° Ablaufneigung erhalten: oberes und unteres Flügelrahmenholz, unteres Blendrahmenholz, Riegel (Kämpfer).

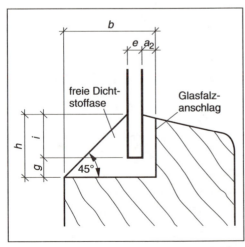

B 11.3-7 Glasfalzbreite bei freier Dichtstoffase.

Fensterbau – Werkstoffe, Profilquerschnitte und Eckverbindungen

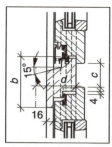

B 11.3-9 Riegel.

Distanz- und Tragklötze 11.4.2

Die Glasfalzhöhe h (Glasfalzanschlag) gibt der Glasscheibe die erforderliche Auflage im Flügelrahmen. Sie setzt sich zusammen aus:
- Glaseinstand i → Druckfläche der Glashalteleiste auf die Dichtstoffvorlage (muß 2/3 der Glasfalzhöhe oder mind. 13 mm bzw. max. 20 mm betragen),
- Glasfalzgrund g → Abstand zwischen unterer Glaskante und Glasfalzbreite zur Aufnahme von Distanz- und Tragklötzen.

Die Glasfalzhöhen unterscheiden sich bei Einfachglas und Mehrscheibenisolierglas wegen der unterschiedlichen Belastungen (Wind, Masse) im Glasfalz.

T 11.3/3 Glasfalzhöhen

Glasfalzhöhe in mm		Längste Seite der Verglasungseinheit in mm
Einfachglas	Mehrscheibenisolierglas	
10	18	bis 1000
12	18	1000 ... 3500
15	20	3500 ... 4000

Pfosten- und Riegelausbildung. Bei Pfosten und Riegeln ergeben sich die Breiten- und Dickenmaße b und d aus der mechanischen Beanspruchung durch Windlast. Das Abstandsmaß c zwischen den Zapfenüberschlägen der Flügel ist so zu wählen, daß Beschläge eingebaut werden können.

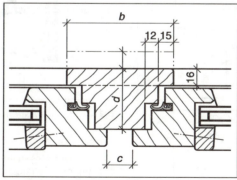

B 11.3-8 Pfosten.

Mittenüberschläge. Nach DIN 18355 müssen die äußeren Schlagleisten mit dem Flügelrahmenholz verleimt, die inneren verschraubt sein. Wahlweise kann auch die innere Leiste entfallen. Beide Flügelrahmen erhalten Dichtungsprofile. Geringe Ausfälzungen verhindern je nach Profilquerschnitt verdickende Überlappungen und ein schlechtes Schließen der Flügel.

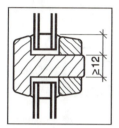

B 11.3-11 Sprosse mit Isolierverglasung.

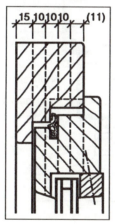

B 11.3-12 Schlitz und Zapfen.

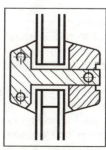

B 11.3-13 Gedübelte Sprosse.

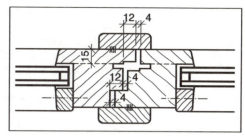

B 11.3-10 Mittenüberschlag bei zweiflügeligem Einfachfenster.

Sprossen. Der Steg darf nicht weniger als 12 mm breit sein.

Eckverbindungen bei Blendrahmen und Flügelrahmen

Sämtliche Rahmenverbindungen bei Holzfenstern und Holzfenstertüren werden mit Leimen der Beanspruchungsgruppe D 3 bzw. D 4 verleimt.

Schlitz- und Zapfeneckverbindungen. Beim Blendrahmen erhalten unteres und oberes Blendrahmenholz den Schlitz, die beiden aufrechten Blendrahmenhölzer den Zapfen, damit möglichst wenig Feuchte in die Eckverbindungen eindringen kann. Am Flügelrahmen bekommt das aufrechte Flügelholz den Schlitz und das untere sowie das obere Flügelholz jeweils einen Zapfen. Die Dicke von Schlitz und Zapfen soll wegen möglicher Schwind- und Quellbewegungen in der Holzverbindung nicht mehr als 16 mm betragen. Da Fensterhölzer mindestens 55 mm dick sein müssen und ein Zapfenüberschlag von 16 mm bzw. 15 mm verlangt wird, kommen nur Doppelzapfen in Frage. Pfosten und Riegel werden in Blendrahmen, Sprossen in Flügelrahmen eingezapft.

Dübeleckverbindungen. Nach DIN 68121 sind für die Befestigung von Pfosten, Riegeln und Sprossen auch Dübelverbindungen möglich. Die Dübel müssen im Fensterholz so angeordnet sein, daß keine Brüstungsfugen entstehen.

In stumpfe Eckverbindungen kann Feuchte eindringen und Schäden verursachen. Durch Schwund reißen Holzverleimungen. Dübelverbindungen sind dagegen ausreichend fest.

Keilzinkeneckverbindungen auf Gehrung taugen nur, wenn sie mit hoher Präzision hergestellt werden. Das technisch getrocknete Holz darf bis zum Einbau höchstens 10% Holzfeuchte haben. Die Innenkanten des Rahmens müssen gegen eindringende Feuchte abgedichtet sein. Vorteile bringt die Keil-

Fensterbau – Werkstoffe, Profilquerschnitte und Eckverbindungen

Aluminium 2.11.4

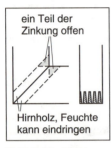

B 11.3-14 Keilzinkeneckverbindung.

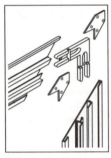

B 11.3-16 Mechanische Eckverbindung.

zinkeneckverbindung durch Holzersparnis, einfache Fräsarbeiten und hohe Anfangsfestigkeit durch den Preßdruck beim Ver-leimen. Die Festigkeit bei mechanischer Beanspruchung ist besser als bei Schlitz- und Zapfen- sowie Dübelverbindung. Die Formbeständigkeit des Rahmens ist aber geringer.

11.3.2 Holz-Aluminiumfenster

Holzfenster können zum Schutz vor Witterungseinflüssen einen Aluminiumrahmen erhalten. Damit erhöht sich die Nutzungsdauer des Fensters wesentlich. Nachbehandlungen der äußeren Holzoberfläche entfallen.

Konstruktionsmerkmale. Der Aluminiumrahmen auf dem Holzfenster muß hinterlüftet werden, damit sich kein Tauwasser bildet und ein Druckausgleich möglich ist. Für Hinterlüftung sorgen:
- Schlitze mit einer Größe von 5 mm/20 mm,
- Bohrungen mit 8 mm Ø im Abstand von 600 mm im Rahmen angebracht oder
- ein Abstand von 7 mm zwischen der Rückseite des Aluminiumrahmens und der Holzoberfläche.

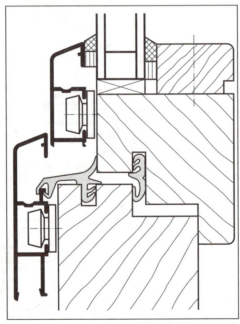

B 11.3-15 Flächenversetzter Aluminiumrahmen.

Die Rahmenteile müssen nach DIN 18355 mit Eck-, Stoß- oder Winkelverbindungen mechanisch verbunden werden. Wegen der verschiedenen Materialausdehnungen von Holz und Aluminium ist der Aluminiumrahmen entweder mit Dreh- oder mit Klipshaltern frei beweglich zu befestigen. Durch die Falz-

dichtung zwischen Blend- und Flügelrahmen darf kein Wasser in die Fugen zwischen Holz und Aluminium eindringen.

11.3.3 Aluminiumfenster

Werkstoffeigenschaften. Für Aluminiumfenster werden vom Systemhersteller Profilquerschnitte in Stangen von etwa 6 m Länge geliefert. Die Profile mit Wänden zwischen 2,5 mm ... 5 mm Dicke besitzen hohe Paßgenauigkeit. Die verwendete Aluminiumlegierung AlMgSi ist korrosionsbeständig, fest und leicht. Sie hat eine glatte und wartungsfreie Oberfläche, die anodisch oxidier- und beschichtbar ist.

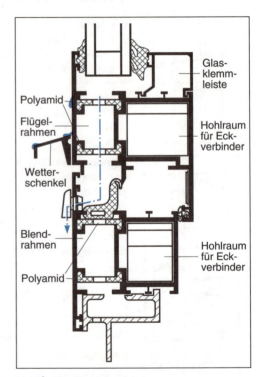

B 11.3-17 Aluminiumfenster.

Da sich Aluminiumprofile bei Wärmeeinwirkung 8mal so stark ausdehnen wie Holz, müssen bei der Fensterherstellung entsprechende Maßtoleranzen berücksichtigt werden. Die hohe Wärmeleitfähigkeit des Aluminiums führt zu großen Wärmeverlusten. Mit dem Rechenwert $\lambda' = 200$ W/(m·K) ist sie etwa 1540mal höher als beim Holz.

Konstruktionsmerkmale. Beim modernen Zweikammersystem ist das tragende Aluminiumprofil in einen inneren und äußeren Bereich getrennt. Beide werden durch Kunststoff-Wärmedämmelemente zusammengehalten. Wärmebrücken entstehen dabei nicht.

Wärmebrücken 9.2.1, 9.2.2

Fensterbau – Werkstoffe, Profilquerschnitte und Eckverbindungen

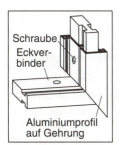

B 11.3-19 Eckverbindung am Aluminiumfenster.

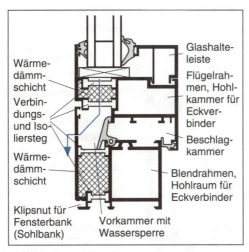

B 11.3-18 Wärmegedämmtes Aluminiumfenster.

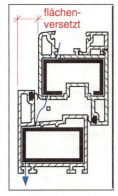

B 11.3-20 Einkammersystem, flächenversetzt.

Metalle 2.11

Kunststoffe 2.6.3

Wärmeschutz 9.2.1

MAK-Wert 1.2.2

Konstruktionsmerkmale. Die Kunststoffhohlprofile sind nicht genormt. Sie werden vom Systemhersteller festgelegt. Flächenbündige und flächenversetzte Konstruktionen, Mitteldichtung, Anschlagdichtung, bestimmte Abmessungen für Beschläge und Glasfälze sowie Ablauföffnungen im Blendrahmen müssen bei der Verarbeitung berücksichtigt werden.

Wie bei Holz- und Aluminiumfenstern sind Wind- und Regensperre räumlich getrennt. Die Falzluft zwischen Blend- und Flügelrahmen beträgt 6 mm. Unterschiedlich ist der Aufbau der Hohlprofile mit ihren 2 mm ... 5 mm dicken Außenwänden und Stegen. Rahmenstücke mit einer Länge über 800 mm müssen verstärkt (armiert) werden: In die vorgesehenen Hohlräume werden offene oder geschlossene, vom Hersteller vorgeschriebene Vierkantrohre aus verzinktem Stahlblech oder Aluminium eingezogen. Dadurch wird eine 20mal höhere Biegefestigkeit als bei Holzfenstern mit gleichem Querschnitt erreicht.

Eckverbindungen. Bei Blend- und Flügelrahmen werden im allgemeinen Stoß- und Eckverbindungen auf Gehrung geschweißt. Bei mechanischen Verbindungen muß die Eignung nachgewiesen werden. Die Rahmenverbindungen müssen fest, steif und dicht sein. Ihre einwandfreie Funktion muß sichergestellt sein. Da PVC-hart, Stahl und Aluminium sich unterschiedlich stark ausdehnen, werden die Armierungen an den Eckverbindungen um 10 mm gekürzt und die Schnittflächen bei Stahl gegen Korrosion geschützt.

Kammersysteme. Die Hohlraumprofile sind aus Kammern aufgebaut.

Einkammersysteme. Dickwandige Profile umschließen die Armierung. Profilzwischenwände fehlen. Nachteilig ist, daß Beschläge durch die Armierung angeschraubt werden müssen und der Glasfalz durch Hauptkammer und Armierung entwässert werden muß. Die Wärmedämmung ist gering.

Mehrkammersysteme. In Zwei- oder Dreikammersystemen verbessert die Vorkammer die Entwässerung und erhöht die planebene Formstabilität der Fenster. Schrauben halten mindestens in zwei Stegen. Beschläge und Schloß lassen sich besser unterbringen als beim Einkammersystem. Die hintereinanderliegenden Kammern erhöhen die Wärmedämmung. Bei Sonneneinstrahlung kann sich das Profil wegen des geringen Wärmeaustausches verformen.

Die Profilausbildung muß gewährleisten, daß im Blendrahmen anfallendes Wasser durch Ablauföffnungen zur Witterungsseite unmittelbar und kontrolliert abfließen kann. Wind- und Regensperre müssen wie beim Fensterprofil räumlich getrennt sein.

Rahmenverbindungen. Eck-, Stoß- und Winkelverbindungen müssen ausreichend fest, steif und dicht sein. Eckverbindungswinkel in den Hohlkammern werden vorwiegend mechanisch durch Verstiften und Schrauben, weniger durch Kleben und Schweißen mit den Blendrahmen- bzw. Flügelteilen verbunden. Kraftschlüssig angebracht erzielen sie eine hohe dynamische und statische Tragfähigkeit.

11.3.4 Kunststofffenster

Fenster aus PVC-hart

Werkstoffeigenschaften. Weichmacherfreies PVC-hart ist schlagzäh bis -40 °C, leicht, wenig biegefest, korrosionsfest, gut bearbeitbar und mit einer Wärmeleitfähigkeit λ' zwischen 0,14 W/(m·K) und 0,20 W/(m·K) ebenso gut wärmedämmend wie Holz. Bei Sonneneinstrahlung heizt es sich auf und erreicht eine Wärmeausdehnung von 4,5 mm/m bei 60 °C Temperaturdifferenz. Es dehnt sich 25mal mehr aus als Holz.

PVC-hart hat eine glatte und wartungsfreie Oberfläche, die durch die Laugen in Zement, Kalk oder Gips nicht angegriffen wird. Oberflächenbeschädigungen (Kratzer) können ausgeschliffen werden. PVC-hart verursacht im Gebrauch keine gesundheitlichen Beeinträchtigungen. Der MAK-Wert liegt bei 1 ppm. Alte Fenster und Verschnitt müssen jedoch als Sondermüll entsorgt werden.

Innenausbau – Dichtungsmittel und Dichtungsebenen

Kunststoffe 2.6.3

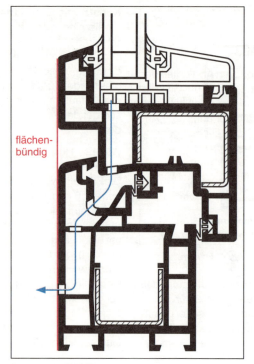

B 11.3-21 Mehrkammersystem, flächenbündig.

Kunststoffe 2.6.3

Wärmeschutz 9.2.1

Dichtungsmittel 2.12.3

verwindungssteif. Beschläge und Maueranker werden im Kernprofil befestigt.

Fenster aus Polyvinylchlorid/Acrylglas

Die Profile bestehen vollständig aus einem Polyvinylchlorid-Acrylglasgemenge. Dadurch erhält das Kernmaterial duroplastartige Eigenschaften. Die stark belasteten Außenbereiche werden mit Glasfaserstäben verstärkt. Eckverbindungen werden mit Spezialschrauben verwindungsfrei hergestellt.

Aufgaben

1. Welche Eigenschaften müssen Fensterhölzer haben?
2. Was bedeuten beim Einfachfenster IV 68 die Zahlen 78/68?
3. Wie müssen bei der Wasserabführung eines Holzfensters konstruiert werden a) Wasserabreißnut, b) Außenprofil?
4. Aus welchen Einzelmaßen setzt sich eine Gesamtglasfalzbreite zusammen?
5. Erklären Sie den konstruktiven Unterschied zwischen Pfosten und Riegel!
6. Welche Fensterteile dürfen gedübelt werden?
7. Welche Konstruktionsmerkmale müssen bei Holzaluminiumfenstern beachtet werden?
8. Warum wird beim Aluminiumfenster das Zweikammersystem bevorzugt?
9. Welche Vorteile haben Kunststofffenster gegenüber Holzfenstern?

11.4 Dichtungsmittel und Dichtungsebenen

11.4.1 Dichtungsmittel

Dichtungsmittel müssen Fugenbewegungen aufnehmen können durch:
- temperaturabhängige Längenänderungen bei Kunststoff oder Aluminium,
- feuchtebedingte Querschnittsänderung bei Holz,
- Erschütterungen durch Lärm.

Dichtstoffe werden zum Abdichten der Fugen zwischen Glasscheibe und Flügelrahmen sowie zwischen Blendrahmen und Baukörper verwendet. Ihre Verbindung beruht auf der Adhäsion. Dichtstoffe müssen im Glasfalz Druck-, Sog- und Scherkräfte aufnehmen. Dichtstoffe werden entsprechend ihren Eigenschaften in die Gruppen A ... E eingeteilt.

Glashalteleisten befestigt man mit Klemmnuten oder Klemmfedern am Flügelrahmenprofil.

Fenster aus Polyurethan

Werkstoffeigenschaften. Polyurethan-Hartschaum erweicht nicht bei intensiver Sonneneinstrahlung und wird nicht spröde bei Kälte. Die sehr niedrige Wärmeleitfähigkeit $\lambda' = 0{,}03$ W/(m·K), die fast 5mal besser als die des Holzes ist, erzielt eine überdurchschnittliche Wärmedämmung. Die Oberfläche ist pflegeleicht und gegen Haushaltsreiniger und Industriechemikalien unempfindlich.

Konstruktionsmerkmale. Die Flügelrahmen sind flächenbündig oder flächenversetzt. Das Aluminiumkernprofil ist allseitig von PUR dicht umschlossen. Die hohe Wärmedämmwirkung des PUR schützt das Kernprofil vor eindringender Hitze oder Kälte. Es hat dadurch geringe thermische Längenausdehnungen. Der Profilquerschnitt mit seinen Rundungen und schrägen Schmalflächen wird in einem Arbeitsgang geschäumt. Die Aussparungen und Nuten im Blend- und Flügelrahmen werden während des Schäumens durch Gegenformen gewonnen.

Eckverbindungen. Massive Metallwinkel verbinden die Blend- und Flügelrahmenteile

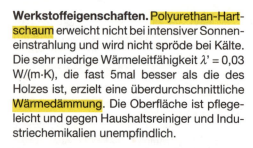

Innenausbau – Dichtungsmittel und Dichtungsebenen

Dichtungsprofile
2.12.3

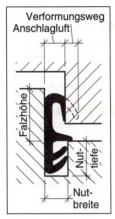

B 11.4-1 Lippenprofil in Blend- und Flügelrahmen. Zurückgesetzter Dichtungskopf ist vor Beschädigung geschützt.

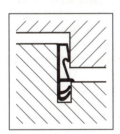

B 11.4-2 Hohlraumprofil in Blend- und Flügelrahmen.

Diese Dichtstoffgruppen werden bei der Verglasung berücksichtigt. Nur die Gruppen C, D und E können den hohen Belastungen im Glasfalz gerecht werden.

Dichtungsprofile werden zum Abdichten der Fugen zwischen Glasscheiben und Glasfalz sowie zwischen Flügel- und Blendrahmen verwendet. Die Dichtwirkung hängt vom Anpreßdruck ab, der auf das Dichtungsprofil ausgeübt wird. Es verformt sich dabei und füllt die Fuge aus. Die Dicke der Verglasungseinheit und die Befestigung des Dichtungsprofils in Nuten oder Glasklemm- bzw. -halteleisten bestimmen die Art und Größe des Dichtungsprofils.

Zwischen Flügel- und Blendrahmen liegen die Dichtungsprofile im Bereich der Windsperre in einer Ebene und laufen ringsum. Als Dichtungsprofile werden Lippen- oder Hohlraumprofile verwendet.

Vorlegebänder bestehen aus Polyethylen mit kleinen geschlossenen Poren, die eine innere Festigkeit geben und sind selbstklebend.

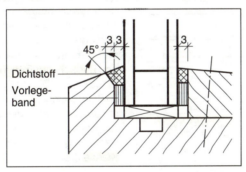

B 11.4-3 Vorlegebänder.

Vorlegebänder werden vorwiegend bei der Verglasung von Mehrscheibenisolierglas MIG verwendet. Sie liegen zwischen Glasscheibe und Auflagefläche der Falzhöhe einerseits und Glasklemmleiste andererseits. Der Glasscheibe geben sie eine feste Auflage und ermöglichen somit das Einbringen des Dichtstoffes. Vorlegebänder verhindern auch das Ankleben des Dichtstoffes am Falzgrund. Die Dicke der Vorlegebänder hängt von der Scheibengröße und den Rahmenwerkstoffen ab.

Dichtungsbänder werden zum Abdichten von Fugen zwischen Blendrahmen und Baukörper verwendet. Sie gleichen auch Unebenheiten im Maueranschlag aus.

Vorfüllprofile und Hinterfüllprofile werden an Fenstern ohne Maueranschlag verwendet.

11.4.2 Dichtungsebenen

An Fenstern und Fenstertüren unterscheidet man drei Dichtungsebenen:
- Dichtungsebene 1 zwischen Blendrahmen und Baukörper,
- Dichtungsebene 2 zwischen Blendrahmen und Flügelrahmen,
- Dichtungsebene 3 zwischen Glasscheibe und Flügelrahmen.

Dichtungsebene 1

Die Blendrahmen werden mit Spreizdübeln, Laschen, Schlaudern oder Ankerschienen in der Fensteröffnung befestigt. Zwischen Blendrahmen und Baukörper muß ein Abstand von 10 mm ... 15 mm vorgesehen werden, weil Fenster und Fenstertüren keine Gebäudelasten

T 11.4/1 Anforderungen an Dichtstoffgruppen

Dicht- stoff- gruppe	Eigenschaften						
	Verform- barkeit	Rückstell- vermögen in %	Haft- und Dehnvermögen nach Ein- wirkung von UV-Strahlen in %	nach Ein- wirkung von Sog, Druck und Sche- rung in %	Kohäsions- vermögen: Zugspan- nung in N/mm²	Mögliche Volumen- änderung in %	Stand- vermögen: Ausbuch- tung in mm
A	erhärtend	-	-	-	-	≤ 5	≤ 2
B	plastisch	-	≥ 5	≥ 5	-	≤ 5	≤ 2
C	elastisch	≥ 5	≥ 50	≥ 50	≤ 0,8	≤ 15	≤ 2
D	elastisch	≥ 30	≥ 75	≥ 75	≤ 0,5	≤ 10	≤ 2
E	elastisch	≥ 60	≥ 100	≥ 100	≤ 0,4	≤ 10	≤ 2

Innenausbau – Dichtungsmittel und Dichtungsebenen

T 11.4/2 Vorlegebänder - Mindestdicken nach DIN 18545

Längste Seite der Verglasung in cm	Mindestdicke der Vorlegebänder in mm Rahmenwerkstoffe aus				
	Holz	Kunststoff Oberfläche		Aluminium Oberfläche	
		hell	dunkel	hell	dunkel
bis 150	3	4	4	3	3
150 ... 200	3	5	5	4	4
200 ... 250	4	5	6	4	5
250 ... 275	4	-	-	5	5
275 ... 300	4	-	-	5	-
300 ... 400	5	-	-	-	-

Dichtstoffe 2.12.3,
Maueranschlag 9.1.3,
Schallschutz, Luft-
schalldämmung 9.2.3,
Schallschutzklassen
11.2.7

aufnehmen dürfen. Der Hohlraum wird mit feuchtebeständigen Faserdämmstoffen ausgefüllt oder mit Füll- bzw. Montageschaum ausgespritzt. Die Fuge wird mit Dichtstoffen verschlossen. Diese müssen auf glatten und ausreichend tiefen Fugenflanken sicher haften, ohne mit dem Fugengrund verbunden zu sein. In die Fuge darf keine Feuchte eindringen. Schäume sind für die Montage und als Dichtstoffe ungeeignet. Sie werden feuchtedurchlässig und sind nicht UV-beständig.

Anschlüsse ohne Maueranschlag. Das Fenster liegt meistens hinter der Fassade zurück. Der Blendrahmen liegt stumpf auf der Mauerleibung. Bei gemauerter und verputzter Leibung wird der Blendrahmen vor der Putzarbeit eingebaut. Bei Leibungen in Sichtbeton ist der Einbau unabhängig vom Bauverlauf.

Kunststoffenster. Als Blendrahmenanschlüsse sind Konstruktionen mit:
- Deckprofil oder
- konstruktivem Dichtschutz möglich.

Holzfenster werden noch häufig ohne Dichtung aus Dichtstoffen eingebaut werden. Putz allein dichtet jedoch nur unwesentlich gegen Schlagregen ab. In den Fugen zwischen Putz und Blendrahmen bilden sich Risse. Wärme- und Luftschalldämmung sind gering. Bei Holzfenstern mit Dichtung liegt der Dichtstoff im Außenbereich. Eine Anschlußschiene aus Aluminium verhindert die Rißbildung. Durch Dichtung mit Dichtstoffen wird eine gute Wärmedämmung und eine Luftschalldämmung der Klasse 3 erzielt.

Zum Einbau können auch Einbauzargen aus verzinktem Stahlblech oder Aluminium ver-

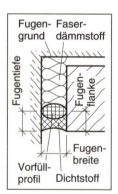

B 11.4-5 Dichtungsfuge.

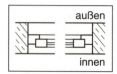

B 11.4-6 Fenster ohne Maueranschlag.

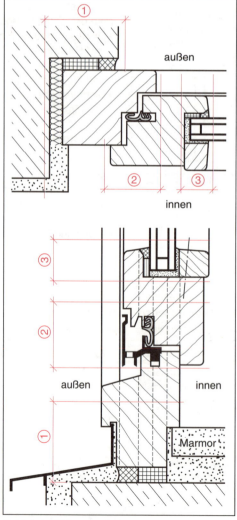

B 11.4-4 Dichtungsebenen.

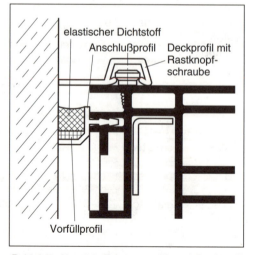

B 11.4-7 Kunststoffensteranschlag mit Deckprofil.

Innenausbau – Dichtungsmittel und Dichtungsebenen

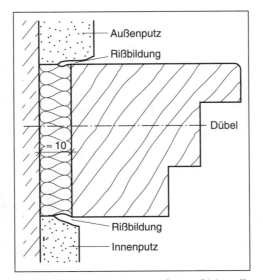

B 11.4-8 Blendrahmenanschluß ohne Dichtstoff.

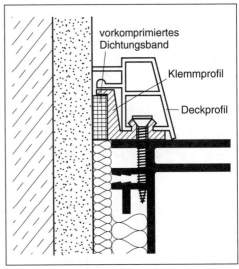

B 11.4-10 Kunststoffensteranschlag mit konstruktivem Dichtschutz.

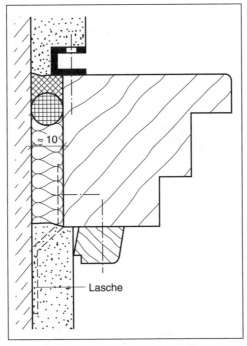

B 11.4-9 Blendrahmenanschluß mit Dichtstoff.

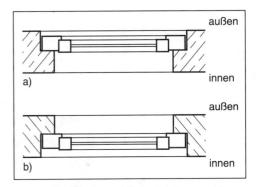

B 11.4-11 Maueranschläge. a) Außenanschlag, b) Innenanschlag.

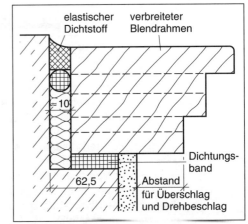

B 11.4-12 Holzfenster - Blendrahmenanschluß mit Außenanschlag.

wendet werden. Sie werden vor dem Fenstereinbau flucht- und winkelgerecht in die Maueröffnung eingesetzt und verputzt.

Anschlüsse mit Maueranschlag. Der Blendrahmen liegt im Maueranschlag (Mauerfalz). Dadurch hat er eine flächige Auflage mit guten Dichtungsmöglichkeiten.

Holzfenster gewährleisten eine gute Wärmedämmung. Beim Außenanschlag ist ein Schallschutz bis Klasse 3, beim Innenanschlag ab Klasse 4 möglich.

Kunststoffenster können im Blendrahmenanschluß ausgeführt werden mit:
- Dichtstoffen oder
- konstruktivem Dichtschutz.

Innenausbau – Dichtungsmittel und Dichtungsebenen

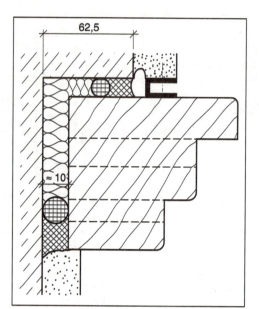

B 11.4-15 *Kunststoffensteranschlag mit konstruktivem Dichtschutz.*

Wärmebrücke 9.2.1

B 11.4-13 *Holzfenster - Blendrahmenanschluß mit Innenanschlag.*

äußeren getrennt und bildet keine Wärmebrücke. Sie wird ebenfalls abgedichtet.

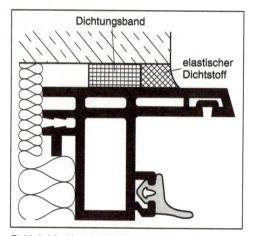

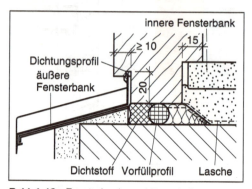

B 11.4-16 *Fensterbankanschlüsse beim Holzfenster.*

B 11.4-14 *Kunststoffensteranschlag mit Dichtstoff.*

Anschlüsse an Fensterbänken. Fensterbänke decken die untere Fensterbrüstung ab und sind mit dem Blendrahmen fest verbunden. Der Abstand zwischen Blendrahmen und Fensterbrüstung wird beim:

- Holzfenster mit elastischem Dichtstoff, Vorfüllprofil und Faserdämmstoff abgedichtet,
- Kunststoff- und Aluminiumfenster mit Faserdämmstoff, der den Befestigungsanker ummantelt.

Die äußere, witterungsbeständige Fensterbank (Sohlbank) aus Aluminium, Kupfer, verzinktem Stahlblech, Klinkerplatten oder Form-Kunststein muß mit Dichtungsprofilen oder Dichtungsband dicht an den Blendrahmen angeschlossen werden. Die innere Fensterbank ist durch den Blendrahmen von der

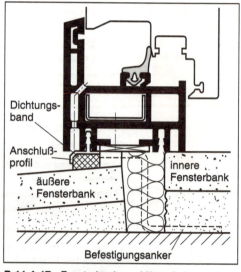

B 11.4-17 *Fensterbankanschlüsse beim Kunststoffenster.*

Innenausbau – Dichtungsmittel und Dichtungsebenen

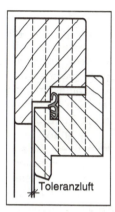

B 11.4-18 Toleranzluft im Anschluß Flügelrahmen - Blendrahmen.

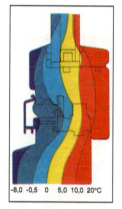

B 11.4-20 Temperaturlinien bei nicht wärmegedämmter Wetterschutzschiene.

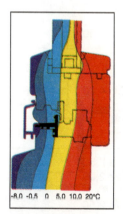

B 11.4-21 Isotherme bei Thermo-Wetterschutzschiene.

Dichtungsebene 2

Von den Anschlüssen zwischen Blendrahmen und Flügelrahmen hängen Fugendurchlässigkeit und Regendichtheit von Fenstern und Fenstertüren ab.

Regendichte Anschlüsse führen Regenwasser über die Außenflächen von Blend- und Flügelrahmen ab. Eine Toleranzluft von 1 mm zwischen der Innenfläche des Zapfenüberschlags am Blendrahmen und der Außenfläche des Flügelrahmens ergibt im äußeren Falz einen Druckausgleich. Dadurch kann das Regenwasser druckunabhängig abfließen.

Wetterschutzschienen an Holzfenstern. Wetterschutzschienen aus Aluminiumprofilen werden auf das untere Blendrahmenholz geschraubt oder mit Klemmverbindungen (z.B. Tannenzapfensteg) eingelassen. Bei nach innen aufgehenden Fenstern und Fenstertüren bilden sie im äußeren Falz eine Regensperre. Das Regenwasser wird über eine Auffangkammer druckunabhängig nach außen abgeführt. Deswegen besteht zwischen dem äußeren Anschlag der Wetterschutzschiene und dem unteren Blendrahmenholz auch hier eine Toleranzluft von 1 mm.

Nicht wärmegedämmte Wetterschutzschienen bilden in der kalten Jahreszeit Wärmebrücken. Der Dichtbereich bietet somit sehr geringen Wärmeschutz. Tauwasser kann sich dort bilden, in die Fälze eindringen und das Holz schädigen.

Thermo-Wetterschutzschienen sind zweigeteilt aufgebaut: der äußere Teil besteht aus Aluminium, der innere aus Kunststoff. Dadurch wird der Wärmeschutz im Dichtungsbereich wesentlich verbessert. Die Gefahr der Tauwasserbildung am Anschlagsteg ist gering.

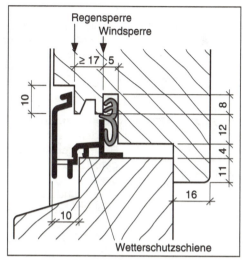

B 11.4-19 Wetterschutzschiene und Regen- und Windsperre.

Falzdichtungen. Winddichte Anschlüsse werden durch Falzdichtungen zwischen Blendrahmen und Flügelrahmen erzielt. Dicht anliegende Lippen- oder Hohlraumprofile bilden im inneren Falz die mittlere Dichtung. Sie ist die Windsperre. Nach DIN 68121 muß der Abstand zwischen Regensperre und Windsperre mindestens 17 mm betragen. Eine wirksame Regensperre muß auch bei starkem Schlagregen verhindern, daß die mittlere Dichtung feucht wird. Falzdichtungen zwischen Blendrahmen und Flügelrahmen müssen nach DIN 18355 auswechselbar, in einer Ebene umlaufend und in den Ecken dicht sein.

Einfache Falzdichtung. Für den Wärmeschutz und den Schallschutz bis Schallschutzklasse 3 reicht die einfache Falzdichtung im Blend- und Flügelrahmen aus. Sie kann im:
- Flügelrahmen,
- Blendrahmen und
- Mittenüberschlag angebracht sein.

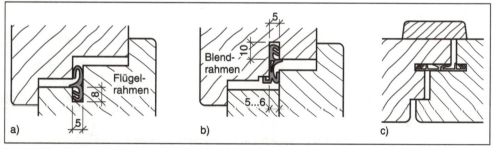

B 11.4-22 Einfache Falzdichtung im a) Flügelrahmen, b) Blendrahmen, c) Mittenüberschlag.

Innenausbau – Dichtungsmittel und Dichtungsebenen

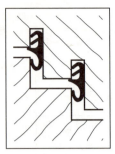

B 11.4-23 *Doppelte Falzdichtung.*

Doppelte Falzdichtung ist für den Wärmeschutz nicht notwendig, jedoch für den Schallschutz ab Schallschutzklasse 4. Sie wird nur dann wirksam, wenn beide Dichtungsprofile vollflächig im Falz anliegen.

Dichtungsebene 3

Beanspruchungsgruppen. Verglasungen werden nach ihren Anforderungen in die Beanspruchungsgruppen BG 1 bis BG 5 eingeteilt. Nach der Öffnungsart des Fensters gelten:
- BG 1 und BG 2 (ohne besondere Beanspruchung) → Festverglasung, Drehfenster und Drehkippfenster,
- BG 3, BG 4, BG 5 → Schwingfenster, Hebefenster und Fenster mit vergleichbarer Beanspruchung.

Glasscheiben werden im Glasfalz mit Dichtstoffen oder Dichtungsprofilen (→ T 11.4/4) abgedichtet. Auch eine Kombination beider Dichtungsmittel ist möglich.

Dampfdruckausgleich. Bei den Verglasungssystemen Vf 3, Vf 4 und Vf 5 muß der dichtstofffreie Falzraum zur Außenseite geöffnet sein. Dadurch kann sich der Dampfdruck im Falzraum nach außen ausgleichen und entstehendes Tauwasser unmittelbar nach außen ablaufen. Öffnungen zum Druckausgleich können Bohrungen mit 8 mm Durchmesser und/oder Schlitze mit 5 mm/12 mm Querschnittsfläche sein. Im unteren Falz sollen mindestens drei, im oberen mindestens zwei Öffnungen sein. Im unteren Glasfalz müssen sie am tiefsten Punkt liegen und untereinander nicht mehr als 600 mm entfernt sein.

Der Dampfdruckausgleich erfolgt:
- direkt (→ Flügelrahmen, Festverglasung) oder
- über benachbarte Felder (→ Riegel, Sprossen).

Bei Holzfenstern erfolgt die Konstruktion des Druckausgleichs nach DIN 68121.

T 11.4/3 Beanspruchungsgruppen[1] für die Verglasung von Fenstern

Rahmenmaterial	Dichtstoffvorlage in mm	Beanspruchungsgruppe 3	4	5
		Kantenlänge der Scheibe in m		
Aluminium Aluminium-Holz Stahl	3	bis 0,80 bis 0,80	bis 1,00 bis 1,00	bis 1,50 bis 1,50
	4	bis 1,50 bis 1,25	bis 2,00 bis 1,50	bis 2,50 bis 2,00
	5	bis 1,75 bis 1,50	bis 2,25 bis 2,00	bis 3,00 bis 2,75
Holz	3	bis 1,50	bis 1,75	bis 2,00
	4	bis 1,75	bis 2,50	bis 3,00
	5	bis 2,00	bis 3,00	bis 4,00
Kunststoff	4	bis 0,80 bis 0,80	bis 1,00 bis 1,00	bis 1,50 bis 1,50
	5	bis 1,50 bis 1,25	bis 2,00 bis 1,50	bis 2,50 bis 2,00
	6	bis 1,50	bis 2,00	bis 2,50

[1] BG 1 und BG 2 ohne besondere Beanspruchung

Innenausbau – Dichtungsmittel und Dichtungsebenen

T 11.4/4 Verglasungssysteme mit Dichtstoffen

Verglasungs-system	Konstruktion	Dichtstoffgruppe Falzraum	Versiegelung	Beanspruchungsgruppe	Kurzzeichen nach DIN 18545	Bemerkungen
freie Dicht-stoffase		A	-	BG 1	Va 1	ohne Glashalteleiste
ausgefüllter Falzraum		B	-	BG 2	Va 2	Glashalteleiste innen, vollsatte Ausfüllung mit plastischem Dichtstoff
ausgefüllter Falzraum		B B	C D	BG 3 BG 4	Va 3 Va 4	Glashalteleiste innen, außen Versiegelung, Vorlegeband, vollsatte Ausfüllung
ausgefüllter Falzraum		B	E	BG 5	Va 5	Glashalteleiste innen, innen und außen Versiegelung, Vorlegeband, vollsatte Ausfüllung
dichtstoff-freier Falz-raum		- - -	C D E	BG 3 BG 4 BG 5	Vf 3 Vf 4 Vf 5	mit Glashalteleiste

Es bedeuten: V Verglasungssystem, *a* ausgefüllter Falzraum, *f* dichtstofffreier Falzraum

B 11.4-24 Lage der Öffnungen zum Dampfdruckausgleich an a) Flügelrahmen, b) Riegel, c) Festverglasung, d) Sprossen.

Innenausbau – Dichtungsmittel und Dichtungsebenen

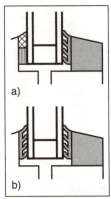

B 11.4-26 Dichtstofffreie Verglasung. a) einseitig, b) beidseitig.

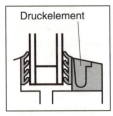

B 11.4-27 Verglasung mit Druckelementen.

Dichtungsprofile
2.12.3

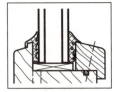

B 11.4-28 Dichtungsprofile beim Holzfenster.

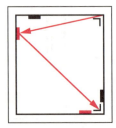

B 11.4-29 Formstabiler Flügelrahmen mit Trag- (rot) und Distanzklötzen (schwarz).

Aluminium- und Kunststofffenster. Der Druckausgleich erfolgt über die Vorkammer.

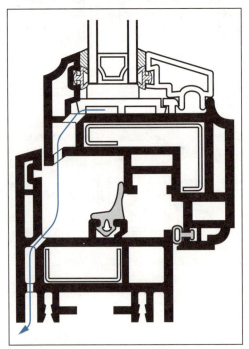

B 11.4-25 Öffnungen zum Dampfdruckausgleich bei Kunststoff- und Aluminiumfenstern.

Verglasungssysteme mit Dichtungsprofilen. Verglasungen können teilweise oder völlig dichtstofffrei mit Dichtungsprofilen ausgeführt werden. Diese Technik wird bevorzugt bei Rahmen aus Kunststoff oder Aluminium angewendet, vermehrt findet man sie auch bei Holzfenstern. Die Außendichtungen bestehen vorwiegend aus breiten, weichen Dichtungen mit mehreren Lippen, Innendichtungen haben schmale, härtere und keilförmige Profile.

Kunststoff- bzw. Aluminiumfenster. Das Glas wird mit Glasklemmleisten befestigt. Für gebrauchstaugliche Abdichtungen müssen die Dichtungsprofile den Steg des Flügelrahmens und die Oberkante der Glasklemmleiste abdecken. Der erforderliche Anpreßdruck von 2 kN/m² ... 5 kN/m² wird durch übereinstimmende Fugenbreite und Profildicke zwischen Glas und Flügelrahmen bzw. Glas und Glasklemmleiste erreicht. Der Anpreßdruck kann durch den Profileigendruck oder durch Druckelemente erzeugt werden.

Holzfenster. Es werden Dichtungsprofile mit unterschiedlichen Querschnitten und eine gefälzte Glashalteleiste verwendet.

Verklotzung. Trag- und Distanzklötze nehmen im Glasfalz die Masse der eingebauten Glasscheibe auf und leiten Zug- und Druckkräfte ab. Sie verhindern, daß:
- Dichtstoffe und Dichtungsprofile im Falzraum zusammengedrückt werden,
- die Verbindung zwischen Glasoberfläche und Glasfalz abreißt und Wasser eindringt,
- der Flügelrahmen sich verzieht.

Durch Verklotzung werden erst dichtstofffreie Falzräume möglich. Trag- und Distanzklötze sind etwa 5 mm dick (Höhe des Falzraumes) und 60 mm ... 100 mm lang. In diesem Maß werden sie auch im Abstand zur Rahmenecke des Flügels angebracht. Sie werden aus imprägniertem Holz oder Polyamid hergestellt.

Tragklötze werden an der Stelle im Flügelrahmen angebracht, wo Druckkräfte den Flügelrahmen belasten. Die Glasscheibe muß diese Kräfte ableiten. Tragklötze zwischen Glaskante und Falzgrund nehmen die Kräfte auf und führen sie über das untere Drehlager zum Blendrahmen ab.

Distanzklötze sorgen für den gleichmäßigen Abstand zwischen Glaskante und Falzgrund. Dadurch bleibt die Form der Dichtstoffe und Dichtungsprofile im Falzraum gleich.

Verklotzungen und Dampfdruckausgleich. Verklotzungen dürfen den Falzraum in der Länge nicht unterbrechen. Wenn bei eben-

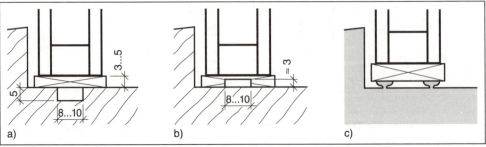

B 11.4-30 Verklotzung bei dichtstofffreiem Falzraum. a) Ausgleichsnut und Klotz, b) Klotzbrücke, c) profilierter Falzgrund bei Kunststoff bzw. Aluminium.

Innenausbau – Fensterarten und ihre Beschläge

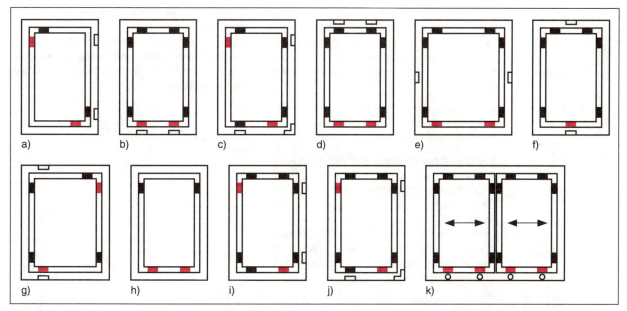

B 11.4-31 Verklotzungen (Tragklötze rot, Distanzklötze schwarz). a) Drehflügel, b) Kippflügel, c) Drehkippflügel, d) Klappflügel, e) Schwingflügel, f) Wendeflügel mittig, g) Wendeflügel außermittig, h) Festverglasung, i) Hebedrehflügel, j) Hebedrehkippflügel, k) Horizontalschiebeflügel.

flächigem Falzgrund Klötze die Bohrungen für den Dampfdruckausgleich überdecken, sind Nuten mit 8 mm/5 mm Querschnittsfläche notwendig. Bei Klotzbrücken erübrigen sich Ausgleichsnuten.

Klötze bzw. Klotzbrücken müssen für eine ausreichende Auflage 1 mm ... 2 mm breiter als die Verglasungseinheit sein.

Aufgaben

1. Wie reagieren Dichtstoffe der Dichtstoffgruppe B und D auf Sog- und Druckbeanspruchung beim Fenster?
2. Erklären Sie die Funktion von Lippendichtungsprofilen!
3. Welche Aufgabe haben Vorlegebänder bei der Verglasung?
4. In welcher Dichtungsebene werden Dichtungsprofile verwendet?
5. Beschreiben Sie einen wärmedämmenden Blendrahmenanschluß eines Holzfensters ohne Maueranschlag!
6. Beschreiben Sie einen wärmedämmenden Innenanschlag eines Holzfensters im Maueranschlag!
7. Wie werden einfache und doppelte Falzdichtungen konstruiert?
8. Erklären Sie Konstruktion und Vorteil einer Thermo-Wetterschutzschiene!
9. Wieviel Meter Kantenlänge darf ein Holzfenster mit 4 mm Dichtstoffvorlage in Beanspruchungsgruppe 4 haben?
10. Vergleichen Sie den Aufbau einer Verglasung des Systems Va 3 mit Vf 3!
11. Beschreiben Sie die Konstruktion des Dampfdruckausgleichs im Fensterflügel und bei einer Festverglasung!
12. Wie erreicht man bei Verglasungen mit Dichtungsprofilen den Anpreßdruck?
13. Warum müssen Scheiben verklotzt werden?
14. Worauf ist bei Verklotzung mit Dampfdruckausgleich zu achten?

11.5 Fensterarten und ihre Beschläge

11.5.1 Fensterbeschläge - Grundausführungen

Drehbeschläge verbinden Flügelrahmen und Blendrahmen. Der Flügelrahmen dreht sich in:
- senkrechter Achse → Dreh- und Wendeflügel,
- waagerechter Achse → Kipp-, Klapp- und Schwingflügel.

Drehlager und Zapfen müssen die Masse des Flügelrahmens und der Glasscheibe auf den Blendrahmen übertragen.

Einbohrbänder sind die wichtigsten Drehbeschläge. Sie werden eingedreht, eingeschlagen oder eingedrückt. Der konische Teil des Zapfens gibt mit seinem Feingewinde eine hohe Ausreißfestigkeit.

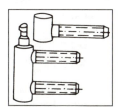

B 11.5-1 Einbohrband für Holzfenster.

B 11.5-2 Mauerabstand für Einbohrbänder.

Innenausbau – Fensterarten und ihre Beschläge

B 11.5-3 Aufschraubeinbohrband.

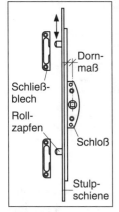

B 11.5-4 Kantengetriebe.

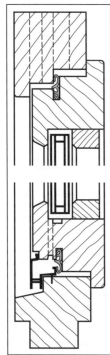

B 11.5-6 Einfachfenster, Drehflügel- oder Drehkippfenster.

Einbohrbänder werden aus verzinktem Stahl oder eloxierten Aluminiumlegierungen hergestellt. Je nach Ausbildung des Blendrahmens haben sie kurze oder lange Rahmenzapfen. Sie können rechts oder links verwendet werden.

Aufschraubbänder für Kunststofffenster bestehen aus einem Edelstahlstift in einer Polyamidbuchse.

Verschlußbeschläge. Der häufigste Verschlußbeschlag ist das Kantengetriebe. Es liegt mit seiner Stulpschiene im Flügelfalz. Die Getriebestange hat oben und unten einen Hub bis 15 mm. Die Rollzapfen rasten durch Drehen des Handhebels in die Schließbleche ein. Dornmaße, Kastentiefe mit Stulp und Gesamtlängen sind je nach Konstruktion des Fensters wählbar.

Verbindungsbeschläge. Bei Verbundfenstern ist der äußere Flügel mit dem inneren schließbar verbunden. Zur Reinigung sind beide Flügelrahmen leicht zu trennen. Alle Beschlagteile werden aus hochwertigem Stahl, Zinkdruckguß oder Aluminiumlegierungen hergestellt.

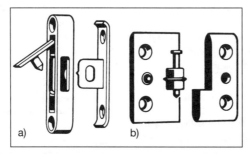

B 11.5-5 Verbindungsbeschläge für a) Blendrahmen, b) Fensterflügel.

11.5.2 Fensterarten und Öffnungsbeschläge

Drehflügelfenster und -türen gibt es als Einfachfenster bzw. -türen. Die Fenster können auch als Verbundfenster ausgeführt werden. Türen können ein- und zweiflügelig, Fenster ein-, zwei- und dreiflügelig sein.

Drehflügeleinfachfenster. Der Flügelholzquerschnitt mit den genormten Dicken 56 mm, 63 mm, 68 mm, 78 mm und 92 mm enthält sämtliche Profile. Einfachfenster können mit Einfachverglasung EV oder Mehrscheibenisolierglas MIG versehen sein. Einfachverglasung ist gemäß Wärmeschutzverordnung nur noch für unbewohnte Räume (Keller, Garagen, Außentüren vor Windfängen) zugelassen.

Beschläge für Drehflügelfenster bestehen aus einem Drehbeschlag mit Ecklager sowie einem Kantengetriebe mit Griff (Olive) und Eckumlenkung.

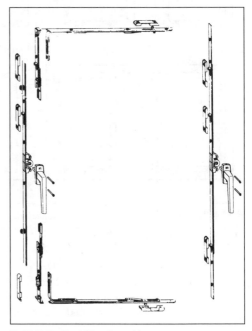

B 11.5-7 Drehflügelbeschlag.

Verbundfenster bestehen aus zwei Flügelrahmen. Der äußere, weniger breite Flügel liegt mit 1 mm Toleranzluft auf dem inneren, breiteren. Der äußere Flügel ist mit dem inneren durch Verbindungsbeschläge verbunden. Der innere Flügel trägt das Fenster mit Dreh- bzw. Drehkippbeschlägen. Jeder Flügel ist im allgemeinen einfachverglast. Bei schalldämmenden Fenstern kann der innere Flügel auch isolierverglast sein.

Die Luft im Scheibenzwischenraum SZR wirkt wärmedämmend. Die Innenfläche der äußeren Scheibe kann beschlagen, wenn feuchte

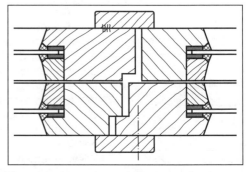

B 11.5-8 Mittenüberschlag beim Verbundfenster.

Innenausbau – Fensterarten und ihre Beschläge

und warme Luft in den SZR eindringt und die Scheibe abkühlt. Die Falzdichtung muß zwischen dem inneren Flügel und dem Blendrahmen liegen.

Drehflügelfenstertüren werden als Terrassen- oder Balkontüren verwendet. Sie weisen im wesentlichen die gleichen Konstruktionsmerkmale wie Drehflügelfenster auf. Zum Schutz vor der Zerstörung der Scheibe wird im unteren Bereich ein Querteil in den Flügelrahmen eingefügt. Ungeteilt darf es höchtens 140 mm breit sein. Beide Teile werden im allgemeinen mit Nut und angefräster Feder verbunden; eine Konstruktion mit eingeschobener Feder ist auch möglich.

Hebedrehflügelfenster und -türen werden mit einem Handhebel angehoben und abgesenkt. Dieser ist auf der Bandseite am aufrechten Blendrahmenholz angebracht. Verriegelt wird auf der gegenüberliegenden Längsseite. Eine zusätzliche Verriegelung kann oben liegen. Das untere Flügelholz ist konisch ausgefräst. In abgesenktem Zustand sitzt es dicht auf der Sattelschiene des unteren Blendrahmenholzes auf. Der obere Falzfreiraum muß so bemessen sein, daß Hubhöhe zuzüglich 2 mm Luft ausgespart werden. Ein- und zweiflügelige Hebedrehflügeltüren werden vorwiegend als Terrassen- oder Balkontüren verwendet.

Kipp- und Klappflügelfenster (Oberlichtfenster). Oberlichtfenster können mit Kipp- oder Klappflügeln hergestellt werden.

Kippflügel sind am unteren Flügelholz meist nach innen aufschlagend befestigt und sorgen für zugfreie Be- und Entlüftung. Fangscheren halten den Flügel sicher geöffnet.

Klappflügel sind am oberen Flügelholz angeschlagen und öffnen nach unten. Die Öffnung ist nach innen und außen möglich. Nach außen geöffnet bietet der Flügel Schutz vor Regen, aber nicht vor Lärm. Nach innen geöffnet ergibt sich die umgekehrte Wirkung.

Oberlichtöffner. Aufliegende oder verdecktliegende Oberlichtöffner mit Schere und Gestänge können seitlich oder am oberen bzw. unteren Flügelholz angebracht sein. Das Gestänge überträgt die Hebelkraft auf die Schere, die das Oberlichtfenster öffnet und schließt. Das Kräftediagramm an den Scherenarmen sorgt für eine leichte und dauerhafte Bedienung durch Handhebel, Spindelgetriebe oder Elektro- bzw. ölhydraulischen Antrieb.

Drehkippflügelfenster und -türen. Drehkippflügel mit Eingriffbedienung und verdecktem Kantengetriebe lassen sich leicht bedienen und reinigen und sorgen für zugfreie Belüftung. Eine tragende Ausstellschere verhindert, daß sich der Flügel bei Fehlbedienung aushängt. Senkrechte und waagerechte Verriegelungen sind zuverlässige Einstiegsicherungen.

Eurofalz und Euronut haben statt des genormten Freiraumes von 4 mm 11,5 mm bzw. 11 mm Luft. Damit verringert sich der Überschlag auf 6,5 mm bzw. 7 mm.

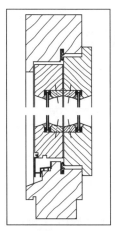

B 11.5-9 Dreh- oder Drehkippfenster.

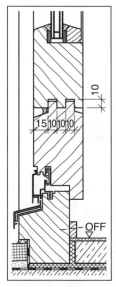

B 11.5-10 Drehflügelfenstertür.

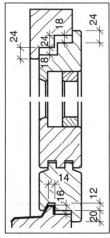

B 11.5-11 Hebedrehflügeltür.

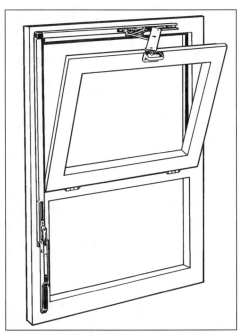

B 11.5-12 Kippflügelfenster mit verdecktem Oberlichtöffner.

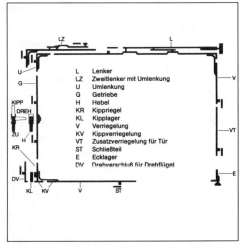

B 11.5-13 Drehkippbeschlag und Eingriffbeschlag.

Innenausbau – Fensterarten und ihre Beschläge

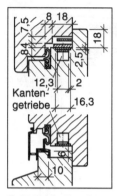

B 11.5-14 Eurofalz.

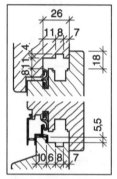

B 11.5-15 Euronut.

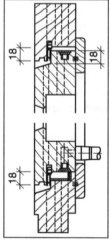

B 11.5-17 Schwingflügelfenster mit Beschlag.

Diese in DIN 68121 festgelegten Maße gewährleisten, daß verdeckte Kantengetriebe aufgenommen und bei Beschlägen die Schließplatten aufgeschraubt werden können.

Schwingflügelfenster. Der Flügelrahmen ist in der Mitte der Fensterhöhe waagerecht axial gelagert. Die untere Flügelhälfte öffnet nach außen, die obere Hälfte öffnet nach innen.
Das Schwinglager reguliert mit zwei Drehpunkten die Bremswirkung:
Der erste öffnet den Flügel bis 55°, der zweite bis 180°. Dadurch kann der Schwingflügel auch von innen gereinigt werden. Unterhalb und oberhalb der Drehachse müssen die Fälze wechseln, damit der Flügel sich bewegen läßt. Mit dem Nocken am Drehgriff rastet der Flügel für Dauerlüftung mit einer kleinen Spaltöffnung ein. Innere und äußere Deckleiste verlaufen mit dem Schwingflügellager bündig. Die Deckleiste hebt sich beim Öffnen ab, so daß keine Schleifspuren entstehen. Ein Zentralverschluß verriegelt den Flügelrahmen mehrfach.

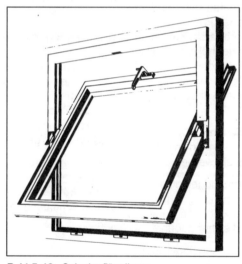

B 11.5-16 Schwingflügellager.

Wendeflügelfenster gleichen in ihrer Konstruktion den Schwingflügelfenstern. Die Drehachse liegt senkrecht mittig oder außermittig. Nachteilig ist bei Wendeflügelfenstern die zugige und ungleichmäßige Belüftung, da die Luftströme sich in Räumen senkrecht und nicht in der Waagerechten bewegen. Wendeflügel sind gemäß DIN nach rechts, d.h. mit dem linken Flügel raumeinwärts drehbar und umgekehrt. Der maximale Drehwinkel beträgt 180°. Die Bremswirkung des unteren und oberen Lagers ermöglicht das Arretieren in jeder Stellung. Der Zentralverschluß verriegelt den Flügel an beiden Seiten. Die Schiebestangen des Getriebes laufen U-förmig über druck- und zugfeste Eckumlenkungen.

Hebeschiebefenster und -türen. Mit horizontalen Schiebekonstruktionen lassen sich großflächige und schwere Flügel bis 250 kg verschieben. Möglich sind verschiedene Kombinationen aus feststehenden und beweglichen Flügeln, z.B.:
- ein Flügel beweglich, einer feststehend,
- zwei Flügel beweglich,
- zwei Außenflügel feststehend, mittlerer Flügel beweglich.

Die beweglichen Flügel werden mit einem Handhebel angehoben und können an jeder Stelle der Laufkonstruktion wieder abgelassen werden. Ein umlaufendes Dichtungssystem mit Lippen- oder Bürstendichtungen gewährt Witterungs-, Wärme- und Schallschutz. Der untere verstärkte Flügelrahmen ist auf Laufwagen mit Rollen in Laufschienen gelagert. Oben wird der Flügelrahmen in Profilschienen geführt.

Mit Abstellschiebebeschlägen können Flügel mit höchstens 120 kg Masse parallel vor anderen Flügeln oder Festverglasungen bewegt werden.

Bei geschlossenem Fenster liegen die Flügel in einer Ebene mit den anderen Teilen und sind als Schiebeflügel nicht zu erkennen. Die Beschläge können durch Seiten- und Höhenverstellungen angepaßt werden.

Vertikale Schiebefenster haben zwei übereinander angeordnete Flügel, die in Gleitschienen mit Seilzug oder Ketten gehoben oder gesenkt werden. Gleichbreite Lüftungsspalten oben und unten ermöglichen eine gute Belüftung. Im modernen Fensterbau werden vertikale Schiebekonstruktionen kaum noch hergestellt.

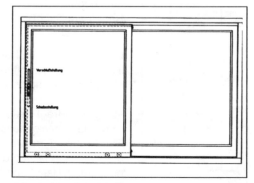

B 11.5-18 Hebeschiebefenster.

Innenausbau – Fensterarten und ihre Beschläge

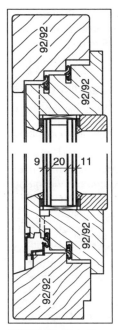

B 11.5-20 *Schalldämmendes Verbundfenster IV 92.*

Schallschutzfenster. Wirksame Luftschalldämmung wird durch besondere Konstruktionen erreicht:
- einflügelige Fenster (keine Mittenüberschläge mit undichten Fugen),
- dicke Flügel- und Blendrahmen mit breiten Glasfälzen,
- dicke Glasscheiben mit höherem Widerstand gegen Übertragung von Luftschallwellen,
- unterschiedliche Scheibendicken vermeiden Resonanz,
- großer Luftzwischenraum LZR zwischen zwei oder mehr Scheiben (bis 120 mm),
- Schallschutzglas (Mehrscheiben-Isolierglas, Scheibenabstand 6 mm ... 12 mm),
- Dichtung der Glasfälze und Maueranschlüsse mit Dichtstoffen der Dichtstoffgruppen C ... E,
- Verglasungssysteme Va 4 und 5 oder Vf 4 und 5,
- Dichtungsprofile in zwei Ebenen hinter der Windsperre raumeinwärts angeordnet,
- Blendrahmen im Maueranschlag.

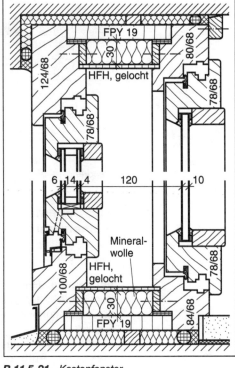

B 11.5-21 *Kastenfenster.*

11.5.3 Lüftungssysteme

Lüftungssysteme ermöglichen eine zugfreie Dauerbelüftung.

Spaltöffner halten Dreh- oder Kippflügel in etwa 20 mm breiter Spaltstellung. Dadurch ist eine geregelte Luftzirkulation möglich.

Schiebelüfter bestehen aus verschiebbaren Metallprofilen, die über ein Handgetriebe stufenlos geöffnet oder geschlossen werden können. In die Flügel- oder Blendrahmen von Holzfenstern können sie senkrecht oder waagerecht eingebaut werden. Für den formschlüssigen Einbau in Mehrscheibenisolierglas sind klemmbare, wärmedämmende Beschläge erforderlich.

Schall- und Wärmedämmlüfter werden getrennt oder kombiniert in verschiedenen Ausführungen angeboten. Sie können im Fensterbereich unterhalb der Brüstung sowie seitlich neben dem Fenster eingebaut werden. Im Fenster ist die Montage im Glasfalz des Flügelrahmens oder im Blendrahmen möglich.

In Schallschluckkonstruktionen verlieren Schallwellen ihre Energie. Die Wärme der Abluft wird in Wärmetauschern auf die einströmende Außenluft übertragen.

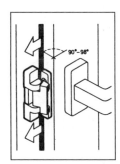

B 11.5-22 *Falzöffner.*

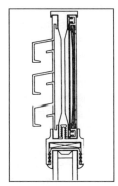

B 11.5-23 *Schiebelüfter.*

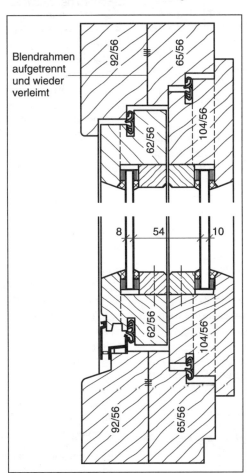

B 11.5-19 *Schalldämmendes Einfachfenster DV 56/56.*

Innenausbau – Fensterfertigung und Oberflächenschutz

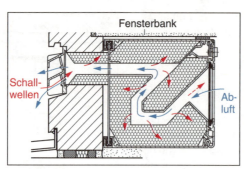

B 11.5-24 Schalldämmlüfter im unteren Blendrahmenholz.

11.6 Fensterfertigung und Oberflächenschutz

11.6.1 Fensterfertigung

Vorplanung. Für die Fertigung von Holz-, Kunststoff- oder Aluminiumfenstern weicht die Vorplanung kaum voneinander ab. Sie umfaßt:
- Festlegung aller Einzelheiten mit dem Architekt oder Auftraggeber (Bauherr, Baugesellschaft),
- Maßnahmen am Bau,
- Festlegung der Konstruktion,
- Erstellung der Materiallisten,
- Festlegung des Arbeitsablaufes,
- Festlegung der Termine.

Arbeitsablauf 7.2.2

Fertigung von Holzfenstern. Der Fertigungsablauf ist vom Maschinenpark der Werkstatt abhängig und kann deshalb sehr variieren. Als Übersicht kann gelten:
- Holztrocknung,
- Zwischenlagerung des Holzes,
- Zuschnitt in Länge und Breite,
- Ausbessern von Holzfehlern,
- Hobeln von Breite und Dicke,
- Fräsen der Querschnittprofile,
- Ablängen,
- Anschneiden von Schlitz und Zapfen,
- Verleimen der Flügel- und Blendrahmen,
- Fälzen und Einlassen der Beschläge,
- Schleifen der Rahmen,
- Oberflächenbehandlung,
- Montieren der Beschläge und Dichtungen,
- Verglasung.

Oberflächenbehandlung 5.8, VOB 9

Fertigung von Kunststoffenstern. Die Fertigung von Kunststoffenstern ist weniger aufwendig als bei Holzfenstern. Als Übersicht kann gelten:
- Lagerung der Profile,
- Längenzuschnitt auf Gehrung nach Rahmenmaß zuzüglich einer Schweißzugabe,
- Aussteifen der Profile (je nach System),
- Fräsen von Schlitzen zur Falzbelüftung und -entwässerung (je nach System),
- Schweißen der Ecken im Preßstumpfverfahren,
- Einbringen der Dichtungsprofile vor oder nach der Verschweißung,
- Ebnen und Polieren der Schweißnähte,
- Einbau der Dreh- und Verschlußbeschläge,
- Verglasung.

Fertigung von Aluminiumfenstern. Fenster aus Aluminium können wegen der Vielfalt der Profilsysteme in ihrer Fertigung sehr verschieden sein. Als Übersicht kann gelten:
- Lagerung der Profile in heizbaren, trockenen Räumen, um Tauwasserbildung zu verhindern,
- Längenzuschnitt mit der Doppelgehrungssäge,
- Bohrungen für die Eckverbindungswinkel zum Ansetzen von Schrauben, Bolzen oder Keilstiften,
- Fräsen der Entwässerungsschlitze im unteren Blendrahmenprofil,
- Herstellen der Eckverbindungen mit Hilfe der Eckwinkel durch:
  - Kleben,
  - Preßstanzen (Profilwand wird in Eckwinkel eingepreßt),
  - Verschrauben und Verkleben,
  - Verkleben des Keilwinkels oder
  - Abbrennstumpfschweißen (industriell),
- Einbau der Beschläge,
- Einbau der Dichtungsprofile (Ecken auf Gehrung geschnitten, geschweißt, verklebt oder vulkanisiert),
- Verglasung.

11.6.2 Oberflächenbehandlung von Holzfenstern und -fenstertüren

Fenster und Fenstertüren aus Holz erhalten eine Oberflächenbehandlung. Der Fensterhersteller ist nach VOB Teil C verpflichtet, vor der Verglasung und dem Einbau allseitig mindestens eine Grundierung und eine Zwischenbeschichtung auszuführen. Weitere Beschichtungen übernimmt der Maler. Die Oberflächenbehandlung verhindert:
- das Ansteigen der Holzfeuchte über 15 %,
- Fäulnis durch Pilzbefall und Insektenfraß,
- Verfärbungen,
- Eindringen von Verschmutzungen.

Holzschutzmittel 2.8.1

Die Grundierung ist die erste Oberflächenbehandlung. Als Grundierungsmittel werden Holzschutzmittel gegen Pilz- und Insektenbefall verwendet. Wetterschutzschiene, Be-

Innenausbau – Fensterfertigung und Oberflächenschutz

schläge, sonstige Metallteile und Dichtungsprofile dürfen frühestens nach dem ersten Anstrich angebracht werden.

Die Zwischenbeschichtung erfolgt nach der Grundierung. Es muß darauf geachtet werden, daß beide Mittel aufeinander abgestimmt sind.

Beschichtungssysteme. Für die Zwischen- und Endbeschichtung können verwendet werden:

Lasuren 2.9.4

Lacke 2.9.3

- Lasuren. Sie ergeben eine offenporige Oberfläche und enthalten zum Schutz vor UV-Strahlen Pigmente.
- Deckende Kunstharzlacke auf Alkydharzbasis. Sie bilden auf der Holzoberfläche eine Schicht, unter der die Holzfeuchte etwa gleich bleibt.

Helle Farbtöne reflektieren die Sonnenstrahlen, dunkle jedoch nur wenig. Das Holz kann sich bis 80 °C aufwärmen. Spannungen im Holz und in den Holzverbindungen führen zu Rißbildungen im Lack. Elastische Dichtstoffe dürfen nicht überstrichen werden. Da die Lackschichten weniger dehnfähig sind als die Dichtstoffe, können Risse im Lack entstehen.

Wasserverdünnbare Beschichtungssysteme verhalten sich in ihrer Haftung auf Dichtstoffen anders als lösemittelhaltige Systeme. Die Verträglichkeit muß deshalb geprüft werden.

Aufgaben

1. Worin unterscheidet sich der Aufbau eines Eingriffbeschlages von dem eines Drehbeschlages?
2. Erklären Sie die Bedeutung von Eurofalz und Euronut!
3. Drehflügelfenstertüren erhalten ein unteres Querteil. Beschreiben Sie die fachgerechte Konstruktion!
4. In welchen Konstruktionsmerkmalen unterscheidet sich das Schwingflügelfenster vom Wendeflügelfenster?
5. Erklären Sie in Stichworten den Fertigungsablauf bei der Herstellung eines Holzfensters!
6. Warum dürfen Dichtstoffe nicht überstrichen werden?
7. Welche Anstriche muß der Fensterhersteller an Holzfenstern ausführen?

Sachwortregister

a-Wert 484
Abbinden 107, 122
Ablängen 324
Ablesedrehscheibe 346f.
Abrichten 304, 333
Abrichthobelmaschinen 254f.
Absauganlagen 296f.
Absperrfurnier 81
Abstumpfen 304
Abziehen 305
Achtelmeter 424
Acrylatlacke 123
Adhäsion 15, 106
Afromosia 59
Aggregatzustände 16
Ahorn 56
Alkydharzlacke 124
Aluminiumfenster 492f.
Anbaumaß 424f.
Anbaumöbel 389
Anlagen, hydraulische 213
Anlagen, pneumatische 213
Anleimer 470
Anode 192
Anreißen 138f.
Anreißwerkzeuge 229
Arbeit 188, 206
Arbeitsauftrag 386
Arbeitsschutz 10
ASCII 151f.
Assimilation 36
Äste 46, 50
Astlochbohrmaschinen 261
Atombau 21, 191
Atombindung 24
Aufbaumöbel 389
Aufhellungsmittel 120
Auftragskarte 387
Ausbildungsberufe 8
Außenmaß 424
Außentüren 476ff.
Auszüge 402
Bahnsteuerung 180
Balkenbekleidung 449
Bandbezugslinie 473
Bänder 396f.
Bandsägemaschinen 66, 252f.
Barock 417
Basen 26f.
Basic 177ff.
Bauhausbewegung 421
Bauschnittholz 67ff.
Baustoffe, mineralische 143ff.
Beanspruchungsgruppen 484f., 500
Beizen 121, 356
Bequemlichkeitsregel 460
Besäumen 325f.
Beschichten 287, 310
Beschläge 398, 411, 479f., 503ff.
Beschleunigung 186
Bestoßen 332
Betriebsorganisation 382f.
Betriebsräume 382f.
Betten 410f.
Bewegung, gleichförmige 185f.
Biedermeier 420

Biegefestigkeit 44f., 88
Binärsystem 150
Bindung, chemische 22
Birke 56
Birnbaum 56
Bit 150f.
Blättling 51
Bläuepilz 51
Bleichen 355
Dünnschichtlasuren 117, 124
Durchlauftrockner 290
Duromere 95
Duroplaste 95, 97, 103
Ebene, schiefe 191
Echt-Quartiermesser 78
Eckverbindung 373, 488, 491
EDV-Anlage 150
Egalisieren 351
Eiche 57
Einbauschrank 451
Einbruchhemmung 487f.
Einfachfenster 483ff.
Einfachständerwand 457
Einfachverglasung 486
Einleimer 470
Einscheiben-Sicherheitsglas 130
Einschnittarten 67
Einzelmöbel 389
Eisen 134f.
Elastizität 43f.
Elastomere 98
Elastoplaste 98
Elektrische Anlagen, Schutzmaßnahmen 200
Elektrischer Strom, Gefahren 199
Elektrizitätsmenge 193
Elektrolyse 29
Elektromagnetisches Feld 203
Elektromotoren 203ff.
Elektronenpaarbindung 24
Elementwand 456
Emissionsklassen 88
Empire 421
Emulsion 18
Energie 188, 206
Entflecken 120, 354
Entharzen 120, 354
Epoxidharzkleber 113
Ergonomie 9, 177, 384
Erle 57
Esche 57
Exzenterschälen 79
Fallbeschleunigung 187
Falschkern 48
Falttür 475
Falz 490
Falzdichtung 499
Farbstoff 36
Farbstoffbeizen 121
Fasersättigungsbereich 40
Faux-Quartiermesser 78
Federn 365
Federzapfenverbindung 380
Fehler, ausbessern 355
Feilen 241f.
Fenster 482ff.

Fensterbank, Anschlüsse 498
Fensterbeschläge 503ff.
Fensterfertigung 508
Fensterflügel 482f.
Fensterprofilfräser 256
Fenstertüren 482ff.
Fertigungsablaufplan 387f.
Fertigungsorganisation 385
Festigkeit 44
Festmaße 64
Festplatte 161f.
Fette 36
Feuchteschutz 432
Feuerschutzmittel 117ff., 360
Feuerschutztür 481
Feuerwiderstandsklassen 438
Fichte 54
Fingerzapfenverbindung 377
Fingerzinkung 377
Fitschbandeisen 238
Flach-Quartiermesser 78
Flächen-Eckverbindung 375, 378ff.
Flächendichtungen 144
Flächenhobel 235
Flachglas 128
Flachmesser 78
Flachpreßplatte 86ff.
Fließprinzip 385
Flügelrahmen 482
Fluten 358
Foldingverfahren 379
Folien 271, 334ff.
Folienklebstoffe 112
Fördermittel 216
Format-Kreissägemaschinen 248
Formatieren 160
Formhobel 235
Formpressen 240
Formsperrholz 84
Fräsen 345ff.
Fräslade 279
Fräsmaschinen 256ff.
Fräsprogramm 269
Fräswerkzeuge 256ff., 267, 345f.
Freifläche 221
Freilufttrocknung 316
Freischneiden 249
Freiwinkel 219
Frequenz 198, 434
Frischluft-Ablufttrocknung 318
Frühholz 38
Fügen 142, 310
Fugenbeanspruchung 108
Fugendichtungen 147
Fugendurchlässigkeit 484
Fugendurchlaßkoeffizient 484
Führungsvorrichtungen 259, 278f.
Füllungen 469f.
Funktionsglas 129
Furnier 76ff.
Furnieren 271f., 340f., 334ff.
Furniersperrholz 83
Furnierwerkzeuge 244
Fußkonstruktion 394f.
Futterrahmen 471f.
Galvanisches Element 28

Sachwortregister

Gase, Zustandsgleichung 212
Gattersägemaschinen 65f.
Gebrauchsholzfeuchte 311
Gefährdungsklassen 117f.
Gefahrstoffe 10f.
Gerbstoff 36
Gerippewand 456
Geschwindigkeit 185
Gestellbauweise 390
Gestellmöbel 407
Gewichtskraft 186f.
Gießen 126, 358
Gießmaschinen 288f.
Glas 125ff.
Glasdickendiagramm 485
Glashalteleiste 494
Gleichlaufspanen 225
Gleichstrom 197
Gleitbeschläge 400
Goldene Regel der Mechanik 190
Goldener Schnitt 413
Gotik 416
Grafikkarte 156
Gratverbindung 377f.
Güteklassen 65
Gütesortierung 64, 73
Halbfabrikate 70ff.
Halbleiter 192
Handelsnamen 53ff.
Handschleifen 353
Handwerkszeuge 227, 233
Harmonikatür 475
Härte 42
Harzgallen 50
Hausbockkäfer 52
Hausschwamm, echter 51
Hebedrehflügelfenster 505
Hebelgesetz 190
Hebeschiebefenster 506
Heilbronner Sortierung 64
Heizkörperbekleidung 453ff.
Hemlock 55
Hexadezimalsystem 151
Hiebe 242
Historismus 420
Hobel 234ff.
Hobelbank 227ff.
Hobelmaschinen 253
Hobeln 331ff.
Hochfrequenztrocknung 321
Hohlbeitel 238
Holz-Aluminiumfenster 492
Holzarten 53ff.
Holzausformung 63
Holzbearbeitungsmaschinen 247, 265, 268
Holzeinschnitt 65
Holzfällung 62
Holzfaserplatte 90f.
Holzfehler 46ff.
Holzfenster 489ff.
Holzfeuchte 311
Holzfeuchtediagramm 314
Holzleim, weiß 112
Holzliste 173

Holzschädiger 362
Holzschrauben 366
Holzschutzmittel 115ff., 316f.
Holzstaubverordnung 353
Holztrocknung 311ff.
Holzwerkstoffe 83ff.
Holzwerkstoffklassen 83, 91
Holzwespe 53
Holzzelle 37
Horizontal-Bandschleifmaschinen 263
Horizontal-Messermaschinen 77
Hydraulik 212
Hydrolacke 123
Hygroskopizität 18, 40
Innentüren 468ff.
Instandhalten 302ff.
Interfaces 155
Ion 191
Ionenbindung 24
IP-Schutzarten 207
Iroko 59
Isolierglas 129
Isolierverglasung 486
Jahrring 38
Jugendstil 421
k-Wert 429f., 486
Kalandrieren 99
Kalibrieren 351
Kambala 59
Kapillarität 15
Kaschieren 275, 338, 342
Kassettenbekleidung 449f.
Kasten-Eckverbindung 375
Kastenfenster 483ff.
Kastenstapel 74f.
Kathode 193
Keil 191
Keilwinkel 219
Keilzinkenverbindung 374
Kellerschwamm 51
Kesseldruckverfahren 362
Kettentrieb 211
Kiefer 54
Kippflügelfenster 505
Kirschbaum 57
Klammern 368f.
Klappen 395ff., 398f.
Klappflügelfenster 505
Klarlack 122
Klassizismus 419
Kleben 102, 106, 108f.
Klebstoffauftragsmaschinen 273
Klebstoffe 106ff.
Kluppen 63f.
Knickfestigkeit 45
Kohäsion 15, 106
Kohlenstoffbindung 30
Kohlenwasserstoffverbindungen 32
Kolbenkraft 216
Kombinationsbeizen 122
Kompressorarten 293
Kondensationstrocknung 320
Kontaktklebstoffe 112
Konvektion 17
Konvektionstrocknung 317
Konvektor 454

Körnungen 244
Körperschalldämmung 436
Korpusmöbel 391
Korrosion 137f.
Korrosionsfäule 51
Kraft 186ff., 190
Kraftübertragung 208f.
Kreissägeblätter 249f.
Kreissägemaschinen 67, 252
Kunststoffe 92ff.
Kunststofffenster 493
Kunststoffschäume 98
Kupplung 208f.
Lacke 122ff.
Lacktrocknungsanlagen 289f.
Ladung 191f.
Lagenhölzer 83ff.
Lagerung 73, 81
Längenmeßzeuge 230
Längenverbindung 372
Längenwachstum 37
Langlochbohrmaschinen 260f.
Länglöcher 350
Längsanschlag 327ff.
Lärche 54
Lasieren 357
Lasuren 124
Lattung 439
Lauflinie 459
Laugenbeizen 122
Lautstärkepegel 435
Leerlaufdrehzahl 206
Legierungen 136f.
Lehren 229ff.
Leinöl 124
Leistung 188, 209
Leiter 192
Leitfähigkeit 46
Leitzellen 39
Liegen 410f.
Limba 59
Linde 58
Lochbeitel 238
Lochstreifen 163
Lösemittelbeizen 121
Lösemittellacke 122
Luftfeuchte 312f.
Luftschalldämmung 435ff.
Luftschallschutz 486f.
Lufttemperatur 433
Lüftung 484, 507
Mahagoni 59
MAK-Wert 10
Makoré 60
Maschinen, 189, 202ff.
Maschinenbohrer 262
Maschinenverkettung 299ff.
Maschinenwerkzeuge 247
Masse 14, 186
Maßordnung 424
Materialliste 386
Mattieren 359
Maueröffnung 425f.
Mehrscheibenisolierglas 128
Membranpressen 275
Meranti 60

Sachwortregister

Messen 138
Messerfurnier 76f.
Messerkopf 257
Messerschläge 224
Messerwellen 253
Meßzeuge 229ff.
Metallbindung 25
Metalle 134ff.
Minus-Pol 192
Mischpolymerisation 93
Mittenstärke 63
Mittenüberschlag 491
Möbelböden 391
Molekül 22
Montagebeschläge 393
Montageschäume 106, 114
Motoren 215
Nachbeizen 121
Nadelhözer 54ff.
Nagekäfer 52
Nägel 368
Nageln 368
Nährsalz 35
Nährstoff 36
NC-Maschinen 179
Nebenfreiwinkel 221
Nebenschneide 221
Neigungswinkel 221
Nennmaße 69f., 424
Neue Sachlichkeit 421
Nichteisenmetalle 137
Nichtleiter 192
Nur-Lese-Speicher 154
Nußbaum 58
Oberflächenbehandlung 120ff., 284, 354, 467, 508
Oberflächenspannung 15
Oberflächenstraßen 291
Oberfräsen 349
Oberfräsmaschinen 259f., 349
Oberlager 258
Öffnungsmaß 424
Ohmsches Gesetz 195f.
Okoumé 60
Öle 36, 124
Ölen 357
Osmose 18
Oxidation 25f.
Palisander 60
Paneele 88
Pappel 58
Parallelschaltung 196f.
Parallelschnitt 327
Parenchymzellen 39
Parkettböden 464ff.
Parkettkäfer 52
Parkettklebstoff 466
Pendeltür 475
Periodensystem 21ff.
Peripheriegeräte 156ff.
Pfosten 482, 491
pH-Wert 27f.
Photosynthese 36
Pilze, holzzerstörende 50
Plastizität 43f.
Plastomere 95

Plattenbauweise 390
Plattenbekleidung 444f., 448
Plattensägemaschinen 252
Pneumatik 212
Polieren 359
Polpaarzahl 206
Polyaddition 94
Polyadditionsklebstoffe 111, 113
Polyesterlacke 123
Polyethylen 93
Polykondensation 93f.
Polykondensationsklebstoffe 113f.
Polymerisation 93
Polymerisationsklebstoffe 111f.
Polyurethanklebstoffe 113
Polyurethanlacke 123
Postforming 344
Pressen 100, 274f., 281f.
Preßverfahren 126
Profil-Bandschleifmaschinen 264
Profilbrett 442f.
Profile 488ff.
Profilfräsen 347
Profilfräser 257
Profilspaner 67
Programmierdatei 167
Programmierung 175f., 180, 268f.
Prozessortypen 154
Prüfschablone 258
Prüfzeichen 201
Psychrometertabelle 313
Quellen 41
Quellmaße 88
Querzugfestigkeit 88
Radialschälen 80
Radialschnitt 38, 40
Radiator 454f.
Rahmen-Eckverbindung 373
Rahmenbauweise 390
Rahmenbekleidung 444f.
Rahmenhölzer 469, 476
Rahmentür 477
Raspeln 241f.
Raumteiler 451
Reaktionsholz 47
Reaktionslack 122f.
Rechenwerk 153
Reduktion 26
Register 153
Reibradtrieb 211
Reibung 189
Reihenschaltung 196f.
Reindichte 14, 42
Reinstoff 20
Renaissance 416
Resistenzklassen 44
Riegel 482ff.
Riegellocheisen 238
Riementriebe 210
Risse 46, 49
Rohbaurichtmaße 472, 424
Rohdichte 15, 42, 88
Rohholz 62ff.
Röhrenplatte 91
Rokoko 418
Rolladen 395ff., 401

Rollbeschläge 400
Rolle 190f.
Romanik 415
Rotbuche 56
Roteiche 57
Rückstellvermögen 95
Rückwände 394
Rundschälen 79
Rüster 58
Sägefurnier 76
Sägemaschinen 65, 248
Sägewerkzeuge 234f., 330
Sapelli 60
Sättigungsluftfeuchte 312
Saugspanner 281
Säuren 26ff.
Schälfurnier 78, 80
Schallabsorption 438
Schalldämmaß, bewertetes 435, 487
Schalldruck 434
Schallreflexion 437
Schallschluckung 437
Schallschutz 434ff., 507
Schallschutzglas 130
Schallschutzklassen 486f.
Schaltinformationen 183
Schärfen 233, 305f., 308
Scharniere 396ff.
Schaumstoff 99
Schäumverfahren 126
Schellack 123
Scherfestigkeit 45f.
Schiebefenster 506
Schiebetüren 399ff., 474
Schlagregensicherheit 484
Schleifen 305, 351ff.
Schleifmaschinen 263f.
Schleifwerkzeuge 242f.
Schließbeschläge 404f.
Schlitzmaschinen 260f.
Schlösser 405f., 473, 480
Schlupf 205
Schmalflächen 275, 277, 342, 352
Schmelzklebstoffe 113
Schneidenformen 218, 250
Schneidenvorschub 223, 225
Schneidenwinkel 219f.
Schneidstoffe 138, 219
Schnittgeschwindigkeit 185, 225f.
Schnittholz 62ff.
Schnittholztrocknung 316, 319
Schnittholzverformung 46, 48
Schnittstelle 155f.
Schnittwinkel 219
Schränken 233, 304, 307
Schrauben 366f.
Schreib-Lese-Speicher 154
Schreinerhammer 245
Schrittmaßregel 460
Schubkasten 402ff.
Schüttdichte 15
Schutzhaube 250
Schutzzeichen 200f.
Schwabbeln 359
Schwalbenschwanzzinkung 375ff.
Schweifsägen 329

Sachwortregister

Schweißen 102
Schwindmaß 41f., 88
Schwindrichtung 41f.
Schwingflügelfenster 506
Serienfertigung 385
Setzstufe 463
Sicherheitsglas 130
Sicherheitsratschläge 11f.
Siebröhren 39
Siebzellen 39
Sklerenchymzellen 39
Sockelkonstruktion 394
Softforming 276
Software 170ff., 175, 181
Sollholzfeuchte 311
Sonnenschutzglas 129
Spaltfestigkeit 45f.
Spaltkeil 249f.
Spanfläche 221
Spanlücke 221
Spannelemente 279f., 282
Spannung 192ff.
Spannungsreihe, elektrochemische 28
Spannut 239
Spannvorrichtungen 279
Spannwerkzeuge 282
Spanplatten 89
Spanungsrichtungen 222
Spanung 140f., 222ff.
Spanwerkstoffe 86
Spanwinkel 219
Spätholz 38
Speicher 154, 160, 163
Speicherzellen 39
Sperrholz 83ff.
Sperrstoffe 143f.
Sperrtürblatt 477
Sperrtüren 470f.
Spindelpressen 274
Spitzenwinkel 221
Splintholzkäfer 52
Spritzanlagen 284, 286f.
Spritzen 285f., 357
Sprosse 482
Stäbchensperrholz 86
Stabsperrholz 85
Standweg 221
Stapelung 73
Stärkesortierung 63
Stauchen 307
Staylog-Schälen 79
Stechbeitel 238
Steigung 459f.
Stemmwerkzeug 238
Stern-Dreieck-Schaltung 205
Steuerung 268, 179f.
Steuerwerk 153
Stichsägeblättor 266
Stollen-Eckverbindung 380f.
Stollenbauweise 390
Strahlenschutztür 481
Strangpreßplatte 89, 91
Streamer 162
Stromstärke 193ff.
Stühle 410
Stützzellen 39

Substratbeizen 121
Suspension 18
Systemmöbel 389
Taktfrequenz 153
Tangentialschnitt 38, 40
Tanne 54
Tauchen 358
Taupunkttemperatur 433
Tauwasserbildung 432f.
Teak 61
Tegernseer Gebräuche 73
Temperatur 16
Thermokaschieren 276
Thermoplaste 95f., 103
Tisch-Kreissägemaschinen 248
Tische 407ff.
Tischfräsmaschinen 256
Toleranzen 425
Tracheen 39
Tracheiden 39
Transmissionswärmeverlust 430
Trennen 103, 142, 310, 327
Trennschnitt 327
Trennwand 455ff.
Treppen 459ff.
Treppenlauflänge 461
Triebarten 209f.
Trittschalldämmung 436f.
Trockner 318
Trocknung 80, 315f.
Trocknungsgefälle 315
Trocknungsschäden 321f.
Tür, einbruchhemmende 480
Tür, luftschalldämmende 480
Türaußenrahmen 471, 478f.
Türbänder 472f., 479
Türbeschläge 472f.
Türblätter 468ff., 476ff.
Türen 395f., 468ff.
Ulme 58
Umfangsgeschwindigkeit 185
Umformen 101, 138, 310
Umleimen 335, 343
Unterfurnier 81
Unterkonstruktion 439ff., 446f., 466
Unterschneidung 459
Urformen 99, 310
Vakuumtrocknung 320f.
Ventilarten 214
Ventilatoren 214
Verbindung, gedübelte 374
Verbindung, gefederte 373
Verbindung, überbattete 373
Verbindungsmittel 364
Verbund-Sicherheitsglas 130
Verbundfenster 483ff., 489
Verbundplatte 84, 86f.
Verdingungsordnung für Bauleistungen 424
Verglasungssysteme 501f.
Verklotzung 502f.
Vertikal-Bandschleifmaschinen 264
Vertikal-Messermaschinen 77
Viskosität 107
Vorbehandlungsmittel 120
Vorbeizen 121

Vorfüllprofile 148
Vorlegebänder 495f.
Vorritzsägeblatt 251
Vorschubgerät 278, 280
Vorschubgeschwindigkeit 223, 226f.
Wachse 124
Wachsen 357
Walzen 126, 358
Walzenauftragsmaschinen 288
Wandbekleidung 439ff.
Wärme 16f., 427ff.
Wärmebrücken 431f.
Wärmedämmung 431
Wärmedurchgangskoeffizient 429
Wärmedurchgangswiderstand 429
Wärmedurchlaßkoeffizient 427
Wärmedurchlaßwiderstand 427, 429
Wärmefunktionsglas 129
Wärmeleitfähigkeit 427, 428
Wärmeschutz 427, 485f.
Wärmeschutzverordnung 427
Wärmespeicherung 430
Wärmeübergangskoeffizient 427, 429
Wärmeübergangswiderstand 429
Wasserbeizen 121
Wasserdampf-Diffusionswiderstand 433
Wasserlacke 123
Wässern 354
Wechseldrehwuchs 48
Wechselspannung 198
Wechselstrom 198
Wegbedingung 182
Weginformation 182
Wegkoordinaten 182
Weißfäule 51
Wendeflügelfenster 506
Werkholz 67, 69
Werkstückführung 251
Werkstücknullpunkt 180
Werkstücktransport 300
Wertigkeit 23
Western red cedar 55
Wetterschenkel 478
Wetterschutzschiene 499
Weymouthkiefer 55
Widerstand 195
Windbelastung 485
Winkelmeßzeuge 229
Wirkungsgrad 188f., 208
Wuchsfehler 46ff.
Zahnformen 249
Zahnradtrieb 211
Zapfen-Dübelverbindung 380
Zapfenschneidmaschinen 260f.
Zapfenüberschlag 490
Zapfenverbindung 373
Zargenrahmen 471
Zargentische 407
Zellen 38f.
Zentraleinheit 153
Ziehklinge 237
Ziehklingenhobel 237
Zinkenteilung 376f.
Zugfestigkeit 44f.

513

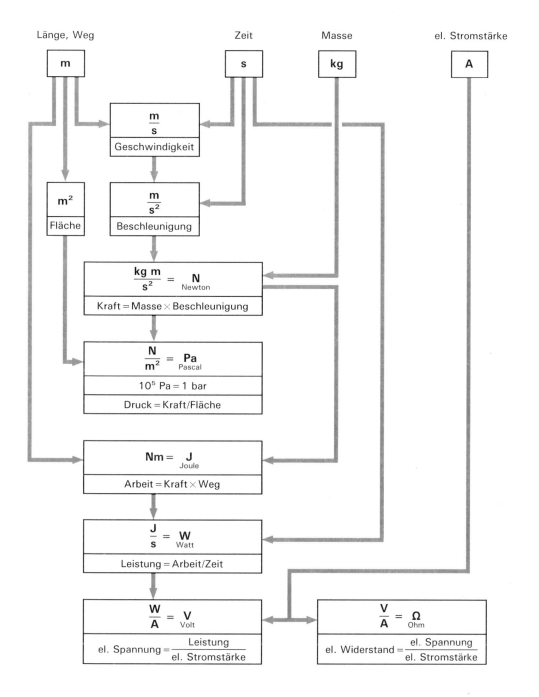